JACOB STEINER'S

GESAMMELTE WERKE.

JACOB STEINER'S

GESAMMELTE WERKE.

HERAUSGEGEBEN AUF VERANLASSUNG DER KÖNIGLICH PREUSSISCHEN AKADEMIE DER WISSENSCHAFTEN.

ZWEITER BAND.

MIT 23 FIGURENTAFELN.

HERAUSGEGEBEN

VON

K. WEIERSTRASS.

CHELSEA PUBLISHING COMPANY
BRONX, NEW YORK

SECOND EDITION

THE FIRST EDITION OF THE PRESENT WORK WAS PUBLISHED, IN TWO VOLUMES, IN 1881 AND 1882 AT BERLIN. THE PRESENT, SECOND EDITION IS AN UNABRIDGED EDITION IN WHICH VARIOUS CHANGES HAVE BEEN MADE. THE ERRATA NOTED HAVE BEEN CORRECTED AND REFERENCES TO THE EDITOR'S NOTES HAVE BEEN INSERTED IN THE TEXT. THE HALF-TITLE PAGES BEFORE EACH PAPER HAVE BEEN ELIMINATED, WITHOUT CHANGE IN PAGE NUMBERING. FOR EASE OF CONSULTATION, THE BACK OF EACH VOLUME CONTAINS NOT ONLY THE PLATES FOR THAT VOLUME, BUT THE PLATES FOR BOTH VOLUMES

PRINTED NEW YORK, N. Y., 1971 ON LONG-LIFE ALKALINE PAPER

LIBRARY OF CONGRESS CATALOGUE CARD NUMBER 76-113151
INTERNATIONAL STANDARD BOOK NUMBER 0-8284-0233-7

LIBRARY OF CONGRESS CLASSIFICATION NUMBER QA443
DEWEY DECIMAL CLASSIFICATION NUMBER 516'.008

PRINTED IN THE UNITED STATES OF AMERICA

Vorrede.

Indem ich den zweiten (und letzten) Band der Werke *Steiner*'s dem mathematischen Publikum übergebe, habe ich zunächst zu bemerken, dass die in mehreren, an mich gerichteten Zuschriften ausgesprochene und, wie ich höre, von Vielen getheilte Erwartung, es werde dieser Band eine Reihe interessanter, noch nicht veröffentlichter Mittheilungen aus dem *Steiner*'schen Nachlasse bringen, auf einer falschen Vorstellung von dem Inhalte dieses Nachlasses beruht. Nach der Auskunft, die der Besitzer desselben, Herr Professor *Geiser* in Zürich, mir zu geben die Güte hatte, besteht er hauptsächlich aus den Vorarbeiten und den verschiedenen Redactionsentwürfen zu einer Anzahl der bereits veröffentlichten Abhandlungen, und es würde das in demselben enthaltene Material, wenn es nutzbar gemacht werden sollte, einer durchgreifenden Bearbeitung in derselben Weise bedürfen, wie sie denjenigen Stücken, welche den von den Herren *Schröter* und *Geiser* herausgegebenen Vorlesungen *Steiner*'s zum Grunde liegen, zutheil geworden ist. Eine Verwerthung des Nachlasses für die von mir im Auftrage der Akademie besorgte neue Ausgabe der Werke *Steiner*'s, welche nur die von diesem selbst veröffentlichten oder im Wesentlichen druckfertig hinterlassenen Arbeiten enthalten sollte, war also ausgeschlossen. (Vergl. die Vorrede zum ersten Bande von *Jacobi*'s gesammelten Werken.) Nur einige Zusätze, die von *Steiner* mehreren Abhandlungen nach deren Herausgabe handschriftlich beigefügt und von Herrn *Geiser* mir mitgetheilt worden sind, konnten in die diesem Bande angehängten „Anmerkungen und Zusätze“ aufgenommen werden. Ausserdem habe ich mir erlaubt, eine schon früher nach einer mündlichen Mittheilung *Steiner*'s von mir veröffentlichte Notiz über die seitdem so bekannt gewordene „*Steiner*'sche Fläche“ wieder abdrucken zu lassen, sowie bei dieser Gelegenheit eine nicht uninteressante, auf eine andere Fläche vierten Grades sich beziehende und von *Steiner* mir vorgelegte Aufgabe mitzutheilen.

Zwei der bedeutendsten Abhandlungen *Steiner*'s, in denen er die Ergebnisse seiner langjährigen Untersuchungen „über Maximum und Minimum bei den Figuren in der Ebene, auf der Kugelfläche und im Raum überhaupt“, niedergelegt hat, waren bisher nur in französischen Uebersetzungen bekannt. *Steiner* hatte nämlich diese Arbeiten der Pariser Akademie vorgelegt, und zwar in deutscher Sprache, auf *Liouville*'s, des Berichterstatters, Wunsch aber in dessen Journal die erste Abhandlung in französischer Sprache erscheinen lassen, was zur Folge hatte, dass nicht nur diese, sondern auch die zweite Abhandlung später im *Crelle*'schen Journal in derselben Sprache veröffentlicht wurde. Glücklicherweise ist aber *Steiner*'s Originalmanuscript erhalten geblieben und mir von Herrn *Geiser* mit dankenswerthestem Entgegenkommen zur Verfügung gestellt worden. Die Vergleichung desselben mit den genannten Uebersetzungen liess sofort erkennen, dass es vor diesen, in denen an nicht wenigen Stellen der Sinn verfehlt, oder der Ausdruck nicht klar und bestimmt genug ist, hie und da auch Fehler vorkommen, die das Original nicht hat, bedeutende Vorzüge besitze. Ich habe es deshalb für geboten erachtet, bei der neuen Ausgabe der in Rede stehenden Abhandlungen den ursprünglichen *Steiner*'schen Text wieder herzustellen, um so mehr, als das gedachte Manuscript so sorgfältig ausgearbeitet ist, dass es mit Ausahme sehr weniger Stellen ganz unverändert abgedruckt werden konnte.

Sämmtliche Abhandlungen dieses Bandes sind — in ähnlicher Weise, wie es bei denen des ersten Bandes geschehen ist — vor dem Abdrucke theils von Herrn Professor ***Kiepert*** (Bogen 1—20), theils von Herrn Dr. ***Schur*** (Bogen 21—42), und dann bei der Correctur noch einmal von dem ersteren sorgfältig revidirt worden. Indem ich beiden Herren für die Hülfe, die sie mir geleistet, meinen aufrichtigsten Dank ausspreche, habe ich noch hinzuzufügen, dass von Herrn ***Kiepert*** — ohne dessen eifrige Mitwirkung es mir überhaupt unmöglich gewesen wäre, mit der übernommenen Aufgabe in verhältnissmässig kurzer Zeit fertig zu werden — auch sämmtliche zu diesem Bande gehörigen Figuren neu gezeichnet worden sind.

Berlin, 6. März 1882.

Weierstrass.

Inhaltsverzeichniss des zweiten Bandes.

Nachlass.

JACOB STEINER'S

GESAMMELTE WERKE.

1

Démonstration géométrique d'un théorème relatif à l'attraction d'une couche ellipsoïdique sur un point extérieur.

Le numéro du 12. Oct. 1833 du Journal „*l'Institut*" contient l'extrait d'un mémoire sur l'attraction d'un ellipsoïde homogène que M. *Poisson* a lu à l'Académie des sciences de Paris. On y trouve l'énoncé d'un théorème remarquable par sa simplicité et qui consiste en ce „qu'une couche infiniment mince et comprise entre deux ellipsoïdes concentriques, semblables et semblablement placés exerce sur un point extérieur une attraction, dirigée suivant l'axe du cône circonscrit à la couche et ayant pour sommet le point attiré". C'est ce théorème que nous allons démontrer par des considérations géométriques fort simples.

Lemme.

„L'ellipse $ABCD$ (Tab. I, fig. 1) étant touchée par les côtés PA, PB de l'angle APB, si l'on divise cet angle en deux parties égales par la droite PQ qui coupe en Q la corde de contact AB, polaire du point P, je dis que PQ formera des angles égaux avec les droites PC, PD qui joignent le point P aux deux extrémités d'une corde quelconque passant par le point Q."

Démonstration. Si l'on mène PR perpendiculairement à PQ, on sait que PR, PA, PQ, PB seront quatre droites harmoniques. Par conséquent les quatre points R, A, Q, B de même que les suivants P, G, Q, F sont harmoniques, et PR est la polaire du point Q; il suit de là que D, Q, C, E sont quatre points harmoniques et par conséquent PD, PQ, PC, PE quatre droites harmoniques, et comme les droites conjuguées PE et PQ sont perpendiculaires entre elles, on en conclut qu'elles doivent partager en deux parties égales l'angle formé par les droites conjuguées PD, PC de sorte que

$$DPQ = CPQ$$

c. q. f. d. *).

Théorème.

„L'attraction, exercée par une couche homogène infiniment mince et comprise entre deux ellipsoïdes concentriques, semblables et semblablement placés sur un point extérieur P, est dirigée suivant l'axe du cône qui a son centre au point attiré et qui enveloppe la couche attirante."

Démonstration. Concevons sur la surface extérieure de la couche un élément infiniment petit, et soit C un point de cet élément. Le plan déterminé par ce point et par l'axe du cône circonscrit à la surface extérieure coupera cette surface en une ellipse $ACBD$ qui sera touchée par les deux arêtes PA, PB du cône comprises dans ce plan. Il est évident en même temps que la droite AB est l'intersection du plan en question et de celui qui contient la courbe de contact du cône et de la surface extérieure, et que Q est le point de rencontre de ce dernier plan et de l'axe du cône. Comme l'axe PQ divise en deux parties égales l'angle APB formé par les deux arêtes, comprises dans un même plan avec lui, on conclura en vertu du lemme précédent que les angles CPQ, DPQ sont égaux. Si l'on conçoit maintenant une droite mobile autour du point Q et parcourant le contour de l'élément de surface précédemment nommé, cette droite déterminera dans la couche ellipsoïdique deux éléments de volume situés de part et d'autre du point Q et dont nous allons considérer l'attraction d'abord sur le point intérieur Q et ensuite sur le point extérieur P. Quant à l'attraction exercée par ces éléments sur le point Q, on sait qu'elles sont égales et opposées, et c'est sur la destruction mutuelle des attractions exercées par deux éléments ainsi opposés qu'est fondé l'équilibre d'un point quelconque dans l'intérieur de la couche ellipsoïdique, comme *Mac-Laurin* l'a fait voir par la simple géométrie, et comme *Lagrange* l'a confirmé depuis par l'analyse. En supposant ce résultat, on en conclut que les deux éléments de volume que nous désignons pour un instant par (C) et (D) vérifient la proportion

$$(C):(D) = (QC)^2:(QD)^2.$$

---

*) On trouve les démonstrations des propriétés sur lesquelles nous nous appuyons ici dans les ouvrages suivants: *La Perspective* de *Lambert*; *les Mémoires* de M. *Brianchon*; *le traité des propriétés projectives* par M. *Poncelet*; ou mes deux ouvrages intitulés: „*Systematische Entwickelung der Abhängigkeit geometrischer Gestalten von einander*" (Cf. Bd. I. S. 229 dieser Ausgabe) et „*Die geometrischen Constructionen, ausgeführt mittelst der geraden Linie und Eines festen Kreises*" (Cf. Bd. I. S. 461 dieser Ausgabe).

Il suit d'un autre côté de l'égalité des angles CPQ et DPQ, précédemment établie, qu'on a

$$QC:QD = PC:PD$$

et par conséquent, en comparant:

$$(C):(D) = (PC)^2:(PD)^2,$$

proportion qui prouve que les deux éléments attirent également le point P, et partant que la résultante de ces deux actions est dirigée suivant l'axe PQ. Ce résultat étant applicable a tous les éléments de la couche qui se correspondent deux à deux, le théorème énoncé se trouve rigoureusement établi.

La démonstration précédente fournit en outre le corollaire suivant:

„Un plan quelconque passant par le point Q partage la couche ellipsoïdique en deux parties qui exercent des attractions égales sur le point P.“

On peut également tirer des considérations précédentes plusieurs vérités géométriques, dont je me contenterai d'énoncer une seule:

„Si par l'ellipse, intersection de l'ellipsoïde et d'un plan quelconque passant par le point Q, l'on conçoit un cône ayant son sommet au point P, l'axe de ce cône coïncidera avec la droite PQ.“

Berlin, au mois de Janvier 1834.

2

Ein neuer Satz über die Primzahlen.

1. Der Satz, welcher hier bewiesen werden soll, lautet, wie folgt:

„Hat man irgend eine Primzahl p und $p-1$ beliebige andere Zahlen, welche durch p nicht theilbar sind, sondern nach irgend einer Ordnung die verschiedenen Reste $1, 2, 3, \ldots p-1$ geben, oder auch, was im Grunde auf dasselbe hinauskommt, nach irgend einer Ordnung genommen, diese Reste selbst sind, combinirt man von diesen Zahlen irgend eine Anzahl n zur $(p-n)^{\text{ten}}$ Classe mit Wiederholung aber ohne Versetzung und multiplicirt die Zahlen jeder Complexion in einander, so ist die Summe aller dieser Producte immer durch p theilbar, die Zahl n mag sein, von 2 bis $p-1$ inclusive, welche man will.“

Beweis. Wird jeder Theil der identischen Gleichung

$$x = (x-a_1)+a_1$$

mit x multiplicirt, nämlich der Theil links mit x, das erste Glied rechts mit $(x-a_2)+a_2$ und das zweite mit $(x-a_1)+a_1$, so erhält man nach gehöriger Ordnung

$$x^2 = (x-a_1)(x-a_2)+(a_1+a_2)(x-a_1)+a_1^2.$$

Werden die Glieder der letzten Gleichung ähnlicher Weise beziehlich mit

$$x = (x-a_3)+a_3 = (x-a_2)+a_2 = (x-a_1)+a_1$$

multiplicirt, so kommt

$$x^3 = (x-a_1)(x-a_2)(x-a_3)+(a_1+a_2+a_3)(x-a_1)(x-a_2) \\ +(a_1^2+a_1 a_2+a_2^2)(x-a_1)+a_1^3.$$

Gleicherweise gelangt man zu der Gleichung

$$\begin{aligned} x^4 = &(x-a_1)(x-a_2)(x-a_3)(x-a_4) \\ &+ (a_1+a_2+a_3+a_4)(x-a_1)(x-a_2)(x-a_3) \\ &+ (a_1^2+a_1 a_2+a_1 a_3+a_2^2+a_2 a_3+a_3^2)(x-a_1)(x-a_2) \\ &+ (a_1^3+a_1^2 a_2+a_1 a_2^2+a_2^3)(x-a_1)+a_1^4, \end{aligned}$$

und durch Wiederholung desselben Verfahrens zu der allgemeinen Gleichung

$$\begin{aligned} x^{p-1} = &(x-a_1)(x-a_2)\ldots(x-a_{p-1}) \\ &+ (a_1+a_2+\cdots+a_{p-1})(x-a_1)(x-a_2)\ldots(x-a_{p-2}) \\ &+ (a_1^2+a_1 a_2+\cdots+a_1 a_{p-2}+a_2^2+a_2 a_3+\cdots \\ &\qquad \cdots+a_{p-2}^2)(x-a_1)(x-a_2)\ldots(x-a_{p-3}) \\ &+ \cdot\;\cdot\;\cdot\;\cdot\;\cdot\;\cdot\;\cdot\;\cdot\;\cdot\;\cdot\;\cdot\;\cdot\;\cdot\;\cdot\;\cdot \\ &+ (a_1^{p-2}+a_1^{p-3} a_2+a_1^{p-4} a_2^2+\cdots+a_2^{p-2})(x-a_1)+a_1^{p-1}, \end{aligned}$$

oder in einfachen Zeichen

$$(1)\quad x^{p-1} = X_{p-1} + A_1 X_{p-2} + A_2 X_{p-3} + A_3 X_{p-4} + \cdots + A_{p-2} X_1 + A_{p-1}.$$

Das Gesetz, wonach die Glieder dieser Gleichung gebildet werden, fällt in die Augen. Nämlich der Coefficient A_1 des zweiten Gliedes rechts ist die Summe der Zahlen $a_1, a_2, a_3, \ldots a_{p-1}$; der Coefficient A_2 des dritten Gliedes ist die Summe der Producte, die entstehen, wenn man die $p-2$ Zahlen $a_1, a_2, a_3, \ldots a_{p-2}$ mit Wiederholung aber ohne Versetzung zu zweien combinirt und in einander multiplicirt; u. s. w.

Wird nun angenommen, p sei irgend eine Primzahl, und die Zahlen $a_1, a_2, a_3, \ldots a_{p-1}$ seien nicht durch p theilbar und lassen, durch p dividirt, verschiedene Reste, also, nach irgend einer Ordnung genommen, die Reste $1, 2, 3, \ldots p-1$; und wird ferner auch die willkürliche Zahl x als nicht durch p theilbar vorausgesetzt, so ist, wenn man das letzte Glied rechts auf die linke Seite bringt, die Differenz

$$x^{p-1} - a_1^{p-1}$$

vermöge des *Fermat*'schen Satzes durch p theilbar. Giebt man nun dem x für einen Augenblick einen solchen Werth, dass $x-a_2$ durch p theilbar wird, so sind alle Glieder rechts, welche $x-a_2$ zum Factor haben, durch p theilbar; daher muss auch das nunmehrige letzte Glied

$$A_{p-2}X_1 = (a_1^{p-2} + a_1^{p-3}a_2 + a_1^{p-4}a_2^2 + \cdots + a_2^{p-2})(x-a_1)$$

durch p theilbar sein; und zwar muss es nothwendig der erste Factor dieses Gliedes sein, da vermöge der Voraussetzung der andere, $x-a_1$, es nicht sein kann.

Bringt man nun ferner auch dieses letzte Glied $A_{p-2}X_1$ auf die linke Seite der Gleichung, so ist der erste Theil derselben durch p theilbar; und giebt man sodann dem x einen solchen besondern Werth, dass der Factor $x-a_3$ durch p theilbar wird, so folgt ähnlicherweise wie vorhin, dass nun auch das gegenwärtige letzte Glied rechts, $A_{p-3}X_2$ durch p theilbar sein muss, und zwar, da von den zwei Factoren $x-a_1$, $x-a_2$ jetzt keiner durch p theilbar sein kann, dass sein Coefficient, nämlich

$$A_{p-3} = a_1^{p-3} + a_1^{p-4}a_2 + a_1^{p-4}a_3 + a_1^{p-5}a_2^2 + \cdots + a_2 a_3^{p-4} + a_3^{p-3},$$

durch p theilbar ist.

Gleicherweise folgert man, dass jeder der übrigen Coefficienten $A_{p-4}, A_{p-5}, \ldots A_2, A_1$ durch p theilbar ist, wodurch die Richtigkeit des oben stehenden Satzes dargethan wird.

Um den Satz durch ein Beispiel anschaulich zu machen, sei

$$p = 7,\quad n = 3 \quad\text{und}\quad a_1 = 5,\quad a_2 = 4,\quad a_3 = 3,$$

also

$$p-n = 7-3 = 4,$$

so sind die Zahlen 5, 4, 3 zur 4ten Classe mit Wiederholung aber ohne Versetzung zu combiniren, sodann in einander zu multipliciren und die

Producte zu addiren. Dies giebt

$$5^4+5^3.4+5^3.3+5^2.4^2+5^2.4.3+5^2.3^2+5.4^3+5.4^2.3+5.4.3^2+5.3^3+4^4$$
$$+4^3.3+4^2.3^2+4.3^3+3^4$$
$$=625+500+375+400+300+225+320+240+180+135+256$$
$$+192+144+108+81 = 4081 = 583.7,$$

ein Resultat, welches, wie man sieht, dem obigen Satze genügt.

2. Aus dem ersten Gliede rechts in der Gleichung (1), nämlich aus dem Gliede

$$X_{p-1} = (x-a_1)(x-a_2)(x-a_3)\dots(x-a_{p-1}),$$

lassen sich, mit Rücksicht auf den vorstehenden Beweis, leicht zwei andere bekannte Sätze ableiten. Wird nämlich dieses Glied entwickelt, so hat man

$$X_{p-1} = x^{p-1}-(a_1+a_2+a_3+\dots+a_{p-1})\,x^{p-2}$$
$$+(a_1a_2+a_1a_3+\dots+a_{p-2}a_{p-1})x^{p-3}-\dots+a_1a_2\dots a_{p-1},$$

oder

$$X_{p-1} = x^{p-1}-\mathfrak{A}_1\,x^{p-2}+\mathfrak{A}_2\,x^{p-3}-\mathfrak{A}_3\,x^{p-4}+\dots-\mathfrak{A}_{p-2}x+\mathfrak{A}_{p-1},$$

wo, wie man sieht, die Coefficienten $\mathfrak{A}_1, \mathfrak{A}_2, \mathfrak{A}_3, \dots \mathfrak{A}_{p-1}$ die einfachen Combinationen ohne Wiederholung und ohne Versetzung der Zahlen $a_1, a_2, \dots a_{p-1}$ zur ersten, zweiten, dritten, ... $(p-1)^{\text{ten}}$ Classe vorstellen. Hierdurch lässt sich die Gleichung (1), wie folgt, umändern:

$$(2)\quad \begin{cases} (\mathfrak{A}_1\,x^{p-2}-\mathfrak{A}_2\,x^{p-3}+\mathfrak{A}_3\,x^{p-4}-\dots+\mathfrak{A}_{p-2}x) \\ -(A_1X_{p-2}+A_2X_{p-3}+A_3X_{p-4}+\dots+A_{p-2}X_1) = \mathfrak{A}_{p-1}+A_{p-1}. \end{cases}$$

Wird nun angenommen, x sei durch p theilbar, oder, was dasselbe bewirkt, es sei x gleich 0, so ist der erste Theil der gegenwärtigen Gleichung durch p theilbar, (weil jedes Glied in der ersten Klammer den Factor x enthält, und die Coefficienten der Glieder in der zweiten Klammer zufolge des obigen Beweises einzeln durch p theilbar sind); daher muss auch der zweite Theil derselben, d. i.

$$\mathfrak{A}_{p-1}+A_{p-1}, \quad \text{oder} \quad a_1a_2a_3\dots a_{p-1}+a_1^{p-1},$$

durch p theilbar sein; und da nach dem *Fermat*'schen Satze das eine Glied a_1^{p-1}, durch p dividirt, den Rest $+1$ giebt, so muss das andere

$$a_1a_2a_3\dots a_{p-1},$$

durch p dividirt, den Rest $p-1$ oder -1 geben, oder, in der einfachsten Form, es muss

$$1.2.3.4\dots(p-1)+1$$

durch p theilbar sein, d. h. „wird dem Product aus allen Zahlen 1, 2, 3, ... $(p-1)$, welche kleiner als eine gegebene Primzahl p sind, 1 zugezählt, so ist die Summe allemal durch p theilbar“; welches der bekannte *Wilson*'sche Satz ist.

Werden ferner alle Glieder, welche in der Gleichung (2) auf der linken Seite in der zweiten Klammer stehen, nämlich die Glieder

$$A_1X_{p-2}+A_2X_{p-3}+A_3X_{p-4}+\dots+A_{p-2}X_1$$

nach Potenzen von x entwickelt, so erhält man ein Aggregat von der Form

$$\begin{aligned} A_1 x^{p-2} &+ (A_1 B_1 + A_2) x^{p-3} + (A_1 B_2 + A_2 C_1 + A_3) x^{p-4} \\ &+ (A_1 B_3 + A_2 C_2 + A_3 D_1 + A_4) x^{p-5} + \\ &+ \cdot \cdot \cdot \cdot \cdot \cdot \cdot \cdot \cdot \cdot \cdot \cdot \cdot \cdot \cdot \cdot \\ &+ (A_1 B_{p-3} + A_2 C_{p-4} + A_3 D_{p-5} + \cdots + A_{p-2}) x + S, \end{aligned}$$

wo die Grössen $B_1, B_2, \ldots B_{p-2}; C_1, C_2, \ldots; D_1, D_2, \ldots$ u. s. w. kein x enthalten, sondern, vom Zeichen abgesehen, nur bestimmte Combinationen der Zahlen $a_1, a_2, \ldots a_{p-2}; a_1, a_2, \ldots a_{p-3}; \ldots$.

Werden diese Werthe in die Gleichung (2)

$$\begin{cases} (\mathfrak{A}_1 x^{p-2} - \mathfrak{A}_2 x^{p-3} + \mathfrak{A}_3 x^{p-4} - \cdots + \mathfrak{A}_{p-2} x) \\ -(A_1 X_{p-2} + A_2 X_{p-3} + A_3 X_{p-4} + \cdots + A_{p-2} X_1) = \mathfrak{A}_{p-1} + A_{p-1}. \end{cases}$$

substituirt, und wird bemerkt, dass diese Gleichung für jeden Werth, welchen man dem x beilegen mag, stattfinden muss, so folgt, dass die Coefficienten gleich hoher Potenzen von x einander gleich sein müssen, dass also, absolut genommen,

$$\mathfrak{A}_1 = A_1; \quad -\mathfrak{A}_2 = A_1 B_1 + A_2; \quad \mathfrak{A}_3 = A_1 B_2 + A_2 C_1 + A_3; \quad \ldots$$

sein muss. Da nun vermöge des obigen Beweises von den Grössen $A_1, A_2, A_3, \ldots A_{p-2}$ jede, einzeln genommen, durch p theilbar ist, so folgt aus den letzten Gleichungen, dass auch jede der Grössen

$$\mathfrak{A}_1, \quad \mathfrak{A}_2, \quad \mathfrak{A}_3, \quad \mathfrak{A}_4, \quad \ldots \quad \mathfrak{A}_{p-2}$$

durch p theilbar sein muss. Das heisst:

„Hat man eine Primzahl p und $p-1$ beliebige andere Zahlen $a_1, a_2, a_3, \ldots a_{p-1}$, welche nicht durch p theilbar sind und auch nicht gleiche Reste geben, oder welche, in einfachster Form, die Zahlen 1, 2, 3, 4, ... $p-1$ selbst sind, so ist sowohl die Summe dieser Zahlen $\mathfrak{A}_1$, als die Summe ihrer Producte, wenn sie zu 2, oder 3, oder 4, ... oder $p-2$ ohne Wiederholung und ohne Versetzung combinirt werden, d. i. $\mathfrak{A}_2, \mathfrak{A}_3, \mathfrak{A}_4, \ldots \mathfrak{A}_{p-2}$ durch p theilbar."

Diesen Satz hat bekanntlich *Lagrange* zuerst bewiesen.

Ich will noch bemerken, dass die Grösse $\mathfrak{A}_3$, d. i. die Summe der Producte zu dreien, nicht nur durch p, sondern auch allemal durch p^2 theilbar ist, was leicht zu beweisen ist. Ferner lässt sich beweisen, dass die Summe der Producte aus den Zahlen $a_1, a_2, a_3, \ldots a_{p-1}$ zu 2, oder 3, oder 4, ..., mit Wiederholung aber ohne Versetzung combinirt, stets durch p theilbar ist; und dass dasselbe stattfindet, wenn man die zweiten, oder dritten, oder vierten, ... Potenzen derselben Zahlen auf gleiche Weise, oder nach einer der oben angegebenen Arten combinirt.

Berlin, im December 1834.

Crelle's Journal Band XIII. S. 356—360.

3

Aufgaben und Lehrsätze.

1. Die Summe aller Brüche von der Form

$$\frac{1}{(2+x)^{2+y}-1},$$

wo sowohl für x als für y jede ganze positive Zahl von 0 an gesetzt werden muss, ist gleich 1, jedoch mit der Bedingung, dass jeder Bruch, welcher mehrmals durch diese Form erhalten wird, wie z. B. $\frac{1}{63}$, welcher dreimal sich unter dieser Form darstellen lässt, nämlich als

$$\frac{1}{2^6-1},\quad \frac{1}{4^3-1},\quad \frac{1}{8^2-1},$$

nur einmal gerechnet wird, was auch durch die Einschränkung erreicht werden kann, dass $2+x$ keine höhere Potenz (d. i. zweite, dritte, vierte u. s. w.) von irgend einer Zahl sein darf, woraus hervorgeht, dass x nicht 6, 7, 14, 23, 25, 30, 34, 47, 62, 79 u. s. w. sein darf. In Zeichen heisst dies also:

$$1=\sum\frac{1}{(2+x)^{2+y}-1}=\tfrac{1}{3}+\tfrac{1}{7}+\tfrac{1}{8}+\tfrac{1}{15}+\tfrac{1}{24}+\tfrac{1}{26}+\tfrac{1}{31}+\tfrac{1}{35}+\tfrac{1}{48}+\tfrac{1}{63}$$
$$+\tfrac{1}{80}+\tfrac{1}{99}+\tfrac{1}{120}+\tfrac{1}{124}+\tfrac{1}{127}+\cdots \text{ in infin.}$$

2. Die Summe aller negativen Potenzen, von der zweiten an, aller ganzen positiven Zahlen, von 2 an, ist gleich 1, oder in Zeichen:

$$1=\Sigma(2+x)^{-2}+\Sigma(2+x)^{-3}+\Sigma(2+x)^{-4}+\Sigma(2+x)^{-5}+\cdots \text{ in infin.},$$

wo unter jedes Summenzeichen für x alle ganzen positiven Zahlen 0, 1, 2, 3, 4, ... zu setzen sind.

Hieraus folgt insbesondere der bekannte Satz:

„Dass die negativen zweiten Potenzen aller ganzen positiven Zahlen eine convergirende Reihe bilden."

Ferner folgt daraus, dass, da man bekanntlich die Werthe der einzelnen Summen

$$\Sigma(2+x)^{-2},\quad \Sigma(2+x)^{-4},\quad \Sigma(2+x)^{-6},\quad \ldots\quad \Sigma(2+x)^{-2n}$$

angeben kann, man auch, wenn gleich nicht die Werthe der einzelnen Summen

$$\Sigma(2+x)^{-3},\quad \Sigma(2+x)^{-5},\quad \ldots\quad \Sigma(2+x)^{-2n+1},$$

so doch den Werth der Summe dieser Summen darstellen kann, indem zufolge des vorstehenden Satzes

$$\Sigma(2+x)^{-3}+\Sigma(2+x)^{-5}+\Sigma(2+x)^{-7}+\cdots$$
$$= 1-[\Sigma(2+x)^{-2}+\Sigma(2+x)^{-4}+\Sigma(2+x)^{-6}+\cdots].$$

3. Durch Verbindung der beiden vorstehenden Sätze 1 und 2 gelangt man zu dem folgenden Satze:

„Die Summe aller Brüche von der Form

$$\frac{1}{(2+x)^{2+y}[(2+x)^{2+y}-1]}$$

ist gleich der Summe aller Brüche (oder negativen Potenzen) von der Form

$$(2+z)^{-(2+y)},$$

wo für y jede ganze positive Zahl, von 0 an, gesetzt werden muss, für x aber nur diejenigen ganzen positiven Zahlen, für welche die Summe $2+x$ keine (höhere) Potenz von irgend einer Zahl wird (wie oben Lehrsatz 1), für z dagegen alle diejenigen ganzen positiven Zahlen, welche für x ausgeschlossen sind, so dass also die Summe $2+z$ allemal irgend eine höhere Potenz sein muss. Unter diesen Bedingungen ist also

$$\sum\frac{(2+x)^{-(2+y)}}{(2+x)^{2+y}-1} = \Sigma(2+z)^{-(2+y)},$$

oder

$$\tfrac{1}{12}+\tfrac{1}{56}+\tfrac{1}{72}+\tfrac{1}{240}+\tfrac{1}{600}+\tfrac{1}{702}+\tfrac{1}{992}+\cdots \text{ in infin.}$$
$$= \tfrac{1}{16}+\tfrac{1}{64}+\tfrac{1}{64}+\tfrac{1}{81}+\tfrac{1}{256}+\tfrac{1}{256}+\cdots \text{ in infin.“}$$

Die vorstehenden drei Sätze lassen sich durch eine ganz elementare Betrachtung beweisen.

4. Bezeichnet man die Geraden, welche drei feste Puncte A, B, C mit irgend einem vierten Puncte P in ihrer Ebene verbinden, durch a, b, c, und die Winkel, die sie mit einander bilden, durch (ab), (bc), (ca), so müssen, wenn der Punct P die Eigenschaft haben soll, dass die Summe der x^{ten} Potenzen der Geraden a, b, c ein Minimum, also

$$a^x+b^x+c^x = \text{minim.}$$

sei, im Allgemeinen die folgenden zwei Bedingungen stattfinden:

$$(\alpha) \qquad a^{x-1}\sin(ca) = b^{x-1}\sin(bc)$$

und

$$(\beta) \qquad a^{x-1}\sin(ab) = c^{x-1}\sin(bc).$$

Dieser Satz umfasst insbesondere zwei bekannte Sätze *), die man erhält, wenn man

1) x gleich 2 setzt, oder wenn die Summe der Quadrate $a^2+b^2+c^2$ ein Minimum sein soll. Für diesen Fall ist P der Schwerpunct des Dreiecks ABC, und man hat als Bedingungen

$$a\sin(ca) = b\sin(bc)$$

und

$$a\sin(ab) = c\sin(bc);$$

2) wenn man x gleich 1 setzt, oder wenn die Summe der drei Abstände $a+b+c$ ein Minimum, also P der Punct der kleinsten Entfernung von den drei festen Puncten A, B, C sein soll. Für diesen Fall reduciren sich die obigen Bedingungen auf

$$\sin(ab) = \sin(ca) = \sin(bc),$$

oder auch

$$(ab) = (ca) = (bc).$$

5. Wenn man bei dem vorigen Satze (4) dem Exponenten x alle möglichen Werthe giebt, oder wenn man x sich stetig verändern lässt: welches ist alsdann der Ort des Punctes P, und welche eigenthümliche Beziehung hat dieser Ort zu den drei festen Puncten A, B, C?

6. Für beliebige Puncte eines Kegelschnittes lässt sich der Krümmungshalbmesser auf folgende sehr einfache Weise construiren.

Es sei z. B. eine Ellipse ABC (Taf. I, Fig. 2) gegeben, man soll den Krümmungshalbmesser für irgend einen Punct C finden.

Man ziehe eine Axe AB der Ellipse (gleichviel welche), lege in dem Puncte C die Tangente CD, die von der Axe in D begrenzt wird, und errichte auf derselben in C die Normale CM. Mit der Tangente CD beschreibe man um C einen Kreis, welcher die Axe AB zum zweiten Male in E schneidet, ziehe die Gerade CE, welche der Ellipse zum zweiten Male in F begegnet, errichte auf der Sehne CF in ihrer Mitte G die Senkrechte GM, so wird diese die Normale CM im Krümmungsmittelpuncte M schneiden, so dass MC der verlangte Krümmungshalbmesser ist.

---

*) Andererseits ist er ein besonderer Fall eines mehrfach allgemeineren Satzes, welchen ich bei einer anderen Gelegenheit beweisen werde.

Bemerkung zu dem Aufsatze No. 14 in Band XIII des *Crelle*'schen Journals. Das hier gefundene Resultat: „dass die geordneten Verbindungen mit Wiederholungen aus geordneten Verbindungen ohne Wiederholungen abgeleitet werden können," findet sich auch in der *„Analysis"* von *Schweins*, vom Jahre 1820, und besonders klar und umfassend hat dieser nämliche ausgezeichnete Combinatoriker denselben Gegenstand in seiner neueren Schrift *„Grössenlehre, systematisch bearbeitet"*, Leipzig, bei Leop. Voss, 1833, behandelt.

Crelle's Journal Band XIII. S. 361—364.

4

Einfache Construction der Tangente an die allgemeine Lemniscate.

1. Da in neuerer Zeit die Lemniscate bei gewissen physikalischen Untersuchungen mehrfach in Betracht gekommen ist, so halte ich es nicht für unnütz, nachstehende einfache Construction ihrer Tangente in einem beliebigen Puncte hier mitzutheilen.

Eine charakteristische Bestimmung der allgemeinen Lemniscate ist bekanntlich folgende:

„Wenn die Grundlinie AB (Taf. II, Fig. 1) eines Dreiecks der Grösse und Lage nach und das Rechteck unter den beiden anderen Seiten AC, BC der Grösse nach gegeben ist, so ist der Ort der Spitze C eine Lemniscate." Oder umgekehrt:

„In der Hauptaxe einer Lemniscate giebt es allemal zwei Grundpuncte A, B, welche die Eigenschaft haben, dass, wenn man aus denselben nach irgend einem Puncte C des Umfanges Strahlen zieht, das Rechteck unter je zwei solchen Leitstrahlen AC, BC einen constanten Inhalt hat."

Aus dieser Bestimmung folgt unmittelbar, dass die in Rede stehende Curve einen Mittelpunct hat, der in der Mitte zwischen den zwei Grundpuncten A, B liegt, und dass die Curve auf einen endlichen Raum beschränkt ist. Angenommen, es seien D, E die Endpuncte oder Scheitel der Hauptaxe. Man setze 1) die Hauptaxe

$$DE = 2d, \quad \text{also} \quad d = MD = ME,$$

2) den Abstand der Grundpuncte von einander

$$AB = 2c, \quad \text{also} \quad c = MA = MB,$$

und 3) den constanten Inhalt des Rechtecks unter je zwei zusammengehörigen Leitstrahlen AC, BC, oder a, b, gleich h^2, so ist

$$h^2 = ab = (d+c)(d-c) = d^2 - c^2,$$

und die drei verschiedenen Gestalten, welche die Curve im Allgemeinen haben kann, lassen sich durch folgende Bedingungen bestimmen:

α) wenn $h^2 > c^2$, dann ist die Curve in allen ihren Theilen zusammenhängend und hat im Allgemeinen in den Scheiteln ihrer zweiten Axe eine Einsenkung;

β) wenn $h^2 = c^2$, dann schneidet sich die Curve in ihrem Mittelpuncte M, so dass also dieser Punct ein Doppelpunct der Curve ist, und zwar ist er für jeden Zweig ein sogenannter Wendungspunct; die beiden Tangenten in diesem Puncte sind auf einander senkrecht, und die Curve wird durch ihn in zwei geschlossene, congruente Theile getheilt, welche in Scheitelwinkeln jener Tangenten liegen;

γ) wenn $h^2 < c^2$, so besteht die Curve aus zwei isolirten, congruenten Theilen, wovon jeder sich dem Auge als eine geschlossene Curve darstellt, und wovon der eine den Grundpunct A, der andere den Grundpunct B umschliesst.

Häufig wird die Curve nur unter der Form (β) „Lemniscate“ genannt*).

2. Mit Rücksicht auf die vorgenannte charakteristische Eigenschaft der allgemeinen Lemniscate gelangt man nun durch folgende Betrachtung zur Construction ihrer Tangente in einem beliebigen Puncte.

Zieht man nach den Endpuncten C, C_1 eines beliebigen Bogens der Curve die Leitstrahlen a und b, a_1 und b_1, so ist nach dem Vorhergehenden (1)

$$ab = a_1 b_1 = h^2,$$

und daraus folgt

$$a : a_1 = b_1 : b.$$

Zieht man ferner die Secante CC_1 und hälftet in dem Dreieck CAC_1 den Winkel an der Spitze A mittelst der Geraden AA_1, so wie dessen Nebenwinkel mittelst der Geraden AA_2, hälftet man ebenso in dem Dreiecke CBC_1 den Winkel an der Spitze B und dessen Nebenwinkel mittelst der Geraden BB_1, BB_2, so wird die gemeinschaftliche Grundlinie CC_1 der beiden Dreiecke von diesen Geraden bekanntlich so getheilt, dass sich die Abschnitte wie die zwei übrigen Seiten verhalten, d. h. dass sich verhält

$$CA_1 : C_1A_1 = CA_2 : C_1A_2 = a : a_1$$

und

$$C_1B_1 : CB_1 = C_1B_2 : CB_2 = b_1 : b,$$

woraus vermöge der obigen Proportion

$$a : a_1 = b_1 : b$$

*) Ueber diese besondere Lemniscate vergleiche man den ersten Lehrsatz der nächsten Abhandlung (S. 27).

leicht folgt, dass

$$CA_1 = C_1B_1$$

und

$$CA_2 = C_1B_2.$$

Da die Geraden AA_1 und AA_2, weil sie Nebenwinkel hälften, zu einander rechtwinklig sind, und aus dem gleichen Grunde die Geraden BB_1 und BB_2 auf einander senkrecht stehen; und da ferner, wenn man die Secante CC_1 so bewegt, dass ihre Durchschnitte C, C_1 mit der Curve einander immer näher rücken, z. B. wenn man sie um C sich drehen lässt, bis endlich C_1 mit C zusammenfällt, in welchem Falle die Secante in eine Tangente übergeht, und die Geraden AA_1, BB_1 sich beziehlich mit den festen Strahlen AC, BC vereinigen, so wird die Tangente in irgend einem Puncte C der Curve durch folgendes einfache Verfahren gefunden.

„Man ziehe die beiden Leitstrahlen AC, BC nach dem gegebenen Puncte C, errichte auf denselben in den Grundpuncten A, B die Perpendikel AA_2, BB_2 und ziehe zwischen diesen diejenige Gerade A_2CB_2, welche durch jenen Punct C gehälftet wird, so dass

$$CA_2 = CB_2,$$

so ist diese Gerade die verlangte Tangente.“

Berlin, im December 1834.

Crelle's Journal Band XIV. S. 80—82.

5

Aufgaben und Lehrsätze.

1. Lehrsatz. Bestimmt man in der Hauptaxe DE (Taf. II Fig. 2) einer gewöhnlichen Lemniscate*) denjenigen Punct F oder G, welcher zu den Scheiteln dieser Axe D, E und dem einen oder anderen Grundpuncte A oder B der vierte, dem letzteren zugeordnete, harmonische Punct ist, und fällt man aus diesem Puncte auf irgend einen reellen Durchmesser der Curve, d. i. auf irgend eine Gerade HK, welche durch den Mittelpunct M der Curve geht und dieselbe ausserdem in zwei Puncten L, N schneidet, ein Perpendikel FH oder GK, so ist das Rechteck unter den Abständen des Fusspunctes dieses Perpendikels von den Endpuncten jenes Durchmessers, also das Rechteck $HL.HN$ oder $KN.KL$, für alle Durchmesser von constantem Inhalt, und zwar ist dieser Inhalt gleich dem Quadrat der halben Hauptaxe, d. i. gleich MD^2, und somit gleich dem Flächeninhalte der Curve (wenn die von ihr eingeschlossenen Räume beide positiv genommen werden).

2.** Fällt man aus einem willkürlichen Puncte p in der Ebene irgend einer gegebenen Curve A Lothe auf die Tangenten der letzteren, so liegen ihre Fusspuncte in irgend einer anderen bestimmten Curve B, und es ist die Frage:

a) wie lässt sich der Flächeninhalt der Curve B, und

b) wie ihre Länge ausdrücken, wenn die Curve A und die Lage des Punctes p gegeben ist? und ferner:

c) welche Lage muss der Punct p in Bezug auf die Curve A haben, damit der Flächeninhalt, oder

d) damit die Länge der Curve B ein Minimum wird? und endlich:

e) welches ist der Ort des Punctes p, wenn der Inhalt oder die Länge von B gegeben ist?

---

*) Man vergleiche die vorhergehende Abhandlung über die allgemeine Lemniscate (1, β) S. 22.

** Sieh S. 727.

3.* Angenommen es sei die gegebene Curve A (2) geschlossen und überall convex, und man lasse sie auf einer festen Geraden G rollen, bis sie sich ganz umgedreht hat, so wird jeder mit ihr fest verbunden gedachte Punct p (er liege in, innerhalb oder ausserhalb A), irgend eine Curve beschreiben, welche, wenn die Lage des beschreibenden Punctes am Ende seiner Bewegung p_1 heisst, durch pp_1 bezeichnet werden mag. Heissen ferner die Puncte, in welchen die feste Gerade G von der rollenden Curve A anfänglich und am Ende der Bewegung berührt wird, g und g_1, und zieht man die Geraden pg, p_1g_1, so entsteht ein gemischtliniges Viereck pgg_1p_1p, von dessen drei geradlinigen Seiten zwei, nämlich pg und p_1g_1, gleich und parallel sind, und die dritte gg_1 dem Umfange der Curve A gleich ist. (Die vierte Seite ist nämlich die genannte Curve pp_1.) Nun kann gefragt werden:

a) wie lässt sich der Inhalt des Vierecks pgg_1p_1p, und

b) wie die Länge der Curve pp_1 ausdrücken, wenn die rollende Curve A nebst der Lage des beschreibenden Punctes p in Bezug auf dieselbe gegeben ist? und ferner:

c) welche Lage muss der Punct p (in Bezug auf A) haben, damit der Inhalt des Vierecks, oder

d) damit die Länge der Curve pp_1 ein Minimum wird? und endlich:

e) welches ist der Ort des Punctes p, wenn der Inhalt des Vierecks pgg_1p_1p, oder die Länge der Curve pp_1 gegeben ist?

Dieselben Fragen sind zu stellen, wenn die Curve A (statt auf der Geraden G) auf einem gegebenen festen Kreise oder auf irgend einer anderen gegebenen festen Curve rollt.

Wenn bei dieser und bei der vorigen Aufgabe (2) eine und dieselbe Curve A und der nämliche Punct p zugleich betrachtet werden, welches merkwürdige Verhältniss findet dann zwischen den Flächeninhalten der Curve B und des Vierecks pgg_1p_1p statt, und welches zwischen den Längen der Curven B und pp_1? Durch dieses Verhältniss sind nämlich beide Aufgaben von einander abhängig, so dass sie im Grunde in eine einzige zusammenfallen.

4.* Wenn die Grundlinien zweier Dreiecke, einzeln genommen, ihrer Grösse nach gegeben sind, und wenn die Summe der vier übrigen Seiten gegeben ist, so sollen die letzteren einzeln so bestimmt werden, dass die Summe der Flächeninhalte beider Dreiecke ein Maximum wird. Oder umgekehrt: Wenn die Summe der Flächeninhalte zweier Dreiecke und ihre Grundlinien einzeln gegeben sind, so soll man ihre übrigen vier Seiten finden für den Fall, wo die Summe derselben ein Minimum ist.

Die nämlichen Fragen sind auf Vierecke, Fünfecke u. s. w. anzuwenden. Sie führen zuletzt auf nachstehende Fragen:

*Sieh S. 727.

5.** Wenn von zwei Kreis-Segmenten (von verschiedenen Kreisen) die Grundlinien (oder Sehnen) einzeln gegeben sind, und wenn entweder α) die Summe ihrer Bogen, oder β) die Summe ihrer Flächeninhalte gegeben ist, so soll das Verhältniss der Radien der beiden Kreise, oder das Verhältniss der Bogen, oder das Verhältniss der Inhalte der Segmente gefunden werden, welches stattfinden muss, damit im Falle (α) die Summe der Inhalte der Segmente ein Maximum, oder im Falle (β) die Summe der Bogen ein Minimum wird.

6.** Wenn die Grundflächen zweier dreiseitigen Pyramiden der Form und Grösse nach gegeben sind, und wenn ferner entweder α) die Summe ihrer übrigen sechs Flächen, oder β) die Summe ihrer Körperinhalte gegeben ist, so ist die Frage: wie müssen sich ihre Oberflächen, oder wie ihre Körperinhalte zu einander verhalten, damit im ersten Falle (α) die Summe ihrer Körperinhalte ein Maximum, oder im anderen Falle (β) die Summe ihrer Oberflächen (also auch ihrer 6 Seitenflächen) ein Minimum sei?

Dieselben Fragen bei 4, 5, 6, ... n-seitigen Pyramiden; desgleichen bei Kegeln, wenn z. B. die gegebenen Grundflächen Kreise sind.

7.** Wenn die Grundflächen (oder Grundkreise) zweier Kugel-Segmente einzeln gegeben sind, und wenn entweder α) die Summe ihrer Oberflächen, oder β) die Summe ihrer Körperinhalte gegeben ist, so ist die Frage: wie müssen sich die Radien der zugehörigen Kugeln, oder wie müssen sich die Oberflächen, oder die Körperinhalte der Segmente zu einander verhalten, damit im Falle (α) die Summe der Körperinhalte ein Maximum, oder im Falle (β) die Summe der Oberflächen ein Minimum sei?

8. Sind zwei gegenüberstehende Kanten einer dreiseitigen Pyramide der Grösse nach gegeben und liegen sie in zwei gegebenen festen Geraden A, A_1, so ist bekanntlich der Körperinhalt der Pyramide constant, man mag jene Kanten auf diesen festen Geraden annehmen, wo man will. „Dagegen ist die Oberfläche der Pyramide ein Minimum, wenn man die Kanten so annimmt, dass die Gerade, welche ihre Mitten verbindet, auf beiden senkrecht steht.“

9. Wenn im Raume irgend drei unbegrenzte feste Geraden, wovon keine zwei in einer Ebene liegen, gegeben sind, so soll erstens unter allen Dreiecken, deren Ecken beziehlich in den drei Geraden liegen, dasjenige gefunden werden, a) dessen Umfang, oder b) dessen Flächeninhalt, oder c) dessen umschriebener Kreis ein Minimum ist*); oder es soll

*) Das verlangte Dreieck mit dem kleinsten Umfange hat nothwendigerweise die Eigenschaft, dass die Geraden, welche seine Winkel hälften, beziehlich auf den drei gegebenen festen Geraden senkrecht stehen.

** Sieh. S. 727.

zweitens unter allen Kugeln, welche die drei Geraden berühren, die kleinste gefunden werden.

10. Sind die Grundlinien dreier Dreiecke im Raume der Grösse und Lage nach gegeben, und sollen ihre Spitzen in irgend einem Puncte vereinigt sein, so soll diejenige Lage dieses Punctes gefunden werden, für welche die Summe der Flächeninhalte der drei Dreiecke ein Minimum ist. — Wenn ferner die drei Grundlinien der Grösse nach gegeben sind, und wenn sie respective in irgend drei der Lage nach gegebenen unbegrenzten Geraden im Raume liegen sollen, so soll ihre Lage in diesen, so wie die Lage ihrer gemeinschaftlichen Spitze gefunden werden, für welche die Summe ihrer Flächeninhalte ein Minimum wird.

11. Wenn irgend eine Curve C von doppelter Krümmung gegeben ist, und man zieht aus einem beliebigen Puncte P im Raume nach allen Puncten derselben gerade Linien, so erfüllen diese irgend eine kegelförmige krumme Fläche F. Es soll derjenige Punct P gefunden werden, für welchen die Fläche F ein Minimum wird.

Diese Aufgabe wird einfacher, wenn statt der Curve C irgend ein geradliniges schiefes Vieleck (Viereck, Fünfeck u. s. w.) im Raume gegeben ist.

12. Wenn die Seiten (oder ihre Verlängerungen) eines beliebigen gleichseitigen n-Ecks in der Ebene beziehlich durch irgend n gegebene Puncte gehen, so soll der Ort seiner Ecken, einzeln genommen, gefunden werden*). — Giebt es unter den verschiedenen n-Ecken im Allgemeinen ein solches, welches die Eigenschaft hat, dass, wenn man in den gegebenen n Puncten auf seinen Seiten Lothe errichtet, diese einander in irgend einem und demselben Puncte treffen?

Die nämlichen Fragen finden statt, wenn die Seiten des n-Ecks, anstatt gleich zu sein, irgend ein gegebenes Verhältniss zu einander haben sollen, z. B. sich verhalten sollen, wie irgend n gegebene Grössen.

13. Wenn die Ecken eines α) gleichseitigen, oder β) gleichwinkligen ebenen n-Ecks nach der Reihe in irgend n festen unbegrenzten Geraden liegen: welche Curven umhüllen dann seine Seiten, einzeln genommen, in dem einen (α) und in dem anderen (β) Falle?

14. Lässt man bei einem gegebenen Kreise $ADBE$ (Taf. II, Fig. 3) einen Bogen AB, von dessen Endpuncten der eine A fest ist, von Null an stetig wachsen, so beschreibt sein Schwerpunct C irgend eine krumme Linie ACM. Welche Eigenschaft hat diese barycentrische Linie? — Es ist leicht zu sehen, dass dieselbe so oft durch den Mittelpunct M des

---

*) Die Grösse der Seiten des in Rede stehenden n-Ecks ist natürlicherweise willkürlich; ebenso braucht es nicht convex zu sein, sondern es ist im allgemeinsten Sinne zu nehmen.

Kreises geht, als der bewegliche Endpunct B des Bogens seine Peripherie durchläuft, oder zu dem festen Endpuncte A zurückkehrt, dass sie daselbst (in M) den festen Durchmesser AME ebenso oft berührt, und dass sie ausserdem bei jedem späteren Umlaufe des Punctes B eine Schleife beschreibt, die sich immer mehr zusammenzieht, so dass jede Schleife die darauf folgende einschliesst. Ferner bemerkt man leicht die Eigenschaft, dass jede Tangente BC der barycentrischen Curve durch den beweglichen Endpunct B des jedesmaligen Bogens AB geht, welcher den Berührungspunct C der Tangente zum Schwerpunct hat.

Dieselbe Frage ist allgemein zu stellen, wo statt des Kreises irgend eine Curve gegeben ist.

Auch kann die Frage umgekehrt werden, d. h. es kann zu einer gegebenen barycentrischen Curve die ihr zugehörige Curve gesucht werden. Wenn z. B. die barycentrische Curve ein Kreis ist: welches ist dann die zugehörige Curve? Oder wenn ferner die Tangente BC zum Bogen AC ein constantes Verhältniss haben soll, etwa wie $2:3$: welches ist alsdann die gegebene Curve $ADBE$?

15. Es finden ähnliche Fragen statt, wie bei der vorigen Aufgabe (14), wenn man den Schwerpunct des Segmentes (anstatt des Bogens) ADB berücksichtigt; wobei nämlich ebenfalls der Punct A fest bleibt und der andere B sich in der gegebenen Curve fortbewegt. — Ferner finden gleiche Fragen in Rücksicht auf den Schwerpunct eines veränderlichen Sectors AMB statt, wenn nämlich M irgend ein fester Pol (nicht nothwendig der Mittelpunct der gegebenen Curve, welche beliebig ist), und wenn der eine Schenkel MA des Sectors fest ist, dagegen der andere MB sich um den Pol M dreht*). Uebrigens lässt sich die gegenwärtige Aufgabe auf die vorige (14) zurückführen, oder sie fällt im Grunde ganz mit ihr zusammen.

Es darf wohl kaum erwähnt werden, dass ähnliche Fragen über krumme Flächen, so wie über Linien von doppelter Krümmung aufzustellen sind.

16. In der Elementargeometrie wird gelehrt, unter welchen Bedingungen ein n-Eck in der Ebene bestimmt sei, welche und wie viele von seinen Elementen, Seiten und Winkeln, gegeben sein müssen, damit die übrigen dadurch bestimmt sind.

Es käme nun darauf an, zu untersuchen, unter welchen Bedingungen ein schiefes n-Eck im Raume bestimmt sei, d. h., welche und wie viele von seinen $3n$ Elementen oder Stücken (nämlich n Seiten, n Winkeln und n Flächenwinkeln) gegeben sein müssen, damit alle fehlenden dadurch be-

*) Es ist leicht zu sehen, dass der bewegliche Schenkel MB des Sectors (oder im ersten Falle die Sehne AB des Segments) von derjenigen Tangente, welche die barycentrische Curve in dem Schwerpunct des jedesmaligen Sectors berührt, in einem constanten Verhältniss geschnitten wird, dass nämlich der dem festen Puncte M (oder A) anliegende Abschnitt sich zum anderen verhält, wie $2:1$.

stimmt sind. — Wenn z. B. im Allgemeinen nur 6 Stücke fehlen dürfen, so würde folgen, dass ein schiefes n-Eck nur bis zum Sechsecke durch bloss zwei Arten von Elementen, z. B. bloss durch Seiten und Winkel, bestimmt ist, und dass dagegen zur Bestimmung der folgenden schiefen Vielecke, vom Siebenecke an, nothwendig dreierlei Elemente erforderlich sind. Durch nur zweierlei Elemente, etwa durch Seiten und Winkel, ist unter anderen z. B. das schiefe Viereck bestimmt, wenn die vier Seiten und zwei an einer Seite liegende Winkel gegeben sind; das schiefe Fünfeck, wenn alle 5 Seiten und 4 Winkel, und das schiefe Sechseck, wenn alle Seiten und alle Winkel gegeben sind.

Das Wort „bestimmt“ ist hier in der allgemeineren Bedeutung zu nehmen, dass es nämlich nicht unendlich viele, sondern nur irgend eine bestimmte Zahl von verschiedenen Vielecken mit den gegebenen Elementen giebt. In den Fällen, wo mehr als ein Vieleck möglich ist, müssen der Aufgabe, damit auf die Congruenz zweier, aus den nämlichen gegebenen Stücken gebildeten Vielecke zu schliessen sei, noch Nebenbedingungen hinzugefügt werden, ebenso wie bei einigen Fällen der Congruenz ebener Vielecke.

6

Aufgaben und Lehrsätze.

1. Sind n beliebige Ebenen $A, B, C, D, \ldots$ gegeben (z. B. die Ebenen, in welchen die Seitenflächen irgend eines Polyëders liegen), und legt man durch irgend einen festen Punct K eine willkürliche Ebene P, nennt die Winkel, welche diese mit ihnen bildet, beziehlich $\alpha, \beta, \gamma, \delta, \ldots$ und multiplicirt die Cosinus dieser Winkel beziehlich mit beliebigen gegebenen Grössen $a, b, c, d, \ldots$, so wird die Summe dieser Producte irgend einen bestimmten Werth S haben, so dass

$$a\cos\alpha+b\cos\beta+c\cos\gamma+d\cos\delta+\cdots = S$$

ist. Soll nun die Ebene P um den festen Punct K sich so bewegen, dass (wenn auch die Winkel $\alpha, \beta, \gamma, \ldots$ sich ändern) die Summe S constant bleibt, so berührt sie stets irgend einen geraden Kegel K (zweiten Grades), dessen Axe Q fest ist, d. h. die unzähligen Kegel K, welche auf diese Weise entstehen, wenn man die beschreibende Ebene in immer anderer ursprünglicher Lage annimmt, wobei sich zugleich der Werth S ändert, haben eine gemeinschaftliche Axe Q. Die Grenzen der Kegelschaar sind einerseits die Axe Q, wo der Erzeugungswinkel des Kegels gleich 0 ist, und andererseits diejenige Ebene R, welche im Puncte K auf der Axe Q senkrecht steht, und wo der Erzeugungswinkel gleich $\frac{1}{2}\pi$ ist. In diesen Grenzen erreicht der Werth S sein Minimum und Maximum. (Die Ebene R ist demnach einzig in ihrer Art, indem ihr allein ein bestimmter Werth S_1 entspricht; andererseits entspricht allen Ebenen, welche durch die Axe Q gehen, gemeinschaftlich ein eigenthümlicher Werth S_2, und diese zwei Werthe sind also unter allen der kleinste und der grösste, oder die Grenzen von S.)

Nimmt man statt K irgend einen anderen festen Punct K_1 an, so sind natürlicherweise die neuen Grenzen Q und R den vorigen parallel, d. i.

$$Q_1 \parallel Q \quad \text{und} \quad R_1 \parallel R.$$

2. Wenn in der Ebene irgend ein Netz von geradlinigen convexen Vielecken gegeben ist, dessen Grenze selbst ein convexes Vieleck ist, so

soll gezeigt werden, ob allemal ein analoges Netz möglich sei, welches in der Zahl, Gattung und Zusammenfügung der Vielecke mit jenem übereinstimmt, aber die Eigenschaft hat, dass sich um jedes Vieleck insbesondere ein Kreis beschreiben lässt.

3. Es seien AB (Taf. III Fig. 1) die grosse Axe, C, D die Brennpuncte und M der Mittelpunct einer Ellipse. Wird die Axe durch irgend einen Punct X, der zwischen den Brennpuncten liegt, in zwei Abschnitte AX, BX getheilt, und beschreibt man mit denselben beziehlich um die Brennpuncte C, D Kreise, so schneiden sich diese bekanntlich in zwei Puncten a, b der Ellipse; und beschreibt man umgekehrt mit AX, BX beziehlich aus D, C Kreise, so schneiden sich auch diese in zwei Puncten α, β, die in der Ellipse liegen, und es sind sowohl a und α, als b und β Endpuncte eines Durchmessers derselben; und zwar sind die Durchmesser $a\alpha$, $b\beta$ einander gleich und bilden mit der Axe AB gleiche Winkel. Gleicherweise entsprechen jedem anderen Puncte Y der Axe, der zwischen C und D liegt, in der Ellipse vier bestimmte Puncte a_1, b_1, α_1, β_1, oder zwei einander gleiche und gegen die Axe AB gleich geneigte Durchmesser $a_1\alpha_1$, $b_1\beta_1$. Verlangt man nun zu wissen, welche Lage zwei Puncte X, Y in der Axe haben müssen, damit die ihnen entsprechenden Durchmesser einander gegenseitig zugeordnet sind, d. h. damit sowohl $a\alpha$ und $a_1\alpha_1$, als $b\beta$ und $b_1\beta_1$ conjugirte Durchmesser der Ellipse sind, so wird man finden, dass sie nach einem bestimmten Gesetze von einander abhängig sind, welches durch folgende Construction übersichtlich und klar sich darstellt. Ueber dem halben Abstande der Brennpuncte von einander, z. B. über MD, beschreibe man einen Halbkreis MED, nehme in demselben einen beliebigen Punct E, ziehe die Sehnen ME, DE und trage diese vom Mittelpuncte M aus in entgegengesetzter Richtung auf der Axe ab, z. B.

$$ME = MX \quad \text{und} \quad DE = MY,$$

so werden die Puncte X, Y allemal der verlangten Bedingung genügen. (Ist der Punct E die Mitte des Halbkreises, so fallen die zwei Paare conjugirter Durchmesser in eines zusammen, und diese sind alsdann die gleichen conjugirten Durchmesser. Aehnliches findet statt, wenn der Punct E in einem Endpuncte M oder D des Halbkreises angenommen wird, in welchem Falle ihm die Axen der Ellipse entsprechen.)

Wie lautet der analoge Satz für die Hyperbel?

4. Man denke sich eine beliebige Hyperbel; C und D (Taf. III Fig. 2) seien ihre Brennpuncte, A ein Scheitel ihrer Hauptaxe und M ihr Mittelpunct. Nimmt man in der Hyperbel irgend einen Punct E an, z. B. in dem Zweige, welcher den Brennpunct C umschliesst, zieht die Leitstrahlen CE, DE, trägt auf jedem von E aus die halbe Axe MA ab, jedoch beim ersten CE auf dessen Verlängerung über E hinaus, so liegen die End-

puncte F, G der abgetragenen Strecken ($EF = EG = MA$) allemal in demjenigen Durchmesser der Hyperbel, welcher dem Durchmesser ME zugeordnet ist. Oder: Bewegt sich ein gleichschenkliges Dreieck FEG, dessen Schenkel FE, GE der Grösse nach constant sind, so, dass seine drei Seiten FE, FG, GE, oder deren Verlängerungen, stets beziehlich durch drei feste Puncte C, M, D einer Geraden gehen, von denen der eine M, um welchen die Grundlinie FG sich dreht, in der Mitte zwischen den zwei anderen C, D liegt, so beschreibt seine Spitze E eine Hyperbel, welche M zum Mittelpunct und C, D zu Brennpuncten hat, deren halbe Hauptaxe (MA) den constanten Schenkeln des Dreiecks gleich ist, und von welcher endlich der Strahl ME stets der zu der Grundlinie MGF conjugirte Durchmesser ist.

Wie lautet der analoge Satz für die Ellipse?

Auch bei den sphärischen Kegelschnitten findet ein analoger Satz statt, der nur in Hinsicht der conjugirten Durchmesser (ME, MGF) von den Sätzen in der Ebene abweicht.

5. Zwei Seiten ac, bc eines beliebigen gegebenen Dreiecks acb beziehlich durch zwei Puncte x, y so zu theilen, dass

$$ax : cy = ac : bc$$

(wo dann immer auch

$$cx : by = ac : bc,$$

und also der untere Abschnitt der einen Seite sich zum oberen der anderen verhält, wie jene Seite zu dieser), und dass zugleich die Gerade xy, welche die Theilungspuncte verbindet, ein Minimum ist. (Diese Aufgabe ist geometrisch zu lösen.)

6.* „Sind von zwei beliebigen geradlinigen ebenen Vielecken, einem N-Eck und einem N_1-Eck, die Grundlinien a, a_1 nebst der Summe ihrer Umfänge $U+U_1$ gegeben, so ist die Summe ihrer Flächeninhalte $F+F_1$ dann am grössten, wenn 1) jedes Vieleck einem Kreise eingeschrieben ist; wenn 2) die unbestimmten Seiten in jedem, für sich betrachtet, einander gleich sind, so dass also diese Seiten in jedem Vieleck von einem Kreise berührt werden können; und wenn endlich 3) diese beiden, zum Theil eingeschriebenen Kreise einander gleich sind.“ Und umgekehrt: „Sind die Grundlinien a, a_1 nebst der Summe der Inhalte $F+F_1$ gegeben, so ist die Summe der Umfänge $U+U_1$ ein Minimum, wenn die Vielecke den nämlichen drei genannten Bedingungen genügen.“

Dieser allgemeine Satz findet natürlicherweise auch für den Fall statt, wo die beiden Vielecke von gleicher Gattung sind, d. h., wo die Seitenzahl N gleich N_1 ist.

*Sieh S. 727.

Wird insbesondere

$$N = N_1 = 3$$

angenommen, so entspricht der Satz derjenigen Aufgabe (4), welche ich im XIV. Bd. S. 89 von *Crelle*'s Journal vorlegte*), von der aber bis jetzt, wie es scheint, noch keine befriedigende Lösung eingegangen ist.

Der vorstehende Satz hat unter anderen auch die zwei nachstehenden Sätze zur Folge.

7.** „Sind die geraden Grundlinien a, a_1 nebst der Summe der Umfänge $U+U_1$ zweier beliebigen Figuren A, A_1 (deren Begrenzung nämlich, ausser jenen Grundlinien, ganz beliebig, gerad-, krumm- oder gemischtlinig sein darf) gegeben, so ist die Summe ihrer Flächeninhalte $F+F_1$ dann am grössten, wenn beide Figuren Segmente gleicher Kreise sind." Und umgekehrt: „Sind die Grundlinien a, a_1 nebst der Summe der Flächeninhalte gegeben, so ist unter der nämlichen Bedingung die Summe der Umfänge beider Figuren ein Minimum."

8.**I. „Sind die Grundlinien a_1, a_2, a_3, ... und die Summe der Umfänge $U_1+U_2+U_3+\cdots$ beliebig vieler ebenen geradlinigen Vielecke N_1, N_2, N_3, ... gegeben, so ist die Summe ihrer Flächeninhalte $F_1+F_2+F_3+\cdots$ ein Maximum, wenn 1) jedes Vieleck einem Kreise eingeschrieben ist; wenn 2) die unbestimmten Seiten eines jeden unter sich gleich sind, und somit (vermöge 1) von einem Kreise berührt werden; und wenn 3) alle diese zum Theil eingeschriebenen Kreise einander gleich sind." Und umgekehrt: „Wenn die Grundlinien der Vielecke nebst der Summe ihrer Inhalte gegeben sind, so ist unter den nämlichen drei Bedingungen die Summe ihrer Umfänge ein Minimum."

II. „Sind die geradlinigen Grundlinien a_1, a_2, a_3, ... und die Summe der Umfänge $U_1+U_2+U_3+\cdots$ beliebiger Figuren A_1, A_2, A_3, ... gegeben, so ist die Summe ihrer Inhalte ein Maximum, wenn sie sämmtlich Segmente gleicher Kreise sind. Sind die Grundlinien und die Summe der Flächeninhalte gegeben, so ist unter derselben Bedingung die Summe der Umfänge ein Minimum."

Anmerkung. Die Schwierigkeiten, welche die Sätze über Maximum und Minimum bei geometrischen Gegenständen häufig darbieten, und die nicht selten der Art sind, dass sie den gewöhnlichen allgemeinen Regeln Trotz bieten, reizten mich zu dem Versuche, solche Sätze rein geometrisch zu behandeln, um auf diesem Wege ihren eigentlichen Grund zu erforschen. Meine Bemühungen wurden bei vielen Sätzen mit dem besten Erfolge

*) Cf. Band II. S. 28 dieser Ausgabe.

**Sieh S. 727.

belohnt; und blieben sie auch in Rücksicht anderer Sätze vor der Hand noch fruchtlos, so bin ich doch der Meinung, dass es in den meisten Fällen gelingen werde, ein günstiges Resultat zu erhalten; damit wird dann zugleich der Vortheil verbunden sein, dass das wahre Wesen der Sätze mehr aufgeklärt, d. h. ihr Ursprung oder die nothwendige Bedingung ihrer Existenz nachgewiesen wird, welches Alles bei der anderen Methode weder gefordert, noch in derselben Einfachheit erlangt werden kann. Freilich wird die letztere Methode jeden aufgestellten Satz sofort auch leicht beweisen, sobald man nämlich sieht, worauf es eigentlich ankommt, welche Grössen in Rechnung zu bringen sind u. s. w. Aber dieses ist unstreitig weniger wichtig als jenes, nämlich den Satz aus seinen primitiven Gründen auf die einfachste Art herzuleiten und dadurch seinen natürlichen Zusammenhang mit anderen Sätzen, oder die Abhängigkeit der Sätze von einander nachzuweisen. Zudem giebt es viele Sätze, die ausschliesslich nur durch geometrische Betrachtungen und als Folgen einer stufenweisen Entwickelung sich mit gehöriger Eleganz beweisen lassen. So z. B. ergab es sich, dass die vorstehenden Sätze (6, 7 und 8) im Grunde nur auf dem einfachen Elementarsatze beruhen: „Dass unter den Sehnen eines Kreises der Durchmesser die grösste sei", wiewohl sie beim ersten Anblick viel schwieriger zu sein scheinen, und besonders, als Aufgaben gestellt, noch eher zu verwickelten Rechnungen Anlass geben könnten, aus denen die einfache Bedingung, welche die Sätze enthalten, schwer zu erkennen sein dürfte. Jetzt mögen sie leichter zu beweisen sein.

Da meine Untersuchungen über die oben genannten Gegenstände sich zu sehr ausdehnten und mich theilweise auf Hindernisse führten, deren Ueberwindung mir noch nicht gelungen ist, so habe ich mich entschlossen, vorerst nur einen Abschnitt, welcher insbesondere das „Isoperimetrische" (in der Ebene, auf der Kugelfläche und im Raume) enthalten wird, auszuarbeiten und demnächst in einer kleinen Schrift bekannt zu machen. Die genannten Sätze sind dem Inhalte dieser Schrift entnommen, wo sie auf die angedeutete Art bewiesen werden. Gleicherweise werden in derselben durch ebenso elementare, als der Natur des Gegenstandes angemessene, geometrische Betrachtungen mehrere andere interessante Sätze bewiesen werden, welche jeder anderen Betrachtungsweise, wie es wenigstens nach den bisherigen Leistungen den Anschein hat, weniger leicht zugänglich sein möchten. Dahin rechne ich, — ausser den obigen Sätzen und denen, welche den Aufgaben im XIV. Bande von *Crelle*'s Journal (S. 88, Aufg. 2 *a, c, e;* 3 *a, c, e;* 6, 7)*) entsprechen — namentlich die Sätze über regelmässige sphärische Figuren, indem bis jetzt, so viel mir

---

*) Cf. Band II. S. 27—29 dieser Ausgabe.

bekannt, noch auf keine Weise die Frage erledigt ist, ob bei diesen Figuren, wenn sie gleichen Umfang haben, diejenige, welche mehr Seiten hat, auch grösseren Inhalt habe, wie solches bei den regelmässigen Figuren in der Ebene der Fall ist; ja nicht einmal für das sphärische Dreieck und Viereck ist diese Frage entschieden. In der genannten Schrift wird die Frage allgemein, und ich darf wohl sagen, auf die einfachste Art beantwortet, was ohne Zweifel auch jeder Unparteiische zugestehen wird. Uebrigens sind die in Rede stehenden sphärischen Sätze, nebst den neuen Beweisen der analogen Sätze in der Ebene, der Gegenstand einer am 7. Dec. v. J. in der Königl. Akademie der Wissenschaften zu Berlin gehaltenen Vorlesung.

Crelle's Journal Band XV. S. 373—378.

7

Aufgaben und Lehrsätze.*

Die nachstehenden Sätze stehen zum Theil, wie man bemerken wird, mit den drei letzten, die in der vorhergehenden Abhandlung von mir gegeben worden, in eigenthümlicher Beziehung. Was in der dortigen Anmerkung gesagt worden, gilt daher zugleich auch für einige der hier folgenden Sätze.

1. Wenn ein Winkel und der Umfang eines ebenen oder sphärischen n-Ecks gegeben sind, so ist sein Inhalt ein Maximum, wenn α) alle übrigen Winkel einander gleich und wenn es β) einem Kreise umschrieben ist.

2. Ist von zwei beliebigen Vielecken, einem n-Eck und einem n_1-Eck, von jedem ein Winkel α, α_1, und ist die Summe ihrer Umfänge $U+U_1$ gegeben, so ist die Summe ihrer Flächeninhalte $F+F_1$ dann ein Minimum Maximorum, wenn jedes Vieleck, für sich betrachtet, den Bedingungen (α, β) des vorigen Satzes (1) genügt, und wenn die ihnen eingeschriebenen Kreise einander gleich sind. (Das heisst: Wird die gegebene Summe $U+U_1$ auf alle möglichen Arten unter die Umfänge U, U_1 vertheilt, so ist für jeden Fall insbesondere die Summe der Flächeninhalte $F+F_1$ am grössten, wenn jedes Vieleck den Bedingungen des Satzes (1) genügt; und nun ist unter allen diesen grössten Summen diejenige die kleinste (Minimum Maximorum), welche stattfindet, wenn die den Vielecken eingeschriebenen Kreise einander gleich sind.)

Dieser Satz gilt gleicherweise für drei, vier, fünf, ... Vielecke.

3. Sind von einem ebenen oder sphärischen n-Eck die Summe von $n-1$ Seiten und die dazwischen liegenden $n-2$ Winkel (einzeln) gegeben, so ist sein Inhalt dann am grössten, wenn die übrigen zwei Winkel einander gleich, und wenn jene $n-1$ Seiten von einem Kreise berührt werden, dessen Mittelpunct in der n^{ten} Seite liegt.

4. I. Wenn von einem ebenen oder sphärischen Vierecke zwei Winkel, eine Seite und die Summe der drei übrigen Seiten gegeben sind, so sind dabei vier Fälle zu unterscheiden, nämlich 1) die gegebenen Winkel liegen an der gegebenen Seite, oder 2) keiner liegt an derselben, oder 3) sie stehen einander gegenüber, oder endlich 4) sie liegen beide an einer Seite, die der gegebenen anliegt. Es ist die Frage, unter welcher Bedin-

*Sieh S. 727.

gung der Inhalt des Vierecks in jedem der vier Fälle, für sich betrachtet, ein Maximum oder Minimum sei. Für den ersten Fall (1) findet dies z. B. statt, wenn die nicht gegebenen zwei Winkel einander gleich sind; und zwar findet dabei ein Maximum oder Minimum statt, je nachdem die Summe der gegebenen zwei Winkel grösser oder kleiner als π (2 Rechte); ist sie gerade gleich π, so ist die Aufgabe unbestimmt, d. h. alle Vierecke haben gleichen Inhalt.

II. Die analoge Aufgabe, wenn ein Winkel, zwei Seiten und die Summe der zwei übrigen Seiten gegeben sind.

5. Heissen die Seiten eines ebenen oder sphärischen Dreiecks a, b, c, die ihnen gegenüberstehenden Winkel beziehlich α, β, γ, und bezeichnet man den Inhalt des Dreiecks durch $\triangle$, den Umfang durch u, die Summe der Seiten a, b durch s und die Summe der Winkel α, β durch σ, so finden für diese verschiedenen Grössen, in Hinsicht auf Maximum und Minimum, unter anderen folgende Sätze statt (von denen aber einige nur für das sphärische Dreieck gelten):

	Gegeben.	Maximum.	Minimum.	Bedingung.
1.	u, c	$\triangle, \gamma$		$a = b.$
2.	u	$\triangle$		$a = b = c.$
3.	$\triangle, \gamma$		u, c	$a = b$, oder $\alpha = \beta.$
4.	$\triangle$		u	$a = b = c.$
5.	a, b	$\triangle$		$\gamma = \alpha + \beta.$
6.	α, β		u	$c + \pi = a + b.$
7.	s	$\triangle$		$a = b$ und $\gamma = \alpha + \beta.$
8.	σ		u	$\alpha = \beta$ und $c + \pi = a + b.$
9.	$\triangle, c$	γ	σ, u, s	$a = b.$
10.	u, γ	$s, \triangle, \sigma$	c	$\alpha = \beta.$
11.	$\triangle, s$		γ, u, c	$a = b.$
12.	u, σ	$c, \triangle, \gamma$		$\alpha = \beta.$
13.	c, γ	$\triangle, u$		$a = b$, oder $\alpha = \beta.$
14.	s, γ	$\triangle$	c	$a = b.$
15.	σ, c	γ	u	$\alpha = \beta.$
16.	$u, \triangle$	c, γ	c, γ	$a = b$, oder $\alpha = \beta.$
17.	s, α	$\triangle$		$\gamma = 2\beta.$
18.	σ, a		u	$c + \pi = 2b.$
19.	$s - c, \gamma$	$\triangle$	u	$a = b.$
20.	$\sigma - \gamma, c$	u	$\triangle$	$\alpha = \beta.$

Viele von diesen Sätzen sind allgemein bekannt, namentlich in Beziehung auf das ebene Dreieck. Man wird sie leicht in Worten aussprechen können, z. B. der Satz No. 17 lautet, wie folgt:

„Wenn ein Winkel (α) eines ebenen oder sphärischen Dreiecks und die Summe s zweier Seiten (a, b), wovon die eine dem Winkel gegenüberliegt, gegeben sind, so ist sein Flächeninhalt ($\triangle$) dann am grössten, wenn der Winkel (γ), welcher der dritten Seite gegenübersteht, doppelt so gross ist, als der andere nicht gegebene Winkel (β).“

6. I. „Die unbegrenzten Schenkel eines gegebenen Winkels mit einer beliebigen krummen Linie so zu verbinden, dass die dadurch entstehende Figur bei gegebenem Umfange den grössten Inhalt, oder bei gegebenem Inhalte den kleinsten Umfang habe. Welche Form muss die genannte Linie haben, und welche Lage gegen die Schenkel des Winkels?“

II. Die analoge sphärische Aufgabe.

III. Die analoge Aufgabe im Raume, wenn z. B. (statt jenes Winkels) ein gerader Kegel gegeben ist, von welchem ein Stück (dem Scheitel anliegend) abgeschnitten werden soll, das bei gegebener Oberfläche den grössten Körperinhalt hat.

7. Unter allen sphärischen Dreiecken, welche irgend einem gegebenen sphärischen Dreiecke eingeschrieben sind, hat dasjenige den kleinsten Umfang, dessen Ecken in den Fusspuncten der (sphärischen) Perpendikel liegen, welche aus den Spitzen des gegebenen Dreiecks auf die gegenüberstehenden Seiten herabgelassen werden. (Beim ebenen Dreieck findet bekanntlich ein gleichlautender Satz statt.)

8. Unter allen sphärischen Dreiecken, welche irgend einem gegebenen sphärischen Dreiecke umschrieben sind, hat dasjenige den grössten Inhalt, dessen Seiten auf die Quadranten fallen, welche zwischen den Seiten des gegebenen Dreiecks und den ihnen gegenüberliegenden Ecken sich ziehen lassen.

9. Unter allen sphärischen Vierecken, welche einem gegebenen sphärischen Vierecke um- oder eingeschrieben sind, die besondere Eigenschaft desjenigen anzugeben, dessen Inhalt ein Maximum, oder dessen Umfang ein Minimum ist.

10. Unter allen dreiseitigen Pyramiden, welche einer gegebenen dreiseitigen Pyramide eingeschrieben sind, diejenige zu bestimmen, deren Oberfläche ein Minimum ist. (Desgleichen bei anderen Polyedern.)

11. I. Unter allen Kreissectoren (verschiedener Kreise aber) von gleichem Umfange, denjenigen zu finden, der so beschaffen ist, dass der ihm eingeschriebene Kreis (der die beiden Radien und den Bogen berührt) ein Maximum, oder der ihm umschriebene Kreis ein Minimum ist.

II. Desgleichen die analoge sphärische Aufgabe.

12. Unter allen Kugelsectoren (d. i. ein gerader Kegel, dessen Grundfläche ein Theil der aus seinem Scheitel beschriebenen Kugelfläche ist)

von gleicher Oberfläche denjenigen anzugeben, in welchen sich die grösste, oder um welchen sich die kleinste Kugel beschreiben lässt.

13. I. Unter allen sphärischen Kreissectoren auf der nämlichen Kugelfläche und von gegebenem Umfange hat derjenige den grössten Flächeninhalt, dessen Centriwinkel (den die zwei sphärischen Radien am Pol des Kreises bilden) gleich $\frac{4}{\pi}$ Rechte, und zwar ist dieser grösste Inhalt dem Quadrat der Sehne gleich, welche einem der beiden sphärischen Radien, die den Sector bilden, zugehört (d. i. diejenige Gerade, welche die Endpuncte eines der genannten Radien innerhalb der Kugel mit einander verbindet).

II. Wenn der Umfang des Sectors gegeben ist, die Kugel aber nicht, so soll diese so bestimmt werden, dass der Inhalt des Sectors ein Maximum Maximorum wird.

14. I. Unter den verschiedenen Geraden, welche die Fläche eines gegebenen Dreiecks in zwei gleiche Theile theilen, die kleinste oder grösste anzugeben. Desgleichen, wenn sich die Theile verhalten wie $n:m$.

II. Desgleichen, wenn statt des Dreiecks irgend ein Vieleck, oder irgend eine ebene geschlossene Curve gegeben ist.

III. Desgleichen bei den Figuren auf der Kugelfläche.

15. I. Unter allen Ebenen, welche den Körperraum einer gegebenen dreiseitigen Pyramide in zwei gleiche Theile theilen (oder im Verhältniss $n:m$) diejenige anzugeben, bei welcher die Durchschnittsfigur den kleinsten oder grössten Inhalt oder Umfang hat.

II. Desgleichen, wenn statt der genannten Pyramide irgend ein anderer Körper, von ebenen oder krummen Flächen begrenzt, gegeben ist.

16. I. Wird eine unbegrenzte prismatische (oder cylindrische) Säule von beliebigen Ebenen, die nicht mit den Kanten derselben parallel sind, geschnitten, so liegen die Schwerpuncte der Flächen der Durchschnittsfiguren alle in einer bestimmten Geraden A, welche den Kanten der Säule parallel ist. Diese Gerade A soll die „barycentrische Axe" der Säule heissen.

II. „Nimmt man in der barycentrischen Axe A einer prismatischen Säule irgend zwei Puncte b, c an, legt durch jeden eine Ebene B, C, welche die Säule und ihre Kanten schneidet, so dass ein schief oder parallel abgeschnittenes Prisma (oder Cylinder) entsteht, so hat dieses Prisma immer den nämlichen Inhalt, welche Lage man auch den schneidenden Ebenen oder Grundflächen B, C geben mag, wenn dieselben nur stets durch die festen Puncte b, c gehen."

Oder:

III. „Der Körperinhalt jedes beliebigen, schief oder parallel abgeschnittenen Prismas (oder Cylinders) ist gleich dem

Product aus der einen (oder anderen) Grundfläche B oder C in das aus dem Schwerpuncte (c oder b) der anderen auf sie gefällte Perpendikel.“ (Daher folgt auch, dass der Inhalt jeder Grundfläche oder jeder ebenen Durchschnitts-Figur um so kleiner ist, je mehr der Neigungswinkel, den sie mit der barycentrischen Axe bildet, sich dem Rechten nähert; dass also jener ein Minimum wird, wenn letzterer diese Grenze erreicht.)

IV. „Sind von einem beliebigen Prisma (oder Cylinder) die eine Grundfläche (B), die Lage der Seitenflächen, oder die Richtung der Längen-Kanten und der Körperinhalt gegeben, so ist die Grösse und Lage der anderen Grundfläche (C) zwar unbestimmt, aber in allen ihren unzähligen verschiedenen Lagen geht sie stets durch einen und denselben bestimmten Punct (c), welcher zugleich ihr Schwerpunct ist und in der barycentrischen Axe des Prismas liegt.“

In den besseren Lehrbüchern der Stereometrie wird ein Satz bewiesen, welcher der einfachste Fall des vorstehenden Satzes (III) ist; nur wird er unter einem anderen Gesichtspuncte aufgefasst, nämlich es wird gezeigt: „dass der Inhalt des schief abgeschnittenen dreiseitigen Prismas gleich sei dem Producte aus der einen Grundfläche in ein Drittheil der Summe der drei Perpendikel, welche aus den Ecken der anderen Grundfläche auf jene herabgelassen werden.“ Durch den obigen Satz wird der eigentliche Grund dieses Ausdrucks aufgeklärt, nämlich er ist durch die besondere Eigenschaft des Dreiecks bedingt, dass der Schwerpunct seiner Fläche mit dem Schwerpunct seiner drei Eckpuncte zusammenfällt, denn diese Eigenschaft hat zur Folge, dass die Summe der vorgenannten drei Perpendikel gerade dreimal so gross ist, als das aus dem Schwerpuncte der zweiten Grundfläche auf die erste gefällte Perpendikel.

17. I. Wenn der Körperwinkel an der Spitze einer beliebigen Pyramide (oder eines Kegels) nebst dem Körperinhalte derselben gegeben ist, so kann zwar ihre Grundfläche der Grösse und Lage nach sich unendlichfach verändern, aber sie ist dabei dem Gesetz unterworfen: „dass sie in allen ihren verschiedenen Lagen eine bestimmte krumme Fläche berührt, und dass der Berührungspunct zugleich ihr Schwerpunct ist.“ Der Körperwinkel (oder Kegel) ist ein „Asymptoten-Körperwinkel“ der krummen Fläche.

II. Es sollen die Gleichung und die Eigenschaften der genannten krummen Fläche gefunden werden *).

---

*) Ist der gegebene Körperwinkel insbesondere dreikantig, und werden seine Kanten zu Coordinaten-Axen angenommen, so hat die Gleichung der in Frage stehenden Fläche

Aus der angegebenen Eigenschaft (I) folgt weiter:

III. „Dass unter allen Pyramiden (oder Kegeln) von gleichem Inhalt und gemeinschaftlichem Körperwinkel an der Spitze, diejenige die kleinste Grundfläche hat, bei welcher das Perpendikel aus der Spitze auf die Grundfläche den Schwerpunct der letzteren trifft."

IV. „Und dass unter allen Pyramiden (oder Kegeln) von gleich grossen Grundflächen und gemeinschaftlichem Körperwinkel an der Spitze diejenige den grössten Körperinhalt hat, welche die nämliche Eigenschaft (III) besitzt."

18. I. Wenn ein beliebiger Körper der Form und Grösse nach gegeben ist: von welcher krummen Fläche werden dann die gesammten Ebenen, die von demselben gleich grosse Segmente abschneiden, berührt? und in welchem Puncte wird jede Ebene, als Grundfläche des Segments betrachtet, von derselben berührt? (Ist z. B. die Oberfläche des gegebenen Körpers vom zweiten Grade, so ist die gesuchte Fläche ihr ähnlich, mit ihr concentrisch, und die Grundfläche des Segments wird in ihrem Schwerpuncte berührt.)

II. Dieselben Fragen, wenn nicht das Segment, sondern die Grundfläche constanten Inhalt haben soll.

19. Es giebt drei Polyeder, wovon jedes entweder fünf Seitenflächen oder fünf Ecken hat, nämlich 1) die vierseitige Pyramide (hat fünf Ecken und fünf Flächen), 2) die abgestumpfte dreiseitige Pyramide (oder das Prisma) und 3) die sechsflächige Doppelpyramide (diese ist von sechs Dreiecken begrenzt und hat fünf Ecken). Angenommen diese drei Körper haben gleich grosse Oberflächen, und jeder sei so construirt, dass sein Inhalt ein Maximum ist, so wird, wenn man die Inhalte nach der Reihe durch a, b, c bezeichnet,

$$a:b=b:c, \quad \text{oder} \quad b^2=ac, \quad \text{wobei} \quad c>b>a;$$

und umgekehrt: haben die Körper gleichen Inhalt, und ist jeder so beschaffen, dass seine Oberfläche ein Minimum ist, so hat man, wenn diese Oberflächen durch α, β, γ bezeichnet werden,

$$\alpha:\beta=\beta:\gamma, \quad \text{wobei} \quad \alpha>\beta>\gamma.$$

(wie aus I leicht folgt) die einfache Form

$$xyz = A,$$

woraus man sieht, dass die Fläche drei Systeme von Kegelschnitten enthält, nämlich dass sie von jeder Ebene, welche mit einer der drei Coordinaten-Ebenen (Seitenflächen des Körperwinkels) parallel ist, in einem Kegelschnitt, und zwar in einer Hyperbel geschnitten wird.

Ist ferner statt des Körperwinkels ein Kegel zweiten Grades gegeben, so ist die zugehörige krumme Fläche ebenfalls nur von diesem Grade, nämlich sie ist das zweitheilige Hyperboloïd.

20. Welche Relationen finden nach Analogie des vorigen Satzes (19) bei den verschiedenen Körpern statt, welche sechs Ecken oder sechs Flächen haben? — Oder wenn die 7 verschiedenen sechsflächigen Körper gleich grosse Oberflächen haben, und wenn jeder so beschaffen ist, dass er den grössten Inhalt hat: in welcher Ordnung folgen dann diese Maxima ihrer Grösse nach auf einander? welches ist z. B. das kleinste? Und welches Verhältniss haben unter diesen Umständen die Inhalte der einzelnen Seitenflächen jedes Körpers, für sich betrachtet, zu einander?

21. „Wenn die Netzform eines Polyëders (d. h. die Anzahl, Gattung und Aufeinanderfolge seiner Seitenflächen) so wie seine Oberfläche (Summe aller Seitenflächen) gegeben ist: unter welchen Bedingungen ist dann sein Körperinhalt ein Maximum?“

22. „Wenn die Grundfläche einer vierseitigen Pyramide der Form und Grösse nach, und wenn die Summe der Seitenflächen gegeben ist, so soll die Bedingung gefunden werden, unter welcher der Inhalt der Pyramide ein Maximum wird.“

Dieselbe Aufgabe in Rücksicht auf Pyramiden von beliebig vielen Seitenflächen.

Die Lösung dieser Aufgabe ist meines Wissens nur für den besonderen Fall bekannt, wo die Grundfläche der Pyramide einem Kreise umschrieben ist. Für den gegenwärtigen allgemeinen Fall ist die Lösung weniger leicht und einfach.

23. Wenn die Grundfläche einer beliebigen Pyramide der Form und Grösse nach nebst dem Körperinhalte derselben gegeben ist, so soll die Bedingung gefunden werden, unter welcher entweder 1) der Inhalt des Körperwinkels an der Spitze (d. i. die Summe seiner Flächenwinkel), oder 2) die Summe der Kantenwinkel an der Spitze, oder 3) die Summe der Körperwinkel an der Grundfläche ein Maximum wird.

24. Wenn von einer beliebigen Pyramide der Körperwinkel an der Spitze (der Form und Grösse nach) nebst dem Körperinhalte gegeben ist, so soll die Bedingung angegeben werden, unter welcher entweder 1) der Umfang der Grundfläche, oder 2) die Summe der Seitenflächen, oder 3) die ganze Oberfläche, oder 4) die Summe der Kanten, etc. ein Minimum wird.

25. Wenn die Grundfläche einer beliebigen Pyramide (oder eines Kegels) der Form und Art nach (d. h. sie ist einer gegebenen Figur ähnlich) und wenn die Oberfläche derselben gegeben ist: unter welchen Bedingungen ist dann ihr Körperinhalt ein Maximum?

Wenn insbesondere die Grundfläche ein Kreis, oder ein dem Kreise umgeschriebenes Vieleck ist, so ist bekanntlich der Inhalt der Pyramide ein Maximum, wenn die Summe der Seitenflächen dreimal so gross als die Grundfläche ist.

26. Wenn die Grundfläche einer Pyramide der Form und Grösse nach, und wenn die Summe der an der Spitze liegenden Kanten gegeben ist, so ist ihr Inhalt dann ein Maximum, wenn jede durch die Spitze der Grundfläche parallel gezogene Gerade mit jenen Kanten solche Winkel α, β, γ, ... bildet, für welche stets die Gleichung

$$\cos\alpha + \cos\beta + \cos\gamma + \cdots = 0$$

stattfindet.

27. „Wenn die Grundfläche einer abgestumpften dreiseitigen Pyramide der Form und Grösse nach, und wenn die Summe der vier übrigen Flächen gegeben ist: unter welcher Bedingung ist dann ihr Inhalt ein Maximum?“

Dieselbe Aufgabe für andere Pyramiden, oder für den abgestumpften Kegel, dessen gegebene Grundfläche ein Kreis ist.

28. „Besteht die Oberfläche eines Körpers aus zwei Theilen: aus einer der Form und Grösse nach gegebenen ebenen Figur A (als Grundfläche angesehen) und aus einer nur der Grösse nach gegebenen Fläche B, so soll man die Form der letzteren für den Fall finden, wo der Inhalt des Körpers ein Maximum wird.“

Dieselbe Aufgabe für irgend einen besonderen Fall, z. B. wenn die gegebene Grundfläche A ein Dreieck, Viereck, etc. oder ein regelmässiges Vieleck, oder ein Kreissegment, oder eine Ellipse ist. (Ist A ein Kreis, so ist B ein Segment der Kugelfläche.)

Oder dieselbe Aufgabe allgemeiner, wo A eine beliebige (nicht ebene) gegebene Fläche, und wo ihre Grenze, die sie mit B gemein hat, irgend ein (gegebenes) schiefes Vieleck, oder irgend eine Curve von doppelter Krümmung ist.

29. Wenn die Grundlinie eines Dreiecks, so wie ihre Lage gegen eine in derselben Ebene liegende Gerade A, nebst der Summe der Schenkel desselben gegeben ist, so sollen die Schenkel so bestimmt werden, dass sie, wenn man das Dreieck um jene Gerade A (als feste Axe) herumbewegt, zusammen die kleinste oder grösste Fläche beschreiben.

30. Wenn der Radius einer Kugel und der Abstand ihres Mittelpunctes von einer festen Axe A gegeben sind, so wird, wenn man die Kugel um die feste Axe herumbewegt, jeder Durchmesser derselben irgend eine bestimmte Fläche beschreiben; dabei werden alle Durchmesser, welche mit der Axe in einer Ebene liegen, gleich grosse, und zwar unter allen die grösste, derjenige Durchmesser dagegen, welcher auf jener Ebene senkrecht steht, wird unter allen die kleinste Fläche beschreiben. Es ist nun die Frage, welchem Gesetze von den übrigen Durchmessern diejenigen unterworfen sind, welche gleich grosse Flächen beschreiben (d. h. in was für einer Kegelfläche sie liegen).

8

Maximum und Minimum des Bogens einer beliebigen Curve im Verhältniss zur zugehörigen Abscisse oder Ordinate.

1. Die nachstehenden Resultate gründen sich auf den folgenden Fundamentalsatz.

„Wenn die Ordinate y in irgend einem Puncte C einer beliebigen algebraischen oder transcendenten Curve $BGCH$ (Taf. III Fig. 3) auf der zugehörigen Tangente ECF nicht normal steht, sondern auf der concaven Seite der Curve einerseits einen stumpfen Winkel (yt_1) gleich α, und andererseits einen spitzen Winkel (yt_2) gleich β mit derselben bildet, so schneidet die im stumpfen Winkel zunächst folgende Ordinate y_1 von der Curve ein kleineres Element CG gleich b_1 ab als von der Tangente CE gleich t_1, dagegen ist bei der im spitzen Winkel zunächst folgenden Ordinate y_2 das Curven-Element CH gleich b_2 grösser als das der Tangente CF gleich t_2, also ist

$$b_1 < t_1 \quad \text{und} \quad b_2 > t_2.\text{“ *)}$$

Die Richtigkeit des einen Theiles dieses Satzes, nämlich dass der Bogen CH im spitzen Winkel β grösser ist als die Tangente CF, oder $b_2 > t_2$, liegt klar vor Augen. Denn zieht man die Sehne CH, so ist sie, weil α_1 gleich α ein stumpfer Winkel ist, die grösste Seite im Dreieck CHF, also $CH > CF$, und da offenbar

$$\text{Bogen } b_2 > \text{Sehne } CH,$$

so ist folglich um so mehr

$$b_2 > CF \quad \text{oder} \quad b_2 > t_2.$$

---

*) Man vergleiche unter anderen die kleine Schrift von *Crelle* „*Ueber die Anwendung der Rechnung mit veränderlichen Grössen auf Geometrie und Mechanik*, Berlin, bei Maurer 1816“, wo ein Satz, der mit dem gegenwärtigen nahe übereinkommt, ausführlich erörtert und begründet wird.

Was den anderen Theil des Satzes betrifft, so ist zunächst zu bemerken, dass, wenn die Curve in der Nähe des Punctes C nach G hin keinen singulären Punct hat, dann die Tangente von C bis G ihre Richtung in gleichem Sinne und zwar stetig ändert, so dass der anfänglich stumpfe Winkel α, welchen die Tangente CE mit der Ordinate y bildet, stetig abnimmt; da aber diese Abnahme nur allmälig geschieht, so muss es nothwendig immer nahe bei C solche Puncte G geben, wo die zugehörige Tangente GL und Ordinate y_1 nach derselben Seite einen Winkel γ einschliessen, welcher kleiner als α und grösser (oder nicht kleiner) als β ist; dann aber ist in dem Dreiecke GKE Winkel

$$\gamma_1 > \beta_1,$$

weil γ_1 gleich γ und β_1 gleich β, daher weiter Seite

$$EK > GK,$$

und da zufolge des *Archimed*ischen Grundsatzes

$$CK + GK > b_1,$$

so ist folglich um so mehr

$$CK + KE > b_1,$$

das ist

$$t_1 > b_1,$$

was im Satze behauptet wird.

2. Der vorstehende Satz verliert unter anderen namentlich in folgenden drei Fällen seine Gültigkeit: 1) wenn y die Normale im Puncte C ist; 2) wenn C ein Wendungspunct, oder 3) ein Rückkehrpunct der Curve ist, oder einem solchen Puncte unendlich nahe liegt.

3. Durch Hülfe des obigen Satzes (1) ist die folgende Aufgabe leicht zu lösen:

„Die besondere Eigenschaft desjenigen Punctes C einer beliebigen, auf irgend ein (geradliniges) Coordinaten-System bezogenen Curve anzugeben, dessen Abscisse x im Verhältniss zu dem zugehörigen Bogen s, der von irgend einem gegebenen Puncte B der Curve bis zu jenem Puncte C genommen wird, ein Maximum oder Minimum ist.“

Es sei BCC_1 (Taf. IV Fig. 4) die vorgelegte Curve, B der in ihr gegebene Punct, von welchem der Bogen s anfangen und sich nach der Richtung $C, C_1, \ldots$ erstrecken soll; ferner seien X, Y die Coordinaten-Axen, A der Anfangspunct, und die Abscisse werde nach Umständen durch x oder z bezeichnet.

Man denke sich in der Curve einen Punct C von der Beschaffenheit, dass, wenn man von der Tangente CD in demselben die Länge des entsprechenden Bogens BC abschneidet, und zwar nach der Seite dieses

Bogens hin, also etwa

$$CD = BC = s$$

macht, dann der Endpunct D der Tangente gerade in die Ordinaten-Axe Y fällt, so wird der Punct C im Allgemeinen der Aufgabe genügen. Denn unter diesen Umständen hat man, vermöge der Parallelität der Ordinaten y, y_1, y_2 und ihrer Axe Y

$$x : DC = x_1 : DE,$$

oder

$$x : s = x_1 : s - t_1,$$

und ist nun z. B. der Winkel (yt_1), das ist yCD, spitz und y_1 nahe an y, wo dann $t_1 < b_1$ (1), so hat man

$$x : s < x_1 : s - b_1,$$

oder

$$\text{(I)} \qquad x : s < x_1 : s_1,$$

wenn nämlich der Bogen BG gleich $s - b_1$ gleich s_1 gesetzt wird.

Ebenso hat man

$$x : DC = x_2 : DF,$$

oder

$$x : s = x_2 : s + t_2,$$

und daher, da $t_2 > b_2$ (1),

$$x : s < x_2 : s + b_2,$$

oder

$$\text{(II)} \qquad x : s < x_2 : s_2,$$

wo s_2 den Bogen BH bezeichnet.

Demnach ist in der That unter den vorausgesetzten Umständen die Abscisse x des Punctes C im Verhältniss zum zugehörigen Bogen s (gleich BC) kleiner als zunächst vor oder nach diesem Puncte, nämlich kleiner als $x_1 : s_1$ (I) und auch kleiner als $x_2 : s_2$ (II), folglich ist $x : s$ ein Minimum (oder $s : x$ ein Maximum). Das charakteristische Merkmal dieses Minimums besteht darin, dass das Ende des Bogens s, in Rücksicht der beiden Winkel (yt_1), (yt_2), welche die Ordinate auf der concaven Seite der Curve mit der Tangente bildet, in demjenigen Winkel (yt_1) liegt, welcher spitz ist. Findet nämlich das Umgekehrte statt, d. h. ist der Winkel, in welchem das Ende des Bogens s liegt, stumpf, wie etwa bei dem Puncte C_1, wo gleichfalls die Tangente C_1D_1 gleich dem Bogen BC_1 gleich s, und der Winkel (yt_1) stumpf sein soll, so folgt auf dieselbe Weise, wie vorhin, dass jetzt, wenn die Abscisse für einen Augenblick durch z bezeichnet wird,

$$\text{(I)} \qquad z : s > z_1 : s_1,$$

und

$$\text{(II)} \qquad z : s > z_2 : s_2;$$

dass also in diesem Falle das Verhältniss der Abscisse zum zugehörigen Bogen, das ist $z:s$, ein Maximum (oder umgekehrt $s:z$ ein Minimum) ist.

Dass unter ganz ähnlichen Umständen die Ordinate y im Verhältniss zum zugehörigen Bogen s ein Minimum oder Maximum wird, ist einleuchtend und zwar durch den vorstehenden Beweis zugleich dargethan, wofern man nämlich die Namen der Coordinaten-Axen X, Y vertauscht.

4. Aus der vorstehenden Betrachtung (3) schliesst man zunächst folgende allgemeine Sätze:

a. „Wird irgend eine Curve $BCC_1C_2\ldots$ auf beliebige Coordinaten-Axen X, Y bezogen, und betrachtet man einen veränderlichen Bogen BC gleich s derselben, der von irgend einem festen Puncte B anfängt, so ist dieser Bogen im Verhältniss zu der Abscisse x (oder Ordinate y) seines beweglichen Endpunctes C unter anderen im Allgemeinen ein Maximum oder Minimum, wenn die Tangente in dem letzteren Puncte C, nach der Seite des Bogens hin und bis an die Axe Y (oder X) genommen, gerade dem zugehörigen Bogen gleich ist; und zwar findet ein Maximum oder Minimum statt, je nachdem der Winkel, welchen die Ordinate y (oder Abscisse x) in dem genannten Endpuncte mit der Tangente (nach derselben Seite hin) bildet, beziehlich spitz oder stumpf ist.“ Oder mit anderen Worten und anschaulicher:

b. „Wird die gegebene Curve von dem Puncte B an, von welchem der Bogen anfängt, abgewickelt, so entspricht jedem Puncte D, D_1, D_2, ... (oder d, d_1, d_2, ...), in welchem die Evolvente BDD_1 die Axe Y (oder X) schneidet, auf der gegebenen Curve ein solcher Punct C, C_1, C_2, ... (oder c, c_1, c_2, ...), dessen Abscisse (oder Ordinate) im Verhältniss zum zugehörigen Bogen ein Maximum oder Minimum ist. Ist die gegebene Curve insbesondere endlich und geschlossen oder in sich zurückkehrend, wo dann der Bogen grösser als ihr Umfang oder als ein beliebiges Vielfache desselben genommen werden kann, oder ist sie spiralförmig, so kann die Evolvente die Axe Y (oder X) unendlich oft schneiden, und alsdann giebt es in der gegebenen Curve auch unzählige Puncte C, C_1, C_2, ... (oder c, c_1, c_2, ...), denen die angegebene Eigenschaft zukommt.“ Es folgt ferner:

c. „Wenn die Evolvente die Axe Y (oder X) in irgend einem Puncte berührt, so fallen in demselben zwei auf einander folgende Durchschnittspuncte, etwa D in D_1, zusammen, und dann vereinigen sich auch die ihnen entsprechenden Puncte C, C_1 auf der gegebenen Curve, wovon dem einen ein Minimum und dem anderen ein Maximum entspricht; diese verschiedenen

Eigenschaften heben aber einander auf, so dass dem vereinigten Puncte (CC_1) keine von beiden zukommen kann, vielmehr besitzt er die Eigenschaft, dass die zugehörige Ordinate y zugleich die Normale ist. Wenn dagegen die gegebene Curve BCC_1 die Axe Y (oder X) berührt, so ist der Berührungspunct zugleich einer der genannten Puncte $C, C_1, \ldots$ (oder $c, c_1, \ldots$), und zwar ein solcher, für welchen $x:s$ ein Minimum wird, und im Falle die gegebene Curve endlich und geschlossen ist (b), fallen unendlich viele solche Puncte mit jenem Berührungspuncte zusammen."

Sieht man die Curve $BDD_1\ldots$ als gegeben an, so folgt durch Umkehrung:

d. „Wird eine beliebige Curve $BDD_1\ldots$ auf irgend ein Coordinaten-System YX bezogen, so sind diejenigen Puncte in ihr ($D, D_1, D_2, \ldots$ oder $d, d_1, d_2, \ldots$), deren zugehöriger Krümmungshalbmesser ($DC, D_1C_1, D_2C_2, \ldots$) im Verhältniss zu der Abscisse x oder Ordinate y des Krümmungsmittelpunctes ($C, C_1, C_2, \ldots$ oder $c, c_1, c_2, \ldots$) ein Maximum oder Minimum sind, unmittelbar gegeben, nämlich sie sind die Puncte, in welchen die Curve beziehlich von der Ordinaten-Axe (Y) oder Abscissen-Axe (X) geschnitten wird."

5. Aus den vorstehenden Sätzen (4) lassen sich nun weiter unter anderen nachstehende besondere Sätze folgern:

Wird angenommen, die Coordinaten-Axen Y, X seien zu einander rechtwinklig, und irgend eine endliche, geschlossene, überall convexe Curve $A\mathfrak{C}BCA$ (Taf. IV Fig. 5) sei in Bezug auf die Axe Y symmetrisch und werde von ihr in den Puncten A, B geschnitten, so dass also jede Sehne $C\mathfrak{C}, C_1\mathfrak{C}_1, \ldots$, welche der Axe X parallel ist, von der Axe Y gehälftet wird, und dass die Tangenten in A, B der Axe X parallel sind, so wird, wenn man den Bogen s von A anfangen lässt, der Punct C in dem Falle, wo die Tangente CD dem Bogen $A\mathfrak{C}C$ gleich ist, der erste sein, dessen Abscisse CE gleich x im Verhältniss zum zugehörigen Bogen $A\mathfrak{C}C$ gleich s_1 ein Maximum wird (4). Dann ist aber auch zugleich vermöge der Symmetrie die Abscisse $\mathfrak{C}E$ im Verhältniss zum Bogen $AC\mathfrak{C}$ ein Maximum, und folglich ist sofort die Sehne $C\mathfrak{C}$ im Verhältniss zur Summe beider Bogen

$$A\mathfrak{C}C + AC\mathfrak{C} = u + CB\mathfrak{C},$$

wo u den Umfang der Curve bezeichnet, ein Maximum. Gleicherweise folgt, dass, wenn bei der Sehne $C_1\mathfrak{C}_1$ die Tangenten

$$C_1D_1 + \mathfrak{C}_1D_1 = \text{Bog. } A\mathfrak{C}CAC_1 + AC\mathfrak{C}A\mathfrak{C}_1 = 2u + C_1A\mathfrak{C}_1 = s_2,$$

dann das Verhältniss $C_1\mathfrak{C}_1 : s_2$ ein Maximum ist. Ebenso wird das Verhältniss $C\mathfrak{C} : s_{2n-1}$ oder $C_1\mathfrak{C}_1 : s_{2n}$ ein Maximum, wenn die Sehne $C\mathfrak{C}$ oder $C_1\mathfrak{C}_1$ so beschaffen ist, dass

$$CD + \mathfrak{C}D = (2n-1)u + CB\mathfrak{C} = s_{2n-1},$$

oder

$$C_1D_1 + \mathfrak{C}_1D_1 = 2nu + C_1A\mathfrak{C}_1 = s_{2n},$$

wo n irgend eine ganze positive Zahl (1, 2, 3, ...) bezeichnet. Aehnliche Resultate erhält man, wenn die Theile des Bogens s von B, statt von A, anfangen. Also:

a. Wenn eine geschlossene convexe Curve $A\mathfrak{C}BCA$ in Bezug auf irgend eine Axe Y senkrecht symmetrisch ist, so ist jede zur Axe senkrechte Sehne $C\mathfrak{C}$, $C_1\mathfrak{C}_1$ im Verhältniss zum zugehörigen Bogen s ein Maximum, wenn dieser Bogen der Summe der Tangenten in seinen Endpuncten, von da bis zu ihrem gegenseitigen Durchschnitte D, D_1 genommen ($CD + \mathfrak{C}D$, $C_1D_1 + \mathfrak{C}_1D_1$), gleich ist; und zwar ist dabei der Bogen jedesmal grösser als der Umfang u der Curve, nämlich er besteht aus dem einfachen Bogenstück ($CB\mathfrak{C}$, $C_1A\mathfrak{C}_1$), welches nach der Seite hin, wo die Tangenten sich treffen, über der Sehne liegt, und ausserdem aus n-mal dem Umfange u, wo n irgend eine ganze positive Zahl (die mindestens gleich 1 ist) bezeichnet.“

Fügt man zu den obigen Annahmen noch die hinzu, dass die Axe X die Curve in A berühren soll, und denkt sich sofort den Punct C so beschaffen, dass Tangente Cd gleich Bogen AC, so ist die Ordinate y gleich AE dieses Punctes im Verhältniss zum Bogen AC ein Maximum (4), und weil vermöge der Symmetrie

$$A\mathfrak{C} = AC \quad \text{und} \quad \mathfrak{C}\mathfrak{d} = Cd,$$

so ist zugleich auch $AE : A\mathfrak{C}$ ein Maximum und folglich auch $AE : AC + A\mathfrak{C}$ oder $AE : CA\mathfrak{C}$ ein Maximum, d. h. „sodann ist die Höhe AE gleich y des Curven-Segments $CA\mathfrak{C}C$ im Verhältniss zum Bogen $CA\mathfrak{C}$ ein Maximum.“ Dasselbe trifft offenbar ein, wenn Tangente

$$Cd = \text{Bogen } AC\mathfrak{C}AC = u + AC,$$

oder allgemein

$$Cd = nu + AC,$$

wo dann zugleich

$$\mathfrak{C}\mathfrak{d} = nu + A\mathfrak{C},$$

und mithin

$$Cd + \mathfrak{C}\mathfrak{d} = 2nu + CA\mathfrak{C}$$

ist. Fangen dagegen die Theile des Bogens von B an, und ist z. B. Tangente Cd gleich Bogen $B\mathfrak{C}AC$ und Tangente $\mathfrak{C}\mathfrak{d}$ gleich Bogen $BCA\mathfrak{C}$, mithin der ganze Bogen gleich $u + CA\mathfrak{C}$, so ist ebenfalls das genannte

Verhältniss ein Maximum, so wie, wenn allgemein

$$Cd + \mathfrak{C}\mathfrak{d} = (2n-1)u + CA\mathfrak{C}$$

ist. Also:

b. „Ist eine geschlossene convexe Curve $ACB\mathfrak{C}A$ in Bezug auf irgend eine Axe Y symmetrisch, und schneidet man durch eine zur Axe senkrechte Sehne $C\mathfrak{C}$ ein Segment ab, so ist die Höhe AE gleich y desselben im Verhältniss zum Bogen s im Allgemeinen ein Maximum, wenn die Tangente X im Scheitel der Curve (oder in der Mitte A des Bogens) von den Tangenten Cd, $\mathfrak{C}\mathfrak{d}$ in den Endpuncten C, $\mathfrak{C}$ des Bogens solche Stücke abschneidet, dass jedes dem halben Bogen gleich ist. Dieser Zustand kann unendlich oft eintreten, aber von dem einen Mal bis zum nächstfolgenden nimmt der Bogen zu, enthält den Umfang u der Curve einmal mehr, so dass er im Allgemeinen aus $(n-1)u$ und aus einem Stück $CA\mathfrak{C}$ besteht; auch sind die Maxima der Reihe nach immer kleiner, so dass das erste, wo n gleich 1 und der Bogen s nur aus dem Stück $CA\mathfrak{C}$ besteht, das grösste ist."

6. Wenn die gegebene Curve $ACB\mathfrak{C}A$ insbesondere ein Kreis ist, so folgen, wenn man bemerkt, dass alle Kreise einander ähnlich sind, aus den vorstehenden Sätzen (5) unmittelbar die folgenden:

a. „Unter allen Kreissegmenten (von verschiedenen Kreisen, aber) von gleich langem Bogen, ist bei demjenigen die Sehne ($C\mathfrak{C}$) im Verhältniss zum Bogen (s) ein Maximum, bei welchem die Summe der Tangenten in den Endpuncten des Bogens, von da bis zu ihrem gegenseitigen Durchschnitt (D oder D_1) genommen, dem Bogen gleich ist; dieser Zustand tritt bei unendlich vielen Kreisen ein, aber jedesmal ist der Bogen s grösser als der Umfang u des Kreises, nämlich er besteht aus nu und aus dem kleineren Bogenstück ($CB\mathfrak{C}$ oder $C_1A\mathfrak{C}_1$) über der Sehne ($C\mathfrak{C}$ oder $C_1\mathfrak{C}_1$); auch werden die Maxima der Reihe nach, wenn n gleich 1, 2, 3, 4, ... ist, immer kleiner."

b. „Unter allen Kreissegmenten von gleich langem Bogen hat dasjenige die grösste Höhe AE gleich y, bei welchem die Tangenten (Cd, $\mathfrak{C}\mathfrak{d}$) in den Endpuncten des Bogens von derjenigen in der Mitte A desselben ein Stück $d\mathfrak{d}$ (gleich $Cd + \mathfrak{C}\mathfrak{d}$) begrenzen, welches dem Bogen gleich ist; dieser Zustand kann bei unendlich vielen Kreisen eintreten, aber nur das erste Mal ist der Bogen $CA\mathfrak{C}$ kleiner als der zugehörige Kreis; bei jedem späteren Male besteht er aus nu und aus dem grösseren Bogenstück ($CA\mathfrak{C}$) über der Sehne, wo n nach einander die Werthe 1, 2, 3, 4, ... hat; dabei werden die verschiedenen Maxima der Reihe nach immer kleiner."

7. Man denke sich die Schaar von Kreisen (d. i. alle möglichen), welche die Axe X (Taf. IV Fig. 6) in demselben festen Puncte A berühren und deren Mittelpuncte $M, m, M_1, m_1, \ldots$ auf einerlei Seite von X in der Axe Y liegen, nehme auf allen Kreisen, von A an und nach gleicher Richtung, Bogen $AD, AC, Ac, \ldots$ von derselben gegebenen Länge s, so dass

$$AD = AC = Ac = \cdots = s,$$

so werden die Endpuncte $D, C, c, \ldots$ der Bogen in irgend einer bestimmten Curve $DCcAc_1C_1\ldots$ liegen. Die Gerade AD ist nämlich in dem Falle als Bogen anzusehen, wo der Kreis unendlich gross wird und mit der Axe X zusammenfällt. Die Curve fängt also von D an, geht von da, indem der erzeugende Kreis kleiner wird, aber sein Umfang u noch stets grösser als s ist, über C, c nach A, wo sie die Axe X berührt, und wo der Umfang u des zugehörigen Kreises gerade gleich s wird. Von A kehrt die Curve zurück, bildet die Schleife $Ac_1C_1c_2A$, für welche s zwischen u und $2u$ liegt, berührt dann abermals die Axe X in A, wenn s gerade gleich $2u$ ist, u. s. w., nämlich die Curve enthält unendlich viele Schleifen, die sich immer enger zusammenziehen, so dass jede die nachfolgende umschliesst, und ebenso oft berührt sie die Axe X in A, wo jedesmal s gerade ein Vielfaches von u wird. Fragt man nun nach der Eigenschaft derjenigen Puncte der in Betracht stehenden Curve, für welche die Ordinate y oder die Abscisse x ein Maximum wird, so geben die obigen Sätze (6) unmittelbar folgende Antwort:

a. „Die Abscisse x wird in allen denjenigen Puncten $D, c, c_1, c_2, \ldots$ ein Maximum, wo die Normale des zugehörigen Erzeugungskreises durch den festen Punct D geht, oder wo die Tangente (z. B. cd) des Kreises (m) bis an die Axe Y genommen, dem constanten Kreisbogen s (oder AD) gleich ist."

b. „Die Ordinate y wird in allen denjenigen Puncten $C, C_1, C_2, \ldots$ ein Maximum, wo die Tangente ($CD, C_1D_1, \ldots$) an den zugehörigen Erzeugungskreis ($M, M_1, \ldots$) durch den festen Punct D geht, daher liegen alle Puncte, für welche die Ordinate ein Maximum wird, in einem Kreise $CC_1C_2\ldots A$, welcher D zum Mittelpunct und DA gleich s zum Radius hat."

Dass in dem Falle, wo die Tangente

$$cd = DA = s,$$

alsdann die Normale oder der Radius cm des Kreises durch D geht (a), oder auch umgekehrt, folgt aus der Congruenz der Dreiecke mcd und mAD.

Die in Rede stehende Curve $DCcAc_1\ldots$ ist übrigens dieselbe, welche in dem Satze 14, Bd. XIV. S. 91 des *Crelle*'schen Journals *) durch eine

*) Cf. Band II. S. 30 dieser Ausgabe.

scheinbar andere Bedingung bestimmt wird, und welche daselbst „barycentrische Curve“ genannt worden. Beschreibt man nämlich mit dem Radius AD gleich s aus A den Kreis DGE und lässt in diesem von dem festen Puncte D an nach G, E hin einen Bogen stetig wachsen, so ist der Ort seines Schwerpunctes die oben beschriebene Curve $DCcAc_1C_1 \ldots$. Denn angenommen, die Sehnen DE und AC irgend zweier Bogen DGE und AFC gleich AD gleich s stehen auf einander rechtwinklig, so liegt der Schwerpunct des Bogens DGE in AC, und dann sind die Kreissegmente $DGED$ und $AFCA$ einander ähnlich (weil DA nach der obigen Construction den Bogen AFC in A berührt), so dass man hat

$$DGE : DE = AFC : AC,$$

oder

$$DGE : DE = AD : AC,$$

woraus folgt, dass C der Schwerpunct des Bogens DGE ist.

Nun hat die Curve $DCcA\ldots$ nach Angabe des citirten Satzes die Eigenschaft, dass für jeden Punct C derselben EC die zugehörige Tangente ist; wobei dann ferner EC gleich DC und Winkel α gleich α_1, γ gleich γ_1. Daraus folgen die vorstehenden Sätze leicht. Denn in dem Falle, wo die Ordinate y irgend eines Punctes C ein Maximum werden soll, muss die Tangente EC der Axe X parallel sein; alsdann aber ist β gleich α_1, daher auch β gleich α und daher weiter DA gleich DC (weil DE auf AC senkrecht), folglich ist auch DC Tangente des Kreises AFC, weil DA es ist. Ebenso muss, wenn die Abscisse x irgend eines Punctes c ein Maximum werden soll, die zugehörige Tangente cx der Axe Y parallel sein; alsdann ist ε gleich δ_1, und da stets δ gleich δ_1, so ist also ε gleich δ, daher mc gleich mA, mithin m der Mittelpunct des entsprechenden Erzeugungskreises und folglich, vermöge der Congruenz der Dreiecke mcd und mAD, die Tangente dc gleich DA. Dies Alles stimmt mit den obigen Sätzen überein.

Crelle's Journal Band XVII. S. 83—91.

(Auszug aus einer am 23. Januar 1837 in der Akademie der Wissenschaften zu Berlin gehaltenen Vorlesung.)

9

Aufgaben und Lehrsätze.*

Ist C irgend eine ebene geschlossene und überall convexe Curve in fester Lage, und rollt ein gegebener Kreis K in der nämlichen Ebene auf der convexen Seite derselben, so beschreibt jeder mit dem Kreise fest verbunden gedachte Punct P irgend eine Curve V, welche, wenn K immer fortrollt, beliebig oft um C herumläuft, entweder nach einem oder nach mehreren Umläufen in sich zurückkehrt, sich schliesst, oder nie in sich zurückkehrt (oder nur nach unendlich vielen Umläufen), je nachdem nämlich die Umfänge von K und C beziehlich commensurabel oder incommensurabel sind. Für den ersten Fall, welcher hier allein betrachtet werden soll, sei

$$\text{Umfang } K : \text{Umfang } C = k : c,$$

wo k und c beliebige ganze Zahlen, jedoch relative Primzahlen sind; alsdann wird nach k Umläufen jede Curve V in sich zurückkehren. Nur die vom Mittelpuncte p des Kreises K beschriebene Curve v macht hierbei eine Ausnahme, indem sie nämlich schon nach dem ersten Umlaufe in sich zurückkehrt und dann diesen geschlossenen Theil von ihr k-mal wiederholt, bis sich die anderen Curven V schliessen. Der zwischen einer solchen geschlossenen Curve V und der Basis C liegende Flächenraum soll ebenfalls durch V bezeichnet und Inhalt der Curve V genannt werden. Dabei sind jedoch, wenn $k > 1$ und mithin mehrere (k) Umläufe stattfinden, gewisse Theile der Ebene mehrfach zu nehmen und zu jenem Inhalte zu rechnen; so ist namentlich der Inhalt der Curve v gleich dem k-mal genommenen Raume, welcher zwischen dem einfachen Bogen derselben, der beim ersten Umlaufe beschrieben wird, und der Basis C liegt. Bezeichnet man ferner den Radius des Kreises K durch r und den Abstand des Punctes P vom Mittelpuncte p desselben durch a, so finden unter anderen nachstehende Sätze und Gleichungen statt:

1. „Die von dem Mittelpuncte p des Kreises K beschriebene Curve v hat unter allen den kleinsten Inhalt und zwar ist

*Sieh S. 729.

derselbe

$$v = (2c+k)\pi r^2,$$

d. h. $(2c+k)$-mal so gross als die Fläche des rollenden Kreises."

2. „Puncte P, welche gleich weit vom Mittelpuncte p des Kreises entfernt sind, beschreiben Curven V von gleichem Inhalte, und auch umgekehrt; und zwar ist

$$V = (2c+k)\pi r^2 + (c+k)\pi a^2 = v + (c+k)\pi a^2,$$

d. h. der Inhalt jeder solchen Curve ist um die $(c+k)$-fache Fläche desjenigen Kreises, welcher mit dem rollenden concentrisch ist und durch den erzeugenden Punct P geht, grösser als der Inhalt der vom Mittelpuncte p beschriebenen Curve v." Liegt insbesondere der Punct P in der Kreislinie K, so dass a gleich r, so ist

$$V = (3c+2k)\pi r^2."$$

3. „Die von dem Mittelpuncte p beschriebene Curve v ist unter allen die kürzeste und zwar ist ihre Länge

$$(v) = (c+k)2\pi r,$$

d. h. $(c+k)$-mal so gross als der Umfang des rollenden Kreises." *)

Die vorstehenden drei Sätze verlieren nur in dem ganz speciellen Falle ihre Gültigkeit, wo

$$k = c = 1,$$

d. h. wo der Kreis K und die Basis C gleichen Umfang haben, denn in diesem Falle sind sie nur unter gewissen Bedingungen wahr, wie z. B. wenn die Curve C einen Mittelpunct hat. Dagegen finden aber andere Sätze statt, wovon der folgende einer der einfachsten ist:

4. „Rollt ein Kreis K um irgend eine geschlossene convexe Curve C von gleichem Umfange, bis er in seine anfängliche Lage zurückkehrt, so ist die Summe S der Inhalte der n Curven $V_1, V_2, \ldots V_n$, die von je n Puncten $P_1, P_2, \ldots P_n$, welche die Kreislinie K in n gleiche Theile theilen (also die

---

*) Betrachtet man von der Curve v nur einen Umlauf, nur den einfachen Bogen und bezeichnet ihn durch v_1, so ist der zugehörige Inhalt (1)

$$v_1 = \left(2\frac{c}{k}+1\right)\pi r^2,$$

und der Umfang (3)

$$(v_1) = \left(\frac{c}{k}+1\right)2\pi r.$$

Diese beiden Resultate folgen auch aus den Sätzen, welche *Crelle* in den *Gergonne*'schen Annalen (tom. 12, pag. 1—36) bewiesen hat, wo er zuerst den Begriff paralleler Curven und die wesentlichsten Eigenschaften derselben aufstellte. Denn nach diesem Begriffe ist die Curve v_1 der Basis C parallel.

Ecken eines regelmässigen n-Ecks sind), beschrieben werden, constant, die Curve C mag sein, welche man will, nämlich die Summe ist allemal der $5n$-fachen Kreisfläche K gleich, d. i.

$$S = 5n\pi r^2.\text{“}$$

Es kann noch bemerkt werden, dass im Allgemeinen analoge Sätze stattfinden, wenn der Kreis K auf der inneren concaven Seite der Basis C rollt, und dass man zum Theil die entsprechenden Gleichungen unmittelbar erhält, wenn in den obigen $-k$ statt $+k$ gesetzt wird.

Wenn insbesondere die Basis C ein Kreis ist, so reduciren sich die Sätze zum Theil auf bekannte Sätze über die Epicycloiden und Hypocycloiden.

Dagegen finden auch allgemeinere Sätze statt, wie z. B. die folgenden:

5. „Wenn K kein Kreis, sondern irgend eine geschlossene convexe Curve ist, die einen Mittelpunct p hat, und wenn bei denselben übrigen Voraussetzungen, wie oben, k eine gerade Zahl ist, so ist gleichfalls sowohl der Inhalt als der Umfang der vom Mittelpuncte p beschriebenen Curve v ein Minimum, und für den Inhalt der von irgend einem anderen Puncte P beschriebenen Curve V hat man, wie oben (2)

$$V = v + (c+k)\pi a^2;\text{“}$$

wobei a, wie früher, den Abstand des Punctes P vom Mittelpuncte p bezeichnet. Hier kehrt die Curve v nicht mehr früher als die übrigen V, also ebenfalls erst nach k Umläufen in sich zurück.

6. „Ist die rollende Curve K beschaffen, wie vorhin (5), hat dagegen die Basis C auch einen Mittelpunct und sind die Zahlen k und c beide ungerade (aber immerhin relative Primzahlen), so repräsentirt die von dem Mittelpuncte p erzeugte Curve v ebenfalls, in Rücksicht des Inhaltes sowohl als des Umfanges, ein Minimum, und für den Inhalt der von irgend einem Puncte P beschriebenen Curve V hat man denselben Ausdruck, wie vorhin (5).“ — Dieser Satz gilt auch für den besonderen Fall, wo

$$k = c = 1.$$

7. Sind die Curven K, C beschaffen, wie beim letzten Satze (6), so wird die vom Mittelpuncte p der rollenden Curve K beschriebene Curve v grösseren oder kleineren Inhalt haben, je nachdem diejenigen Puncte, in welchen K und C anfänglich einander berühren, gewählt werden. Daher kann gefragt werden: „In welchen Puncten müssen K und C anfänglich einander berühren, damit der Inhalt (oder Umfang) der Curve v (für sich betrachtet) ein Maximum oder Minimum wird?“ Offenbar wird damit zugleich auch der Inhalt der irgend einem

anderen bestimmten Puncte P entsprechenden Curve V beziehlich ein Maximum oder Minimum.

Ein einfaches Beispiel dieser Aufgabe wäre, wenn K und C Ellipsen von gleichem Umfange sind, oder noch beschränkter, wenn sie gleiche Ellipsen sind.

Ferner kann gefragt werden: wenn K und C gleichen Umfang haben und einander in beliebigen Puncten berühren, und wenn sodann das eine Mal K auf C und das andere Mal C auf K rollt, wie sich dann die von ihren Mittelpuncten beschriebenen Curven in Rücksicht des Inhaltes oder Umfanges zu einander verhalten? und ob namentlich, wenn der von dem einen Mittelpuncte beschriebenen Curve ein Maximum oder Minimum zukommt, dann auch die andere eine gleiche Eigenschaft habe?

8. „Sind K und C gleiche Ellipsen und berühren sie einander, während K auf C rollt, stets in entsprechenden oder homologen Puncten, so ist

$$v = 2\pi(\alpha^2+\beta^2)-\pi\alpha\beta \quad \text{und} \quad V = 2\pi(\alpha^2+\beta^2+a^2)-\pi\alpha\beta,$$

wo α, β die halben Axen der Ellipse sind, und v, V und a die ihnen oben zugeschriebene Bedeutung haben. Oder bezeichnet man die von den Curven v, V allein eingeschlossenen ganzen Räume durch v_1, V_1, so ist

$$v_1 = 2\pi(\alpha^2+\beta^2) \quad \text{und} \quad V_1 = 2\pi(\alpha^2+\beta^2+a^2).\text{“}$$

9. Wenn von zwei beliebigen (algebraischen oder transcendenten) Curven AB, $\mathfrak{AB}$ (Taf. V Fig. 1) in derselben Ebene die erste auf der anderen, die als fest betrachtet wird, rollt, bis etwa der Punct B mit $\mathfrak{B}$ zusammentrifft, wo also die Bogen AB und $\mathfrak{AB}$ von irgend einer bestimmten, gleichen Länge sind, aber keiner einen singulären Punct enthalten soll, so beschreibt jeder mit der rollenden Curve fest verbunden gedachte Punct P irgend ein gemischtliniges Viereck $\mathfrak{A}PP_1\mathfrak{BA}$, welches von zwei Geraden $P\mathfrak{A}$, $P_1\mathfrak{B}$, die den Punct am Anfange und am Ende der Bewegung mit den respectiven Berührungspuncten $\mathfrak{A}$, $\mathfrak{B}$ der Basis verbinden, und von den zwei Curvenbogen $\mathfrak{AB}$, PP_1, (wo PP_1 der Weg des Punctes P ist) begrenzt wird. Der Inhalt dieses Vierecks werde durch F, die Winkel, welche die Normalen in den Endpuncten der Bogen AB, $\mathfrak{AB}$ unter sich bilden, durch a, $\mathfrak{a}$ bezeichnet; so findet folgendes Gesetz statt:

„Es giebt allemal einen bestimmten Punct p, welcher unter allen das kleinste Viereck $\mathfrak{A}pp_1\mathfrak{BA}$ gleich f beschreibt; Puncte P, welche gleich weit von p entfernt sind, beschreiben Vierecke von gleichem Inhalte F, und auch umgekehrt; so dass also allen Puncten, die in irgend einer um p beschriebenen Kreislinie liegen, gleich grosse Vierecke entsprechen; und zwar ist jedes derselben gerade um einen Sector des zugehörigen Kreises, dessen Centriwinkel der Summe der zwei Winkel a, $\mathfrak{a}$ gleich ist, grösser als jenes kleinste Viereck. Oder wird der Abstand eines beliebigen Punctes P von dem Puncte p durch r bezeichnet, so ist allgemein

$$F = f + \tfrac{1}{2}r^2(a+\mathfrak{a}).\text{“}$$

Dieser Satz gestattet zahlreiche Folgerungen. Ist der eigenthümliche Punct p gefunden, so können sofort z. B. auch unter allen Puncten, welche in der rollenden Curve selbst liegen, diejenigen bestimmt werden, deren entsprechende Vierecke ein (relatives) Maximum oder Minimum sind; denn dieselben müssen offenbar in den Fusspuncten der aus p auf die Curve gefällten Normalen liegen. Die vorhergehenden Sätze sind theilweise besondere Fälle dieses Satzes; und ein sehr specieller Fall desselben führt zur Quadratur der verschiedenen Cykloiden.

„Welche charakteristische Eigenschaft hat aber der merkwürdige Punct p in Beziehung auf die gegebenen Curven AB, $\mathfrak{AB}$? wie wird er durch diese bestimmt?“

10. „Ist AB (Taf. V Fig. 2) ein beliebiger Bogen irgend einer ebenen Curve, der jedoch keinen singulären Punct enthält, und bewegt sich die veränderliche Tangente AC oder AD längs desselben unter der Bedingung, dass sie stets dem Leitstrahle AP gleich ist, welcher den jedesmaligen Berührungspunct mit irgend einem festen Pole P in der Ebene der Curve verbindet, so beschreibt die Tangente ein gemischtliniges Viereck ACC_1BA oder ADD_1BA, dessen Inhalt F grösser oder kleiner ist, je nachdem der Pol P gewählt wird; jedoch haben jedesmal die beiden Vierecke ACC_1B, ADD_1B unter sich gleichen Inhalt. Es giebt allemal einen bestimmten Pol p, welchem das kleinste Viereck Acc_1B gleich f entspricht. Auch findet die Gleichung statt

$$F = f + \tfrac{1}{2}r^2 a,$$

wo r den Abstand des Poles P von p und a den Winkel zwischen den Normalen in den Endpuncten A, B des gegebenen Bogens AB bezeichnet.“

Der Satz findet auf gleiche Weise statt, wenn die Tangente (AC) zu dem entsprechenden Leitstrahle (AP) ein gegebenes oder constantes Verhältniss haben soll, und zwar bleibt der eigenthümliche Pol p der nämliche.

Von dem vorstehenden Satze mögen folgende specielle Fälle hier erwähnt werden:

α) Es sei die gegebene Curve eine Ellipse; ihre halben Axen seien α, β; der Bogen AB sei ihr ganzer Umfang, so dass B und A zusammenfallen, a gleich 2π wird, und die von dem Endpuncte C oder c der Tangente beschriebene Curve CC_1, oder cc_1, sich schliesst und in sich zurückkehrt; der von dieser Curve umschlossene ganze Raum heisse F_1 oder f_1 (er besteht aus dem obigen Viereck F und dem Inhalte der Ellipse); so fällt der eigenthümliche Punct p mit dem Mittelpuncte der Ellipse zusammen, und es ist

$$f_1 = (\alpha^2+\beta^2)\pi,$$
$$F_1 = f_1 + r^2\pi = (\alpha^2+\beta^2+r^2)\pi;$$

das heisst: „der Inhalt (f_1) der dem Mittelpuncte p der Ellipse entsprechenden Curve cc_1 ist gleich der Summe der zwei Kreisflächen, welche die Axen der Ellipse zu Durchmessern haben;" und „der Inhalt F_1 der einem beliebigen Puncte P entsprechenden Curve (CC_1) ist so gross als drei Kreisflächen, welche beziehlich die halben Axen der Ellipse und den Abstand ihres Mittelpunctes von jenem Puncte zu Radien haben."

Liegt der Pol P insbesondere in der Kreislinie, welche mit der Ellipse concentrisch ist und durch die Brennpuncte derselben geht, so ist

$$F_1 = 2\alpha^2\pi,$$

d. h. „der Inhalt der ihm entsprechenden Curve CC_1 ist gerade doppelt so gross als die Kreisfläche, welche die grosse Axe der Ellipse zum Durchmesser hat."

β) Geht die Ellipse in einen Kreis über, so dass β gleich α, so hat man

$$f_1 = 2\alpha^2\pi, \quad \text{und} \quad F_1 = 2\alpha^2\pi + r^2\pi.$$

Liegt der Pol P in der Kreislinie selbst, so ist

$$F_1 = 3\alpha^2\pi,$$

d. h. der Inhalt der ihm entsprechenden Curve ist dreimal so gross als die Kreisfläche.

11. „Sind AB, $\mathfrak{AB}$ (Taf. V Fig. 3) gleich lange Bogen zweier beliebigen ebenen Curven, wovon jedoch keiner einen singulären Punct enthalten soll, und bewegt sich eine veränderliche Tangente $\mathfrak{QP}$ längs dem Bogen $\mathfrak{AB}$ unter der Bedingung, dass sie stets dem Leitstrahle QP gleich ist, welcher den ihrem Berührungspuncte $\mathfrak{Q}$ correspondirenden Punct Q im anderen Bogen AB mit irgend einem festen Pole P in der Ebene dieses Bogens verbindet, d. h. dass in jedem Augenblicke

$$\mathfrak{QP} = QP \quad \text{und} \quad \mathfrak{AQ} = AQ$$

ist, so beschreibt die Tangente ein bestimmtes Viereck $\mathfrak{ACC}_1\mathfrak{BA}$, dessen Inhalt F kleiner oder grösser ist, je nachdem der Pol P gewählt wird; jedoch bleibt für jeden einzelnen Fall der Inhalt der nämliche, wenn die Tangente nach entgegengesetzter Richtung genommen wird, nämlich $\mathfrak{AD}$ statt $\mathfrak{AC}$. Es giebt allemal einen bestimmten Pol p, welchem das kleinste Viereck $\mathfrak{A}cc_1\mathfrak{B}$ gleich f entspricht. Auch findet die Relation statt

$$F = f + \tfrac{1}{2}r^2\mathfrak{a},$$

wo $\mathfrak{a}$ der Winkel zwischen den Normalen in den Endpuncten des gegebenen Bogens $\mathfrak{AB}$ und r gleich Pp ist."

12.* Fällt man aus einem beliebigen Puncte P in der Ebene irgend einer geschlossenen convexen Curve C, die keinen singulären Punct enthält (eines sogenannten Ovales), Perpendikel auf alle Tangenten derselben, so liegen die Fusspuncte in irgend einer neuen, in sich zurückkehrenden Curve, die allemal irgend einen bestimmten endlichen Inhalt gleich F haben wird, und welche „Fusspuncten-Curve" des Punctes P in Bezug auf die gegebene Curve C heissen mag.

„Sind in einer Ebene n beliebige Curven C_1, C_2, ... C_n von der eben genannten Art in beliebiger Lage gegeben, so giebt es allemal einen bestimmten Punct p, der die Eigenschaft besitzt, dass die Summe der Inhalte der ihm entsprechenden Fusspuncten-Curven, $f_1+f_2+\cdots+f_n$ gleich s, ein Minimum ist. Für irgend einen anderen Punct (wenn die Summe der Inhalte der ihm entsprechenden Fusspuncten-Curven, d. i. $F_1+F_2+\cdots+F_n$, durch S und sein Abstand von p durch r bezeichnet wird), hat man

$$S = s + \tfrac{1}{2}nr^2\pi."$$

13.* „Unter allen Fusspuncten-Curven, in Bezug auf eine gegebene Hyperbel, hat diejenige ihres Mittelpunctes p den kleinsten Inhalt gleich f." Diese Fusspuncten-Curve $IKLM$ (Taf. V Fig. 4) hat ungefähr gleiche Form wie die Lemniscate, in welche sie in der That übergeht, wenn die Hyperbel gleichseitig ist; der Punct p ist ein Durchschnittspunct und zugleich ein zweifacher Wendungspunct derselben. Es seien A, B die Brennpuncte und C, D die Scheitel der Hauptaxe der Hyperbel. Ueber den Durchmessern Ap, pB und CD beschreibe man Kreise, so entstehen zwei krummlinige Dreiecke pEF, pGH, oder x, x_1, deren Summe gerade dem Inhalte f der Curve $IKLM$ gleich ist, so dass

$$x + x_1 = 2x = f,$$

und auch, da die beiden Schleifen der Curve einander gleich sind,

$$x = IM = KL = \tfrac{1}{2}f.$$

Auch ist jeder Sector der Curve, aus ihrem Mittelpuncte p genommen, einem bestimmten correspondirenden Abschnitte von einem der beiden Dreiecke x, x_1 gleich.

Der Inhalt F der Fusspuncten-Curve eines beliebigen Punctes P (Taf. V Fig. 5), in Bezug auf die Hyperbel, kann (wenn er im gehörigen Sinne

*Sieh S. 729.

genommen wird) unter anderem, wie folgt, dargestellt werden. Es seien RV, SU die Asymptoten der Hyperbel. Ueber Pp als Durchmesser sei der Kreis NPO und mit Pp um p der Kreis QPT beschrieben; ferner sei QT die Tangente des ersten Kreises im Puncte p, so entstehen die zwei Paar Räume y und z, y_1 und z_1, deren Grenzen sichtbar sind (nämlich sie sind gemischtlinige Dreiecke und Vierecke). Nun ist entweder

$$\text{(I)} \qquad F = f + 2y + 2z = 2(x+y+z),$$

oder

$$\text{(II)} \qquad F = 2x + 2y_1 + 2z_1,$$

je nachdem nämlich P in einem äusseren oder inneren (wirklichen) Asymptoten-Winkel liegt, d. h. je nachdem beziehlich die Hyperbel in den Winkeln RpU und SpV, oder RpS und UpV liegt. Es sind besondere Fälle möglich, wo die Form der Räume y, z, y_1, z_1 etwas modificirt wird.

„Soll der Inhalt F der Fusspuncten-Curve constant sein, so ist der Ort des Punctes P eine Ellipse, deren Axen auf die Axen der Hyperbel fallen, so dass beide concentrisch sind, und zwar fällt die grosse Axe der Ellipse auf die zweite Axe der Hyperbel. Alle Orts-Ellipsen, welche auf diese Weise stattfinden, wenn der Inhalt F der Fusspuncten-Curve grösser oder kleiner angenommen wird, sind einander ähnlich; also ist das Verhältniss ihrer halben Axen a_1, b_1 constant, und zwar ist

$$a_1 : b_1 = 2\alpha b^2 + f : 2\alpha a^2 - f = \alpha(a^2+b^2)+ab : \alpha(a^2+b^2)-ab,$$

wo a, b die halben Axen der Hyperbel (beide reell genommen) sind, und wo α der Winkel ist, welchen die zweite Axe (b) der Hyperbel mit einer Asymptote bildet, oder α gleich $\operatorname{arc}\left(\operatorname{tang} = \frac{a}{b}\right)$."

Ist die Hyperbel gleichseitig, so hat man

$$a_1 : b_1 = \pi + 2 : \pi - 2.$$

Die Gleichung der Ellipse in Bezug auf ihre Axen ist im Allgemeinen

$$y^2(\alpha c^2 + ab) + x^2(\alpha c^2 - ab) = (F-f)c^2,$$

wo c^2 gleich a^2+b^2; und für den besonderen Fall, wo die gegebene Hyperbel gleichseitig ist,

$$y^2(\pi+2) + x^2(\pi-2) = 4(F-a^2).$$

14. Fällt man aus irgend einem Puncte P in der Axe einer gegebenen Parabel auf alle Tangenten der letzteren Perpendikel, so entsteht eine Fusspuncten-Curve, welche eine zu der Axe senkrechte Asymptote und P zum singulären Puncte hat. Der ganze Inhalt dieser Fusspuncten-Curve ist unendlich gross. (Beliebige Sectoren derselben aus dem Pole P sind leicht zu bestimmen.) Dagegen ist der Raum, welchen die Curve mit ihrer Asymptote einschliesst, von bestimmter endlicher Grösse. Be-

zeichnet man denselben durch F, den Abstand des Brennpunctes B der Parabel vom Scheitel A derselben durch a und die Entfernung des Punctes P von B durch $2x$, so ist

$$F = x(2a \mp x)\pi,$$

wo das untere Zeichen (+) zu nehmen ist, wenn P innerhalb der Parabel, und zwar jenseits B liegt. Liegt P diesseits B, und namentlich ausserhalb der Parabel, so schneidet sich die Fusspuncten-Curve in P selbst und bildet eine Schleife, deren Fläche gleich S in dem Raume F mit inbegriffen, jedoch als negativ genommen ist; d. h. in diesem Falle ist F die Differenz zwischen dem Raume T, der von der Asymptote und den beiden Armen der Curve, welche von P aus nach entgegengesetzten Richtungen neben jener ins Unendliche fortlaufen, eingeschlossen wird, und der genannten Schleife S; so dass also

$$F = T - S = x(2a - x)\pi.$$

Die Räume S und T lassen sich aber auch einzeln angeben; nämlich es ist

$$S = (x+a)\sqrt{a(2x-a)} - x(2a-x)2\alpha,$$
$$T = (x+a)\sqrt{a(2x-a)} + x(2a-x)(\pi - 2\alpha),$$

und mithin ist der ganze, von der Curve und Asymptote begrenzte Raum R, wenn beide Theile absolut genommen werden,

$$R = 2(x+a)\sqrt{a(2x-a)} + x(2a-x)(\pi - 4\alpha),$$

wo α gleich arc$\left(\text{tang} = \sqrt{\frac{2x}{a} - 1}\right)$.

Wenn insbesondere x gleich a, also P in der Leitlinie der Parabel liegt, so ist α gleich $\frac{1}{4}\pi$ und die vier Formeln reduciren sich auf folgende:

$$F = \pi a^2; \qquad R = 4a^2;$$
$$S = 2a^2 - \tfrac{1}{2}\pi a^2; \qquad T = 2a^2 + \tfrac{1}{2}\pi a^2.$$

Wenn ferner x gleich $2a$ (also PB oder $2x$ dem Parameter der Parabel gleich ist), so ist α gleich $\frac{1}{3}\pi$ und die Formeln sind

$$F = 0; \qquad R = 6a^2\sqrt{3}; \qquad S = T = 3a^2\sqrt{3}.$$

Wird der Punct P in der Ebene der Parabel beliebig angenommen, so hat die ihm zugehörige Fusspuncten-Curve immer eine zur Axe der Parabel senkrechte Asymptote, deren Abstand von P constant ist.

„Welche Ausdrücke erhält man in diesem Falle für die Flächenräume F, S, T? und welches ist der Ort des Punctes P, wenn einer dieser Räume constant sein soll?"

15. „Wenn eine gegebene Ellipse E auf irgend einer geschlossenen convexen Curve C von gleichem Umfange, die kei-

nen singulären Punct, aber einen Mittelpunct hat, rollt, bis sie wieder in ihre ursprüngliche Lage zurückkehrt, so beschreibt ihr Brennpunct B irgend eine in sich zurückkehrende Curve $[B]$, deren Länge constant ist, d. h. die Basis C mag unter den vorausgesetzten Bedingungen sein, welche man will, und in welchen Puncten die Curven E und C einander anfänglich berühren mögen — die Curve $[B]$ hat immer dieselbe bestimmte Länge; nämlich sie ist allemal dem Umfange des Kreises gleich, welcher die grosse Axe gleich $2a$ der Ellipse zum Radius hat; also ist stets

$$[B] = 4a\pi.\text{“}$$

Crelle's Journal Band XVIII. S. 278—280 und 369—375.

10

Einfache Beweise der isoperimetrischen Hauptsätze.

Die Relationen zwischen dem Umfange und Inhalte der Figuren in der Ebene, auf der Kugelfläche und im Raume geben zu einer Menge von Fragen über Maximum und Minimum Anlass, deren leichte und klare Beantwortung sich fast durchweg auf die Eigenschaften des Kreises, des geraden Kegels oder Cylinders und der Kugel stützt. *Lhuilier* hat dieses Gesetz (namentlich für die Figuren in der Ebene und im Raume) zuerst erkannt und in seinem Werke „*De relatione mutua capacitatis et terminorum figurarum etc. Varsaviae*, 1782“ ziemlich deutlich ausgesprochen. Alles, was vor ihm auf elementarem Wege hierin geleistet worden ist, hat er mit grosser Umsicht zusammengefasst und mit Scharfsinn verbessert und erweitert. Leider scheint sein Werk öfter citirt, als die darin herrschende Methode richtig verstanden oder gehörig gewürdigt und befolgt worden zu sein; denn alle seine Nachfolger sind mehr oder minder von seiner einfachen natürlichen Betrachtungsweise abgewichen, — abgesehen davon, dass sie sich auch auf eine viel geringere Zahl von Aufgaben und Sätzen beschränkten, — wodurch aber auch in gleichem Maasse die schöne Einfachheit der Beweise, der innige Zusammenhang der Sätze zusammt seiner inneren Begründung verschwand. Die rein geometrische Betrachtung ist indess weit davon entfernt, die ihr, als einer unbequemen und unzulänglichen, vielfältig wiederfahrene Missachtung zu verdienen; vielmehr macht gerade sie es möglich, die Eigenschaften, auf die es hierbei hauptsächlich ankommt, auf eine höchst einfache und zugleich elegante Weise darzustellen, und zeigt überdies jeder anderen Methode den Weg, auf welchem sie sich ohne grosse Schwierigkeit des Gegenstandes bemächtigen könne.

Das eigentliche Wesen des hier zu befolgenden Ganges besteht darin, dass nach den primitiven Ursachen und Umständen geforscht wird, welche das Maximum oder Minimum bewirken. Es zeigt sich hierbei, dass aus wenigen einfachen Fundamentalsätzen leicht gewisse Hauptsätze folgen, aus denen sodann alle übrigen gleichsam wie blosse Zusätze sich stufenweise entwickeln lassen. Auf diese Weise giebt sich ein eigenthümlicher Zusammenhang zwischen allen denjenigen Figuren kund, welchen die Eigenschaft eines Maximums oder Minimums zukommt; es tritt nämlich klar hervor, dass dieselben nur verschiedene Theile derjenigen Figuren sind, auf welche sich die Hauptsätze beziehen, und dass die nämlichen Gründe, auf denen die letzteren beruhen, auch in jenen zusammengesetzteren, anscheinend schwierigeren Sätzen fortwirken.

Bei den von mir angestellten Versuchen, die genannten Gegenstände rein synthetisch zu behandeln, stellte es sich heraus, dass die drei Gattungen von Figuren, ebene, sphärische und körperliche, nicht gleichförmige Beweise gestatten, vielmehr die sphärischen ein ganz anderes Verfahren erheischen, als die körperlichen, während die ebenen beide Beweisarten zulassen. Hier wird, als eine kleine Probe, nur diejenige gegeben, welche für die Figuren in der Ebene und im Raume auf analoge Weise stattfindet.

Von den ebenen Figuren.

§ 1. Fundamentalsatz. „Unter allen Dreiecken über gleichen Grundlinien und von gleicher Höhe (oder gleichem Inhalte) hat das gleichschenklige die kleinste Schenkelsumme; und auch umgekehrt.“ Oder mit anderen Worten:

„Jedes ungleichschenklige Dreieck ABC (Taf. VI Fig. 1) lässt sich in ein anderes (gleichschenkliges) abc von gleichem Inhalte und gleicher Grundlinie (AB gleich ab) verwandeln, welches kleinere Schenkelsumme hat und in Bezug auf eine bestimmte Axe X, die durch die Spitze c und die Mitte m der Grundlinie geht, symmetrisch ist.“

Dieser allgemein bekannte Satz bedarf hier keines Beweises.

§ 2. „Sind die parallelen Seiten oder Grundlinien AB, DE eines Paralleltrapezes $ADEB$, so wie die Höhe oder der Inhalt desselben gegeben, so ist die Summe der übrigen zwei Seiten $AD+BE$ dann am kleinsten, wenn sie einander gleich, oder, was auf dasselbe hinauskommt, wenn sie gegen jede der parallelen Seiten unter gleichen Winkeln geneigt sind.“ Oder:

„Jedes Paralleltrapez $ADEB$, welches an der einen oder anderen Grundlinie AB oder DE nicht zwei gleiche Winkel hat, kann in ein anderes $adeb$ von gleichem Inhalte und gleichen Grundlinien (AB gleich ab, DE gleich de) verwandelt werden, in welchem die zwei übrigen Seiten eine kleinere Summe haben, und welches in Bezug auf eine Axe X, die durch die Mitten (m, h) der parallelen Seiten geht und auf diesen senkrecht steht, symmetrisch ist."

Wie leicht zu sehen, folgt dieser Satz unmittelbar aus dem vorhergehenden (§ 1). Denn ist $DE < AB$, so sind die Paralleltrapeze $ADEB$, $adeb$ immer als Theile zweier Dreiecke ACB, acb anzusehen, von welchen sie mittelst der Geraden De abgeschnitten sind; und da vermöge der Parallelität der drei Geraden Aa, De und Cc die Seiten der Paralleltrapeze, nämlich AD und BE, ad und be, von den zugehörigen Seiten der Dreiecke AC und BC, ac und bc proportionale Theile sind, so muss folglich, wenn $ac + bc < AC + BC$, auch $ad + be < AD + BE$ sein. — Wenn insbesondere die gegebenen Grundlinien einander gleich sind, also AB gleich DE, dann ist $ADEB$ ein Parallelogramm, $adeb$ ein Rechteck, und der Satz bleibt offenbar auch für diesen Fall gültig.

§ 3. Mittelst der beiden vorstehenden Sätze kann nun jedes beliebige convexe Vieleck V in ein anderes Vieleck V_1 von gleichem Inhalte verwandelt werden, welches kleineren Umfang hat und in Bezug auf irgend eine Axe X symmetrisch ist. Dies mag durch folgende Beispiele anschaulich gemacht werden.

I. Es sei ein Dreieck ABC (Taf. VI Fig. 2) gegeben. Aus den Ecken desselben fälle man auf die beliebig angenommene Axe X Perpendikel Aa, Be, Cc, trage das Stück BD des einen Perpendikels Be, welches innerhalb des Dreiecks liegt, symmetrisch auf die Axe X, so dass

$$eb = ed \quad \text{und} \quad bd = BD,$$

so hat man das symmetrische Viereck $abcd$, welches mit dem gegebenen Dreieck gleichen Inhalt aber kleineren Umfang hat. Denn vermöge der Construction und zufolge § 1 ist

$$\triangle BAD = \triangle bad,$$

aber im Allgemeinen $ab + ad < AB + AD$; ebenso

$$\triangle BCD = \triangle bcd,$$

und $cb + cd < CB + CD$; mithin ist der Inhalt des Dreiecks ABC gleich dem Inhalt von $abcd$, aber $ab + bc + cd + da < AB + BC + CA$.

II. Durch eine neue Axe Y, welche zu der vorigen X senkrecht ist, wird das erhaltene Viereck $abcd$ auf gleiche Weise in ein anderes Viereck $\alpha\beta\gamma\delta$ verwandelt, welches bei gleichem Inhalte wiederum kleineren Umfang hat als jenes, und welches in Rücksicht beider Axen symmetrisch, mithin gleichseitig oder eine Raute ist und den gegenseitigen Durchschnitt der Axen, nämlich μ, zum Mittelpuncte hat. Also wird mittelst zweier nach einander folgenden und zu einander senkrechten Axen X, Y jedes beliebige Dreieck ABC in eine Raute $\alpha\beta\gamma\delta$ von gleichem Inhalte aber kleinerem Umfange verwandelt. Es kann aber auch mittelst der ersten Axe X allein das Dreieck ABC in eine Raute verwandelt werden; denn wenn z. B. der Inhalt desselben durch das Perpendikel Be gehälftet wird, so dass

$$\triangle BAD = \triangle BCD,$$

so ist $abcd$ eine Raute.

III. Es sei ferner das gegebene Vieleck V etwa ein Sechseck $ABCDEF$ (Taf. VI Fig. 3), so wird dasselbe durch ein gleiches Verfahren mittelst der Axe X in ein symmetrisches Zehneck $abf_1ce_1dec_1fb_1$ verwandelt, welches vermöge der correspondirenden Dreiecke und Paralleltrapeze, zufolge § 1 und § 2, gleichen Inhalt aber kleineren Umfang hat als jenes. — Es ist klar, dass durch eine neue, zu X senkrechte Axe Y das eben erhaltene Zehneck im Allgemeinen in ein 16-Eck verwandelt wird, welches bei gleichem Inhalte abermals kleineren Umfang hat, und welches in Rücksicht beider Axen X, Y symmetrisch ist, also deren Durchschnitt zum Mittelpuncte hat.

IV. Gleicherweise wird jedes gegebene Vieleck V von irgend einer Anzahl n Seiten mittelst einer ersten Axe X_1 in ein symmetrisches Vieleck V_1 von gleichem Inhalte aber kleinerem Umfange verwandelt, welches, im Allgemeinen und höchstens, $2n-2$ Seiten hat; ferner mittelst einer zweiten beliebigen Axe X_2 in ein symmetrisches Vieleck V_2 von höchstens $2(2n-2)-2$ Seiten; und fährt man so fort, so gelangt man mittelst der x^{ten} willkürlichen Axe X_x zu einem symmetrischen Vieleck V_x von höchstens $2^x(n-2)+2$ Seiten, welches bei gleichem Inhalte kleineren Umfang hat als jedes der vorhergehenden. — Wenn insbesondere die zweite Axe X_2 zu der ersten X_1 senkrecht ist, so hat das Vieleck V_2 einen Mittelpunct M und zwei zu einander rechtwinklige Symmetral-Axen (X_2 und X_1), aber höchstens nur $2(2n-4)$ Seiten, und alsdann hat auch jedes folgende Vieleck V_3, V_4, ... V_x einen Mittelpunct M und zwei zu einander senkrechte Symmetral-Axen, man mag die späteren Axen X_3, X_4, ... X_x annehmen, wie man will, was leicht zu sehen ist.

§ 4. Diese Beispiele zeigen, dass durch Wiederholung desselben Verfahrens jedes gegebene convexe Vieleck V sich in ein anderes Vieleck V_x von gleichem Inhalte aber kleinerem Umfange verwandeln lässt, welches so viele Seiten haben kann, als man will. Wird aber die Zahl der Seiten sehr gross, oder unendlich gross gedacht, so muss, da der Umfang nicht wächst, sondern schwindet, jede Seite einzeln sehr klein, oder unendlich klein werden, und mithin der Umfang des Vielecks V_x irgend einer Curve sehr nahe, oder unendlich nahe, kommen. Da in gleichem Sinne jede gegebene Curve V als Vieleck von unendlich vielen und unendlich kleinen Seiten angesehen werden kann, so folgt, dass dieselbe, durch das nämliche Verfahren mittelst einer beliebigen Axe X_1 sich in eine andere Curve V_1 von gleichem Inhalte aber kleinerem Umfange verwandeln lässt, welche in Rücksicht der Axe X_1 symmetrisch ist. Ebenso gelangt man mittelst einer zweiten, zu X_1 senkrechten Axe X_2 zu einer Curve V_2 von abermals kleinerem Umfange, aber demselben Inhalte, welche zwei zu einander senkrechte Symmetral-Axen X_1, X_2 und daher einen Mittelpunct M hat. Durch fernere beliebig gewählte Axen X_3, X_4, ... entstehen neue Curven V_3, V_4, ..., welche bei gleichem Inhalte nach der Reihe immer kleineren Umfang haben, und wovon jede einen Mittelpunct und irgend zwei zu einander rechtwinklige Symmetral-Axen hat; auch nähern sich dadurch die Durchmesser der Curve offenbar immer mehr der Gleichheit, d. h. der Unterschied zwischen dem kleinsten und grössten Durchmesser wird immer kleiner, indem durch die Verwandlung, wie auch die neue Axe gewählt werden mag (nur nicht dem grössten oder kleinsten Durchmesser parallel), der grösste Durchmesser verkleinert und der kleinste vergrössert wird, wie leicht zu sehen. Durch zweckmässige Wahl der neuen Axen können jedoch die Durchmesser rascher der Gleichheit näher gebracht werden*).

Demnach kann jede geschlossene convexe Figur V, mag sie von geraden oder krummen, oder geraden und krummen Linien begrenzt sein, mit Beibehaltung ihres Inhaltes, so lange verwandelt und dadurch ihr Umfang verkleinert werden, als dieselbe nach irgend einer Richtung keine Symmetral-Axe hat. Hätte aber die Figur nach jeder beliebigen Richtung eine Symmetral-Axe, oder würde dieser Zustand nach einigen Verwandlungen herbeigeführt, so bliebe sofort bei allen folgenden Verwandlungen der Umfang sowohl als der Inhalt constant, oder vielmehr, es fände keine eigentliche Verwandlung mehr statt, sondern die neue Figur (V_1) würde stets mit der alten (V) congruent sein. Eine solche Figur aber, die nach allen Richtungen Symmetral-Axen hat, muss nothwendig einen Mittelpunct M haben, in welchem sich alle Axen schneiden; denn derselbe wird nach dem Obigen schon durch irgend zwei zu einander senkrechte Axen bedingt. Ferner müssen alle Axen oder Durchmesser der Figur einander gleich sein. Denn sind z. B. X_1, X_2 (Taf. VI Fig. 4) zwei beliebige Axen derselben und X diejenige dritte, welche mit jenen gleiche Winkel bildet, (also α gleich β), so muss dem Endpuncte A der Axe X_1 in Bezug auf die Axe X ein solcher Punct C entsprechen, welcher sowohl im Umfange der Figur V, als in der Axe X_2 liegt, folglich muss C der Endpunct der Axe

---

*) So z. B. kann auf diese Weise eine gegebene Ellipse V mittelst einer einzigen Axe X in einen Kreis V_1 verwandelt werden, dessen Durchmesser alle einander gleich sind, und welcher unzählige Paare zu einander rechtwinklige Symmetral-Axen hat. Nämlich sind a, b die halben Axen der Ellipse, so construire man die Gerade r gleich $\sqrt{ab}$, trage dieselbe als Halbmesser in die Ellipse ein und nehme sofort X zu diesem Halbmesser senkrecht an, so wird die neue Figur V_1 ein Kreis sein. Da r nach zwei verschiedenen Richtungen sich als Halbmesser in die Ellipse eintragen lässt, so kann auch die Axe X in zwei verschiedenen Richtungen der Forderung genügen.

X_2 sein; daher sind ferner die halben Axen MA, MC und mithin auch die ganzen AB, CD einander gleich. Demzufolge giebt es nur eine einzige solche Figur, welche nach jeder Richtung eine Symmetral-Axe hat, und dieselbe ist der Kreis.

§ 5. Aus der vorstehenden Betrachtung schliesst man unter anderen den folgenden

Hauptsatz.

„Unter allen Figuren von gleichem Inhalte hat der Kreis den kleinsten Umfang;" und umgekehrt: „unter allen Figuren von gleichem Umfange hat der Kreis den grössten Inhalt."

Denn man denke sich diejenige Figur V, welche bei irgend einem bestimmten Inhalte den möglichst kleinsten Umfang habe, so muss dieselbe nach allen Richtungen symmetrisch sein. Denn wäre sie es nach irgend einer Richtung nicht, so liesse sie sich mittelst einer nach dieser Richtung gezogenen Axe X in eine andere Figur V_1 verwandeln, welche denselben Inhalt, aber kleineren Umfang hätte; dann aber würde eine dritte Figur V', welche der zweiten V_1 ähnlich und mit der ersten V gleichen Umfang hätte, offenbar grösseren Inhalt haben als die zweite, also $V' > V_1$ und also auch $V' > V$, was der Annahme widerspräche; daher muss V nach allen Richtungen symmetrisch und folglich der Kreis sein.

Der umgekehrte Satz folgt nach bekannter Art indirect aus dem ersten.

§ 6. Aus dem vorstehenden Hauptsatze lassen sich, wie schon Eingangs erwähnt worden, eine sehr grosse Reihe von Aufgaben und Sätzen über Maximum und Minimum, welche bei ebenen Figuren unter mannigfaltigen Bedingungen stattfinden, meist fast unmittelbar beantworten und als blosse Zusätze herleiten, was ich bei einer anderen Gelegenheit ausführlich nachweisen werde. Uebrigens kann der Hauptsatz unter anderen noch auf zwei Arten einfach bewiesen werden, wovon die eine Art, ausser ihrer Strenge, sich dadurch auszeichnet, dass sie auf analoge Weise auch für die sphärischen Figuren stattfindet.

§ 7. In Bezug auf die obige Betrachtung (§ 4) lässt sich hier noch fragen:

„Welche Form kann eine Figur V möglicherweise haben, wenn sie zwei Symmetral-Axen X, Y hat, die sich unter einem beliebigen gegebenen Winkel α schneiden, und von denen jede dem Umfange der Figur nur in zwei Puncten begegnet?"

Die Erörterung dieser Frage liefert folgendes Ergebniss. Die Figur hat ausser den beiden gegebenen Symmetral-Axen X und Y im Allgemeinen noch mehr, nämlich X_1, Y_1, X_2, Y_2, ... und zwar entweder 1) eine bestimmte endliche Anzahl, oder 2) unendlich viele, je nachdem nämlich beziehlich $\alpha : \pi$ commensurabel oder incommensurabel ist.

I. Wenn $\alpha : \pi$ commensurabel, etwa gleich $1 : m$, wo m irgend eine ganze Zahl ist (wäre $\alpha : \pi$ gleich $n : m$, und n ebenfalls eine ganze Zahl > 1, so würden, in Bezug auf alle Axen, X und Y nicht unmittelbar auf einander folgen, sondern es lägen $n-1$ andere Axen zwischen ihnen), so hat die Figur V im Ganzen m Symmetral-Axen, die sich in demselben Puncte M schneiden, und deren Abschnitte nach der Reihe um den Punct M herum genommen, abwechselnd einander gleich sind. Der Umfang der Figur besteht aus $2m$ gleichen Theilen, nämlich zwischen den nach gleicher Seite hin liegenden Endpuncten je zweier unmittelbar auf einander folgenden Axen liegt ein solcher Umfangstheil; diese Theile bleiben unbestimmt, d. h. einer derselben kann willkürlich angenommen werden, kann eine beliebige Linie oder Curve sein, und dann sind alle anderen durch ihn bestimmt. Im übrigen sind dabei noch zwei Fälle zu unterscheiden, ob m gerade oder ungerade ist.

1) Wenn m gerade, so ist M Mittelpunct der Figur V, und die m Axen sind abwechselnd einander gleich.

2) Ist m ungerade, so sind alle Axen einander gleich, die Abschnitte aber, in welche sie durch den gemeinschaftlichen Durchschnittspunct M getheilt werden, sind nach ihrer Aufeinanderfolge abwechselnd einander gleich.

II. Wenn $\alpha : \pi$ incommensurabel, so hat die Figur V unendlich viele Symmetral-Axen, so dass nothwendig nach jeder beliebigen Richtung eine solche stattfindet, woraus man schliesst, dass in diesem Falle die Figur nur der Kreis sein kann.

Von den Körpern.

§ 8. Fundamentalsatz. Wenn von einer dreiseitigen Pyramide die eine Kante, die daran liegenden zwei Seitenflächen, so wie deren Flächenwinkel der Grösse nach gegeben sind, so ist die Summe der beiden übrigen Seitenflächen dann ein Minimum, wenn dieselben zu jeder der ersteren, für sich betrachtet, unter gleichen Winkeln geneigt, und mithin einander gleich (congruent) sind. Oder mit anderen Worten:

„Eine beliebige dreiseitige Pyramide $ABCD$ (Taf. VI Fig. 5) lässt sich in eine andere $abcd$ mit einer gleichen Kante (ab gleich AB), gleich grossen daran liegenden Seitenflächen und gleichem anliegenden Flächenwinkel verwandeln, in welcher die Summe der beiden übrigen Seitenflächen kleiner ist als in jener, und welche eine Symmetral-Ebene hat, die nämlich die genannte Kante ab hälftet, auf ihr senkrecht steht und durch die zwei übrigen Ecken der Pyramide geht.“

Beweis. Man bezeichne die unbegrenzte Gerade, in welcher die gegebene Kante AB liegt, durch P und denke sich durch die Ecken C, D die unbegrenzten Geraden Q, R parallel mit P, so können die Kante AB und die Ecken C, D beziehlich in diesen Geraden P, Q, R angenommen werden, wo man will, die Pyramide wird immer alle gegebenen Elemente enthalten und stets denselben Inhalt haben.

In P sei ab gleich AB und m sei die Mitte von ab, also ma gleich mb. Die Ebene X, welche in m auf P senkrecht steht, treffe die zwei anderen Geraden Q und R, zu welchen sie gleichfalls senkrecht ist, in c und d, so wird die Pyramide $abcd$ alle gegebenen Elemente enthalten und nach der Behauptung des Satzes die Eigenschaft haben, dass die Summe der zwei Seitenflächen $acd+bcd$ ein Minimum ist. Aus der Construction folgt (da nämlich die Dreiecke acd, bcd einander gleich sind, und ihre Ebenen mit der Ebene X gleiche Winkel bilden), dass die in den Puncten a, b auf den Flächen acd, bcd errichteten Perpendikel ax, bx einander in einem Puncte x treffen müssen, der in der Ebene X liegt, und dass

$$ax = bx = r$$

ist. Betrachtet man die vier Pyramiden, welche den Punct x zur gemeinschaftlichen Spitze und die vier Seitenflächen der Pyramide $abcd$ beziehlich zu Grundflächen haben, so kann die letztere, wie man sieht, durch jene, wie folgt, ausgedrückt werden:

$$abcd = xacd + xbcd - xabc - xabd.$$

Hält man die Kante ab fest, lässt dagegen die Ecken c, d in den zugehörigen festen Geraden Q, R beliebig rücken, bezeichnet sie in der neuen Lage durch c_1, d_1, so hat die neue Pyramide abc_1d_1 alle gegebenen Elemente, und es muss gezeigt werden, dass die Flächensumme

$$ac_1d_1 + bc_1d_1 > acd + bcd.$$

Da gleicherweise, wie vorhin,

$$abc_1d_1 = xac_1d_1 + xbc_1d_1 - xabc_1 - xabd_1,$$

und da von diesen fünf Pyramiden die erste, vierte und fünfte beziehlich den vorigen an Inhalt gleich sind, so muss auch

$$xac_1d_1 + xbc_1d_1 = xacd + xbcd$$

sein. Diese beiden Pyramidenpaare haben die obigen beiden Flächenpaare, die mit einander verglichen werden sollen, zu Grundflächen. Die Pyramiden $xacd$, $xbcd$ haben gleiche Höhe, nämlich xa gleich xb gleich r, und offenbar ist dieselbe grösser als die Höhe jeder der beiden Pyramiden xac_1d_1, xbc_1d_1, weil deren Grundflächen ac_1d_1, bc_1d_1 nicht auch zu den festen Strahlen xa, xb senkrecht sein können; daher muss nothwendig die Summe der Grundflächen bei den letzteren zwei Pyramiden grösser sein, als bei den zwei ersteren. Oder, um diesen Schluss anschaulicher zu machen, bezeichne man die Höhen der Pyramiden xac_1d_1, xbc_1d_1, da dieselben kleiner als r sind, durch $r-u$, $r-v$, so hat man nach der letzten Gleichung

$$(r-u)ac_1d_1+(r-v)bc_1d_1 = r.acd+r.bcd,$$

daraus

$$r(ac_1d_1+bc_1d_1-acd-bcd) = u.ac_1d_1+v.bc_1d_1$$

und folglich

$$ac_1d_1+bc_1d_1 > acd+bcd,$$

was die Wahrheit des obigen Satzes bestätigt.

§ 9. Ist die Grundfläche einer vierseitigen Pyramide $DAEFB$ (Taf. VI Fig. 5) ein Paralleltrapez $AEFB$, dessen parallele Seiten AB, EF der Grösse nach gegeben sind, und sollen diese Seiten und die Spitze D der Pyramide beziehlich in drei festen parallelen Geraden P, S und R liegen, so bleibt der Inhalt der Pyramide constant, man mag die Elemente AB, EF, D in den festen Geraden P, S, R annehmen, wo man will; hingegen ist die Summe der beiden Seitenflächen, $ADE+BDF$, welche die nicht gegebenen Seiten (AE, BF) der Grundfläche zu Grundlinien haben, dann ein Minimum, wenn die Pyramide $daefb$ eine Symmetral-Ebene X hat, d. h. wenn die Ebene, welche durch die Spitze d der Pyramide und durch die Mitten m, m_1 der gegebenen parallelen Kanten ab, ef geht, auf diesen Kanten senkrecht steht.

Dieser Satz folgt, wie der blosse Anblick der Figur zeigt, leicht aus dem vorhergehenden Satze. Denn die gegenwärtige vierseitige Pyramide $DAEFB$ kann im Allgemeinen als ein bestimmter constanter Theil von der vorigen dreiseitigen Pyramide $DABC$ angesehen werden, wobei dann die Summe der beiden Seitenflächen $ADE+BDF$, deren Minimum hier bestimmt werden soll, ebenfalls zu der Summe der Seitenflächen, $ADC+BDC$, welche dort betrachtet worden, ein bestimmtes constantes Verhältniss hat, so dass also beide Summen zugleich, und zwar unter der nämlichen Bedingung, ihr Minimum erreichen.

§ 10. Sind die parallelen Kanten AB, EF, GH eines schiefabgeschnittenen dreiseitigen Prismas $AEGHFB$ (Taf. VI Fig. 5) der Grösse nach gegeben, und sollen dieselben beziehlich in drei festen Geraden P, S, T liegen, so bleibt der Inhalt des Prismas constant, man mag die Kanten in den festen Geraden annehmen, wo man will, hingegen ist die Summe der beiden Grundflächen, $AGE+BHF$, dann ein Minimum, wenn das Prisma, wie etwa $aeghfb$, eine Symmetral-Ebene X hat, d. h. wenn die Ebene, welche durch die Mitten m, m_1, m_2 der gegebenen parallelen Kanten ab, ef, gh geht, auf diesen senkrecht steht.

Auch dieser Satz folgt, wie leicht zu sehen, ähnlicherweise wie der vorige fast unmittelbar aus dem obigen Fundamentalsatze (§ 8). — Wenn insbesondere von den drei gegebenen Kanten irgend zwei, oder alle drei einander gleich sind, so folgt aus anderen Gründen leicht, dass auch für diesen Fall der Satz unter den nämlichen Bedingungen stattfindet. Gleiches gilt von dem vorhergehenden Satze (§ 9), wenn die beiden gegebenen Kanten einander gleich sind.

Anmerkung. Es kann noch bemerkt werden, dass auch für das n-seitige schief abgeschnittene Prisma, wenn dessen parallele Kanten gegeben sind und in festen Geraden liegen sollen, der Satz auf analoge Weise stattfindet, nämlich: dass die Summe der beiden Grundflächen dann ein Minimum ist, wenn die Ebene, welche durch die Mitten jener Kanten geht, auf denselben senkrecht steht und mithin eine Symmetral-Ebene des Prismas ist. Denn auch hier bleibt der Inhalt des Prismas constant, wenn die gegebenen Kanten in den festen Geraden verrückt werden; jedoch ist durch die Lage je dreier Kanten die Lage aller übrigen bestimmt. Man schliesst daraus weiter, dass der Satz auch für einen beliebigen Cylinder gültig sei, wenn nämlich in irgend drei Geraden, welche in der Cylinderfläche liegen (etwa P, S, T), drei Kanten (AB, EF, GH) des Cylinders gegeben sind.

§ 11. Mittelst der vorstehenden drei Hülfssätze (§ 8—10) lässt sich jeder beliebige gegebene convexe Körper K unter Beibehaltung seines Inhaltes in einen anderen Körper K_1 verwandeln, welcher kleinere Oberfläche hat, und welcher in Bezug auf irgend eine Ebene X symmetrisch ist. Die Verwandlung geschieht auf ganz analoge Weise, wie oben bei den ebenen Figuren (§ 3), nur kann sie nicht ebenso bequem durch Zeichnung veranschaulicht werden. Daher begnüge ich mich, das Verfahren durch folgende Beschreibung anzudeuten.

Es sei z. B. irgend ein convexes Polyëder K gegeben. Aus den Ecken desselben fälle man auf eine beliebig gewählte Ebene X Perpendikel, durch diese Perpendikel, in bestimmter Ordnung paarweise genommen, lege man Ebenen, so wird durch die letzteren das Polyëder K in solche Stücke zerschnitten, welche im Allgemeinen nur von dreierlei Art sind, nämlich nur Körper solcher Art, die den Gegenstand der obigen drei Sätze ausmachen; und zwar vertreten die Perpendikel hier die Stelle der dortigen festen Geraden P, Q, R, S, T, ...; die veränderlichen Seitenflächen der gegenwärtigen Körper sind Theile der Oberfläche des gegebenen Polyëders K, so dass die Summe aller jener Seitenflächen gerade aus dieser Oberfläche besteht, oder ihr gleich ist. Werden nun alle diese Körpertheile — jeder zwischen den zugehörigen drei Perpendikeln, als feste Gerade angesehen — in solche umgewandelt, welche die angenommene feste Ebene X zur Symmetral-Ebene haben, so bilden sie zusammen ein neues Polyëder K_1, welches mit dem gegebenen K gleichen Inhalt, aber offenbar kleinere Oberfläche hat als dieses, indem nämlich seine Oberfläche die Summe jener veränderlichen Seitenflächen gerade für den besonderen Fall repräsentirt, wo von den letzteren zufolge der obigen Sätze die Summe je zweier zusammengehörigen ihr Minimum erreicht. Das neue Polyëder K_1 hat demnach eine Symmetral-Ebene X und nothwendigerweise im Allgemeinen mehr Ecken und mehr Seitenflächen als das gegebene Polyëder K. Die Vermehrung der Ecken und Seitenflächen hängt nämlich, wie man bemerken wird, von denjenigen Perpendikeln ab, welche durch das Innere des Polyëders K gehen, die also ausser einer Ecke auch noch irgend eine Seitenfläche desselben treffen; durch jedes solche Perpendikel nimmt die Zahl der Ecken um eine Einheit zu, und zwar auch in dem Falle, wo das Perpendikel eine Kante trifft, oder in einer Seitenfläche liegt; geht aber das Perpendikel insbesondere durch zwei Ecken, oder geht es nicht durch das Innere des Polyëders K, sondern nur durch eine Ecke desselben, so bewirkt es keine Vermehrung der Ecken. Die Zahl der Seitenflächen vermehrt sich rascher, nämlich durch jedes Perpendikel, welches eine Seitenfläche des Polyëders K trifft, kann sie um zwei oder mehr Einheiten zunehmen.

Auf gleiche Weise kann nun ferner das Polyëder K_1 mittelst einer neuen beliebigen Ebene Y in ein anderes Polyëder K_2 verwandelt werden, welches bei gleichem Inhalte abermals kleinere Oberfläche, dagegen mehr Ecken und mehr Seitenflächen hat, und welches in Bezug auf die Ebene Y symmetrisch ist. Ebenso lässt sich dieses neue Polyëder K_2 wiederum verwandeln, wobei der Inhalt constant bleibt, dagegen die Oberfläche sich verkleinert, die Zahl der Ecken und Seitenflächen aber sich vermehrt, und wo das neu entstandene Polyëder K_3 gleichfalls eine Symmetral-Ebene hat; u. s. w.

Wird insbesondere die zweite Hülfs-Ebene Y zu der ersten X senkrecht angenommen, und wird die Durchschnittslinie beider Ebenen durch z bezeichnet, so ist das (dritte) Polyëder K_2 in Bezug auf beide Ebenen X, Y zugleich symmetrisch, so dass z eine Symmetral-Axe desselben ist, d. h. dass jede zu z senkrechte Gerade ab, welche der Oberfläche des Polyëders in irgend einem Puncte a begegnet, dieselbe noch in einem anderen Puncte b trifft, und die Strecke ab durch die Axe z gehälftet wird. Durch eine dritte Ebene Z, welche zu den beiden vorigen, oder zu der Axe z, senkrecht ist, erhält man ein neues Polyëder K_3, welches in Bezug auf jede der drei Ebenen X, Y, Z symmetrisch ist, deren Durchschnittslinien z, y, x zu Symmetral-Axen, so wie deren gemeinschaftlichen Durchschnittspunct M zum Mittelpunct hat. Wird nun das Polyëder K_3 mittelst beliebiger Ebenen weiter verwandelt, so hat es sofort stets einen Mittelpunct M, so wie irgend drei zu einander senkrechte Symmetral-Ebenen, die sich in demselben schneiden, und drei Symmetral-Axen, welche die Durchschnittslinien dieser Ebenen sind.

Da durch wiederholtes Verwandeln das Polyëder so viele Seitenflächen und Ecken erhalten kann, als man will, die Oberfläche aber stets schwindet, so müssen nothwendig die einzelnen Seitenflächen zuletzt sehr klein werden, so dass die Oberfläche sich irgend einer krummen Fläche nähert und endlich einer solchen sehr nahe, oder wie man sagt, unendlich nahe kommt. Wird in gleichem Sinne eine beliebige convexe krumme Oberfläche als aus unendlich kleinen ebenen Theilchen bestehend angesehen, so lässt sich der Körper, der von derselben umschlossen wird, offenbar auf die nämliche Weise in einen anderen, symmetrischen Körper von kleinerer Oberfläche verwandeln.

Mag demnach die Oberfläche eines gegebenen convexen Körpers K beschaffen sein, wie man will, aus ebenen Flächen, oder aus einer einzigen krummen, oder aus ebenen und krummen Flächen bestehen, so lässt sich derselbe nach obiger Art so lange verwandeln und dadurch, unter Beibehaltung des Inhaltes, seine Oberfläche verkleinern, als er nicht nach allen Richtungen Symmetral-Ebenen hat. Wenn aber der Körper nach einigen Verwandlungen diesen Zustand erreicht, wo er nach jeder beliebigen Richtung eine Symmetral-Ebene hat*), oder wenn er sich schon Anfangs in diesem Zustande befindet, so hört die Verwandlung auf, nämlich so bleibt die Oberfläche sowohl als der Inhalt, mithin der Körper selbst constant. Ein solcher Körper aber, welcher nach allen Richtungen Symmetral-Ebenen (und somit auch Symmetral-Axen) hat, besitzt nothwendigerweise einen Mittelpunct, und es müssen alle seine Durchmesser einander gleich sein, woraus folgt, dass es nur einen einzigen solchen Körper geben kann, und dass dieser die Kugel ist.

---

*) Z. B. ein beliebiges Ellipsoïd K kann durch zwei nach einander folgende Verwandlungen in den bezeichneten Zustand gebracht, nämlich in eine Kugel K_2 verwandelt werden. Es seien a, b, c die halben Axen des Ellipsoïds nach der Ordnung ihrer Grösse, und zwar sei a die grösste. Man denke oder verschaffe sich die Gerade r gleich $\sqrt[3]{abc}$, trage dieselbe als Halbmesser in das Ellipsoïd K ein, was nach unendlich vielen verschiedenen Richtungen geschehen kann, nehme sofort die Hülfs-Ebene X zu diesem Halbmesser r senkrecht an und verwandle K, so ist der neue Körper K_1 gleichfalls ein Ellipsoïd, wovon man sich leicht überzeugen wird, und zwar fällt offenbar eine Axe desselben auf den Halbmesser r, und ihre Hälfte ist diesem gleich. Sind a_1, b_1, c_1 die halben Axen des Ellipsoïds K_1, so ist vermöge des constanten Inhaltes

$$abc = a_1 b_1 c_1 = r^3;$$

daher kann r nur der halben mittleren Axe b_1 gleich sein, also

$$r = b_1 = \sqrt{a_1 c_1}.$$

Nun denke man sich denjenigen Hauptschnitt des Ellipsoïds K_1, welcher durch die grösste und kleinste Axe desselben geht, der also eine Ellipse ist, welche mit K_1 die

§ 12. Aus der vorstehenden Betrachtung schliesst man zunächst folgenden

Hauptsatz.

„Unter allen Körpern von gleichem Inhalte hat die Kugel die kleinste Oberfläche;" und umgekehrt: „unter allen Körpern von gleicher Oberfläche hat die Kugel den grössten Inhalt."

Der Beweis dieses Satzes ist deutlich in dem Vorhergehenden enthalten, bedarf also keiner Wiederholung, die indessen auf analoge Weise geschehen könnte, wie bei dem obigen Hauptsatze (§ 5).

§ 13. Aehnlicherweise, wie soeben auf Körper im Allgemeinen (§ 12), kann auch auf solche Körper insbesondere geschlossen werden, welche zwischen bestimmten gegebenen Grenzen sich befinden, oder sonstigen Bedingungen unterworfen sind, wie z. B. auf prismatische oder pyramidalische Körper von gleicher Höhe und gleichem Inhalte oder gleicher Summe der Seitenflächen. Für diese genannten Körper tritt in Hinsicht der obigen Verwandlung (§ 11) die Beschränkung ein, dass die Hülfs-Ebenen $X, Y, \ldots$ sämmtlich zu der Grundfläche des Körpers senkrecht sein müssen; ausserdem aber können sie beliebige Richtung haben. Bei den prismatischen Körpern kann jedoch eine einzige besondere Hülfs-Ebene mit den beiden Grundflächen parallel sein, und zwar ist es diejenige, die von den beiden letzteren gleich weit entfernt ist. Für die beiden Arten von Körpern ergeben sich aus der obigen Betrachtung, wie man leicht bemerken wird, folgende zwei Sätze:

I. „Unter allen prismatischen Körpern von gleicher Höhe und gleichem Inhalte hat der gerade Cylinder die kleinste Seitenfläche." Und umgekehrt: „Unter allen prismatischen Körpern von gleicher Höhe und gleicher Seitenfläche hat der gerade Cylinder den grössten Inhalt."

II. „Der gerade Kegel besitzt die doppelte Eigenschaft, dass er unter allen pyramidalischen Körpern von gleicher Höhe,

---

halben Axen a_1, c_1 gemein hat, trage in diese Ellipse wiederum die Gerade r als Halbmesser ein, nehme die Hülfs-Ebene darauf senkrecht an und verwandle mittelst derselben K_1, so wird der neue Körper K_2 eine Kugel sein, die der obigen Forderung genügt. — Die Richtigkeit dieser Angaben ist leicht zu bestätigen.

Wenn demnach ein gegebenes Ellipsoïd K_1 insbesondere so beschaffen ist, dass das Quadrat der mittleren Axe gleich dem Rechteck der beiden übrigen Axen, oder b_1^2 gleich a_1c_1, so kann dasselbe mittelst einer einzigen, gehörig gewählten Ebene Y in eine Kugel verwandelt werden.

Um den Spielraum der verschiedenen Richtungen, nach welchen die Gerade r sich als Halbmesser in das beliebige Ellipsoïd K eintragen lässt, anzuschauen, denke man sich die mit dem letzteren concentrische Kugelfläche, welche r zum Radius hat; die beiden Oberflächen werden einander in einer Curve von doppelter Krümmung schneiden, durch welche zugleich eine mit jenen concentrische Kegelfläche zweiten Grades geht — und diese ist, wie man sieht, der Ort des Halbmessers r.

bei gleichem Inhalte die kleinste Seitenfläche, und bei gleicher Seitenfläche den grössten Inhalt hat.“

§ 14. In Rücksicht auf die obige Betrachtung (§ 11) ist hier ähnlicherweise, wie in § 7, die folgende Frage zu stellen:

„Welche Gestalt kann ein Körper K möglicherweise haben, wenn er zwei oder drei beliebige gegebene Symmetral-Ebenen hat, und wenn die Durchschnittslinie jeder dieser Ebenen mit der Oberfläche des Körpers von jeder beliebigen Geraden in nicht mehr als zwei Puncten getroffen wird?“

I. Hat der Körper K zwei Symmetral-Ebenen X, Y, die einen gegebenen Winkel α einschliessen, und ist erstens $\alpha:\pi$ commensurabel, etwa gleich $1:m$, so finden im Ganzen m Symmetral-Ebenen statt, die sich in einer und derselben Geraden z schneiden; die Durchschnitts-Figuren in diesen m Ebenen, so wie die Theile, in welche dieselben durch die Gerade z getheilt werden, sind auf entsprechende Weise einander gleich, wie bei der obigen Figur V (§ 7, I) die m Axen und deren Abschnitte. Die Oberfläche des Körpers besteht aus $2m$ Theilen, wovon jeder durch zwei unmittelbar auf einander folgende Symmetral-Ebenen begrenzt wird; sie sind abwechselnd einander gleich, so dass sie in zwei Abtheilungen zerfallen, deren jede m Theile umfasst, welche unter sich gleich sind; ausserdem sind die zu der einen Abtheilung gehörigen Theile denen der anderen symmetrisch gleich. Im übrigen bleiben diese Theile unbestimmt, sie können beliebige Flächen zwischen jenen angegebenen Grenzen sein. Ist zweitens $\alpha:\pi$ incommensurabel, so hat der Körper K unendlich viele Symmetral-Ebenen, die sich in einer einzigen Geraden z schneiden; alle Durchschnitts-Figuren dieser Ebenen mit der Oberfläche des Körpers sind einander gleich und jede wird durch die Gerade z in zwei gleiche Theile getheilt, so dass also die Oberfläche offenbar durch Umdrehung irgend einer Curve um die Axe z erzeugt wird; diese Curve aber bleibt, bis auf die vorausgesetzte Eigenschaft, dass sie von irgend einer Geraden in nur zwei Puncten geschnitten werden kann, unbestimmt.

II. Hat ferner der Körper K irgend drei Symmetral-Ebenen X, Y und Z, welche einander paarweise X und Y, X und Z, Y und Z in drei Geraden z, y, x und unter gegebenen Winkeln α, β, γ schneiden, und welche zusammen nur einen Punct M gemein haben, so muss, sobald von den drei Winkeln irgend zwei, etwa α und β, mit π incommensurabel sind, der Körper in Rücksicht zweier Axen z und y durch Umdrehung erzeugt (I, 2) und daher nothwendig eine Kugel sein. Wenn aber nur einer der drei Winkel mit π incommensurabel ist, oder gar keiner, also alle drei mit π commensurabel, so werden doch, selbst in dem letzteren Falle, unter den drei Systemen von Symmetral-Ebenen, die beziehlich durch die Geraden z, y, x gehen, und welche durch die gegebenen Ebenen, die paarweise genommen mit dazu gehören, nach dem Vorigen (I, 1) bestimmt werden, im Allgemeinen irgend zwei Paare sich befinden (wo nämlich die zwei Ebenen jedes Paares verschiedenen Systemen angehören), die sich unter Winkeln schneiden, welche mit π incommensurabel sind, so dass also wiederum der Körper eine Kugel sein muss. Nur wenige einzelne Fälle scheinen hierbei einc Ausnahme zu machen, wie namentlich die zwei, wo von den gegebenen drei Winkeln α, β, γ, 1) irgend zwei Rechte sind, und 2) wo jeder derselben gleich $\frac{1}{3}\pi$, oder, was bei näherer Ansicht auf dasselbe hinauskommt, wo der eine gleich $\frac{1}{2}\pi$ und jeder der beiden übrigen gleich $\frac{1}{3}\pi$. Also:

Wenn der Körper K drei beliebige Symmetral-Ebenen hat, die einander in drei Geraden schneiden, so ist er im Allgemeinen eine Kugel.

Crelle's Journal Band XVIII. S. 281—296.

(Auszug aus einer am 1. December 1836 in der Akademie der Wissenschaften zu Berlin gehaltenen Vorlesung.)

11

Ueber den Punct der kleinsten Entfernung.**

(Bericht über einen am 13. November 1837 in der Akademie der Wissenschaften zu Berlin gehaltenen Vortrag.)

Durch leichte geometrische Betrachtungen wird die charakteristische Eigenschaft desjenigen Punctes gefunden und bewiesen, für den die Summe seiner Abstände von beliebig gegebenen Puncten ein Minimum ist, d. h. kleiner ist als die Summe der Entfernungen jedes anderen, ihm nahe liegenden Punctes, und welcher demgemäss „Punct kleinster Entfernung von jenen Puncten" heisst. Die Betrachtung gründet sich auf bekannte polygonometrische und polyëdrometrische Sätze und umfasst alle Fälle, die gegebenen Puncte mögen liegen, wo man will, in derselben Ebene oder beliebig im Raume. Ebenso wird als besonderer Fall unter allen Puncten, die in irgend einer gegebenen Linie oder Fläche liegen, derjenige bestimmt, welcher in Bezug auf die gegebenen Puncte die kleinste Summe der Entfernungen hat, oder ein relativer Punct kleinster Entfernung ist. Auch wird ähnlicherweise die Eigenschaft desjenigen Punctes gefunden, für welchen, wenn man seine Abstände von den gegebenen Puncten mit gegebenen Coefficienten multiplicirt, die Summe der Producte ein Minimum ist; was übrigens der allgemeine Fall ist, indem er den vorigen zugleich umfasst. Ferner wird noch durch ein anderes elementares Verfahren derjenige Punct bestimmt, für welchen, wenn man die n^{ten} Potenzen seiner Abstände von den gegebenen Puncten mit gegebenen Coefficienten multiplicirt, die Summe der Producte ein Minimum ist, welcher Fall wiederum die beiden vorigen umfasst und von dem Verfasser bereits bei einer anderen Gelegenheit angedeutet worden ist (*Crelle's* Journal Bd. XIII. S. 362)*).

---

*) Bd. II. S. 16 dieser Ausgabe.

**Sieh S. 729.

Monatsbericht der Akademie der Wissenschaften zu Berlin a. d. J. 1837, S. 144.

12

Von dem Krümmungs-Schwerpuncte ebener Curven.

Bei Untersuchungen über Maximum und Minimum in Rücksicht geometrischer Gegenstände wurde ich auf nachstehende Aufgaben geführt:

a) „Wenn aus einem beliebigen Puncte P in der Ebene einer gegebenen und stetig convexen Curve $\mathfrak{B}$ auf alle Tangenten der letzteren Perpendikel gefällt werden, so liegen die Fusspuncte in irgend einer Curve V; denjenigen Punct S zu finden, dessen Fusspuncten-Curve v den kleinsten Inhalt hat.“

b) „Wenn die gegebene Curve $\mathfrak{B}$ in ihrer Ebene auf einer festen Geraden G so lange rollt, bis sie sich ganz umgedreht hat, so beschreibt jeder mit ihr verbundene Punct P irgend eine Curve W; denjenigen Punct S anzugeben, welcher die Curve w vom kleinsten Inhalte beschreibt.“ Und

c) „Die analoge Frage, wenn die Curve $\mathfrak{B}$ auf einer festen Curve $\mathfrak{U}$ so lange rollt, bis ihr ganzer Umfang die letztere berührt hat.“

Es zeigte sich, dass den beiden ersteren Aufgaben ein und derselbe bestimmte Punct S genügt, und dass überhaupt das Gesetz stattfindet: dass für irgend einen Punct P die Curve W allemal gerade doppelt so grossen Inhalt hat als die Curve V.“ Jener ausgezeichnete Punct S aber, welcher die Curven (v und w) vom kleinsten Inhalte erzeugt, hat in Bezug auf die gegebene Curve $\mathfrak{B}$ die merkwürdige Eigenschaft: „dass er ihr Schwerpunct ist, wenn die Gewichte ihrer einzelnen Puncte (die sie in unendlich kleine gleiche Elemente theilen) sich verhalten, wie die respectiven Krümmungen, oder wie die umgekehrten Werthe der zugehörigen Krümmungsradien.“ Deshalb ist der Punct S „Krümmungs-Schwerpunct“ der Curve $\mathfrak{B}$ genannt worden. Von ihm und von dem Inhalte der ihm entsprechenden Curve v oder w hängt der Inhalt der jedem anderen Puncte P entsprechenden Curve V oder W ab, und zwar nach dem Gesetz: „dass Puncten, welche gleich weit von S entfernt sind, Curven von gleichem Inhalte entsprechen; und dass die Inhalts-Zunahme dem Quadrate jener Entfernung proportional ist."

Bei der dritten Aufgabe (c) ist zwar derjenige Punct $\mathfrak{S}$, welcher die Curve w vom kleinsten Inhalte beschreibt, im Allgemeinen von dem vorigen (S) verschieden, indessen hängt er doch wesentlich von diesem ab, und seine Eigenschaft ist der des letzteren ganz analog.

Ist die gegebene Curve $\mathfrak{V}$ nicht geschlossen, oder wird nur ein beliebiger Bogen AB derselben berücksichtigt, so dass nur auf die Tangenten dieses Bogens Perpendikel gefällt werden, oder nur dieser Bogen auf der Basis rollt, so giebt es gleichwohl einen bestimmten Punct R, welchem die kleinste Figur v oder w entspricht, und derselbe hängt wesentlich von dem dem Bogen AB entsprechenden Puncte S oder $\mathfrak{S}$ ab (ausserdem noch von der Sehne AB und bestimmten Winkeln). Auch ist dann ebenso der Inhalt der jedem anderen Puncte P entsprechenden Figur V oder W von dem Abstande des Punctes P von R abhängig, nämlich die Inhalts-Zunahme $V-v$ oder $W-w$ ist allemal gleich dem Quadrate dieses Abstandes, multiplicirt in einen constanten Coefficienten. Dadurch wird die Quadratur aller solchen Curven V oder W auf die von v oder w zurückgeführt. Wiewohl man sich vielfach mit dergleichen Curven beschäftigt hat, so findet doch meines Wissens dieses einfache Gesetz sich nirgends aufgestellt. Trotzdem ist der Beweis desselben, so wie der zuvor angedeuteten Sätze, keineswegs schwierig, sondern es kam vielmehr nur auf das Auffinden der Sätze selbst an*). Jetzt werden sie sich auf verschiedene Arten leicht beweisen lassen. Hier geschieht es auf geometrischem Wege, durch bloss elementare Betrachtungen, und zwar ohne Voraussetzung der erforderlichen, anderweitig bekannten Hülfssätze. Nämlich die Betrachtung nimmt der Hauptsache nach folgenden Gang.

Zuerst werden aus einem einfachen Fundamentalsatze die wesentlichsten Eigenschaften des Punctes der mittleren Entfernung oder des Schwerpunctes eines Systems gegebener Puncte entwickelt. Sodann wendet sich die Betrachtung zu den Fusspuncten-Vielecken V in Bezug auf ein gegebenes Vieleck $\mathfrak{V}$, wobei die wichtigsten Resultate auf jene Eigenschaften des Schwerpunctes sich stützen. Diese Resultate gelten zugleich auch für die Fusspuncten-Curven V in Bezug auf eine gegebene Curve $\mathfrak{V}$; was unmittelbar folgt, wenn man jenes Vieleck $\mathfrak{V}$ in eine Curve übergehen lässt, d. h. wenn man die Zahl der Seiten unendlich gross und jede Seite un-

*) Die obigen Aufgaben habe ich bereits in Bd. XIV. S. 88 des *Crelle*'schen Journals (cf. Band II. S. 27 und 28 dieser Ausgabe) zur Lösung vorgelegt und dabei zugleich einige der eben erwähnten Resultate angedeutet; sie blieben aber, wie es scheint, unbeantwortet.

endlich klein werden lässt. Wird nun weiter das Vieleck $\mathfrak{B}$ auf einer festen Geraden rollend fortbewegt und dabei die von den mit ihm verbundenen Puncten beschriebenen Figuren W berücksichtigt, so zeigt sich, dass auch hierbei die Hauptresultate sich gleicherweise auf die Eigenschaft des Schwerpunctes gründen, und dass dieselben bestehen bleiben, wenn das rollende Vieleck in eine Curve $\mathfrak{B}$ übergeht. Endlich lässt man das Vieleck $\mathfrak{B}$ auf einem festen Vielecke $\mathfrak{U}$ rollen, wobei sich wiederum analoge Resultate ergeben, die auch fortbestehen, wenn die Vielecke in Curven $\mathfrak{B}$ und $\mathfrak{U}$ übergehen*). In diesem letzten Falle gelangt man zu den allgemeinsten Resultaten (§ 34); sie umfassen gewissermassen alle vorhergehenden und gestatten ausserdem noch zahlreiche andere specielle Folgerungen (§ 35); auch folgt daraus unmittelbar die Quadratur vieler Curven, wie z. B. der verschiedenen Arten Cykloiden, des Raumes zwischen parallelen Curven, u. s. w.

Beiläufig bemerke ich noch, dass der gegenwärtigen Untersuchung eine andere zur Seite steht, welche sich mit den folgenden Aufgaben und dem, was unmittelbar damit zusammenhängt, beschäftigt, nämlich:

α) In der Ebene einer gegebenen Curve $\mathfrak{B}$ denjenigen Punct M zu bestimmen, dessen Fusspuncten-Curve v in Rücksicht auf jene unter allen die kürzeste ist?

β) Wenn in der Ebene eine gegebene Curve $\mathfrak{B}$ auf einer festen Geraden G rollt, denjenigen mit ihr verbundenen Punct M anzugeben, welcher die kürzeste Curve w beschreibt? Und

γ) Dasselbe, wenn die Curve $\mathfrak{B}$ auf einer festen Curve $\mathfrak{U}$ rollt?

Auch hier findet sich: „dass ein und derselbe Punct M den beiden ersteren Aufgaben zugleich genügt"; oder noch mehr, es findet sich das allgemeine Gesetz: „dass die irgend einem Puncte P entsprechende Fusspuncten-Curve V (α) gerade ebenso lang ist, als die von ihm beim Rollen (β) beschriebene Curve W." Dies führt zur Vergleichung der Länge vieler, anscheinend sehr verschiedener Curvenpaare und gewährt dadurch einige interessante Sätze.

Für alle drei Aufgaben lässt sich die charakteristische Eigenschaft des Punctes M auf geometrischem Wege angeben.

Durch diese Untersuchung gelangt man auch unmittelbar zur Rectification einer bestimmten Reihe von Curven.

---

*) Zu diesem Gange der Betrachtung gaben die beiden speciellen Sätze von *Querret*, *Sturm* und *Lhuilier* den ersten Anlass, welche in Bd. I. S. 51 des *Crelle*'schen Journals (cf. Bd. I. S. 15 dieser Ausgabe) sich angeführt finden, und welche zunächst den daselbst (so wie Bd. II. S. 265 desselben Journals, cf. Bd. I. S. 141 dieser Ausgabe) bewiesenen allgemeinen Satz zur Folge hatten, als dessen weitere Entwickelung die vorliegende Abhandlung zum Theil anzusehen ist.

Vom Puncte der mittleren Entfernung.

§ 1.

Fundamentalsatz. „Zieht man aus drei beliebigen Puncten A, M, B (Taf. VII Fig. 1) einer Geraden AB drei parallele Strahlen

$$AC = a, \quad MN = m, \quad BD = b$$

in beliebiger Richtung nach einer anderen Geraden X, so ist, wenn man AM gleich b_1 und BM gleich a_1 setzt,

(1) $$aa_1 + bb_1 = (a_1 + b_1)m.\text{“}$$

Denn zieht man die Gerade BC, welche MN in E schneidet, so ist wegen der parallelen Strahlen

$$ME : a = a_1 : a_1 + b_1 \quad \text{und} \quad NE : b = b_1 : a_1 + b_1,$$

woraus, da

$$ME + EN = MN = m$$

ist, jene Gleichung (1) folgt.

Hierbei ist noch zu bemerken:

a) Der Satz findet statt, mögen die Puncte A, M, B auf derselben oder auf verschiedenen Seiten der Geraden X liegen. Nur sind im letzteren Falle Strahlen, die auf verschiedenen Seiten von X liegen, als entgegengesetzt, die einen als positiv, die anderen als negativ zu betrachten. Dieser Gegensatz kann entweder in der Gleichung (1) durch die Zeichen $+$ und $-$ angezeigt, oder unmittelbar in der Figur berücksichtigt werden. Hier soll fortan dieses Letztere geschehen, und also auch im Falle der Fig. 2 auf Taf. VII statt der Gleichung

$$bb_1 - aa_1 = (a_1 + b_1)m,$$

die jenen Zeichen entspräche, ebenfalls die obige Gleichung (1) geschrieben werden.

b) Geht insbesondere die Gerade X durch den Punct M, so hat man

(2) $$aa_1 + bb_1 = 0.$$

c) Der Satz ist von dem Winkel unabhängig, welchen die Strahlen a, m, b mit der Geraden X bilden. Der Einfachheit wegen soll daher dieser Winkel fortan ein rechter sein. Bei einigen späteren Sätzen ist übrigens nur dieser Fall allein zulässig; andere Sätze hingegen würden einen beliebigen Winkel gestatten und dadurch etwas allgemeiner werden, was indessen unerheblich ist.

§ 2.

Sind α und β zwei beliebige gleichartige Grössen oder Zahlen, und ist

(3) $$\alpha : \beta = a_1 : b_1,$$

so folgt aus jener Gleichung (1)

$$(4)\qquad \alpha a+\beta b = (\alpha+\beta)m.$$

Werden daher die Puncte A und B als fest, und die Grössen α und β als ihnen zugeordnet gegebene positive Coefficienten betrachtet, so ergeben sich aus der Gleichung (4) nachfolgende Sätze:

a) Sind in einer Ebene zwei feste Puncte A und B nebst zugehörigen Coefficienten α und β gegeben, und sind a und b die Abstände der beiden Puncte von einer beliebigen Geraden X, so ist die Summe $\alpha a+\beta b$ stets gleich dem Producte $(\alpha+\beta)m$ aus der Summe $\alpha+\beta$ der Coefficienten in den Abstand m eines dritten bestimmten Punctes M von jener Geraden X. Dieser dritte Punct M liegt in der Geraden, die A und B verbindet, und theilt sie in Abschnitte, die sich umgekehrt verhalten wie die ihren Endpuncten zugeordneten Coefficienten (3).

b) Soll die Summe $\alpha a+\beta b$ einer Constanten K gleich sein, so dass

$$(5)\qquad \alpha a+\beta b = (\alpha+\beta)m = K,$$

so ist auch das Perpendikel m constant, so dass der Ort seines Fusspunctes N eine Kreislinie ist, welche M zum Centrum und die Gerade X in allen ihren Lagen zur Tangente hat.

c) Ist insbesondere K gleich 0, also

$$(6)\qquad \alpha a+\beta b = 0,$$

so geht die Gerade X, weil m gleich 0 wird, in allen ihren Lagen durch den Punct M.

§ 3.

„Sind in einer Ebene irgend n beliebige Puncte $A, B, C, D, \ldots$ nebst zugehörigen (positiven) Coefficienten $\alpha, \beta, \gamma, \delta, \ldots$ gegeben, so giebt es immer einen anderen bestimmten Punct S von der Beschaffenheit, dass, wenn aus jenen Puncten sowohl als aus ihm Perpendikel $a, b, c, d, \ldots s$ auf jede beliebige Gerade X gefällt werden, dann jedesmal folgende Gleichung besteht:

$$(7)\qquad \alpha a+\beta b+\gamma c+\delta d+\cdots = (\alpha+\beta+\gamma+\delta+\cdots)s.\text{“}$$

Der Beweis dieses Satzes ergiebt sich leicht durch wiederholte Anwendung des obigen Satzes (§ 2, *a*), nämlich, wie folgt:

Es seien zunächst nur drei Puncte A, B, C gegeben. In der Geraden AB construire man den Punct M, für welchen

$$AM : BM = \beta : \alpha$$

ist, so kann in Rücksicht jeder Geraden X stets gesetzt werden

$$\alpha a+\beta b = (\alpha+\beta)m.$$

Nun suche man in der Geraden MC den Punct N, für welchen

$$MN:CN = \gamma:(\alpha+\beta),$$

so ist in Rücksicht jeder Geraden X

$$(\alpha+\beta)m+\gamma c = (\alpha+\beta+\gamma)n,$$

und mithin

$$\alpha a+\beta b+\gamma c = (\alpha+\beta+\gamma)n,$$

was unserem Satze gemäss ist, indem der Punct N und das aus ihm auf die Gerade X gefällte Perpendikel n beziehlich die Stelle von S und s vertreten.

Wäre nun noch ein vierter Punct D gegeben, so suche man in der Geraden ND den Punct P, für welchen

$$NP:DP = \delta:(\alpha+\beta+\gamma).$$

Dann hat man für jede Gerade X

$$(\alpha+\beta+\gamma)n+\delta d = (\alpha+\beta+\gamma+\delta)p$$

und folglich

$$\alpha a+\beta b+\gamma c+\delta d = (\alpha+\beta+\gamma+\delta)p,$$

was wiederum dem Satze gemäss ist, indem P und p die Stelle von S und s einnehmen.

Es ist klar, dass man ähnlicherweise zur Bestätigung des Satzes gelangt, wenn 5, 6, ... n Puncte gegeben sind, und dass durch dieses Verfahren nicht nur die Existenz des eigenthümlichen Punctes S erwiesen, sondern derselbe auch zugleich gefunden wird.

§ 4.

Vermöge der eben bewiesenen Eigenschaft heisst der Punct S „Punct der mittleren Entfernung“ in Rücksicht auf die gegebenen Puncte $A, B, C, \ldots$ und deren Coefficienten $\alpha, \beta, \gamma, \ldots$. Er ist, wie man sieht, identisch mit dem Mittelpuncte paralleler Kräfte, welche auf die gegebenen Puncte wirken und sich verhalten, wie deren respective Coefficienten; oder identisch mit dem Schwerpuncte der gegebenen Puncte, wenn diese mit Gewichten belastet sind, die sich wie jene Coefficienten verhalten. Der Kürze wegen mag daher der Punct S künftig Schwerpunct genannt werden, ohne dass dabei an die statische Eigenschaft gedacht werden soll.

Dass die Bedingungen des vorstehenden Satzes (§ 3) nur von einem einzigen Puncte S erfüllt werden können, geht aus dem Beweise selbst klar hervor, kann aber auch, wie folgt, indirect bewiesen werden. Angenommen nämlich, es gäbe noch einen zweiten Punct S_1 von gleicher Beschaffenheit, so müsste in Rücksicht jeder Geraden X

$$\alpha a+\beta b+\gamma c+\delta d+\cdots = (\alpha+\beta+\gamma+\delta\ldots)s = (\alpha+\beta+\gamma+\delta+\cdots)s_1$$

und mithin s gleich s_1 sein. Daher müsste die Gerade SS_1 mit jeder beliebigen Geraden X parallel sein, was offenbar unmöglich ist. Also: „Ein gegebenes System von Puncten A, B, C, ... und zugehörigen Coefficienten α, β, γ, ... hat nur einen einzigen Punct der mittleren Entfernung, oder nur einen einzigen Schwerpunct S.“

Daher gelangt man durch die obige Construction (§ 3), man mag nun die gegebenen Puncte in dieser oder jener beliebigen Reihenfolge combiniren, stets zu demselben Puncte S. Hieraus ergiebt sich unmittelbar eine Reihe von Sätzen über die geradlinigen Vielecke (welche durch die jedesmaligen gegebenen Puncte bestimmt werden). Diese Sätze sollen an einem anderen Orte ausführlich entwickelt werden.

§ 5.

Soll die Summe der Producte aus den Perpendikeln in die respectiven Coefficienten einen gegebenen oder constanten Werth K haben, soll also

$$(8)\qquad \alpha a+\beta b+\gamma c+\delta d+\cdots=(\alpha+\beta+\gamma+\delta\ldots)s=K$$

sein, so ist der Ort der Geraden X eine Kreislinie, die S zum Mittelpuncte hat. Der Radius s dieses Kreises ändert sich zugleich mit der Summe K, und wird im directen Verhältniss mit ihr kleiner und grösser.

Ist insbesondere K gleich 0, also

$$(9)\qquad \alpha a+\beta b+\gamma c+\cdots=(\alpha+\beta+\gamma\ldots)s=0,$$

so ist auch s gleich 0, d. h. die Gerade X geht stets durch den Schwerpunct S; und umgekehrt, geht die Gerade X durch S, so ist jene Summe K stets gleich 0.

Aus diesem besonderen Falle ergeben sich weiter nachstehende Folgerungen.

§ 6.

Zieht man aus dem Puncte S Strahlen a_1, b_1, c_1, ... nach den Puncten A, B, C, ... und bezeichnet die Winkel, welche diese Strahlen mit einer durch S gehenden Geraden X, nach einerlei Richtung genommen, bilden, mit $\mathfrak{a}$, $\mathfrak{b}$, $\mathfrak{c}$, ..., so hat man

$$(10)\qquad a=a_1\sin\mathfrak{a},\quad b=b_1\sin\mathfrak{b},\quad c=c_1\sin\mathfrak{c},\quad\ldots;$$

und werden diese Werthe der Perpendikel a, b, c, ... in die vorige Gleichung (9) gesetzt, so erhält man folgende neue Gleichung

$$(11)\qquad \alpha a_1\sin\mathfrak{a}+\beta b_1\sin\mathfrak{b}+\gamma c_1\sin\mathfrak{c}+\cdots=0,$$

welche, in Worten ausgedrückt, heisst:

„Der Schwerpunct S eines Systems von Puncten A, B, C, ... mit den zugehörigen Coefficienten α, β, γ, ... hat die Eigenschaft, dass, wenn man die aus ihm nach jenen Puncten gezogenen Strahlen a_1, b_1, c_1, ... mit den Sinus der Winkel $\mathfrak{a}$, $\mathfrak{b}$, $\mathfrak{c}$, ..., die sie mit irgend einer durch S gehenden Geraden X bilden, und mit den zugehörigen Coefficienten α, β, γ, ... multiplicirt, die Summe aller dieser Producte beständig gleich 0 ist."

Der Satz gilt auch, wenn statt der Sinus der Winkel $\mathfrak{a}$, $\mathfrak{b}$, $\mathfrak{c}$, ... die Cosinus derselben genommen werden; was aus der Betrachtung zweier unter sich senkrechten Geraden X klar hervorgeht. Man hat also auch

$$\alpha a_1 \cos\mathfrak{a} + \beta b_1 \cos\mathfrak{b} + \gamma c_1 \cos\mathfrak{c} + \cdots = 0. \tag{12}$$

Dieser Satz hat bekanntlich auch eine statische Bedeutung. Wenn in den Richtungen von a_1, b_1, c_1, ... Kräfte auf den Punct S wirken, die den Producten αa_1, βb_1, γc_1, ... proportional sind, so herrscht Gleichgewicht.

§ 7.

Zieht man ferner aus irgend einem Puncte P der durch S gehenden Geraden X Strahlen a, b, c, ... nach den Puncten A, B, C, ... (die oben durch a, b, c, ... bezeichneten Perpendikel kommen hier nicht in Betracht), so hat man, wenn PS gleich s gesetzt wird,

$$\left\{\begin{array}{l} a^2 = a_1^2 + s^2 - 2a_1 s \cos\mathfrak{a}, \\ b^2 = b_1^2 + s^2 - 2b_1 s \cos\mathfrak{b}, \\ c^2 = c_1^2 + s^2 - 2c_1 s \cos\mathfrak{c}, \\ \cdots\cdots\cdots \end{array}\right. \tag{13}$$

woraus durch Multiplication mit den respectiven Coefficienten α, β, γ, ... und nachherige Addition entsteht

$$\left\{\begin{array}{l} \alpha a^2 + \beta b^2 + \gamma c^2 + \cdots = \alpha a_1^2 + \beta b_1^2 + \gamma c_1^2 + \cdots + (\alpha + \beta + \gamma + \cdots) s^2 \\ \qquad - 2s(\alpha a_1 \cos\mathfrak{a} + \beta b_1 \cos\mathfrak{b} + \gamma c_1 \cos\mathfrak{c} + \cdots), \end{array}\right. \tag{14}$$

und mithin zufolge der Gleichung (12)

$$\alpha a^2 + \beta b^2 + \gamma c^2 + \cdots = \alpha a_1^2 + \beta b_1^2 + \gamma c_1^2 + \cdots + (\alpha + \beta + \gamma + \cdots) s^2, \tag{15}$$

oder in abkürzenden Zeichen geschrieben,

$$\Sigma(\alpha a^2) = \Sigma(\alpha a_1^2) + s^2 \Sigma(\alpha). \tag{16}$$

Das heisst:

a) „Ist in einer Ebene eine beliebige Anzahl von Puncten A, B, C, ... mit den zugehörigen Coefficienten α, β, γ, ... gegeben, und zieht man aus einem anderen beliebigen Puncte P (oder S) nach allen jenen Puncten Strahlen a, b, c, ... (oder a_1, b_1, c_1, ...), multiplicirt die Quadrate dieser Strahlen mit den zugehörigen Coefficienten, so ist die Summe dieser Producte dann ein Minimum, wenn der gewählte Punct der Schwerpunct S der gegebenen Puncte ist. Ist der gewählte Punct aber irgend ein anderer P, so ist die ihm entsprechende Summe $\Sigma(\alpha a^2)$ um das $(\alpha+\beta+\gamma\ldots)$-fache Quadrat seines Abstandes s vom Schwerpuncte S grösser als jenes Minimum $\Sigma(\alpha a_1^2)$."

b) „Soll die genannte Summe der Producte $\Sigma(\alpha a^2)$ constant, etwa gleich Σ sein, so dass

$$\Sigma(\alpha a_1^2)+s^2\Sigma(\alpha) = \Sigma,$$

so ist der Ort des Punctes P eine Kreislinie, welche allemal S zum Mittelpuncte und s zum Radius hat." Und umgekehrt: „Puncten, welche gleichweit vom Schwerpuncte S abstehen, entsprechen gleiche Summen." Und ferner: „die Summe Σ und der Radius s ändern sich gleichzeitig und nehmen zugleich zu oder ab."

Hiernach hat der Punct S die dritte wesentliche Eigenschaft: dass er der Punct kleinster Quadrate der Entfernungen ist in Rücksicht der gegebenen Puncte und Coefficienten *).

---

*) Aus der obigen Gleichung (16) — welche auf gleiche Weise stattfindet, die gegebenen Puncte $A, B, C, \ldots$ mögen in einer Ebene oder im Raume beliebig liegen — folgen leicht noch einige andere Relationen; wie z. B. die nachstehenden:

Lässt man den willkürlichen Punct P mit einem der gegebenen n Puncte A, B, C, ..., z. B. mit A zusammenfallen, so ist

$$a = 0, \quad b = AB, \quad c = AC, \quad d = AD, \quad \ldots, \quad s = a_1 = AS,$$

und die obige Gleichung (16) wird für diesen Fall

$$\text{(I)} \qquad \beta(AB)^2+\gamma(AC)^2+\delta(AD)^2+\cdots = \Sigma(\alpha a_1^2)+a_1^2\Sigma(\alpha).$$

Für jeden der gegebenen n Puncte findet eine analoge Gleichung statt. Wird jede dieser Gleichungen mit dem dem jedesmaligen Puncte $A, B, C, \ldots$ zugehörigen Coefficienten $\alpha, \beta, \gamma, \ldots$ multiplicirt, und werden sodann alle Gleichungen addirt, so kommt

$$\text{(II)} \qquad \Sigma[\alpha\beta(AB)^2] = \Sigma(\alpha)\Sigma(\alpha a_1^2),$$

d. h. „wird das Quadrat jeder der $\frac{1}{2}n(n-1)$ Geraden, welche die gegebenen n Puncte paarweise verbinden, in die dem jedesmaligen Punctepaare zugehörigen Coefficienten multiplicirt, so ist die Summe aller dieser Producte $\Sigma[\alpha\beta(AB)^2]$ gleich einem Producte, dessen einer Factor die Summe der Coefficienten $\Sigma(\alpha)$ und der andere die Summe der Producte $\Sigma(\alpha a_1^2)$ aus den Quadraten der Abstände der gegebenen Puncte von ihrem Schwerpuncte S in die respectiven Coefficienten ist."

Wird die Gleichung (II) mit der obigen (16) verbunden und die Grösse $\Sigma(\alpha a_1^2)$ fortgeschafft, so erhält man

$$\text{(III)} \qquad s\Sigma(\alpha) = \sqrt{\Sigma(\alpha)\Sigma(\alpha a^2)-\Sigma[\alpha\beta(AB)^2]}.$$

Diese Gleichung, durch $\Sigma(\alpha)$ dividirt, giebt den Abstand s des willkürlichen Punctes P von dem Schwerpuncte S; ein Ausdruck, welchen *Lagrange* zuerst aufgestellt und auf eigenthümliche (doch nicht einfache) Art bewiesen hat (*Mécanique analytique*, t. I, première partie, sect. III, no. 20). Denkt man sich nach den Richtungen der Strahlen $a, b, c, \ldots$ Kräfte $\alpha a, \beta b, \gamma c, \ldots$ wirkend, so giebt, wie leicht zu sehen, die vorstehende Gleichung (III) die Grösse der Resultante $s\Sigma(\alpha)$, und zwar hat sie die Richtung des Strahles s, so dass sie also jedesmal durch den Schwerpunct S geht. Demnach wird sowohl jener Abstand s

§ 8.

Zu der vorstehenden Reihe von Sätzen kann man auch durch eine andere elementare Entwickelung gelangen, welche sich auf einen ebenso einfachen Fundamentalsatz gründet als die vorige (§ 1). Die Sätze gehen dann in umgekehrter Ordnung aus einander hervor, so dass man zuerst auf die eben ausgesprochenen Resultate (§ 7) geführt wird und sofort aus diesen die ihnen im Obigen vorangehenden Sätze ableiten kann. Für Freunde einfacher geometrischer Betrachtungen möchte eine kurze Andeutung dieser anderen Entwickelungsart nicht uninteressant sein; deshalb Folgendes:

§ 9.

Fundamentalsatz. „Zieht man aus der Spitze P eines beliebigen Dreiecks APB (Taf. VII Fig. 3) nach irgend einem Puncte M der Grundlinie AB die Gerade PM gleich m, bezeichnet die

---

als diese Resultante $s\Sigma(\alpha)$ gefunden, sobald die Abstände der n Puncte A, B, C, ... von einander und von dem Puncte P, nebst den zugehörigen Coefficienten α, β, γ, ... gegeben sind.

Für jeden der n Puncte A, B, C, ... findet eine Gleichung von der Form (I) statt. Werden diese n Gleichungen addirt, so erhält man

$$\text{(IV)} \qquad \Sigma[(\alpha+\beta)(AB)^2] = n\Sigma(\alpha a_1^2) + \Sigma(\alpha)\Sigma(a_1^2);$$

d. h. „wird das Quadrat des Abstandes je zweier der gegebenen n Puncte A, B, C, ... mit der Summe der den beiden Puncten zugehörigen Coefficienten multiplicirt, so ist die Summe der Producte $\Sigma[(\alpha+\beta)(AB)^2]$ gleich der n-fachen Summe der Producte aus den Quadraten der Abstände (a_1, b_1, c_1, ...) der gegebenen Puncte von ihrem Schwerpuncte S in die zugehörigen Coefficienten $n\Sigma(\alpha a_1^2)$, mehr dem Producte aus der Summe der Coefficienten in die Summe der letztgenannten Quadrate $\Sigma(\alpha)\Sigma(a_1^2)$."

Aus (II) und (IV) die Grösse $\Sigma(\alpha a_1^2)$ eliminirt, giebt

$$\text{(V)} \qquad \Sigma(a_1^2)(\Sigma(\alpha))^2 = \Sigma(\alpha)\Sigma[(\alpha+\beta)(AB)^2] - n\Sigma[\alpha\beta(AB)^2],$$

woraus z. B. die Summe der Quadrate $\Sigma(a_1^2)$ der Abstände des Schwerpunctes S von den n Puncten A, B, C, ... gefunden wird, wenn diese Puncte nebst den zugehörigen Coefficienten α, β, γ, ... gegeben sind.

Für den besonderen Fall, wo die Coefficienten einander gleich sind, also

$$\alpha = \beta = \gamma = \cdots = 1$$

gesetzt werden kann, reduciren sich die Gleichungen (II), (IV) und (V) auf folgende:

$$\text{(VI)} \qquad \Sigma(AB)^2 = n\Sigma(a_1^2),$$

welche zeigt: „dass die n-fache Summe der Quadrate der Strahlen a_1, b_1, c_1, ..., die den Schwerpunct S mit den gegebenen Puncten A, B, C, ... verbinden, gleich ist der Summe der Quadrate der Abstände dieser letzteren Puncte von einander." — Dieser Satz, auf regelmässige Vielecke angewendet, giebt unmittelbar einige bekannte Sätze. Analoge Sätze folgen aus ihm über regelmässige Polyëder.

Unter derselben Beschränkung reducirt sich die Gleichung (III) auf folgende:

$$\text{(VII)} \qquad (ns)^2 = n\Sigma(a^2) - \Sigma(AB)^2.$$

Abschnitte AM und BM der Grundlinie beziehlich durch b_1 und a_1 und die Schenkel AP und BP durch a und b, so ist immer

$$a_1 a^2 + b_1 b^2 = (a_1 + b_1) m^2 + (a_1 + b_1) a_1 b_1. \tag{17}$$

Denn zufolge einer trigonometrischen Grundgleichung hat man, wenn φ den Winkel AMP bezeichnet

$$\cos\varphi = \frac{m^2 + b_1^2 - a^2}{2mb_1} = -\frac{m^2 + a_1^2 - b^2}{2ma_1}, \tag{18}$$

woraus leicht jene Gleichung (17) folgt. Der Beweis kann übrigens auch geometrisch durch den sogenannten verallgemeinerten pythagoräischen Lehrsatz ebenso einfach geführt werden.

§ 10.

Setzt man

$$a_1 : b_1 = \alpha : \beta, \tag{19}$$

wo α und β beliebige gleichartige Grössen oder Zahlen sind, so lässt sich dadurch die obige Gleichung (17) in folgende verwandeln:

$$\alpha a^2 + \beta b^2 = (\alpha + \beta) m^2 + (\alpha + \beta) a_1 b_1, \tag{20}$$

woraus man unter anderen nachstehende Sätze schliesst:

a) „Sind in einer Ebene zwei feste Puncte A und B nebst zugehörigen Coefficienten α, β gegeben, und werden die Quadrate ihrer Abstände a, b von einem beliebigen Puncte P mit den respectiven Coefficienten multiplicirt, so ist die Summe der Producte $\alpha a^2 + \beta b^2$ stets um die Constante $(\alpha + \beta) a_1 b_1$ grösser als das Product $(\alpha + \beta) m^2$, dessen einer Factor die Summe $\alpha + \beta$ der Coefficienten und der andere das Quadrat des Abstandes m des Punctes P von einem dritten, festen Puncte M ist. Dieser dritte bestimmte Punct M liegt auf der Geraden, welche A und B verbindet und theilt sie in Abschnitte, die sich umgekehrt verhalten wie die ihren Endpuncten zugehörigen Coefficienten" (19).

b) Sind die Puncte A und B nebst den Coefficienten α und β gegeben, und soll die Summe $\alpha a^2 + \beta b^2$ constant, etwa gleich K sein, so ist auch m constant und mithin der Ort des Punctes P eine Kreislinie, deren Mittelpunct M ist. Umgekehrt entsprechen Puncten P, die gleich weit von M abstehen, gleiche Summen $\alpha a^2 + \beta b^2$. Auch nehmen diese Summe und der Radius m des Kreises gleichzeitig zu und ab, so dass also

c) Die Summe $\alpha a^2 + \beta b^2$ ein Minimum, gleich $\alpha b_1^2 + \beta a_1^2$ wird, wenn m gleich 0 ist, d. h. wenn der Punct P auf den festen Punct M fällt.

§ 11.

a) „Ist in einer Ebene irgend eine Anzahl beliebiger Puncte $A, B, C, \ldots$ nebst zugehörigen Coefficienten $\alpha, \beta, \gamma, \ldots$ gegeben, so giebt es einen anderen bestimmten Punct S von der Beschaffenheit, dass, wenn man aus jedem beliebigen Puncte P Strahlen $a, b, c, \ldots s$ nach allen Puncten zieht, immer

$$\alpha a^2+\beta b^2+\gamma c^2+\cdots = (\alpha+\beta+\gamma+\cdots)s^2+K \tag{21}$$

ist, wo K eine constante, aber von den gegebenen Elementen abhängige Grösse bezeichnet.“

Der Beweis dieses Satzes ist dem des entsprechenden Satzes in § 3 analog. Er beruht nämlich bloss auf wiederholter Anwendung des vorigen Satzes (§ 10). Denn, seien zunächst nur drei Puncte A, B, C gegeben, so hat man in Rücksicht der Puncte A und B

$$\alpha a^2+\beta b^2=(\alpha+\beta)m^2+(\alpha+\beta)a_1b_1=(\alpha+\beta)m^2+(\alpha+\beta)AM.BM,$$

und ferner in Rücksicht der Puncte M und C, denen die Coefficienten $\alpha+\beta$ und γ zugehören,

$$(\alpha+\beta)m^2+\gamma c^2 = (\alpha+\beta+\gamma)n^2+(\alpha+\beta+\gamma)MN.CN;$$

woraus durch Verbindung beider Gleichungen folgt:

$$\alpha a^2+\beta b^2+\gamma c^2 = (\alpha+\beta+\gamma)n^2+(\alpha+\beta+\gamma)MN.CN+(\alpha+\beta)AM.BM,$$

was dem Satze gemäss ist, da die zwei letzten Glieder rechts constant sind. Der Punct N nämlich liegt auf der Geraden MC und theilt sie in Abschnitte MN und CN, die sich verhalten wie γ zu $\alpha+\beta$, gerade ebenso wie in § 3; n ist der Strahl, der N mit dem beliebigen Puncte P verbindet.

Gleicherweise gelangt man zum Beweise des Satzes für vier, fünf, $\ldots n$ Puncte.

Aus dem vorstehenden Satze ergeben sich ferner folgende Sätze:

b) „Soll die Summe der Producte $\alpha a^2+\beta b^2+\gamma c^2+\cdots$ constant, etwa gleich Σ sein, so dass

$$\alpha a^2+\beta b^2+\gamma c^2+\cdots=\Sigma=(\alpha+\beta+\gamma+\cdots)s^2+K, \tag{22}$$

so ist der Ort des Punctes P eine Kreislinie, welche stets den festen Punct S zum Mittelpuncte und s zum Radius hat. Die Summe Σ und der Radius s des Kreises nehmen gleichzeitig zu oder ab.“ Daher folgt weiter:

c) „Die Summe Σ wird ein Minimum, wenn s gleich 0, d. h. wenn P auf den bestimmten Punct S fällt. Also entspricht unter allen Puncten der Ebene dem Puncte S die kleinste Summe, und zwar ist in diesem Falle

$$\Sigma=\alpha a_1^2+\beta b_1^2+\gamma c_1^2+\cdots=K, \tag{23}$$

wo a_1, b_1, c_1, ... die Strahlen sind, welche S mit den gegebenen Puncten A, B, C, ... verbinden (§ 6), und wodurch die Constante K auf eine zweite Art bestimmt wird.“

§ 12.

Wie man sieht, sind wir auf diesem zweiten Wege zu denselben Sätzen gelangt, welche sich in § 7 finden. Die diesen letzteren vorangehenden Sätze kann man nun, wie schon in § 8 erwähnt worden, umgekehrt aus den vorstehenden leicht erhalten.

Ferner lassen sich aus der gegenwärtigen Betrachtung unmittelbar eine grosse Reihe von Sätzen über die geradlinigen Vielecke und den Kreis entwickeln, welche von den früher erwähnten (§ 4) verschieden sind, ihnen jedoch zum Theil, als in gewissem Sinne entsprechend, an die Seite gesetzt werden können. Diese Sätze sind wegen ihrer Einfachheit und ihres innigen Zusammenhanges unter sich besonders geeignet, beim Unterrichte das Interesse der Schüler zu erwecken und dieselben zur Selbstthätigkeit anzuregen; wovon mich frühere Erfahrungen überzeugt haben. Ich werde dieselben an geeignetem Orte abhandeln; hier liegen sie ausser unserem eigentlichen Zwecke. Aber auch ein grosser Theil der in dieser Abhandlung enthaltenen Sätze lassen sich ohne Schwierigkeit dem Schulpensum einverleiben, und zwar um so leichter, wenn sie mit den hier übergegangenen Sätzen, so wie mit denjenigen, welche bei den nachfolgenden Betrachtungen, als von unserem nächsten Zwecke abliegend, unberücksichtigt bleiben müssen, im Zusammenhange vorgetragen werden.

§ 13.

In Bezug auf die obigen Sätze (§ 11 oder 7) kann noch Folgendes bemerkt werden:

Sind die Summen der Producte $\alpha a^2+\beta b^2+\gamma c^2+\cdots$ für zwei gegebene Puncte P und P_1 bekannt, sind sie z. B. Σ und Σ_1, so hat man vermöge Gl. (22) in § 11

$$\Sigma-\Sigma_1 = (\alpha+\beta+\gamma+\cdots)(s^2-s_1^2),$$

oder

$$s^2-s_1^2 = \frac{\Sigma-\Sigma_1}{\alpha+\beta+\gamma+\cdots}, \tag{24}$$

wo s und s_1 die Strahlen sind, welche die gegebenen Puncte P und P_1 mit dem Schwerpuncte S verbinden. Diese Strahlen s und s_1 werden durch die Gleichung (24) nicht bestimmt. Sieht man sie aber als veränderlich an, als Strahlen, welche die Puncte P und P_1 mit irgend einem Puncte S_1 verbinden, so ist, da der Ausdruck rechts in Gl. (24) constant oder gegeben ist, der Ort des Punctes S_1 eine leicht zu construirende Gerade, welche auf der Geraden PP_1 senkrecht steht und durch den Schwerpunct S geht. Kennt man daher noch von einem dritten gegebenen Puncte P_2 (welcher jedoch nicht in der Geraden PP_1 liegen darf) die ihm entsprechende Summe Σ_2, so ist der Schwerpunct S bestimmt und leicht zu finden. Nämlich er muss dann in noch zwei Geraden liegen, welche mittelst der Gleichungen

$$s^2-s_2^2=\frac{\Sigma-\Sigma_2}{\alpha+\beta+\gamma+\cdots} \quad \text{und} \quad s_1^2-s_2^2=\frac{\Sigma_1-\Sigma_2}{\alpha+\beta+\gamma+\cdots}$$

gefunden werden. Der gemeinsame Durchschnitt dieser beiden Geraden mit der ersten (24) ist der verlangte Schwerpunct S.

Ferner mag noch erwähnt werden, dass, wenn statt der Coefficienten $\alpha, \beta, \gamma, \ldots$, welche einem gegebenen Systeme von Puncten $A, B, C, \ldots$ angehören, andere genommen werden, $\alpha_1, \beta_1, \gamma_1, \ldots$, die sich unter einander so verhalten wie jene ersten, der Schwerpunct S des Systems für beide Fälle derselbe ist. Denn alsdann lassen sich die neuen Coefficienten $\alpha_1, \beta_1, \gamma_1, \ldots$ immer durch $x\alpha, x\beta, x\gamma, \ldots$ ausdrücken, wo x irgend eine bestimmte Zahlengrösse bezeichnet.

Von den Fusspuncten-Vielecken und Fusspuncten-Curven.

A. Von den Fusspuncten-Vielecken.

§ 14.

Erklärung. Fällt man auf alle Seiten eines gegebenen Vielecks $\mathfrak{V}$ aus einem in seiner Ebene liegenden Puncte P Perpendikel und verbindet deren Fusspuncte der Reihe nach paarweise durch Gerade, so entsteht ein neues Vieleck V, welches dem gegebenen eingeschrieben und mit demselben von gleicher Gattung ist. Dieses neue Vieleck V soll fortan „Fusspuncten-Vieleck des Punctes P in Bezug auf das gegebene Vieleck $\mathfrak{V}$“ heissen.

Jedem Puncte P in der Ebene des gegebenen Vielecks $\mathfrak{V}$ entspricht also ein bestimmtes Fusspuncten-Vieleck V, selbst in dem Falle, wo der Punct P mit einer Ecke des gegebenen Vielecks $\mathfrak{V}$ zusammen, oder in eine Seite desselben fällt. Dabei kann unter besonderen Umständen das Fusspuncten-Vieleck in gewisse Grenzfälle übergehen.

§ 15.

„In der Ebene eines gegebenen Vielecks $\mathfrak{V}$ ist der Ort aller Puncte P, deren Fusspuncten-Vielecke V in Bezug auf $\mathfrak{V}$ einen gleichen gegebenen Inhalt haben sollen, eine bestimmte Kreislinie, deren Radius mit diesem Inhalte sich gleichzeitig ändert, deren Mittelpunct aber stets ein und derselbe feste Punct S ist. Dieser Punct S ist nämlich der Schwerpunct der Ecken des gegebenen Vielecks $\mathfrak{V}$, insofern jeder derselben der Sinus des doppelten Nebenwinkels von dem an ihr liegenden Winkel des gegebenen Vielecks $\mathfrak{V}$ als Coefficient zugeordnet wird."

Es sei etwa $ABCD$ (Taf. VII Fig. 4) das gegebene Vieleck $\mathfrak{V}$, und aus einem beliebigen Puncte P seien auf die Seiten desselben die Perpendikel PA_1, PB_1, PC_1, PD_1 gefällt, so ist $A_1B_1C_1D_1$ das dem Puncte P entsprechende veränderliche Fusspuncten-Vieleck V. Bezeichnen wir ferner durch a, b, c, d die veränderlichen Strahlen PA, PB, PC, PD, welche von dem Puncte P nach den Ecken des gegebenen Vielecks $\mathfrak{V}$ gehen, und durch A, B, C, D die Nebenwinkel der diesen Ecken anliegenden Winkel DAB, ABC, BCD, CDA, so hat man vermöge der constanten (und theils rechten) Winkel der Vierecke AD_1PA_1, BA_1PB_1, ... zwischen dem Inhalte dieser Vierecke und dem der entsprechenden Dreiecke D_1PA_1, A_1PB_1, ... folgende Gleichungen:

$$(25)\qquad \begin{cases} 2D_1PA_1 - AD_1PA_1 = \frac{1}{4}a^2\sin 2A, \\ 2A_1PB_1 - BA_1PB_1 = \frac{1}{4}b^2\sin 2B, \\ 2B_1PC_1 - CB_1PC_1 = \frac{1}{4}c^2\sin 2C, \\ 2C_1PD_1 - DC_1PD_1 = \frac{1}{4}d^2\sin 2D. \end{cases}$$

Nun machen aber die in diesen Gleichungen enthaltenen Dreiecke zusammen das Vieleck $A_1B_1C_1D_1$, und die vorkommenden Vierecke zusammen das Vieleck $ABCD$ aus; also folgt durch Addition derselben:

$$(26)\qquad 2A_1B_1C_1D_1 - ABCD = \tfrac{1}{4}(a^2\sin 2A + b^2\sin 2B + c^2\sin 2C + d^2\sin 2D).$$

Es ist klar, dass man allemal eine ähnliche Gleichung erhält, so viele Seiten auch immer das gegebene Vieleck $\mathfrak{V}$ haben mag. Daher ist allgemein, wenn $\mathfrak{V}$ den Inhalt des gegebenen und V den Inhalt des Fusspuncten-Vielecks bezeichnet,

$$(27)\qquad 4(2V - \mathfrak{V}) = a^2\sin 2A + b^2\sin 2B + c^2\sin 2C + \cdots = \Sigma(a^2\sin 2A).$$

Durch diese Gleichung wird die Richtigkeit des Satzes vollständig dargethan. Denn soll der Punct P so gewählt sein, dass der Inhalt V seines Fusspuncten-Vielecks eine gegebene constante Grösse sei, so ist auch die Differenz $(2V - \mathfrak{V})$ constant; und dann stimmt die Gleichung (27) ganz mit der früheren (Gl. (22) in § 11, oder Gl. (16) in § 7) überein, indem die bekannten Grössen $\sin 2A$, $\sin 2B$, ... die Stelle der früheren Coefficienten α, β, ... vertreten. Deshalb muss auch im gegenwärtigen Falle der Ort des Punctes P eine Kreislinie sein, welche den im Satze beschriebenen Schwerpunct S zum Mittelpuncte hat.

§ 16.

Um den aufgestellten Satz ausführlicher zu erörtern, werde die letzte Gleichung (27) nach dem Muster der Gleichung (16) in § 7 umgewandelt; dadurch erhält man

$$(28)\quad \begin{cases} 4(2V-\mathfrak{V}) = a_1^2\sin 2A + b_1^2\sin 2B + c_1^2\sin 2C + \cdots \\ \qquad\qquad + s^2(\sin 2A + \sin 2B + \sin 2C + \cdots) \\ \qquad = \Sigma(a_1^2\sin 2A) + s^2\Sigma(\sin 2A), \end{cases}$$

wo nämlich a_1, b_1, c_1, ... und s die Strahlen sind, welche den beschriebenen Schwerpunct S mit den Ecken A, B, C, ... und mit dem beliebigen Puncte P verbinden.

Bezeichnet man also mit v den Inhalt desjenigen Fusspuncten-Vielecks, welches dem Schwerpuncte S selbst entspricht, so ist für diesen Fall s gleich 0, und mithin

$$(29)\qquad 4(2v-\mathfrak{V}) = \Sigma(a_1^2\sin 2A).$$

Zieht man diese Gleichung von der vorhergehenden (28) ab, so erhält man

$$(30)\qquad 4(V-v) = \tfrac{1}{2}s^2\Sigma(\sin 2A).$$

Hieraus sieht man: „dass die Inhalts-Zunahme des Fusspuncten-Vielecks V mit dem Quadrate des Abstandes s des zugehörigen Punctes P vom Schwerpuncte S in gleichem Verhältnisse wächst oder schwindet.“ Ferner folgt daraus:

„Dass im Allgemeinen unter allen Fusspuncten-Vielecken dasjenige v, welches dem Schwerpuncte S entspricht, entweder ein Minimum oder ein Maximum des Inhalts hat, je nachdem beziehlich die constante Grösse $\Sigma(\sin 2A)$ positiv oder negativ ist.“

Ob aber diese Grösse $\Sigma(\sin 2A)$ positiv oder negativ sei, hängt von folgenden Umständen ab. Nämlich: 1) sind die Winkel A, B, C, ... alle spitz, so ist die Grösse offenbar positiv, und dann findet also für das Fusspuncten-Vieleck von S ein Minimum des Inhalts statt. 2) Sind dagegen unter den Winkeln A, B, C, ... einige stumpf, so kann möglicherweise $\Sigma(\sin 2A)$ negativ, also der Inhalt des Fusspuncten-Vielecks von S ein Maximum werden. Dieser Fall kann besonders eintreten, wenn das gegebene Vieleck $\mathfrak{V}$ nicht convex ist; er kann aber auch bei convexen Vielecken stattfinden und tritt insbesondere beim Dreieck immer ein, (denn, wenn das gegebene Vieleck $\mathfrak{V}$ ein Dreieck ist, so sind mindestens zwei von den drei Winkeln A, B, C stumpf, und man überzeugt sich leicht, dass dabei immer $\Sigma(\sin 2A)$ negativ ausfällt).

Ist insbesondere $\Sigma(\sin 2A)$ gleich 0, so findet weder ein Minimum noch ein Maximum statt, sondern in diesem Falle ist der Inhalt des Fusspuncten-Vielecks V für alle Puncte P constant.

§ 17.

Für spätere Untersuchungen ist es zweckmässig, die Bedeutung des Ausdruckes

$$(31)\qquad \tfrac{1}{2}s^2\Sigma(\sin 2A) = \tfrac{1}{2}s^2\sin 2A + \tfrac{1}{2}s^2\sin 2B + \tfrac{1}{2}s^2\sin 2C + \cdots,$$

welcher die vierfache Differenz zwischen den Inhalten der Fusspuncten-Vielecke eines beliebigen Punctes P und des Punctes S repräsentirt (30), näher anzugeben. Wir beschränken uns hierbei auf den bestimmten Fall, wo das gegebene Vieleck $\mathfrak{V}$ convex ist, und wo überdies die Nebenwinkel $A, B, C, \ldots$ seiner sämmtlichen Winkel spitz, also $\Sigma(\sin 2A)$ positiv ist. In diesem Falle ist bekanntlich die Summe der Nebenwinkel $A, B, C, \ldots$ gleich 2π, und daher

$$(32)\qquad 2A + 2B + 2C + 2D + \cdots = 4\pi.$$

Wird bemerkt, dass $\tfrac{1}{2}s^2\sin 2A$ der Flächen-Inhalt eines gleichschenkligen Dreiecks ist, dessen Schenkel gleich s sind, und dessen Winkel an der Spitze gleich $2A$ ist, so folgt, dass die Grösse $\tfrac{1}{2}s^2\Sigma(\sin 2A)$ in Gl. (31) als die Inhaltssumme von n gleichschenkligen Dreiecken anzusehen ist, deren Schenkel alle gleich s, und deren Winkel an der Spitze beziehlich $2A, 2B, 2C, \ldots$ sind. Man denke sich ein Vieleck U von der Beschaffenheit, dass es einem Kreise vom Radius s eingeschrieben ist, in demselben zwei Umläufe macht*), und dass die über seinen Seiten $\mathfrak{A}, \mathfrak{B}, \mathfrak{C}, \ldots$ stehenden Centriwinkel jenen Winkeln $2A, 2B, 2C, \ldots$ beziehlich gleich (und zusammen gleich 4π) sind, so ist der Inhalt dieses Vielecks offenbar die Summe der genannten Dreiecke; denn jenes wird durch die nach seinen Ecken gehenden Radien in der That in diese zerlegt. Also ist

$$(33)\qquad \tfrac{1}{2}s^2\Sigma(\sin 2A) = U,$$

und daher (30)

$$4(V - v) = U,$$

oder

$$(34)\qquad V = v + \tfrac{1}{4}.U.$$

Somit hat man für den gegenwärtigen Fall folgenden Satz:

„Ist in Rücksicht eines gegebenen Vielecks $\mathfrak{V}$ der Inhalt des dem Schwerpuncte S entsprechenden Fusspuncten-Vielecks v bekannt, so kann der Inhalt jedes Fusspuncten-Vielecks V, welches einem beliebigen, von S um die Entfernung s abstehenden Puncte P entspricht, dadurch gefunden werden, dass man zu jenem Inhalte v den vierten Theil des Inhalts eines anderen

*) Leser, welche mit solchen Vielecken nicht vertraut sind, können sich einen Begriff davon machen, wenn sie z. B. in einem beliebigen Fünfecke im Kreise die fünf Diagonalen in einem Zuge ziehen; denn diese sind sofort die Seiten eines Fünfecks von zwei Umläufen.

bestimmten Vielecks U addirt. Dieses andere Vieleck U ist einem Kreise vom Radius s eingeschrieben, macht in demselben zwei Umläufe, und über seinen Seiten stehen Centriwinkel, die den doppelten Nebenwinkeln der Winkel des gegebenen Vielecks $\mathfrak{V}$ gleich sind.“

§ 18.

Anmerkung. Auch hier müssen zahlreiche specielle Sätze übergangen werden, welche sich unmittelbar aus dem Vorstehenden ableiten liessen. Nur folgende im Eingange erwähnte Sätze von *Querret*, *Sturm* und *Lhuilier* über das beliebige Dreieck und das regelmässige Vieleck (n-Eck) mögen hier Platz finden.

1. Bei einem beliebigen Dreieck $\mathfrak{V}$ (ABC) kann leicht direct nachgewiesen werden, dass der Mittelpunct des ihm umschriebenen Kreises zugleich der Schwerpunct S der Ecken ist, wenn diesen die Sinus der doppelten Nebenwinkel als Coefficienten zugeordnet sind. Dasselbe kann aber auch aus dem obigen Satze (§ 17) geschlossen werden. Denn fällt der Punct P mit einer der Ecken des Dreiecks zusammen, so wird der Inhalt des Fusspuncten-Dreiecks jedesmal gleich 0; daher liegen die drei Ecken in einem Ortskreise, dessen Mittelpunct der genannte Schwerpunct S sein muss. Ferner schliesst man hieraus den bekannten Satz: „dass, wenn aus irgend einem Puncte des dem Dreiecke umschriebenen Kreises Perpendikel auf die drei Seiten des Dreiecks gefällt werden, dann die Fusspuncte dieser Perpendikel allemal in einer Geraden liegen. Es muss nämlich wieder der Inhalt des Fusspuncten-Dreiecks gleich 0 sein.

2. Der citirte Satz über jedes regelmässige Vieleck $\mathfrak{V}$ folgt gleichfalls sehr leicht. Nämlich einmal daraus, dass alle Winkel des Vielecks und also auch alle Coefficienten $\sin 2A$, $\sin 2B$, $\sin 2C, \ldots$ unter sich gleich sind, mithin der Mittelpunct des Vielecks zugleich der ihm zugehörige Schwerpunct S sein muss. Zweitens daraus, dass allen Ecken des Vielecks $\mathfrak{V}$, wenn der Punct P der Reihe nach in sie verlegt wird, Fusspuncten-Vielecke V von gleichem Inhalte, und zwar congruente, entsprechen, so dass also der durch die Ecken gehende Kreis ein Ortskreis (für P) ist und als solcher den Schwerpunct S zum Mittelpuncte haben muss. Ebenso würden den Mitten der Seiten des gegebenen Vielecks $\mathfrak{V}$ congruente Fusspuncten-Vielecke V entsprechen, was zu ähnlichen Schlüssen berechtigte.

§ 19.

Kennt man in Bezug auf ein gegebenes Vieleck $\mathfrak{V}$ die Inhalte der Fusspuncten-Vielecke V, V_1, V_2 irgend dreier gegebenen Puncte P, P_1, P_2 und bezeichnet man durch s, s_1, s_2 die Abstände dieser Puncte vom Schwerpuncte S, so hat man folgende Gleichungen (§ 17 und § 13):

$$(35)\qquad \begin{cases} V-V_1 = \frac{1}{8}(s^2-s_1^2)\Sigma(\sin 2A), \\ V-V_2 = \frac{1}{8}(s^2-s_2^2)\Sigma(\sin 2A), \\ V_1-V_2 = \frac{1}{8}(s_1^2-s_2^2)\Sigma(\sin 2A). \end{cases}$$

Sieht man s, s_1, s_2 als veränderlich an, dagegen V, V_1, V_2 und $\Sigma(\sin 2A)$ als constant oder die Puncte P, P_1, P_2 als fest, so werden durch diese Gleichungen drei Gerade X_2, X_1, X bestimmt, welche auf den Seiten des Dreiecks PP_1P_2 senkrecht stehen und sich im Schwerpuncte S gegenseitig schneiden (§ 13). Durch je zwei derselben wird also im Allgemeinen der Schwerpunct S gefunden.

B. Von den Fusspuncten-Curven.

§ 20.

Das der vorigen Betrachtung zu Grunde liegende Vieleck $\mathfrak{V}$ kann man in der Vorstellung sich so verändern lassen, dass es immer mehr sich irgend einer Curve nähert und endlich in diese übergeht. Lässt man nämlich die Seitenzahl des Vielecks immer mehr zunehmen, jede einzelne Seite aber zugleich schwinden, so nähert sich das Vieleck, wenn die Seitenzahl sehr gross und jede Seite sehr klein geworden ist, offenbar irgend einer Curve; und wird die Seitenzahl unendlich gross und jede Seite unendlich klein (wie man zu sagen pflegt), so kann schlechthin das Vieleck als eine Curve angesehen werden. Ebenso kann man umgekehrt jede gegebene Curve $\mathfrak{V}$ als ein Vieleck von unendlich vielen Seiten betrachten, die alle unendlich klein sind. Dabei ist klar, dass die verlängerten Seiten des Vielecks in die Tangenten der Curve übergehen, und dass die oben betrachteten Nebenwinkel A, B, C, ... bei der Curve unendlich klein werden, indem sie nämlich hier die äusseren Winkel sind, unter welchen sich die zunächst auf einander folgenden Tangenten der Curve gegenseitig schneiden, oder, wenn man sich kurz fassen will, als die Winkel angesehen werden können, welche die einzelnen Tangenten in ihren Berührungspuncten mit der Curve selbst bilden. Ferner ist klar, dass beim Uebergang des Vielecks $\mathfrak{V}$ in eine Curve, auch das irgend einem Puncte P zugehörige Fusspuncten-Vieleck V in eine Curve übergeht, welche daher gleicherweise: „Fusspuncten-Curve des Punctes P in Bezug auf die gegebene Curve $\mathfrak{V}$" heissen soll. Sie ist nämlich der Ort der Fusspuncte aller aus dem Puncte P auf die Tangenten der Curve $\mathfrak{V}$ gefällten Perpendikel. Dass diese Fusspuncte in der That eine continuirliche Curve bilden, erhellt auch unmittelbar aus der Anschauung. Denn wenn ein rechter Winkel sich so bewegt, dass, während der eine Schenkel als Tangente an der Curve $\mathfrak{V}$ fortschreitet, der andere beständig durch den festen

Punct P geht, so beschreibt sein Scheitel eine Curve, nämlich die genannte Fusspuncten-Curve V.

Da auf diese Weise die Vielecke $\mathfrak{V}$ und V in die Curven $\mathfrak{V}$ und V übergehen, so müssen nothwendig die oben über jene aufgestellten Sätze auch für diese ihre Gültigkeit behalten. Daher kann z. B. unmittelbar geschlossen werden: *a*) dass es für jede geschlossene und convexe Curve $\mathfrak{V}$ einen Punct S geben muss, dessen Fusspuncten-Curve v in Bezug auf jene unter allen den kleinsten Inhalt hat, und dass allen um einen gleichen Abstand s von S entfernten Puncten P Fusspuncten-Curven V von gleichem Inhalt entsprechen, und auch umgekehrt; *b*) dass unter den genannten Grössen ($\mathfrak{V}$, v, s, V etc.) auch die obigen Gleichungen (§ 16 und § 17) bestehen; *c*) dass ferner, wenn die gegebene Curve $\mathfrak{V}$ einen Mittelpunct besitzt, derselbe auch zugleich jener eigenthümliche Punct S sein muss (§ 18, 2) u. s. w.

Aus diesen angedeuteten Sätzen liessen sich nun z. B. in Bezug auf den Kreis und die Ellipse unmittelbar eine Reihe von Sätzen ableiten. Denn da man in Bezug auf den Kreis die Fusspuncten-Curve v seines Mittelpunctes S, und bei der Ellipse die Fusspuncten-Curve V ihres Brennpunctes P, so wie dessen Abstand s vom Mittelpunct S kennt, so kann für beide leicht der Inhalt der Fusspuncten-Curve jedes beliebigen Punctes P gefunden werden. Auf diese Sätze werden wir später zurückkommen. Zunächst aber ist die Eigenschaft des Punctes S bei allgemeinen Curven bestimmter anzugeben und dessen Beziehung zu der Curve selbst genauer zu erforschen.

§ 21.

Da die Bestimmung des Punctes S beim Vielecke $\mathfrak{V}$ von den Sinus der doppelten Nebenwinkel $2A$, $2B$, $2C$, ... abhängt, diese Winkel aber bei der Curve $\mathfrak{V}$ unendlich klein, ihre Sinus mithin unbrauchbar werden, so kommt es darauf an, zu erforschen, welche andere bestimmte Grössen an die Stelle dieser Sinus treten können.

Zu diesem Zwecke nehmen wir das ursprüngliche Vieleck $\mathfrak{V}$ gleichseitig an, was unbeschadet der Allgemeinheit der daraus zu folgernden Resultate geschehen darf. Es sei also z. B. $ZABCD\ldots$ (Taf. VII Fig. 5) ein Theil eines beliebigen gleichseitigen, convexen Vielecks $\mathfrak{V}$. In den Mitten A_1, B_1, C_1, D_1, ... der Seiten errichte man auf diesen die Perpendikel A_1R, B_1RS, C_1ST, ..., nehme jedes davon bis zu dem Puncte R, S, T, ..., wo es von dem nachfolgenden geschnitten wird, und setze die Abschnitte

$$A_1R = \alpha_1, \quad B_1S = \beta_1, \quad C_1T = \gamma_1, \quad \ldots;$$

ferner ziehe man die Strahlen

$$AR = \alpha, \quad BS = \beta, \quad CT = \gamma, \quad \ldots$$

und bezeichne durch h die halbe Seite des Vielecks, so dass

$$h = AA_1 = AB_1 = BC_1 = \cdots,$$

so hat man z. B. vermöge des Vierecks AA_1RB_1, in welchem RA_1 gleich RB_1 gleich α_1 und die Winkel bei A_1 und B_1 rechte sind, folgende Gleichung:

$$(36) \qquad \sin(2A) = 4\frac{h\alpha_1(\alpha_1^2 - h^2)}{\alpha^4} = 4\frac{h}{\alpha}\left(\frac{\alpha_1^3}{\alpha^3} - \frac{h^2\alpha_1}{\alpha^3}\right).$$

Ebenso ist

$$\sin 2B = 4\frac{h}{\beta}\left(\frac{\beta_1^3}{\beta^3} - \frac{h^2\beta_1}{\beta^3}\right),$$

$$\sin 2C = 4\frac{h}{\gamma}\left(\frac{\gamma_1^3}{\gamma^3} - \frac{h^2\gamma_1}{\gamma^3}\right),$$

$$\cdots\cdots\cdots\cdots$$

und daher ist z. B.

$$(37) \qquad \frac{\sin(2A)}{\sin(2C)} = \frac{\gamma}{\alpha}\left(\frac{\alpha_1^3}{\alpha^3} - \frac{h^2\alpha_1}{\alpha^3}\right):\left(\frac{\gamma_1^3}{\gamma^3} - \frac{h^2\gamma_1}{\gamma^3}\right).$$

Es kommt nun darauf an, den Werth dieses Verhältnisses (37) für den Fall zu bestimmen, wo das Vieleck $\mathfrak{V}$ in eine Curve übergegangen ist. Da, um zu diesem Falle zu gelangen, die halbe Seite h immer kleiner und zuletzt unendlich klein werden muss, so nähern sich α_1 und α, γ_1 und γ immer mehr der Gleichheit, bis zuletzt schlechterdings α_1 gleich α und γ_1 gleich γ zu setzen ist. Dann wird aber zugleich

$$\alpha_1^3 : \alpha^3 = 1, \quad \gamma_1^3 : \gamma^3 = 1$$

und, weil h gegen α und γ unendlich klein ist,

$$\frac{h^2\alpha_1}{\alpha^3} = 0 \quad \text{und} \quad \frac{h^2\gamma_1}{\gamma^3} = 0.$$

Demnach hat man als Grenzwerth des Verhältnisses (37), oder für die Curve $\mathfrak{V}$:

$$(38) \qquad \sin(2A) : \sin(2C) = \gamma : \alpha = \frac{1}{\alpha} : \frac{1}{\gamma}.$$

In diesem Falle aber sind die Strahlen α, β, γ, ... die Krümmungsradien der Curve $\mathfrak{V}$ in den Puncten A, B, C, ..., was aus der Construction erhellt. Denn es ist z. B. R der Mittelpunct und α der Radius eines Kreises, der durch drei auf einander folgende Ecken Z, A, B des Vielecks $\mathfrak{V}$ geht, und welcher beim Uebergang des Vielecks in die Curve zum Krümmungskreise dieser letzteren im Puncte A wird. Somit sind wir zu folgendem Resultate gelangt (38):

„Die Sinus der doppelten Winkel $2A$, $2B$, $2C$, ..., welche die Tangenten einer Curve $\mathfrak{V}$ in ihren Berührungspuncten mit der Curve selbst bilden (oder unter welchen sich die auf einander folgenden Tangenten schneiden), verhalten sich umgekehrt wie die Krümmungsradien α, β, γ, ..., oder direct wie die Krümmungen der Curve in den betreffenden Berührungspuncten."

Dieses Resultat kann auch aus folgender Betrachtung abgeleitet werden. Da der durch A bezeichnete Winkel (Nebenwinkel von ZAB) dem Winkel A_1RB_1 gleich und dieser durch den Strahl RA gleich α gehälftet ist, so hat man

$$\sin A = 2\sin(\tfrac{1}{2}A).\cos(\tfrac{1}{2}A) = 2\frac{h\alpha_1}{\alpha^2},$$

und ebenso

$$\sin B = 2\frac{h\beta_1}{\beta^2}, \quad \sin C = 2\frac{h\gamma_1}{\gamma^2}, \quad \dots .$$

Daher ist z. B.

$$\frac{\sin A}{\sin C} = \frac{\gamma}{\alpha}\cdot\frac{\alpha_1\gamma}{\alpha\gamma_1},$$

und für den Fall, wo das Vieleck in eine Curve übergeht, also α_1 gleich α und γ_1 gleich γ wird, erhält man

$$(39) \qquad \sin A : \sin C = \gamma : \alpha = \frac{1}{\alpha} : \frac{1}{\gamma}.$$

Hiermit sind wir zu dem zweiten Resultate gelangt: „dass auch die Sinus der einfachen Winkel, welche die Tangenten in ihren Berührungspuncten mit der Curve $\mathfrak{B}$ bilden, sich verhalten wie die diesen Puncten zugehörigen Krümmungen der Curve."

Dieses Resultat steht mit dem vorigen (38) nicht im Widerspruche; vielmehr wird das eine durch das andere bestätigt. Denn weil

$$\sin(2A) : \sin(2C) = \sin A \cos A : \sin C \cos C,$$

für sehr kleine oder unendlich kleine Winkel A und C aber schlechthin gesetzt werden darf

$$\cos A : \cos C = 1,$$

so ist (für die Curve $\mathfrak{B}$)

$$(40) \qquad \sin(2A) : \sin(2C) = \sin A : \sin C;$$

woraus das Gesagte folgt. Endlich mag noch behufs späterer Betrachtungen bemerkt werden, dass sehr kleine Winkel (in Bogen oder Zahlen ausgedrückt) sich verhalten wie ihre Sinus, so dass also

$$(41) \qquad \sin A : \sin C = A : C = \frac{1}{\alpha} : \frac{1}{\gamma},$$

wonach drittens: „auch die Winkel, welche die Tangenten an die Curve $\mathfrak{B}$ mit ihr bilden, sich wie die den Berührungspuncten zugehörigen Krümmungen der Curve verhalten."

§ 22.

Durch das obige Resultat sind wir nunmehr in den Stand gesetzt, bei jeder Curve $\mathfrak{B}$ den Punct S vermittelst gewisser anschaulichen und endlichen Grössen zu bestimmen. Nämlich es können zur Bestimmung von S statt der unendlich kleinen Coefficienten $\sin 2A$, $\sin 2B$, $\sin 2C$, ... die ihnen proportionalen umgekehrten Werthe

$$\frac{1}{\alpha}, \quad \frac{1}{\beta}, \quad \frac{1}{\gamma}, \quad \ldots$$

der respectiven Krümmungshalbmesser α, β, γ, ... der Curve $\mathfrak{B}$ genommen werden. Hiernach steht der bestimmte Punct S in folgender Beziehung zu der Curve $\mathfrak{B}$. „Er ist ihr Schwerpunct, wenn sie in unendlich kleine gleiche Elemente getheilt und in den Theilungspuncten mit Gewichten belastet gedacht wird, welche sich umgekehrt verhalten wie die zugehörigen Krümmungshalbmesser, oder direct wie die zugehörigen Krümmungen.“ Aus diesem Grunde soll der Punct S künftig „Krümmungs-Schwerpunct“ der Curve $\mathfrak{B}$ genannt werden.

Es wird hiermit wiederum augenscheinlich (§ 20), dass, wenn die Curve $\mathfrak{B}$ einen Mittelpunct hat, dann ihr Krümmungs-Schwerpunct S mit diesem zusammenfallen muss.

§ 23.

Dass die früher über das Vieleck $\mathfrak{B}$ aufgestellten Gleichungen und Sätze auch für den Grenzfall, wo dasselbe in eine Curve $\mathfrak{B}$ übergeht, noch gültig sein müssen, ist einleuchtend und früher schon erwähnt worden (§ 20). Daher hat man auch für die Curve, in den nämlichen Zeichen und im nämlichen Sinne verstanden, unmittelbar, den Gleichungen (27), (28) und (34) entsprechend, folgende Gleichungen

$$(42) \qquad 4(2V-\mathfrak{B}) = \Sigma(a^2 \sin 2A),$$

$$(43) \qquad 4(2V-\mathfrak{B}) = \Sigma(a_1^2 \sin 2A) + s^2 \Sigma(\sin 2A),$$

$$(44) \qquad 4(V-v) = \tfrac{1}{2} s^2 \Sigma(\sin 2A) = U.$$

Diese Gleichungen, in Worten ausgesprochen, enthalten zunächst folgende Sätze:

a) „Soll in Rücksicht einer gegebenen geschlossenen und überall convexen Curve $\mathfrak{B}$ der Inhalt der irgend einem veränderlichen Puncte P entsprechenden Fusspuncten-Curve V constant bleiben, so ist der Ort des Punctes P eine bestimmte Kreislinie, deren Radius s mit jenem Inhalte V zugleich grösser oder kleiner wird, deren Mittelpunct aber immer ein und derselbe feste Punct, nämlich der Krümmungs-Schwerpunct S der gegebenen Curve $\mathfrak{B}$ ist.“ Und umgekehrt: „Beschreibt man aus dem Krümmungs-Schwerpuncte S der gegebenen Curve $\mathfrak{B}$ irgend einen Kreis, so entsprechen allen auf dieser Kreislinie liegenden Puncten P Fusspuncten-Curven V von gleichem Inhalte.“

b) „Unter allen Fusspuncten-Curven V einer gegebenen geschlossenen und überall convexen Curve $\mathfrak{B}$ hat diejenige den kleinsten Inhalt v, welche dem Krümmungs-Schwerpuncte S der Curve $\mathfrak{B}$ entspricht.“

Um die Inhalts-Zunahme genauer angeben zu können, welche die einem Puncte P entsprechende Fusspuncten-Curve V erfährt, wenn er sich vom Krümmungs-Schwerpuncte S entfernt, muss die Grösse $\frac{1}{2}s^2\Sigma(\sin 2A)$ oder das Vieleck U näher bestimmt werden. Da dieses Vieleck U nach dem Früheren (§ 17) einem Kreise eingeschrieben ist, der s zum Radius hat, da es in demselben zwei Umläufe macht, und da die Centriwinkel $2A$, $2B$, $2C$, ..., welche seinen Seiten $\mathfrak{A}$, $\mathfrak{B}$, $\mathfrak{C}$, ... gegenüberstehen, in dem gegenwärtigen Falle (für die Curve $\mathfrak{B}$) alle unendlich klein sind, so folgt, dass in diesem Falle auch die Seiten $\mathfrak{A}$, $\mathfrak{B}$, $\mathfrak{C}$, ... alle unendlich klein sind, und dass daher der Umfang des Vielecks mit demjenigen des Kreises zusammenfällt, aber diesen zweimal umfasst. Somit besteht auch der Inhalt des Vielecks U aus der zweifachen Kreisfläche, oder es ist

$$(45) \qquad U = \tfrac{1}{2}s^2\Sigma(\sin 2A) = 2\pi s^2 \quad \text{und} \quad \Sigma(\sin 2A) = 4\pi;$$

daher hat man statt der Gleichungen (43) und (44) folgende:

$$(46) \qquad 4(2V - \mathfrak{B}) = \Sigma(a_1^2 \sin 2A) + 4\pi s^2,$$

$$(47) \qquad V = v + \tfrac{1}{2}\pi s^2.$$

Aus dieser letzten Gleichung (47) schliesst man folgende Sätze:

c) „In Rücksicht der gegebenen geschlossenen und convexen Curve $\mathfrak{B}$ ist der Inhalt V der Fusspuncten-Curve eines beliebigen Punctes P immer so gross wie der Inhalt v der dem Krümmungs-Schwerpuncte S entsprechenden Fusspuncten-Curve, vermehrt um die halbe Kreisfläche, welche den Abstand PS gleich s beider Puncte P und S von einander zum Radius hat.“

Kennt man also in Bezug auf die gegebene Curve $\mathfrak{B}$ den Inhalt v der Fusspuncten-Curve, welche dem Krümmungs-Schwerpuncte S entspricht, so kann sogleich der Inhalt V der Fusspuncten-Curve jedes anderen beliebigen Punctes P gefunden werden, insofern nur dessen Abstand s vom Schwerpuncte S bekannt ist. Und umgekehrt: kennt man in Bezug auf eine Curve $\mathfrak{B}$ und für irgend einen Punct P die Grössen V und s, so wird dadurch augenblicklich auch v, und somit dann auch der Inhalt der Fusspuncten-Curve für jeden anderen Punct gefunden, wofern sein Abstand von S gegeben ist.

d) „Kennt man in Rücksicht einer gegebenen Curve $\mathfrak{B}$ die Inhalte V, V_1, V_2 der Fusspuncten-Curven irgend dreier gegebenen Puncte P, P_1, P_2, die nicht in einer Geraden liegen, so ist dadurch der Krümmungs-Schwerpunct S der gegebenen Curve $\mathfrak{B}$, sowie der Inhalt v seiner Fusspuncten-Curve bestimmt und leicht zu finden."

Denn zu diesem Behufe hat man nach § 19 und nach Gl. (47) folgende drei Gleichungen:

$$(48) \qquad \begin{cases} V - V_1 = \frac{1}{2}\pi(s^2 - s_1^2), \\ V - V_2 = \frac{1}{2}\pi(s^2 - s_2^2), \\ V_1 - V_2 = \frac{1}{2}\pi(s_1^2 - s_2^2), \end{cases}$$

wodurch drei Gerade X_2, X_1, X bestimmt werden, deren gemeinschaftlicher Durchschnitt der gesuchte Krümmungs-Schwerpunct S ist.

§ 24.

Besondere Fälle.

Ist insbesondere die gegebene Curve ein Kreis oder eine Ellipse, so lässt sich in Folge der vorstehenden Sätze leicht der Inhalt V der Fusspuncten-Curve jedes beliebigen Punctes P angeben. Nämlich, wie folgt:

A. Wenn die gegebene Curve $\mathfrak{B}$ ein Kreis ist.

Es ist klar und bereits oben erwähnt worden (§ 22), dass der Krümmungs-Schwerpunct S des Kreises mit seinem Mittelpuncte zusammenfällt. Daher fällt auch die Fusspuncten-Curve des Punctes S mit dem Kreise selbst zusammen, und ihr Inhalt ist gleich der Kreisfläche. Wird also der Radius des gegebenen Kreises $\mathfrak{B}$ mit r bezeichnet, so hat man

$$(49) \qquad v = \pi r^2$$

und weiter nach Gl. (47)

$$(50) \qquad V = \pi r^2 + \tfrac{1}{2}\pi s^2,$$

d. h. „der Inhalt der Fusspuncten-Curve V irgend eines Punctes P in Bezug auf den gegebenen Kreis $\mathfrak{B}$ ist gleich der Summe dieser Kreisfläche und der halben Kreisfläche $\frac{1}{2}\pi s^2$, welche den Abstand s des Punctes P vom Mittelpuncte S des gegebenen Kreises zum Radius hat."

Ueber die Form und sonstigen Eigenschaften dieser Fusspuncten-Curve V mag Folgendes angegeben werden, was leicht wahrzunehmen ist.

Die Curve V berührt den Kreis $\mathfrak{B}$ in den beiden Endpuncten des durch P gehenden Durchmessers, welchen sie zur Symmetralaxe hat, liegt sonst ganz ausserhalb $\mathfrak{B}$, ist auf einen endlichen Raum beschränkt und kehrt in sich zurück. Sie ist vom vierten Grade, und P ist ein singulärer Punct derselben, nämlich α) ein reeller oder β) ein imaginärer Doppelpunct, je nachdem beziehlich P ausserhalb oder innerhalb des Kreises $\mathfrak{B}$ liegt, oder endlich γ) ein Rückkehrpunct, wenn P auf der Kreislinie $\mathfrak{B}$ selbst liegt. Im Falle α) schneidet sich die Curve in P, und die beiden Tangenten, die von P aus an den Kreis $\mathfrak{B}$ gelegt werden können, sind die Normalen der Curve V im Puncte P, so dass sie den Winkel bestimmen, unter welchem die Curve sich in P schneidet. Ist s^2 gleich $2r^2$, so ist dieser Winkel ein rechter. Die Curve bildet ferner zwei Blätter oder Schleifen, von denen die eine die andere nebst dem Kreise $\mathfrak{B}$ umschliesst. Der Inhalt der Curve besteht aus demjenigen beider Schleifen, so dass also der von der kleineren Schleife eingeschlossene Raum hierbei zweimal in Betracht kommt. Ist s^2 gleich $2r^2$, so ist der Inhalt der Curve gleich $2\pi r^2$.

In Rücksicht aller drei Fälle sind die verschiedenen Curven V, wie sich später zeigen wird (§ 36), identisch mit den verschiedenen Epicykloïden, welche entstehen, wenn ein Kreis vom Radius $\frac{1}{2}r$ auf einem ihm gleichen Kreise rollt. So ist namentlich im Falle γ), wo P in der Kreislinie liegt, d. h. wo s gleich r ist, die Curve V die sogenannte Cardioïde, und ihr Inhalt ist

$$V = \tfrac{3}{2}\pi r^2 = 6\pi(\tfrac{1}{2}r)^2 \tag{51}$$

d. h. „anderthalbmal so gross als die gegebene Kreisfläche $\mathfrak{B}$," oder sechsmal so gross als die Kreisfläche, deren Radius gleich $\frac{1}{2}r$ ist, was mit dem bekannten Ausdrucke für die Cardioïde übereinstimmt. Von den beiden mondförmigen Räumen, welche in diesem Falle zwischen den Umfängen $\mathfrak{B}$ und V liegen, ist jeder gleich $\frac{1}{4}\pi r^2$, d. i. ein Viertheil der Kreisfläche $\mathfrak{B}$. Ebenso kommen im Falle β) zwischen $\mathfrak{B}$ und V zwei mondförmige Räume vor, von denen jeder gleich $\frac{1}{4}\pi s^2$ ist.

B. Wenn die gegebene Curve $\mathfrak{B}$ eine Ellipse ist.

Auch bei der Ellipse fällt offenbar der Krümmungs-Schwerpunct S mit dem Mittelpuncte zusammen. Es seien also a und b die halben Axen der Ellipse, s_1 der Abstand ihres Brennpunctes P_1 vom Mittelpuncte S, und V_1 der Inhalt der Fusspuncten-Curve des einen oder des anderen Brennpunctes P_1, welche bekanntlich ein Kreis ist, der die grosse Axe gleich $2a$ zum Durchmesser hat, so ist also

$$V_1 = \pi a^2; \tag{52}$$

und hieraus wird zunächst geschlossen (§ 23):

„Nimmt man in der Kreislinie, welche mit einer Ellipse $\mathfrak{B}$ concentrisch ist und durch deren Brennpuncte geht, irgend einen Punct P_1 an, so ist der Inhalt seiner Fusspuncten-Curve V_1 in Bezug auf die Ellipse gleich derjenigen Kreisfläche, welche die grosse Axe $2a$ der Ellipse zum Durchmesser hat."

Nun kann ferner der Inhalt jeder anderen Fusspuncten-Curve für die Ellipse gefunden werden. Nämlich für die Fusspuncten-Curve v des Mittelpunctes S, der um s_1 gleich $\sqrt{a^2-b^2}$ vom Brennpuncte P_1 absteht, hat man nach § 23, Gl. (47)

$$v = V_1 - \tfrac{1}{2}\pi s_1^2 = \tfrac{1}{2}\pi(a^2+b^2) = \pi g^2, \tag{53}$$

das heisst:

„Der Inhalt der dem Mittelpuncte S der Ellipse $\mathfrak{B}$ entsprechenden Fusspuncten-Curve v ist halb so gross als die Summe der beiden Kreisflächen, welche die Axen $(2a, 2b)$ der Ellipse zu Durchmessern haben; oder er ist gleich derjenigen Kreisfläche, welche einen der beiden gleichen conjugirten Durchmesser $(2g)$ der Ellipse zum Durchmesser hat.“

Die Curve v berührt die Ellipse $\mathfrak{B}$ in den vier Scheiteln der Axen; ausserdem liegt sie ganz ausserhalb derselben, so dass zwischen beiden Curven vier mondförmige Räume entstehen, welche nothwendig einander gleich sind. Der Inhalt eines jeden sei gleich m, so hat man, da der Inhalt der Ellipse gleich πab ist,

$$4m = \tfrac{1}{2}\pi(a^2+b^2) - \pi ab = \tfrac{1}{2}\pi(a-b)^2 \tag{54}$$

und

$$m = \tfrac{1}{8}\pi(a-b)^2,$$

d. h. „die Summe der vier Möndchen ist gleich der halben Kreisfläche, welche die Differenz beider Axen der Ellipse zum Durchmesser hat, und jedes einzelne derselben ist dem achten Theile dieser Kreisfläche gleich.“

Für den Inhalt V der Fusspuncten-Curve jedes beliebigen Punctes P in Bezug auf die Ellipse ergiebt sich nun aus den Gl. (47) und (53) der folgende Ausdruck:

$$V = \tfrac{1}{2}\pi(a^2+b^2+s^2), \tag{55}$$

d. h. „der Inhalt V der Fusspuncten-Curve eines beliebigen Punctes P in Bezug auf eine gegebene Ellipse $\mathfrak{B}$ ist gleich der halben Summe dreier Kreisflächen, welche die halben Axen der Ellipse und den Abstand s des Punctes P vom Mittelpuncte S der Ellipse zu Radien haben.“

Diese allgemeine Fusspuncten-Curve V der Ellipse $\mathfrak{B}$ hat analoge Form und Eigenschaften mit der Fusspuncten-Curve des Kreises (A), so weit nämlich die Verschiedenheit der Ellipse und des Kreises eine solche Analogie gestatten. Z. B. die Curve V ist auf einen endlichen Raum beschränkt, in sich zurückkehrend und liegt ausserhalb der Ellipse. Sie berührt jedoch diese im Allgemeinen und höchstens in vier Puncten. Liegt der Punct P ausserhalb der Ellipse $\mathfrak{B}$, so ist er ein reeller Doppel- oder

Durchschnittspunct der Curve V; die aus ihm an die Ellipse $\mathfrak{B}$ gezogenen Tangenten sind zugleich in ihm die Normalen der Curve V und bestimmen daher den Winkel, unter welchem sie sich schneidet. Der Inhalt der Curve V besteht hierbei aus der Summe der Räume oder Blätter, welche die beiden von ihr gebildeten Schleifen umschliessen. Soll insbesondere die Curve im Puncte P sich unter einem rechten Winkel schneiden, so ist der Ort des Punctes P derjenige Kreis, welcher zugleich der Ort des Scheitels eines rechten Winkels ist, dessen Schenkel die Ellipse berühren; also ein mit der Ellipse concentrischer Kreis, dessen Radius s gleich $\sqrt{a^2+b^2}$ ist. Daher ist in diesem Falle der Inhalt der Curve V constant, nämlich nach Gl. (55)

$$V=\pi s^2=\pi(a^2+b^2), \tag{56}$$

d. h. „er ist gleich der Summe beider Kreisflächen, welche die Axen der Ellipse zu Durchmessern haben, oder gleich der Fläche des zugehörigen Ortskreises.“ Liegt ferner der Punct P innerhalb der Ellipse $\mathfrak{B}$, so ist von der Curve V nur noch eine Schleife vorhanden, welche die Ellipse $\mathfrak{B}$ umschliesst, so dass zwischen beiden Curven, je nach der Anzahl ihrer Berührungspuncte, vier, drei oder zwei mondförmige Räume entstehen, deren Summe M jedesmal genau bestimmt ist. Nämlich es ist

$$M=\tfrac{1}{2}\pi(a-b)^2+\tfrac{1}{2}\pi s^2, \tag{57}$$

worin auch das besondere obige Beispiel (54) als der Fall inbegriffen ist, wo s gleich 0 wird.

Die sämmtlichen Curven V, welche hier als Fusspuncten-Curven der Ellipse erscheinen, können auch auf ähnliche Art wie die Epicykloïden erzeugt werden, indem man eine Ellipse auf einer ihr gleichen rollen lässt; was sich unten zeigen wird (§ 36).

Anmerkung. Beiläufig mag noch Folgendes bemerkt werden. Wird eine gegebene Ellipse v als die Fusspuncten-Curve ihres Mittelpunctes S in Bezug auf eine unbekannte Curve $\mathfrak{B}$ angesehen, so kann sofort der Inhalt V der Fusspuncten-Curve jedes beliebigen Punctes P in Bezug auf die unbekannte Basis $\mathfrak{B}$ angegeben werden. Nämlich: wenn a und b die halben Axen der Ellipse sind und s der Abstand PS ist, so hat man

$$V=v+\tfrac{1}{2}\pi s^2=\pi ab+\tfrac{1}{2}\pi s^2; \tag{58}$$

denn unter den vorausgesetzten Umständen ist offenbar S auch der Mittelpunct der unbekannten Curve $\mathfrak{B}$. — Gleicherweise lassen sich andere Sätze aufstellen.

§ 25.

Ausgedehntere Sätze.

Die über das Fusspuncten-Vieleck V und über die Fusspuncten-Curve V aufgestellten Sätze führen, wenn sie auf mehrere gegebene Figuren zugleich angewandt werden, zu zusammengesetzteren Sätzen.

Es seien z. B. in einer Ebene irgend eine Anzahl n beliebiger und beliebig liegender Curven $\mathfrak{B}_1, \mathfrak{B}_2, \mathfrak{B}_3, \ldots \mathfrak{B}_n$ gegeben (alle jedoch geschlossen und überall convex § 23); ihre Krümmungs-Schwerpuncte seien $S_1, S_2, S_3, \ldots S_n$ und der Punct mittlerer Entfernung dieser n Puncte heisse S. Ferner mögen $v_1, v_2, v_3, \ldots v_n$ die Inhalte der Fusspuncten-Curven dieses Punctes S, so wie $V_1, V_2, \ldots V_n$ die Inhalte der Fusspuncten-Curven eines beliebigen, von S um s abstehenden Punctes P in Bezug auf die gegebenen Curven $\mathfrak{B}_1, \mathfrak{B}_2, \ldots \mathfrak{B}_n$ bezeichnen. Dann folgt aus dem Bisherigen (§ 7 und § 23 Gl. (47)) nachstehende Gleichung:

$$(59)\qquad V_1+V_2+V_3+\cdots+V_n = v_1+v_2+\cdots+v_n+n(\tfrac{1}{2}\pi s^2),$$

oder

$$(60)\qquad \Sigma(V_1) = \Sigma(v_1)+n\tfrac{1}{2}\pi s^2,$$

d. h. a) „Sind in einer Ebene n beliebige und beliebig liegende, geschlossene und überall convexe Curven $\mathfrak{B}_1, \mathfrak{B}_2, \mathfrak{B}_3, \ldots \mathfrak{B}_n$ gegeben, so ist der Ort aller Puncte P, für welche die Summe der n Fusspuncten-Curven $V_1, V_2, \ldots V_n$ constant sein soll, jedesmal ein Kreis, dessen Radius s mit jener Summe zugleich wächst oder schwindet, dessen Mittelpunct aber immer ein und derselbe feste Punct, nämlich der Schwerpunct S der (mit gleichen Coefficienten behafteten) Krümmungs-Schwerpuncte $S_1, S_2, \ldots S_n$ der gegebenen Curven $\mathfrak{B}_1, \mathfrak{B}_2, \ldots \mathfrak{B}_n$ ist.“ Und ferner:

b) „Die diesem Schwerpuncte S entsprechende Summe $\Sigma(v_1)$ der Fusspuncten-Curven ist unter allen die kleinste und wird von der irgend einem anderen Puncte P zugehörigen Summe $\Sigma(V_1)$ n-mal um die halbe Kreisfläche übertroffen, welche den Abstand s des Punctes P von S zum Radius hat.“

In ähnlicher Weise hat man, wenn statt der Curven n beliebige convexe Vielecke $\mathfrak{B}_1, \mathfrak{B}_2, \ldots \mathfrak{B}_n$ gegeben sind,

$$(61)\qquad V_1+V_2+\cdots+V_n = v_1+v_2+\cdots+v_n+\tfrac{1}{4}(U_1+U_2+\cdots+U_n),$$

wo die Vielecke $U_1, U_2, \ldots U_n$ nach der Art, wie oben (§ 17) das Vieleck U, alle demselben Kreise vom Radius s eingeschrieben sind, so dass

$$(62)\qquad U_1+U_2+\cdots+U_n = \tfrac{1}{2}s^2[\Sigma(\sin 2A_1)+\Sigma(\sin 2A_2)+\cdots+\Sigma(\sin 2A_n)].$$

Ebenso finden analoge Formeln statt, wenn die gegebenen Figuren $\mathfrak{B}_1, \mathfrak{B}_2, \ldots \mathfrak{B}_n$ theils Vielecke, theils Curven sind.

Von Figuren, die durch rollende Bewegung erzeugt werden.

A. Wenn eine gegebene Figur $\mathfrak{B}$ auf einer festen Geraden G rollt.

§ 26.

Rollt ein beliebiges convexes Vieleck $\mathfrak{B}$, z. B. das Fünfeck $ABCDE$ (Taf. VII Fig. 6) auf einer festen Geraden G, bis es sich ganz umgedreht hat, — wobei seine Seiten alle nach und neben einander auf die Gerade G zu liegen kommen, und das Vieleck zuletzt wieder auf derselben Seite steht wie anfangs, so dass also die Strecke AA_1 seinem Umfange gleich ist, — so beschreibt jeder mit dem Vielecke fest verbunden gedachte Punct P eine Linie $PP_1P_2P_3P_4P_5$, die aus so vielen Kreisbogen zusammengesetzt ist, als das Vieleck Seiten hat. Und zwar haben diese Kreisbogen PP_1, P_1P_2, P_2P_3, P_3P_4, P_4P_5 die Puncte A, B_1, C_1, D_1, E_1, in welchen die Ecken A, B, C, D, E des Vielecks $\mathfrak{B}$ auf die Gerade G treffen, zu Mittelpuncten, die Strahlen a, b, c, d, e, welche den Punct P mit den Ecken A, B, C, D, E des Vielecks verbinden, zu Radien, und zu Centriwinkeln die Nebenwinkel A, B, C, D, E der an diesen Ecken gelegenen Winkel des Vielecks. Die Linie $PP_1P_2P_3P_4P_5$ und die drei Geraden AP, AA_1 und A_1P_5 begrenzen eine Figur $APP_1P_2P_3P_4P_5A_1$, welche als aus folgenden Theilen zusammengesetzt betrachtet werden kann: 1) Aus einer Reihe von Dreiecken AP_1B_1, $B_1P_2C_1$, ... $E_1P_5A_1$, welche beziehlich den Dreiecken APB, BPC, ... EPA gleich sind, in die das gegebene Vieleck $\mathfrak{B}$ durch die Strahlen a, b, ... e zerfällt wird, so dass die Inhaltssumme jener Dreiecke dem Inhalte dieses Vielecks gleich ist; und 2) aus einer gleichen Anzahl von Kreissectoren, deren Mittelpuncte, Radien und Centriwinkel bereits näher angegeben worden sind. Diese Figur $APP_1P_2\dots P_5A_1$ soll fortan „von dem Puncte P beschrieben“ heissen. Bezeichnen wir sie oder ihren Inhalt mit W, so erhellt aus dem Gesagten, dass

$$(63) \qquad W = \mathfrak{B} + \tfrac{1}{2}a^2A + \tfrac{1}{2}b^2B + \tfrac{1}{2}c^2C + \cdots = \mathfrak{B} + \tfrac{1}{2}\Sigma(a^2A),$$

wobei A, B, C, ... die genannten Nebenwinkel des Vielecks $\mathfrak{B}$, in Zahlen ausgedrückt, sind.

Nach § 7 lässt sich die vorstehende Gleichung in folgende umwandeln:

$$(64) \quad \begin{cases} W = \mathfrak{B} + \tfrac{1}{2}a_1^2A + \tfrac{1}{2}b_1^2B + \tfrac{1}{2}c_1^2C + \cdots + \tfrac{1}{2}s^2(A+B+C+\cdots), \\ \quad = \mathfrak{B} + \tfrac{1}{2}\Sigma(a_1^2A) + \tfrac{1}{2}s^2\Sigma(A), \end{cases}$$

wo a_1, b_1, c_1, ... s die Strahlen sind, welche einen in Rücksicht des Vielecks $\mathfrak{B}$ bestimmten eigenthümlichen Punct S mit den Ecken A, B, C, ... desselben und mit dem Puncte P verbinden.

Bemerkt man, dass nach § 17, Gl. (32)

$$\Sigma(A) = A + B + C + \cdots = 2\pi, \tag{65}$$

so folgt aus Gl. (64)

$$W = \mathfrak{V} + \tfrac{1}{2}\Sigma(a_1^2 A) + \pi s^2, \tag{66}$$

und daher für den Inhalt w der von dem Puncte S beschriebenen Figur, für welchen s gleich 0 ist,

$$w = \mathfrak{V} + \tfrac{1}{2}\Sigma(a_1^2 A), \tag{67}$$

woraus in Verbindung mit (66) endlich folgt:

$$W = w + \pi s^2. \tag{68}$$

Aus allen diesen Formeln zusammen ergeben sich folgende Sätze:

a) „Rollt ein beliebiges convexes Vieleck $\mathfrak{V}$ in einer Ebene auf einer festen Geraden G, bis es sich ganz umgedreht hat, so giebt es einen eigenthümlichen Punct S, der unter allen mit dem Vieleck fest verbundenen Puncten P die dem Inhalte nach kleinste Figur w beschreibt. Dieser ausgezeichnete Punct S ist der Schwerpunct der Ecken des gegebenen Vielecks $\mathfrak{V}$, wenn denselben die respectiven Nebenwinkel des Vielecks als Coefficienten zugeordnet werden."

b) „Jeder andere Punct P beschreibt eine Figur, deren Inhalt W gerade um diejenige Kreisfläche, welche den Abstand s des Punctes P von S zum Radius hat, grösser ist als der Inhalt jener kleinsten Figur w;" so dass also:

c) „Alle Puncte P, welche in einer Kreislinie liegen, die S zum Mittelpuncte hat, Figuren W von gleichem Inhalte beschreiben"; und auch umgekehrt: „Alle Puncte P, welche Figuren W von gleichem Inhalte beschreiben, liegen in einem Kreise, dessen Mittelpunct der Schwerpunct S ist."

Dass bei einem regelmässigen Vieleck $\mathfrak{V}$ der hier in Rede stehende Schwerpunct S mit dem Mittelpuncte des Vielecks zusammenfallen muss, ist einleuchtend. Auch in anderen besonderen Fällen lässt sich dieser Schwerpunct S leicht angeben, oder geometrisch construiren, wie z. B. namentlich in dem Falle, wo die Nebenwinkel des Vielecks $\mathfrak{V}$ unter einander commensurabel sind. Beim Dreieck, Viereck etc. ergeben sich in dieser Hinsicht einige interessante specielle Sätze.

§ 27.

Der Inhalt der Figur W kann unter Beibehaltung seiner Bestandtheile auch in anderer Form oder durch eine andere Figur $\mathfrak{W}$ dargestellt werden, wobei es nicht nöthig ist, das Vieleck $\mathfrak{V}$ auf der Geraden G rollen zu lassen. Nämlich die in der Figur W vorkommenden Kreissectoren (Taf. VII Fig. 6) können unmittelbar an das Vieleck $\mathfrak{B}$ angeschlossen und zwar in seinen Nebenwinkeln $A, B, C, \ldots$ beschrieben werden, wie z. B. in Fig. 7 auf Taf. VII, wo die Kreisbogen $\mathfrak{A}\mathfrak{A}_1$, $\mathfrak{B}\mathfrak{B}_1$, $\mathfrak{C}\mathfrak{C}_1$, ... aus den Ecken $A, B, C, \ldots$ mit den Radien $a, b, c, \ldots$ beschrieben sind. Auf diese Weise hat offenbar die Figur $\mathfrak{A}\mathfrak{A}_1\mathfrak{B}\mathfrak{B}_1\mathfrak{C}\mathfrak{C}_1\mathfrak{D}\mathfrak{D}_1\mathfrak{E}\mathfrak{E}_1$ gleich $\mathfrak{W}$ gleichen Inhalt mit jener Figur W, welche der Punct P beim Rollen des Vielecks $\mathfrak{B}$ auf der Geraden G (Taf. VII Fig. 6) beschreibt. Da die Kreissectoren sich auf zwei verschiedene Arten so an das Vieleck $\mathfrak{B}$ antragen lassen, dass sie alle nach einer Richtung um dasselbe herumliegen (je nachdem man die Nebenwinkel des Vielecks durch Verlängerung der Seiten nach der einen oder der anderen Richtung hin entstehen lässt), so giebt es auf diese Weise zwei verschiedene Figuren $\mathfrak{W}$ und $\mathfrak{W}_1$, die aber nothwendig gleichen Inhalt haben.

Hiernach ist klar, dass die oben (§ 26) für die Figuren W und w entwickelten Formeln und Sätze auf gleiche Weise auch für die Figuren $\mathfrak{W}$ und $\mathfrak{w}$ stattfinden müssen, wo nämlich $\mathfrak{w}$ dem Schwerpuncte S entspricht und mit w gleichen Inhalt hat. Daher hat man

$$\mathfrak{W}-\mathfrak{B}=\mathfrak{W}_1-\mathfrak{B}=\tfrac{1}{2}\Sigma(a_1^2A)+\pi s^2, \tag{69}$$

$$\mathfrak{w}-\mathfrak{B}=\mathfrak{w}_1-\mathfrak{B}=\tfrac{1}{2}\Sigma(a_1^2A), \tag{70}$$

$$\mathfrak{W}-\mathfrak{w}=\mathfrak{W}_1-\mathfrak{w}_1=\pi s^2, \tag{71}$$

und daraus folgende Sätze:

a) „Zieht man aus den Ecken $A, B, C, \ldots$ eines beliebigen convexen Vielecks $\mathfrak{B}$ nach irgend einem in seiner Ebene liegenden Puncte P Strahlen $a, b, c, \ldots$ und beschreibt mit diesen als Radien in den respectiven Nebenwinkeln $A, B, C, \ldots$ des Vielecks $\mathfrak{B}$ Kreissectoren, so ist die Inhaltssumme $(\mathfrak{W}-\mathfrak{B})$ dieser Kreissectoren dann ein Minimum $(\mathfrak{w}-\mathfrak{B})$, wenn der Punct P mit demjenigen Puncte S zusammenfällt, welcher der Schwerpunct der Ecken des Vielecks $\mathfrak{B}$ ist, insofern denselben Coefficienten zugehören, die sich wie die respectiven Nebenwinkel verhalten."

b) „Für jeden anderen Punct P ist die Inhaltssumme $(\mathfrak{W}-\mathfrak{B})$ der Kreissectoren um diejenige Kreisfläche πs^2, welche den Abstand s des Punctes P von S zum Radius hat, grösser als die dem Schwerpuncte S entsprechende Summe $(\mathfrak{w}-\mathfrak{B})$."

c) „Puncten P, die in einem Kreise liegen, dessen Mittelpunct S ist, entsprechen gleiche Summen $(\mathfrak{W}-\mathfrak{B})$ der Kreissectoren", und umgekehrt: „alle Puncte P, für welche die Inhaltssumme der Kreissectoren die nämliche ist, liegen in einem und demselben Kreise, dessen Mittelpunct S ist."

§ 28.

Lässt man das bisher betrachtete Vieleck $\mathfrak{B}$ in eine Curve $\mathfrak{B}$ übergehen, wie oben in § 20, so müssen die aufgestellten Gleichungen und Sätze (§ 26 und § 27) auch für diesen Grenzfall noch stattfinden. Die übrigen zugleich betrachteten Figuren W und $\mathfrak{W}$ erhalten aber dadurch ebenfalls andere Formen, so wie der beschriebene Schwerpunct S eine charakteristische Eigenschaft. Nämlich es treten folgende Aenderungen ein:

1) Rollt die geschlossene und convexe Curve $\mathfrak{B}$ auf der Geraden G (Taf. VII Fig. 6), so ist die von jedem (mit der Curve $\mathfrak{B}$ fest verbundenen) Puncte P beschriebene Linie $PP_1 \ldots P_n$, die früher aus Kreisbogen zusammengesetzt war, nun irgend eine bestimmte Curve PP_n (oder besteht aus unendlich vielen unendlich kleinen Kreisbogen). Die von dem Puncte P beschriebene Figur W ist das von der Curve PP_n und den drei Geraden AP, P_nA_1 und AA_1 eingeschlossene Viereck APP_nA_1, wo, wie früher, die beiden ersten Geraden AP und A_1P_n gleich und parallel sind, und die dritte AA_1 dem Umfange der rollenden Curve $\mathfrak{B}$ gleich ist.

2) Nach der in § 27 beschriebenen und in Fig. 7 auf Taf. VII dargestellten Construction der Figur $\mathfrak{W}$ folgt leicht, dass für den gegenwärtigen Fall ihr Umfang in irgend eine bestimmte Curve $\mathfrak{W}$ übergeht. Denn da für diesen Fall die Nebenwinkel und die Seiten des Vielecks $\mathfrak{B}$ alle unendlich klein werden, und die letzteren in die Tangenten der Curve $\mathfrak{B}$ übergehen, so werden also auch die Kreisbogen $\mathfrak{A}\mathfrak{A}_1$, $\mathfrak{B}\mathfrak{B}_1$, $\mathfrak{C}\mathfrak{C}_1$, ... sowohl als die Strecken $\mathfrak{A}_1\mathfrak{B}$, $\mathfrak{B}_1\mathfrak{C}$, $\mathfrak{C}_1\mathfrak{D}$, ... alle unendlich klein; daher müssen je drei auf einander folgende Puncte, wie z. B. $\mathfrak{A}$, $\mathfrak{A}_1$ und $\mathfrak{B}$ unendlich nahe bei einander liegen, so dass also die genannte Curve $\mathfrak{W}$ schlechthin als Ort der Puncte $\mathfrak{A}$, $\mathfrak{B}$, $\mathfrak{C}$, ... angesehen werden kann. Das heisst, wird auf jeder Tangente $A\mathfrak{A}$ der gegebenen Curve $\mathfrak{B}$ der ihrem Berührungspuncte A entsprechende Strahl AP gleich a abgetragen, wird also $A\mathfrak{A}$ gleich a genommen, so ist der Ort des Endpunctes $\mathfrak{A}$ der Tangente irgend eine bestimmte Curve $\mathfrak{W}$, welche die früher betrachtete Figur $\mathfrak{W}$ repräsentirt. Der Strahl a kann aber von dem Berührungspuncte A aus nach zwei entgegengesetzten Richtungen hin auf der Tangente $A\mathfrak{A}$ abgetragen werden. Daher entstehen durch das angegebene Verfahren zwei Figuren $\mathfrak{W}$ und $\mathfrak{W}_1$, welche zwar im Allgemeinen der Form nach von einander verschieden, aber stets von gleichem Inhalte sind, so dass immer

$$\mathfrak{W} = \mathfrak{W}_1.$$

3) Da der eigenthümliche Punct S beim Vieleck $\mathfrak{B}$ durch dessen Nebenwinkel A, B, C, ... bestimmt wird (§ 26), diese Winkel aber bei der Curve $\mathfrak{B}$, — wo sie unendlich klein sind — sich verhalten, wie die respectiven Krümmungen dieser Curve, oder wie die umgekehrten Werthe der respectiven Krümmungshalbmesser (§ 21), so folgt: „dass im

gegenwärtigen Falle der eigenthümliche Punct S der nämliche ist, welcher oben (§ 22) Krümmungs-Schwerpunct der Curve $\mathfrak{B}$ genannt wurde.“

Wenngleich hier die Winkel $A, B, C, \ldots$ einzeln alle unendlich klein werden, so bleibt doch offenbar ihre Summe die nämliche, wie früher (§ 26, Gl. (65)), also $\Sigma(A)$ gleich 2π; und auch der Ausdruck $\frac{1}{2}s^2\Sigma(A)$ behält seinen früheren Werth gleich πs^2. Demnach finden für die eben beschriebenen Figuren $\mathfrak{B}$, $\mathfrak{W}$, W ganz dieselben Gleichungen statt, wie oben (§ 26 und § 27), nämlich

$$W = \mathfrak{W} = \mathfrak{B} + \tfrac{1}{2}\Sigma(a^2A), \tag{72}$$

$$W = \mathfrak{W} = \mathfrak{B} + \tfrac{1}{2}\Sigma(a_1^2A) + \pi s^2, \tag{73}$$

$$w = \mathfrak{w} = \mathfrak{B} + \tfrac{1}{2}\Sigma(a_1^2A), \tag{74}$$

$$W = \mathfrak{W} = w + \pi s^2 = \mathfrak{w} + \pi s^2, \tag{75}$$

$$\mathfrak{W} = \mathfrak{W}_1 \quad \text{und} \quad \mathfrak{w} = \mathfrak{w}_1, \tag{76}$$

$$(\mathfrak{W} - \mathfrak{B}) = (\mathfrak{W}_1 - \mathfrak{B}) = (\mathfrak{w} - \mathfrak{B}) + \pi s^2 = (\mathfrak{w}_1 - \mathfrak{B}) + \pi s^2. \tag{77}$$

Die Vergleichung dieser Formeln mit denjenigen in § 23 — insofern für alle dieselbe Curve $\mathfrak{B}$ zu Grunde gelegt und bemerkt wird, dass für unendlich kleine Winkel

$$\sin 2A = 2\sin A = 2A,$$

also

$$\Sigma(a^2 \sin 2A) = 2\Sigma(a^2A)$$

ist, — führt zu folgendem interessanten Resultate:

$$W = \mathfrak{W} = 2V \quad \text{und} \quad \mathfrak{w} = w = 2v. \tag{78}$$

Aus allen diesen Formeln ergeben sich folgende Sätze:

a) „Rollt eine beliebige geschlossene und überall convexe Curve $\mathfrak{B}$ in ihrer Ebene auf einer festen Geraden G, bis sie sich ganz umgedreht hat, so beschreibt jeder mit ihr fest verbunden gedachte Punct P eine Figur W (gemischtliniges Viereck), deren Inhalt von der Lage des Punctes P abhängt. Die vom Krümmungs-Schwerpuncte S der gegebenen Curve $\mathfrak{B}$ beschriebene Figur hat unter allen den kleinsten Inhalt w. Für jeden anderen Punct P ist der Inhalt der von ihm beschriebenen Figur W grösser als dieses Minimum w, und zwar um diejenige Kreisfläche πs^2 grösser, welche den Abstand s des Punctes P vom Krümmungs-Schwerpuncte S zum Radius hat (75). Alle Puncte P also, die in einem um den Schwerpunct S gezogenen Kreise liegen, beschreiben Figuren W von gleichem Inhalte“; und auch umgekehrt.

b) „Werden aus irgend einem Puncte P in der Ebene einer beliebigen geschlossenen und convexen Curve $\mathfrak{B}$ Strahlen $a, b, c, \ldots$

nach allen Puncten A, B, C, ... der Curve gezogen, und wird aus jedem Puncte der zugehörige Strahl auf die anliegende Tangente der Curve (nach einerlei Richtung) abgetragen, so bilden die Endpuncte $\mathfrak{A}$, $\mathfrak{B}$, $\mathfrak{C}$, ... der Tangenten eine geschlossene Curve $\mathfrak{W}$. Unter allen Curven $\mathfrak{W}$, die auf solche Weise entstehen können, hat diejenige den kleinsten Inhalt $\mathfrak{w}$, welche dem Krümmungs-Schwerpuncte S der gegebenen Curve entspricht. Für jeden anderen Punct P hat die entstehende Curve einen Inhalt $\mathfrak{W}$, der jenes Minimum $\mathfrak{w}$ um diejenige Kreisfläche πs^2 übertrifft, weche den Abstand s des Punctes P vom Schwerpuncte S zum Radius hat. Also entsprechen Puncten P, die in einem um S (als Mittelpunct) gezogenen Kreise liegen, Curven $\mathfrak{W}$ von gleichem Inhalte;" und auch umgekehrt. Ferner: „Je nachdem die Strahlen a, b, c, ... in der einen oder der anderen Richtung auf die Tangenten der Curve $\mathfrak{V}$ abgetragen werden, entstehen für den nämlichen Punct $P(S)$ zwei verschiedene Curven $\mathfrak{W}$ und $\mathfrak{W}_1$ ($\mathfrak{w}$ und $\mathfrak{w}_1$), welche aber gleichen Inhalt haben (76)." Und weiter: „Die Räume $(\mathfrak{W}-\mathfrak{V})$, $(\mathfrak{W}_1-\mathfrak{V})$, welche die Curven $\mathfrak{V}$ und $\mathfrak{W}$, $\mathfrak{V}$ und $\mathfrak{W}_1$ zwischen sich abschliessen, sind für jeden Punct P einander gleich und bleiben für alle Puncte P, die in gleicher Entfernung s vom Krümmungs-Schwerpuncte S liegen, constant. Diese Räume haben den kleinsten Inhalt $(\mathfrak{w}-\mathfrak{V}, \mathfrak{w}_1-\mathfrak{V})$, wenn sie dem Puncte S entsprechen; für jeden anderen Punct P sind sie um die Kreisfläche πs^2, welche den Abstand PS gleich s zum Radius hat, grösser als jenes Minimum $(\mathfrak{w}-\mathfrak{V})$ (77)".

c) „Betrachtet man dieselbe Curve $\mathfrak{V}$ und denselben Punct P in Rücksicht auf die beiden vorigen Sätze *a*) und *b*), so hat die vom Puncte P nach dem Satze *a*) beschriebene Figur W mit der ihm im Sinne des Satzes *b*) entsprechenden Figur $\mathfrak{W}$ oder $\mathfrak{W}_1$ stets gleichen Inhalt, so dass immer

$$W = \mathfrak{W} = \mathfrak{W}_1."$$

Und ferner:

d) „Jede von den beiden Figuren W oder $\mathfrak{W}$ hat gerade doppelt so grossen Inhalt als die demselben Puncte P in Bezug auf dieselbe gegebene Curve $\mathfrak{V}$ entsprechende Fusspuncten-Curve V (78)." Oder ausführlicher:

α) „Rollt die gegebene Curve $\mathfrak{V}$ auf einer festen Geraden G, so beschreibt jeder mit ihr fest verbunden gedachte Punct P eine Figur W, deren Inhalt gerade doppelt so gross ist als derjenige der Fusspuncten-Curve V, die dem nämlichen Puncte P in Bezug auf die nämliche gegebene Curve $\mathfrak{V}$ entspricht"; und:

β) „Bewegt sich ein veränderliches gleichschenkliges Dreieck $P A \mathfrak{A}$ unter der Bedingung, dass seine Spitze A die gegebene Curve $\mathfrak{B}$ durchläuft, und dass der eine Schenkel $A\mathfrak{A}$ diese Curve $\mathfrak{B}$ stets in jener Spitze A tangirt, während die dem Schenkel $A\mathfrak{A}$ gegenüberliegende Ecke in einem und demselben Puncte P fest bleibt, so beschreiben die dritte Ecke $\mathfrak{A}$ des Dreiecks und der Fusspunct A_1 des aus der festen Ecke P auf den Schenkel $A\mathfrak{A}$ gefällten Perpendikels zwei Curven $\mathfrak{W}$ und V, von denen die erste $\mathfrak{W}$ jedesmal doppelt so grossen Inhalt hat als die zweite V."

§ 29.

Besondere Fälle.

Die vorstehenden allgemeinen Resultate, — bei welchen die gegebene Curve $\mathfrak{B}$, mit Ausnahme der Bedingung, dass sie geschlossen und überall convex ist, eine ganz beliebige, ihre Gleichung z. B. algebraisch oder transcendent sein kann, und bei welchen ebenso die Gleichungen der erzeugten Curven V, W, $\mathfrak{W}$ und $\mathfrak{W}_1$ nicht in Betracht kommen, die, wie leicht zu ermessen, sowohl von der Gleichung der gegebenen Curve $\mathfrak{B}$, als auch unter sich sehr verschieden sein können, — umfassen unter anderen folgende sehr specielle Sätze:

α. Wenn die gegebene Curve $\mathfrak{B}$ ein Kreis ist.

Rollt der Kreis $\mathfrak{B}$, dessen Radius gleich r, auf der festen Geraden G, so beschreibt jeder mit ihm verbundene Punct P eine gewöhnliche Cykloide W, — eine gemeine, gestreckte oder verkürzte, je nachdem beziehlich P auf der Kreislinie, innerhalb oder ausserhalb derselben liegt, — und zufolge § 28, Gl. (78) und § 24, Gl. (50) ist

$$(79) \qquad W = 2\pi r^2 + \pi s^2,$$

d. h. „der Inhalt jeder gewöhnlichen Cykloide W ist so gross, als die Summe der doppelten Fläche des Erzeugungskreises $\mathfrak{B}$ und der Fläche desjenigen Kreises, der mit jenem concentrisch ist und durch den beschreibenden Punct P geht."

Ist insbesondere s gleich r, oder liegt der beschreibende Punct P auf der Kreislinie $\mathfrak{B}$, so ist, wenn man in diesem Falle den Inhalt mit W^1 bezeichnet,

$$(80) \qquad W^1 = 3\pi r^2,$$

d. h. „der Inhalt der gemeinen Cykloide ist dreimal so gross als die Fläche des Erzeugungskreises;" ein Satz, der allgemein bekannt ist.

Wenn ferner s gleich 0, also wenn P mit dem Mittelpuncte S des Kreises $\mathfrak{B}$ zusammenfällt, so ist

$$w = 2\pi r^2, \tag{81}$$

was auch daraus erhellt, dass in diesem Falle w ein Rechteck ist, dessen Seiten beziehlich dem Radius r und dem Umfange $2\pi r$ des Erzeugungskreises $\mathfrak{B}$ gleich sind.

Diesen drei Fällen entsprechend hat man (§ 28)

$$\mathfrak{W} = 2\pi r^2 + \pi s^2, \tag{82}$$

$$\mathfrak{W}^1 = 3\pi r^2, \tag{83}$$

$$\mathfrak{w} = 2\pi r^2, \tag{84}$$

d. h. „den nämlichen Inhalt, wie die dem Puncte P entsprechende Cykloide W, hat diejenige Curve $\mathfrak{W}$, welche der Ort des Endpunctes $\mathfrak{A}$ aller Tangenten $A\mathfrak{A}$ des Erzeugungskreises $\mathfrak{B}$ ist, wenn auf jeder derselben der aus ihrem Berührungspuncte A nach dem festen Pole P gehende Strahl PA gleich a abgetragen wird.“

Die Curve $\mathfrak{w}$ ist hier ein mit dem gegebenen Kreise $\mathfrak{B}$ concentrischer Kreis, dessen Radius gleich $r\sqrt{2}$ wird, was leicht zu sehen ist.

Auch der Inhalt der Ringe, die zwischen der Curve $\mathfrak{W}$ und dem Kreise $\mathfrak{B}$ liegen, lässt sich hier genau angeben, nämlich er ist

$$\mathfrak{W} - \mathfrak{B} = \pi r^2 + \pi s^2; \quad \mathfrak{W}^1 - \mathfrak{B} = 2\pi r^2; \quad \mathfrak{w} - \mathfrak{B} = \pi r^2. \tag{85}$$

Im zweiten Falle $\mathfrak{W}^1 - \mathfrak{B}$, findet kein eigentlicher Ring statt, sondern ein sichelförmiger Raum (Mond), dessen Spitzen jedoch im Puncte P an einander stossen.

Anmerkung. Bei der verkürzten Cykloide entsteht, wenn z. B. der Punct P in dem durch den anfänglichen Berührungspunct A gehenden Durchmesser des Kreises $\mathfrak{B}$ und oberhalb dieses letzteren und der Basis G liegt, wie in Fig. 8 auf Taf. VIII, eine Schleife QQ_1, indem die Cykloide im Puncte Q sich selbst schneidet. Alsdann besteht ihr Inhalt, d. i. W, aus den zwei Räumen

$$APQP_1A_1A + QRQ_1TQ,$$

oder aus den drei Stücken

$$APRA + A_1TP_1A_1 + RQ_1TR.$$

In allen analogen Fällen, die Curve $\mathfrak{B}$ mag sein, welche man will, ist der Inhalt der Figur W auf gleiche Weise zu bestimmen.

Zieht man die Gerade PP_1, welche die Cykloide in den Puncten P und P_1 berührt, so entsteht der Arbelos PQP_1P, dessen Inhalt mit dem der Schleife QRQ_1TQ immer einen leicht angeblichen Unterschied macht. Nämlich dieser Unterschied ist stets demjenigen zwischen dem Rechtecke

APP_1A_1A und der Figur W gleich. Oder wird

$$BP = x, \quad \text{also} \quad s = r + x$$

gesetzt, so ist

$$\begin{aligned}\text{Arbelos}(PQP_1P) - \text{Schleife}(QRQ_1TQ) &= APP_1A_1A - W\\ &= \pi(2rs - s^2) = \pi(r^2 - x^2),\end{aligned}$$

d. h. „der Unterschied zwischen dem Inhalt des Arbelos PQP_1 und dem der Schleife QQ_1 ist auch gleich dem Unterschiede zwischen der Fläche des rollenden Kreises und der Fläche desjenigen Kreises, dessen Radius x gleich $s-r$ ist."

Ist also x gleich r, d. h. s gleich $2r$, so ist auch

$$PQP_1 = QRQ_1TQ,$$

oder: der Arbelos hat gerade gleichen Inhalt mit der Schleife.

β. Wenn die gegebene Curve $\mathfrak{B}$ eine Ellipse ist.

Aus § 28, Gl. (78) und § 24, Gl. (55) folgt

$$W = \pi(a^2 + b^2 + s^2); \tag{86}$$

d. h. „rollt eine Ellipse $\mathfrak{B}$ in ihrer Ebene auf der festen Geraden G, bis sie sich ganz umgedreht hat, so beschreibt jeder mit ihr fest verbundene Punct P eine Figur W, deren Inhalt gleich ist der Summe dreier Kreisflächen, welche beziehlich die halben Axen a und b der Ellipse und den Abstand s des Punctes P von ihrem Mittelpuncte S zu Radien haben."

Liegt insbesondere der beschreibende Punct P^1 in der mit der Ellipse concentrischen und durch ihre Brennpuncte gehenden Kreislinie, ist also s^2 gleich $a^2 - b^2$, so ist

$$W^1 = 2\pi a^2; \tag{87}$$

d. h. „der Inhalt der von dem Puncte P^1 beschriebenen Figur W^1 ist gerade doppelt so gross als die Kreisfläche, welche die grosse Axe $2a$ der Ellipse $\mathfrak{B}$ zum Durchmesser hat."

Dem Mittelpuncte S der Ellipse entspricht

$$w = \pi(a^2 + b^2) = 2\pi g^2; \tag{88}$$

d. h. „die von dem Mittelpuncte S der Ellipse beschriebene Figur hat einen Inhalt w, der so gross ist als die Summe zweier Kreisflächen, welche die Axen der Ellipse $\mathfrak{B}$ zu Durchmessern haben; oder doppelt so gross als die Kreisfläche, welche einen der gleichen conjugirten Durchmesser der Ellipse zum Durchmesser hat (§ 24, B).

Die vorstehenden drei Formeln (86), (87) und (88) stellen zugleich auch die Inhalte der respective entsprechenden Curven $\mathfrak{W}$, $\mathfrak{W}^1$, $\mathfrak{w}$ dar, ebenso wie oben beim Kreise (α). Für die zwischen diesen Curven und der Ellipse $\mathfrak{V}$ liegenden Räume oder Ringe hat man

$$(89)\quad \begin{cases} \mathfrak{W} - \mathfrak{V} = \pi(a^2+b^2-ab+s^2), \\ \mathfrak{W}^1 - \mathfrak{V} = a\pi(2a-b), \\ \mathfrak{w} - \mathfrak{V} = \pi(a^2+b^2-ab). \end{cases}$$

B. Wenn eine Figur $\mathfrak{V}$ auf einer anderen festen Figur $\mathfrak{U}$ rollt.

§ 30.

Wenn in einer Ebene ein beliebiges convexes Vieleck $\mathfrak{V}$, z. B. $ABCD$ (Taf. VIII Fig. 9) auf der Aussenseite eines anderen festen convexen Vielecks $\mathfrak{U}$ gleich $\mathfrak{D}_1\mathfrak{ABCDA}_1$ (welches auch bloss eine aus Geraden zusammengesetzte gebrochene Linie sein kann), mit welchem es nach der Reihe gleiche Seiten hat, so lange rollt (wobei je ein Paar gleiche Seiten auf einander zu liegen kommen), bis es wieder mit der nämlichen Seite (DA), wie anfangs, auf der Basis $\mathfrak{U}$ aufliegt, z. B. bis es in die Lage von $A_1B_1C_1D_1$ (gleich $ABCD$) gelangt, so beschreibt jeder mit dem rollenden Vielecke $\mathfrak{V}$ fest verbundene Punct P irgend eine Figur

$$W = PP_1P_2P_3P_4\mathfrak{A}_1\mathfrak{DCBA}P,$$

welche (wie oben in § 26) aus so vielen Dreiecken und aus so vielen Kreissectoren zusammengesetzt ist, als das rollende Vieleck $\mathfrak{V}$ Ecken hat. Die Dreiecke sind beziehlich denen gleich, in welche das Vieleck $\mathfrak{V}$ durch die aus seinen Ecken A, B, C, D nach dem Puncte P gezogenen Strahlen a, b, c, d zerlegt wird; also ist ihre Summe gleich dem Inhalte dieses Vielecks $\mathfrak{V}$. Die Kreissectoren haben beziehlich die nämlichen Strahlen a, b, c, d zu Radien, die Ecken $\mathfrak{A}, \mathfrak{B}, \mathfrak{C}, \mathfrak{D}$ des Vielecks $\mathfrak{U}$ zu Mittelpuncten, und zu Centriwinkeln die Summen der entsprechenden Nebenwinkel beider Vielecke $\mathfrak{V}$ und $\mathfrak{U}$. Werden also, wie früher, die Nebenwinkel des Vielecks $\mathfrak{V}$ durch $A, B, C, \ldots$, diejenigen des Vielecks $\mathfrak{U}$ durch $\mathfrak{A}, \mathfrak{B}, \mathfrak{C}, \ldots$ bezeichnet, so ist zufolge des Gesagten

$$(90)\quad \begin{cases} W = \mathfrak{V}+\tfrac{1}{2}a^2(A+\mathfrak{A})+\tfrac{1}{2}b^2(B+\mathfrak{B})+\tfrac{1}{2}c^2(C+\mathfrak{C})+\cdots \\ = \mathfrak{V}+\tfrac{1}{2}\Sigma[a^2(A+\mathfrak{A})]. \end{cases}$$

Aus der Uebereinstimmung dieser Gleichung mit jener obigen in § 26, Gl. (63) erkennt man sogleich, dass auch für die gegenwärtige Betrachtung analoge Gesetze stattfinden, wie dort. Nämlich: wird der Schwerpunct der Ecken $A, B, C, \ldots$ des Vielecks $\mathfrak{V}$, wenn denselben die Coefficienten $(A+\mathfrak{A}), (B+\mathfrak{B}), (C+\mathfrak{C}), \ldots$ zugeordnet sind, durch $\mathfrak{S}$, und werden seine Abstände von den Ecken $A, B, C, \ldots$ des Vielecks $\mathfrak{V}$ und von dem Puncte P beziehlich durch $a_1, b_1, c_1, \ldots$ und $\mathfrak{s}$ bezeichnet, so lässt sich die vorstehende Gleichung (90) in folgende verwandeln (§ 7 und § 26):

$$(91)\quad W = \mathfrak{V}+\tfrac{1}{2}\Sigma[a_1^2(A+\mathfrak{A})]+\tfrac{1}{2}\mathfrak{s}^2\Sigma(A+\mathfrak{A}),$$

oder, da nach § 26, Gl. (65)

$$\Sigma(A) = 2\pi$$

ist, so hat man, wenn

$$\mathfrak{A}+\mathfrak{B}+\mathfrak{C}+\cdots = \mathfrak{q}$$

gesetzt wird,

$$W = \mathfrak{V}+\tfrac{1}{2}\Sigma[a_1^2(A+\mathfrak{A})]+\tfrac{1}{2}\mathfrak{s}^2(2\pi+\mathfrak{q}), \tag{92}$$

wobei $\mathfrak{q}$ in der Figur 9 dem Winkel $\mathfrak{M}\mathfrak{O}\mathfrak{N}$ gleich ist, unter welchem die auf die erste und die letzte Seite ($\mathfrak{O}_1\mathfrak{A}$ und $\mathfrak{O}\mathfrak{A}_1$) von $\mathfrak{U}$ errichteten Perpendikel $\mathfrak{M}\mathfrak{O}$ und $\mathfrak{N}\mathfrak{O}$ sich schneiden.

Für die von dem Schwerpuncte $\mathfrak{S}$ beschriebene Figur w hat man demnach

$$w = \mathfrak{V}+\tfrac{1}{2}\Sigma[a_1^2(A+\mathfrak{A})], \tag{93}$$

und daher folgt weiter

$$W = w+\tfrac{1}{2}\mathfrak{s}^2(2\pi+\mathfrak{q}). \tag{94}$$

Diese Gleichung enthält folgenden Satz:

„Wenn in einer Ebene ein beliebiges convexes Vieleck $\mathfrak{V}$ auf der Aussenseite eines beliebigen festen convexen Vielecks $\mathfrak{U}$, mit dem es respective gleiche Seiten hat, so lange rollt, bis es wieder mit der anfänglichen Seite auf demselben aufliegt, so beschreibt jeder mit ihm fest verbundene Punct P eine Figur W, deren Inhalt ein Minimum gleich w wird, wenn der beschreibende Punct P mit dem Schwerpuncte $\mathfrak{S}$ der Ecken des Vielecks $\mathfrak{V}$ zusammenfällt, insofern denselben die Summen der entsprechenden Nebenwinkel beider Vielecke $\mathfrak{V}$ und $\mathfrak{U}$ als Coefficienten zugehören. Alle Puncte P, welche gleichweit von diesem Schwerpuncte $\mathfrak{S}$ abstehen, beschreiben Figuren W von gleichem Inhalte“, und auch umgekehrt; „und zwar ist für jeden Punct P der Inhalt W gerade um denjenigen Kreissector, der den Abstand $\mathfrak{s}$ zwischen P und $\mathfrak{S}$ zum Radius und die Summe $(2\pi+\mathfrak{q})$ aller jener Nebenwinkel zum Centriwinkel hat, grösser als jenes genannte Minimum w.“

§ 31.

Vornehmlich zum Behufe späterer Betrachtungen mag über das Vorstehende noch Folgendes bemerkt werden:

Es ist klar, dass der Schwerpunct $\mathfrak{S}$ sowohl direct, als auf folgendem Wege gefunden werden kann. Man suche für die Ecken $A, B, C, \ldots$ des Vielecks $\mathfrak{V}$ zwei Schwerpuncte S und S_1, indem man für den ersten S die Nebenwinkel des Vielecks $\mathfrak{V}$ selbst, für den zweiten S_1 die respectiven Nebenwinkel $\mathfrak{A}, \mathfrak{B}, \mathfrak{C}, \ldots$ des Vielecks $\mathfrak{U}$ als zugehörige Coefficienten ansieht. Nimmt man alsdann in der Geraden SS_1 denjenigen Punct $\mathfrak{S}$, der sie so theilt, dass

(95) $$S\mathfrak{S} : S_1\mathfrak{S} = \mathfrak{q} : 2\pi,$$

so ist derselbe offenbar der verlangte Schwerpunct S. — Sind insbesondere die Nebenwinkel eines jeden Vielecks unter sich gleich, so fallen die drei Puncte S, S_1 und $\mathfrak{S}$ zusammen. Dasselbe kann aber auch unter anderen Bedingungen eintreffen.

Ferner kann der Inhalt der Figur W unter anderer Form, nämlich durch zwei Figuren $\mathfrak{W}$ und $\mathfrak{T}$ dargestellt werden. Denn wird der obige Ausdruck für W, wie folgt, zerlegt (90):

(96) $$W = \mathfrak{V} + \tfrac{1}{2}\Sigma(a^2 A) + \tfrac{1}{2}\Sigma(a^2\mathfrak{A}) = \mathfrak{W} + \mathfrak{T},$$

und einzeln gesetzt

(97) $$\mathfrak{V} + \tfrac{1}{2}\Sigma(a^2 A) = \mathfrak{W}; \quad \tfrac{1}{2}\Sigma(a^2\mathfrak{A}) = \mathfrak{T},$$

so kann man sich unter $\mathfrak{W}$ die nämliche Figur denken, welche bereits oben (§ 27) construirt worden; $\mathfrak{T}$ aber soll diejenige Figur sein, welche durch die gesammten Kreissectoren gebildet wird, die in den Nebenwinkeln $\mathfrak{A}$, $\mathfrak{B}$, $\mathfrak{C}$, ... des Vielecks $\mathfrak{U}$ mit den Strahlen a, b, c, ... als Radien und zwar unter der Bedingung beschrieben werden, dass alle Sectoren nach einerlei Richtung hin liegen, was wie bei $\mathfrak{W}$ auf zwei verschiedene Arten geschehen kann.

Ueber den Inhalt der Figur $\mathfrak{W}$ sind die wesentlichsten Relationen am genannten Orte aufgestellt; nämlich er wird ein Minimum gleich $\mathfrak{w}$, wenn sie dem Schwerpuncte S entspricht; ausserdem ist für jeden anderen Punct P

(98) $$\mathfrak{W} = \mathfrak{w} + \pi s^2,$$

wo s den Abstand des Punctes P von S bezeichnet.

Wird die Figur $\mathfrak{T}$ für sich betrachtet, so folgt in ähnlicher Weise, dass ihr Inhalt dann ein Minimum gleich $\mathfrak{t}$ wird, wenn sie dem oben genannten Schwerpuncte S_1 entspricht, und dass für jeden anderen Punct P

(99) $$\mathfrak{T} = \mathfrak{t} + \tfrac{1}{2}\mathfrak{q} s_1^2$$

ist, wo s_1 gleich PS_1 und $\mathfrak{q}$ gleich $\mathfrak{A} + \mathfrak{B} + \mathfrak{C} + \cdots$ (§ 30).

Demnach hat man nach Gl. (96)

(100) $$W = \mathfrak{W} + \mathfrak{T} = \mathfrak{w} + \pi s^2 + \mathfrak{t} + \tfrac{1}{2}\mathfrak{q} s_1^2.$$

Die Formel (99) enthält folgenden Satz:

„Der Inhalt der Figur $\mathfrak{T}$ ist dann ein Minimum gleich $\mathfrak{t}$, wenn sie dem Schwerpuncte S_1 entspricht; beliebigen Puncten P, welche gleichweit vom Schwerpuncte S_1 abstehen, entsprechen Figuren $\mathfrak{T}$ von gleichem Inhalte", und auch umgekehrt; „und zwar ist der jedesmalige Inhalt gerade um denjenigen Kreissector grösser als jenes Minimum $\mathfrak{t}$, welcher den Abstand

s_1 der Puncte P von S_1 zum Radius und den constanten Winkel $\mathfrak{q}$ zum Centriwinkel hat."

§ 32.

Bleiben alle Voraussetzungen über die Vielecke $\mathfrak{B}$ und $\mathfrak{U}$ die nämlichen, wie oben (§ 30), nur dass $\mathfrak{B}$, statt auf der Aussenseite, jetzt auf der inneren, concaven Seite von $\mathfrak{U}$ rollen soll; so sind dabei im Allgemeinen drei Fälle zu unterscheiden, nämlich entweder sind:

α) Die Nebenwinkel $A, B, C, \ldots$ des Vielecks $\mathfrak{B}$ alle grösser als die ihnen entsprechenden Nebenwinkel $\mathfrak{A}, \mathfrak{B}, \mathfrak{C}, \ldots$ von $\mathfrak{U}$; oder:

β) die ersteren alle kleiner als die letzteren, oder endlich

γ) die Nebenwinkel $A, B, C, \ldots$ von $\mathfrak{B}$ theils kleiner, theils grösser (oder theils, wenn man will, auch gleich) als die Nebenwinkel $\mathfrak{A}, \mathfrak{B}, \mathfrak{C}, \ldots$ von $\mathfrak{U}$.

Im ersten Fall — der am leichtesten darzustellen ist und am meisten mit dem früheren übereinstimmt, daher hier auch allein berücksichtigt werden soll — beschreibt jeder mit dem Vieleck $\mathfrak{B}$ fest verbundene Punct P irgend eine Figur W, welche auf analoge Weise, wie oben, aus Dreiecken, deren Summe gleich $\mathfrak{B}$ ist, und aus Kreissectoren besteht, deren Radien $a, b, c, \ldots$, deren Centriwinkel dagegen $A-\mathfrak{A}$, $B-\mathfrak{B}$, $C-\mathfrak{C}, \ldots$ sind; so dass also hier

$$(101)\qquad W=\mathfrak{B}+\tfrac{1}{2}\Sigma[a^2(A-\mathfrak{A})]=\mathfrak{B}+\tfrac{1}{2}\Sigma(a^2A)-\tfrac{1}{2}\Sigma(a^2\mathfrak{A})=\mathfrak{W}-\mathfrak{T},$$

$$(102)\qquad W=\mathfrak{B}+\tfrac{1}{2}\Sigma[a_1^2(A-\mathfrak{A})]+\tfrac{1}{2}\mathfrak{s}^2(2\pi-\mathfrak{q}),$$

$$(103)\qquad w=\mathfrak{B}+\tfrac{1}{2}\Sigma[a_1^2(A-\mathfrak{A})],$$

$$(104)\qquad W=w+\tfrac{1}{2}\mathfrak{s}^2(2\pi-\mathfrak{q}),$$

$$(105)\qquad \begin{cases}\mathfrak{W}=\mathfrak{w}+\pi s^2,\\ \mathfrak{T}=\mathfrak{t}+\tfrac{1}{2}\mathfrak{q}s_1^2,\end{cases}$$

$$(106)\qquad W=\mathfrak{w}+\pi s^2-\mathfrak{t}-\tfrac{1}{2}\mathfrak{q}s_1^2,$$

wobei w und die Strahlen a_1 (d. i. $a_1, b_1, c_1, \ldots$) sich auf den Punct $\mathfrak{S}$, dagegen $\mathfrak{w}$ und s, $\mathfrak{t}$ und s_1 auf die Puncte S, S_1 beziehen, und die drei Puncte S, S_1 und $\mathfrak{S}$ die Schwerpuncte der Ecken $A, B, C, \ldots$ des Vielecks $\mathfrak{B}$ sind, wenn ihnen beziehlich die Winkel 1) $A, B, C, \ldots$, 2) $\mathfrak{A}, \mathfrak{B}, \mathfrak{C}, \ldots$ und 3) $A-\mathfrak{A}$, $B-\mathfrak{B}$, $C-\mathfrak{C}, \ldots$ als Coefficienten zugehören. — Der gegenwärtige Schwerpunct $\mathfrak{S}$ ist hiernach von dem obigen gleichnamigen (§ 30) im Allgemeinen wesentlich verschieden. Aus den vorstehenden Gleichungen folgen übrigens analoge Sätze wie dort.

§ 33.

Lässt man die der bisherigen Betrachtung zu Grunde liegenden Vielecke $\mathfrak{B}$ und $\mathfrak{U}$ in Curven $\mathfrak{B}$ und $\mathfrak{U}$ übergehen, wobei jedoch vorläufig $\mathfrak{B}$ geschlossen und stetig convex, dagegen $\mathfrak{U}$ nur längs des Bogens $\mathfrak{A}\mathfrak{A}_1$

(Taf. VIII Fig. 10), so weit jene auf ihr rollt, stetig convex sein soll, so bleiben die obigen Gleichungen offenbar auch noch für den gegenwärtigen Fall gültig, so dass man also auch für diese Curven unmittelbar hat (§ 30 und § 31)

$$(107)\qquad W = \mathfrak{B} + \tfrac{1}{2}\Sigma[a^2(A+\mathfrak{A})] = \mathfrak{W} + \mathfrak{T},$$

$$(108)\qquad W = \mathfrak{B} + \tfrac{1}{2}\Sigma[a_1^2(A+\mathfrak{A})] + \tfrac{1}{2}\mathfrak{s}^2(2\pi+\mathfrak{q}),$$

$$(109)\qquad w = \mathfrak{B} + \tfrac{1}{2}\Sigma[a_1^2(A+\mathfrak{A})],$$

$$(110)\qquad W = w + \tfrac{1}{2}\mathfrak{s}^2(2\pi+\mathfrak{q}),$$

$$(111)\qquad \begin{cases} \mathfrak{W} = \mathfrak{w} + \pi s^2, \\ \mathfrak{T} = \mathfrak{t} + \tfrac{1}{2}\mathfrak{q}s_1^2, \end{cases}$$

$$(112)\qquad W = \mathfrak{w} + \pi s^2 + \mathfrak{t} + \tfrac{1}{2}\mathfrak{q}s_1^2.$$

Der Weg jedes mit der Curve $\mathfrak{B}$ verbundenen Punctes P — der früher aus einer Reihe Kreisbogen bestand — wird hier irgend eine Curve PP_1, so dass die von P beschriebene Figur W von zwei gleichen Geraden $P\mathfrak{A}$, $P_1\mathfrak{A}_1$ und zwei Curven PP_1, $\mathfrak{A}\mathfrak{A}_1$ begrenzt wird, wovon die letztere als Basis allen Figuren W gemein und gleich dem Umfange der Curve $\mathfrak{B}$ ist.

Der eigenthümliche Punct $\mathfrak{S}$, welchem die Figur w vom kleinsten Inhalte entspricht, behält seine frühere Eigenschaft; nämlich er ist der Schwerpunct der Curve $\mathfrak{B}$, wenn ihren einzelnen Puncten Coefficienten zugeordnet sind, die sich verhalten wie die Summen der unendlich kleinen Winkel, welche die Curven $\mathfrak{B}$ und $\mathfrak{U}$ in den correspondirenden Puncten mit der Tangente bilden, oder wie die Summen der correspondirenden Krümmungen beider Curven (vergl. § 28 und § 30). Oder nach § 31 kann der Punct $\mathfrak{S}$, wie folgt, gefunden werden. Nämlich von den zwei Puncten S und S_1, welche dort zu Hülfe genommen worden, ist hier der erste S der Krümmungs-Schwerpunct der Curve $\mathfrak{B}$ (§ 22); der andere S_1 ist Schwerpunct derselben, wenn ihren einzelnen Puncten Coefficienten gegeben werden, die sich umgekehrt verhalten wie die Krümmungsradien der Basis $\mathfrak{U}$ in den correspondirenden Puncten. Der Punct $\mathfrak{S}$ ist alsdann der Schwerpunct der Puncte S und S_1, insofern diesen beziehlich die Coefficienten 2π und $\mathfrak{q}$ zugeordnet werden, so dass also $\mathfrak{S}$, wie früher, durch die Gleichung

$$S\mathfrak{S} : S_1\mathfrak{S} = \mathfrak{q} : 2\pi$$

gefunden wird, wo jetzt $\mathfrak{q}$ der Winkel ist, unter welchem die Normalen $\mathfrak{A}\mathfrak{Q}$, $\mathfrak{A}_1\mathfrak{Q}$ der Basis $\mathfrak{U}$ in den Endpuncten des von $\mathfrak{B}$ überrollten Bogens sich schneiden (§ 30).

Die Figur $\mathfrak{W}$ ist die nämliche, welche bereits in § 28 näher beschrieben worden. Die Figur $\mathfrak{T}$ entsteht zufolge § 31 dadurch, dass der veränderliche Strahl PA gleich a (d. h. jede Gerade aus dem festen Pole P nach irgend einem Puncte A der Curve $\mathfrak{B}$) auf der Tangente $\mathfrak{A}\mathfrak{P}$ im correspondirenden Puncte 𝔄 der Basis 𝔘 nach constanter Richtung abgetragen, also 𝔄𝔓 gleich a genommen wird; wo dann dieses begrenzte Stück der Tangente die Fläche der Figur 𝔗 gleich $𝔓𝔓_1𝔄_1𝔄𝔓$ beschreibt, welche somit von zwei Geraden 𝔄𝔓, $𝔄_1𝔓_1$ und zwei Curven $𝔄𝔄_1$, $𝔓𝔓_1$ begrenzt wird, von welchen die letztere der Ort des Endpunctes der Tangente ist. Durch 𝔴 und 𝔱 sind die kleinsten Inhalte der Figuren 𝔚 und 𝔗 bezeichnet, die stattfinden, wenn diese beziehlich den Schwerpuncten S und S_1 entsprechen. Endlich sind s und s_1 die Entfernungen des Punctes P von den Schwerpuncten S und S_1.

Die obigen Gleichungen enthalten hiernach unter anderen folgenden Satz:

„Wenn in einer Ebene eine geschlossene, stetig convexe Curve 𝔅 auf einer beliebigen festen, convexen Curve 𝔘 rollt, bis sie wieder mit dem anfänglichen Puncte (A) auf dieser aufliegt, so beschreibt jeder mit ihr verbundene Punct P irgend eine Figur W, deren Inhalt dann ein Minimum gleich w wird, wenn der beschreibende Punct der oben genannte Schwerpunct 𝔖 der Curve 𝔅 ist. Puncte P, welche von diesem Schwerpuncte 𝔖 gleich weit abstehen, beschreiben Figuren W von gleichem Inhalte“, und auch umgekehrt; „und zwar übertrifft dieser Inhalt jenes Minimum w jedesmal gerade um den Kreissector, welcher den Abstand 𝔰 des Punctes P von 𝔖 zum Radius und den constanten Winkel $2\pi + \mathfrak{q}$ zum Centriwinkel hat (110).“

Ueber die Figur 𝔗 wird im Folgenden ein allgemeiner Satz aufgestellt werden.

Anmerkung. Rollt die Curve 𝔅 auf der concaven Seite der Basis 𝔘, und findet dabei der besondere Umstand statt, dass in je zwei entsprechenden Puncten beider Curven die erste 𝔅 grössere Krümmung hat als die andere 𝔘, so erhält man analoge Gleichungen, wie vorhin, nämlich man hat nur in diesen

$$-𝔄,\quad -\mathfrak{q},\quad -𝔗,\quad -\mathfrak{t}$$

beziehlich statt

$$+𝔄,\quad +\mathfrak{q},\quad +𝔗,\quad +\mathfrak{t}$$

zu setzen, um jene zu erhalten (§ 32). Auch wenn umgekehrt die Curve 𝔅 in jedem Puncte kleinere Krümmung hat als die Basis 𝔘 im entsprechenden Puncte, lassen sich analoge Formeln aufstellen.

§ 34.

Die vorstehende Betrachtung (§ 33) kann dadurch verallgemeinert werden, dass man die Bedingung: „die Curve 𝔅 solle geschlossen sein und so lange rollen, bis sie wieder mit dem anfänglichen Puncte auf der

Basis $\mathfrak{U}$ aufliege" weglässt und vielmehr annimmt, sie rolle um einen beliebigen Bogen, etwa um den Bogen ACB gleich $\mathfrak{A}\mathfrak{C}\mathfrak{B}$ (Taf. VIII Fig. 11), dabei jedoch immer noch die Bedingung festhält, „dass von den beiden Bogen, dem rollenden AB und dem überrollten festen $\mathfrak{A}\mathfrak{B}$, keiner einen singulären Punct habe." Unter diesen Umständen gelangt man in der That zu umfassenderen Resultaten und es sind dieselben durch das nämliche einfache und anschauliche Verfahren zu beweisen, wie die bisherigen.

Denn ebenso, wie vorhin, folgt auch für den gegenwärtigen Fall, dass die von irgend einem mit der rollenden Curve AB (oder $\mathfrak{B}$) verbundenen Puncte P beschriebene Figur W gleich $PP_1\mathfrak{B}\mathfrak{C}\mathfrak{A}P$ ihrem Inhalte nach gleich ist der Summe zweier anderen Figuren $\mathfrak{W}$ gleich $PA\mathfrak{P}\mathfrak{P}_2BP$ und $\mathfrak{T}$ gleich $\mathfrak{A}\mathfrak{P}\mathfrak{P}_1\mathfrak{B}\mathfrak{C}\mathfrak{A}$, welche auf die früher angegebene Weise entstehen (§ 28 und § 33). Die Figur $\mathfrak{W}$ besteht aber selbst aus zwei anderen Figuren F und T, von welchen die erste F gleich Sector $PACBP$, und die andere T gleich $A\mathfrak{P}\mathfrak{P}_2BCA$, so dass also

$$(113) \qquad W = F + T + \mathfrak{T}.$$

Für die Figuren T und $\mathfrak{T}$, jede für sich betrachtet, hat man zunächst, dem Früheren gemäss, nachstehende Formeln:

$$(114) \qquad T = \tfrac{1}{2}\Sigma(a^2 A) = \tfrac{1}{2}\Sigma(a_1^2 A) + \tfrac{1}{2}qs^2,$$

$$(115) \qquad \mathfrak{T} = \tfrac{1}{2}\Sigma(a^2 \mathfrak{A}) = \tfrac{1}{2}\Sigma(a_1^2 \mathfrak{A}) + \tfrac{1}{2}\mathfrak{q}s_1^2,$$

$$(116) \qquad t = \tfrac{1}{2}\Sigma(a_1^2 A) \quad \text{und} \quad \mathfrak{t} = \tfrac{1}{2}\Sigma(a_1^2 \mathfrak{A}),$$

$$(117) \qquad T = t + \tfrac{1}{2}qs^2 \quad \text{und} \quad \mathfrak{T} = \mathfrak{t} + \tfrac{1}{2}\mathfrak{q}s_1^2,$$

wobei t und $\mathfrak{t}$ die kleinsten Werthe von T und $\mathfrak{T}$ bezeichnen, welche stattfinden, wenn der Pol P beziehlich mit dem Schwerpuncte S oder S_1 zusammenfällt, d. h. mit dem Krümmungs-Schwerpuncte S des Bogens AB, oder mit dem Schwerpuncte S_1 desselben Bogens, wofern die Gewichte seiner einzelnen Puncte sich verhalten wie die Krümmungen des Bogens $\mathfrak{A}\mathfrak{B}$ in den correspondirenden Puncten. Der Strahl a_1 repräsentirt die Abstände sowohl des Punctes S als des Punctes S_1 von den verschiedenen Puncten des Bogens AB; s und s_1 sind die Entfernungen des Punctes P von S und S_1; und endlich sind q und $\mathfrak{q}$ die Winkel zwischen den Normalen AQ und BQ, $\mathfrak{A}\mathfrak{Q}$ und $\mathfrak{B}\mathfrak{Q}$ in den Endpuncten der Bogen AB, $\mathfrak{A}\mathfrak{B}$.

In der Geraden SS_1 gleich d nehme man den Punct $\mathfrak{S}$ so, dass

$$S\mathfrak{S} : S_1\mathfrak{S} = \mathfrak{q} : q,$$

dass also $\mathfrak{S}$ der Schwerpunct von S und S_1 ist, wenn diesen die Coefficienten q und $\mathfrak{q}$ zugehören (oder der Schwerpunct des Bogens AB in Rücksicht der Krümmungs-Summen beider Bogen AB und $\mathfrak{A}\mathfrak{B}$ in ihren entsprechenden Puncten). Wird ferner $P\mathfrak{S}$ gleich $\mathfrak{s}$ gesetzt, so hat man für die Summe beider Figuren T und $\mathfrak{T}$

$$(118)\quad T+\mathfrak{T} = t+\mathfrak{t}+\tfrac{1}{2}qs^2+\tfrac{1}{2}\mathfrak{q}\mathfrak{s}_1^2 = t+\mathfrak{t}+\tfrac{1}{2}\frac{q\mathfrak{q}}{q+\mathfrak{q}}d^2+\tfrac{1}{2}(q+\mathfrak{q})\mathfrak{s}^2,$$

$$(119)\quad T_1+\mathfrak{T}_1 = t+\mathfrak{t}+\tfrac{1}{2}\frac{q\mathfrak{q}}{q+\mathfrak{q}}d^2,$$

$$(120)\quad T+\mathfrak{T} = T_1+\mathfrak{T}_1+\tfrac{1}{2}(q+\mathfrak{q})\mathfrak{s}^2,$$

wo T_1 und $\mathfrak{T}_1$ die Stelle von T und $\mathfrak{T}$ in dem Falle vertreten, wenn P in den genannten Schwerpunct $\mathfrak{S}$ fällt, ein Fall, in welchem, wie man sieht, die Summe $T+\mathfrak{T}$ ein Minimum wird (120).

Nun kann ferner der Sector F immer als Differenz (oder als Summe) von zwei anderen Figuren angesehen werden, nämlich des Segmentes

$$ACBDA = G$$

und des Dreiecks

$$APB = \tfrac{1}{2}by,$$

dessen gegebene Grundlinie AB gleich b und die veränderliche Höhe PE gleich y ist, so dass also

$$F = G-\tfrac{1}{2}by.$$

Hierdurch und vermöge der Gl. (120) geht die Formel (113) in folgende über:

$$(121)\quad W = G+T_1+\mathfrak{T}_1+\tfrac{1}{2}(q+\mathfrak{q})\mathfrak{s}^2-\tfrac{1}{2}by,$$

wo rechts alle Grössen, ausser $\mathfrak{s}$ und y, constant sind. Diese zwei Veränderlichen lassen sich aber durch eine einzige ersetzen. Aus $\mathfrak{S}$ auf die Sehne AB fälle man das Perpendikel $\mathfrak{S}D$ gleich p, nehme in der Verlängerung desselben, hinter $\mathfrak{S}$, den Punct R so, dass

$$(122)\quad \mathfrak{S}R = \frac{b}{2(q+\mathfrak{q})},$$

so ist, wenn PR gleich r gesetzt wird (durch Hülfe des Perpendikels von P auf $\mathfrak{S}D$),

$$r^2-\mathfrak{s}^2 = (RD-y)^2-(\mathfrak{S}D-y)^2,$$

und daraus folgt:

$$(123)\quad \tfrac{1}{2}(q+\mathfrak{q})\mathfrak{s}^2-\tfrac{1}{2}by = \tfrac{1}{2}(q+\mathfrak{q})r^2-\tfrac{1}{4}b\left(2p+\frac{b}{2(q+\mathfrak{q})}\right),$$

und mithin geht Gl. (121) über in

$$(124)\quad W = G+T_1+\mathfrak{T}_1-\tfrac{1}{4}b\left(2p+\frac{b}{2(q+\mathfrak{q})}\right)+\tfrac{1}{2}(q+\mathfrak{q})r^2,$$

wo nunmehr rechts r die einzige veränderliche Grösse ist. Der Inhalt der Figur W ändert sich demnach mit der Entfernung r des beschreibenden Punctes P von dem ausgezeichneten Puncte R zugleich, und zwar ist seine Zu- oder Abnahme dem Quadrate dieser Entfernung proportional, so dass

W ein Minimum gleich w wird, wenn r gleich 0, d. h. wenn P in R fällt. Also ist

$$(125) \qquad w = G + T_1 + \mathfrak{T}_1 - \tfrac{1}{4} b \left(2p + \frac{b}{2(q+\mathfrak{q})}\right),$$

und

$$(126) \qquad W = w + \tfrac{1}{2}(q+\mathfrak{q}) r^2.$$

Die wesentlichsten Sätze aus dieser Betrachtung sind folgende:

a. „Wenn in einer Ebene ein beliebiger, stetig convexer Curvenbogen AB auf der convexen Seite irgend eines anderen stetig convexen, festen Curvenbogens $\mathfrak{AB}$ rollt, so beschreibt jeder mit der rollenden Curve fest verbundene Punct P irgend eine Figur W, deren Inhalt dann ein Minimum gleich w wird, wenn jener Punct der oben construirte besondere Punct R ist. Puncte P, welche gleich weit von diesem eigenthümlichen Puncte R entfernt sind, also in irgend einer um R beschriebenen Kreislinie liegen, erzeugen gleich grosse Figuren W," und auch umgekehrt; „und zwar ist ihr Inhalt gerade um den Sector des genannten Kreises, dessen Centriwinkel gleich $q+\mathfrak{q}$, also constant ist, grösser als jener kleinste Inhalt w (126)."

b. 1) „Bewegt sich eine veränderliche Tangente $A\mathfrak{P}$ an einem stetig convexen Curvenbogen ACB unter der Bedingung, dass sie in jedem Augenblicke dem Strahle PA gleich ist, welcher ihren Berührungspunct (A) mit irgend einem festen Pole P in der Ebene der Curve verbindet, so beschreibt sie irgend eine Figur T, deren Inhalt dann ein Minimum gleich t wird, wenn jener Pol der Krümmungs-Schwerpunct S des gegebenen Bogens ACB ist. Polen P, welche in irgend einer um S beschriebenen Kreislinie liegen, entsprechen Figuren T von gleichem Inhalte, der jedesmal gerade um einen Sector jenes Kreises, welcher den constanten Winkel q zum Centriwinkel hat, grösser ist als jener kleinste t (117)." Und

2) „Ist ausser dem Bogen AB noch irgend ein anderer stetig convexer Bogen $\mathfrak{ACB}$ von gleicher Länge gegeben, und bewegt sich an demselben die Tangente $\mathfrak{AP}$ unter der Bedingung, dass sie stets dem Strahle AP gleich ist, welcher den ihrem Berührungspuncte correspondirenden Punct in der Curve AB mit dem festen Pole P verbindet, so beschreibt sie irgend eine Figur $\mathfrak{T}$, deren Inhalt ein Minimum gleich $\mathfrak{t}$ wird, wenn der Pol der oben bestimmte Schwerpunct S_1 des Bogens AB ist; liegt der Pol P in irgend einer um S_1 beschriebenen Kreislinie, so nimmt der Inhalt von $\mathfrak{T}$ gerade um einen Sector dieses Kreises, dessen Centriwinkel dem constanten Winkel $\mathfrak{q}$ gleich ist, zu (117)."

3) „Werden für einen und denselben Pol P die beiden Figuren T und $\mathfrak{T}$ zugleich betrachtet, so ist ihre Summe $T+\mathfrak{T}$ dann ein Minimum gleich $T_1+\mathfrak{T}_1$, wenn der Pol der Schwerpunct $\mathfrak{S}$ ist (d. h. der Schwerpunct des Bogens AB in Rücksicht der Krümmungs-Summen beider Bogen AB und $\mathfrak{AB}$ in den correspondirenden Puncten, oder der Schwerpunct der Puncte S und S_1 in Rücksicht der Coefficienten q und $\mathfrak{q}$). Liegt aber der Pol P in einer Kreislinie, deren Mittelpunct $\mathfrak{S}$ ist, so nimmt die Summe $T+\mathfrak{T}$ um einen Sector dieses Kreises zu, dessen Centriwinkel immer gleich $q+\mathfrak{q}$ ist (120)."

Anmerkung 1. Die Tangente $A\mathfrak{P}$ oder $\mathfrak{AP}$ kann vom Berührungspuncte aus nach zwei entgegengesetzten Richtungen genommen werden, wodurch zugleich zwei verschiedene Figuren T und T_1, oder $\mathfrak{T}$ und $\mathfrak{T}_1$ entstehen, aber jedesmal haben beide unter sich gleichen Inhalt, so dass immer T gleich T_1, oder $\mathfrak{T}$ gleich $\mathfrak{T}_1$ (vergl. § 28).

2. Der letzte Satz (b, 3) findet ähnlicherweise statt, wenn ausser dem Bogen $\mathfrak{ABC}$ noch mehrere andere Bogen $\mathfrak{A}_1\mathfrak{B}_1$, $\mathfrak{A}_2\mathfrak{B}_2$, ... unter denselben Bedingungen gegeben sind, denen dann ebenfalls Schwerpuncte S_2, S_3, ..., so wie Winkel $\mathfrak{q}_1$, $\mathfrak{q}_2$, ... und Figuren $\mathfrak{T}_1$, $\mathfrak{T}_2$, ... entsprechen. Nämlich ebenso wird alsdann die Summe $T+\mathfrak{T}+\mathfrak{T}_1+\mathfrak{T}_2+\cdots$ ein Minimum gleich m, wenn der Pol P in den Schwerpunct $\mathfrak{S}$ der Puncte S, S_1, S_2, S_3, ... fällt, wofern diesen die Coefficienten q, $\mathfrak{q}$, $\mathfrak{q}_1$, $\mathfrak{q}_2$, ... zugeordnet sind; und ausserdem hat man für einen beliebigen Pol P, wenn $P\mathfrak{S}$ gleich r gesetzt wird, die Relation

$$(127)\qquad T+\mathfrak{T}+\mathfrak{T}_1+\mathfrak{T}_2+\cdots = m+\tfrac{1}{2}(q+\mathfrak{q}+\mathfrak{q}_1+\mathfrak{q}_2+\cdots)r^2.$$

Die Richtigkeit dieser Angaben folgt leicht aus § 7.

3. Soll in Ansehung des obigen Satzes a) unter allen Puncten P, die in der rollenden Curve $\mathfrak{B}$ (wovon ACB nur ein begrenztes Stück ist) selbst liegen, derjenige gefunden werden, welcher die kleinste oder grösste Figur W beschreibt, so ist klar, dass derselbe nur der Fusspunct einer Normale sein kann, die aus dem eigenthümlichen Puncte R auf die Curve $\mathfrak{B}$ gefällt wird. Ebenso verhält es sich, wenn der Punct P in irgend einer anderen, in der Ebene der $\mathfrak{B}$ gegebenen Curve liegen soll. — Dasselbe kann auch über die Sätze b) bemerkt werden.

§ 35.

Durch die vorstehende Betrachtung (§ 34) sind wir zu den allgemeinsten Resultaten gelangt. Denn nicht nur umfassen dieselben die meisten früheren als besondere Fälle, sondern es folgen daraus noch zahlreiche andere specielle Sätze, wofern man nämlich in Rücksicht der gegebenen Elemente bestimmte Einschränkungen und Modificationen eintreten lässt*). Dahin gehört unter anderem, dass die Winkel q und $\mathfrak{q}$ bestimmte Werthe haben (wie z. B. wenn q gleich 2π und die Curve $\mathfrak{B}$ geschlossen, also die Sehne AB gleich 0 ist, wodurch man zu den Resultaten in § 33 gelangt), dass die eine oder die andere gegebene Curve $\mathfrak{B}$ oder $\mathfrak{U}$ in eine Gerade übergeht, dass ferner die eine oder die andere, oder dass beide zugleich in bestimmte einfache Curven übergehen, etwa in Kreise, u. s. w.

Von solchen speciellen Sätzen mögen hier noch folgende Platz finden:

I. Wenn die Basis $\mathfrak{AB}$ eine Gerade wird und

1) ACB ein beliebiger Curvenbogen bleibt.

In diesem Falle wird $\mathfrak{q}$ gleich 0, $\mathfrak{T}$ gleich 0 und S_1 verschwindet oder kommt nicht in Betracht, so dass $\mathfrak{S}$ mit S zusammenfällt. Daher wird der ausgezeichnete Punct R gefunden, wenn man aus dem Krümmungs-Schwerpuncte S des rollenden Bogens AB auf die Sehne AB das Perpendikel SD fällt und auf dessen Verlängerung über S hinaus den Punct R so nimmt, dass (122)

$$RS = \frac{b}{2q}. \tag{128}$$

Die obige Formel (126) reducirt sich hier auf folgende:

$$W = w + \tfrac{1}{2}qr^2. \tag{129}$$

Das heisst:

„Rollt ein stetig convexer Curvenbogen AB auf einer festen Geraden $\mathfrak{AB}$, so beschreibt jeder mit ihm verbundene Punct P irgend eine Figur W, die am kleinsten wird, nämlich gleich w, wenn jener Punct der vorgenannte Punct R ist. Puncte P, welche in irgend einer um R beschriebenen Kreislinie liegen, erzeugen Figuren W, deren Inhalt gerade um einen dem Centriwinkel q entsprechenden Sector des Kreises grösser als jener kleinste Inhalt w ist."

Anmerkung. Da auch hier, ebenso wie in § 21, die Figur W allemal gerade doppelt so gross ist, als die dem nämlichen Puncte P entsprechende Fusspuncten-Figur V in Bezug auf den gegebenen Bogen AB, was sich gleicherweise zeigen lässt, so ist die Figur V demselben Gesetze unterworfen, wie die Figur W, d. h. „ihr Inhalt wird ein Minimum, gleich v, wenn sie dem ausgezeichneten Puncte R entspricht; für einen beliebigen anderen Punct P ist, wenn PR gleich r gesetzt wird,

$$V = v + \tfrac{1}{4}qr^2, \tag{130}$$

*) Da man sich in älterer und in neuerer Zeit so vielfach mit Betrachtung der durch Rollen erzeugten Curven (Roulettes) beschäftigt hat, so dürfte es wohl auffallend scheinen, dass das obige einfache und allgemeine Gesetz, dem die Quadratur je eines Systems solcher Curven unterworfen ist, so lange verborgen bleiben konnte.

also die Inhalts-Zunahme ist gerade die Hälfte des Kreissectors, der r zum Radius und q zum Centriwinkel hat.“

2) Wenn AB insbesondere ein Kreisbogen ist.

Dann wird Q der Mittelpunct des Kreises, also q der Centriwinkel über dem Bogen AB, und dann fällt der Krümmungs-Schwerpunct S offenbar mit dem gewöhnlichen Schwerpuncte des Bogens AB zusammen, so dass sein Abstand vom Mittelpunct, wie bekannt

$$QS = \frac{b}{q}. \tag{131}$$

Diese Gerade QS steht auf der Sehne AB gleich b senkrecht; daher liegt auch der ausgezeichnete Punct R in ihr, und seine Entfernung vom Mittelpuncte Q ist nach den Gl. (128) und (131)

$$QR = QS + SR = \frac{3b}{2q}, \tag{132}$$

also: „gleich der dreifachen Sehne, dividirt durch den doppelten Centriwinkel.“ Man erkennt daraus, dass R sowohl innerhalb als jenseits des Kreises liegen kann, je nachdem nämlich $3b < 2qa$ oder $3b > 2qa$, wenn a der Radius des Kreises ist. Ist

$$3b = 2qa = 2ACB,$$

also der Bogen gerade anderthalbmal so gross als die Sehne, so fällt R in den Bogen AB selbst und zwar in dessen Mitte.

Da $\mathfrak{T}$ gleich 0 (1), so ist nach Gl. (113):

$$W = F + T,$$

und wenn P im Mittelpuncte Q des Kreises liegt, so ist

$$F = \tfrac{1}{2} q a^2,$$

und nach Gl. (114)

$$T = \tfrac{1}{2} q a^2,$$

daher ist für diesen besonderen Fall (was auch unmittelbar folgt, da die von Q beschriebene Figur W_1 ein Rechteck ist, dessen Seiten a und qa gleich ACB sind)

$$W_1 = q a^2,$$

und daher folgt für die von R beschriebene kleinste Figur nach den Gl. (129) und (132)

$$w = qa^2 - \tfrac{1}{2} q \left(\frac{3b}{2q}\right)^2 = qa^2 - \frac{9}{8q} b^2 = a^2 \left(q - \frac{9}{2q} \sin^2(\tfrac{1}{2} q)\right). \tag{133}$$

Für die von einem beliebigen Puncte P beschriebene Figur folgt nunmehr nach Gl. (129)

$$W = qa^2 - \frac{9}{8q} b^2 + \tfrac{1}{2} q r^2. \tag{134}$$

Die Figuren W und w sind hier bestimmte Stücke von gewöhnlichen Cykloiden (gestreckte oder verkürzte), nämlich solche Stücke, welche von einem Cykloidenbogen PP_1, den beiden Normalen in seinen Endpuncten $P\mathfrak{A}$ und $P_1\mathfrak{B}$, und der zwischen den letzteren liegenden (geradlinigen) Strecke $\mathfrak{AB}$ der Basis begrenzt werden. Die Formeln (133) und (134) geben die Quadratur dieser Stücke mittelst der gegebenen Elemente.

In dem oben genannten besonderen Falle, wo $3b$ gleich $2qa$ ist und R in die Mitte des Bogens AB fällt, besteht die kleinste Figur w aus zwei einander gleichen Sectoren der sogenannten gemeinen Cykloide, und alsdann ist

$$W = \tfrac{1}{2}q(a^2+r^2).$$

Insbesondere kann auch w gleich 0 werden, nämlich in dem Falle, wo

$$qa : b = 3 : \sqrt{8}, \qquad \text{Gl. (133)}$$

d. h. wo der Bogen ACB sich zur Sehne AB verhält, wie 3 zu $\sqrt{8}$. Alsdann ist W gleich $\frac{1}{2}qr^2$, und R liegt jenseits des Kreises.

II. Wenn ACB in eine Gerade übergeht und

1) die Basis $\mathfrak{AB}$ eine beliebige Curve bleibt.

In diesem Falle ist offenbar

$$T = 0, \quad G = 0 \quad \text{und} \quad q = 0,$$

und deshalb verschwindet der Punct S; daher vereinigt sich der Punct $\mathfrak{S}$ mit S_1, dieser aber liegt in der Geraden AB selbst, nämlich er ist ihr Schwerpunct, wenn sie so schwer gedacht wird, dass die Gewichte ihrer einzelnen Puncte sich verhalten, wie die Krümmungen der Basis $\mathfrak{AB}$ in den correspondirenden Puncten. Daher wird ferner der ausgezeichnete Punct R erhalten, wenn man in dem Puncte S_1 auf der Geraden AB gleich b ein Perpendikel errichtet (nach der Basis $\mathfrak{AB}$ hin) und in demselben R so nimmt, dass (122)

$$(135) \qquad S_1R = \frac{b}{2\mathfrak{q}} = \beta.$$

Hiernach reduciren sich die obigen Formeln (125) und (126) — da auch p gleich 0, weil S_1 in AB liegt — auf folgende:

$$(136) \qquad w = \mathfrak{t} - \tfrac{1}{4}b\frac{b}{2\mathfrak{q}} = \mathfrak{t} - \tfrac{1}{2}\mathfrak{q}\beta^2,$$

$$(137) \qquad W = w + \tfrac{1}{2}\mathfrak{q}r^2 = \mathfrak{t} - \frac{1}{8\mathfrak{q}}b^2 + \tfrac{1}{2}\mathfrak{q}r^2 = \mathfrak{t} + \tfrac{1}{2}\mathfrak{q}(r^2 - \beta^2).$$

Also: „Wälzt sich eine Gerade AB (von dem einen Endpuncte A bis zum anderen B) auf irgend einer festen, stetig convexen Curve $\mathfrak{AB}$, so beschreibt unter allen mit ihr fest verbundenen Puncten (d. h. die ihre Lage gegen die Gerade AB, während diese sich bewegt, nicht ändern) der besonders bestimmte Punct R die kleinste Figur w; die von irgend einem anderen Puncte P beschriebene Figur W ist jedesmal um den Kreissector, dessen Radius r gleich PR und dessen Centriwinkel $\mathfrak{q}$ (gleich dem Winkel zwischen den Normalen in den Endpuncten der Basis $\mathfrak{AB}$) grösser als jene."

Für den besonderen Fall, wo r gleich β ist, und somit der Punct P in der mit dem Radius β gleich RS_1 um den Punct R beschriebenen Kreislinie liegt, hat man nach Gl. (137)

$$W_1 = \mathfrak{t}; \tag{138}$$

und in der That fällt die von dem in dieser Kreislinie liegenden Puncte S_1 beschriebene Figur mit der Figur $\mathfrak{t}$ zusammen.

Unter allen Puncten, welche in der Geraden AB selbst liegen, beschreibt S_1 die kleinste Figur $\mathfrak{t}$; jeder aber beschreibt eine Evolvente der Curve $\mathfrak{AB}$ (oder vielmehr zwei Bogen derselben, nur der Endpunct A oder B beschreibt bloss einen Bogen), so dass also in diesem Falle die Figur W irgend ein bestimmtes Stück der Evolvente ist (im Allgemeinen zwei Sectoren derselben); zudem fällt W mit der durch $\mathfrak{T}$ bezeichneten Figur zusammen (§ 34), und in der That geben die Formeln (117) und (137) für beide den nämlichen Inhalt, indem r, β und s_1 die Seiten eines rechtwinkligen Dreiecks sind, so dass

$$r^2 - \beta^2 = s_1^2$$

ist.

2) Wenn die Basis $\mathfrak{AB}$ insbesondere ein Kreisbogen ist, dann liegt S_1 nothwendig in der Mitte der Geraden AB. Der Radius der Basis sei gleich α; so ist der überrollte Bogen

$$\mathfrak{AB} = \mathfrak{q}\alpha = b,$$

und folglich nach Gl. (135):

$$\beta = \tfrac{1}{2}\alpha, \tag{139}$$

d. h. „der Abstand β des ausgezeichneten Punctes R von der Geraden AB ist halb so gross als der Radius α der Basis, so dass er also constant bleibt, wenn der letztere gegeben ist, mag die rollende Gerade AB grösser oder kleiner angenommen werden; zudem liegt R nach der Basis $\mathfrak{AB}$ hin, und das aus ihm auf AB gefällte Perpendikel trifft die Mitte S_1 der letzteren."

Die von dem Puncte S_1 beschriebene Figur $\mathfrak{t}$ (137) besteht hier aus zwei gleichen Sectoren der Evolvente des Grundkreises, wenn dieser von der Mitte $\mathfrak{S}_1$ des gegebenen Bogens $\mathfrak{AB}$ bis zu dessen Endpuncten $\mathfrak{A}$ und $\mathfrak{B}$ abgewickelt wird. Daher ist

$$\mathfrak{t} = \frac{1}{24}\mathfrak{q}b^2 = \frac{1}{24}\mathfrak{q}(\mathfrak{q}\alpha)^2 = \tfrac{1}{6}\mathfrak{q}^3\beta^2, \tag{140}$$

und nach den Gl. (136) und (137)

$$(141)\qquad w=\frac{\mathfrak{q}^2-3}{24\mathfrak{q}}b^2=\frac{\mathfrak{q}^2-3}{24}\mathfrak{q}\alpha^2=\frac{\mathfrak{q}^2-3}{6}\mathfrak{q}\beta^2,$$

$$(142)\qquad W=\frac{\mathfrak{q}^2-3}{24\mathfrak{q}}b^2+\tfrac{1}{2}\mathfrak{q}r^2=\frac{\mathfrak{q}^2-3}{24}\mathfrak{q}\alpha^2+\tfrac{1}{2}\mathfrak{q}r^2=\frac{\mathfrak{q}^2-3}{6}\mathfrak{q}\beta^2+\tfrac{1}{2}\mathfrak{q}r^2.$$

Die von dem Puncte R beschriebene kleinste Figur w kann, wie man sieht (141), negativ oder positiv werden; auch wird insbesondere w gleich 0, wenn der Winkel $\mathfrak{q}$ gleich $\sqrt{3}$, oder b gleich $\alpha\sqrt{3}$; alsdann ist die von irgend einem Puncte P beschriebene Figur

$$(143)\qquad W=\tfrac{1}{2}r^2\sqrt{3},$$

d. h. gleich dem doppelten Inhalte des gleichseitigen Dreiecks über dem Abstande des Punctes P von R."

Liegt der Punct P in der rollenden Geraden AB selbst und wird PS_1 gleich s_1 gesetzt, so ist

$$r^2=\beta^2+s_1^2,$$

und daher hat man nach Gl. (142)

$$(144)\qquad W=\frac{1}{24}\mathfrak{q}b^2+\tfrac{1}{2}\mathfrak{q}s_1^2=\frac{1}{24}\mathfrak{q}^3\alpha^2+\tfrac{1}{2}\mathfrak{q}s_1^2=\tfrac{1}{6}\mathfrak{q}^3\beta^2+\tfrac{1}{2}\mathfrak{q}s_1^2,$$

wo jetzt W ein bestimmtes Stück irgend einer Evolvente des Grundkreises ist, welches von einem Bogen PP_1 derselben, den Normalen $P\mathfrak{A}$ und $P_1\mathfrak{B}$ in dessen Endpuncten und dem correspondirenden Bogen $\mathfrak{AB}$ der Basis begrenzt wird.

Es ist klar, dass auch in anderen Fällen der Schwerpunct S_1 in die Mitte der Geraden AB fallen kann, wie z. B. wenn die Basis $\mathfrak{AB}$ in Bezug auf eine Axe senkrecht symmetrisch ist, also etwa der Bogen eines Kegelschnittes, in dessen Mitte der Scheitel einer Axe desselben liegt. Von solchen Beispielen mag hier noch das folgende in Betracht kommen, wo nämlich

3) die Basis $\mathfrak{AB}$ ein ganzer Bogen der gemeinen Cykloide ist.

In diesem Falle wird

$$\mathfrak{q}=\pi,\quad\text{also}\quad\beta=\frac{b}{2\pi},$$

wodurch die Lage des Punctes R (in Rücksicht der rollenden Geraden AB) vollkommen bekannt ist, indem S_1 in der Mitte von AB liegt. Der Radius des Kreises, durch welchen die Cykloide $\mathfrak{AB}$ erzeugt worden, sei α, so ist bekanntlich

$$8\alpha=\mathfrak{AB}=AB=b=2\pi\beta.$$

Aus einer anderen allgemein bekannten Eigenschaft der Cykloide folgt leicht, dass der Inhalt der von S_1 beschriebenen Figur

$$(145)\qquad \mathfrak{t}=4\pi\alpha^2=\tfrac{1}{16}\pi b^2=\tfrac{1}{4}\pi^3\beta^2.$$

Daraus folgt weiter nach den Gl. (136) und (137)

$$(146)\qquad w=\frac{\pi^2-2}{16\pi}b^2=4\frac{\pi^2-2}{\pi}\alpha^2=\frac{\pi^2-2}{4}\pi\beta^2,$$

$$(147)\qquad W=\frac{\pi^2-2}{16\pi}b^2+\tfrac{1}{2}\pi r^2=4\frac{\pi^2-2}{\pi}\alpha^2+\tfrac{1}{2}\pi r^2=\tfrac{1}{4}(\pi^2-2)\pi\beta^2+\tfrac{1}{2}\pi r^2.$$

Für die von dem Endpuncte A oder B beschriebene Figur (die Evolvente der Cykloide $\mathfrak{AB}$), für welche

$$r^2=\beta^2+(\tfrac{1}{2}b)^2=\frac{\pi^2+1}{4\pi^2}b^2,$$

hat man

$$(148)\qquad W=\tfrac{3}{16}\pi b^2=12\pi\alpha^2=\tfrac{3}{4}\pi^3\beta^2.$$

III. Wenn ACB ein Kreisbogen und

1) die Basis $\mathfrak{AB}$ eine beliebige Curve ist.

Hier fällt S in den gewöhnlichen Schwerpunct des Bogens AB; die übrigen wesentlichen Puncte S_1, $\mathfrak{S}$ und R werden nicht näher bestimmt; allein ohne dieselben genauer zu kennen, kann doch der Inhalt der dem Mittelpuncte Q des Kreises AB entsprechenden Figuren W und $\mathfrak{T}$ gefunden werden. Denn da für diesen Fall in den obigen Formeln (114) und (115) der Strahl a constant, nämlich gleich dem Radius des Kreises AB ist, so wird

$$T=\tfrac{1}{2}\Sigma(a^2A)=\tfrac{1}{2}a^2\Sigma(A)=\tfrac{1}{2}qa^2,$$

und

$$(149)\qquad \mathfrak{T}=\tfrac{1}{2}\mathfrak{q}a^2;$$

ferner ist der Sector

$$F=\tfrac{1}{2}qa^2,$$

so dass (113)

$$(150)\qquad W=\tfrac{1}{2}(2q+\mathfrak{q})a^2.$$

Hiernach hat man folgende zwei Sätze:

α) „Bewegt sich eine constante Tangente $\mathfrak{AP}$ gleich a längs einer festen, stetig convexen Curve $\mathfrak{AB}$, so beschreibt sie eine Figur $\mathfrak{T}$, deren Inhalt einem Kreissector gleich ist, gleich $\tfrac{1}{2}\mathfrak{q}a^2$ (149), welcher die Tangente zum Radius und den Winkel zwischen den Normalen in den Endpuncten der Curve zum Centriwinkel hat.“ — Hierdurch lassen sich verschiedene sogenannte „Zuglinien“ (Tractorien) unmittelbar quadriren.

β) „Rollt ein Kreis auf der convexen Seite einer festen Curve $\mathfrak{AB}$ (um einen beliebigen Bogen AB gleich $\mathfrak{AB}$, der kleiner oder grösser als der Kreisumfang sein kann), so beschreibt sein Mittelpunct Q eine Figur W, die allemal dem Sector des Kreises gleich ist, welcher den doppelten Centriwinkel über dem abgerollten Bogen AB und den Winkel zwischen den Normalen in den Endpuncten der Basis $\mathfrak{AB}$ zusammengenommen, zum Centriwinkel hat (150)." — Die vom Mittelpuncte Q des Kreises beschriebene Curve QQ_1 und die Basis $\mathfrak{AB}$ heissen „parallele Curven". Die Figur W ist ein Stück des Ringes zwischen denselben, begrenzt durch die gemeinschaftlichen Normalen $Q\mathfrak{A}$ und $Q_1\mathfrak{B}$. Die Länge der Curve QQ_1 ist gleich $(q+\mathfrak{q})a$, was aus einer anderen geometrischen Betrachtung leicht folgt. (Vergl. Abh. von *Crelle* in *Gergonne*'s *Annales de Mathématiques*, t. XII.)

2) Wenn die Basis $\mathfrak{AB}$ auch ein Kreisbogen ist, dann fällt auch S_1 in den gewöhnlichen Schwerpunct des Bogens AB, so dass folglich die drei Puncte S, S_1 und $\mathfrak{S}$ in demselben vereinigt sind. Nun liegt der eigenthümliche Punct R in dem durch $\mathfrak{S}$ gehenden Durchmesser des Kreises AB, und sein Abstand vom Mittelpuncte P des letzteren ist nach den Gl. (131) und (122)

$$(151)\quad \begin{cases} QR = \dfrac{b}{q} + \dfrac{b}{2(q+\mathfrak{q})} = \dfrac{3q+2\mathfrak{q}}{2q+2\mathfrak{q}} \cdot \dfrac{b}{q} \\ \quad = \dfrac{2a+3\mathfrak{a}}{2a+2\mathfrak{a}} \cdot \dfrac{b}{q} = \dfrac{3+2n}{2(1+n)} \cdot \dfrac{b}{q} = r_1, \end{cases}$$

wo $\mathfrak{a}$ der Radius der Basis $\mathfrak{AB}$ und das Verhältniss der Radien $a:\mathfrak{a}$ gleich n gesetzt ist (es ist dann auch $\mathfrak{q}:q$ gleich n).

Da hierdurch der Abstand r_1 des Mittelpunctes Q von dem Puncte R gegeben ist, und da man auch den Inhalt der von ihm beschriebenen Figur W kennt (150), so wird dadurch der Inhalt der von R beschriebenen kleinsten Figur w gefunden, nämlich nach den Gl. (126) und (150) ist

$$(152)\quad \begin{cases} w = \tfrac{1}{2}(2q+\mathfrak{q})a^2 - \tfrac{1}{2}(q+\mathfrak{q})r_1^2 = \tfrac{1}{2}(2q+\mathfrak{q})a^2 - \tfrac{1}{8}\dfrac{(3q+2\mathfrak{q})^2}{q+\mathfrak{q}} \cdot \left(\dfrac{b}{q}\right)^2 \\ \quad = \tfrac{1}{2}qa^2 + \tfrac{1}{2}(q+\mathfrak{q})(a^2 - r_1^2) = \tfrac{1}{2}\dfrac{a+2\mathfrak{a}}{\mathfrak{a}}qa^2 - \tfrac{1}{8}\dfrac{(2a+3\mathfrak{a})^2}{(a+\mathfrak{a})q\mathfrak{a}}b^2 \\ \quad = \tfrac{1}{2}qa^2 + \tfrac{1}{2}(1+n)q(a^2 - r_1^2) = \tfrac{1}{2}(2+n)qa^2 - \tfrac{1}{8}\dfrac{(3+2n)^2}{(1+n)q}b^2. \end{cases}$$

Nun wird weiter der Inhalt der von einem beliebigen Puncte P beschriebenen Figur W gefunden, sobald man dessen Abstand r von R kennt, nämlich es ist nach Gl. (126)

$$(153)\quad \begin{cases} W = \tfrac{1}{2}(2q+\mathfrak{q})a^2 - \tfrac{1}{2}(q+\mathfrak{q})r_1^2 + \tfrac{1}{2}(q+\mathfrak{q})r^2 \\ \quad = \tfrac{1}{2}qa^2 + \tfrac{1}{2}(q+\mathfrak{q})(a^2 - r_1^2 + r^2) \\ \quad = \tfrac{1}{2}\dfrac{a+2\mathfrak{a}}{\mathfrak{a}}qa^2 - \tfrac{1}{8}\dfrac{(2a+3\mathfrak{a})^2}{(a+\mathfrak{a})q\mathfrak{a}}b^2 + \tfrac{1}{2}\dfrac{a+\mathfrak{a}}{\mathfrak{a}}qr^2 \\ \quad = \tfrac{1}{2}q[(2+n)a^2 + (1+n)r^2] - \tfrac{1}{8}\dfrac{(3+2n)^2}{(1+n)q}b^2 \\ \quad = \tfrac{1}{2}q\left[(2+n)a^2 + (1+n)r^2 - \tfrac{1}{4}\dfrac{(3+2n)^2}{1+n}\left(\dfrac{b}{q}\right)^2\right], \quad \text{etc.} \end{cases}$$

Die Figur W ist hier ein bestimmtes Stück irgend einer Epicykloide, dessen Quadratur durch die vorstehende allgemeine Formel gegeben wird. Der Winkel q (so wie $\mathfrak{q}$) kann beliebig gross sein, d. h. er kann beliebige Vielfache von 2π enthalten, wo dann zugleich auch der Bogen AB ebenso oft den ganzen Kreisumfang umfasst. Ist q gerade ein Vielfaches von 2π, so ist allemal die Sehne b gleich 0, und daher auch QR oder r_1 gleich 0, d. h. dann fällt der ausgezeichnete Punct R in den Mittelpunct Q des rollenden Kreises, und aus den Formeln (152) und (153) verschwinden die mit b (oder r_1) behafteten Glieder. Um dieses Verschwinden in den Formeln selbst anzudeuten, darf nur $2a\sin\frac{1}{2}q$ statt b gesetzt werden. — Es sei q gleich $m2\pi$, wo m eine ganze Zahl ist, so hat man

$$w = m(2+n)\pi a^2; \quad W = m(2+n)\pi a^2 + m(1+n)\pi r^2,$$

und wenn zugleich $\mathfrak{q}$ gleich $\mathfrak{m}2\pi$, wo $\mathfrak{m}$ ebenfalls eine ganze Zahl, jedoch m und $\mathfrak{m}$ relative Primzahlen sind, so ist

$$(154) \qquad w = (2m+\mathfrak{m})\pi a^2,$$

und

$$(155) \qquad W = (2m+\mathfrak{m})\pi a^2 + (m+\mathfrak{m})\pi r^2,$$

wobei nämlich die von dem Puncte P beschriebene Curve (Epicykloide) sich schliesst (oder in sich zurückkehrt), und der Kreis $\mathfrak{B}$ oder AB gerade m-mal um die Basis $\mathfrak{U}$ oder $\mathfrak{AB}$ herumrollt.

In Hinsicht der kleinsten Figur w, wofern der Winkel q beliebig ist, wie in Gl. (152), kann noch bemerkt werden, dass ihr Inhalt positiv oder negativ sein kann, und dass dazwischen w gleich 0 wird, wenn

$$(156) \qquad r_1^2 = \frac{n+2}{n+1} a^2,$$

oder

$$(156^a) \qquad \left(\frac{b}{q}\right)^2 = 4\frac{(n+1)(n+2)}{(2n+3)^2} a^2,$$

und somit die Abstände r_1 und $\frac{b}{q}$ der Puncte R und $\mathfrak{S}$ von dem Mittelpuncte Q des rollenden Kreises durch die Radien beider Kreise gegeben sind. Die Werthe von W sind dann

$$(157) \qquad W = \tfrac{1}{2}(q+\mathfrak{q})r^2 = \tfrac{1}{2}(1+n)qr^2.$$

Und wenn für diesen Fall insbesondere

$$a = \mathfrak{a}, \quad \text{also} \quad n = 1$$

ist, so hat man

$$(158) \qquad r_1^2 = \tfrac{3}{2}a^2; \quad \left(\frac{b}{q}\right)^2 = \tfrac{24}{25}a^2; \quad W = qr^2.$$

Es giebt noch andere Fälle, bei allgemeineren Curven, wo der eigenthümliche Punct R sich unmittelbar angeben lässt, wie z. B. folgende:

IV. Wenn jede der beiden Curven $\mathfrak{B}$, $\mathfrak{U}$ geschlossen ist, und die rollende $\mathfrak{B}$ einen Mittelpunct hat; wenn ferner ihre Umfänge sich verhalten, wie zwei ganze Zahlen $v:u$, die keinen gemeinschaftlichen Theiler haben, jedoch v gerade ist; und wenn endlich $\mathfrak{B}$ so lange rollt, bis sie wieder genau in ihre anfängliche Lage gelangt, d. h. bis wieder die nämlichen Puncte A und $\mathfrak{A}$ beider Curven sich treffen, was erst nach v Umläufen der $\mathfrak{B}$ um $\mathfrak{U}$ eintritt, und wo dann jeder mit $\mathfrak{B}$ verbundene Punct P in seine ursprüngliche Lage kommt, also die von ihm beschriebene Curve W in sich zurückkehrt, so fällt der eigenthümliche Punct R allemal mit dem Mitelpuncte der rollenden Curve $\mathfrak{B}$ zusammen.

Nämlich unter diesen Bedingungen vereinigen sich die vier Puncte S, S_1, $\mathfrak{S}$ und R alle mit dem Mittelpuncte der Curve $\mathfrak{B}$. Denn dass zunächst S in denselben fällt, ergiebt sich daraus, dass der in Betracht kommende Bogen AB bei $\mathfrak{B}$ gerade aus dem u-fachen Umfange dieser Curve besteht, folglich der Krümmungs-Schwerpunct S des ganzen Bogens mit dem des einfachen Umfanges der Curve $\mathfrak{B}$ zusammenfällt und mithin der Mittelpunct der letzteren ist (§ 22). Zugleich folgt hieraus, dass der Winkel

$$q = u2\pi,$$

und da der Endpunct B des Bogens mit dem Anfangspuncte A zusammenfällt, dass die Sehne b gleich 0 ist. Ebenso ist der Winkel

$$\mathfrak{q} = v2\pi,$$

weil der überrollte Bogen $\mathfrak{A}\mathfrak{B}$ aus dem v-fachen Umringe der Basis $\mathfrak{U}$ besteht.

Um zu zeigen, dass auch der Schwerpunct S_1 des Bogens AB, welcher von der Krümmung der Basis $\mathfrak{A}\mathfrak{B}$ abhängt, in denselben Mittelpunct fällt, denke man die Curven $\mathfrak{B}$ und $\mathfrak{U}$ von den Anfangspuncten A und $\mathfrak{A}$ aus beziehlich in v und u gleiche Theile getheilt, so sind diese Theile alle von gleicher Länge. Die Theile von $\mathfrak{B}$ mögen nach der Reihe, von A anfangend, durch $\mathfrak{B}_1$, $\mathfrak{B}_2$, $\mathfrak{B}_3$, ... $\mathfrak{B}_v$ bezeichnet werden. Sie stehen einander paarweise gegenüber und sind congruent — weil $\mathfrak{B}$ einen Mittelpunct hat und v gleich $2n$ eine gerade Zahl ist — so dass also

$$\mathfrak{B}_1 = \mathfrak{B}_{n+1}, \quad \mathfrak{B}_2 = \mathfrak{B}_{n+2}, \quad ... \quad \mathfrak{B}_n = \mathfrak{B}_{2n},$$

und dass ferner irgend ein Punct X_1 in $\mathfrak{B}_1$ und der homologe Punct X_{n+1} in $\mathfrak{B}_{n+1}$ allemal die Endpuncte eines Durchmessers der Curve $\mathfrak{B}$ sind, also ihr Mittelpunct in der Mitte der Geraden X_1X_{n+1} liegt. Heissen die Theile der Basis $\mathfrak{U}$, von $\mathfrak{A}$ aus nach entsprechender Richtung genommen,

$\mathfrak{U}_1$, $\mathfrak{U}_2$, $\mathfrak{U}_3$, ... $\mathfrak{U}_u$. Jeder dieser Theile wird je einmal von jedem der v Umfangstheile der $\mathfrak{B}$ — während diese v Umläufe um $\mathfrak{U}$ macht — überrollt, wovon man sich durch blosses Abzählen leicht überzeugt. In irgend einem Theile von $\mathfrak{U}$, etwa in $\mathfrak{U}_x$, fixire man einen beliebigen Punct $\mathfrak{X}$, so kommt derselbe mit solchen v Puncten X_1, X_2, X_3, ... X_{2n} der rollenden Curve $\mathfrak{B}$ in Berührung, welche auf ihre v Umfangstheile $\mathfrak{B}_1$, $\mathfrak{B}_2$, ... $\mathfrak{B}_{2n}$ so vertheilt werden, dass sie die Endpuncte von n Durchmessern der $\mathfrak{B}$ sind. Daher haben die Gewichte, welche je einem System von solchen v Puncten X_1, X_2, ... X_{2n} vermöge der Krümmung der Basis $\mathfrak{U}$ im Puncte $\mathfrak{X}$ zukommen, allemal den Mittelpunct der Curve $\mathfrak{B}$ zum Schwerpunct; und folglich muss auch der gemeinschaftliche Schwerpunct aller Systeme, d. i. S_1, in diesen Mittelpunct fallen.

Wenn aber S und S_1 zusammenfallen, so vereinigt sich auch $\mathfrak{S}$ mit ihnen; und da ferner die Sehne b gleich 0 ist, so liegt auch R im nämlichen Puncte, so dass also die vier Puncte S, S_1, $\mathfrak{S}$ und R alle mit dem Mittelpuncte der rollenden Curve $\mathfrak{B}$ zusammenfallen.

Werden die oben angezeigten Werthe für die Winkel q und $\mathfrak{q}$ in die Formel (126) eingesetzt, so hat man für den gegenwärtigen Fall

$$(159) \qquad W = w + (v+u)\pi r^2,$$

das heisst:

„Wird in einer beliebigen Kreislinie, welche mit der rollenden Curve $\mathfrak{B}$ denselben Mittelpunct R hat, irgend ein Punct P angenommen, so ist die von ihm beschriebene Figur W allemal gerade um die $(v+u)$-fache Kreisfläche grösser als die vom Mittelpuncte R beschriebene Figur w.“

In Rücksicht der obigen Bedingungen (IV) kann man verschiedene Modificationen eintreten lassen, wobei dann analoge Resultate stattfinden, wie z. B.

1) „Wenn $\mathfrak{B}$ insbesondere ein Kreis, dagegen die Zahl v beliebig — gerade oder ungerade — nur nicht gleich 1*) und wenn immerhin v und u relative Primzahlen sind, so findet der Satz gleicherweise statt.“

Denn wenn auch v ungerade ist, so haben doch die Puncte X_1, X_2, X_3, ... X_v, da sie nothwendig den Umfang des Kreises $\mathfrak{B}$ in v gleiche Theile theilen, immerhin dessen Mittelpunct zum Schwerpunct.

Für diesen Fall hat man, wenn der Radius des Kreises gleich a gesetzt wird, nach den Gl. (150) und (159)

$$(160) \qquad w = (2v+u)\pi a^2,$$

---

*) Diese Bedingung wurde durch ein Versehen bei der ersten Mittheilung des Satzes (in *Crelle*'s Journal Bd. XVIII. S. 278, cf. Bd. II. S. 65 dieser Ausgabe) nicht ganz richtig angegeben.

und

$$(161)\qquad W = (2v+u)\pi a^2 + (v+u)\pi r^2,$$

und für den speciellen Fall, wo P in der Kreislinie $\mathfrak{B}$ selbst liegt,

$$(162)\qquad W = (3v+2u)\pi a^2.$$

In Hinsicht dieser Formeln, sowie in Bezug auf Gl. (159), ist zu bemerken: „dass die nähere Form der Basis $\mathfrak{U}$, wofern nur ihr Umfang den geforderten Bedingungen genügt, auf den Inhalt der Figuren W und w keinen Einfluss hat.“ Ebenso verhält es sich bei einigen früheren Formeln.

2) „Wenn $\mathfrak{B}$ beschaffen ist wie anfangs (IV), dagegen $\mathfrak{U}$ auch einen Mittelpunct hat, und wenn die Zahlen v und u beide ungerade — aber immerhin relative Primzahlen — sind, so findet der Satz sammt der Formel (159) gleicherweise statt.“

Denn wenn $\mathfrak{U}$ einen Mittelpunct hat, so hat sie in den Endpuncten $\mathfrak{X}$, $\mathfrak{Y}$ jedes Durchmessers gleiche Krümmung; zwei solche Puncte aber treffen mit zwei Reihen Puncten auf $\mathfrak{B}$ zusammen, etwa mit $X_1, X_2, \ldots X_v$ und $Y_1, Y_2, \ldots Y_v$, welche paarweise die Endpuncte von Durchmessern der $\mathfrak{B}$ sind, nämlich so gepaart, dass je ein Punct X mit irgend einem Puncte Y zusammengehört (weil v und u ungerade sind); daher muss der Schwerpunct dieser zwei Reihen Puncte, wenn sie — vermöge der Krümmungen in $\mathfrak{X}$ und $\mathfrak{Y}$ — gleiche Gewichte haben, in den Mittelpunct der Curve $\mathfrak{B}$ fallen; woraus folgt, dass auch der Schwerpunct S_1 in denselben Mittelpunct fällt.

Dieser Satz findet auch statt, wenn insbesondere

$$v = u = 1.$$

§ 36.

Zum Schlusse füge ich noch folgende Bemerkungen hinzu:

1) Wenn insbesondere die beiden Curven $\mathfrak{B}$ und $\mathfrak{U}$ einander gleich sind (congruent), und wenn sie einander — während $\mathfrak{B}$ auf $\mathfrak{U}$ rollt — stets in homologen Puncten berühren, so ist die von irgend einem mit $\mathfrak{B}$ verbundenen Puncte P beschriebene Curve W allemal der dem homologen Puncte $\mathfrak{P}$ in Bezug auf die Basis $\mathfrak{U}$ entsprechenden Fusspuncten-Curve V ähnlich, und zwar haben dieselben den festen Punct $\mathfrak{P}$ zum (äusseren) Aehnlichkeitspunct und ihre entsprechenden Dimensionen verhalten sich, wie 2 : 1. Denn die gemeinschaftliche Tangente der Curven $\mathfrak{B}$ und $\mathfrak{U}$ in ihrem Berührungspuncte ($A\mathfrak{A}$) geht offenbar in jedem Augenblicke durch die Mitte der Geraden $\mathfrak{P}P$ und steht auf ihr senkrecht, woraus das Behauptete folgt.

Zugleich folgt hieraus, dass die Curve W selbst als Fusspuncten-Curve angesehen werden kann, nämlich des Punctes $\mathfrak{P}$ in Bezug auf eine Curve $\mathfrak{U}_1$, welche der Curve $\mathfrak{U}$ ähnlich, mit ihr $\mathfrak{P}$ zum Aehnlichkeitspunct und zudem doppelt so grosse Dimensionen als diese hat. So z. B. sind also die sämmtlichen Fusspuncten-Curven in Bezug auf einen gegebenen Kreis nichts anderes, als die verschiedenen Epicykloiden, welche entstehen, wenn der rollende Kreis der Basis gleich, und wenn ihr Durchmesser dem Radius jenes Kreises gleich ist. Gleiche Folgerungen ergeben sich für die übrigen Kegelschnitte; woraus verschiedene Sätze hervorgehen, deren nähere Angabe hier übergangen wird*).

Ueberhaupt finden also hier für die Figuren W die nämlichen Gesetze statt, wie oben für die Fusspuncten-Figuren V (Anm. § 35, I, 1 und § 21); denn immer fällt der Punct S_1 — und somit auch $\mathfrak{S}$ — mit dem Krümmungs-Schwerpuncte S zusammen, und der nämliche Punct R, welchem die kleinste Fusspuncten-Figur v entspricht, beschreibt auch die kleinste Figur w.

2) Ist AB Bogen eines Kreises $\mathfrak{B}$, dessen Radius gleich a, und $\mathfrak{AB}$ eine beliebige, stetig convexe Curve, auf deren convexen Seite AB rollt; sind ferner $P_1, P_2, P_3, \ldots P_n$ irgend ein System von n Puncten in der Ebene des Kreises, die dessen Mittelpunct Q zum Schwerpuncte haben und von ihm beziehlich um $r_1, r_2, r_3, \ldots r_n$ abstehen, wird

$$r_1^2+r_2^2+r_3^2+\cdots+r_n^2 = s^2$$

gesetzt, und ebenso die Summe der von den n Puncten beschriebenen Figuren $W_1, W_2, \ldots W_n$ durch S, so wie die Summe der n excentrischen Kreissectoren $P_1AB, P_2AB, \ldots P_nAB$ durch $\mathfrak{S}$ bezeichnet, so hat man

$$(163) \qquad S = \mathfrak{S}+\tfrac{1}{2}n(q+\mathfrak{q})a^2+\tfrac{1}{2}(q+\mathfrak{q})s^2.$$

Liegen die n Puncte $P_1, P_2, \ldots$ in einer mit $\mathfrak{B}$ concentrischen Kreislinie, deren Radius gleich r, so ist

$$(164) \qquad S = \mathfrak{S}+\tfrac{1}{2}n(q+\mathfrak{q})(a^2+r^2).$$

Ist die Curve $\mathfrak{AB}$ oder $\mathfrak{U}$ geschlossen, verhalten sich die Umfänge von $\mathfrak{B}$ und $\mathfrak{U}$ wie zwei relative Primzahlen v und u, und rollt $\mathfrak{B}$ gerade v-mal um $\mathfrak{U}$ herum, wo dann die n Puncte in ihre anfängliche Lage zurückkehren und

$$q = u2\pi, \quad \mathfrak{q} = v2\pi$$

wird, so ist jeder Sector gleich $u\pi a^2$ und die Gleichungen (163) und (164)

---

*) Einige von diesen Sätzen befinden sich in *Klügel's Math. Wörterb.* Art. Epicykloide, wo es aber (Bd. II. S. 128) statt: der „Durchmesser" der von den Brennpuncten beschriebenen Kreise sei gleich der Hauptaxe der Ellipse oder Hyperbel; heissen muss: der „Radius" etc.

gehen über in

(165) $$S = nu\pi a^2 + n(u+v)\pi a^2 + (u+v)\pi s^2,$$

und

(166) $$S = n(2u+v)\pi a^2 + n(u+v)\pi r^2.$$

Haben 𝔙 und 𝔘 gleichen Umfang, so dass

$$v = u = 1,$$

so ist beziehlich

(167) $$S = 3n\pi a^2 + 2\pi s^2,$$

und

(168) $$S = 3n\pi a^2 + 2n\pi r^2,$$

und wenn r gleich a, also die n Puncte in der Kreislinie 𝔙 selbst liegen, so ist

(169) $$S = 5n\pi a^2.$$

Hat die Basis 𝔘 einen Mittelpunct, so haben die Figuren $W_1, W_2, \ldots W_n$ in jedem der zwei letzteren Fälle (168) und (169), unter sich gleichen Inhalt, so dass also für jede einzeln, beziehlich

(170) $$W = 3\pi a^2 + 2\pi r^2,$$

und

(171) $$W = 5\pi a^2.$$

Wie man sieht, sind auch die vorstehenden Formeln von der speciellen Natur der Basis 𝔘 (ihrer Gleichung etc.) unabhängig (s. § 35, IV, 1).

Mehrere von den in dieser Abhandlung vorgetragenen Sätzen habe ich bereits früher in *Crelle*'s Journal Bd. XVIII. (cf. Bd. II. S. 63—74 dieser Ausgabe) zu beweisen vorgelegt.

Crelle's Journal Band XXI. S. 33—63 und 101—133.

(Auszug aus einer am 5. April 1838 in der Akademie der Wissenschaften zu Berlin gehaltenen Vorlesung.)

13

Ueber einige allgemeine Eigenschaften der Curven von doppelter Krümmung.

(Bericht über eine am 25. April 1839 in der Akademie der Wissenschaften zu Berlin gelesene Abhandlung.)

Zuerst wird die charakteristische Eigenschaft der kürzesten Linie auf irgend einer krummen Fläche auf elementare Weise bewiesen; sodann wendet sich die Betrachtung zu dem berühmten *Gauss*ischen Satze über das Dreieck, welches auf einer solchen Fläche durch drei jener Linien gebildet wird. Den Beweis dieses Satzes hat *Jacobi* (im *Crelle*'schen Journal Bd. XVI) bereits bedeutend vereinfacht und ihn auf ein anderes Theorem zurückgeführt, was der geometrischen Betrachtung anheimfällt. Hier wird eine noch weitere Vereinfachung gegeben, wodurch die Beweisgründe aus einer fast unmittelbaren geometrischen Anschauung hervorgehen. Ferner ergeben sich bei dieser Untersuchung zugleich einige Eigenschaften der Curven von doppelter Krümmung. Es sei nämlich C irgend eine solche Curve. Die Normalebenen längs derselben berühren bekanntlich eine abwickelbare krumme Fläche F, die vom Verfasser „Evolutfläche" der Curve C genannt wird; auch berühren jene Ebenen zugleich die Knotenlinie (arête de rebroussement) K der Fläche F, sowie die Durchschnitte der unmittelbar auf einander folgenden Ebenen die Tangenten der Curve K, oder das System von Geraden sind, welche die Fläche F enthält. Die Knotenlinie K ist der Ort der Mittelpuncte aller Schmiegungskugeln der Curve C; letztere hat eine unendliche Menge von Evoluten, sie liegen sämmtlich auf der Fläche F, sind kürzeste Linien auf dieser, jede ist Knotenlinie einer abwickelbaren Fläche und von diesen Flächen schneiden sich je zwei längs der Curve C überall unter demselben bestimmten Winkel. Die Krümmungsmittelpuncte der Curve C liegen in einer bestimmten Curve M auf der Fläche F; sie ist eine kürzeste Linie für die letztere. Rollt eine Ebene E, ohne zu gleiten, als Tangentialebene auf der Fläche F (also eine der vorgenannten Normalebenen), so wird sie stets im nämlichen Puncte P von der Curve C geschnitten, oder so beschreibt ein bestimmter Punct P derselben die Curve C. Auf diese Weise beschreibt jeder Punct der rollenden Ebene E irgend eine Curve C von doppelter Krümmung, und diese Schaar von Curven haben die nämliche Evolutfläche F gemein; dagegen sind die Curven ihrer Krümmungsmittelpuncte (M), so wie ihre Evoluten verschieden. Wird umgekehrt die Ebene E als fest angenommen, und lässt man die Evolutfläche F darauf rollen, wodurch diese auf der Ebene abgewickelt wird, so geht wiederum die Curve C stets durch den nämlichen Punct P der Ebene, so dass man sagen kann, sie reducire sich auf diesen Punct. Dagegen wird die Knotenlinie K in eine andere Curve K_1 umgebogen, die ihr an Länge gleich und in den correspondirenden Puncten mit ihr gleiche Krümmungshalbmesser hat. Die verschiedenen Evoluten der Curve C wickeln sich auf der festen Ebene in gerade Linien ab, welche sämmtlich durch den Punct P gehen. Die Curve der Krümmungsmittelpuncte M drückt sich mit unveränderter Länge in einer anderen bestimmten Curve M_1 auf der festen Ebene ab, und zwar ist diese Curve der Ort der Fusspuncte der aus dem Puncte P auf die Tangenten der Curve K_1 gefällten Perpendikel. Diese Perpendikel selbst sind den ihnen correspondirenden Krümmungsradien der Curve C gleich, sowie die Strahlen, die den Punct P mit den Berührungspuncten der Tangenten verbinden, den Radien der entsprechenden Schmiegungskugeln gleich sind. Ferner ist der Flächenraum zwischen der Curve K_1 und der Fusspuncten-Curve M_1 gleich dem entsprechenden Theile der Evolutfläche F zwischen ihrer Knotenlinie K und der Curve der Krümmungsmittelpuncte M; u. s. w. Die Relationen zwischen den verschiedenen Grössen: dem Krümmungshalbmesser der Curve C, dem Radius der Schmiegungskugel, dem Winkel, den beide mit einander bilden, den Bogenelementen der Curven C und K, welche *Jacobi* im XIV. Bande des *Crelle*'schen Journals in besonders symmetrischer Form ausgedrückt hat, lassen sich hiernach auch von ebenen Curven ableiten, nämlich sie sind Eigenschaften der Curve K_1 und der Fusspuncten-Curve M_1. Ebenso sind umgekehrt die Sätze über die Fusspuncten-Curven, welche vom Verfasser in einer im vorigen Jahre gelesenen Abhandlung*) bewiesen worden, unmittelbar auf Curven von doppelter Krümmung zu übertragen; so namentlich der Satz über diejenige Fusspuncten-Curve, deren Inhalt ein Minimum ist.

Die angedeuteten Sätze haben auch eigenthümliches Interesse in dem besonderen Falle, wo die Evolutfläche F irgend eine Kegelfläche, und somit C eine sphärische Curve ist. Die Curve M_1 ist alsdann immer ein Kreisbogen, dessen Radius gerade halb so gross als der Radius der Kugelfläche

---

*) Cf. Bd. II. Seite 97—157 dieser Ausgabe.

ist, auf welcher C liegt. Ein anderer besonderer Fall ist derjenige, wo überhaupt der Radius der Schmiegungskugel der Curve C constant ist. Die beiden Curven C und K haben dann eine bestimmte Reciprocität, jede ist der Ort der Mittelpuncte der Schmiegungskugeln der anderen, sowie zugleich der Ort der Krümmungsmittelpuncte, so dass also auch der Krümmungshalbmesser für beide constant und zwar dem Radius der Schmiegungskugel gleich ist. Wird in diesem Falle die Evolutfläche F der einen oder anderen Curve auf einer Ebene E abgewickelt, so wird K_1 ein Kreis, dessen Mittelpunct P und dessen Radius jenem constanten Radius gleich ist. Wenn insbesondere die eine Curve eine Schraubenlinie, cylindrische Spirale, so ist die andere von gleicher Art; die Cylinder, in denen sie liegen, haben dieselbe Axe; die Summe der Steigungswinkel beider Spiralen ist gleich einem Rechten; wenn also der eine Winkel gleich 45^0, so ist der andere ihm gleich, und es liegen dann die Spiralen im nämlichen Cylinder, sind symmetrisch gleich, d. h. die eine rechts die andere links um den Cylinder gewunden. Hierauf gründet sich die einfache und strenge Lösung eines in der Technik (bei der Tuchscheermaschine) vorkommenden Problems.

Noch bemerkt der Verfasser beiläufig, dass er bei gelegentlichen Untersuchungen über die Curve vom kürzesten Perimeter zu einem neuen und sehr allgemeinen Satze gelangt ist, nämlich: „Wenn auf irgend einer krummen Oberfläche ein von beliebigen Curvenbogen begrenztes Vieleck gegeben ist, und wenn in dasselbe eine andere Figur von gegebenem Umfange so beschrieben werden soll, dass ihre Grenzlinie an jede Seite jenes Vielecks anstösst, aber über keine hinausreicht, jedoch Strecken mit denselben gemein haben darf, und dass ihr Inhalt ein Maximum sei, so besteht ihre charakteristische Eigenschaft darin, dass 1) sämmtliche Theile ihres Umfanges, die nicht auf die Seiten jenes Vielecks fallen, mit der Curve vom kürzesten Perimeter von gleicher Beschaffenheit sind, so dass, wenn man längs eines solchen Theiles an die gegebene Fläche die berührende abwickelbare Fläche legt, und diese sodann abwickelt, jener Theil in einen Kreisbogen übergeht; dass ferner 2) alle diese Kreisbogen gleiche Radien haben; und dass endlich 3) jede der genannten Vielecksseiten, für sich betrachtet, von den beiden an sie anstossenden Theilen unter gleichen Winkeln geschnitten, oder insbesondere von beiden berührt wird."

Monatsbericht der Akademie der Wissenschaften zu Berlin, 1839, S. 76—80.

14

Ueber ein einfaches Princip zum Quadriren verschiedener Curven.

(Bericht über eine am **17.** Februar 1840 in der Akademie der Wissenschaften zu Berlin gelesene Abhandlung.)

Durch elementare Betrachtung gelangt man leicht zur Quadratur vieler Curven, ohne die Gleichung der letzteren zu kennen, sondern wenn nur gewisse geometrische Bedingungen gegeben sind, durch welche dieselben bestimmt oder erzeugt werden. Das Princip dieser Quadratur beruht auf folgenden Sätzen:

1) „Bewegen sich in der Ebene ein veränderlicher Strahl a um seinen festen Endpunct und eine veränderliche Tangente b längs einer festen, stetig convexen Curve mit gleicher Winkelgeschwindigkeit und unter der Bedingung, dass in jedem Augenblicke

$$a = b,$$

so sind die von a und b beschriebenen Flächenräume jedesmal von gleicher Grösse.“

2) „Bewegen sich drei veränderliche Strahlen a, b, c in einer Ebene um ihre festen Endpuncte mit gleicher Winkelgeschwindigkeit und unter der Bedingung, dass stets

$$c^2 = a^2 + b^2$$

so ist der Inhalt der von dem Strahle c beschriebenen Figur (Sector) gleich der Summe der von a und b beschriebenen Flächenräume.“

Aus diesen Sätzen folgt leicht ein zusammengesetzterer Satz, nämlich: „Bewegen sich beliebig viele veränderliche Strahlen a_1, a_2, a_3, ... um ihre festen Endpuncte und beliebig viele veränderliche Tangenten b_1, b_2, b_3, ... längs festen stetig convexen Curven, alle mit gleicher Winkelgeschwindigkeit, und findet in jedem Augenblicke zwischen den Quadraten der Strahlen und Tangenten irgend eine constante Relation statt, wobei jedoch die Quadrate nur durch Addition und Subtraction mit einander verbunden sein dürfen, so findet die nämliche Relation auch für die von den Strahlen und Tangenten beschriebenen Flächenräume statt."

Sind die einzelnen Quadrate der Strahlen und Tangenten mit gegebenen Coefficienten multiplicirt, so muss man auch die respectiven Flächenräume mit den letzteren multipliciren.

Es zeigt sich, dass unendlich viele Curven durch geometrische Bedingungen bestimmt und durch die angeführten Sätze unmittelbar quadrirt werden können, ohne dass man nöthig hat, vorerst ihre Gleichung aufzusuchen. Insbesondere gehören dahin, als einfachste Beispiele, die verschiedenen Fusspunct-Curven in Bezug auf die Kegelschnitte, welche bei der Ellipse und Hyperbel vom vierten, bei der Parabel aber nur vom dritten Grade sind. Ferner die sogenannten Tractorien oder Zuglinien; u. s. w. Auch viele in des Verfassers Abhandlung*) vom 5. April 1838 enthaltene Sätze lassen sich aus dem gegenwärtigen Principe herleiten.

---

*) Ueber den Krümmungs-Schwerpunct ebener Curven. Cf. Bd. II, S. 97—159 dieser Ausgabe.

Monatsbericht der Akademie der Wissenschaften zu Berlin, 1840, S. 46, 47.

15

Ueber parallele Flächen.

(Bericht über eine am 14. Mai 1840 in der Akademie der Wissenschaften zu Berlin gelesene Abhandlung.)

Unter parallelen ebenen Curven versteht man bekanntlich solche, die überall gleichweit von einander abstehen, oder die gemeinschaftliche Normalen haben, oder die Evolventen einer und derselben Curve sind. *Leibniz* scheint zuerst solche Curven angedeutet zu haben; *Kästner* und *de Prasse* haben sich später mit ihrer Betrachtung beschäftigt. In neuerer Zeit hat *Crelle* zwei wesentliche Sätze über dieselben aufgestellt und bewiesen (Annales de Mathém.). Zu diesen zwei Sätzen kann man auch auf elementarem Wege gelangen. Rollt ein constanter Kreis, dessen Radius gleich h, auf einer gegebenen Curve A, so beschreibt sein Mittelpunct eine mit A parallele Curve B. Wird nun anfänglich die Curve A als Vieleck angenommen, so ergeben sich die genannten zwei Eigenschaften unmittelbar. Nämlich es zeigt sich, dass B gleich $A \pm h\varphi$, wo φ der Winkel zwischen den gemeinschaftlichen Normalen in den Endpuncten der Bogen A, B (oder die Totalkrümmung des Bogens A) ist; und dass der von beiden Bogen und jenen Normalen eingeschlossene Flächenraum gleich $\frac{1}{2}h(A+B)$ ist. Der letzte Satz wurde bereits in der Abhandlung vom 5. April 1838*) auf diese Art bewiesen.

Bei Curven von doppelter Krümmung kann der Parallelismus durch constanten Abstand im engeren oder weiteren Sinne bestimmt werden: entweder durch gerade oder bestimmte krumme Linien. Durch die gegebene Curve A (von doppelter Krümmung) denke man irgend eine krumme Fläche F und auf dieser alle kürzesten Linien, die zu A rechtwinklig sind, schneide von denselben (auf einerlei Seite von A) gleich lange Stücke gleich h ab, so liegen die Endpuncte in einer Curve B, die auf den nämlichen kürzesten Linien rechtwinklig ist, und welche der Curve A parallel heisst (*Gauss Disqu. gen. cir. supf. curv.*). Ist nun die Fläche F geradlinig (d. h. durch Bewegung einer Geraden erzeugt), und ist A zu den

*) Cf. Bd. II. S. 97—159 dieser Ausgabe.

Geraden rechtwinklig, so sind diese das vorgenannte System von kürzesten Linien, auf denen man die constante Strecke h abzutragen hat, um die mit A parallele Curve B zu erhalten. Und ist ferner die Fläche F insbesondere eine abwickelbare, so ist ihre Knotenlinie eine gemeinsame Evolute der parallelen Curven A und B, und in diesem Falle allein haben letztere die Eigenschaft, dass auch ihre Tangenten in entsprechenden Puncten parallel sind. Für beliebige parallele Curven A und B auf einer abwickelbaren Fläche F findet der obige zweite Satz auf analoge Weise statt, was sogleich folgt, wenn die Fläche auf einer Ebene abgewickelt wird. — Parallele sphärische Curven A, B haben die besondere Eigenschaft, dass sie zugleich in einer abwickelbaren Fläche F liegen und zu ihrem System von Geraden normal sind, so dass also sowohl ihr sphärischer Abstand h, als auch ihr geradliniger Abstand g, constant ist; jener (h) ist ein Bogen des Hauptkreises (kürzeste Linie auf der Kugel) und dieser (g) die zugehörige Sehne. Die Differenz der Curvenbogen A und B lässt sich hier auf zwei verschiedene Arten angeben, den beiden Flächen gemäss, in denen sie liegen. Noch leichter sind die Räume zu finden, welche die Bogen A und B mit ihren Grenznormalen auf beiden Flächen begrenzen; dieselben sind von einander abhängig, nämlich es verhält sich der sphärische Raum zum Raume auf der geradlinigen Fläche F, wie g zu $\sin h$.

Zur Bestimmung paralleler, krummer Flächen kann derselbe Begriff dienen, wie bei Curven. Zwei Flächen A und B sollen parallel heissen, wenn sie gemeinschaftliche Normalen haben, oder wenn sie überall gleich weit von einander abstehen, etc. Dann folgt umgekehrt: werden von den Normalen der Fläche A auf einerlei Seite derselben gleiche Stücke, gleich h, abgeschnitten, so liegen die Endpuncte in einer mit A parallelen Fläche B; oder: rollt eine constante Kugel, deren Radius gleich h, auf der gegebenen Fläche A, so beschreibt ihr Mittelpunct M eine mit A parallele Fläche B. Aus dieser Entstehungsart paralleler Flächen A, B ergeben sich leicht Ausdrücke für ihre Differenz, so wie für den zwischen ihnen liegenden Körperraum. Man denke sich für einen Augenblick die gegebene Fläche A polyedrisch und lasse die Kugel M auf ihrer convexen Seite rollen, so sieht man, dass die Fläche B, sowie der zwischen beiden Flächen enthaltene Raum, aus folgenden Theilen bestehen:

α) Während die Kugel auf der nämlichen Seitenfläche a von A rollt, beschreibt ihr Mittelpunct ein der a gleiches ebenes Vieleck a_1 in der Fläche B, und der zwischen den Flächentheilen a und a_1 befindliche Körperraum ist ein senkrechtes Prisma, dessen Inhalt gleich ha. Die Summe aller solcher Vielecke a_1 ist gleich A und die Summe aller Prismen gleich hA.

β) So lange die Kugel eine und dieselbe Kante γ von A berührt, beschreibt ihr Mittelpunct M ein Stück γ_1 von B, welches einer geraden

Cylinderfläche angehört, die γ zur Axe und h zum Radius hat, und der zwischen γ und γ_1 befindliche Körperraum ist ein Ausschnitt c des Cylinders. Heisst der an der Kante γ liegende Nebenflächenwinkel φ, so ist

$$\gamma_1 = \gamma h\varphi \quad \text{und} \quad c = \tfrac{1}{2}\gamma h^2\varphi.$$

Wird die Summe aller solchen Flächenstücke γ_1 durch K und die Summe aller Cylinderausschnitte c durch C bezeichnet, so ist

$$K = h\Sigma(\gamma\varphi) \quad \text{und} \quad C = \tfrac{1}{2}hK = \tfrac{1}{2}h^2\Sigma(\gamma\varphi).$$

γ) So lange die Kugel die nämliche Ecke ε der polyedrischen Fläche A berührt, beschreibt ihr Mittelpunct ein sphärisches Vieleck ε_1 in der Fläche B, das ebenso viele Seiten hat, als die Ecke ε Kanten, welche Seiten die an diesen Kanten liegenden Nebenflächenwinkel messen. Der zwischen der Ecke ε und dem Vielecke ε_1 liegende Raum ist eine sogenannte Kugelpyramide p, deren Inhalt gleich $\frac{1}{3}h\varepsilon_1$. Die Summe aller sphärischen Vielecke ε_1 heisse E und die Summe der Pyramiden p sei P, so ist

$$E = \Sigma\varepsilon_1 \quad \text{und} \quad P = \tfrac{1}{3}h\Sigma\varepsilon_1 = \tfrac{1}{3}hE.$$

Hiernach hat man für die Fläche B und für den zwischen beiden Flächen A und B liegenden Körperraum I folgende Ausdrücke:

$$(1) \qquad B = A + h\Sigma(\gamma\varphi) + \Sigma\varepsilon_1 = A + K + E,$$

$$(2) \qquad I = hA + \tfrac{1}{2}h^2\Sigma(\gamma\varphi) + \tfrac{1}{3}h\Sigma\varepsilon_1 = hA + \tfrac{1}{2}hK + \tfrac{1}{3}hE;$$

oder, wird irgend eine bestimmte Länge des willkürlichen Abstandes h zur Einheit angenommen, gleich **1** gesetzt, und werden für diesen Fall die Grössen K und E durch k und e bezeichnet, wo dann für jeden anderen Fall K gleich hk und E gleich h^2e ist, so hat man:

$$(3) \qquad B = A + hk + h^2e,$$

$$(4) \qquad I = hA + \tfrac{1}{2}h^2k + \tfrac{1}{3}h^3e = \tfrac{1}{2}h(A + B - \tfrac{1}{3}h^2e).$$

Die Constante k ist eine Längen-Grösse, nämlich

$$k = \Sigma(\gamma\varphi),$$

d. h. gleich der Summe der Produkte aus den Kanten des Polyeders A in die anliegenden Nebenflächenwinkel, diese in Zahlen ausgedrückt; wogegen e gleich $\Sigma\varepsilon_1$ eine Zahl ist, nämlich die Summe der Zahlenwerthe der den Ecken ε des Polyeders A entsprechenden Polar-Körperwinkel. Da die Grössen k und e bloss von den Krümmungen der Fläche A abhängen, so mögen sie die Krümmungs-Summen derselben heissen, und zwar „k die Summe der Kanten-Krümmung“ und „e die Summe der Ecken-Krümmung“.

Die obigen Formeln bleiben offenbar bestehen, wenn die polyedrische Fläche A in eine krumme Fläche übergeht. In diesem Falle gelangt man aber zu neuen Ausdrücken für die Grössen B und I, so wie für k und e.

In irgend einem Puncte der gegebenen Fläche A seien die Hauptkrümmungsradien r und r_1; das Flächenelement sei a. Im correspondirenden

Puncte der mit A parallelen Fläche B heisse das Flächenelement b, so ist

$$(5)\qquad b = a\left(1+\frac{h}{r}\right)\left(1+\frac{h}{r_1}\right) = a+h\left(\frac{a}{r}+\frac{a}{r_1}\right)+h^2\frac{a}{rr_1}.$$

Für die Summe aller Elemente b, oder für die Fläche B, hat man demnach

$$(6)\qquad B = A+h\Sigma\left(\frac{a}{r}+\frac{a}{r_1}\right)+h^2\Sigma\frac{a}{rr_1},$$

und für den Körperraum I:

$$(7)\qquad I = hA+\tfrac{1}{2}h^2\Sigma\left(\frac{a}{r}+\frac{a}{r_1}\right)+\tfrac{1}{3}h^3\Sigma\frac{a}{rr_1}.$$

Aus den Formeln (3) und (6) folgt:

$$(8)\qquad k = \Sigma\left(\frac{a}{r}+\frac{a}{r_1}\right)$$

und

$$(9)\qquad e = \Sigma\frac{a}{rr_1},$$

woraus erkannt wird, welche Bedeutung die Grössen $\Sigma\left(\frac{a}{r}+\frac{a}{r_1}\right)$ und $\Sigma\frac{a}{rr_1}$ bei der krummen Fläche A haben. Sie sind zusammen die „Totalkrümmung" der Fläche A. *Gauss* giebt diesen Namen dem Ausdrucke $\Sigma\frac{a}{rr_1}$ allein, welcher aber nur die Summe der Eckenkrümmung e repräsentirt.

Die Grösse e lässt sich im Allgemeinen bestimmen, die Grösse k nicht. In einigen besonderen Fällen kann jedoch k auf e zurückgeführt werden, wie z. B., wenn für alle Puncte der Fläche A die Summe der Krümmungsradien $r+r_1$ gleich s constant ist, denn alsdann ist

$$k : e = s : h.$$

Ist insbesondere A eine kleinste Fläche, so sind bekanntlich in jedem Puncte derselben die Krümmungsradien einander gleich und entgegengesetzt, also

$$r = -r_1 \quad\text{und}\quad \frac{a}{r}+\frac{a}{r_1} = 0 \quad (\text{auch } k = 0),$$

und daher

$$(10)\qquad B = A-h^2\Sigma\frac{a}{r^2},$$

d. h. „jede kleinste Fläche A hat die Eigenschaft: 1) dass in jedem Puncte derselben die Kantenkrümmung $\frac{a}{r}+\frac{a}{r_1}$ Null ist; 2) dass sie unter allen mit ihr parallelen Flächen B ein Maximum ist, und dass von diesen Flächen (B) je zwei, welche gleichweit von jener abstehen (auf entgegengesetzten Seiten), gleich gross sind."

Monatsbericht der Akademie der Wissenschaften zu Berlin, 1840, S. 114—118.

Diese und die folgende Abhandlung, welche von *Steiner* der Pariser Akademie vorgelegt waren (*Compt. rend.* XII. 1841, p. 479), erscheinen hier zum erstenmale nach dem deutschen Original-Manuscripte gedruckt. In französischer Uebersetzung ist die erste im *Liouville*'schen Journal (t. VI. p. 105—170) und im *Crelle*'schen Journal (Bd. XXIV. S. 93—162), die zweite bloss in letzterem (Bd. XXIV. S. 189—250) veröffentlicht worden.

16

Ueber Maximum und Minimum bei den Figuren in der Ebene, auf der Kugelfläche und im Raume überhaupt.

Erste Abhandlung.

Die Erforschung der Eigenschaften, durch welche bei geometrischen Figuren ein Maximum oder ein Minimum bedingt wird, bietet ungewöhnliche Schwierigkeiten dar, mit deren Ueberwindung man sich bis dahin noch nicht genug beschäftigt zu haben scheint, oder wenigstens nicht mit genügendem Erfolg. Von den zwei Methoden, welche man bei der Behandlungsweise des Gegenstandes zu unterscheiden pflegt, hat man die eine, die synthetische, sehr vernachlässigt und sie überhaupt als eine unzulängliche hintansetzen zu müssen geglaubt, während man in der anderen, der analytischen, alle Vorzüge zu besitzen wähnte. Allein die allgemeinen Vorschriften, welche die Analysis zu diesem Zwecke giebt, führen in vielen Fällen nicht leicht zum Ziele; ja oft scheinen sie gar nicht geeignet, das eigentliche Wesen oder die wahre Ursache des Maximums und Minimums anzugeben, sowie sie in anderen Fällen nur irgend eine, von der primitiven Ursache mehr oder weniger weit entfernte, jedoch von ihr abhängige Eigenschaft anzeigen, nicht aber diese Ursache selbst. Es schien daher zweckmässig, einen anderen Weg der Betrachtung einzuschlagen, oder vielmehr zu jener verlassenen Methode zurückzukehren, und zwar vor Allem nach den Grundursachen zu forschen, durch welche das Maximum und Minimum auf diesem Felde bedingt wird. Wenn sich nun auch für alle zu betrachtenden Gegenstände nicht ein einziges gemeinsames Grundprincip aufstellen lässt, so giebt es doch verschiedene Fundamental-Eigenschaften, aus deren jeder ein System von innig zusammenhängenden Sätzen folgt. Dabei gelangt man zu vielen Sätzen, deren Beweis ausser diesem Zusammenhange oft grosse Schwierigkeiten darbieten möchte, wie z. B. die Sätze 62 und 65 in der nachfolgenden Abhandlung.

Die Fundamental-Eigenschaften sind gleichsam der Keim, aus welchem die Sätze nebst ihrem Zusammenhange als nothwendige Folgen hervorgehen; diese Abhängigkeit aber dürfte wohl als wichtiger angesehen werden, oder grösseres Interesse gewähren, als die einzelnen Sätze selbst.

Die umfassendsten Arbeiten über elementare Behandlung des Maximums und Minimums in der Geometrie verdankt die Wissenschaft *Lhuilier* *). Er bediente sich bei seinen Forschungen der synthetischen Methode und behauptete, dass dieselbe hierfür die geeignetste sei. Alles, was seine Vorgänger auf diesem Wege geleistet, von den ersten Anfängen der Griechen bis auf die Fortsetzungen durch *R. Simson* und Andere, hat er mit Umsicht zusammengefasst, mit Scharfsinn verbessert und beträchtlich erweitert. Leider haben seine Nachfolger diesen natürlichen Gang verlassen; wohl haben sie sein Werk öfter citirt und einzelne Beispiele daraus entlehnt — aber nicht die darin herrschende Methode befolgt. Anstatt jene natürliche Betrachtungsweise zu vervollkommnen, nahm man lieber zu künstlichen Mitteln, zur Rechnung Zuflucht; ja selbst, wo man geometrisch verfuhr, verschmähte man, die von ihm gegebenen einfachen Beweise mit den Sätzen zugleich aufzunehmen (wie z. B. *Legendre, M. Hirsch* und Andere). Dadurch verschwand aber auch immer mehr die schöne Einfachheit und Eleganz der Beweise, sowie der organische Zusammenhang der Sätze, und die wünschenswerthe Fortentwickelung der ganzen Doctrin gerieth unvermerkt in's Stocken. Verleitet durch den fast mühelosen Mechanismus, womit die Rechnung eine gewisse Klasse von Aufgaben löst, wollten Einige alles diesem bequemen Hülfsmittel überlassen, so dass sie sogar glaubten, von der synthetischen Methode abrathen zu müssen. Allein hierin hat man sich gewiss ebenso sehr geirrt als *Lhuilier,* wenn er behauptet, dass viele Sätze durch Differentialrechnung gar nicht zu beweisen seien. Bei diesen Untersuchungen sind allerdings die Schwierigkeiten sehr gross und mannigfaltig, die unerledigten Fragen zahlreich; aber eben deshalb scheinen mir die beiden Methoden noch nicht berechtigt, einander auszuschliessen, oder sich über einander zu erheben; vielmehr möchten beide, gesondert und vereint, noch lange Zeit vollauf zu thun haben, um des Gegenstandes auch nur einigermassen Herr zu werden; und alsdann erst mag über ihr gegenseitiges Verdienst gerichtet werden.

Denn in der That scheint kein Theil der Geometrie so vielen Schwiekeiten unterworfen zu sein, als eben dieser. Ueberall, wo man umfassend zu Werke gehen will, finden sich neben den leichtesten Aufgaben sogleich solche, welche ganz unerwartet schwer zu behandeln sind. Dazu gesellt sich noch die Eigenthümlichkeit, dass es in vielen Fällen besonders darauf

*) *De relatione mutua capacitatis et terminorum figurarum* etc. Varsaviae 1782 und *Abrégé d'isopérimétrie élémentaire* etc. Genève.

ankommt, auf welche Weise der Satz oder die Aufgabe angefasst wird; denn oft stösst man von der einen Seite her auf unüberwindliche Hindernisse, während von einer anderen Seite durch die trivialsten Mittel das Ziel erreicht wird (wie in der nachfolgenden Abhandlung z. B. der Satz 26 über sphärische Polygone). So wie für einzelne Sätze, verhält es sich in dieser Hinsicht auch mit ganzen Systemen von Sätzen. Für mehrere Betrachtungen glaube ich nun wohl so ziemlich die vortheilhafteste Seite aufgefunden zu haben, indem ich nämlich solche Fundamentalsätze auffand, aus denen sich eine grosse Reihe von Sätzen mit Leichtigkeit und Eleganz entwickeln lässt; allein inmitten einer solchen Reihe bieten sich wieder Fragen dar, deren Beantwortung ganz andere, neue Hülfsmittel erheischt. Besonders gross sind aber die Schwierigkeiten bei den Untersuchungen im Raume (in der Stereometrie); dabei haben die beiden Methoden, in Rücksicht des Vorzugs, sich gegenseitig nicht viel vorzuwerfen; denn hier haben beide bis jetzt noch so wenig geleistet, dass man sich kaum eines eigentlichen Anfangs zu erfreuen hat.

Wenn nun auch die synthetische Methode meines Erachtens zur Erforschung und Begründung jener Fundamentalsätze, sowie zu deren nächsten Entwickelung am geeignetsten ist, so dürfte dagegen bei den sich später einstellenden Fragen die Hülfe der Analysis nicht am unrechten Orte sein, um in passenden Fällen den Gegenstand weiter zu verfolgen. Der letzteren muss durch die Forschungen der ersteren vorerst die richtige Grundlage gegeben werden, auf der sie sodann, ihre Kraft entfaltend, mit Erfolg weiter bauen kann; wie dies überhaupt in der Geometrie meist geschah, ohne dass man es immer eingestand.

Von meinen Versuchen über diesen Gegenstand habe ich bereits mehrere Proben bekannt gemacht*). Die gegenwärtige Abhandlung beschäftigt sich insbesondere mit den Relationen zwischen dem Umfange und Inhalte der Figuren in der Ebene und auf der Kugelfläche; und zwar enthält sie nur die erste von den fünf Entwickelungsarten, nach welchen ich diesen Theil behandelt habe. Diese fünf Beweisarten gelten sämmtlich für die ebenen Figuren; sie unterscheiden sich zwar nur durch den Gang der Betrachtung, welche zum Hauptsatze führt; aber doch bieten sich auf jedem dieser Wege manche Sätze von selbst dar, welche auf den übrigen nur mit Mühe zu beweisen sein dürften. Ausser der Beweisart der gegenwärtigen Abhandlung ist auch die zweite auf die sphärischen Figuren gleichmässig anwendbar; wogegen die Figuren im Raume sich nur nach den drei übrigen Methoden einigermassen analog behandeln lassen.

*) Im *Journal für Mathem.* von *Crelle*, und in den *Schriften der Königl. Akademie der Wissenschaften zu Berlin.* Auch finden sich in den Berichten derselben Akademie einige noch nicht gedruckte Abhandlungen dem Inhalte nach angezeigt. (Cf. Bd. II. S. 28, S. 75 und S. 165 dieser Ausgabe.)

Die erste Beweisart, welche in dieser Abhandlung allein zur Anwendung kommt, besteht darin, dass aus zwei einfachen Fundamentalsätzen zunächst ein gewisser Hauptsatz gefolgert wird, aus welchem sodann die übrigen Sätze sich entwickeln lassen. Denn es zeigt sich dabei, dass zwischen den Figuren, denen ein Maximum oder ein Minimum zukommt, selbst ein eigenthümlicher Zusammenhang stattfindet, nämlich dass sie gewissermassen nur Theile von derjenigen Figur sind, auf welche sich der Hauptsatz bezieht, und dass die Gründe, auf denen dieser beruht, auch alle jene zusammengesetzten anscheinend schwierigeren Sätze bedingen.

Erster Abschnitt.

Von den ebenen und sphärischen Figuren.

Erste Beweisart.

§ 1. Fundamentalsätze für die ebenen Figuren.

1. Hülfssatz. Die Spitzen aller gleichschenkligen Dreiecke über derselben Grundlinie liegen in der Geraden, welche die Grundlinie in ihrer Mitte rechtwinklig durchschneidet. Von je zwei solchen Dreiecken hat dasjenige grösseren Inhalt, welches grösseren Umfang hat, und auch umgekehrt.

2. Hülfssatz. Die Inhalte beliebiger Dreiecke über derselben Grundlinie verhalten sich wie ihre Höhen. Haben die Dreiecke gleichen Inhalt, und liegen sie auf einerlei Seite, so liegen ihre Spitzen in einer mit der Grundlinie parallelen Geraden.

Erster Fundamentalsatz.

3. I. „Unter allen möglichen Dreiecken über derselben Grundlinie und von gleichem Umfange hat das gleichschenklige den grössten Inhalt.“

II. „Von je zwei der genannten Dreiecke hat dasjenige den kleineren Inhalt, welches an der Grundlinie den kleinsten oder grössten Winkel, oder welches den kleinsten oder grössten Schenkel hat; und auch umgekehrt.“

Beweis. I. Von den zwei Dreiecken ACB, ADB (Taf. IX Fig. 1) über der Grundlinie AB sei das erste gleichschenklig, also

$$AC = BC,$$

und nach der Forderung des Satzes sei

$$AC+BC = AD+BD.$$

Da die Flächen der Dreiecke immer ein Stück AEB gemein haben*), so ist der Satz bewiesen, wenn gezeigt wird, dass Dreieck

$$AEC > BED.$$

Da Winkel

$$\alpha = \beta,$$

so ist $\beta > \gamma$, und daher $AE > BE$. Man nehme

$$EF = EB.$$

Wird ED von E aus auf EC abgetragen, sei etwa

$$EG = ED,$$

so muss der Endpunct G nothwendig zwischen E und C fallen. Denn fiele er in C, so wäre

$$ED = EC,$$

und mithin die Dreiecke BED und FEC congruent, daher

$$FC = BD;$$

ferner wäre

$$BC = FD,$$

und folglich müsste, da nach der Voraussetzung

$$AC+BC = AD+BD,$$

$BD+AF$ oder $FC+AF$ gleich AC sein, d. i. die Summe zweier Seiten des Dreiecks AFC gleich der dritten, was unmöglich ist. Noch weniger kann aber der Punct G jenseits C, etwa in H fallen, weil sonst aus gleichen Gründen

$$AF+FH+HC = AC$$

sein müsste, d. h. die gebrochene Linie $AFHC$ gleich der Geraden AC. Demnach kann der Endpunct G nur zwischen E und C fallen. Dann aber ist Dreieck

$$FEG = BED,$$

daher Dreieck $AEC > BED$, und folglich auch das gleichschenklige Dreieck ACB grösser als das ungleichschenklige ADB.

II. Sind ACB und ADB (Taf. IX Fig. 2) zwei beliebige Dreiecke von gleichem Umfange (also das erste nicht nothwendig gleichschenklig, wie vorhin), und wird angenommen, von ihren vier Winkeln an der Grundlinie sei γ der kleinste, also $\gamma < \beta$, so kann ebenso, wie vorhin (I), gezeigt werden, dass Dreieck $ADB < ACB$, d. h. dass das Dreieck mit dem kleinsten Winkel an der Grundlinie kleineren Inhalt hat als das andere.

*) Denn es kann niemals die Spitze des einen Dreiecks innerhalb des anderen liegen (*Euklides*, Buch I. Satz 21).

Dass ferner ebenfalls Dreieck $ADB < ACB$, wenn angenommen wird, es sei entweder δ der grösste Winkel, oder es sei BD der kleinste oder AD der grösste Schenkel, kann, wie folgt, geschlossen werden. Nämlich zunächst folgt, dass diese drei Bedingungen mit der vorigen Annahme, $\gamma < \beta$, zugleich stattfinden. Denn um zu zeigen, dass δ der grösste Winkel, d. h. dass $\delta > \alpha$ sei, wenn $\gamma < \beta$ ist, darf man nur das Dreieck ADB so umwenden, dass es in die Lage von AD_1B kommt, wodurch die Winkel γ, δ die Lage von γ_1, δ_1 erhalten, so dass also

$$\gamma_1 = \gamma \quad \text{und} \quad \delta_1 = \delta$$

ist; denn dabei muss nothwendig die Spitze D_1 jenseits der Seite AC fallen, weil $\beta > \gamma$ und γ gleich γ_1 ist, und dann ist offenbar $\delta_1 > \alpha$ oder $\delta > \alpha$. Um weiter darzuthun, dass BD der kleinste und AD der grösste Schenkel sei, behaupte ich, es könne AD weder gleich noch kleiner als AC, also nur $AD > AC$ und daher $BC > BD$ sein. Denn wäre

$$AD = AC,$$

so würde auch

$$BC = BD,$$

und folglich Dreieck ACB congruent ADB sein. Wäre aber $AD < AC$, so wäre $BD > BC$, und in Hinsicht der Dreiecke ACD und BCD müsste Winkel $ACD < ADC$, und zugleich Winkel $BCD > BDC$ sein, was unmöglich ist. Folglich ist

$$AD > AC \quad \text{und} \quad BD < BC.$$

Nun folgt in gleicher Weise für die Dreiecke ACB und AD_1B, dass $BD_1 > BC$ und $AD_1 < AC$, oder dass also

$$AD > BC \quad \text{und} \quad BD < AC.$$

Demnach ist in der That BD der kleinste und AD der grösste unter allen vier Schenkeln. Nunmehr ergiebt sich leicht durch indirecte Schlüsse, dass umgekehrt jede der drei genannten Bedingungen auch jene erste, $\gamma < \beta$, und dadurch allemal die Behauptung des Satzes: „Dreieck $ADB < ACB$", zur Folge hat, und dass ebenso mit der Annahme: „Dreieck $ADB < ACB$", jene vier Beziehungen zugleich stattfinden.

Der zweite Theil (II) des Satzes umfasst, wie man sieht, den ersten (I), welcher das Maximum ausspricht, als besonderen Fall. Jeder Theil findet in der Folge seine eigenthümliche Anwendung.

4. Von allen Dreiecken über derselben Grundlinie und von gleichem Inhalte hat das gleichschenklige den kleinsten Umfang.

Beweis. Es sei G das gleichschenklige und U irgend ein ungleichschenkliges Dreieck über derselben Grundlinie und von gleichem Inhalte. Ueber der nämlichen Grundlinie denke man sich ein zweites gleichschenkliges Dreieck G_1, mit U von gleichem Umfange, so ist $G_1 > U$ (3) und mithin, da U gleich G ist, auch $G_1 > G$, daher weiter:

$$\text{Umfang } G_1 > \text{Umfang } G \quad (1),$$

und folglich auch

$$\text{Umfang } U > \text{Umfang } G.$$

5. Unter allen Dreiecken von gleichem Umfange hat das gleichseitige den grössten Inhalt. Und umgekehrt: Unter allen Dreiecken von gleichem Inhalte hat das gleichseitige den kleinsten Umfang.

Beweis I. Dasjenige Dreieck, welches bei gegebenem Umfange den möglichst grössten Inhalt haben soll, muss über jeder Seite, als Grundlinie angesehen, gleichschenklig sein (3), daher müssen je zwei Seiten, und folglich alle drei Seiten einander gleich sein.

Wenn auch gegen die Richtigkeit und Strenge dieses Beweises nichts einzuwenden ist, so hat er doch in der Beziehung etwas unbefriedigendes, dass, wenn ein gleichseitiges und ein beliebiges ungleichseitiges Dreieck von gleichem Umfange gegeben sind, durch denselben nicht direct gezeigt werden kann, dass ersteres in der That grösseren Inhalt hat als das andere. Um diesem Mangel abzuhelfen, gab *Lhuilier* einen anderen Beweis, gegründet auf wiederholte Verwandlung des gegebenen ungleichseitigen Dreiecks in gleichschenklige von gleichem Umfange, wodurch man sich durch einen unendlichen Process immer mehr dem gleichseitigen nähert*). Allein auch dieser Beweis gewährt noch nicht die gewünschte Befriedigung. Durch den hier folgenden Beweis suchte ich der Forderung zu genügen.

Beweis II. Es sei ein beliebiges ungleichseitiges Dreieck U gegeben; über der grössten Seite, als Grundlinie, construire man ein gleichschenkliges G von gleichem Umfange, so ist $G > U$ (3). Das Dreieck G sei

---

*) Z. B. es sei irgend ein ungleichseitiges Dreieck U gegeben; man denke sich über seiner Grundlinie ein gleichschenkliges Dreieck G von gleichem Umfange, so ist $G > U$. Der Unterschied zwischen der Grundlinie und einem Schenkel des Dreiecks G sei gleich u; über einem dieser Schenkel, als Grundlinie angesehen, denke man sich ein neues gleichschenkliges Dreieck G_1 von demselben Umfange, so ist $G_1 > G$, und es wird der Unterschied zwischen der Grundlinie und einem Schenkel des Dreiecks G_1 gleich $\frac{1}{2}u$ sein. Fährt man so fort, so erhält man eine Reihe gleichschenkliger Dreiecke $G, G_1, G_2, G_3, \ldots$ von gleichem Umfange, wovon jedes folgende grösser ist als das vorhergehende, und wobei der Unterschied zwischen der Grundlinie und einem Schenkel immer kleiner wird, und zwar bilden diese Unterschiede die abnehmende geometrische Reihe

$$u, \quad \frac{1}{2}u, \quad \frac{1}{4}u, \quad \frac{1}{8}u, \quad \ldots \quad \frac{1}{2^\infty}u.$$

Demnach nähern sich die Dreiecke $G, G_1, G_2, \ldots$ immer mehr dem gleichseitigen, welches als Grenze oder als letztes Glied ihrer Reihe anzusehen, und dessen Inhalt somit ein Maximum ist.

ACB (Taf. IX Fig. 3), so ist also die Grundlinie AB grösser und jeder der beiden Schenkel AC, BC ist kleiner als ein Drittel des Umfanges. Das Stück BD der Grundlinie sei ein Drittel des Umfanges; auf der Verlängerung des anliegenden Schenkels BC nehme man den Punct E so, dass das Dreieck DEB mit ACB gleichen Umfang hat, dass also

$$DE+EC = DA+AC$$

ist (weil BC und BD zu beiden Umfängen gehören)*). Da BC kleiner als ein Drittel des Umfanges, so ist $BD > BC$, daher Winkel $x > y$, mithin Winkel $ADC > ECD$, folglich Dreieck $ECD > ADC$ (3, II), und daher endlich Dreieck

$$DEB > ACB \quad \text{oder} \quad DEB > G.$$

Es sei Dreieck DFB gleichseitig, also mit DEB (sowie mit G und U) von gleichem Umfange (weil DB ein Drittel dieses Umfanges ist), so ist Dreieck $DFB > DEB$ (3), also auch $DFB > G$, und folglich um so mehr

$$DFB > U.$$

Hiermit ist der Satz ebenso angenfällig als streng bewiesen.

Der umgekehrte Satz ist leicht indirect zu beweisen, wie der vorige (4), oder er kann auch aus diesem gefolgert werden.

Zweiter Fundamentalsatz.

6. „Sind zwei Seiten eines Dreiecks gegeben, so hat es dann den grössten Inhalt, wenn dieselben einen rechten Winkel einschliessen.“

Beweis. Sieht man die eine gegebene Seite als Grundlinie an, so ist der Inhalt des Dreiecks um so grösser, je grösser die Höhe wird; diese ist aber offenbar am grössten, wenn sie der anderen gegebenen Seite gleich ist, also wenn letztere auf der Grundlinie rechtwinklig steht.

Um den Beweis anschaulicher und mit dem Beweise des unten folgenden analogen sphärischen Satzes (14) übereinstimmender zu machen, kann man, wie folgt, verfahren:

Es sei AB (Taf. IX Fig. 4) die eine gegebene Seite als feste Grundlinie angesehen, so ist der Ort der Spitzen aller Dreiecke, die mit den gegebenen Seiten möglich sind, eine Kreislinie FCG, welche A zum Mittelpunct und die andere gegebene Seite AC zum Radius hat. Zieht man Gerade FG, DE, ..., die der Grundlinie AB parallel sind und den Kreis schneiden, so sind die zwei Schnittpuncte einer jeden die Spitzen zweier Dreiecke mit den gegebenen Seiten, wie z. B. die Dreiecke ADB und

*) Der Punct E kann übrigens auch leicht construirt werden nach der bekannten Aufgabe: „Aus einer Seite BD, einem daran liegenden Winkel B und der Summe der beiden übrigen Seiten $BE+DE$ das Dreieck zu construiren.“

AEB, welche gleichen Inhalt haben; dieser Inhalt wird um so grösser, je weiter jene Gerade sich von der Grundlinie entfernt; sie ist aber offenbar am weitesten entfernt, wenn sie den Kreis in C berührt, wo ihr also nur ein Dreieck ACB entspricht; folglich hat dieses Dreieck unter allen den grössten Inhalt und auch die Eigenschaft, dass die gegebenen Seiten AB, AC einen rechten Winkel einschliessen.

7. Ist die Summe zweier Seiten eines Dreiecks gegeben, so hat es dann den grössten Inhalt, wenn dieselben einander gleich und zu einander rechtwinklig sind.

Beweis. Wie auch die gegebene Summe unter die zwei Seiten vertheilt werden mag, so hat jedesmal das Dreieck den grössten Inhalt, wenn es zwischen denselben rechtwinklig ist (6). Daher ist nur noch zu zeigen, dass unter allen diesen rechtwinkligen Dreiecken das gleichschenklige das grösste ist. Ueber der Hypotenuse eines der ungleichschenkligen Dreiecke denke man sich ein gleichschenkliges Dreieck von gleicher Schenkelsumme, so ist dieses grösser als jenes, hingegen aber ist es kleiner als das genannte rechtwinklig-gleichschenklige Dreieck, mit dem es gleiche Schenkel hat.

Es folgen hier auch die Zusätze: „Dass das Product aus den zwei Abschnitten einer gegebenen Geraden am grössten ist, wenn die Abschnitte einander gleich sind“, oder: „Dass unter allen Parallelogrammen mit den nämlichen Seiten das Rechteck das grösste, und dass unter allen Rechtecken von gleichem Umfange das Quadrat das grösste ist.“

§ 2. Fundamentalsätze für die sphärischen Figuren.

8. Hülfssatz. Die Scheitel aller gleichschenkligen sphärischen Dreiecke über derselben Grundlinie liegen in dem Hauptkreise (grösster Kreis), welcher die Grundlinie in ihrer Mitte rechtwinklig durchschneidet. Von je zweien dieser Dreiecke hat dasjenige den grösseren Inhalt, welches grösseren Umfang hat, und auch umgekehrt.

9. Hülfssatz. Der Inhalt beliebiger sphärischer Dreiecke über derselben Grundlinie ist kleiner oder grösser, je nachdem der Kreis, welcher durch die Spitze des (jedesmaligen) Dreiecks und durch die Gegenpuncte *) der Endpuncte seiner Grundlinie geht, sich weniger oder mehr von der Grundlinie abneigt (d. h. je nachdem der Winkel zwischen dem Kreise und der Grundlinie kleiner oder grösser ist), so dass also die Spitzen aller Dreiecke, welche je einen gleichen Inhalt haben, in dem nämlichen Kreise liegen, und auch umgekehrt **); und dass dann jedes

*) Von den Endpuncten eines Kugel-Durchmessers heisst jeder „der Gegenpunct“ des anderen.

**) Diesen Satz habe ich zuerst in einer Abhandlung, betitelt: „Verwandlung und Theilung sphärischer Figuren durch Construction“ im *Crelle*'schen

andere Dreieck kleineren oder grösseren Inhalt hat als jene, je nachdem seine Spitze zwischen dem Kreise und der Grundlinie oder jenseits des Kreises liegt.

10. Hülfssatz. Wenn zwei Kreise auf der Kugelfläche einander berühren, so liegt der Berührungspunct mit ihren Polen in einem Hauptkreise; so dass also der Hauptkreis, welcher durch irgend zwei der genannten drei Puncte bestimmt wird, allemal auch durch den dritten geht.

Erster Fundamentalsatz.

11. I. „Unter allen sphärischen Dreiecken über derselben Grundlinie und von gleichem Umfange hat das gleichschenklige den grössten Inhalt.“

II. „Von je zweien der genannten Dreiecke hat dasjenige den kleineren Inhalt, welches an der Grundlinie den kleinsten oder grössten Winkel, oder welches den kleinsten oder grössten Schenkel hat; und auch umgekehrt.“

Journ. für Mathem. Band II. S. 45, März 1827 (Cf. Bd. I. S. 101 dieser Ausgabe) bekannt gemacht. Er diente dieser Abhandlung zur Grundlage und sollte eine nähere Uebereinstimmung der sphärischen und ebenen Geometrie in Betracht der genannten Operationen bewirken. War auch ein Theil des Satzes zuerst von *Lexell* und später von *Legendre* bewiesen, so wurde er doch erst durch die wesentliche Ergänzung: „Dass der Kreis, welcher die Spitzen aller Dreiecke von gleichem Inhalte enthält, durch die Gegenpuncte der Endpuncte der Grundlinie geht“ zur Anwendung recht bequem gemacht. Für Leser, denen die citirte Abhandlung nicht zu Gebote steht, mag der Beweis des obigen Satzes hier kurz angedeutet werden. Die erforderlichen Figuren lassen sich gemäss der Beschreibung leicht zeichnen.

1. Im gleichschenkligen sphärischen Dreiecke sind die Winkel an der Grundlinie einander gleich.

2. In jedem sphärischen Vierecke $ABCD$, das einem Kreise eingeschrieben ist, sind die Summen der gegenüber stehenden Winkel gleich gross, also

$$A+C = B+D.$$

Denn zieht man aus dem Pole P des Kreises nach den Ecken des Vierecks die sphärischen Radien PA, PB, PC, PD, so entstehen vier gleichschenklige sphärische Dreiecke APB, BPC, ..., wovon jedes an der Grundlinie gleiche Winkel hat, und woraus sofort die Gleichung

$$A+C = B+D$$

folgt.

3. Man ziehe in dem nämlichen eingeschriebenen Vierecke $ABCD$ die sphärische Diagonale AC, nenne die Stücke, in welche sie die Winkel A, C theilt, beziehlich α und α_1, γ und γ_1, und zwar so, dass α, γ im Dreieck ABC, und α_1, γ_1 im Dreieck ADC liegen, so hat man, da $\alpha+\alpha_1+\gamma+\gamma_1$ gleich $B+D$ (2) ist,

$$(\alpha+\gamma)-B = D-(\alpha_1+\gamma_1).$$

Bleiben die drei Ecken A, D, C fest, während B sich in dem Bogen ABC des Kreises P bewegt, so ändern zwar die Winkel B, α, γ ihre Grösse, aber die Differenz

Der Beweis dieses Satzes ist dem Beweise des obigen analogen Satzes (3) ganz ähnlich; nur ist zu bemerken, dass hier die den Dreiecken *BED* und *FEG* (Taf. IX Fig. 1) entsprechenden sphärischen Dreiecke nicht congruent, wohl aber symmetrisch gleich sind, wodurch die Schlussfolge nicht gestört wird; (zudem kann man bekanntlich zwei solche Dreiecke immer in congruente Stücke zerschneiden). Diese Bemerkung gilt zugleich für alle folgenden Fälle, wo eine ähnliche Verschiedenheit eintritt.

12. Von allen sphärischen Dreiecken über derselben Grundlinie und von gleichem Inhalte hat das gleichschenklige den kleinsten Umfang.

Der Beweis dieses Satzes ist dem des obigen entsprechenden Satzes (4) ähnlich.

13. Unter allen sphärischen Dreiecken von gleichem Umfange hat das gleichseitige den grössten Inhalt; und unter allen sphärischen Dreiecken von gleichem Inhalte hat das gleichseitige den kleinsten Umfang.

Die Beweise des obigen Satzes (5) finden in ähnlicher Weise für den gegenwärtigen Satz statt.

$(\alpha+\gamma)-B$ bleibt constant, denn sie ist stets der unveränderlichen Differenz $D-(\alpha_1+\gamma_1)$ gleich. Also: Ist die Grundlinie AC eines sphärischen Dreiecks ABC der Grösse und Lage nach, und ist die Differenz zwischen der Summe der Winkel an der Grundlinie $(\alpha+\gamma)$ und dem Winkel an der Spitze (B) gegeben, so ist der Ort der Spitze B ein bestimmter Kreis P, welcher allemal durch die Endpuncte A, C der Grundlinie geht.

4. Es seien ferner A_1, C_1 die Gegenpuncte der festen Puncte A, C; sie liegen in den über B hinaus verlängerten Schenkeln AB, CB, so dass man zwei Scheitel-Dreiecke ABC und A_1BC_1 hat, die sich gleichzeitig ändern; ihre Winkel an der gemeinschaftlichen Spitze B sind gleich als Scheitelwinkel, und von den Winkeln α und γ, A_1 und C_1 an den festen Grundlinien AC, A_1C_1 sind die in dem einen Dreieck beziehlich den Nebenwinkeln von denen in dem anderen Dreieck gleich, so dass

$$\alpha+A_1 = \pi \quad \text{und} \quad \gamma+C_1 = \pi.$$

Da nach (3) $\alpha+\gamma-B$ constant ist, nämlich gleich $D-\alpha_1-\gamma_1$ gleich K, so ist folglich

$$A_1+B+C_1 = 2\pi-K,$$

d. h. wenn im ersten Dreieck ABC die Differenz $\alpha+\gamma-B$ constant ist, so ist im anderen A_1BC_1 die Summe der drei Winkel, also auch sein Inhalt constant, und auch umgekehrt. Da nun aber unter dieser Bedingung der Ort der Spitze B ein Kreis P ist, der allemal durch die festen Puncte A, C geht, so ist dadurch die Wahrheit des obigen Satzes dargethan.

Wenn insbesondere die feste Grundlinie AC Durchmesser des Kreises P wird, so ist K gleich 0 (also D gleich $\alpha_1+\gamma_1$ und B gleich $\alpha+\gamma$), und auch umgekehrt. In diesem Falle ist dann

$$A_1+B+C_1 = 2\pi,$$

und folglich der Inhalt des Dreiecks A_1BC_1 gleich dem vierten Theile der Kugelfläche.

Ein anderer, noch einfacherer Beweis des obigen Satzes ergiebt sich durch stereometrische Betrachtungen.*

*Sieh S. 731.

Zweiter Fundamentalsatz.

14. „Sind zwei Seiten eines sphärischen Dreiecks gegeben, so hat es dann den grössten Inhalt, wenn der von denselben eingeschlossene Winkel so gross ist als die Summe der beiden übrigen Winkel, oder wenn der umschriebene Kreis die dritte Seite zum Durchmesser hat.“

Beweis. Die eine gegebene Seite AC (Taf. IX Fig. 5) sei die Grundlinie und fest, so ist der Ort der Spitze des Dreiecks eine Kreislinie DBE, welche A zum Pol und die andere gegebene Seite AB zum (sphärischen) Radius hat. Seien A_1, C_1 die Gegenpuncte der festen Puncte A, C. Jeder Kreis durch A_1 und C_1, wie z. B. der Kreis A_1DEC_1, ist Ort der Spitzen eines Systems Dreiecke von gleichem Inhalte über der Grundlinie AC (9); schneidet er den festen Kreis A in zwei Puncten D und E, so sind diese die Spitzen zweier Dreiecke ADC und AEC mit den gegebenen Seiten und von gleichem Inhalte, woraus also beiläufig folgt: „Dass unter den gesammten Dreiecken, welche mit den gegebenen zwei Seiten möglich sind, immer zwei und zwei gleichen Inhalt haben.“ Der Inhalt wird um so grösser, je mehr der Ortskreis A_1DEC_1 sich von der Grundlinie AC abneigt (9); wofern aber dieser Kreis dem festen Kreise A begegnen soll, so entfernt er sich am meisten von der Grundlinie, wenn er denselben nur noch in einem Puncte B berührt; folglich hat das Dreieck ABC unter allen, die mit den gegebenen Seiten möglich sind, den grössten Inhalt. Der Pol F des berührenden Kreises A_1BC_1 liegt in der Verlängerung des Schenkels AB (10). Da

$$FA_1 = FB = FC_1,$$

so ist im Dreieck A_1BC_1 Winkel

$$\gamma_1 = \alpha_1 + \beta_1;$$

da ferner

$$\alpha + \alpha_1 = \gamma + \gamma_1 = \pi$$

(weil α_1, γ_1 den Nebenwinkeln von α, γ gleich sind) und

$$\beta_1 = \beta,$$

so ist folglich

$$\alpha = \beta + \gamma,$$

d. h. in dem genannten grössten Dreiecke ABC ist der von den gegebenen Seiten AB, AC eingeschlossene Winkel α so gross als die Summe der beiden übrigen $\beta + \gamma$, wie im Satze behauptet wird. Durch den Hauptkreis AG theile man den Winkel α so, dass Winkel BAG gleich β und Winkel CAG gleich γ, so ist

$$AG = BG = CG,$$

und folglich ist G der Pol und BC der Durchmesser des dem Dreieck ABC umschriebenen Kreises, was die weitere Angabe des Satzes bestätigt.

15. Ist die Summe zweier Seiten eines sphärischen Dreiecks gegeben, so hat es dann den grössten Inhalt, wenn dieselben einander gleich sind und einen Winkel einschliessen, der so gross ist als die Summe der beiden übrigen.

Der Beweis dieses Satzes ist dem des entsprechenden ebenen Satzes (7) ganz analog. Auch hier finden analoge Zusätze über sphärische Vierecke statt.

§ 3. Ausgedehntere Sätze über ebene und sphärische Figuren.

Allgemeine Vorbemerkung.

16. Gleichwie im Vorhergehenden die Sätze über das ebene und sphärische Dreieck gewissermassen gleichlautend ausgesprochen und ihre Beweise übereinstimmend geführt werden konnten, ebenso kann es auch mit den Sätzen und Beweisen über andere Figuren geschehen. Der Kürze wegen sollen aber im Folgenden die Sätze für beide Figuren-Arten, ebene und sphärische, immer vereinigt ausgesprochen, oder doch, wenn auch bloss die für die ebenen Figuren passenden Benennungen gebraucht werden, vereinigt ausgesprochen gedacht werden. Ich habe mich bemüht, die Beweise so zu führen, dass sie für die sphärischen Figuren meist gleichförmig und möglichst gleichlautend abgefasst werden können. Bei denjenigen Beweisen, wo ein wesentlicher Unterschied stattfindet, ist derselbe angedeutet, zuweilen auch näher erörtert. Um den Grund (Ursprung) dieser Unterschiede im Allgemeinen anzuzeigen, mag schon hier auf einige besondere Eigenschaften der sphärischen Figuren, sowie auf eine eigenthümliche Beziehung derselben unter sich aufmerksam gemacht werden.

I. Der Umfang eines convexen, sphärischen Vielecks ist im Allgemeinen kleiner als der Hauptkreis, welchen er zur Grenze hat. Ebenso kann der Inhalt (oder die Summe der Winkel) nicht jede beliebige Grösse haben (wenn die Kugel gegeben ist); sondern er hat die halbe Kugelfläche zur Grenze. Oder, wofern man nach Belieben den einen oder anderen der zwei Theile, in welche die Kugelfläche durch die Grenzlinie des Vielecks geschieden wird, als Inhalt des letzteren ansehen wollte, so hätte der Inhalt die ganze Kugelfläche zur Grenze. In diesem Falle aber, wo der grössere Theil als Inhalt angenommen würde, wäre das Vieleck nicht convex, sondern concav zu nennen. Gewöhnlich pflegt man den kleineren Theil als Inhalt zu betrachten. Indessen sind beide Theile von einander so abhängig, dass mit dem einen auch zugleich der andere gegeben ist, und dass, wenn z. B. der eine unter irgend welchen Bedingungen ein Maximum wird, dann gleichzeitig der andere ein Minimum sein muss, und auch umgekehrt. — Was hier von Vielecken gesagt worden, gilt auch von convexen geschlossenen Curven.

II. Die Eigenschaft der Polarfiguren auf der Kugelfläche bewirkt eine bestimmte Dualität und Reciprocität der sphärischen Sätze, so nämlich, dass jedem Satze über ein n-Eck, welcher unter gewissen Voraussetzungen in Betreff der Seiten und Winkel, des Umfanges und Inhaltes u. s. w. stattfindet, allemal ein bestimmter anderer Satz, ebenfalls über das n-Eck, entgegensteht, welcher durch jenen bedingt und dadurch aus ihm abgeleitet wird, dass man in Hinsicht der gegebenen Voraussetzungen sowohl als in Rücksicht der daraus geschlossenen Eigenschaften, überall Seite mit Winkel, Umfang mit Inhalt, sowie z. B. Maximum mit Minimum, u. s. w. vertauscht *). Von diesem Ableitungsgesetz der Sätze von einander werden wir jedoch im Folgenden keinen Gebrauch machen, weil es für die Figuren in der Ebene nicht auf gleiche Weise vorhanden ist. Nur die folgende Eigenschaft, die aus demselben entspringt, mag hier noch angedeutet werden.

Bei je zwei sphärischen reciproken Polarfiguren findet zwischen dem Umfange einer jeden und dem Inhalte der anderen eine bestimmte constante Relation statt, wodurch jede der beiden Grössen sogleich gefunden wird, wenn die andere bekannt ist. Wird nämlich einerseits der vierte Theil des Hauptkreises (Quadrant) und andererseits der achte Theil der Kugelfläche (Octant) zur Einheit angenommen, und werden der Umfang der einen und der Inhalt der anderen Figur beziehlich in solchen Einheiten ausgedrückt, durch (die Zahlen) u und f bezeichnet, so ist allemal

$$u+f = 4,$$

d. h. „je zwei sphärische gegenseitige Polarfiguren haben die Eigenschaft, dass der Umfang (u) einer jeden mit dem Inhalte (f) der anderen gerade vier beträgt.“

Aus diesem Gesetz ergeben sich z. B. nachstehende Folgerungen:

„Wenn von den zwei Grössen u und f, d. i. dem Umfange der einen und dem Inhalte der anderen Figur, die eine ein Maximum oder Minimum wird, dann geht gleichzeitig die andere in ein Minimum oder Maximum über.“

---

*) So ist z. B. aus dem obigen Satze (11) unmittelbar der folgende abzuleiten:

I. „Unter allen sphärischen Dreiecken mit demselben Winkel an der Spitze und von gleichem Inhalte hat das an der Grundlinie gleichwinklige den kleinsten Umfang.“

II. „Von je zwei der genannten Dreiecke hat dasjenige den grösseren Umfang, welches den grössten oder kleinsten Schenkel, oder welches an der Grundlinie den grössten oder kleinsten Winkel hat; und auch umgekehrt.“

„Wenn eine sphärische Curve entweder rectificirbar oder quadrirbar ist, alsdann muss ihre Polarcurve beziehlich quadrirbar oder rectificirbar sein; und wenn jenes nicht stattfindet, dann ist auch dieses unmöglich.“

Und ferner:

„Wenn man die eine Curve rectificirt oder quadrirt hat, dann kennt man zugleich beziehlich den Inhalt oder den Umfang der anderen.“ U. s. w.

Hauptsatz.

17. „Unter allen ebenen (oder sphärischen) Figuren von gleichem Umfange hat der Kreis den grössten Inhalt.“ Und umgekehrt: „Unter allen Figuren von gleichem Inhalte hat der Kreis den kleinsten Umfang.“

Beweis. Dass bei gegebenem Umfange unendlich viele Figuren von verschiedener Form, sowie von ungleichem Inhalte möglich sind, ist von selbst klar. Ebenso ist es einleuchtend, dass der Inhalt (wohl beliebig klein, aber) nicht beliebig gross sein kann, indem sich allemal, nach Massgabe des gegebenen Umfanges, leicht eine Fläche angeben lässt, die ihn an Grösse übertrifft. Eine solche Fläche ist z. B. der Kreis, dessen Mittelpunct auf der Umgrenzung liegt, und dessen Radius der Hälfte des gegebenen Umfanges gleich ist. Wenn aber bei demselben gegebenen Umfange die Figuren ungleichen Inhalt haben können, dieser jedoch nicht beliebig gross sein kann, so muss es nothwendig entweder eine Figur geben, die unter allen den grössten Inhalt hat, oder es müssen mehrere, verschieden geformte Figuren stattfinden, die diese Eigenschaft gemein haben, d. h. welche unter sich gleichen, aber grösseren Inhalt haben als jede der übrigen. Dabei ist klar: „Dass jede Figur, deren Inhalt unter Beibehaltung des Umfanges sich vergrössern lässt, nicht zu jenen grössten Figuren gehört.“ Daraus folgt zunächst, dass jede von jenen Figuren, die den möglich grössten Inhalt haben sollen, nothwendig convex sein muss, und dass sie nicht geradlinig sein kann, oder wenigstens keine zwei auf einander folgende gerade Seiten haben kann; denn in beiden Fällen liesse sie sich vergrössern, wie leicht zu sehen ist.

Es sei $EFGH$ (Taf. IX Fig. 6) eine von den genannten Figuren mit dem grössten Inhalte. Zu jedem beliebigen Puncte A in der Grenzlinie giebt es einen bestimmten zugehörigen Punct B, der mit ihm zusammen den Umfang hälftet, so dass in Hinsicht der Länge Linie

$$AEFB = AHGB$$

ist. Angenommen A und B haben diese Eigenschaft, so muss die Gerade AB nothwendig auch die Fläche der Figur in zwei gleich grosse Stücke theilen; denn wäre das eine, etwa $AHGBA$, grösser als das andere $AEFBA$, so könnte letzteres jenem gleich gemacht werden, da beide die Grundlinie AB gemein und somit gleichen Umfang haben; dadurch würde aber der Inhalt der ganzen Figur bei gleichem Umfange vergrössert, was gegen die Voraussetzung wäre; folglich müssen beide Stücke gleich gross sein. Wären sie nun ferner in Form verschieden, so kann man immerhin das eine, z. B. $AEFBA$, sich so ändern lassen, dass es dem anderen $AHGBA$ symmetrisch gleich wird, so nämlich, dass die gemeinschaftliche Grundlinie AB die Symmetral-Axe ist; denn alsdann wäre die aus beiden Stücken bestehende neue Figur an Umfang und Inhalt der vorigen gleich, und gehörte daher mit zu den grössten Figuren. Nehmen wir also auf einen Augenblick an, es sei $AEFBA$ das umgewandelte, zu $AHGBA$ symmetrische Stück selbst, so folgt, dass das aus irgend einem Puncte D der einen Umfangs-Hälfte $AHGB$ auf die Axe AB gefällte Perpendikel DJ, verlängert, die andere Hälfte $AEFB$ in einem von der Axe gleich weit abstehenden Puncte C trifft, so dass immer

$$DJ = JC$$

ist; und weiter folgt, dass die Dreiecke ADB und ACB symmetrisch gleich oder congruent sind. Wären nun in diesen Dreiecken die homologen Winkel bei D und C nicht rechte, so liessen sich ihre Inhalte, unter Beibehaltung der Schenkel DA und DB, CA und CB, gleichzeitig vergrössern (6), während die über den Schenkeln liegenden Segmente der Figur, nämlich AHD, DGB, BFC, CEA, constant blieben, und nur die gemeinschaftliche Grundlinie AB sich änderte; aber dadurch würde dann auch der Inhalt der ganzen Figur vergrössert (nämlich ein Theil von ihr, das Viereck $ADBC$), ohne dass ihr Umfang seine Grösse änderte, was der Voraussetzung widerspräche; demnach müssen die genannten Winkel bei D und C rechte sein. Und daher muss ferner — da die Puncte A und B fest, der Punct D aber jeder beliebige in der Umfangs-Hälfte $AHGB$ sein kann — die in Betracht stehende Figur ein Kreis sein. Nun gehört freilich nur die eine Hälfte dieses Kreises, nämlich $AHGBA$, der ursprünglichen Figur an, denn von der anderen, $AEFBA$, musste oben eingeräumt werden, dass sie andere Form haben könne; allein da nach dem eben ausgesprochenen Resultate die unveränderte Hälfte der ursprünglichen Figur allemal ein Halbkreis ($AHGBA$) sein muss, dabei aber einerseits die Wahl der Theilungspuncte A und B, oder andererseits die Wahl derjenigen Hälfte, welche unverändert bleiben soll, willkürlich ist, so schliesst man aus dem Einen oder Anderen, dass die ganze Figur ein Kreis sein muss. Demnach sind also auch nicht mehrere verschieden geformte Figuren möglich, welchen die Eigenschaft „bei gegebenem Umfange den grössten Inhalt zu haben“ zukommt, sondern nur eine, und diese ist der Kreis.

Anmerkung. I. Was den obigen umgekehrten Satz betrifft, so folgt sein Beweis indirect, gestützt auf den ersten Satz. — Aehnlich verhält es sich mit den meisten später folgenden umgekehrten Sätzen, weshalb ihre Beweise fortan mit Stillschweigen übergangen werden sollen.

II. In Hinsicht der sphärischen Figuren mag nochmals erinnert werden (16), dass, wenn in einem Beweise auf einen Fundamentalsatz über das ebene Dreieck oder auf andere Sätze verwiesen wird, dann für jene Figuren gewöhnlich der entsprechende Satz über das sphärische Dreieck u. s. w. zu berücksichtigen ist. Wenn also z. B. im vorstehenden Beweise geschlossen wird: „dass in den Dreiecken ADB und ACB die Winkel D und C rechte sein müssen", so schliesst man bei den sphärischen Figuren (14): „dass jeder dieser Winkel der Summe der beiden Winkel an der Grundlinie gleich sein müsse."

18. Der vorstehende Satz (17) bewährt sich in der That dadurch als „Hauptsatz", dass in ihm, gleichsam wie in einem Ganzen, die wesentlichsten Gründe concentrirt sind, welche die meisten Fragen über Maximum und Minimum in Hinsicht des Inhalts, Umfangs, u. s. w. bei ebenen und sphärischen Figuren entscheiden. Und zwar geschieht die Beantwortung dieser Fragen möglichst einfach und unmittelbar, indem nämlich die darüber entscheidenden Sätze durch stufenweise Ableitung aus jenem Hauptsatze folgen, von welchem sie deshalb nur als Theile, oder vielmehr nur als Sätze über einzelne Theile derjenigen Figur, welche der Gegenstand dieses Satzes ist, erscheinen. Denn gleichwie der ganze Kreis die doppelte Eigenschaft besitzt: „dass er unter allen Figuren von gleichem Umfange oder gleichem Inhalt beziehlich den grössten Inhalt oder den kleinsten Umfang hat", ebenso verhält es sich auch mit den einzelnen Theilen oder Stücken von ihm, woraus denn jene Sätze hervorgehen. Dadurch stehen diese Sätze mit dem Hauptsatze in einem solchen Zusammenhange, dass sie wie Zusätze aus ihm folgen, oder dass doch ihre Beweise sehr einfach und meist indirect zu führen sind. Gleichwohl möchten sich viele derselben weniger leicht und einfach behandeln lassen, wenn man sie ausser diesem natürlichen Zusammenhange, einzeln und auf anderem Wege beweisen wollte; es ist dies auch vielleicht der Grund, warum dieselben, meines Wissens, bisher noch nicht aufgestellt und bewiesen worden sind.

Um aber die abzuleitenden Sätze leichter aussprechen und sicherer behandeln zu können, wäre es zweckmässig, für die verschiedenen Theile oder Stücke, in welche die Kreisfläche sammt dem sie umgebenden übrigen Raume der Ebene durch Sehnen, Secanten und Tangenten zerschnitten werden, bestimmte Benennungen festzusetzen, sowie einige darauf bezügliche Hülfssätze voranzustellen. Allein da die vollständige Erörterung dieser Gegenstände hier zu viel Raum einnehmen würde, so soll nur Einiges davon kurz angedeutet werden.

Sowie man nämlich gewissen Stücken der Kreisfläche die Namen: „Segment“ und „Sector“ gegeben hat, ebenso müsste auch jedem anderen Flächenstück, welches z. B.

a) von mehreren Sehnen und den dazwischen liegenden Bogen; oder

b) von mehreren umschriebenen Winkeln und den dazwischen liegenden Bogen; oder

c) von Sehnen und umschriebenen Winkeln nebst den dazwischen befindlichen Bogen; u. s. w.

begrenzt wird, ein eigenthümlicher Namen beigelegt werden. Ich wählte dazu beziehlich folgende:

a) „Kreisstück zwischen n Sehnen“;

b) „Kreisstück zwischen m umschriebenen Winkeln“;

c) „Kreisstück zwischen n Sehnen und m umschriebenen Winkeln“; u. s. w.

Sodann müsste ferner untersucht werden: unter welchen Bedingungen jedes dieser Kreisstücke bestimmt sei; wenn gewisse Elemente desselben gegeben sind, welchen Spielraum und welche Grenzen dann die übrigen haben; u.s.w. Diese Untersuchung kann auf geometrischem Wege dadurch geschehen, dass man den Kreis (oder andere Elemente) sich stetig ändern lässt, wobei man dann durch unmittelbare Anschauung sich von der Möglichkeit gewisser Zustände und Eigenschaften überzeugt, welche die oben genannten Hülfssätze enthalten. Im Folgenden werden wir also diese Hülfssätze ohne Weiteres voraussetzen, sowie man schon einen Theil derselben gewöhnlich anzunehmen pflegt, als z. B. „dass, wenn die Seiten eines Vielecks gegeben sind, dann ein Kreis möglich sei, in welchen es eingeschrieben werden kann“.

Zur Erläuterung des Gesagten möge hier das einfachste Kreisstück, das Segment, auf die angezeigte Weise betrachtet werden.

1) Die Kreisfläche wird durch eine Sehne a (Taf. IX Fig. 7) in zwei Abschnitte $a\alpha$, $a\beta$ getheilt, welche durch die Beiwörter: das „spitzwinklige“ und das „stumpfwinklige“ Segment, sich genau von einander unterscheiden lassen; wo nämlich die Benennung von dem Winkel herrührt, welchen die Sehne mit dem Bogen bildet. Darnach ist rechtwinkliges Segment gleichbedeutend mit Halbkreis.

2) Sind die Sehne a und der Kreis K gegeben, so bleiben die Inhalte und die Bogen (α, β) der Segmente constant, es mag die Sehne ihre Lage ändern, wie man will.

3) Ist nur die Sehne a gegeben, und lässt man den Kreis wachsen oder abnehmen, so ändert sich der grössere Bogen β auf gleiche Art, wogegen der kleinere α umgekehrt abnimmt oder wächst; auch die Inhalte der Segmente $a\beta$, $a\alpha$ ändern sich gleicherweise wie die zuge-

hörigen Bogen. Die Zu- oder Abnahme des grösseren Bogens β ist grösser als die Ab- oder Zunahme des kleineren α, und ebenso verhält es sich mit den zugehörigen Segmenten. — Erreicht der Kreis sein Minimum, wird a sein Durchmesser, so ist

$$\alpha = \beta$$

und

$$a\alpha = a\beta;$$

wird dagegen der Kreis unendlich gross, so geht der Bogen α in seine Grenze, in die Sehne a über, sowie das Segment $a\alpha$ seinen Grenzwerth 0 erreicht, wogegen β und $a\beta$ unendlich gross werden. Also: während der Kreis sich so viel wie möglich ändert, durchlaufen die Bogen α und β zusammen alle möglichen Grössen von a bis ∞, und die Inhalte der Segmente $a\alpha$ und $a\beta$ alle Grössen von 0 bis ∞. Man schliesst ferner:

4) Wenn von den vier Grössen: 1. der Kreis K, 2. die Sehne a, 3. der Bogen α oder β, 4. der Inhalt des Segments $a\alpha$ oder $a\beta$, irgend zwei gegeben sind, alsdann sind die jedesmaligen beiden übrigen einfach (oder absolut) bestimmt; ausgenommen ist der Fall, wo der Bogen und der Inhalt gegeben sind, wobei im Allgemeinen zwei verschiedene Segmente möglich sind, das eine spitz-, das andere stumpfwinklig, was sich später zeigen wird (33). Die gegebenen Grössen dürfen jedoch in Rücksicht der angezeigten Grenzen (3) einander nicht widersprechen.

Folgerungen aus dem Hauptsatze.

19. **Besteht die Grenze einer Figur aus einer beliebig langen Geraden G und einer nach Form willkürlichen Linie L, und ist entweder die Länge der Linie L oder der Inhalt gegeben, so ist beziehlich der Inhalt am grössten oder die Linie L am kleinsten, wenn die Figur ein Halbkreis ist.**

Beweis. Jede im Satze inbegriffene Figur kann als die eine Hälfte einer symmetrischen Figur angesehen werden, welche die Gerade G zur Symmetral-Axe hat, und deren Umfang, aus $2L$ bestehend, gegeben ist. Da nun der Inhalt der Hälfte mit dem der ganzen Figur gleichzeitig ein Maximum werden muss, so folgt also aus No. 17 die Richtigkeit des Satzes*).

---

*) Der gegenwärtige Satz kann auch für sich bewiesen und dann umgekehrt der Hauptsatz (17) aus ihm gefolgert werden, und zwar lässt sich der Beweis sehr kurz führen, wenn man weniger streng und allgemein als bei diesem verfahren will, nämlich, wenn man voraussetzt, dass es eine grösste Figur geben müsse; denn alsdann folgt leicht, dass dieselbe nur der Halbkreis sein kann, weil jede andere Figur sich vergrössern lässt, wie $AEFBA$ (Taf. IX Fig. 6) (wo AB die beliebige Gerade G und $AEFB$ die gegebene Linie L vorstellt), wenn nicht für jeden Punct C in der Linie $AEFB$ der Winkel ACB ein rechter ist.

Insbesondere folgt aus dem vorstehenden Satze: „Dass unter allen Kreissegmenten von gleich langem Bogen oder von gleichem Inhalte der Halbkreis beziehlich den grössten Inhalt oder den kürzesten Bogen hat.“

20. Von allen Figuren, die von einer gegebenen Geraden a und einer willkürlich geformten Linie L begrenzt werden, hat das Kreissegment bei gleicher Länge der Linie L den grössten Inhalt und bei gleichem Inhalte die kürzeste Linie L.

Beweis. Die Linie L habe irgend welche Form und begrenze mit der Geraden a eine Figur aL. Immer ist über a ein Kreissegment $a\alpha$ möglich, dessen Bogen α gleich L (18), und zwar mögen α und L auf gleicher Seite von a liegen. Man denke sich den ganzen Kreis und nenne den anderen Bogen β, so ist der von $\alpha+\beta$ begrenzte Kreis grösser als die von $L+\beta$ begrenzte Figur (17), also

$$a\alpha+a\beta > aL+a\beta,$$

folglich

$$a\alpha > aL.$$

Anmerkung. Aus dem vorstehenden Satze entnimmt man die allgemeine Regel, welche zum Behufe späterer Sätze wohl zu beachten ist, nämlich:

Dass bei jeder Figur, deren Inhalt unter irgend welchen Bedingungen ein Maximum sein soll, jeder Theil des Umfanges, welcher zwischen irgend zwei festen Puncten beliebige Form haben kann, allemal ein Kreisbogen sein muss.

21. Von allen Figuren, deren Grenzlinie aus zwei gegebenen Geraden a, b und aus einer oder zwei willkürlichen Linien l, l_1 bestehen soll, hat das Kreisstück zwischen den Geraden, als Sehnen genommen (18), bei gleicher Summe der Linien $l+l_1$ gleich L den grössten Inhalt und bei gleichem Inhalte die kleinste Summe L der Linie l, l_1.

Beweis. Es sei K das Kreisstück und F irgend eine andere, im Satze inbegriffene Figur. Man ergänze K mittelst der zwei Segmente $a\alpha$, $b\beta$ über den Sehnen a, b zu einem Kreise K_1 und vermehre F um die nämlichen Segmente über den Seiten a, b zu einer Figur F_1, so haben K_1 und F_1 den gleichen Umfang $L+\alpha+\beta$; an Inhalt ist daher $K_1 > F_1$, und folglich auch

$$K > F.$$

Anmerkung. Wie man sieht, ist es gleichgültig, ob die Geraden a, b im Umfange unmittelbar auf einander folgen, einen Endpunct gemein haben, oder nicht, ob also nur eine Linie L stattfindet, oder zwei l, l_1, deren Summe gleich L ist.

22. Ist statt der einzelnen Geraden a, b wie im vorigen Satze (21), deren Summe s gleich $a+b$ gegeben, so wird unter denselben übrigen Bedingungen der Inhalt des Kreisstücks ein Maximum Maximorum, oder die Summe L der Linien l, l_1 ein Minimum Minimorum, wenn die Geraden einander gleich sind, wenn also

$$a = b = \tfrac{1}{2}s.$$

Beweis. Man nehme a und b beliebig ungleich an und denke das Kreisstück zwischen ihnen, aber so, dass sie einen Endpunct C gemein haben (wobei also etwa l_1 gleich 0 und l gleich L ist); verbinde ihre anderen Endpuncte A, B durch die Sehne AB, wodurch die Figur in ein Segment AlB und in ein Dreieck ACB getheilt wird, so wird dieses Dreieck über seiner Grundlinie AB vergrössert, wenn man die Schenkel a, b gleich macht; aber dadurch wird auch die ganze Figur grösser, und vergrössert sich noch mehr, wenn sie in ein Kreisstück zwischen den gleichen Schenkeln, als Sehnen, übergeht, was die Wahrheit des Satzes bestätigt.

23. Unter allen Figuren, deren Grenzlinie aus n gegebenen Geraden $a, b, c, \ldots$ und aus 1, oder 2, oder 3, ... oder n beliebigen Linien $l, l_1, l_2, \ldots l_n$ besteht, hat das Kreisstück zwischen jenen Geraden, als Sehnen (18), bei gleicher Summe L der Linien $l, l_1, \ldots$ den grössten Inhalt und bei gleichem Inhalte die kleinste Summe L jener Linien.

Der Beweis ist dem des Satzes (21) ähnlich.

24. Ist in Hinsicht des vorigen Satzes (23) statt der n einzelnen Geraden $a, b, c, \ldots$ deren Summe gleich s gegeben, so wird bei gleichem Umfange der Inhalt des Kreisstücks ein Maximum Maximorum, oder bei gleichem Inhalte die Summe L der Linien $l, l_1, \ldots$ ein Minimum Minimorum, wenn die Geraden einander gleich sind. — Aehnlich verhält es sich, wenn bloss die Summe einzelner Geraden gegeben ist, oder wenn in verschiedenen Abtheilungen die Summen von einzelnen Geraden gegeben sind, wo dann die Geraden jeder Abtheilung unter sich gleich sein müssen.

Der Beweis ist ähnlich wie beim obigen Satze (22).

25. Wenn bei den Sätzen 23 und 24 insbesondere die Bogen $l, l_1, l_2, \ldots$ alle Null sind, so hat man folgende bekannte Sätze:

I. Sind die Seiten $a, b, c, \ldots$ eines Vielecks gegeben, so hat es den grössten Inhalt, wenn es ein Kreisstück zwischen den Sehnen $a, b, c, \ldots$ ist, d. h. wenn es einem Kreise eingeschrieben ist.

II. Ist der Umfang eines n-Ecks gegeben, so ist sein Inhalt am grössten, wenn es gleichseitig und einem Kreise eingeschrieben, d. h. wenn es regelmässig ist. Und umgekehrt: Unter allen n-Ecken von gleichem Inhalte hat das regelmässige den kleinsten Umfang.

26. Betrachtet man Vielecke von ungleicher Seitenzahl aber von gleichem Umfange oder gleichem Inhalte und fragt, welches beziehlich den grössten Inhalt oder den kleinsten Umfang habe, so hat man es nur mit den regelmässigen zu thun (25); für diese aber findet folgendes Gesetz statt:

Bei regelmässigen Vielecken von gleichem Umfange bilden die Inhalte eine steigende Reihe, welche mit dem Dreiecke beginnt und mit dem Kreise schliesst; und bei gleichem Inhalte bilden die Umfänge vom Dreieck bis zum Kreise eine abnehmende Reihe.

Beweis. Haben zwei regelmässige Vielecke von gleichem Umfange ungleiche Seitenzahl, wie z. B. ein Fünfeck $ABCDE$ und ein Viereck $abcd$, so kann man immer das letztere als ein Fünfeck ansehen, dessen eine Seite Null ist; oder — wenn in der einen Seite ad ein Punct e angenommen wird — als ein Fünfeck $abcde$, dessen Winkel bei e gleich π ist; also ist das regelmässige Viereck $abcd$ ein ungleichseitiges Fünfeck und hat folglich kleineren Inhalt als jenes regelmässige Fünfeck $ABCDE$.

Bemerkung. I. Aehnliche Steigerungen oder Gesetze finden sich beim obigen Satze (24), sowie bei vielen später folgenden Sätzen, wenn man nämlich die Summe aller geradlinigen Seiten $a, b, c, \dots$ als gegeben annimmt und die Zahl derselben sich ändern lässt; es genügt, bloss darauf aufmerksam gemacht zu haben.

II. So auffallend vielleicht der vorstehende Beweis ist, ebenso auffallend ist es, dass er nicht schon früher gefunden worden. Die mir bekannten Beweise des Satzes für die ebenen Figuren sind mehr oder weniger unbehülflich und weitläuftig, den elegantesten gab *Lhuilier;* für die sphärischen Figuren aber scheint gar kein Beweis vorhanden zu sein. Allein ich muss gestehen, dass erst, nachdem ich für die ebenen Figuren verschiedene andere Beweise aufgestellt und mich nicht wenig bemüht hatte, dieselben in analoger Weise auf die sphärischen Figuren zu übertragen — dass ich erst dann auf den obigen Beweis geführt wurde, welcher nun für beide Arten von Figuren gleichmässig gilt.

27. I. Von allen Figuren, deren Grenzlinie aus n gegebenen Geraden $a, b, c, \dots$, aus einer willkürlich langen Geraden G und aus beliebig geformten Linien $l, l_1, l_2, \dots$ besteht, (wobei die Anzahl dieser Linien von 1 bis n variiren kann), hat das Kreisstück zwischen den Sehnen $a, b, c, \dots$ und der Geraden G als Durchmesser bei gleicher Summe L der Linien

$l, l_1, l_2, \ldots$ den grössten Inhalt, und bei gleichem Inhalte die kleinste Summe L jener Linien.

II. Ist die Summe der n Geraden $a, b, c, \ldots$ gegeben, so findet der Satz in ähnlicher Weise statt, wenn dieselben einander gleich sind.

III. Sind in beiden Fällen I und II die Linien $l, l_1, l_2, \ldots$ alle gleich Null, so geht die Figur in ein $(n+1)$-Eck über, das einem Kreise eingeschrieben ist, welcher die willkürliche Seite G zum Durchmesser hat.

Der Beweis stützt sich auf vorhergehende Sätze und ist dem des Satzes (19) ähnlich.

28. Von allen Figuren, deren Grenzlinie aus den beliebig langen Schenkeln AB, AC eines rechten Winkels A und aus einer beliebigen Linie L besteht, hat der Kreisquadrant bei gleicher Länge der Linie L den grössten Inhalt, und bei gleichem Inhalte die kürzeste Linie L. — Ist die Linie L zusammengesetzt aus gegebenen Geraden $a, b, c, \ldots$ und aus beliebigen Linien $l, l_1, l_2, \ldots$, so findet der Satz in ähnlicher Weise statt, wenn die Figur ein Kreisstück ist zwischen den Sehnen $a, b, \ldots$ und den Radien AB, AC. Ebenso, wenn die Summe und Anzahl der Geraden $a, b, c, \ldots$ gegeben ist.

In allen diesen Fällen kann die Figur als die eine Hälfte einer anderen Figur angesehen werden, welche AB oder AC zur Symmetral-Axe hat, und dann folgen die Sätze unmittelbar aus den früheren (19 und 27).

29. I. Wenn ferner die Linie L von einem gegebenen Puncte B des einen Schenkels AB ausgehen soll, so findet das genannte Maximum oder Minimum statt (28), wenn die Figur die eine Hälfte eines Kreisstückes ist, welches den anderen Schenkel AC zur Symmetral-Axe hat, so dass also der Mittelpunct des Kreises in diesem Schenkel liegt, und L zu ihm rechtwinklig ist.

II. Wäre statt des rechten Winkels ein spitzer BDC und im Schenkel DB der Punct B gegeben, so hat man dieselben Sätze, nur dass die Figur um ein constantes Dreieck BAD vermehrt ist, welches durch das Perpendikel BA aus B auf den Schenkel DC von dem Winkel abgeschnitten wird. Auch hier liegt der Mittelpunct des Kreises in dem Schenkel DC.

30. Von allen Figuren, welche von den willkürlich langen Schenkeln AB, AC eines gegebenen Winkels BAC und von einer beliebigen Linie L, deren Länge aber gegeben ist, begrenzt werden, hat der Kreissector den grössten Inhalt.

Beweis. Ueber dem einen Schenkel AC denke man sich die Figur doppelt und symmetrisch, auf der einen Seite $ABLC$ und auf der anderen AB_1L_1C, so muss, wofern der Inhalt ein Maximum sein soll, die Linie $BLCL_1B_1$ und also auch ihre Hälfte L ein Kreisbogen sein, dessen Mittelpunct im Schenkel AC liegt; aber aus gleichen Gründen muss dieser Mittelpunct (von L) auch im Schenkel AB liegen; er liegt folglich in ihrem Durchschnitte, in A.

Ein anderer Beweis folgt aus (29, I).

31. I. Wenn die Linie L (30) aus gegebenen Geraden a, b, c, ... und aus beliebigen Linien l, l_1, ... bestehen soll, so findet der Satz in analoger Weise statt, nämlich die grösste Figur ist ein Sector-Kreisstück zwischen den Sehnen a, b, c, ... und den Radien AB, AC. Und:

II. Lässt man die Bogen l, l_1, ... schwinden, bis jeder gleich Null wird, so hat man einen Satz über das Vieleck, wenn ein Winkel BAC desselben und alle nicht daran liegenden Seiten a, b, ... gegeben sind*).

Diese Sätze, sammt dem vorigen (30), gehen in verschiedene frühere Sätze über, wenn man dem Winkel A die Werthe $\frac{1}{2}\pi$, π, 2π giebt.

32. Unter allen Kreissectoren von gleichem Umfang hat derjenige den grössten Inhalt, dessen Bogen dem Durchmesser gleich ist.

Beweis. Jeder Sector ist gleich der Hälfte eines rechtwinkligen Dreiecks, dessen Katheten beziehlich dem Bogen und dem Durchmesser gleich sind; dieses Dreieck aber wird ein Maximum, wenn es gleichschenklig ist (7).

Bemerkung. Für den sphärischen Kreissector findet der Satz nicht ganz gleichmässig statt, nämlich der Bogen ist nicht dem sphärischen, sondern dem wirklichen geradlinigen Durchmesser des Kreises gleich. Auch der Beweis scheint nicht auf analoge Art geometrisch geführt werden zu können; dagegen ergiebt er sich leicht durch Rechnung.

Beide Sätze stimmen ausserdem folgendermassen überein:

I. Der Centriwinkel des grössten Sectors bleibt constant, mag der Umfang kleiner oder grösser angenommen werden, und zwar ist er auf der Kugel und in der Ebene derselbe, nämlich gleich $\frac{4}{\pi} 90^0$.

II. Der Inhalt des ebenen Sectors ist gleich dem Quadrate des Radius; der Inhalt des sphärischen Sectors ist gleich dem Quadrate der geradlinigen Sehne, welche zum sphärischen Radius gehört (welche also dessen Endpuncte verbindet).

Ist insbesondere der Umfang des sphärischen Sectors gleich dem ganzen Umfange des halben Hauptkreises, also gleich $r\pi + 2r$, so gehört

---

*) Insbesondere folgt: Von allen Dreiecken mit demselben Winkel A an der Spitze hat das gleichschenklige bei gleicher Grundlinie a den grössten Inhalt und bei gleichem Inhalte die kleinste Grundlinie.

der Sector zu einem Hauptkreise, und sein Inhalt ist gleich $2r^2$, oder gleich $\frac{0}{2\pi}$, wo 0 die Oberfläche der ganzen Kugel mit dem Radius r ist.

33. Von je zwei spitzwinkligen (18) Kreissegmenten mit gleich langem Bogen hat dasjenige grösseren Inhalt, welches den grösseren Winkel oder die kleinere Sehne hat; und von je zwei stumpfwinkligen Segmenten mit gleich langem Bogen hat dasjenige grösseren Inhalt, dessen Winkel kleiner oder dessen Sehne grösser ist.

Beweis. Es seien ALB und $A_1L_1B_1$ zwei spitzwinklige Segmente (Taf. X Fig. 8), Bogen L gleich L_1 und Sehne $AB < A_1B_1$; ferner sei C das Centrum von L; man verlängere die Radien CA, CB und trage zwischen ihnen die Sehne A_1B_1 ein, parallel zu AB (also jenseits dieser), und über ihr das Segment $A_1L_1B_1$, nach aussen liegend, so ist der Sector $CALBC > CA_1L_1B_1C$ (30), daher auch, wenn man von beiden das Dreieck ACB wegnimmt, Segment $ALB > AA_1L_1B_1BA$, und folglich um so mehr

$$\text{Segment } ALB > \text{Segment } A_1L_1B_1.$$

Aehnlich wird der andere Theil des Satzes bewiesen.

Bemerkung. I. Zwischen den spitzwinkligen und stumpfwinkligen Segmenten mit gleich langem Bogen steht das rechtwinklige oder der Halbkreis in der Mitte und hat den grössten Inhalt (19), jene aber werden um so kleiner, je mehr sie von ihm abweichen, und da ihre Grösse stetig abnimmt, so müssen immer zwei und zwei gleichen Inhalt haben, nämlich je ein spitzwinkliges mit einem stumpfwinkligen,* so dass also, wenn der Inhalt und der Bogen gegeben, immer zwei, aber nur zwei verschiedene Segmente möglich sind; nur muss der Inhalt kleiner sein, als der Halbkreis mit dem gegebenen Bogen. Hierdurch wird die obige Behauptung (18, 4) bestätigt.

II. Für andere Figuren (Kreisstücke) über zwei ungleichen Grundlinien (Sehnen) AB und A_1B_1, deren übrige Umfangstheile L und L_1 aus den nämlichen gegebenen Geraden $a, b, c, \ldots$ und aus anderen beliebigen Stücken $l, l_1, l_2, \ldots$ von gleicher Summe bestehen, so dass L gleich L_1, finden analoge Sätze statt, deren Beweis aus (31) folgt.

34. Von allen Figuren, deren Grenzlinie aus den Schenkeln eines gegebenen Winkels A, wovon der eine AB in B begrenzt und gegeben, der andere AC aber willkürlich ist, und aus einer von B nach dem Schenkel AC gezogenen, aber nicht darüber hinaustretenden beliebigen Linie L besteht, hat das convexe Kreisstück zwischen der Secante AB und der Tangente AC bei gleichem Umfange (oder bei gleicher Summe $L+AC$) den grössten Inhalt; und auch umgekehrt.

*Sieh S. 732.

Beweis. Es sei BLC (Taf. X Fig. 9) ein Kreisbogen, der den Schenkel AC in C berühre, wobei $L+AC$ die gegebene Länge habe, so dass $ABLCA$ das genannte Kreisstück ist, so ist zu zeigen, dass aus B keine andere Linie L_1 nach irgend einem Puncte E oder F des Schenkels AC möglich sei, welche, ohne über diesen Schenkel hinauszutreten, eine Figur von gleichem Umfange und gleichem oder von grösserem Inhalte gäbe.

Man denke sich die Linie L_1 nach E gezogen (Taf. X Fig. 9), so haben das Segment BLC und die Figur BL_1EC dieselbe Grundlinie BC und gleichen Umfang, daher ist (20) $BLC > BL_1EC$, und folglich

$$ABLCA > ABL_1EA.$$

Nun denke man sich die Linie L_1 nach F gezogen, so muss sie, um einen möglichst grossen Raum zu begrenzen, immerhin ein Kreisbogen sein (20, Anmerk.) und auch sich zum Theil über den Bogen L erheben, ihn also, ausser in B, noch einmal schneiden, aber offenbar muss sie auch die Verlängerung von L, den Bogen CD schneiden, somit müssten zwei Kreise drei Puncte gemein haben, was unmöglich ist. — Sollte diese Schlussfolge nicht ganz befriedigend erscheinen, so kann man, wie folgt, anschaulicher verfahren.

Welche Form die von B nach F gehende Linie L_1 haben mag, sie muss nothwendig immer den Kreisbogen CD (Verlängerung von L) in irgend einem Puncte G schneiden (weil sie weder zwischen dem Kreise und dem Schenkel AC durchgehen kann, noch über den letzteren hinaustreten darf), so dass ein gemischtliniges Dreieck FGC entsteht, in welchem

$$FG+CG > CF,$$

oder

$$(\alpha) \qquad CF-CG < FG.$$

Da die Figuren $ABLCA$ und ABL_1FA gleichen Umfang haben sollen, so ist

$$(\beta) \qquad BLC+CF = BL_1G+GF,$$

und daher ist, wenn man (α) von (β) abzieht,

$$(\gamma) \qquad BLC+CG > BL_1G,$$

woraus man schliesst, dass das Kreissegment $BLCG$ grösser ist als die über der nämlichen Grundlinie BG stehende Figur BL_1G; folglich ist auch

$$ABLCA > ABL_1FA,$$

und zwar um so mehr, indem zu der ersteren noch das Dreieck FGC mehr hinzukommt.

Ueber den Spielraum und die Grenzen des Satzes ist zu bemerken, dass, wenn auch der Umfang der Figur im Verhältniss zu dem gegebenen Schenkel AB sehr gross angenommen wird, der Satz doch immer möglich ist, es sei denn, dass man die Bedingung stellte: „die Linie L

dürfe auch nicht über die Verlängerung des Schenkels AB hinaustreten“, weil alsdann der Satz nur so lange möglich wäre, bis der Punct D in B fiele, und der Kreis L den Schenkel AB in B berührte; denn über diese Grenze hinaus müsste der Satz sich ändern, nämlich er müsste in einen später folgenden Satz (37) übergehen. Wird hingegen der Umfang kleiner, oder der Winkel A grösser, so rückt der Berührungspunct C dem Scheitel A näher, bis er ihn endlich erreicht, wobei die Figur ein Kreissegment über der Sehne AB wird, welches in gewissem Sinne als Grenze des Satzes zu betrachten ist, indem der Schenkel AC gleich 0 wird; denn wird alsdann der Umfang noch kleiner oder der Winkel A noch grösser, so bleibt die Figur ein Kreissegment über der Sehne AB, aber der Bogen L berührt nicht mehr den Schenkel AC, sondern schneidet ihn in A.

35. Wenn in Rücksicht des vorigen Satzes (34) anstatt der Summe $L+AC$ die Differenz $L-AC$ oder $AC-L$ gegeben wird, so ist der Inhalt der Figur ein Minimum (statt Maximum), wenn sie ein concaves Kreisstück (Taf. X Fig. 10) zwischen der Secante AB und der Tangente AC ist.

Denn zieht man aus B nach einem hinreichend entfernten Puncte A_1 des Schenkels AC die Gerade BA_1, so ist, wenn $L-AC$ oder $AC-L$ gegeben wird, auch zugleich $L+A_1C$ gegeben, indem man AA_1 kennt. Nun ist offenbar der Raum $ABLC$ ein Minimum, wenn A_1BLC ein Maximum wird, dieses aber tritt ein, wenn die im Satze ausgesprochene Bedingung erfüllt wird (34).

36. Wenn in Rücksicht der beiden letzten Sätze (34 und 35) die Linie L aus gegebenen Geraden $a, b, c, \ldots$ und aus beliebigen Stücken $l, l_1, l_2, \ldots$ bestehen soll, so ist in gleicher Weise die Figur beziehlich ein Maximum oder ein Minimum, wenn sie ein convexes oder ein concaves Kreisstück zwischen der Secante AB, der Tangente AC und den Sehnen $a, b, c, \ldots$ ist.

Die Erörterung des Spielraums und der Grenzen dieser zwei Sätze gehört in den Bereich der in (18) angezeigten Untersuchungen. Hier mag nur bemerkt werden, dass, wenn der Winkel A, der Schenkel AB und die Geraden $a, b, c, \ldots$ gegeben sind, dann im Allgemeinen für zwei bestimmte Werthe des Umfanges das genannte Kreisstück in ein Vieleck übergeht (also alle Bogen $l, l_1, l_2, \ldots$ Null werden), und dass in dem Intervall zwischen beiden Vielecken der Satz unmöglich wird.

37. Soll die Grenze einer Figur aus den beliebig langen Schenkeln AB, AC eines gegebenen Winkels A und aus einer dieselben verbindenden aber nicht darüber hinaustretenden, beliebigen Linie L bestehen, und ist der Umfang der Figur gegeben, so ist sie ein Maximum, wenn sie ein convexes Kreis-

stück $ABLCA$ (Taf. X Fig. 11) im umschriebenen Winkel A ist (d. h. wenn L ein die Schenkel berührender Kreisbogen ist).

Und wenn statt des Umfanges die Differenz zwischen der Linie L_1 (statt L) und der Summe der Schenkel $AB+AC$ gegeben, so ist die Figur ein Minimum, wenn sie ein concaves Kreisstück (ABL_1CA) im umschriebenen Winkel ist.

Beweis. Nimmt man in der Linie L irgend einen Punct D an und zieht die Gerade AD, so müssen, wofern die Figur ein Maximum sein soll, die Theile DB und DC Kreisbogen sein, welche die Schenkel AB und AC berühren (34); da aber der Punct D ein beliebiger ist, so muss die ganze Linie L ein Kreisbogen sein, welcher beide Schenkel berührt.

Bemerkung. I. Wird der Winkel

$$A = \pi \quad \text{oder} \quad A > \pi,$$

so geht das convexe Kreisstück in den ganzen Kreis über und der Satz verliert seine eigentliche Bedeutung. Das concave Kreisstück verschwindet.

II. Werden die Schenkel des Winkels A mittelst einer Geraden EF oder GH begrenzt, und wird dieselbe nebst den anliegenden Winkeln E, F oder G, H als gegeben angesehen, so gelten die Sätze in gleicher Weise für die Figuren $EBLCF$ und EBL_1CF, oder GBL_1CH und $GBLCH$, nämlich die erste ist bei gegebenem Umfange ein Maximum, und die andere bei gegebener Differenz $(EB+FC)-L_1$, oder $(GB+HC)-L$ ein Minimum. Und diese Sätze bleiben bestehen, wenn insbesondere (A gleich 0 und) die Schenkel EG und FH parallel werden.

38. Wenn die Linie L oder L_1 (37) aus gegebenen Geraden $a, b, c, \ldots$ und aus beliebigen Bogen $l, l_1, l_2, \ldots$ bestehen soll, so ist in gleicher Weise die Figur ein Maximum oder Minimum, wenn sie ein convexes oder ein concaves Kreisstück zwischen den Sehnen $a, b, c, \ldots$ und dem umschriebenen Winkel A ist.

Bei den Grenzfällen dieses Satzes werden die Bogen $l, l_1, l_2, \ldots$ Null und die Figur geht in ein Vieleck über, in welchem die Seiten AB und AC einander gleich sind.

39. I. Besteht die Grenze einer Figur aus den unbestimmt langen Schenkeln AB, AC eines gegebenen Winkels A und aus einer dieselben verbindenden, aber nicht darüber hinaustretenden Linie L, und ist die Summe der Linie L und des einen Schenkels AC gegeben, so ist die Figur ein Maximum, wenn sie ein convexes Kreisstück zwischen der Tangente AC und der normalen Secante AB (die durch den Mittelpunct geht) ist.

II. Und ist die Differenz zwischen L und AC gegeben, so ist die Figur ein Minimum, wenn sie ein concaves Kreisstück zwischen der Tangente AC und der normalen Secante AB ist.

III. Ist die Linie L aus gegebenen Geraden $a, b, c, \dots$ und aus beliebigen Bogen $l, l_1, l_2, \dots$ zusammengesetzt, so finden beide Sätze in ähnlicher Weise statt.

Beweis. Wird die jedesmalige Figur über dem Schenkel AB symmetrisch verdoppelt, so folgen die Sätze aus den vorhergehenden (37 und 38).

40. I. Soll eine Figur durch die willkürlich langen Schenkel AC und AF, BD und BE zweier gegebenen Winkel A, B (deren Lage unbestimmt ist) und durch eine oder zwei beliebige Linien l, l_1, welche jene Schenkel gegenseitig verbinden, begrenzt werden, und soll dieselbe innerhalb beider Winkelräume liegen, während ihr Umfang gegeben ist, so ist sie ein Maximum, wenn sie ein convexes Kreisstück $ACIDBEl_1FA$ (Taf. X Fig. 12a) zwischen den umschriebenen Winkeln A, B ist.

Oder wenn die Differenz zwischen der Summe der Schenkel des kleineren Winkels A und der Summe aller übrigen Umfangstheile, also wenn

$$(AC+AF)-(BD+BE+l+l_1)$$

gegeben, so ist die Figur ein Minimum, wenn sie ein concaves Kreisstück $ACIDBEl_1FA$ (Taf. X Fig. 12b) zwischen den umschriebenen Winkeln A, B ist.

Beweis. Das convexe Kreisstück

$$ACIDBEl_1F = K$$

(Taf. X Fig. 12a) besteht (wenn mittelst der Bogen α, β der Kreis ergänzt wird) aus dem ganzen Kreise $\alpha l \beta l_1$ gleich K_1 und aus den zwei Stücken $A\alpha$, $B\beta$ (concave Kreisstücke in den umschriebenen Winkeln A, B). Nun denke man sich irgend eine im Satze inbegriffene Figur F und schneide von ihr (in den Winkeln A, B) die nämlichen zwei Stücke $A\alpha$, $B\beta$ ab, so bleibt als Rest eine Figur F_1, welche, wie leicht zu sehen, entweder gleichen oder kleineren Umfang hat als jener Kreis K_1, so dass in allen Fällen $K_1 > F_1$, und folglich auch $K > F$ ist.

Ein anderer Beweis ergiebt sich durch folgende Schlussfolge: Zuerst lässt sich zeigen, dass die grösste Figur nicht durch die Schenkel der Winkel A, B allein begrenzt werden kann (also kein Viereck sein kann), sondern dass Linien l, l_1 vorhanden sein müssen; sodann folgt, dass diese Linien Kreisbogen sein müssen (20), welche die Schenkel berühren (34 oder 37), und dass sie einem und demselben Kreise angehören (38). Denn nimmt man in l, l_1 zwei beliebige Puncte x, x_1 an und zieht die Gerade xx_1 gleich a, so theilt diese die Figur in zwei Theile, wovon jeder ein Maximum, wenn er ein Kreisstück zwischen dem Winkel A oder B und der Sehne a ist (38).

II. Die Form der grössten Figur ist nicht absolut bestimmt, vielmehr können die Bogen l, l_1 ihre Grösse beliebig ändern, wenn nur ihre

Summe constant und der Kreis derselbe bleibt; nämlich während z. B. der Winkel A fest bleibt, kann der andere Winkel B sich um den Kreis bewegen, und zwar von dem Zustande, wo sein Schenkel BE mit AF in einer Geraden liegt, bis dahin, wo der andere Schenkel BD auf AC (oder dessen Verlängerung) fällt. Inzwischen kommt er in die Lage, wo die Gerade AB durch die Scheitel der Winkel diese, sowie die ganze Figur, hälftet und durch den Mittelpunct des Kreises geht.

In dem Grenzzustande, wo die Schenkel BE und AF in einer Geraden liegen (Taf. X Fig. 12*c*), kann der Satz auch, wie folgt, ausgesprochen werden:

Soll die Grenze einer Figur aus drei auf einander folgenden, unbestimmt langen Geraden CA, AB, BD und aus einer die erste und dritte (Gerade) verbindenden, aber nicht darüber hinaustretenden, beliebigen Linie L bestehen, und sind die zwischen den Geraden liegenden zwei Winkel A, B nebst dem Umfange der Figur gegeben, so ist diese ein Maximum, wenn die Linie L ein Bogen des die drei Geraden berührenden Kreises ist.

Für das concave Kreisstück (I) findet ein analoger Zustand statt.

III. In dem angezeigten besonderen Falle (II), wo die Diagonale AB durch den Mittelpunct des Kreises geht und die Figur in zwei symmetrische Hälften theilt, hat man den folgenden Zusatz:

Besteht die Grenze einer Figur aus drei auf einander folgenden Geraden CA, AB, BD und aus einer die erste und dritte Gerade verbindenden, aber nicht darüber hinaustretenden Linie l, und sind die zwei Winkel $\frac{1}{2}A$, $\frac{1}{2}B$, zwischen den Seiten, sowie die Summe der Linie l und der beiden äusseren Seiten CA, BD gegeben, so ist die Figur ein Maximum, wenn l Bogen eines Kreises ist, der die äusseren Seiten berührt, und dessen Mittelpuncte in der mittleren Seite AB liegt.

41. Wenn, in Rücksicht des vorigen Satzes (40), statt der einzelnen Winkel A, B deren Summe S gleich $A+B$ gegeben ist, so wird unter den nämlichen übrigen Bedingungen die Figur ein Maximum Maximorum, wenn die Winkel einander gleich sind.

Beweis. Man nehme die Winkel ungleich an, es sei $A > B$; das Kreisstück habe die Form, wie vorhin (40, II, Taf. X Fig. 12*c*). Die Gerade A_1B_1 ziehe man so, dass Winkel

$$CA_1B_1 = DB_1A_1$$

und die Dreiecke AA_1B_1, ABB_1 gleich gross sind; dann ist auch die Figur A_1CLDB_1 mit $ACLDB$ von gleichem Inhalte. Hätten die Dreiecke gleichen Umfang, wäre

$$AA_1 + A_1B_1 = AB + BB_1,$$

so müsste Dreieck $AA_1B_1 > ABB_1$ sein, weil $x > y$ ist (3, II); es sind aber die Dreiecke gleich gross, folglich muss nothwendig

$$AA_1 + A_1B_1 < AB + BB_1,$$

und mithin auch

$$\text{Umfang } A_1CLDB_1 < \text{Umfang } ACLDB$$

sein. Wenn aber die erstere Figur bei gleichem Inhalte kleineren Umfang hat als die andere, so kann sie offenbar bei gleichem Umfange grösseren Inhalt haben als diese, und zwar wird sie um so mehr grösser sein, wenn sie, wie die andere, ein Kreisstück ist.

Bei diesem Beweise ist hauptsächlich auf die sphärischen Figuren Rücksicht genommen; denn für die ebenen Figuren allein könnte man einfacher verfahren, oder directer schliessen, z. B. wie folgt:

Die Gerade A_1B_1 sei so gezogen, dass Winkel

$$A_1 = B_1$$

und

$$AA_1 + A_1B_1 = AB + BB_1,$$

so ist, weil $x > y$, Dreieck

$$AA_1B_1 > ABB_1 \qquad (3, \text{II}),$$

und folglich bei gleichem Umfange die Figur

$$A_1CLDB_1 > ACLDB, \quad \text{u. s. w.}$$

Ferner kann auch die Figur, welche Gegenstand des vorigen Zusatzes (40, III) ist, zu einem anderen Beweise benutzt werden.

42. I. Soll die Grenze einer Figur bestehen:

1) aus den unbestimmt langen Schenkeln von m gegebenen Winkeln $A, B, C, \ldots$, deren Summe grösser als $(m-2)\pi$,

2) aus beliebigen Linien $l, l_1, l_2, \ldots$, welche die Schenkel verschiedener Winkel verbinden, und deren Anzahl von 1 bis m beliebig sein kann;

soll ferner die Figur über keinen der m Winkelräume hinaustreten, und ist ihr ganzer Umfang gegeben, so ist ihr Inhalt ein Maximum, wenn sie ein convexes Kreisstück zwischen den umschriebenen Winkeln $A, B, C, \ldots$ ist.

Ist A der kleinste unter den gegebenen Winkeln, und zwar so beschaffen, dass sein Nebenwinkel grösser als die Summe der Nebenwinkel aller übrigen ist, und ist die Differenz zwischen der Summe der Schenkel des Winkels A und der Summe aller übrigen Umfangstheile gegeben, so ist die Figur ein Minimum, wenn sie ein concaves Kreisstück zwischen den umschriebenen Winkeln $A, B, C, \ldots$ ist.

Dieses concave Kreisstück hat gleiche Form wie das in (40) betrachtete. Bei den folgenden Sätzen werden wir dasselbe übergehen.

II. Wenn statt der einzelnen Winkel A, B, C, ... deren Summe S gegeben ist, so wird die Figur ein Maximum Maximorum, wenn die Winkel einander gleich sind, und die Figur in gleicher Weise ein Kreisstück zwischen ihnen ist.

Der Beweis dieser Sätze ist ähnlich wie beim obigen Satze (40).

43. I. Sind die Winkel und der Umfang eines m-Ecks gegeben*), so ist sein Inhalt ein Maximum, wenn es einem Kreise umschrieben ist**).

II. Ist bloss der Umfang gegeben, so ist das m-Eck ein Maximum, wenn es gleichwinklig und einem Kreise umschrieben, also wenn es regelmässig ist (vergl. 25, II).

Diese Sätze folgen als Grenzfälle aus den vorigen (42), wofern man bei diesen die Summe der gegebenen Winkel kleiner werden lässt, bis sie zuletzt gleich $(m-2)\pi$ wird, in welchem Falle dann das Kreisstück in ein m-Eck übergeht, indem die Bogen l, l_1, l_2, ... (deren Summe gleich $A+B+C+\cdots-(m-2)\pi$) alle Null werden. — Uebrigens kann man die gegenwärtigen Sätze auch unmittelbar beweisen, auf gleiche Art, wie den Satz (40).

44. I. Soll eine Figur begrenzt werden:

1) durch die unbestimmt langen Schenkel von m gegebenen Winkeln A, B, C, ..., deren Summe grösser als $(m-1)\pi$,

2) durch eine Gerade g von willkürlicher Länge, und

3) durch beliebige Linien l, l_1, l_2, ...;

soll ferner die Figur sich innerhalb jedes Winkelraumes befinden, und ist, ausser der Grundlinie g, der übrige Theil des Umfanges gegeben, so ist ihr Inhalt ein Maximum, wenn sie ein Kreisstück zwischen den umschriebenen Winkeln A, B, C, ... und dem Durchmesser g ist.

Wird also die Grundlinie g von einem Schenkel eines der gegebenen Winkel begrenzt, so ist sie auf demselben rechtwinklig.

*) Beim ebenen m-Eck dürfen nur $m-1$ Winkel gegeben sein, indem der letzte dadurch bestimmt wird. Beim sphärischen m-Eck ist dagegen durch die gegebenen m Winkel der Inhalt schon bestimmt, daher muss für dasselbe der Satz anders lauten, nämlich: Sind die Winkel eines sphärischen m-Ecks gegeben, so ist sein Umfang ein Minimum, wenn es einem Kreise umschrieben ist. Der Satz über das ebene m-Eck wird mit diesem übereinstimmender, wenn man die Winkel und den Inhalt als gegeben annimmt.

**) Diesen Satz (für die ebenen Figuren) scheint *Lhuilier* in seinem Eingangs genannten Werke zuerst aufgestellt zu haben. Er beweist ihn durch Rechnung, nicht sehr einfach, aber scharfsinnig. Bei späteren Schriftstellern habe ich den Satz nicht gefunden; sie scheuten wahrscheinlich den Beweis.

Lässt man die Summe der Winkel schwinden, bis sie gleich $(m-1)\pi$ wird, so hat man folgenden Zusatz:

II. Ist die Summe der beiden Winkel an der Grundlinie g eines Vielecks gleich π, sind alle übrigen Winkel einzeln und ist die Summe aller Seiten, ausser der Grundlinie gegeben, so ist das Vieleck ein Maximum, wenn jene Seiten alle den Kreis berühren, welcher die willkürliche Grundlinie g zum Durchmesser hat; die an der Grundlinie liegenden Winkel müssen somit rechte sein.

Wenn statt der einzelnen Winkel $A, B, C, \ldots$ die Summe von zweien, dreien, ... gegeben ist, mögen sie im Umfange auf einander folgen oder nicht, so wird der Inhalt am grössten, wenn dieselben einander gleich sind.

Diese Sätze folgen aus den vorhergehenden (42), wenn die Figur über der Grundlinie g symmetrisch verdoppelt wird.

45. I. Wird in No. 44 die Gerade g weggelassen und dagegen angenommen, es sei die Summe der m Winkel grösser als $(m-\frac{3}{2})\pi$, der Winkel $A<\frac{1}{2}\pi$, von seinen Schenkeln AA_1, AA_2 sei der erste AA_1 willkürlich, und also nur der übrige Theil des Umfanges gegeben, so ist die Figur ein Maximum, wenn sie ein Kreisstück zwischen den umschriebenen Winkeln $B, C, \ldots$, der Tangente AA_2 und der normalen Secante AA_1 ist.

Wird die Summe der Winkel gleich $(m-\frac{3}{2})\pi$, so heisst der Satz:

II. Sind die Winkel eines Vielecks gegeben, ist jedoch von den beiden Winkeln an der Grundlinie AA_1 der eine $A<\frac{1}{2}\pi$ und der andere A_1 gleich $\frac{1}{2}\pi$, ist ferner die Summe aller Seiten ausser der Grundlinie gegeben, so ist das Vieleck ein Maximum, wenn die Seiten einen Kreis berühren, dessen Mittelpunct in der Grundlinie AA_1 liegt.

III. Wenn statt der einzelnen Winkel $A, B, C, D, \ldots$ deren Summe gegeben ist, so wird in beiden Fällen (I und II) die Figur ein Maximum Maximorum, wenn Winkel

$$B=C=D=\cdots=2A$$

ist, und die Figur den genannten übrigen Bedingungen genügt; auch sind die zwischen den Winkeln $B, C, D, \ldots$ liegenden Seiten einander gleich und zwar ist jede doppelt so gross als die in A_1 zur Grundlinie rechtwinklige Seite.

Diese Sätze folgen in gleicher Weise aus No. 42, wie die vorigen in No. 44.

46. I. Besteht die Grenze einer Figur

1) aus den Schenkeln von m gegebenen Winkeln $A, B, C, D, \ldots$, deren Summe grösser als $(m-2)\pi$,

2) aus beliebigen Linien $l, l_1, l_2, \ldots$;

sind die Winkel A, B beide spitz, und fallen von ihren Schenkeln AA_1, AA_2 und BB_1, BB_2 zwei, etwa AA_1 und BB_1, in eine Gerade AB; ist ferner der Umfang, ausser der Grundlinie AB, gegeben, so ist der Inhalt der Figur ein Maximum, wenn sie ein Kreisstück zwischen den umschriebenen Winkeln C, $D, \ldots$, den Tangenten AA_2, BB_2 und der normalen Secante AB ist.

II. Sind die Winkel eines Vielecks gegeben, sind jedoch die beiden Winkel A, B an der Grundlinie AB spitz, oder höchstens rechte, und ist die Summe aller Seiten, ausser der Grundlinie, gegeben, so ist das Vieleck ein Maximum, wenn diese Seiten alle einen Kreis berühren, dessen Mittelpunct in der Grundlinie AB liegt. Und ferner:

III. Sind die Winkel beliebig, so ist das Vieleck ein Maximum, wenn Winkel

$$C = D = \cdots = 2A = 2B$$

ist; auch sind alle Seiten, ausser der Grundlinie, einander gleich; oder:

IV. Ist nur der Winkel A gegeben, jedoch nicht grösser als $\frac{1}{2}\pi$, so ist das Vieleck am grössten, wenn

$$C = D = \cdots = 2B;$$

zugleich sind alle Seiten, die nicht am Winkel A liegen, einander gleich. Für das Viereck und Dreieck mag dieser Satz (IV) noch besonders wiederholt werden:

1) Wenn von einem Viereck $ABCD$ der eine Winkel A, der $< \frac{1}{2}\pi$ ist, und die Summe der drei Seiten BC, CD, DA gegeben sind, so ist sein Inhalt am grössten, wenn Winkel

$$C = D = 2B,$$

und

$$BC = CD;$$

— und wenn A gleich $\frac{1}{2}\pi$, so ist zudem noch

$$2DA = BC = CD.$$

2) Wenn von einem Dreieck ABC der eine Winkel A an der Grundlinie AB, der $< \frac{1}{2}\pi$ ist, und die Summe der Schenkel $AC + BC$ gegeben sind, so ist der Inhalt am grössten, wenn der Winkel C an der Spitze doppelt so gross als der andere Winkel B an der Grundlinie ist*); —

---

*) Selbst in diesem einfachsten Falle ist die Construction der grössten Figur (des Dreiecks) nicht geometrisch ausführbar, weil sie, wie man sieht, die Trisection des Winkels erfordert, nämlich des Nebenwinkels von A, welcher gleich $3B$ ist.

oder wenn A gleich $\frac{1}{2}\pi$, so ist

$$C = 2B = \tfrac{1}{3}\pi$$

und zudem

$$BC = 2CA,$$

was eine bekannte Eigenschaft ist.

47. I. Wird eine Figur begrenzt:

1) durch die Schenkel von m gegebenen Winkeln $A, B, C, \ldots,$ deren Summe $>(m-1)\pi$ ist,

2) durch beliebige Linien $l, l_1, l_2, \ldots;$

sind die Schenkel AA_1, AA_2 des Winkels A von willkürlicher Länge, ist dagegen der übrige Theil des Umfanges gegeben, so ist die Figur ein Maximum, wenn sie ein Kreisstück zwischen den umschriebenen Winkeln $B, C, \ldots$ und dem Centriwinkel A ist.

Die Schenkel AA_1, AA_2 sind somit Radien des Kreises; wird einer derselben nicht von einem Bogen (l), sondern von einem Schenkel eines Winkels begrenzt, so steht er darauf rechtwinklig.

II. Ist die Summe zweier Winkel A_1, A_2 eines Vielecks, zwischen welchen nur ein anderer Winkel A liegt, gleich π, sind die übrigen Winkel $A, B, C, \ldots$ einzeln und ist die Summe aller nicht am Winkel A liegenden Seiten gegeben, so ist das Vieleck ein Maximum, wenn die willkürlichen Seiten AA_1 und AA_2 Radien eines Kreises sind, welcher alle übrigen Seiten berührt; so dass also die Winkel A_1, A_2 einander gleich und rechte sind. Oder:

III. Ist von den übrigen Winkeln nur der Winkel A einzeln gegeben, so ist unter denselben Bedingungen das Vieleck ein Maximum, wenn die Winkel $B, C, \ldots X$ einander gleich sind; wo dann zugleich auch die zwischen diesen Winkeln liegenden Seiten einander gleich, sowie die zwei am ersten und letzten Winkel liegenden Seiten BA_1 und XA_2 unter sich gleich und halb so gross wie jene sind.

Nämlich in diesem Falle ist das Vieleck beschaffen, wie ein Sector eines regelmässigen Vielecks, und es wird in der That ein solcher, wenn der Winkel A zu π commensurabel ist.

Bei diesen Sätzen kann der Winkel A jede beliebige Grösse haben. Ist insbesondere A gleich π, oder A gleich 2π, so gehen die Sätze über in (44) oder in (42).

48. I. Bleibt alles wie vorhin (47), nur dass der eine Schenkel AA_2 des Winkels A gegeben ist, und also bloss der andere AA_1 willkürlich ist, so ist die Figur ein Maximum, wenn

sie ein convexes Kreisstück zwischen den umschriebenen Winkeln $B, C, \ldots$, der Secante AA_2 und der normalen Secante AA_1 ist.

Bei einer bestimmten Grösse des gegebenen Umfangstheiles geht die Figur in ein Vieleck über, welches sich als Grenzfall des Satzes darstellt.

II. Ist Winkel $A < \frac{1}{2}\pi$, und ist AA_2 einzeln (wie vorhin) und die Summe aller übrigen Umfangstheile (also AA_1 inbegriffen) gegeben, so ist die Figur ein Maximum, wenn sie ein convexes Kreisstück zwischen den umschriebenen Winkeln $B, C, \ldots$, der Tangente AA_1 und der Secante AA_2 ist.

Auch hier stellt sich der Grenzfall des Satzes in einem Vieleck dar.

49. I. Soll die Grenzlinie einer Figur bestehen:

1) aus n gegebenen Geraden $a, b, c, \ldots$,
2) aus den unbestimmt langen Schenkeln von m gegebenen Winkeln $A, B, C, \ldots$, deren Summe grösser als $(m-2)\pi$,
3) aus beliebigen Linien $l, l_1, l_2, \ldots$, deren Anzahl von 1 bis $n+m$ beliebig ist;

soll ferner die Figur über keinen der m Winkelräume hinaustreten, und ist ihr ganzer Umfang gegeben, so ist ihr Inhalt ein Maximum, wenn sie ein convexes Kreisstück zwischen den n Sehnen $a, b, c, \ldots$ und den m umschriebenen Winkeln $A, B, C, \ldots$ ist.

II. Wenn statt einzelner Seiten oder Winkel deren Summe gegeben ist, so wird der Inhalt der Figur gesteigert, wenn die zu je einer Abtheilung gehörigen Elemente, deren Summe gegeben, unter sich gleich sind, und die Figur den nämlichen genannten Bedingungen genügt; so dass also bei gleicher Summe der n Geraden, gleicher Summe der m Winkel und gleichem Umfange die Figur ein Maximum Maximorum wird, wenn sowohl die Geraden (Sehnen) als die Winkel unter sich gleich sind.

An der Grenze dieser beiden Sätze (I und II), bei einer bestimmten Grösse des Umfanges, geht das Kreisstück in ein Vieleck über, welches dem Kreise zum Theil eingeschrieben und zum Theil umschrieben ist, und welches von wenigstens $n+m+1$ bis höchstens $2n+m$ oder $n+2m$ (jenachdem $m>n$ oder $n>m$), nach Belieben jede Zahl von Seiten haben kann, je nachdem man nämlich die Elemente $a, b, c, \ldots$ und $A, B, C, \ldots$ in seinem Umfange auf einander folgen lässt. Die Sätze umfassen übrigens viele vorhergehende.

50. I. Wenn die Grenzlinie der Figur ausser den vorigen Stücken (49, I) noch eine willkürlich lange Gerade g enthalten darf, und wenn die Summe der gegebenen m Winkel grösser ist als $(m-1)\pi$, so ist die Figur ein Maximum, wenn sie ein con-

vexes Kreisstück zwischen den Sehnen $a, b, c, \ldots$, den umschriebenen Winkeln $A, B, C, \ldots$ und dem Durchmesser g ist.

Beim Grenzfalle dieses Satzes geht das Kreisstück in ein Vieleck über; er tritt ein, wenn man den Umfang bis zu einer bestimmten Grösse abnehmen lässt.

II. Bleibt die Grenzlinie wie in (49, I), soll dagegen der Winkel $A < \frac{1}{2}\pi$, und von dessen Schenkeln AA_1, AA_2 der eine AA_1 von dem gegebenen Umfange ausgeschlossen, und soll die Summe aller Winkel grösser als $(m-\frac{3}{2})\pi$ sein, so ist für das Maximum die Figur ein Kreisstück zwischen den Sehnen $a, b, c, \ldots$, den umschriebenen Winkeln $B, C, \ldots$, der Tangente AA_2 und der normalen Secante AA_1.

Wäre der Schenkel AA_2 einzeln gegeben, so müsste er Secante des Kreisstückes sein. — Oder:

III. Ist der Winkel A von beliebiger gegebener Grösse, sind seine Schenkel beide von dem gegebenen Umfangstheile ausgeschlossen, also willkürlich lang, und ist die Summe aller m Winkel grösser als $(m-1)\pi$, so muss für den Fall des Maximums A Centriwinkel und seine Schenkel AA_1, AA_2 müssen Radien des Kreisstückes sein.

Der letzte Satz (III) umfasst viele frühere Sätze, welche aus ihm folgen, wenn der Winkel A gleich π oder gleich 2π wird; oder wenn man die n Sehnen $a, b, c, \ldots$, oder die m Winkel $A, B, C, \ldots$ weglässt. Bei seinem Grenzfalle, welcher eintritt, wenn der gegebene Umfangstheil bis zu einer bestimmten Grösse schwindet, geht das Kreisstück in ein Vieleck über.

Anmerkung.

51. Bei den meisten vorhergehenden Sätzen, wo ein Kreisstück in seinem Grenzfalle in ein Vieleck übergeht, ist der jedesmalige Satz für dieses Vieleck noch gültig, aber er ist zugleich für dieses Vieleck selbst nur ein bestimmter besonderer Fall, wofern man dasselbe für sich betrachtet und den Elementen, welche zuvor (beim Kreisstück) veränderlich waren, andere Werthe beilegt, als ihnen im Grenzfalle gerade zukommen. Denn werden diese Werthe überschritten, und soll dabei die Figur ein gleichnamiges Vieleck bleiben (also keine Bogen $l, l_1, \ldots$ erhalten oder kein Kreisstück werden dürfen), so ist dasselbe, für den Fall des Maximums, ganz anderen Bedingungen unterworfen, welche selbst noch verschieden sind, je nachdem der gegebene Werth grösser oder kleiner als jener Grenzwerth ist.

Auf diese angedeuteten Eigenschaften des Vielecks wird man geführt, wenn dasselbe in Rücksicht auf Maximum und Minimum etwas allgemeiner und vollständiger untersucht werden soll, als es bisher geschehen ist; nämlich wenn man in allen Fällen, wo von dem Vielecke weniger Elemente gegeben sind, als zu dessen Bestimmung erforderlich, nach dem Maximum oder Minimum der übrigen Elemente fragt. Die Zahl dieser Fälle ist, wie leicht zu ermessen, ansehnlich gross, selbst wenn jene Elemente nur auf Seiten, Winkel, Summe von mehreren Seiten oder Winkeln, und Inhalt beschränkt werden. Indessen scheint sich die ganze Untersuchung bloss auf das Viereck zu gründen (ebenso wie die Lehre von der Congruenz der Vielecke), so dass es also zunächst nur darauf ankäme, alle Fälle des Vierecks zu beantworten. Diese Fälle aber belaufen sich vielleicht auf 25 bis 30, wovon durch die gegenwärtigen Hülfsmittel sich, wie es scheint, kaum die Hälfte unmittelbar beantworten lässt. Allein die übrigen hängen wahrscheinlich so von einander ab, dass nur wenige unter ihnen eines selbständigen Beweises bedürfen, um alle anderen daraus zu folgern.

Sätze, welche sich auf mehrere Figuren zugleich beziehen, sowie auf Figuren, welche durch feste Grenzen beschränkt oder durch feste Elemente bedingt sind.

52. I. Wird jede von zwei Figuren $a\alpha$, $b\beta$ durch eine gerade Grundlinie a, b und durch eine beliebige Linie α, β begrenzt; sind die Grundlinien a, b einzeln, und ist die Summe der Linien α, β, etwa $\alpha+\beta$ gleich σ, gegeben, so ist die Summe der Inhalte $a\alpha+b\beta$ gleich S ein Maximum, wenn die Figuren Segmente gleicher Kreise sind, und wenn ausdrücklich das Segment über der kleineren Grundlinie b spitzwinklig ist.

Beweis. Angenommen es sei ein Kreis ABC (Taf. XI Fig. 13) möglich, in welchem die Grundlinien a und b, als Sehnen AC und BC eingetragen, über sich zwei Bogen α und β haben, deren Summe gleich σ, aber kleiner als der ganze Kreis ist, so wird offenbar die Summe der beiden Segmente $a\alpha+b\beta$ unter den gegebenen Bedingungen ein Maximum. Denn hält man das Kreisstück $ab\gamma$ fest und lässt die Bogen α und β sich beliebig ändern, jedoch unter der Bedingung, dass $\alpha+\beta$ gleich σ bleibt, so werden dieselben mit dem festen Bogen γ immer eine Figur begrenzen, welche (bei gleichem Umfange) kleiner als der Kreis ABC ist, und folglich muss auch die Summe der beiden Figuren, welche sie mit den Grundlinien a und b begrenzen, kleiner als die Summe jener Kreissegmente $a\alpha+b\beta$ sein. Dabei ist das Segment $b\beta$ über der kleineren Sehne nothwendig spitzwinklig, wogegen das Segment $a\alpha$ über der grösseren Sehne spitz- oder stumpfwinklig sein kann.

Es bleibt nun noch nachzuweisen, dass der angenommene Kreis in der That in allen Fällen möglich sei.

Der kleinste Kreis M, in welchen die gegebenen Grundlinien a, b sich als Sehnen eintragen lassen, hat die grössere Sehne a zum Durchmesser. Man nehme für einen Augenblick an, ABC sei dieser Kreis M, so sind drei Zustände möglich, nämlich entweder ist

$$\alpha+\beta = \sigma, \tag{1}$$

oder

$$\alpha+\beta > \sigma, \tag{2}$$

oder

$$\alpha+\beta < \sigma. \tag{3}$$

Im ersten Falle (1) genügt der Kreis M der obigen Forderung.

Im zweiten Falle (2) lasse man den Kreis M wachsen und dabei die Sehnen a, b sich von einander entfernen, so dass der Mittelpunct des Kreises zwischen beide, nämlich in den Raum $ab\gamma$, zu liegen kommt, und dass die Segmente $a\alpha$, $b\beta$ beide spitzwinklig sind, so müssen beide Bogen α, β und somit auch ihre Summe $\alpha+\beta$ stetig schwinden, also wird sich diese Summe der gegebenen Grösse σ nähern, bis sie endlich bei einem bestimmten Kreise M_1 ihr gleich und folglich wiederum die Forderung erfüllt wird.

Im dritten Falle (3) lasse man den Kreis M ebenfalls wachsen, aber die Sehne a sich der Sehne b nähern, so dass der Mittelpunct des Kreises in das Segment $a\alpha$ zu liegen kommt (welches also stumpfwinklig wird, während $b\beta$ immer spitzwinklig bleibt), so wird zwar nur der Bogen α wachsen, dagegen β schwinden; allein da offenbar die Zunahme von α grösser ist als die Abnahme von β, so muss die Summe $\alpha+\beta$ wachsen; und da ferner α beliebig gross werden, dagegen β nur bis zu der Grenze b schwinden kann, so muss auch die Summe $\alpha+\beta$ jede Grösse erreichen und folglich immerhin einmal bei einem bestimmten Kreise M_1 der gegebenen Grösse σ gleich werden, wie gross diese auch sein mag, wo dann wiederum der Forderung Genüge geschieht.

Demnach ist es unter allen Umständen möglich, der obigen Forderung zu genügen (wofern nur $\sigma > a+b$), jedoch jedesmal nur auf eine einzige Art. Dabei ist in allen Fällen das Segment $b\beta$ über der kleineren Sehne spitzwinklig, wogegen das andere $a\alpha$ spitz-, recht- oder stumpfwinklig sein kann.

II. Der vorstehende Satz (I) bezeichnet nur das absolute oder das Hauptmaximum, welches der Summe beider Figuren zukommt, wenn sich diese so viel wie möglich ändern, nämlich so viel es die gegebenen Elemente gestatten. Will man den Gegenstand umfassender behandeln, so kann man, wie folgt, zu Werke gehen:

Wie auch die gegebene Summe σ unter die Umfangstheile α, β beider Figuren $a\alpha$, $b\beta$ vertheilt werden mag, so ist allemal jede von diesen, und somit auch ihre Summe S, ein Maximum, wenn sie Kreissegmente sind. Daher mag festgesetzt werden, die Figuren $a\alpha$, $b\beta$ sollen in der That nur Kreissegmente sein. Lässt man nun ihre Bogen α, β sich stetig ändern, jedoch unter der Bedingung, dass stets

$$\alpha+\beta = \sigma$$

ist, so wird auch die Summe ihrer Inhalte

$$a\alpha+b\beta = S$$

sich stetig ändern, und es kann gefragt werden: unter welchen Bedingungen und wie oft diese letztere Summe ein Maximum oder ein Minimum werde?

Die nähere Erörterung dieser Frage liefert folgendes Resultat:

Sind von zwei Kreissegmenten $a\alpha$, $b\beta$ die Sehnen a, b und die Summe der Bogen $\alpha+\beta$ gleich σ gegeben, so ist die Summe ihrer Inhalte $a\alpha+b\beta$ gleich S im Allgemeinen ein Maximum oder ein Minimum, wenn die Segmente gleiche Radien haben; und ferner: wenn keines der beiden Segmente grösser als der ganze Kreis sein soll, so ist jener Zustand, dass sie gleiche Radien haben, im Allgemeinen und höchstens nur dreimal möglich; dürfen dagegen die Segmente ohne Einschränkung auch grösser als der Kreis sein, so kann der genannte Zustand häufiger eintreten, und zwar um so öfter, je grösser die Bogensumme σ im Verhältniss zu den Sehnen a, b ist.

In dem beschränkteren Falle, wo von den Bogen α, β keiner grösser als die ganze Kreislinie sein soll, lässt sich die Existenz derjenigen Kreise, bei welchen ein Maximum oder ein Minimum stattfindet, wie folgt, nachweisen.

Werden die gegebenen Geraden a, b in irgend einem Kreise als Sehnen eingetragen, und werden die kleineren Bogen über denselben durch α, β und die grösseren durch α_1, β_1 bezeichnet, so hat man zwischen diesen vier Bogen vier verschiedene Summen, nämlich

$$\alpha+\beta,\quad \alpha_1+\beta,\quad \alpha+\beta_1,\quad \alpha_1+\beta_1,$$

und es ist zu beantworten, bei wie vielen Kreisen eine von diesen Summen der gegebenen Grösse σ gleich sein könne.

In Rücksicht der beiden ersten Summen $\alpha+\beta$ und $\alpha_1+\beta$, worin sich der kleinere Bogen β über der kleineren Sehne b befindet, ist bereits oben (I) gezeigt worden, dass es allemal einen, aber nur einen einzigen Kreis M_1 giebt, welcher einer derselben genügt. Es bleibt daher nur noch zu erforschen, wie viele Kreise einer der beiden Summen $\alpha+\beta_1$ und $\alpha_1+\beta_1$, wobei das Segment über der kleineren Sehne b stumpfwinklig ist, genügen können.

Man denke sich denjenigen Kreis N, bei welchem die Summe des kleineren Bogens α über der grösseren Sehne a und des grösseren Bogens β_1 über der kleineren Sehne b, also die Summe $\alpha+\beta_1$, ein Minimum gleich σ_1 wird, so sind drei Zustände möglich, nämlich entweder ist

(1) $$\sigma_1 > \sigma,$$

oder

(2) $$\sigma_1 = \sigma,$$

oder

(3) $$\sigma_1 < \sigma.$$

Im Falle (1) ist offenbar kein Kreis möglich, welcher der obigen Forderung genügt.

Im Falle (2) wird die Forderung durch den Kreis N selbst erfüllt, aber durch keinen anderen.

Im Falle (3) wird die Forderung im Allgemeinen durch zwei verschiedene Kreise befriedigt, wovon man sich durch Berücksichtigung folgender näheren Umstände überzeugt:

Es ist leicht zu sehen, dass die Summe der beiden grösseren Bogen $\alpha_1+\beta_1$ bei demjenigen Kreise M am kleinsten wird, welcher die grössere Sehne a zum Durchmesser hat; dabei ist α_1 nicht mehr eigentlich der grössere Bogen, sondern es ist

$$\alpha_1 = \alpha;$$

es sei diese kleinste Summe gleich σ_2, so sind, in Verbindung mit (3), folgende drei Zustände möglich, nämlich es ist entweder

(a) $$\sigma_1 < \sigma \quad \text{und zugleich} \quad \sigma_2 < \sigma,$$

oder

(b) $$\sigma_1 < \sigma \quad \text{und zugleich} \quad \sigma_2 = \sigma,$$

oder

(c) $$\sigma_1 < \sigma \quad \text{und zugleich} \quad \sigma_2 > \sigma.$$

Bei jedem dieser drei Zustände kann man nun, von den zu Grunde gelegten Kreisen N und M ausgehend, zu zwei solchen Kreisen gelangen, welche der obigen Forderung genügen, und zwar, wie folgt:

A. Bei (a) lasse man erstens den Kreis N wachsen, so muss auch die Bogensumme $\alpha+\beta_1$ zunehmen (weil sie anfänglich ein Minimum gleich σ_1 ist und β_1 rascher wächst, als α schwindet), und da β_1 beliebig gross werden, wogegen α nur bis auf a schwinden kann, so muss man zu einem Kreise N_1 gelangen, welcher die Forderung befriedigt, d. h. bei welchem

$$\alpha+\beta_1 = \sigma$$

wird. — Zweitens lasse man den Kreis M wachsen, so wächst auch die

Summe $\alpha_1+\beta_1$, und man muss zu einem Kreise M_2 gelangen, bei welchem

$$\alpha_1+\beta_1 = \sigma$$

wird, und welcher also ebenfalls die Forderung erfüllt.

B. Bei (*b*) genügt erstens der Kreis M selbst. — Zweitens lasse man den Kreis N wachsen, so wächst auch $\alpha+\beta_1$ und man wird, wie vorhin, zu einem Kreise N_1 gelangen, bei welchem

$$\alpha+\beta_1 = \sigma$$

ist.

C. Bei (*c*) lasse man erstens den Kreis N wachsen, so gelangt man, wie zuvor, zu einem Kreise N_1, welcher genügt, bei welchem also

$$\alpha+\beta_1 = \sigma$$

wird. — Zweitens lasse man den Kreis N schwinden, so muss $\alpha+\beta_1$ wachsen, und man muss, bevor der Kreis in den kleinsten Kreis M übergeht, zu einem Kreise N_2 gelangen, bei welchem

$$\alpha+\beta_1 = \sigma$$

wird.

Nun lässt sich ferner durch Hülfe des Satzes (I) geometrisch erweisen, dass diese verschiedenen Kreise, welche der obigen Forderung genügen, folgende Eigenschaft haben:

α) Bei allen durch N_1 bezeichneten Kreisen ist die Summe der Segmente $a\alpha+b\beta_1$ ein relatives Maximum.

β) Beim Kreise M_2, sowie beim Kreise M (in dem Falle *B*), ist die Summe der Segmente $a\alpha_1+b\beta_1$, und beim Kreise N_2 ist die Summe der Segmente $a\alpha+b\beta_1$ ein Minimum.

γ) Beim Kreise N aber in dem obigen besonderen Falle (2) ist die Summe der Segmente $a\alpha+b\beta_1$ weder ein Maximum noch ein Minimum, denn dieser Fall ist nur als Grenze des Falles (*C*) anzusehen, weil nämlich hier die beiden Kreise N_1 und N_2 sich mit N vereinigen, wo dann ihre entgegengesetzten Eigenschaften nothwendig einander aufheben.

Ausser den bis dahin angegebenen Fällen finden für die Summe der beiden Kreissegmente auch noch zwei bestimmte Grenzminima statt, wenn nämlich die Bogen α, β (hierbei sollen α, β nicht mehr ausdrücklich die kleineren Bogen bedeuten) bei stetiger Aenderung in ihre Grenzen übergehen, d. h. wenn einerseits der Bogen β schwindet, bis er mit seiner Sehne b, oder andererseits der Bogen α stetig abnimmt, bis er mit seiner Sehne a zusammenfällt; denn in beiden Fällen nimmt dann auch die Summe der Segmente $a\alpha+b\beta$ stetig ab, so dass sie in der Grenze selbst am kleinsten wird. Jedes dieser Grenzminima besteht demnach nur aus einem Segmente $a\alpha'$ oder $b\beta'$, indem das andere gleich 0 wird, und die Bogen dieser Segmente sind beziehlich

$$\alpha' = \sigma-b \quad \text{und} \quad \beta' = \sigma-a;$$

auch ist von diesen Segmenten dasjenige das kleinere, welches die kleinere Sehne hat, also

$$a\alpha' > b\beta'.$$

III. Die über die zwei Kreissegmente $a\alpha$, $b\beta$ aufgestellten Resultate erleiden verschiedene Modificationen, jenachdem die gegebenen Sehnen a, b besondere relative Grösse haben, wie z. B. in den folgenden zwei Fällen:

1) Wenn

$$a = b,$$

so fällt der Kreis N mit M und der Kreis N_1 mit M_1 zusammen, der Kreis N_2 wird unmöglich, und bei den übrigen treten folgende nähere Bestimmungen ein:

α) Ist

$$\sigma > \pi a \quad \text{oder} \quad \sigma = \pi a,$$

d. h. ist die gegebene Bogensumme σ nicht kleiner als die Kreislinie M, welche a zum Durchmesser hat, so bestehen beim Hauptmaximum (I) die Bogen α_1 und β (gleich α) zusammen aus der ganzen Kreislinie M_1, oder es ergänzen sich die Segmente $a\alpha_1$ und $b\beta$ zur ganzen Kreisfläche M_1. Beim Kreise M_2 (II, β), wo die Summe $a\alpha_1+b\beta_1$ ein Minimum wird, sind dagegen die Segmente einander gleich,

$$a\alpha_1 = b\beta_1 \quad \text{und} \quad \alpha_1 = \beta_1,$$

beide stumpfwinklig und somit zusammen grösser als der Kreis M_2.

β) Ist

$$\sigma < \pi a,$$

so findet nur das Hauptmaximum beim Kreise M_1 statt für die Summe der Segmente $a\alpha+b\beta$, welche einander gleich und spitzwinklig sind, also

$$a\alpha = b\beta.$$

In beiden Fällen bleiben übrigens die Grenzminima (II) bestehen.

2) Wenn

$$b = 0$$

wird, so wird auch

$$\beta = 0 \quad \text{und} \quad b\beta = 0;$$

dagegen ist β_1 die ganze Kreislinie, sowie $b\beta_1$ die ganze Kreisfläche. Daher besteht in diesem Falle das Hauptmaximum (beim Kreise M_1) nur aus einem Segmente $a\alpha$ oder $a\alpha_1$. Der Kreis N, bei welchem die Summe

$$\alpha+\beta_1 = 2\alpha+\alpha_1$$

ein Minimum gleich σ_1 wird (II), hat hier die besondere Eigenschaft: Dass die Summe der Tangenten $AD+BD$ in den Endpuncten der Sehne a gleich AB bis zu ihrem gegenseitigen Durchschnitte D genommen, gerade gleich $\alpha+\beta_1$ ist, d. h. gerade gleich der Summe des kleineren Bogens α über der Sehne und der ganzen Kreislinie β_1.

Das Minimum σ_2 der Summe $\alpha_1+\beta_1$, welches bei dem Kreise M, der a zum Durchmesser hat, stattfindet, ist hier

$$\sigma_2 = \tfrac{3}{2}\pi a.$$

α) Wenn

$$\sigma_1 < \sigma \quad \text{und zugleich} \quad \sigma_2 > \sigma \qquad (\text{II}, c),$$

so finden die zwei Kreise N_1 und N_2 statt, wo beim ersten die Summe $a\alpha+b\beta_1$ (d. i. die Summe des Segmentes $a\alpha$ und des ganzen Kreises N_1) ein relatives Maximum, und beim anderen die Summe $a\alpha+b\beta_1$ ein Minimum wird, und zwar ist

$$N_1 > N \quad \text{und} \quad N_2 < N \qquad (\text{II}, C).$$

β) Wenn $\sigma_2 < \sigma$, so tritt an die Stelle des Kreises N_2 der Kreis M_2, bei welchem die Summe $a\alpha_1+b\beta_1$ ein Minimum wird.

Mit Rücksicht auf die zuvor angegebene Eigenschaft des Kreises N lassen sich die zwei Sätze (α) und (β) umgekehrt, wie folgt, aussprechen: Wenn man in einem beliebigen Kreise β_1 eine Sehne AB gleich a und in deren Endpuncten die Tangenten AD, BD zieht, so ist die Summe des Kreises und des kleineren (spitzwinkligen) Segmentes, also die Summe $b\beta_1+a\alpha$, ein Maximum oder ein Minimum, jenachdem die Summe der Tangenten kleiner oder grösser als die Summe der ganzen Kreislinie und des kleineren Bogens ist, also jenachdem

$$AD+BD \lesseqgtr \beta_1+\alpha$$

ist; nämlich insofern dabei der Bogen α und der Kreis β_1 sich gegenseitig ändern (ungleiche Radien erhalten) dürfen, aber unter der Bedingung, dass die Summe $\beta_1+\alpha$ gleich σ, sowie die Sehne a constant bleiben sollen.

In gleichem Sinne ist die Summe $b\beta_1+a\alpha_1$ in allen Fällen ein Minimum.

IV. Aus den obigen Sätzen folgen ferner unter anderen nachstehende Zusätze:

1) Ein spitzwinkliges Kreissegment $b\beta$ ist grösser als ein Sector $C\gamma$ des nämlichen Kreises C, wenn der Bogen γ des Sectors doppelt so gross als die Differenz zwischen dem Bogen β und der Sehne b des Segmentes ist, also wenn

$$\gamma = 2(\beta - b).$$

Dieser Satz gilt übrigens auch noch für Segmente, die grösser als der Halbkreis sind, nämlich bis zu einem bestimmten stumpfwinkligen Segment, welches dem genannten Sector gerade gleich wird; über dasselbe hinaus wird dann der Sector grösser als das Segment.

Ebenso ist die Differenz zwischen den Inhalten des Kreises und eines eingeschriebenen convexen Vielecks grösser als ein Sector, dessen Bogen der doppelten Differenz zwischen den Umfängen jener Figuren gleich ist, wofern der Mittelpunct C des Kreises nicht ausserhalb des Vielecks liegt. Gleicherweise ist die Differenz zweier spitzwinkligen Segmente $b\alpha - b\beta$ über derselben Sehne b grösser als ein Sector $C\gamma$ des kleineren Kreises (von dem β ein Bogen ist), wenn

$$\gamma = 2(\alpha - \beta).$$

2) Hat man über derselben Sehne a und auf der nämlichen Seite drei Kreissegmente $a\alpha$, $a\beta$, $a\gamma$, zwischen deren Bogen die Gleichung

$$2\beta = \alpha + \gamma \;.$$

stattfindet, so verhalten sich die zwischen diesen Bogen liegenden Möndchen $\alpha\beta$, $\beta\gamma$ ihrer Grösse nach, wie folgt:

$$1.\quad \text{Wenn}\quad \beta < \pi, \quad \text{so ist}\quad \alpha\beta > \beta\gamma;$$

und

$$2.\quad \text{wenn}\quad \beta > \pi, \quad \text{so ist}\quad \alpha\beta < \beta\gamma.$$

53. Wenn in Rücksicht des obigen Satzes (52, I) statt der einzelnen Grundlinien a und b deren Summe $a+b$ gleich s gegeben ist, so wird die Summe der beiden Kreissegmente $a\alpha + b\beta$ gleich S unter den nämlichen angegebenen Bedingungen um so kleiner, je kleiner die Diffferenz zwischen a und b ist, so dass also die Summe S ein Minimum Maximorum wird, wenn

$$a = b = \tfrac{1}{2}s$$

ist; und dass dagegen S am allergrössten, oder ein Grenzmaximum wird, wenn z. B.

$$a = s \quad \text{und} \quad b = 0$$

ist, wo dann $b\beta$ gleich 0 und mithin $a\alpha$ allein diesen grössten Werth repräsentirt.

Beweis. Man nehme a und b beliebig ungleich an, es sei z. B. $a > b$; die Kreissegmente, deren Summe $a\alpha + b\beta$ für diesen Fall das Hauptmaximum darstellt, seien in solcher Lage, dass sie einem und demselben Kreise $\alpha\beta\gamma$ angehören (Taf. XI Fig. 14), und dass ihre Sehnen AC und BC (d. i. a und b) einen Endpunct C gemein haben. Nun sei ferner

$$a_1 + b_1 = a + b = s,$$

aber

$$a_1 - b_1 < a - b,$$

so ist zunächst Dreieck $AC_1B > ACB$ (3). Ueber a_1, b_1 denke man sich die Kreissegmente $a_1\alpha_1$, $b_1\beta_1$, deren Summe für diesen Fall das Maximum darstellt, so dass also auch die Bogen

$$\alpha_1 + \beta_1 = \alpha + \beta = \sigma \qquad (52),$$

so schliessen die drei Bogen α_1, β_1, γ eine Figur ein, welche bei gleichem Umfange kleiner als der Kreis $\alpha\beta\gamma$ ist, woraus man schliesst, dass die Summe der Segmente

$$a_1\alpha_1 + b_1\beta_1 < a\alpha + b\beta$$

ist, da jene Figur aus den Segmenten $a_1\alpha_1$, $b_1\beta_1$, $c\gamma$ und dem Dreieck AC_1B besteht.

54. Sind die geraden Grundlinien $a, b, c, d, \ldots$ beliebig vieler Figuren $a\alpha$, $b\beta$, $c\gamma$, $d\delta$, ... einzeln, und ist die Summe ihrer übrigen Umfangstheile α, β, γ, δ, ..., also ist

$$\alpha + \beta + \gamma + \delta + \cdots = \sigma$$

gegeben, so kann die Summe ihrer Inhalte nur dann ein Maximum sein, wenn diese Figuren alle Segmente gleicher Kreise sind; und für das Hauptmaximum ist zudem noch erforderlich, dass nur allein das Segment über der grössten Grundlinie stumpfwinklig sein darf.

Dieser Satz ist eine Folge des obigen (52, I).

Es kann gefragt werden, ob nicht mehrere Fälle möglich seien, wo die Figuren den Forderungen des Satzes genügen, nämlich dass sie Segmente gleicher Kreise sind, und dass entweder keines oder nur dasjenige über der grössten Sehne stumpfwinklig ist? und ob dann in jedem Falle die Summe ihrer Inhalte ein Maximum sei?

In dem Kreise M, welcher die grösste Grundlinie, die a sein mag, zum Durchmesser hat (und welcher überhaupt der kleinste Kreis ist, der in Betracht kommen kann), trage man alle übrigen Grundlinien $b, c, d, \ldots$ als Sehnen ein, bezeichne die kleineren Bogen über denselben durch β, γ, δ, ..., sowie die Bogen über a durch α und α_1, wo nachher, wenn der Kreis wächst, α_1 der grössere Bogen sein soll, so sind drei verschiedene Zustände möglich, nämlich entweder ist

$$\alpha + \beta + \gamma + \delta + \cdots < \sigma, \tag{1}$$

oder

$$\alpha + \beta + \gamma + \delta + \cdots = \sigma, \tag{2}$$

oder

$$\alpha + \beta + \gamma + \delta + \cdots > \sigma. \tag{3}$$

I. Im ersten Zustande lasse man den Kreis M wachsen, nehme α_1 statt α, so wird man immer einmal zu einem Kreise M_1 gelangen, bei welchem die Summe

$$\alpha_1 + \beta + \gamma + \delta + \cdots = \sigma$$

wird. Denn sollten auch anfänglich die Bogen β, γ, δ, ... zusammen mehr abnehmen, als α_1 zunimmt, so muss doch später das Umgekehrte eintreten, indem α_1 bis zu unendlicher Grösse anwachsen, wogegen

$\beta+\gamma+\delta+\cdots$ nur bis zu der Grenze $b+c+d+\cdots$ schwinden kann; folglich kann auch jene Summe jede gegebene Grösse σ erreichen. Aber zugleich ist klar, dass der Forderung in diesem Falle nur einmal genügt werden kann.

II. Im zweiten Zustande genügt zunächst der Kreis M selbst. Ferner gelangt man, wenn α_1 anfänglich weniger schnell zunimmt, als die Summe $\beta+\gamma+\delta+\cdots$ abnimmt, in gleicher Weise, wie vorhin (I), zu einem Kreise M_1, bei welchem

$$\alpha_1+\beta+\gamma+\delta+\cdots=\sigma$$

wird.

III. Beim dritten Zustande gelangt man zunächst, wenn der Kreis M wächst, zu einem Kreise M_3, bei welchem

$$\alpha+\beta+\gamma+\delta+\cdots=\sigma$$

wird, indem die Bogen α, β, γ, ... alle schwinden. Wenn nun ferner anfänglich α_1 weniger zunimmt, als $\beta+\gamma+\delta+\cdots$ zusammen abnehmen, so dass also die Summe $\alpha_1+\beta+\gamma+\delta+\cdots$ schwindet, so muss es einen bestimmten Kreis M_m geben, bei welchem diese Summe ein Minimum gleich σ_1 wird, und nach welchem dieselbe zu wachsen beginnt und dann zu jeder beliebigen Grösse anwachsen kann, indem α_1 keine Grenze hat. Wofern nun $\sigma_1 < \sigma$, so muss es zwischen M und M_m einen Kreis M_2 geben, bei welchem

$$\alpha_1+\beta+\gamma+\delta+\cdots=\sigma$$

wird, und ferner muss man nach M_m, wenn der Kreis weiter wächst, zu einem Kreise M_1 gelangen, bei welchem wiederum

$$\alpha_1+\beta+\gamma+\delta+\cdots=\sigma$$

wird.

Diese verschiedenen Kreise, welche der obigen Forderung genügen, haben nun weiter folgende Eigenschaften:

a) Bei allen durch M_1 bezeichneten Kreisen ist die Summe der Segmente $a\alpha_1+b\beta+c\gamma+d\delta+\cdots$, sowie beim Kreise M_3 die Summe der Segmente $a\alpha+b\beta+c\gamma+\cdots$ ein Maximum.

b) Beim Kreise M_2 (III) dagegen ist die Summe der Segmente $a\alpha_1+b\beta+c\gamma+\cdots$ ein Minimum.

Wenn in (III) insbesondere

$$\sigma_1=\sigma$$

ist, so vereinigen sich die Kreise M_2 und M_1 beide mit M_m, und es kann diesem sodann weder ein Maximum noch Minimum entsprechen.

In Hinsicht der beiden Maxima, welche in (III) bei den Kreisen M_3 und M_1 zugleich eintreten, bleibt zu erforschen, welches von beiden das grössere, also das Hauptmaximum sei.

Bemerkung. Durch den obigen Satz wird unter anderen die folgende Aufgabe beantwortet:

„Einen biegsamen Faden von gegebener Länge σ um ein gegebenes convexes Polygon so zu spannen, dass er durch alle Ecken desselben geht und den möglichst grössten Raum einschliesst“. Oder sphärisch kann man die Aufgabe so stellen: „Wenn in der Grenze eines Landes (Staates) mehrere feste Puncte, und wenn der ganze Umfang desselben gegeben ist, die Grenzlinie so zu ziehen, dass der Flächenraum ein Maximum wird“.

55. Wenn beim vorigen Satze (54) die Figuren als Kreissegmente vorausgesetzt werden, und zwar ohne Einschränkung, so dass jedes Segment nach Belieben kleiner oder grösser als der ganze Kreis sein darf, so ist ihre Summe unter den übrigen gegebenen Bedingungen im Allgemeinen jedesmal ein Maximum oder ein Minimum, wenn sie gleiche Radien haben.

Dass unter diesen Voraussetzungen die Zahl der Fälle, in welchen dem Satze genügt wird, sehr gross sein kann, ist leicht zu ermessen; ja selbst wenn die Segmente, welche grösser als der Kreis sind, ausgeschlossen werden, sind doch noch zahlreiche Fälle möglich, wofern nur über jeder Sehne das kleinere oder grössere Segment genommen werden darf. Um dabei zu entscheiden, ob gewisse Fälle möglich seien oder nicht, kann man sich ebensolcher Hülfskreise bedienen, wie vorhin (54, III) des Kreises M_m, d. h. solcher Kreise, bei welchen, wenn man die gegebenen Sehnen $a, b, c, d, \dots$ einschreibt, die Summe der darüber stehenden Bogen ein Minimum ist, wofern in Rücksicht jeder Sehne bestimmt ist, ob der kleinere oder grössere Bogen genommen werden soll. Diese Kreise wären also der Gegenstand einer vorläufigen Aufgabe. Es kann nach ihrer charakteristischen Eigenschaft gefragt werden. In einem sehr speciellen Falle spricht sich diese Eigenschaft, wie folgt, aus:

„Sind nämlich die gegebenen Sehnen einander gleich

$$a = b = c = \cdots$$

und ist ihre Anzahl ungerade, etwa gleich $2n+1$, und soll, wenn dieselben einem veränderlichen Kreise M_m eingeschrieben sind, über n Sehnen der grössere Bogen α_1 und über den $n+1$ übrigen der kleinere α genommen werden, so ist diese Bogensumme $n\alpha_1+(n+1)\alpha$ ein Minimum, wenn sie gerade der Summe der Tangenten $AD+BD$ in den Endpuncten der einen Sehne a gleich ist“ (52, III).

Mit Bezug auf diese Eigenschaft würde hier ein analoger Satz folgen, wie in (52, III, 2).

56. Die Sätze (52) und (54) gestatten zahlreiche Anwendungen, wovon einige hier nur flüchtig angedeutet, andere etwas ausführlicher erörtert werden sollen.

Zunächst mag bemerkt werden, dass ebenso, wie der Satz (52) zwei Kreisstücke der einfachsten Art zum Gegenstande hat, über irgend zwei complicirtere Kreisstücke ein Satz aufgestellt werden kann. Ohne auf diese zahlreichen Sätze einzeln einzugehen, sollen dieselben, wie folgt, summarisch ausgesprochen werden:

I. Wenn von jeder der beiden Figuren F und F_1 angegeben ist, aus welchen Elementen ihre Grenzlinie besteht, und welche von diesen Elementen gegeben sind, ebenso wie bei den früheren Sätzen von No. 21 bis No. 50, und wenn ferner die Summe ihrer Umfänge gegeben ist, so kann die Summe ihrer Inhalte nur dann ein Maximum sein, wenn die Figuren Kreisstücke gleicher Kreise sind; oder sollen die Figuren Kreisstücke sein, so ist die Summe ihrer Inhalte im Allgemeinen jedesmal ein Maximum oder ein Minimum, wenn sie gleiche Radien haben.

Diese Behauptung wird durch Hülfe des Satzes (52, I) leicht bestätigt. Denn soll die Summe der Figuren $F+F_1$ ein Maximum werden, so müssen dieselben zunächst Kreisstücke sein und somit Kreisbogen L, L_1 enthalten; sodann muss, wenn man im Bereich dieser Bogen von den Figuren beliebige spitzwinklige Segmente $a\alpha$, $b\beta$ abschneidet und für einen Augenblick die Sehnen a, b, sowie die Summe

$$\alpha+\beta = \sigma$$

als gegeben betrachtet, die Summe der Segmente $a\alpha+b\beta$ ein Maximum sein; daher müssen die Bogen α, β und folglich auch L, L_1 gleiche Radien haben.

II. Sollen die Figuren F und F_1 insbesondere Kreisstücke zwischen bloss umschriebenen (gegebenen) Winkeln sein (also ihre Grenzlinien keine gegebenen Sehnen enthalten), und ist die Summe ihrer Umfänge gegeben, so ist die Summe ihrer Inhalte ein Minimum, wenn dieselben gleiche Radien haben.

Auch finden hierbei zwei Grenzmaxima statt, wenn nämlich die eine oder andere Figur gleich 0 wird. Es kann gefragt werden, welches von beiden das grössere sei? Sind F und F_1 Kreisstücke in nur einem umschriebenen Winkel, etwa F in A und F_1 in B, so haben sie in jenen Grenzfällen gleichen Umfang, und dann ist $F>F_1$, wenn Winkel $A>B$ ist.

In Betracht der ebenen Figuren ist der Satz II noch in einer anderen Beziehung nur ein besonderer Fall, nämlich von dem folgenden Satze:

III. Sind zwei beliebige ebene Figuren F, F_1 der Form nach gegeben (d. h. sollen sie zwei gegebenen Figuren f, f_1 ähnlich sein), und ist die Summe ihrer Umfänge $U+U_1$ gegeben, so ist die Summe ihrer Inhalte ein Minimum, wenn sich die Inhalte wie die Umfänge verhalten, also wenn

$$F : F_1 = U : U_1.$$

Vermöge des Satzes (54) sind die vorstehenden Sätze I und II in gleicher Weise auf irgend eine Anzahl beliebiger Kreisstücke auszudehnen.

Weiter folgt aus den beiden Sätzen (52) und (54) unmittelbar nachstehende neue Reihe von Sätzen über Figuren, welche theils durch feste Elemente bedingt, theils durch feste Grenzen beschränkt sind.

57. I. Soll die Grenzlinie einer Figur durch die Endpuncte einer gegebenen Geraden AB gleich a (Taf. XI Fig. 15) gehen, und ist ihr Umfang gleich U gegeben, ist dieser jedoch kleiner als die Kreislinie über dem Durchmesser a, also

$$U < \pi a,$$

so ist der Inhalt der Figur ein Maximum, wenn sie aus zwei gleichen Kreissegmenten $a\alpha$, $a\beta$ über der Sehne AB besteht (52, I).

Ist

$$U > \pi a \quad \text{oder} \quad U = \pi a,$$

so hat die Bedingung, dass die Grenzlinie durch A und B gehen soll, keinen Einfluss mehr, die Figur ist dann immer ein Kreis.

II. Behält der Umfang U constante Länge, während die Gerade a sich ändert, wächst oder schwindet, so muss der Inhalt beziehlich schwinden oder wachsen (33).

Hat a abgenommen, bis U gleich πa wird, so bleibt von da an der Inhalt constant, nämlich die Figur ist dann stets ein Kreis.

58. I. Besteht die Grenzlinie einer Figur aus einer willkürlich langen Geraden G und aus einer beliebigen Linie L von gegebener Länge; soll die Linie L durch einen Punct A gehen, dessen Abstand von der Geraden G gleich p gegeben ist, und ist

$$L < \pi p,$$

so ist der Inhalt der Figur ein Maximum, wenn die Linie L aus zwei gleichen Kreisbogen α, β besteht, welche auf G normal stehen, so dass ihre Mittelpuncte in G liegen (57, I). Ist

$$L > \pi p \quad \text{oder} \quad L = \pi p,$$

so ist die Figur immer ein Halbkreis, L der Bogen und G der Durchmesser.

II. Besteht die Grenzlinie einer Figur aus zwei festen Geraden AB und G, wovon die erste begrenzt und gegeben, die andere willkürlich lang sein darf, und ferner aus zwei beliebigen Linien α und β, deren Summe

$$\alpha + \beta = \sigma$$

gegeben ist, und welche die Endpuncte von AB mit irgend welchen Puncten in G verbinden, so kann der Inhalt der Figur nur dann ein Maximum sein, wenn α und β Bogen gleicher Kreise sind, und wenn sie auf G normal stehen.

Wäre statt der Geraden G ein fester Winkel GH gegeben, und läge die feste Gerade AB innerhalb desselben, so müssten α und β beziehlich auf dessen Schenkeln G und H normal stehen und gleiche Radien haben.

III. Soll die Grenzlinie einer Figur aus einer willkürlich langen festen Geraden G und aus einer nach Länge gegebenen Linie L bestehen, und soll die Linie L durch eine Reihe gegebener Puncte $A, B, C, \ldots$ gehen, welche alle auf einerlei Seite von G liegen, so kann der Inhalt der Figur nur dann ein Maximum sein, wenn alle Theile der Linie L zwischen den auf einander folgenden festen Puncten, sowie die beiden äussersten Theile, welche den ersten und letzten Punct mit der Geraden G verbinden, Bogen gleicher Kreise sind (54), und wenn die beiden letzteren zu der Geraden G normal sind (I).

Analog ist der Satz, wenn statt der Geraden G ein fester Winkel GH gegeben ist. U. s. w.

59. Sind eine Gerade G und ein Punct A in fester Lage gegeben (Taf. XI Fig. 16), ist AB gleich a das Perpendikel aus A auf G; ist ferner die Länge der Grenzlinie L einer Figur gegeben, und soll dieselbe durch A gehen und bis an G reichen, und ist

$$L < \pi a,$$

so ist der Inhalt der Figur ein Maximum, wenn L aus zwei gleichen Kreisbogen α und β besteht, welche AB zur gemeinschaftlichen Sehne haben, und welche somit die Gerade G unter gleichen Winkeln schneiden. Wenn aber

$$L > \pi a \quad \text{oder} \quad L = \pi a,$$

so ist die Figur immer ein Kreis ACD, welcher die Gerade G berührt.

60. Sind zwei feste parallele Gerade G, H (Taf. XI Fig. 17) gegeben, ist ihr Abstand von einander gleich a; ist ferner die Länge der Grenzlinie L einer Figur gegeben, welche an beide Geraden anstossen soll, aber über keine hinaustreten, jedoch nach Belieben entweder nur einen Punct oder eine Strecke mit jeder gemein haben darf, so ist der Inhalt der Figur ein Maximum, wenn die Grenzlinie, je nach Massgabe ihrer Länge, folgende verschiedene Formen hat, nämlich wenn sie

1) im Falle L gleich πa, ein Kreis $\gamma\gamma$ ist, welcher G und H berührt, also a zum Durchmesser hat;
2) im Falle $L < \pi a$, aus zwei gleichen Kreisbogen α und β besteht, welche das Perpendikel AB gleich a zur gemeinschaftlichen Sehne haben und sowohl G als H unter gleichen Winkeln schneiden; und

3) im Falle $L > \pi a$, aus zwei Halbkreisen α_1 und β_1, wovon jeder G und H berührt und somit a zum Durchmesser hat, und aus zwei gleichen Strecken CD und EF besteht.

61. I. Besteht die Grenzlinie einer Figur aus einer gegebenen festen Geraden AB gleich $2b$ (Taf. XI Fig. 18) und aus einer beliebigen Linie L von gegebener Länge, welche an eine im Abstande gleich a mit AB parallele Gerade G anstossen, aber nicht darüber hinaustreten soll, jedoch nach Belieben nur einen Punct oder eine Strecke mit ihr gemein haben darf, und soll der Inhalt der Figur ein Maximum sein, so muss die Linie L, je nach Massgabe ihrer Länge, folgende verschiedene Gestalten annehmen:

1) bei ihrem kleinsten Werthe gleich $2c$, der ein Grenzwerth ist, besteht L aus zwei gleichen Geraden AC und BC, und die Figur ist ein gleichschenkliges Dreieck ACB;

2) bei einer bestimmten Länge gleich γ wird L ein Kreisbogen ACB, welcher die Gerade G in C berührt, und die Figur ist ein Kreissegment $A\gamma C\gamma B$;

3) bei einer anderen bestimmten Länge gleich $2b+\pi a$ besteht L aus zwei gleichen Halbkreisen δ, ε, welche die Gerade G in D und E berühren, und deren Durchmesser AD, BE auf derselben senkrecht und gleich a sind, und aus der Strecke DE gleich $2b$; die Figur besteht aus dem Rechteck $ADEB$ und aus den Halbkreisen $A\delta D$ und $B\varepsilon E$.

Zwischen diesen besonderen Fällen nun und über den letzten hinaus nimmt die Linie L folgende Formen an:

4) Wenn

$$2c < L < \gamma,$$

so besteht L aus zwei gleichen Kreisbogen α und β, welche die Gerade G in dem bestimmten Puncte C unter gleichen Winkeln schneiden;

5) wenn

$$\gamma < L < 2b+\pi a,$$

so besteht L aus zwei gleichen Kreisbogen α_1 und β_1, welche die Gerade G in A_1 und B_1 berühren, und aus der Strecke A_1B_1, deren Mitte der feste Punct C ist; und

6) wenn

$$2b+\pi a < L,$$

so besteht L aus zwei Kreisbogen α_2 und β_2 von einerlei Radius, welche die Gerade G in A_2 und B_2 berühren und einander zu einem Kreise ergänzen (59), indem ihre Sehnen AA_2 und BB_2

parallel sind, und aus der Strecke A_2B_2, deren Länge constant gleich $2b$, deren Lage aber veränderlich ist.

Es ist klar, dass im letzten Falle (6) der grössere Bogen sowohl am Puncte A als an B liegen kann.

In allen Fällen lässt sich der Inhalt der Figur durch die gegebenen Grössen a, b und L leicht ausdrücken, z. B. im Falle (6) ist er gleich

$$2ab+\frac{(L-2b)^2}{4\pi}.$$

II. Wenn die Gerade G beliebige feste Lage hat (nur nicht zwischen den Endpuncten der Geraden AB durchgeht), wenn sie z. B. von B weiter entfernt ist als von A, wie in Fig. 19 auf Taf. XI, so nimmt die Linie L, wofern der Inhalt der Figur ein Maximum sein soll, nach einander folgende verschiedene Formen an: Im Grenzfalle, wo sie am kleinsten ist, besteht sie aus zwei Geraden AC und BC, welche die Gerade G unter gleichen Winkeln schneiden, und deren Summe überhaupt ein Minimum ist in Rücksicht der Abstände irgend eines Punctes in G von den Puncten A und B; wird nun

$$L > AC+BC,$$

so besteht sie zunächst aus zwei Kreisbogen α und β von einerlei Radius r, welche die Gerade G in dem nämlichen Puncte D (zwischen C und E) und unter einerlei Winkel φ schneiden; der Punct D bewegt sich von C nach E, und der Radius r und der Winkel φ schwinden; erlangt L eine bestimmte Länge gleich ε, so besteht sie aus einem einzigen Kreisbogen $A\varepsilon E\varepsilon B$, welcher G in E berührt, wobei φ gleich 0 wird und es fortan bleibt; von da an, wenn die Linie L fortwächst, besteht sie aus zwei Kreisbogen α_1 und β_1 von einerlei Radius r, welche die Gerade G in A_1 und B_1 berühren, und aus der Strecke A_1B_1; die Puncte A_1 und B_1 entfernen sich von E beziehlich nach C und F hin, der Radius r schwindet noch immer, und von den Bogen α_1 und β_1 ist jeder kleiner als der Halbkreis; endlich tritt der Zustand ein, wo der Bogen β_1 ein Halbkreis wird, welcher das Perpendikel BF von B auf G zum Durchmesser hat, und in welchem Falle der Radius r ein Minimum wird, B_1 in F fällt und A_1 die grösste Entfernung von E erreicht, nach C hin oder darüber hinaus; von da an, wenn L weiter wächst, wird β_1 immer mehr grösser und α_1 immer mehr kleiner als der Halbkreis, der Punct A_1 bewegt sich rückwärts nach E, F, ... hin, er folgt dem Puncte B_1 nach, der Radius r und die Strecke A_1B_1 wachsen immer fort.

62. Soll die Grenzlinie einer Figur F an jede Seite eines gegebenen Polygons P anstossen, kann sie jedoch nach Belieben nur einen Punct oder eine willkürliche Strecke mit der jedesmaligen Seite gemein haben, und ist der ganze Umfang der Figur F gegeben, so kann ihr Inhalt nur dann ein Maximum sein, wenn alle ihre Umfangstheile, welche die auf einander folgenden Seiten des Polygons P verbinden, Bogen gleicher Kreise sind, und wenn jede Seite von den beiden an sie anstossenden Bogen unter demselben Winkel geschnitten wird, der gleich 0 ist, wenn die Seite eine Strecke mit der Grenzlinie von F gemein hat, oder wenn insbesondere beide Bogen denselben Mittelpunct haben (61, II).

Die Betrachtung der Grenzen der Figur F führt zu einigen interessanten Resultaten, welche im Nachfolgenden zum Theil näher erörtert werden sollen.

63. I. Lässt man den Umfang der eingeschriebenen Figur F sich ändern, kleiner oder grösser werden, während das Polygon P unverändert bleibt, so lassen sich die Grenzen, welche jenem Umfange zukommen, sowie die Form, welche die Figur F dabei annimmt, im Allgemeinen nicht leicht angeben, zumal wenn das gegebene Polygon P im weiteren Sinne genommen wird. Ja selbst wenn P ein convexes Polygon ist und die Figur F ausdrücklich auf dessen inneren Raum beschränkt sein soll, lassen sich die genannten Grenzfälle nicht immer leicht erkennen, indem diese Bedingung in gewissen Fällen der Natur der Sache widerstreitet. Wohl kann man sagen, dass unter dieser Voraussetzung der Umfang von F eine bestimmte obere Grenze habe, nämlich den Umfang des Polygons P selbst. Dagegen kann die untere Grenze, wo der Umfang von F am kleinsten ist, in Ansehung der Form von F sehr verschieden ausfallen, je nach Beschaffenheit des Polygons P. Indessen giebt es verschiedene bestimmte Fälle, wo die Figur F bei dieser Grenze in ein (geradliniges) Polygon F_1 übergeht, welches dem Polygon P eingeschrieben und mit ihm von gleicher Gattung (gleicher Seitenzahl) ist. Dabei sind die Seiten des Polygons F_1 als Kreisbogen von einerlei Radius anzusehen, welcher unendlich gross geworden ist, und es muss, wie zuvor bei den wirklichen Kreisbogen bei F, jede Seite des Polygons P mit den beiden anstossenden Seiten des Polygons F_1 gleiche Winkel bilden. Aus dieser Eigenschaft des Polygons F_1 folgt zugleich, dass in Rücksicht auf alle dem gegebenen Polygon P eingeschriebenen Polygone sein Umfang ein Minimum ist (oder dass es wenigstens mit zu denjenigen Polygonen gehört, deren Umfang ein Minimum ist, wie sich in dem Folgenden zeigen wird). Ob aber, wenn ein Polygon F_1 die genannte Eigenschaft hat, dass nämlich jede Seite von P mit den beiden anstossenden

Seiten von F_1 gleiche Winkel bildet — ob dann auch allemal umgekehrt dasselbe als Grenze der Figur F anzusehen sei, muss noch näher untersucht werden. Ueberhaupt entsteht hier die Frage, ob einem gegebenen Polygon P im Allgemeinen immer ein Polygon F_1 mit der genannten Eigenschaft sich einschreiben lasse, oder welche besondere Eigenschaft P haben müsse, damit dies möglich sei; und wenn es möglich ist, ob dann F_1 auch in der That als Grenze der Figur F zu betrachten sei.

Dass in gewissen Fällen das Polygon F_1 mit der geforderten Eigenschaft möglich ist, davon überzeugt man sich leicht. Denn wird umgekehrt dasselbe für einen Augenblick als gegeben angenommen, so ist das zugehörige Polygon P bestimmt und leicht zu construiren; nämlich die Geraden, welche die äusseren Winkel des Polygons F_1 hälften, sind die Seiten des Polygons P.

Die aufgestellten Fragen werden durch folgende Andeutungen beantwortet:

II. Angenommen das Polygon F_1 sei dem Polygon P auf die besprochene Weise eingeschrieben. Heissen die Winkel von P nach der Reihe $A_1, A_2, A_3, \ldots A_m$, und die Winkel von F_1 gleicherweise $a_1, a_2, a_3, \ldots a_m$, wo die Ecke a_1 in der Seite A_1A_2, a_2 in A_2A_3, u. s. w. liegen soll. Dann hat man

$$(A)\qquad \begin{cases} 2A_1 = a_m + a_1, \\ 2A_2 = a_1 + a_2, \\ 2A_3 = a_2 + a_3, \\ \cdot\quad\cdot\quad\cdot\quad\cdot\quad\cdot\quad\cdot \\ 2A_m = a_{m-1} + a_m. \end{cases}$$

Aus diesen Gleichungen schliesst man Folgendes:

1) Ist die Seitenzahl der Polygone ungerade, ist

$$m = 2n+1,$$

so sind die Winkel des einzuschreibenden Polygons F_1 durch die Winkel des gegebenen Polygons P bestimmt und unmittelbar durch dieselben auszudrücken; nämlich jeder Winkel von F_1 ist gleich der Differenz zwischen der Summe der Winkel von P mit ungeradem Index und der Summe der Winkel von P mit geradem Index, wofern die Zählung der letzteren so geschieht, dass von den beiden Winkeln, welche jenem zunächst liegen, der eine der erste und der andere der letzte ist. So ist z. B.

$$(B)\qquad a_m = (A_1 + A_3 + \cdots + A_{2n+1}) - (A_2 + A_4 + \cdots + A_{2n}).$$

2) Ist dagegen die Seitenzahl gerade, ist

$$m = 2n,$$

so sind die Winkel des Polygons F_1 nicht in gleicher Weise bestimmt. Aber dafür sind die Winkel des Polygons P einer bestimmten Bedingung unterworfen, so dass also dasselbe kein beliebiges Polygon sein kann, nämlich es ist die Summe seiner geraden Winkel gleich der Summe der ungeraden, also

$$(C) \qquad A_1 + A_3 + \cdots + A_{2n-1} = A_2 + A_4 + \cdots + A_{2n}.$$

Im Falle (1) ist das Polygon F_1 im Allgemeinen immer möglich, ohne dass das Polygon P besonderen Bedingungen unterworfen wird, und zwar ist jenes absolut (oder einfach) bestimmt. Dasselbe wird jedoch als Repräsentant und Grenzfall der Figur F (nach der obigen engeren Forderung I) im Allgemeinen untauglich, sobald einige von seinen Winkeln negativ werden, was, wie aus dem vorstehenden Ausdrucke (B) zu sehen ist, leicht eintreten kann.

Im Falle (2) aber, wenn die Winkel von P der aufgestellten Bedingung (C) genügen, ist F_1 nicht in gleicher Weise absolut bestimmt, vielmehr sind dann zugleich unendlich viele Polygone f_1 möglich, welche alle dem Polygon P unter den obigen Bedingungen eingeschrieben sind, und deren Umfang also ein Minimum ist, d. h. sie haben alle unter sich gleichen aber kleineren Umfang als jedes andere dem P eingeschriebene Polygon. Unter dieser Menge von Polygonen f_1 befindet sich nun auch das Polygon F_1, welches die Grenze der Figur F ist, und zwar kann dasselbe offenbar nur dasjenige sein, dessen Inhalt unter allen ein Maximum ist.

Wie in beiden Fällen das Polygon F_1, oder wie im letzten Falle beliebige Polygone f_1 gefunden werden, ersieht man am klarsten aus der folgenden Betrachtung, durch welche die Eigenschaft dieser Polygone von einer neuen Seite beleuchtet wird.

III. *A.* Sei ein beliebiges Polygon P mit ungerader Seitenzahl gleich $2n+1$ gegeben. Von irgend einem Puncte a der ersten Seite A_1A_2 gehe ein Lichtstrahl aus, der mit ihr einen beliebigen Winkel α bildet, und falle auf die zweite Seite; von dieser werde er reflectirt oder so gebrochen, dass der gebrochene Strahl gerade die entgegengesetzte Richtung des reflectirten hat, und auf die dritte Seite geworfen, von dieser in gleicher Weise auf die vierte, u. s. w., und wenn er endlich von der letzten Seite auf die erste fällt, diese in einem Puncte b und unter einem Winkel β trifft, werde er von derselben nochmals auf die zweite, von dieser auf die dritte u. s. w. geworfen, bis er zum zweiten Mal auf die erste Seite zurückfällt, sie in einem Puncte c und unter einem Winkel γ trifft; so bestehen dabei folgende Gesetze, von deren Richtigkeit man sich leicht überzeugt:

1) Es ist allemal Winkel

$$\gamma = \alpha.$$

2) Bleibt der Winkel α constant, während der Ausgangspunct a seine Lage (in der Seite A_1A_2) beliebig ändert, so bleibt auch die Strecke ac constant, und so bleibt auch in gewissem Sinne der Weg des Lichtstrahles constant, in dem Sinne nämlich, dass wenn der Lichtstrahl allenthalben bloss reflectirt wird, dann alle Theile des Weges positiv, wenn er aber in einzelnen Puncten gebrochen wird, alsdann die Wegtheile vor und nach der jedesmaligen Brechung mit entgegengesetzten Vorzeichen (+ und —) genommen werden, wenn also, mit einem Worte, nach jeder Brechung der Weg sein Zeichen ändert.

3) Für jeden gegebenen Winkel α giebt es im Allgemeinen eine bestimmte Lage des Ausgangspunctes a, bei welcher der Punct b mit ihm zusammentrifft; und für jede Lage des Punctes a giebt es einen bestimmten Ausfalls-Winkel α, bei welchem gleichfalls b auf a fällt.

4) Es giebt allemal einen, aber nur einen bestimmten Winkel α, bei welchem erstens beständig die Strecke

$$ac = 0$$

ist, d. h. bei welchem stets der Endpunct c auf den Anfangspunct a fällt, es mag dieser längs der Seite A_1A_2 angenommen werden, wo man will; so dass also der Weg des Lichtstrahles allemal ein Polygon f_2 von

$$2m = 4n+2$$

Seiten ist, welches dem Polygon P so eingeschrieben ist, dass es in demselben zwei Umläufe macht, also in jeder Seite desselben zwei Ecken hat, wie z. B. in der ersten Seite A_1A_2 die Ecken a und b. In diesem Falle ist zweitens Winkel

$$\beta = \alpha,$$

d. h. der Lichtstrahl kehrt schon nach dem ersten Umlaufe unter demselben Winkel auf die erste Seite zurück, unter welchem er sie verlassen hat, so dass daher die Seiten jedes Polygons f_2 paarweise parallel sind. Drittens ist der Umfang des Polygons f_2 constant, wofern er als Weg des Lichtstrahles in gleichem Sinne genommen wird, wie im zweiten Falle. Viertens sind die Ecken a und b allemal gleich weit von einem festen Puncte m in der Seite A_1A_2 entfernt, so dass immer

$$am = mb$$

ist, und dasselbe gilt von jeder anderen Seite; wird a in m angenommen, so fällt auch b dahin, d. h. so kehrt der Lichtstrahl schon nach dem ersten Umlaufe in seine Bahn zurück, er beschreibt ein Polygon F_1 von $2n+1$ Seiten, welches er beim zweiten Umlaufe nur wiederholt, so dass also dasselbe, um als Polygon f_2 angesehen zu werden, doppelt genommen werden muss. Endlich ist dieses besondere Polygon fünftens gerade das oben (II) besprochene Polygon F_1; dasselbe ist auch unter allen Polygonen f_2 dasjenige, dessen Inhalt ein Maximum ist (wofern es nämlich, wie soeben bemerkt worden, doppelt genommen wird).

B. Das gegebene Polygon P habe eine gerade Zahl gleich $2n$ von Seiten. Ein Lichtstrahl bewege sich auf gleiche Weise in demselben, wie vorhin, er gehe von irgend einem Puncte a der ersten Seite A_1A_2 aus, bilde mit ihr einen beliebigen Winkel α, treffe sie nach dem ersten Umlaufe in einem Puncte b und unter einem Winkel β, u. s. w., so finden hier folgende Gesetze statt:

1) Es ist allemal

$$\alpha-\beta=(A_1+A_3+\cdots+A_{2n-1})-(A_2+A_4+\cdots+A_{2n})=u.$$

2) Ist nun diese Differenz u zu π commensurabel, so wird der Lichtstrahl nach einer bestimmten Zahl von Umläufen unter demselben Winkel auf die erste Seite fallen, unter welchem er anfänglich von ihr ausgegangen ist; er treffe sie im Puncte t und unter dem Winkel τ, so ist also

$$\tau=\alpha.$$

Bleibt α constant, während a seine Lage ändert, so bleibt auch die Strecke at sowohl, als der Weg des Lichtstrahles constant; u. s. w.

3) Es sei

$$u=0,$$

d. h. es sei die Summe der geraden Winkel des gegebenen Polygons P gleich der Summe der ungeraden, so ist erstens

$$\beta=\alpha,$$

d. h. so fällt der Lichtstrahl schon nach dem ersten Umlaufe unter demselben Winkel auf die erste Seite zurück, unter welchem er sie anfänglich verlassen hat. Wenn zweitens der Winkel α derselbe bleibt, aber der Anfangspunct a seine Lage ändert, so bleibt sowohl der Weg des Lichtstrahles, als der Abstand ab seiner Endpuncte a und b von einander constant. Drittens giebt es allemal einen bestimmten Anfangs-Winkel α, bei welchem immer der Punct b auf a fällt, mag letzterer angenommen werden, wo man will; so dass also der Weg des Lichtstrahles allemal ein dem gegebenen Polygon P eingeschriebenes Polygon f_1 von gleicher Gattung und von constantem Umfange ist. Viertens befindet sich unter diesen Polygonen f_1 das oben (II) genannte Polygon F_1, welches die Grenze der Figur F darstellt, und zwar ist es dasjenige, dessen Inhalt ein Maximum ist; andererseits hat dasselbe die charakteristische Eigenschaft: „*dass die Summe seiner geraden Seiten gleich ist der Summe der ungeraden*“, wodurch dasselbe vollkommen bestimmt ist.

C. Es ist zu bemerken, dass der erste Satz (A), bei welchem das gegebene Polygon P eine ungerade Zahl von Seiten hat, als besonderer Fall des zweiten (B, 3), wo die Seitenzahl gerade ist, angesehen werden kann; denn da bei (A) zwei Umläufe stattfinden, so ist dies ebenso viel, als wenn das Polygon P die doppelte Zahl von Seiten, also $2m$ oder $4n+2$ Seiten hätte und nur ein Umlauf stattfände, wobei auch in der That der Bedingung in (B, 3), dass u gleich 0 sei, genügt wird. Demgemäss gilt denn auch die folgende Construction sowohl für die Polygone f_1 als f_2.

Zum Behufe dieser Construction mag zuvörderst bemerkt werden:

1) dass die entsprechenden Seiten der verschiedenen Polygone f_1 unter sich parallel sind (vermöge des constanten Winkels α);

2) dass ferner, sobald die Richtung irgend einer bestimmten Seite gefunden ist, dann die Richtungen aller übrigen Seiten als gegeben, und somit auch alle Polygone f_1 als gegeben oder als gefunden zu betrachten sind;

3) und dass endlich z. B. die erste Seite a_1a_2 irgend eines der Polygone f_1, deren Endpuncte a_1 und a_2 in den zwei ersten Seiten A_1A_2 und A_2A_3 des Polygons P liegen, durch einen beliebigen gegebenen Punct p_1 gehen kann. In der That wird diese Seite, wie folgt, gefunden:

„Aus dem gegebenen Puncte p_1 fälle man auf die zweite Seite A_2A_3 von P das Perpendikel p_1q_1, nehme in dessen Verlängerung den Punct p_2 so, dass

$$p_2q_1 = p_1q_1;$$

aus p_2 fälle man auf die dritte Seite A_3A_4 das Perpendikel p_2q_2 und nehme in dessen Verlängerung den Punct p_3 so, dass

$$p_3q_2 = p_2q_2;$$

ebenso construire man durch das Perpendikel aus p_3 auf die Seite A_4A_5 den Punct p_4, u. s. w., bis man endlich durch das Perpendikel aus dem Puncte p_m auf die erste Seite A_1A_2 zu einem Puncte p_{m+1} gelangt, welcher in der verlangten Seite a_1a_2 (oder in ihrer Verlängerung) liegt, so dass also dieselbe in der durch die beiden Puncte p_1 und p_{m+1} bestimmten Geraden liegen muss“.

Nach den früheren Andeutungen ist es nunmehr auch leicht, für beide Fälle das besondere Polygon F_1 zu finden, sobald man durch das eben beschriebene Verfahren bereits irgend ein Polygon f_1 oder f_2 construirt hat.

Hat P eine ungerade Zahl von Seiten, so ergiebt sich für die Polygone f_2 noch eine andere Construction aus der obigen Eigenschaft (II, 1), wonach nämlich der Winkel α oder die Richtung der Seite $a_1 a_2$ aus den Winkeln des gegebenen Polygons P unmittelbar gefunden wird.

64. Folgende einfache Beispiele von den betrachteten Figuren und Sätzen (62 und 63) verdienen noch besonders erwähnt zu werden:

I. Wenn das gegebene Polygon P in (63, III, B, 3) insbesondere ein Viereck $ABCD$ ist, so muss dasselbe einem Kreise eingeschrieben sein, weil Winkel

$$A+C = B+D.$$

Die ihm eingeschriebenen Vierecke f_1 vom kleinsten Umfange sind durch ein neues, etwas einfacheres Verfahren zu finden als das vorige, und zwar wird zunächst das besondere Viereck F_1, dessen Inhalt ein Maximum ist, und welches die Grenze der Figur F darstellt, durch folgende Construction gefunden:

„Man ziehe in dem Vierecke $ABCD$ die Diagonalen AC und BD, fälle aus ihrem Durchschnitte E die Perpendikel Ea, Eb, Ec und Ed auf die Seiten des Vierecks, so sind die Fusspuncte a, b, c und d die Ecken des genannten Vierecks F_1."

Dieses Viereck F_1 oder $abcd$ hat auch die Eigenschaft, dass es einem Kreise umschrieben ist, welcher E zum Mittelpunct hat.

Die übrigen Vierecke f_1 oder $a_1 b_1 c_1 d_1$ werden nunmehr erhalten, wenn man eine Ecke a_1 beliebig annimmt und sodann die Seiten $a_1 b_1$, $b_1 c_1$, ... den entsprechenden Seiten ab, bc, ... des Vierecks $abcd$ parallel zieht.

II. Wenn im obigen Satze (62) das gegebene Polygon P insbesondere ein Dreieck ABC ist, und wenn die einzuschreibende Figur F ausdrücklich auf dessen inneren Raum beschränkt sein soll, so kommen der Grenzlinie L von F folgende verschiedene Formen und Grenzen zu:

1) Bei einer bestimmten Länge von L, etwa bei L gleich a, wird F der dem Dreieck eingeschriebene Kreis.

2) Ist $L > a$, so besteht L aus drei, die Seiten des Dreiecks paarweise berührenden Kreisbogen von einerlei Radius, und aus drei Strecken der genannten Seiten.

3) Ist $L < a$, so besteht L aus drei Bogen gleicher Kreise, welche ein dem Dreieck ABC eingeschriebenes, krummliniges Dreieck $\alpha\beta\gamma$ bilden, und wobei jede Seite des ersteren von den beiden anstossenden Seiten des letzteren unter gleichen Winkeln geschnitten wird. Die drei Geraden, welche die Winkel des krummlinigen Dreiecks $\alpha\beta\gamma$ hälften, treffen sich in irgend einem Puncte D. Ist das gegebene Dreieck ABC spitzwinklig,

so ist die untere Grenze von F (oder vom Dreieck $\alpha\beta\gamma$), nämlich F_1 (63), dasjenige geradlinige Dreieck abc, dessen Ecken in den Fusspuncten a, b, c der Perpendikel liegen, welche aus den Ecken des Dreiecks ABC auf die Gegenseiten gefällt werden. Das Dreieck abc hat demnach unter allen dem gegebenen Dreieck ABC eingeschriebenen Dreiecken den kleinsten Umfang; die Geraden, welche seine Winkel hälften, sind zugleich die genannten Perpendikel, die sich in einem Puncte D treffen; seine äusseren Winkel aber werden durch die Seiten des Dreiecks ABC gehälftet.

Bemerkung. Die hier angegebenen Eigenschaften und Sätze vom ebenen Dreieck ABC finden in ganz analoger Weise für das sphärische Dreieck statt. In wie weit der vorige Satz (I) über das Viereck $ABCD$, oder überhaupt die obigen Sätze (63) über die Polygone P, f_1 und f_2 auf der Kugelfläche in analoger Weise stattfinden, oder was an deren Stelle tritt, ist noch zu untersuchen. Dass das Polygon F_1, als Grenze der Figur F, auf gleiche Weise existirt, ist einleuchtend, ebenso, dass zugleich sein Umfang ein Minimum ist. Auch wird, wenn man das Polygon F_1 als gegeben annimmt, dann das Polygon P durch die nämliche Construction erhalten, wie oben (63, I).

65. Gleichwie bei dem obigen Satze (62) die zu beschreibende Figur F durch feste Gerade, durch die Seiten eines geradlinigen Polygons P, beschränkt ward, ebenso können zu gleichem Zwecke beliebige feste Curven, oder ein Curven-Polygon P_1 angewendet werden. Der Satz scheint dann allgemeiner — aber im Grunde beruht er doch nur auf dem vorigen Satze, weshalb denn auch die Haupteigenschaften der Figur F dieselben bleiben, wie dort, nämlich: Der Inhalt der Figur F kann nur dann ein Maximum sein, wenn 1) alle Theile ihres Umfanges, welche die auf einander folgenden festen Curven oder Seiten von P_1 verbinden, Bogen gleicher Kreise sind, und 2) wenn je zwei von diesen Kreisbogen, welche an dieselbe Curve (oder Seite von) P_1 anstossen, diese entweder im nämlichen Puncte und unter gleichen Winkeln treffen, oder sie in verschiedenen Puncten berühren. Dieser Satz gilt übrigens nicht nur in der Ebene und auf der Kugelfläche, sondern er findet in analoger Weise auf jeder beliebigen krummen Fläche statt, was ich bereits schon bei einer anderen Gelegenheit ausgesprochen habe *). Nämlich man hat folgenden allgemeinen Satz:

---

*) S. „Bericht über die zur Bekanntmachung geeigneten Verhandlungen der Königl. Akademie der Wissenschaften zu Berlin", April 1839. Cf. Bd. II. S. 165 dieser Ausgabe.

„Wenn auf irgend einer krummen Fläche S irgend eine Anzahl beliebiger Curven, oder ein Curven-Polygon P_1 gegeben ist, und wenn in dasselbe eine Figur F von gegebenem Umfange so eingeschrieben werden soll, dass ihre Grenzlinie an jede Seite des Polygons P_1 anstösst, so kann ihr Inhalt nur dann ein Maximum sein, wenn sie die charakteristische Eigenschaft hat,

1) dass die Theile ihrer Grenzlinie, welche die auf einander folgenden Curven oder Seiten von P_1 verbinden, so beschaffen sind, dass, wenn man längs eines solchen Theiles an die Fläche S eine berührende abwickelbare Fläche legt und diese sodann abwickelt, jener Theil dabei in einen Kreisbogen übergeht;

2) dass alle diese Kreisbogen gleiche Radien haben;

3) und dass endlich jede Curve oder jede Seite von P_1 von den beiden an sie anstossenden Theilen entweder im nämlichen Puncte getroffen und unter gleichen Winkeln geschnitten, oder in verschiedenen Puncten berührt wird.“

66. Auch bei diesem allgemeinen Satze (65) kann die Figur F in ihrem Grenzfalle in ein Polygon F_1 übergehen (63), dessen Seiten nämlich kürzeste Linien auf der gegebenen Fläche S sind, welche bei der vorgenannten Abwickelung in Gerade übergehen. Zugleich hat dieses Polygon F_1 auch die Eigenschaft, dass sein Umfang im Allgemeinen ein Minimum oder Maximum ist in Beziehung auf alle Polygone, welche dem Polygon P_1 in gleicher Weise mit kürzesten Linien eingeschrieben sind. Im Allgemeinen scheint auch das Umgekehrte behauptet werden zu können, nämlich: dass, wenn dem Polygon P_1 ein Polygon F_1 mit kürzesten Linien eingeschrieben ist, dessen Umfang ein Minimum oder Maximum wird, dass dann dasselbe zugleich auch ein Grenzfall der Figur F sei. Der folgende specielle Fall macht jedoch zum Theil hiervon eine Ausnahme.

In der Ebene insbesondere, wo P_1 irgend ein System von m festen Curven oder ein Curven-Polygon ist, wird F_1 ein geradliniges Polygon, und die in seinen Ecken an die respectiven Curven gelegten Tangenten bilden ein Polygon P, zu welchem F_1 dieselbe Beziehung hat, wie oben (63). Nämlich es muss offenbar das Polygon F_1 auch in Rücksicht des Polygons P ein Grenzfall der diesem letzteren eingeschriebenen Figur F sein; der Umfang von F_1 muss in Beziehung auf alle dem Polygon P eingeschriebenen Polygone ein Minimum sein; die äusseren Winkel von F_1 müssen durch die Seiten von P gehälftet werden; und endlich muss, im Falle m gerade, also

$$m = 2n$$

ist, die Summe der Winkel von P mit geradem Index der Summe der

Winkel mit ungeradem Index gleich sein. In diesem Falle, wo

$$m = 2n$$

muss ferner das Polygon F_1 die Eigenschaft haben, dass die Summe seiner Seiten mit geradem Index gleich ist der Summe der Seiten mit ungeradem Index (63, III, B, 3). Wenn daher dem Curven Polygon P_1 von $2n$ Seiten ein Polygon f_1 so eingeschrieben wird, dass sein Umfang ein Minimum oder ein Maximum ist, so folgt daraus noch nicht, dass dasselbe auch zugleich ein Grenzfall der Figur F sei; sondern dies ist nur dann möglich, wenn auch zugleich die Summe seiner Seiten mit geradem Index gleich ist der Summe seiner Seiten mit ungeradem Index. Dies ist die vorerwähnte Ausnahme; sie findet nicht statt, wenn m ungerade, also wenn

$$m = 2n+1$$

ist. In diesem Falle hat man unter anderen den folgenden speciellen Satz:

Sollen die Ecken eines Dreiecks abc (oder F_1) beziehlich in drei festen Curven A, B, C (oder P_1) liegen, so ist sein Umfang nur dann ein Minimum oder Maximum, wenn die Normalen der Curven in den Ecken des Dreiecks dessen Winkel hälften und somit alle drei sich in einem Puncte treffen; oder wenn die Normale in jeder Ecke mit den Tangenten in den beiden anderen Ecken in einem und demselben Puncte zusammentrifft (64, II).

Dieser Satz findet auf der Kugelfläche in analoger Weise statt.

67. Bei der letzten Betrachtung kann man in der Ebene noch in anderer Hinsicht zu speciellen Fällen übergehen, wie z. B. wenn statt der m festen Curven P_1 eine einzige Curve P_1 gegeben ist, in welche eine Figur F oder ein geradliniges Polygon f_1 unter ähnlichen Bedingungen eingeschrieben werden soll. Die Eigenschaft des Polygons f_1 bleibt dieselbe wie vorhin, nämlich:

Unter allen einer gegebenen Curve P_1 eingeschriebenen, geradlinigen, m-seitigen Polygonen kann nur bei demjenigen f_1 der Umfang ein Minimum oder ein Maximum sein, welches die Eigenschaft hat, dass seine Winkel durch die Normalen der Curve gehälftet werden.

Es kann hierbei die Aufgabe gestellt werden: Für den besonderen Fall, wo die gegebene Curve P_1 eine Ellipse ist, das genannte Polygon f_1 vom grössten Umfange näher zu bestimmen oder zu finden.

68. Von dem eben betrachteten Polygon f_1 vom kleinsten (oder grössten) Perimeter nehme ich Anlass schliesslich noch von dem geradlinigen Polygon p zu sprechen, welches einem Curven-Polygon oder einer Curve P_1 in ähnlicher Weise eingeschrieben ist, und dessen Inhalt ein Maximum oder ein Minimum sein soll. Man hat den folgenden Satz:

Wenn ein m-seitiges, geradliniges Polygon p einem gegebenen m-seitigen Curven-Polygon (oder einer einzigen Curve) P_1 eingeschrieben ist, so kann sein Inhalt nur dann ein Maximum oder ein Minimum sein, wenn die Tangente in jeder Ecke (des Polygons p an die respective Curve) mit der Diagonale, welche die zu beiden Seiten zunächst folgenden Ecken verbindet, parallel ist.

Auf der Kugelfläche hat man einen gewissermassen analogen Satz.

Ist insbesondere P_1 eine Ellipse, so sind bekanntlich zugleich unendlich viele Polygone p möglich, welche der genannten Bedingung genügen; sie haben alle unter sich gleichen Inhalt, der ein Maximum ist.

Bemerkung. Wie im Vorstehenden die Polygone f_1 und p dem Curven-Polygon P_1 eingeschrieben sind, ebenso können sie demselben umschrieben und dabei in gleicher Weise nach der charakteristischen Eigenschaft gefragt werden, welche sie haben müssen, damit entweder ihr Umfang oder ihr Inhalt ein Maximum oder ein Minimum sei.

17

Ueber Maximum und Minimum bei den Figuren in der Ebene, auf der Kugelfläche und im Raume überhaupt.

Zweite Abhandlung.

Von den ebenen und sphärischen Figuren (Fortsetzung).

Wiewohl die in der ersten Abhandlung für die ebenen und sphärischen Figuren befolgte Beweisart in Rücksicht auf Eleganz und Allgemeinheit nichts zu wünschen lässt, und obschon sie in dieser Beziehung alle folgenden Beweisarten weit übertreffen möchte, so halte ich es doch in der Hinsicht für dienlich, die letzteren hier kurz anzudeuten, weil es bei einem Gegenstande wie der gegenwärtige, welcher noch so sehr der Ausbildung bedarf, immer wünschenswerth ist, verschiedene Wege zu kennen, auf denen irgend welche Sätze sich besonders leicht oder klar darstellen lassen, um ein analoges Verfahren in anderen Fällen, wo es mit Vortheil geschehen kann, in Anwendung zu bringen. Die vielen Beweisarten sind Folgen der verschiedenen Versuche, welche ich zu Anfang meiner Untersuchungen in der Absicht unternommen habe, den Gegenstand möglichst zweckmässig und vollständig zu behandeln.

Wie bereits im Eingange der ersten Abhandlung bemerkt worden, ist von den nachfolgenden vier Beweisarten nur eine für die sphärischen Figuren gültig.

Zweite Beweisart.

Für die ebenen und sphärischen Figuren.

Erster Fundamentalsatz.

1. „Unter allen Dreiecken über derselben Grundlinie und von gleicher Schenkelsumme hat das gleichschenklige den grössten Inhalt.“

Ich begnüge mich, auf den Beweis dieses Satzes in der ersten Abhandlung (3) zu verweisen.

Zweiter Fundamentalsatz.

2. „Von allen Dreiecken mit demselben Winkel an der Spitze und von gleicher Schenkelsumme hat dasjenige den grössten Inhalt und zugleich die kleinste Grundlinie, welches gleichschenklig ist.“

Beweis. Von den zwei Dreiecken ACB und DCE (Taf. XII Fig. 1), die den Winkel C an der Spitze gemein haben, sei das erste gleichschenklig, also

$$CA = CB,$$

und dem Satze gemäss sei

$$AC+BC = DC+EC;$$

so ist zunächst

$$AD = BE$$

und Winkel

$$\alpha = \beta.$$

Man ziehe die Gerade DF so, dass sie gleich DA, so ist auch

$$DF = BE$$

und Winkel

$$\gamma = \alpha = \beta,$$

woraus man schliesst, dass die Dreiecke DFH und EBH congruent sind, also Dreieck $DAH > EBH$ und folglich auch Dreieck

$$ACB > DCE,$$

was die erste Behauptung des Satzes ist.

Die andere Behauptung folgt daraus, dass

$$DH = HE = \tfrac{1}{2}DE \quad \text{und} \quad FH = HB,$$

sowie ferner, wenn DG auf AF perpendiculär,

$$AG = GF,$$

und daher

$$GH = \tfrac{1}{2}AB;$$

im rechtwinkligen Dreieck DGH ist aber $DH > GH$, also $\frac{1}{2}DE > \frac{1}{2}AB$, und folglich

$$DE > AB.$$

Bemerkung. Wie man sieht, gilt dieser Beweis für die sphärischen Dreiecke im Allgemeinen auf übereinstimmende Weise (s. Abh. I, 16), nur bedarf der Satz einer näheren Bestimmung; nämlich es kommt darauf an, ob die gegebene Schenkelsumme 1) kleiner, 2) gleich, oder 3) grösser als der halbe Hauptkreis sei; denn im ersten Falle ist das gleichschenklige Dreieck ein Maximum, wogegen es im dritten ein Minimum und im zweiten keines von beiden ist, weil hier alle im Satze inbegriffenen Dreiecke gleichen Inhalt haben. In allen diesen Fällen hat aber immer das gleichschenklige Dreieck die kleinste Grundlinie.

3. Zusätze. I. Von je zwei der im vorigen Satze inbegriffenen Dreiecke hat dasjenige kleineren Inhalt und zugleich die grössere Grundlinie, dessen Schenkel die grössere Differenz haben; und auch umgekehrt.

Denn da nach dem vorigen Beweise (2) die Differenz zwischen dem gleichschenkligen Dreieck ACB (Taf. XII Fig. 1) und irgend einem ungleichschenkligen DCE aus einem gleichschenkligen Dreieck ADF besteht, dessen Schenkel

$$AD = FD = BE = \tfrac{1}{2}(CE - CD),$$

d. h. gleich der halben Differenz zwischen den Schenkeln des Dreiecks DCE ist, so ist klar, dass dieses Dreieck DCE um so kleiner wird, je mehr die Differenz seiner Schenkel zunimmt. — Dass dabei zugleich auch die Grundlinie DE wächst, ersieht man aus dem rechtwinkligen Dreieck DGH, dessen eine Kathete GH constant bleibt, während die andere GD mit AD gleichzeitig zunimmt, so dass folglich auch die Hypotenuse DH und somit die Grundlinie DE wachsen muss.

II. Der Ort der Mitten (H) der Grundlinien (DE) aller im Satze (2) inbegriffenen Dreiecke (DCE) ist eine bestimmte Gerade, nämlich die Grundlinie AB des gleichschenkligen Dreiecks ACB selbst*).

---

*) Man denke sich ein zweites ungleichschenkliges Dreieck D_1CE_1, so ist

$$DD_1 = EE_1,$$

und der Satz kann, wie folgt, ausgesprochen werden:

Sind in zwei festen Geraden CA und CB zwei beliebige Puncte D und E gegeben, und nimmt man in denselben andere Punctepaare D_1 und E_1 in gleichem Abstande von den ersteren an, so dass

$$DD_1 = EE_1,$$

so ist der Ort der Mitte H_1 der Geraden D_1E_1 eine bestimmte Gerade AB, welche die gegebenen festen Geraden unter gleichen Winkeln schneidet.

III. Unter allen Dreiecken mit demselben Winkel C an der Spitze und von gleichem Inhalte hat das gleichschenklige die kleinste Grundlinie und die kleinste Schenkelsumme, also auch den kleinsten Umfang*).

Denn sei Dreieck ACB (Taf. XII Fig. 2) gleichschenklig; man denke sich irgend ein ungleichschenkliges D_1CE_1 von gleichem Inhalte, so ist immer ein ihm ähnliches Dreieck DCE möglich, welches mit ACB gleiche Schenkelsumme hat; dann aber ist Dreieck $DCE < ACB$ (2), also auch Dreieck

$$DCE < D_1CE_1,$$

und da nun $DE > AB$ und

$$CD + CE = CA + CB,$$

Oder, wofern man gleichzeitig zwei Puncte E_1 und E', auf entgegengesetzten Seiten von E und in gleichem Abstande annimmt, so haben die Mitten H_1 und H' der Geraden D_1E_1 und D_1E' beziehlich zwei bestimmte Gerade AB und A_1B_1 zum Ort, welche einander unter rechten Winkeln schneiden, und von denen jede die beiden festen Geraden unter gleichen Winkeln schneidet.

Es kann ferner bemerkt werden: Dass alle Perpendikel, welche in den Mitten H_1 auf den Geraden D_1E_1 errichtet werden, sich in einem bestimmten Puncte p, und ebenso die Perpendikel, welche auf den Geraden D_1E' in ihren Mitten H' errichtet werden, sich in einem bestimmten Puncte p_1 treffen. Nämlich die Geraden D_1E_1 und D_1E' berühren in allen ihren Lagen respective zwei bestimmte Parabeln P und P_1, welche die festen Geraden CA, CB zu gemeinschaftlichen Tangenten, die Puncte p und p_1 zu Brennpuncten und die Geraden AB und A_1B_1 zu Tangenten in ihren Scheiteln haben, und deren Axen die von den festen Geraden gebildeten Winkel hälften, sich somit im Puncte C unter rechten Winkeln schneiden.

*) Es lässt sich leicht zeigen, dass die Grundlinie je zweier in diesem Satze inbegriffenen Dreiecke einander in gleichem Verhältnisse schneiden, welches dem Verhältnisse 1:1 so nahe kommen kann, als man will, aber es nie erreicht, so dass also keine Grundlinie von einer anderen in ihrer Mitte geschnitten werden kann, wogegen sie in jedem anderen Puncte allemal von einer, aber nur von einer geschnitten wird. Bekanntlich werden alle diese Grundlinien in ihren Mitten von einer Hyperbel berührt, welche die festen Schenkel CA, CB zu Asymptoten hat. Auf der Kugelfläche ist diese berührende Curve ein sogenannter sphärischer Kegelschnitt.

Es folgt weiter leicht: Dass unter allen Dreiecken mit demselben Winkel an der Spitze, deren Grundlinien durch denselben gegebenen Punct H gehen, dasjenige den kleinsten Inhalt hat, dessen Grundlinie durch den Punct H gehälftet wird. Denn ist (Taf. XII Fig. 1) H die Mitte der Grundlinie DE, und ist AB irgend eine andere Grundlinie, so ist immer, wenn man DF so zieht, dass Winkel FDH gleich BEH, Dreieck

$$FDH = BEH,$$

also Dreieck $ADH > BEH$, und folglich auch Dreieck

$$ACB > DCE.$$

so ist folglich Grundlinie

$$D_1E_1 > AB,$$

und die Schenkelsumme

$$CD_1 + CE_1 > CA + CB.$$

IV. 1) Unter allen Dreiecken mit demselben Winkel C an der Spitze und von gleichem Umfange hat das gleichschenklige den grössten Inhalt, die grösste Schenkelsumme und somit die kleinste Grundlinie.

Denn angenommen das gleichschenklige Dreieck ACB (Taf. XII Fig. 1) habe den gegebenen Umfang, und irgend ein Dreieck DCE habe mit ihm gleiche Schenkelsumme, so hat letzteres eine grössere Grundlinie und somit auch grösseren Umfang, aber dennoch kleineren Inhalt (2); um so mehr muss es also kleiner werden, wenn man seine Grundlinie DE sich selbst parallel bewegt, bis es mit ACB gleichen Umfang erhält; auch wird dabei zugleich seine Schenkelsumme kleiner.

2) Unter allen Dreiecken mit demselben Winkel C an der Spitze und mit dem nämlichen gegebenen Unterschiede zwischen der Schenkelsumme und der Grundlinie hat das gleichschenklige zugleich den kleinsten **Inhalt****und die kleinste Grundlinie.

Dieser Satz folgt am leichtesten aus dem Satze No. 3, II in der ersten Abhandlung*). Ich habe ihn hier deshalb aufgenommen, weil er mit dem ersten (1) in eigenthümlichem Zusammenhange steht, was aus dem späteren Satze (VIII) sowie aus der folgenden Angabe erhellt:

Bei jedem der beiden vorstehenden Sätze berühren die Grundlinien aller inbegriffenen Dreiecke einen bestimmten Kreisbogen, welcher auch von den Schenkeln des gegebenen Winkels C in seinen Endpuncten berührt wird.

Ist der gegebene Winkel für beide Sätze ein und derselbe, und ist der gegebene Umfang beim ersten Satz (1) gleich der gegebenen Differenz beim zweiten (2), so gehören die beiden Kreisbogen einem und demselben Kreise an; u. s. w.

V. Unter allen Dreiecken mit demselben Winkel C an der Spitze und mit gleichen Grundlinien hat das gleichschenklige sowohl den grössten Inhalt als die grösste Schenkelsumme.

Denn haben wieder die Dreiecke ACB und DCE (Taf. XII Fig. 1) gleiche Schenkelsumme, und bewegt man die Grundlinie DE sich selbst parallel nach C hin, bis sie gleich AB wird, so schwindet sowohl der Inhalt als die Schenkelsumme des Dreiecks DCE, und folglich müssen dieselben beziehlich kleiner sein als der Inhalt und die Schenkelsumme des gleichschenkligen Dreiecks ACB.

*) Cf. Band II. S. 182 dieser Ausgabe.

**Sieh S. 732.

Werden — in Rücksicht der vorhergehenden Sätze — die Schenkel des gegebenen Winkels C durch eine beliebige Gerade JK oder LM begrenzt, wie etwa in Fig. 3 auf Taf. XII, und wird diese Gerade nebst den anliegenden Winkeln J und K oder L und M als gegeben angenommen, so ergeben sich ferner unter anderen folgende Zusätze:

VI. Wenn von einem Viereck $JKBA$ oder $LMBA$ (Taf. XII Fig. 3) die Grundlinie JK oder LM, die beiden anliegenden Winkel J und K oder L und M nebst der Summe der anliegenden Seiten $JA+KB$ oder $LA+MB$ gegeben, so ist die vierte Seite AB ein Minimum und der Inhalt im Allgemeinen ein Maximum oder ein Minimum, wenn die beiden nicht gegebenen Winkel A und B einander gleich sind. Nämlich der Inhalt ist ein Maximum oder Minimum, jenachdem die Summe der gegebenen Winkel beziehlich grösser oder kleiner als π ist; ist aber diese Summe gerade gleich π, so findet keines von beiden statt, sondern der Inhalt ist dann constant. Dies folgt aus No. 2.

VII. Wenn von einem Viereck $JKBA$ oder $LMBA$ die Grundlinie JK oder LM, die anliegenden Winkel, sowie der Inhalt gegeben sind, so ist die der Grundlinie gegenüberliegende Seite AB ein Minimum und die Summe der beiden übrigen Seiten ist ein Minimum oder Maximum, wenn die beiden nicht gegebenen Winkel gleich sind. Nämlich die Summe der zwei Seiten ist ein Minimum oder Maximum, jenachdem die Summe der zwei gegebenen Winkel grösser oder kleiner als π ist; ist sie gleich π, so ist jene Summe constant. Dies folgt aus dem Satz III.

VIII. 1) Ist von einem Viereck $JKBA$ die Grundlinie JK nebst den anliegenden Winkeln, sowie die Summe der drei übrigen Seiten gegeben, so ist sowohl der Inhalt als die Summe der beiden an die Grundlinie anstossenden Seiten ein Maximum, dagegen die vierte Seite ein Minimum, wenn die beiden nicht gegebenen Winkel einander gleich sind (IV, 1).

2) Ist von einem Viereck $LMBA$ die Grundlinie LM, die daran liegenden Winkel, sowie die Differenz zwischen der Summe der an die Grundlinie anstossenden Seiten und der vierten Seite $(LA+MB-AB)$ gegeben, so ist der Inhalt sowohl als jene Summe der zwei Seiten, sowie die vierte Seite ein Minimum, wenn die nicht gegebenen Winkel A und B gleich sind.

Ist die Summe der gegebenen Winkel grösser als π, also

$$L+M > \pi,$$

so treffen sich die Seiten AL und BM, verlängert, jenseits L und M in einem Puncte C_1, und man kann dann von diesem Satze zu dem obigen (IV, 2) übergehen.

IX. Wenn von einem Viereck $JKBA$ oder $LMBA$ die Grundlinie JK oder LM, die beiden daran liegenden Winkel nebst der ihr gegenüberstehenden Seite AB gegeben sind, so ist die Summe der zwei übrigen Seiten, sowie der Inhalt ein Maximum oder ein Minimum (jenachdem die Summe der beiden gegebenen Winkel beziehlich grösser oder kleiner als π ist), wenn die zwei übrigen Winkel einander gleich sind (V). Ist insbesondere die Summe der gegebenen Winkel gleich π, so findet der Satz nicht statt.

Bemerkung. Diese verschiedenen Zusätze lassen sich auch leicht auf beliebige Vielecke und auf Curven ausdehnen; man gelangt dadurch zu Sätzen, die, für sich betrachtet, viel schwieriger scheinen als die vorstehenden, aus denen sie zu folgern sind. Es ist hier nicht der Ort, weiter darauf einzugehen.

4. I. Wenn von einem Viereck ein Winkel und die beiden ihm gegenüberliegenden Seiten a und b gegeben sind, so ist sein Inhalt ein Maximum, wenn der Scheitel des gegebenen Winkels von den drei übrigen Ecken gleich weit absteht.

Beweis. Unter der Voraussetzung, dass es ein Viereck mit dem grössten Inhalt giebt, lässt sich der Satz, wie folgt, beweisen:

Angenommen, das Viereck $CABD$ (Taf. XII Fig. 4) habe den grössten Inhalt; AB und BD seien die gegebenen Seiten a und b, und C sei der gegebene Winkel, so folgt zunächst, dass die beiden nicht gegebenen Seiten CA und CD einander gleich sein müssen. Denn zieht man die Diagonale AD und betrachtet sie für einen Augenblick als gegeben, so muss sie in dem gegebenen festen Winkel C das grösste Dreieck ACD begrenzen, weil sonst, wenn dasselbe sich vergrössern liesse, auch das Viereck $CABD$ grösser würde (da das Dreieck ABD constant bleibt), was der Annahme widerspräche; folglich muss

$$CA = CD$$

sein (2).

Wäre nun ferner die Diagonale CB nicht den Seiten CA und CD gleich, so müsste sie grösser oder kleiner sein, also es müsste z. B. etwa

$$CA = CE < CB \quad \text{oder} \quad CA = CF > CB$$

sein. Allein wäre

$$CA = CE = CD,$$

so würde, wenn man aus der Mitte B_1 von BE durch die Mitten H und G der Seiten AB und BD die Geraden B_1HJ und B_1GK zöge, Dreieck

$$JCB_1 > ACB$$

und Dreieck

$$KCB_1 > DCB$$

sein (2), folglich auch Viereck $CJB_1K > CABD$; und wenn man ferner (da nach No. 2 $JB_1 < AB$ und $KB_1 < DB$), aus B_1 die Gerade

$$B_1A_1 = BA = a$$

und

$$B_1D_1 = BD = b$$

zöge, so wäre um so mehr Viereck

$$CA_1B_1D_1 > CABD,$$

was gegen die Annahme ist. Demnach kann nicht

$$CA = CE < CB$$

sein. Ebenso lässt sich zeigen, dass auch nicht

$$CA = CF > CB$$

sein kann. Folglich muss

$$CA = CB = CD$$

sein.

II. Ist der gegebene Winkel C insbesondere gleich π, und somit ACD eine Gerade, so geht das Viereck in ein Dreieck ABD über, und man hat den folgenden Satz:

Unter allen Dreiecken mit denselben zwei gegebenen Seiten a gleich AB und b gleich BD hat dasjenige den grössten Inhalt, in welchem die drei Ecken von der Mitte C der dritten Seite AD gleich weit abstehen; oder in welchem der Winkel B zwischen den gegebenen Seiten so gross ist wie die Summe der beiden übrigen Winkel A und D.

Dieser Satz enthält die Fundamentalsätze 6 und 14 der ersten Abhandlung.

5. Ist in Rücksicht des vorigen Satzes (4) statt der einzelnen Seiten a und b deren Summe

$$s = a + b$$

gegeben, so ist unter derselben Bedingung der Inhalt ein Maximum, wenn noch diese Seiten gleich sind, wenn also

$$a = b = \tfrac{1}{2}s$$

ist.

Denn zieht man die Diagonale AD, so lässt sich das Dreieck ABD vergrössern, wenn nicht AB gleich BD ist (1), und dadurch wird auch zugleich das Viereck $CABD$ grösser.

6. I. Sind von einem Vieleck $CABD \ldots T$ ein Winkel C und alle nicht daran liegenden Seiten $a, b, c, \ldots$ gegeben, so ist sein Inhalt ein Maximum, wenn der Scheitel des gegebenen

Winkels von allen übrigen Ecken gleich weit absteht. Dieser grösste Inhalt bleibt derselbe, gleichviel in welcher Ordnung die gegebenen Seiten auf einander folgen.

Beweis. Zunächst folgt in gleicher Weise wie oben beim Viereck (4), dass die den gegebenen Winkel C einschliessenden Seiten CA und CT gleich sein müssen. Nun ziehe man nach irgend einer Ecke P des Vielecks die Diagonalen AP und TP, betrachte sie für einen Augenblick als gegeben und halte die darüber stehenden Segmente des Vielecks unveränderlich fest, so muss das Viereck $CAPT$, von welchem der Winkel C und die Seiten AP und TP gegeben sind, ein Maximum und folglich

$$CA = CP = CT$$

sein (4). Da P eine beliebige Ecke ist, so schliesst man, dass die Ecke C von allen übrigen Ecken gleich weit absteht.

II. Wenn insbesondere der gegebene Winkel C gleich π, und somit ACT eine Gerade ist, so heisst der Satz:

Sind die Seiten $a, b, c, \ldots$ eines Vielecks, ausgenommen die Grundlinie AT, gegeben, so ist sein Inhalt ein Maximum, wenn alle Ecken von der Mitte C der Grundlinie gleich weit abstehen, oder wenn es einem Kreise eingeschrieben ist, welcher die Grundlinie zum Durchmesser hat.*

7. Ist in Rücksicht der vorigen Sätze (6) statt der einzelnen Seiten $a, b, c, \ldots$ deren Summe

$$s = a+b+c+\cdots$$

gegeben, so ist der Inhalt des Vielecks ein Maximum Maximorum, wenn ausser den genannten Bedingungen noch die erfüllt wird, dass alle diese Seiten einander gleich sind (5).

Man hat daher beziehlich folgende Sätze:

I. Ist von einem Vieleck ein Winkel C nebst der Summe s und der Anzahl m aller nicht daran liegenden Seiten $a, b, c, \ldots$ gegeben, so ist sein Inhalt ein Maximum, wenn alle diese Seiten einander gleich sind, und wenn der Scheitel des gegebenen Winkels von allen übrigen Ecken gleich weit absteht.

II. Sind von einem Vieleck die Summe s und die Anzahl m aller Seiten ausser der Grundlinie AT, welche willkürlich ist, gegeben, so ist sein Inhalt ein Maximum, wenn jene Seiten alle gleich sind, und wenn alle Ecken von der Mitte C der Grundlinie gleich weit abstehen.**

8. Wenn ferner nur die Summe s der Seiten gegeben, die Anzahl m dagegen willkürlich ist, so folgt in gleicher Weise wie beim Satze No. 26 der ersten Abhandlung, dass der grösste Inhalt des Vielecks immer zunimmt, wenn man die Seitenzahl m vermehrt, so dass er also ein Maximum Maximorum wird, wenn die Seitenzahl m unendlich gross gedacht

*Sieh S. 734.

**Sieh S. 734.

wird, d. h. wenn die Summe s in einen Kreisbogen übergeht. Somit hat man folgende Sätze:

I. Wenn von einem Vieleck ein Winkel C nebst der Summe s aller nicht daran liegenden Seiten gegeben ist, so wird der grösste Inhalt desselben immer grösser, je mehr Seiten es hat, so dass er ein Maximum Maximorum wird, wenn die Seitenzahl m unendlich gross gedacht wird, oder wenn das Vieleck in einen Kreissector übergeht (7, I).

II. Ist von einem Vieleck die Summe aller Seiten ausser der Grundlinie gegeben, so wird der grösste Inhalt desselben (7, II) immer grösser, je mehr Seiten es hat, so dass er ein Maximum Maximorum wird, wenn man die Seitenzahl unendlich gross annimmt, d. h. wenn das Vieleck in einen Halbkreis übergeht, welcher die willkürliche Grundlinie zum Durchmesser hat.

III. Ist der Umfang s eines Vielecks gegeben, so nimmt der grösste Inhalt desselben immer mehr zu, je grösser die Seitenzahl m ist, so dass er ein Maximum Maximorum wird, wenn man die Seitenzahl unendlich gross annimmt, d. h. wenn das Vieleck in einen Kreis übergeht. *

Allgemeine Anmerkung.

9. Das Bisherige genügt, um zu zeigen, wie der Gegenstand nach der gegenwärtigen Beweisart sich behandeln lässt. Von hier an kann man in den Gang der ersten Beweisart einlenken, indem man vorerst die Allgemeinheit des letzten Satzes (8, III) nachweist und ihn sodann, wie dort, zum Hauptsatze macht. Mittelst der vorstehenden Sätze lässt sich leicht zeigen: „dass der Kreis unter allen möglichen Figuren von gleichem Umfange den grössten Inhalt habe“. Denn man denke sich irgend eine krummlinige Figur, deren Inhalt bei gegebenem Umfange ein Maximum sein soll, so muss, wenn man derselben irgend ein Viereck $ABCD$ einschreibt und dessen Seiten, sowie die darüber stehenden Segmente der Figur als constant annimmt, auch der Inhalt dieses Vierecks ein Maximum sein:**denn liesse er sich vergrössern, so nähme auch der Inhalt der ganzen Figur zu, ohne dass ihr Umfang sich änderte (da die vier Segmente constant bleiben), was der Annahme widerspräche; der Inhalt des Vierecks ist aber nur dann ein Maximum, wenn es einem Kreise eingeschrieben ist; folglich müssen je vier Puncte A, B, C, D im Umfange der gedachten grössten Figur in einem Kreise liegen, und folglich muss dieselbe selbst ein Kreis sein.

---

*Sieh S. 734.

**Sieh S. 734.

Dritte Beweisart.

Für die ebenen Figuren.

Die Eigenthümlichkeit dieser Beweisart besteht darin, dass alles aus einem einzigen einfachen Hülfssatze abgeleitet wird. Ich beschränke mich jedoch dabei bloss auf einige Sätze, nämlich auf die Ableitung der beiden Fundamentalsätze in der ersten Abhandlung (No. 3 und No. 6), sowie auf die Darstellung einiger Sätze, welche, wie man weiter unten sehen wird, bei stereometrischen Figuren in analoger Weise stattfinden.

Fundamentalsatz.

10. Unter allen Perpendikeln, welche aus einem gegebenen Puncte A auf alle durch einen anderen gegebenen Punct B gehenden Geraden gefällt werden, ist dasjenige ein Maximum, welches in die Gerade AB selbst fällt. Oder:

Unter allen Sehnen eines Kreises, welche von demselben Puncte A ausgehen, ist der Durchmesser AB ein Maximum.

Denn im rechtwinkligen Dreieck ist die Hypotenuse grösser als jede Kathete — und daraus folgt der Satz.

Bemerkung. Zunächst folgt aus diesem Satze der zweite Fundamentalsatz in der ersten Abhandlung (6). Denn ist AB die eine gegebene Seite des Dreiecks und BC die andere, deren Lage beliebig sein soll, so wird der Inhalt mit dem Perpendikel aus A auf BC zugleich ein Maximum.

11. Unter allen Dreiecken über derselben Grundlinie und von gleichem Inhalte hat das gleichschenklige die kleinste Schenkelsumme oder den kleinsten Umfang.

Beweis. Seien ACB und ADB (Taf. XII Fig. 5) zwei Dreiecke über derselben Grundlinie AB und von gleichem Inhalte; sei das erste gleichschenklig, also

$$AC = BC \quad \text{oder} \quad a = b.$$

Auf diesen gleichen Schenkeln errichte man in ihren Endpuncten A und B die Perpendikel AM und BM, so entsteht ein zweites gleichschenkliges Dreieck AMB, indem

$$AM = BM = r$$

ist. Für die Inhaltssumme beider gleichschenkligen Dreiecke oder für den Inhalt des Vierecks $MACB$ hat man

$$MACB = \tfrac{1}{2} r(a+b).$$

Fällt man aus M auf die Schenkel

$$AD = a_1 \quad \text{und} \quad BD = b_1$$

des ungleichschenkligen Dreiecks ADB Perpendikel, so ist jedes kleiner als r (10); man bezeichne dieselben beziehlich durch $r-x$ und $r-y$, so hat man für die Inhaltssumme der Dreiecke AMB und ADB oder für den Inhalt des Vierecks $MADB$

$$MADB = \tfrac{1}{2}(r-x)a_1 + \tfrac{1}{2}(r-y)b_1 = \tfrac{1}{2}r(a_1+b_1) - \tfrac{1}{2}xa_1 - \tfrac{1}{2}yb_1.$$

Die Vierecke $MACB$ und $MADB$ haben aber gleichen Inhalt, daher ist

$$r(a+b) = r(a_1+b_1) - xa - yb_1,$$

und folglich

$$a+b < a_1+b_1,$$

d. h. die Schenkelsumme des gleichschenkligen Dreiecks ist kleiner als die irgend eines anderen. — (Bekanntlich giebt es einen viel einfacheren Beweis.)

12. Unter allen Dreiecken über derselben Grundlinie und von gleicher Schenkelsumme hat das gleichschenklige den grössten Inhalt.

Beweis. Denn haben die Dreiecke ACB und ADB (Taf. XII Fig. 6), wovon das erste gleichschenklig sein soll, gleiche Schenkelsumme, ist also

$$a+b = a_1+b_1,$$

so folgt aus dem vorigen Beweise, dass

$$r(a+b) > r(a_1+b_1) - xa_1 - yb_1,$$

oder Viereck $MACB > MADB$ und folglich auch Dreieck

$$ACB > ADB.$$

Dieser Satz liesse sich auch indirect aus dem vorigen ableiten.

Er ist, wie man sieht, der erste Fundamentalsatz in der ersten Abhandlung (3).

13. Ich übergehe hier die weitere Entwickelung und füge nur noch einige Sätze hinzu, die sich nach der gegenwärtigen Beweisart besonders einfach behandeln lassen. Zunächst ist es eine durch *Pappus* uns von den Alten überlieferte Aufgabe, mit der verschiedene spätere Geometer sich beschäftigt haben, und welche zuletzt von *Lhuilier* richtig beantwortet und zugleich historisch-kritisch beleuchtet worden ist; nämlich die folgende Aufgabe:

„Wenn die Grundlinien zweier Dreiecke nebst der Summe ihrer vier Schenkel gegeben ist, die Bedingung zu finden, unter welcher die Summe ihrer Inhalte ein Maximum wird."

Auflösung. Zunächst ist klar, dass jedes der beiden Dreiecke gleichschenklig sein muss (12).

Seien AB und DE (Taf. XIII Fig. 7) die gegebenen Grundlinien und darüber die gleichschenkligen Dreiecke ACB und DFE, deren vier

Schenkel zusammen der gegebenen Summe $2s$ gleich sind, also

$$2a+2b=2s \quad \text{oder} \quad a+b=s;$$

seien ferner die Dreiecke so beschaffen, dass die in den Endpuncten der Grundlinien auf den Schenkeln errichteten Perpendikel AM, BM und DN, EN, jedes Paar bis zu ihrem gegenseitigen Durchschnitte M und N genommen, bei dem einen Dreieck so gross sind wie bei dem anderen, also dass

$$AM=BM=DN=EN=r.$$

Alsdann hat man für die Inhaltssumme der beiden Vierecke $MACB$ und $NDFE$ (11)

$$MACB+NDFE=r(a+b)=rs.$$

Nun denke man sich über den gegebenen Grundlinien irgend zwei andere gleichschenklige Dreiecke AC_1B und DF_1E, deren Schenkel beziehlich gleich a_1 und b_1 sein mögen und der Bedingung der Aufgabe genügen, so dass

$$a_1+b_1=a+b=s,$$

wobei also entweder

$$a_1>a \quad \text{und} \quad b_1<b,$$

oder

$$a_1<a \quad \text{und} \quad b_1>b,$$

so sind die Perpendikel aus M und N auf die Schenkel der neuen Dreiecke kleiner als r; man setze dieselben beziehlich gleich $r-x$ und gleich $r-y$, so hat man für die Inhaltssumme der Vierecke MAC_1B und NDF_1E

$$MAC_1B+NDF_1E=(r-x)a_1+(r-y)b_1=rs-xa_1-yb_1.$$

Wie man sieht, ist diese Summe kleiner als die vorige. Werden von jedem Paar Vierecke die beiden Dreiecke AMB und DNE fortgenommen, so folgt für die Summen der übrig bleibenden Dreiecke, dass

$$ACB+DFE>AC_1B+DF_1E,$$

d. h. dass die Inhaltssumme der Dreiecke ACB und DFE grösser ist als diejenige irgend zweier anderen Dreiecke, welche denselben gegebenen Bedingungen der Aufgabe genügen.

14. Die Lösung der vorstehenden Aufgabe (13) liefert uns einen Satz, der sich auf nachfolgende drei Arten aussprechen lässt:

I. Sind die Grundlinien zweier Dreiecke nebst der Summe ihrer vier Schenkel gegeben, so ist die Summe ihrer Inhalte dann ein Maximum, wenn beide Dreiecke gleichschenklig sind, und wenn die in den Endpuncten der Grundlinien auf den Schenkeln errichteten Perpendikel, bis zu ihrem gegenseitigen Durchschnitte genommen, bei dem einen Dreieck so gross sind als bei dem anderen.

Wenn man in den beiden Dreiecken ACB und DFE, welche dem Satze genügen, aus den Mitten der Schenkel auf denselben Perpendikel errichtet, so sind diese, bis zu ihrem gegenseitigen Durchschnitte genommen, in dem einen Dreieck so gross als in dem anderen, nämlich sie sind gerade die Hälfte der oben durch r bezeichneten Perpendikel (13). Daher kann der Satz auch so ausgesprochen werden:

II. Die Inhaltssumme der in Betracht stehenden Dreiecke ist ein Maximum, wenn die aus den Mittelpuncten der den Dreiecken umschriebenen Kreise auf die Schenkel gefällten Perpendikel in beiden Dreiecken gleich sind, oder wenn die Kreise, welche die Schenkelpaare in ihren Mitten berühren, einander gleich sind.

Zieht man die Geraden MC und NF (Taf. XIII Fig. 7), so ist Winkel

$$\alpha_1 = \alpha, \quad \beta_1 = \beta,$$

und da

$$\sin\alpha_1 = \frac{AB}{2r} \quad \text{und} \quad \sin\beta_1 = \frac{DE}{2r},$$

so ist

$$AB : DE = \sin\alpha_1 : \sin\beta_1 = \sin\alpha : \sin\beta,$$

das heisst:

III. Die beiden Dreiecke, deren Inhaltssumme ein Maximum ist, haben die Eigenschaft, dass ihre Grundlinien sich verhalten wie die Sinus der daran liegenden Winkel α und β.

Diese Eigenschaft (III) theilt *Lhuilier* in seinem Werke (*De relatione mutua capacitatis et terminorum figurarum* etc.) mit, bemerkend, dass er sie durch Differentialrechnung gefunden habe; er schien an der Möglichkeit eines elementar-geometrischen Beweises zu zweifeln. Durch seine Lösung widerlegte er die falschen Beantwortungen, welche seine Vorgänger für die obige Aufgabe (13) gegeben hatten.

15. I. Sind die Grundlinien zweier beliebigen Vielecke — eines m-Ecks und eines n-Ecks — und ist die Summe ihrer übrigen Seiten zusammengenommen gegeben, so kann die Summe ihrer Inhalte nur dann ein Maximum sein, wenn 1) in jedem Vieleck alle Seiten, ausser der Grundlinie, einander gleich sind und zudem jedes einem Kreise eingeschrieben ist, und wenn 2) die aus den Mittelpuncten dieser Kreise auf die gleichen Seiten gefällten Perpendikel bei dem einen Vieleck so gross sind wie bei dem anderen; so dass also alle gleichen Seiten in ihren Mitten von einem Kreise berührt werden, welcher mit dem umschriebenen Kreise concentrisch ist, und dass diese zwei berührenden Kreise einander gleich sind.

Beweis. Dass bei jedem der beiden Vielecke alle nicht gegebenen Seiten einander gleich sein müssen, folgt aus No. 12; dass aber jedes einem Kreise eingeschrieben sein muss, kann hier, als aus den beiden vorhergehenden Beweisarten bekannt vorausgesetzt werden (da wir die Entwickelung der gegenwärtigen oben (13) abgebrochen haben).

Werden von den beiden Vielecken durch Diagonalen, welche die Endpuncte irgend zweier auf einander folgenden, nicht gegebenen Seiten verbinden, zwei Dreiecke abgeschnitten, und werden diese Diagonalen, als Grundlinien der Dreiecke, sowie die Summe der vier Schenkel als gegeben angesehen, so muss die Inhaltssumme der Dreiecke ein Maximum sein; und demzufolge müssen die in den Mitten der Schenkel auf diesen errichteten Perpendikel, bis zu ihrem Durchschnitte genommen, einander gleich sein; diese Durchschnitte sind aber offenbar die Mittelpuncte der den Vielecken umschriebenen Kreise, und somit zwei feste Puncte — woraus die Richtigkeit des Satzes folgt.

Der Satz kann ferner auch, analog dem obigen Satze No. 14, III, wie folgt, abgefasst werden:

II. Die Inhaltssumme der beiden Vielecke kann nur dann ein Maximum sein, wenn jedes einem Kreise eingeschrieben ist, und in jedem alle nicht gegebenen Seiten gleich sind, und wenn ferner zwischen den gegebenen Grundlinien AB, DE und den daran liegenden Winkeln α, β die folgende Proportion (Gleichung) stattfindet

$$AB : DE = \frac{\sin \frac{m-1}{m-2}\alpha}{\cos \frac{1}{m-2}\alpha} : \frac{\sin \frac{n-1}{n-2}\beta}{\cos \frac{1}{n-2}\beta},$$

wo m und n die Seitenzahlen der Vielecke bezeichnen.

16. Bemerkung. Es ist klar, dass der vorstehende Satz (15) in ähnlicher Weise für beliebig viele Vielecke stattfindet, wenn respective ihre Seitenzahlen, ihre Grundlinien und die Summe aller ihrer übrigen Seiten zusammengenommen gegeben sind; denn die Summe ihrer Inhalte kann nur dann ein Maximum sein, wenn die Perpendikel, welche aus den Mittelpuncten der den Vielecken umschriebenen Kreise auf die nicht gegebenen Seiten gefällt werden können, in allen gleich sind. Wird bei einem der Vielecke die Seitenzahl unendlich gross vorausgesetzt, so geht dasselbe in ein Kreissegment über, dessen Radius alsdann den Perpendikeln in den übrigen Vielecken gleich sein muss. Dadurch gelangt man also auch zu den Sätzen über Kreissegmente, welche in der ersten Abhandlung bewiesen worden sind (No. 52 und No. 54); und zwar stellen sich dieselben hier nur als besondere Fälle dar. Dagegen scheinen sich

die gegenwärtigen allgemeineren Sätze nach keiner der übrigen Beweisarten leicht beweisen zu lassen.

Vierte Beweisart.

Für die ebenen Figuren.

17. Hülfssätze. I. Unter allen Linien zwischen zwei gegebenen Puncten ist die Gerade ein Minimum (die kürzeste).

II. Die Summe je zweier Seiten eines Dreiecks ist grösser als die dritte Seite.

Fundamentalsatz.

18. I. Die Gerade CD aus der Spitze C eines Dreiecks ACB nach der Mitte D der Grundlinie AB hälftet die Fläche des Dreiecks und ist kleiner als die halbe Summe der Schenkel, also

$$2CD < AC+BC.$$

Der letzte Theil dieses Satzes folgt aus No. 17, II. Denn man verlängere CD über D hinaus, nehme darauf den Punct C_1 so, dass

$$DC_1 = CD$$

und ziehe die Gerade AC_1, so ist

$$AC_1 = BC,$$

und im Dreieck CAC_1 ist

$$CA+AC_1 > CC_1,$$

also ist auch

$$CA+CB > 2CD.$$

II. Die Gerade dD, welche die Mitten d und D der parallelen Seiten ab und AB eines Paralleltrapezes $AabB$ verbindet, hälftet die Fläche desselben und ist kleiner als die halbe Summe der beiden übrigen Seiten Aa und Bb. Beim Parallelogramm insbesondere wird die Gerade dD gleich der halben Summe der letztgenannten Seiten, und zwar ist

$$Dd = Aa = Bb.$$

Dieser Fall folgt als Zusatz aus dem ersten (I), wenn man hier zwischen den Schenkeln des gegebenen Dreiecks ACB eine Gerade ab mit der Grundlinie AB parallel zieht.

19. Wird eine Figur von zwei parallelen Geraden AB und CD (Taf. XIII Fig. 8a) und von zwei beliebig geformten Linien AC und BD oder a und b begrenzt, und zieht man zwischen

diesen Linien Gerade xy den Grundlinien parallel, so ist der Ort ihrer Mitten z irgend eine bestimmte Linie c, welche die Fläche der Figur hälftet, und welche im Allgemeinen kleiner ist als die halbe Summe der Linien a und b. Nur in dem besonderen Falle, wo die Transversale xy constant ist, wird c der halben Summe von a und b gleich, und zwar ist dann

$$c = a = b.$$

Denn denkt man sich die Transversalen xy in sehr kleinen Abständen auf einander folgend, so können die zwischen ihnen enthaltenen Theile der Linien a und b als geradlinig, und somit das zwischen je zwei auf einander folgenden Transversalen befindliche Flächenelement als Parallel-trapez angesehen werden; für jedes dieser Trapeze findet aber der Satz statt (18, II), daher auch für ihre Summe, d. i. für die ganze Figur.

Bemerkung. Der vorstehende Satz bleibt bestehen, wenn insbesondere die eine Grundlinie CD gleich 0 wird, wie in Fig. 8b auf Taf. XIII; ebenso wenn beide Grundlinien AB und CD Null werden, wie in Fig. 8c auf Taf. XIII.

20. Soll zwischen den unbegrenzten Schenkeln eines gegebenen Winkels eine Linie von gegebener Länge gleich L, aber willkürlicher Form, so gezogen werden, dass der begrenzte Raum ein Maximum sei, so kann sie nur ein Kreisbogen sein, dessen Mittelpunct im Scheitel des Winkels liegt.

Beweis. Sei ACB (Taf. XIII Fig. 9) der gegebene Winkel. Nehmen wir an, die Linie ADB habe die gegebene Länge gleich L und sei so beschaffen, dass sie den möglich grössten Raum begrenzt, so folgt zunächst, dass sie, sowie die ganze Figur $CADBC$, durch die den Winkel C hälftende Gerade CD in zwei congruente Hälften getheilt wird, so dass AD und BD oder a und b congruent und namentlich

$$CA = CB$$

ist. Denn wäre dies nicht der Fall, so gäbe es immer eine zweite Figur CA_1DB_1C die jener $CADBC$ durchaus gleich wäre, nämlich die mit ihr zusammenfiele, wenn man sie um die Gerade CD herumbewegte, so dass also die Linie

$$A_1DB_1 = ADB$$

und einzeln

$$a_1 = a, \quad b_1 = b,$$

sowie auch die Räume ADB_1 und A_1DB congruent wären. Ferner gäbe es sodann eine Linie DE oder c, welche, als Ort der Mitten aller zwischen den Linien a und b_1 mit der Grundlinie AB_1 parallel gezogenen Geraden, den Raum ADB hälftete, so dass

$$2c < a + b_1 \quad \text{oder} \quad 2c < a + b$$

wäre (19); und ebenso würde der Raum A_1DB durch eine gleiche Linie DF gleich c gehälftet, so dass also die Figur $CEDFC$ mit $CADBC$ gleichen Inhalt hätte, obschon die Linie EDF kleiner als ADB, nämlich $2c < a+b$, wäre. Dieses widerspricht aber der obigen Annahme, dass die Linie ADB den möglich grössten Raum begrenzt (indem eine Linie, die grösser ist als EDF, offenbar auch einen grösseren Raum begrenzen kann als diese). Folglich müssen die Theile a und b der Linie ADB congruent und

$$CA = CB$$

sein, oder die ganze Figur $CADBC$ muss durch die Gerade CD in zwei congruente Hälften $CADC$ und $CBDC$ getheilt werden.

Nun folgt für diese Hälften $CADC$ und $CBDC$ in gleicher Weise, dass sie durch die Geraden CG und CH, welche ihre Winkel ACD und BCD hälften und die Linien a und b in den Puncten G und H treffen (diese Puncte und jene Geraden sind in der Figur nicht gezeichnet), in congruente Theile getheilt werden, welche alle einander gleich und somit Viertel der ganzen Figur sind, so dass also

$$CA = CD = CB$$

sein muss. Dieselben Schlüsse sind weiter auf diese vier Viertel anwendbar, wodurch folgt, dass

$$CA = CG = CD = CH = CB;$$

u. s. w. Dies berechtigt zu dem Schluss, dass alle Puncte der Linie ADB gleich weit von dem Scheitel C entfernt sein müssen, was die Behauptung des Satzes ist.

21. Mit dem letzten Satze (20) können wir die gegenwärtige Beweisart beendigen. Er ist in der Art umfassend, dass alles Weitere aus ihm folgt. Nämlich zunächst folgen aus ihm die Sätze über den Halbkreis und über den ganzen Kreis, wenn der gegebene Winkel C beziehlich gleich π und 2π angenommen wird. Sodann folgen die Sätze über das Kreissegment, über Kreisstücke, Vielecke, u. s. w. in gleicher Weise wie in der ersten Abhandlung *).

---

*) Der für einige dieser Sätze unerlässliche Hülfssatz, der oben unter No. 1 und No. 12 (und in der ersten Abhandlung unter No. 3) sich aufgestellt findet, kann nach der gegenwärtigen Beweisart auch leicht aus dem Fundamentalsatze (18, I) gefolgert werden. Man denke sich über der nämlichen Grundlinie AB auf einerlei Seite derselben zwei Dreiecke ACB und ADB mit gleicher Schenkelsumme, wovon das erste gleichschenklig ist, so dass

$$AC + BC = 2AC = AD + BD.$$

Auf der nämlichen Seite der Grundlinie ist allemal ein drittes, dem Dreieck ADB gleiches Dreieck BD_1A möglich, wo nämlich Seite

$$BD_1 = AD \text{ und } AD_1 = BD.$$

Oder man kann auch statt des Satzes (20), oder vor demselben, den Satz vom Kreise aufstellen und z. B., wie folgt, beweisen.

Unter allen ebenen Figuren hat der Kreis bei gleichem Umfange den grössten Inhalt und bei gleichem Inhalte den kleinsten Umfang.

1. Beweis. Man denke eine Figur, die bei gegebenem Umfange den möglichst grössten Inhalt haben soll. Jede Gerade AB gleich a, welche ihren Umfang in zwei gleich lange Theile α und β theilt, muss auch ihre Fläche hälften, so dass $a\alpha$ und $a\beta$ von gleichem Inhalte sind; denn wäre etwa

$$a\beta < a\alpha,$$

so könnte man über der festen Sehne a statt der Linie β eine der α symmetrisch gleiche Linie α_1 nehmen, und dann wäre die Figur $\alpha\alpha_1$ bei gleichem Umfange grösser als $\alpha\beta$, was der Voraussetzung widerspräche; folglich muss

$$a\beta = a\alpha$$

sein. Wäre nun ferner β verschieden von α_1, so gäbe es zwischen β und α_1 eine dritte Linie γ, welche kleiner als $\frac{1}{2}(\beta+\alpha_1)$, und somit kleiner als β, aber wo dennoch

$$a\gamma = a\beta = a\alpha_1$$

wäre (19), was offenbar wiederum der Annahme widerspräche. Folglich können β und α_1 nicht von einander verschieden sein, d. h. es muss β symmetrisch gleich α, und somit a eine Axe der Figur sein. Da die Richtung dieser Axe beliebig ist, so folgt leicht, dass die Figur ein Kreis sein muss.

2. Beweis. Von der, wie vorhin, bei gegebenem Umfange möglichst gross vorausgesetzten Figur schneide man mittelst einer beliebigen Sehne a ein Segment $a\alpha$ ab, denke sich dasselbe zugleich in einer zweiten Lage in die es gelangt, wenn es um die in der Mitte auf der Sehne senkrechte Gerade herumbewegt wird. In dieser zweiten Lage des Segmentes heisse sein Bogen α_1. Fiele α_1 nicht mit α zusammen, so wäre zwischen beiden eine dritte Linie β von der Beschaffenheit möglich, dass, während

$$2\beta < \alpha+\alpha_1 \quad \text{oder} \quad \beta < \alpha,$$

Dabei ist die Gerade DD_1 parallel AB, und wenn F ihre Mitte ist, so ist die Gerade CF senkrecht auf AB. In Ansehung des Dreiecks DAD_1 ist nun

$$2AF < AD + AD_1 \qquad (18, \text{I});$$

und da

$$2AC = AD + BD = AD + AD_1,$$

so ist

$$AC > AF;$$

daher muss C oberhalb F liegen, und folglich das Dreieck ACB grössere Höhe und somit auch grösseren Inhalt haben, als das Dreieck ADB oder AD_1B.

dennoch das Segment

$$a\beta = a\alpha \qquad (19),$$

was offenbar der Voraussetzung widerstritte. Folglich muss α_1 ganz auf α fallen, und es muss α eine in Rücksicht der genannten Senkrechten symmetrische Linie sein. Daraus folgt weiter, dass die Figur ein Kreis sein muss. — Oder werden durch zwei gleiche Sehnen a und b an beliebigen Stellen zwei Segmente $a\alpha$ und $b\beta$ abgeschnitten, so folgt aus gleichen Gründen (wenn man die Segmente auf einander legt), dass die Bogen α und β gleich sein müssen; was wiederum die Natur des Kreises anzeigt.

Fünfte Beweisart.

Für die ebenen Figuren.

Diese Beweisart beruht auf dem Princip der Symmetrie. Das Maximum und Minimum wird dadurch auf interessante Weise von einer neuen Seite, nach seiner eigenthümlichen Erscheinung in der äusseren Form der Figur beleuchtet.

Fundamentalsatz.

22. I. Jedes ungleichschenklige Dreieck ACB (Taf. XIII Fig. 10) lässt sich in ein anderes (gleichschenkliges) acb von gleichem Inhalte und gleicher Grundlinie

$$ab = AB$$

verwandeln, welches kleinere Schenkelsumme hat und in Bezug auf eine bestimmte Axe X, die durch die Spitze c und durch die Mitte m der Grundlinie geht und auf dieser senkrecht steht, symmetrisch ist.

II. Jedes Paralleltrapez $ADEB$ lässt sich in ein anderes $adeb$ von gleichem Inhalte und gleichen parallelen Seiten

$$ab = AB \quad \text{und} \quad de = DE$$

verwandeln, in welchem die Summe der zwei übrigen Seiten kleiner ist, also

$$ad + be < AD + BE,$$

und welches in Bezug auf eine Axe X, die durch die Mitten m und n der parallelen Seiten geht und auf diesen senkrecht steht, symmetrisch ist.

Der Beweis des ersten Theiles (I) ist einfach und allgemein bekannt; der zweite folgt als Zusatz aus ihm.

Wenn im zweiten Theile (II) die gegebenen Seiten insbesondere einander gleich sind,

$$AB = DE,$$

so ist $ADEB$ ein Parallelogramm und $adeb$ ein Rechteck; der Satz bleibt offenbar auch für diesen Fall gültig.

23. Infolge des vorstehenden Satzes kann nun jedes gegebene convexe Polygon P in ein anderes Polygon P_1 von gleichem Inhalte verwandelt werden, welches kleineren Umfang hat und in Bezug auf irgend eine Axe X symmetrisch ist. Dies mag durch folgende Beispiele anschaulich gemacht werden.

1) Es sei das gegebene Polygon zunächst ein Dreieck ABC (Taf. XIII Fig. 11). Aus den Ecken desselben fälle man auf eine beliebige Axe X Perpendikel Aa, Bb, Cc, trage das Stück BD des einen, welches innerhalb des Dreiecks liegt, symmetrisch auf die Axe X, d. h. so, dass

$$bd = BD \quad \text{und} \quad be = ed,$$

so hat das symmetrische Viereck $abcd$ mit dem Dreieck ABC gleichen Inhalt, aber kleineren Umfang. Denn vermöge der Construction haben sowohl die Dreiecke BAD und bad, als BCD und bcd gleichen Inhalt, aber es ist

$$ab + ad < AB + AD$$

und

$$cb + cd < CB + CD \qquad (22, \text{I}),$$

woraus die Behauptung folgt.

Mittelst einer neuen Axe Y, welche zur vorigen X senkrecht ist, kann weiter das Viereck $abcd$ auf gleiche Weise in ein anderes Viereck $\alpha\beta\gamma\delta$ von gleichem Inhalte, aber von noch kleinerem Umfange verwandelt werden, welches in Rücksicht beider Axen symmetrisch, daher gleichseitig (also eine Raute) ist und den Durchschnitt μ der Axen zum Mittelpuncte hat.

Demnach kann jedes gegebene Dreieck ABC mittelst zweier zu einander rechtwinkligen Axen X und Y in eine Raute $\alpha\beta\gamma\delta$ von gleichem Inhalte aber kleinerem Umfange verwandelt werden. Dies kann aber auch mittelst einer einzigen Axe X geschehen; denn wenn die Fläche des Dreiecks ABC durch das Perpendikel BDe gehälftet wird (wenn D die Mitte der Seite AC ist), so ist $abcd$ eine Raute.

2) Es sei ferner das gegebene Polygon P etwa ein Fünfeck $ABCDE$ (Taf. XIV Fig. 12), so wird es durch ein gleiches Verfahren mittelst einer Axe X in ein Achteck $abe_1cdc_1eb_1$ verwandelt, welches vermöge der correspondirenden Dreiecke und Paralleltrapeze nach No. 22 gleichen Inhalt aber kleineren Umfang hat. — Durch eine zu X senkrechte neue Axe Y wird dieses Achteck in ein Zwölfeck von gleichem Inhalte verwandelt, welches abermals kleineren Umfang und zudem den Durchschnitt der beiden Axen zum Mittelpuncte hat.

3) Auf gleiche Weise wird jedes gegebene, convexe Polygon P von m Seiten mittelst einer ersten Axe X_1 in ein symmetrisches Polygon P_1 von gleichem Inhalte aber kleinerem Umfange verwandelt, welches im Allgemeinen und höchstens $2m-2$ Seiten hat; ferner mittelst einer zweiten beliebigen Axe X_2 in ein symmetrisches Polygon P_2 von höchstens $2(2m-2)-2$ Seiten; und fährt man so fort, so gelangt man mittelst der n^{ten} Axe X_n zu einem symmetrischen Polygon P_n von höchstens $2^n(m-2)+2$ Seiten, welches bei gleichem Inhalte kleineren Umfang hat als jedes vorhergehende.

Wenn eine Axe zu der ihr vorhergehenden senkrecht angenommen wird, z. B. wenn X_2 und X_1 senkrecht ist, so hat das Polygon P_2 einen Mittelpunct C (der Durchschnitt der beiden Axen), aber höchstens nur $2(2m-4)$ Seiten; und alsdann hat auch jedes folgende Polygon $P_3, P_4, \dots P_n$ einen Mittelpunct C und zwei zu einander senkrechte Symmetral-Axen, man mag die späteren Axen X_3, X_4, ... X_n annehmen, wie man will.

24. Diese Beispiele zeigen, wie jedes gegebene convexe Polygon P sich in ein anderes Polygon P_n von gleichem Inhalte aber kleinerem Umfange und grösserer Seitenzahl verwandeln lässt. Wird die Verwandlung oft wiederholt, so kann die Seitenzahl sehr gross und jede Seite einzeln sehr klein werden, so dass zuletzt, wenn man die Verwandlungen bis ins Unendliche fortgesetzt denkt, die Zahl der Seiten unendlich gross und jede Seite unendlich klein wird, wodurch das Polygon P_n sich irgend einer Curve nähert, oder vielmehr schlechthin in eine solche übergeht.

Da in gleichem Sinne umgekehrt jede gegebene geschlossene convexe Curve P als Polygon mit unendlich vielen unendlich kleinen Seiten anzusehen ist, so kann dieselbe auch durch das nämliche Verfahren mittelst einer beliebigen Axe X_1 in eine andere Curve P_1 von gleichem Inhalte aber kleinerem Umfange verwandelt werden, welche in Rücksicht der Axe X_1 symmetrisch ist. Ebenso gelangt man mittelst einer zu X_1 senkrechten, zweiten Axe X_2 zu einer Curve von abermals kleinerem Umfange aber demselben Inhalte, welche zwei zu einander senkrechte Symmetral-Axen und somit deren Durchschnitt C zum Mittelpuncte hat. Durch fernere, beliebig gewählte Axen $X_3, X_4, \dots$ entstehen neue Curven $P_3, P_4, \dots$ von gleichem Inhalte, welche nach der Reihe immer kleineren Umfang haben, und wovon jede einen Mittelpunct und mindestens zwei zu einander rechtwinklige Symmetral-Axen hat. Durch zweckmässige Wahl der neuen Axen lassen sich die Durchmesser der Curve der Gleichheit immer näher bringen, d. h. der Unterschied zwischen dem grössten und kleinsten Durchmesser kann immer kleiner gemacht werden *).

*) So z. B. kann auf diese Weise eine gegebene Ellipse P mittelst einer einzigen gehörig gewählten Axe X in einen Kreis P_1 verwandelt werden, dessen Durchmesser alle einander gleich sind. Nämlich sind a, b die halben Axen der Ellipse, so con-

Demnach kann jede geschlossene, convexe Figur P, mag sie von geraden oder krummen Linien (oder von beiden Arten zugleich) begrenzt sein, unter Beibehaltung ihres Inhaltes, so lange verwandelt und dadurch ihr Umfang verkleinert werden, wie sie nach irgend einer Richtung keine Symmetral-Axe hat. Hätte aber die Figur nach jeder beliebigen Richtung eine Symmetral-Axe, oder würde sie nach einigen Verwandlungen in diesen Zustand gebracht, so bliebe alsdann bei allen folgenden Verwandlungen ihr Umfang sowohl als der Inhalt constant, oder vielmehr, es fände dann keine Verwandlung mehr statt, sondern die neue Figur würde stets der alten gleich sein.

Eine solche Figur aber, welche nach allen Richtungen Symmetral-Axen hat, muss nothwendig einen Mittelpunct C haben, in welchem sich alle Axen schneiden (denn derselbe wird nach dem Obigen schon durch irgend zwei zu einander senkrechte Axen bedingt). Ferner müssen alle Axen einander gleich sein. Denn seien X, Y (Taf. XIV Fig. 13) irgend zwei Axen der Figur und sei Z diejenige Axe, welche mit ihnen gleiche Winkel bildet, also

$$\alpha = \beta,$$

so muss dem Endpuncte A der Axe X in Rücksicht der Axe Z ein solcher Punct D entsprechen, welcher sowohl im Umfange der Figur P, als in der Axe Y liegt; folglich muss D Endpunct der Axe Y sein, und folglich müssen die halben Axen CA und CD (und ebenso die ganzen AB und DE) einander gleich sein. Demzufolge kann es nur eine einzige solche Figur geben, welche nach jeder Richtung eine Symmetral-Axe hat, und diese Figur ist der Kreis.

25. Aus der vorstehenden Betrachtung schliesst man zunächst den folgenden

Hauptsatz.

Unter allen Figuren von gleichem Inhalte hat der Kreis den kleinsten Umfang; und umgekehrt: unter allen Figuren von gleichem Umfange hat der Kreis den grössten Inhalt.

Denn man denke sich eine Figur P, welche bei gegebenem Inhalte den möglichst kleinsten Umfang habe, so muss dieselbe nach allen Richtungen symmetrisch und folglich ein Kreis sein. Denn wäre sie nach irgend einer Richtung nicht symmetrisch, so liesse sie sich mittelst einer

---

struire man die Gerade

$$r = \sqrt{ab},$$

trage sie als Halbmesser in die Ellipse ein und nehme X darauf senkrecht an, dann wird die neue Figur P_1 ein Kreis sein. Da r nach zwei verschiedenen Richtungen sich als Halbmesser in die Ellipse eintragen lässt, so kann die Axe X auch in zwei verschiedenen Richtungen der Forderung genügen.

dieser Richtung entsprechenden Axe X in eine andere Figur P_1 von gleichem Inhalte aber kleinerem Umfange verwandeln, was der Voraussetzung widerspräche.

26. In Rücksicht der obigen Betrachtung (24) kann hier beiläufig noch folgende Frage aufgeworfen werden:

Welche Form kann eine Figur möglicherweise haben, wenn sie zwei Symmetral-Axen X und Y hat, die sich unter einem beliebigen, gegebenen Winkel α schneiden, und von denen jede dem Umfange der Figur in nur zwei Puncten begegnet?

Die Erörterung dieser Frage liefert folgendes Resultat: Die Figur hat, ausser den beiden gegebenen, im Allgemeinen noch mehr Axen, und zwar entweder eine bestimmte endliche Anzahl oder unendlich viele, jenachdem beziehlich $\alpha:\pi$ commensurabel oder incommensurabel ist.

I. Wenn $\alpha:\pi$ commensurabel ist, etwa gleich $1:m$, wo m eine ganze Zahl ist, so hat die Figur im Ganzen m Symmetral-Axen, die einander in demselben Puncte C schneiden, und deren Abschnitte, nach der Reihe um den Punct C herum genommen, abwechselnd einander gleich sind *). Der Umfang der Figur besteht aus $2m$ gleichen Theilen, nämlich zwischen den nach gleicher Seite hin liegenden Endpuncten je zweier unmittelbar auf einander folgenden Axen liegt ein solcher Umfangstheil. Diese Theile bleiben unbestimmt, d. h. einer derselben kann willkürlich angenommen werden, kann eine beliebige gerade Linie oder Curve sein, und dann sind alle anderen durch ihn bestimmt, ihm gleich.

Uebrigens sind dabei noch zwei Fälle zu unterscheiden, ob die Zahl m gerade oder ungerade ist.

1) Ist m gerade, so ist C Mittelpunct der Figur und die m Axen sind abwechselnd einander gleich.

2) Ist m ungerade, so sind alle Axen einander gleich, ihre Abschnitte aber, in welche sie durch den Punct C getheilt werden, sind nach ihrer Aufeinanderfolge abwechselnd einander gleich (und somit sind die beiden Abschnitte jeder Axe ungleich).

II. Wenn $\alpha:\pi$ incommensurabel ist, so hat die Figur unendlich viele Symmetral-Axen, so dass nach jeder Richtung eine solche stattfindet, woraus man schliesst, dass die Figur in diesem Falle ein Kreis sein muss.

Wird im Umfange der Figur irgend ein Punct P angenommen, so entspricht ihm, z. B. in Bezug auf die Axe X, ein anderer Punct P_1 des

*) Wäre

$$\alpha:\pi = n:m,$$

und n ebenfalls eine ganze Zahl, so hätte die Figur gleichfalls m Axen, deren Abschnitte sich ebenso verhielten, aber die gegebenen Axen X und Y würden dann nicht unmittelbar auf einander folgen, sondern es lägen $n-1$ andere Axen zwischen ihnen.

Umfanges, und es ist

$$CP = CP_1;$$

dem Puncte P_1 entspricht weiter in Rücksicht der Axe Y ein Punct P_2, und es ist

$$CP_1 = CP_2;$$

ebenso entspricht dem Puncte P_2 vermöge der Axe X weiter ein Punct P_3, diesem wieder vermöge der Axe Y ein Punct P_4, u. s. w. bis ins Unendliche. Diese Reihe von Puncten erschöpfen den Umfang der Figur und sind alle gleich weit vom Durchschnitte C der Axen entfernt, was beweist, dass die Figur ein Kreis und C dessen Mittelpunct ist.

Von den Figuren im Raume.

Von den prismatischen Körpern.

27. Der Inhalt eines beliebigen Prismas ist gleich dem Product aus der Grundfläche in die Höhe.

Die Seitenfläche eines senkrechten Prismas ist gleich einem Rechteck, dessen Höhe und Grundlinie beziehlich der Höhe des Prismas und dem Umfange der Grundfläche gleich sind.

28. Unter allen Prismen über der nämlichen Grundfläche und von gleicher Höhe hat das senkrechte die kleinste Seitenfläche oder die kleinste Oberfläche; und umgekehrt: unter allen Prismen über derselben Grundfläche und von gleich grosser Seitenfläche hat das senkrechte die grösste Höhe oder den grössten Inhalt.

Ist die Grundfläche ein Polygon, so ist der Beweis dieses Satzes einleuchtend, und ist sie eine Curve, mithin der Körper ein Cylinder, so folgt der Beweis dadurch, dass man die Grundfläche als Grenze von ein- oder umschriebenen Polygonen ansieht.

29. I. Unter allen n-seitigen Prismen hat das senkrechte regelmässige die Eigenschaft, dass es

1) bei gleich grosser Grundfläche und gleicher Höhe die kleinste Seitenfläche;

2) bei gleicher Seitenfläche und gleicher Höhe die grösste Grundfläche und den grössten Inhalt;

3) bei gleich grosser Grundfläche und gleich grosser Seitenfläche die grösste Höhe oder den grössten Inhalt; und endlich

4) bei gleicher Seitenfläche und gleichem Inhalte die kleinste Grundfläche und die grösste Höhe besitzt.

II. Von zwei regelmässigen, senkrechten Prismen hat dasjenige, welches grössere Seitenzahl besitzt,

1) bei gleich grosser Grundfläche und gleicher Höhe eine kleinere Seitenfläche;

2) bei gleicher Seitenfläche und gleicher Höhe eine grössere Grundfläche und grösseren Inhalt;

3) bei gleich grosser Grundfläche und gleich grosser Seitenfläche eine grössere Höhe oder einen grösseren Inhalt; und endlich

4) bei gleicher Seitenfläche und gleichem Inhalte eine kleinere Grundfläche aber grössere Höhe.

III. Unter allen prismatischen Körpern hat der senkrechte gerade Cylinder die Eigenschaft, dass er

1) bei gleich grosser Grundfläche und gleicher Höhe die kleinste Seitenfläche;

2) bei gleicher Seitenfläche und gleicher Höhe die grösste Grundfläche und den grössten Inhalt;

3) bei gleich grosser Grundfläche und gleich grosser Seitenfläche die grösste Höhe oder den grössten Inhalt; und endlich

4) bei gleicher Seitenfläche und gleichem Inhalte die kleinste Grundfläche und die grösste Höhe besitzt.

Beweis. Zufolge des Satzes No. 28 hat man es in allen Fällen nur mit senkrechten Prismen zu thun. Unter dieser Voraussetzung lassen sich die einzelnen Fälle, wie folgt, beweisen:

I. 1) Da die Seitenfläche gleich einem Rechteck, dessen Höhe und Grundlinie beziehlich der Höhe des Prismas und dem Umfange seiner Grundfläche gleich sind (27), und da diese Höhe gegeben ist, so wird folglich die Seitenfläche mit dem Umfange der Grundfläche gleichzeitig ein Minimum; dies tritt aber ein, wenn die Grundfläche regelmässig ist.

2) Da die Höhe und die Seitenfläche gegeben sind, so ist dadurch auch der Umfang der Grundfläche bekannt, welche also am grössten wird, wenn sie regelmässig ist.

3) Da die Seitenfläche gegeben ist, so wird die Höhe am grössten, wenn der Umfang der Grundfläche ein Minimum ist, also wenn die Grundfläche regelmässig ist.

4) Hier bemerke man zunächst, dass bei jedem senkrechten Prisma der Inhalt, dividirt durch die Seitenfläche, gleich ist der Grundfläche, dividirt durch ihren Umfang; da nun die zwei ersteren Grössen gegeben sind, so ist ihr Quotient q constant, und folglich müssen die Grundfläche und ihr Umfang (da sie denselben Quotienten haben) gleichzeitig kleiner oder grösser werden. Denkt man sich für

einen Augenblick den Inhalt der Grundfläche gegeben, so ist ihr Umfang am kleinsten, und daher der Quotient am grössten, wenn die Grundfläche regelmässig ist; für jedes regelmässige Polygon aber ist der genannte Quotient dem Radius des eingeschriebenen Kreises gleich, und wird somit mit dem Inhalte des Polygons gleichzeitig kleiner oder grösser; folglich kann nur bei einer einzigen bestimmten, regelmässigen Grundfläche B der Quotient jenem gegebenen Quotienten q gleich werden. Da nun jede andere Grundfläche, mag sie regelmässig sein oder nicht, welche kleiner als B ist, auch einen kleineren Quotienten als diese hat und somit unzulässig ist (weil der Quotient gleich q sein muss), so ist folglich B unter allen möglichen Grundflächen die kleinste.

Man kann auch, wie folgt, schliessen: Zuvörderst bemerke man, dass der Inhalt eines senkrechten, regelmässigen Prismas gleich ist dem halben Product aus der Seitenfläche in den Radius des der Grundfläche eingeschriebenen Kreises. Nun sei P irgend ein Prisma mit dem gegebenen Inhalte und der gegebenen Seitenfläche, und ferner sei P_1 ein senkrechtes, regelmässiges Prisma mit respective gleich grosser Seitenfläche und Grundfläche; so ist zufolge des Falles 3)

$$P_1 > P.$$

Soll nun P_1 bei gleicher Seitenfläche kleiner werden, bis

$$P_1 = P,$$

so muss der Radius seiner Grundfläche, und somit diese Grundfläche selbst abnehmen, woraus wiederum die Wahrheit des Theorems folgt.

II. Hier folgt der Beweis für alle vier Fälle aus den vorigen (I), wofern man dabei den Satz No. 26 in der ersten Abhandlung berücksichtigt.

III. Diese Fälle sind eine unmittelbare Folge der vorigen (II).

Bemerkung. Wie die vorstehenden Sätze gewissermassen auf die früher betrachteten Eigenschaften ebener Figuren sich gründen, ebenso lassen sich viele andere Sätze über Prismen aus entsprechenden Sätzen über ebene Figuren ableiten; so z. B. kann fast die ganze Reihe von Sätzen, welche in der ersten Abhandlung über ebene Figuren enthalten sind, unmittelbar auf senkrechte Prismen von gegebener Höhe, welche die genannten Figuren zu Grundflächen haben, übertragen werden; u. s. w. Indessen sind diese Sätze keine eigenthümlich stereometrischen, weshalb ich mich mit ihrer blossen Andeutung begnüge.

30. Unter allen vierseitigen Prismen hat der Cubus die Eigenschaft, dass er bei gleicher Oberfläche den grössten Inhalt, und bei gleichem Inhalte die kleinste Oberfläche hat.

Denn man denke sich ein vierseitiges Prisma, welches bei gegebener Oberfläche den möglich grössten Inhalt haben soll, so muss dasselbe, wenn man für einen Augenblick seine Seitenfläche und die eine Grundfläche einzeln als gegeben ansieht, senkrecht und regelmässig, also ein Parallelepipedon mit quadratischer Grundfläche sein; und da nun die beiden übrigen Paare paralleler Seitenflächen auch als Grundflächen angesehen werden können, so müssen sie ebenfalls Quadrate, und folglich der Körper ein Cubus sein.

Bemerkung. In Rücksicht auf spätere Betrachtungen sind hierbei folgende charakteristische Eigenschaften hervorzuheben:

I. Beim grössten vierseitigen Prisma mit gegebener Oberfläche ist die Seitenfläche doppelt so gross als die Summe beider Grundflächen, oder die Seitenfläche beträgt zwei Drittel und jede Grundfläche ein Sechstel von der Oberfläche.

II. Dieses Prisma ist einer Kugel umschrieben, welche jede seiner sechs Grenzflächen in ihrem Schwerpuncte berührt.

31. Wenn in der Folge gesagt wird:

1) Ein Polygon oder ein Polyeder sei der Gattung nach gegeben, so soll dies heissen, es sei beim ersten bloss die Zahl der Seiten, oder beim anderen die Zahl der Seitenflächen nebst ihrer Gattung und Aufeinanderfolge (also auch die Zahl der Ecken nebst ihrer Gattung u. s. w.) gegeben.

2) Ein Polygon oder ein Polyeder sei der Form nach gegeben, so soll dies heissen, es sei irgend einem gegebenen Polygon oder Polyeder ähnlich.

32. I. Unter allen n-seitigen Prismen hat dasjenige senkrechte und regelmässige, dessen Grundfläche ein Sechstel der Oberfläche ist, bei gleicher Oberfläche den grössten Inhalt, und bei gleichem Inhalte die kleinste Oberfläche. Auch ist dieses besondere Prisma einer Kugel umschrieben, welche jede einzelne Fläche desselben in ihrem Schwerpuncte berührt.

II. Giebt man der Seitenzahl n nach der Reihe alle Werthe: 3, 4, 5, 6, ..., so haben die entsprechenden Prismen bei gleicher Oberfläche nach der Reihe immer grösseren Inhalt, und bei gleichem Inhalte immer kleinere Oberfläche; daraus folgt also:

III. Unter allen prismatischen Körpern hat der senkrechte Cylinder, dessen Mantelfläche viermal so gross als die Grundfläche, oder dessen Höhe dem Durchmesser der Grundfläche gleich ist, die Eigenschaft, dass bei gleicher Oberfläche sein Inhalt ein Maximum Maximorum, und bei gleichem Inhalte seine Oberfläche ein Minimum Minimorum ist.

Beweis. Dass man es nur mit senkrechten, regelmässigen Prismen zu thun hat, ist aus dem Vorhergehenden klar (29).

Man denke sich in Rücksicht des ersten Falles (I) zwei senkrechte, regelmässige Prismen, ein n-seitiges P_n und ein vierseitiges P_4, beide in solcher gegenseitigen Beziehung, dass sie dieselbe Höhe haben, und dass ihre Grundflächen gleichen Kreisen (oder einem und demselben Kreise) umschrieben sind. Dann verhalten sich die Inhalte der Prismen sowohl als die Oberflächen und die Grundflächen wie die Umfänge der letzteren. Daher ist mit der Oberfläche von P_n auch zugleich die Oberfläche von P_4 gegeben, und wenn sodann, bei gleichzeitiger Aenderung beider Prismen, der Inhalt von P_4 ein Maximum wird, so muss auch zugleich der Inhalt von P_n ein Maximum werden, und dabei muss P_n die im Satze angezeigte Eigenschaft haben, weil P_4 die analoge Eigenschaft (30) besitzt.

Der Beweis für die übrigen Fälle (II und III) ergiebt sich nunmehr leicht.

33. Wenn die Grundfläche eines dreiseitigen Prismas der Form nach (31), und wenn die Summe der beiden Grundflächen und einer der drei Seitenflächen gegeben ist, so ist der Inhalt ein Maximum, wenn das Prisma senkrecht (oder wenn nur die Grundflächen zu der genannten *einen* Seitenfläche senkrecht), und wenn jede Grundfläche ein Sechstel von der gegebenen Summe ist.

Beweis. Unter Voraussetzung senkrechter Prismen P_3 sei ACB (Taf. XIV Fig. 14) die der Form nach gegebene, aber der Grösse nach veränderliche Grundfläche; über der Basis AB stehe diejenige Seitenfläche, welche mit den beiden Grundflächen zusammen die gegebene Summe S ausmacht; und endlich sei die Spitze C des Dreiecks zugleich der Mittelpunct eines Quadrates $DEFG$, wovon die eine Seite DG mit der Basis AB in derselben Geraden liegt, und welches die Grundfläche eines senkrechten Prismas P_4 sein soll, das mit P_3 gleiche Höhe hat und sich mit diesem gleichzeitig ändert. Dann verhalten sich die Prismen P_3 und P_4 sowohl, als ihre Grundflächen, wie die Basis AB zum Umfange des Quadrates $DEFG$; und ebenso verhält sich auch der von P_3 gegebene Oberflächentheil S zur ganzen Oberfläche von P_4; so dass also mit S auch zugleich die Oberfläche von P_4 gegeben ist, und dass weiter mit P_4 auch gleichzeitig P_3 ein Maximum wird, woraus sofort die im Satze genannte Eigenschaft folgt.

Der obige Satz lässt sich auch umkehren, nämlich: wenn statt der Summe S der Inhalt des Prismas gegeben ist, so ist unter denselben Bedingungen die Summe S ein Minimum. — In gleicher Weise lassen sich die meisten nachfolgenden Sätze umkehren.

34. Ist die Grundfläche eines n-seitigen Prismas der Form nach, und ist die ganze Oberfläche desselben gegeben, so ist der Inhalt ein Maximum, wenn es senkrecht, und wenn die Grundfläche ein Sechstel der Oberfläche ist.

Der Beweis dieses Satzes ergiebt sich mittelst des vorigen (33). Nämlich man denke sich ausser einem senkrechten Prisma P_n, dessen Grundfläche B_n die gegebene Form hat, noch ein senkrechtes, dreiseitiges Prisma P_3 von gleicher Höhe und gleich grosser Grundfläche; ausserdem sei die Grundfläche ACB von P_3 so beschaffen, dass ihre Grundlinie AB dem Umfange der Grundfläche B_n gleich ist, und zudem setze man fest, dass dieselbe ihre Form ebenfalls nicht ändern soll. Dann haben die Prismen gleichen Inhalt, und die Summe S der beiden Grundflächen und der über AB stehenden Seitenfläche des Prismas P_3 ist gleich der gegebenen Oberfläche von P_n, woraus also nach No. 33 die Wahrheit des Satzes folgt.

35. I. Ist die Oberfläche eines n-seitigen Prismas mit Ausnahme der einen Grundfläche gegeben, so ist der Inhalt ein Maximum, wenn es senkrecht und regelmässig, und wenn die Grundfläche halb so gross ist als die Seitenfläche.

Setzt man successive

$$n = 3, 4, 5, 6, \ldots,$$

so haben die grössten Prismen nach der Reihe immer grösseren Inhalt, so dass also der gerade Cylinder das Maximum Maximorum darstellt.

II. Ist der nämliche Theil der Oberfläche gegeben, und ist zudem die Grundfläche der Form nach gegeben, so ist der Inhalt des Prismas ein Maximum, wenn es senkrecht, und wenn die Grundfläche halb so gross ist wie die Seitenfläche.

Beide Fälle folgen unmittelbar aus vorhergehenden Sätzen, wenn man das Prisma als die eine Hälfte eines anderen Prismas ansieht, welches von der Ebene der ausgeschlossenen (nicht gegebenen) Grundfläche gehälftet wird, so dass also die andere Hälfte unterhalb dieser Fläche liegt.

36. I. Ist die Oberfläche eines n-seitigen Prismas, ausgenommen eine einzelne Seitenfläche, gegeben, so ist der Inhalt desselben ein Maximum, wenn es die eine Hälfte eines senkrechten, regelmässigen Prismas ist, welches durch jene ausgeschlossene Seitenfläche gehälftet wird, und wenn die Grundfläche ein Sechstel von dem gegebenen Flächentheil ist.

II. Ist die Grundfläche der Form nach gegeben, und bleiben die übrigen Bedingungen dieselben, so wird das Prisma ein Maximum, wenn es senkrecht und wenn die Grundfläche gleichfalls ein Sechstel des gegebenen Flächentheils ist.

37. I. Ist die Oberfläche eines n-seitigen Prismas, mit Ausnahme der einen Grundfläche und einer Seitenfläche, gegeben, so ist dasselbe ein Maximum, wenn es die eine Hälfte eines senkrechten, regelmässigen Prismas ist, welches durch

die ausgenommene Seitenfläche gehälftet wird, und wenn die Grundfläche ein Drittel von dem gegebenen Flächentheil ist.

II. Und wenn zudem die Grundfläche der Form nach gegeben ist, so wird das Prisma ein Maximum, wenn es senkrecht, und wenn gleichfalls die Grundfläche ein Drittel des gegebenen Flächentheils ist.

In ähnlicher Weise kann man noch mehr Sätze aufstellen, wie z. B. den folgenden Satz:

III. Ist die Grundfläche eines Prismas der Form nach, und ist die Summe derselben und einer einzelnen Seitenfläche gegeben, so ist das Prisma ein Maximum, wenn die genannte Seitenfläche auf der Grundfläche senkrecht steht und doppelt so gross ist wie diese.

Die übrigen Seitenflächen brauchen in diesem Falle nicht auf der Grundfläche senkrecht zu stehen, oder das Prisma braucht nicht senkrecht zu sein.

38. Man denke sich eine beliebige, dreiseitige, unbegrenzte, prismatische Säule.

1) Wird dieselbe von beliebigen Ebenen, die den Kanten nicht parallel sind, geschnitten, so sind die Schnitte Dreiecke $A, B, C, \ldots,$ deren Schwerpuncte $a, b, c, \ldots$ alle in einer bestimmten Geraden Q liegen, welche den Kanten der Säule parallel ist.

2) Fixirt man irgend zwei Ebenen, welche von der Säule einen prismatischen Körper abschneiden und dessen Grundflächen A und B bilden, so ist bekanntlich der Inhalt dieses Körpers gleich dem Producte aus der einen oder anderen Grundfläche (A oder B) in das aus dem Schwerpuncte (b oder a) der anderen auf sie gefällte Perpendikel*). Daher folgt weiter:

3) Hält man die eine Grundfläche, etwa A, in ihrer Lage fest und lässt die andere B sich beliebig um den festen Punct b bewegen, wobei dieser stets Schwerpunct des veränderlichen Dreiecks B bleibt, so bleibt der Inhalt des Körpers constant (weil die Grundfläche A und das aus b auf sie gefällte Perpendikel sich nicht ändern); und umgekehrt, ist der Inhalt des Körpers gegeben, so muss die Grundfläche B bei allen ihren möglichen, verschiedenen Lagen, stets durch denselben festen Punct b gehen, der immer ihr Schwerpunct ist. Die Grundfläche B und das aus a auf sie gefällte Perpendikel müssen ihre Grösse gleichzeitig ändern, aber im umgekehrten Sinne; nun wird das Perpendikel ein Maximum, wenn es mit der festen Geraden ab zusammenfällt; daher muss die Grund-

*) Nämlich man sagt gewöhnlich, der Inhalt sei gleich dem Producte aus der einen Grundfläche in ein Drittel der Summe der aus den Ecken der anderen Grundfläche auf jene gefällten Perpendikel; die Summe dieser Perpendikel ist aber gerade dreimal so gross wie das Perpendikel aus dem genannten Schwerpuncte.

fläche B in diesem Falle (wo sie nämlich zu der Geraden Q und somit auch zu den Kanten der Säule senkrecht ist) ein Minimum werden.

39. Von den über die dreiseitige Säule angegebenen Eigenschaften (38) gelangt man stufenweise leicht zu analogen Eigenschaften bei der 4, 5, 6, ... n-seitigen Säule, mit Einschluss des Cylinders; nämlich man gelangt zu folgenden Sätzen:

1) Wird irgend eine unbegrenzte, prismatische Säule (mit Einschluss des Cylinders) von beliebigen Ebenen, die jedoch den Kanten derselben nicht parallel sind, geschnitten, so ist der Ort der Schwerpuncte a, b, c, ... aller Durchschnittsfiguren A, B, C, ... eine bestimmte, den Kanten der Säule parallele Gerade Q.

2) Irgend zwei der genannten Ebenen schneiden von der Säule einen prismatischen Körper ab und bilden dessen Grundflächen, wie etwa A und B; der Inhalt dieses Körpers ist allemal gleich dem Producte aus der einen oder anderen Grundfläche (A oder B) in das aus dem Schwerpuncte (b oder a) der anderen auf sie gefällten Perpendikel.

Begegnen sich die Grundflächen A und B innerhalb der Säule, so besteht der Körper aus zwei Theilen, wovon der eine als negativ anzusehen ist; und fallen dabei die Schwerpuncte a und b der Grundflächen zusammen, so sind diese Theile gleich gross und somit der Inhalt des Körpers gleich 0, weil nämlich die genannten Perpendikel Null werden.

3) Hält man die eine Grundfläche A fest, während die andere B sich um ihren Schwerpunct b beliebig bewegt (der dabei immer ihr Schwerpunct bleibt (1)), so bleibt der Inhalt des Körpers constant; und umgekehrt: ist die feste Grundfläche A (oder bloss ihr Schwerpunct a) nebst dem Inhalte des Körpers gegeben, so ist zwar die Lage und Grösse der anderen Grundfläche B unbestimmt, aber bei allen ihren verschiedenen Lagen geht sie stets durch einen bestimmten Punct b, welcher beständig ihr Schwerpunct ist.

Dabei wird der Inhalt der Grundfläche B ein Minimum, wenn sie auf den Kanten der Säule senkrecht steht; d. h. unter allen die gegebene Säule schneidenden Ebenen ist der Flächeninhalt des Schnittes bei derjenigen ein Minimum, welche auf den Kanten senkrecht steht; und je mehr die Ebene von dieser Lage abweicht, desto grösser wird ihr Schnitt.

Wenn die Säule und der Inhalt des von ihr abgeschnittenen Körpers gegeben sind, so könnte gefragt werden, unter welcher Bedingung alsdann die Oberfläche oder die Seitenfläche dieses prismatischen Körpers ein

Minimum sei? Die Beantwortung dieser Frage ergiebt sich leicht aus folgender Betrachtung: **

Die Schwerpuncte der Umfänge aller senkrechten Schnitte liegen in einer den Kanten (sowie der Geraden Q) parallelen Geraden q*). Sind α und β die Puncte, in welchen dieselbe von den beliebigen Grundflächen A und B geschnitten wird, und bezeichnet P den Umfang des senkrechten Schnittes, so ist die Seitenfläche gleich $\alpha\beta.P$. Drehen sich die Grundflächen A und B beliebig um die festen Puncte α und β, so bleibt die Seitenfläche constant; sie besteht aus zwei Theilen, wovon der eine als negativ anzusehen ist, wenn A und B sich innerhalb der Säule kreuzen; und sie wird gleich 0, wenn α und β zusammenfallen; dabei kann in allen diesen Fällen das Volumen des Körpers beliebig gross oder klein werden, indem der Abstand der Puncte a und b, in welchen A und B die Gerade Q schneiden, jede Grösse haben kann.

Sind umgekehrt die Puncte a und b fest, und somit das Volumen constant, so ist klar, dass dann die Seitenfläche jede beliebige Grösse haben kann, jenachdem die Länge von $\alpha\beta$ beschaffen ist.

Fallen insbesondere die Geraden Q und q auf einander, und gehen die Grundflächen A und B durch zwei feste Puncte a und b (oder α und β) derselben, so bleibt das Volumen sowohl als die Seitenfläche constant, die Grundflächen mögen ihre Lage ändern, wie man will. Dieser Zustand, dass Q und q zusammenfallen, findet unter anderen in folgenden zwei Fällen statt:

1. wenn die Säule regelmässig, d. h. wenn der zu ihren Kanten (oder zu Q) rechtwinklige Schnitt ein regelmässiges Vieleck ist;

2. wenn Q eine Central-Axe der Säule ist, d. h. wenn jeder Schnitt ein solches Polygon ist, welches einen Mittelpunct (und somit eine gerade Zahl von Seiten) hat. Zu diesem zweiten Falle bietet der elliptische Cylinder ein Beispiel.

Werden insbesondere die schneidenden Ebenen oder Grundflächen A und B parallel angenommen, so folgen weiter leicht nachstehende Sätze:

4) Ist die prismatische Säule nebst dem Abstande der parallelen schneidenden Ebenen (oder Grundflächen) A und B

*) Nämlich bei je einem System paralleler Schnitte liegen die Schwerpuncte der Umfänge in einer den Kanten der Säule parallelen Geraden, die sich aber mit der Richtung des Schnittes zugleich ändert, so dass also für beliebige, nicht parallele Schnitte, jenes nicht der Fall sein kann. Daher ist denn auch der von *M. Hirsch* in seinem Werke: „*Sammlung geom. Aufgaben*“ Theil II. S. 216, § 163 No. 4 aufgestellte Satz im Allgemeinen falsch, und ebenso sind mehrere in demselben Werke darauf basirte Sätze, die Fläche der Körper betreffend, unrichtig, wie z. B. die Sätze § 163 No. 5, 6; § 164; § 191 und § 192. Der Satz § 175 ist zufällig richtig, trotzdem er aus demselben falschen Principe geschlossen wird. Die Sätze § 176 und § 177 sind unverständlich abgefasst, es bleibt deshalb unentschieden, ob sie falsch oder richtig sind.

**Sieh S. 734.

von einander gegeben, so ist der Inhalt des abgeschnittenen Körpers ein Minimum, wenn die Ebenen zu den Kanten der Säule senkrecht sind.

5) Ist die Säule einer Kugel umschrieben, und sollen die parallelen Grundflächen A und B ebenfalls die Kugel berühren, so ist der Körper unter derselben Bedingung ein Minimum.

6) Unter allen einer Kugel umschriebenen, n-seitigen Prismen hat das senkrechte, regelmässige den kleinsten Inhalt, sowie die kleinste Oberfläche, kleinste Seitenfläche und kleinste Grundfläche. Und weiter:

7) Setzt man

$$n = 3, 4, 5, 6, \ldots,$$

so haben die entsprechenden Prismen nach der Reihe immer kleineren Inhalt, sowie kleinere Oberfläche, Seitenfläche und Grundfläche; so dass also unter allen der gegebenen Kugel umschriebenen Prismen dem senkrechten geraden Cylinder ein Minimum Minimorum des Inhalts sowohl, als der Oberfläche, Seitenfläche und Grundfläche zukommt.

Von den pyramidalischen Körpern.

40. I. Ist die Grundfläche einer Pyramide einem Kreise umschrieben und gegeben, und ist ferner die Höhe (oder der Inhalt) der Pyramide gegeben, so ist die Summe ihrer Seitenflächen dann ein Minimum, wenn die Pyramide einem geraden Kegel umschrieben ist.

Ist umgekehrt statt der Höhe (oder dem Inhalte) die Summe der Seitenflächen gegeben, so ist unter der nämlichen Bedingung die Höhe (oder der Inhalt) ein Maximum. Dergleichen Umkehrungen werden wir in der Folge meist mit Stillschweigen übergehen.

Beweis. Sei B die gegebene Grundfläche und C der ihr eingeschriebene Kreis. Ueber C denke man sich den geraden Kegel K mit der gegebenen Höhe, und über B die ihm umschriebene Pyramide P, deren Seitenflächen α, β, γ, ... heissen mögen. Ferner denke man sich einen zweiten Kegel $\mathfrak{k}$, welcher den ersten im Kreise C orthogonal schneidet und somit auf der anderen Seite der Grundfläche steht; jeder heisse der Polar-Kegel des anderen; die Länge der Kanten des Kegels $\mathfrak{k}$ sei gleich r. Endlich denke man sich noch die dem Kegel $\mathfrak{k}$ umschriebene Pyramide p über der Grundfläche B; ihre Seitenflächen berühren den Kegel $\mathfrak{k}$ in solchen Kanten, welche respective auf den Seitenflächen α, β, γ, ... von P perpendikulär sind. Der aus beiden Pyramiden P und p zusammengesetzte Körper kann auch als aus einer Reihe dreiseitiger Pyramiden bestehend angesehen werden, welche die Seitenflächen α, β, γ, ... von P zu Grundflächen haben, deren Spitzen sämmtlich im Scheitel von p (oder $\mathfrak{k}$) liegen, und deren Höhen alle gleich r (nämlich die genannten perpendikulären Kanten) sind. Daher hat man

$$P+p = \tfrac{1}{3}r(\alpha+\beta+\gamma+\cdots).$$

Nun sei P_1 irgend eine dritte Pyramide über der Grundfläche B, mit P auf gleicher Seite und von gleicher Höhe, und somit auch von gleichem Inhalte, so bilden P_1 und p zusammen einen Körper, der ebenso aus dreiseitigen Pyramiden besteht, welche die Seitenflächen α_1, β_1, γ_1, ... von P_1 zu Grundflächen haben, und deren Spitzen im Scheitel von p vereinigt sind; aber ihre Höhen sind im Allgemeinen alle kleiner als r, nur in besonderen Fällen kann eine oder zwei derselben höchstens gleich r sein; bezeichnen wir dieselben durch $r-z$, $r-y$, $r-x$, ..., so hat man

$$\begin{aligned} P_1+p &= \tfrac{1}{3}(r-z)\alpha_1+\tfrac{1}{3}(r-y)\beta_1+\tfrac{1}{3}(r-x)\gamma_1+\cdots \\ &= \tfrac{1}{3}r(\alpha_1+\beta_1+\gamma_1+\cdots)-\tfrac{1}{3}(z\alpha_1+y\beta_1+x\gamma_1+\cdots), \end{aligned}$$

und daher, da P_1 gleich P,

$$r(\alpha+\beta+\gamma+\cdots) = r(\alpha_1+\beta_1+\gamma_1+\cdots)-(z\alpha_1+y\beta_1+x\gamma_1+\cdots),$$

woraus folgt, dass

$$\alpha+\beta+\gamma+\cdots < \alpha_1+\beta_1+\gamma_1+\cdots,$$

d. h. dass P die kleinste Summe der Seitenflächen hat.

II. Da der Kegel K immer als Grenze der Pyramide P anzusehen ist, wofern man bei dieser die Zahl der Seitenflächen unendlich gross und ihre Grundlinien (d. i. die Seiten von B) unendlich klein werden lässt, so gilt der vorstehende Satz in gleicher Weise auch für den Kegel, nämlich:

Unter allen Kegeln über demselben Kreise C als Grundfläche und von gleicher Höhe (oder Inhalt) hat der gerade die kleinste Mantelfläche.

41. I. Sind die Grundflächen B und B_1 zweier Pyramiden respective Kreisen umschrieben und gegeben, und ist ferner die Summe ihrer Volumina gegeben, so ist die Summe ihrer Seitenflächen, zusammengenommen, nur dann ein Minimum, wenn

1) die Pyramiden geraden Kegeln K und K_1 umschrieben sind, und wenn

2) die diesen Kegeln entsprechenden Polar-Kegel $\mathfrak{k}$ und $\mathfrak{k}_1$ (40) gleiche Kanten (r gleich r_1) haben.

Der Beweis dieses Satzes ergiebt sich leicht, wenn man den vorigen Satz (40) berücksichtigt; er ist dem für den entsprechenden Fall bei ebenen Figuren analog (13).

Der Satz findet auch für Kegel statt, im Falle nämlich die gegebenen Grundflächen Kreise sind. Auch lässt er sich unmittelbar auf beliebig viele pyramidalische Körper ausdehnen, so dass man den folgenden Satz hat:

II. Sind die Grundflächen beliebig vieler Pyramiden gegeben, ist jedoch jede entweder einem Kreise umschrieben oder selbst ein Kreis, und ist ferner die Summe der Seitenflächen aller Pyramiden gegeben, so kann die Summe ihrer Inhalte nur dann ein Maximum sein, wenn

1) alle Pyramiden geraden Kegeln umschrieben, oder theils selbst gerade Kegel sind, und wenn

2) die diesen Kegeln entsprechenden Polar-Kegel alle gleiche Kanten haben.

Ein besonderer Fall des ersten Satzes (I) mag noch erwähnt werden, derjenige nämlich, wo die beiden Pyramiden über der nämlichen Grundfläche aber auf entgegengesetzten Seiten derselben stehen, so dass sie zusammen eine sogenannte Doppelpyramide bilden. Für diesen Fall heisst der Satz:

III. Ist die Grundfläche einer Doppelpyramide einem Kreise umschrieben und gegeben, und ist ferner ihre Oberfläche gegeben, so ist ihr Inhalt ein Maximum, wenn sie einem geraden, symmetrischen Doppelkegel umschrieben und daher selbst symmetrisch ist, so dass die beiden einfachen Pyramiden, aus denen sie besteht, symmetrisch gleich sind.

42. I. Sind von zwei rechtwinkligen Dreiecken von jedem eine Kathete und ist die Summe der beiden übrigen Katheten gegeben, so ist die Summe der Hypotenusen ein Minimum, wenn die Dreiecke ähnlich sind.

Denn sind AB und DE oder a und c (Taf. XIV Fig. 15) die einzeln gegebenen Katheten, und ist BE die gegebene Summe der zwei übrigen Katheten b und d, so ist, da die Puncte A, D nebst der Geraden BE fest sind, die Summe der Hypotenusen $z+y$ ein Minimum, wenn Winkel

$$\alpha = \gamma,$$

also wenn die Dreiecke ABC und DEC ähnlich sind.

II. Aus der Aehnlichkeit der Dreiecke folgt:

$$(\alpha) \qquad a:b:z = c:d:y.$$

Man setze

$$(\beta) \qquad \begin{cases} ma = m_1 a_1, & mc = n_1 c_1, \\ mb = m_1 b_1, & md = n_1 d_1, \\ mz = m_1 z_1, & my = n_1 y_1, \end{cases}$$

wo m, m_1 und n_1 beliebige gegebene Gerade sind, so sind auch a_1 und c_1 bekannte Gerade, wogegen b_1 und d_1 nicht einzeln bestimmt sind, sondern nur die Summe $m_1 b_1 + n_1 d_1$ ist constant, nämlich gleich $m(b+d)$, wo m und $b+d$ gegebene Gerade sind. Endlich folgt für z_1 und y_1, dass $m_1 z_1 + n_1 y_1$ mit der Summe $z+y$ gleichzeitig ein Minimum wird, indem

$$m_1 z_1 + n_1 y_1 = m(z+y)$$

ist.

Da vermöge der Gleichungen (α) und (β)

$$(\gamma) \qquad a_1 : b_1 : z_1 = c_1 : d_1 : y_1 = a : b : z = c : d : y,$$

so können a_1, b_1, z_1 und c_1, d_1, y_1 als die Seiten zweier rechtwinkligen, ähnlichen Dreiecke angesehen werden, welche zugleich den vorigen Dreiecken, die a, b, z und c, d, y zu Seiten haben, ähnlich sind. Man hat daher den folgenden allgemeineren Satz:

Sind von zwei rechtwinkligen Dreiecken von jedem eine Kathete a_1 und c_1, und ist die Summe der Rechtecke der beiden anderen Katheten b_1 und d_1 in gegebene Gerade m_1 und n_1 (also $m_1 b_1 + n_1 d_1$) gegeben, so ist die Summe der Rechtecke der Hypotenusen z_1 und y_1 in die nämlichen Geraden m_1 und n_1 ein Minimum, wenn die Dreiecke ähnlich sind.

Es ist leicht zu sehen, dass der Satz noch etwas allgemeiner existirt, wenn nämlich die Dreiecke statt der rechten Winkel B_1 und E_1 beliebige gegebene Winkel haben; die Bedingung ist dann nur: dass die den gegebenen Seiten a_1 und c_1 gegenüberliegenden Winkel α_1 und γ_1 gleich sein müssen.

III. Der Satz ist auch unmittelbar auf mehr Dreiecke auszudehnen, nämlich:

Sind von beliebig vielen rechtwinkligen Dreiecken von jedem eine Kathete $a, c, e, \ldots$, und ist die Summe der Rechtecke der übrigen Katheten $b, d, f, \ldots$ in gegebene Gerade m, $n, o, \ldots$, also die Summe

$$\beta = mb + nd + of + \cdots,$$

gegeben, so ist die Summe der Rechtecke der Hypotenusen $z, y, x, \ldots$ in die nämlichen Geraden, also die Summe

$$\mu = mz + ny + ox + \cdots,$$

ein Minimum, wenn die Dreiecke ähnlich sind.

Wenn insbesondere die gegebenen Katheten gleich sind, wenn

$$a = c = e = \cdots,$$

so sind auch die Dreiecke gleich, daher auch

$$b = d = f = \cdots$$

und

$$z = y = x = \cdots,$$

und sodann hat das Minimum μ immer denselben constanten

Werth, mag die Zahl der Dreiecke kleiner oder grösser angenommen werden, wofern nur a, sowie β und

$$\sigma = m+n+o+\cdots$$

unverändert bleiben.

Denn durch

$$\beta = b\sigma$$

ist alsdann b, und durch a und b ist weiter z bestimmt, so dass

$$\mu = z\sigma$$

constant sein muss.

43. Wenn zwei Pyramiden von gleicher Höhe gleich grosse Grundflächen von gleichem Umfange haben, und wenn nur die eine einem geraden Kegel umschrieben ist, so hat sie kleinere Seitenfläche als die andere; oder sind beide Pyramiden geraden Kegeln umschrieben, so haben sie gleich grosse Seitenflächen, und die Kegel sind gleich.

Und ferner:

Pyramiden, welche demselben geraden Kegel umschrieben sind, und deren Grundflächen entweder gleichen Inhalt oder gleichen Umfang haben, haben gleiche grosse Seitenflächen.

Bezeichnet man die Höhe einer der genannten Pyramiden durch a, ihre Grundfläche durch β, die Seiten derselben durch $m, n, o, \ldots$, die aus dem Fusspuncte der Höhe a auf diese Seiten gefällten Perpendikel durch $b, d, f, \ldots$, und den Umfang derselben, nämlich $m+n+o+\cdots$, durch σ, die Höhen der einzelnen Seitenflächen durch $z, y, x, \ldots$, und endlich die ganze Seitenfläche durch μ, so folgt dieser Satz, wie leicht zu sehen, unmittelbar aus dem besondern Falle des vorigen Satzes (42, III).

Den gegenwärtigen Satz nebst dem vorigen Hülfssatze verdankt man *Lhuilier*. Hier sind sie nur etwas anders vorgetragen.

44. Unter allen n-seitigen Pyramiden von gleicher Höhe hat die regelmässige bei gleich grosser Grundfläche die kleinste Seitenfläche, und bei gleich grosser Seitenfläche die grösste Grundfläche und den grössten Inhalt. Und: Unter allen n-seitigen Pyramiden von gleich grosser Grundfläche und gleich grosser Seitenfläche hat die regelmässige die grösste Höhe oder den grössten Inhalt. U. s. w.

Der Beweis dieses Satzes ergiebt sich leicht.

45. Von zwei Pyramiden, welche geraden Kegeln umschrieben sind und gleiche Höhe und gleich grosse Grundflächen haben, hat diejenige kleinere Seitenfläche, deren Grundfläche dem grösseren Kreise umschrieben ist.

Heissen die Pyramiden P und P_1, ihre Seitenflächen μ und μ_1, und sei die Grundfläche von P dem grösseren Kreise umschrieben. Aus den

Mittelpuncten der den Grundflächen eingeschriebenen Kreise fälle man Perpendikel p und p_1 auf die Seitenflächen, so ist offenbar

$$p > p_1;$$

und da nun

$$P = \tfrac{1}{3}p\mu, \quad P_1 = \tfrac{1}{3}p_1\mu_1$$

und nach Voraussetzung P gleich P_1, so muss

$$\mu < \mu_1$$

sein.

46. Unter regelmässigen Pyramiden von gleicher Höhe und gleich grossen Grundflächen hat immer diejenige die kleinere Seitenfläche, deren Grundfläche mehr Seiten hat, so dass also der gerade Kegel unter allen die kleinste Seitenfläche besitzt (45). Oder: Unter allen pyramidalischen Körpern von gleicher Höhe hat der gerade Kegel die Eigenschaft, dass bei gleichem Volumen seine Seitenfläche ein Minimum Minimorum, und bei gleicher Seitenfläche sein Inhalt (oder seine Grundfläche) ein Maximum Maximorum ist. U. s. w.

47. I. Unter allen Tetraëdern hat das regelmässige die Eigenschaft, dass es bei gleicher Oberfläche den grössten Inhalt und bei gleichem Inhalte die kleinste Oberfläche besitzt.

Denn in Rücksicht jeder der vier Flächen, wenn man sie als Grundfläche ansieht, muss der Körper eine regelmässige Pyramide sein (44); daher müssen alle vier Flächen regelmässig, und somit muss auch der Körper regelmässig sein.

Oder der Beweis folgt auch schon aus dem obigen ersten Satze über Pyramiden (40). Denn wird irgend eine der vier Flächen als Grundfläche angesehen, so muss der Körper (als Pyramide) einem geraden Kegel umschrieben sein, und die drei übrigen Flächen müssen mit der Grundfläche gleiche Winkel bilden; daraus folgt, dass alle sechs Flächenwinkel des Körpers gleich, daher die vier Körperwinkel regelmässig und gleich, und somit auch die vier Flächen regelmässig und gleich sein müssen.

II. Zum Behufe späterer Sätze sind noch folgende Eigenschaften des regelmässigen Tetraëders zu merken:

Wird eine der vier Flächen zur Grundfläche angenommen, so kann man sagen:

1) Die Grundfläche ist ein Viertel von der Oberfläche, oder ein Drittel von der Seitenfläche.

2) Die Höhe l einer Seitenfläche, oder die Kante des der Pyramide eingeschriebenen geraden Kegels ist dreimal so gross wie der Radius r des der Grundfläche eingeschriebenen Kreises; also ist

$$l = 3r.$$

3) Der Durchmesser d des genannten Kreises verhält sich zur Höhe h der Pyramide, wie 1 zu $\sqrt{2}$, d. i. wie die Seite eines Quadrates zur Diagonale; denn man hat

$$h^2 = l^2 - r^2 = 8r^2 = 2d^2,$$

also

$$d : h = 1 : \sqrt{2}.$$

4) Die eingeschriebene Kugel berührt jede Fläche in ihrem Schwerpuncte, und ihr Mittelpunct fällt mit dem Schwerpuncte der Pyramide zusammen. Daher ist die Höhe der Pyramide doppelt so gross wie der Durchmesser δ, oder viermal so gross wie der Radius ρ der Kugel; also

$$h = 2\delta = 4\rho,$$

und daher weiter

$$\delta : d = 1 : \sqrt{2},$$

folglich wird

$$h : d = d : \delta,$$

oder

$$d^2 = h\delta;$$

u. s. w.

48. Da bei beliebigen Pyramiden, welche demselben geraden Kegel umschrieben sind, die Inhalte sowohl, als die Oberflächen, Seitenflächen und Grundflächen sich verhalten, wie die Umfänge der Grundflächen, so folgen aus den angegebenen Eigenschaften des Tetraëders (47) leicht die nachstehenden Sätze:

I. Ist die Oberfläche einer n-seitigen Pyramide dem Inhalte nach und ihre Grundfläche der Form nach gegeben, und kann die letztere einem Kreise umschrieben werden, so ist der Inhalt der Pyramide ein Maximum, wenn dieselbe einem geraden Kegel umschrieben, und wenn die Grundfläche ein Viertel von der Oberfläche ist; u. s. w.

II. Unter allen n-seitigen Pyramiden von gleicher Oberfläche ist diejenige regelmässige ein Maximum, deren Grundfläche ein Drittel von der Seitenfläche ist, oder bei welcher die eingeschriebene Kugel jede Fläche in ihrem Schwerpuncte berührt (und den Schwerpunct der Pyramide zum Mittelpuncte hat, so dass der Durchmesser der Kugel die Hälfte von der Höhe der Pyramide ist; u. s. w.).

III. Setzt man für dieselbe gegebene Oberfläche

$$n = 3, 4, 5, 6, \ldots,$$

so haben die entsprechenden grössten Pyramiden nach der Reihe immer grösseren Inhalt; daraus folgt also:

Unter allen Pyramiden und Kegeln besitzt derjenige gerade Kegel, dessen Grundfläche ein Viertel von der ganzen Oberfläche ist, die doppelte Eigenschaft, dass bei gegebener Oberfläche sein Inhalt ein Maximum Maximorum, und bei gegebenem Inhalte seine Oberfläche ein Minimum Minimorum ist.

Bei diesem besonderen Kegel finden auch alle oben (47, II) angegebenen Verhältnisse zwischen den Grössen l, r, d, h, ρ und δ statt, sowie die Eigenschaft, dass sein Schwerpunct mit dem Mittelpuncte der ihm eingeschriebenen Kugel zusammenfällt, und dass diese Kugel seine Kanten in einem Puncte berührt, dessen Abstand vom Scheitel zwei Drittel der ganzen Kante beträgt, d. h. sie berührt die Elemente seiner Mantelfläche in ihren Schwerpuncten.

IV. Unter allen n-seitigen Pyramiden von gleicher Oberfläche (oder von gleichem Inhalte), welche Kugeln umschrieben sind, ist diejenige der grössten Kugel umschrieben, deren Inhalt ein Maximum (oder deren Oberfläche ein Minimum) ist; also diejenige, welche regelmässig ist, und deren Grundfläche ein Viertel von der ganzen Oberfläche beträgt. Setzt man

$$n = 3,\ 4,\ 5,\ 6,\ \ldots,$$

während die gegebene Oberfläche (oder der gegebene Inhalt) constant bleibt, so sind die entsprechenden grössten Kugeln nach der Reihe immer grösser, so dass also die dem Kegel entsprechende Kugel ein Maximum Maximorum ist.

Sei P der Inhalt einer Pyramide, S ihre Oberfläche und ρ der Radius der eingeschriebenen Kugel, so hat man

$$P = \tfrac{1}{3}\rho S,$$

und daraus ist zu sehen, dass, wenn S gegeben ist, dann mit P auch zugleich ρ ein Maximum wird, und wenn P gegeben ist, dann mit dem Minimum von S das Maximum von ρ zusammentrifft.

V. Unter allen n-seitigen Pyramiden, welche derselben gegebenen Kugel umschrieben sind, hat diejenige regelmässige, deren Grundfläche ein Viertel von der Oberfläche ist, sowohl den kleinsten Inhalt als die kleinste Oberfläche (IV).

Setzt man

$$n = 3,\ 4,\ 5,\ \ldots,$$

so haben bei derselben gegebenen Kugel die entsprechenden kleinsten Pyramiden nach der Reihe immer kleineren Inhalt und immer kleinere Oberfläche, so dass also unter allen einer gegebenen Kugel umschriebenen Pyramiden und Kegeln derjenige gerade Kegel, dessen Höhe dem doppelten Kugel-Durchmesser gleich ist, sowohl an Inhalt als an Oberfläche ein Minimum Minimorum repräsentirt.

Denn alle diese kleinsten Pyramiden (und der Kegel) haben gleiche Höhe,

$$h = 2\delta,$$

und ihre Grundflächen sind gleichen Kreisen umschrieben,

$$d = \delta\sqrt{2},$$

u. s. w.

49. Ist die Grundfläche einer dreiseitigen Pyramide der Form nach, und ist die Summe derselben und einer Seitenfläche gegeben, und sind ferner die zwei übrigen Seitenflächen zu der Grundfläche senkrecht, so ist die Pyramide ein Maximum, wenn die Grundfläche ein Viertel von der gegebenen Summe ist.

Dieser Satz folgt in ähnlicher Weise aus No. 47, wie der Satz No. 33 aus No. 30.

50. Ist die Grundfläche β einer (n-seitigen) Pyramide der Form nach, und ist die Summe derselben und einer Seitenfläche α gegeben, so ist die Pyramide ein Maximum, wenn die Grundfläche ein Drittel von der gegebenen Summe ist, also

$$\alpha = 2\beta,$$

und wenn jene Seitenfläche auf ihr senkrecht steht.

Dieser Satz folgt aus No. 37, III.

51. Um die Eigenschaft derjenigen n-seitigen Pyramide zu finden, welche bei gegebener Seitenfläche den grössten Inhalt, oder bei gegebenem Inhalte die kleinste Seitenfläche hat, kann man, wie oben in No. 47, von der dreiseitigen ausgehen und sodann die gefundene Eigenschaft von dieser auf alle anderen Pyramiden übertragen.

Wir bemerken zuvörderst, dass zufolge No. 44 eine n-seitige Pyramide bei gegebener Seitenfläche nur dann den grössten Inhalt haben kann, wenn sie regelmässig ist. Daher können wir uns bei dieser Untersuchung von vornherein auf regelmässige Pyramiden beschränken.

Für die dreiseitige Pyramide ergiebt sich die Lösung unserer Aufgabe, abgesehen von der eben gemachten Bemerkung, unmittelbar aus einem früheren Satze über das vierseitige Prisma, nämlich, wie folgt:

52. I. Ist die Summe der drei Seitenflächen einer dreiseitigen Pyramide gegeben, so ist ihr Volumen ein Maximum, wenn sie regelmässig, und wenn der Körperwinkel an der Spitze ein rechter ist, d. h. wenn die Seitenflächen gleiche, rechtwinklig-gleichschenklige Dreiecke sind, und somit auf einander senkrecht stehen.

Denn man ergänze die Pyramide zu einem Parallelepipedon, d. h. man denke sich dasjenige Parallelepipedon, welches mit der Pyramide den Körperwinkel an der Spitze und dessen drei Kanten gemein hat, so ist die Summe der drei Seitenflächen der Pyramide ein Viertel von der

Oberfläche des Parallelepipedons und der Inhalt der ersteren ist ein Sechstel vom Inhalte des letzteren. Nun wird das Parallelepipedon bei gegebener Oberfläche ein Maximum, wenn es ein Cubus ist (30), woraus die Richtigkeit des vorstehenden Satzes geschlossen wird.

II. Von der in Betracht stehenden Pyramide, deren Grundfläche ein regelmässiges Dreieck ist, und deren Seitenflächen gleiche, rechtwinklig-gleichschenklige Dreiecke sind, hat man zum Behufe späterer Sätze noch folgende Eigenschaften zu merken:

1) Die Höhe l jeder Seitenfläche, oder die Kante des der Pyramide eingeschriebenen geraden Kegels, verhält sich zum Radius r des der Grundfläche eingeschriebenen Kreises, wie $\sqrt{3}:1$, d. i. wie die Höhe eines gleichseitigen Dreiecks zur halben Seite. Ebenso verhält sich also auch die Summe der drei Seitenflächen zur Grundfläche.

2) Die Höhe h der Pyramide verhält sich zum genannten Radius r, wie $\sqrt{2}:1$, und zur Höhe l der Seitenflächen wie $\sqrt{2}:\sqrt{3}$.

3) Die aus dem Mittelpuncte des genannten Kreises auf die Seitenflächen gefällten Perpendikel sind gleich, ihre Länge sei gleich ρ, und ihre Fusspuncte sind die Schwerpuncte dieser Flächen, oder die drei Seitenflächen werden in ihren Schwerpuncten von einer Kugel berührt, welche den Schwerpunct der Grundfläche zum Mittelpuncte hat. Zwischen dem Radius ρ der Kugel und den Grössen l, r, h finden folgende Verhältnisse statt:

$$\rho : l = \sqrt{2} : 3;$$
$$\rho : r = \sqrt{2} : \sqrt{3};$$
$$\rho : h = 1 : \sqrt{3},$$

oder

$$\delta : h = 2 : \sqrt{3},$$

d. h. der Durchmesser δ der Kugel verhält sich zur Höhe h der Pyramide, wie die Seite eines gleichseitigen Dreiecks zu der Höhe desselben.

53. Für andere Pyramiden folgen nun leicht nachstehende Sätze:

I. Ist die Grundfläche einer Pyramide der Form nach gegeben, jedoch der Art, dass sie einem Kreise umschrieben werden kann, und ist ferner die Seitenfläche gegeben, so ist die Pyramide ein Maximum, wenn sie einem geraden Kegel umschrieben ist, und wenn sich die Grundfläche zur Seitenfläche verhält wie $1:\sqrt{3}$, oder der Radius r des der Grundfläche eingeschriebenen Kreises zur Höhe h der Pyramide wie $1:\sqrt{2}$; u. s. w.

II. Ist die Grundfläche einer dreiseitigen Pyramide der Form nach und eine der drei Seitenflächen der Grösse nach gegeben, und sollen die beiden übrigen Seitenflächen auf der Grundfläche senkrecht stehen, so ist die Pyramide ein

Maximum, wenn sich die Grundfläche zur gegebenen Seitenfläche verhält wie $1:\sqrt{3}$.

III. Ist die Seitenfläche einer n-seitigen Pyramide gegeben, so ist ihr Volumen ein Maximum, wenn sie regelmässig ist, und wenn sich die Grundfläche zur Seitenfläche wie $1:\sqrt{3}$ verhält, oder

$$r:h = 1:\sqrt{2};$$

oder wenn alle Seitenflächen in ihren Schwerpuncten von einer Kugel berührt werden, deren Mittelpunct in der Grundfläche liegt (ihr Schwerpunct ist).

IV. Setzt man

$$n = 3,\ 4,\ 5,\ \ldots,$$

so haben die entsprechenden grössten Pyramiden nach der Reihe immer grösseren Inhalt; so dass also unter allen Pyramiden (und Kegeln) von gleicher Seitenfläche derjenige gerade Kegel ein Maximum Maximorum ist, dessen Höhe h sich zum Radius r der Grundfläche wie $\sqrt{2}:1$ verhält, oder dessen Grundfläche sich zur Mantelfläche wie $1:\sqrt{3}$ verhält. Auch hat dieser Kegel die Eigenschaft, dass die Elemente der Mantelfläche in ihren Schwerpuncten (oder die Kanten in Puncten, deren Abstand vom Scheitel zwei Drittel der ganzen Kante beträgt) von einer Kugel berührt werden, welche mit der Grundfläche concentrisch ist; u. s. w.

54. Aus diesen Sätzen (53), verbunden mit dem Satze No. 41, III, folgen weiter nachstehende Sätze:

I. Ist die Oberfläche einer n-seitigen Doppelpyramide, sowie ferner die im Innern liegende Grundfläche der Form nach gegeben, und kann die letztere einem Kreise umschrieben werden, so ist die Pyramide ein Maximum, wenn die beiden einfachen Pyramiden, aus denen sie besteht, symmetrisch gleich sind, und jede so beschaffen ist, wie es der vorige Satz (53, I) fordert. Diese Doppelpyramide ist demnach einem geraden symmetrischen Doppelkegel und zugleich einer Kugel umschrieben.

II. Ist von einer dreiseitigen Pyramide ein Flächenwinkel, das Verhältniss der anliegenden Flächen α und β, und die Summe der beiden übrigen Flächen γ und δ gegeben, so ist ihr Inhalt ein Maximum, wenn die Flächen α und β über ihrer gemeinschaftlichen Grundlinie h gleichschenklig, die Flächen γ und δ gleich (congruent) sind, und wenn die zu der Kante h und der ihr gegenüber liegenden Kante senkrechte Gerade r sich zur Kante h wie $1:\sqrt{8}$ verhält.

III. Ist die Oberfläche einer n-seitigen Doppelpyramide gegeben, so ist ihr Inhalt ein Maximum, wenn sie einer Kugel umschrieben ist, welche jede Fläche in ihrem Schwerpuncte berührt; oder wenn sie regelmässig und symmetrisch ist, und ihre Axe h sich zum Durchmesser δ der eingeschriebenen Kugel wie $\sqrt{3}:1$ verhält; u. s. w.

IV. Setzt man bei gleicher Oberfläche

$$n = 3, 4, 5, \ldots,$$

so haben die entsprechenden grössten Doppelpyramiden nach der Reihe immer grösseren Inhalt, so dass also der Doppelkegel das Maximum Maximorum repräsentirt.

Bemerkung. Die Doppelpyramiden sind ein besonderer Fall von der Körpergattung, welche durch eine gerade Zahl $2n$ von Dreiecken begrenzt werden, und welche zwei einander gegenüberstehende n-kantige Ecken und dazwischen n vierkantige Ecken haben. Die Kanten, welche diese letzteren mittleren Ecken verbinden, bilden im allgemeineren Falle ein schiefes, bei der Doppelpyramide dagegen ein ebenes n-Eck. Die vorstehenden Sätze III und IV gelten aber in Bezug auf diesen allgemeineren Körper, nämlich wenn seine Oberfläche gegeben ist, so ist sein Inhalt ein Maximum, wenn er die Form der beschriebenen Doppelpyramide annimmt. Dass er diese Form annehmen muss, folgt leicht aus einer späteren Betrachtung, die sich auf das Princip der Symmetrie gründet (cf. No. 66 und d. folg.).

Insbesondere geht hieraus hervor:

Dass das regelmässige Octaëder unter allen Körpern seiner Gattung bei gleicher Oberfläche den grössten Inhalt und bei gleichem Inhalte die kleinste Oberfläche hat.

55. Man denke sich einen beliebigen (n-kantigen) convexen Körperwinkel (eine unbegrenzte, pyramidalische Säule); sein Scheitel heisse S. Jede Ebene, welche allen Kanten begegnet, schneidet von demselben eine Pyramide ab und bildet ihre Grundfläche β. Wird die Ebene sich selbst parallel bewegt, so wächst oder schwindet die Grundfläche sowohl, als der Inhalt der Pyramide, je nachdem sich die Ebene beziehlich vom Scheitel S entfernt oder demselben näher rückt; dabei ändern sich beide Grössen stetig, und zwar jede von 0 bis ∞. Der ganze Spielraum, welchen die Grundfläche β ihrer Richtung nach haben kann, lässt sich klar übersehen, wenn man eine andere Ebene α betrachtet, die durch den Scheitel S, aber nicht durch das Innere des Körperwinkels geht. Denn die Gesammtheit aller Lagen, welche α unter dieser Bedingung einnehmen kann, bestimmt alle möglichen Richtungen von β, indem β immer mit α parallel genommen werden darf. Nach jeder dieser verschiedenen Richtungen kann nun, wie

schon bemerkt, die Grundfläche β sowohl, als die abgeschnittene Pyramide, jede beliebige gegebene Grösse haben.

Was hier von einem beliebigen Körperwinkel gesagt worden, gilt in gleicher Weise, wenn derselbe in einen Kegel übergeht. Dasselbe ist auch für die folgenden Sätze der Fall.

56. Unter allen von demselben Körperwinkel S abgeschnittenen Pyramiden, deren Grundflächen β durch einen innerhalb desselben liegenden gegebenen Punct P gehen, ist diejenige ein Minimum, deren Grundfläche den Punct P zum Schwerpuncte hat.

Beweis. Um der Vorstellung zu Hülfe zu kommen, denke man sich unter RST (Taf. XIV Fig. 16) den gegebenen Körperwinkel S; unter AB diejenige Grundfläche β, welche den gegebenen Punct P zum Schwerpunct hat; und unter AA_1BB_1 eine prismatische Säule über der Grundfläche AB (oder β), deren Kanten der Geraden SP parallel sind, oder wenigstens eine solche Lage haben, dass S innerhalb der Säule liegt. Sei CD irgend eine andere Grundfläche, deren Ebene mit der prismatischen Säule die Durchschnittsfigur EF bildet; so sind die zwischen den beiden Schnitten AB und EF befindlichen keilförmigen Abschnitte APE und BPF der prismatischen Säule gleich gross (39, 2); daher müssen die zwischen den Grundflächen AB und CD liegenden Abschnitte APC und BPD des Körperwinkels S ungleich sein, und zwar ist, da augenfällig

$$APC > APE,$$

dagegen

$$BPD < BPF$$

ist,

$$APC > BPD,$$

und folglich auch Pyramide

$$CSD > ASB,$$

was die Wahrheit des Satzes beweist.

57. Unter allen von demselben Körperwinkel abgeschnittenen Pyramiden von gleichem Inhalte hat diejenige die kleinste Grundfläche, bei welcher das Perpendikel SP aus der Spitze S auf die Grundfläche β den Schwerpunct P der letzteren trifft.

Denn jede durch den Schwerpunct P von β gehende Ebene β_1 schneidet eine Pyramide $S\beta_1$ ab, welche grösser als $S\beta$ (56), deren Höhe aber kleiner als SP, d. h. kleiner als die Höhe der Pyramide $S\beta$ ist. Ist nun $S\alpha$ irgend eine im Satze inbegriffene Pyramide, also

$$S\alpha = S\beta,$$

und wird β_1 mit ihrer Grundfläche α parallel angenommen, so ist, weil

$S\beta_1 > S\beta$, auch

$$S\beta_1 > S\alpha,$$

daher ist β_1 weiter von S entfernt als α (55), und daher hat um so mehr die Pyramide $S\beta$ grössere Höhe als die Pyramide $S\alpha$, und folglich muss

$$\beta < \alpha$$

sein.

58. Unter allen von demselben gegebenen Körperwinkel S abgeschnittenen Pyramiden mit gleich grossen Grundflächen ist diejenige ein Maximum, welche die nämliche Eigenschaft besitzt wie vorhin (57).

59. Unter allen von demselben Körperwinkel abgeschnittenen Pyramiden von gleicher Höhe ist diejenige ein Minimum, welche die nämliche Eigenschaft besitzt.

60. Ist der Körperwinkel an der Spitze einer n-seitigen Pyramide einem geraden Kegel umschrieben und gegeben, und ist entweder:

1) der Inhalt der Pyramide oder die Seitenfläche gegeben, so ist beziehlich die Seitenfläche ein Minimum oder der Inhalt ein Maximum, wenn die Axe des genannten Kegels den Schwerpunct der Grundfläche trifft; oder ist

2) der Inhalt oder die ganze Oberfläche der Pyramide gegeben, so ist beziehlich die Oberfläche ein Minimum oder der Inhalt ein Maximum, wenn die eingeschriebene Kugel die Grundfläche in ihrem Schwerpuncte berührt.

Für die dreiseitige Pyramide finden diese beiden Sätze immer statt, da der Körperwinkel an der Spitze immer einem geraden Kegel umschrieben ist.

61. Ist innerhalb des gegebenen Körperwinkels S eine stetig convexe, krumme Fläche F gegeben, deren concave Seite nach dem Scheitel S gekehrt ist, und soll die Grundfläche β der abzuschneidenden Pyramide die Fläche F berühren, so ist die Pyramide ein Minimum, wenn der Berührungspunct zugleich der Schwerpunct der Grundfläche ist.

Ist F insbesondere ein Stück einer Kugelfläche, deren Mittelpunct im Scheitel S liegt, so fällt der Satz mit dem Satze in No. 59 zusammen.

Der Beweis dieser Sätze (58, 59, 60 und 61) folgt nach den vorhergehenden Beweisen leicht.

62. Die Grundflächen aller von demselben Körperwinkel S abgeschnittenen Pyramiden von gleichem Inhalte berühren eine bestimmte krumme Fläche F, und zwar wird jede Grundfläche in ihrem Schwerpuncte berührt. Der Körperwinkel ist für die Fläche asymptotisch. — Insbesondere kann bemerkt werden:

1) Ist der Körperwinkel S nur dreikantig, und werden seine Kanten zu Coordinaten-Axen angenommen, so ist die Gleichung der Fläche F

$$xyz = A,$$

woraus man sieht, dass die Fläche drei Systeme von Kegelschnitten enthält; u. s. w.

2) Ist S ein Kegel zweiten Grades, so ist die Fläche F ein zweitheiliges Hyperboloïd (*hyperboloïde à deux nappes*).

3) Schneidet man von einer Fläche zweiten Grades (mittelst Ebenen) constante Segmente ab, so werden die Grundflächen β der Segmente in ihren Schwerpuncten von einer anderen Fläche zweiten Grades berührt, welche der ersten ähnlich, mit ihr ähnlich liegend und concentrisch ist*).

63. Zwischen den drei Arten von Körpern: Prismen, Pyramiden und Doppelpyramiden, wenn dieselben so construirt gedacht werden, dass sie die Eigenschaft des Maximums und Minimums besitzen, lassen sich unter anderen folgende nicht uninteressante Vergleichungen anstellen.

Wir bemerken zuvor:

Bezeichnet man den Inhalt eines regelmässigen Polygons durch b, die Seitenzahl durch n und den Radius des eingeschriebenen Kreises durch r, so ist

$$b = r^2 n \operatorname{tang} \frac{\pi}{n} = r^2 m.$$

Für n gleich ∞ oder für den Kreis hat man

$$m = n \operatorname{tang} \frac{\pi}{n} = \pi,$$

und

$$b = r^2 \pi.$$

I. Ein Prisma sei so construirt, dass bei gegebener Oberfläche der Inhalt ein Maximum, und bei gegebenem Inhalte die Oberfläche ein Minimum ist (32, I). Sei v das Volumen, s die gesammte Oberfläche, b die Grundfläche, n ihre Seitenzahl und r der Radius des ihr eingeschriebenen Kreises; ferner sei h die Höhe des Prismas und ρ der Radius der eingeschriebenen Kugel, so hat man

$$(1) \qquad r = \rho = \tfrac{1}{2} h; \quad s = 6b = 6r^2 m = 6\rho^2 m;$$

*) Es wäre zu untersuchen, welcher analoge Satz für eine beliebige krumme Fläche stattfindet; nämlich: wenn man von derselben mittelst Ebenen constante Segmente abschneidet, zu untersuchen, von welcher anderen Fläche dann die Grundflächen der Segmente berührt werden, und in welchem Puncte jede berührt wird; oder welche Eigenschaft sonst dabei stattfindet.

und daher weiter, da v gleich $\frac{1}{3}\rho s$ ist,

$$(2) \qquad v = 2\rho^3 m = \frac{\sqrt{s^3}}{3\sqrt{6m}}; \quad \frac{(\sqrt{s})^3}{v} = 3\sqrt{6m}.$$

II. Eine Pyramide sei so beschaffen, dass ihr bei gegebener Oberfläche ein Maximum des Inhalts, und bei gegebenem Inhalte ein Minimum der Oberfläche zukommt (48, II). Sei v_1 das Volumen, s_1 die ganze Oberfläche, b_1 die Grundfläche, n ihre Seitenzahl und r_1 der Radius des eingeschriebenen Kreises; sei ferner h_1 die Höhe der Pyramide und ρ_1 der Radius der eingeschriebenen Kugel, so hat man (47, II und 48, II)

$$(1) \qquad \rho_1 = \tfrac{1}{4}h_1; \quad h_1^2 = 8r_1^2; \quad s_1 = 4b_1 = 4r_1^2 m = 8\rho_1^2 m;$$

und da v_1 gleich $\frac{1}{3}\rho_1 s_1$ ist, so ist weiter

$$(2) \qquad v_1 = \tfrac{8}{3}\rho_1^3 m = \frac{\sqrt{s_1^3}}{6\sqrt{2m}}; \quad \frac{(\sqrt{s_1})^3}{v_1} = 6\sqrt{2m}.$$

III. Eine Doppelpyramide sei so beschaffen, wie es der Satz No. 54, III verlangt. Seien v_2, s_2, b_2, n, r_2, h_2 und ρ_2 beziehlich die analogen Grössen, wie vorhin (II), so hat man (52 und 54)

$$(1) \qquad 2r_2^2 = 3\rho_2^2; \quad s_2 = 2b_2\sqrt{3} = 2\sqrt{3}\,r^2 m = \rho_2^2 3m\sqrt{3};$$

und da v_2 gleich $\frac{1}{3}\rho_2 s_2$ wird, so ist ferner

$$(2) \qquad v_2 = \rho_2^3 m\sqrt{3} = \frac{\sqrt{s_2^3}}{3\sqrt{3m\sqrt{3}}}; \quad \frac{(\sqrt{s_2})^3}{v_2} = 3\sqrt{3m\sqrt{3}}.$$

IV. In allen drei Fällen (I, II, III) zeigt die Formel (2), wie bei den respectiven Körpern die Oberfläche, der Inhalt und der Radius der eingeschriebenen Kugel einander gegenseitig bestimmen, wie aus jeder dieser Grössen die beiden anderen zu berechnen sind. Die Ausdrücke $(\sqrt{s})^3$, $(\sqrt{s_1})^3$, $(\sqrt{s_2})^3$ bezeichnen Würfel, deren Grundflächen den Oberflächen s, s_1, s_2 der Körper gleich sind; die Zahlen $3\sqrt{6m}$, $6\sqrt{2m}$, $3\sqrt{3m\sqrt{3}}$ drücken das Verhältniss dieser Würfel zu den respectiven Körpern aus.

Werden die Zahlen n und m $\left(\text{gleich } n \operatorname{tang}\frac{\pi}{n}\right)$ für alle drei Fälle gleich angenommen, so resultiren aus den genannten Formeln folgende Relationen:

$$\frac{(\sqrt{s_1})^3}{v_1} : \frac{(\sqrt{s})^3}{v} = \left(\frac{(\sqrt{s})^3}{v}\right)^2 : \left(\frac{(\sqrt{s_2})^3}{v_2}\right)^2,$$

oder

$$\left(\frac{(\sqrt{s})^3}{v}\right)^3 = \frac{(\sqrt{s_1})^3}{v_1}\left(\frac{(\sqrt{s_2})^3}{v_2}\right)^2.$$

Sollen die Körper gleichen Inhalt haben, wird also

$$v = v_1 = v_2$$

gesetzt, so folgt:

$$s_1 : s = s^2 : s_2^2, \quad \text{oder} \quad s^3 = s_1 s_2^2;$$

$$s_1 : s = \sqrt[3]{4} : \sqrt[3]{3} \quad \text{und} \quad s : s_2 = \sqrt[6]{4} : \sqrt[6]{3},$$

oder

$$s_1^6 : s^6 : s_2^6 = 64 : 36 : 27;$$

und ebenso ist

$$\rho_1 : \rho = \rho^2 : \rho_2^2, \quad \text{oder} \quad \rho^3 = \rho_1 \rho_2^2;$$

$$\rho_1 : \rho = \sqrt[3]{3} : \sqrt[3]{4} \quad \text{und} \quad \rho : \rho_2 = \sqrt[6]{3} : \sqrt[6]{4},$$

oder

$$\rho_1^6 : \rho^6 : \rho_2^6 = 27 : 48 : 64.$$

Soll

$$s = s_1 = s_2$$

sein, so hat man

$$v_1 : v = v^2 : v_2^2 \quad \text{und} \quad \rho_1 : \rho = \rho^2 : \rho_2^2;$$

$$v_1^4 : v^4 : v_2^4 = \rho_1^4 : \rho^4 : \rho_2^4 = 27 : 48 : 64.$$

Und wird endlich

$$\rho = \rho_1 = \rho_2$$

angenommen, so hat man

$$v_1 : v = v^2 : v_2^2 \quad \text{und} \quad s_1 : s = s^2 : s_2^2;$$

$$v_1^2 : v^2 : v_2^2 = s_1^2 : s^2 : s_2^2 = 64 : 36 : 27.$$

Oefter in Betracht kommende Körper, für welche diese Relationen gelten, sind z. B.

1) das Hexaëder, die vierseitige Pyramide und das Octaëder;

2) der Cylinder, der Kegel und der Doppelkegel.

Allgemeine Bemerkung.

64. Die hier vorgetragenen Sätze über die prismatischen und pyramidalischen Körper sind als ein Anfang zur Untersuchung der Polyëder im Allgemeinen anzusehen. Ja selbst über die beiden genannten beschränkteren Körpergattungen bleiben noch viele Fragen zu erledigen, wovon ich mir erlaube, nachfolgend einige aufzustellen und zugleich bei einzelnen derselben meine Vermuthung über ihre Beantwortung anzudeuten.

I. Wie kann gezeigt werden, dass das in No. 32, I beschriebene n-seitige Prisma bei gleicher Oberfläche grösser ist als jedes andere Polyëder von gleicher Gattung (d. h. als jedes beliebige Polyëder, welches von zwei sich gegenüberstehenden n-Ecken und n Vierecken begrenzt wird). Z. B. zu zeigen:

1) dass das dreiseitige Prisma, wenn es der Bedingung (32, I) genügt, grösser ist als irgend eine schief abgeschnittene dreiseitige Pyramide von gleicher Oberfläche;

2) dass der Cubus bei gleicher Oberfläche grösser ist als jeder andere von sechs Vierecken begrenzte Körper.

II. Wenn ein convexes Polyëder der Gattung nach bestimmt, und wenn seine Oberfläche gegeben ist, unter welcher Bedingung ist dann sein Inhalt ein Maximum?

Bei den obigen Beispielen, das Prisma, die Pyramide und die Doppelpyramide betreffend (32; 48, II; 54, III), welche von dieser Aufgabe umfasst werden, habe ich absichtlich die Eigenschaft hervorgehoben:

„dass das jedesmalige grösste Polyëder einer Kugel umschrieben sei, welche jede Fläche desselben in ihrem Schwerpuncte berührt“.

Es wäre zu untersuchen, ob diese Eigenschaft allgemein für jedes convexe Polyëder stattfindet, oder welcher Klasse von Polyëdern dieselbe nur zukommt.

Dass das regelmässige Dodekaëder und Ikosaëder, jedes unter allen Körpern, die mit ihm von gleicher Gattung sind, bei gleicher Oberfläche das Maximum des Inhalts repräsentirt, ist nicht zu bezweifeln; — und in der That besitzen dieselben ebenfalls die genannte Eigenschaft.

Ferner deuten auch die Sätze No. 57, 58, 59 und 60 gewissermassen auf dieselbe Eigenschaft hin, wofern man sich nämlich das Polyëder in Pyramiden zerlegt denkt, deren Scheitel im Mittelpuncte der Kugel vereinigt, und deren Grundflächen die einzelnen Flächen des Polyëders sind.

III. Einfache Beispiele, welche der vorstehenden Aufgabe (II) untergeordnet sind, und mit denen man beginnen kann, sind folgende:

1) Wenn der Körper mit einem nach beiden Seiten zugespitzten Prisma von gleicher Gattung ist; d. h. wenn er zwei sich gegenüberstehende n-kantige Ecken hat, wovon jede von n Dreiecken eingeschlossen wird, und wenn zwischen diesen Dreiecken n Vierecke liegen. Oder allgemeiner: wenn zwischen den genannten Dreiecken zwei oder mehr Schichten (Zonen), jede von n Vierecken, liegen.

2) Wenn der Körper zwei sich gegenüberstehende n-seitige Grundflächen und dazwischen zwei (oder mehr) Schichten von n Vierecken hat.

3) Wenn der Körper mit einer abgestumpften n-seitigen Pyramide von gleicher Gattung ist (31), und wenn seine Oberfläche, mit Ausnahme der einen Grundfläche, gegeben ist. — Wenn insbesondere die Grundfläche ein Quadrat, oder ein Kreis sein soll. — Oder: wenn der Körper statt der oberen Grundfläche eine pyramidalische Zuspitzung hat, so dass der gegebene Flächentheil aus n Dreiecken (an der Spitze) und aus n Vierecken besteht. U. s. w.

4) Wenn der Körper eine n-seitige Pyramide, und wenn seine Oberfläche, mit Ausnahme einer Seitenfläche, gegeben ist. — Dass die Seitenflächen, ausser der ausgeschlossenen, an der Spitze gleiche Winkel haben müssen, kann leicht gezeigt werden. — Man betrachte zunächst die vierseitige Pyramide. (Sie muss, wenn die obige Eigenschaft (II) allgemein stattfindet, die eine Hälfte einer sechsseitigen Pyramide sein, welcher diese Eigenschaft zukommt.)

IV. 1) Wenn die Grundfläche einer Pyramide der Form und Grösse nach (aber ohne die Bedingung, dass sie einem Kreise umschrieben sei), und wenn die ganze Oberfläche gegeben ist, unter welcher Bedingung ist dann der Inhalt ein Maximum?

2) Dieselbe Frage, wenn die Grundfläche bloss der Form nach (31) und nebstdem die Oberfläche gegeben ist.

3) Desgleichen, wenn die Grundfläche der Form nach, und wenn die Seitenfläche gegeben ist.

Dem ersten Falle (1) wird genügt, wenn die Pyramide so beschaffen ist, dass jede durch die Spitze mit der Grundfläche parallel gezogene Gerade D ihrer Richtung nach mit den Seiten $a, b, c, \ldots$ der Grundfläche solche Winkel $\alpha, \beta, \gamma, \ldots$ bildet, für welche stets die Gleichung

$$a \sin\alpha \cos\alpha_1 + b \sin\beta \cos\beta_1 + c \sin\gamma \cos\gamma_1 + \cdots = 0$$

stattfindet; wobei $\alpha_1, \beta_1, \gamma_1, \ldots$ die Winkel sind, welche die respectiven Seitenflächen mit der Grundfläche bilden.

V. 1) Ist im Raume ein geradliniges, schiefes Polygon P gegeben, und wird dasselbe als Grenze der Seitenfläche eines Körperwinkels angesehen, so soll die Lage des Scheitels S dieses Körperwinkels für den Fall bestimmt werden, wo die Seitenfläche ein Minimum wird.

2) Dieselbe Forderung, wenn statt des Polygons P eine beliebige Curve von doppelter Krümmung gegeben ist.

Im ersten Falle (1) wird der Forderung genügt, wenn die folgende Bedingung erfüllt wird, nämlich:

Sind $a, b, c, \ldots$ die Seiten des Polygons P; $\alpha, \beta, \gamma, \ldots$ die Winkel, welche dieselben (der Richtung nach) mit irgend einer durch den Scheitel S gezogenen Geraden D bilden; $\alpha_1, \beta_1, \gamma_1, \ldots$ die Winkel, welche die durch die Gerade D den Seiten $a, b, c, \ldots$ parallel gelegten Ebenen mit den respectiven Seitenflächen des Körperwinkels bilden, so wird der Forderung genügt, wenn für jede Richtung der Geraden D stets die Gleichung

$$a \sin\alpha \cos\alpha_1 + b \sin\beta \cos\beta_1 + c \sin\gamma \cos\gamma_1 + \cdots = 0$$

stattfindet.

Es ist die Frage, ob diese Bedingungsgleichung allgemein gültig ist, d. h. ob das Minimum der Seitenfläche nur unter dieser Bedingung möglich ist.

Bekanntlich bietet die Erforschung der kleinsten Fläche zwischen gegebenen Grenzen solche Schwierigkeiten dar, dass alle bisherigen Bemühungen noch nicht zum gewünschten Ziele geführt haben. Dies veranlasste mich zur Betrachtung der vorstehenden Aufgabe, in der Hoffnung, auf diesem Wege zu neuen Elementen für die genannte Fläche zu gelangen; dadurch nämlich, dass, wenn man z. B. vier einander nahe liegende Puncte in der Fläche annimmt und sie als die Ecken eines schiefen Vierecks betrachtet, alsdann der in (1) geforderte Punct S als ein fünfter Punct der Fläche anzusehen ist. Allein die vorstehende Formel scheint zu complicirt, um der Absicht leicht zu genügen.

VI. Wenn die Grundfläche einer Pyramide der Form und Grösse nach, und wenn die Höhe derselben gegeben ist, unter welcher Bedingung ist dann der Körperwinkel an der Spitze ein Maximum? — (Ist die Bedingung vielleicht dieselbe, wie in No. 57, 58 und 59?)

Von Körpern im Allgemeinen und insbesondere von der Kugel.

Das hier zu betrachtende Hauptproblem:

„Welcher unter allen Körpern von gleicher Oberfläche hat den grössten Inhalt, oder welcher hat bei gleichem Inhalte die kleinste Oberfläche?“

kann auf geometrischem Wege unter anderen auf nachfolgende zwei Arten gelöst werden.

Erste Methode.

Fundamentalsatz.

65. I. Jede dreiseitige Pyramide *abcd* (Taf. XIV Fig. 17) wird durch die Ebene, welche durch irgend eine Kante *cd* und durch die Mitte *m* der ihr gegenüberstehenden Kante *ab* geht, in zwei gleich grosse Theile zerschnitten, und es ist die Durchschnitts-Figur *cdm* allemal kleiner als die halbe Summe der beiden Seitenflächen *acd* und *bcd*, welche nicht durchschnitten werden.

II. Eine vierseitige Pyramide *abfed* (Taf. XIV Fig. 17), deren Grundfläche ein Paralleltrapez *abfe* ist, wird durch die Ebene, welche durch die Spitze *d* und durch die Mitten *m* und *n* der parallelen Seiten *ab* und *ef* der Grundfläche geht, gehälftet, und es ist der Durchschnitt *dmn* allemal kleiner als die halbe Summe der zwei Seitenflächen *aed* und *bfd*, welche nicht durchschnitten werden.

III. Jedes schief abgeschnittene, dreiseitige Prisma *aegbfh* (Taf. XIV Fig. 17) wird von der durch die Mitten *m*, *n* und *o* der

Längenkanten *ab*, *ef* und *gh* gehenden Ebene gehälftet, und es ist der Durchschnitt *mno* im Allgemeinen kleiner als die halbe Summe der Grundflächen *aeg* und *bfh*.

Sind insbesondere die Grundflächen parallel, so ist *mno* gerade die Hälfte von ihrer Summe.

Beweis. Fall I. Man projicire die Dreiecke *acd* und *bcd* auf die Ebene des Dreiecks *mcd*; seien a_1 und b_1 die Projectionen ihrer Scheitel a und b, so liegen a_1, m und b_1 in einer Geraden, und es ist

$$ma_1 = mb_1,$$

woraus folgt, dass Dreieck

$$mcd = \tfrac{1}{2}(a_1cd + b_1cd).$$

Da nun $acd > a_1cd$ und $bcd > b_1cd$, so ist folglich Dreieck

$$mcd < \tfrac{1}{2}(acd + bcd),$$

was dem Satze gemäss ist.

Fall II. Da *ef* parallel *ab*, so sind die Dreiecke *aed*, *mnd* und *bfd* beziehlich aliquote Theile von den Dreiecken *acd*, *mcd* und *bcd*, und daher folgt der gegenwärtige Fall aus dem vorigen.

Fall III. Da *gh* parallel *ef* und *ab*, so folgt dieser Fall in gleicher Weise aus dem vorigen.

(N. B. Der Satz lässt sich viertens auch auf das n-seitige Prisma ausdehnen, wie unten in No. 68, IV.)

66. Wird ein Körper von einer beliebigen krummen Fläche begrenzt, und giebt es irgend eine Richtung, nach welcher jede Gerade die Oberfläche in nicht mehr als zwei Puncten trifft, so liegen die Mitten aller nach dieser Richtung gezogenen Geraden in irgend einer krummen Fläche γ, welche den Körper hälftet und kleiner ist als die halbe Oberfläche*).

---

*) Aus diesem Satze zieht man beiläufig eine Folgerung in Bezug auf die kleinste Fläche zwischen gegebenen Grenzen, nämlich:

Dass im Allgemeinen zwischen gegebenen Grenzen nur eine einzige Fläche möglich sei, welche ein Minimum ist.

Denn angenommen, es gäbe z. B. zwei, α und β, und es sei etwa

$$\alpha > \beta;$$

so ist zwischen ihnen — zufolge der im Satze angedeuteten Construction, wofern die Richtung der Geraden gehörig gewählt wird — eine dritte Fläche γ von der Beschaffenheit möglich, dass $2\gamma < \alpha + \beta$, und folglich $\gamma < \alpha$. Und nun giebt es in gleicher Weise zwischen α und γ eine Fläche δ, die so beschaffen ist, dass $2\delta < \alpha + \gamma$ und somit $\delta < \alpha$ ist. Ebenso befindet sich ferner zwischen α und δ eine Fläche ε, welche kleiner als α ist; u. s. w. Diese Flächen $\gamma, \delta, \varepsilon, \ldots$ nähern sich der Fläche α immer mehr und kommen ihr zuletzt unendlich nahe, aber sie bleiben immer kleiner als dieselbe, woraus folgt, dass α kein Minimum sein kann. — Sollte

$$\alpha = \beta$$

sein, so würde durch gleiche Schlüsse folgen, dass keine ein Minimum sein könnte.

Denn denkt man sich die Geraden nahe an einander liegend, so sind die zwischen je drei sich zunächst liegenden enthaltenen Elemente des Körpers als dreiseitige Prismen anzusehen, auf welche der vorige Satz (65, III) anwendbar ist; daraus folgt sofort der gegenwärtige Satz.

67. Unter allen Körpern von gleicher Oberfläche hat die Kugel den grössten Inhalt; und unter allen Körpern von gleichem Inhalte hat dieselbe die kleinste Oberfläche.

Beweis. Man denke sich einen Körper, welcher bei gegebener Oberfläche den möglich grössten Inhalt haben soll, so ist unstreitig nach jeder beliebigen Richtung eine solche Ebene möglich, welche seine Oberfläche hälftet.

Es sei A eine solche Ebene, und α und β seien die zwei Hälften der Oberfläche. Würde der Körper durch die Ebene A nicht auch gehälftet, wäre etwa

$$\alpha A > \beta A,$$

so könnte er nicht den grössten Inhalt haben; denn immer könnte man β symmetrisch gleich α annehmen, wo dann

$$\beta A = \alpha A$$

wäre, und somit der Körper vergrössert würde. Also muss

$$\alpha A = \beta A$$

sein. Wäre nun ferner β nicht symmetrisch gleich α, so denke man sich auf gleicher Seite mit β die der α symmetrisch gleiche Fläche α_1, so ist

$$\alpha_1 A = \alpha A = \beta A,$$

und der Körper

$$\alpha\alpha_1 = \alpha\beta.$$

In den zwischen β und α_1 liegenden Räumen ziehe man parallele Gerade, die von diesen Flächen begrenzt werden, so liegen ihre Mitten in einer dritten Fläche γ, welche mit β und α_1 über derselben Grundfläche steht, und es ist

$$\gamma A = \beta A = \alpha_1 A \quad \text{oder} \quad \gamma\alpha = \beta\alpha,$$

wogegen

$$2\gamma < \beta + \alpha_1 \quad \text{oder} \quad \gamma < \beta,$$

da β gleich α_1 ist (66); also würde eine Fläche γ, welche kleiner als β, mit α einen gleichen Raum begrenzen wie diese, was gegen die Annahme ist; folglich muss β symmetrisch gleich α sein; und folglich ist der vorausgesetzte grösste Körper so beschaffen, dass jede Ebene A, welche seine Oberfläche hälftet, diese (sowie den Körper) in zwei symmetrisch gleiche Hälften theilt.

Nun seien A und B irgend zwei Ebenen, welche die Oberfläche des Körpers hälften, und die unter sich einen beliebigen, zu π incommensurablen Winkel φ bilden, so folgt leicht, dass durch ihre Durchschnittslinie a unendlich viele andere Ebenen $C, D, \ldots$ gehen, welche dieselbe Eigenschaft haben, so dass demzufolge jede auf a senkrechte Ebene A_1, wofern sie dem Körper begegnet, ihn in einem Kreise schneidet (26). Da die Gerade a jede beliebige Richtung haben kann, so wird der Körper von jeder Ebene in einem Kreise geschnitten, woraus folgt, dass er eine Kugel sein muss.

Bemerkung. Der vorstehende Satz kann auch durch einen anderen Gang gefolgert werden. Nämlich man kann zuerst den Körper betrachten, welcher von zwei unbestimmt grossen ebenen Flächen A und B, die sich unter irgend einem gegebenen Winkel φ schneiden, und von einer der Form nach willkürlichen, aber der Grösse nach gegebenen Fläche α begrenzt werden soll. Durch ein gewissermassen analoges Verfahren, wie in der vierten Beweisart für ebene Figuren (20), findet man, dass der Körper ein Maximum wird, wenn er ein keilförmiger Kugelsector ist, d. h. wenn A und B zwei halbe grösste Kreise einer Kugel sind, und wenn α das zwischen denselben liegende sphärische Zweieck ist. Setzt man sodann den Winkel φ gleich π, so gelangt man zur Halbkugel; u. s. w.

Zweite Methode.

Fundamentalsatz.

68. I. Ist eine Kante ab einer dreiseitigen Pyramide $abcd$ (Taf. XIV Fig. 17) gegeben, soll dieselbe und die zwei nicht daran liegenden Ecken c und d beziehlich in drei festen, parallelen Geraden P, Q und R liegen, so bleiben die der Kante anliegenden Flächen abd, abc und die Pyramide an Inhalt constant, man mag jene Elemente (d, c und ab) in den festen Geraden annehmen, wo man will; dagegen wird die Summe der beiden übrigen Flächen acd und bcd ein Minimum, wenn die durch die zwei Ecken und durch die Mitte m der Kante gehende Ebene dcm oder X auf den festen Geraden senkrecht steht, oder wenn die Pyramide in Bezug auf diese Ebene X symmetrisch ist.

II. Sind zwei Seiten ab und ef der Grundfläche einer vierseitigen Pyramide $abfed$ (Taf. XIV Fig. 17) parallel und gegeben, sollen dieselben und die Spitze d der Pyramide in drei festen, parallelen Geraden P, S und R liegen, so bleibt der Inhalt der Pyramide (sowie die drei an den gegebenen Seiten liegenden Flächen adb, $abfe$ und edf) constant, mögen jene Elemente in den festen Geraden angenommen werden, wo man will; dagegen wird die Summe der beiden Seitenflächen aed und bfd, welche über den nicht gegebenen Seiten (ae und bf) der Grundfläche stehen, ein Minimum, wenn die durch die Spitze und die Mitten m und n der gegebenen Seiten gehende Ebene dmn gleich X auf den festen Geraden senkrecht steht, also wenn die Pyramide in Bezug auf diese Ebene X symmetrisch ist.

III. Sind die Längenkanten ab, ef, gh eines schräg oder parallel abgeschnittenen dreiseitigen Prismas $aegbfh$ (Taf. XIV Fig. 17) gegeben, und sollen dieselben in drei festen, parallelen Geraden P, S, T liegen, so bleibt das Prisma (sowie die drei Seitenflächen) constant, man mag jene Kanten in den festen Geraden annehmen, wo man will; hingegen wird die Summe der beiden Grundflächen aeg und bfh ein Minimum, wenn die durch die Mitten m, n, o der drei Kanten gehende Ebene mno gleich X auf diesen Kanten senkrecht steht, also wenn das Prisma in Bezug auf diese Ebene X symmetrisch ist.

IV. Gleiches gilt von jedem vielseitigen Prisma, mit Einschluss des Cylinders, nämlich: Sind die Kanten P, S, T, U, ... einer beliebigen prismatischen Säule fest, und sind irgend drei Längenkanten eines von ihr abzuschneidenden prismatischen Körpers gegeben, etwa die in P, S und T liegenden Längenkanten ab, ef und gh, so bleibt der Inhalt des Körpers, sowie alle übrigen Längenkanten desselben, constant, wo auch die drei Kanten auf den festen Geraden P, S und T angenommen werden mögen; hingegen wird die Summe der beiden Grundflächen aed... und bfh... ein Minimum, wenn die durch die Mitten m, n, o, ... der Längenkanten gehende Ebene X auf diesen Kanten senkrecht steht, und somit der Körper in Bezug auf diese Ebenen symmetrisch ist.

Beweis. Fall I. Sei die Pyramide so construirt, wie es der Satz erheischt, dass nämlich die Ebene dcm oder X zu den festen Geraden P, Q, R senkrecht ist, so müssen die aus den Ecken a und b auf den Flächen acd und bcd errichteten Perpendikel ax und bx sich in irgend einem, in der Ebene X gedachten, Puncte x treffen, und es muss

$$ax = bx = r$$

sein. Durch die vier Pyramiden, deren Spitzen im Puncte x liegen, und deren Grundflächen die Flächen der Pyramide $abcd$ sind, kann diese letztere, wie folgt, ausgedrückt werden:

$$abcd = xacd + xbcd - xabc - xabd. \text{*)}$$

Hält man nun die Kante ab fest und lässt die Ecken c und d in den festen Geraden Q und R beliebig rücken, bezeichnet sie in irgend einer

*) Wären z. B. die einander gleichen Winkel acd und bcd stumpf, so hätte man $+xabc$ statt $-xabc$ zu setzen, u. s. w.

neuen Lage durch c_1 und d_1, so hat man für die Pyramide abc_1d_1 den analogen Ausdruck

$$abc_1d_1 = xac_1d_1 + xbc_1d_1 - xabc_1 - xabd_1.$$

Da von diesen fünf Pyramiden die erste, vierte und fünfte den correspondirenden vorigen an Inhalt gleich sind, so muss sein

$$xacd + xbcd = xac_1d_1 + xbc_1d_1.$$

Diese zwei Paar Pyramiden haben gerade diejenigen Flächen zu Grundflächen (acd und bcd, ac_1d_1 und bc_1d_1), deren Summen zu vergleichen sind. Die beiden ersten Pyramiden haben gleiche Höhe, nämlich

$$ax = bx = r;$$

jede der beiden übrigen hat offenbar kleinere Höhe (weil ihre Grundflächen ac_1d_1 und bc_1d_1 nicht auch zu den festen Geraden xa und xb senkrecht sein können), man bezeichne sie durch $r-\alpha$ und $r-\beta$, so ist vermöge der letzten Gleichung

$$r.acd + r.bcd = (r-\alpha).ac_1d_1 + (r-\beta).bc_1d_1,$$

und daraus

$$r(ac_1d_1 + bc_1d_1 - acd - bcd) = \alpha.ac_1d_1 + \beta.bc_1d_1,$$

und folglich

$$ac_1d_1 + bc_1d_1 > acd + bcd,$$

was der Behauptung des Satzes gemäss ist.

Die Fälle II, III und IV folgen leicht aus dem ersten, wie der blosse Anblick der Figur zeigt, ebenso wie oben in No. 65.

69. Mittelst des vorstehenden Fundamentalsatzes lässt sich jeder gegebene, convexe Körper unter Beibehaltung seines Inhaltes in einen anderen von kleinerer Oberfläche verwandeln, welcher in Bezug auf irgend eine Ebene X symmetrisch ist. Die Verwandlung geschieht auf analoge Weise, wie oben bei der fünften Beweisart für die ebenen Figuren (23), worauf zum leichteren Verständniss hier Rücksicht genommen werden mag.

Es sei z. B. irgend ein convexes Polyëder K gegeben. Durch die Ecken denke man unbegrenzte Gerade $P, Q, R, S, \ldots$, die zu einer beliebigen Ebene X senkrecht sind. Das Stück jeder Geraden, welches innerhalb des Körpers liegt, schiebe man (auf der Geraden) so weit, bis es zur Ebene X symmetrisch ist, d. h. bis seine Mitte in X liegt; lege sodann auf beiden Seiten von X durch die Endpuncte dieser symmetrischen Geraden Ebenen, nämlich durch die Endpuncte je dreier einander zunächst stehenden Geraden ein ebenes Dreieck, so entsteht ein neues Polyëder K_1, welches — wie aus dem vorigen Satze (68) leicht zu schliessen — mit dem gegebenen Polyëder K gleichen Inhalt aber kleinere Oberfläche hat. Es ist klar, dass K_1 im Allgemeinen mehr Ecken und mehr Seitenflächen hat als K; nämlich durch jede durch das Innere von K gehende Gerade, wofern sie nicht insbesondere durch zwei Ecken geht, wird die Zahl der Ecken um eine und die Zahl der Flächen wenigstens um zwei Einheiten vermehrt. (Uebrigens sind die Flächen von K_1 nicht bloss Dreiecke, wie nach der Construction scheinen möchte; denn zwei oder mehr an einander liegende Dreiecke können in die nämliche Ebene fallen und sich zu einem vier- oder mehrseitigen Polygon vereinigen.)

Auf gleiche Weise kann nun weiter das Polyëder K_1 mittelst einer neuen beliebigen Ebene Y in ein anderes K_2 verwandelt werden, welches wiederum kleinere Oberfläche und dabei mehr Ecken und mehr Flächen hat, und welches in Bezug auf die Ebene Y symmetrisch ist. Ebenso lässt sich das Polyëder K_2 wiederum in ein neues K_3 von demselben Inhalte verwandeln, welches abermals kleinere Oberfläche, dagegen mehr Ecken und mehr Flächen hat, und welches gleichfalls in Bezug auf irgend eine Ebene Z symmetrisch ist; u. s. w.

Wird insbesondere die zweite Ebene Y zu der ersten X senkrecht angenommen, so ist das dritte Polyëder K_2 in Bezug auf beide Ebenen zugleich symmetrisch, so dass es ihren Durchschnitt z zur Symmetral-Axe hat, d. h. dass jede zu z senkrechte Gerade ab, welche der Oberfläche von K_2 in irgend einem Puncte a begegnet, dieselbe in einem gleich weit von z abstehenden zweiten Puncte b trifft, und somit ab durch die Axe z gehälftet wird. Ist ferner die dritte Ebene Z zu beiden vorigen X und Y, oder zu der Axe z senkrecht, so ist das vierte Polyëder K_3 in Bezug auf alle drei Ebenen zugleich symmetrisch und hat ihre drei Durchschnitte z, y, x zu Symmetral-Axen, sowie ihren gemeinschaftlichen Durchschnittspunct C zum Mittelpunct. Wird alsdann das Polyëder K_3 mittelst beliebiger Ebenen weiter verwandelt, so hat auch jedes folgende Polyëder K_4, K_5, ... einen Mittelpunct.

Da durch wiederholtes Verwandeln das Polyëder so viele Flächen und Ecken erhalten kann, als man will, die Oberfläche aber stets schwindet, so können die einzelnen Flächen zuletzt alle sehr klein werden, so dass die Oberfläche sich irgend einer krummen Fläche nähert, und zuletzt einer solchen unendlich nahe kommt. Wird in gleichem Sinne umgekehrt eine beliebige convexe krumme Oberfläche als aus unendlich kleinen ebenen Theilchen bestehend angesehen, so lässt sich der von ihr umschlossene Körper K offenbar auf die nämliche Weise in einen anderen symmetrischen Körper K_1 von gleichem Inhalte aber kleinerer Oberfläche verwandeln; u. s. w.

Mag demnach die Oberfläche eines gegebenen convexen Körpers K beschaffen sein, wie man will, aus ebenen Flächen, oder aus einer einzigen krummen, oder aus ebenen und krummen Flächen bestehen, so kann man ihn so lange verwandeln und dadurch bei gleichem Inhalte die Oberfläche verkleinern, als er nicht nach jeder Richtung eine Symmetral-Ebene hat. Wenn aber der Körper in diesen Zustand gelangt, wo er nach jeder Richtung eine Symmetral-Ebene hat *), so hört die Verwandlung auf, oder so bleibt der Körper der Form und Grösse nach constant. Ein solcher Körper aber, welcher nach allen Richtungen Symmetral-Ebenen hat, besitzt auch nach jeder Richtung eine Symmetral-Axe, sowie einen Mittelpunct C, in welchem alle Axen sammt jenen Ebenen sich schneiden; woraus weiter folgt, dass alle seine Durchmesser gleich sein müssen, oder dass er von jeder ihm begegnenden Ebene in einem Kreise geschnitten wird; demnach kann es nur einen einzigen solchen Körper geben, nämlich nur die Kugel.

70. Aus der vorstehenden Betrachtung (69) schliesst man zunächst den folgenden Hauptsatz:

Unter allen Körpern von gleichem Inhalte hat die Kugel die kleinste Oberfläche; und unter allen Körpern von gleicher Oberfläche hat dieselbe den grössten Inhalt.

Der Beweis dieses Satzes ist deutlich in dem Vorstehenden enthalten und bedarf keiner Wiederholung.

71. Ferner kann insbesondere auch auf solche Körper geschlossen werden, welche beschränkenden Bedingungen unterworfen sind, die etwa zwischen gegebenen Grenzen liegen sollen, u. s. w.; wie z. B. auf prismatische oder pyramidalische Körper von gegebener Höhe und gegebenem Inhalte oder gegebener Seitenfläche. Für diese Beispiele tritt in Hinsicht der obigen Verwandlung (69) die Beschränkung ein, dass die Hülfsebenen $X, Y, Z, \dots$ zu der Grundfläche des Körpers senkrecht sein müssen. Man gelangt hierdurch auf's Neue zu den bereits früher aufgestellten Sätzen No. 29, III und No. 44.

Durch die genannte Betrachtung wird endlich auch leicht bestätigt, was oben (54, Bemerkung) von dem Körper gesagt worden, zu dessen Gattung die Doppelpyramide gehört. Denn zieht man in einem solchen Körper K die Hauptdiagonale, d. h. die Gerade zwischen den zwei n-kantigen Ecken,

---

*) Zum Beispiel ein beliebiges Ellipsoid K kann durch zwei nach einander folgende Verwandlungen in den genannten Zustand gebracht werden, d. h. es kann in eine Kugel übergehen. Seien a, b, c die halben Axen desselben. Man denke sich die mit K concentrische Kugel S, deren Radius

$$r = \sqrt[3]{abc},$$

so werden sich die Oberflächen beider Körper K und S in einer Curve L schneiden, und jede aus dem Mittelpuncte C bis an irgend einen Punct P in L gezogene Gerade CP wird gleich r sein. Zu einer dieser Geraden PC, und zwar in ihrem Endpuncte C, nehme man die Hülfsebene X senkrecht an und verwandle K, so ist der neue Körper K_1 gleichfalls ein Ellipsoid, und die Gerade PC gleich r ist eine Halbaxe desselben. Die Ebene X und die Oberflächen S und K_1 haben zusammen vier gemeinschaftliche Puncte Q. Man nehme die Hülfsebene Y zu einer der vier Geraden CQ (gleich r) senkrecht an und verwandle K_1, so ist der neue Körper K_2 eine Kugel, welche die oben genannte Eigenschaft besitzt. — Die Richtigkeit dieser Angaben ist leicht zu bestätigen.

und nimmt die Hülfsebene X zu derselben senkrecht an, so wird der neue Körper K_1 eine symmetrische Doppelpyramide von der nämlichen Gattung.

72. In analoger Weise, wie in No. 26, kann hier folgende Frage aufgeworfen werden:

Welche Gestalt kann ein Körper möglicherweise haben, wenn er 1) zwei, oder wenn er 2) drei gegebene Symmetral-Ebenen hat?

I. Hat der Körper zwei Symmetral-Ebenen X und Y, die sich unter einem gegebenen Winkel α schneiden, und ist erstens $\alpha:\pi$ commensurabel, etwa gleich $1:m$, so hat er im Ganzen m Symmetral-Ebenen, die sich in einer und derselben Geraden z schneiden; die Durchschnitts-Figuren dieser m Ebenen mit der Oberfläche des Körpers, sowie die Theile, in welche sie durch die Gerade z getheilt werden, sind auf entsprechende Art einander gleich, wie oben bei der ebenen Figur die m Axen und ihre Abschnitte (26). Die Oberfläche besteht aus $2m$ gleichen oder symmetrisch gleichen Theilen; im Uebrigen bleiben diese Theile unbestimmt. — Ist zweitens $\alpha:\pi$ incommensurabel, so finden unendlich viele Symmetral-Ebenen statt, die sich in einer Geraden z schneiden; ihre Durchschnitts-Figuren mit der Oberfläche sind gleich und jede wird durch die Gerade z in zwei symmetrische Hälften getheilt, so dass also die Oberfläche offenbar durch Umdrehung irgend einer Curve um die Axe z erzeugt wird.

II. Hat der Körper drei Symmetral-Ebenen X, Y, Z, die sich in drei Geraden z, y, x und unter den Winkeln α, β, γ schneiden, so muss, sobald von diesen Winkeln zwei, etwa α und β, zu π incommensurabel sind, der Körper in Rücksicht zweier Axen z und y durch Umdrehung entstanden und daher eine Kugel — oder ein System von concentrischen Kugeln — sein. Ist von den drei Winkeln nur einer zu π incommensurabel oder gar keiner, so werden doch selbst in dem letzten Falle unter den drei Systemen von Symmetral-Ebenen (z), (y) und (x), welche zufolge des vorigen Falles (I) durch die Geraden z, y und x gehen, sich im Allgemeinen irgend zwei Paare befinden (wo nämlich die beiden Ebenen jedes Paares verschiedenen Systemen angehören), die sich unter solchen Winkeln schneiden, welche zu π incommensurabel sind, so dass dann der Körper wiederum eine Kugel sein muss. Es sind nur wenige beschränkte Fälle möglich, die hierbei eine Ausnahme machen*). Daher kann man behaupten:

*) Nämlich im Wesentlichen nur folgende vier:

1) Wenn $\alpha = \beta = \frac{1}{2}\pi$ und γ beliebig;

2) Wenn $\alpha = \frac{1}{2}\pi$ und $\beta = \gamma = \frac{1}{3}\pi$;

3) Wenn $\alpha = \frac{1}{2}\pi$, $\beta = \frac{1}{3}\pi$ und $\gamma = \frac{1}{4}\pi$;

4) Wenn $\alpha = \frac{1}{2}\pi$, $\beta = \frac{1}{3}\pi$ und $\gamma = \frac{1}{5}\pi$.

Eine weitere Discussion dieser Fälle, die zu einigen interessanten Eigenschaften führt, behalte ich mir für einen anderen Ort vor.**

**Sieh S. 735.

Wenn ein Körper drei Symmetral-Ebenen hat, welche einander in drei Geraden schneiden, so ist er im Allgemeinen eine Kugel, oder ein System von concentrischen Kugeln.

Folgerungen aus dem Hauptsatze No. 70.

73. Aus diesem Satze kann man zum Theil in gleicher Weise eine Reihe von Folgerungen ziehen, wie in der ersten Abhandlung aus dem Hauptsatze No. 17, nur sind dieselben in Rücksicht der Körper im Allgemeinen nicht nach Verhältniss umfassend und bedeutsam, wie dort in Bezug auf die ebenen und sphärischen Figuren. Daher mag es genügen, nur einige dieser Folgerungen hier kurz anzudeuten.

I. Unter allen Körpern $a\alpha$, welche von einer beliebig grossen, ebenen Grundfläche a und von einer der Form nach willkürlichen, aber der Grösse nach gegebenen Fläche α begrenzt werden, ist die Halbkugel ein Maximum.

Also insbesondere: Unter allen Kugelsegmenten mit gleich grosser krummer Fläche α hat die Halbkugel den grössten Inhalt.

II. Unter allen Körpern, deren Oberfläche aus einem gegebenen Kreise a und einer nach Grösse gegebenen, beliebigen Fläche α besteht, ist das Kugelsegment ein Maximum.

III. Unter allen Körpern, die von zwei gegebenen Kreisflächen a, b und einer nach Grösse gegebenen Fläche α begrenzt werden, ist das Kugelstück zwischen den beiden Kreisflächen ein Maximum *).

Desgleichen, wenn beliebig viele Kreisflächen $a, b, c, \ldots$ gegeben sind; u. s. w.

IV. Unter allen Körpern, welche von einem gegebenen Körperwinkel S mittelst einer nach Grösse gegebenen Fläche α abgeschnitten werden, ist derjenige ein Maximum, bei welchem α ein Stück einer Kugelfläche ist, deren Mittelpunct im Scheitel S des Körperwinkels liegt.

Desgleichen, wenn ein beliebiger Kegel S gegeben ist.

V. Von zwei spitzwinkligen Kugelsegmenten ($a\alpha$, $b\beta$) mit gleich grosser krummer Fläche (α gleich β) ist dasjenige das grössere, welches die kleinere Grundfläche hat, oder welches der kleineren Kugel angehört; und bei stumpfwinkligen Segmenten ist dasjenige das grössere, welches die grössere Grundfläche hat, oder der grösseren Kugel angehört.

VI. Unter allen kegelförmigen Körpern $S\alpha$ von gleicher Oberfläche, welche von einem gegebenen geraden Kegel S mit

*) Die in diesen Sätzen vorkommenden Benennungen der Kugelstücke sind denen analog, welche in der ersten Abhandlung (No. 18) für Kreisstücke festgestellt worden sind.

einer beliebigen, ganz innerhalb des Kegels liegenden Grundfläche α abgeschnitten werden, ist derjenige ein Maximum, welcher ein convexes Kugelstück im umschriebenen Kegel S ist (d. h. bei welchem α Segment einer dem Kegel S eingeschriebenen Kugelfläche ist). — In gleicher Weise repräsentirt das concave Kugelstück im umschriebenen Kegel das Minimum, wenn (statt der Oberfläche) die Differenz $S-\alpha$ zwischen der Mantelfläche S des Kegels und der Fläche α gegeben ist.

Soll ein Körper von den Mantelflächen zweier gegebenen geraden Kegel S, S_1 und von einer beliebigen Fläche α begrenzt werden, soll er innerhalb beider Kegel liegen, und ist seine Oberfläche gegeben, so ist er ein Maximum, wenn er ein convexes Kugelstück zwischen den umschriebenen Kegeln S, S_1 ist. U. s. w.

VII. Sind die Grundflächen a, b zweier Körper gegebene Kreise, und ist die Summe der übrigen Theile α, β ihrer Oberflächen gegeben, so ist die Summe ihrer Inhalte dann ein Maximum, wenn sie Segmente gleicher Kugeln sind, und wenn ausdrücklich das Segment über der kleineren Grundfläche spitzwinklig ist.

Sind die Grundflächen $a, b, c, \ldots$ von beliebig vielen Körpern $a\alpha$, $b\beta$, $c\gamma$, ... gegebene Kreise, und ist die Summe der übrigen Theile $\alpha, \beta, \gamma, \ldots$ ihrer Oberflächen gegeben, so kann die Summe ihrer Inhalte nur dann ein Maximum sein, wenn die Körper Segmente gleicher Kugeln sind; und für das Hauptmaximum ist zudem noch erforderlich, dass nur allein das Segment über der grössten Grundfläche stumpfwinklig sein darf.

Oder: Sind die Grundflächen $a, b, c, \ldots$ von beliebig vielen Kugelsegmenten nebst der Summe ihrer krummen Flächen $\alpha, \beta, \gamma, \ldots$ gegeben, so ist die Summe ihrer Inhalte im Allgemeinen so oft ein Maximum oder ein Minimum, als die Segmente gleichen Kugeln angehören. U. s. w.

Allgemeine Bemerkung.

74. Ueber die Körper im Allgemeinen sind noch viele Fragen zu erledigen, die mehr oder weniger Schwierigkeiten darzubieten scheinen. Hier mögen nur folgende Beispiele namhaft gemacht werden:

I. Wenn in Rücksicht des vorstehenden Satzes 73, VI statt des geraden Kegels S ein beliebiger Kegel (oder nur ein Kegel zweiten Grades) oder ein beliebiger Körperwinkel gegeben ist, welche Eigenschaft muss dann die Fläche α (für den Fall des Maximums) haben?

II. Soll ein Körper zwischen zwei parallelen Ebenen liegen, und ist seine Oberfläche nebst dem Abstande der Ebenen von einander gegeben, so ist die Frage zu stellen, unter welchen Bedingungen sein Inhalt ein Maximum sei.

Den Sätzen in No. 69 und No. 71 zufolge muss der Körper durch Umdrehung um eine zu den gegebenen Ebenen senkrechte Axe z entstehen, so dass seine Oberfläche im Allgemeinen zwei in diesen Ebenen liegende Kreise enthält; ferner muss der Körper in Rücksicht der Ebene Z, welche mit den gegebenen Ebenen parallel ist, und von ihnen gleich weit absteht, symmetrisch sein, und daher müssen jene Kreise gleich sein; endlich werden die gegebenen Ebenen den übrigen Theil der Oberfläche in diesen Kreislinien berühren.

Ist die gegebene Oberfläche kleiner als diejenige Kugelfläche, welche die gegebenen Ebenen berührt, aber soll dieselbe an diese beiden Ebenen anstossen (irgend ein Stück oder bloss einen Punct mit jeder gemein haben), so ist der Körper immer eine Kugel, verbunden mit einem oder mit zwei unendlich dünnen Cylindern, die zwischen der Kugel und einer der Ebenen liegen.

III. Besteht die Oberfläche eines Körpers aus zwei Theilen α und β, welche in einem festen, geradlinigen, schiefen Polygon P an einander stossen; ist β eine feste, polyëdrische (oder irgend eine krumme) Fläche und α die nach Grösse gegebene Seitenfläche eines Körperwinkels S, so ist die Frage, unter welcher Bedingung der Körper ein Maximum wird.

Oder, wenn anstatt der Seitenfläche α der Inhalt des Körpers gegeben ist, so soll die Lage des Scheitels S bestimmt werden, für welche α ein Minimum wird. (Ist es unter der obigen Bedingungsgleichung No. 64, V, 2?)

Und ferner: Wenn das Polygon P in eine Curve von doppelter Krümmung übergeht, wobei S ein Kegel wird, welche Bedingung findet dann statt?

IV. Besteht die Oberfläche eines Körpers aus zwei Theilen α und β, wovon der eine β fest, der andere α nur nach Grösse gegeben ist; so ist die Frage, welche Eigenschaft α haben müsse, damit der Körper ein Maximum wird.

Dieselbe Frage, wenn insbesondere β eine ebene Fläche und zwar 1) eine gegebene Ellipse, oder 2) ein gegebenes Quadrat ist; u. s. w.

Mehrere von den in dieser Abhandlung enthaltenen Sätzen und Aufgaben habe ich bereits früher, im *Journal für Mathematik* von *Crelle*, bekannt gemacht. (Cf. Band II. S. 75—91 dieser Ausgabe.)

18

Ueber einige stereometrische Sätze.

Die nachstehenden Sätze haben die Berechnung solcher Körper zum Gegenstande, welche von zwei parallelen Grundflächen und von Seitenflächen, die Dreiecke, Paralleltrapeze, windschiefe oder überhaupt geradlinige, krumme Flächen sind, begrenzt werden. Hierbei ging mein Bestreben vornehmlich dahin, für die Berechnung möglichst bequeme Formeln zu finden und dieselben elementar und einfach zu beweisen.

§ 1.

Fundamentalsatz.

„Ist die Grundfläche einer vierseitigen Pyramide $ABCDE$ ein Paralleltrapez $ABCD$, ist nämlich AD parallel mit BC, und wird die Pyramide durch eine Ebene EFG, welche durch ihre Spitze E und durch die Mitten F, G der nicht parallelen Seiten AB, CD der Grundflächen geht, geschnitten, so sind die aus den Ecken A, B, C, D auf diese Ebene gefällten Perpendikel gleich, und der Inhalt der Pyramide ist gleich vier Drittel von dem Producte aus dem Durchschnitts-Dreieck EFG in eines der Perpendikel.“ Und

„Wenn eine der beiden parallelen Seiten der Grundfläche verschwindet, z. B. wenn BC gleich 0 wird, und somit die Pyramide in eine dreiseitige übergeht, so bleibt auch für diese der Satz bestehen.“

Dieser Satz ist elementar und sehr leicht zu beweisen.

§ 2.

Man denke sich nun ein solches Polyëder K, welches von zwei parallelen Vielecken A, B als Grundflächen, und von Seitenflächen s, s_1,

$s_2, \ldots$ begrenzt wird, welche Paralleltrapeze, oder auch zum Theil Dreiecke sind. Die Höhe des Körpers sei H gleich $2h$. Die Durchschnitts-Figur, in welcher der Körper von der Ebene, die den Grundflächen parallel und in der Mitte zwischen denselben liegt, geschnitten wird, heisse C. In dieser Ebene, z. B. innerhalb des Vielecks C, nehme man einen beliebigen Punct P an und betrachte ihn als gemeinschaftliche Spitze von Pyramiden, welche die verschiedenen Flächen des Körpers K zu Grundflächen haben, und welche also zusammen diesen Körper ausmachen. Die Pyramiden über den Seitenflächen $s, s_1, s_2, \ldots$ sind alle von der Art, wie die im obigen Fundamentalsatze; jede wird von der genannten Ebene in einem Dreieck geschnitten, das dem obigen Dreiecke EFG entspricht, und alle diese Dreiecke bilden zusammen das Vieleck C, so dass also die Summe der Pyramiden infolge des Fundamentalsatzes gleich $\frac{4}{3}hC$ ist. Die Inhalte der Pyramiden über den Grundflächen A und B sind $\frac{1}{3}hA$, $\frac{1}{3}hB$. Demnach hat man für den Inhalt des Körpers K folgenden Ausdruck:

$$K = \tfrac{1}{3}h(A+B+4C) = \tfrac{1}{6}H(A+B+4C). \tag{1}$$

Das heisst:

„Der Inhalt des Körpers K ist ein Sechstel von einem Prisma von gleicher Höhe H und über einer Grundfläche, welche so gross ist, als die beiden Grundflächen A, B und die vierfache mittlere Durchschnitts-Figur C zusammengenommen."

§ 3.

In jeder Seitenfläche s liegen drei entsprechende und parallele Seiten a, b, c der drei Vielecke A, B, C, und es ist immer

$$2c = a+b;$$

diese Gleichung findet auch in dem Falle statt, wo die Seitenfläche ein Dreieck und also entweder

$$a = 0 \quad \text{oder} \quad b = 0$$

ist. Daher ist auch, wenn man die Umfänge der Vielecke A, B, C durch (A), (B), (C) bezeichnet,

$$2(C) = (A)+(B), \tag{2}$$

das heisst:

„Der doppelte Umfang des mittleren Durchschnittes ist der Summe der Umfänge beider Grundflächen gleich."

§ 4.

Wird die Grundfläche B in ihrer Ebene um irgend einen festen Punct um 180^0 herumgedreht, so wird jede Seite b derselben wieder mit der nämlichen Seite a der festen Grundfläche A parallel, mit welcher sie zuvor parallel war; und werden sodann die nämlichen Ecken von A und B, wie anfänglich, durch Gerade (oder Kanten) verbunden, so entsteht ein Körper K_1, dessen Seitenflächen σ, σ_1, σ_2, ... einander durchkreuzen, so dass an die Stelle der früheren Paralleltrapeze, jetzt sogenannte überschlagene Paralleltrapeze treten, und dass der Körper aus verschiedenen Theilen besteht, welche theils positiv, theils negativ zu nehmen sind*). Heisst für diesen Fall die mittlere Durchschnitts-Figur C_1 und ihre zu a und b gehörige Seite c_1, so ist jetzt

$$2c_1 = a - b,$$

wo also c_1 sowohl negativ als positiv sein kann; ebenso der Inhalt der Figur C_1. Ausserdem hat man in analoger Weise, wie oben,

$$(3) \qquad K_1 = \tfrac{1}{6}H(A+B+4C_1),$$

$$(4) \qquad 2(C_1) = (A)-(B),$$

d. h. „Auch dieser Körper K_1 ist ein Sechstel von einem Prisma von gleicher Höhe und über einer Grundfläche, welche so gross ist, als seine beiden Grundflächen und der vierfache mittlere Durchschnitt; und der Umfang dieses Durchschnittes ist der halben Differenz zwischen den Umfängen beider Grundflächen gleich.“

§ 5.

Da die Seiten (wie a, b, c, c_1) der Vielecke A, B, C, C_1 respective parallel sind, so haben diese beziehlich gleiche Winkel (einzelne Seiten der Grundflächen A, B sind Null, wofern unter den Seitenflächen der Körper K, K_1 sich Dreiecke befinden); und da ferner zwischen den entsprechenden Seiten die Gleichungen

$$2c = a+b \quad \text{und} \quad 2c_1 = a-b$$

stattfinden, so folgt aus einer bekannten Formel — nach welcher der Inhalt eines n-Ecks durch $n-1$ Seiten und die von denselben gebildeten Winkel ausgedrückt wird — für die Inhalte der vier Vielecke nachstehende Gleichung

$$(5) \qquad A+B = 2C+2C_1,$$

d. h. „die Summe der Grundflächen ist doppelt so gross, als die Summe der mittleren Durchschnitts-Figuren beider Körper“.

---

*) Sind z. B. beide Grundflächen A, B Vierecke, so besteht der Körper im Allgemeinen aus drei Theilen, nämlich aus zwei schief abgeschnittenen, dreiseitigen Pyramiden, die über den Grundflächen A, B liegen und sie zu Seitenflächen haben, und aus einer dazwischen liegenden, durch die vier Seitenflächen σ, σ_1, σ_2, σ_3 gebildeten dreiseitigen Pyramide; dann sind jene beiden als positiv nnd diese letztere als negativ anzusehen.

Dadurch verwandeln sich die obigen Ausdrücke (1) und (3) für die Inhalte der beiden Körper K, K_1 in folgende:

$$(6) \qquad K = H(C + \tfrac{1}{3}C_1),$$

$$(7) \qquad K_1 = H(\tfrac{1}{3}C + C_1).$$

Das heisst:

„Jeder der beiden Körper ist gleich einem Prisma von gleicher Höhe und über einer Grundfläche, welche so gross ist, wie seine mittlere Durchschnitts-Figur und ein Drittel der mittleren Durchschnitts-Figur des anderen Körpers."

Die Formel (6) stimmt mit derjenigen überein, welche Herr *Koppe* in Bd. XVIII. S. 275 von *Crelle*'s Journal aufgestellt und mittelst der Integral-Rechnung bewiesen hat*).

§ 6.

Lässt man die Grundflächen A und B durch Vermehrung ihrer Seitenzahl in Curven übergehen, so gehen auch die mittleren Durchschnitte C, C_1 in Curven und die Seitenflächen der Körper gehen in bestimmte abwickelbare krumme Flächen S, S_1 über; nämlich jede dieser Flächen ist die Enveloppe einer Ebene, die auf beiden Curven A, B zugleich rollt. Da die bis dahin aufgestellten Formeln (1) bis (7) für diesen Grenzfall offenbar in gleicher Weise gültig sind, so hat man folgende Sätze:

1) „Wenn ein Körper K oder K_1 von parallelen Grundflächen A und B, welche beliebige Curven sind, und von einer krummen abwickelbaren Seitenfläche S oder S_1 begrenzt wird, so ist der Umfang seines mittleren Durchschnittes C oder C_1 gerade halb so gross wie die Summe oder die Differenz der Umfänge der beiden Grundflächen (Gl. (2) oder (4))."

2) „Die Summe der Inhalte beider Grundflächen ist doppelt so gross wie die Summe der Inhalte der mittleren Durchschnitte beider Körper (5)."

3) „Der Inhalt jedes der beiden in Betracht stehenden Körper K, K_1 ist ein Sechstel des Productes aus seiner Höhe in die Summe der beiden Grundflächen und des vierfachen mittleren Durchschnittes (Gl. (1) oder (3)); oder gleich dem

---

*) Einen besonderen Fall dieser Formel, wo nämlich der Körper K ein abgestumpfter Kegel ist, hat Herr Hofrath *Schweins* mir schon im Jahre 1835 mitgetheilt; er hatte denselben zur Bequemlichkeit für practische Rechnungen aufgestellt. Für diesen Fall hat man

$$K = H\Big[\Big(\frac{r+r_1}{2}\Big)^2 + \tfrac{1}{3}\Big(\frac{r-r_1}{2}\Big)^2\Big]\pi = H[(r+r_1)^2 + \tfrac{1}{3}(r-r_1)^2]\frac{\pi}{4},$$

wo r und r_1 die Radien der Grundflächen A und B sind.

Producte aus der Höhe in die Summe seines mittleren Durchschnittes und eines Drittels des mittleren Durchschnittes des anderen Körpers (Gl. (6) oder (7))."

§ 7.

Gehen die Körper K und K_1 insbesondere in abgestumpfte Pyramiden oder in abgestumpfte Kegel über, so werden die vier Figuren A, B, C, C_1 einander ähnlich, so dass sich verhält

$$(8)\qquad \sqrt{A}:\sqrt{B}:\sqrt{C}:\sqrt{C_1}=a:b:c:c_1=a:b:\frac{a+b}{2}:\frac{a-b}{2},$$

wo a, b, c, c_1 entsprechende Seiten oder irgend welche homologe Dimensionen der Vielecke oder Curven A, B, C, C_1 sind. Dadurch modificiren sich die Ausdrücke (1) und (3), oder (6) und (7) für die Inhalte der Körper, wie folgt:

$$(9)\qquad K=\tfrac{1}{3}HA\left(1+\frac{b}{a}+\left(\frac{b}{a}\right)^2\right)=\tfrac{1}{3}HA(1+n+n^2)=\tfrac{1}{3}HA\frac{n^3-1}{n-1},$$

$$(10)\qquad K_1=\tfrac{1}{3}HA\left(1-\frac{b}{a}+\left(\frac{b}{a}\right)^2\right)=\tfrac{1}{3}HA(1-n+n^2)=\tfrac{1}{3}HA\frac{1+n^3}{1+n},$$

wo $b:a$ gleich n gesetzt ist. Oder da nach den Gl. (2) und (4)

$$2\sqrt{C}=\sqrt{A}+\sqrt{B}\quad\text{und}\quad 2\sqrt{C_1}=\sqrt{A}-\sqrt{B},$$

und daher

$$(11)\qquad 4C=A+B+2\sqrt{AB}\quad\text{und}\quad 4C_1=A+B-2\sqrt{AB},$$

so gehen sie auch in folgende bekannte Ausdrücke über:

$$(12)\qquad K=\tfrac{1}{3}H(A+B+\sqrt{AB});\quad K_1=\tfrac{1}{3}H(A+B-\sqrt{AB}).$$

§ 8.

Reduciren sich die Grundflächen auf zwei nicht parallele gerade Linien A und B, so dass ihre Inhalte gleich 0 sind, so wird der Körper K (oder K_1) eine dreiseitige Pyramide; A und B sind gegenüberliegende Kanten und H ist ihr senkrechter Abstand von einander; der mittlere Durchschnitt C wird ein Parallelogramm, dessen Seiten den Kanten A, B parallel und beziehlich halb so gross wie diese sind, so dass also

$$C=\tfrac{1}{2}A.\tfrac{1}{2}B\sin\varphi,$$

wo φ der Winkel ist, welchen A und B ihrer Richtung nach bilden. Demnach hat man in diesem Falle für den Inhalt des Körpers nach Gl. (1)

$$(13)\qquad K=\tfrac{1}{6}H.4C=\tfrac{2}{3}HC=\tfrac{1}{6}HAB\sin\varphi,$$

d. h. „der Inhalt jeder dreiseitigen Pyramide ist zwei Drittel des Productes aus dem Abstande H zweier gegenüberstehenden Kanten A, B in den mit diesen Kanten parallelen mittleren Durchschnitt C; oder gleich einem Sechstel des Productes aus den genannten zwei Kanten in ihren Abstand von einander und in den Sinus ihres Winkels.“

§ 9.

Sind A und B, D und E, F und G gegenüberstehende Kanten einer dreiseitigen Pyramide, so wird diese von jeder den Kanten A und B parallelen Ebene in einem Parallelogramm $defg$ geschnitten, dessen Seiten beziehlich mit A, B parallel, und dessen Ecken d, e, f, g in den Kanten D, E, F, G liegen. Bewegt sich die schneidende Ebene von A bis B, so beschreibt jede der beiden Diagonalen de, fg des Parallelogramms, z. B. de, ein sogenanntes windschiefes Viereck $ADBE$, d. i. ein Stück eines hyperbolischen Paraboloïds; und da die Diagonale beständig das Parallelogramm hälftet, so wird folglich auch die Pyramide von dem windschiefen Vierecke in zwei gleich grosse Theile k gleich k_1 getheilt. Ein solcher Theil wird von drei Flächen begrenzt, nämlich von dem windschiefen Viereck $ADBE$ und von zwei (ebenen) Dreiecken, die zwei Seitenflächen der Pyramide sind. Sein mittlerer Durchschnitt ist ein Dreieck γ, nämlich die eine Hälfte des Parallelogramms C, welches der mittlere Durchschnitt der Pyramide ist; demnach hat man für seinen Inhalt nach Gl. (13)

$$k = \tfrac{1}{2}.\tfrac{2}{3}HC = \quad H\gamma, \tag{14}$$

d. h. „der Inhalt jedes der genannten Theile ist zwei Drittel von dem Producte aus der Höhe H in den mittleren Durchschnitt γ“.

In gleicher Weise ergeben sich folgende Sätze:

Wird ein dreiseitiges Prisma von einer Ebene geschnitten, welche einer Seitenfläche desselben parallel ist, so ist der Schnitt ein Parallelogramm; bewegt sich die Ebene von der Seitenfläche bis zur gegenüberliegenden Kante, so beschreibt die Diagonale des Parallelogramms ein windschiefes Viereck, welches das Prisma in zwei gleich grosse Theile k, k_1 theilt. Der Inhalt jedes Theiles ist gleich $\frac{2}{3}H\gamma$, d. h. gleich dem Producte aus dem mittleren Durchschnitte γ in die Höhe H (Abstand der Seitenfläche von der gegenüberliegenden Kante). — Hier sind k, k_1 Körper, von denen jeder von einem windschiefen Viereck, einem Parallelogramm und zwei Dreiecken begrenzt wird.

Sind die Grundflächen A, B eines vierseitigen, prismaförmigen Körpers, dessen Seitenkanten, verlängert, nicht in einem Puncte zusammentreffen und auch nicht parallel sind, Parallelogramme, so ist jeder mit ihnen parallele Schnitt gleichfalls ein Parallelogramm, dessen Diagonale, wenn sich die schneidende Ebene von A bis B bewegt, ein windschiefes

Viereck beschreibt, durch welches das Prisma gehälftet wird, und wo wiederum jede Hälfte *

$$k = k_1 = \tfrac{1}{12} H(A+B),$$

ist. — U. s. w.

§ 10.

Man denke sich einen Körper $\mathfrak{K}$, welcher zwei beliebige parallele Vielecke A, B zu Grundflächen hat, und dessen Seitenflächen $s, s_1, s_2, \ldots$ windschiefe Vierecke, oder theils solche Vierecke und theils Paralleltrapeze und Dreiecke sind. Der mittlere Durchschnitt ist, wie früher (§ 2), ein geradliniges Vieleck $\mathfrak{C}$. Ueber jede Seitenfläche s, die ein schiefes Viereck ist, setze man einen solchen Körper k, der die eine Hälfte einer dreiseitigen Pyramide ist, und zwar von derjenigen Pyramide, welche die in den Grundflächen A, B liegenden Seiten a, b des windschiefen Vierecks s zu gegenüberstehenden Kanten hat, also einen solchen Körper k, wie er zu Anfang des vorigen Paragraphen beschrieben worden. Alle diese Körper k mögen auf der äusseren Seite aufgesetzt werden. Dadurch entsteht ein Körper K, dessen Seitenflächen alle eben, nämlich Dreiecke und Paralleltrapeze, sind, und welcher mit dem vorigen $\mathfrak{K}$ die Grundflächen A, B gemein hat. Sein mittlerer Durchschnitt C besteht aus dem mittleren Durchschnitte $\mathfrak{C}$ des Körpers $\mathfrak{K}$ und aus einer Summe von Dreiecken γ, welche einzeln die mittleren Durchschnitte der aufgesetzten Körper k sind (§ 9), so dass also

$$C = \mathfrak{C} + \Sigma(\gamma), \quad \text{oder} \quad \Sigma(\gamma) = C - \mathfrak{C}.$$

Ebenso besteht der Körper K aus dem Körper $\mathfrak{K}$ und aus der Summe der Körper k. Daher hat man nach den Gl. (1) und (14)

$$(15) \qquad \begin{cases} \mathfrak{K} = K - \Sigma(k) = \tfrac{1}{6} H(A+B+4C) - \tfrac{2}{3} H \Sigma(\gamma) \\ \quad = \tfrac{1}{6} H(A+B+4C) - \tfrac{4}{6} H(C - \mathfrak{C}) \\ \quad = \tfrac{1}{6} H(A+B+4\mathfrak{C}); \end{cases}$$

d. h. „auch bei dem Körper $\mathfrak{K}$, dessen Seitenflächen zum Theil oder alle windschiefe Vierecke sind, wird der Inhalt in gleicher Weise gefunden, nämlich er ist ein Sechstel des Productes aus der Höhe in die Summe der Grundflächen und des vierfachen mittleren Durchschnittes."

Dieser Satz gilt in gleicher Weise für denjenigen Körper $\mathfrak{K}_1$, welcher entsteht, wenn die Grundfläche B in ihrer Ebene um 180^0 herumgedreht wird, und bei welchem also die Seitenflächen einander durchkreuzen, wie oben § 4 beim Polyëder K_1. Auch finden hier in analoger Weise, wie oben (Gl. (5), (6) und (7)), die folgenden Gleichungen statt:

$$(16) \qquad A + B = 2\mathfrak{C} + 2\mathfrak{C}_1;$$

$$(17) \qquad \mathfrak{K} = H(\mathfrak{C} + \tfrac{1}{3}\mathfrak{C}_1) \quad \text{und} \quad \mathfrak{K}_1 = H(\tfrac{1}{3}\mathfrak{C} + \mathfrak{C}_1).$$

---

*Sieh S. 738.

§ 11.

Lässt man die Grundflächen A und B, die als Vielecke vorausgesetzt worden, in Curven übergehen, so wird die Seitenfläche des Körpers $\mathfrak{K}$ irgend eine geradlinige, krumme Fläche $\mathfrak{S}$, d. h. eine durch Bewegung einer Geraden erzeugte Fläche (*surface réglée*); und dann geht auch der mittlere Durchschnitt $\mathfrak{C}$ in eine Curve über; die obige Formel (15) bleibt aber offenbar auch für diesen Fall noch gültig. Demnach folgt der Satz:

„Sind die Grundflächen A, B eines cylinderförmigen Körpers $\mathfrak{K}$ parallel und von beliebigen Curven umschlossen, und ist die Seitenfläche $\mathfrak{S}$ desselben irgend eine geradlinige, krumme Fläche, so ist sein Inhalt ein Sechstel des Productes aus der Höhe in die Summe der beiden Grundflächen und des vierfachen mittleren Durchschnittes."

Der Satz bleibt in gleicher Weise bestehen, wenn die Umfänge der Grundflächen nur zum Theil in Curven übergehen und die übrigen Theile gerade Linien bleiben, wobei dann in entsprechender Weise die Seitenfläche $\mathfrak{S}$ aus verschiedenartigen Theilen bestehen kann, aus allgemeinen geradlinigen, krummen Flächen und aus ebenen Flächen. Dadurch lässt sich also der Satz auf beliebige geradlinige, krumme Flächen anwenden, d. h. ihre Cubatur lässt sich mittelst desselben bewerkstelligen.

Einen einfachen besonderen Fall des vorstehenden Satzes gewährt das einfache Hyperboloïd (*hyperboloïde à une nappe*). Wird dasselbe z. B. von zwei parallelen Ebenen in Ellipsen A, B geschnitten, so wird der Inhalt des von den Grundflächen A, B und dem zwischen ihnen liegenden Theile $\mathfrak{S}$ des Hyperboloïds begrenzten Körpers $\mathfrak{K}$ auf die angegebene Weise gefunden. Nämlich es ist dann auch der mittlere Durchschnitt $\mathfrak{C}$ eine Ellipse, und wenn man die halben Axen der Ellipsen A, B, $\mathfrak{C}$ durch a und α, b und β, c und γ bezeichnet, so hat man

$$(18) \qquad \mathfrak{K} = \frac{\pi}{6} H(a\alpha + b\beta + 4c\gamma).$$

Ein anderer interessanter besonderer Fall ist folgender:

Sind im Raume zwei unbegrenzte feste Gerade A, B gegeben, ist ihr senkrechter Abstand von einander H gleich $2h$, und soll eine gegebene Gerade gleich $2a$ sich so bewegen, dass ihre Endpuncte auf den festen Geraden A, B fortgleiten, so beschreibt sie eine geradlinige krumme Fläche, die einen Körper begrenzt, dessen Inhalt

$$(19) \qquad \mathfrak{K} = \tfrac{4}{3} h(a^2 - h^2)\pi$$

ist. Dieses Resultat ist dadurch merkwürdig, dass es von dem Winkel φ unabhängig ist, welchen die festen Geraden A, B ihrer Richtung nach mit einander bilden, d. h. das Volumen des Körpers bleibt constant, welche Grösse dieser Winkel haben mag, wenn nur h und a sich nicht ändern.

Nämlich der mittlere Durchschnitt $\mathfrak{C}$ ist hier eine Ellipse, deren Halbaxen α und β — wenn a^2-h^2 gleich b^2 gesetzt wird — beziehlich $b\cot\frac{1}{2}\varphi$ und $b\tang\frac{1}{2}\varphi$ sind, so dass also ihr Inhalt gleich

$$\alpha\beta\pi = b^2\pi = (a^2-h^2)\pi$$

constant ist. Wenn insbesondere φ gleich 90^0 wird, so ist der mittlere Durchschnitt ein Kreis.

§ 12.

Viele von den im Vorstehenden betrachteten Körpern behandelt unter anderen auch *M. Hirsch* in seiner „*Sammlung geometrischer Aufgaben*“ (Th. II. § 101—106; § 155—157; § 180—190). Er findet die Formeln für den Inhalt durch Hülfe der Trigonometrie und Projection. Die gegenwärtige Darstellung ist unstreitig einfacher, zusammenhängender und umfassender; auch sind die Formeln zum Theil bequemer. Vergleicht man seine Formeln mit den hier gegebenen, so ergeben sich z. B. folgende Relationen.

Für den in § 2 betrachteten Körper K findet *Hirsch* (S. 204, § 156) — wenn die Seiten der Grundflächen A und B durch a, a_1, a_2, ... und b, b_1, b_2, ... bezeichnet werden — die Formel

$$K = \tfrac{1}{3}H(A+B)+\tfrac{1}{6}H\,\Sigma[ab_1\sin(aa_1)], \tag{20}$$

wo

$$\begin{aligned}\Sigma[ab_1\sin(aa_1)] = {} & ab_1\sin(aa_1)+ab_2\sin(aa_2)+\cdots+ab_{n-2}\sin(aa_{n-2})\\ & +a_1b_2\sin(a_1a_2)+\cdots+a_1b_{n-2}\sin(a_1a_{n-2})\\ & +\;\cdot\;\cdot\;\cdot\;\cdot\;\cdot\;\cdot\;\cdot\;\cdot\\ & +a_{n-3}b_{n-2}\sin(a_{n-3}a_{n-2}).\end{aligned}$$

Diese Formel mit der obigen (1) verglichen, giebt

$$\Sigma[ab_1\sin(aa_1)] = 4C-A-B; \tag{21}$$

oder, da nach Gl. (5)

$$A+B = 2C+2C_1,$$

so folgt

$$\Sigma[ab_1\sin(aa_1)] = 2C-2C_1, \tag{22}$$

und in der That sind die beiderseitigen Ausdrücke dieser Gleichung identisch, wenn man das, was oben (§ 5) von den Vielecken C und C_1 angegeben worden, berücksichtigt.

Für den in § 10 beschriebenen Körper $\mathfrak{K}$ giebt *Hirsch* (S. 252, § 189) die Formel

$$\left\{\begin{aligned}\mathfrak{K} &= \tfrac{1}{2}H(A+B)-\tfrac{1}{12}H[ab\sin(ab)+bc\sin(bc)+cd\sin(cd)+\cdots+ta\sin(ta)]\\ &= \tfrac{1}{2}H(A+B)-\tfrac{1}{12}H\,\Sigma[ab\sin(ab)],\end{aligned}\right. \tag{23}$$

wo a, b, c, ... t die Projectionen der Seitenkanten des Körpers auf die

Grundfläche A sind. Durch Vergleichung dieser Formel mit der Gl. (15) folgt

$$(24) \qquad \Sigma[ab\sin(ab)] = 4(A+B-2\mathfrak{C}),$$

und vermöge der Gl. (16)

$$(25) \qquad \Sigma[ab\sin(ab)] = 8\mathfrak{C}_1.$$

Oder, da beide Formeln bestehen bleiben, wenn die windschiefen Seitenflächen in Paralleltrapeze, und damit der Körper $\mathfrak{K}$ in das Polyëder K übergeht, so hat man auch für diesen Fall

$$(26) \qquad \Sigma[ab\sin(ab)] = 8C_1.$$

Crelle's Journal Band XXIII. S. 275—284.

(Auszug aus einer am 14. Februar 1842 in der Akademie der Wissenschaften zu Berlin gehaltenen Vorlesung.)

19

Elementare Lösung einer Aufgabe über das ebene und das sphärische Dreieck.

Eine elementare Aufgabe über das geradlinige Dreieck, die mir im Jahre 1840 von Herrn Prof. *Lehmus* mit dem Wunsche zukam: „eine rein geometrische Lösung derselben zu finden“ und die ich später gelegentlich Anderen als Uebungsbeispiel mittheilte, ist in neuester Zeit in verschiedenen Druckschriften öffentlich zur Sprache gebracht und gelöst worden. Irrthümlicherweise wurde aber die Aufgabe theils mir zugeschrieben, theils nicht so elementar gelöst, wie der Urheber derselben und ich es verlangten; auch wurde der Gegenstand mit solchen Bemerkungen begleitet, welche meine einfache Absicht, die ich bei gesprächsweiser Mittheilung der Aufgabe hatte, weit übertreffen. Dies veranlasst mich — um Missverständnisse zu verhindern — meine eigene Lösung der Aufgabe, welche ich damals gefunden und Herrn *Lehmus* sogleich mitgetheilt habe, hier nachträglich zu veröffentlichen, zumal da ein grosser Kenner der Geometrie, Herr *Sturm*, der von seinen Zuhörern und Anderen verschiedene Lösungen besass, die meinige für die elementarste hielt. Bei dieser Gelegenheit werde ich zugleich auf die Gründe aufmerksam machen, warum die Aufgabe für die Rechnung umständlicher ausfällt, als man auf den ersten Blick vermuthet; ausserdem werde ich auch die Aufgabe etwas allgemeiner fassen, und zuletzt noch die analoge sphärische Aufgabe behandeln.

Aufgabe I.

„Wenn in einem geradlinigen Dreieck die Abschnitte der zwei Geraden, welche dessen Winkel an der Grundlinie hälften, zwischen den Ecken des Dreiecks und den Gegenseiten gleich lang sind, so ist die Frage, ob dann das Dreieck gleichschenklig sei.“

Wenn also z. B. in dem Dreiecke ACB (Taf. XV Fig. 1) Winkel $\alpha = \alpha_1$, Winkel $\beta = \beta_1$ und die Gerade $AD = BE$ oder $a = b$, so ist die Frage, ob $AC = BC$ oder, was auf dasselbe hinausläuft, ob $\alpha = \beta$ sei.

Wollte man annehmen, die Winkel α und β könnten ungleich sein, etwa $\alpha > \beta$ (also auch $\alpha_1 > \beta_1$), so zeigt sich die Unmöglichkeit leicht, wie folgt.

Vermöge der Dreiecke ADB und BEA, die nach Voraussetzung zwei Paar gleiche Seiten und dazwischen die ungleichen Winkel α und β

haben, folgt, dass $BD > AE$ oder $d > e$ und Winkel $ADB > BEA$ (weil $\alpha_1 + \alpha + \beta > \beta_1 + \beta + \alpha$). Diese Dreiecke denke man sich für einen Augenblick (zur bequemeren Uebersicht) in solche Lage gebracht (Taf. XV Fig. 2), wo sie auf entgegengesetzten Seiten über derselben Grundlinie $c = AB$ stehen, und wo die Seiten den durch dieselben Buchstaben bezeichneten in Fig. 1 auf Taf. XV gleich sind. Da nach der Annahme $a = b$ (d. i. $AD = BE$ Taf. XV Fig. 1), so ist, wenn man die Gerade DE zieht, Winkel $n = m$, und daher, da Winkel $D > E$ (d. i. Winkel $ADB > BEA$ Taf. XV Fig. 1), auch Winkel $x > y$; daraus folgt, dass $e > d$ sein muss, was dem Vorigen, $d > e$, widerspricht. Demnach können α und β nicht ungleich, und folglich muss das vorgelegte Dreieck ACB gleichschenklig sein.

Dieses ist meine oben erwähnte erste Lösung der Aufgabe. Die Schwierigkeit, welche die Aufgabe bei anderer Behandlung darbietet, mag ihren Grund darin haben, dass die eine Voraussetzung nicht so absolut bestimmt ist, wie man auf den ersten Blick leicht glauben möchte. Denn wenn gesagt wird: „die Winkel an der Grundlinie werden gehälftet," so ist dies sowohl auf die inneren als auf die äusseren Winkel an der Grundlinie anzuwenden; was dann im Wesentlichen drei verschiedene Fälle giebt, indem nämlich, wenn man die bis an die Gegenseiten verlängerten Strahlen, welche die inneren Winkel hälften, durch a und b, und diejenigen, welche die äusseren Winkel hälften, durch a_1 und b_1 bezeichnet, entweder

(1) $$a = b,$$

oder

(2) $$a_1 = b_1,$$

oder

(3) $$\left\{ \begin{array}{l} a = b_1, \\ \text{oder} \\ a_1 = b \end{array} \right.$$

angenommen werden kann. Im ersten Falle (1) ist nun zufolge des obigen Beweises das Dreieck allemal gleichschenklig. Beim zweiten Falle (2) kommt es noch auf eine nähere Unterscheidung an, ob nämlich α) beide Strahlen a_1, b_1 die verlängerten Gegenseiten jenseits der Spitze C, oder beide dieselben unterhalb der Grundlinie AB treffen, oder ob β) der eine die Gegenseite jenseits der Spitze und der andere sie unterhalb der Grundlinie trifft. Unter der Bedingung (α) ist das Dreieck gleichschenklig; dagegen unter (β) nicht. Im dritten Falle (3) endlich ist das Dreieck im Allgemeinen nicht gleichschenklig (nur scheint die Möglichkeit vorhanden zu sein, dass es in ganz besonderem Falle gleichschenklig sein kann, wobei es dann aber ein der Form nach ganz bestimmtes Dreieck ist, d. h. bestimmte Winkel hat).

Da nun die Aufgabe alle diese Fälle für die Rechnung stillschweigend zugleich umfasst, so begreift man, wie diese, wenn sie nicht geschickt angegriffen wird, auf höhere Gleichungen führen muss.

Für den genannten Fall (α), mit der Bedingung, dass beide Strahlen a_1, b_1 die Gegenseiten jenseits der Spitze C treffen, ist der Beweis dem obigen fast gleich.

Nämlich wollte man annehmen, es sei $\alpha_1 > \beta_1$ (Taf. XV Fig. 3), so wäre $p+\beta > q+\alpha$, und daher $AE > BD$ (als Seiten der Dreiecke AEB und BDA) und $y > x$ (als Winkel der Dreiecke BCE und ACD, deren Winkel bei C gleich sind, und wo $\alpha > \beta$). Bringt man das Dreieck AEB in die Lage von BE_1A, wobei also $BE_1 = AE$, $q_1 = q$, $y_1 = y$, $b_0 = b_1 = a_1$, etc. und zieht die Gerade DE_1, so ist $n = m$ und $y_1 > x$, also $m+y_1 > n+x$, folglich $BD > BE_1$, oder $BD > AE$; was dem Vorigen, $AE > BD$, widerspricht; daraus schliesst man, dass $\alpha_1 = \beta_1$ und somit das Dreieck ACB gleichschenklig sein muss *).

Wenn dagegen beide Strahlen a_1, b_1 den Gegenseiten unterhalb der Grundlinie begegnen, wie in Fig. 4 auf Taf. XV, so scheint der Beweis nicht auf analoge Weise stattzufinden. Ich habe dafür den folgenden, minder einfachen aufgestellt.

Sollten α und β ungleich sein können, etwa $\alpha > \beta$, so wäre $BF > AF$ und daher $FD > FE$. Man nehme $FG = FA$ und $FH = FE$, so ist $GB = HD$ (weil nach der Voraussetzung $AD = BE$ oder $a_1 = b_1$). Ferner sind die Dreiecke HFG und EFA congruent, daher $\alpha_2 = \alpha_1 = \alpha$, mithin $\alpha_2 > \beta_1$, und folglich muss die Gerade GH der Seite CB jenseit D, etwa in K begegnen, und zwar unter einem Winkel γ, welcher, wie leicht zu sehen, gleich 2ε ist. Nun ist vermöge des Dreiecks DAC Winkel $\alpha_1 = C+D$, daher $\alpha > D$ (da $\alpha = \alpha_1$), und mithin $BD > BA$. Nimmt man $BL = BA$, so sind die Dreiecke BAG und BLG congruent, also ist $\varepsilon_1 = \varepsilon$. Aber als äusserer Winkel des Dreiecks GLK ist $\varepsilon_1 > \gamma$, also auch $\varepsilon > \gamma$; was dem Vorigen, $\gamma = 2\varepsilon$, widerspricht. Folglich können α und β nicht ungleich sein, d. h. das Dreieck ACB muss gleichschenklig sein **).

Die obige Aufgabe (I) kann übrigens auch etwas allgemeiner gestellt und doch ebenso leicht gelöst werden, nämlich, wie folgt.

Aufgabe II.

„Wenn die Winkel an der Grundlinie eines Dreiecks in gleichem Verhältniss getheilt werden, so dass $\alpha : \alpha_1 = \beta : \beta_1$, und

*) Man könnte übrigens auch, wie folgt, schliessen. Wäre $\alpha_1 > \beta_1$, so wäre auch wie oben, $y > x$ und $p > q$, und daher $AC > BC$; dagegen müsste, da die Dreiecke ACD und BCE, vermöge ihrer gleichen Winkel bei C und ihrer gleichen Seiten $AD = BE$, gleichen Kreisen eingeschrieben sind, und da $y > x$ ist, auch $BC > AC$ sein, was sich widerspricht. Daher muss $\alpha_1 = \beta_1$ und demzufolge $AC = BC$ sein. — Da dieser Beweis sich auf den Kreis stützt, so ist er nicht so elementar, wie der obige.

**) Auf fast ähnliche Art lässt sich auch der obige Fall (1) beweisen.

wenn die bis an die Gegenseiten verlängerten Theilungslinien AD und BE gleich lang sind, so ist die Frage, ob dann das Dreieck gleichschenklig sei.“

Für die Fälle von Fig. 1 und Fig. 3 auf Taf. XV lässt sich in ähnlicher Weise, wie oben, zeigen, dass das Dreieck auch unter den gegenwärtigen Bedingungen gleichschenklig sein muss.

In Rücksicht des sphärischen Dreiecks lassen sich die beiden entsprechenden Aufgaben zum Theil auf fast gleiche Art elementar behandeln.

Aufgabe III.

„Wenn die beiden Hauptkreisbogen, welche die Winkel an der Grundlinie in einem sphärischen Dreieck hälften, von den Winkeln bis an die Gegenseiten genommen, gleich lang sind, so ist die Frage, ob dann das Dreieck gleichschenklig sei.“

Es sei im Dreieck ACB (Taf. XV Fig. 5) Winkel $\alpha = \alpha_1$, $\beta = \beta_1$ und der Hauptkreisbogen $AD = BE$. Sollten α und β ungleich sein können, etwa $\alpha > \beta$, so wäre $BF > AF$, und daher $FD > FE$. Man nehme $FH = FA$ und $FG = FE$, so sind die Dreiecke AFE und HFG symmetrisch gleich, also Winkel $x_1 = x$ und $\alpha_2 = \alpha_1$. Da das Dreieck BFD offenbar grösseren Inhalt hat als das Dreieck HFG, so muss auch seine Winkelsumme grösser sein als die des letzteren; den Winkel bei F haben sie gemein, und von den übrigen ist $\alpha_2 > \beta_1$ (weil $\alpha_2 = \alpha_1 > \beta_1$), daher muss Winkel $y > x_1$, und somit auch $y > x$ sein. Da ferner die Dreiecke BAD und ABE zwei Paar gleiche Seiten und dazwischen die ungleichen Winkel $\alpha > \beta$ haben, so ist Seite $d > e$ (d. i. $BD > AE$). Man denke sich nun das Dreieck ABE in der Lage von BAE_1, wo nämlich Winkel $x_2 = x$, $\gamma = \alpha + \alpha_1$, Seite $e_1 = e$ ($BE_1 = AE$), etc. ist, so wird man — falls der Winkel $DBE_1 = \gamma + \beta + \beta_1 < \pi$, d. h. falls die Summe der Winkel an der Grundlinie AB im gegebenen Dreieck ACB kleiner als zwei Rechte ist — durch Hülfe des Hauptkreisbogens DE_1 auf ganz gleiche Weise, wie oben bei Fig. 2 auf Taf. XV, auf den Widerspruch geführt, dass $e_1 > d$, also $e > d$ sein müsste; woraus sodann auf die Gleichheit von α und β, und daraus auf die Gleichheit von AC und BC geschlossen wird.

Für die andere, allgemeinere Aufgabe, wo die Winkel an der Grundlinie, statt gehälftet, in irgend einem gleichen Verhältniss getheilt werden, folgt auf gleiche Weise, dass das Dreieck gleichschenklig sein muss, falls die Summe der beiden Winkel an der Grundlinie kleiner als zwei Rechte ist.

Wenn dagegen die Summe der Winkel an der Grundlinie grösser als zwei Rechte ist, so wird der Beweis für beide Aufgaben unbrauchbar. — Ich begnüge mich mit dieser Andeutung und überlasse es den Liebhabern, die vollständige, aber möglichst elementare Lösung aufzufinden.

Crelle's Journal Band XXVIII. S. 375—379.

20

Teoremi relativi alle coniche inscritte e circoscritte.

I.

Un punto arbitrario P (Tav. XVI Fig. 1), preso nel piano di un dato triangolo ABC, si può sempre riguardare come il centro di una sezione conica che tocca i lati del triangolo. La natura di questa sezione conica è messa in evidenza dal criterio che segue. S'immagini un secondo triangolo $A'B'C'$, i cui vertici siano nel mezzo de' lati del primo triangolo ABC. I lati del nuovo triangolo $A'B'C'$, prolungati all'infinito, dividono tutto lo spazio del piano in sette parti: cioè, nello spazio finito del triangolo medesimo $A'B'C'$; nei tre spazi degli angoli opposti ai suoi angoli interni; e finalmente nei tre spazi esterni adiacenti ai suoi lati. La sezione conica sarà ellisse, se il suo centro P si trova nell' uno de' primi quattro spazi; e sarà iperbola, se P si trova nell'uno de'tre spazi rimanenti. Quando il punto P è in uno de'tre lati dello stesso triangolo $A'B'C'$, o nel loro prolungamento, la sezione conica passa al limite dove si restringe in una retta, e può esser considerata, qual più aggrada, ellisse, od iperbola. Allontanandosi il punto P all'infinito, la sezione conica diventa una parabola.

Allorchè la sezione conica è un'ellisse, la sua area E può sempre determinarsi facilmente per la data situazione del suo centro P. Infatti, chiamate α', β', γ', le perpendicolari abbassate da P sui lati del secondo triangolo $A'B'C'$, ed essendo r il raggio del cerchio circoscritto al primo triangolo ABC, si ha sempre

$$E^2 = 4\pi^2 r\alpha'\beta'\gamma'.$$

Pel caso dell' iperbola, si ha la stessa equazione purchè la quantità E significhi l'area dell'ellisse che ha gli stessi assi principali dell'iperbola.

II.

Il punto P è sempre nello stesso tempo il centro di un'altra sezione conica circoscritta al medesimo dato triangolo ABC, ed ha qui luogo la corrispondenza notabile, che questa conica è dello stesso genere che l'inscritta; e quando ne'casi limiti l'inscritta si riduce ad una retta, la circoscritta viene a risolversi in un sistema di due parallele.

Anche per l'area dell'ellisse circoscritta si ha una formula interessante. Infatti, chiamate α, β, γ le tre perpendicolari abbassate da P sui lati del triangolo ABC, ed essendo F l'area dell'ellisse, sarà sempre

$$F^2 = \pi^2 r \frac{\alpha^2\beta^2\gamma^2}{\alpha'\beta'\gamma'}.$$

Pel caso dell'iperbola vale l'osservazione precedente.

Dalle proposizioni (I) e (II) si ricava il seguente corollario. Designate per E', F' le aree di due nuove ellissi le quali abbiano il medesimo centro P, e siano inscritte e circoscritte al secondo triangolo $A'B'C'$, si ha sempre

$$E^2 = 4E'F'.$$

Dai teoremi precedenti si deducono inoltre i seguenti.

III.

Consideriamo le due coniche inscritta e circoscritta al triangolo ABC, ed aventi comune il centro nel punto arbitrario P. Per il bel teorema del sig. *Poncelet*, vi sono innumerevoli altri triangoli a ciascuno de'quali le medesime coniche sono l'una inscritta e l'altra circoscritta. Pe'vertici del triangolo ABC si conducano tre rette parallele ai lati opposti: ne risulterà, simile al triangolo ABC, un nuovo triangolo, i cui lati saranno dimezzati da'vertici del triangolo ABC. Ripetendo la medesima costruzione sopra ogni triangolo a cui le due coniche sono l'una inscritta e l'altra circoscritta, si otterrà una serie di nuovi triangoli, rispetto ai quali sussisterà la notabile proprietà, che le coniche loro inscritte dal medesimo centro P, avranno tutte l'area medesima.

IV.

Per mezzo del triangolo ausiliare $A'B'C'$ possono determinarsi facilmente i punti di contatto de'tre lati del triangolo ABC colla sezione conica del centro P. Infatti, supposto che i vertici A', B', C' siano rispettivamente i punti medii de'lati BC, CA, AB, sia α la intersezione delle due rette PA' e $B'C'$: condotta la retta $A\alpha$, essa segherà il lato BC nel punto ov'è in contatto colla sezione conica. Invertendo questa costruzione, trovasi il centro della sezione conica dati che siano due de'tre punti di contatto; ciò che procura sempre la conoscenza della situazione del terzo, essendochè le tre rette condotte ai punti di contatto da'vertici opposti A, B, C, s'intersecano mutuamente in un punto.

Il problema analogo per la sezione conica circoscritta al dato triangolo ABC, sarebbe di determinare le sue tangenti ne'vertici A, B, C, dato il suo centro P. Anche questo problema può risolversi per mezzo del triangolo ausiliare $A'B'C'$, ma in un modo un poco più complicato.

V.

Il luogo geometrico de'centri di tutte le coniche di area eguale ed inscritte al medesimo dato triangolo ABC, è una curva del terzo grado, i cui asintoti sono i lati del secondo triangolo $A'B'C'$ definito di sopra, ed i loro punti di contatto posti nell'infinito sono nello stesso tempo punti d'inflessione *). Pel caso della ellisse, questa curva può avere forme differenti; vale a dire, oltre i tre rami infiniti negli spazi esterni (i quali, mediante il passaggio per l'infinito, formano un tratto continuo) la curva nello spazio interno contiene un'ovale isolata, o un punto isolato (il centro di gravità comune ai due triangoli ABC, $A'B'C'$), o nulla più di reale, secondochè la data area dell'ellisse sia inferiore, eguale o superiore all'area del triangolo ABC moltiplicata per $\frac{4}{3\sqrt{2}}\pi$.

VI.

Il luogo geometrico de'centri di tutte le sezioni coniche di area data e circoscritte al medesimo dato triangolo ABC, è una curva di sesto grado, la quale ha punti doppi ne'mezzi A', B', C' de'lati del triangolo, e ha un doppio contatto coi lati stessi ne' loro punti all'infinito **). Pel caso della ellisse, questo contatto risulta immaginario; e se l'area resta inferiore ad una certa quantità, i punti doppi riescono tutti punti isolati, e la curva rimane tutta dentro al triangolo $A'B'C'$; se poi l'area dell'ellisse è appunto eguale a questa quantità (la quale è l'area del triangolo ABC moltiplicata per π), i tre punti A', B', C' diventano punti di regresso. Se l'area data è superiore alla detta quantità, la curva de'centri non resta soltanto nell'interno del triangolo $A'B'C'$, ma da' punti A', B', C' esce

*) Se avviene che una curva abbia un tale asintoto, che il punto di contatto situato nell'infinito sia pure punto d'inflessione, allora i due rami della curva cui si avvicina l'asintoto nelle sue direzioni opposte, si trovano dalla medesima parte dell'asintoto. Quando il contatto nell'infinito è un contatto volgare, i due rami sono situati rispetto all'asintoto in parti diverse. Cotesti due rami possono sempre riguardarsi come formanti un continuo passando per l'infinito; come si vede nella proiezione polare, allorchè si muta il polo, o punto di vista, in modo che la proiezione del contatto cada ad una distanza infinita.

**) Una curva si dice avere un doppio contatto con una retta ne'punti posti all' infinito, quando questa retta è asintota nello stesso tempo di quattro rami della curva nelle direzioni opposte e dall'una e dall' altra parte della retta. Nella proiezione polare questi quattro rami si cangiano in due rami che si toccano mutuamente, e l'asintoto diventa la loro tangente commune.

fuori agli spazi esterni ove forma tre cappi. Le tre figure 1, 2, 3 della tavola XVI annessa mostrano la forma della curva, la prima nel caso dell' iperbola, la seconda e la terza ne'casi della ellisse quando la curva resta tutta dentro al triangolo $A'B'C'$, e quando esce agli spazi esterni. Si vede che nel caso della ellisse, la curva forma sempre un solo tratto, e che anche nel caso dell'iperbola i sei rami infiniti della curva debbono essere riguardati come formanti un tratto continuo, mediante il passaggio per l'infinito. Infatti nella figura delineata, siano $abcdef$, ed $a'b'c'd'e'f'$, punti della curva posti all' infinito: i punti a e a', b e b', ec., debbono essere riguardati come coincidenti. Ciò posto, si potrà camminare sopra un ramo della curva dal punto a al punto b' coincidente con b; dal punto b, sopra un altro ramo, al punto c' coincidente con c, ec.; e si tornerà infine dal punto f al punto a' coincidente col punto di partenza a.

VII.

Dato un quadrilatero completo *), formato da'tre lati del triangolo ABC e da una quarta retta Q, si sa che i punti medii a, b, c delle sue tre diagonali giacciono sopra una medesima retta R; e che una conica non può toccare i quattro lati del quadrilatero, senza avere il centro su questa retta R; nè aver il centro su questa retta R e toccare tre de'quattro lati, senza toccare anche il quarto. Inoltre si vede, dalla ispezione della figura, che i lati $B'C'$, $C'A'$, $A'B'$ del triangolo ausiliare $A'B'C'$, i cui vertici sono i mezzi de'lati del triangolo ABC, passano per i punti a, b, c della retta R; e che, pel principio di simmetria, anche tutti i lati de'triangoli ausiliari, inscritti analogamente ne'tre altri triangoli formati da ogni tre de'quattro lati del quadrilatero, hanno le loro intersezioni colla retta R ne'medesimi punti a, b, c.

Ciò posto, designamo per L, M, N gli angoli formati da R co'tre lati $B'C'$, $C'A'$, $A'B'$, ovvero co'loro paralleli BC, CA, AB: le tre perpendicolari abbassate da P a $B'C'$, $C'A'$, $A'B'$, saranno

$$\alpha' = Pa.\operatorname{sen}L, \quad \beta' = Pb.\operatorname{sen}M, \quad \gamma' = Pc.\operatorname{sen}N.$$

Quindi essendo, come sopra, E l'area della sezione conica, si avrà pel n° I

$$\frac{E^2}{4\pi^2.Pa.Pb.Pc} = r\operatorname{sen}L\operatorname{sen}M\operatorname{sen}N,$$

ove r è il raggio del circolo circoscritto al triangolo ABC. Ma la quantità nella sinistra di cotesta equazione, si conserva la medesima rispetto a

*) Date quattro rette R, R_1, R_2, R_3, siano A e A_1 le intersezioni di RR_1, e di R_2R_3; B e B_1 le intersezioni di RR_2, e di R_3R_1; C e C_1 le intersezioni di RR_3, e di R_1R_2. Le rette AA_1, BB_1, CC_1, si chiamano le tre diagonali del quadrilatero formato dalle quattro rette R, R_1, R_2, R_3, detto da *Carnot* quadrilatero completo.

ciascuno de'quattro triangoli formati dai lati del quadrilatero; dunque il valore della quantità

$$r \operatorname{sen} L \operatorname{sen} M \operatorname{sen} N,$$

non sarà alterato, se, invece del triangolo ABC, prendiamo uno de'tre rimanenti triangoli. Da ciò la proposizione seguente:

„Dato un quadrilatero completo, la retta R passante per i mezzi delle tre diagonali, declini cogli angoli a, a_1, a_2, a_3, da'lati A, A_1, A_2, A_3, del quadrilatero, e siano r, r_1, r_2, r_3 i raggi de'circoli circoscritti ai quattro triangoli $(A_1A_2A_3)$, (A_2A_3A), (A_3AA_1), (AA_1A_2) formati da' lati del quadrilatero: si avrà

$$\frac{r}{\operatorname{sen} a} = \frac{r_1}{\operatorname{sen} a_1} = \frac{r_2}{\operatorname{sen} a_2} = \frac{r_3}{\operatorname{sen} a_3}.“$$

VIII.

Supponiamo adesso che una retta R qualunque attraversi i lati $B'C'$, $C'A'$, $A'B'$ del triangolo ausiliare $A'B'C'$ ne'punti a, b, c, e chiamiamo ellittici ed iperbolici gli spazi del piano in cui, secondo il n° I cadono i centri dell'ellissi e dell'iperbole inscritte al dato triangolo ABC. La retta R non essendo parallela ad alcuno de'lati del triangolo $A'B'C'$, le sue parti opposte, prolungate all'infinito, si troveranno sempre l'una in uno spazio iperbolico e l'altra in uno spazio ellittico. Il centro P si muova sulla retta R, sempre nella medesima direzione, a partire dalla parte remota all'infinito nello spazio iperbolico, ove corrisponde ad una iperbola infinita, ossia ad una parabola. L'area dell'iperbola, intesa come sopra è detto (n° I), diminuisce continuamente, sino a che il centro P viene ad incontrare la prima volta un lato del triangolo $A'B'C'$, ciò che avverrà in uno de'tre punti a, b, c: sia nel punto a. Da qui il centro P entra e corre in uno spazio ellittico, sino all'incontro di un secondo lato: questo incontro sia nel punto b. Poi il centro P rientra e si avanza in uno spazio iperbolico, sino all'incontro del terzo lato nel punto c. Finalmente il centro P esce in uno spazio ellittico, e l'area dell'ellisse va continuamente crescendo da zero sino all'infinito, dov'ella torna a cangiarsi nella medesima parabola che in principio. Mentre il centro P cammina da a in b, la sezione conica è un'ellisse, la cui area in que'due punti svanisce: bisogna dunque che l'area abbia un massimo corrispondente alla situazione del suo centro P in un punto e fra a e b. Mentre il centro P si muove da b in c, la sezione conica è un'iperbola la cui area svanisce in que'due punti: bisogna dunque che ad una situazione del centro P in un punto h fra b e c corrisponda un'area iperbolica massima. Questi due massimi saranno gli unici che esistono, e la posizione de'punti e, h si determina nel modo seguente. Il loro mezzo m è il centro di gravità de'tre punti a, b, c, e la loro distanza da questo punto è

$$em = mh = \sqrt{\frac{ma^2 + mb^2 + mc^2}{6}}.$$

Il teorema precedente fornisce la soluzione del famoso problema di trovare la sezione conica inscritta ad un dato quadrilatero la quale goda di un'area massima, problema di cui si sono occupati i più illustri matematici, un *Eulero*, un *Gauss* ed altri. Basta che la retta R sia quella del n° precedente VII, cioè la retta passante per i mezzi a, b, c delle tre diagonali del dato quadrilatero. Si trova in questa maniera, che fra le sezioni coniche inscritte al dato quadrilatero, sono due che hanno un'area massima, l'una ellisse e l'altra iperbola; che il mezzo m de'loro centri è il centro di gravità de'mezzi delle tre diagonali del dato quadrilatero, ovvero de'sei punti ne'quali s'intersecano mutuamente i lati del quadrilatero; e che finalmente la distanza de'due centri al punto m è eguale alla quantità

$$\sqrt{\frac{ma^2 + mb^2 + mc^2}{6}}.$$

IX.

I centri di tutte le sezioni coniche circoscritte al quadrigono*) $ABCD$, trovansi in un'altra sezione conica S passante per i mezzi di tutti i sei lati, e inoltre per le intersezioni A_1, B_1, C_1 delle tre paia di lati opposti; nè può una conica avere il centro sopra S e passare per tre de'quattro vertici A, B, C, D, senza passare eziandio per il quarto. Per mezzo di questo teorema, l'altro famoso problema di trovare la conica minima fra tutte le coniche circoscritte ad un dato quadrigono $ABCD$, si riduce al seguente: trovare la conica minima fra tutte le coniche che sono circoscritte al triangolo ABC, e che hanno il loro centro sulla conica S or definita, passante pe'mezzi de'lati del triangolo ABC, ovvero pe'vertici del triangolo ausiliare $A'B'C'$. Al problema proposto sotto tal forma si potrà applicare l'espressione, data nel n° II, dell'area della sezione conica circoscritta al triangolo ABC.

X.

La conica S gode di molte proprietà notabili. Gli asintoti di ciascuna iperbola circoscritta al quadrigono, sono paralleli ad un sistema di diametri

*) In un quadrigono completo $ABCD$ si considerano le sei rette

$$AD,\quad BD,\quad CD,\quad BC,\quad CA,\quad AB,$$

che uniscono due a due i quattro vertici A, B, C, D, ed inoltre le intersezioni A_1, B_1, C_1 delle tre paia di lati opposti

$$AD \text{ e } BC,\quad BD \text{ e } CA,\quad CD \text{ e } AB;$$

come nel quadrilatero completo si considerano le sei intersezioni de'quattro lati, e le tre diagonali.

coniugati della conica S. Il centro di S è il centro di gravità de'vertici del quadrigono $ABCD$. Ad ognuno de'quattro triangoli, determinati da'vertici del quadrigono presi a tre a tre, possono essere inscritte quattro coniche simili ad S, e similmente situate con essa; e tutte queste sedici coniche toccano la medesima S. Formato il prodotto delle aree delle quattro coniche inscritte a ciascuno di questi quattro triangoli, de'quattro prodotti, o l'uno sarà eguale alla somma de'tre altri, o la somma di due sarà eguale alla somma de'due altri. Se la conica S è un'ellisse, e, per mezzo della proiezione parallela, si trasmuta in un circolo, il quadrigono riesce tale nella proiezione, che ciascuno de'suoi quattro vertici è il punto ove si segano le altezze del triangolo determinato da'tre vertici rimanenti *). Per questa asservazione, le varie proprietà della conica S di sopra eposte, si cangiano in altre che sono di una grande importanza per la geometria del triangolo rettilineo, e delle quali ho trattato nel libro: „*Die geometrischen Constructionen, ausgeführt mittelst der geraden Linie und Eines festen Kreises,* Berlin 1833 bei Dümmler.“ **) *(Le costruzioni geometriche eseguite per mezzo della linea retta e di un solo cerchio fisso,* Berlino 1833, presso Dümmler.) Questo libro, per le costruzioni geometriche elementari, è il supplemento della ingegnosa geometria del compasso del *Mascheroni.*

XI.

Mediante la proiezione polare ed il principio delle polari reciproche, possono dalle proposizioni antecedenti dedursene altre rispetto alle coniche inscritte ad un quadrilatero, o circoscritte ad un quadrigono. Delle quali citerò le seguenti.

a) Da'sei vertici di un quadrilatero si conducano altrettante rette parallele in una data direzione: cosi, per ciascun vertice del quadrilatero passeranno tre rette: due lati del quadrilatero e la retta parallela alla data direzione. Conduciamo la quarta armonica, coniugata a quest'ultima: si otterranno in questa guisa sei nuove rette che toccano una medesima conica C, e questa conica sarà inoltre toccata dalle tre diagonali del quadrilatero. Siano t e t_1 due tangenti della conica C, parallele alla data direzione; si potranno circoscrivere a ciascuno de'quattro triangoli, formati dai lati del quadrilatero, quattro coniche toccanti le rette t e t_1, e tutte queste sedici coniche toccheranno la medesima conica C ***). Osservo inoltre

*) I vertici del triangolo e la intersezione delle tre altezze (cioè delle tre perpendicolari calate da' vertici ai lati opposti) formano sempre un sistema di quattro punti, ciascuno de'quali è la intersezione delle tre altezze del triangolo determinato dai tre altri. Una proprietà conosciuta di questi triangoli, è, che i quattro circoli circoscritti ai medesimi sono eguali.

**) Cf. Volume I. pag. 461 di questa edizione.

***) Si possono sempre descrivere quattro coniche, che passino per tre punti dati e tocchino due rette date.

che, cangiando la direzione data, tutte le coniche C corrispondenti alle diverse direzioni, toccano una medesima retta.

b) Inscritta una conica alle tre diagonali di un quadrilatero completo, si hanno tre tangenti della conica che passano per le sei intersezioni de' lati del quadrilatero; da ciascuno di questi sei punti si conduca l'altra tangente alla medesima conica, e poi un'altra retta la quale, coniugata con questa tangente, formi co'due lati passanti pel medesimo punto, un fascio armonico. Tutte le sei quarte armoniche nel detto modo condotte, s'intersecano in un medesimo punto.

c) Dato un quadrigono $ABCD$, siano A_1, B_1, C_1, le intersezioni di AD e BC, di BD e CA, di CD e AB; una conica qualunque S circoscritta al triangolo $A_1B_1C_1$, avrà ne'punti A_1, B_1, C_1 una intersezione co'sei lati AD, BD, CD, BC, CA, AB: dunque la medesima conica avrà con ciascuno di questi sei lati, anche un'altra intersezione. Cerchiamo in ciascun lato un punto, quarto armonico dopo questa intersezione e gli estremi del lato: saranno questi sei quarti armonici in una medesima retta L. I poli di L, rispetto a tutte le coniche circoscritte al quadrigono $ABCD$, si trovano sulla conica S.

In ciascuno de'quattro triangoli ABC, ABD, BCD, CAD, possono inscriversi quattro coniche che abbiano con S la retta L per secante commune (reale, o, secondo la denominazione di *Poncelet*, ideale), e tutte queste sedici coniche sono toccate dalla medesima conica S. Potendosi al triangolo $A_1B_1C_1$ circoscrivere innumerevoli coniche S, a ciascuna corrisponderà una posizione determinata della retta L: allorchè le coniche S sono soggette alla condizione di passare per un quarto punto determinato Q, la retta L girerà intorno ad un altro punto fisso Q'.

XII.

Circoscritto ad un circolo un quadrilatero completo, e formato il triangolo dalle tre diagonali; il punto d'intersezione comune delle tre altezze del triangolo, coincide col centro del circolo.

XIII.

Dal foco E di una conica si descriva un circolo con un raggio uguale all'asse principale della conica: innumerevoli triangoli ABC possono inscriversi a questo circolo in guisa che siano nello stesso tempo circoscritti alla conica. Le altezze di ciascuno di questi triangoli s'intersecano mutuamente nell' altro foco D. Consideriamo uno di essi ABC. A ciascuno de'quattro triangoli ABC, ABD, BCD, CAD, inscriviamo quattro circoli: questi sedici circoli toccheranno sempre un altro circolo il cui diametro è l'asse grande della conica.

XIV.

Ritenute le stesse supposizioni del n° precedente, siano a, b, c i piedi delle altezze del triangolo ABC, ed immaginiamo i quattro circoli inscritti al triangolo abc: i loro centri saranno i punti A, B, C, D, ed il circolo col centro D sarà costante, e però toccherà i lati di tutto il sistema de'triangoli abc. I quattro circoli precedenti sono toccati da un altro circolo, passante per i mezzi de'lati e per i piedi delle altezze del triangolo abc; ed anche questo circolo sarà costante, e però il luogo geometrico del suo centro sarà anch'esso un circolo del centro D.

XV.

In questa occasione comunicherò anche un altro teorema.

Il vertice A di un cono K di secondo grado, si trovi sopra una superficie S del medesimo grado: le due superficie avranno per intersezione comune una curva L. Preso sulla superficie S un punto arbitrario P, corrisponderà a questo un piano polare rispetto al cono K; questo piano sega, generalmente, la superficie S secondo una conica L', la quale, in generale, avrà due intersezioni B e C colla curva L. In questi punti B e C si conducano le tangenti alla conica L' le quali s'intersechino in un punto P': ciò posto, comunque il punto P si muova sulla superficie S, la retta PP' passerà sempre per un medesimo punto fisso A'.

Giornale arcadico di Roma t. XCIX. p. 147—161;
Crelle's Journal Band XXX. S. 97—106.

21

Ueber eine Eigenschaft der Krümmungshalbmesser der Kegelschnitte.

1. Zum Behuf der hier mitzutheilenden Eigenschaft ist es zweckmässig, den folgenden bekannten Satz etwas umständlicher aufzufassen:

„Der Ort der Scheitel aller rechten Winkel, welche einem gegebenen Kegelschnitte umschrieben sind, ist ein mit dem letzteren concentrischer Kreis K; das Quadrat seines Radius r ist gleich der Summe der Quadrate der Halbaxen a und b des Kegelschnittes, also $r^2 = a^2 \pm b^2$."

Ueber diesen Ortskreis K ist in Rücksicht der verschiedenen Kegelschnitte Folgendes zu bemerken:

a. Bei der Ellipse ist sein Radius r gleich der Sehne, welche die Axenscheitel verbindet, also $r^2 = a^2 + b^2$. Geht die Ellipse in einen Kreis über, wird also $a = b$, so ist $r^2 = 2a^2$.

b. Bei zwei conjugirten Hyperbeln H_1 und H_2 können nur der einen, H_1, welche die grössere reelle Axe $2a$ hat, oder welche im spitzen Asymptotenwinkel liegt, rechte Winkel umschrieben werden, der anderen H_2 nicht. Also gehört auch nur zu der ersteren ein reeller Ortskreis K, für den $r^2 = a^2 - b^2$. Sind die Hyperbeln insbesondere gleichseitige, so wird $r = 0$, d. h. es reducirt sich der Ortskreis K auf seinen Mittelpunct, alsdann sind die Asymptoten das einzige Paar zu einander rechtwinkliger (reeller) Tangenten, und dieses Paar gehört dann beiden Hyperbeln zugleich an.

c. Bei der Parabel geht der Ortskreis K in eine Gerade, nämlich in die Leitlinie, über.

2. Die Krümmungshalbmesser der Kegelschnitte haben nun zu dem genannten Ortskreise nachstehende Beziehung:

„Wenn man die Krümmungsradien eines gegebenen Kegelschnittes, jeden nach entgegengesetzter Seite hin um sich selbst verlängert und über den Verlängerungen, als Durchmesser, Kreise K_1 beschreibt, so schneiden alle diese Kreise jenen Ortskreis K rechtwinklig." Und umgekehrt:

„Beschreibt man einen solchen Kreis K_1, welcher den gegebenen Kegelschnitt in irgend einem Puncte A berührt und zudem dessen Ortskreis K rechtwinklig schneidet, so ist sein Durchmesser allemal dem Krümmungsradius des Kegelschnittes im genannten Puncte A gleich. Wird der durch A gehende Durchmesser des Kreises K_1 über A hinaus um sich selbst verlängert, so hat man den Krümmungsradius seiner Grösse und Lage nach.“

Diese Sätze gelten auch für die oben erwähnte zweite Hyperbel H_2 (die im stumpfen Asymptotenwinkel liegt (1, b)), wenn man für sie den Ortskreis K der ihr conjugirten ersten Hyperbel H_1 benutzt, jedoch unter der veränderten Bedingung, dass dieser Kreis K von jedem Kreise K_1 im Durchmesser (statt rechtwinklig) geschnitten wird.

Bei der gleichseitigen Hyperbel gehen alle Kreise K_1 durch ihren Mittelpunct, und bei der Parabel liegen die Mittelpuncte aller Kreise K_1 in ihrer Leitlinie.

Soll also in einem gegebenen Puncte A eines Kegelschnittes der Krümmungsradius bestimmt werden, so ist nur nöthig, den durch A gehenden Durchmesser des zugehörigen Kreises K_1 zu construiren; was sehr einfach, wie folgt, geschieht:

„In A errichte man die Normale AB auf den Kegelschnitt und construire die Harmonische (Polare) α des Punctes A in Bezug auf den Ortskreis K*); sie schneide die Normale in B, so ist AB Durchmesser des zugehörigen Kreises K_1 und somit dem verlangten Krümmungsradius gleich.“

Für die Hyperbel H_2 hat man wieder den Ortskreis von H_1 zu benutzen, aber statt α hat man eine andere Gerade β zu nehmen, welche parallel zu α ist und so liegt, dass der Mittelpunct von K oder von H_2 gleich weit von α und β absteht; diese giebt alsdann in der Normale den Punct B. Bei der gleichseitigen Hyperbel insbesondere hat man aus ihrem Mittelpunct M auf dem Leitstrahl MA die Senkrechte zu errichten; diese ist hier die Harmonische α und trifft die Normale in B. Bei der Parabel liegt der Mittelpunct des Kreises K_1 in der Leitlinie, wodurch der Durchmesser AB unmittelbar bestimmt ist; dies giebt den bekannten Satz, dass der Krümmungsradius doppelt so gross wie das Stück der Normale bis an die Leitlinie ist.

Berlin, im März 1845.

*) Man ziehe in dem Kreise K zwei beliebige Sehnen CD und C_1D_1 durch den Punct A, ziehe ferner die Sehnen CC_1 und DD_1, die sich in P, sowie die Sehnen CD_1 und DC_1, die sich in Q schneiden, so ist bekanntlich die Gerade PQ die genannte Harmonische α des Punctes A in Bezug auf den Kreis K.

Crelle's Journal Band XXX. S. 271—272.

22

Lehrsätze und Aufgaben.

1. Es sei ABC ein beliebiges Dreieck, H der Durchschnitt seiner drei Höhen und a, b, c seien die Mitten der den Ecken A, B, C gegenüberstehenden Seiten. Wird um H irgend ein Kreis beschrieben, welcher die Seiten ab, ac, bc des Dreiecks abc beziehlich in den Puncten C_1, B_1, A_1 schneidet, so ist allemal

$$AA_1 = BB_1 = CC_1.$$

2. „Sind in einer Ebene ein Dreieck und ein Kegelschnitt gegeben, so kann, wenn das Dreieck fest bleibt, der Kegelschnitt ihm im Allgemeinen auf 6 verschiedene Arten eingeschrieben werden; die 6 Lagen seines Mittelpunctes befinden sich in einem Kreise, dessen Mittelpunct ein bestimmter ausgezeichneter Punct des Dreiecks ist, der also immer der nämliche bleibt, wenn auch der Kegelschnitt seine Form und Grösse ändert.“ Und umgekehrt: „Bleibt der Kegelschnitt fest, so kann ihm das Dreieck in 6 verschiedenen Lagen umschrieben werden, und dann ist der nämliche ausgezeichnete Punct desselben in allen 6 Lagen gleich weit vom Mittelpunct des Kegelschnittes entfernt.“ Oder:

„Unter der unendlichen Menge von Kegelschnitten, welche einem gegebenen Dreieck sich einschreiben lassen, sind nur immer je 6 und 6 einander gleich (congruent); die Mittelpuncte von je 6 gleichen Kegelschnitten liegen in einem Kreise, und alle diese Kreise haben einen ausgezeichneten Punct des Dreiecks zum gemeinsamen Mittelpuncte.“ — „Ebenso sind unter der unendlichen Schaar von Dreiecken, welche einem gegebenen Kegelschnitte sich umschreiben lassen, nur immer 6 und 6 congruent, und die genannten ausgezeichneten Puncte von je 6 gleichen Dreiecken liegen allemal in einem mit dem Kegelschnitte concentrischen Kreise.“

„Die Mittelpuncte aller einem gegebenen Dreieck eingeschriebenen ähnlichen Kegelschnitte liegen in einer Curve vierter Ordnung; von solchen Kegelschnitten sind nur immer 6 und 6 einander gleich, u. s. w.“

3. „Einem beliebigen Viereck sei irgend ein Kegelschnitt eingeschrieben; aus jeder Ecke ziehe man nach den Berührungspuncten der beiden gegenüberstehenden Seiten zwei Strahlen; die auf diese Weise erhaltenen 8 Strahlen werden allemal von irgend einem anderen Kegelschnitte berührt.“ Oder vollständiger:

„Werden bei vier beliebigen Tangenten eines Kegelschnittes aus dem Schnittpuncte je zweier, Strahlen nach den Berührungspuncten der beiden anderen gezogen, was zusammen 12 Strahlen giebt, so werden von diesen 12 Strahlen allemal dreimal 8 von irgend einem Kegelschnitte berührt.“

„Einem beliebigen Viereck sei irgend ein Kegelschnitt umschrieben, und in dessen Eckpuncten seien Tangenten an diesen gelegt, so wird jede Seite des Vierecks von den Tangenten in den ihr gegenüberliegenden Ecken in 2 Puncten geschnitten und die auf diese Weise entstehenden 8 Puncte liegen allemal in irgend einem anderen Kegelschnitte.“ Oder vollständig:

„Ist einem vollständigen Viereck ein beliebiger Kegelschnitt umschrieben, und werden in den Ecken desselben an den letzteren die Tangenten gelegt, so wird jede der 6 Seiten des Vierecks von den Tangenten in den ihr nicht anliegenden Ecken in zwei Puncten geschnitten, so dass im Ganzen 12 Puncte entstehen; von diesen 12 Puncten liegen immer dreimal 8 in irgend einem Kegelschnitte.“ — Und ferner: „Die jedesmaligen 8 Puncte haben zudem die Eigenschaft, dass sie auf dreifache Art paarweise in vier Geraden liegen, welche sich in einem Puncte a, b, c schneiden; und zwar sind diese drei Schnittpuncte a, b, c für jedes der drei Systeme von 8 Puncten die nämlichen;“ u. s. w.

4. „Fünf beliebige Puncte a, b, c, d, e in einer Ebene bestimmen, zu zweien verbunden, 10 Gerade G, welche einander (ausser in den gegebenen 5 Puncten) in 15 Puncten r schneiden. Von diesen 15 Puncten r liegen zunächst 10mal 6 in irgend einem Kegelschnitte K. Die 15 Puncte r bestimmen, zu zweien, 75 neue Gerade, die sich in zwei Arten unterscheiden, nämlich in 60 Gerade H, von welchen jede durch zwei solche Puncte r geht, die zusammen von allen fünf Fundamentalpuncten a, b, c, d, e abhängen, und in 15 Gerade L, deren jede durch solche zwei Puncte r bestimmt wird, die nur von je vier der fünf gegebenen Puncte abhängen; durch jeden Punct r gehen 8 Gerade H und 2 Gerade L. Die 15 Geraden L werden zu 6 und 6 von 10 Kegelschnitten K_1 berührt, die den vorigen 10 Kegelschnitten K in gewissem Sinne beziehlich entsprechen. Die 60 Geraden H schneiden einander, in bestimmter Ordnung paarweise genommen, in 30 Puncten s, welche zu 6 und 6 auf 5 Geraden A, B, C,

D, E liegen; diese Geraden gehen beziehlich durch die 5 Fundamentalpuncte a, b, c, d, e; die 6 Puncte s in jeder dieser fünf Geraden bilden eine Involution etc.; die 30 Puncte s liegen zugleich in den ersten 10 Geraden G, in jeder G liegen 3 Puncte s. Die 5 Geraden A, B, C, D, E schneiden einander in 10 neuen Puncten t. Von den auf diese Weise bestimmten 55 Puncten, nämlich den $15r+30s+10t$, liegen nun, unter anderen, 120 mal 8 in irgend einem Kegelschnitte K, wobei die jedesmaligen 8 Puncte zusammen von allen fünf Fundamentalpuncten abhängen; und ferner liegen von denselben noch 15 mal 8 in irgend einem Kegelschnitte K_1, wo aber die jedesmaligen 8 Puncte nur von je vier Fundamentalpuncten abhängen.“

Man gelangt zu Eigenschaften, die diesen zur Seite stehen, wenn man von 5 gegebenen Geraden ausgeht.

5. Zieht man zwischen 6 beliebigen Puncten eines Kegelschnittes die 15 Sehnen S und legt in denselben Puncten die 6 Tangenten T, so schneiden sich die $15S$, ausser in den gegebenen Puncten, paarweise in 45 Puncten s, und die $6T$ schneiden einander in 15 Puncten t, und endlich schneiden die $15S$ und die $6T$ einander, ausser in den gegebenen Puncten, in 60 Puncten r. Von diesen 120 Puncten, $45s+15t+60r$, liegen unter anderen 900 mal 8 in irgend einem Kegelschnitte K, wobei die jedesmaligen 8 Puncte zusammen von allen 6 gegebenen Puncten abhängen. Ausserdem liegen von den genannten Puncten auch noch 720 mal 8 in irgend einem Kegelschnitte K_1, wo aber jede 8 Puncte nur von je 5 der gegebenen 6 Puncte abhängen; und ferner liegen von denselben noch 45 mal 8 in irgend einem Kegelschnitte K_2, wobei aber die jedesmaligen 8 Puncte nur s und r sind und von nur je vier gegebenen Puncten abhängen. Im Ganzen liegen somit von den 120 Puncten 1665 mal 8 in einem Kegelschnitte.“

6. In eine gegebene Ellipse E lässt sich eine Schaar grösster Dreiecke ABC einschreiben; nämlich jeder Punct der Ellipse ist Ecke eines solchen Dreiecks; dieselben haben gleichen Inhalt und ihre Schwerpuncte liegen im Mittelpuncte M der Ellipse E.

Sind a, b die Halb-Axen und c die Excentricität der Ellipse E, ist H der Schnittpunct der drei Höhen des Dreiecks ABC und N der Mittelpunct des ihm umschriebenen Kreises, so finden unter anderen folgende Eigenschaften statt:

1) Der Ort des Mittelpunctes N ist eine andere Ellipse E_1, ähnlich der gegebenen E; die Axen beider fallen verwechselt auf einander, d. h. die grosse $2a_1$-Axe und kleine $2b_1$-Axe von E_1 fallen beziehlich auf die kleine $2b$-Axe und grosse $2a$-Axe von E, und es ist

$$a_1 = \frac{c^2}{4b}; \quad b_1 = \frac{c^2}{4a}; \quad c_1 = \frac{c^3}{4ab}.$$

2) Ebenso ist der Ort des Höhenschnittpunctes H eine dritte Ellipse E_2, ähnlich den beiden ersten und mit ihnen concentrisch, und zwar fallen ihre Axen $2a_2$, $2b_2$ auf die gleichnamigen Axen der zweiten E_1 und in Rücksicht ihrer Grösse ist $a_2 = 2a_1$, $b_2 = 2b_1$, oder

$$a_2 = \frac{c^2}{2b}; \quad b_2 = \frac{c^2}{2a}; \quad c_2 = \frac{c^3}{2ab}.$$

3) Wird im Kreise N (der dem Dreieck ABC umschrieben) derjenige Durchmesser PQ gezogen, welcher durch den Mittelpunct M der Ellipse E geht, so wird derselbe von diesem Punct M in zwei solche Abschnitte MP, MQ getheilt, deren Rechteck constant ist, nämlich es ist allemal

$$PM.MQ = \tfrac{1}{2}(a^2+b^2).$$

4) Der Radius r des Kreises N wird ein Maximum oder Minimum, wenn eine Ecke des Dreiecks ABC beziehlich in einem Scheitel der kleinen oder grossen Axe der Ellipse E liegt. Unter derselben Bedingung wird zugleich das Product der drei Seiten α, β, γ des Dreiecks ABC beziehlich ein Maximum oder Minimum. Diese Maxima und Minima haben folgende Werthe:

$$\text{Maximum} \quad r = \frac{a^2+3b^2}{4b}; \qquad \text{Minimum} \quad r = \frac{3a^2+b^2}{4a};$$

$$\text{Maximum} \quad \alpha\beta\gamma = \frac{3\sqrt{3}}{4}a(a^2+3b^2); \qquad \text{Minimum} \quad \alpha\beta\gamma = \frac{3\sqrt{3}}{4}b(3a^2+b^2).$$

Berlin, im Juni 1845.

Crelle's Journal Band XXX. S. 273—276.

23

Ueber eine Eigenschaft der Leitstrahlen der Kegelschnitte.

Es seien S, S_1 die Scheitel der Haupt-Axe und F, F_1 die Brennpuncte eines Kegelschnittes; es seien ferner P, P_1 zwei solche Puncte in der Axe, welche zu den Scheiteln S, S_1 harmonisch sind, und zwar liege S zwischen P und P_1; ferner liege P ausserhalb des Kegelschnittes, so dass aus ihm zwei Tangenten PT, PT_1 an diesen gehen, deren Berührungssehne TT_1 die Axe im Puncte P_1 trifft. Aus einem der Puncte P oder P_1 ziehe man eine beliebige Secante PAB (oder P_1AB) durch den Kegelschnitt, und nach den Schnittpuncten A, B ziehe man aus dem dem Scheitel S zunächst liegenden Brennpuncte F die Leitstrahlen $FA = \alpha$, $FB = \beta$, sowie endlich nach dem Berührungspuncte T den Leitstrahl $FT = \tau$, so giebt es jedesmal zwei bestimmte constante Grössen r und k von der Beschaffenheit, dass immer

$$(1)\qquad (\alpha - r)(\beta - r) = (\tau - r)^2 = k^2,$$

wie auch die Secante AB ihre Richtung und dadurch die Strahlen α und β ihre Grösse ändern mögen, und gleichviel ob die Secante durch P oder P_1 gehen mag. Verändert man aber die Lage der festen Pole P und P_1, so ändern sich auch die Constanten r und k.

Dem anderen Brennpuncte F_1 entspricht gleichzeitig die nämliche Constante k, dagegen eine andere Constante r_1, und wenn man die Leitstrahlen $F_1A = \alpha_1$, $F_1B = \beta_1$, $F_1T = \tau_1$ zieht, so hat man, wie für F,

$$(\alpha_1 - r_1)(\beta_1 - r_1) = (\tau_1 - r_1)^2 = k^2.$$

Aendern die conjugirten Pole P und P_1 ihre Lage, so bleibt entweder die Summe oder der Unterschied der gleichzeitigen Grössen r und r_1 constant; nämlich diese Summe oder dieser Unterschied ist stets der Haupt-Axe $2a$ des Kegelschnittes gleich, also

$$(2)\qquad r_1 \pm r = 2a.$$

Bezeichnet man die Excentricität des Kegelschnittes durch c, setzt die Tangente $PT = t$ und den Winkel, welchen sie mit dem Leitstrahle

$FT = \tau$ bildet, also den Winkel $PTF = \varphi$, so hat man

$$(3) \qquad k^2 = (a-r)^2 - c^2,$$

$$(4) \qquad k = \tau - r = \tfrac{1}{2} t \cos\varphi.$$

Unter Umständen können von den Grössen r, r_1, α, β, ... einzelne ihr Vorzeichen ändern. Ich will dies nebst einigen anderen Besonderheiten bei den verschiedenen Kegelschnitten etwas näher andeuten.

I. Bei der Ellipse kann die Grösse r positiv, negativ oder Null sein, jenachdem die Pole P und P_1 liegen. Im letzten Fall, wo $r = 0$, wird die Grösse k der halben kleinen Axe b der Ellipse gleich, so dass für diesen Fall (1)

$$(5) \qquad \alpha\beta = \tau^2 = b^2.$$

Dies giebt den besonderen Satz:

„Beschreibt man mit der halben kleinen Axe b um den Brennpunct F der Ellipse einen Kreis, der die Ellipse allemal in zwei reellen Puncten T und T_1 schneidet, zieht die Sehne TT_1, die der Haupt-Axe in P_1 begegnet und legt in T (oder T_1) an die Ellipse die Tangente TP, welche die Haupt-Axe in P trifft, zieht ferner aus einem der Puncte P oder P_1, gleichviel aus welchem, eine willkürliche Secante AB durch die Ellipse und nach ihren Schnittpuncten A und B aus dem Brennpuncte F die Strahlen α und β, so ist das Rechteck unter diesen Strahlen constant, und zwar gleich dem Quadrat über der halben kleinen Axe."

Rücken nun, von dem genannten Zustande ausgehend, die Pole P und P_1 dem Scheitel S näher, so ist r positiv; entfernen sie sich dagegen von demselben, so wird r negativ und dann verwandeln sich die obigen Ausdrücke in folgende:

$$(1) \qquad (\alpha+r)(\beta+r) = (\tau+r)^2 = k^2,$$

$$(2) \qquad r_1 - r = 2a,$$

$$(3) \qquad k^2 = (a+r)^2 - c^2,$$

$$(4) \qquad k = \tau + r = \tfrac{1}{2} t \cos\varphi.$$

Es sei M der Mittelpunct der Ellipse, und es werde $MP = p$ und $MP_1 = p_1$ gesetzt, so finden ferner noch folgende Relationen statt:

$$(6) \qquad k = \frac{c}{2a} \cdot \frac{p^2 - a^2}{p} = \frac{c}{2a} \cdot \frac{a^2 - p_1^2}{p_1} = \frac{c}{2a}(p - p_1),$$

$$(7) \qquad r = a \mp \frac{c}{2a} \cdot \frac{p^2 + a^2}{p} = a \mp \frac{c}{2a} \cdot \frac{p_1^2 + a^2}{p_1} = a \mp \frac{c}{2a}(p + p_1),$$

$$(8) \qquad p = \frac{a}{c}(k \pm \sqrt{k^2 + c^2}) = \frac{a}{c}[a - r \pm \sqrt{(a-r)^2 - c^2}],$$

wo die unteren Zeichen in (7) und (8) den Werthen für r_1 und p_1 entsprechen.

II. Bei der Hyperbel sind die Grössen r und r_1 immer positiv und für alle Lagen der Pole P und P_1 ist

$$(2) \qquad r_1 - r = 2a.$$

In Rücksicht der Strahlen α, β kommt es dagegen darauf an, ob die Schnittpuncte A und B der Secante AB im nämlichen Zweige der Hyperbel liegen, oder nicht. Liegen sie im nämlichen Zweige (der also S zum Scheitel hat und den Brennpunct F umschliesst), so hat man, wie oben,

$$(\alpha - r)(\beta - r) = (\tau - r)^2 = k^2$$

und

$$(\alpha_1 - r_1)(\beta_1 - r_1) = (\tau_1 - r_1)^2 = k^2.$$

Dreht nun aber die Secante AB sich so um den festen Pol P oder P_1, bis B sich in's Unendliche entfernt und von da in den anderen Zweig hinübergeht, so ändert der Strahl β sein Zeichen, und damit wird nun gleichzeitig $r > \alpha$, während zuvor $\alpha > r$ war, so dass alsdann die Formel in folgende übergeht:

$$(r - \alpha)(r + \beta) = (\tau - r)^2 = k^2$$

und

$$(r_1 - \alpha_1)(r_1 + \beta_1) = (\tau_1 - r_1)^2 = k^2.$$

Die Grössen r und r_1 lassen sich hier auf eigenthümliche Art construiren. Aus einem der Pole P oder P_1, etwa aus P, ziehe man einer Asymptote parallel die Gerade PR, welche die Hyperbel in R trifft, und ziehe sodann die Leitstrahlen FR, F_1R, so sind diese die verlangten Grössen r und r_1.

III. Bei der Parabel sind die Pole P und P_1 jedesmal gleich weit vom Scheitel S entfernt. Für alle Lagen dieser Pole bleibt die Grösse r constant, und zwar ist sie stets der Entfernung des Brennpunctes vom Scheitel gleich, also ist $r = FS = e$. Die Grösse k ist jedesmal dem Abstande des Poles P oder P_1 vom Scheitel S gleich, also $k = SP = SP_1 = d$. Daher hat man

$$(\alpha - e)(\beta - e) = d^2,$$

d. h.: „Beschreibt man um den Brennpunct F der Parabel mit dem Abstande e desselben vom Scheitel S einen Kreis, zieht sodann aus dem Brennpuncte nach irgend zwei Puncten A und B in der Parabel die Leitstrahlen FA und FB, welche vom Kreise in A_1 und B_1 geschnitten werden, und zieht endlich die Sehne AB, welche die Parabel-Axe in irgend einem Puncte Q (d. i. P oder P_1) trifft, so ist allemal das Rechteck unter denjenigen Abschnitten der Strahlen, welche zwischen dem Kreise und der Parabel liegen, gleich dem Quadrat über dem Abschnitte der Axe, welcher zwischen ihrem Scheitel und dem Puncte Q enthalten ist, also $AA_1.BB_1 = SQ^2$."

Daraus schliesst man weiter den folgenden Satz:

„Schneiden eine beliebige Sehne AB und die Tangenten in ihren Endpuncten A und B die Parabel-Axe beziehlich in Q, A_0, B_0, und trifft das aus dem gegenseitigen Schnittpuncte der Tangenten auf die Axe gefällte Perpendikel dieselbe in R, so ist allemal

$$SA_0 . SB_0 = SQ^2 = SR^2.$$

Berlin, im April 1845.

Crelle's Journal Band XXX. S. 337—340.

24

Geometrische Lehrsätze und Aufgaben.

1. Lehrsatz.

„Wird eine gegebene Fläche F zweiter Ordnung auf ein rechtwinkliges Coordinaten-System XYZ bezogen, dessen Anfangspunct A beliebig liegt, so entstehen in jeder Axe X, Y, Z zwei Abschnitte, von A bis zu den Schnittpuncten mit F genommen, die beziehlich durch x und x_1, y und y_1, z und z_1 bezeichnet werden sollen, und ferner drei Abschnitte oder Sehnen zwischen den Schnittpuncten, die α, β, γ heissen mögen. Wird das rechtwinklige Coordinaten-System um den nämlichen festen Anfangspunct A auf beliebige Art herumbewegt, so bleibt der Ausdruck

$$\frac{\alpha^2}{x^2 x_1^2} + \frac{\beta^2}{y^2 y_1^2} + \frac{\gamma^2}{z^2 z_1^2}$$

constant.“

Für die Curven zweiter Ordnung findet ein analoger Satz statt.

2. Lehrsatz.

„Schneiden sich die drei Diagonalen eines Polyëders von octaëdrischer Form in einem Puncte D und unter rechten Winkeln, so liegen die Fusspuncte der aus jenem Puncte D auf die Seitenflächen gefällten Perpendikel allemal alle acht in irgend einer Kugelfläche.“ Oder:

„Werden in jeder von drei sich in demselben Puncte D rechtwinklig schneidenden Geraden A, B, C zwei beliebige Puncte a und α, b und β, c und γ angenommen, gleichviel ob die Puncte eines jeden Paares auf gleichen oder auf entgegengesetzten Seiten von D liegen, so bestimmen diese Puncte, zu 3 und 3, acht Ebenen

$$ab\gamma,\quad ac\beta,\quad bc\alpha,\quad a\beta\gamma,\quad b\alpha\gamma,\quad c\alpha\beta,\quad abc,\quad \alpha\beta\gamma,$$

und sodann liegen die Fusspuncte der aus dem Puncte D auf diese acht Ebenen gefällten Perpendikel in irgend einer Kugelfläche, und zugleich liegen zwölf mal vier derselben in einer Ebene und somit in einem Kreise."

In der Ebene hat man den einfacheren Satz:

„Schneiden sich die Diagonalen eines Vierecks rechtwinklig, so liegen die Fusspuncte der aus ihrem Schnittpuncte D auf die vier Seiten gefällten Perpendikel in einem Kreise." (Dabei kann das Viereck convex, concav oder überschlagen sein.)

3. Lehrsatz.

Vier beliebige Puncte A, B, C, D in einer Ebene bestimmen, zu je drei genommen, vier Dreiecke; durch die Mitten der Seiten jedes Dreiecks lege man einen Kreis m, so schneiden sich diese vier Kreise m in einem und demselben Puncte P. Ferner: die drei Paare von Geraden AB und CD, AC und BD, AD und BC schneiden sich beziehlich in drei Puncten b, c, d, und der durch diese Puncte gelegte Kreis μ geht ebenfalls durch jenen Punct P.

Und ferner: sind D_1, C_1, B_1, A_1 beziehlich die Puncte, in welchen sich die in den Dreiecken ABC, ABD, ACD, BCD aus den Ecken auf die Gegenseiten gefällten Perpendikel schneiden, so hat der nämliche Punct P dieselbe Eigenschaft in Rücksicht dieser vier neuen Puncte, d. h. die vier auf gleiche Weise bestimmten Kreise m_1 nebst dem Kreise μ_1 (der durch die analogen Puncte b_1, c_1, d_1 geht) schneiden sich alle in dem nämlichen vorigen Puncte P. Ebenso hat dieser nämliche Punct P dieselbe Eigenschaft für die vier neuen Puncte A_2, B_2, C_2, D_2, in welchen die Höhen der vier Dreiecke $D_1C_1B_1$, $D_1C_1A_1$, $D_1B_1A_1$, $C_1B_1A_1$ sich schneiden; u. s. w. f., in's Unendliche.

Liegen insbesondere die vier ursprünglichen Puncte A, B, C, D in einem Kreise M, so liegen die vier Puncte A_1, B_1, C_1, D_1 in einem gleichen Kreise M_1, und noch mehr, so sind die zwei Vierecke $ABCD$ und $A_1B_1C_1D_1$ symmetrisch gleich und haben den genannten Punct P zum Symmetralpunct (inneren Aehnlichkeitspunct), so dass die vier Geraden AA_1, BB_1, CC_1, DD_1 alle durch diesen Punct P gehen und durch ihn gehälftet werden; ebenso die Geraden bb_1, cc_1, dd_1, MM_1, $\mu\mu_1$ nebst den vier Geraden mm_1. Die acht Kreise, die vier m und die vier m_1, sind alle einander gleich; ihre acht Mittelpuncte liegen in einem ihnen gleichen Kreise um den Punct P; und dieser Kreis P hat mit dem Kreise M den Punct M_1 und mit dem Kreise M_1 den Punct M zum äusseren Aehnlichkeitspunct. Die vier Mittelpuncte m (sowie die vier m_1) sind die Ecken eines Vierecks, welches dem Viereck $ABCD$ (oder $A_1B_1C_1D_1$) ähnlich ist; die entsprechenden Dimensionen verhalten sich wie $1:2$. Die Kreise μ und μ_1 berühren einander in P u. s. w. — Die Puncte A_2, B_2, C_2, D_2 fallen beziehlich mit den Puncten A, B, C, D zusammen, d. h. letztere sind selbst die Schnittpuncte der Höhen der vier Dreiecke $D_1C_1B_1$, $D_1C_1A_1$, $D_1B_1A_1$, $C_1B_1A_1$, so dass also in diesem besonderen Falle kein solcher unendlicher Fortgang stattfindet, wie oben, vielmehr den zweimal vier Puncten A, B, C, D und D_1, C_1, B_1, A_1 die Reciprocität zukommt, dass die vier Puncte jeder Abtheilung die Schnittpuncte der Höhen der durch die andere Abtheilung bestimmten vier Dreiecke sind.

Liegen die vier Puncte A, B, C, D beliebig, so findet ferner noch folgende Eigenschaft statt. Zieht man aus jedem Puncte Strahlen nach den drei übrigen und legt durch die Mitten dieser Strahlen einen Kreis n, so schneiden sich die auf diese Weise erhaltenen vier Kreise n ebenfalls in einem und demselben Puncte Q. U. s. w.

Hierdurch wird ein früherer Satz in *Crelle*'s Journal (Bd. II. S. 97, Satz 9)*) erweitert.

Berlin, im März 1845.

4. Aufgabe.

Folgende zwei Sätze werden allgemein als wahr anerkannt:

I. „Dass neun beliebige Ebenen allemal wenigstens von einer Fläche zweiter Ordnung berührt werden.“

II. „Dass der Ort der Scheitel aller rechtwinkligen, dreiflächigen Körperwinkel, welche einer Fläche zweiter Ordnung umschrieben sind, eine mit dieser Fläche concentrische Kugelfläche ist, die bei den Paraboloïden in eine Ebene übergeht.“

Nun denke man sich ein rechtwinkliges Parallelepipedon (oder auch nur einen Würfel) P und nebstdem durch einen beliebigen Punct D drei zu einander rechtwinklige Ebenen. Alsdann müssen die sechs Seitenflächen von P sammt den drei Ebenen durch D von irgend einer Fläche F zweiter Ordnung berührt werden (I); und demzufolge müssten dann die acht Ecken E von P nebst dem Puncte D — als Scheitel rechtwinkliger dreiflächiger Körperwinkel, die der Fläche F umschrieben sind — alle neun in einer Kugelfläche liegen (II). Die acht Ecken E liegen

*) Cf. Bd. I. S. 128 dieser Ausgabe.

in der That immer in einer Kugel und bestimmen sie; da aber der Punct D beliebig ist, so liegt er im Allgemeinen nicht in derselben, so dass also die neun Scheitel, $8E$ und D, zusammen weder in einer Kugel noch in einer Ebene liegen, was offenbar gegen den Satz (II) streitet. Wie ist dieses Paradoxon zu erklären?

Es ist zu zeigen, dass dieser Widerspruch nur scheinbar ist und dass er die allgemeine Gültigkeit der beiden obigen Sätze nicht aufhebt.

Berlin, im April 1845.

Crelle's Journal Band XXXI. S. 90—92.

liebigen Pol P nach jedem Puncte c in cc_1 den Strahl Pc und aus dem entsprechenden Puncte a in aa_1 den Strahl $a\beta$ mit ihm parallel zieht und $a\beta = Pc$ nimmt, so ist der Ort des Endpunctes β ein dem Bogen bb_1 gleicher und mit ihm gleichliegender Curvenbogen $\beta\beta_1$.

Zieht man zwischen je zwei entsprechenden Puncten a, b der gegebenen Curven aa_1, bb_1 die Gerade ab, so ist der Ort ihrer Mitte δ ein dem oben beschriebenen Bogen dd_1 ähnlicher und ähnlichliegender Bogen $\delta\delta_1$, dessen Dimensionen sich zu denen von dd_1 wie $1:2$ verhalten. Der Bogen $\delta\delta_1$ bleibt sich selbst congruent, während aa_1 und bb_1 ihre gegenseitige Lage durch blosse parallele Verschiebung ohne Drehung beliebig ändern. Wird aber der Bogen bb_1 in der Ebene um 180^0 gedreht, und werden sodann wieder die nämlichen entsprechenden Puncte a und b durch die Gerade ab verbunden, so ist der Ort ihrer Mitte γ jetzt ein dem Bogen cc_1 ähnlicher Bogen $\gamma\gamma_1$, der sich auch zu cc_1 wie $1:2$ verhält. Zieht man ferner zwischen den entsprechenden Puncten b, c der Bogen bb_1, cc_1 die Gerade bc, so ist der Ort ihrer Mitte α ein dem aa_1 ähnlicher und ähnlichliegender Bogen $\alpha\alpha_1$, der sich zu ihm ebenfalls wie $1:2$ verhält.

In Rücksicht der vier Curven aa_1, bb_1, cc_1, dd_1 mag noch bemerkt werden, was leicht zu sehen ist, dass sowohl ihre Evoluten als auch ihre Evolventen unter sich die nämliche Beziehung haben, wie jene Curven selbst.

Besonderer Fall. Ist insbesondere die eine gegebene Curve bb_1 ein Kreisbogen, und wird der Pol P in dessen Mittelpunct angenommen, so werden die beiden Curven cc_1 und dd_1 der anderen gegebenen Curve aa_1 parallel, und alsdann enthalten die obigen Formeln (I) und (II) den einen von den zwei bekannten Sätzen über parallele Curven. Der andere Satz bezieht sich auf den Inhalt der oben genannten Vierecke aa_1c_1c und aa_1d_1d; er folgt aus dem ersten und aus dem Umstande, dass hier die Strahlen $Pb = ac = ad$ eine constante Länge haben, nämlich dem Radius r des Kreises gleich sind; denn hierdurch wird der Sector $Pbb_1 = \frac{1}{2}r.bb_1$, und für die Vierecke hat man

$$\text{(VI)} \qquad \begin{cases} aa_1c_1c = r.aa_1 - \frac{1}{2}r.bb_1 = r.cc_1 + \frac{1}{2}r.bb_1, \\ aa_1d_1d = r.aa_1 + \frac{1}{2}r.bb_1 = r.dd_1 - \frac{1}{2}r.bb_1, \end{cases}$$

was den zweiten Satz ausdrückt.

Wird dagegen der Pol P in der Ebene des Kreises bb_1 beliebig angenommen, so bleiben zwar die Curven cc_1 und dd_1 zufolge des Obigen sich selbst congruent, aber sie sind nicht mehr der Curve aa_1 parallel; jedoch können sie durch Verschiebung immer mit dieser in parallele Lage gebracht werden.

Bemerkung.

In Bezug auf krumme Oberflächen finden analoge Constructionen und zum Theil auch analoge Sätze statt. Folgende kurze Andeutung darüber mag hier genügen.

Denkt man sich zwei beliebige krumme Oberflächen A und B in fester Lage und an denselben irgend zwei parallele Berührungs-Ebenen $\mathfrak{A}$ und $\mathfrak{B}$, nennt diese letzteren entsprechende Berührungs-Ebenen, sowie ihre Berührungspuncte a und b entsprechende Puncte der Flächen; denkt sich ferner auf diesen Flächen A und B zwei solche begrenzte Flächentheile A_1 und B_1, welche überall, bis in ihre Grenzlinien, entsprechende Puncte enthalten, und zieht sodann aus einem im Raume beliebig gewählten Pole P nach jedem Puncte b des Flächentheiles B_1 den Strahl Pb und aus dem entsprechenden Puncte a des anderen Flächentheiles A_1 mit ihm parallel den Strahl ac, und nimmt $ac = Pb$, so ist der Ort des Endpunctes c eine bestimmte dritte Fläche C_1, deren Berührungs-Ebene $\mathfrak{C}$ im Puncte c den Berührungs-Ebenen $\mathfrak{A}$ und $\mathfrak{B}$ der Flächen A_1 und B_1 in den correspondirenden Puncten a und b parallel ist. Die Fläche C_1 bleibt sich selbst congruent und gleichliegend, es mag der auf die Fläche B_1 bezogene Pol P angenommen werden, wo man will. — Wird aus dem Puncte a der Fläche A_1 statt des Strahles ac ein Strahl ad nach gerade entgegengesetzter Richtung gezogen, also auch parallel Pb, und wird ebenso $ad = Pb$ genommen, so ist der Ort des Endpunctes d in gleicher Weise eine bestimmte vierte Fläche D_1, deren Berührungs-Ebenen denen von A_1 und B_1 in den entsprechenden Puncten parallel sind, und welche sich selbst congruent und gleichliegend bleibt, während der Pol P seine Lage beliebig ändert. Zwischen den vier Flächen findet unter anderen die folgende Relation statt:

$$\text{(VII)} \qquad C_1 + D_1 = 2A_1 + 2B_1.$$

Ist die Fläche B insbesondere eine Kugelfläche und wird ihr Mittelpunct zum Pol P gewählt, so werden die Flächen C_1 und D_1 der anderen gegebenen Fläche A_1 (sowie auch unter sich) parallel. Denn die Strahlen ac und ad sind dann auf der Fläche A_1 normal und haben constante Längen, indem sie alle dem Radius $Pb = r$ der Kugel B gleich sind. Diejenigen Strahlen ac und ad, oder cad, welche durch die Grenzlinie des Flächentheiles A_1 gehen (d. h. die Normalen der Fläche A_1 längs ihrer Grenzlinie), liegen in einer krummen Fläche M, welche mit den Flächen C_1 und D_1 zusammen einen bestimmten Körper K begrenzt. Für das Volumen dieses Körpers hat man folgenden Ausdruck:

$$\text{(VIII)} \qquad K = \tfrac{1}{3}r(C_1 + D_1 + 4A_1) = \tfrac{2}{3}r(3A_1 + B_1).$$

In derselben Vorlesung wurden ferner die folgenden Aufgaben behandelt:

„Zu zwei in derselben Ebene gegebenen beliebigen Kegelschnitten A und B denjenigen dritten Kegelschnitt C zu finden, in Bezug auf welchen sie einander polar entsprechen, d. h. jeder die Polar-Figur des anderen ist."

Es wurde gezeigt, dass es im Allgemeinen vier solche Kegelschnitte C giebt, von denen jeder der Forderung der Aufgabe genügt, und dass dieselben auch unter sich eine merkwürdige Beziehung haben, wonach jeder von jedem anderen auf eigenthümliche Weise abhängt und dadurch bestimmt wird. — Für die sphärischen Kegelschnitte findet alles in gleicher Weise statt. — Auch die analoge Aufgabe über Flächen zweiter Ordnung gestattet ähnliche Behandlung; sie lässt im Allgemeinen 8 Auflösungen zu, und die 8 Flächen, welche der Aufgabe genügen, haben ebensolche gegenseitige Beziehung, dass jede durch jede andere auf eigenthümliche Weise bestimmt wird.

Berlin, im März 1846.

Crelle's Journal Band XXXII. S. 75—79.

(Auszug aus einer am 26. März in der Akademie der Wissenschaften zu Berlin gehaltenen Vorlesung.)

26

Geometrische Lehrsätze.

1. „Eine Curve dritter Ordnung enthält im Allgemeinen 27 solche Puncte *P*, in deren jedem sie von einem Kegelschnitte sechspunctig berührt werden kann. Von diesen 27 Puncten sind 9 reell und 18 imaginär. Die Gleichung vom 27sten Grade, durch welche die 27 Puncte *P* bestimmt werden, ist immer algebraisch aufzulösen, was für die Algebra selbst von Interesse ist."

Von den 27 Puncten *P* liegen 108mal* drei in einer Geraden, und diese 108 Geraden haben wiederum eigenthümliche Beziehungen, sowohl unter sich, als zu anderen von der Curve abhängigen ausgezeichneten Geraden und Puncten. So z. B. liegen von den 9 reellen Puncten *P* neunmal drei in einer Geraden, und von diesen 9 Geraden schneiden sich bestimmte 3, die sich wesentlich von den 6 übrigen unterscheiden, in demselben Puncte *Q*. Solcher Puncte *Q* giebt es im Ganzen 12, wofern alle 27 Puncte *P* in Betracht gezogen werden, und diese 12 Puncte *Q* haben nebstdem noch andere merkwürdige Beziehungen zu der Curve; etc. etc.

2. Werden in einer Curve dritter Ordnung zwei beliebige Puncte *P* und *Q* als fest angenommen, wird ferner in derselben ein willkürlicher Punct *A* angenommen und die Gerade *PA* gezogen, welche der Curve zum dritten Male in einem Puncte *B* begegnet, wird sodann weiter die Gerade *QB* gezogen, welche die Curve zum dritten Male in einem Puncte *C* schneidet, wird ferner die Gerade *PC* gezogen, welche die Curve in einem neuen Puncte *D* trifft, und werden so weiter die Geraden *QDE*, *PEF*, *QFG*, ... gezogen, welche nach der Reihe in der Curve die neuen Puncte *E*, *F*, *G*, ... bestimmen, so entsteht ein der Curve eingeschriebenes Polygon *ABCDEFG*..., dessen Seiten der Reihe nach abwechselnd durch die festen Fundamentalpuncte *P* und *Q* gehen, und welches entweder 1) sich nicht schliesst, wie lange auch die Construction fortgesetzt werden mag, oder 2) sich schliesst und dann eine gerade Zahl $2n$ von Seiten hat. Im letzteren Falle findet folgender Satz statt:

*Sieh S. 738.

„Wenn das Polygon sich schliesst, so schliesst es sich immer und hat stets die nämliche Seitenzahl $2n$, man mag die erste Ecke A desselben in der Curve annehmen, wo man will.“

Zieht man die Gerade PQ, welche die Curve in einem dritten Puncte R schneidet, legt aus R eine Tangente an die Curve und nennt den Berührungspunct S, so hat man folgenden Satz:

„Wenn den Fundamentalpuncten P und Q ein geschlossenes Polygon von $2n$ Seiten entspricht, so entspricht sowohl den Puncten P und S, als den Puncten Q und S, als Fundamentalpuncten, ein Polygon von $4n$ Seiten.“

Kennt man also zwei Fundamentalpuncte P und Q, denen ein geschlossenes Polygon von $2n$ Seiten entspricht, so ist es hiernach leicht, zwei solche Fundamentalpuncte (P und S oder Q und S) zu erhalten, denen ein Polygon von doppelter Seitenzahl $4n$ entspricht; und auch umgekehrt.

In einer gegebenen Curve dritter Ordnung giebt es immer unendlich viele Paare Fundamentalpuncte P und Q, denen ein geschlossenes Polygon von vorgeschriebener gerader Seitenzahl entspricht. Man kann sogar den einen Punct willkürlich annehmen, während dann der andere noch in mehrfachen Lagen der Forderung genügen kann.

Solche Punctepaare, denen geschlossene Polygone entsprechen, werden durch den Satz selbst näher bestimmt und sind für die einfacheren Polygone an folgenden Merkmalen zu erkennen.

a) Soll das Polygon ein Viereck sein, so müssen die Tangenten in P und Q einander in irgend einem Puncte T auf der Curve treffen. In diesem besonderen Falle ist es also leicht, geeignete Fundamentalpuncte P und Q zu finden. Auch folgt daraus, dass, wenn P in der Curve beliebig angenommen wird, dann Q in drei verschiedenen Lagen der Forderung genügen kann. Ferner folgt daraus, wie Fundamentalpuncte P und S zu finden sind, denen ein geschlossenes Achteck entspricht, und dass, wenn P gegeben ist, dann S im Allgemeinen in 12 verschiedenen Lagen der Forderung genügen kann; etc.

b) Soll das Polygon ein Sechseck sein, so müssen, wenn die Tangenten in P und Q die Curve beziehlich in P_1 und Q_1 schneiden, die Geraden PQ_1 und QP_1 einander in irgend einem Puncte T auf der Curve schneiden. — Hier tritt der besondere Umstand ein, dass sowohl P und T, als Q und T ebenfalls Fundamentalpuncte für das Sechseck sind. Und schneidet die Tangente in T die Curve im Puncte T_1, so genügen auch je zwei der drei Puncte P_1, Q_1, T_1 zu gleichem Zwecke; u. s. w. — In diesem Falle genügen insbesondere auch je zwei Wendungspuncte der Curve als Fundamentalpuncte. Zudem sind durch Hülfe der Wendungspuncte alle Paare Fundamentalpuncte für das Sechseck leicht zu bestimmen. Sind U und V zwei Wendungspuncte, ist X ein willkürlicher anderer Punct der Curve, und zieht man die Geraden XU und XV, so sind ihre dritten Schnittpuncte mit der Curve allemal ein Paar Fundamentalpuncte P und Q, denen ein Sechseck entspricht. Man schliesst hieraus, dass, wenn der eine Fundamentalpunct P beliebig angenommen wird, dann der andere Q in 8 verschiedenen Lagen der Forderung genügen kann; ist P reell, so sind von den 8 Puncten Q nur 2 reell, 6 imaginär; etc.

c) Soll das Polygon ein Zehneck sein, so müssen P und Q solche Lage haben, dass, wenn die Tangenten in denselben die Curve in P_1 und Q_1 schneiden, ferner die Geraden PQ_1 und QP_1 der Curve in P_2 und Q_2 begegnen, weiter die Geraden PQ_2 und QP_2 dieselbe in P_3 und Q_3 treffen, dass dann endlich die Geraden PQ_3 und QP_3 die Curve im nämlichen Puncte T schneiden.

3. Hat eine Curve vierter Ordnung zwei Doppelpuncte P und Q, so lassen sich ihr in gleicher Weise Polygone $ABCDEF\ldots$ einschreiben, deren Seiten abwechselnd durch jene festen Puncte P und Q gehen, und es findet dasselbe Gesetz statt:

„Dass, wenn das Polygon sich schliesst, es sich dann immer schliesst und dabei stets die nämliche gerade Seitenzahl $2n$ hat, man mag die erste Ecke A desselben in der Curve annehmen, wo man will.“ Etc.

Bemerkung. Die vorstehenden Sätze (2 und 3) finden in analoger Weise statt, wenn die Seiten des Polygons Kegelschnitte sind (anstatt Gerade); nämlich wenn man in der gegebenen Curve drei beliebige feste Puncte X, Y, Z annimmt, durch dieselben und abwechselnd durch P und Q Kegelschnitte legt und mittelst solcher Kegelschnitte das der Curve eingeschriebene Polygon construirt. Etc.

Crelle's Journal Band XXXII. S. 182—184.

(Auszug aus einer am 27. November 1845 in der Akademie der Wissenschaften zu Berlin gehaltenen Vorlesung.)

27

Sätze über Curven zweiter und dritter Ordnung.

1. „Durch jeden Punct D einer Ellipse gehen drei Krümmungskreise der letzteren, welche sie in irgend drei anderen Puncten A, B, C osculiren; und jedesmal liegen die vier Puncte A, B, C, D in einem Kreise.“ Dieser Satz ist gewissermassen ein besonderer Fall von dem folgenden Satze.

2. I. Werden in einer Curve dritter Ordnung drei beliebige Puncte A, B, C angenommen, so gehen durch dieselben im Allgemeinen 9 Kegelschnitte K, wovon jeder die Curve in irgend einem anderen Puncte osculirt; von diesen 9 Osculationspuncten sind im Allgemeinen drei reell und sechs imaginär, demgemäss sie durch $3R$ und $6I$ bezeichnet werden mögen; Diesem entsprechend sind auch von den 9 Kegelschnitten K drei reell und sechs imaginär.

Von den 9 Osculationspuncten,** $3R+6I$, liegen 12mal 3 mit den drei Puncten A, B, C zusammen in einem Kegelschnitte K_1; von diesen 12 Kegelschnitten K_1 sind 4 reell und 8 imaginär; nach einer gewissen Beziehung gruppiren sie sich zu 3 und 3 in vier Systeme, wovon jedes einen reellen und zwei imaginäre K_1 enthält, und wobei die $3K_1$ jedes Systems zusammen durch alle 9 Puncte R und I gehen, so dass keiner von diesen in zwei von jenen liegt; bei dem einen System geht der reelle K_1 durch die $3R$, und die $6I$ liegen, zu 3 und 3, in den zwei imaginären K_1; bei den drei anderen Systemen gehen die reellen K_1 einzeln durch die Puncte $3R$ und durch 2 und 2 der Puncte $6I$. Durch jeden der 9 Puncte R, I gehen vier Kegelschnitte K_1 *).

*) Es finden noch weitere Eigenschaften statt; z. B.: Die 9 Kegelschnitte K gruppiren sich zu drei in 12 Systeme, entsprechend dem Umstande, wie ihre Osculationspuncte R, I zu drei und drei in den 12 Kegelschnitten K_1 liegen. Die $3K$ jedes Systems schneiden einander (ausser in A, B, C) paarweise in 3 Puncten X, so dass 12mal $3X$ oder im Ganzen $36X$ entstehen. Die $12K_1$ wurden oben, zu 3 und 3, in vier Systeme geordnet; die $3K_1$ jedes Systems schneiden einander ebenso paarweise in 3 Puncten Y, was im Ganzen 12 Puncte Y giebt. Nun lassen sich ferner durch jeden der 9 Puncte R, I und durch die 3 Puncte A, B, C drei neue Kegelschnitte L legen, von denen jeder die Curve C_3 in irgend einem anderen Puncte Z berührt (was zu-

** Sieh S. 739.

II. Durch die beliebig angenommenen 3 Puncte A, B, C sind die 9 Puncte R, I bestimmt; auch sind durch jeden der letzteren die 8 übrigen, aber nicht jene drei bestimmt. Nämlich von den drei Puncten A, B, C können zwei oder alle drei ihre Lage gleichzeitig ändern, während die 9 Puncte R, I fest bleiben; ändert dagegen bloss einer von jenen seine Lage, so ändern sich auch die letzteren alle. Folgende Angaben werden dies klarer und übersichtlicher machen. Der Einfachheit wegen wollen wir uns dabei zunächst bloss auf die reellen Puncte $3R$ beschränken und sie zu diesem Zwecke durch R, S, T bezeichnen.

Man ziehe die Gerade BC, die der Curve in einem dritten Puncte D begegnet, und lasse dieselbe sich um diesen festen Punct D herumbewegen, wobei also die zwei anderen Schnittpuncte B, C in jedem Momente sich ändern und in neue Schnitte B_0, C_1 übergehen, dann entsprechen den drei Puncten A, B_0, C_1 immer die nämlichen Puncte R, S, T, d. h. es gehen durch A, B_0, C_1 wiederum drei Kegelschnitte K, welche die Curve beziehlich in den Puncten R, S, T osculiren; und immer liegen die 6 Puncte A, B_0, C_1, R, S, T in einem Kegelschnitte K_1. Ebenso kann man nun weiter die Gerade AB_0 ziehen und sie um ihren dritten Schnittpunct E mit der Curve herumbewegen, wodurch man statt A, B_0 neue Schnitte A_1, B_1 erhält. und wo alsdann dem System der drei Puncte A_1, B_1, C_1 die nämlichen Puncte R, S, T in gleichem Sinne entsprechen wie dem ursprünglichen System A, B, C.

Man sieht hieraus, dass man, um ein neues System von drei Puncten A_1, B_1, C_1 zu haben, welchem die Puncte R, S, T in gleichem Sinne entsprechen wie den gegebenen Puncten A, B, C, zwei derselben, etwa A_1 und B_1, auf der Curve willkürlich annehmen und dazu den dritten C_1 leicht bestimmen kann.

Alle diese Systeme A, B, C; A_1, B_1, C_1; etc., denen die nämlichen Puncte R, S, T entsprechen, lassen sich auch, wie folgt, bestimmen und in ihrer Totalität übersehen.

1) Zieht man aus A, B, C (oder A_1, B_1, C_1) durch einen der Puncte R, S, T, etwa durch R, Gerade AR, BR, CR, so treffen diese die Curve zum dritten Mal in solchen Puncten α, β, γ, welche in einer Geraden G

sammen 27 Kegelschnitte L und 27 Puncte Z giebt), und dann liegen die jedesmaligen 3 Puncte Z wiederum mit A, B, C zusammen in einem Kegelschnitte L_1, so dass jedem der 9 Puncte R, I ein solcher Kegelschnitt L_1 entspricht. Diese $9L_1$ ordnen sich zu 3 in 12 Systeme, gemäss der Art, wie die 9 Puncte R, I zu drei in den $12K_1$ liegen, und die $3L_1$ jedes Systems schneiden sich in einem und demselben Puncte, und zwar sind diese Puncte die nämlichen vorgenannten Puncte Y; zudem gehen die $3L_1$ einzeln durch die Schnittpuncte $3X$ des entsprechenden Systems von $3K$. Endlich haben die 27 Puncte Z noch die Eigenschaft, dass in jedem derselben die gegebene Curve von einer solchen Curve vierter Ordnung, welche A, B, C zu Doppelpuncten hat, sechspunctig berührt werden kann; u. s. w.

liegen *). Und umgekehrt: Zieht man irgend eine Gerade G und weiter aus den Puncten α, β, γ, in denen sie die Curve schneidet, durch einen der Puncte R, S, T, etwa durch R, die Geraden αR, βR, γR, so treffen diese die Curve allemal in einem der genannten Systeme A, B, C; etc. Hiernach giebt es also ebensoviele Systeme A, B, C, als sich Gerade G in der Ebene ziehen lassen; jeder Geraden G entsprechen drei Systeme (in Bezug auf R, S, T); und umgekehrt, jedem System A, B, C entsprechen drei Gerade G.

2) Legt man durch die drei Puncte R, S, T irgend einen Kegelschnitt K_1, so schneidet er die Curve noch in drei Puncten, welche allemal eines der genannten Systeme A, B, C; A_1, B_1, C_1; etc. bilden. (Ebenso schneidet jeder Kegelschnitt K, welcher die Curve in einem der drei Puncte R, S, T osculirt, dieselbe ausserdem in einem solchen System.) Hieraus ergeben sich folgende nähere Bestimmungen.

Der durch R, S, T gelegte Kegelschnitt K_1 kann insbesondere die Curve in irgend einem anderen Puncte osculiren, in welchem dann die drei Puncte A_1, B_1, C_1 (oder A, B, C) zusammenfallen; und zwar kann dies, zufolge (I), in drei reellen Puncten R_1, S_1, T_1 (und in 6 imaginären I_1) geschehen, und es müssen diese drei Puncte mit jenen R, S, T in einem Kegelschnitte K_0 liegen. Ferner findet die Wechselbeziehung statt, dass auch durch die Puncte R_1, S_1, T_1 drei Kegelschnitte K_0' gehen, welche die Curve einzeln in den Puncten R, S, T osculiren. Weiter giebt es 9 Kegelschnitte K_2, von welchen jeder die Curve in einem der Puncte R, S, T und zugleich in einem der Puncte R_1, S_1, T_1 osculirt. Endlich haben die zwei einander zugeordneten Systeme von drei Puncten R, S, T und R_1, S_1, T_1 allemal solche Lage, dass, wenn man aus einem Puncte des einen Systems durch die Puncte des anderen Systems Gerade zieht, diese drei Geraden der Curve stets in den nämlichen drei festen Puncten U, V, W begegnen. Die neun Geraden, welche die Puncte beider Systeme mit einander verbinden, treffen sich somit, zu 3 und 3, in den festen Puncten U, V, W; diese Puncte liegen in einer Geraden. Sie sind die reellen Wendungspuncte der Curve.

Die Puncte R, S, T haben ferner die Eigenschaft, dass die Tangente in jedem und die Gerade durch die beiden anderen der Curve im nämlichen Puncte begegnen, so dass also die Geraden TS, TR, SR und die Tangenten in R, S, T die Curve in den nämlichen drei Puncten r, s, t

*) Die Aufgabe: „Wenn in der Curve dritter Ordnung drei beliebige Puncte A, B, C gegeben sind, in derselben denjenigen Punct X zu finden, für welchen die Geraden AX, BX, CX der Curve zum dritten Mal in solchen Puncten α, β, γ begegnen, welche in einer Geraden liegen;" hat im Allgemeinen neun Auflösungen; sie giebt für X die nämlichen, oben (I) betrachteten neun Puncte $3R$ und $6I$.

schneiden. Ebenso werden durch R_1, S_1, T_1 drei neue Puncte r_1, s_1, t_1 bestimmt. Diese neuen Systeme r, s, t und r_1, s_1, t_1 haben durchweg gleiche Eigenschaften wie die vorigen; sie sind einander zugeordnet, und die 9 Geraden, welche sie wechselseitig verbinden, gehen ebenfalls, zu 3 und 3, durch die Wendungspuncte U, V, W; u. s. w.

III. Aendert von den Puncten A, B, C bloss einer seine Lage, so ändern sich alle 9 Puncte R, I; kommen jene insbesondere in eine Gerade ABC zu liegen, so lösen sich die oben (I) betrachteten Kegelschnitte K und K_1 in Systeme von zwei Geraden auf; die eine Gerade jedes Systems ist allen gemein; sie ist die eben genannte Gerade ABC; die andere ist reell oder imaginär, jenachdem zuvor der betreffende Kegelschnitt reell oder imaginär war. Bezeichnen wir diese anderen Geraden, wie zuvor die Kegelschnitte, durch K und K_1, so ergiebt sich aus dem obigen (I) unmittelbar Folgendes:

„Eine Curve dritter Ordnung hat im Allgemeinen 9 Wendungspuncte, drei reelle $3R$ und sechs imaginäre $6I$, (ebenso 9 Wendungstangenten K, drei reelle und sechs imaginäre). Von den 9 Wendungspuncten liegen 12mal 3 in einer Geraden K_1; von diesen 12 Geraden K_1 sind 4 reell und 8 imaginär; sie gruppiren sich zu 3 und 3 in vier Systeme, deren jedes eine reelle und zwei imaginäre Gerade K_1 enthält, die zusammen durch alle 9 Puncte R und I gehen; bei dem einen System geht die reelle Gerade durch die $3R$, und die zwei imaginären Geraden enthalten die $6I$ zu 3 und 3; bei den drei übrigen Systemen gehen die reellen Geraden einzeln durch die 3 Puncte R und durch 2 und 2 der 6 Puncte I; durch jeden der 9 Puncte R, I gehen vier Gerade K_1."

3. Eine Curve dritter Ordnung kann im Allgemeinen in jedem ihrer Puncte P von einem Kegelschnitte fünfpunctig berührt werden; beide Curven haben dann ausserdem noch einen sechsten Punct A gemein, der, wie folgt, bestimmt wird. Die Tangente in P an die Curve dritter Ordnung schneide diese in P_1; die Tangente in P_1 treffe dieselbe in P_2, dann begegnet ihr die Gerade PP_2 im verlangten Puncte A.

Stellt man sich in irgend zwei anderen Puncten Q und R der Curve die sie fünfpunctig berührenden Kegelschnitte und die respectiven sechsten Puncte B und C, welche sie mit denselben gemein hat, vor, so finden unter anderen folgende Beziehungen statt:

1) Liegen P, Q, R in einer Geraden, so liegen auch A, B, C in einer Geraden.

2) Wird die Curve dritter Ordnung in P, Q, R von einem und demselben Kegelschnitte berührt, so liegen alle 6 Puncte P, Q, R, A, B, C in irgend einem anderen Kegelschnitte; und auch umgekehrt.

Berlin, im Juni 1845.

Crelle's Journal Band XXXII. S. 300—304.

28

Ueber das dem Kreise umschriebene Viereck.

Die Lehrbücher der Geometrie enthalten den Satz:

„Dass dem Viereck nur dann ein Kreis sich einschreiben lasse, wenn die Summen der Gegenseiten gleich sind."

Dieser Satz ist mangelhaft und unvollständig; er ist in zwei Hinsichten nur ein Bruchstück. Man dachte dabei bloss an das convexe Viereck und selbst bei diesem nur an den Fall, wo der Kreis keine Seite in ihrer Verlängerung berührt. Da man aber schon beim Dreieck diese Beschränkung aufgehoben und statt des einen eingeschriebenen Kreises vier eingeschriebene Kreise betrachtet hat, so muss auch dem Viereck eine freiere Auffassung zukommen. Der vollständigere und umfassendere Satz für das Viereck lautet, wie folgt:

„Jedes Viereck, bei welchem entweder die Summe irgend zweier Seiten gleich ist der Summe der beiden übrigen, oder die Differenz irgend zweier Seiten gleich ist der Differenz der beiden übrigen, ist allemal einem Kreise umschrieben." Und umgekehrt: „Bei jedem dem Kreise umschriebenen Viereck ist, in Betracht je zweier Seiten, entweder ihre Summe oder ihr Unterschied beziehlich gleich der Summe oder dem Unterschiede der beiden anderen Seiten."

Dieser Satz gilt gleichmässig für alle drei Arten einfacher Vierecke: für convexe, concave (mit einspringendem Winkel) und überschlagene.

Die beiderlei Bedingungen über Summe oder Unterschied der Seiten des Vierecks finden immer zugleich statt; jedoch die der Summe nur auf eine, dagegen die des Unterschiedes auf zwei verschiedene Arten. Sind a, b, c, d die Seiten, abgesehen von ihrer Aufeinanderfolge, und ist in Rücksicht ihrer Grösse

$$(1) \qquad a > b > c > d,$$

so hat man zugleich die drei Gleichungen

$$(2) \qquad \begin{cases} a+d = b+c, \\ a-c = b-d, \\ a-b = c-d; \end{cases}$$

von denen jede die beiden anderen zur Folge hat. Sind umgekehrt vier Gerade a, b, c, d unter einer dieser Bedingungen gegeben, und verbindet man sie nach beliebiger Ordnung zu irgend einem Viereck, so ist dieses dem Satze gemäss, allemal irgend einem Kreise umschrieben. Es können aber die vier Seiten nur nach drei wesentlich verschiedenen Ordnungen auf einander folgen, und somit giebt es in dieser Hinsicht nur drei verschiedene Vierecke V_1, V_2 und V_3, die sich am leichtesten durch ihre Gegenseiten unterscheiden lassen, nämlich:

$V_1 = abdc$ mit den Gegenseiten a und d, b und c;
$V_2 = abcd$ mit den Gegenseiten a und c, b und d;
$V_3 = acbd$ mit den Gegenseiten a und b, c und d.

Das Viereck ist durch die vier Seiten nicht bestimmt; vielmehr kann es seine Form in unendlichfacher Weise ändern; es kann sogar aus einer der drei Haupt-Arten (convex, concav und überschlagen) in die anderen übergehen. Von den unzähligen Formen, in welche jedes der drei in Betracht stehenden Vierecke V_1, V_2, V_3 durch stetige Veränderung übergehen kann, mögen sechs besonders hervorgehoben werden. Sie sind in den Figuren-Gruppen 1, 2, 3, Taf. XVII—XIX unter I, II, III, IV, V und VI dargestellt. Für alle drei Fälle ist Fig. I ein convexes Viereck, und aus ihm folgen, durch blosses Verschieben, die fünf übrigen. Wir wollen sie einzeln betrachten.

Fig. 1. Hier kann I übergehen in das Dreieck II, oder in das Dreieck III; dort wird die Diagonale AC, hier die Diagonale DB ein Maximum. Sodann gehen II und III in die concaven Vierecke IV und V über, und von diesen kann sich jedes zuletzt auf den Grenzfall, die Gerade VI, reduciren, wo beide Diagonalen AC und DB zugleich ihr Minimum erreichen.

Fig. 2. Hier kann I in das Dreieck II übergehen, wobei die Diagonale AC ein Maximum wird. Sodann geht II in das concave Viereck III über; dieses weiter in IV, wo die Seite d auf a fällt und die Diagonale DB ein Minimum wird; ferner geht IV in das überschlagene Viereck V über und dieses zuletzt in die Gerade VI, wo DB ihr Maximum und zugleich AC ihr Minimum erreicht. Man kann aber auch das convexe Viereck I unmittelbar in die Gerade VI übergehen lassen durch Verlängerung der Diagonale DB bis zu ihrem Maximum.

Fig. 3. Hier entsteht aus I das Dreieck II, wobei AC ein Maximum ist; sodann wird aus II das concave Viereck III; aus diesem der Uebergangsfall IV, wobei d auf a fällt und DB ein Minimum wird; aus diesem weiter das überschlagene Viereck V, welches zuletzt in die Gerade VI übergeht; wobei DB ein Maximum und zugleich AC ein Minimum wird. Auch hier kann I unmittelbar in die Gerade VI übergehen.

Jedes der beiden Vierecke V_2 und V_3 kann somit von jeder der drei Arten: convex, concav oder überschlagen sein, wogegen das Viereck V_1 nur convex oder concav, aber nicht überschlagen sein kann, weil in einem überschlagenen Viereck die Summen der Gegenseiten niemals gleich sein können.

Was die Lage des eingeschriebenen Kreises gegen das Viereck betrifft, so liegt er bei allen Vierecken V_1 innerhalb, dagegen bei allen Vierecken V_2 und V_3 ausserhalb derselben. Bei den obigen sechs Formen sind folgende nähere Umstände anzugeben.

Fig. 1. Bei I berührt der Kreis jede Seite zwischen ihren Endpuncten; bei II berührt er die Seiten b und d in ihrem gemeinsamen Endpuncte B; bei IV berührt er die Verlängerungen der Seiten b und d über B hinaus; und bei VI reducirt er sich auf seinen Mittelpunct, der zwischen B und D liegt. Bei III und V findet Analoges statt wie bei II und IV.

Fig. 2 und 3. Bei I berührt der Kreis alle Seiten in ihren Verlängerungen; bei II berührt er zwei Seiten im Puncte B, die zwei anderen in ihren Verlängerungen über A und C hinaus, so dass er ausserhalb des Dreiecks ADC liegt; bei III berührt er die an B liegenden Seiten zwischen ihren Endpuncten, die beiden anderen in der Verlängerung über A und C hinaus; bei IV berührt er zwei Seiten a und d in ihrem gemeinsamen Endpuncte A und von den übrigen die eine zwischen ihren Endpuncten und die andere in der Verlängerung; bei V berührt er die sich kreuzenden Seiten zwischen ihren Endpuncten und die beiden anderen in ihren Verlängerungen über A und C hinaus, so dass er zwischen diesen Ecken A und C liegt; bei VI endlich reducirt sich der Kreis auf seinen Mittelpunct.

Um die den Vierecken V_1, V_2, V_3 eingeschriebenen Kreise zu unterscheiden, sollen sie beziehlich durch K_1, K_2, K_3 und ihre Radien durch r_1, r_2, r_3 bezeichnet werden. Jeder dieser Kreise hat in Rücksicht seiner Grösse im Allgemeinen einen begrenzten Spielraum; sein Radius kann stetig abnehmen, bis er Null wird; dagegen kann er nicht beliebig zunehmen, sondern nur bis zu einem bestimmten Maximum, welches näher anzugeben ist.

Man setze

$$(3)\qquad \begin{cases} a+d = b+c = s, \\ a-c = b-d = t, \\ a-b = c-d = u. \end{cases}$$

Diese Gleichungen drücken beziehlich das Verhalten der Gegenseiten bei den drei Vierecken V_1, V_2, V_3 aus. Werden die Maxima der Radien r_1, r_2, r_3 durch R_1, R_2, R_3 bezeichnet, so hat man

$$(4) \qquad R_1 = \frac{\sqrt{abcd}}{s}; \quad R_2 = \frac{\sqrt{abcd}}{t}; \quad R_3 = \frac{\sqrt{abcd}}{u};$$

und daher

$$(5) \qquad R_1 : R_2 : R_3 = \frac{1}{s} : \frac{1}{t} : \frac{1}{u};$$

und weil $s > t > u$ ist, so ist auch

$$(6) \qquad R_3 > R_2 > R_1.$$

Hiernach lässt sich die Möglichkeit oder Unmöglichkeit der folgenden Aufgabe leicht ermessen.

„Ein Viereck, dessen Seiten gegeben sind und zudem den obigen Bedingungen (2) genügen, einem gegebenen Kreise K zu umschreiben.“

Ist R der Radius des gegebenen Kreises, und ist $R > R_3$, so ist die Lösung unmöglich. Ist dagegen $R < R_1$, so sind 6 reelle Lösungen möglich; nämlich von jedem der drei Vierecke V_1, V_2, V_3 sind zwei verschiedene möglich. Ist ferner $R > R_1$, aber $R < R_2$, so sind 4 reelle Lösungen möglich; nämlich von den Vierecken V_2 und V_3 sind von jedem zwei möglich. Und ist endlich $R > R_2$ und $R < R_3$, so sind nur zwei verschiedene Vierecke V_3 möglich. Diese als möglich angegebenen Vierecke sind zu construiren.

In Betracht der drei Vierecke V_1, V_2, V_3 können auch besondere Fälle eintreten. Die Seiten können theilweise, oder auch alle einander gleich sein, ohne dass dadurch die obige Bedingung (2) gestört wird. Nämlich es kann sein

$$\alpha) \quad b = c,$$

oder

$$\beta) \quad a = b, \text{ und } c = d,$$

oder

$$\gamma) \quad a = b = c = d.$$

Im Falle (α) verschwindet jeder Unterschied zwischen den Vierecken V_2 und V_3, und die obigen Maxima (4) reduciren sich auf

$$(7) \qquad R_1 = \tfrac{1}{2}\sqrt{ad}; \quad R_2 = R_3 = \frac{b\sqrt{ad}}{a-b}.$$

Im Falle (β) werden die Vierecke V_1 und V_2 identisch, aber die Kreise K_1 und K_2 bleiben verschieden, so dass also demselben Viereck V_1 zwei verschiedene Kreise zugleich eingeschrieben sind. Das Viereck V_3 wird ein Parallelogramm, der ihm eingeschriebene Kreis K_3 wird unendlich gross und sein Mittelpunct ist unendlich weit entfernt. Die

Maxima werden hier

$$(8) \qquad R_1 = \frac{ac}{a+c}; \quad R_2 = \frac{ac}{a-c}; \quad R_3 = \frac{ac}{0} = \infty.$$

Im Falle (γ) sind alle drei Vierecke gleich, sind Rauten, und für die Maxima hat man

$$(9) \qquad R_1 = \tfrac{1}{2}a; \quad R_2 = R_3 = \frac{a}{0} = \infty.$$

Werden die Seiten eines einfachen Vierecks verlängert, so entsteht das vollständige Vierseit, und dieses besteht dann aus drei einfachen Vierecken, von welchen das eine convex, das andere concav und das dritte überschlagen ist. Ist eines dieser einfachen Vierecke einem Kreise umschrieben, so sind auch die beiden anderen, sowie das vollständige Vierseit demselben umschrieben. Und umgekehrt: je vier Tangenten eines Kreises bilden ein umschriebenes vollständiges Vierseit, bestehend aus drei einfachen Vierecken, die alle demselben Kreise umschrieben sind, so dass die Seiten eines jeden der obigen Bedingung (2) genügen.

Es sei Fig. 4 ein vollständiges Vierseit. Die drei einfachen Vierecke, welche es enthält, sind

$$\begin{aligned} \text{das convexe } ABCDA &= \mathfrak{A}, \\ \text{das concave } EDFBE &= \mathfrak{B}, \\ \text{das überschlagene } AECFA &= \mathfrak{C}. \end{aligned}$$

Nach bloss äusserlichem Ansehen der Figur kann der eingeschriebene Kreis sich nur auf zwei Arten gegen das vollständige Vierseit verhalten; nämlich er liegt entweder

α) im Raume X,

oder

β) im Raume Y.

Im Falle (α) sind bei den Vierecken $\mathfrak{A}$ und $\mathfrak{B}$ die Summen und bei $\mathfrak{C}$ die Unterschiede der Gegenseiten gleich; oder bei $\mathfrak{C}$ sind die Summen der den Ecken A und C anliegenden Seiten gleich. Also ist

$$(10) \qquad \begin{cases} AB+CD = AD+CB, \\ BE+DF = BF+DE, \\ AE+AF = CE+CF. \end{cases}$$

Im Falle (β) sind in jedem der drei einfachen Vierecke die Unterschiede der Gegenseiten gleich; oder bei $\mathfrak{A}$ sind die Summen der den Ecken A und C, bei $\mathfrak{B}$ die Summen der den Ecken E und F, und bei $\mathfrak{C}$ die Summen der den Ecken E und F anliegenden Seiten gleich. In Zeichen ist also

$$(11) \qquad \begin{cases} AB+AD = CB+CD, \\ EB+ED = FB+FD, \\ EA+EC = FA+FC. \end{cases}$$

Hieraus lässt sich entnehmen, wie man, wenn eines der drei einfachen Vierecke $\mathfrak{A}$, $\mathfrak{B}$, $\mathfrak{C}$ unter der Bedingung (2) gegeben ist, alsdann auf das Verhalten der beiden anderen, sowie auf die Lage des Kreises schliessen kann. Z. B. bei dem überschlagenen Viereck $\mathfrak{C}$ liegt der Kreis immer zwischen denjenigen Gegen-Ecken (A und C, oder E und F), an denen die anliegenden Seiten gleiche Summen haben; u. s. w.

Bemerkung. Der obige Lehrsatz über das dem Kreise umschriebene ebene Viereck, sowie die übrigen Betrachtungen über dasselbe, finden auf gleiche Weise auch für das sphärische Viereck statt.

Crelle's Journal Band XXXII. S. 305—310.

29

Elementare Lösung einer geometrischen Aufgabe, und über einige damit in Beziehung stehende Eigenschaften der Kegelschnitte.

§ 1.

Aufgabe I. „Aus der Spitze C eines Dreiecks ABC nach irgend einem Puncte D der Grundlinie AB eine solche Gerade CD zu ziehen, deren Quadrat zu dem Rechteck unter den Abschnitten der Grundlinie, AD und BD, ein gegebenes Verhältniss hat, wie $m:n$." Und

II. „Wenn die Grundlinie AB der Grösse und Lage nach gegeben ist, so soll die Grenzlage für die Spitze C gefunden werden, über welche hinaus die Forderung (I) unmöglich wird."

Erste Auflösung.

Man setze $m:n=q$, so soll sein

$$CD^2 = q.AD.BD.$$

I. Was zunächst die Construction der geforderten Geraden CD, sowie deren Möglichkeit und Unmöglichkeit betrifft, so ergiebt sich dieses Alles leicht, wie folgt.

Man beschreibe um das Dreieck ABC (Taf. XX Fig. 1) den Kreis und ziehe mit seiner Grundlinie parallel die Geraden U und V, deren gleicher Abstand p von derselben sich zu der Höhe h des Dreiecks verhält, wie $n:m$, so dass also

$$h:p=m:n=q.$$

Zieht man nun weiter aus der Spitze C durch die Schnitte E und E_1, F und F_1 der Parallelen U, V und des Kreises die Geraden CE, CE_1, CF, CF_1, welche die Grundlinie in D und D_1, $\mathfrak{D}$ und $\mathfrak{D}_1$ treffen, so sind

CD, CD_1, $C\mathfrak{D}$, $C\mathfrak{D}_1$ die vier verschiedenen Geraden, welche der Forderung (I) genügen. Denn vermöge des Kreises ist z. B.

$$CD.DE = AD.DB,$$

und zufolge der Construction

$$CD:DE = h:p = q,$$

folglich ist

$$CD^2 = q.AD.DB.$$

Von den vier Puncten der Grundlinie, nach welchen die verlangten Geraden gezogen sind, liegen allemal zwei, D und D_1, zwischen den Endpuncten der Grundlinie AB, wogegen die beiden anderen, $\mathfrak{D}$ und $\mathfrak{D}_1$, auf ihrer Verlängerung, und zwar entweder auf jeder Seite einer, wie in Fig. 1 auf Taf. XX, oder beide auf einerlei Seite wie in Fig. 2 auf Taf. XX liegen, jenachdem nämlich beziehlich $m > n$, oder $m < n$ ist. Ist insbesondere $m = n$ und $h = p$, so geht V durch die Spitze C, F vereinigt sich mit C, und dann fällt $C\mathfrak{D}_1$ auf V, so dass der Punct $\mathfrak{D}_1$ sich in's Unendliche entfernt, und die Gerade $C\mathfrak{D}$ wird Tangente des Kreises im Puncte C.

Hiernach ist es auch klar, wie die construirten vier Geraden paarweise unmöglich oder imaginär werden können. Denn je nach Beschaffenheit der gegebenen Grössen m, n, h kann die eine oder andere Parallele U oder V, oder es können beide zugleich jenseits des Kreises liegen, wo dann das eine oder beide Geradenpaare unmöglich werden. Beim Uebergangsfall, wo eine der Parallelen U oder V den Kreis berührt, fallen die beiden Geraden des bezüglichen Paares in eine zusammen.

Bemerkung. Die vier Geraden CD, CD_1, $C\mathfrak{D}$, $C\mathfrak{D}_1$, oder einfacher bezeichnet, d, d_1, δ, δ_1 bilden paarweise mit den Schenkeln des Dreiecks, CA und CB, oder a und b, gleiche Winkel, nämlich es ist

$$\text{Winkel } (ad) = (bd_1), \quad \text{und} \quad \text{Winkel } (a\delta) = (b\delta_1),$$
$$\text{weil Bogen } AE = BE_1, \quad \text{und} \quad \text{Bogen } AF = BF_1.$$

Es folgt daraus umgekehrt, dass, wenn man aus der Spitze eines Dreiecks nach der Grundlinie zwei Gerade zieht, welche mit den Schenkeln gleiche Winkel bilden, und welche entweder beide innerhalb oder beide ausserhalb des Dreiecks liegen, dann die Quadrate dieser Geraden zu den Rechtecken unter den respectiven Abschnitten der Grundlinie allemal gleiches Verhältniss haben, d. i.

$$d^2 : AD.DB = d_1^2 : AD_1.D_1B, \text{ oder } \delta^2 : A\mathfrak{D}.\mathfrak{D}B = \delta_1^2 : A\mathfrak{D}_1.\mathfrak{D}_1B.$$

Ist insbesondere die Gerade CE_1 Durchmesser des Kreises (Taf. XX Fig. 1), so ist der Winkel CEE_1 ein rechter, und demzufolge CD oder d das Perpendikel aus der Spitze C auf die Grundlinie AB. Somit hat man den bekannten Satz: „Zieht man aus einer Ecke eines Dreiecks den Durchmesser des umschriebenen Kreises und das Perpendikel auf die Gegenseite, so bilden dieselben mit den anliegenden Seiten gleiche Winkel."

Nimmt man für einen Augenblick das Dreieck ABC als gegeben, dagegen p oder $q = h:p$ als unbestimmt an, so ist klar, dass q ein Minimum wird, wenn die Parallele U oder V den Kreis berührt, in E_0 oder F_0 (Taf. XX Fig. 2); dabei fallen d und d_1 in eine Gerade d_0, oder δ und δ_1 in eine Gerade δ_0 zusammen, diese Geraden d_0 und δ_0 hälften also die (inneren und äusseren) Winkel an der Spitze C. Seien D_0 und $\mathfrak{D}_0$ die Puncte, in welchen diese Geraden die Grundlinie treffen, so ist also einerseits $d_0^2 : AD_0 . BD_0$, und andererseits $\delta_0^2 : A\mathfrak{D}_0 . B\mathfrak{D}_0$ ein Minimum. — Ist insbesondere das Dreieck an der Spitze C rechtwinklig, so ist

$$d_0^2 : AD_0 . BD_0 = \delta_0^2 : A\mathfrak{D}_0 . B\mathfrak{D}_0.$$

II. Was nun die zweite Frage über die Grenzlage der Spitze C betrifft, wenn die Grundlinie AB als fest und q als gegeben angenommen wird, so lässt sich dieselbe getrennt, das eine Mal in Betracht der inneren Geraden d, d_1 und das andere Mal in Rücksicht der äusseren Geraden δ, δ_1, wie folgt, leicht beantworten.

A. Wir haben bereits gesehen, dass d und d_1 nur so lange möglich sind, als die Parallele U den Kreis schneidet, und dass also der Zustand, wo U den Kreis nur noch berührt, die Grenze bildet. Dabei vereinigt sich der Punct E_1 mit E, D_1 mit D und die Gerade d_1 mit d. Der Punct E (Taf. XX Fig. 3) ist die Mitte des Bogens AEB, und sein Ort — wenn das Dreieck und der ihm umschriebene Kreis sich ändern — ist die auf der Grundlinie AB, in deren Mitte M, senkrechte Gerade Y. Die Gerade d hälftet den Winkel (ab) an der Spitze C. Wird unter diesen Umständen $AD = a_1$, $BD = b_1$ und $a_1 + b_1 = 2\gamma$, oder $MA = MB = \gamma$ gesetzt, so hat man zunächst

$$(1) \qquad d^2 = q a_1 b_1,$$

$$(2) \qquad \frac{a}{a_1} = \frac{b}{b_1}.$$

Da nach einem bekannten Satze über das Dreieck

$$ab = d^2 + a_1 b_1,$$

so ist ferner (1)

$$(3) \qquad ab = (1+q) a_1 b_1 = \frac{1+q}{q} d^2.$$

Aus (2) und (3) folgt:

$$(4) \qquad \sqrt{1+q} = \frac{a}{a_1} = \frac{b}{b_1},$$

und daraus weiter

$$(5) \qquad a + b = (a_1 + b_1)\sqrt{1+q} = 2\gamma\sqrt{1+q},$$

d. h. die Summe der Schenkel $a+b$ ist constant. Man setze diese Constante

$$2\gamma\sqrt{1+q} = 2\alpha, \quad \text{und} \quad \alpha^2-\gamma^2 = \beta^2,$$

so ist

$$(6) \qquad \frac{\alpha}{\gamma} = \sqrt{1+q} = \frac{a}{a_1} = \frac{b}{b_1},$$

oder

$$(7) \qquad \frac{\alpha^2}{\gamma^2} = 1+q = \frac{ab}{a_1 b_1}; \quad \frac{\beta^2}{\alpha^2} = \frac{q}{1+q} = \frac{d^2}{ab}; \quad \frac{\beta^2}{\gamma^2} = q = \frac{d^2}{a_1 b_1},$$

$$(8) \qquad d = \frac{\beta}{\alpha}\sqrt{ab} = \frac{\beta}{\gamma}\sqrt{a_1 b_1}.$$

Man setze ferner $CE = e$, $DE = f$ und $AE = BE = g$, so ist

$$d:f = h:p = q, \quad \text{und} \quad e = d+f,$$

oder

$$(9) \qquad d = qf, \quad \text{und} \quad e = (1+q)f = \frac{1+q}{q}d,$$

und weiter

$$(10) \qquad e:d:f = \alpha^2:\beta^2:\gamma^2;$$

$$(11) \qquad de = ab; \quad df = a_1 b_1; \quad ef = \frac{1}{q}ab = \frac{\gamma^2}{\beta^2}ab.$$

Da die Dreiecke DEB und DAC ähnlich sind, so ist

$$(12) \qquad \frac{g}{f} = \frac{a}{a_1} = \frac{\alpha}{\gamma} = \text{etc.} \quad (6),$$

und weiter

$$(13) \qquad g = \frac{\alpha}{\gamma}f = \frac{\gamma}{\alpha}e = \frac{\alpha\gamma}{\beta^2}d = \frac{\gamma}{\beta}\sqrt{ab}.$$

Wird der Winkel (ab) oder ACB durch φ bezeichnet und bemerkt, dass Winkel $BAE = \frac{1}{2}\varphi$, so ist

$$\cos\tfrac{1}{2}\varphi = \frac{\gamma}{g} = \frac{\beta}{\sqrt{ab}},$$

oder

$$(14) \qquad \sqrt{ab}\cos\tfrac{1}{2}\varphi = \beta.$$

Die vorstehenden Gleichungen enthalten nebst der Lösung der obigen Aufgabe zugleich auch viele, theils bekannte, Sätze über die Ellipse, nämlich in Worten enthalten sie Folgendes:

„Alle Dreiecke ABC, deren Spitzen C in der verlangten Grenze liegen, haben die gemeinsame Eigenschaft, dass die Gerade d den Winkel (ab) an der Spitze hälftet; dass die Schenkel a und b zu den ihnen anliegenden Abschnitten a_1 und b_1 der Grundlinie constantes Verhältniss haben, nämlich wie

$\sqrt{1+q}:1$; dass daher auch die Summe 2α der Schenkel constant ist und sich zur Grundlinie 2γ ebenfalls wie $\sqrt{1+q}:1$ verhält (6); u. s. w." Oder:

„Die gesuchte Grenze ist eine Ellipse, welche die Endpuncte A, B der festen Grundlinie zu Brennpuncten hat, und deren grosse Axe 2α sich zur Grundlinie oder doppelten Excentricität 2γ verhält, wie $\sqrt{1+q}:1$, oder deren halbe grosse Axe α, halbe kleine Axe β und Excentricität γ sich verhalten, wie $\sqrt{1+q}:\sqrt{q}:1$."

„Jede Ellipse hat folgende Eigenschaften: Zieht man aus irgend einem Puncte C derselben die beiden Leitstrahlen a, b und errichtet die Normale CE, so theilt letztere das Stück AB der Hauptaxe X zwischen den Brennpuncten allemal in solche Abschnitte, a_1 und b_1, welche zu den ihnen anliegenden Leitstrahlen constantes Verhältniss haben, und zwar wie $\gamma:\alpha$, d. h. wie die Excentricität zur halben grossen Axe." „Ebenso hat das Rechteck unter den genannten Abschnitten, $a_1 b_1$, zum Quadrat der Normale d^2 — diese bis an die Hauptaxe X genommen — constantes Verhältniss, nämlich wie $\gamma^2:\beta^2$, d. h. wie das Quadrat der Excentricität zum Quadrat der halben kleinen Axe." „Desgleichen hat das Quadrat der Normale, d^2, zum Rechteck unter den Leitstrahlen, ab, constantes Verhältniss, wie $\beta^2:\alpha^2$, d. h. wie die Quadrate der halben Axen; u. s. w. (7)." „Die drei Abschnitte der Normale zwischen ihrem Fusspunct C und ihren Schnittpuncten D, E mit den Axen X, Y haben unter sich constantes Verhältniss, und zwar wie die Quadrate der halben Axen und der Excentricität, nämlich es verhält sich $e:d:f=\alpha^2:\beta^2:\gamma^2$ (10); also verhalten sich die Stücke, d und e, der Normale bis an die Axen X, Y umgekehrt wie die Quadrate der respectiven halben Axen; u. s. w." „Das Rechteck, de, unter den Stücken d, e der Normale bis an die Axen ist gleich dem Rechteck, ab, unter den Leitstrahlen; u. s. w. (11)." — „Die Gerade g, welche einen der Brennpuncte mit dem Schnittpunct E der Normale und der zweiten Axe Y verbindet, verhält sich zum Stück der Normale bis an diese Axe, e, wie die Excentricität zur halben grossen Axe (13), und zum Stück der Normale zwischen den Axen, f, wie die halbe grosse Axe zur Excentricität (13); so dass also g die mittlere Proportionale zwischen e und f, oder $g^2=ef$ ist, u. s. w." — „Die mittlere Proportionale, $\sqrt{ab}$, zwischen den Leitstrahlen, a und b, multiplicirt in den Cosinus ihres halben Winkels, $\frac{1}{2}\varphi$, ist constant, nämlich gleich der halben kleinen Axe β (14)."

Man setze den Halbmesser $CM = \beta_1$ und denke sich den conjugirten Halbmesser $MH = \alpha_1$ gezogen, so ist letzterer bekanntlich gleich der mittleren Proportionale zwischen den Leitstrahlen a und b aus C_1, also $\alpha_1 = \sqrt{ab}$ und somit ist (14)

$$\alpha_1 \cos\tfrac{1}{2}\varphi = \beta.$$

Wird der Winkel, welchen die Leitstrahlen aus dem Scheitel H einschliessen durch ψ bezeichnet, so ist ebenso

$$\beta_1 \cos\tfrac{1}{2}\psi = \beta.$$

Nun ist bekanntlich $\alpha_1^2 + \beta_1^2 = \alpha^2 + \beta^2$; daher folgt für die Winkel φ und ψ leicht die interessante Relation:

$$(15) \qquad \operatorname{tang}\tfrac{1}{2}\varphi^2 + \operatorname{tang}\tfrac{1}{2}\psi^2 = \frac{\gamma^2}{\beta^2} = \frac{1}{q},$$

d. h. „Die Winkel, welche die zwei Paar Leitstrahlen aus den Scheiteln C, H irgend zweier conjugirten Halbmesser der Ellipse unter sich bilden, haben die Eigenschaft, dass die Summe der Quadrate der Tangenten der halben Winkel constant ist, nämlich gleich ist dem Quadrat der Excentricität, dividirt durch das Quadrat der halben kleinen Axe.“

Für die Axen-Scheitel ist $\operatorname{tang}\frac{1}{2}\varphi^2 = \frac{\gamma^2}{\beta^2}$ und $\operatorname{tang}\frac{1}{2}\psi^2 = 0$, was auch stimmt.

Für die besondere Ellipse, deren Axen sich verhalten, wie die Diagonale des Quadrats zur Seite, oder bei welcher $\alpha^2 = 2\beta^2 = 2\gamma^2$, hat man

$$(16) \qquad \operatorname{tang}\tfrac{1}{2}\varphi^2 + \operatorname{tang}\tfrac{1}{2}\psi^2 = 1.$$

Für diese besondere Ellipse treten überhaupt in den obigen Gleichungen und Sätzen ähnliche interessante Modificationen ein. Sie entspricht der vorgelegten Aufgabe für den speciellen Fall, wo das Quadrat der aus der Spitze C des Dreiecks zu ziehenden Geraden, CD oder d, dem Rechteck unter den Abschnitten, AD und BD, der Grundlinie gleich, oder $q = 1$ sein soll.

B. In Rücksicht der äusseren Geraden δ und δ_1 findet nun Analoges statt. Nämlich sie sind nur so lange möglich, als die Parallele V den Kreis schneidet; berührt sie ihn, so befindet sich C in der gesuchten Grenze, und alsdann vereinigt sich der Punct F_1 mit F, $\mathfrak{D}_1$ mit $\mathfrak{D}$ und die Gerade δ_1 mit δ, und es ist der Punct F die Mitte des Bogens AFB, so dass sein Ort dieselbe auf der Grundlinie AB in deren Mitte M senkrecht stehende Axe Y ist, und dass δ den äusseren Winkel an der Spitze C des Dreiecks hälftet. Für diesen Fall setze man

$$A\mathfrak{D} = a_2; \quad B\mathfrak{D} = b_2; \quad \text{und} \quad AB = 2\gamma = b_2 - a_2,$$

so hat man in gleicher Weise, wie oben (A),

(1) $$\delta^2 = q a_2 b_2,$$

(2) $$\frac{a}{a_2} = \frac{b}{b_2},$$

(3) $$ab = a_2 b_2 - \delta^2 = (1-q) a_2 b_2 = \frac{1-q}{q} \delta^2,$$

(4) $$\sqrt{1-q} = \frac{a}{a_2} = \frac{b}{b_2},$$

(5) $$b - a = (b_2 - a_2)\sqrt{1-q} = 2\gamma\sqrt{1-q},$$

d. h. die Differenz der Schenkel a, b des Dreiecks ist constant. Man setze

$$2\gamma\sqrt{1-q} = 2\alpha, \quad \text{und} \quad \gamma^2 - \alpha^2 = \beta^2,$$

so ist

(6) $$\frac{\alpha}{\gamma} = \sqrt{1-q} = \frac{a}{a_2} = \frac{b}{b_2};$$

(7) $$\frac{\alpha^2}{\gamma^2} = 1 - q = \frac{ab}{a_2 b_2}; \quad \frac{\beta^2}{\alpha^2} = \frac{q}{1-q} = \frac{\delta^2}{ab}; \quad \frac{\beta^2}{\gamma^2} = q = \frac{\delta^2}{a_2 b_2};$$

(8) $$\delta = \frac{\beta}{\alpha}\sqrt{ab} = \frac{\beta}{\gamma}\sqrt{a_2 b_2}.$$

Wird $CF = e$, $\mathfrak{D}F = f$ und $AF = BF = g$ gesetzt, so ist ferner

$$\delta : f = h : p = q, \quad \text{und} \quad e = f - \delta,$$

oder

(9) $$\delta = qf, \quad \text{und} \quad e = (1-q)f = \frac{1-q}{q}\delta;$$

(10) $$e : \delta : f = \alpha^2 : \beta^2 : \gamma^2;$$

(11) $$\delta e = ab; \quad \delta f = a_2 b_2; \quad ef = \frac{1}{q} ab = \frac{\gamma^2}{\beta^2} ab.$$

Da die Dreiecke $\mathfrak{D}BF$ und $\mathfrak{D}CA$ ähnlich sind, so ist weiter

(11) $$\frac{g}{f} = \frac{a}{a_2} = \frac{\alpha}{\gamma} = \text{etc.} \quad (6),$$

oder

(13) $$g = \frac{\alpha}{\gamma} f = \frac{\gamma}{\alpha} e = \frac{\alpha\gamma}{\beta^2}\delta = \frac{\gamma}{\beta}\sqrt{ab}.$$

Wird der äussere Winkel an der Spitze C durch φ_1 bezeichnet, so hat man

$$\cos\tfrac{1}{2}\varphi_1 = \frac{\gamma}{g} = \frac{\beta}{\sqrt{ab}},$$

oder

(14) $$\sqrt{ab}\cos\tfrac{1}{2}\varphi_1 = \beta.$$

Diese verschiedenen Gleichungen besagen in Worten Aehnliches wie die obigen (A), z. B.

„Alle Dreiecke, deren Spitzen C in der gesuchten Grenze liegen, haben die Eigenschaft, dass die Gerade δ den äusseren Winkel an der Spitze hälftet; dass die Schenkel a, b zu den ihnen anliegenden Abschnitten a_2, b_2 der Grundlinie constantes Verhältniss haben, wie $\sqrt{1-q}:1$ (4), und dass daher die Differenz 2α der Schenkel ($b-a$, oder $a-b$) constant ist (5) und sich zur Grundlinie 2γ ebenfalls wie $\sqrt{1-q}:1$ verhält (6), u.s.w." Oder:

„Die gesuchte Grenze ist im gegenwärtigen Falle eine Hyperbel, welche die Endpuncte A, B der festen Grundlinie zu Brennpuncten hat, und deren Hauptaxe 2α sich zur Grundlinie oder doppelten Excentricität 2γ verhält, wie $\sqrt{1-q}:1$, oder deren Halbaxen α, β und Excentricität γ sich verhalten, wie $\sqrt{1-q}:\sqrt{q}:1$, (wenn β als reell angesehen wird)."

Für die Hyperbel enthalten die Gleichungen analoge Eigenschaften wie oben für die Ellipse, was ich nur anzudeuten brauche.

Wie man sieht, muss hier $q < 1$, also $\delta^2 > a_2 b_2$ sein, wenn die Hyperbel reell sein soll.

Ist insbesondere $q = \frac{1}{2}$, so wird die Hyperbel gleichseitig, nämlich $\alpha = \beta = \frac{1}{2}\gamma\sqrt{2}$, und dann treten in den Formeln und Sätzen Modificationen ein, wie oben bei der speciellen Ellipse, bei welcher $q = 1$.

Bemerkung. Die in der Aufgabe (II) verlangte Grenze besteht demnach im Allgemeinen aus zwei Kegelschnitten, einer Ellipse und einer Hyperbel, welche confocal sind und zudem die zweite Axe 2β gemein haben (abgesehen davon, dass dieselbe für die Hyperbel imaginär ist); ihre Hauptaxen verhalten sich, wie $\sqrt{1+q}:\sqrt{1-q}$. Die Kegelschnitte schneiden einander in vier Puncten C_0 und zwar rechtwinklig. Somit giebt es vier solche besondere (einander gleiche) Dreiecke ABC_0, deren Spitzen C_0 in beiden Kegelschnitten zugleich liegen. Für jedes dieser Dreiecke ist daher

$$d^2 : a_1 b_1 = \delta^2 : a_2 b_2 = q,$$

woraus man schliesst, dass dieselben an der Spitze C_0 rechtwinklig sind (s. oben S. 392, Bemerkung zu Aufgabe I). Demnach folgt:

„Bleibt die Grundlinie AB constant und in fester Lage, während die Verhältnisszahl q sich ändert, so ändern sich auch die beiden Kegelschnitte, aber der geometrische Ort ihrer vier Schnittpuncte C_0 ist ein Kreis, welcher die feste Grundlinie zum Durchmesser hat." Oder

„Soll ein Dreieck ABC_0, dessen Grundlinie AB in fester Lage gegeben ist, die Eigenschaft haben, dass die Quadrate der beiden Geraden d und δ, welche die Winkel φ und φ_1 an der Spitze C_0 hälften, sich zu den Rechtecken unter den respectiven

Abschnitten der Grundlinie gleich verhalten, so muss es an der Spitze rechtwinklig sein, oder so ist der Ort seiner Spitze C_0 ein Kreis, welcher die Grundlinie zum Durchmesser hat."

Werden die beiden Kegelschnitte, Ellipse und Hyperbel, oder kürzer E und H, gezeichnet gedacht, so theilen sie zusammen die Ebene in 7 Theile oder Räume R. Von diesen Räumen liegen: 1) zwei sich gleiche R_1 innerhalb E und H zugleich; 2) einer R_e innerhalb E allein; 3) zwei gleiche R_h innerhalb H allein; und endlich 4) zwei gleiche R_0 ausserhalb E und H. Liegt nun die Spitze C des Dreiecks ABC entweder: 1) in einem der beiden Räume R_1, so sind sowohl zwei Gerade d (d. h. d und d_1) als zwei Gerade δ möglich; 2) im Raume R_e, so sind nur zwei Gerade d möglich; 3) in einem der zwei Räume R_h, so finden nur zwei Gerade δ statt; und endlich 4) in einem der zwei Räume R_0, so findet weder d noch δ statt, d. h. die Aufgabe (I) ist unmöglich.

Zweite Auflösung.

Von der in der Aufgabe (II) verlangten Grenze kann man sich durch folgende Betrachtung eine klare Anschauung verschaffen.

Wird in der gegebenen Grundlinie AB der Theilungspunct D irgendwo angenommen, so ist, wenn zudem auch q gegeben ist, die Länge der Geraden CD oder d bestimmt, da $d^2 = q.AD.BD$ sein soll. Daher ist für jeden Theilungspunct D der Ort der Spitze C des Dreiecks ein Kreis, der D zum Mittelpunct und d zum Radius hat. Und daher ist klar, dass die gemeinsame Enveloppe E aller dieser Kreise D die gesuchte Grenze ist. Jeder Kreis wird von der Enveloppe E in denjenigen zwei Puncten C berührt, in welchen er von dem ihm zunächst folgenden geschnitten wird, oder, wenn man sich so ausdrücken darf, in welchen er von dem mit ihm zusammenfallenden (oder von sich selbst) geschnitten wird. In jedem anderen Puncte C_1 wird er von einem der übrigen Kreise geschnitten, aber nur von einem. Jene zwei Berührungspuncte C lassen sich z. B. durch die Eigenschaft der Aehnlichkeitspuncte zweier Kreise leicht geometrisch bestimmen.

Es seien D und D_1 zwei der genannten Kreise, und F und F_1 seien ihre Aehnlichkeitspuncte, so sind diese (nicht allein zu den Mittelpuncten D und D_1, sondern zugleich auch) zu den gegebenen Puncten A und B harmonisch, was leicht zu erweisen ist. Eine äussere gemeinschaftliche Tangente t, die also durch den äusseren Aehnlichkeitspunct F geht, berühre die Kreise beziehlich in $\mathfrak{C}$ und $\mathfrak{C}_1$, und der diesen Puncten zunächst liegende Schnittpunct der Kreise heisse C_1. Bleibt nun D fest, während D_1 ihm näher rückt, bis er endlich mit ihm zusammenfällt, so rücken die Puncte $\mathfrak{C}$ und C_1 auf dem festen Kreise D einander auch näher, bis sie zuletzt sich in einem Punct C vereinigen, welcher der verlangte Berührungspunct ist; dabei fällt auch $\mathfrak{C}_1$ in C, und der innere Aehnlichkeitspunct F_1, der stets zwischen D und D_1 liegt, fällt in D. Demnach werden die zwei Puncte C, in welchen ein beliebiger Kreis D von der Enveloppe E berührt wird, wie folgt, gefunden:

„Zu den drei Puncten A, D, B suche man den vierten, dem D zugeordneten, harmonischen Punct F und lege aus ihm Tangenten an den Kreis D, so sind deren Berührungspuncte die verlangten zwei Puncte C."

Zieht man aus einem der construirten Puncte C nach den Puncten A, D, B, F Strahlen a, d, b, f, so sind diese auch harmonisch; und da d und f zu einander rechtwinklig (als Radius und Tangente des Kreises D), so hälften sie die von a und b gebildeten Winkel. Hierdurch gelangt man für die Bestimmung des Ortes von C zu denselben drei Fundamentalgleichungen, wie bei der ersten Auflösung (II, A, 1, 2, 3), woraus also, wie dort, folgt, dass die Enveloppe E eine Ellipse ist.

Der Kreis D kann mit der Enveloppe E reelle oder imaginäre Berührung haben. Ob das Eine oder Andere stattfindet, hängt davon ab, oder wird bei der obigen Construction daran erkannt, ob aus F Tangenten an den Kreis D möglich sind oder nicht, also ob F ausserhalb oder innerhalb des Kreises liegt, oder ob d kleiner oder grösser als DF ist. Es finden immer beiderlei Kreise statt, und der besondere Fall, wo gerade $d = DF$, oder zur Unterscheidung, $d_0 = D_0F_0$, bildet den Uebergang von den einen zu den anderen. Bei diesem Uebergangsfalle vereinigen sich beide Berührungspuncte C_0 mit F_0, und der Kreis D_0 wird der Krümmungskreis der Ellipse E im Scheitel F_0 ihrer Hauptaxe 2α. Die Lage des Mittelpunctes D_0 wird durch die zwei Gleichungen

$$d_0^2 = q.AD_0.BD_0, \quad \text{und} \quad MA^2 = MD_0.MF_0,$$

oder, wenn $MD_0 = x$ und $MA = MB = \gamma$ gesetzt wird, durch

$$d_0^2 = q(\gamma^2 - x^2), \quad \text{und} \quad \gamma^2 = x(x + d_0)$$

bestimmt. Daraus ergiebt sich

$$x = \frac{\gamma}{\sqrt{1+q}} = \frac{\gamma^2}{\alpha}; \quad \text{und} \quad d_0 = \alpha - x = \frac{\beta^2}{\alpha}.$$

Von den auf diese Weise bestimmten zwei Puncten D_0 und D_0^1 liege der erstere nach A und der andere nach B hin. Die Mittelpuncte der beiderlei Kreise D vertheilen sich nun so: „Die Strecke $D_0D_0^1$ enthält die Mittelpuncte aller reell berührenden Kreise D, wogegen die Mittelpuncte der imaginär berührenden Kreise D in den beiden Strecken AD_0 und BD_0^1 liegen." Dabei ist

$$D_0D_0^1 = \frac{2\gamma^2}{\alpha}, \quad \text{und} \quad AD_0 = BD_0^1 = \frac{\gamma}{\alpha}(\alpha - \gamma).$$

Die Berührungspuncte C der Kreise D mit der Enveloppe E können ferner auch auf folgende umständlichere Art gefunden werden, was hier noch um eines unten folgenden Satzes willen in Betracht gezogen werden soll.

Zieht man in allen Kreisen D parallele Durchmesser $GG_1 = 2d$ nach einer beliebigen Richtung R, so liegen ihre Endpuncte G und G_1 jedesmal in irgend einem Kegelschnitte K [denn da $d^2 = q.AD.BD$, so ist $y^2 = q(\gamma - x)(\gamma + x)$, wenn man $d = y$, $MD = x$ und $MA = \gamma$ setzt]. Wird nun an diesen Kegelschnitt K im Puncte G die Tangente GF gelegt, so trifft diese die Axe X im nämlichen Puncte F, aus welchem die an den Kreis D gelegten Tangenten die verlangten Berührungspuncte C geben (wie bei der obigen Construction). — Für den oben genannten Uebergangsfall, d. h. für den besonderen Kreis D_0, hat man dabei das Merkmal, dass die Tangente GF mit der Richtung R und mit der Axe X gleiche Winkel bildet, oder dass $D_0F = D_0G$ ist; und jenachdem sie mit R einen grösseren oder kleineren Winkel bildet als mit X, berührt der zugehörige Kreis D die Enveloppe E reell oder imaginär. Bei dem besonderen Kegelschnitte K_0, der entsteht, wenn R zu X senkrecht ist, bildet also für jenen Fall die Tangente GF mit der Axe X einen Winkel von 45^0, und je nachdem sie mit derselben einen kleineren oder grösseren Winkel bildet, berühren sich D und E reell oder imaginär. — Da beim Uebergangsfall $D_0F = D_0G = D_0G_1$, so folgt, dass die Tangenten GF und G_1F dabei einen rechten Winkel bilden. Beiläufig mag noch bemerkt werden, dass aus der Bestimmungsart der Kegelschnitte K unmittelbar folgt, dass dieselben die Grundlinie AB zum gemeinsamen Durchmesser haben (somit unter sich und mit E concentrisch sind), und dass der demselben conjugirte Durchmesser für jeden K der zugehörigen Richtung R parallel und für alle K von constanter Grösse ist, nämlich er ist zugleich ein Durchmesser $2d$ desjenigen Kreises D oder D_m, dessen Mittelpunct in M fällt, so dass also $2d_m = 2\beta = 2\gamma\sqrt{q}$. Ferner folgt, dass jeder Kegelschnitt K die Enveloppe E in zwei Puncten H und H_1, nämlich in den Endpuncten eines ihnen gemeinsamen Durchmessers, berührt; dieser Durchmesser ist dadurch bestimmt, dass die Normalen (der E) in seinen Endpuncten der jedesmaligen Richtung R parallel sind. Demzufolge ist E zugleich auch die Enveloppe der Schaar Kegelschnitte K, welche sämmtlich Ellipsen sind und innerhalb der Ellipse E liegen. Jener oben erwähnte besondere K_0 hat mit E die Axe 2β gemein und berührt sie in den Scheiteln derselben. — Für die obige specielle Ellipse, die eintritt, wenn $q = 1$, und bei der $\alpha = \beta\sqrt{2} = \gamma\sqrt{2}$, ist AB für jeden Kegelschnitt K einer der gleichen conjugirten Durchmesser, indem $2d_m = 2\beta = 2\gamma$; und daher wird in diesem Falle K_0 ein Kreis über dem Durchmesser AB.

Wird oben anstatt des Theilungspunctes D zwischen A und B ein Theilungspunct $\mathfrak{D}$ in der Verlängerung der Grundlinie AB, also jenseits

A oder B angenommen, und wird sodann mit der dadurch bestimmten Geraden $\mathfrak{d}$ um ihn ein Kreis $\mathfrak{D}$ beschrieben, so gelangt man zu analogen Resultaten. Nämlich die Enveloppe E aller Kreise $\mathfrak{D}$ ist eine Hyperbel; die Kreise zerfallen in zwei Abtheilungen, die einen haben mit E reelle, die anderen imaginäre Berührung, und der Uebergang von den einen zu den anderen geschieht durch die Krümmungskreise $\mathfrak{D}_0$ in den Hauptscheiteln der Hyperbel E, etc. Ferner: Zieht man in den Kreisen je ein System paralleler Durchmesser GG_1, so liegen deren Endpuncte in einer Hyperbel K, welche die Hyperbel E in zwei Puncten H und H_1, nämlich in den Endpuncten eines gemeinsamen Durchmessers (eines reellen oder imaginären) berührt; u. s. w.

Bemerkung. Dass die obigen Kreise D eine Ellipse E zur Enveloppe haben, und dass die Endpuncte G und G_1 je eines Systems paralleler Durchmesser derselben in einer anderen Ellipse K liegen, u. s. w., davon kann man sich durch stereometrische Betrachtung, durch Projection, eine klare unmittelbare Anschauung, wie folgt, verschaffen.

Man denke durch den Mittelpunct M einer Kugel eine feste Ebene p, die sie in einem Hauptkreise P schneidet; ferner einen der Kugel umschriebenen (geraden) Cylinder T, dessen Axe t, die immer durch M geht, gegen die Ebene p unter beliebigem Winkel λ geneigt ist, und welcher die Kugel in einem Hauptkreise $\mathfrak{E}$ berührt, der mit dem Kreise P einen Durchmesser QR oder Y gemein hat. Der Cylinder T schneidet die Ebene p in einer Ellipse E, die M zum Mittelpunct und QR zur kleinen Axe (2β) hat. Sei Z der auf der Ebene p senkrechte Kugeldurchmesser, und $\mathfrak{A}$ und $\mathfrak{B}$ dessen Endpuncte. Jede durch Z gelegte Ebene schneidet die Kugel in einem Hauptkreise $\mathfrak{K}$; geht die Ebene insbesondere durch Z und Y, so heisse der Kreis $\mathfrak{K}_0$. Jeder Kreis $\mathfrak{K}$ hat mit dem festen Kreise $\mathfrak{E}$ einen Durchmesser $\mathfrak{H}\mathfrak{H}_1$ gemein. Alle Kreise $\mathfrak{K}$ haben den Durchmesser $\mathfrak{A}\mathfrak{B}$ (oder Z) gemein, und die demselben conjugirten Durchmesser haben sie einzeln mit dem Kreise P gemein. Eine mit der Ebene p parallele, aber bewegliche, Ebene p_1 schneidet die Kugel in einem kleinen Kreise $\mathfrak{D}$, dessen Mittelpunct $\mathfrak{D}$ den Durchmesser $\mathfrak{A}\mathfrak{B}$ zum Ort hat. Der Kreis $\mathfrak{D}$ schneidet den festen Kreis $\mathfrak{E}$ in zwei Puncten $\mathfrak{C}$, die reell oder imaginär sein können, nämlich es giebt zwei besondere Kreise $\mathfrak{D}_0$ und $\mathfrak{D}'_0$, welche den Kreis $\mathfrak{E}$ nur berühren, und über diese hinaus schneiden sich $\mathfrak{D}$ und $\mathfrak{E}$ nicht mehr reell, aber die Schnittlinie $\mathfrak{C}\mathfrak{C}$ ihrer verlängerten Ebenen bleibt immerhin ihre ideelle gemeinschaftliche Chorde. Alle Kreise $\mathfrak{D}$ werden von der Ebene jedes Kreises $\mathfrak{K}$ in einem System paralleler Durchmesser $\mathfrak{G}\mathfrak{G}_1$ geschnitten, deren Endpuncte $\mathfrak{G}$ und $\mathfrak{G}_1$ in $\mathfrak{K}$ liegen; u. s. w.

Werden nun diese auf der Kugel beschriebenen Elemente nach der Richtung der Cylinder-Axe t auf die feste Ebene p projicirt, so ergiebt sich Folgendes:

Der Kreis P entspricht sich selbst. Dem Kreise $\mathfrak{E}$ entspricht die Ellipse E; dem senkrechten Durchmesser Z entspricht die grosse Axe X von E; den Endpuncten $\mathfrak{A}$ und $\mathfrak{B}$ entsprechen die Brennpuncte A und B von E. Jedem Kreise $\mathfrak{D}$ entspricht ein ihm gleicher Kreis D, dessen Mittelpunct D die Strecke AB der Axe X zum Ort hat; den zwei Schnittpuncten $\mathfrak{C}$ von $\mathfrak{D}$ und $\mathfrak{E}$ entsprechen die zwei Berührungspuncte C von D und E; den besonderen zwei Kreisen $\mathfrak{D}_0$ und $\mathfrak{D}'_0$ entsprechen die Krümmungskreise D_0 und D'_0 in den Scheiteln der grossen Axe X; und überhaupt, jenachdem der Kreis $\mathfrak{D}$ den Kreis $\mathfrak{E}$ schneidet oder nicht, hat D mit E reelle oder imaginäre Berührung, und der Schnittlinie $\mathfrak{C}\mathfrak{C}$ der Ebenen von $\mathfrak{D}$ und $\mathfrak{E}$ entspricht immer die reelle oder ideelle Berührungssehne CC von D und E. Die Kreise $\mathfrak{K}$ gehen in eine Schaar Ellipsen K über; je einem System paralleler Durchmesser $\mathfrak{G}\mathfrak{G}_1$ der Kreise $\mathfrak{D}$ entsprechen parallele Durchmesser GG_1 der Kreise D, deren Endpuncte G und G_1 in je einer Ellipse K liegen; den Schnittpuncten $\mathfrak{H}$ und $\mathfrak{H}_1$ von $\mathfrak{K}$ und $\mathfrak{E}$ entsprechen die Berührungspuncte H und H_1 von K und E, und HH_1 ist allemal gemeinsamer Durchmesser der letzteren; dem gemeinsamen Durchmesser $\mathfrak{A}\mathfrak{B}$ aller Kreise $\mathfrak{K}$ entspricht der gemeinsame Durchmesser AB aller Ellipsen K, und die diesen beiden Durchmessern beiderseits conjugirten Durchmesser fallen zusammen und sind zugleich die Durchmesser des Kreises P. Dem besonderen Kreise $\mathfrak{K}_0$ entspricht die besondere Ellipse K_0, u. s. w.

Die Verhältnisszahl oder der Coëfficient q wird hierbei bestimmt durch

$$q = \operatorname{tang}\lambda^2.$$

Ist insbesondere der Winkel $\lambda = 45^0$, so ist $q = 1$, und dann wird E die mehrerwähnte besondere Ellipse, bei der $\alpha = \beta\sqrt{2}$.

Anstatt der Kugel können auch andere Umdrehungsflächen zweiter Ordnung zu Hülfe genommen werden, nämlich die Sphäroïde und das zweitheilige Umdrehungs-Hyperboloïd. Dabei ist in gleicher Weise die feste Ebene p durch den Mittelpunct M der Fläche und senkrecht zu ihrer Drehaxe Z anzunehmen. Beim Hyperboloïd ist dann der umschriebene Cylinder T ein hyperbolischer, und sein Schnitt E mit der Ebene p ist eine Hyperbel, und ebenso werden alle Kegelschnitte K Hyperbeln, u. s. w.

Bei diesen Fällen wird die Grösse q durch den Winkel λ und durch die zwei verschiedenen Axen 2α, 2β der jedesmaligen Fläche bestimmt, nämlich es ist

$$q = \frac{\beta^2}{\alpha^2}\operatorname{tang}\lambda^2,$$

wo 2α die ungleiche Axe ist, die in der Drehaxe Z liegt.

§ 2.

Die vorstehende Untersuchung führte auf ein System von Kreisen, welche einen Kegelschnitt doppelt berühren. Aber es kamen dabei einerseits nicht alle Kreise in Betracht, welche den Kegelschnitt doppelt berühren, und andererseits stellten sich nicht alle Arten Kegelschnitte ein. Dies giebt Anlass, diesen Gegenstand für sich etwas ausführlicher zu erörtern. Es bieten sich dabei noch einige nicht ganz uninteressante Eigenschaften und Sätze dar.

1. Ein gegebener Kegelschnitt K kann von zwei Systemen oder zwei Schaaren von Kreisen P und Q doppelt berührt werden, deren Mittelpuncte in den beiden Axen X und Y des Kegelschnittes liegen, und zwar ist jeder Punct in der einen oder der anderen Axe als Mittelpunct eines solchen Kreises anzusehen, der reell oder imaginär ist. Die Kreise P, deren Mittelpuncte in der Hauptaxe X liegen, berühren den Kegelschnitt K von Innen und liegen ganz innerhalb desselben, wogegen die Kreise Q, deren Mittelpuncte in der zweiten Axe Y liegen, denselben entweder von Aussen berühren, oder ihn umschliessen und von ihm von Innen berührt werden. Die erste Kreisschaar P besteht aus reellen und imaginären Kreisen, wogegen die Kreise Q der anderen Schaar sämmtlich reell sind. Die reellen Kreise P der ersten Schaar zerfallen in zwei Abtheilungen, wovon die einen mit K reelle und die anderen imaginäre Berührung haben, (was bereits im Vorhergehenden sich herausstellte). Bei den Kreisen Q hängt es von der Art des Kegelschnittes K ab, ob ihn dieselben alle reell berühren, oder ob sie, ebenso wie jene, in zwei Abtheilungen zerfallen, wovon die einen ihn reell und die anderen imaginär berühren.

Sei $AA_1 = 2\alpha$ die Hauptaxe, in X, und $BB_1 = 2\beta$ die zweite Axe, in Y, seien ferner F und F_1 die Brennpuncte (in X) und $FF_1 = 2\gamma$; seien ferner $\mathfrak{A}$ und $\mathfrak{A}_1$, $\mathfrak{B}$ und $\mathfrak{B}_1$ beziehlich die Krümmungsmittelpuncte der Axen-Scheitel A und A_1, B und B_1, und sei endlich M der Mittelpunct des Kegelschnittes K, so lässt sich das Gesagte bei den verschiedenartigen Kegelschnitten, wie folgt, specieller angeben.

a. Bei der Ellipse. 1) Die Kreise P werden von der Ellipse umschlossen. Die Mittelpuncte der reellen Kreise P sind auf die Strecke FF_1 beschränkt, und jeder derselben berührt die Ellipse reell oder imaginär, jenachdem sein Mittelpunct in der Strecke $\mathfrak{A}\mathfrak{A}_1$, oder in einer der beiden Strecken $\mathfrak{A}F$ oder $\mathfrak{A}_1F_1$ liegt. Der Kreis P wird am grössten, ein Maximum, wenn er M zum Mittelpunct und $BB_1 = 2\beta$ zum Durchmesser hat; er wird um so kleiner, je weiter sein Mittelpunct von M absteht, bis er in den Grenzen F und F_1 sich auf seinen Mittelpunct reducirt. 2) Die Kreise Q umschliessen die Ellipse und berühren sie reell oder imaginär, jenachdem der Mittelpunct in der Strecke $\mathfrak{B}\mathfrak{B}_1$, oder auf der einen oder anderen Seite jenseits dieser Strecke liegt. Der Kreis Q wird ein Minimum, wenn er M zum Mittelpunct und $AA_1 = 2\alpha$ zum Durchmesser hat; er wird um so grösser, je weiter sein Mittelpunct von M absteht. — In beiden Fällen findet der Uebergang von den reell zu den imaginär berührenden Kreisen bei den Krümmungskreisen in den Scheiteln der respectiven Axen AA_1 und BB_1 statt.

b. Bei der Hyperbel. 1) Die Kreise P werden von der Hyperbel umschlossen. Die Mittelpuncte der reellen Kreise P liegen zu beiden Seiten jenseits der Strecke FF_1, von deren Endpuncten an bis in's Unendliche, und jeder Kreis P berührt die Hyperbel reell oder imaginär, jenachdem sein Mittelpunct jenseits der Strecke $\mathfrak{A}\mathfrak{A}_1$, oder in einer der beiden Strecken $\mathfrak{A}F$ oder $\mathfrak{A}_1F_1$ liegt; in den Grenzpuncten F und F_1 wird der Radius des Kreises gleich 0, etc. 2) Die Kreise Q berühren die Hyperbel von Aussen, jeder berührt beide Zweige derselben, und alle berühren reell, so dass jeder Punct der unbegrenzten Axe Y Mittelpunct eines die Hyperbel reell und doppelt berührenden Kreises Q ist. Der Kreis Q wird ein Minimum, wenn er M zum Mittelpunct und $AA_1 = 2\alpha$ zum Durchmesser hat; er wird um so grösser, je weiter sein Mittelpunct von M entfernt ist.

c. Bei der Parabel. 1) Die Kreise P werden von der Parabel umschlossen. Die Mittelpuncte der reellen Kreise P liegen von F an nach dem Innern der Parabel bis in's Unendliche, und jeder Kreis P berührt die Parabel reell oder imaginär, jenachdem sein Mittelpunct jenseits $\mathfrak{A}$, oder in der Strecke $F\mathfrak{A}$ liegt; bei F wird der Radius des Kreises gleich 0, etc. 2) Hier ist die zweite Axe Y unendlich entfernt; als ihr entsprechende Kreise Q kann man die gesammten Tangenten der Parabel ansehen.

Bemerkung I. Die Radien der Kreise P und Q, welche nach deren Berührungspuncten mit dem Kegelschnitte K gezogen werden, sind zugleich die Normalen des letzteren. Somit sind umgekehrt die beiden Kreisschaaren durch die Normalen des Kegelschnittes K bestimmt, nämlich dieselben, bis an die Axen X und Y genommen, sind die Radien der respectiven Kreise. Man erhält aber, wie aus dem Obigen ersichtlich, hierdurch nicht die ganze Kreisschaar P, sondern nur diejenige Abtheilung derselben, welche mit K reelle Berührung haben. Ebenso verhält es sich mit der zweiten Kreisschaar Q im Falle, wo K eine Ellipse ist. —

II. Von den zwei Kreisschaaren P und Q, die einen Kegelschnitt K doppelt berühren, will ich hier beiläufig folgenden Satz angeben:

„Die gemeinschaftliche Secante SS irgend zweier Kreise aus der nämlichen Schaar und ihre Berührungssehnen CC und C_1C_1 mit dem Kegelschnitte K sind parallel, und die erstere liegt immer in der Mitte zwischen den beiden letzteren.“ (Dabei können die genannten drei Geraden reell oder ideell sein.) Oder:

„Werden zwei gegebene Kreise N und N_1 von irgend einem Kegelschnitte K doppelt berührt, aber beide gleichartig, so sind die beiden Berührungssehnen CC und C_1C_1 immer mit der gemeinschaftlichen Secante SS der Kreise parallel und stehen gleichweit von ihr ab.“ — Die zwei äusseren, sowie die zwei inneren gemeinschaftlichen Tangenten der Kreise N und N_1 sind als ein solcher Kegelschnitt K anzusehen; und für diesen besonderen Fall ist der Satz bekannt. — Uebrigens findet der Satz auch etwas allgemeiner statt, was ich bei einer anderen Gelegenheit nachzuweisen mir vorbehalte.

III. Die Kreise Q der zweiten Schaar haben unter anderen folgende besondere Eigenschaft:

„Zieht man aus den Brennpuncten F und F_1 nach allen Tangenten des Kegelschnittes K Strahlen unter demselben beliebigen Winkel φ, so liegen ihre Fusspuncte allemal in einem solchen Kreise Q, so dass durch Aenderung des Winkels φ die ganze Schaar von Kreisen Q erhalten wird.“ Oder umgekehrt: „Bewegt sich ein beliebiger gegebener Winkel φ so, dass der eine Schenkel stets einen festen Kegelschnitt K berührt, während der andere beständig durch einen der beiden Brennpuncte F oder F_1 desselben geht, so beschreibt sein Scheitel einen solchen Kreis Q, welcher den Kegelschnitt doppelt berührt (reell oder imaginär) und seinen Mittelpunct in der zweiten Axe Y des letzteren hat. — Für den besonderen Fall, wo $\varphi = 90^0$, ist der Satz allgemein bekannt; ebenso für den Fall, wo K insbesondere eine Parabel, aber φ beliebig ist, und wobei der Kreis Q unendlich gross, d. h. eine Gerade, eine Tangente der Parabel wird. — Zur weiteren Entwickelung dieses Satzes und seines Zusammenhanges mit anderen Eigenschaften ist hier nicht der geeignete Ort.

2. Der Kürze halber wollen wir die obige Annahme (1): „dass X die erste oder die Hauptaxe des gegebenen Kegelschnittes K sei“, für einen Augenblick aufheben, und vielmehr es unbestimmt lassen, ob X die erste oder zweite Axe, und ob die ihr zugehörige Kreisschaar P die erste oder zweite sei, wobei dann in gleicher Weise unbestimmt bleibt, ob die in X liegende Axe $AA_1 = 2\alpha$, sowie die Brennpuncte F und F_1 und deren Abstand $FF_1 = 2\gamma$ u. s. w. reell oder imaginär seien. Alsdann braucht man nur von einer Kreisschaar P zu sprechen und kann doch die übereinstimmenden Eigenschaften beider Schaaren zugleich beschreiben.

Einige schon im Früheren angedeutete Sätze (§ 1, 2. Auflösung) lauten nun vollständiger, wie folgt:

„Werden in einer Schaar von Kreisen P, welche einen gegebenen Kegelschnitt K doppelt berühren, nach beliebiger Richtung R parallele Durchmesser GG_1 gezogen, so liegen deren Endpuncte

G und G_1 in irgend einem anderen Kegelschnitte K_1, welcher FF_1 zum Durchmesser hat, der mit den Brennpuncten F und F_1 zugleich reell oder imaginär ist. Der diesem Durchmesser FF_1 conjugirte Durchmesser $G^0G_1^0$ in K_1 ist der Richtung R parallel, nämlich er ist zugleich der Durchmesser GG_1 desjenigen Kreises P, dessen Mittelpunct in M liegt, und somit ist er auch gleich der anderen Axe $BB_1 = 2\beta$ des gegebenen Kegelschnittes K (1) und mit derselben zugleich reell oder imaginär. Daher ist die Summe der Quadrate dieser conjugirten Durchmesser FF_1 und $G^0G_1^0$ von K_1 gleich dem Quadrat der Axe $AA_1 = 2\alpha$ von K.“ Werden diese conjugirten Durchmesser von K_1, als solche, durch $2f$ und $2g$ bezeichnet, so ist $f = \gamma$ und $g = \beta$, und da in K

$$\beta^2 + \gamma^2 = \alpha^2,$$

so ist auch, wie behauptet,

$$g^2 + f^2 = \alpha^2.$$

Ferner: Der Kegelschnitt K_1 berührt den gegebenen K in denjenigen zwei Puncten H und H_1, in welchen die Normalen auf K der Richtung R parallel sind, somit in den Endpuncten eines gemeinsamen Durchmessers $HH_1 = 2h$. Die diesem Durchmesser in beiden Kegelschnitten K und K_1 conjugirten Durchmesser $LL = 2l$ und $L_1L_1 = 2l_1$ fallen also auf einander, und die Differenz ihrer Quadrate ist gleich dem Quadrat der anderen Axe BB_1 des gegebenen Kegelschnittes K. Denn in Rücksicht auf K_1 ist $h^2 + l_1^2 = g^2 + f^2 = \alpha^2$, und in Bezug auf K ist $h^2 + l^2 = \alpha^2 + \beta^2$, folglich ist

$$l^2 - l_1^2 = \beta^2.$$

Wird die Richtung R so viel wie möglich geändert, so entsteht eine Schaar von Kegelschnitten K_1, oder abgekürzt $S.K_1$, welche insgesammt folgende Eigenschaften haben:

„Die $S.K_1$ haben FF_1 zum gemeinsamen Durchmesser und sind daher unter sich und mit K concentrisch. Die diesem Durchmesser conjugirten Durchmesser $G^0G_1^0$ in der $S.K_1$ sind zugleich die gesammten Durchmesser desjenigen Kreises P, welcher M zum Mittelpunct hat, also alle gleich und auch gleich der anderen Axe BB_1 des K. Daher ist für alle K_1 die Summe der Quadrate conjugirter Durchmesser constant, und zwar gleich dem Quadrat der fixirten Axe AA_1 des K (denn es ist $g^2 + f^2 = \alpha^2$). Der über der Axe $AA_1 = 2\alpha$, als Durchmesser, beschriebene Kreis M hat daher die Eigenschaft, dass die aus irgend einem Puncte m seines Umfanges an je einen K_1 gelegten Tangenten allemal einen rechten Winkel bilden. Die $S.K_1$ haben den gegebenen Kegelschnitt K zur gemeinsamen Enveloppe, nämlich jeder von jenen berührt diesen in den Endpuncten eines ihnen gemeinsamen Durchmessers HH_1, und zwar in denjenigen Puncten, in welchen die Normalen der zugehörigen Richtung R parallel sind. Die diesem Durchmesser HH_1 in dem jedesmaligen K_1 und in K conjugirten Durchmesser $L_1L_1 = 2l_1$ und $LL = 2l$ fallen auf einander, und die Differenz ihrer Quadrate ist constant, nämlich gleich dem Quadrat der anderen Axe $BB_1 = 2\beta$ des K (oder $l^2 - l_1^2 = \beta^2$, oben)." — „Legt man aus irgend einem Puncte p des gemeinsamen Durchmessers FF_1 oder seiner Verlängerung an jeden K_1 zwei Tangenten pg und pg_1, so liegen die Berührungspuncte g und g_1 sämmtlich in einem der Kreise P, die Berührungssehnen gg_1 sind Durchmesser desselben und schneiden sich somit in einem Punct." — „Die $S.K_1$ sind unter sich und im Allgemeinen auch mit K von gleicher Art, nur wenn K eine Ellipse und X ausdrücklich die zweite oder kleine Axe derselben ist, sind die $S.K_1$ anderer Art, nämlich Hyperbeln."

Gemäss einer früheren Bemerkung (1, I) kann man den ersten Satz auch so aussprechen:

„Werden die Normalen eines Kegelschnittes K bis an eine seiner Axen X gezogen und um die Puncte, in welchen sie diese treffen, so herumbewegt, bis sie irgend einer gegebenen Richtung R parallel sind, so liegen ihre Endpuncte allemal in irgend einem anderen Kegelschnitte K_1, welcher jenen ersten in den Endpuncten eines ihnen gemeinsamen Durchmessers HH_1 berührt, und welcher allemal den Abstand FF_1 der in der Axe X liegenden Brennpuncte des K von einander zum Durchmesser hat." U. s. w.

3. Aus dem Vorhergehenden ergeben sich durch Umkehrung folgende Sätze:

„Zieht man in einem gegebenen Kegelschnitte K_1 ein System paralleler Sehnen GG_1 nach beliebiger Richtung R, so liegen ihre Mitten P in einem Durchmesser $FF_1 = 2f$ desselben; und beschreibt man über den Sehnen, als Durchmesser, Kreise P, so haben diese irgend einen bestimmten anderen Kegelschnitt K zur Enveloppe, und zwar berühren sie ihn doppelt, jeder in zwei Puncten C. Eine Axe $AA_1 = 2\alpha$ des K fällt auf den Durchmesser FF_1 und die ihr zugehörigen Brennpuncte fallen in dessen Endpuncte F und F_1, so dass also $FF_1 = 2\gamma$ die doppelte Excentricität des K und dieser mit K_1 concentrisch ist. Die andere Axe $BB_1 = 2\beta$ des K ist dem zum System der Sehnen GG_1 gehörigen, und dem FF_1 conjugirten Durchmesser $G^0G_1^0 = 2g$ des

K_1 gleich. Daher ist das Quadrat jener Axe AA_1 des K gleich der Summe der Quadrate der conjugirten Durchmesser FF_1 und $G^0 G_1^0$ des K_1. Die aus einem Scheitel A der Axe AA_1 an K_1 gelegten Tangenten $A\mathfrak{G}$ und $A\mathfrak{G}_1$ bilden einen rechten Winkel, und die Berührungssehne $\mathfrak{G}\mathfrak{G}_1$ gehört mit zum System von Sehnen GG_1, sie ist der Durchmesser des Krümmungskreises, oder ihre Mitte ist der Krümmungsmittelpunct $\mathfrak{A}$ des Kegelschnittes K in jenem Scheitel A (§ 1, 2. Auflösung). — Der Kegelschnitt K berührt den gegebenen K_1 in den Endpuncten eines ihnen gemeinsamen Durchmessers HH_1, und zwar in denjenigen Puncten H und H_1, in welchen die Normalen des K_1 der Richtung R und somit auch den Tangenten in F und F_1 an K_1 parallel sind Daher sind die Brennpuncte F und F_1 und die Berührungspuncte H und H_1 des K zugleich auch die Berührungspuncte der Seiten eines dem K_1 umschriebenen Rechtecks. Die dem Durchmesser $HH_1 = 2h$ beiderseitig conjugirten Durchmesser $2l$ und $2l_1$ fallen auf einander und es ist

$$l^2 - l_1^2 = \beta^2 = g^2.\text{“}$$

Wird die Richtung R so viel wie möglich geändert, so entsteht auf diese Weise bei demselben gegebenen Kegelschnitte K_1 eine Schaar von Kegelschnitten K, oder $S.K$, welche folgende gemeinsame Eigenschaft haben:

„Die $S.K$ haben mit K_1 denselben Mittelpunct M. Alle K haben eine gleiche Axe AA_1, deren Quadrat der Summe der Quadrate je zweier conjugirten Durchmesser des K_1 gleich ist; daher sind sämmtliche Axen AA_1 Durchmesser eines Kreises M, welcher in Bezug auf K_1 der Ort der Scheitel der ihm umschriebenen rechten Winkel ist. Die in den Axen AA_1 liegenden Brennpuncte F und F_1 der $S.K$ sind zugleich die Endpuncte je eines Durchmessers FF_1 des K_1, und somit ist K_1 ihr geometrischer Ort. Der genannte Kreis M ist ferner für jeden Kegelschnitt K der Ort der Fusspuncte der aus seinen Brennpuncten F und F_1 auf seine Tangenten gefällten Perpendikel.“ — „Die anderen Axen BB_1 der $S.K$ sind respective den einzelnen Durchmessern des K_1 gleich, nämlich je dem, der dem Durchmesser FF_1 conjugirt ist. Der Ort der Endpuncte dieser Axen BB_1 ist eine Curve vierten Grades*).“ — „Jeder Kegelschnitt K berührt den gegebenen K_1 in den Endpuncten eines ihnen gemeinsamen Durchmessers HH_1, in welchen Endpuncten

*) Die Gleichung der genannten Curve ist

$$(x^2+y^2)(a^2x^2+b^2y^2+a^2b^2) = (a^2+b^2)(a^2x^2+b^2y^2),$$

wobei a, b die Halbaxen des gegebenen Kegelschnittes K_1 sind.

nämlich die Normalen der jedesmaligen Richtung R parallel sind; die beiden Brennpuncte F und F_1 und die beiden Berührungspuncte H und H_1 jedes K sind immer zugleich die Berührungspuncte der zwei Paar Gegenseiten eines dem K_1 umschriebenen Rechtecks, und es giebt allemal einen zweiten K, welcher verwechselt H und H_1 zu Brennpuncten und F und F_1 zu Berührungspuncten hat.“ Und umgekehrt: „Die zwei Paar Berührungspuncte der Gegenseiten eines jeden dem K_1 umschriebenen Rechtecks entsprechen in diesem Sinne zweien Kegelschnitten K.“ — „Die gemeinsame Enveloppe aller K besteht aus zwei Theilen, aus dem gegebenen Kegelschnitte K_1 und aus dem genannten Kreise M; letzterer berührt jeden K in den Endpuncten A und A_1 seiner Axe AA_1.“ — „Das dem K_1 eingeschriebene Viereck, dessen Ecken in den Berührungspuncten eines umschriebenen Rechtecks liegen, wie FHF_1H_1, ist ein Parallelogramm, seine Seiten sind den Diagonalen des Rechtecks parallel, und von den sich anliegenden Seiten desselben ist die Summe oder der Unterschied constant, und zwar gleich der Diagonale des Rechtecks, also $FH+F_1H=AA_1=2a$. Die im vorstehenden Satze genannte besondere Sehne $\mathfrak{S}\mathfrak{S}_1$, Durchmesser des Krümmungskreises P_0 im Scheitel A jedes K, berührt oder hat zur Enveloppe einen bestimmten Kegelschnitt M_1, nämlich die Polarfigur des Kreises M in Bezug auf den gegebenen Kegelschnitt K_1; dieser Kegelschnitt M_1 hat ebenfalls M zum Mittelpunct. Der Ort der Mitten der Sehnen $\mathfrak{S}\mathfrak{S}_1$ oder der Krümmungsmittelpuncte $\mathfrak{A}$ aller K in ihren Axen-Scheiteln A (und A_1) ist eine Curve vierten Grades*), die M zum Mittelpunct und zudem die Eigenschaft hat, dass je zwei Durchmesser derselben, $\mathfrak{A}\mathfrak{A}_1$ und $\mathfrak{A}^0\mathfrak{A}_1^0$, welche auf irgend zwei conjugirte Durchmesser FF_1 und $G^0G_1^0$ von K_1 fallen, constante Summe oder constanten Unterschied haben, und zwar so, dass $\mathfrak{A}\mathfrak{A}_1 \pm \mathfrak{A}^0\mathfrak{A}_1^0 = AA_1 = 2a$ ist, und dass ferner die Durchmesser $\mathfrak{A}^0\mathfrak{A}_1^0$ der Curve einzeln den Durchmessern $\mathfrak{S}\mathfrak{S}_1$ der genannten Krümmungskreise P_0 gleich sind.“ Denn auf je zwei conjugirte Durchmesser FF_1 und $G^0G_1^0$ des K_1 (Taf. XX Fig. 4) fallen immer die Diagonalen AA_1 und $A^0A_1^0$ eines umschriebenen Rechtecks $AA^0A_1A_1^0$, und auch umgekehrt, und dabei sind die Seiten des zugehörigen eingeschriebenen Parallelogramms $\mathfrak{S}\mathfrak{S}_1\mathfrak{S}_2\mathfrak{S}_3$ (gleichbedeutend mit dem genannten FHF_1H_1) den Diagonalen des Rechtecks parallel, so dass

*) Die Gleichung dieser Curve ist

$$(a^2+b^2)(a^2y^2+b^2x^2)^2 = a^4b^4(y^2+x^2),$$

wo a und b die Halbaxen des K_1 sind.

$\mathfrak{A}\mathfrak{A}_1 = \mathfrak{S}\mathfrak{S}_3$ und $\mathfrak{A}^0\mathfrak{A}_1^0 = \mathfrak{S}\mathfrak{S}_1$, und somit $\mathfrak{A}\mathfrak{A}_1 + \mathfrak{A}^0\mathfrak{A}_1^0 = \mathfrak{S}\mathfrak{S}_3 + \mathfrak{S}\mathfrak{S}_1 = AA_1 = 2\alpha$ ist. Uebrigens ist auch nach früherem (§ 1, 2. Auflös.) $M\mathfrak{A} = \frac{f^2}{\alpha}$ und $M\mathfrak{A}^0 = \frac{g^2}{\alpha}$, und somit $M\mathfrak{A} + M\mathfrak{A}^0 = \frac{f^2+g^2}{\alpha} = \alpha$.

Es folgt ferner:

„Die Tangenten jedes Kegelschnittes K schneiden alle den Kreis M; und umgekehrt: jede Sehne mn des Kreises M, die den gegebenen Kegelschnitt K_1 nicht schneidet, berührt irgend zwei bestimmte Kegelschnitte K, und zwar sind diese dadurch bestimmt, dass die auf die Sehne, in deren Endpuncten m und n, errichteten Perpendikel mm_1 und nn_1 den K_1 in den zwei Paar Brennpuncten F und F_1 derselben schneiden. Wenn insbesondere die Sehne mn den gegebenen Kegelschnitt K_1 berührt, in einem Puncte H, so berühren ihn auch die Perpendikel mm_1 und nn_1 in einem Punctenpaar F und F_1, und alsdann fallen die zwei K in einen zusammen, welcher die Sehne mn und den K_1 in jenem Puncte H zugleich berührt; etc.“

„Die $S.K$ sind im Allgemeinen mit K_1 von gleicher Art; wenn jedoch K_1 eine Hyperbel ist, so können die $S.K$ sowohl Ellipsen als Hyperbeln sein, sowie auch imaginär werden.“ — Ueberhaupt treten bei den angegebenen Eigenschaften verschiedene Modificationen ein, wenn der gegebene Kegelschnitt K_1 eine Parabel oder eine besondere Hyperbel (gleichseitig, oder mit stumpfem Asymptotenwinkel) ist.

Aus der Bestimmungsart und aus den angegebenen Eigenschaften des dem K_1 eingeschriebenen Parallelogramms FHF_1H_1 (oder $\mathfrak{S}\mathfrak{S}_1\mathfrak{S}_2\mathfrak{S}_3$, Taf. XX Fig. 4.) geht hervor, dass seine Winkel durch die respectiven Normalen (und Tangenten) des K_1 gehälftet werden, so dass daher, im Falle K_1 eine Ellipse ist, sein Umfang ein Maximum sein muss*), was den interessanten Satz giebt:

„Unter allen einer gegebenen Ellipse K_1 eingeschriebenen Vierecken hat dasjenige den grössten Umfang, dessen Ecken in den Berührungspuncten der Seiten eines der Ellipse umschriebenen Rechtecks liegen; es giebt unendlich viele solche Vierecke, nämlich jeder Punct der Ellipse ist Ecke eines solchen Vierecks, dessen Umfang ein Maximum ist; aber alle diese grössten Umfänge sind einander gleich, und zwar gleich der doppelten Diagonale des genannten Rechtecks, oder gleich der vierfachen Sehne, welche zwei Axen-Scheitel der Ellipse

---

*) S. meine Abhandl. im *Journal de Mathém.* de Mr. *Liouville*, tome VI, oder im *Journal f. Mathem* Bd. 24 S. 151 von *Crelle*. Cf. Bd. II S. 241 dieser Ausgabe.

verbindet, also gleich $4\sqrt{(a^2+b^2)} = 4\alpha$. Alle diese Vierecke von grösstem Umfange, die sämmtlich Parallelogramme, sind zugleich einer bestimmten anderen Ellipse M_1 umschrieben, deren Axen $2a_1$, $2b_1$ auf die gleichnamigen Axen $2a$, $2b$ der gegebenen Ellipse K_1 fallen, und welche mit letzterer confocal ist. Nämlich zwischen den Axen beider Ellipsen finden folgende Grössen-Relationen statt:

$$(1)\qquad \frac{a_1}{b_1} = \frac{a^2}{b^2}; \qquad (2)\qquad a_1^2 - b_1^2 = a^2 - b^2;$$

und daraus

$$(3)\qquad a_1 = \frac{a^2}{\sqrt{a^2+b^2}} \quad \text{und} \quad b_1 = \frac{b^2}{\sqrt{a^2+b^2}};$$

$$(4)\qquad a^2 = a_1(a_1+b_1) \quad \text{und} \quad b^2 = b_1(a_1+b_1);$$

$$(5)\qquad (a_1+b_1)^2 = a^2+b^2 = \alpha^2;$$

$$(6)\qquad a_1 b_1 = \frac{a^2 b^2}{a^2+b^2};$$

$$(7)\qquad ab = (a_1+b_1)\sqrt{(a_1 b_1)};\ \text{etc.“}$$

Hierbei will ich noch eines interessanten Umstandes erwähnen. Aus einem Satze nämlich, der zu meinen Untersuchungen über Maximum und Minimum gehört, lässt sich leicht darthun, dass die nämlichen genannten Vierecke (FHF_1H_1 oder $\mathfrak{G}\mathfrak{G}_1\mathfrak{G}_2\mathfrak{G}_3$) in Bezug auf die zweite Ellipse M_1 zugleich auch die Eigenschaft haben, dass sie unter allen ihr umschriebenen Vierecken den kleinsten Umfang haben, so dass man mit dem vorstehenden zugleich den folgenden Satz hat:

„Unter allen einer gegebenen Ellipse M_1 umschriebenen Vierecken hat dasjenige den kleinsten Umfang, bei welchem die Normalen in den Berührungspuncten seiner Seiten eine Raute (gleichseitiges Viereck) bilden. Es giebt unendlich viele solche Vierecke, deren Umfang ein Minimum ist, jede Tangente der Ellipse ist Seite eines derselben, aber der Umfang ist bei allen gleich, und zwar gleich der doppelten Summe der Axen der Ellipse, also $= 4a_1 + 4b_1$. Alle diese Vierecke, Parallelogramme, sind zugleich einer bestimmten anderen Ellipse K_1 eingeschrieben und haben unter allen ihr eingeschriebenen Vierecken den grössten Umfang; etc.“

Für je zwei Ellipsen, deren gleichnamige Axen auf einander liegen und nach Grösse den obigen Gleichungen (1) und (2) genügen, finden also die angegebenen Eigenschaften statt, nämlich, dass sich unendlich viele Parallelogramme der einen einschreiben und zugleich der anderen umschreiben lassen, und dass der Umfang derselben constant ist, und dass dieser

Umfang bei der ersten Ellipse ein Maximum, dagegen bei der anderen ein Minimum ist in Bezug auf alle anderen Vierecke, welche jener eingeschrieben und dieser umschrieben sind. Auf je zwei conjugirte Durchmesser der inneren Ellipse M_1 fallen die Diagonalen FF_1 und HH_1 eines der genannten Parallelogramme, sie werden durch die äussere Ellipse K_1 begrenzt.

Der Inhalt der verschiedenen Parallelogramme (FHF_1H_1) ist nicht constant, so wenig als der Inhalt der zugehörigen (der Ellipse K_1 umschriebenen) Rechtecke, „vielmehr ist jener ein Maximum oder ein Minimum, und dieser gleichzeitig umgekehrt ein Minimum oder ein Maximum, wenn die Seiten des Parallelogramms beziehlich den gleichen conjugirten Durchmessern oder den Axen der Ellipse K_1 parallel sind, oder wenn die Diagonalen des Rechtecks auf jene Durchmesser oder auf diese Axen fallen.“ Wird der Inhalt des Rechtecks durch R und der Inhalt des zugehörigen Parallelogramms durch P bezeichnet, so ist stets

$$R.P = 8a^2b^2 = 8a_1b_1(a_1+b_1)^2,$$

also das Product der Inhalte constant. Werden ferner die Maxima der Inhalte R und P durch R_m und P_m und die Minima durch R_n und P_n bezeichnet, so hat man

$$R_m = 2(a^2+b^2) = 2(a_1+b_1)^2, \quad \text{und} \quad R_n = 4ab = 4(a_1+b_1)\sqrt{a_1b_1};$$

$$P_n = \frac{4a^2b^2}{a^2+b^2} = 4a_1b_1, \quad \text{und} \quad P_m = 2ab = 2(a_1+b_1)\sqrt{a_1b_1};$$

$$R_m \pm R_n = 2(a\pm b)^2;$$

$$P_m \pm P_n = 2(\sqrt{a_1}\pm\sqrt{b_1})^2\sqrt{a_1b_1}; \quad \text{etc.}$$

Ueber die der Ellipse K_1 umschriebenen Rechtecke $AA^0A_1A_1^0$ und die zugehörigen eingeschriebenen Parallelogramme $\mathfrak{G}\mathfrak{G}_1\mathfrak{G}_2\mathfrak{G}_3$ (oder FHF_1H_1) will ich hier noch folgende Eigenschaften angeben. Man bezeichne die Brennpuncte der Ellipse K_1 durch B und B_1 und setze $BB_1 = 2b$.

„Die vier Ecken jedes der genannten Rechtecke liegen mit den beiden Brennpuncten B und B_1 in einer gleichseitigen Hyperbel $\mathfrak{H}$, welche mit der Ellipse K_1 concentrisch ist, nämlich AA_1, $A^0A_1^0$, BB_1 zu Durchmessern und M zum Mittelpuncte hat; und ebenso liegen die Ecken des Parallelogramms $\mathfrak{G}\mathfrak{G}_1\mathfrak{G}_2\mathfrak{G}_3$ mit den Brennpuncten B und B_1 in einer anderen gleichseitigen Hyperbel $\mathfrak{H}_1$, welche mit $\mathfrak{H}$ den Durchmesser BB_1 gemein hat, und also mit ihr und mit K_1 concentrisch ist. Die Hauptaxen $2a$ und $2a_1$ dieser beiden zusammengehörigen, gleichseitigen Hyperbeln $\mathfrak{H}$ und $\mathfrak{H}_1$ bilden einen constanten Winkel von 45 Grad, und zudem ist die Summe der

Biquadrate dieser Axen constant, und zwar dem Biquadrate jenes Durchmessers BB_1 oder $2b$ gleich, oder

$$a^4 + a_1^4 = b^4.$$

Die auf diese Weise bestimmten zwei Schaaren gleichseitige Hyperbeln, $S(\mathfrak{H})$ und $S(\mathfrak{H}_1)$, sind im Ganzen nur eine und dieselbe Schaar, $S(\mathfrak{H}, \mathfrak{H}_1)$, und als solche einfach dadurch bestimmt, dass sie den reellen Durchmesser BB_1 gemein haben. Ihre Tangenten in den Scheiteln ihrer Hauptaxen berühren sämmtlich diejenige $\mathfrak{H}_0$ unter ihnen, welche die grösste Axe, nämlich den Durchmesser BB_1 zur Hauptaxe hat. Daher liegen die Hauptscheitel der $S(\mathfrak{H}, \mathfrak{H}_1)$ in einer *Lemniscate*, welche BB_1 zur Axe und M zum Mittelpuncte hat." In dem Gesagten ist somit auch der Satz enthalten: „Die Lemniscate hat die Eigenschaft, dass die Summe der Biquadrate je zweier Durchmesser derselben, welche einen Winkel von 45 Grad einschliessen, constant, und zwar dem Biquadrat ihrer Axe gleich ist."

Durch Umkehrung folgt:

„Jede gleichseitige Hyperbel $\mathfrak{H}$ (oder $\mathfrak{H}_1$), welche mit einer gegebenen Ellipse K_1 concentrisch ist und durch deren Brennpuncte B, B_1 geht, schneidet dieselbe in den Ecken $(\mathfrak{G}, \mathfrak{G}_1, \mathfrak{G}_2, \mathfrak{G}_3)$ irgend eines ihr eingeschriebenen Parallelogramms, oder in den Berührungspuncten der Seiten eines ihr umschriebenen Rechtecks." Oder:

„Die Schaar gleichseitiger Hyperbeln $\mathfrak{H}$, welche einen nach Grösse und Lage gegebenen Durchmesser BB_1 gemein haben, besitzen die Eigenschaft, dass die Tangenten in ihren Hauptscheiteln sämmtlich eine und dieselbe und zwar diejenige $\mathfrak{H}_0$ unter ihnen berühren, welche jenen Durchmesser zur Hauptaxe hat; dass ihre Hauptscheitel in einer Lemniscate liegen, welche denselben Durchmesser BB_1 zur Axe hat, und dass auch ihre Brennpuncte in einer Lemniscate liegen, etc." Und ferner: „Jeder mit den Hyperbeln concentrische Kreis M, dessen Durchmesser grösser als BB_1 ist, schneidet jede derselben in den Ecken eines Rechtecks $AA^0A_1A_1^0$, und alle diese Rechtecke sind einer und derselben Ellipse K_1, welche die Endpuncte B und B_1 jenes Durchmessers zu Brennpuncten hat, umschrieben und berühren sie in solchen 4 Puncten etc." Oder: „Jede Ellipse K_1, welche die Endpuncte des Durchmessers BB_1 zu Brennpuncten hat, schneidet jede Hyperbel $\mathfrak{H}$ in den Ecken eines Parallelogramms, alle diese Parallelogramme haben gleichen Umfang und sind zugleich einer anderen Ellipse M_1 umschrieben, welche mit jener concentrisch ist; u. s. w. —

4. Die obige Betrachtung der beiden Kreisschaaren P und Q (1. u. f.), welche einen gegebenen Kegelschnitt K doppelt berühren, ist übrigens nur ein besonderer Fall von der allgemeinen Betrachtung, wo der gegebene Kegelschnitt K von solchen beliebigen anderen Kegelschnitten P und Q berührt werden soll, welche durch zwei gegebene Puncte a und b gehen. Denn unter dieser Bedingung finden bekanntlich gleicherweise zwei Kegelschnitt-Schaaren P und Q statt, welche die Eigenschaft haben, dass ihre Berührungssehnen $\mathfrak{P}\mathfrak{P}_1$ und $\mathfrak{Q}\mathfrak{Q}_1$ mit K beziehlich durch zwei feste Puncte p und q in der Geraden ab gehen. Diese Puncte p und q sind auch dadurch bestimmt, dass sie sowohl zu den gegebenen Puncten a und b, als auch zu den Schnitten s und t der Geraden ab und des Kegelschnittes K zugeordnete harmonische Puncte sind. In jenem speciellen Falle nun, wo bloss verlangt wird, die Kegelschnitte P und Q sollen Kreise sein, werden durch diese Bedingung die Puncte a und b stillschweigend gesetzt, aber sie sind imaginär und liegen auf der unendlich entfernten Geraden ab der Ebene; dagegen bleiben die genannten festen Puncte p und q reell und liegen nach den Richtungen der Axen X und Y des Kegelschnitts K auf der unendlich entfernten Geraden ab, so dass die Berührungssehnen $\mathfrak{P}\mathfrak{P}_1$ und $\mathfrak{Q}\mathfrak{Q}_1$ beziehlich diesen Axen parallel laufen.

5. Wollte man die obige Betrachtung in der Art umkehren, dass man zwei beliebige Kreise M und N als gegeben annähme und sodann die sämmtlichen Kegelschnitte K berücksichtigte, welche dieselben doppelt berühren, so würde man zu neuen Resultaten gelangen, deren Entwickelung hier zu weit führen würde. Aber auch diese Betrachtung wäre wiederum nur ein besonderer Fall von derjenigen, wo statt der gegebenen Kreise zwei beliebige Kegelschnitte M und N angenommen werden, und worüber ich das Nähere bei einer anderen Gelegenheit mitzutheilen mir vorbehalte. Hier will ich mich auf folgende, darauf bezügliche Angaben beschränken.

Die Aufgabe:

„Einen Kegelschnitt K zu finden, welcher jeden von drei gegebenen Kegelschnitten M, N, O doppelt berührt,“

ist im Allgemeinen mehr als bestimmt, und nur unter gewissen beschränkenden Bedingungen möglich. Diese Bedingungen lassen sich, wie folgt, näher angeben.

Ein Kegelschnitt hat unendlich viele Trippel zugeordnete harmonische Pole x, y, z und zugeordnete harmonische Gerade X, Y, Z. Je zwei (in derselben Ebene liegende) Kegelschnitte haben ein solches Trippel zugeordnete harmonische Pole x, y, z und Gerade X, Y, Z gemein, und zwar sind jene die Ecken und diese die Seiten eines und desselben Dreiecks, oder sie haben drei Paar sich zugehörige Pole und Polaren x und X, y

und Y, z und Z gemein (Abhäng. geom. Gestalten § 44 S. 165 u. 166)*). Ferner haben die zwei Kegelschnitte drei Paar gemeinschaftliche Secanten $\mathfrak{x}$ und $\mathfrak{x}_1$, $\mathfrak{y}$ und $\mathfrak{y}_1$, $\mathfrak{z}$ und $\mathfrak{z}_1$ (reell oder imaginär), welche sich beziehlich in jenen Polen x, y, z schneiden.

Nun seien a und A irgend eins der drei Paare von sich zugehörigen gemeinschaftlichen Polen und Polaren der gegebenen Kegelschnitte M und N; ein eben solches Paar seien b und B von den Kegelschnitten M und O, und ein gleiches Paar seien c und C von den Kegelschnitten N und O; ferner seien α und α_1, β und β_1, γ und γ_1 die in den Polen a, b, c sich schneidenden gemeinschaftlichen Secanten der respectiven Kegelschnitte M und N, M und O, N und O; und endlich seien A_1, B_1, C_1 die Seiten bc, ac, ab des Dreiecks abc, so wie a_1, b_1, c_1 die Ecken des Dreiseits ABC, so sind die genannten Bedingungen folgende:

„Die Dreiecke abc und ABC (oder $a_1b_1c_1$) müssen perspectivisch sein, d. h. die drei Geraden aa_1, bb_1, cc_1 durch ihre entsprechenden Ecken müssen sich in einem Puncte treffen, oder, was gleichbedeutend ist, die drei Schnittpuncte ihrer entsprechenden Seiten (A und A_1, B und B_1, C und C_1) müssen in einer Geraden liegen; und ferner müssen die Seiten B_1 und C_1 zu den Secanten α und α_1, sowie die Seiten A_1 und C_1 zu den Secanten β und β_1, und ebenso die Seiten A_1 und B_1 zu den Secanten γ und γ_1 harmonisch sein.“

Finden sich diese Bedingungen erfüllt, so giebt es einen Kegelschnitt K, welcher die drei gegebenen Kegelschnitte M, N und O doppelt berührt, und zwar sind dann die Seiten A_1, B_1, C_1 des Dreiecks abc zugleich seine Berührungssehnen mit den respectiven Kegelschnitten M, N, O; auch sind a und A, b und B, c und C drei Paar sich entsprechende Pole und Polaren in Bezug auf den Kegelschnitt K, und dieser ist durch dieselben bestimmt. Und umgekehrt: wenn ein Kegelschnitt K irgend drei andere Kegelschnitte M, N, O doppelt berührt, so finden die genannten Eigenschaften statt. — Lässt man jeden der drei Kegelschnitte M, N, O entweder 1) in zwei Puncte oder 2) in zwei Gerade übergehen, so resultiren aus den angegebenen Bedingungen die bekannten *Pascal*'schen und *Brianchon*'schen Sätze über das einem Kegelschnitte K eingeschriebene oder umschriebene Sechseck. Ferner erhält man andere specielle Sätze, wenn von den drei Kegelschnitten M, N, O entweder 3) zwei in zwei Paar Puncte und der dritte in ein Paar Gerade, oder 4) einer in zwei Puncte und jeder der beiden übrigen in zwei Gerade übergeht.

6. In Rücksicht auf bloss einfache Berührung der Kegelschnitte unter einander ist meines Wissens bis jetzt noch wenig geschehen. In älterer

*) Cf. Bd. I. S. 351 dieser Ausgabe.

und selbst bis in die neueste Zeit hat man sich fast ausschliesslich nur mit dem sehr beschränkten Falle, mit dem Berührungsproblem bei Kreisen beschäftigt, aber nicht mit den entsprechenden Aufgaben bei den allgemeinen Kegelschnitten. Die letzteren sind aber auch in der That ungleich schwieriger. Um dies zu zeigen, wird es genügen, hier nur die folgende Hauptaufgabe hervorzuheben, nämlich:

„Einen Kegelschnitt K zu finden, welcher irgend fünf gegebene Kegelschnitte berührt."

Beschränkt man sich darauf, nur die Anzahl der fraglichen Kegelschnitte K, nicht diese selbst zu finden, so lässt sich schon an gewissen speciellen Fällen ermessen, dass dieselbe bedeutend grösser sein muss, als bei dem Problem über die Kreise, wo bekanntlich drei gegebene Kreise von 8 verschiedenen anderen Kreisen berührt werden können. Denn z. B. schon für den Fall, wo jeder der fünf gegebenen Kegelschnitte aus zwei Geraden besteht, giebt es 32 Kegelschnitte K, welche der Aufgabe genügen; und eben so viele giebt es, wenn jeder der gegebenen Kegelschnitte aus zwei Puncten besteht. Und wenn ferner von den fünf gegebenen Kegelschnitten drei aus drei Paar Geraden und zwei aus zwei Paar Puncten bestehen, so finden schon 128 Auflösungen statt; und eben so viele finden statt, wenn zwei der gegebenen Kegelschnitte aus zwei Paar Geraden und die drei übrigen aus drei Paar Puncten bestehen. Diese respectiven 32 und 128 Kegelschnitte K sind übrigens auch selbst leicht zu finden, und zwar auf elementarem Wege, wie aus meinem kleinen Buche*) zu ersehen ist. Hiernach wird man um so mehr eine hohe Zahl von Lösungen zu gewärtigen haben, wenn die gegebenen fünf Kegelschnitte beliebig sind**).

Durch eine gewisse geometrische Betrachtung glaube ich nun gefunden zu haben: ***

„Dass fünf beliebige gegebene Kegelschnitte im Allgemeinen (und höchstens) von 7776 anderen Kegelschnitten K berührt werden."

Mein Verfahren erhebt sich stufenweise bis zur vorgelegten Aufgabe. Nämlich zuerst stelle ich die Frage:

„Wie viele Kegelschnitte K giebt es, welche durch vier gegebene Puncte gehen und einen gegebenen Kegelschnitt berühren?"

*) Die geom. Constructionen ausgeführt mittelst der geraden Linie und eines festen Kreises. § 20, S. 97 u. 99. Berlin 1833, bei F. Dümmler. Cf. Bd. I S. 514 u. 515 dieser Ausgabe.

**) Selbst bei den genannten besonderen Fällen lässt sich schon eine weit grössere Zahl von Lösungen nachweisen als die angegebene, wenn bemerkt wird, dass ein Kegelschnitt K einen anderen, welcher 1) aus zwei Geraden oder 2) aus zwei Puncten besteht, schon berührt, wenn er nur 1) durch den Schnittpunct der Geraden geht, oder 2) die durch die Puncte gezogene Gerade berührt.

***Sieh S. 739.

Hier ist leicht zu beweisen, dass es im Allgemeinen 6 solche Kegelschnitte K giebt. Sodann ist die zweite Frage:

„Wie viele Kegelschnitte K können durch drei gegebene Puncte gehen und zwei gegebene Kegelschnitte berühren?“

Hier stellt sich heraus, dass es $6.6 = 36$ solche Kegelschnitte giebt. Und wird auf diese Weise fortgefahren, so gelangt man zuletzt zu $6^5 = 7776$ Kegelschnitten K, welche der obigen Aufgabe entsprechen.

Bemerkung.

7. In Bezug auf den obigen Satz über die der Ellipse eingeschriebenen oder umschriebenen Vierecke von beziehlich grösstem oder kleinstem Umfange ist zu bemerken, dass derselbe nur ein einzelner Fall eines umfassenderen Satzes ist, welchen ich hier nebst noch einigen anderen Sätzen mittheilen will, die sämmtlich aus meinen anderweitigen Untersuchungen über Maximum und Minimum entnommen sind.

„Einer gegebenen Ellipse lassen sich unendlich viele solche convexe n-Ecke einschreiben, deren Umfang ein Maximum ist, nämlich jeder Punct der Ellipse ist Ecke eines solchen n-Ecks. Alle diese n-Ecke sind zugleich einer bestimmten anderen Ellipse umschrieben, und in Rücksicht auf alle anderen derselben umschriebenen convexen n-Ecke ist ihr Umfang ein Minimum.“ Oder auch umgekehrt:

„Einer gegebenen Ellipse lassen sich unendlich viele solche convexe n-Ecke umschreiben, deren Umfang ein Minimum ist, nämlich jede Tangente der Ellipse ist Seite eines solchen n-Ecks; und alle diese n-Ecke sind zugleich einer bestimmten anderen Ellipse eingeschrieben und haben unter allen ihr eingeschriebenen convexen n-Ecken den grössten Umfang, und zwar haben alle denselben Umfang.“

Dieser Satz gilt nicht allein für die gewöhnlichen n-Ecke von nur einem Umlaufe, sondern ebenso für diejenigen von 2, 3, 4, ... u Umläufen, welche, trotzdem ihre Seiten einander durchkreuzen, dennoch convex sein können (so z. B. bilden die 5 Diagonalen eines regelmässigen Fünfecks ein convexes Fünfeck von zwei Umläufen). Nämlich etwas allgemeiner gefasst hat man statt des vorstehenden Satzes den folgenden:

„Von irgend einem Puncte A eines gegebenen Kegelschnittes K gehe ein Lichtstrahl unter beliebigem Winkel α aus und treffe den Kegelschnitt in einem zweiten Puncte B, werde hier von demselben reflectirt, oder (falls der reflectirte Strahl den Kegelschnitt nicht trifft) so gebrochen, dass der gebrochene Strahl gerade die entgegengesetzte Richtung des reflectirten hat, ebenso geschehe es in allen folgenden Puncten $C, D, E, \ldots,$

in welchen der Lichtstrahl den Kegelschnitt trifft, so berührt der Lichtstrahl fortwährend einen bestimmten anderen Kegelschnitt K_1; und lässt man sodann ferner von einem beliebigen anderen Puncte A_1 des ersten Kegelschnittes K einen neuen Lichtstrahl A_1B_1 so ausgehen, dass er den zweiten Kegelschnitt K_1 berührt, dann aber von dem ersten, ebenso wie der erste Lichtstrahl, wiederholt reflectirt oder gebrochen wird, so berührt er gleicherweise auch fortwährend den nämlichen zweiten Kegelschnitt K_1."

Bei diesem Satze findet je einer von zwei verschiedenen Fällen statt, nämlich der Lichtstrahl kehrt entweder

a) nach einer bestimmten Anzahl, u, von Umläufen in den Anfangspunct A zurück, oder

b) er kehrt nie (oder nur nach unendlich vielen Umläufen) dahin zurück.

Im ersten Falle (a) durchläuft der Lichtstrahl die Seiten eines geschlossenen Vielecks N, etwa von n Seiten und u Umläufen, welches dem Kegelschnitte K eingeschrieben und zugleich dem Kegelschnitte K_1 umschrieben ist; und dabei kehrt der Lichtstrahl unter gleichem Winkel α nach dem Anfangspuncte A zurück, wie er von da ausgegangen ist, so dass er bei fortgesetzter Bewegung das nämliche n-Eck N wiederholt beschreibt. Und in diesem Falle beschreibt dann ferner auch jener genannte zweite Lichtstrahl A_1B_1, der von einem beliebigen anderen Anfangspuncte A_1 ausgeht, allemal ebenfalls ein geschlossenes, mit dem vorigen gleichnamiges Polygon N_1, d. h. von gleicher Seitenzahl n und gleicher Umlaufszahl u.

Ist nun der erste Kegelschnitt K eine Ellipse, und soll das Polygon N convex sein, so ist dann auch der zweite Kegelschnitt K_1 eine Ellipse, und alsdann haben die verschiedenen n-Ecke $N, N_1, \ldots$ die oben genannte Eigenschaft, dass sie unter allen der Ellipse K eingeschriebenen oder der Ellipse K_1 umschriebenen gleichartigen n-Ecken beziehlich den grössten oder kleinsten Umfang haben, und dass sie unter sich gleichen Umfang haben.

Der Leitstrahl aus einem Brennpunct der Ellipse K nach jeder Ecke des n-Ecks N (oder $N_1, \ldots$) theilt den zugehörigen Polygonwinkel in irgend zwei Theile x und y; wird die Summe der Cosinusse aller dieser Winkeltheile x, y mit der halben grossen Axe der Ellipse K multiplicirt, so erhält man den Umfang U des n-Ecks; oder in Zeichen

$$U = a\Sigma(\cos x + \cos y) = 2a\Sigma[\cos\tfrac{1}{2}(x+y)\cos\tfrac{1}{2}(x-y)].$$

In der oben citirten (3. Note) Abhandlung über Maximum und Minimum finden sich die Bedingungen angegeben, unter denen der Umfang eines geradlinigen Polygons N, welches einem beliebigen Curven-Polygon

P oder einer einzelnen Curve P oder einem anderen gleichnamigen geradlinigen Polygon P eingeschrieben ist, ein Minimum oder ein Maximum wird. Den dortigen Sätzen sind die nachfolgenden zur Seite zu stellen.

α. „Unter allen einem gegebenen (geradlinigen) n-Eck N *umschriebenen* n-Ecken kann der Umfang nur bei demjenigen, N_1, ein Minimum sein, welches die Eigenschaft hat, dass in Betracht jeder Seite desselben das aus der in ihr liegenden Ecke des n-Ecks N auf sie errichtete Perpendikel mit den beiden Strahlen, welche die an dieser Seite liegenden Aussenwinkel des n-Ecks N_1 hälften, in einem Puncte zusammentrifft.

Mag auch die Construction des n-Ecks N_1 schwierig sein, so ist dagegen, wenn umgekehrt dasselbe als gegeben angenommen wird, alsdann dasjenige n-Eck N, welchem es mit kleinstem Umfange umschrieben ist, sehr leicht zu construiren, wie aus dem Satze selbst erhellt.

β. „Unter allen einem gegebenen Curven-Polygon P oder einer einzelnen gegebenen Curve P umschriebenen geradlinigen Polygonen P_1 von gleicher Seitenzahl kann nur bei demjenigen der Umfang ein Minimum sein, welches die Eigenschaft hat, dass in Betracht jeder Seite desselben die Normale in ihrem Berührungspuncte mit den beiden Geraden, welche die der Seite anliegenden Aussenwinkel des Polygons P_1 hälften, in irgend einem Puncte zusammentrifft."

Diese beiden Sätze (α. und β.) finden übrigens auf analoge Weise auch für die sphärischen Figuren statt.

Für den speciellen Fall, wo das umzuschreibende Polygon P_1 nur ein Dreieck sein soll, hat die angegebene Bedingung (β.) zur Folge: „dass die drei Normalen in den Berührungspuncten der Seiten des Dreiecks sich in einem und demselben Puncte treffen." Und in Rücksicht des ersten Satzes (α.) folgt ebenso: „dass die in den Ecken des Dreiecks N auf die Seiten des Dreiecks N_1 errichteten drei Normalen in einem Puncte zusammentreffen."

Crelle's Journal Band XXXVII. S. 161—192.

(Auszug aus einer am 19. April 1847 der Akademie der Wissenschaften zu Berlin vorgelegten Abhandlung.)

30

Ueber das grösste Product der Theile oder Summanden jeder Zahl.

Wird eine gegebene Zahl a in zwei beliebige Theile zerlegt, so ist bekanntlich das Product der Theile am grössten, wenn dieselben gleich sind. Ebenso verhält es sich, wenn die Zahl a in 3, 4, 5, ... n Theile zerlegt wird. Da aber die hierbei entstehenden grössten Producte unter sich verschieden sind, so entsteht die Frage: „in wieviele gleiche Theile, oder in was für Theile die Zahl a zerlegt werden müsse, damit das Product derselben am allergrössten, ein Maximum Maximorum, werde?"

Man findet leicht, dass jeder Theil gleich e, d. h. gleich der Grundzahl der natürlichen Logarithmen, und somit die Anzahl der Theile gleich $\frac{a}{e}$ sein muss, so dass also das verlangte grösste Product

$$= e^{\frac{a}{e}}$$

ist. Oder da $\sqrt[e]{e} = 1,4446\ldots$, so ist das grösste Product der Summanden jeder Zahl a

$$= (1,4446\ldots)^a.$$

Wenn also $xe = yz = a$, so ist immer

$$e^x > z^y.$$

Für $a = 1$ wird $x = \frac{1}{e}$, und da man dabei auch $y = \frac{1}{z}$ annehmen kann, so hat man

$$\sqrt[e]{e} > \sqrt[z]{z}, \quad \text{oder} \quad e^z > z^e,$$

d. h. „Wird jede Zahl durch sich selbst radicirt, so gewährt die Zahl e die allergrösste Wurzel;" oder: „Die Zahl e hat die Eigenschaft, dass sie, mit jeder anderen Zahl z gegenseitig potenzirt, allemal die grössere Potenz giebt."

Verlangt man zwei Zahlen b und c, für welche

$$\sqrt[b]{b} = \sqrt[c]{c}, \quad \text{oder} \quad b^c = c^b$$

sein soll, so ist die eine, etwa b, kleiner und die andere c grösser als e; nämlich b hat den Spielraum von e bis 1, während c von e bis ∞ wächst. Es giebt nur einen Fall, wo b und c ganze Zahlen sind, nämlich 2 und 4. Wenn $d > c > e$, so ist immer

$$\sqrt[c]{c} > \sqrt[d]{d}, \quad \text{oder} \quad c^d > d^c.$$

Berlin, im März 1850.

Crelle's Journal Band XL. S. 208.

31a

Lehrsätze.

1. *a)* „Werden einem vollständigen Vierseit irgend zwei Kegelschnitte eingeschrieben, so liegen die acht Puncte, in welchen sie die Seiten berühren, allemal in irgend einem dritten Kegelschnitte.“

Und umgekehrt:

b) „Legt man durch die vier Berührungspuncte eines dem Vierseit eingeschriebenen Kegelschnittes einen beliebigen anderen Kegelschnitt, so schneidet dieser die Seiten in vier solchen neuen Puncten, in welchen dieselben allemal von irgend einem dritten Kegelschnitte berührt werden können.“

Ferner:

c) „Die gegenseitigen vier Schnittpuncte je zweier demselben Vierseit eingeschriebenen Kegelschnitte liegen mit jedem der drei Paar Gegen-Ecken des Vierseits zusammen in einem Kegelschnitte.“

Und ferner:

d) „Von den acht Berührungspuncten je zweier demselben Vierseit eingeschriebenen Kegelschnitte liegen zwölf mal vier mit irgend zwei der vier gegenseitigen Schnitte der letzteren zusammen in einem neuen Kegelschnitte. Die dadurch bestimmten neuen zwölf Kegelschnitte ordnen sich in sechs Paare, welche einander doppelt berühren; nämlich durch je zwei der genannten vier Schnitte gehen zwei neue Kegelschnitte, die sich in denselben berühren.“

Analoge Eigenschaften finden in Rücksicht des vollständigen Vierecks statt.

2. „Beim vollständigen Viereck im Kreise haben die Rechtecke unter den drei Paar Perpendikeln, welche aus irgend einem Puncte des Kreises auf die drei Paar Gegenseiten des Vierecks gefällt werden, jedesmal gleichen Inhalt.“

3. *a)* „Werden einem Dreiseit ABC irgend vier Kegelschnitte eingeschrieben, so haben je zwei derselben (ausser

den drei Seiten des Dreiseits) noch eine vierte gemeinschaftliche Tangente T, was zusammen sechs T giebt; diese sechs T schneiden jede der drei Seiten A, B und C in sechs solchen Puncten, welche Involution bilden.“ (Nämlich die Tangente je zweier Kegelschnitte und die Tangente der jedesmaligen beiden anderen geben je ein Paar conjugirter Puncte.)

b) „Wenn irgend vier Kegelschnitte einen Brennpunct und eine Tangente A gemein haben, so haben sie, zu zwei und zwei, noch sechs Tangenten T gemein, welche jene Tangente A in sechs Involutionspuncten schneiden.“

c) „Haben vier Parabeln den Brennpunct gemein, so haben je zwei derselben nur eine gemeinschaftliche Tangente T (ausser der unendlich entfernten), was zusammen sechs T giebt. Die aus irgend einem Puncte p auf diese sechs T gefällten Perpendikel (sowie auch die durch p den sechs T parallel gezogenen Geraden) bilden jedesmal Involution.“

4. *a*) „Sind in einer Ebene eine Parabel P^2 und irgend ein System confocaler Kegelschnitte C^2 in fester Lage gegeben, so hat die P^2 mit jedem C^2 vier Tangenten gemein, von welchen P^2 in je vier Puncten a, b, c und d berührt wird. Das Product der aus dem Brennpunct der Parabel nach den je vier Berührungspuncten gezogenen Leitstrahlen ist constant, also

$$fa.fb.fc.fd = \text{constant.“}$$

Wird die Parabel von den aus den gemeinschaftlichen Brennpuncten der Kegelschnitte C^2 an sie gezogenen zwei Paar Tangenten in den Puncten a_1, b_1, c_1 und d_1 berührt, so hat insbesondere anch das Product

$$fa_1.fb_1.fc_1.fd_1$$

denselben constanten Werth.

b) „Wird die Parabel in derselben Ebene um ihren festbleibenden Brennpunct f beliebig herumbewegt, wobei sich die durch jeden Kegelschnitt C^2 bedingten vier Berührungspuncte a, b, c, d ändern, so behält das Product

$$fa.fb.fc.fd$$

für alle Kegelschnitte C^2 denselben constanten Werth.“

Und ferner:

c) „Für jede beliebige andere Parabel, welche nur denselben Brennpunct f hat, behält das genannte Product den nämlichen constanten Werth.“

d) „Die angegebenen Eigenschaften (a, b, c) bleiben in analoger Weise bestehen, wenn an die Stelle der confocalen Kegelschnitte C^2 ein System concentrischer Kreise tritt.“

Berlin, im Mai 1852.

Crelle's Journal Band XLIV. S. 275—276.

31 b

Lehrsätze.

1. „Zieht man aus den Ecken a, b, c eines gegebenen Dreiecks durch einen in seiner Ebene liegenden unbestimmten Punct p Strahlen, welche die Gegenseiten beziehlich in den Puncten a_1, b_1, c_1 treffen, und verlangt, es soll das Product

$$ap.bp.cp = pa_1.pb_1.pc_1$$

sein, so ist der Ort des Punctes p diejenige dem Dreieck abc umschriebene Ellipse, welche den Schwerpunct desselben zum Mittelpunct hat.“

Ist also insbesondere das Dreieck gleichseitig, so ist der Ort von p der umschriebene Kreis.

2. „Werden durch irgend einen Punct p in der Ebene eines gegebenen Dreiseits ABC diejenigen drei Geraden rr_1, ss_1, tt_1 gezogen, welche beziehlich von den Seiten A und B, B und C, C und A begrenzt und durch den Punct p gehälftet werden, so liegen ihre drei Paar Endpuncte r, r_1; s, s_1; t, t_1 allemal in irgend einem Kegelschnitte C^2, welcher nothwendigerweise den Punct p zum Mittelpunct hat. Und zieht man ferner aus demselben Puncte p Strahlen α, β, γ nach den Ecken a, b c des Dreiseits und construirt in jeder Ecke zu den zwei anliegenden Seiten und dem jedesmaligen Strahle den vierten, dem letzteren zugeordneten, harmonischen Strahl, beziehlich α_1, β_1 und γ_1, so werden diese drei neuen Strahlen in den respectiven Ecken des Dreiecks allemal von einem solchen Kegelschnitte C_1^2 berührt, welcher jenem Kegelschnitte C^2 ähnlich ist und mit ihm ähnlich liegt, so dass die sich entsprechenden Axen beider Kegelschnitte parallel sind„ ebenso ihre Asymptoten, falls sie Hyperbeln sind.“ — „Umgekehrt ist durch jeden dem Dreieck abc umschriebenen Kegelschnitt C_1^2 der Punct p,

sowie der ihm zugehörige Kegelschnitt C^2 bestimmt. Somit giebt es nur einen Pol p, für welchen der zugehörige Kegelschnitt C^2 ein Kreis wird, oder bei welchem die drei Geraden rr_1, ss_1, tt_1 einander gleich werden; derselbe wird durch den dem Dreieck abc umschriebenen Kreis bestimmt.“ Ferner:

„Sollen die Kegelschnitte C^2 und C_1^2 insbesondere gleichseitige Hyperbeln sein, so ist der Ort des Poles p eine bestimmte Gerade H; nämlich sind a_1, b_1, c_1 die Fusspuncte der aus den Ecken a, b, c auf die Gegenseiten A, B, C gefällten Perpendikel, so liegen die drei Schnitte der Geraden $a_1 b_1$ und C, $a_1 c_1$ und B, $b_1 c_1$ und A in einer Geraden — und diese ist die genannte Gerade H.“ Und

„Soll insbesondere C_1^2 eine Parabel sein, so zerfällt C^2 in zwei Gerade, etwa rst und $r_1 s_1 t_1$, welche jedesmal der Parabel-Axe parallel sind und gleich weit vom Pol p abstehen. Für diesen Fall ist der Ort des Poles p diejenige Ellipse, welche die Seiten des gegebenen Dreiecks in ihren Mitten berührt und somit den Schwerpunct desselben zum Mittelpunkt hat.“ U. s. w.

3. Bei allen einem Kegelschnitte C^2 eingeschriebenen rechtwinkligen Dreiecken bac, welche den Scheitel a des rechten Winkels gemein haben, gehen bekanntlich die Hypotenusen bc sämmtlich durch irgend einen bestimmten Punct p. Somit entspricht jedem Puncte a in C^2 auf diese Weise ein bestimmter Punct p. Ueber den Punct p und dessen Beziehung zu dem Puncte a ist unter anderem folgendes Nähere anzugeben:

„Der Ort des Punctes p ist ein Kegelschnitt C_1^2, welcher dem gegebenen C^2 ähnlich und mit ihm ähnlichliegend und concentrisch ist; und zwar sind a und p stets symmetrische, homologe Puncte beider Kegelschnitte in Bezug auf deren gemeinsame Hauptaxe X; d. h. der Winkel zwischen den nach a und p gezogenen Halbmessern wird allemal durch die Axe X gehälftet.“ — Ferner: „Sind α, β die Halb-Axen von C^2 und α_1, β_1 die Halb-Axen von C_1^2, so ist

$$\alpha_1 = \alpha \frac{\alpha^2 - \beta^2}{\alpha^2 + \beta^2} \quad \text{und} \quad \beta_1 = \beta \frac{\alpha^2 - \beta^2}{\alpha^2 + \beta^2},$$

oder

$$\alpha = \alpha_1 \frac{\alpha_1^2 + \beta_1^2}{\alpha_1^2 - \beta_1^2} \quad \text{und} \quad \beta = \beta_1 \frac{\alpha_1^2 + \beta_1^2}{\alpha_1^2 - \beta_1^2}.\text{“}$$

„Die in jedem Puncte p an C_1^2 gelegte Tangente bildet in C^2 eine Sehne $b_1 c_1$, welche durch p gehälftet wird und gerade doppelt so gross wie die Gerade ap ist, so dass der über $b_1 c_1$ beschriebene Kreis den Kegelschnitt C^2 im entsprechenden

Puncte a berührt; d. h. die gesammten Tangenten des C_1^2 geben in C^2 alle diejenigen Sehnen $b_1\,c_1$, welche Durchmesser solcher Kreise sind, die den C^2 berühren, und jedesmal berühren jene Tangente und dieser Kreis die beiden Kegelschnitte C_1^2 und C^2 in einem Paar sich entsprechender Puncte p und a." — Zieht man in C^2 eine beliebige Sehne $b\,c$, welche den C_1^2 in irgend zwei Puncten p schneidet, so schneidet der über derselben beschriebene Kreis den C^2 in den entsprechenden zwei Puncten a.

4. Die Mittelpuncte aller Kreise, welche in einer Ebene durch zwei feste Puncte a und a_1 gehen, oder die Sehne $a\,a_1$ gemein haben, liegen in einer die Sehne in ihrer Mitte, etwa a_0, rechtwinklig durchschneidenden Geraden AA_1. Die auf entgegengesetzten Seiten der Sehne liegenden Theile dieser Geraden bezeichne man durch A und A_1, und demgemäss jeden Kreis durch A^2 oder A_1^2, jenachdem sein Mittelpunct in A oder A_1 liegt; der besondere Kreis aber, dessen Mittelpunct in a_0 liegt, oder welcher die Sehne aa_1 zum Durchmesser hat, heisse A_0^2. Ebenso unterscheide man in Rücksicht irgend zweier anderen festen Puncte b und b_1 die durch dieselben gehenden Kreise durch B^2 und B_1^2 und bezeichne den besonderen Kreis, welcher bb_1 zum Durchmesser hat, durch B_0^2. Alsdann lässt sich ein Satz, wie folgt, aussprechen:

„Sind in einer Ebene irgend zwei Sehnen aa_1 und bb_1 in beliebiger fester Lage gegeben, und beschreibt man über denselben je ein Paar solcher Kreise A^2 und B^2, oder A_1^2 und B_1^2, deren Centriwinkel über den respectiven Sehnen einander gleich sind, so geht die gemeinschaftliche Secante (die Linie der gleichen Potenzen) jedes dieser Kreispaare stets durch einen und denselben bestimmten Punct p; und beschreibt man verwechselt je ein Paar solcher Kreise A^2 und B_1^2, oder A_1^2 und B^2, deren Centriwinkel über den Sehnen ebenfalls einander gleich sind, so geht die gemeinschaftliche Secante jedes dieser Kreispaare durch einen anderen bestimmten Punct q; und diese beiden Puncte p und q liegen in der gemeinschaftlichen Secante der besonderen Kreise A_0^2 und B_0^2."

5. Unter allen einem vollständigen Vierseit eingeschriebenen Kegelschnitten befindet sich nur eine Parabel P^2; sei c ihr Brennpunct und seien p, q, r, s ihre Berührungspuncte mit den Seiten des Vierseits. Seien ferner a und α die Brennpuncte irgend eines anderen dem Vierseit eingeschriebenen Kegelschnittes A^2, sowie p_1, q_1, r_1, s_1 die Berührungspuncte der aus denselben an die Parabel gezogenen zwei Paar Tangenten. In Bezug hierauf hat man folgenden Satz:

„Das Rechteck unter den Abständen der beiden Brennpuncte a, α jedes dem Vierseit eingeschriebenen Kegelschnittes

A^2 vom Brennpuncte c der Parabel P^2 ist constant (an Inhalt), und zwar gleich der Quadratwurzel aus dem Product der vier Leitstrahlen, welche aus dem Brennpuncte der Parabel nach ihren Berührungspuncten mit den Seiten des Vierseits gehen." Und ferner: „Legt man aus den beiden Brennpuncten a, α jedes eingeschriebenen Kegelschnittes A^2 an die Parabel P^2 die zwei Paar Tangenten, so ist das Product der vier Leitstrahlen, welche aus dem Brennpuncte c der Parabel nach den Berührungspuncten (p_1, q_1, r_1, s_1) dieser Tangenten gehen, ebenfalls constant, und zwar gleich jenem vorgenannten Producte. Also ist

$$ca.c\alpha = \text{const.} = \sqrt{cp.cq.cr.cs},$$

$$cp_1.cq_1.cr_1.cs_1 = \text{const.} = cp.cq.cr.cs.\text{“}$$

Insbesondere sind also auch die Rechtecke unter den drei Paar Strahlen, welche aus dem Brennpuncte der Parabel nach den Gegenecken des Vierseits gezogen werden, an Inhalt einander gleich, und zwar auch gleich der genannten Quadratwurzel.

6. Der vorige Satz ist übrigens nur eine specielle Folge des nachstehenden Satzes:

„Sind a und α, b und β, c und γ die Brennpuncte irgend dreier demselben Vierseit eingeschriebenen Kegelschnitte, so findet zwischen ihren gegenseitigen Abständen allemal die Relation statt, dass z. B.

$$\frac{ac.\alpha c}{bc.\beta c} = \frac{a\gamma.\alpha\gamma}{b\gamma.\beta\gamma}$$

ist." Sind nun c und γ insbesondere die Brennpuncte der Parabel P^2 und ist γ der unendlich entfernte, so wird der Bruch rechts gleich 1, und daher

$$ac.\alpha c = bc.\beta c = \text{const.};$$

was dem vorigen Satze (5.) gemäss.

Berlin, im Mai 1852.

Crelle's Journal Band XLV. S. 177—180.

32

Combinatorische Aufgabe.

a) Welche Zahl, N, von Elementen hat die Eigenschaft, dass sich die Elemente so zu dreien ordnen lassen, dass je zwei in einer, aber nur in einer Verbindung vorkommen? Wie viele wesentlich verschiedene Anordnungen, d. h. solche, die nicht durch eine blosse Permutation der Elemente aus einander hervorgehen, giebt es bei jeder Zahl?

b) Wenn ferner die Elemente sich so zu vieren verbinden lassen sollen, dass je drei freie Elemente, d. h. solche, welche nicht schon einen der vorigen Dreier (*a*) bilden, immer in einem, aber nur in einem Vierer vorkommen, und dass auch keine 3 Elemente eines solchen Vierers einem der vorigen Dreier angehören; entsteht daraus keine neue Bedingung für die Zahl N?

c) Sollen die Elemente sich weiter so zu Fünfern combiniren lassen, dass je vier unter sich noch freie Elemente, d. h. welche keinen der zuvor gebildeten Vierer (*b*) ausmachen, noch einen der früheren Dreier (*a*) enthalten, immer in einem, aber nur in einem Fünfer vorkommen, und dass ein solcher Fünfer keinen der schon gebildeten Dreier noch Vierer enthält: welche neue Modification erleidet dann die Zahl N?

d) Und sollen die Elemente sich ähnlicherweise so zu Sechsern verbinden lassen, dass zu je fünf unter sich noch freien Elementen ein bestimmtes sechstes gehört, aber keiner der so gebildeten Sechser einen der früheren Dreier oder Vierer oder Fünfer enthält; welche Beschränkung erleidet dann die Zahl N?

e) Ebenso sollen Siebner gebildet werden, so dass zu je sechs unter sich freien Elementen ein bestimmtes siebentes gehört, aber ein solcher Siebner weder einen der vorigen Dreier, noch Vierer, noch Fünfer, noch Sechser enthält. Und so soll fortgefahren werden, bis für die Zahl N die Unmöglichkeit höherer Verbindungen dieser Art eintritt. Zudem soll auf jeder Stufe die allgemeine Form der Zahl N, für welche die geforderten Combinationen möglich sind, angegeben, sowie umgekehrt gezeigt werden, ob bei jeder Zahl von der aufgefundenen Form, die geforderten Verbindungen auch in der That möglich sind. — Wenn z. B. in Rücksicht der ersten Bedingung (a) allein die Zahl N von der Form $6n+1$ oder $6n+3$ sein muss, so ist zu beweisen, dass für jede Zahl von einer dieser zwei Formen auch in der That die N Elemente sich auf die geforderte Art zu $\frac{1}{6}N(N-1)$ Dreiern verbinden lassen. Nämlich aus den gestellten Bedingungen folgt leicht, dass

$$\text{die Zahl der Dreier} = \frac{N(N-1)}{2.3},$$

$$\text{- - - Vierer} = \frac{N(N-1)(N-3)}{2.3.4},$$

$$\text{- - - Fünfer} = \frac{N(N-1)(N-3)(N-7)}{2.3.4.5},$$

$$\text{- - - Sechser} = \frac{N(N-1)(N-3)(N-7)(N-15)}{2.3.4.5.6},$$

$$\text{- - - Siebner} = \frac{N(N-1)(N-3)(N-7)(N-15)(N-31)}{2.3.4.5.6.7}$$

u. s. w. ist.

Auf die vorstehende Aufgabe wurde ich vor etwa sechs Jahren gelegentlich durch eine geometrische Betrachtung (bei Untersuchungen über die Doppeltangenten der Curven vierten Grades) geführt. Diese Betrachtung gab wohl einiges Licht über die Natur der verlangten Combinationen, aber sie genügte doch nicht, den Gegenstand vollständig aufzuklären. Der für die Mathematik leider zu früh verstorbene Dr. *Eisenstein*, welchem die Aufgabe vor längerer Zeit mitgetheilt worden, sagte mir später, dass er aus dem Falle (a), den er vorerst allein in Betracht zog, einige Anwendungen auf Beispiele der Wahrscheinlichkeitsrechnung machen könne. — Man kann die Aufgabe auch figürlich so stellen, dass man sich unter den N Elementen eben so viele in einer Ebene beliebig liegende Puncte denkt, welche unter analogen Bedingungen zu Dreiecken (a), Vierecken (b), Fünfecken (c), u. s. w. verbunden werden sollen.

Berlin, im November 1852.

Crelle's Journal Band XLV. S. 181—182.

33

Aufgaben und Lehrsätze.

1. *a*) „Soll ein Kegelschnitt beschrieben werden, welcher eine gegebene Curve vierten Grades in irgend vier Puncten und nebstdem noch eine in derselben Ebene gegebene Gerade berührt, so ist die Zahl der Lösungen gleich 252.“ Oder allgemeiner:

b) „Soll ein Kegelschnitt eine gegebene Curve vierten Grades in irgend vier Puncten und zudem eine (in derselben Ebene) gegebene Curve n^{ten} Grades in irgend einem Puncte berühren, so ist die Zahl der Lösungen im Allgemeinen

$$= 126n(n+1).\text{“}$$

2. „Es giebt im Allgemeinen 126 Kegelschnitte, welche eine gegebene Curve vierten Grades in irgend vier Puncten berühren und nebstdem durch irgend einen gegebenen Punct gehen.“

3. „Es giebt im Allgemeinen 63 Kegelschnitte, welche eine beliebige Curve vierten Grades in irgend einem auf ihr gegebenen Puncte und nebstdem noch in irgend drei anderen Puncten berühren.“

4. „Es giebt im Allgemeinen 756 solche Kegelschnitte, welche eine beliebige Curve vierten Grades in irgend einem Puncte, *a*, vierpunctig und zudem in irgend zwei anderen Puncten, *b* und *c*, einfach (d. h. zweipunctig) berühren.“ „Die 756 Berührungspuncte *a* ordnen sich zu 12 und 12 in 63 bestimmte Gruppen und durch die 12 Puncte jeder Gruppe geht je eine Curve dritten Grades.“ — „Welche Beziehung haben diese 63 Curven dritten Grades zu einander?“

5. „Wie viele solche Puncte, *a*, giebt es in einer allgemeinen Curve vierten Grades, in welchen sie von einem Kegelschnitte sechspunctig berührt wird?“

[Nach einer gewissen Betrachtung sollte die Zahl der verlangten Puncte gleich 324 sein; allein es fallen von denselben in jeden Wendungspunct der gegebenen Curve eine bestimmte gleiche Menge, denen keine eigentlichen Kegelschnitte entsprechen, sondern dieselben werden durch die doppelt gedachte Wendungstangente vertreten. Fielen** nun in jeden Wendungspunct etwa 8 oder 9 der gedachten Puncte, so blieben noch 132 oder 108 eigentliche Lösungen übrig; wie viele fallen in jeden? Durch ein gleiches Verfahren habe ich früher die 27 Puncte, a, bestimmt, in welchen die Curve dritten Grades von einem Kegelschnitte sechspunctig berührt wird (*Crelle*'s Journal Bd. 32. S. 182)*). Dabei fielen von den 54 Puncten, welche die allgemeine Betrachtung anzeigt, in jeden Wendungspunct drei, so dass nur 27 blieben.]

6. a) Wie viele solche Puncte, a, giebt es in einer Curve 5ten, 6ten, 7ten, ... Grades, in welchen dieselbe von einem Kegelschnitte sechspunctig berührt wird?

b) Wie viele solche Puncte giebt es in einer Curve vierten Grades, in welchen sie von einer Curve dritten Grades 10punctig berührt wird? Und allgemein, wenn $m > n$:

c) Wie viele solche Puncte giebt es in einer Curve m^{ten} Grades, in welchen sie von einer Curve n^{ten} Grades $\frac{1}{2}(n+1)(n+2)$punctig berührt wird?

7. a) Einen Kegelschnitt zu finden, welcher eine gegebene Curve fünften Grades in fünf Puncten berührt. Wie viele Lösungen giebt es? — Dass die Zahl der Lösungen ansehnlich gross sein muss, erhellt aus dem obigen Satze (1, a), der als ein specieller Fall anzusehen ist, und wobei die Zahl der Lösungen schon 252 beträgt, aber gleichwohl bedeutend geringer sein wird, als für den allgemeinen Fall.

b) Wie viele Kegelschnitte giebt es, welche eine gegebene Curve 6ten, 7ten, ... m^{ten} Grades in fünf Puncten berühren?

8. „Durch jeden beliebigen Punct p in der Ebene einer Curve n^{ten} Grades gehen im Allgemeinen $3n(n-1)$ Krümmungskreise der letzteren." Liegt der Punct p insbesondere in der Curve selbst, so ist der ihm zugehörige Krümmungskreis dreifach zu zählen, oder die Zahl der durch ihn gehenden Krümmungskreise ist um 2 geringer. — So gehen also z. B. durch jeden Punct in der Ebene eines Kegelschnittes im Allgemeinen 6 Krümmungskreise, und wenn der Punct in ihm selbst liegt, nur 4.

9. „Soll ein Kreis eine gegebene Curve in irgend zwei Puncten berühren und zudem durch einen in ihrer Ebene gegebenen Punct p gehen, so giebt es im Allgemeinen

$$\frac{1}{2}n(n-1)[(n+1)(n+2)-8]$$

Lösungen." — Ist also die gegebene Curve vom 2ten, 3ten, 4ten, 5ten, ...

*) Cf. Bd. II. S. 371 dieser Ausgabe.

**Sieh S. 739.

Grad, so ist die Zahl der Lösungen beziehlich 4, 36, 132, 340, ... — „Wenn der Punct p insbesondere in der gegebenen Curve selbst liegt, so wird letztere von

$$n(n+1)-4$$

lösenden Kreisen in p selbst berührt, und dann ist jeder von diesen Kreisen doppelt zu zählen, oder die Zahl der Lösungen wird um eben so viel verringert.“

10. „Soll ein Kreis durch zwei gegebene Puncte gehen und nebstdem eine gegebene Curve n^{ten} Grades berühren, so finden im Allgemeinen

$$n(n+1)$$

Lösungen statt.“

Berlin, im November 1852.

Crelle's Journal Band XLV. S. 183—185.

34

Ueber einige neue Bestimmungs-Arten der Curven zweiter Ordnung nebst daraus folgenden neuen Eigenschaften derselben Curven.

§ 1.

Die zwei hier zunächst folgenden Bestimmungs-Arten der Kegelschnitte sind den bekannten beiden Erzeugungsweisen derselben, nämlich durch die Brennpuncte oder durch den einen Brennpunct und die zugehörige Leitlinie, gewissermaassen analog und umfassen sie als besondere Fälle. Die erste Art besteht darin, dass, statt die Summe oder Differenz der nach den Brennpuncten gezogenen Leitstrahlen als gegeben anzunehmen, hier die Summe oder Differenz zweier Tangenten, welche aus dem beschreibenden Puncte an zwei feste Kreise gezogen werden, als gegeben angesehen wird. Bei der zweiten tritt an die Stelle der Leitlinie irgend eine Anzahl von beliebigen gegebenen Geraden, auf welche aus dem beschreibenden Puncte Perpendikel gefällt und mit dem Leitstrahl nach dem einen Brennpuncte, sowie mit dem aus diesem letzteren auf dieselben Geraden herabgelassenen Perpendikel in bestimmtes Verhältniss gesetzt werden. Die daraus hervorgehenden beiden Sätze lauten, wie folgt:

I. „Sind in einer Ebene irgend zwei Kreise A^2, B^2 gegeben, und zieht man aus einem willkürlichen Puncte X_0 an jeden Kreis eine Tangente α, β und verlangt, es soll entweder die Summe, $(\alpha+\beta)$, oder der Unterschied, $(\alpha-\beta)$ oder $(\beta-\alpha)$, dieser Tangenten einer gegebenen Länge l gleich sein, so ist der Ort des Punctes X_0 allemal irgend ein Kegelschnitt C^2, welcher jeden der beiden Kreise doppelt berührt (reell oder imaginär), und von dessen Axen immer die eine oder andere auf der Mittelpunctslinie AB der Kreise liegt." Und umgekehrt: „Werden einem gegebenen Kegelschnitte C^2 irgend zwei ihn doppelt berührende Kreise A^2 und B^2 eingeschrieben, deren Mittelpuncte A und B jedoch in der nämlichen Axe desselben liegen, so haben die aus jedem Puncte X_0 des Kegelschnittes an die Kreise gezogenen Tangenten α, β stets irgend eine bestimmte Länge l entweder zur Summe oder zum Unterschied; und zwar findet im Allgemeinen beides statt, nämlich der Kegelschnitt wird durch die Berührungspuncte mit den Kreisen in vier Bogen getheilt und für zwei dieser Bogen findet Summe ($\alpha+\beta=l$), dagegen für die beiden anderen Unterschied ($\alpha-\beta=l$ oder $\beta-\alpha=l$) statt."

II. „Sind in einer Ebene n beliebige Gerade $G_1, G_2, G_3, \dots G_n$ und irgend ein Punct A gegeben, und werden die aus einem willkürlichen Puncte X auf die Geraden gefällten Perpendikel $x_1, x_2, x_3, \dots x_n$ beziehlich durch die aus dem festen Puncte A auf dieselben Geraden herabgelassenen Perpendikel a_1, $a_2, a_3, \dots a_n$ dividirt, die erhaltenen Quotienten respective mit gegebenen Coefficienten $\alpha_1, \alpha_2, \alpha_3, \dots \alpha_n$ multiplicirt, und wird verlangt, es soll die Summe dieser Producte gleich sein dem aus A nach X gezogenen Leitstrahl $AX=x$ dividirt durch eine gegebene Länge a, also es soll

$$\alpha_1\frac{x_1}{a_1}+\alpha_2\frac{x_2}{a_2}+\alpha_3\frac{x_3}{a_3}+\dots+\alpha_n\frac{x_n}{a_n}=\frac{x}{a}$$

sein, so ist der Ort des Punctes X allemal irgend ein Kegelschnitt C^2, welcher den Punct A zum Brennpunct hat, und von welchem der Krümmungshalbmesser r im Scheitel der Haupt-Axe durch die n Coefficienten und die Länge a unmittelbar bestimmt ist, nämlich es ist

$$r=(\alpha_1+\alpha_2+\alpha_3+\dots+\alpha_n)a;$$

ebenso hängt die dem Brennpuncte A zugehörige Leitlinie G des Kegelschnittes C^2 nur von den n Coefficienten (und den festen Elementen) ab, so dass, wenn man die Länge a nach einander alle Werthe, von 0 bis ∞, annehmen lässt, dann eine solche Schaar Kegelschnitte C^2 entsteht, welche den Brennpunct A und die zugehörige Leitlinie G gemein haben, und bei welchen der genannte Krümmungshalbmesser r zu der zugehörigen Länge a constantes Verhältniss hat,

$$\frac{r}{a}=\alpha_1+\alpha_2+\dots+\alpha_n.\text{"}$$

Reduciren sich beim ersten Satze (I.) die gegebenen Kreise A^2, B^2 auf ihre Mittelpuncte A, B, und lässt man beim zweiten Satze (II.) alle gegebenen Geraden bis auf eine fort, so erhält man die Eingangs erwähnten zwei bekannten Sätze.

§ 2.

Zunächst will ich hier in Rücksicht des zweiten Satzes nur einen Umstand kurz andeuten und sodann den ersten Satz einer ausführlicheren Erörterung unterwerfen.

Die genannte Leitlinie G ist nämlich dadurch bestimmt, dass sie in gewissem Sinne eine Axe mittlerer Entfernung ist, in Rücksicht der gegebenen n Geraden, deren zugehörigen Coefficienten und des Punctes A, und zwar in dem Sinne dass, wenn a_0 und x_0 die aus den Puncten A und X auf die Linie G gefällten Perpendikel sind, dann für jeden Punct X der Ebene stets

$$\alpha_1 \frac{x_1}{a_1} + \alpha_2 \frac{x_2}{a_2} + \alpha_3 \frac{x_3}{a_3} + \cdots + \alpha_n \frac{x_n}{a_n} = (\alpha_1 + \alpha_2 + \alpha_3 + \cdots + \alpha_n) \frac{x_0}{a_0}$$

ist. Die Leitlinie G ist jedoch hierdurch nicht absolut, sondern vieldeutig bestimmt. Denn da man in Rücksicht jeder der gegebenen n Geraden die beiden entgegengesetzten Seiten derselben durch die Zeichen $+$ und $-$ zu unterscheiden hat, und da man diese Zeichen nach Belieben wechseln kann, so entstehen durch diese Wechselung bei denselben gegebenen Elementen (d. h. bei denselben n Geraden G_1, G_2, ... G_n, denselben n Coefficienten α_1, α_2, ... α_n, demselben Puncte A und derselben Länge a) viele verschiedene Leitlinien G und zugehörige Kegelschnitte C^2, und zwar ist ihre Zahl im Allgemeinen gleich 2^{n-1}.

So sind also z. B. bei nur zwei gegebenen Geraden G_1 und G_2 auch zwei verschiedene Leitlinien, etwa G und H, möglich; dieselben gehen beide durch den Schnittpunct jener Geraden und sind zu ihnen zugeordnet harmonisch, u. s. w. Ich übergehe hier die weitere Entwickelung dieses Gegenstandes.

§ 3.

I. Um nun den ersten Satz (§ 1, I.) umständlich zu erörtern, wollen wir mit dem bestimmten Falle beginnen, wo die gegebenen Kreise A^2 und B^2 ausser einander liegen, wie etwa in Fig. 1 auf Taf. XXI die Kreise UaU_1a_1 und VbV_1b_1 über den Durchmessern UU_1 und VV_1 und um die Mittelpuncte A und B.

Es ist erforderlich, folgende Elemente näher zu fixiren, sowie auf gewisse Nebenumstände aufmerksam zu machen.

Man bezeichne die (Grösse der) Radien der Kreise A^2, B^2 durch a^1, b^1; den Abstand ihrer Mittelpuncte von einander, die Strecke AB, durch $2c$; sei M die Mitte der Strecke AB, also $MA = MB = c$. Die unbegrenzte Gerade $UABN$ heisse Axe und werde durch X bezeichnet; U und U_1, V und V_1 seien die Endpuncte der in der Axe liegenden Durchmesser der Kreise. Man bezeichne ferner die Länge der aus den Puncten V und V

an den Kreis A^2 gezogenen Tangenten beziehlich durch v und v_1 und eben so die aus den Puncten U und U_1 an den Kreis B^2 gehenden Tangenten durch u und u_1. Ist Radius $a^1 > b^1$, so ist von den 4 Tangenten u die grösste und u_1 die kleinste, nämlich ihre Folge ist: $u > v_1 > v > u_1$. Die Gerade L sei die sogenannte Linie gleicher Potenzen der gegebenen Kreise, d. h. der Ort aller Puncte, aus denen die Tangenten α, β an beide Kreise einander gleich sind, $\alpha = \beta$ oder $\alpha - \beta = 0$. Ferner seien R, R_1 die äusseren gemeinschaftlichen Tangenten der Kreise, und a und b, a_1 und b_1 ihre Berührungspuncte; ihr gegenseitiger Schnitt $\mathfrak{x}$ ist der äussere Aehnlichkeitspunct der Kreise. Eben so seien S, S_1 die inneren gemeinschaftlichen Tangenten, α und β, α_1 und β_1 ihre Berührungspuncte; ihr Schnitt $\mathfrak{x}_1$ ist der innere Aehnlichkeitspunct der Kreise. Diese zwei Paar gemeinschaftlichen Tangenten werden durch die 8 Berührungspuncte, durch ihre gegenseitigen 4 Schnittpuncte $\mathfrak{y}$, $\mathfrak{z}$, $\mathfrak{y}_1$, $\mathfrak{z}_1$ und durch die 4 Schnitte m, μ, μ_1, m_1 der Linie L so begrenzt, dass die Abschnitte folgendermaassen einander gleich sind:

$$1)\quad ab = a_1b_1 = \mathfrak{y}\mathfrak{z}_1 = \mathfrak{z}\mathfrak{y}_1, \quad \text{und} \quad \alpha\beta = \alpha_1\beta_1 = \mathfrak{y}\mathfrak{z} = \mathfrak{y}_1\mathfrak{z}_1,$$

$$2)\quad a\mathfrak{z} = b\mathfrak{y} = b_1\mathfrak{y}_1 = a_1\mathfrak{z}_1 = \alpha\mathfrak{z} = \beta_1\mathfrak{y} = \beta\mathfrak{y}_1 = \alpha_1\mathfrak{z}_1,$$

$$3)\quad ma = mb = \mu\mathfrak{z} = \mu\mathfrak{y}_1 = \text{etc.}, \quad \text{und} \quad m\mathfrak{z} = m\mathfrak{y} = \mu\alpha = \mu\beta = \text{etc.}$$

Daher stehen die Diagonalen $\mathfrak{y}\mathfrak{y}_1$ und $\mathfrak{z}\mathfrak{z}_1$ oder Y und Z des durch die vier gemeinschaftlichen Tangenten gebildeten vollständigen Vierseits RR_1SS_1 gleichweit von der Linie L ab, sind mit dieser zu der (dritten Diagnole $\mathfrak{x}\mathfrak{x}_1$ oder der) Axe X senkrecht, und in Rücksicht der Puncte y, z und m_0, in welchen sie die letztere schneiden, ist $m_0y = m_0z$. Die vier Berührungspuncte a, b, a_1, b_1 der äusseren Tangenten R, R_1 liegen in einem Kreise M^2, welcher den vorgenannten Punct M zum Mittelpunct hat. Eben so liegen die vier Berührungspuncte α, β, α_1, β_1 der beiden inneren Tangenten S, S_1 in einem anderen Kreise M^2; und gleicherweise liegen die vier Wechselschnitte $\mathfrak{y}$, $\mathfrak{y}_1$, $\mathfrak{z}$, $\mathfrak{z}_1$ der äusseren mit den inneren Tangenten nebst den Mittelpuncten A, B der gegebenen Kreise in einem dritten Kreise M_0^2 um denselben Mittelpunct M, der somit $c = MA$ zum Radius hat. Die aus dem Puncte M auf die Tangenten R, R_1, S, S_1 gefällten Perpendikel haben beziehlich m, m_1, μ, μ_1 zu Fusspuncten, also ihre Fusspuncte auf der Linie L.

Endlich sei N die Mitte der Strecke $\mathfrak{x}\mathfrak{x}_1$ zwischen den Aehnlichkeitspuncten $\mathfrak{x}$ und $\mathfrak{x}_1$. Der mit $N\mathfrak{x} = N\mathfrak{x}_1 = n$ um den Punct N beschriebene Kreis N^2 heisst der Aehnlichkeitskreis der gegebenen Kreise A^2 und B^2.

II. Lässt man die bestimmende Länge l nach einander alle Werthe, von 0 bis ∞, durchlaufen, so entsteht die ganze Schaar Ortscurven C^2 oder $S(C^2)$, welche der obige Satz (§ 1, I.) in sich begreift. Wie auch diese Curven die Ebene bedecken mögen, so ist doch klar, dass durch jeden Punct X_0 der Ebene nur zwei derselben gehen; denn sind α, β die Tangenten aus X_0 an A^2, B^2, so ist für die eine Curve $l=\alpha+\beta$ und für die andere $l=\alpha-\beta$ oder $=\beta-\alpha$. Wie sich gleich nachher zeigen wird, ist für jede gegebene Länge l leicht zu entscheiden, ob die zugehörige Ortscurve C^2 Ellipse E^2, Hyperbel H^2 oder Parabel P^2 sei, und wie sich dieselbe näher gegen die Kreise A^2, B^2 verhalte. Nämlich die Curve C^2 ist H^2 oder E^2, jenachdem die Länge $l<AB$ oder $l>AB$, und ist gerade $l=AB=2c$, so findet die einzige Parabel P^2 statt. In Rücksicht ihres Verhaltens gegen die gegebenen Kreise zerfallen alle Hyperbeln in drei Gruppen, die durch $Gr(H_1^2)$, $Gr(H_2^2)$ und $Gr(H_3^2)$ bezeichnet werden sollen; von ihnen, sowie von der Gruppe Ellipsen, $Gr(E^2)$, sind folgende nähere Umstände anzugeben.

1) Für die Werthe von $l=0$ bis $l=\alpha\beta$ (I.) entsteht die erste Gruppe Hyperbeln, $Gr(H_1^2)$, sie beginnt (für $l=0$) mit der Linie L (die man sich als doppelt zu denken hat, als Hyperbel, deren beide Zweige in der zweiten Axe zusammmengefallen sind) und endet mit dem Paar innerer Tangenten (SS_1) für $l=\alpha\beta=\alpha_1\beta_1$. Von jeder H_1^2 liegt die Haupt-Axe auf der Axe X, und von ihren Zweigen umschliesst der eine den Kreis A^2, der andere den Kreis B^2; aber anfänglich berührt sie beide Kreise imaginär, bis $l=u_1$ (I.) wird, wo sie den grösseren Kreis A^2 in U_1 berührt, und zwar vierpunctig, so dass er der Krümmungskreis in ihrem Scheitel U_1 ist; von da ab berührt die H_1^2 den Kreis A^2 in zwei reellen Puncten, aber den Kreis B^2 noch imaginär, bis $l=v$ und damit B^2 ihr Krümmungskreis im Scheitel V wird; von da ab berührt H_1^2 beide Kreise reell bis zu ihrer Grenze (SS_1). Die reellen Berührungspuncte aller H_1^2 liegen also längs der Kreisbogen $\alpha U_1\alpha_1$ und $\beta V\beta_1$.

2) Den Werthen von $l=\alpha\beta$ bis $l=ab$ entspricht die zweite Gruppe Hyperbeln, $Gr(H_2^2)$, sie beginnt mit dem Paar innerer Tangenten (SS_1) und endet mit dem Paar äusserer Tangenten (RR_1); von jeder H_2^2 liegt die zweite Axe auf der Axe X, und von ihren zwei Zweigen berührt jeder beide Kreise von Aussen; alle vier Berührungspuncte sind stets reell und liegen in den zwei Paar Kreisbogen $a\alpha$ und $a_1\alpha_1$, $b\beta_1$ und $b_1\beta$.

3) Hat l die Werthe von $l=ab$ bis $l=AB$, so entsteht die dritte Gruppe Hyperbeln, $Gr(H_3^2)$, beginnend mit den äusseren Tangenten (RR_1) und endend mit der Parabel P^2, die, wie schon bemerkt, dem Werthe $l=AB$ entspricht, und welche die Kreise etwa in den Puncten $\mathfrak{a}$ und $\mathfrak{a}_1$, $\mathfrak{b}$ und $\mathfrak{b}_1$ berühren soll. Von jeder H_3^2 umschliesst der eine Zweig beide Kreise und berührt sie reell; ihre Haupt-Axe liegt auf X, und die Berührungspunkte liegen in den Bogen $a\mathfrak{a}$ und $a_1\mathfrak{a}_1$, $b\mathfrak{b}$ und $b_1\mathfrak{b}_1$.

4) Hat endlich l die Werthe von $l=AB$ bis $l=\infty$, so entsteht die Gruppe Ellipsen, $Gr(E^2)$, die mit der Parabel P^2 beginnt und mit einer ganz im Unendlichen liegenden Ellipse, $=E_\infty^2$, endet. Jede E^2 umschliesst

beide Kreise, ihre Haupt-Axe liegt auf X; anfänglich berührt sie jeden Kreis in zwei reellen Puncten, bis $l=v_1$ wird, wobei sie den Kreis B^2 im Puncte V_1 vierpunctig berührt und ihn zum Krümmungskreise hat; von hier ab sind alle Berührungen imaginär. Die reellen Berührungspunkte aller E^2 liegen in den Bogen $\mathfrak{a}U\mathfrak{a}_1$ und $\mathfrak{b}V\mathfrak{b}_1$.

Bei diesem Durchlaufen der ganzen Schaar von Ortscurven durch stetiges Wachsen der Länge l, durchläuft der Mittelpunct der Curve C^2, der C heissen mag, die Axe X in unveränderter Richtung, und zwar durchziehen die Mittelpuncte der verschiedenen Gruppen folgende bestimmte Strecken der Axe X. Bei der $Gr(H_1^2)$ rückt der Mittelpunkt C von m_0 bis $\mathfrak{x}_1$; bei der $Gr(H_2^2)$ von $\mathfrak{x}_1$ bis $\mathfrak{x}$; bei der $Gr(H_3^2)$ rückt C in gleicher Richtung von $\mathfrak{x}$ bis ins Unendliche bis zum Mittelpuncte C_∞ der Parabel P^2, und bei der $Gr(E^2)$ endlich kommt C aus dem Unendlichen, von C_∞, nach U, A, ... bis zuletzt nach M zurück, so dass dieser letzte Punct M gerade der Mittelpunct der letzten Ellipse E_∞^2 ist, die dem Werthe $l=\infty$ entspricht und ganz im Unendlichen liegt. — Hiernach durchläuft der Mittelpunct C die ganze Axe X, bis auf die Strecke Mm_0; in dieser Strecke liegen Mittelpuncte imaginärer Ortscurven.

Für jede gegebene Länge l sind die Berührungspuncte der zugehörigen Curve C^2 mit den gegebenen Kreisen A^2 und B^2 unter anderen, wie folgt, leicht zu construiren. Um z. B. die Berührungspuncte mit dem Kreise A^2 zu finden, trage man auf irgend einer Tangente des Kreises B^2, etwa auf der Tangente R, von deren Berührungspunct b aus die gegebene Länge l ab, nehme $bb_0=l$, so schneidet der mit Bb_0 um den Punct B beschriebene Hülfskreis B_0^2 den Kreis A^2 in den verlangten Berührungspuncten; und im Falle er ihn nicht wirklich schneidet, so ist auch die Berührung imaginär, aber alsdann ist die Linie der gleichen Potenzen der Kreise B_0^2 und A^2 (d. h. ihre ideelle gemeinschaftliche Secante) zugleich die ideelle Berührungssehne von C^2 und A^2. Ebenso findet man die Berührungspuncte von B^2 und C^2. Danach sind also z. B. auch die vorerwähnten Berührungspuncte $\mathfrak{a}$, $\mathfrak{a}_1$, $\mathfrak{b}$, $\mathfrak{b}_1$ der Parabel P^2 leicht zu finden, für welche man $bb_0=AB$ zu nehmen hat. Ebenso sind die Berührungspuncte jeder der beiden Curven C^2, welche durch irgend einen gegebenen Punct X_0 gehen, leicht zu erhalten; u. s. w.

III. Die Brennpuncte der $S(C^2)$ haben bemerkenswerthe Lage und sind insgesammt einem interessanten Gesetz unterworfen.

„Die zweite Gruppe Hyperbeln, die $Gr(H_2^2)$, hat zum Ort ihrer Brennpuncte den Aehnlichkeitskreis N^2, so dass die Endpuncte jeder zum Durchmesser $\mathfrak{x}\mathfrak{x}_1$ senkrechten Sehne dieses Kreises zugleich die Brennpuncte einer H_2^2 sind.“

„Von allen übrigen Ortscurven dagegen liegen die Brennpuncte in der Axe X, aber je zwei zusammengehörige Brennpuncte sind zu den Aehnlichkeitspuncten $\mathfrak{x}$ und $\mathfrak{x}_1$ zugeordnet harmonisch.“ Danach muss die Parabel P^2 den Mittelpunct N des Aehnlichkeitskreises zum Brennpunct haben, weil der ihm in Bezug auf $\mathfrak{x}$ und $\mathfrak{x}_1$ zugeordnete harmonische Punct im Unendlichen liegt. Die mehrgenannte besondere Ellipse E^2_∞ hat die Mittelpuncte A, B der gegebenen Kreise zu Brennpuncten, denn dieselben sind zu $\mathfrak{x}$ und $\mathfrak{x}_1$ harmonisch und stehen gleich weit vom Mittelpunct M der E^2_∞ ab*). Ferner werden hierdurch auch die Brennpuncte jener besonderen ersten Hyperbel H^2_1 bestimmt, welche aus der doppelten Linie L besteht (II. 1), denn da dieselbe offenbar m_0 zum Mittelpunct hat, so sind y und z als ihre Brennpuncte anzusehen, indem sie zu $\mathfrak{x}$ und $\mathfrak{x}_1$ harmonisch sind und gleich weit von m_0 abstehen, $ym_0 = zm_0$ (I.).

Demnach sind die Brennpuncte aller Ortscurven folgendem gemeinsamen Gesetz unterworfen:

„Das Rechteck unter den Abständen der beiden Brennpuncte, etwa f und f_1, jeder Ortscurve C^2 von dem Puncte N (dem Brennpunct der Parabel P^2 oder Mittelpunct des Aehnlichkeitskreises N^2) ist constant, und zwar gleich n^2, d. h. gleich dem Quadrat des Radius des Aehnlichkeitskreises, also stets $fN.f_1N = n^2$.“

Ist der Mittelpunct C einer Ortscurve C^2 gegeben, so sind hiernach die Brennpuncte f und f_1 derselben bestimmt und leicht zu finden. Nämlich liegt C im Durchmesser $\mathfrak{x}\mathfrak{x}_1$, so sind (wie bereits angegeben) die Endpuncte der in C auf $\mathfrak{x}\mathfrak{x}_1$ rechtwinkligen Sehne des Kreises N^2 die verlangten Brennpuncte. Liegt dagegen C auf der Verlängerung des Durchmessers nach der einen oder anderen Seite hin, so ist die aus C an den Kreis N^2 gezogene Tangente gleich der Excentricität der zugehörigen Curve C^2, so dass der mit der Tangente um C beschriebene Kreis die Axe X in den verlangten Brennpuncten f und f_1 schneidet. — Darauf gestützt, sind nun weiter auch die Axen der Curve C^2, sowie die ihr zugehörige Länge l zu finden. Nämlich setzt man die bereits gefundene Excentricität $Cf = Cf_1 = \gamma$ und bezeichnet die halben Axen der Curve durch α und β, die Radien der Kreise A^2 und B^2 durch a und b, statt wie oben (I.) durch a^1 und b^1, so ist im ersten Falle

$$\alpha:\gamma = a:Af = b:Bf,$$

dagegen im anderen Falle

$$\beta^2:\gamma^2 = a^2:Af.\,Af_1 = b^2:Bf.\,Bf_1;$$

dort findet man α, hier zunächst β^2; an beiden Orten findet man die

---

*) Bei jeder gewöhnlichen Ellipse reducirt sich der doppelt berührende Kreis, wenn sein Mittelpunct in einem Brennpuncte liegt, auf seinen Mittelpunct, d. h. sein Radius wird gleich 0 (s. Bd. 37 S. 175 des *Crelle*'schen Journals, cf. Bd. II. S. 404 dieser Ausgabe); die obige besondere Ellipse E^2_∞, deren Umfang im Unendlichen liegt, macht also hierin eine Ausnahme.

jedesmalige andere Axe aus der bekannten Relation zwischen α, β und γ. Die Länge l wird bestimmt durch**

$$l:AB = \alpha:\gamma.$$

IV. Die Puncte, in welchen irgend eine Ortscurve C^2 die Kreise A^2, B^2 berührt, mögen beziehlich p und p_1, q und q_1 heissen. „Die Berührungssehnen pp_1 und qq_1 sind der Linie L parallel, stehen jedesmal gleich weit von ihr ab und sind, wie sie, zur Axe X senkrecht; (und zwar findet dies auch in dem Falle statt, wo die Berührung imaginär und die Sehnen ideell sind).“*) Und umgekehrt: „Je zwei mit der Linie L parallele und von ihr gleich weit abstehende Geraden sind die Berührungssehnen irgend einer Ortscurve C^2 mit den gegebenen Kreisen A^2 und B^2.“ — Ferner: „Die aus den Puncten p und p_1 an den Kreis B^2 gezogenen Tangenten β sind den aus den Puncten q und q_1 an den Kreis A^2 gehenden Tangenten α gleich, und zwar sind beide gerade der der Curve C^2 zugehörigen Länge l gleich.“

„Die vier Berührungspunte p, p_1, q, q_1 liegen allemal in einem Kreise M^2, der den oftgenannten Punct M zum Mittelpunct hat.“ Und umgekehrt: „Jeder um M beschriebene Kreis M^2 schneidet die gegebenen Kreise A^2, B^2 in solchen zwei Paar Puncten, in welchen sie von irgend einer Ortscurve C^2 berührt werden.“

„Die acht Puncte, in welchen die gegebenen Kreise von je zwei Ortscurven berührt werden, liegen jedesmal in irgend einem dritten Kegelschnitte, etwa D^2.“ So liegen also z. B. auch die acht Berührungspuncte a, a_1, b, b_1 und α, α_1, β, β_1 der zwei Paar gemeinschaftlichen Tangenten R, R_1 und S, S_1 in irgend einem Kegelschnitte D^2.“ Und umgekehrt: „Legt man durch die vier Berührungspuncte p, p_1, q, q_1 einer Curve C^2 einen beliebigen Kegelschnitt D^2, so schneidet dieser die Kreise A^2, B^2 in solchen vier neuen Puncten p^0 und p_1^0, q^0 und q_1^0, in welchen sie von irgend einer anderen Ortscurve, etwa C_1^2, berührt werden.“

„Die gegenseitigen vier Schnittpuncte je zweier Ortscurven C^2 und C_1^2 liegen jedesmal in einem Kreise M^2 um M;“ und umgekehrt: „jeder um M beschriebene Kreis M^2 schneidet jede Ortscurve C^2 in vier solchen Puncten, durch welche allemal noch irgend eine andere Ortscurve C_1^2 geht.“ So schneidet also jede Curve C^2 insbesondere auch die Tangenten R und R_1 in 4 solchen Puncten, welche in einem Kreise M^2 liegen, und zwar bilden die Tan-

*) Dieser Satz befindet sich schon in einer früheren Abhandlung von mir, auf welche bereits vorhin verwiesen wurde (Bd. 37 S. 176 des *Crelle*'schen Journal). Conf. Bd. II. S. 405 dieser Ausgabe.

**Sieh S. 739.

genten gleiche Sehnen in der Curve; ebenso verhält es sich mit den inneren Tangenten S und S_1; und noch mehr:

„Die vier Tangenten R, R_1, S, S_1 bilden in jeder Ortscurve C^2 vier gleiche Sehnen, und zwar sind diese Sehnen gerade der jedesmaligen zugehörigen Länge l gleich, und ihre Mitten liegen sämmtlich in der Linie L und sind die Puncte m, m_1, μ, μ_1." Danach sind für jede gegebene Länge l sogleich diejenigen acht Puncte anzugeben, in welchen die vier Tangenten R, R_1, S, S_1 von der zugehörigen Ortscurve C^2 geschnitten werden.

Werden die zwei Paar Berührungspuncte p und p_1, q und q_1 jeder Ortscurve C^2 wechselseitig durch Gerade verbunden, denkt man sich die je vier Geraden pq, pq_1, p_1q, p_1q_1 gezogen, die „Wechselsehnen" heissen sollen, so haben alle Wechselsehnen folgende gemeinsame Eigenschaft:

„Jede Wechselsehne bildet in den gegebenen Kreisen gleiche Sehnen; d. h. schneidet z. B. die Gerade pq die Kreise A^2 und B^2 zum zweiten Mal, etwa in den Puncten p^0 und q^0, so ist stets die Sehne $pp^0 = qq^0$." Ferner:

„Die Mitte, etwa $\mathfrak{m}$, jeder Wechselsehne liegt in der Linie L, und das aus dem Puncte M auf dieselbe gefällte Perpendikel trifft sie in ihrer Mitte $\mathfrak{m}$. Daher berühren alle Wechselsehnen insgesammt eine Parabel, etwa $\mathfrak{P}^2$, welche M zum Brennpunct und die Linie L zur Tangente im Scheitel m_0 der Axe hat, und welche namentlich mit den Kreisen A^2 und B^2 die 4 Tangenten R, R_1, S, S_1 gemein hat (die selbst specielle Wechselsehnen sind)."

Die Berührungstangenten der Curve C^2 und der Kreise A^2 und B^2, d. h. diejenigen Tangenten, welche in den Puncten p und p_1, q und q_1 zugleich die Curve und die respectiven Kreise berühren, sollen P und P_1, Q und Q_1 heissen. Diese 4 Tangenten haben analoge Eigenschaften, wie die 4 Puncte; indessen will ich hier nur einige davon angeben und die übrigen der späteren Betrachtung überlassen, wo statt der Kreise A^2 und B^2 beliebige Kegelschnitte gegeben sind.

Der Schnitt PP_1, d. h. von P mit P_1 heisse $\mathfrak{p}$, und der Schnitt QQ_1 heisse $\mathfrak{p}_1$; ferner mögen die Wechselschnitte PQ und P_1Q_1, PQ_1 und P_1Q beziehlich durch $\mathfrak{q}$ und $\mathfrak{q}_1$, $\mathfrak{r}$ und $\mathfrak{r}_1$ bezeichnet werden, so dass also $\mathfrak{p}$ und $\mathfrak{p}_1$, $\mathfrak{q}$ und $\mathfrak{q}_1$ $\mathfrak{r}$ und $\mathfrak{r}_1$ die Gegenecken des vollständigen Vierseits PP_1QQ_1 sind.

„Die Puncte $\mathfrak{p}$ und $\mathfrak{p}_1$ liegen in der Axe X und sind stets zu den Aehnlichkeitspuncten $\mathfrak{x}$ und $\mathfrak{x}_1$ zugeordnet harmonisch."

„Der Ort aller Wechselschnitte $\mathfrak{q}$, $\mathfrak{q}_1$, $\mathfrak{r}$, $\mathfrak{r}_1$ ist der Aehnlichkeitskreis N^2." Hierbei ist ein Nebenumstand zu bemerken. Die Tangenten P und P_1 werden einmal die äusseren gemeinschaftlichen

Tangenten der Kreise A^2 und N^2, wobei sie N^2 in den Puncten $\mathfrak{r}^0$ und $\mathfrak{r}_1^0$ berühren, und ein andermal werden sie die inneren gemeinschaftlichen Tangenten derselben, wobei sie N^2 in den Puncten $\mathfrak{q}^0$ und $\mathfrak{q}_1^0$ berühren, und alsdann haben die Berührungssehnen $\mathfrak{r}^0\mathfrak{r}_1^0$ und $\mathfrak{q}^0\mathfrak{q}_1^0$ die Eigenschaft, dass sie den Kreis B^2 in den Puncten V_1 und V berühren, indem dabei gleichzeitig die beiden Tangenten Q und Q_1 auf die jedesmalige Sehne fallen und die Curve C^2 den Kreis B^2 im betreffenden Puncte V_1 oder V vierpunctig berührt (II.). Umgekehrt: „Legt man an zwei ausser einander liegende beliebige Kreise A^2 und N^2 die zwei Paar gemeinschaftlichen Tangenten und zieht in dem einen oder anderen Kreise, etwa in N^2, die beiden Berührungssehnen $\mathfrak{r}^0\mathfrak{r}_1^0$ und $\mathfrak{q}^0\mathfrak{q}_1^0$ der Tangentenpaare, beschreibt über der Strecke V_1V, welche diese Sehnen in der Axe X begrenzen, den dritten Kreis B^2, so haben die Kreise B^2 und A^2 den Kreis N^2 zum Aehnlichkeitskreis."

§ 4.

Wenn die gegebenen Kreise A^2 und B^2 einander schneiden, oder der eine ganz innerhalb des anderen liegt, so treten in Rücksicht der angegebenen Eigenschaften (§ 3) gewisse Aenderungen ein oder neue Umstände hinzu, zu deren Verständniss die Bedingungen für den beschreibenden Punct X_0 (§ 1, I.) etwas umfassender gestellt werden müssen. Der allgemeinere Begriff ist, dass man die Potenzen des Punctes X_0 in Bezug auf die Kreise ins Auge fasst (S. Bd. 1 S. 163 des *Crelle*'schen Journals)*). Da nun die Potenz eines Punctes X_0 in Bezug auf einen Kreis A^2 sowohl äussere als innere sein kann, und als solche entweder durch das Quadrat der aus ihm an den Kreis gezogenen Tangente α, oder durch das Quadrat der halben kleinsten Sehne, etwa α_1, die durch ihn geht, repräsentirt wird, jenachdem der Punct ausserhalb oder innerhalb des Kreises liegt, so kann also bei zwei gegebenen Kreisen A^2 und B^2 ebensowohl auch nach dem Orte des Punctes gefragt werden, für welchen die Summe, $\alpha_1+\beta_1$, oder der Unterschied, $\alpha_1-\beta_1$ oder $\beta_1-\alpha_1$, der durch ihn gehenden halben kleinsten Sehnen der Kreise einer gegebenen Länge l gleich sein soll; und alsdann lässt sich diese Bedingung mit der obigen über die Tangenten α und β in die umfassendere Forderung vereinigen: „Den Ort des Punctes X_0 anzugeben, für welchen die (Quadrat-) Wurzeln der gleichartigen Potenzen in Bezug auf die gegebenen Kreise A^2 und B^2 eine gegebene Länge l entweder zur Summe oder zum Unterschiede haben." Wenn nun auch die Oerter für innere und äussere Potenz getrennt bleiben, und demselben l nach jeder Art ein be-

*) Cf. Bd. I, S. 22 dieser Ausgabe.

sonderer Kegelschnitt entspricht, so stehen beide Arten doch in einem gewissen Zusammenhang und ergänzen einander auf naturgemässe Weise. — Ferner kann man ebenso den Ort desjenigen Punctes Y_0 verlangen, für welchen die Summe oder Differenz der Wurzeln der ungleichartigen Potenzen (d. h. der Tangente an den einen Kreis und der halben kleinsten Sehne im anderen Kreise) der gegebenen Länge l gleich sein soll. In diesem Falle ist jedoch der verlangte Ort im Allgemeinen eine Curve vierten Grades.

Mit Bezug hierauf erleiden die obigen Eigenschaften bei der angedeuteten veränderten gegenseitigen Lage der gegebenen Kreise nachstehende Modificationen.

§ 5.

I. Man lasse die beiden Kreise A^2 und B^2 (Taf. XXI Fig. 1) einander näher rücken, bis sie mit den Puncten U_1 und V an einander stossen und sich in einem Puncte $(U_1 V)$ berühren, so fallen beide inneren Tangenten S und S_1 auf die Linie L, und diese wird die Berührungstangente der Kreise im Puncte $(U_1 V)$; in diesen Punct rückt auch der innere Aehnlichkeitspunct $\mathfrak{x}_1$, sowie viele andere Puncte. Damit verschwindet jene erste Gruppe Hyperbeln, die $Gr(H_1^2)$ (§ 3, II.), indem ihr Endglied (SS_1) sich mit ihrem Anfangsgliede L vereinigt, oder sie reducirt sich auf dieses einzige Glied L, welches jetzt zugleich das Anfangsglied der zweiten Gruppe, $Gr(H_2^2)$, ist. Diese Gruppe endet, wie zuvor, mit dem Paar äusserer Tangenten (RR_1); ebenso bleibt bei den übrigen Gruppen alles unverändert.

II. Wenn die Kreise A^2 und B^2 einander schneiden, wie in Fig. 2 auf Taf. XXII, so geht die Linie L durch ihre Schnitte r und s, und auch der Aehnlichkeitskreis $N^2 = \mathfrak{x} r \mathfrak{x}_1 s$ geht durch dieselben. Die $Gr(H_2^2)$ beginnt hier wieder mit der Linie L und endet mit (RR_1); aber ihre Brennpuncte erfüllen nicht mehr den ganzen Aehnlichkeitskreis N^2, sondern nur den Bogen $r\mathfrak{x}s$ desselben. Die $Gr(H_3^2)$, sowie die $Gr(E^2)$ behalten ihre früheren Eigenschaften (§ 3, II.). Dagegen kommt jetzt eine neue Gruppe Ellipsen, etwa $Gr(E_1^2)$, hinzu, die durch innere Potenz (durch die halben Sehnen α_1, β_1) bestimmt werden, und welche innerhalb beider Kreise in dem krummlinigen Zweieck $rVsU_1r$ liegen, also von jedem Kreise umschlossen und doppelt berührt werden, so dass die zweite oder kleine Axe jeder E_1^2 auf die Axe X fällt. Diese $Gr(E_1^2)$ ist in gewissem Sinne als Fortsetzung der $Gr(H_2^2)$ anzusehen; nämlich der Uebergang findet durch die Linie L statt, welche beiden Gruppen angehört, indem die Strecke rs als eine E_1^2, dagegen die beiden unendlichen Strecken jenseits r und s als eine H_2^2 zu betrachten sind; und zwar entsprechen beide demselben Werthe von l, nämlich $l = 0$ oder beziehlich $\alpha_1 = \beta_1$ und $\alpha = \beta$; auch sind für beide die Puncte r und s als Hauptscheitel und zugleich als Brennpuncte anzusehen. Dadurch stehen die Brennpuncts-

Oerter beider Gruppen in innigem Zusammenhang; sowie die Brennpuncte der $Gr(H_2^2)$ in dem Bogen $r\mathfrak{x}s$, liegen die Brennpuncte der $Gr(E_1^2)$ in dem anderen Bogen $r\mathfrak{x}_1 s$ des Aehnlichkeitskreises N^2, so dass die Endpuncte jeder zu der Strecke $m_0\mathfrak{x}_1$ senkrechten Sehne des Bogens $r\mathfrak{x}_1 s$ zugleich die Brennpuncte einer E_1^2 sind. Die Mittelpuncte der $Gr(E_1^2)$ liegen somit in der Strecke $m_0\mathfrak{x}_1$. Lässt man die Länge l von $l=0$ an wachsen, so rückt der Mittelpunct E_1 der Ortscurve E_1^2 von m_0 bis $\mathfrak{x}_1$; hier erreicht $l(=\alpha_1+\beta_1)$ ein bestimmtes Grenzmaximum und die Curve reducirt sich auf ihren Mittelpunct $\mathfrak{x}_1$. In diesem Falle, wo also der Ort des Punctes X_0 auf die einzige Lage in $\mathfrak{x}_1$ beschränkt ist, stellt sich das genannte Maximum auch nur in den durch $\mathfrak{x}_1$ gehenden halben kleinsten Sehnen dar, die beide in der zur Axe X senkrechten Geraden $\mathfrak{a}\mathfrak{x}_1\mathfrak{b}$ liegen, so dass $\mathfrak{x}_1\mathfrak{a}+\mathfrak{x}_1\mathfrak{b}=\mathfrak{a}\mathfrak{b}$ das Grenzmaximum von l ist. Also: „Unter allen innerhalb beider Kreise A^2 und B^2 liegenden Puncten hat der innere Aehnlichkeitspunct $\mathfrak{x}_1$ die Eigenschaft, dass die Summe der durch ihn gehenden kleinsten Sehnen ein Maximum ist.“

Die Puncte p und p_1, q und q_1, in welchen die Kreise A^2, B^2 von je einer inneren Ortscurve E_1^2 berührt werden, sind ebenso durch Hülfskreise zu construiren, wie oben (§ 3, II.), sobald die Länge l gegeben ist. Nämlich, wird z. B. im Kreise B^2 eine Sehne gezogen, deren Länge gleich $2l$ ist und deren Mitte b_0 heissen mag, so schneidet der mit Bb_0 um B beschriebene Kreis B_0^2 den Kreis A^2 in den verlangten Berührungspuncten p und p_1. So sind ferner auch die Grenzen, wo die reelle Berührung aufhört, analogerweise anzugeben, wie oben. Wird die halbe kleinste Sehne, die im Kreise A^2 durch den Punct V geht, durch v, und die halbe kleinste Sehne, die im Kreise B^2 durch den Punct U_1 geht, durch u_1 bezeichnet, so berührt die Curve E_1^2 den Kreis A^2 oder B^2 nur so lange reell, als die Länge l beziehlich kleiner als u_1 oder v ist, und ist gerade $l=u_1$ oder $l=v$, so werden die Kreise in den Puncten U_1 oder V vierpunctig berührt und sind Krümmungskreise der Curve. Wenn Radius $a>b$, so ist $v>u_1$, und dann beginnt die imaginäre Berührung mit A^2 früher als mit B^2. — Man denke sich eine Curve E_1^2, welche die Kreise A^2, B^2 in reellen Puncten p und p_1, q und q_1 berührt, so findet für alle Puncte X_0 in den beiden Bogen der E_1^2, welche zwischen den Berührungspuncten verschiedener Kreise, also in den Bogen pq und p_1q_1 liegen, stets Summe, $\alpha_1+\beta_1=l$, dagegen für die Bogen pp_1 und qq_1, welche von den Berührungspuncten des nämlichen Kreises begrenzt werden, stets Unterschied, beziehlich $\beta_1-\alpha_1=l$ und $\alpha_1-\beta_1=l$, statt. Werden die Puncte p und p_1 imaginär, ist $l>u_1$ und $l<v$, so wird E_1^2 durch die Puncte q und q_1 in zwei Bogen getheilt, wovon demjenigen, welcher dem Puncte U_1 näher liegt, Summe, $\alpha_1+\beta_1$, dagegen dem anderen näher an V liegenden Unterschied, $\alpha_1-\beta_1$, entspricht. Sind alle vier Berührungen imaginär, so

findet für alle Puncte X_0 in E_1^2 nur Summe, $\alpha_1+\beta_1=l$, statt. Gleiches konnte auch oben (§ 3, II.) über die $Gr(E^2)$ bemerkt werden, und ebenso ist bei den verschiedenen Gruppen Hyperbeln das ungleiche Verhalten ihrer Bogen in dieser Hinsicht leicht näher anzugeben.

III. Dringt der Kreis B^2 tiefer in den Kreis A^2 hinein, bis der Punct V_1 in U_1 zu liegen kommt und die Kreise einander nur noch in einem Puncte $(U_1 V_1)$ berühren, so fallen die äusseren gemeinschaftlichen Tangenten R und R_1 auf die Linie L, und diese wird die Berührungstangente der Kreise im Puncte $(U_1 V_1)$, auch ist dieselbe als der letzte Rest der jetzt auch verschwundenen zweiten Gruppe Hyperbeln, $Gr(H_2^2)$, sowie zugleich als das Anfangsglied der dritten Gruppe, $Gr(H_2^2)$, anzusehen. Nebst den Schnitten r und s rückt auch der äussere Aehnlichkeitspunct $\mathfrak{x}$ in den Punct $(U_1 V_1)$, so dass der Aehnlichkeitskreis N^2 sich mit den gegebenen Kreisen in demselben berührt. Die innere Gruppe Ellipsen, $Gr(E_1^2)$, wird hier vollständiger, ihre Brennpuncte erfüllen den ganzen Aehnlichkeitskreis und ihre Mittelpuncte dessen Durchmesser $\mathfrak{x}\mathfrak{x}_1$. Das Anfangsglied der $Gr(E_1^2)$, entsprechend dem Werthe $l=0$, besteht aus dem Puncte $(U_1 V_1)$; ausser ihm kann keine andere E_1^2 den Kreis A^2 reell berühren, gleichwie der Kreis B^2 von keiner äusseren Ortscurve reell berührt wird, ausser von der Linie L. Ebenso reducirt sich das Endglied der $Gr(E_1^2)$ auf den Punct $\mathfrak{x}_1$, wenn l sein Grenzmaximum erreicht, wie vorhin (II.).

IV. Befindet sich endlich der Kreis B^2 ganz innerhalb des Kreises A^2, wie in Fig. 3 auf Taf. XXII, so liegt die Linie L in bestimmter Entfernung jenseits beider Kreise, wogegen die Aehnlichkeitspuncte $\mathfrak{x}$ und $\mathfrak{x}_1$, so wie der Aehnlichkeitskreis N^2 innerhalb des Kreises B^2 liegen. Hier beginnt die noch fortbestehende $Gr(H_3^2)$ mit der Linie L bei dem Werthe $l=0$, und endet bei $l=AB$ mit der Parabel P^2, welche zugleich der Anfang der $Gr(E^2)$ ist, die mit E_∞^2 endet, wie oben (§ 3, II.). Was dagegen die inneren Ortscurven betrifft, so beginnt die $Gr(E_1^2)$ mit dem äusseren Aehnlichkeitspunct $\mathfrak{x}$, und zwar bei demjenigen Werthe von l, welcher das Minimum der Differenz $\alpha_1-\beta_1$ ist. Nämlich dies beruht auf dem folgenden Satze: „Unter allen innerhalb des Kreises B^2 liegenden Puncten X_0 hat der äussere Aehnlichkeitspunct $\mathfrak{x}$ die Eigenschaft, dass die Differenz der durch ihn gehenden kleinsten Sehnen $2\alpha_1$ und $2\beta_1$ ein Minimum ist. Die in $\mathfrak{x}$ zu der Axe X rechtwinkelige Gerade $\mathfrak{a}\mathfrak{b}\mathfrak{x}$ enthält diese zwei besonderen Sehnen, so dass also $\mathfrak{x}\mathfrak{a}-\mathfrak{x}\mathfrak{b}=\mathfrak{a}\mathfrak{b}$ gerade der genannte Werth von l ist, für welchen die erste E_1^2 sich auf den Punkt $\mathfrak{x}$ reducirt. Eben so reducirt sich das Endglied der $Gr(E_1^2)$ auf den inneren Aehnlichkeitspunct $\mathfrak{x}_1$ und entspricht demjenigen Werthe von l, welcher das Maximum der Summe $\alpha_1+\beta_1$ ist und sich in der in $\mathfrak{x}_1$ zu X rechtwinkligen Geraden $\mathfrak{a}_1\mathfrak{x}_1\mathfrak{b}_1$ unter $\mathfrak{x}_1\mathfrak{a}_1+\mathfrak{x}_1\mathfrak{b}_1=\mathfrak{a}_1\mathfrak{b}_1$

darstellt, wie oben (II.). Für die $Gr(E_1^2)$ hat somit die Länge l den Spielraum von $l = \mathfrak{a}\mathfrak{b}$ bis $l = \mathfrak{a}_1\mathfrak{b}_1$.

Bei der gegenwärtigen Lage kann der Kreis A^2 nur von den äusseren Ortscurven $Gr(H_3^2)$ und $Gr(E^2)$, hingegen der Kreis B^2 nur von den inneren $Gr(E_1^2)$ reell berührt werden. Die Grenzen, wo beiderseits die reelle Berührung beginnt und aufhört, sind gleicherweise bestimmt, wie oben, und ebenso sind bei gegebener Länge l, die Berührungspuncte durch das bereits angegebene Verfahren leicht zu construiren. Ein Nebenumstand, betreffend die äusseren Ortscurven, soll hier noch hervorgehoben werden.

Ob von der $Gr(H_3^2)$ ein Theil zu reeller Berührung mit dem Kreise A^2 gelangt, oder nicht, hängt davon ab, ob $u_1 < AB$ oder $u_1 > AB$, d. h. ob die aus dem Puncte U_1 (der von allen Puncten in A^2 dem Kreise B^2 am nächsten liegt) an den Kreis B^2 gezogene Tangente u_1 (§ 3, I.) kleiner oder grösser als AB ist. Ist gerade $u_1 = AB$, so berührt allein das letzte Glied der $Gr(H_3^2)$, die Parabel P^2, den Kreis A^2 noch reell, und zwar in U_1 vierpunctig. Ist hingegen $u_1 < AB$, so folgen nach der P^2 auch noch eine bestimmte Abtheilung Ellipsen von der $Gr(E^2)$, welche nicht reell berühren, und die zur Unterscheidung durch $Gr(E_-^2)$ bezeichnet werden sollen. Für alle Puncte X_0 in einer solchen Ellipse E_-^2 findet nur Differenz $\beta - \alpha = l$ statt (dasselbe gilt in diesem Falle auch von jeder H_3^2). Die $Gr(E_-^2)$ entsprechen den Werthen von $l = AB$ bis $l = u_1$. Im letzteren Falle, bei $l = u_1$, entsteht diejenige Ellipse, welche den Kreis A^2 in U_1 vierpunctig berührt, und für deren ganzen Umfang wohl noch Differenz $\beta - \alpha = l$ statt hat, aber die dennoch zugleich der Anfang der reell berührenden Ellipsen E^2 ist. Von da ab, wenn l wächst, berüht E^2 den Kreis A^2 in zwei reellen Puncten p und p_1, durch welche sie in zwei Bogen getheilt wird, wovon demjenigen, der den Punct U_1 umspannt, Summe $\alpha + \beta$, dagegen dem anderen, über U, Differenz $\beta - \alpha$ entspricht. Wird $l = u$ (Tangente aus U an B^2), so tritt die letzte reell berührende E^2 ein, die den Kreis A^2 in U vierpunctig berührt, und für deren ganzen Umfang nur Summe $\alpha + \beta$ stattfindet. Von hier ab, wenn l fortwächst bis zu $l = \infty$, entsteht in $Gr(E^2)$ eine neue Abtheilung von solchen Ellipsen, etwa $Gr(E_+^2)$, welche den Kreis A^2 auch nicht reell berühren, aber für deren ganzen Umfang nur allein Summe $\alpha + \beta$ vorkommt. Somit giebt es unter der Voraussetzung, dass $u_1 > AB$, in der $Gr(E^2)$ zwei getrennte Abtheilungen, $Gr(E_-^2)$ und $Gr(E_+^2)$, welche beide den Kreis A^2 umschliessen und imaginär berühren, aber dennoch darin sich wesentlich unterscheiden, dass für die ersten nur Unterschied $\beta - \alpha$, hingegen für die anderen nur Summe $\alpha + \beta$ vorkommt. Dieses verschiedene Verhalten wird durch folgende nähere Beziehung der beiden Kreise zu den respectiven Curven aufgeklärt. Man bezeichne allgemein die Brennpuncte einer Ellipse durch f und f_1 und die Krümmungsmittelpuncte der Scheitel ihrer Haupt-

Axe durch k und k_1, so liegen die letzteren Puncte zwischen jenen, und zwar soll k näher an f und k_1 näher an f_1 liegen. Die Mittelpuncte aller Kreise, welche die Ellipse imaginär doppelt berühren, fallen in die Strecken fk und f_1k_1 (S. Bd. 37 S. 175 des *Crelle*'schen Journals)*). Hiernach lässt sich das Verhalten der $Gr(E^2_-)$ und $Gr(E^2_+)$ gegen die gegebenen Kreise A^2 und B^2, wie folgt, näher angeben:

„Bei jeder Ellipse E^2_- liegen die Mittelpuncte A und B der Kreise beide in der nämlichen Strecke fk oder f_1k_1, wogegen bei jeder Ellipse E^2_+ dieselben in verschiedenen Strecken liegen, der eine in fk und der andere in f_1k_1."

Auch ergiebt sich aus Allem der folgende Satz:

„Zu zwei in einander liegenden gegebenen Kreisen A^2 und B^2 kann es nur dann solche Ortscurven E^2_- geben, für deren ganzen Umfang nur allein Differenz $\beta-\alpha=l$ stattfindet, wenn $u_1 > AB$ ist, und dabei hat alsdann die Länge l den Spielraum von $l=AB$ bis $l=u_1$." Und umgekehrt: „Beschreibt man in eine gegebene Ellipse zwei solche, sie imaginär doppelt berührende Kreise, deren Mittelpuncte beide in der nämlichen Strecke fk oder f_1k_1 liegen, so findet für alle Puncte X_0 in der Ellipse dieselbe constante Differenz $\beta-\alpha=l$ statt, und es ist allemal $u_1 > AB$, die Constante l aber grösser als AB und kleiner als u_1."

§ 6.

Aus der vorhergehenden Betrachtung ist leicht zu ermessen, dass, wenn in einer Ebene drei beliebige Kreise A^2, B^2 und D^2, deren Mittelpuncte A, B und D in derselben Geraden X liegen, gegeben sind, dann im Allgemeinen immer ein solcher Kegelschnitt C^2 möglich ist, welcher in Rücksicht je zweier Kreise eine ihnen zugehörige Ortscurve ist, und welcher somit jeden Kreis doppelt berührt. Die jedem Kreispaar entsprechende Länge l ist unter anderem, wie folgt, zu bestimmen.

Sind a, b und d die Radien der Kreise, werden die Abstände ihrer Mittelpuncte von einander, nämlich $AB=2\mathfrak{d}$, $AD=2\mathfrak{b}$ und $BD=2\mathfrak{a}$ gesetzt, und wird die Länge l für die Kreispaare A^2 und B^2, A^2 und D^2, B^2 und D^2 beziehlich durch 2λ, $2\lambda_1$, $2\lambda_2$ bezeichnet, so hat man, wenn B zwischen A und D liegt, die Relation

$$\lambda^2 = \frac{\mathfrak{d}}{2\mathfrak{a}\mathfrak{b}}(2\mathfrak{a}\mathfrak{b}\mathfrak{d}-\mathfrak{a}a^2+\mathfrak{b}b^2-\mathfrak{d}d^2),$$

$$\lambda_1^2 = \frac{\mathfrak{b}}{2\mathfrak{a}\mathfrak{d}}(2\mathfrak{a}\mathfrak{b}\mathfrak{d}-\mathfrak{a}a^2+\mathfrak{b}b^2-\mathfrak{d}d^2),$$

$$\lambda_2^2 = \frac{\mathfrak{a}}{2\mathfrak{b}\mathfrak{d}}(2\mathfrak{a}\mathfrak{b}\mathfrak{d}-\mathfrak{a}a^2+\mathfrak{b}b^2-\mathfrak{d}d^2).$$

*) Cf. Bd. II, S. 404 dieser Ausgabe.

§ 7.

Wird nun ferner in Rücksicht auf zwei gegebene Kreise A^2 und B^2 der Ort desjenigen Punctes Y_0 verlangt, für welchen die Wurzeln der ungleichnamigen Potenzen eine gegebene Länge l entweder zur Summe ($\alpha+\beta_1$ oder $\beta+\alpha_1$) oder zum Unterschiede ($\alpha-\beta_1$, $\beta_1-\alpha$ oder $\beta-\alpha_1$, $\alpha_1-\beta$) haben soll (§ 4), wobei also der Punct Y_0 nothwendigerweise jedesmal innerhalb des einen und ausserhalb des anderen Kreises liegen muss, so findet man, dass dieser Ort im Allgemeinen eine Curve vierten Grades ist, gleich C^4, welche jeden der beiden Kreise in vier Puncten berührt (reell oder imaginär), die gleicherweise durch concentrische Hülfskreise (B_0^2 und A_0^2) leicht zu construiren sind, wie bei der obigen Betrachtung (§ 3, II. und § 5, II.).

Wenn jedoch hierbei insbesondere $l=0$ sein soll, d. h. wenn nur der Ort desjenigen Punctes Y_0 verlangt wird, welcher in Rücksicht der beiden Kreise ungleichnamige aber gleiche Potenzen hat, $\alpha=\beta_1$ oder $\beta=\alpha_1$, so reducirt sich die Curve C^4 auf einen doppelten Kreis, indem die beiden Theile, aus denen sie sonst besteht, für diesen Fall zusammenfallen und einen einzigen Kreis bilden, etwa C_0^2. Dieser Kreis C_0^2 ist auch dadurch bestimmt, dass er den oft genannten Punct M, die Mitte von AB, zum Mittelpunct und mit den gegebenen Kreisen die Linie L gemeinschaftlich zum Ort der gleichen Potenzen hat. Wenn daher die gegebenen Kreise A^2 und B^2 einander schneiden, wie in Fig. 2 auf Taf. XXII, so geht auch C_0^2 durch ihre Schnitte r und s; befindet sich B^2 ganz innerhalb A^2, wie in Fig. 2 auf Taf. XXII, so liegt C_0^2 in dem Raume zwischen B^2 und A^2; und liegen endlich A^2 und B^2 ausser einander, wie in Fig. 1 auf Taf. XXI, aber so, dass M innerhalb A^2 fällt, so kann der Kreis C_0^2 auch noch reell sein und liegt dann ganz innerhalb A^2. Aus diesen Angaben ergiebt sich der folgende Satz:

„Der Ort der ungleichnamigen gleichen Potenzen zweier gegebenen Kreise A^2 und B^2 ist ein bestimmter dritter Kreis C_0^2, dessen Mittelpunct M die Mitte der die Mittelpuncte der gegebenen Kreise verbindenden Geraden AB ist, und welcher mit diesen Kreisen den Ort der gleichen (und gleichnamigen) Potenzen, die Linie L, gemein hat.“ Oder unter anderer Auffassung auch so: „Der Ort des Mittelpunctes Y_0 desjenigen Kreises Y_0^2, welcher von dem einen gegebenen Kreise, A^2 oder B^2, gleichviel von welchem, rechtwinklig und von dem jedesmaligen anderen im Durchmesser geschnitten wird, ist ein bestimmter Kreis C_0^2, dessen Mittelpunct M die Mitte von AB ist, und welcher mit den gegebenen Kreisen eine (reelle oder ideelle) gemeinschaftliche Secante L hat.“

Wenn ferner die gegebenen Kreise A^2 und B^2 insbesondere concentrisch sind, so zerfällt die Curve C^4 bei jeder gegebenen Länge l in zwei mit jenen concentrische Kreise C^2 und C_1^2, deren Radien c und c_1 dem Gesetz unterworfen sind, dass stets

$$c^2+c_1^2 = a^2+b^2$$

ist, d. h., dass die Summe der Quadrate dieser Radien constant, und zwar der Summe der Quadrate der Radien der gegebenen Kreise A^2 und B^2 gleich ist, in welche letztere jene Kreise C^2 und C_1^2 auch in der That übergehen, wenn $l=u=u_1$ wird (§ 3, I.). — Für $l=0$ fallen die Kreise C^2 und C_1^2 auf einander, bilden den vorgenannten Kreis C_0^2, für dessen Radius c_0 man hat

$$2c_0^2 = a^2+b^2.$$

§ 8.

Die obige Betrachtung führte auf eine unendliche Schaar Curven zweiten Grades, $S(C^2)$, welche die zwei gegebenen Kreise A^2 und B^2 doppelt berühren; allein diese Schaar umfasst nicht alle Kegelschnitte, welche die Kreise doppelt berühren, vielmehr giebt es im Allgemeinen noch zwei andere Schaaren, die diese Eigenschaft auch besitzen. Ueber die beiden letzteren Kegelschnittschaaren sollen hier noch einige bemerkenswerthe Umstände angedeutet werden.

Die gegebenen Kreise haben (wie jede zwei in gleicher Ebene liegende Kegelschnitte) ein gemeinschaftliches Trippel zugeordneter Pole x, y und z, sowie auch ein gemeinschaftliches Trippel conjugirter Polaren X, Y und Z; jene sind die Ecken und diese die respectiven Gegenseiten des nämlichen Dreiecks. Einer der drei Pole, etwa x, liegt im Unendlichen, und zwar nach der Richtung der Linie L, als deren unendlich entfernter Punct er anzusehen ist; derselbe ist stets reell, wogegen die beiden anderen, y und z, gleichzeitig imaginär oder reell sind, jenachdem die Kreise einander schneiden oder nicht, nämlich sie sind zugleich die Schnitte der Axe (oder Polare) X mit jedem Kreise, welcher die beiden gegebenen Kreise A^2 und B^2 rechtwinklig schneidet; oder wofern die letzteren Kreise ausser einanderliegen, wie in Fig. 1 auf Taf. XXI, so sind die Pole y und z zugleich die Schnitte der Diagonale $\mathfrak{x}\mathfrak{x}_1 = X$ mit den beiden anderen Diagonalen $\mathfrak{z}\mathfrak{z}_1 = Z$ und $\mathfrak{y}\mathfrak{y}_1 = Y$ des durch die vier gemeinschaftlichen Tangenten gebildeten Vierseits RR_1SS_1. Zu diesen drei Polen haben nun die erwähnten drei Kegelschnittschaaren nachstehende wesentliche Beziehung.

Die obigen Ortscurven, $S(C^2)$, haben Bezug auf den Pol x und sollen daher durch $S(C_x^2)$ bezeichnet werden; nämlich die Berührungssehnen pp_1 und qq_1 jeder Curve C_x^2 sind der Linie L parallel und gehen daher mit ihr nach dem Pole x (§ 3, IV.). — Nun giebt es eine zweite Schaar Kegelschnitte, $S(C_y^2)$, welche die gegebenen Kreise doppelt berühren, und welche sich gleicherweise auf den Pol y beziehen, indem nämlich die Berührungssehnen pp_1 und qq_1 jeder Curve C_y^2 durch diesen Pol gehen. Und ebenso giebt es eine dritte Kegelschnittschaar, $S(C_z^2)$, welche die gegebenen Kreise doppelt berühren, und bei welchen die Berührungssehnen pp_1 und qq_1 stets durch den Pol z gehen. Von den beiden letzteren Kegelschnittschaaren sind unter anderen folgende interessante Eigenschaften anzugeben:

1) „Die Berührungssehnen pp_1 und qq_1 jeder Curve C_y^2 sowie jeder Curve C_z^2 sind stets zu einander rechtwinklig; und umgekehrt: zieht man durch den Pol y oder z irgend zwei zu einander rechtwinklige Secanten pp_1 und qq_1 beider Kreise A^2 und B^2, so werden diese in den zwei Paar Schnittpuncten p und p_1, q und q_1 allemal von einer Curve C_y^2 oder C_z^2 berührt.“

2) „Von den beiden Axen jeder Curve C_y^2 oder C_z^2 geht die eine durch den Mittelpunct A und die andere durch den Mittelpunct B. Folglich ist der Ort der Mittelpuncte beider Schaaren, $S(C_y^2)$ und $S(C_z^2)$, ein und derselbe Kreis M_0^2, welcher die Strecke AB zum Durchmesser hat (§ 3, I.), so dass also jeder Punct dieses Kreises zugleich der Mittelpunct sowohl einer Curve C_y^2 als einer Curve C_z^2 ist, und dass die Axen dieser beiden Curven auf einander fallen.“

3) „Die $S(C_y^2)$ sowohl als die $S(C_z^2)$ sind unter sich ähnlich; und zwar verhalten sich die Quadrate der Axen jeder C_y^2, wie die Abstände des Pols y von den Mittelpuncten A und B; und ebenso verhalten sich die Quadrate der Axen jeder C_z^2, wie die Strecken zA und zB. Nämlich so: sind α, β die halben Axen einer C_y^2, und geht α durch A und β durch B, so ist

$$\alpha^2 : \beta^2 = yA : yB;$$

und sind ebenso α_1, β_1 die halben Axen einer C_z^2 und gehen dieselben beziehlich durch A, B, so ist

$$\alpha_1^2 : \beta_1^2 = zA : zB.$$

Da nun y und z conjugirte Pole in Rücksicht beider Kreise A^2 und B^2 sind, so dass

$$Ay . Az = a^2, \quad \text{und} \quad Bz . By = b^2$$

ist, so ergiebt sich aus beiden vorstehenden Proportionen die folgende:

$$\alpha\alpha_1 : \beta\beta_1 = a : b,$$

das heisst: In Rücksicht je zweier Curven C_y^2 und C_z^2 aus beiden Schaaren verhält sich das Rechteck unter den Axen, die durch A gehen, zum Rechteck unter den Axen, die durch B gehen, wie der Radius a des Kreises A^2 zum Radius b des Kreises B^2.“

4) „Der Ort der Brennpuncte jeder der beiden Schaaren, wie etwa der $S(C_y^2)$, besteht im Allgemeinen aus zwei Kreisen A_y^2 und B_y^2, welche mit den gegebenen Kreisen dieselben Mittelpuncte A und B haben, und welche entweder einander rechtwinklig schneiden, oder von denen der eine den anderen im Durchmesser schneidet. Geht die Haupt-Axe einer Curve C_y^2 durch A oder B, so liegen ihre Brennpuncte f und f_1 beziehlich im Kreise B_y^2 oder A_y^2. Das Rechteck unter den Abständen jedes Paares Brennpuncte f und f_1 von dem Puncte A sowohl als von dem Puncte B ist constant, und zwar gleich dem Quadrat des Radius a_y oder b_y des zugehörigen Kreises A_y^2 oder B_y^2, also

$$Af.Af_1 = a_y^2, \quad \text{und} \quad Bf.Bf_1 = b_y^2.$$

Ebenso liegen die Brennpuncte der $S(C_z^2)$ in zwei Kreisen A_z^2 und B_z^2, mit denen es gleiche Bewandtniss hat."

5) „Zieht man zwischen den zwei Paar Puncten p und p_1, q und q_1, in welchen jede Curve C_y^2 die gegebenen Kreise A^2, B^2 berührt, die vier Wechselsehnen pq, pq_1, p_1q und p_1q_1, so berühren alle diese Sehnen einen und denselben bestimmten Kegelschnitt, etwa Y^2, welcher den Pol y zum Brennpunct und mit den Kreisen die vier (reellen oder imaginären) Tangenten R, R_1, S und S_1 gemein hat, und dessen Brennpuncte y und (der noch unbekannte) y_1 zu den Puncten A und B zugeordnet harmonisch sind. Jede Wechselsehne bildet in den Kreisen A^2 und B^2 zwei Sehnen, etwa s und s_1; das Verhältniss dieser Sehnen ist für alle Wechselsehnen dasselbe, $s:s_1 = k$ constant. — Ebenso berühren die Wechselsehnen der $S(C_z^2)$ einen bestimmten Kegelschnitt Z^2, welcher z zum Brennpunct und mit den Kreisen A^2, B^2 dieselben vier Tangenten gemein hat, und dessen Brennpuncte z und z_1 zu den Puncten A und B zugeordnet harmonisch sind. Auch bilden die Wechselsehnen in den Kreisen solche Sehnen s und s_1, deren Verhältniss constant, jedoch von dem vorigen verschieden ist, $s:s_1 = k_1$ constant."

6) „Sind P und P_1, Q und Q_1 die Berührungstangenten der Kreise A^2, B^2 mit einer Curve C_y^2 (§ 3, IV.), so liegen die Schnitte $PP_1 = \mathfrak{p}$ und $QQ_1 = \mathfrak{p}_1$ allemal in der Polare Y, und alle Paare $\mathfrak{p}$ und $\mathfrak{p}_1$ bilden ein Puncten-System (Involution). Dagegen ist der Ort der vier Wechselschnitte PQ und P_1Q_1, PQ_1 und P_1Q, oder $\mathfrak{q}$ und $\mathfrak{q}_1$, $\mathfrak{r}$ und $\mathfrak{r}_1$ (§ 3, IV.) ein bestimmter Kreis N_y^2, welcher durch dasselbe Paar Gegenecken $\mathfrak{y}$ und $\mathfrak{y}_1$ geht wie Y, und welcher mit den Kreisen A^2 und B^2 die Linie L zur gemeinschaftlichen Secante hat, so dass sein Mittel-

punct N_y auch in der Axe X liegt. — Ganz analog verhält es sich in dieser Hinsicht mit der $S(C_z^2)$.“

Um den Einfluss der verschiedenen gegenseitigen Lage der gegebenen Kreise auf die angegebenen Eigenschaften zu zeigen, wollen wir die Kreise in ihren wesentlichsten Lagen, nämlich wo sie ausser einander liegen, und wo B^2 ganz innerhalb A^2 liegt, noch etwas näher betrachten. Beim Zwischenfalle, wo die Kreise einander schneiden, sind $S(C_y^2)$ und $S(C_z^2)$ imaginär.

I. „Liegen die Kreise ausser einander, wie in Fig. 1 auf Taf. XXI, so bestehen beide Schaaren, $S(C_y^2)$ und $S(C_z^2)$, aus Hyperbeln $S(H_y^2)$ und $S(H_z^2)$, jede Schaar unter sich ähnlich. Die um die Puncte A und B beschriebenen Kreise A_y^2 und B_y^2, welche die Brennpuncte der $S(H_y^2)$ enthalten, schneiden einander in den Gegenecken $\mathfrak{y}$ und $\mathfrak{y}_1$ des Vierseits RR_1SS_1 rechtwinklig; und ebenso schneiden sich andererseits die Kreise A_z^2 und B_z^2 in den Ecken $\mathfrak{z}$ und $\mathfrak{z}_1$ rechtwinklig. — Liegt der Mittelpunct einer H_y^2 in dem Bogen $\mathfrak{y}\mathfrak{z}A\mathfrak{z}_1\mathfrak{y}_1$ des Kreises M_0^2, so umschliesst dieselbe den Kreis B^2, und somit geht ihre Haupt-Axe durch den Punct B und schneidet den Kreis A_y^2 in ihren Brennpuncten f und f_1. Liegt hingegen der Mittelpunct einer H_y^2 in dem anderen Bogen $\mathfrak{y}B\mathfrak{y}_1$, so umschliesst sie den Kreis A^2; ihre Haupt-Axe geht durch A, und ihre Brennpuncte liegen im Kreise B_y^2. Der Uebergang von der einen Abtheilung zur anderen findet durch die Tangentenpaare (RS_1) und (R_1S) statt, welche specielle H_y^2 sind und beziehlich $\mathfrak{y}$ und $\mathfrak{y}_1$ zu Mittelpuncten haben. Ganz ähnlich verhält es sich mit den Hyperbeln H_z^2. — Die Asymptoten jeder H_y^2 gehen durch die festen Ecken $\mathfrak{z}$ und $\mathfrak{z}_1$; und ebenso gehen die Asymptoten jeder H_z^2 durch die Ecken $\mathfrak{y}$ und $\mathfrak{y}_1$.“

II. „Liegt der Kreis B^2 ganz innerhalb A^2, wie in Fig. 3 auf Taf. XXII, so bestehen beide Schaaren $S(C_y^2)$ und $S(C_z^2)$ aus Ellipsen, also $S(E_y^2)$ und $S(E_z^2)$. Jede E_y^2 umschliesst den Kreis B^2 und wird vom Kreise A^2 umschlossen, so dass also ihre Haupt-Axe stets durch den Punct B geht, und ihre Brennpuncte f und f_1 immer in demselben bestimmten Kreise A_y^2 um A liegen; (hier wird der Kreis* B_y^2 um B vom Kreise A_y^2 im Durchmesser geschnitten, aber ausser diesen Schnitten enthält er keine reellen Brennpuncte). Ebenso umschliesst jede E_z^2 den Kreis B^2 und wird von A^2 umschlossen, so dass ihre Haupt-Axe nur durch B geht, und ihre Brennpuncte in einem bestimmten Kreise A_z^2 um A liegen.“

*Sieh S. 740.

§ 9.

Bemerkung. In dem Vorhergehenden kommen beiläufig drei Beispiele vor, wo eine Gerade (dort Wechselsehne genannt, § 3, IV. und § 8, 5), welche in den gegebenen Kreisen A^2 und B^2 Sehnen s und s_1 von constantem Verhältniss bildet, einen Kegelschnitt zum Ort hat. Diese Eigenschaft ist allgemein und gewährt folgenden Satz:

„Der Ort einer Geraden G, welche in zwei gegebenen festen Kreisen A^2 und B^2 solche Sehnen s und s_1 bildet, deren Verhältniss irgend einen gegebenen Werth k hat, so dass $s:s_1=k$, ist allemal irgend ein bestimmter Kegelschnitt G^2;*) und alle auf diese Weise bestimmten Kegelschnitte, wofern der Werth k nach einander alle Grössen durchläuft, bilden einen Curven-Büschel, $B(G^2)$, mit vier (reellen oder imaginären) gemeinschaftlichen Tangenten (R, R_1, S, S_1), und zwar gehören die gegebenen Kreise A^2 und B^2 selbst mit zu diesem Büschel, nämlich sie entsprechen beziehlich den Werthen $k=0$ und $k=\infty$. Dem Werthe $k=1$ oder $s=s_1$ entspricht, wie oben (§ 3, IV.), die Parabel $\mathfrak{P}^2 (= G^2)$, welche den Punct M zum Brennpunct und die Linie L zur Tangente im Scheitel hat. Dem Werthe $k=a:b$ entsprechen beide Aehnlichkeitspuncte $\mathfrak{x}$ und $\mathfrak{x}_1$, die zusammen eine specielle G^2 sind; etc.“ — Und umgekehrt: „Die Tangenten jedes Kegelschnittes G^2, welcher mit zwei Kreisen A^2 und B^2 vier reelle oder imaginäre Tangenten gemein hat, bilden in diesen Kreisen solche Sehnen s und s_1, deren Verhältniss constant ist, d. h. für alle Tangenten denselben bestimmten Werth k hat; etc.“

Statt einer ausführlichen Erörterung dieses Gegenstandes, beschränke ich mich hier auf folgende Angaben.

Die Mittelpuncte der Ortscurven, $B(G^2)$, liegen sämmtlich in der Axe X, auf welche zugleich auch je eine Axe von jeder Curve fällt. Ob die erste oder zweite Axe der Curve auf X fällt, hängt davon ab, ob ihr Mittelpunct jenseits der Strecke AB, oder ob er in dieser Strecke liegt. Dadurch scheiden sich die Curven in zwei Abtheilungen, etwa $Gr(G_1^2)$ und $Gr(G_2^2)$. In Hinsicht der Brennpuncte dieser beiden Gruppen hat es folgende Bewandtniss:

„Die Brennpuncte der $Gr(G_1^2)$ liegen in der Axe X und jedes Paar Brennpuncte f und f_1 ist zu den Puncten A und B

*) Diesen Satz habe ich bereits im J. 1827 mit einer Reihe anderer Sätze dem Herausgeber der *Annales de Mathématiques* nach Montpellier übersandt, welcher ihn später — vielleicht durch Versehen — unter dem Namen eines Anderen abdrucken liess.

zugeordnet harmonisch. Dagegen liegen die Brennpuncte der $Gr(G_2^2)$ in dem Kreise M_0^2, welcher die Strecke $AB=2c$ zum Durchmesser hat (§ 3, I.), so dass jedes Paar Brennpuncte zugleich die Endpuncte einer zu diesem Durchmesser senkrechten Sehne des Kreises sind."

Daraus geht hervor, dass hier gleicherweise, wie oben (§ 3, III. und § 8, 4), für beide Gruppen das gemeinschaftliche Gesetz stattfindet:

„Dass das Rechteck unter den Abständen der Brennpuncte f und f_1 jeder Curve G^2 von dem Puncte M, dem Brennpuncte der Parabel $\mathfrak{P}^2$, constant und zwar gleich c^2 ist."

Berlin, im October 1852.

Crelle's Journal Band XLV. S. 189—211.

(Auszug aus einem am 4. März 1852 in der Akademie der Wissenschaften zu Berlin gehaltenen Vortrage.)

35

Allgemeine Betrachtung über einander doppelt berührende Kegelschnitte.

§ 10.

An die vorhergehende Abhandlung, namentlich an diejenige Betrachtung, wo das Verhalten der gesammten Kegelschnitte, welche zwei feste Kreise doppelt berühren, angegeben worden, erlaube ich mir, hier die etwas allgemeinere Betrachtung anzuschliessen, wo statt der Kreise irgend zwei Kegelschnitte, die gleichfalls durch A^2 und B^2 bezeichnet werden mögen, in fester Lage gegeben sind, und wobei ebenso die Eigenschaften aller sie doppelt berührenden Kegelschnitte berücksichtigt werden sollen.

I. Um einen bestimmten Fall (Figur) vor Augen zu haben, denke oder zeichne man zwei Ellipsen A^2 und B^2, welche einander in vier Puncten r, s, t, u schneiden, und somit auch vier reelle gemeinschaftliche Tangenten R, S, T, U haben; nämlich diejenige Tangente heisse R, von deren Berührungspuncten aus zwei Bogen beider Ellipsen unmittelbar nach dem Schnitte r führen; ebenso die anderen. Die vier Schnitte bilden ein vollständiges Viereck $rstu$ und die vier Tangenten ein vollständiges Vierseit $RSTU$. In Betracht der drei Paar Gegenseiten des ersteren und deren Schnitte, sowie in Rücksicht der drei Paar Gegenecken des letzteren und dessen drei Diagonalen setze man:

Seite	$rs=\mathfrak{X}$ und	$tu=\mathfrak{X}_1$;	Schnitt	$\mathfrak{X}\mathfrak{X}_1=x$.
-	$rt=\mathfrak{Y}$ und	$su=\mathfrak{Y}_1$;	-	$\mathfrak{Y}\mathfrak{Y}_1=y$.
-	$ru=\mathfrak{Z}$ und	$st=\mathfrak{Z}_1$;	-	$\mathfrak{Z}\mathfrak{Z}_1=z$.
Ecke	$RS=\mathfrak{x}$ und	$TU=\mathfrak{x}_1$;	Diagonale	$\mathfrak{x}\mathfrak{x}_1=X$.
-	$RT=\mathfrak{y}$ und	$SU=\mathfrak{y}_1$;	-	$\mathfrak{y}\mathfrak{y}_1=Y$.
-	$RU=\mathfrak{z}$ und	$ST=\mathfrak{z}_1$;	-	$\mathfrak{z}\mathfrak{z}_1=Z$.

Die Schnitte x, y, z der drei Paar Gegenseiten des Vierecks sind das gemeinschaftliche Trippel conjugirter Pole, und die drei Diagonalen X, Y, Z

des Vierseits sind das gemeinschaftliche Trippel conjugirter Polaren der beiden Ellipsen, so dass also auch

$$\text{Schnitt } XY = z, \quad XZ = y, \quad YZ = x$$

und

$$\text{Gerade } \quad xy = Z, \quad xz = Y, \quad yz = X$$

ist. Ferner sind dabei einerseits x, $\mathfrak{z}$, y und $\mathfrak{z}_1$; x, $\mathfrak{y}$, z und $\mathfrak{y}_1$; y, $\mathfrak{x}$, z und $\mathfrak{x}_1$ vier harmonische Puncte, sowie andererseits X, $\mathfrak{Z}$, Y und $\mathfrak{Z}_1$; X, $\mathfrak{Y}$, Z und $\mathfrak{Y}_1$; Y, $\mathfrak{X}$, Z und $\mathfrak{X}_1$ vier harmonische Gerade.

Mit Bezug hierauf und mit Berücksichtigung anderer, im vorigen Aufsatze bereits angewandter Bezeichnungen und Benennungen lassen sich die erwähnten Eigenschaften, wie folgt, aussprechen.

II. Die gesammten Kegelschnitte C^2, welche beide gegebenen Ellipsen A^2 und B^2 doppelt berühren, zerfallen vermöge ihrer Beziehung zu den drei Polen x, y und z in drei verschiedene Schaaren $S(C_x^2)$, $S(C_y^2)$ und $S(C_z^2)$, (§ 8), welche sich jedoch im Allgemeinen gleich verhalten und gleiche Eigenschaften haben, so dass wir der Kürze halber nur von der einen Schaar, etwa von $S(C_x^2)$, zu sprechen brauchen.

1) „Berührt eine Curve C_x^2 die Ellipse A^2 in den Puncten p und p_1 und die Ellipse B^2 in den Puncten q und q_1, so gehen die Berührungssehnen pp_1 und qq_1 durch den Pol x und sind allemal zu den Gegenseiten $\mathfrak{X}$ und $\mathfrak{X}_1$ zugeordnet harmonisch.“ Und umgekehrt: „Zieht man durch den Pol x irgend zwei zu den Seiten $\mathfrak{X}$ und $\mathfrak{X}_1$ zugeordnete harmonische Gerade, etwa G und H, so schneiden sie die Ellipsen A^2 und B^2 beziehlich in solchen Puncten p, p_1 und q, q_1, in welchen dieselben von einer Curve C_x^2 berührt werden; und ferner schneiden sie verwechselt, H die A^2 und G die B^2, in solchen Puncten p^0, p_1^0 und q^0, q_1^0, in welchen A^2 und B^2 von einer anderen Curve C_x^2 berührt werden.“

2) „Werden zwischen je zwei Paar zusammengehöriger Berührungspuncte p und p_1, q und q_1 die vier Wechselsehnen pq, pq_1, p_1q und p_1q_1 gezogen (§ 8, 5), so berühren dieselben insgesammt einen bestimmten Kegelschnitt, etwa X^2, welcher dem Vierseit $RSTU$ eingeschrieben ist und auch die zwei Gegenseiten $\mathfrak{X}$ und $\mathfrak{X}_1$ berührt (indem die letzteren, sowie die Tangenten R, S, T, U specielle Wechselsehnen sind).“ Und ferner: „Die aus den zwei Schnitten der Polare X mit der Ellipse B^2 (oder A^2) an den Kegelschnitt X^2 gelegten zwei Paar Tangenten berühren ihn in den nämlichen Puncten, in welchen er von der anderen Ellipse A^2 (oder B^2) geschnitten wird.“

3) „Legt man durch die vier Berührungspuncte p und p_1,

q und q_1 irgend einen willkürlichen Kegelschnitt D^2, so schneidet er die gegebenen Curven A^2 und B^2 in vier solchen neuen Puncten p^0 und p^0_1, q^0 und q^0_1, in welchen dieselben von einer anderen Curve C^2_x berührt werden." Und umgekehrt: „Die acht Berührungspuncte je zweier Curven C^2_x mit den Ellipsen A^2 und B^2 liegen jedesmal in irgend einem Kegelschnitte D^2." — „Alle Curven C^2_x haben gemeinschaftlich x und X zu Pol und Polaren. Von den gemeinschaftlichen Secanten je zweier Curven C^2_x geht immer ein Paar, etwa G und H, durch den Pol x, und sie sind allemal zu $\mathfrak{X}$ und $\mathfrak{X}_1$ zugeordnet harmonisch."

4) Jede vier Berührungspuncte p, p_1, q, q_1 liegen einerseits mit den Ecken r und s in einem Kegelschnitte, etwa M^2, und andererseits mit den Ecken t und u in einem Kegelschnitte M^2_1. Die gesammten hierdurch bestimmten Kegelschnitte M^2 berühren einander in den Puncten r und s, so dass sie daselbst gemeinschaftliche Berührungstangenten, etwa $\mathfrak{R}$ und $\mathfrak{S}$, haben mit der gemeinschaftlichen Berührungssehne $rs = \mathfrak{X}$ und somit einen speciellen Curven-Büschel, $B(M^2)$, bilden. Der Schnitt der Tangenten $\mathfrak{R}$ und $\mathfrak{S}$ heisse m; er liegt in der Polare X und m und $\mathfrak{X}$ sind Pol und Polare in Bezug auf alle M^2, auf $B(M^2)$. Seien a und b die Pole der Seite $\mathfrak{X}$ in Bezug auf A^2 und B^2, dieselben liegen auch in X, und sei c der Schnitt von X mit $\mathfrak{X}$, so sind die vier Puncte a, m, b, c harmonisch, so dass also der Pol m durch die als gegeben anzusehenden drei Puncte a, b, c bestimmt ist; und durch ihn sind dann auch die Tangenten $\mathfrak{R}$ und $\mathfrak{S}$ ($= mr$ und ms) bestimmt. Ganz ebenso berühren alle Kegelschnitte M^2_1 einander in den Puncten t und u, haben daselbst gemeinschaftliche Berührungstangenten $\mathfrak{T}$ und $\mathfrak{U}$ mit der Berührungssehne $tu = \mathfrak{X}_1$ und bilden einen speciellen Curven-Büschel $B(M^2_1)$; und ferner liegen der Schnitt m_1 von $\mathfrak{T}$ mit $\mathfrak{U}$ und die Pole a_1 und b_1 der Seite $\mathfrak{X}_1$ in Bezug auf A^2 und B^2 in derselben Polare X, und ist zudem c_1 der Schnitt von X mit $\mathfrak{X}_1$, so sind die vier Puncte a_1, m_1, b_1, c_1 harmonisch, also durch a_1, b_1 und c_1 der Pol m_1 und durch ihn die Tangenten $\mathfrak{T}$ und $\mathfrak{U}$ bestimmt." — „Die auf diese Weise bestimmten zwei Paar Tangenten $\mathfrak{R}$ und $\mathfrak{S}$, $\mathfrak{T}$ und $\mathfrak{U}$ berühren auch den obigen Kegelschnitt X^2, den Ort aller Wechselsehnen (2.), und zwar berühren ihn $\mathfrak{R}$ und $\mathfrak{S}$ in ihren Schnitten mit der Seite $\mathfrak{X}_1$, und ebenso berühren ihn $\mathfrak{T}$ und $\mathfrak{U}$ in ihren Schnitten mit der Seite $\mathfrak{X}$, so dass also in Bezug auf X^2 verwechselt m der Pol von $\mathfrak{X}_1$, und m_1 der Pol von $\mathfrak{X}$ ist."* Werden diese zwei Paar Tan-

*Sieh S. 740.

genten vorausgesetzt, so kann man auch umgekehrt behaupten: „Jeder Kegelschnitt M^2, welcher die Geraden $\mathfrak{R}$ und $\mathfrak{S}$ in den Puncten r und s berührt, schneidet die gegebenen Curen A^2 und B^2 in vier solchen Puncten p und p_1, q und q_1 (ausser in r und s), in welchen sie von einer Curve C_x^2 berührt werden." „Die gegenseitigen vier Schnitte je zweier Curen C_x^2 liegen allemal in einem Kegelschnitte M^2 (der $\mathfrak{R}$ und $\mathfrak{S}$ in r und s berührt); und umgekehrt: jeder Kegelschnitt M^2 schneidet jede Curve C_x^2 in solchen vier Puncten, durch welche allemal noch irgend eine andere Curve C_x^2 geht." Gleiches gilt für die Kegelschnitte M_1^2.

III. 1) „Sind P und P_1, Q und Q_1 die Berührungstangenten einer C_x^2 mit den gegebenen Curven A^2 und B^2, so liegen die Schnitte $PP_1 = p$ und $QQ_1 = p_1$ stets in der Polare X und sind allemal zu den Ecken $\mathfrak{x}$ und $\mathfrak{x}_1$ zugeordnet harmonisch." Und umgekehrt: „Nimmt man in der Polare X irgend zwei zu den Gegenecken $\mathfrak{x}$ und $\mathfrak{x}_1$ zugeordnete harmonische Puncte, etwa g und h, an, so sind die aus ihnen an die Curven A^2 und B^2 gezogenen Tangenten P und P_1, Q und Q_1 zugleich die Berührungstangenten dieser Curven mit irgend einer Curve C_x^2; und ebenso sind die (verwechselt) aus h und g beziehlich an A^2 und B^2 gelegten Tangenten P^0 und P_1^0, Q^0 und Q_1^0 zugleich die Berührungstangenten einer C_x^2 mit A^2 und B^2."

2) „Je zwei Paar zusammengehöriger Berührungstangenten P und P_1, Q und Q_1 haben vier Wechselschnitte PQ, und PQ_1, P_1Q und P_1Q_1; der Ort aller dieser Wechselschnitte ist ein bestimmter Kegelschnitt, etwa $\mathfrak{X}^2$, welcher dem Viereck $rstu$ umschrieben ist und zudem durch die Gegenecken $\mathfrak{x}$ und $\mathfrak{x}_1$ geht." Und ferner: „Die aus dem Pol x an die Ellipse B^2 (oder A^2) gezogenen Tangenten schneiden den Kegelschnitt $\mathfrak{X}^2$ in denselben Puncten, in denen er von den vier Tangenten berührt wird, welche er mit der anderen Ellipse A^2 (oder B^2) gemein hat."

3) „Werden die vier Berührungstangenten P und P_1, Q und Q_1 von einem willkürlichen anderen Kegelschnitte D^2 berührt, so hat dieser mit den gegebenen Curven A^2 und B^2 noch zwei neue Paare Tangenten P^0 und P_1^0, Q^0 und Q_1^0 gemein, welche allemal die Berührungstangenten einer anderen Curve C_x^2 mit A^2 und B^2 sind." Und umgekehrt: „Die acht Berührungstangenten irgend zweier Curven C_x^2 mit den Curven A^2 und B^2 werden allemal von irgend einem Kegelschnitte D^2 berührt." — „Von den gegenseitigen Schnitten der gemeinschaftlichen Tangenten je zweier Curven C_x^2 liegt immer ein Paar, etwa

g und h, auf der Polare X, und diese Puncte sind allemal zu den Ecken $\mathfrak{x}$ und $\mathfrak{x}_1$ zugeordnet harmonisch.“

4) „Je vier Berührungstangenten P, P_1, Q, Q_1 werden einerseits mit den Tangenten R und S zusammen von einem Kegelschnitte $\mathfrak{M}^2$, und andererseits mit den Tangenten T und U zusammen von einem Kegelschnitte $\mathfrak{M}_1^2$ berührt. Alle hierdurch bestimmten Kegelschnitte $\mathfrak{M}^2$ berühren die Tangenten R und S in den nämlichen Puncten, etwa $\mathfrak{r}$ und $\mathfrak{s}$, und somit auch einander selbst, so dass sie $\mathfrak{r}\mathfrak{s} = \mathfrak{M}$ zur gemeinschaftlichen Berührungssehne, sowie $\mathfrak{x}$ und $\mathfrak{M}$ gemeinschaftlich zu Pol und Polare haben und einen speciellen Curven-Büschel, $B(\mathfrak{M}^2)$, bilden. Die Berührungssehne $\mathfrak{M}$ geht durch den Pol x; ebenso die Polaren von $\mathfrak{x}$ in Bezug auf A^2 und B^2, die $\mathfrak{A}$ und $\mathfrak{B}$ heissen mögen; und wird noch die Gerade $x\mathfrak{x} = \mathfrak{C}$ gesetzt, so sind die vier Geraden $\mathfrak{A}$, $\mathfrak{M}$, $\mathfrak{B}$, $\mathfrak{C}$ harmonisch; somit ist $\mathfrak{M}$ durch die drei übrigen, die als gegeben anzusehen sind, bestimmt, und durch $\mathfrak{M}$ sind dann auch die Puncte $\mathfrak{r}$ und $\mathfrak{s}$ bestimmt als ihre Schnitte mit R und S. Ganz ebenso verhält es sich mit den Kegelschnitten M_1^2, mit $B(M_1^2)$, welche die Tangenten T und U gleicherweise in zwei bestimmten Puncten $\mathfrak{t}$ und $\mathfrak{u}$ berühren, u. s. w.“ — „Die auf diese Weise bestimmten zwei Paar Berührungspuncte $\mathfrak{r}$ und $\mathfrak{s}$, $\mathfrak{t}$ und $\mathfrak{u}$ liegen in dem obigen Kegelschnitte $\mathfrak{X}^2$, dem Ort der Wechselschnitte (2.), und zwar gehen die in $\mathfrak{r}$, $\mathfrak{s}$ an $\mathfrak{X}^2$ gelegten Tangenten beide durch die Ecke $\mathfrak{x}$, und die in $\mathfrak{t}$, $\mathfrak{u}$ an denselben gelegten Tangenten beide durch die Ecke $\mathfrak{x}_1$, so dass also in Bezug auf $\mathfrak{X}^2$ verkehrt $\mathfrak{M}$ die Polare von $\mathfrak{x}_1$, und $\mathfrak{M}_1$ die Polare von $\mathfrak{x}$ ist.“ * Bei Voraussetzung der vier Puncte $\mathfrak{r}$ und $\mathfrak{s}$, $\mathfrak{t}$ und $\mathfrak{u}$ kann man umgekehrt sagen: „Jeder Kegelschnitt $\mathfrak{M}^2$ (oder $\mathfrak{M}_1^2$), welcher die Tangenten R und S (oder T und U) in den Puncten $\mathfrak{r}$ und $\mathfrak{s}$ (oder $\mathfrak{t}$ und $\mathfrak{u}$) berührt, hat mit den gegebenen Curven A^2 und B^2 ausser jenen Tangenten noch zwei solche Paare Tangenten gemein, P und P_1, Q und Q_1, welche zugleich die Berührungstangenten derselben mit einer Curve C_x^2 sind.“ Und ferner: „Die gemeinschaftlichen Tangenten je zweier Curven C_x^2 berühren allemal zugleich einen der Kegelschnitte $\mathfrak{M}^2$ sowohl, als auch einen der Kegelschnitte $\mathfrak{M}_1^2$; und umgekehrt: jeder Kegelschnitt $\mathfrak{M}^2$ oder $\mathfrak{M}_1^2$ hat mit jeder Curve C_x^2 solche vier Tangenten gemein, welche allemal auch noch von einer anderen Curve C_x^2 berührt werden.“

IV. „Legt man an jede Curve C_x^2, in ihren beiden Schnitten mit der Seite $\mathfrak{Y}$ (I.), die Tangenten, so geht von diesen zwei

* Sieh S. 740.

Tangenten stets die eine durch die Ecke $\mathfrak{z}$ und die andere durch die Ecke $\mathfrak{z}_1$; und ebenso geht von den zwei Tangenten derselben Curve C_x^2, in ihren Schnitten mit der Seite $\mathfrak{Y}_1$, immer die eine durch $\mathfrak{z}$ und die andere durch $\mathfrak{z}_1$.“ Oder umgekehrt: „Zieht man aus der Ecke $\mathfrak{z}$ oder $\mathfrak{z}_1$ an eine Curve C_x^2 die beiden Tangenten, so liegt allemal der Berührungspunct der einen Tangente in der Seite $\mathfrak{Y}$ und der Berührungspunct der anderen in der Seite $\mathfrak{Y}_1$.“ — „Und gleicherweise geht von den zwei Tangenten jeder Curve C_x^2, in ihren Schnitten mit der Seite $\mathfrak{Z}$ oder $\mathfrak{Z}_1$, allemal die eine durch die Ecke $\mathfrak{y}$ und die andere durch die Ecke $\mathfrak{y}_1$; oder umgekehrt: von den Berührungspuncten der aus der Ecke $\mathfrak{y}$ und $\mathfrak{y}_1$ an jede Curve C_x^2 gezogenen zwei Tangenten liegt der eine in der Seite $\mathfrak{Z}$ und der andere in der Seite $\mathfrak{Z}_1$.“

Alle vorstehenden, sich auf die $S(C_x^2)$ allein beziehenden Sätze finden analogerweise, wie schon bemerkt worden, auch für die beiden anderen Schaaren, $S(C_y^2)$ und $S(C_z^2)$, statt, so dass also jeder Satz dreifach vorhanden ist. Die jedesmaligen zusammengehörigen Elemente sind leicht zu erkennen. Z. B. beim Satze (IV.), wo ungleichnamige Elemente zusammengehören, ist die Verbindung:

$$S(C_x^2) \text{ mit } \begin{Bmatrix} \mathfrak{Y},\ \mathfrak{Y}_1 \text{ und } \mathfrak{z},\ \mathfrak{z}_1; \\ \mathfrak{Z},\ \mathfrak{Z}_1 \text{ und } \mathfrak{y},\ \mathfrak{y}_1; \end{Bmatrix}$$

und danach ist die Verbindung für die beiden anderen Fälle:

$$S(C_y^2) \text{ mit } \begin{Bmatrix} \mathfrak{X},\ \mathfrak{X}_1 \text{ und } \mathfrak{z},\ \mathfrak{z}_1; \\ \mathfrak{Z},\ \mathfrak{Z}_1 \text{ und } \mathfrak{x},\ \mathfrak{x}_1; \end{Bmatrix}; \quad \text{und} \quad S(C_z^2) \text{ mit } \begin{Bmatrix} \mathfrak{X},\ \mathfrak{X}_1 \text{ und } \mathfrak{y},\ \mathfrak{y}_1; \\ \mathfrak{Y},\ \mathfrak{Y}_1 \text{ und } \mathfrak{x},\ \mathfrak{x}_1. \end{Bmatrix}$$

Es giebt aber auch Sätze, welche sich auf zwei Schaaren zugleich beziehen, wie z. B. die folgenden:

V. 1) „Alle Pole der Seite $\mathfrak{X}$ in Bezug auf die $S(C_y^2)$ sowohl als in Bezug auf die $S(C_z^2)$ nebst ihren beiden Polen a und b in Bezug auf A^2 und B^2 liegen insgesammt in einem und demselben Kegelschnitte M_x^2, welcher mit zum obigen Büschel $B(M^2)$ (II, 4) gehört, daher durch die Ecken r und s geht und daselbst die Geraden $\mathfrak{R}$ und $\mathfrak{S}$ berührt, und welcher ferner auch durch die zwei Paar Gegenecken $\mathfrak{y}$ und $\mathfrak{y}_1$, $\mathfrak{z}$ und $\mathfrak{z}_1$ des Vierseits $RSTU$ geht.“ „Gleicherweise liegen die gesammten Pole der Seite $\mathfrak{X}_1$ in Bezug auf $S(C_y^2)$ und $S(C_z^2)$ nebst ihren Polen a_1 und b_1 in Bezug auf A^2 und B^2 in einem Kegelschnitte M_{1x}^2, welcher zum obigen $B(M_1^2)$ (II, 4.) gehört, daher durch die Ecken t und u geht und daselbst die $\mathfrak{T}$ und $\mathfrak{U}$ berührt, und welcher ferner auch durch die nämlichen Gegenecken $\mathfrak{y}$ und $\mathfrak{y}_1$, $\mathfrak{z}$ und $\mathfrak{z}_1$ geht.“ — Auch dieser Satz findet dreifach statt; nämlich in Rücksicht auf jedes der drei Paar Gegenseiten des Vierecks $rstu$ und der beiden mit dem jedesmaligen Paar ungleichnamiger Schaaren.

2) „Alle Polaren der Ecke $\mathfrak{x}$ in Bezug auf $S(C_y^2)$ und $S(C_z^2)$ nebst ihren Polaren $\mathfrak{A}$ und $\mathfrak{B}$ in Bezug auf A^2 und B^2 berühren insgesammt einen bestimmten Kegelschnitt $\mathfrak{M}_x^2$, welcher zum obigen $B(\mathfrak{M}^2)$ (III, 4) gehört und daher die Tangenten R und S in den Puncten $\mathfrak{r}$ und $\mathfrak{s}$ berührt, und welcher ferner auch die zwei Paar Gegenseiten $\mathfrak{Y}$ und $\mathfrak{Y}_1$, $\mathfrak{Z}$ und $\mathfrak{Z}_1$ des Vierecks $rstu$ zu Tangenten hat.“ „Und gleicherweise berühren alle Polaren der Ecke $\mathfrak{x}_1$ in Bezug auf $S(C_y^2)$ und $S(C_z^2)$ nebst ihren Polaren $\mathfrak{A}_1$ und $\mathfrak{B}_1$ in Bezug auf A^2 und B^2 einen Kegelschnitt $\mathfrak{M}_{1x}^2$, welcher zum obigen $B(\mathfrak{M}_1^2)$ gehört und daher die Tangenten T und U in den bestimmten Puncten $\mathfrak{t}$ und $\mathfrak{u}$, sowie ferner auch die Seiten $\mathfrak{Y}$ und $\mathfrak{Y}_1$, $\mathfrak{Z}$ und $\mathfrak{Z}_1$ berührt.“

VI. Bemerkung. Die angegebenen Eigenschaften gelten für den vorausgesetzten Fall, dass sowohl die vier gegenseitigen Schnitte als die vier gemeinschaftlichen Tangenten der gegebenen Kegelschnitte A^2 und B^2 reell sind, wobei jedoch die letzteren nicht gerade Ellipsen sein müssen, sondern von beliebiger Art sein können. Von diesem Falle aus kann man zu den übrigen Fällen übergehen, bei welchen je ein Theil der genannten Elemente imaginär wird. Die wesentlichsten Fälle der Art sind folgende drei. Wenn die gegenseitige Lage der gegebenen, beliebigen Kegelschnitte A^2 und B^2 so beschaffen ist, dass entweder: 1) nur die vier Schnitte r, s, t und u reell, dagegen die vier gemeinschaftlichen Tangenten imaginär; oder 2) nur die vier gemeinschaftlichen Tangenten reell, dagegen die vier Schnitte imaginär; oder endlich 3) nur zwei Schnitte und nur zwei gemeinschaftliche Tangenten reell sind. Bei diesen drei Fällen wird dann auch von den übrigen, oben beschriebenen (I.) Elementen je ein Theil imaginär, wodurch in den angegebenen Eigenschaften und Sätzen entsprechende, wenig oder mehr erhebliche Aenderungen eintreten; ähnlich wie oben § 8. So tritt z. B., wenn etwa die Gegenseiten $\mathfrak{X}$ und $\mathfrak{X}_1$ imaginär werden, aber ihr Schnitt, der Pol x, reell bleibt, bei dem Satze (II, 1) die Aenderung ein, dass die sämmtlichen Paare Berührungssehnen pp_1 und qq_1 ein elliptisches Strahlen-System bilden, wogegen sie dort ein hyperbolisches bilden. U. s. w.

§ 11.

I. In Rücksicht der vorstehenden allgemeinen Sätze (§ 10) sollen hier noch folgende, in denselben mit inbegriffene, specielle Sätze besonders herausgehoben werden.

1) „Werden einem vollständigen Vierseit $RSTU$ irgend zwei Kegelschnitte A^2 und B^2 eingeschrieben, so liegen die

8 Puncte, in welchen sie die Seiten berühren, allemal in irgend einem dritten Kegelschnitte D^2." Und: „Legt man durch die vier Puncte $\mathfrak{r}$, $\mathfrak{s}$, $\mathfrak{t}$ und $\mathfrak{u}$, in welchen ein beliebiger Kegelschnitt A^2 die Seiten R, S, T und U des Vierseits berührt, einen willkürlichen Kegelschnitt D^2, so schneidet dieser die Seiten in vier solchen neuen Puncten $\mathfrak{r}_1$, $\mathfrak{s}_1$, $\mathfrak{t}_1$ und $\mathfrak{u}_1$, in welchen dieselben allemal von irgend einem Kegelschnitte B^2 berührt werden."*) — Ferner: „Die gegenseitigen vier Schnitte r, s, t, u je zweier demselben Vierseit $RSTU$ eingeschriebenen Kegelschnitte A^2 und B^2 liegen mit jedem Paar Gegenecken des Vierseits, also sowohl mit $\mathfrak{x}$ und $\mathfrak{x}_1$, als $\mathfrak{y}$ und $\mathfrak{y}_1$, und $\mathfrak{z}$ und $\mathfrak{z}_1$ zusammen in einem Kegelschnitte, beziehlich $\mathfrak{X}^2$, $\mathfrak{Y}^2$ und $\mathfrak{Z}^2$." Und ferner: „Von den 8 Berührungspuncten ($\mathfrak{r}, \mathfrak{s}, \mathfrak{t}, \mathfrak{u}; \mathfrak{r}_1, \mathfrak{s}_1, \mathfrak{t}_1, \mathfrak{u}_1$) je zweier dem Vierseit eingeschriebenen Kegelschnitte A^2 und B^2 liegen 12mal 4 mit irgend zwei der vier Schnitte r, s, t, u der letzteren zusammen in einem Kegelschnitte M^2 (oder M_1^2), und diese 12 Kegelschnitte ordnen sich in 6 Paare, welche einander doppelt berühren; nämlich durch je zwei der vier Schnitte r, s, t, u gehen zwei Kegelschnitte M^2 und berühren sich in denselben. Die je 6 Puncte, welche zusammen in einem Kegelschnitte M^2 liegen, sind:

$$\begin{vmatrix} \mathfrak{r}, \mathfrak{s}, \mathfrak{r}_1, \mathfrak{s}_1 \\ \mathfrak{t}, \mathfrak{u}, \mathfrak{t}_1, \mathfrak{u}_1 \end{vmatrix} \text{ mit } \begin{vmatrix} r, s \\ t, u \end{vmatrix}; \quad \begin{vmatrix} \mathfrak{r}, \mathfrak{t}, \mathfrak{r}_1, \mathfrak{t}_1 \\ \mathfrak{s}, \mathfrak{u}, \mathfrak{s}_1, \mathfrak{u}_1 \end{vmatrix} \text{ mit } \begin{vmatrix} r, t \\ s, u \end{vmatrix}; \quad \begin{vmatrix} \mathfrak{r}, \mathfrak{u}, \mathfrak{r}_1, \mathfrak{u}_1 \\ \mathfrak{s}, \mathfrak{t}, \mathfrak{s}_1, \mathfrak{t}_1 \end{vmatrix} \text{ mit } \begin{vmatrix} r, u \\ s, t \end{vmatrix},$$

d. h. beide Gruppen von vier Puncten in der ersten Klammer liegen mit jedem Paar in der zweiten Klammer in einem M^2."

2) „Werden einem Viereck $rstu$ zwei beliebige Kegelschnitte A^2 und B^2 umschrieben und in den vier Ecken an dieselben Tangenten gelegt, so berühren die 8 Tangenten allemal irgend einen dritten Kegelschnitt D^2." Und: „Ist dem Viereck ein beliebiger Kegelschnitt A^2 umschrieben und werden dessen Tangenten $\mathfrak{R}$, $\mathfrak{S}$, $\mathfrak{T}$ und $\mathfrak{U}$ in den Ecken r, s, t und u des Vierecks von einem willkürlichen Kegelschnitte D^2 berührt, so gehen aus den Ecken an den letzteren noch vier solche neue Tangenten $\mathfrak{R}_1$, $\mathfrak{S}_1$, $\mathfrak{T}_1$ und $\mathfrak{U}_1$, welche in den Ecken allemal von irgend einem Kegelschnitte B^2 berührt werden." Ferner: „Die vier gemeinschaftlichen Tangenten R, S, T, U je zweier demselben Viereck $rstu$ umschriebenen

---

*) Die diesen zwei Sätzen analogen Sätze in Bezug auf das Dreiseit habe ich schon früher, 1828, in den *Gergonne*'schen *Annales de Mathématiques* t. XIX. bewiesen. Cf. Bd. I, S. 184 dieser Ausgabe.

Kegelschnitte A^2 und B^2 werden mit jedem der drei Paar Gegenseiten des Vierecks, (mit $\mathfrak{X}$ und $\mathfrak{X}_1$, $\mathfrak{Y}$ und $\mathfrak{Y}_1$, $\mathfrak{Z}$ und $\mathfrak{Z}_1$), zusammen von einem Kegelschnitte (X^2, Y^2, Z^2) berührt.“ Und ferner: „Bei je zwei dem Viereck *rstu* umschriebenen Kegelschnitten A^2 und B^2 werden von ihren 8 Tangenten ($\mathfrak{R}$, $\mathfrak{S}$, $\mathfrak{T}$, $\mathfrak{U}$; $\mathfrak{R}_1$, $\mathfrak{S}_1$, $\mathfrak{T}_1$, $\mathfrak{U}_1$) in den Ecken 12 mal 4 mit irgend zwei ihrer 4 gemeinschaftlichen Tangenten (R, S, T, U) zusammen von irgend einem Kegelschnitte $\mathfrak{M}^2$ berührt; und zwar ordnen sich diese 12 Kegelschnitte $\mathfrak{M}^2$ in 6 einander doppelt berührende Paare, welche die vier gemeinschaftlichen Tangenten R, S, T und U, paarweise genommen, zu Berührungstangenten haben.“

II. Von der obigen Betrachtung (§ 10) kann man auch zu denjenigen besonderen Fällen übergehen, wobei die gegebenen Kegelschnitte A^2 und B^2, einzeln genommen, aus einem Paar Puncten oder Geraden bestehen. In dieser Hinsicht sind folgende fünf Fälle zu beachten:

1) Wenn etwa B^2 aus zwei Geraden $\mathfrak{Z}$ und $\mathfrak{Z}_1$ besteht, so sind diese ein Paar Gegenseiten des Vierecks *rstu*, und ihr gegenseitiger Schnitt ist der Pol z. Die vier gemeinschaftlichen Tangenten R, S, T und U fallen paarweise zusammen, (RU) und (ST), und sind die aus dem Pol z an die Curve A^2 gehenden zwei Tangenten. Dadurch vereinigen sich von den sechs Ecken des früheren Vierseits $RSTU$ zwei Paar, nämlich $\mathfrak{x}$ und $\mathfrak{x}_1$, $\mathfrak{y}$ und $\mathfrak{y}_1$, mit dem Puncte z, und die zwei übrigen, $\mathfrak{z}$ und $\mathfrak{z}_1$, sind die Berührungspuncte jener Tangenten (RU) und (ST), liegen in der Polare Z und sind zu den Polen x und y zugeordnet harmonisch. Hierbei artet die $S(C_z^2)$ in einen Strahlbüschel um den Mittelpunct z aus, d. h. jeder durch z gehende Strahl (Gerade), doppelt gedacht, ist als eine C_z^2 anzusehen, seine Schnitte mit A^2 sind zugleich seine Berührungspuncte mit A^2, wogegen seine Berührungspuncte mit $B^2=(\mathfrak{Z}\mathfrak{Z}_1)$ in z vereinigt liegen. Die Schaaren $S(C_x^2)$ und $S(C_y^2)$ bleiben eigentliche Curven und behalten ihre obigen Eigenschaften, jedoch zum Theil mit angemessenen Modificationen.

2) Wenn B^2 aus zwei Puncten $\mathfrak{z}$ und $\mathfrak{z}_1$ besteht, so sind diese ein Paar Gegenecken des Vierseits $RSTU$ und liegen in der Polare Z. Die vier Schnitte r, s, t und u rücken paarweise zusammen, (ru) und (st), in die Schnitte von $\mathfrak{z}\mathfrak{z}_1=Z$ mit der Curve A^2, so dass zwei Paar Gegenseiten des Vierecks *rstu*, nämlich $\mathfrak{X}$ und $\mathfrak{X}_1$, $\mathfrak{Y}$ und $\mathfrak{Y}_1$, auf Z fallen, und das dritte Paar, $\mathfrak{Z}$ und $\mathfrak{Z}_1$, die Tangenten an A^2 in jenen Puncten (ru) und (st) werden, einander in z schneiden und zu den Polaren X und Y zugeordnet harmonisch sind. Hier besteht die $S(C_z^2)$ aus allen Paaren Tangenten der Curve A^2, welche sich auf der Geraden Z schneiden. Dagegen enthalten $S(C_x^2)$ und $S(C_y^2)$ alle eigentlichen Kegelschnitte C^2, welche

durch die gegebenen Puncte $\mathfrak{z}$, $\mathfrak{z}_1$ gehen und die gegebene Curve A^2 doppelt berühren.

3) Wenn A^2 und B^2 aus zwei Paar Geraden $\mathfrak{Y}$ und $\mathfrak{Y}_1$, $\mathfrak{Z}$ und $\mathfrak{Z}_1$ bestehen, so sind sie als zwei Paar Gegenseiten des Vierecks $rstu$ anzusehen, ihre eigenen Schnitte als die Pole y und z, ihre Wechselschnitte als die Schnitte r, s, t und u. Die vier gemeinschaftlichen Tangenten R, S, T und U fallen alle auf die Gerade $yz = X$. Die Schaaren $S(C_y^2)$ und $S(C_z^2)$ arten in Strahlbüschel um die Pole y und z aus, in gleichem Sinne wie oben (1.), und es bleiben nur die $S(C_x^2)$ als eigentliche Curven übrig, deren Berührungssehnen durch den Pol x, deren Wechselsehen dagegen paarweise durch die Pole y und z gehen (§ 10, II.).

4) Wenn A^2 und B^2 aus zwei Paar Puncten $\mathfrak{y}$ und $\mathfrak{y}_1$, $\mathfrak{z}$ und $\mathfrak{z}_1$ bestehen, so sind sie als Gegenecken des Vierseits $RSTU$ anzusehen, die sie verbindenden Geraden $\mathfrak{y}\mathfrak{y}_1$ und $\mathfrak{z}\mathfrak{z}_1$ als die Polaren Y und Z und die beide Paare wechselseitig verbindenden Geraden als die gemeinschaftlichen Tangenten R, S, T und U. Die vier Schnitte r, s, t und u liegen alle im Pol $x = YZ$ vereint. Die $S(C_y^2)$ artet aus in alle Paare Gerade, welche durch die Puncte $\mathfrak{z}$ und $\mathfrak{z}_1$ gehen und sich auf Y schneiden; und ebenso besteht die $S(C_z^2)$ aus allen Paaren Geraden, welche durch $\mathfrak{y}$ und $\mathfrak{y}_1$ gehen und sich auf Z schneiden. Die $S(C_x^2)$ bleiben eigentliche Curven, die dem Viereck $\mathfrak{y}\mathfrak{y}_1\mathfrak{z}\mathfrak{z}_1$ umschrieben sind.

5) Wenn endlich A^2 aus zwei Puncten $\mathfrak{z}$ und $\mathfrak{z}_1$ und B^2 aus zwei Geraden $\mathfrak{Z}$ und $\mathfrak{Z}_1$ besteht, so sind sie als die durch diese Bezeichnung angedeuteten Elemente anzusehen, so dass ferner die Gerade $\mathfrak{z}\mathfrak{z}_1 = Z$ und der Schnitt $\mathfrak{Z}\mathfrak{Z}_1 = z$ ist. Die vier gemeinschaftlichen Tangenten fallen paarweise auf die Geraden $z\mathfrak{z}$ und $z\mathfrak{z}_1$, nämlich $(RU) = z\mathfrak{z}$ und $(ST) = z\mathfrak{z}_1$, und daher liegen die zwei Paar Gegenecken $\mathfrak{x}$ und $\mathfrak{x}_1$, $\mathfrak{y}$ und $\mathfrak{y}_1$ in z vereint. Ebenso fallen die vier Schnitte r, s, t, u paarweise (r und u, s und t) zusammen in die Schnitte von Z mit $\mathfrak{Z}$ und $\mathfrak{Z}_1$, so dass $(ru) = Z\mathfrak{Z}$ und $(st) = Z\mathfrak{Z}_1$; und daher fallen die beiden Paar Gegenseiten $\mathfrak{X}$ und $\mathfrak{X}_1$, $\mathfrak{Y}$ und $\mathfrak{Y}_1$ auf Z, aber trotzdem bleiben ihre Schnitte, die Pole x und y, dadurch bestimmt, dass sie sowohl zu $\mathfrak{z}$ und $\mathfrak{z}_1$ als zu den Schnitten $Z\mathfrak{Z}$ und $Z\mathfrak{Z}_1$ zugeordnet harmonisch sind. Die $S(C_z^2)$ arten in den Strahlbüschel um z aus. Dagegen enthalten die $S(C_x^2)$ und $S(C_y^2)$ eigentliche Curven, welche durch die Puncte $\mathfrak{z}$ und $\mathfrak{z}_1$ gehen und die Geraden $\mathfrak{Z}$ und $\mathfrak{Z}_1$ berühren.

III. Gestützt auf diese besonderen Fälle (II.), sowie auf den obigen allgemeinen Fall (§ 10), lassen sich folgende Aufgaben leicht behandeln und die Zahl ihrer Lösungen im Voraus bestimmen:

1) „Eine Curve C^2 zu finden, welche zwei gegebene Kegelschnitte A^2 und B^2 doppelt berührt und zudem noch entweder

α. eine gegebene Gerade G berührt; oder

β. durch einen gegebenen Punct p geht."

Jede dieser beiden Aufgaben gestattet sechs Lösungen, und zwar bestehen die lösenden Curven aus zwei C_x^2, zwei C_y^2 und zwei C_z^2. Die gegenseitigen vier Schnitte des Curvenpaares C_x^2, etwa p, p_1, p_2 und p_3, liegen in einem der Kegelschnitte M^2 (§ 10, II, 4), welcher durch den gegebenen Punct p bestimmt ist; die drei anderen Schnitte p_1, p_2, p_3 sind dadurch bestimmt, dass einer derselben, etwa p_2, in der Geraden xp liegt, und dass dann auch die Gerade p_1p_3 durch x geht, und zudem beide Gerade pp_2 und p_1p_3 zu den Seiten $\mathfrak{X}$ und $\mathfrak{X}_1$ zugeordnet harmonisch sind.

2) „Eine Curve C^2 zu finden, welche eine gegebene Curve A^2 doppelt berührt und nebstdem noch entweder

α. drei gegebene Gerade $\mathfrak{Z}$, $\mathfrak{Z}_1$ und G berührt; oder

β. zwei gegebene Gerade $\mathfrak{Z}$ und $\mathfrak{Z}_1$ berührt und durch einen gegebenen Punct p geht; oder

γ. eine gegebene Gerade G berührt und durch zwei gegebene Puncte $\mathfrak{z}$ und $\mathfrak{z}_1$ geht; oder endlich

δ. durch drei gegebene Puncte $\mathfrak{z}$, $\mathfrak{z}_1$ und p geht."

Bei jeder dieser vier Aufgaben finden im Allgemeinen sechs*Lösungen statt, wie vorhin (1.).

3) „Eine Curve C^2 zu finden, welche entweder

α. drei gegebene Gerade $\mathfrak{Z}$, $\mathfrak{Z}_1$ und G berührt und durch zwei gegebene Puncte $\mathfrak{z}$ und $\mathfrak{z}_1$ geht; oder

β. zwei gegebene Gerade $\mathfrak{Z}$ und $\mathfrak{Z}_1$ berührt und durch drei gegebene Puncte $\mathfrak{z}$, $\mathfrak{z}_1$ und p geht."

Beide Mal vier Lösungen.

4) „Eine Curve C^2 zu finden, welche entweder

α. vier gegebene Gerade berührt (II, 3) und durch einen gegebenen Punct p geht; oder

β. durch vier gegebene Puncte geht (II, 4) und eine gegebene Gerade G berührt."

Beide Mal zwei Lösungen. Und endlich:

5) „Eine Curve C^2 zu finden, welche entweder

α. fünf gegebene Gerade berührt; oder

β. durch fünf gegebene Puncte geht."

Beide Mal nur eine Lösung, oder C^2 absolut bestimmt.

§ 12.

Bemerkung. Die Aufgabe:

„Eine Curve C^2 zu finden, welche drei gegebene Curven A^2, B^2 und D^2 doppelt berührt,"

*Sieh S. 740.

ist im Allgemeinen unmöglich, wie aus dem obigen (§ 10) leicht erhellt; sie wird erst dann möglich, wenn die gegebenen Curven eine gewisse nähere Beziehung zu einander haben, was bereits in der mehrerwähnten Abhandlung (Bd. 37 S. 187 des *Crelle*'schen Journals)*) angegeben worden, und wovon man sich, wie folgt, leicht überzeugen kann.

Denn angenommen die Curve C^2 berühre jede der drei gegebenen Curven A^2, B^2 und D^2 doppelt; seien etwa A, B und D beziehlich die Berührungssehnen, und seien ferner $x, y, z; x', y', z'; x'', y'', z''$ die gemeinschaftlichen Tripel conjugirter Pole, sowie $X, Y, Z; X', Y', Z'; X'', Y'', Z''$ die gemeinschaftlichen Tripel conjugirter Polaren der Curvenpaare A^2 und B^2, A^2 und D^2, B^2 und D^2, so muss die Berührungssehne A sowohl durch einen Pol des ersten Tripels, etwa durch x, als auch durch einen Pol des zweiten Tripels, etwa durch x', gehen (weil A^2 zum ersten und zweiten Curvenpaar gehört) (§ 10, II, 1), und dann müssen auch die Berührungssehnen B und D beziehlich durch die nämlichen Pole x und x', sowie auch beide durch einen und denselben Pol des dritten Tripels, etwa durch x'', gehen. Demnach müssen die drei Berührungssehnen A, B und D allemal die Seiten eines solchen Dreiecks sein, welches irgend drei Pole, jedoch von jedem Tripel einen, zu Ecken hat, wie das Dreieck $xx'x''$; die Combination gestattet 27 solche Dreiecke. Da nun ferner sowohl x und X, als x' und X', sowie x'' und X'' Pol und Polare in Bezug auf die Curve C^2 sind (§ 10, II, 3), so muss das Dreieck $xx'x''$ mit dem Dreiseit $XX'X''$ perspectivisch liegen; d. h. die drei Geraden, welche ihre Ecken in bestimmter Ordnung paarweise verbinden, treffen sich in irgend einem Puncte p, und die drei Schnitte der entsprechenden Seitenpaare liegen in irgend einer Geraden P; nämlich heissen die den Seiten X, X', X'' gegenüberliegenden Ecken des Dreiseits beziehlich a, b, d (sie sind zugleich die Pole der Seiten A, B, D des Dreiecks $xx'x''$ in Bezug auf die Curve C^2 sowohl als beziehlich in Bezug auf A^2, B^2, D^2), so treffen sich die drei Geraden ax, bx', dx'' in einem Puncte p, und die drei Schnitte AX, BX', DX'' liegen in einer Geraden P (auch sind p und P Pol und Polare in Rücksicht auf C^2). — Zu diesen Eigenschaften gesellen sich ferner noch folgende. Bezeichnet man die gegenseitigen vier Schnitte der drei Curvenpaare durch $r, s, t, u; r', s', t', u'; r'', s'', t'', u''$ und ihre vier gemeinschaftlichen Tangenten durch $R, S, T, U; R', S', T', U'; R'', S'', T'', U''$ und gleicherweise die übrigen Elemente, so gehen durch die Pole x, x', x'' beziehlich die Seitenpaare $\mathfrak{X}$ und $\mathfrak{X}_1$, $\mathfrak{X}'$ und $\mathfrak{X}'_1$, $\mathfrak{X}''$ und $\mathfrak{X}''_1$, und in den Polaren X, X', X'' liegen beziehlich die Eckenpaare $\mathfrak{x}$ und $\mathfrak{x}_1$, $\mathfrak{x}'$ und $\mathfrak{x}'_1$, $\mathfrak{x}''$ und $\mathfrak{x}''_1$; und alsdann schneiden sich von den ersteren viermal drei in einem Puncte, etwa $\mathfrak{X}\mathfrak{X}'\mathfrak{X}''$, $\mathfrak{X}\mathfrak{X}'_1\mathfrak{X}''_1$,

*) Cf. Bd. II. S. 415 dieser Ausgabe.

$\mathfrak{X}'\mathfrak{X}_1\mathfrak{X}_1''$ und $\mathfrak{X}''\mathfrak{X}_1\mathfrak{X}_1'$, und von den letzteren liegen viermal drei in einer Geraden, $\mathfrak{x}\mathfrak{x}'\mathfrak{x}''$, $\mathfrak{x}\mathfrak{x}_1'\mathfrak{x}_1''$, $\mathfrak{x}'\mathfrak{x}_1\mathfrak{x}_1''$ und $\mathfrak{x}''\mathfrak{x}_1\mathfrak{x}_1'$.

Wenn also eine Curve C^2 die drei gegebenen Curven A^2, B^2, D^2 doppelt berührt, so müssen die den letzteren zugehörigen Elemente unter anderen die angegebenen Eigenschaften haben; da aber diese Eigenschaften einander bedingen, selbst von einander abhängig sind, so beschränkt sich die Bedingung für die Möglichkeit der Curve C^2 nur auf je einen Theil derselben, nämlich:

Die Curve C^2, welche die drei gegebenen Curven A^2, B^2 und D^2 doppelt berühren soll, ist möglich, sobald entweder

1) von den 27 Dreiecken, welche je drei Pole, jedoch von jedem Tripel einen, zu Ecken haben, irgend eines (wie $xx'x''$) mit dem ihm entsprechenden Dreiseit $(XX'X'')$ perspectivisch liegt; oder

2) von den Seiten der drei Vierecke $rstu$, $r's't'u'$, $r''s''t''u''$ irgend drei, worunter jedoch von jedem Viereck eine (wie etwa $\mathfrak{X}$, $\mathfrak{X}'$, $\mathfrak{X}''$), sich in einem Puncte p treffen; oder endlich

3) von den Ecken der drei Vierseite $RSTU$, $R'S'T'U'$, $R''S''T''U''$ irgend drei, unter denen jedoch von jedem Vierseit eine (wie etwa $\mathfrak{x}$, $\mathfrak{x}'$, $\mathfrak{x}''$), in einer Geraden P liegen."

Berlin, im März 1852.

Crelle's Journal Band XLV. S. 212—224.

36

Aufgaben und Lehrsätze.

1. Sind in einer Ebene zwei begrenzte Geraden AB und CD in beliebiger fester Lage gegeben, so besteht der Ort desjenigen Punctes, aus welchem dieselben unter gleichen Winkeln (oder auch unter Winkeln, die zwei Rechte betragen) gesehen werden, aus zwei Curven dritten Grades.“ Beide Curven gehen durch die vier Endpuncte der gegebenen Geraden, sowie durch ihren gegenseitigen Schnittpunct. Ferner haben die Curven diejenigen zwei Puncte gemein, aus welchen beide Geraden unter rechten Winkeln erscheinen. Die zwei übrigen gemeinschaftlichen Puncte der Curven sind imaginär und liegen auf der unendlich entfernten Geraden. Der Satz umfasst viele, theils interessante specielle Fälle, welche unter besonderen Annahmen rücksichtlich der gegenseitigen Lage und der Grösse der beiden Geraden eintreten.

2. „Hat man in einer Ebene zwei ähnliche Curven dritten Grades, C^3 und C^3_1, deren homologe Dimensionen sich verhalten wie 2:1, hält die eine, etwa C^3, in ihrer Lage fest, so kann die andere auf 24 verschiedene Arten so gelegt werden, dass beide Curven direct (nicht symmetrisch) ähnlich liegen und einander in irgend einem Paar homologer Puncte m und m_1 und nebstdem noch in irgend zwei nicht homologen Puncten n und q_1 berühren.“ „Durch die 24 Puncte m in der Curve C^3 können Curven achten Grades gehen; und ebenso durch die 24 m_1 in C^3_1.“

3. „In einer beliebigen Curve dritten Grades giebt es im Allgemeinen 36 Paare parallele, gleiche und gleichliegende Krümmungs-Halbmesser.“ — „Wieviele Paare parallele, gleiche, aber ungleichliegende Krümmungs-Halbmesser giebt es in derselben Curve?“

Wird eine Gerade AB von einer Curve dritten Grades, C^3, im Puncte A berührt und im Puncte B geschnitten, so soll die Strecke AB schlechthin die Tangente der Curve und die Richtung von A nach B ihre

Richtung genannt werden. Die Mitte der Tangente heisse M. Zwei parallele Tangenten AB und A_1B_1 heissen gleichliegend oder ungleichliegend, jenachdem ihre Richtungen gleich oder entgegengesetzt sind; die ihre Berührungspuncte verbindende Gerade oder Berührungssehne AA_1 heisse $\mathfrak{S}$ und ihre Mitte heisse N. Jede Gerade, welche von der Curve C^3 in drei solchen Puncten A, B, C geschnitten wird, dass der mittlere B gerade in der Mitte zwischen den äusseren A und C liegt, soll hier Sehne oder S heissen. Gleiche Sehnen, $S = S_1$, sind solche, in denen die drei Schnittpuncte gleich weit von einander abstehen, so dass $AB = BC = A_1B_1 = B_1C_1$. Mit Bezug hierauf lassen sich folgende acht Sätze und Aufgaben (4. bis 11.) einfacher aussprechen:

4. „Eine beliebige Curve dritten Grades, C^3, hat im Allgemeinen 18 Paar parallele, gleiche, aber ungleichliegende Tangenten, und die Mitten N ihrer 18 Berührungssehnen $\mathfrak{S}$ liegen in einem bestimmten Kegelschnitte E^2."

5. „Wieviele Paare parallele, gleiche und gleichliegende Tangenten hat dieselbe C^3?"

6. „Wieviele solche Paare Tangenten hat dieselbe Curve C^3, welche gegenseitig einander hälften?"

7. „In derselben gegebenen Curve C^3 giebt es im Allgemeinen 9 Paar parallele, gleiche Sehnen, $S = S_1$ oder $ABC = A_1B_1C_1$; und die Mitten, etwa N_1, der 9 Geraden BB_1, welche die mittleren Puncte der Sehnenpaare verbinden, liegen in dem nämlichen, vorgenannten (4.) Kegelschnitte E^2."

8. „In derselben Curve C^3 giebt es ferner 9 solche besondere Sehnen $ABC = S$, bei welchen die den Schnittpuncten A, B, C zugehörigen drei Tangenten A_0, B_0, C_0 einander in irgend einem Puncte treffen; dabei ist die Tangente B_0 im mittleren Puncte B zugleich ein Durchmesser der Curve C^3, und zudem berühren alle 9 Tangenten B_0 den nämlichen genannten Kegelschnitt E^2."

9. „Der Ort der Mitten M aller Tangenten AB einer beliebigen Curve C^3 ist eine Curve fünfzehnten Grades, M^{15}, welche die Basis C^3 in ihren 9 Wendepuncten, sowie in ihren drei unendlich entfernten Puncten berührt, oder vielmehr, welche die 9 Wendepuncte sammt den zugehörigen Wendetangenten, sowie die drei Asymptoten mit C^3 gemein, aber zudem die drei unendlich entfernten Puncte der letzteren zugleich zu fünffachen Puncten hat." — Nimmt man auf den Verlängerungen der Tangente AB einerseits den Punct M_1 so, dass $AB = BM_1$, und andererseits den Punct M_2 so, dass $BA = AM_2$ ist, so sind die Oerter dieser beiden Puncte M_1 und M_2 ebenfalls Curven fünfzehnten Grades, M_1^{15}

und M_2^{15}, welche sich gegen die Basis C^3 ähnlich verhalten, wie die Curve M^{15}.

10. „Der Ort der Berührungssehne 𝔖 aller Paare paralleler Tangenten einer beliebigen Curve C^3 ist eine Curve neunter Classe $𝔖^9$ und sechsunddreissigsten Grades; und der Ort der Mitte N der Berührungssehne 𝔖 ist eine Curve zwölften Grades N^{12}.“ Diese beiden Ortscurven haben gleichfalls eigenthümliche Beziehung zu der Basis C^3, wie die vorigen. „Es kann keine zwei Berührungssehnen 𝔖 geben, die einander hälften.“

11. „Der Ort aller Sehnen S in der beliebigen Curve C^3 ist eine Curve sechster Classe und achtzehnten Grades.“

Bekannten Sätzen über die Kegelschnitte gewissermassen analog hat man rücksichtlich der Curven dritten Grades folgende zwei Sätze (12. und 13.):

12. I. „Zieht man aus irgend einem festen Pol P in der Ebene einer gegebenen Curve dritten Grades, C^3, beliebige Transversalen durch die letztere und legt in den je drei Schnittpuncten die Tangenten an C^3, welche einander paarweise in irgend drei Puncten Q schneiden, so ist der Ort dieser Puncte Q eine Curve neunten Grades, Q^9, welche unter anderen folgende interessante Eigenschaften hat. 1) Sie hat drei dreifache Puncte, Q_3, die in einer Geraden A_0 liegen; ihre 27 gemeinschaftlichen Puncte mit der Basis C^3 bestehen: 2) in 6 Schnitten A, welche in irgend einem Kegelschnitte A^2 liegen; 3) in 6 Berührungspuncten B (die für 12 gemeinschaftliche Puncte zählen), durch welche irgend ein Kegelschnitt B^2 geht; 4) in 9 Schnitten $3D$, $3E$ und $3F$, die zu drei in drei Geraden D_0, E_0 und F_0 liegen; 5) die genannten Kegelschnitte A^2 und B^2 berühren einander doppelt, und jene Gerade A_0 (1) ist zugleich ihre Berührungssehne; und endlich 6) die vier Geraden A_0, D_0, E_0 und F_0 schneiden einander in einem und demselben Puncte.“ Ferner: „Bewegt sich der Pol P in einer beliebigen Geraden G, so beschreiben die vier Geraden A_0, D_0, E_0 und F_0 beziehlich vier Kegelschnitte A_0^2, D_0^2, E_0^2 und F_0^2, wovon jeder der drei letzteren die Basis C^3 in irgend drei Puncten berührt, u. s. w.“

II. „Liegt der Pol P insbesondere in der Basis C^3 selbst, wobei also die Transversale in nur zwei veränderlichen Puncten schneidet, und somit nur der Schnitt Q von den zwei zugehörigen Tangenten in Betracht kommt, so ist der Ort dieses Schnittes Q nur noch eine Curve vierten Grades, Q^4, welche drei Doppelpuncte hat, die in der Basis C^3 liegen.“ — „Bewegt sich der Punct P längs der ganzen Basis C^3, so ist die entstehende Schaar Curven Q^4 so beschaffen, dass jede beliebige Gerade in der Ebene von je 30 derselben berührt wird."

13. „Aus jedem Puncte P in der Ebene einer Curve dritten Grades C^3 gehen 6 Tangenten an dieselbe, deren Berührungspuncte, paarweise verbunden, 15 Berührungssehnen $\mathfrak{S}$ bestimmen. Bewegt sich der Pol P in irgend einer Geraden G, so berühren die 15 $\mathfrak{S}$ stets irgend eine und dieselbe Curve neunter Classe $\mathfrak{S}^9$, welche allemal mit der Basis C^3 die 9 Wendepuncte und zugehörigen Wendetangenten gemein hat, u. s. w." Wie man bemerken wird, ist dieser Satz im Grunde mit dem obigen (10.) identisch, indem durch Projection der eine in den anderen übergeht.

14. Die den beiden vorstehenden Sätzen 12. und 13. analogen Sätze bei der Curve vierten Grades aufzufinden.

15. „Man denke sich in einer Ebene 6 beliebige Puncte p oder ein vollständiges Sechseck. Die Mitte jeder der 15 Seiten heisse a, und der Mittelpunct des durch je 5 der 6 Puncte p bestimmten Kegelschnittes heisse b. Durch je 4 der 6 Puncte p gehen zwei solche Kegelschnitte, deren Mittelpuncte in der durch die beiden übrigen Puncte p bestimmten Seite liegen; jeder dieser Mittelpuncte heisse c. Die auf diese Weise bestimmten Puncte sammt den 6 Puncten p, was zusammen $6p+15a+6b+30c=57$ Puncte ausmacht, liegen allemal in irgend einer Curve fünften Grades." „Die Gleichung dieser Curve aufzustellen." — Wenn die gegebenen 6 Puncte p insbesondere in einem Kegelschnitte C^2 liegen, so fallen die 6 Mittelpuncte b in einen zusammen, der dann ein Doppelpunct der Curve C^5 ist. Welche Beziehung haben die beiden Tangenten in diesem Doppelpuncte zu jenem Kegelschnitte C^2?

16. „Sind in einer Ebene 6 beliebige Puncte p gegeben, und legt man an den durch je 5 derselben gehenden Kegelschnitt aus dem jedesmaligen sechsten Puncte die beiden Tangenten und bezeichnet jeden Berührungspunct derselben durch a; denkt sich ferner durch je 4 der 6 Puncte p diejenigen beiden Kegelschnitte beschrieben, welche die durch die zwei übrigen Puncte p gehende Gerade berühren und bezeichnet jeden dieser Berührungspuncte durch b, so liegen die auf diese Weise bestimmten 42 Puncte, nämlich $12a$ und $30b$, allemal in irgend einer Curve sechsten Grades, welche die gegebenen 6 Puncte p zu Doppelpuncten hat." „Die Gleichung dieser Curve zu finden."

17. „Sind in einer Ebene 7 beliebige Puncte p gegeben, und legt man durch je 5 derselben den durch sie bestimmten

Kegelschnitt und bezeichnet dessen Schnitte mit der durch die jedesmaligen zwei übrigen Puncte p gehenden Geraden durch a, so liegen die hierdurch bestimmten 42 Puncte a allemal in irgend einer Curve sechsten Grades, welche die gegebenen 7 Puncte p zu Doppelpuncten hat.“ „Die Gleichung dieser Curve aufzustellen.“

18. „Soll eine Curve dritten Grades durch 6 gegebene Puncte a gehen und einen Doppelpunct d haben, dessen zugehörige Tangenten beziehlich durch zwei andere gegebene Puncte b und c gehen, so finden im Allgemeinen 25 Lösungen statt.“

19. „Soll eine Curve dritten Grades durch 7 gegebene Puncte a gehen und einen Doppelpunct d haben, dessen eine Tangente durch einen gegebenen achten Punct b geht, so giebt es im Allgemeinen 18 Lösungen.“

20. „Soll eine Curve dritten Grades durch 6 gegebene Puncte a gehen und einen Rückkehrpunct r haben, dessen Tangente durch einen gegebenen siebenten Punct b geht, so finden im Allgemeinen 18 Lösungen statt.“

21. „Ueber einer gegebenen Grundlinie ab, deren Endpuncte in einer gegebenen Curve dritten Grades liegen, lassen sich dieser Curve fünf Parallelogramme einschreiben. Die fünf Puncte, in denen die Diagonalen der einzelnen Parallelogramme sich kreuzen, liegen mit der Mitte der Grundlinie ab allemal in irgend einem Kegelschnitte.“ Oder:

„Zu jeder beliebig angenommenen Sehne ab in einer gegebenen Curve dritten Gerades giebt es im Allgemeinen fünf andere Sehnen, die ihr gleich und parallel sind, und die Mitten solcher sechs Sehnen liegen allemal in irgend einem Kegelschnitte.“ Jede der 6 Sehnen schneidet die gegebene Curve noch in einem dritten Puncte, und diese 6 Puncte liegen ebenfalls in einem Kegelschnitte, welcher zu dem eben genannten eigenthümliche Beziehung hat. Lässt man die Sehnen unendlich klein werden, d. h. in Tangenten übergehen, so geht der vorstehende Satz in einen bekannten Satz über.

22. Zieht man durch einen festen Punct p in einer gegebenen Curve dritten Grades C^3 eine veränderliche Transversale, welche die Curve (ausser in p) in zwei Puncten a und b schneidet, und bezeichnet die Mitte der Strecke ab durch P, so ist der Ort von P eine Curve dritten Grades P^3, welche p zum Doppelpunct hat und durch die im Unendlichen liegenden drei Puncte a_∞ der gegebenen Curve C^3 geht. Sind p, p_1 und p_2 drei Puncte der Curve C^3, welche in einer Geraden G liegen, so schneiden die ihnen entsprechenden drei Curven P^3, P_1^3 und P_2^3 einander

zusammen (ausser in jenen 3 Puncten a_∞) in solchen 6 Puncten Q, welche in einem Kegelschnitte Q^2 liegen. Wird die Gerade G sich selbst parallel bewegt, so ändern sich zwar mit den Puncten p, p_1, p_2 und den Curven P^3, P_1^3, P_2^3 auch zugleich die 6 Puncte Q, aber der Kegelschnitt Q^2, in welchem die letzteren stets liegen, bleibt unveränderlich fest.

23. Durch 9 gegebene Puncte p ist die Curve dritten Grades, G^3, im Allgemeinen absolut bestimmt; und ebenso die Curve dritter Classe, K^3, durch 9 gegebene Tangenten g.

Soll dagegen eine Curve G^3 durch 8 gegebene Puncte p gehen und eine gegebene Gerade g berühren, so ist sie vierdeutig bestimmt, d. h. so finden 4 Lösungen statt; und gleicherweise ist die Curve K^3, wenn sie 8 gegebene Geraden g berühren und durch einen gegebenen Punct p gehen soll, vierdeutig bestimmt.

Wie verhält es sich nun in dieser Hinsicht, wenn die Curve G^3 durch 7, 6, 5, 4, 3, 2, 1, 0 gegebene Puncte p gehen und beziehlich 2, 3, 4, 5, 6, 7, 8, 9 gegebene Gerade g berühren soll? Wie steigt die Zahl der Lösungen? Für die Curve K^3 findet in allem Analoges statt.

Berlin, im November 1852.

Crelle's Journal Band XLV. S. 375—380.

37

Allgemeine Eigenschaften der algebraischen Curven.

In der Gesammtsitzung der Akademie am 10. August 1848 wurde von Herrn *Steiner* eine Abhandlung über „allgemeine Eigenschaften der algebraischen Curven" vorgelegt.

Diese Curven werden darin nach Grad und Classe aufgefasst; das Wesen der Doppel- und Rückkehrpuncte, der Doppel- und Wendetangenten wird erläutert, und die gegenseitige Abhängigkeit dieser Elemente und des Grades und der Classe wird nachgewiesen. Bezeichnen g und k beziehlich den Grad und die Classe einer Curve, $K^g = \mathfrak{K}^k$, ferner d und r die Zahl ihrer Doppel- und Rückkehrpuncte, sowie t und w die Zahl ihrer Doppel- und Wendetangenten, so hat man die drei Gleichungen

$$(1) \qquad g(g-1) = k+2d+3r,$$

$$(2) \qquad k(k-1) = g+2t+3w,$$

$$(3) \qquad 3g(g-2) = 6d+8r+w,$$

aus denen, wenn von den darin enthaltenen 6 Grössen irgend drei gegeben sind, die drei übrigen gefunden werden; was somit auf 60 Formeln führt.

Bei Bestimmung der Curven durch gegebene Puncte ergiebt sich der folgende bekannte Satz als

Erster Fundamentalsatz:

„Durch beliebige gegebene $\frac{1}{2}n(n+3)-1$ Puncte a_1 geht eine unzählige Schaar Curven n^{ten} Grades, A^n, und alle diese Curven gehen nebstdem nothwendig noch durch andere $\frac{1}{2}(n-1)(n-2)$ bestimmte Puncte a_0, so dass sie ein Curvenbüschel $B(A^n)$ mit n^2 gemeinschaftlichen Schnittpuncten a bilden." Die Puncte a_1 heissen die bestimmenden, die Puncte a_0 die nothwendigen, und beide insgesammt, die n^2 Puncte a, heissen die Grundpuncte des Büschels $B(A^n)$.

Dieser Satz ist für die Betrachtung der Curven einer der wesentlichsten und fruchtbarsten, indem er zahlreiche Folgerungen gewährt. Dahin gehört unter anderen die Erzeugung der Curven durch Curvenbüschel niedrigen Grades, ganz analog, wie die Kegelschnitte durch projectivische Strahlbüschel erzeugt werden. Ferner eine grosse Reihe von Sätzen über gegenseitige Berührung der Curven, wobei sich insbesondere verschiedene merkwürdige Eigenschaften der 28 Doppeltangenten der Curven vierten Grades ergeben.

Ueber die Polaren werden einige neue weiter gehende Gesichtspuncte aufgestellt, die zu einer Menge neuer Resultate führen.

Werden aus einem beliebigen Puncte P an eine gegebene Curve A^n (die Basis) Tangenten gelegt, so liegen die $n(n-1)$ Berührungspuncte in einer Curve A^{n-1}; und werden aus demselben Punct P an diese neue Curve Tangenten gelegt, so liegen die $(n-1)(n-2)$ Berührungspuncte ebenso in einer Curve A^{n-2}; und wird so fortgefahren, so erhält man die auf einander folgenden Curven A^{n-1}, A^{n-2}, A^{n-3}, ... A^2, A^1, welche die successiven Polaren des Punctes P in Bezug auf die Basis A^n, und zwar nach der Reihe die 1te, 2te, 3te, ..., $(n-2)$te, $(n-1)$te Polare genannt, und die in Zeichen, wie folgt, dargestellt werden:

$$(P)_1 : A^n = A^{n-1}; \quad (P)_2 : A^n = A^{n-2}; \quad (P)_x : A^n = A^{n-x}; \quad (P)_{n-2} : A^n = A^2$$
$$(P)_{n-1} : A^n = A^1,$$

wobei also z. B. $(P)_x : A^n = A^{n-x}$ heisst: die $x$te Polare des Punctes P in Bezug auf die Basis A^n ist eine Curve vom $(n-x)$ten Grade, gleich A^{n-x}. Die $(n-2)$te Polare A^2 ist ein Kegelschnitt und die $(n-1)$te Polare A^1 ist eine Gerade.

Bewegt sich der Pol P in irgend einer Linie L (Directrix), so wird jede seiner Polaren, wie etwa die $x$te, eine continuirliche Schaar Curven A^{n-x}, oder $S(A^{n-x})$, durchlaufen, die irgend eine Curve umhüllen, welche die $x$te Polar-Enveloppe E_x des bewegten Poles P oder schlechthin die $x$te Polare der Leitlinie L in Bezug auf die Basis A^n genannt wird. In Zeichen wird dies, wie folgt, ausgedrückt:

$$(L)_x : A^n = S(A^{n-x}) = E_x. \tag{4}$$

Ist die Directrix L eine gegebene Curve, etwa vom $r$ten Grade, gleich D^r, so ist auch der Grad jeder ihrer Polaren E_1, E_2, ... E_{n-1} bestimmt, nämlich es ist allgemein

$$(D^r)_x : A^n = E_x^{r(r+2x-3)(n-x)}; \tag{5}$$

d. h.: „Die $x$te Polare der Curve D^r in Bezug auf die Basis A^n ist eine Curve E_x vom $r(r+2x-3)(n-x)$ten Grade;“ oder: „Bewegt sich der Pol P in der Curve D^r, so ist seine $x$te Polar-Enveloppe E_x eine Curve vom genannten Grade.“

Für die erste und letzte Polare, also für $x=1$ und $x=n-1$ hat man insbesondere

(6) $$(D^r)_1 : A^n = E_1^{r(r-1)(n-1)};$$

und

(7) $$(D^r)_{n-1} : A^n = E_{n-1}^{r(r+2n-5)};$$

ist dagegen $r=1$, also die Directrix eine Gerade D^1, so hat man (5)

(8) $$(D^1)_x : A^n = E_x^{2(x-1)(n-x)},$$

und für $x=1$ und $x=n-1$ kommt

(9) $$(D^1)_1 : A^n = E_1^0;$$

und

(10) $$(D^1)_{n-1} : A^n = E_{n-1}^{2(n-2)} = \mathfrak{E}^{n-1},$$

d. h. „Bewegt sich der Pol P auf einer Geraden D^1 (9), so ist seine erste Polar-Enveloppe vom nullten Grad, E_1^0, was anzeigt, dass die $S(A^{n-1})$ sich in $(n-1)^2$ Puncten a schneiden, auf welche sich die Enveloppe reducirt, oder dass die Schaar Polaren A^{n-1} in ein Büschel $B(A^{n-1})$ übergehen;“ und (10) „die $(n-1)^{\text{te}}$ Polare einer Geraden D^1 in Bezug auf die Basis A^n ist eine Curve vom $2(n-2)^{\text{ten}}$ Grad und von der $(n-1)^{\text{ten}}$ Classe $\mathfrak{E}^{n-1}$ “

Für die Betrachtung der Polaren dient der folgende, allgemein bekannte Satz als

Zweiter Fundamentalsatz:

„Nimmt man in Bezug auf dieselbe Basis A^n von zwei beliebigen Puncten P und Q die ersten Polaren, seien diese P^{n-1} und Q^{n-1}, und nimmt man sodann verwechselt die erste Polare von P in Bezug auf die Curve Q^{n-1} und die erste Polare von Q in Bezug auf P^{n-1}, so sind diese beiden Polaren eine und dieselbe Curve R^{n-2}; oder in Zeichen:

(11) $$(Q)_1 : [(P)_1 : A^n] = (P)_1 : [(Q)_1 : A^n] = R^{n-2}.\text{“}$$

Dieser Satz ist ebenso folgenreich, wie der obige. Durch wiederholte Anwendung desselben folgt zunächst, dass

(12) $$(Q)_y : [(P)_x : A^n] = (P)_x : [(Q)_y : A^n] = R^{n-x-y}.$$

Eine andere Folgerung ist:

„Liegt der Punct Q in der x^{ten} Polare von P, also in P^{n-x}, so geht die $(n-x)^{\text{te}}$ Polare von Q, also Q^x, durch den Punct P.“ Ebenso folgt daraus der schöne Reciprocitätssatz:

„Hat die x^{te} Polare eines Punctes P, also P^{n-x}, einen Doppelpunct Q, so hat auch umgekehrt die $(n-x-1)^{\text{te}}$ Polare des letzteren, d. i. Q^{x+1}, jenen Punct P zum Doppelpunct.“

Die Doppelpuncte der Polaren spielen eine wesentliche Rolle, wie aus dem folgenden Beispiel zu ersehen ist.

„Der Ort desjenigen Punctes P, dessen erste Polare, P^{n-1}, einen Doppelpunct Q hat, ist eine Curve vom $3(n-2)(n-2)^{\text{ten}}$ Grad

$$= P_0^{3(n-2)^2},$$

und der Ort des Doppelpunctes Q ist eine Curve vom $3(n-2)^{\text{ten}}$ Grad

$$= Q_0^{3(n-2)};\text{“}$$

diese letztere Curve Q_0 ist also zugleich auch der Ort desjenigen Punctes Q, dessen $(n-2)^{\text{te}}$ Polare, Q^2, einen Doppelpunct P hat, und jene erste Curve P_0 ist der Ort dieses Doppelpunctes. Die Polare Q^2 ist somit ein Kegelschnitt, der aus zwei Geraden besteht, die sich in P schneiden. Die Curven P_0 und Q_0 werden nebst anderen conjugirte Kern-Curven der Basis A^n genannt. Sie haben unter anderen folgende Eigenschaften:

„Die Curve Q_0 geht durch die $3n(n-2)$ Wendepuncte der Basis A^n, wogegen die Curve P_0 alle Wendetangenten derselben berührt.“ — „Die Curve P_0 ist von der $3(n-1)(n-2)^{\text{ten}}$ Classe; und von gleicher Classe ist im Allgemeinen diejenige Curve R_0, welche von der Geraden PQ umhüllt wird; diese Curve R_0 berührt ebenfalls die Wendetangenten der Basis A^n;“ etc. — „Die $(n-1)^{\text{te}}$ Polare von jeder beliebigen Curve D^r, d. i. $D^{r(r+2n-5)}$ (7), berührt die Kerncurve P_0 in $3r(n-2)$ Puncten;“ etc. — „Die Kerncurve P_0 hat

$3(n-2)(4n-9)$ Wendetangenten,

$\frac{3}{2}(n-2)[(3n^2+1)(n-4)+28]$ Doppeltangenten,

$12(n-2)(n-3)$ Rückkehrpuncte und

$\frac{3}{2}(n-2)[3(n-2)^3-14(n-2)+11]$ Doppelpuncte.“

„Sind P_1 und P_2 irgend zwei solche Puncte, deren erste Polaren P_1^{n-1} und P_2^{n-1} einander in irgend einem Puncte X berühren sollen, so muss die Gerade P_1P_2 allemal die Curve P_0 in irgend einem Puncte P berühren, und so ist der Punct X der zu P reciproke Pol Q, und die Gerade PQ ist die gemeinsame Tangente jener Polaren im Puncte $X = Q$. Also können alle ersten Polaren P_1^{n-1}, P_2^{n-1}, ... einander nur in solchen Puncten Q berühren, welche in der Kerncurve Q_0 liegen und somit zugleich Doppelpuncte von einzelnen derselben sind. Jeder Tangente PP_1 der Curve P_0 entspricht ein Büschel erster Polaren (9), $B(P_1^{n-1})$, die sich in einem und demselben Puncte Q berühren, welcher der reciproke Pol zum Berührungspunct P der Tangente ist. Ist PP_1 insbesondere eine Wendetangente der Kerncurve P_0, so osculiren sich ihre Polaren $B(P_1^{n-1})$ in Q; und ist PP_1 eine Doppeltangente von P_0, so berühren sich die

Polaren $B(P_1^{n-1})$ in zwei verschiedenen Puncten Q. Ist ferner insbesondere P ein Doppelpunct der Curve P_0, so hat seine erste Polare P^{n-1} zwei Doppelpuncte Q, und somit giebt es ebenso viele erste Polaren, welche zwei Doppelpuncte haben, als die Kerncurve P_0 Doppelpuncte hat;" u. s. w.

Die gesammten ersten Polaren P^{n-1}, P_1^{n-1}, P_2^{n-1}, ... bilden ein sogenanntes Netz, welches durch irgend drei derselben (die nicht zu einem Büschel gehören) bestimmt ist, und wodurch dann auch die Basis A^n bestimmt wird. Haben die drei gegebenen Curven gemeinschaftliche Puncte [1, 2, 3, ... bis höchstens $\frac{1}{2}(n-1)(n+2)-2$], so sind dieselben Doppelpuncte der Kerncurve Q_0. Daher ist z. B. der Ort der Doppelpuncte (oder der Berührungspuncte) aller Curven P^x, welche durch dieselben gegebenen $\frac{1}{2}x(x+3)-2$ Puncte d gehen, eine Curve $Q^{3(x-1)}$, welche die Puncte d zu Doppelpuncten hat. Sollen die Curven P^x durch $\frac{1}{2}x(x+3)-1$ Puncte d gehen, so bilden sie ein Büschel $B(P^x)$ und dann haben sie zusammen $3(x-1)^2$ Doppelpuncte.

Ueber die obigen Polaren (Polar-Enveloppen) wird bemerkt, dass wenn man eine derselben zur Directrix annimmt, ihr ebenfalls eine Reihe Polarcurven entsprechen, von denen die eine vorzugsweise ihre reciproke Polare genannt wird. Nämlich wird von der x^{ten} Polare einer Curve D^r, also von (5)

$$E_x^{r(r+2x-3)(n-x)},$$

die $(n-x)^{\text{te}}$, d. i. die reciproke Polare genommen, so müsste diese die gegebene Curve D^r sein; nach der allgemeinen Formel (5) ist sie aber, wenn $r(r+2x-3)(n-x)=s$ gesetzt wird, eine Curve vom $s[s+2(n-x)-3]x^{\text{ten}}$ Grad. Hier ist also der scheinbare Widerspruch noch auffallender, als bei der gewöhnlichen Polarität, wo die Basis nur ein Kegelschnitt ist, ein Fall, für welchen er durch *Poncelet* aufgeklärt worden. Hier wird das Paradoxon, wie folgt, erklärt.

Die erste Polare von D^r in Bezug auf die Basis A^n ist $E_1^{r(r-1)(n-1)}$, und für die $(n-1)^{\text{te}}$ Polare von dieser giebt die Formel (7)

$$E_{n-1}^{r(r-1)(n-1)[r(r-1)(n-1)+2n-5]},$$

statt dass sie vermöge der Reciprocität bloss die ursprüngliche Curve D^r geben sollte. Dieses Wundersame klärt sich nun dadurch auf, dass die Curve E_{n-1}

1) aus $(n-1)^2$ Mal der Curve D^r nebst deren $3r(r-2)$ Wendetangenten und $\frac{1}{2}r(r-2)(r^2-9)$ Doppeltangenten, wobei noch jede Wendetangente als eine 3fache und jede Doppeltangente als eine 2fache Gerade zu zählen ist, also aus $(n-1)^2\times(D^r+2d+3w)$, und

2) aus den $3r(r-1)(n-1)(n-2)$ gemeinschaftlichen Tangenten der Curve D^r und der Kerncurve P_0

besteht.

Eine gegebene Curve Q^q kann von den Curven eines in derselben Ebene gegebenen Büschels $B(P^p)$ in $q(q+2p-3)$ Puncten R berührt werden, welche allemal mit den $3(p-1)^2$ Doppelpuncten des Büschels $B(P^p)$ zusammen in einer Curve R^{q+2p-3} liegen. — Sind in derselben Ebene irgend zwei Curvenbüschel $B(P^p)$ und $B(Q^q)$ gegeben, so ist der Ort des Punctes R, in welchem sich je zwei Curven beider Büschel berühren, eine Curve vom $(2p+2q-3)^{\text{ten}}$ Grad; und die Anzahl derjenigen Puncte R_1, in welchen sich zwei Curven P^p und Q^q beider Büschel osculiren, ist

$$= 3[(p+q)(p+q-6)+2pq+5].$$

Sind in einer Ebene drei beliebige Curven-Büschel $B(P^p)$, $B(Q^q)$ und $B(R^r)$ gegeben, so ist die Zahl derjenigen Puncte, in welchen je drei dieser Curven einander berühren, im Allgemeinen

$$= 4(pq+pr+qr)-6(p+q+r-1).$$

Für die Curven dritten und vierten Grades insbesondere ergeben sich aus der obigen allgemeinen Betrachtung viele, zum Theil ganz neue interessante Eigenschaften, wie leicht zu ermessen. Namentlich treten hier wiederum eigenthümliche Relationen der 28 Doppeltangenten der Curve vierten Grades hervor, ein Gegenstand, über welchen bisherige Bemühungen noch wenig ermittelt haben. Ueber die Curve dritten Grades bieten sich noch mehr specielle Fälle dar; dabei wird nachgewiesen, dass das eigentliche Wesen vieler ihrer Eigenschaften vornehmlich auf der sogenannten Involution beruht.

Durch verschiedene Correlationssysteme werden theils analoge Resultate, wie durch die Polarität, theils aber auch neue Sätze über Curven gewonnen.

Crelle's Journal Band XLVII. S. 1—6.

(Monatsbericht der Akademie der Wissenschaften zu Berlin vom August 1848.)

38

Ueber solche algebraische Curven, welche einen Mittelpunct haben, und über darauf bezügliche Eigenschaften allgemeiner Curven, sowie über geradlinige Transversalen der letzteren.

§ 1.

Die Curven zweiten Grades haben schon an sich Mittelpuncte, es ist eine ihnen innewohnende Eigenschaft. Anders verhält es sich mit den Curven höherer Ordnung. Wohl besitzen noch die Curven dritten Grades die Eigenschaft, dass sie sich durch Projection in solche umwandeln lassen, welche Mittelpuncte haben; wogegen alle höheren Curven gewisse Beschränkungen zu erleiden haben, wenn ihnen die Eigenschaft eines Mittelpunctes zukommen soll.

Unter „Mittelpunct" einer Curve m^{ten} Grades, C^m, wird ein solcher in ihrer Ebene liegender Punct $\mathfrak{M}$ verstanden, welcher die Eigenschaft hat, dass jede durch ihn gezogene unbegrenzte Gerade S die Curve in solchen m Puncten schneidet, welche paarweise gleichweit von ihm abstehen, so dass also die Schnittpuncte auf beiden Seiten von jenem Puncte $\mathfrak{M}$ gleich vertheilt sind, und jedem Punct p auf der einen Seite ein anderer p_1 auf der entgegengesetzten Seite in gleichem Abstande von $\mathfrak{M}$ entsprechen muss und sein „Gegenpunct" genannt wird. Hiernach möchte es scheinen, als könne eine Curve C^m nur dann einen Mittelpunct $\mathfrak{M}$ haben, wenn ihr Gradexponent m eine gerade Zahl ist, etwa $m = 2\mu$, weil nur dann in jeder Transversalen S zu beiden Seiten von $\mathfrak{M}$ gleichviel Schnitte liegen können, was dagegen, wenn m ungerade, $m = 2\nu - 1$, nicht möglich ist. Indessen wird dieser scheinbare Einwand dadurch beseitigt, dass im letzteren Falle ein einzelner Schnittpunct im Mittelpuncte $\mathfrak{M}$ selbst liegt, somit ein Zweig der Curve $C^{2\nu-1}$ durch ihren Mittelpunct selbst geht, wobei alsdann auf jeder Seite von diesem noch $\nu - 1$ Schnitte liegen, die sich paarweise als Gegenpuncte entsprechen; jener besondere Punct aber muss nothwendig ein Wendepunct der Curve $C^{2\nu-1}$ sein.

In besonderen Fällen kann die Curve C^m auch öfter durch ihren eigenen Mittelpunct $\mathfrak{M}$ gehen, und zwar verhält es sich damit, wie folgt. Ist $m=2\mu$, so können insbesondere gleichzeitig 2 oder 4 oder 6 etc. Zweige der Curve $C^{2\mu}$ durch $\mathfrak{M}$ gehen, d. h. sie kann ihren Mittelpunct $\mathfrak{M}$ zugleich zum vielfachen Puncte haben, jedoch nur zum 2, 4, 6, ... $2(\mu-1)$fachen. Und ist $m=2\nu-1$, so muss nothwendig ein Zweig der Curve $C^{2\nu-1}$ durch ihren Mittelpunct $\mathfrak{M}$ gehen, aber es können insbesondere auch 3, 5, 7, ... Zweige durch denselben gehen, wo er dann ein ebenso vielfacher Punct von ihr ist. In beiden Fällen sind die Tangenten im Mittelpuncte $\mathfrak{M}$ höherer Art, nämlich sie sind zugleich Wendetangenten der respectiven Zweige und haben somit, wenn x Zweige durch $\mathfrak{M}$ gehen, daselbst $x+2$ Puncte mit der Curve gemein, was als eine $(x+2)$punctige Berührung anzusehen ist.

§ 2.

Zur Bestimmung solcher Curven C^m, welche Mittelpuncte haben, durch gegebene Puncte kann entweder 1) der Mittelpunct $\mathfrak{M}$ selbst gegeben werden und nebstdem noch eine genügende Anzahl anderer Puncte p, durch welche die Curve gehen soll; oder es können 2) bloss solche beliebige Puncte p, durch welche die Curve gehen soll, gegeben und dazu verlangt werden, dass dieselbe einen Mittelpunct $\mathfrak{M}$ haben müsse, dessen Lage dann durch jene Puncte erst bedingt wird. Bei dieser Bestimmung, sowie schon vorhin (§ 1) und auch in der Folge macht sich der Umstand geltend, ob der Gradexponent m eine gerade oder eine ungerade Zahl, also ob α) $m=2\mu$, oder β) $m=2\nu-1$ ist; denn danach scheiden sich die Sätze folgendermassen:

„Ist der Mittelpunct $\mathfrak{M}$ gegeben, so ist

α) Die Curve $C^{2\mu}$ bestimmt durch $(\mu+1)^2-1=\frac{1}{4}m(m+4)$,

β) Die Curve $C^{2\nu-1}$ bestimmt durch $\nu(\nu+1)-1=\frac{1}{4}[m(m+4)-1]$

beliebige andere gegebene Puncte p, durch welche sie gehen soll.“ *)

---

*) Zur Bestimmung der Curven, welche Mittelpuncte haben, bietet die Gleichung derselben ein anschauliches und bequemes Mittel dar. Wenn nämlich die in beliebig schiefwinkligen Coordinaten nach den Dimensionen der Veränderlichen (x und y) geordnete Gleichung einer Curve C^m von der höchsten Dimension abwärts nur die abwechselnden Dimensionen enthält, alle übrigen gleich Null sind, wenn somit die Gleichung von der Form

$$D^m+D^{m-2}+D^{m-4}+\cdots+D^{m-2\alpha+2}+\cdots=0$$

ist, so hat die Curve allemal den Anfangspunct zugleich zu ihrem Mittelpuncte $\mathfrak{M}$.

Da im Allgemeinen eine Curve m^{ten} Grades durch

$$\gamma)\quad \tfrac{1}{2}m(m+3)$$

Puncte p bestimmt wird, so sieht man, wieviele bestimmende Puncte p durch den gegebenen Mittelpunct vertreten werden, nämlich

„Der Mittelpunct $\mathfrak{M}$ vertritt

$$\alpha^0)\ \text{bei}\ C^{2\mu}:\quad \mu(\mu+1) = \tfrac{1}{4}m(m+2),$$

$$\beta^0)\ \text{bei}\ C^{2\nu-1}:\quad \nu^2 = \tfrac{1}{4}[m(m+2)+1]$$

bestimmende Puncte p."

Aber der gegebene Mittelpunct bedingt noch mehr; denn mit ihm sind auch zugleich alle Gegenpuncte p_1 zu den gegebenen Puncten p bestimmt oder als gegeben anzusehen, durch welche die Curve nothwendig ebenfalls geht, so dass also zusammen beziehlich (α und β)

$$\tfrac{1}{2}m(m+4)\quad \text{und}\quad \tfrac{1}{2}[m(m+4)-1]$$

Puncte p und p_1 gegeben sind, somit mehr, als die Bestimmung der Curve im Allgemeinen erheischt oder zulässt (γ), und zwar sind

$$\text{für}\ C^{2\mu}:\quad \mu = \tfrac{1}{2}m,$$

$$\text{für}\ C^{2\nu-1}:\quad \nu-1 = \tfrac{1}{2}(m-1)$$

Puncte mehr gegeben, ohne dass dadurch die Curve überbestimmt wird. Den obigen Satz kann man danach auch so aussprechen:

„Sind $\mu(\mu+2)(=\tfrac{1}{4}m(m+4))$ oder $\nu(\nu+1)-1(=\tfrac{1}{4}[m(m+4)-1])$ beliebige begrenzte Gerade oder Sehnen pp_1 gegeben, die alle durch denselben Punct $\mathfrak{M}$ gehälftet werden, so liegen ihre

---

Werden die zwei Zahlformen von m unterschieden, so hat man folgende zwei Gleichungen:

$$\text{I.}\quad D^{2\mu}+D^{2\mu-2}+D^{2\mu-4}+\cdots+D^2+D^0 = 0;\ \text{für}\ C^{2\mu},$$

$$\text{II.}\quad D^{2\nu-1}+D^{2\nu-3}+D^{2\nu-5}+\cdots+D^3+D^1 = 0;\ \text{für}\ C^{2\nu-1}.$$

Jenachdem also der Gradexponent gerad oder ungerad ist, enthält die Mittelpuncts-Gleichung der Curve C^m auch nur die Glieder von gerader oder ungerader Dimension, indem alle übrigen gleich 0 sein müssen. In (I.) bezeichnet D^0 das constante Glied. Dass die Curve $C^{2\nu-1}$ nothwendig durch ihren eigenen Mittelpunct geht, ist aus (II.) ersichtlich.

Da jede Dimension ein Glied mehr umfasst, als ihr Exponent anzeigt, z. B. da D^α die $\alpha+1$ Glieder

$$y^\alpha,\quad y^{\alpha-1}x,\quad y^{\alpha-2}x^2,\quad \ldots\quad yx^{\alpha-1},\quad x^\alpha,$$

abgesehen von den Coefficienten, umfasst, so ist die Zahl aller Glieder in den beiden Gleichungen

$$\text{in (I.)}:\ = (\mu+1)^2 = \tfrac{1}{4}(m+2)^2,$$

$$\text{in (II.)}:\ = \nu(\nu+1) = \tfrac{1}{4}(m+1)(m+3).$$

Daraus ist zu entnehmen, durch wieviele gegebene Puncte p eine Curve C^m bestimmt wird, wenn sie durch dieselben gehen und einen anderen gegebenen Punct $\mathfrak{M}$ zum Mittelpunct haben soll.

$2\mu(\mu+2)$ oder $2\nu(\nu+1)-2$ Endpuncte p und p_1 allemal in einer durch sie bestimmten Curve $C^{2\mu}$ oder $C^{2\nu-1}$, welche den Punct $\mathfrak{M}$ zum Mittelpunct hat."

§ 3.

Lässt man von den genannten Sehnen pp_1 eine weg, so ist die Curve durch die Endpuncte der übrigen nicht mehr bestimmt, aber durch jeden Punct p^0, den man frei annimmt, und durch den sie gehen soll, wird sie bestimmt (weil dann nebst $\mathfrak{M}$ wieder ebenso viele p gegeben sind, wie vorhin), so dass also unendlich viele Curven C^m durch diese übrigen Endpuncte möglich sind, die $\mathfrak{M}$ zum Mittelpunct haben. Aber alle diese Curven schneiden einander ausser den Endpuncten der Sehnen noch in anderen bestimmten Puncten q und q_1, deren Zahl beziehlich $2(\mu-1)^2$ und $2(\nu-1)(\nu-2)+1$ ist, so dass sie einen Curvenbüschel $B(C^m)$ mit m^2 Grundpuncten bilden (vgl. die vorhergehende Abhandlung). Die neuen Puncte sind ebenso paarweise die Endpuncte von Sehnen qq_1, welche ihre Mitten in $\mathfrak{M}$ haben; und im zweiten Falle, wo $m=2\nu-1$, liegt der ungerade oder einzelne Punct, etwa q_0, in $\mathfrak{M}$ selbst. Also:

„Sind $\mu(\mu+2)-1$ oder $\nu(\nu+1)-2$ beliebige Sehnen pp_1 gegeben, die alle durch denselben Punct $\mathfrak{M}$ gehälftet werden, so gehen durch ihre Endpuncte die Curven eines Büschels $B(C^{2\mu})$ oder $B(C^{2\nu-1})$, welche alle den Punct $\mathfrak{M}$ zum Mittelpunct haben, und deren übrige $2(\mu-1)^2$ oder $2(\nu-1)(\nu-2)+1$ gemeinschaftliche Schnittpuncte (q und q_1) ebenfalls paarweise die Endpuncte solcher Sehnen qq_1 sind, die ihre Mitten in $\mathfrak{M}$ haben. Im zweiten Falle liegt der einzelne Punct q_0 im Mittelpuncte $\mathfrak{M}$ selbst, so dass alle Curven des Büschels $B(C^{2\nu-1})$ durch ihren gemeinsamen Mittelpunct gehen, der zugleich ein Wendepunct von jeder ist."

So gehen also z. B. durch die vier Endpuncte zweier Sehnen pp_1 ein Kegelschnitt-Büschel $B(C^2)$, welche alle $\mathfrak{M}$ zum Mittelpunct, die beiden Sehnen zu Durchmessern, aber weiter keinen Punct gemein haben, weil $2(\mu-1)^2=0$, wenn $\mu=1$ ist. Durch die 8 Endpuncte von 4 Sehnen pp_1 gehen die Curven eines $B(C^3)$, die noch einen neunten Punct q_0 gemein haben müssen, welcher der Mittelpunct $\mathfrak{M}$ selbst und zugleich Wendepunct von jeder ist. Durch die 14 Endpuncte von 7 Sehnen pp_1 gehen die Curven eines $B(C^4)$, welche $\mathfrak{M}$ zum Mittelpunct haben und sich noch in den Endpuncten einer neuen Sehne qq_1 schneiden, die gleichfalls ihre Mitte in $\mathfrak{M}$ hat; u. s. w.

Einige andere Eigenschaften der obigen Curvenbüschel treten weiter unten gelegentlich hervor.

§ 4.

Zum Behuf späterer Betrachtungen mag hier bemerkt werden, dass eine Curve C^m, welche einen Mittelpunct hat, auch in solcher speciellen Form erscheinen kann, wo sie aus verschiedenen Theilen besteht. So kann z. B. der Kegelschnitt C^2

1) Durch zwei sich schneidende Gerade A und B vertreten werden, deren Schnittpunct als Mittelpunct $\mathfrak{M}$ anzusehen ist; oder

2) Durch zwei parallele Gerade, $A \# B$, wo dann der Mittelpunct unbestimmt bleibt, nämlich jeder Punkt sein kann, welcher von A und B gleich weit absteht, also eine dritte Gerade C zum Ort hat, die mit A und B parallel und in der Mitte zwischen ihnen liegt.

Gleicherweise kann eine Curve C^3, welche einen Mittelpunct haben soll, insbesondere durch folgende Elemente vertreten werden.

1) Durch einen Kegelschnitt C^2 und irgend eine durch seinen Mittelpunct gehende Gerade C^1, wobei der Mittelpunct $\mathfrak{M}$ von C^2 auch zugleich als Mittelpunct von $C^3 (= C^2 + C^1)$ anzusehen ist. (Dies gilt also auch, wenn C^2 eine Parabel und C^1 irgend ein Durchmesser derselben ist.)

2) Durch drei Gerade und zwar a) durch drei sich in einem Punct schneidende Gerade, wo dann dieser Punct selbst der Mittelpunct ist (hierin sind auch die zwei besonderen Zustände inbegriffen, wo die drei Geraden parallel, oder zwei parallel und die dritte im Unendlichen); oder b) durch zwei parallele und eine sie schneidende Gerade, wobei die Mitte des von jenen beiden auf der letzteren begrenzten Stückes der Mittelpunct ist; oder endlich c) durch drei parallele Gerade, wenn die eine gleich weit von den beiden anderen absteht, wobei dann jeder Punct in der mittleren Geraden als Mittelpunct anzusehen ist.

Analogerweise kann die Curve C^4 in Theile zerfallen; u. s. w.

§ 5.

Die obige zweite Frage (§ 2) verlangt zu wissen: „Wieviele beliebige Puncte p dürfen höchstens gegeben werden, wenn durch dieselben eine Curve C^m gehen soll, welche einen Mittelpunct hat, der aber nicht gegeben ist.“

Man überzeugt sich leicht, dass unter dieser Bedingung nur zwei Puncte p mehr gegeben werden dürfen, als im obigen Falle (§ 2), wo der Mittelpunct $\mathfrak{M}$ selbst mit gegeben war. Denn sobald nur ein Punct, etwa q, mehr gegeben, so kann $\mathfrak{M}$ schon nicht mehr beliebig liegen, sondern muss sich auf einen Ort beschränken, der irgend eine Curve $\mathfrak{M}^x$ sein wird; und wenn man statt q einen anderen beliebigen Punct r als gegeben annimmt, so wird der Mittelpunct $\mathfrak{M}$ der Curve C^m einen anderen Ort, etwa $\mathfrak{M}_1^x$, haben; und soll nun eine Curve C^m durch beide Puncte q und r gehen, so kann ihr Mittelpunct $\mathfrak{M}$ nur in einem den Ortscurven $\mathfrak{M}^x$ und $\mathfrak{M}_1^x$ gemeinsamen Puncte liegen. Da diese Ortscurven sich aber in mehreren Puncten schneiden, so wird die Curve C^m nicht absolut bestimmt sein, sondern die gestellten Bedingungen werden mehrere Lösungen gestatten. Also:

„Soll eine Curve C^m einen Mittelpunct haben, so ist sie

α) als $C^{2\mu}$ durch $\mu(\mu+2)+2=\frac{1}{4}[m(m+4)+8]$,

β) als $C^{2\nu-1}$ durch $\nu(\nu+1)+1=\frac{1}{4}[m(m+4)+7]$

beliebig gegebene Puncte p bestimmt, jedoch nicht absolut bestimmt, sondern es finden im Allgemeinen mehrere Lösungen statt.“

Wie es sich damit näher verhält, ist aus den nachfolgenden zwei einfachsten Beispielen zu ersehen.

§ 6.

Erstes Beispiel. Soll ein Kegelschnitt C^2 durch 4 gegebene Puncte $3p$ und q gehen, so ist der Ort seines Mittelpunctes $\mathfrak{M}$ ein bestimmter anderer Kegelschnitt $\mathfrak{M}^2$; und soll C^2 durch die $3p$ und einen anderen gegebenen Punct r gehen, so ist der Ort seines Mittelpunctes ein neuer Kegelschnitt $\mathfrak{M}_1^2$. Nun schneiden sich die beiden Oerter $\mathfrak{M}^2$ und $\mathfrak{M}_1^2$ zwar in 4 Puncten, aber von diesen 4 Puncten besitzt nur einer die Eigenschaft, dass er der Mittelpunct $\mathfrak{M}$ eines Kegelschnittes C^2 ist, welcher durch die 5 Puncte $3p$, q und r geht; die drei übrigen haben diese Eigenschaft nicht, denn sie sind die Mitten der Seiten desjenigen Dreiecks, dessen Ecken die $3p$ sind, und hängen somit von diesen $3p$ allein ab. Nämlich bezeichnet man die $3p$ durch a, b, c, so geht bekanntlich der genannte Kegelschnitt $\mathfrak{M}^2$ durch die Mitten der 6 Seiten des vollständigen Vierecks $abcq$; und ebenso geht $\mathfrak{M}_1^2$ durch die Mitten der 6 Seiten des vollständigen Vierecks $abcr$; somit gehen beide durch die Mitten der 3 Seiten des Dreiecks abc, aber jede dieser 3 Mitten ist Mittelpunct zweier verschiedenen Kegelschnitte C^2, wovon der eine dem Viereck $abcq$, der andere dem Viereck $abcr$ umschrieben ist.

§ 7.

Zweites Beispiel. I. Die Curve C^3 ist durch den gegebenen Mittelpunct $\mathfrak{M}$ und durch 5 Puncte p, durch welche sie gehen soll, bestimmt;

ist nun die Lage von $\mathfrak{M}$ nicht gegeben, aber dagegen noch ein sechster Punct q, durch welchen C^3 gehen soll, so findet folgender Satz statt:

„Soll eine Curve dritten Grades, C^3, durch gegebene 6 Puncte $5p$ und q gehen und einen Mittelpunct $\mathfrak{M}$ haben, so ist der Ort des letzteren eine Curve fünften Grades, $\mathfrak{M}^5$."

Von dieser Ortscurve $\mathfrak{M}^5$ sind nachstehende 57 Puncte theils unmittelbar gegeben, theils leicht zu construiren, indem sie die Mittelpuncte specieller Curven C^3 sind. Nämlich die Curve $\mathfrak{M}^5$ geht

1) Durch die gegebenen 6 Puncte selbst; denn jeden derselben kann man als $\mathfrak{M}$ annehmen und verlangen, die Curve C^3 soll durch die 5 übrigen gehen (§ 2).

2) Durch die Mitten μ der 15 Geraden G, welche die gegebenen 6 Puncte paarweise verbinden; denn man kann die Mitte μ einer solchen Geraden G als $\mathfrak{M}$ annehmen und verlangen, die C^3 soll durch den einen Endpunct von G und durch die 4 übrigen gegebenen Puncte gehen; so geht sie auch zugleich durch den anderen Endpunct von G.

3) Durch die Mittelpuncte m der 6 Kegelschnitte C^2, welche einzeln durch je 5 der gegebenen 6 Puncte gehen. Denn ein solcher C^2 und sein durch den sechsten Punct gehender Durchmesser sind zusammen eine specielle C^3, welche mit C^2 den Mittelpunct gemein hat (§ 4).

4) Durch die Mittelpuncte m_1 der 30 Kegelschnitte C_1^2, wovon jeder einzeln durch 4 der gegebenen 6 Puncte geht und seinen Mittelpunct in der die 2 übrigen verbindenden Geraden G hat. Denn ein solcher C_1^2 und die zugehörige G sind zusammen eine C^3, welche durch alle 6 Puncte geht und mit C_1^2 denselben Mittelpunct hat. In jeder Geraden G liegen 2 Mittelpuncte m_1.

Dies sind zusammen 57 Puncte: 1) $5p+q$; 2) 15μ; 3) $6m$; und 4) $30m_1$.

In jeder der 15 Geraden G kennt man demnach alle ihre 5 Schnitte mit der Curve $\mathfrak{M}^5$, nämlich ihre zwei Endpuncte ($2p$, oder p und q), ihre Mitte μ und die in ihr liegenden $2m_1$.

Um die Bestimmung der 30 Mittelpuncte m_1 deutlicher zu machen, bezeichne man die $5p$ durch a, b, c, d, e. Je 4 der gegebenen 6 Puncte, etwa a, b, c und d, bestimmen $6G$, deren Mitten, 6μ, in einem Kegelschnitte $\mathfrak{M}^2$ liegen, welcher der Ort der Mittelpuncte aller durch a, b, c und d gehenden Kegelschnitte (C_1^2) ist (§ 6), und welcher somit die durch e und q gehende G in den genannten $2m_1$ schneidet; ferner geht $\mathfrak{M}^2$ auch durch die Mittelpuncte, $2m$, der beiden Kegelschnitte C^2, welche beziehlich durch die 5 Puncte $abcde$ und $abcdq$ bestimmt werden (3); folglich kennt man auch alle Schnitte des Kegelschnittes $\mathfrak{M}^2$ mit der Curve $\mathfrak{M}^5$, nämlich die genannten 6μ, $2m_1$ und $2m$, zusammen $=10$ Schnitte. Es giebt im Ganzen 15 solche Kegelschnitte $\mathfrak{M}^2$.

II. Durch das Vorstehende (I.) lässt sich nunmehr auch leicht entscheiden, wieviele Curven C^3, welche Mittelpuncte haben, durch 7 gegebene Puncte $5p$, q und r gehen. Denn soll die C^3 nur durch die 6 Puncte $5p$ und r gehen, so ist gleicherweise, wie vorhin (I.), der Ort ihres Mittelpunctes $\mathfrak{M}$ eine neue Curve $\mathfrak{M}_1^5$; und soll also C^3 durch alle 7 Puncte zumal gehen, so muss ihr Mittelpunct in beiden Ortscurven $\mathfrak{M}^5$ und $\mathfrak{M}_1^5$ zugleich liegen, d. h. er muss einer ihrer gegenseitigen Schnitte sein. Nun ist die Zahl dieser Schnitte gleich 25; allein nach der obigen Auseinandersetzung befinden sich darunter 16 solche, welche der Forderung nicht genügen können, weil sie von den $5p$ allein abhängen, nämlich dieselben sind 1) die $5p$ selbst, 2) 10μ, d. h. die Mitten der durch die $5p$ bestimmten 10 Geraden G, und 3) ein m, der Mittelpunct des durch die $5p$ gehenden Kegelschnittes C^2; denn durch diese 16 Puncte gehen beide Ortscurven; daher bleiben für die Lage des Mittelpunctes $\mathfrak{M}$ der Curve C^3 nur 9 Schnittpuncte übrig. Dies begründet den folgenden Satz:

„Durch 7 gegebene Puncte in einer Ebene gehen im Allgemeinen nur 9 solche Curven dritten Grades, welche Mittelpuncte haben."

Daraus schliesst man: *a*) Dass unter den unendlich vielen Curven dritten Grades A^3, welche durch beliebig gegebene 8 Puncte gehen, und somit einen Curvenbüschel B (A^3) mit 9 gemeinschaftlichen Puncten bilden, sich im Allgemeinen keine befindet, welche einen Mittelpunct hat. *b*) Hat aber insbesondere eine der Curven einen Mittelpunct, so braucht deshalb von den übrigen keine einen Mittelpunct zu haben. *c*) Befinden sich insbesondere zwei darunter, welche Mittelpuncte haben, aber nicht concentrisch sind, so kann von den übrigen keine einen Mittelpunct haben, d. h. „durch die Schnittpuncte zweier Curven A^3, welche Mittelpuncte haben, aber nicht concentrisch sind, kann keine dritte gehen, welche ebenfalls einen Mittelpunct hat." *d*) Weiss man von drei Curven A^3, dass sie 8 Puncte gemein haben, und dass jede einen Mittelpunct hat, so folgt, dass sie concentrisch sein müssen, und dass alle zu ihrem Büschel gehörigen Curven ebenfalls Mittelpuncte haben und mit ihnen concentrisch sind, und dass jene 8 (oder 9) Puncte die oben (§ 3.) beschriebene besondere Lage haben müssen. — Analoges findet bei den höheren Curven statt.

§ 8.

In Betracht der Ortscurve $\mathfrak{M}^5$ (§ 7, I.) sind durch besondere Wahl der gegebenen 6 Puncte, $5p$ und q oder a, b, c, d, e und q, zahlreiche specielle Fälle möglich, von denen einige hier kurz angedeutet werden sollen.

I. Wenn die gegebenen 6 Puncte in einem Kegelschnitte C_0^2 liegen, dessen Mittelpunct $\mathfrak{M}_0$ heissen mag, so vereinigen sich die dort genannten 6 Kegelschnitte C^2 (§ 7, I, 3) alle in C_0^2 und ihre sechs Mittelpuncte m in $\mathfrak{M}_0$. Da C_0^2 mit jedem seiner Durchmesser C_0^1 zusammen eine C^3 vorstellt, welche durch die 6 Puncte geht und $\mathfrak{M}_0$ zum Mittelpunct hat, so folgt, dass $\mathfrak{M}_0$ ein vielfacher Punct der Curve $\mathfrak{M}^5$ sein muss. — Oder, wenn der durch die 5 Puncte a, b, c, d, e gehende Kegelschnitt C^2 den sechsten Punct q zum Mittelpunct hat, so folgt ebenso, dass dann die Curve $\mathfrak{M}^5$ den Punct q zum Doppelpunct haben muss.

II. Liegen von den 6 Puncten drei, etwa d, e und q, in einer Geraden B, so muss $\mathfrak{M}^5$ in diese Gerade und in eine Curve $\mathfrak{M}^4$ zerfallen, so dass $\mathfrak{M}^5 = B + \mathfrak{M}^4$. Denn jeder beliebige Punct $\mathfrak{N}$ in der Geraden B ist Mittelpunct eines Kegelschnittes $\mathfrak{N}^2$, der durch die 3 Puncte a, b, c geht, und der also mit B zusammen eine Curve C^3 repräsentirt, welche durch die 6 Puncte geht und ihren Mittelpunct $\mathfrak{M}$ in $\mathfrak{N}$ hat; so dass folglich B zum Ort der Mittelpuncte $\mathfrak{M}$ gehört. — Die Curve $\mathfrak{M}^4$ geht durch folgende leicht angebbaren 39 Puncte. 1) Durch a, b und c; 2) durch die Mitten μ sowohl der $3G$, welche die Puncte a, b, c unter sich, als der $9G$, welche a, b, c mit d, e, q verbinden, also durch 12μ; 3) durch die Mittelpuncte m der $3C^2$, welche beziehlich durch die dreimal 5 Puncte $abcde$, $abcdq$, $abceq$ gehen; 4) durch 18 Puncte m_1, in welchen die vorgenannten $9G$ von den ihnen (wie oben § 7, I.) entsprechenden Kegelschnitten $\mathfrak{M}^2$ geschnitten werden; und ferner durch 3 Puncte m_1, in welchen die vorgenannten $3G$, d. i. ab, ac, bc beziehlich von 3 Geraden C_1, B_1, A_1 geschnitten werden, die so bestimmt sind, dass z. B. C_1 durch die Mitten μ der 3 Geraden cd, ce und cq geht und die ab in m_1 trifft. Demnach kennt man die 4 Schnitte von jeder der 15 Geraden $3G$, $9G$, A_1, B_1 und C_1 mit der Curve $\mathfrak{M}^4$; ebenso die 8 Schnitte von jedem der 9 Kegelschnitte $\mathfrak{M}^2$ mit $\mathfrak{M}^4$.

III. Liegen die 6 Puncte zu 3 und 3 in zwei Geraden, etwa a, b, c in A, und d, e, q in B, so muss die Ortscurve $\mathfrak{M}^5$ aus diesen Geraden und aus einer Curve $\mathfrak{M}^3$ bestehen, so dass $\mathfrak{M}^5 = A + B + \mathfrak{M}^3$. Die Curve $\mathfrak{M}^3$ geht durch folgende, leicht construirbare 27 Puncte. 1) Durch 9μ, die Mitten der $9G$, welche die Puncte in A mit denen in B verbinden; 2) durch die $18 m_1$, in welchen die $9G$ von den zugehörigen $9\mathfrak{M}^2$ geschnitten werden. Somit kennt man die 3 Schnitte jeder der $9G$ mit $\mathfrak{M}^3$. Jene 9μ liegen auch zu 3 und 3 in 6 Geraden, $3A_1$ und $3B_1$, wovon die $3A_1$ mit A und die $3B_1$ mit B parallel sind.

IV. Gehen von den $15G$, welche die 6 Puncte paarweise verbinden, irgend $3G$, die zusammen alle 6 Puncte enthalten, etwa die 3 Geraden ab, cd und eq, durch irgend einen Punct N, so vertreten sie eine C^3, deren Mittelpunct $\mathfrak{M}$ in N liegt (§ 4). Sind insbesondere die 3 Geraden ab, cd, eq parallel, und liegt cd in der Mitte zwischen den beiden anderen, so zerfällt $\mathfrak{M}^5$ in die Gerade cd und in eine Curve $\mathfrak{M}^4$, von der 46 Puncte leicht anzugeben sind, nämlich ausser a, b, e, q noch 10μ, $6m$ und $26m_1$. Sind zum zweiten Mal drei Gerade parallel und die mittlere gleich weit von den äusseren entfernt, welche jedoch nur (wenn man sich bei jenen ersteren ab, cd, eq die Endpuncte a, c, e nach links und b, d, q nach rechts denkt) entweder α) die Geraden ac, be, dq oder β) ae, cq, bd sein können, so müssen nothwendig zum dritten Mal 3 Gerade dieselbe Eigenschaft haben, und zwar beziehlich (α) bd, aq, ce oder (β) bc, be, ce. In beiden Fällen schneiden sich die 3 mittleren Geraden cd, be, aq oder cd, cq, be in einem und demselben Puncte N_0; aber im Falle (α) sind sie die Hauptdiagonalen eines Sechsecks $abdqeca$, welches die 3 Paar äusseren Geraden zu Gegenseiten hat, wogegen im Falle (β) die 3 Geraden des dritten Systems, bc, be, ce, in eine und dieselbe Gerade, bce, fallen, und wobei N_0 in c liegt. Für beide Figuren besteht $\mathfrak{M}^5$ aus den drei mittleren Geraden cd, be, aq oder cd, cq, be und aus einem Kegelschnitte $\mathfrak{M}^2$, welcher bei der ersten Figur die Seiten des genannten Sechsecks in ihren Mitten berührt und N_0 zum Mittelpunct hat; etc. — Die 6 Puncte können endlich auch solche specielle Lage haben, dass von den $15G$ sich 10mal $3G$, die zusammen alle 6 Puncte enthalten, in einem Puncte N treffen, wobei dann $\mathfrak{M}^5$ in 5 Gerade $\mathfrak{M}^1$ zerfällt. Die einfachste Figur, diesen Fall darzustellen, ist die, wo etwa a, b, c, d, e die Ecken eines regelmässigen Fünfecks sind und q der Mittelpunct des demselben umschriebenen Kreises. Die 5 Geraden $\mathfrak{M}^1$ sind alsdann qa, qb, qc, qd und qe; die 10 Puncte N liegen paarweise in ihnen und sind, zu 5 und 5, die Ecken zweier neuen regelmässigen Fünfecke, welche gleichfalls q zum Centrum haben. In diesem Falle ist jedoch keine eigentliche Curve C^3 mehr möglich, sondern jede besteht aus C^2+C^1, und zwar ist C^1 immer diejenige von den 5 Geraden $\mathfrak{M}^1$, in welcher der Mittelpunct $\mathfrak{M}$ von C^2 liegt. Liegt $\mathfrak{M}$ insbesondere in einem der $10N$, so besteht C^3 aus 3 Geraden, $3C^1$.

§ 9.

Die Curven, welche Mittelpuncte haben, besitzen in Bezug auf dieselben verschiedene wesentliche Eigenschaften, wovon einige hier näher angegeben werden sollen.

Zur Abkürzung soll dabei, so wie in der Folge

ein Doppelpunct durch dp oder $\mathfrak{p}_2$,
eine Doppeltangente durch dt oder $\mathfrak{T}_2$,
ein Wendepunct durch wp oder $\mathfrak{w}$,
eine Wendetangente durch wt oder $\mathfrak{W}$,
ein Rückkehrpunct durch rp oder $\mathfrak{r}$,
eine Rückkehrtangente durch rt oder $\mathfrak{R}$,
eine Asymptote durch A_s und
die unendlich entfernte Gerade der Ebene durch G_∞

bezeichnet werden.

I. „Hat eine Curve C^m einen Mittelpunct $\mathfrak{M}$, so gehen ihre m Asymptoten A_s im Allgemeinen alle durch denselben. Jede andere durch den Mittelpunct gehende Tangente der Curve ist nothwendig eine Doppeltangente $\mathfrak{T}_2$, und ihre zwei Berührungspuncte, etwa b und b_1, sind Gegenpuncte. Die Zahl der durch $\mathfrak{M}$ gehenden $\mathfrak{T}_2$ ist gleich $\frac{1}{2}m(m-2)$, und ihre $m(m-2)$ Berührungspuncte, b und b_1, liegen in einer neuen Curve C^{m-2}, welche ebenfalls einen Mittelpunct, und zwar mit der gegebenen den nämlichen Punct $\mathfrak{M}$ zum Mittelpunct hat. Von dieser neuen Curve gehen also ebenso alle A_s sowie eine ihrem Grad angemessene Zahl $\mathfrak{T}_2$ durch den Mittelpunct $\mathfrak{M}$, und die Berührungspuncte der $\mathfrak{T}_2$ liegen in einer neuen Curve C^{m-4}, welche gleicherweise denselben Punct $\mathfrak{M}$ zum Mittelpunct hat; u. s. w. Werden die zwei Zahlformen von m unterschieden, so entstehen auf diese Weise zwei Curvenreihen:

$$\alpha)\ C^{2\mu},\quad C^{2\mu-2},\ C^{2\mu-4},\ \ldots,\ C^4,\ C^2;$$
$$\beta)\ C^{2\nu-1},\ C^{2\nu-3},\ C^{2\nu-5},\ \ldots,\ C^3,\ C^1.$$

Bei (α) hat die vorletzte Curve, C^4, noch $4\mathfrak{T}_2$ mit 8 Berührungspuncten, durch welche die letzte, C^2, geht; und diese C^2 hat nur noch $2A_s$, aber keine $\mathfrak{T}_2$ mehr. Da für $C^{2\nu-1}$ die Zahl der durch ihren Mittelpunct gehenden $\mathfrak{T}_2$ gleich $2\nu(\nu-2)+\frac{3}{2}$ ist, so hat das vorletzte Glied bei (β), C^3, nur $\frac{3}{2}\mathfrak{T}_2$, was offenbar ihre Wendetangente im Mittelpuncte $\mathfrak{M}$ bedeutet, und das letzte Glied C^1 ist diese wt selbst. Uebrigens haben alle Curven der Reihe (β) diese nämliche C^1 zur gemeinschaftlichen wt, so dass dieselben in ihrem gemeinsamen Mittel- und Wendepunct $\mathfrak{M}$ sich insgesammt dreipunctig berühren. Auch für die Curve $C^{2\nu-1}$ bedeutet der Bruch $\frac{3}{2}$ die Wendetangente im Punct $\mathfrak{M}$ selbst, und die Zahl der eigentlichen Doppeltangenten ist gleich $2\nu(\nu-2)$.

II. Die Tangenten in je zwei Gegenpuncten p und p_1 der Curve C^m sind parallel. Alle ausgezeichneten Elemente der Curve, als da sind dp, wp, rp, dt, wt und rt, wofern sie nicht im Mittelpunct $\mathfrak{M}$ oder im Unendlichen, in G_∞ liegen, müssen paarweise vorhanden und zwar Gegenelemente sein. D. h. die $3m(m-2)\mathfrak{w}$ der Curve müssen paarweise Gegenpuncte, und die jedem Paar zugehörigen $\mathfrak{W}$ müssen parallel sein; die nicht durch den Mittelpunct $\mathfrak{M}$ gehenden $\frac{1}{2}m(m-2)(m^2-10)\mathfrak{T}_2$ müssen paarweise parallel sein und gleich weit von $\mathfrak{M}$ abstehen, auch sind die Berührungspuncte jedes Paares beziehlich Gegenpuncte; hat die Curve Doppelpuncte, $\mathfrak{p}_2$, (die weder in $\mathfrak{M}$ noch in G_∞ liegen), so müssen dieselben paarweise vorhanden und Gegenpuncte sein, auch müssen die zwei Tangenten in dem einen $\mathfrak{p}_2$ denen in seinem Gegenpuncte beziehlich parallel sein; ebenso können auch die Rückkehrpuncte $\mathfrak{r}$ nur paarweise und zwar als Gegenpuncte auftreten, und die zugehörigen Rückkehrtangenten müssen parallel sein. Hat dagegen die Curve einen Doppelpunct, der insbesondere im Unendlichen, in G_∞, (oder in $\mathfrak{M}$) liegt, so bedingt derselbe nicht gleicherweise einen zweiten, vielmehr bewirkt er umgekehrt sogar noch eine scheinbare Abweichung von dem obigen Satze (I.). Nämlich, liegt ein Doppelpunct in G_∞, so erscheinen die beiden Tangenten in demselben als zwei parallele Asymptoten, die, jenem Satze entgegen, nicht durch den Mittelpunct $\mathfrak{M}$ gehen, wohl aber gleichweit von $\mathfrak{M}$ abstehen; daher kann G_∞ selbst nie Tangente der Curve in einem Doppelpuncte sein. Und liegt ferner ein Rückkehrpunct in G_∞, so muss die Rückkehrtangente entweder auf G_∞ fallen oder durch $\mathfrak{M}$ gehen, wo sie dann im letzteren Falle als zweifache (oder im weiteren Sinne als fünffache) Asymptote anzusehen ist.

III. Zieht man durch den Mittelpunct $\mathfrak{M}$ der Curve C^m irgend eine unbegrenzte Gerade, einen Durchmesser S, so liegen in ihm $\frac{1}{2}m$ Paare Gegenpuncte q und q_1 oder $\frac{1}{2}m$ Sehnen qq_1, und die Tangenten in jedem dieser Punctepaare sind parallel, und zwar hat jedes Tangentenpaar im Allgemeinen eine besondere Richtung, so dass, wenn man diese Richtungen der Tangenten, wie beim Kegelschnitt, dem Durchmesser S (oder den respectiven Sehnen qq_1) „conjugirt“ nennen wollte, alsdann zu demselben Durchmesser $\frac{1}{2}m$ verschiedene conjugirte Richtungen gehörten. Ebenso würden umgekehrt zu jeder bestimmten Richtung der Tangenten auch mehrere conjugirte Durchmesser gehören; denn nach jeder gegebenen Richtung R, d. h. mit irgend einer gegebenen Geraden R parallel, sind im Allgemeinen $m(m-1)$ Tangenten möglich, deren Berührungspuncte nothwendig paarweise Gegenpuncte oder Endpuncte von Sehnen qq_1 sein müssen, so dass also einer und derselben Richtung R in dieser Hinsicht $\frac{1}{2}m(m-1)$ verschiedene Durchmesser S (oder Sehnen qq_1) conjugirt sind. In diesem Sinne kann man also sagen: „Zu jedem Durchmesser S gehören $\frac{1}{2}m$

conjugirte Richtungen R, und zu jeder Richtung R gehören $\frac{1}{2}m(m-1)$ conjugirte Durchmesser S oder Sehnen qq_1." *)

Nun liegen ferner die $m(m-1)$ Berührungspuncte jedes Systems paralleler Tangenten bekanntlich in einer neuen Curve C^{m-1}, welche die erste Polare des nach der Richtung der Tangenten im Unendlichen, in G_∞, gedachten Poles P_∞ heisst; und da die Berührungspuncte paarweise Gegenpuncte oder die Endpuncte von $\frac{1}{2}m(m-1)$ Sehnen qq_1 sind, so muss diese Curve ebenfalls den Punct $\mathfrak{M}$ zum Mittelpunct haben. Gleicherweise müssen die zweite, dritte, ... $(m-1)^{te}$ Polare desselben Poles P_∞ in Bezug auf die gegebene Curve C^m, welche nach der Reihe C^{m-2}, C^{m-3}, ... C^2, C^1 sind, den nämlichen Punct $\mathfrak{M}$ zum Mittelpunct haben, wobei die letzte, C^1, eine durch $\mathfrak{M}$ gehende Gerade, ein Durchmesser von jeder der übrigen Polaren, sowie von C^m ist. Also:

„Hat eine Curve C^m einen Mittelpunct $\mathfrak{M}$, so haben auch alle successiven Polaren C^{m-1}, C^{m-2}, C^{m-3}, ... C^2, C^1 jedes unendlich entfernten Poles P_∞ Mittelpuncte, und zwar sind sie alle mit der Basis C^m concentrisch."

„Wird die Richtung R der Tangenten auf jede mögliche Weise geändert, oder lässt man den Pol P_∞ die Gerade G_∞ durchlaufen, so haben die zugehörigen ersten Polaren den Mittelpunct $\mathfrak{M}$ gemein und bilden zudem einen Curvenbüschel $B(C^{m-1})$ mit $(m-1)^2$ Grundpuncten p und p_1,**) welche paarweise Gegenpuncte oder Endpuncte von $\frac{1}{2}(m-1)^2$ Sehnen pp_1 sind (vergl. § 3). Die Curven dieses Büschels haben im Ganzen $3(m-2)^2$ Doppelpuncte $\mathfrak{p}_2$, welche paarweise einzelnen Curven C^{m-1} angehören und Gegenpuncte sind; nur wenn ein $\mathfrak{p}_2$ in $\mathfrak{M}$ oder in G_∞ liegt, kann er vereinzelt dastehen. In G_∞ liegen $2(m-2)$ Doppelpuncte $\mathfrak{p}_2$, daher ist die Zahl jener Paare (oder die Zahl der Curven C^{m-1}, welche $2\mathfrak{p}_2$ haben) gleich $\frac{1}{2}(m-2)(3m-8)$." Werden hierbei die zwei Zahlformen von m berücksichtigt, $m=2\mu$ und $m=2\nu-1$, so hat man statt des $B(C^{m-1})$

---

*) Hierbei entsteht die doppelte Frage:

„Welche Relation findet einerseits zwischen den $\frac{1}{2}m$ conjugirten Richtungen R zu jedem Durchmesser S, und andererseits zwischen den $\frac{1}{2}m(m-1)$ conjugirten Durchmessern S zu jeder Richtung R statt?"

**) Diese $(m-1)^2$ Puncte sind als die erste Polar-Enveloppe der Geraden G_∞ in Bezug auf die gegebene Curve C^m anzusehen (vgl. die vorhergehende Abhandlung). Die übrigen Polar-Enveloppen, die zweite, dritte, ... $(m-1)^{te}$ haben alle den Punct $\mathfrak{M}$ zum Mittelpunct und erscheinen überhaupt in specieller Form; so z. B. reducirt sich die letzte oder $(m-1)^{te}$ Polar-Enveloppe, die im allgemeinen Falle eine Curve von der $(m-1)^{ten}$ Classe und vom $2(m-2)^{ten}$ Grade ist, hierbei auf den blossen Mittelpunct $\mathfrak{M}$, indem nach obiger Angabe die letzte Polare, C^1, stets durch $\mathfrak{M}$ geht.

folgende zwei:

$$\alpha)\ B(C^{2\mu-1}) \text{ und } \beta)\ B(C^{2\nu-2}).$$

Bei (α) gehört der Mittelpunct $\mathfrak{M}$ mit zu den $(m-1)^2$ Grundpuncten (weil jede $C^{2\mu-1}$ durch ihren eigenen Mittelpunct geht); bei (β) dagegen gehört $\mathfrak{M}$ zu den $3(m-2)^2 = 3(2\nu-3)^2$ Doppelpuncten $\mathfrak{p}_2$, weil nothwendig eine der Curven, etwa $C_0^{2\nu-2}$, durch $\mathfrak{M}$ gehen und ihn daher zum $\mathfrak{p}_2$ haben muss (§ 1). Diese besondere Curve $C_0^{2\nu-2}$ entspricht derjenigen Richtung R, welche durch die Wendetangente der Basis $C^m = C^{2\nu-1}$ im Puncte $\mathfrak{M}$ gegeben ist. In diesem Falle ist die Anzahl der Paare Doppelpuncte gleich $2(\nu-2)(3\nu-4)+\frac{1}{2}$, wo der Bruch $\frac{1}{2}$ den in $\mathfrak{M}$ liegenden $\mathfrak{p}_2$ anzeigt.

Zu den zuletzt angegebenen Eigenschaften gesellen sich in besonderen Fällen noch andere Umstände, wie an folgenden einfachsten Beispielen zu sehen ist.

1. Ist die gegebene Curve C^m nur eine C^3, so gehen nach jeder Richtung R je 6 Tangenten, deren 6 Berührungspuncte in einem mit C^3 concentrischen Kegelschnitt C^2 liegen und zugleich die Endpuncte dreier Durchmesser des letzteren sind. Für alle Richtungen R entsteht ein $B(C^2)$, die alle mit C^3 concentrisch sind, und deren 4 Grundpuncte aus zwei Paar Gegenpuncten, etwa p und p_1, r und r_1, bestehen und somit die Ecken eines Parallelogramms sind. Die Curven $B(C^2)$ haben im Ganzen nur 3 Doppelpuncte $\mathfrak{p}_2$, aber keine von ihnen kann hier $2\mathfrak{p}_2$ haben, sondern die $3\mathfrak{p}_2$ gehören drei verschiedenen speciellen C^2 an, wovon die eine, C_0^2, aus den Diagonalen, pp_1 und rr_1, und jede der zwei anderen, C_a^2 und C_b^2, aus einem Paar Gegenseiten des Parallelogramms besteht, so dass jene ihren $\mathfrak{p}_2$ in $\mathfrak{M}$ und jede von diesen ihren $\mathfrak{p}_2$ in G_∞ zu liegen hat. Die C_0^2 entspricht der Richtung der Wendetangente der Curve C^3 im Puncte $\mathfrak{M}$; und von C_a^2 und C_b^2 entspricht jede der Richtung der zwei Gegenseiten, aus welchen die andere besteht, so dass zwischen ihnen Reciprocität stattfindet.

2. Ist die gegebene Curve eine C^4, so gehen nach jeder Richtung R je 12 Tangenten, deren 12 Berührungspuncte in einer mit C^4 concentrischen Curve C^3 liegen. Die allen Richtungen R entsprechenden C^3 bilden ein $B(C^3)$ mit 9 Grundpuncten, wovon einer $\mathfrak{M}$ selbst ist, die 8 übrigen dagegen 4 Paar Gegenpuncte p und p_1 oder die Endpuncte von 4 Sehnen pp_1 sind. Die Curven $B(C^3)$ haben im Ganzen 12 Doppelpuncte $\mathfrak{p}_2$; nämlich es giebt unter ihnen 4 solche, C_2^3, wovon jede zwei $\mathfrak{p}_2$, und 4 solche, C_1^3, wovon jede nur ein $\mathfrak{p}_2$ hat. Jede der $4C_2^3$ zerfällt in C^2+C^1, nämlich C^1 ist je eine der 4 Sehnen pp_1, und C^2 geht durch die Endpuncte der je 3 übrigen Sehnen. Die einzelnen Doppelpuncte der $4C_1^3$ liegen im Unendlichen, in G_∞.

§ 10.

Aus dem Bisherigen ist zu sehen, dass eine höhere Curve C^m, welche einen Mittelpunct $\mathfrak{M}$ hat, offenbar in ihrem ganzen Wesen der Art beschränkt wird, dass sie durch keine projectivische Umwandlung aus einer allgemeinen Curve gleichen Grades, etwa C_1^m, entstanden sein, noch in eine solche übergehen kann. Denn wird C^m von irgend einem Puncte P des Raumes aus auf eine beliebige Ebene projicirt, so behält die neue Curve C_1^m immerhin die folgende, sie modificirende besondere Eigenschaft, nämlich (§ 9):

„Dass es in ihrer Ebene einen solchen Punct $\mathfrak{M}_1$ giebt, durch welchen $\frac{1}{2}m(m-2)$ ihrer Doppeltangenten $\mathfrak{T}_2$ gehen, deren $m(m-1)$ Berührungspuncte, b und b_1 von jeder $\mathfrak{T}_2$, in einer neuen Curve C_1^{m-2} liegen; und dass die Berührungspuncte der noch übrigen, aus $\mathfrak{M}_1$ an C_1^m gehenden m einfachen Tangenten in einer Geraden G liegen, welche jede $\mathfrak{T}_2$ in demjenigen Puncte g schneidet, der mit $\mathfrak{M}_1$ zu ihren beiden Berührungspuncten b und b_1 harmonisch ist, also g, b, $\mathfrak{M}_1$, b_1 vier harmonische Puncte sind; dass ferner jede durch $\mathfrak{M}_1$ gezogene Transversale S_1 die Curve C_1^m in $\frac{1}{2}m$ solchen Punctepaaren q und q_1 schneidet, wovon jedes Paar zu $\mathfrak{M}_1$ und dem Puncte g_1, in welchem S_1 jene Gerade G schneidet, harmonisch sind, also je 4 Puncte q, $\mathfrak{M}_1$, q_1, g_1 harmonisch sind, und dass die beiden Tangenten in jedem Punctepaar q und q_1 sich auf G schneiden; und dass weiter, wenn man umgekehrt aus irgend einem Puncte P in der Geraden G die $m(m-1)$ Tangenten an die Curve C_1^m legt, dann deren Berührungspuncte paarweise, q und q_1, mit $\mathfrak{M}_1$ in Geraden S_1 liegen, wovon jede von G im vierten harmonischen Punct g_1 geschnitten wird, also q, $\mathfrak{M}_1$, q_1 und g_1 harmonisch sind, und dass endlich die durch alle $m(m-1)$ Berührungspuncte gehende Curve C_1^{m-1}, d. i. die erste Polare des Poles P in Bezug auf die Basis C_1^m, den Punct $\mathfrak{M}_1$ und die Gerade G gleicherweise zum harmonischen Pol und zur harmonischen Geraden hat, wie die Basis selbst, und dass es sich mit der zweiten, dritten, ... Polaren auch ebenso verhält."

Auch in Rücksicht der übrigen obigen Sätze geht das eigentlich Wesentliche der Mittelpuncts-Eigenschaften bei gleicher perspectivischer Umwandlung nicht verloren, sondern es stellt sich nur in der neuen Figur in scheinbar allgemeinerer Form dar. So z. B. geht der Satz in § 3 verbunden mit § 9 durch solche Umwandlung in folgenden über:

„Zieht man durch einen Punct $\mathfrak{M}_1$

$$\alpha)\ \mu(\mu+2)-1, \quad \text{oder} \quad \beta)\ \nu(\nu+1)-2$$

unbegrenzte Gerade S_1 nach beliebigen Richtungen, schneidet dieselben durch eine andere willkürliche Gerade G in Puncten g und bestimmt sodann in jeder Geraden S_1 irgend ein Paar solche Puncte p und p_1, die zu g und $\mathfrak{M}_1$ zugeordnete harmonische Puncte sind, so gehen durch alle Puncte p und p_1 die Curven eines Büschels $B(C^{2\mu})$ oder $B(C^{2\nu-1})$, welche nebstdem noch

$$\alpha)\ 2(\mu-1)^2, \quad \text{oder} \quad \beta)\ 2(\nu-1)(\nu-2)+1$$

andere Puncte q und q_1 gemein haben, die gleichfalls paarweise in neuen durch $\mathfrak{M}_1$ gehenden Geraden S_1 liegen, welche von derselben Geraden G im vierten harmonischen Punct g_1 geschnitten werden, so dass q, $\mathfrak{M}_1$, q_1, g_1 harmonisch sind. Dabei hat jede Curve des Büschels den Punct $\mathfrak{M}_1$ und die Gerade G, in gleichem Sinne wie vorhin, zum harmonischen Pol und zur harmonischen Geraden. Im Falle (β) gehen alle Curven $C^{2\nu-1}$ durch den Punct $\mathfrak{M}_1$, und von jeder liegt ein Wendepunct in ihm. In beiden Fällen haben die Curven (als $B(C^m)$ aufgefasst) im Ganzen $3(m-1)^2$ Doppelpuncte $\mathfrak{p}_2$, wovon $2(m-1)$ auf die Gerade G fallen und im Allgemeinen einzeln ebenso vielen Curven angehören, wogegen die übrigen, zu $\frac{1}{2}(m-1)(3m-5)$ Paaren, je derselben Curve angehören, und jedes Paar in einer neuen, durch $\mathfrak{M}_1$ gehenden Geraden S_1 liegt, welche gleicherweise von der Geraden G im vierten harmonischen Punct geschnitten wird. Im Falle (α) hat eine der Curven $C^{2\mu}$ den Punct $\mathfrak{M}_1$ zum Doppelpunct $\mathfrak{p}_2$."

Aus der tief eingreifenden Wirkung des Mittelpunctes im vorstehenden ersten Satze erkennt man, dass ausser der Curve zweiten Grades C^2 nur noch die Curve dritten Grades C^3 durch ihn keine ihr freies Wesen störende Modification erleidet, da sie keine eigentlichen Doppeltangenten hat. Und in der That kann auch jede gegebene Curve C_1^3 durch Projection in eine solche andere Curve C^3 umgewandelt werden, welche einen Mittelpunct $\mathfrak{M}$ hat, und zwar im Allgemeinen auf mehrfache Art, wie aus Folgendem erhellen wird.

§ 11.

Ist $\mathfrak{M}_1$ ein Wendepunct, gleich $\mathfrak{w}$, einer beliebigen Curve C_1^3, so zerfällt seine erste Polare bekanntlich in die zugehörige Wendetangente $\mathfrak{W}$ und in eine bestimmte andere Gerade H; nämlich von den 6 Tangenten, welche von einem beliebigen Puncte aus an die Curve gehen, fallen hier 3 auf $\mathfrak{W}$, und ihre 3 Berührungspuncte liegen also auch in $\mathfrak{W}$, daher müssen die Berührungspuncte der 3 übrigen Tangenten ebenfalls in einer Geraden H liegen, welche mit $\mathfrak{W}$ zusammen die erste Polare des Punctes $\mathfrak{w}$ in Bezug auf C_1^3 vorstellt. Diese Gerade H hat ferner die Eigenschaft: „dass sie jede durch $\mathfrak{w}$ gezogene Transversale S in demjenigen Puncte h schneidet, der zu den 3 Puncten p, $\mathfrak{w}$, p_1, in welchem S von der Curve C_1^3 geschnitten wird, der vierte (stets dem $\mathfrak{w}$ zugeordnete) harmonische Punct ist." Demgemäss soll die Gerade H die „Harmonische" des Wendepunctes $\mathfrak{w}$ (dessen halbe Polare sie ist) genannt werden.

Diese Eigenschaft enthält das eigentliche Wesen des Mittelpunctes. Denn wird die Curve C_1^3 auf eine andere Ebene so projicirt, dass die Harmonische H ins Unendliche geht, d. h. dass ihr in der neuen Ebene die unendlich entfernte Gerade G_∞ entspricht, so ist die Projection des Punctes $\mathfrak{w}$ ($\mathfrak{M}_1$) der Mittelpunct $\mathfrak{M}$ der neuen Curve C^3.

Demnach kann die Curve C_1^3 auf mehrfache Art so projicirt werden, dass die neue Curve C^3 einen Mittelpunct $\mathfrak{M}$ erhält, nämlich jeder $\mathfrak{w}$ von jener kann in $\mathfrak{M}$ von dieser übergehen. Und somit ist eine Curve C^3, welche einen Mittelpunct $\mathfrak{M}$ hat, nur eine solche, bei welcher die Harmonische H eines ihrer Wendepuncte im Unendlichen liegt, gleich G_∞ ist.

Hiernach finden bei der beliebigen Curve C_1^3 in Rücksicht jedes Wendepunctes $\mathfrak{w}$ und der zugehörigen Harmonischen H analoge Sätze statt, wie oben (§ 9, III, 1) und (§ 10), z. B.

„Zieht man durch einen Wendepunct $\mathfrak{w}$ der beliebigen Curve C_1^3 irgend eine Transversale S, so schneidet sie die Curve in zwei solchen Puncten q und q_1, deren zugehörige Tangenten einander in irgend einem Puncte P auf der Harmonischen H von $\mathfrak{w}$ treffen; auch schneiden die beiden Tangenten die Curve in zwei neuen Puncten r und r_1, welche mit $\mathfrak{w}$ in einer neuen Geraden S_1 liegen." Und umgekehrt: „Werden bei einer beliebigen Curve C_1^3 aus irgend einem Puncte P in der Harmonischen H eines ihrer Wendepuncte $\mathfrak{w}$ die 6 Tangenten an die Curve gezogen, so liegen deren 6 Berührungspuncte paarweise, q und q_1, in drei durch $\mathfrak{w}$ gehenden Geraden qq_1, und die durch alle 6 Berührungspuncte gehende Polare C^2 hat den Punct $\mathfrak{w}$ und die Gerade H zu Pol und Polare; und ferner: die 6 Tangenten schneiden die Curve in neuen 6 Puncten, welche ebenso paarweise (r und r_1) in drei durch $\mathfrak{w}$ gehenden Geraden rr_1 und zudem alle 6 in einer Curve C_1^2 liegen, die gleichfalls $\mathfrak{w}$ und H zu Pol und Polare hat, und die sich mit jener Polare C^2 in zwei Puncten berührt. Ist P insbesondere der gemeinschaftliche Schnittpunct von 3 solchen Harmonischen H, deren zugehörige 3𝔴 in einer Geraden liegen, so müssen die Berührungspuncte der aus P an die Curve gelegten 6 Tangenten auch dreimal paarweise in drei Geraden qq_1 liegen, welche beziehlich durch die 3𝔴 gehen; ebenso die 6 Puncte r und r_1, in welchen die 6 Tangenten die Curve schneiden.“ U. s. w.

Von den 9 Wendepuncten 𝔴 einer beliebigen Curve C_1^3 sind im Allgemeinen 3 reell und 6 imaginär; ebenso verhält es sich mit den zugehörigen 9 Harmonischen H, sowie auch mit den 9 Wendetangenten 𝔚. Es ist von Interesse, das gegenseitige Verhalten dieser Elemente in folgenden besonderen Fällen näher zu betrachten.

Wenn die Curve C_1^3 einen Doppelpunct $\mathfrak{p}_2$ hat, so kann er unter drei verschiedenen Formen erscheinen, nämlich erstens als Schnitt zweier reellen Zweige, so dass ihm zwei reelle Tangenten, etwa 𝔔 und 𝔖, zugehören; zweitens als Rückkehrpunct 𝔯, der aus dem vorigen dadurch entsteht, dass die Schleife der Curve sich bis auf den Punct $\mathfrak{p}_2$ zusammenzieht, wobei dann die Tangenten 𝔔 und 𝔖 in die Rückkehrtangente ℜ zusammenfallen; drittens als sogenannter isolirter oder conjugirter Punct π_2, durch den kein reeller Zweig mehr geht und dem daher auch keine reellen, eigentlichen Tangenten zugehören. Demgemäss ist nun auch das Verhalten der vorgenannten Elemente verschieden.

I. Hat die Curve C_1^3 einen $\mathfrak{p}_2$ mit zwei zugehörigen reellen Tangenten 𝔔 und 𝔖, so fallen von den 9 Wendepuncten 6 in $\mathfrak{p}_2$, wovon 4 imaginär und 2, die 𝔮 und 𝔰 heissen mögen, reell sind. Von diesen zwei reellen Wendepuncten 𝔮 und 𝔰, in $\mathfrak{p}_2$, sind jene Tangenten 𝔔 und 𝔖 als die zugehörigen Wendetangenten, sowie verwechselt zugleich als die zugehörigen Harmonischen (H) anzusehen, so dass also die Wendetangenten und Harmonischen zu diesen zwei Puncten verwechselt auf einander fallen. Von den noch übrigen 3 Wendepuncten, die nicht in $\mathfrak{p}_2$ liegen, sind zwei imaginär, i𝔴, und einer reell, 𝔴. Die aus $\mathfrak{p}_2$ durch diesen reellen 𝔴 gezogene Gerade heisse W. Von den aus 𝔴 an die Curve gehenden drei Tangenten, durch deren Berührungspuncte die Harmonische H bestimmt wird, fallen hier zwei auf die Gerade W, und ihre zwei Berührungspuncte müssen als in $\mathfrak{p}_2$ liegend gedacht werden, die dritte, eigentliche Tangente heisse ℌ und ihr Berührungspunct b, so ist also die Gerade $\mathfrak{p}_2 b$ die Harmonische H von 𝔴, und folglich gehen alle drei reellen Harmonischen, 𝔔, 𝔖 und H, durch $\mathfrak{p}_2$ (ebenso auch die imaginären).

Welche Modification hierbei die vorstehenden Sätze erleiden, ist leicht zu sehen. Ein neu hinzutretender Umstand ist der: „Dass die Geraden W und H zu den Tangenten 𝔔 und 𝔖 harmonisch sind, d. h. dass 𝔔, W, 𝔖, H vier harmonische Strahlen sind.“ Auch findet dabei ein umfassenderer Satz statt, der sich aus anderen Betrachtungen ergiebt, nämlich:

„Zieht man aus dem Doppelpunct $\mathfrak{p}_2$ irgend zwei zu $\mathfrak{Q}$ und $\mathfrak{S}$ zugeordnete harmonische Strahlen W_1 und H_1, welche die Curve C_1^3 in zwei neuen Puncten, etwa $\mathfrak{w}_1$ und b_1, schneiden werden, so ist der Ort der diese Puncte verbindenden Geraden $\mathfrak{w}_1 b_1$ eine Curve C^2, welche insbesondere sowohl die Tangenten $\mathfrak{Q}$ und $\mathfrak{S}$ als auch die vorgenannte Tangente $\mathfrak{H}$ (oder $\mathfrak{w}b$) berührt.“

II. Hat die Curve C_1^3 einen Rückkehrpunct $\mathfrak{r}$, so sind 8 Wendepuncte als in ihm liegend zu denken (zu den 6 vorigen gesellen sich noch die genannten zwei $i\mathfrak{w}$); von denselben sind 6 imaginär und 2 reell, und zwar haben die letzteren, da sie von den vorigen Puncten $\mathfrak{q}$ und $\mathfrak{s}$ herkommen, die Rückkehrtangente $\mathfrak{R}$ sowohl zur gemeinsamen Harmonischen als zur gemeinsamen Wendetangente (weil $\mathfrak{Q}$ und $\mathfrak{S}$ sich in $\mathfrak{R}$ vereinigt haben), so dass sie also durch diese ihnen zugehörigen Elemente nicht mehr zu unterscheiden sind, nur etwa noch dadurch, dass man sie als den verschiedenen Zweigen der Curve angehörend auffasst; in manchem Betracht sind sie daher nur als ein Punct zu achten. Der neunte und eigentliche Wendepunct ist der vorige reelle, $\mathfrak{w}$, aber die vorhin aus ihm an die Curve gehende Tangente $\mathfrak{H}$ ($=\mathfrak{w}b$) fällt hier auch noch auf die Gerade W ($=\mathfrak{r}\mathfrak{w}$), so dass jetzt alle 3 Tangenten, durch deren Berührungspuncte die Harmonische H von $\mathfrak{w}$ geht, in W und ihre drei Berührungspuncte in $\mathfrak{r}$ vereinigt sind, allein wenn nun auch hiedurch die H nicht mehr bestimmt wird, so folgt doch andererseits aus ihrer harmonischen Lage, dass sie mit $\mathfrak{Q}$ und $\mathfrak{S}$ zugleich in die Rückkehrtangente $\mathfrak{R}$ übergehen muss. Demnach gehen in diesem Falle die drei reellen Harmonischen nicht allein alle durch den Rückkehrpunct $\mathfrak{r}$, sondern sie fallen alle drei in die Rückkehrtangente $\mathfrak{R}$ zusammen.

Aus den obigen Sätzen ergeben sich hier folgende specielle Sätze:

„Jede durch den Wendepunct $\mathfrak{w}$ gezogene Gerade S wird von der Curve C_1^3 und deren Rückkehrtangente $\mathfrak{R}$ in 4 harmonischen Puncten geschnitten; d. h. wird S von C_1^3 in den Puncten q, $\mathfrak{w}$, q_1 und von $\mathfrak{R}$ im Puncte r geschnitten, so sind immer q, $\mathfrak{w}$, q_1, r vier harmonische Puncte.“ „Die in den beiden Puncten q und q_1 an die Curve gelegten Tangenten treffen sich allemal in irgend einem Puncte P auf der Rückkehrtangente $\mathfrak{R}$; und umgekehrt: werden aus irgend einem Puncte P der Rückkehrtangente $\mathfrak{R}$ die zwei nicht auf $\mathfrak{R}$ fallenden Tangenten an die Curve gelegt, so liegen ihre Berührungspuncte q und q_1 stets in einer durch den Wendepunct $\mathfrak{w}$ gehenden Geraden S.“ Und ferner: „Zieht man durch den

Rückkehrpunct $\mathfrak{r}$ irgend zwei zu $\mathfrak{R}$ und W zugeordnete harmonische Strahlen Q und Q_1, so schneiden diese die Curve in zwei neuen Puncten q und q_1, welche jedesmal mit dem Wendepunct $\mathfrak{w}$ in einer Geraden S liegen." — „Wenn ferner die durch $\mathfrak{w}$ gezogene Transversale S insbesondere der Rückkehrtangente $\mathfrak{R}$ parallel ist, so stehen die Schnitte q und q_1 gleich weit von $\mathfrak{w}$ ab; und wenn S mit einer der drei Asymptoten der Curve parallel ist, so liegt einer der beiden Puncte q und q_1, er heisse für einen Augenblick q_0, in der Mitte zwischen $\mathfrak{w}$ und r; und daher auch umgekehrt: zieht man durch die Mitte der Geraden W $(=\mathfrak{rw})$ eine Gerade Q_0 parallel zu $\mathfrak{R}$, so schneidet sie die Curve in 3 Puncten q_0, und die aus $\mathfrak{w}$ durch dieselben gezogenen 3 Geraden $\mathfrak{w}q_0$ sind den drei Asymptoten parallel, und die in den Puncten q_0 an die Curve gelegten Tangenten treffen sich mit den respectiven Asymptoten auf der Rückkehrtangente $\mathfrak{R}$."

III. Hat die Curve C_1^3 einen isolirten Punct π_2, so sind in demselben 6 imaginäre Wendepuncte zu denken, die übrigen drei Wendepuncte $\mathfrak{w}$ sind reell und liegen in einer Geraden. Von den aus jedem dieser drei reellen $\mathfrak{w}$ an die Curve zu legenden 3 Tangenten fallen, wie oben (I.), zwei auf die Gerade $\mathfrak{w}\pi_2 = W$, so dass ihre beiden Berührungspuncte in π_2 liegen; die dritte Tangente heisse, wie dort, $\mathfrak{H}$ und ihr Berührungspunct b, so ist also die Gerade $\pi_2 b$ die Harmonische H zu $\mathfrak{w}$, und folglich gehen auch hier die Harmonischen H der 3 reellen Wendepuncte $\mathfrak{w}$ alle drei durch den Doppelpunct π_2. Auch findet hierbei ein analoger Umstand statt, wie bei (I.), nämlich:

„Die drei Paar Geraden W und H (aus dem Doppelpunct π_2 durch die Wendepuncte $\mathfrak{w}$ und durch die Berührungspuncte b der aus $\mathfrak{w}$ gelegten Tangenten H gezogen) sind 3 Paar conjugirte Strahlen eines elliptischen Strahlsystems oder bilden elliptische Involution. Construirt man irgend ein anderes Paar conjugirter Strahlen desselben Strahlsystems, etwa W_1 und H_1, so schneiden sie die Curve in zwei neuen Puncten $\mathfrak{w}_1$ und b_1, und der Ort der sie verbindenden Geraden $\mathfrak{w}_1 b_1$ ist eine Curve C^2, welche nothwendig auch jene drei Tangenten $\mathfrak{H}$ berührt." „Hier liegt π_2 innerhalb der Curve C^2; bei (I.) liegt $\mathfrak{p}_2$ ausserhalb derselben, und bei (II.) reducirt sich dieselbe auf den Rückkehrpunct $\mathfrak{r}$."

Uebrigens haben die 3 Paar Geraden W und H eine noch innigere Beziehung zu einander; nämlich jede Gerade H ist vierte harmonische zu den 3 Geraden W, und umgekehrt jede Gerade W ist vierte harmonische zu den $3H$. Dies Verhalten kann, wie folgt, klar gemacht werden.

Soll zu drei durch einen Punct gehenden, gegebenen Geraden a, b, c eine vierte harmonische Gerade bestimmt werden, so sind 3 Lösungen möglich, indem sowohl $aba\alpha$, als $abc\beta$, als $a\gamma bc$ harmonisch sein können; und werden sodann die drei neuen Geraden α, β, γ als gegeben angesehen, so sind umgekehrt jene ersteren Geraden a, b, c die ihnen entsprechenden vierten Harmonischen, so dass also zugleich auch $\alpha\beta a\gamma$, $\alpha\beta\gamma b$, $\alpha c\beta\gamma$ harmonisch sind. Dabei ist, wie man sieht, jedes Paar conjugirter Geraden, wie etwa a und α, sowohl zu b und c, als auch zu β und γ harmonisch. Diese nämliche Beziehung haben nun auch die 3 Paar Geraden W und H, wenn man die $3W$ als a, b, c und die $3H$ als α, β, γ ansieht. Wenn insbesondere zwei Paar conjugirter Geraden unter sich rechtwinklig sind, wenn etwa $(a\alpha)$ und $(b\beta)$ rechte Winkel sind, so ist auch $(c\gamma)$ ein rechter Winkel, und alsdann bilden je zwei nach der Reihe $a\gamma b\alpha c\beta a$ auf einander folgende Geraden einen Winkel von 30^0. Dabei ist das genannte Strahlsystem ein rechtwinkliges, so dass jeder Winkel $(W_1 H_1)$ ein rechter ist. — Ein Theil des obigen Satzes ist bereits von *Möbius* in seiner Abhandlung „über Linien dritter Ordnung" bewiesen worden; ich bin jedoch nicht erst dadurch zu dem Satze gelangt.

Soll nun in Rücksicht auf die vorstehenden drei besonderen Fälle I., II. und III. die jedesmalige gegebene Curve C_1^3 durch Projection in eine solche andere Curve C_0^3 umgewandelt werden, welche einen (reellen) Mittelpunct $\mathfrak{M}$ hat, so kann C_1^3 auf folgende Weise projicirt werden.

A. Bei I. auf zwei wesentliche verschiedene Arten, nämlich entweder

α) so, dass die Harmonische H des reellen Wendepunctes $\mathfrak{w}$ in die Gerade G_∞ und dadurch $\mathfrak{w}$ in $\mathfrak{M}$ übergeht, wobei also auch der Doppelpunct $\mathfrak{p}_2^0$ der neuen Curve in G_∞ zu liegen kommt, und daher die Tangenten $\mathfrak{Q}$ und $\mathfrak{S}$ in zwei parallele, gleich weit von $\mathfrak{M}$ abstehende Asymptoten $\mathfrak{Q}_0$ und $\mathfrak{S}_0$ übergehen, sowie $\mathfrak{H}$ in die dritte, durch $\mathfrak{M}$ selbst gehende Asymptote $\mathfrak{H}_0$ übergeht; oder

β) so, dass die Tangente $\mathfrak{Q}$ (oder $\mathfrak{S}$) in G_∞ und damit ihr Berührungspunct $\mathfrak{q}$ in $\mathfrak{M}$ übergeht, mithin auch $\mathfrak{M}$ in G_∞ liegt und $\mathfrak{M}_\infty$ heissen mag, wobei $\mathfrak{S}$ in die einzige sichtbare Asymptote $\mathfrak{S}_0$ der neuen Curve übergeht, indem die beiden anderen auf G_∞ fallen, wobei die 3 Geraden $\mathfrak{S}_0$, W_0, H_0 parallel werden, $\mathfrak{S}_0$ in der Mitte zwischen den beiden anderen liegt und daher durch die Mitte der Tangente $H_0 = \mathfrak{w}_0 b_0$ geht.

B. Bei II. kann nur so projicirt werden, dass die Rückkehrtangente $\mathfrak{R}$ in G_∞ übergeht, aber dadurch gehen der Wendepunct $\mathfrak{w}$ und der Rückkehrpunct $\mathfrak{r}$, wofern man die im letzteren vereinten zwei reellen Wendepuncte $\mathfrak{q}$ und $\mathfrak{s}$ nur für einen achtet, zumal in Mittelpuncte der neuen Curve C_0^3 über, so dass diese also zwei Mittelpuncte hat, wovon der eine, $\mathfrak{M}$, ihr eigentlicher Wendepunct $\mathfrak{w}_0$, der andere, $\mathfrak{M}_\infty$, ihr im Unendlichen liegender Rückkehrpunct $\mathfrak{r}_0$ ist. Hier hat die Curve C_0^3 keine eigentliche Asymptote, sondern alle drei Asymptoten fallen auf G_∞.

C. Bei III. kann dreifach, aber auf gleichbedeutende Art projicirt werden, nämlich so, dass je eine der drei Harmonischen H in G_∞ und der ihr zugehörige Wendepunct $\mathfrak{w}$ in $\mathfrak{M}$ übergeht; dabei kommt also der Doppelpunct π_2^0 der neuen Curve C_0^3 jedesmal in G_∞ zu liegen, und die dem jedesmaligen $\mathfrak{w}$ zugehörige Tangente $\mathfrak{H}$ geht in die einzige reelle und eigentliche Asymptote $\mathfrak{H}_0$ der Curve C_0^3 über.

Aus diesem Verhalten der besonderen Elemente sind zu nachheriger Benutzung noch folgende zwei Sätze hervorzuheben:

1°. „Soll eine Curve C^3 einen Mittelpunct und zugleich auch einen (aber nur *einen*) Doppelpunct haben, so muss der letztere nothwendig im Unendlichen, auf G_∞, liegen, dabei kann er aber, je nach Umständen, entweder $\mathfrak{p}_2$, oder $\mathfrak{r}$, oder π_2 sein.“

2°. „Hat eine Curve C^3 einen im Unendlichen liegenden Mittelpunct, $\mathfrak{M}_\infty$, so ist derselbe nothwendig zugleich ein Doppelpunct und zwar ein Doppelpunct erster Art, $\mathfrak{p}_2$ (I.), oder insbesondere ein Rückkehrpunct, $\mathfrak{r}$ (II.), und so ist die Gerade G_∞ nothwendig Tangente in demselben (also $\mathfrak{Q}$ oder $\mathfrak{S}$, oder insbesondere $\mathfrak{R}$).“

§ 12.

Die eben betrachteten Eigenschaften besonderer Curven dritten Grades gewähren eine Ergänzung der Sätze in § 7, sowie weitere Folgerungen aus denselben.

Da in Rücksicht derjenigen Schaar Curven dritten Grades, $S(C^3)$, welche durch gegebene 6 Puncte p gehen und Mittelpuncte $\mathfrak{M}$ haben, der Ort dieser Mittelpuncte eine Curve fünften Grades $\mathfrak{M}^5$ ist (§ 7, I.), die im Allgemeinen fünf Puncte im Unendlichen, auf G_∞, hat, so folgt, dass sich unter der $S(C^3)$ fünf solche C_0^3 befinden, welche jene unendlich entfernten Puncte beziehlich zu Mittelpuncten ($\mathfrak{M}_\infty$) und somit zugleich zu Doppelpuncten $\mathfrak{p}_2$ (oder insbesondere $\mathfrak{r}$) haben und in denselben von der Geraden G_∞ berührt werden (§ 11, 2°.). Ausser diesen $5C_0^3$ giebt es unter der $S(C^3)$ keine, welche nur einen Doppelpunct hat, wohl aber befinden sich unter denselben 36 solche, wovon jede zwei Doppelpuncte hat, indem sie aus C^2+C^1 besteht, was bereits oben (§ 7, I.) nachgewiesen worden. Also:

„Unter der Schaar Curven C^3, welche durch gegebene 6 Puncte p gehen und Mittelpuncte $\mathfrak{M}$ haben, giebt es im Allgemeinen fünf solche, C_0^3, deren Mittelpuncte ($\mathfrak{M}_\infty$) im Unendlichen liegen, daher zugleich Doppelpuncte $\mathfrak{p}_2$ (oder $\mathfrak{r}$) sind und die Gerade G_∞ zur zugehörigen Tangente haben.

Die $S(C^3)$ haben im Ganzen 77 Doppelpuncte; jedoch giebt es bloss die genanten $5C_0^3$, wovon jede nur einen Doppelpunct hat, dagegen 36 solche, wovon jede in C^2+C^1 zerfällt und daher zwei Doppelpuncte hat."

Durch Projection folgt:

„Soll eine beliebige Curve C^3 durch gegebene 6 Puncte p gehen und eine gegebene Gerade H zur Harmonischen eines ihrer Wendepuncte $\mathfrak{w}$ haben, so ist der Ort dieses $\mathfrak{w}$ eine Curve fünften Grades, $\mathfrak{M}^5$, welche durch die $6p$, sowie durch 51 andere, leicht construirbare Puncte geht (§ 7, I.). Unter dieser Schaar Curven C^3 giebt es 36 solche, wovon jede aus C^2+C^1 besteht und somit zwei Doppelpuncte hat; hingegen giebt es nur 5 solche C_0^3, wovon jede bloss einen Doppelpunct $\mathfrak{p}_2$ (oder $\mathfrak{r}$) hat, und zwar liegen diese 5 Doppelpuncte in der Geraden H, sind ihre Schnitte mit der Ortscurve $\mathfrak{M}^5$, und in jedem ist H Tangente an die zugehörige Curve C_0^3." Oder man kann auch sagen: „Sind 6 Puncte p und eine Gerade H gegeben, so giebt es fünf solche Curven C_0^3, welche durch die $6p$ gehen und die H zur Tangente in einem Doppelpuncte $\mathfrak{p}_2$ haben." Hieraus und aus dem Umstande: „Dass die Curve C_0^3 bestimmt ist, wenn sie durch gegebene 6 Puncte p gehen und einen gegebenen siebenten Punct q zum Doppelpunct, oder wenn sie durch gegebene 5 Puncte p gehen, einen gegebenen sechsten Punct q zum Doppelpunct und in diesem eine gegebene Gerade $\mathfrak{Q}$ zur Tangente haben soll," können weiter folgende Sätze geschlossen werden:

I. „Soll eine Curve C_0^3 durch gegebene 6 Puncte p gehen und einen Doppelpunct $\mathfrak{p}_2$ haben, dessen eine Tangente $\mathfrak{Q}$ durch einen gegebenen siebenten Punct q geht, so ist der Ort des Doppelpunctes $\mathfrak{p}_2$ eine Curve siebenten Grades, G^7, welche sowohl den Punct q als die 6 Puncte p zu Doppelpuncten hat, und wobei die eine Tangente jedes Doppelpunctes p auf die Gerade pq fällt; — und ferner ist der Ort der anderen Tangente $\mathfrak{S}$ des Doppelpunctes $\mathfrak{p}_2$ der Curve C_0^3 eine Curve fünfundzwanzigster Classe, K^{25}." Von der Curve G^7 sind viele andere specielle Puncte leicht zu construiren. Ferner: „Unter der Schaar Curven C_0^3 giebt es im Allgemeinen 18 solche, welche statt des Doppelpunctes $\mathfrak{p}_2$ einen Rückkehrpunct $\mathfrak{r}$ haben, dessen (Rückkehr-) Tangente $\mathfrak{R}$ also ebenfalls durch den gegebenen Punct q geht und die Curve K^{25} berührt (indem $\mathfrak{Q}$ und $\mathfrak{S}$ in $\mathfrak{R}$ vereinigt sind § 11) und zudem auch die Curve G^7 im Puncte $\mathfrak{r}$ berührt." Und ferner:

„Soll eine Curve C_0^3 durch gegebene 6 Puncte p gehen und einen Doppelpunct $\mathfrak{p}_2$ haben, dessen Tangenten $\mathfrak{Q}$ und $\mathfrak{S}$ beziehlich durch zwei andere gegebene Puncte q und s gehen, so finden im Allgemeinen 25 Lösungen statt."

II. „Soll eine Curve C_0^3 durch gegebene 7 Puncte p gehen und einen Doppelpunct $\mathfrak{p}_2$ haben, so ist der Ort dieses Doppelpunctes eine Curve sechsten Grades, G^6, welche die 7 Puncte p zu Doppelpuncten hat, und so ist der gemeinsame Ort seiner beiden Tangenten $\mathfrak{Q}$ und $\mathfrak{S}$ eine Curve achtzehnter Classe, K^{18}." Also:

„Soll eine Curve C_0^3 durch gegebene 7 Puncte p gehen und einen Doppelpunct $\mathfrak{p}_2$ haben, dessen eine Tangente $\mathfrak{Q}$ durch einen achten gegebenen Punct q geht, so finden im Allgemeinen 18 Lösungen statt."

III. „Soll eine Curve C_0^3 durch gegebene 6 Puncte p gehen und einen Rückkehrpunct $\mathfrak{r}$ haben, so ist der Ort des letzteren eine Curve sechsten Grades, welche jene 6 Puncte p zu Doppelpuncten hat; und so ist der Ort der Rückkehrtangente $\mathfrak{R}$ eine Curve achtzehnter Classe." Daher:

„Soll eine Curve C_0^3 durch gegebene 6 Puncte p gehen und einen Rückkehrpunct $\mathfrak{r}$ haben, dessen Tangente $\mathfrak{R}$ durch einen gegebenen siebenten Punct r geht, so giebt es im Allgemeinen 18 Lösungen."

Hieran schliesse ich noch folgende Aufgabe.

IV. Wenn beliebige 6 Puncte p gegeben sind, so ist jeder andere Punct q der Ebene Doppelpunct einer durch jene 6 Puncte gehenden bestimmten Curve C_0^3. Werden nun die Doppelpuncte nach den zwei Arten durch $\mathfrak{p}_2$ und π_2 unterschieden (§ 11), so kann man fragen: „in welchen Theilen oder Regionen der Ebene der Punct q liegen müsse, damit er ein $\mathfrak{p}_2$ oder ein π_2 sei?" Bestehen die Grenzen dieser Regionen nur allein aus der vorgenannten Curve sechsten Grades (III.)?

Vorkommen der Curven, welche Mittelpuncte haben, bei Betrachtung allgemeiner Curven.

Innere Polaren.

§ 13.

Durch jeden Punct P in der Ebene eines Kegelschnittes C^2 lässt sich immer eine, aber im Allgemeinen nur eine solche (reelle oder imaginäre) Sehne aa_1 ziehen, welche durch den Punct P gehälftet wird. Sobald zwei solche Sehnen durch denselben Punct P möglich sind, so finden zugleich unendlich viele statt, und dann ist P der Mittelpunct von C^2.

Diese Betrachtung kann auch auf die höheren Curven ausgedehnt werden. Zieht man durch einen beliebigen Punct P in der Ebene einer gegebenen Curve C^m irgend eine Gerade S, so schneidet sie die Curve in m Puncten; nun kann man verlangen, die Gerade soll so gezogen werden, dass von den m Schnittpuncten irgend zwei, etwa a und a_1, gleichweit von P abstehen, und zwar auf entgegengesetzten Seiten von P liegen (nicht in einem Berührungspuncte vereinigt sind). Der Kürze halber soll jede Gerade S, welche ein solches Paar Schnittpuncte enthält, schlechthin eine „Sehne“ und die Puncte a und a_1 sollen die Endpuncte der Sehne heissen; und wenn eine Gerade zugleich zwei Paar solche Schnittpuncte enthält, etwa a und a_1, b und b_1, so soll sie „Doppelsehne“ genannt und durch S_2 bezeichnet werden; solche S_2 hat also auch zwei Paar Endpuncte. Gleicherweise können insbesondere auch dreifache, vierfache, etc. Sehnen vorkommen.

Ueber die Anzahl aller Sehnen S, welche durch denselben Pol P gehen und über die Lage ihrer Endpuncte a und a_1 hat man den folgenden Satz:

I. „Durch jeden Punct P in der Ebene einer gegebenen Curve C^m gehen im Allgemeinen $\frac{1}{2}m(m-1)$ Sehnen S, und ihre $m(m-1)$ Endpuncte (a und a_1) liegen allemal in einer um einen Grad niedrigeren Curve J^{m-1}, welche nothwendigerweise den Pol P zum Mittelpunct hat.“*)

Die genannten Endpuncte machen gerade die volle Zahl Schnittpuncte beider Curven aus. Findet sich insbesondere, dass durch einen Pol P mehr als $\frac{1}{2}m(m-1)$ Sehnen S gehen, ja sobald nur eine Sehne mehr durchgeht, so gehen alsdann unendlich viele hindurch, so dass die gegebene Curve C^m selbst den Punct P zum Mittelpunct hat.

Beachtet man von allen durch den Punct P gehenden Geraden nur

*) Der Beweis dieses Satzes ergiebt sich unter anderen durch folgende geometrische Anschauung. Man denke sich die Curve C^m in ihrer Ebene um den festen Pol P um 180^0 herumbewegt und bezeichne sie in der neuen Lage durch C_1^m — oder, was auf dasselbe hinauskommt, man denke sich zu C^m die ihr in Bezug auf den Punct P symmetrisch gleiche C_1^m, so dass $C^m + C_1^m$ als eine Curve C^{2m} anzusehen sind, welche P zum Mittelpunct hat, und wobei also jeder Punct p in C^m seinen Gegenpunct p_1 in C_1^m hat und auch umgekehrt, — so haben die Curven C^m und C_1^m parallele Asymptoten, von ihren m^2 gegenseitigen Schnittpuncten liegen somit m in der Geraden G_∞, daher müssen die übrigen $m(m-1)$ Schnitte in einer Curve $(m-1)^{\text{ten}}$ Grades J^{m-1} liegen, und zwar müssen sie paarweise Gegenpuncte in Bezug auf P sein (denn ist a ein Schnitt von C^m und C_1^m, so muss auch sein Gegenpunct a_1 in beiden Curven zugleich liegen), somit müssen diese Schnitte die Endpuncte von $\frac{1}{2}m(m-1)$ Sehnen aa_1 der Curve C^m (auch der C_1^m) sein, und folglich muss die Curve J^{m-1} den Pol P zum Mittelpunct haben.

diejenigen, T, bei welchen von den m Schnitten mit der Curve C^m ebenfalls zwei gleichweit von P abstehen, aber auf derselben Seite von P liegen sollen, also zu einem Berührungspunct der Geraden T vereinigt sind, so finden bekanntlich $m(m-1)$ solche Tangenten T statt, deren $m(m-1)$ Berührungspuncte in einer Curve A^{m-1} liegen, welche die erste Polare des Poles P in Bezug auf die gegebene Curve C^m heisst (vgl. die vorhergehende Abhandlung).

Wegen Uebereinstimmung dieser letzten Bedingung mit der vorigen soll fortan die obige Curve J^{m-1} (wenn auch in anderer Hinsicht nicht ganz passend) die „innere Polare", hingegen die Curve A^{m-1} die „äussere" oder schlechthin nur die erste Polare des Pols P in Bezug auf die Basis C^m genannt werden. Beide Polaren sind also immer von gleichem Grad. Ausserdem haben sie unter anderen folgende wesentliche Beziehung zu einander.

II. „Die beiden Polaren A^{m-1} und J^{m-1} jedes Punctes P in Bezug auf dieselbe gegebene Curve C^m haben $m-1$ gegenseitige Schnittpuncte im Unendlichen, auf der Geraden G_∞, daher müssen ihre Asymptoten paarweise parallel und die zu jedem Paar gehörigen müssen gleichzeitig reell oder imaginär sein; und daher müssen ferner die noch übrigen $(m-1)(m-2)$ Schnitte beider Polaren in einer Curve vom $(m-2)^{\text{ten}}$ Grad, C^{m-2}, liegen."

§ 14.

In Rücksicht der inneren Polare sind zunächst verschiedene besondere Umstände zu erörtern, welche zum Theil zu interessanten Resultaten führen. Nämlich man kann fragen, welchen Einfluss es auf die Polare J^{m-1} habe, oder wie sie sich gegen die Basis C^m verhalte, wenn der Pol P in der letzteren selbst liegt, oder insbesondere ein singulärer Punct derselben ist; oder ferner, welche Bewandtniss es mit der Polare J^{m-1} habe, wenn die Basis von specieller Form ist, etwa in Theile zerfällt; oder ferner, ob es in der Ebene der Basis solche besondere Pole gebe, für welche die innere Polare eine eigenthümliche Form erhält, in Theile zerfällt; u. s. w. Die wesentlichsten Fälle der Art sollen im Folgenden kurz angedeutet werden.

I. Verhalten der inneren Polare, wenn der Pol P in der Basis C^m selbst liegt.

Hierbei sind wieder die beiden Zahlformen $m=2\mu$ und $m=2\nu-1$ zu unterscheiden, so dass man es mit den zwei inneren Polaren

$$J^{2\mu-1} \quad \text{und} \quad J^{2\nu-2}$$

zu thun hat, wovon die erstere immer durch ihren eigenen Mittelpunct oder Pol P geht und auch sonst noch sich verschieden von der anderen verhält.

1. Wenn der Pol P ein beliebiger Punct der Basis C^m ist:

α) so hat $J^{2\mu-1}$ die Tangente von C^m im Puncte P zur Wendetangente, *wt* (§ 9).

β) so hat $J^{2\nu-2}$ im Puncte P einen Doppelpunct, *dp*.

2. Wenn P insbesondere ein Wendepunct der Basis C^m ist:

α) so hat $J^{2\mu-1}$ die zugehörige Wendetangente mit der Basis gemein.

β) so hat $J^{2\nu-2}$ den P zum *dp* mit zwei *wt*, wovon die eine auf die *wt* der Basis fällt.

3. Wenn P insbesondere ein Doppelpunct der Basis ist:

α) so hat $J^{2\mu-1}$ in P einen dreifachen *wp* mit drei *wt*, von welchen sie fünfpunctig berührt wird (§ 1).

β) so hat $J^{2\nu-2}$ den P wiederum zum *dp* mit zwei *wt*, welche auf die beiden Tangenten der Basis fallen.

4. Wenn P insbesondere ein Rückkehrpunct der Basis ist:

α) so hat $J^{2\mu-1}$ in P einen dreifachen Wendepunct mit drei Wendetangenten, so dass sie von jeder der letzteren daselbst fünfpunctig berührt wird, wie vorhin (3).

β) so hat $J^{2\nu-2}$ in P die *rt* der Basis zur doppelten *rt* und doppelten *wt*, nämlich sie berührt daselbst die *rt* der Basis doppelt, mit zwei Zweigen, und somit auch sich selbst.

Ist die gegebene Basis z. B. nur vom vierten Grad, C^4, so besteht die innere Polare J^3 in den beiden Fällen (3. α) und (4. α) aus drei Geraden, $3J^1$, die durch P gehen, nämlich aus drei Doppelsehnen aa_1 oder S_2, bei denen das eine Paar Endpuncte aus den in P vereinigten Puncten b und b_1 besteht. Und dabei hat die äussere Polare A^3 mit der Basis beziehlich den Doppel- oder Rückkehrpunct nebst den zugehörigen Tangenten ($\mathfrak{D}$ und $\mathfrak{S}$ bei 3., oder $\mathfrak{R}$ bei 4.) gemein. Vermöge des obigen Satzes (§ 13, II.) folgt: „Dass die drei Geraden, $3J^1$, aus denen die innere Polare besteht, oder die durch P gehenden drei Doppelsehnen $S_2 = aa_1$ beziehlich den drei Asymptoten, $3A_s$, der äusseren Polare A^3 parallel sein müssen; und dass umgekehrt, wenn man durch P mit einer Asymptote von A^3 eine Gerade S parallel zieht, diese von der Basis C^4 in zwei von P gleich weit abstehenden Puncten a und a_1 geschnitten wird."

5. Wenn endlich P insbesondere ein $(m-1)$facher Punct der Basis C^m ist:

„so besteht sowohl die innere als äussere Polare, J^{m-1} sowohl als A^{m-1}, aus den $m-1$ Tangenten der Basis im Puncte P."

II. Verhalten der inneren Polaren, wenn die Basis aus Theilen besteht.

Die Basis C^m kann auf mannigfache Weise in Theile zerfallen, d. h. aus zwei oder mehreren Curven niedrigerer Grade oder selbst nur aus Geraden bestehen, wobei dann der obige Satz (§ 13) immerhin bestehen bleibt; was unter anderen zu folgenden speciellen Sätzen führt.

1. Wenn die Basis C^m aus m Geraden G besteht:

„Sind in einer Ebene beliebige m Geraden G gegeben, und zieht man durch irgend einen Pol P zwischen je zwei Geraden diejenige Sehne S oder aa_1, welche von P gehälftet wird, was im Ganzen $\frac{1}{2}m(m-1)$ Sehnen aa_1 giebt, so liegen ihre $m(m-1)$ Endpuncte, a und a_1, allemal in einer Curve $(m-1)^{\text{ten}}$ Grades, J^{m-1}, welche P zum Mittelpunct hat."

2. Wenn die Basis C^m aus zwei Curven C^α und C^β besteht, wo $\alpha+\beta=m$:

„Sind in einer Ebene irgend zwei Curven C^α und C^β gegeben, und zieht man durch einen beliebigen Pol P die $\frac{1}{2}\alpha(\alpha-1)$ Sehnen aa_1 in der Curve C^α sowie die $\frac{1}{2}\beta(\beta-1)$ Sehnen bb_1 in der Curve C^β und ferner die $\alpha.\beta$ Sehnen ab zwischen beiden Curven, (d. h. solche Gerade ab, die den einen Endpunct a in C^α, den anderen b in C^β und ihre Mitte in P haben), so liegen die Endpuncte aller dieser Sehnen, was zusammen

$$\alpha(\alpha-1)+\beta(\beta-1)+2\alpha\beta = m(m-1)$$

Endpuncte ausmacht, allemal in einer Curve $(\alpha+\beta-1)^{\text{ten}}$ oder $(m-1)^{\text{ten}}$ Grades J^{m-1}, welche den Pol P zum Mittelpunct hat."

Darin ist der besondere Satz enthalten: „Dass durch jeden Punct P in der Ebene zweier beliebigen Curven C^α und C^β im Allgemeinen $\alpha.\beta$ solche Sehnen ab möglich sind, welche den einen Endpunct in der einen, den anderen in der anderen Curve und ihre Mitte in jenem Puncte P haben."

Ferner ist daraus leicht der folgende Satz herzuleiten:

„Sind in einer Ebene irgend zwei Curven C^α und C^β gegeben, die einander in $\alpha.\beta$ Puncten c schneiden, und zieht man durch einen beliebigen Pol P die $\frac{1}{2}\alpha(\alpha-1)$ Sehnen aa_1 in der Curve C^α, sowie die $\frac{1}{2}\beta(\beta-1)$ Sehnen bb_1 in der Curve C^β, so liegen die Endpuncte beider Systeme Sehnen mit jenen Schnittpuncten c, was zusammen

$$\alpha(\alpha-1)+\beta(\beta-1)+\alpha\beta = m(m-1)-\alpha\beta$$

Puncte ausmacht, allemal in einer Curve $(\alpha+\beta-1)^{\text{ten}}$ Grades, J^{m-1}, welche den Pol P zum Mittelpunct hat."

III. Lage oder Ort des Poles P, wenn die innere Polare in Theile zerfallen soll.

Dieser Fall führt schon auf complicirte Untersuchungen, wenn die gegebene Basis nur von niedrigem Grade, nur vom dritten oder vierten Grad ist, wie aus nachstehenden Betrachtungen erhellen wird.

§ 15.

I. Ist die gegebene Basis nur vom dritten Grad, C^3, also die innere Polare jedes Poles P ein Kegelschnitt J^2, so kann dieser möglicherweise nur in zwei Geraden zerfallen, und es ist die Frage, ob dieses Zerfallen wirklich stattfinden könne, und wo dabei der Pol P liegen müsse, oder welchen Ort er habe? In der That stellt sich heraus, dass dieses Zerfallen auf zwei verschiedene Arten geschehen kann, und demgemäss auch zwei verschiedene Oerter vorhanden sind, und zwar, wie folgt:

„Der Ort des Poles, dessen innere Polare J^2 in zwei Gerade zerfällt, besteht aus zwei getrennten Curven, nämlich:

A. aus der gegebenen Basis C^3 selbst, und

B. aus einer bestimmten Curve zweiten Grades, E^2, welche die zweite Polare der Geraden G_∞ in Bezug auf die Basis C^3 ist (vgl. die vorhergehende Abhandlung), oder welche die Enveloppe aller Durchmesser von C^3 ist.“ — Nämlich schneidet man die Curve C^3 mit einer beliebigen Transversale $\mathfrak{D}$ und bestimmt zu den drei Schnitten den Schwerpunct d, so liegen alle Schwerpuncte d von je einem System paralleler Transversalen $\mathfrak{D}$ in einer Geraden D, welche Durchmesser der Curve C^3 heisst, und wobei die Richtung der Transversalen die „conjugirte Richtung“ des Durchmessers genannt werden soll. Alle Durchmesser D der Curve C^3, wozu insbesondere auch ihre Asymptoten A_s gehören, berühren nun den genannten Kegelschnitt E^2. Sind die $3A_s$ alle reell, so ist E^2 diejenige dem Asymptotendreieck eingeschriebene Ellipse, welche dessen Seiten in ihren Mitten berührt; und schneiden sich insbesondere die $3A_s$ in einem Puncte, so reducirt sich E^2 auf diesen Punct, so dass alle Durchmesser durch denselben gehen. Ist dagegen nur eine A_s reell, so ist E^2 im Allgemeinen eine Hyperbel, welche diese A_s in einem leicht zu construirenden Puncte berührt.

Ueber die beiden Oerter (A.) und (B.) sind die näheren Umstände folgende.

II. 1. Liegt der Pol P in der Basis C^3 selbst (A.), so fällt von den ihm zugehörigen drei Sehnen S oder aa_1, bb_1, cc_1 die eine, etwa cc_1, auf die ihm zugehörige Tangente, wobei ihre Endpuncte c und c_1 sich mit P vereinigen, daher als in den beiden anderen Sehnen liegend anzusehen sind, etwa c in aa_1 und c_1 in bb_1, so dass also der Kegelschnitt J^2 in die beiden Sehnen aca_1 und bc_1b_1 übergeht, die wir zur Unterscheidung durch S_1 oder auch nach Umständen durch S und S_1 bezeichnen wollen. Demnach entsprechen jedem in der Basis liegenden Pol P nur zwei eigentliche Sehnen S_1, die dritte fällt auf die Tangente, wird unendlich klein, reducirt sich auf ihren Berührungspunct P. Denkt man sich nun zu demselben Pol zugleich auch die äussere Polare A^2, so folgt (§ 13, II.):

„Für jeden in der Basis C^3 liegenden Pol sind die ihm entsprechenden zwei Sehnen S und S_1 den Asymptoten seiner äusseren Polare A^2 parallel.“ „Daher sind beide Sehnen reell oder imaginär, je nachdem die Polare A^2 Hyperbel oder Ellipse ist, und auch umgekehrt; und wenn insbesondere A^2 Parabel ist, so fallen die Sehnen S und S_1 auf einander, und auch umgekehrt.“ Es giebt im Ganzen nur 6 solche besondere Pole P, die P_0 heissen sollen, für welche die Sehnen S und S_1 in eine, ab oder S_0, zusammenfallen, und womit zugleich die Polare A^2 Parabel wird, und zwar sind die 6 Pole P_0 die gegenseitigen Schnitte der Curven C^3 und E^2.*) Jede der 6 Sehnen S_0 hat die Eigenschaft, dass die in ihren Endpuncten a, b an die Basis C^3 gelegten Tangenten A, B parallel sind. Liegt der Pol P insbesondere in einem Wendepunct $\mathfrak{w}$ der Basis, so fällt eine der beiden Sehnen S und S_1, etwa S, auf die Wendetangente $\mathfrak{W}$, und alsdann besteht auch A^2 aus zwei Geraden, nämlich aus $\mathfrak{W}$ und der Harmonischen H von $\mathfrak{w}$ (§ 11), und es ist $S_1 \# H$, d. h., in diesem Falle besteht jede der beiden Polaren J^2 und A^2 aus zwei Geraden, wovon zwei auf $\mathfrak{W}$ fallen und die beiden anderen, S_1 und H, parallel sind.

Die Sehnenpaare S und S_1 sind insgesammt dem folgenden Gesetz unterworfen:

„Alle Sehnen S_1, in welche die innere Polare J^2 zerfällt,

---

*) In der vorhergehenden Abhandlung wird gezeigt: „Dass die Curve E^2 der Ort aller derjenigen Pole P ist, für welche die äussere Polare A^2 Parabel wird; und dass überhaupt die Polare A^2 Hyperbel, Ellipse oder Parabel ist, jenachdem der Pol P beziehlich ausserhalb, innerhalb oder in der Curve E^2 liegt.“ Dasselbe gilt also auch für die innere Polare J^2, da sie stets mit A^2 ähnlich und ähnlich liegend ist. „Es giebt im Allgemeinen nur einen bestimmten Pol P, dessen Polaren A^2 und J^2 Kreise sind.“ „Liegt der Pol P insbesondere im Mittelpuncte der Curve E^2, so sind seine Polaren A^2 und J^2 der E^2 ähnlich, mit ihr ähnlich liegend und concentrisch.“ Das Nähere hierüber sehe man unten, Aufgaben und Sätze, welche sich auf die gegenwärtige Abhandlung beziehen.

wenn der Pol P in der Basis C^3 selbst liegt, oder was auf dasselbe hinauskommt, alle solche Sehnen aca_1, deren Mitten, c, in der Basis selbst liegen, berühren eine bestimmte Curve sechster Classe, S_1^6, und achtzehnten Grades, G^{18}."

Ueber das Verhalten dieser Curve gegen die Basis und über andere Eigenschaften derselben mag hier noch Folgendes hinzugefügt werden:

2. „Die Curve S_1^6 berührt die Basis C^3 in ihren 9 Wendepuncten $\mathfrak{w}$, sowie in ihren 3 unendlich entfernten Puncten a_∞, so dass sie also die 3 Asymptoten A_s mit ihr gemein hat; aber die S_1^6 berührt jede dieser $3A_s$ auch noch in einem bestimmten anderen Puncte, so dass sie dieselben zu Doppeltangenten hat. Da die Basis ebenfalls von der sechsten Classe ist, $C^3 = K^6$, so bestehen die 36 gemeinschaftlichen Tangenten beider Curven bloss aus den 9 Wendetangenten $\mathfrak{W}$ und den 3 Asymptoten der C^3, indem jede dieser 12 Geraden für 3 gemeinschaftliche Tangenten zu zählen ist."

3. „Die Curve S_1^6 berührt die oben genannten 6 besonderen Sehnen S_0 in ihren Mitten P_0 und schneidet somit daselbst die Basis C^3. Von den $3.18 = 54$ gemeinschaftlichen Puncten beider Curven kennen wir also bereits 30, nämlich die $9\mathfrak{w}$ und $3a_\infty$, jeden doppelt gezählt, und die $6P_0$; die 24 übrigen haben die Eigenschaft, dass sie die einen Endpuncte a_1 solcher besonderen Sehnen aca_1 sind, die $\mathfrak{S}_0$ heissen mögen, bei welchen die im anderen Endpuncte a und in der Mitte c an die Basis gelegten Tangenten A und C parallel sind, und welche die Curve S_1^6 in den Puncten a_1 selbst berühren. Durch die 24 Puncte a_1 können Curven achten Grades gehen."

4. „Die 12 gemeinschaftlichen Tangenten der Curven S_1^6 und E^2 bestehen: 1) aus den $3A_s$ der Basis, jede doppelt gezählt, und 2) aus 6 solchen Sehnen S_1, welche zugleich Durchmesser der Basis sind; die 6 Mitten c dieser 6 Sehnen liegen in irgend einem Kegelschnitte C^2."

5. „Die Curve S_1^6 hat ferner die Gerade G_∞ zur dreifachen Tangente, berührt sie in 3 Puncten g_∞. Diese 3 Puncte sind dadurch bestimmt, dass sie zu den drei Puncten a_∞ (2.) die vierten harmonischen Puncte sind; d. h., wenn man durch irgend einen Punct drei Gerade A, B, C den $3A_s$ der C^3 parallel zieht und zu denselben die 3 vierten harmonischen Strahlen A_1, B_1, C_1 bestimmt, so dass ABA_1C, $ABCB_1$, AC_1BC harmonisch sind, oder auch so, wenn man in dem Asymptoten-Dreieck $3A_s$ aus den Ecken durch die Mitten der Gegenseiten die 3 Strahlen A_1, B_1, C_1 zieht, so sind diese Strahlen nach jenen unendlich ent-

fernten Berührungspuncten g_∞ gerichtet.“ (Die auf diese Weise construirten 3 Strahlen sind dann auch beziehlich den Axen der 3 asymptotischen Parabeln parallel, welche die Curve S_1^6 in den 3 Puncten g_∞ fünfpunctig berühren.) Da die Curve S_1^6 vom achtzehnten Grad ist, so muss sie mit der Geraden G_∞ ausser den bereits angegebenen 9 Puncten (den $3g_\infty$, doppelt gezählt, und den $3a_\infty$) noch 9 andere Puncte, d_∞, gemein haben. Diese Puncte d_∞ sind dadurch bestimmt, dass die zugehörigen Tangenten oder Asymptoten, $\mathfrak{D}_0$, der Curve durch diejenigen Puncte, d_0, der Basis C^3 gehen, in welchen letztere von einzelnen ihrer Durchmesser, D_0, berührt wird, und dass dieselben die diesen Durchmessern conjugirte Richtung haben (I.). Dass es 9 solche Durchmesser D_0 giebt, erhellt daraus, dass sie gemeinschaftliche Tangenten der Curven C^3 und E^2 sind, welche 12 gemeinschaftliche Tangenten haben, aber wovon drei die Asymptoten A_s der C^3 sind. Die 9 Asymptoten $\mathfrak{D}_0$ sind zugleich solche eigenthümliche Sehnen ad_0a_1 ($= S_1$), bei welchen die in den Endpuncten a, a_1 und in der Mitte d_0 an die Basis C^3 gelegten drei Tangenten A, A_1 und D_0 sich in irgend einem Puncte Q treffen. Also: „In einer Curve dritten Grades C^3 giebt es im Allgemeinen 9 solche Transversalen $\mathfrak{D}_0$, bei welchen von den drei Schnitten der eine, d_0, in der Mitte zwischen den beiden anderen, a und a_1, liegt, und wobei die zugehörigen drei Tangenten in irgend einem Puncte Q zusammentreffen, und wo zudem die Tangente D_0 im mittelsten Schnittpuncte d_0 zugleich ein Durchmesser der Curve ist.“ — Die Beziehungen, welche die Curve S_1^6 rücksichtlich der 9 Geraden $\mathfrak{D}_0$ und der 9 Puncte Q zu anderen, mit der Basis C^3 innig zusammenhängenden Curven hat, werden hier übergangen und sollen bei einer anderen Gelegenheit näher in Betracht kommen.

6. „Durch jeden beliebigen Punct Q gehen im Allgemeinen 6 Sehnen S_1 oder aca_1, und ihre 6 Mitten c liegen allemal in irgend einem Kegelschnitte. Liegt Q in der Basis C^3 selbst, so wird diese in demselben von dem Kegelschnitte berührt.“ Versetzt man Q ins Unendliche, so fallen von den 6 Sehnen S_1 drei auf G_∞ und die drei übrigen laufen parallel, und ihre Mitten c liegen in dem ihrer Richtung conjugirten Durchmesser D, sind dessen Schnitte mit der Basis C^3. Somit sind von den Tangenten der Curve S_1^6, oder von den Sehnen S_1, nur je 3 und 3 parallel, und ihre Mitten sind jedesmal die 3 Endpuncte des ihrer Richtung conjugirten Durchmessers D der Basis C^3, und auch umgekehrt.“

7. Der Berührungspunct s jeder Sehne $aca_1 = S_1$ mit ihrer Ortscurve S_1^6 wird durch folgende einfache Construction gefunden. Man lege in ihren Endpuncten a, a_1 und in ihrer Mitte c an die Basis C^3 die Tan-

genten A, A_1 und C; ihre Schnitte AA_1, AC, CA_1 mögen beziehlich p, q, q_1 heissen. In A und A_1 nehme man die Puncte $\mathfrak{p}$ und $\mathfrak{p}_1$ so, dass q und q_1 die Mitten der Strecken $p\mathfrak{p}$ und $p\mathfrak{p}_1$ sind; ziehe sodann die Geraden $a\mathfrak{p}_1$ und $a_1\mathfrak{p}$, nenne ihren Schnitt r, so geht die Gerade pr durch den gesuchten Berührungspunct s der Sehne aa_1. — Hierzu noch die Bemerkung. Die durch die Puncte $\mathfrak{p}$ und $\mathfrak{p}_1$ gezogene Gerade C_1, — die mit C parallel und mit ihr auf gleicher Seite von p liegt, aber doppelt so weit von p absteht, — schneidet die Sehne aa_1 in demjenigen Puncte s_1, welcher mit s zu a und a_1 harmonisch ist, d. h. asa_1s_1 sind harmonisch. Geht C insbesondere durch p, so fällt also C_1 auf C, s_1 in c, und s entfernt sich ins Unendliche.

8. Aus (2.) folgt unter anderen der nachstehende Satz:

„Denkt man sich in derselben Ebene zwei ähnliche Curven dritten Grades, C^3 und C_1^3, deren homologe Dimensionen sich verhalten, wie 2:1, hält die eine, etwa C^3, in ihrer Lage fest, so kann die andere auf 24 verschiedene Arten so gelegt werden, dass beide Curven direct (nicht symmetrisch) ähnlich liegen, einander in irgend einem Paar homologer Puncte m und m_1 und nebstdem noch in irgend zwei nicht homologen Puncten n und q_1 berühren." „Durch die 24 Puncte m in der Curve C^3 können Curven achten Grades gehen; ebenso durch die $24m_1$ in C_1^3."

III. Liegt der Pol P in der Curve E^2 (I, B.), so sind die ihm zugehörigen drei Sehnen S oder aa_1, bb_1, cc_1 so beschaffen, dass etwa die drei Endpuncte a, b, c in einer Geraden J, und somit auch die drei anderen a_1, b_1, c_1 in einer Geraden J_1 liegen, so dass also unter diesen Umständen die innere Polare J^2 in die zwei Geraden J und J_1 zerfällt, welche parallel sind und gleich weit vom Pol P abstehen, und zudem auch projectivisch gleich sind, indem $ab = a_1b_1$, $ac = a_1c_1$, $bc = b_1c_1$ ist. In diesem Falle ist die äussere Polare jedesmal eine Parabel, deren Axe mit den Geraden J und J_1 parallel ist (II, 1.). Von den in E^2 liegenden Polen zeichnen sich zunächst folgende durch eigenthümliche Umstände aus. 1) Die schon oben genannten 6 Schnitte P_0 der Curven C^3 und E^2. In jedem derselben wird die Sehne cc_1 unendlich klein, und daher fallen die Geraden J und J_1 zugleich mit den Sehnen aa_1 und bb_1 (oder oben S und S_1) auf einander, auf die dortige Sehne S_0. 2) Ferner giebt es drei solche besondere Pole, die X, Y, Z heissen mögen, für welche (nicht allein die innere sondern) zugleich auch die äussere Polare A^2 (die Parabel) in ein Paar paralleler Geraden A und A_1 zerfällt, welche überdies mit den zugehörigen Geraden J und J_1 parallel sind. Ausser diesen drei Puncten X, Y, Z giebt es in der ganzen Ebene keinen anderen Pol, dessen äussere Polare A^2 in zwei parallele Gerade zerfällt.

Ueber die gesammten Geraden J, J_1 hat man folgenden Satz:

„Alle Paare Geraden J und J_1, in welche die innere Polare J^2 zerfällt, wenn der Pol P in der Curve E^2 liegt, berühren eine Curve sechster Classe, J^6, und vierzehnten Grades, welche die 6 Sehnen S_0 zu Asymptoten und die Gerade G_∞ zur vierfachen Tangente hat.“ Die Curve J^6 berührt jedoch die Gerade G_∞ nicht *in vier*, sondern *in nur zwei* verschiedenen Puncten, aber in jedem *doppelt*, so dass sie sich in jedem derselben *selbst berührt*, und zwar sind diese zwei Puncte zugleich die gemeinschaftlichen Puncte der Curve E^2 und der Geraden G_∞, oder die unendlich entfernten Puncte der Asymptoten von E^2. „Wird durch den Pol P mit den zugehörigen Geraden J und J_1 eine dritte Gerade, J_0, parallel gezogen, so ist ihr Ort eine Curve dritter Classe J_0^3 und vierten Grades, welche die Gerade G_∞ zur Doppeltangente hat und sie in den eben genannten zwei Puncten berührt.“ „Daher ist das ganze System der verschiedenen Paare *Geraden* J und J_1 auch so beschaffen, dass jeder Punct $\mathfrak{P}$ der Ebene im Allgemeinen der Mittelpunct eines Kegelschnittes ist, welcher irgend drei der genannten Paare berührt, und zwar diejenigen drei Paare, welche den durch den Punct $\mathfrak{P}$ gehenden drei Geraden J_0 entsprechen.“

„Die 36 gemeinschaftlichen Tangenten der Curve J^6 und der Basis C^3 bestehen aus 18 Paar zusammengehörigen Geraden J und J_1.“

Wenn die Geraden J und J_1 Tangenten der Basis C^3 werden, so vereinigen sich von den obigen drei Puncten a, b, c in J irgend zwei, etwa b und c, zu einem Berührungspuncte (bc) oder α; ebenso die Puncte b_1 und c_1 in J_1 zu einem Berührungspuncte (b_1c_1) oder α_1; und damit fallen die Sehnen bb_1 und cc_1 in die Berührungssehne $\alpha\alpha_1$ zusammen, die wir durch $\mathfrak{S}_1$ und ihre Mitte, oder den zugehörigen Pol P, durch P_1 bezeichnen wollen. Die begrenzten gleichen Strecken $a\alpha = a_1\alpha_1$ von J und J_1 sollen schlechthin gleiche parallele Tangenten heissen, aber da ihre Richtungen, von α nach a und von α_1 nach a_1, gerade entgegengesetzt sind, so sollen sie ungleichliegend genannt werden. Mit Bezug hierauf bedingt der letzte Satz den folgenden:

„Eine beliebige Curve dritten Grades, C^3, hat im Allgemeinen 18 Paar paralleler gleicher, aber ungleichliegender Tangenten, αa und $\alpha_1 a_1$, und die Mitten, P_1, der 18 Berührungssehnen $\mathfrak{S}_1$ $(=\alpha\alpha_1)$ liegen in jenem (oben näher) bestimmten Kegelschnitte E^2.“

„Von den 36 gemeinschaftlichen Tangenten der Curve J^6

und der obigen Curve S_1^6 (II.) fallen 12 auf die Gerade G_∞, 6 andere sind jene besonderen 6 Sehnen S_0 (II, 1.), und die noch übrigen 18 bestehen aus 9 Paar zusammengehöriger Geraden J und J_1." Da die letzteren (als Tangenten der S_1^6) zugleich 9 Paar paralleler und projectivisch gleicher Sehnen S_1, oder zur Unterscheidung S_1 und S_1^1, sind, so dass $J = S_1 = abc$, $J_1 = S_1^1 = a_1 b_1 c_1$ und $ab = bc = a_1 b_1 = b_1 c_1$ ist, wofern b und b_1 die mittleren Puncte, also die Mitten der Sehnen S_1 und S_1^1 sind, so hat man weiter, wenn der zugehörige Pol P oder die Mitte der Geraden bb_1 durch P^1 bezeichnet wird, den folgenden Satz:

„In der beliebigen Curve C^3 giebt es im Ganzen 9 Paar paralleler gleicher Sehnen S_1 und S_1^1, und die 9 Mitten P^1 der ihre Mitten b und b_1 verbindenden Geraden bb_1 liegen in dem oft genannnten Kegelschnitte E^2."

Rücksichtlich der 42 gemeinschaftlichen Puncte der Curven J^6 und C^3 kann bemerkt werden, dass, wenn etwa a ein solcher Punct und J die zugehörige Tangente an J^6 ist, und man sich das zugehörige Paar Geraden J und J_1 nebst dessen (in E^2 liegenden) Pol P denkt, alsdann die in den Puncten P und a_1 an die respectiven Curven E^2 und C^3 gelegten Tangenten allemal parallel sind. Daraus schliesst man den folgenden Satz:

„Denkt man sich die gegebene Curve C^3 in ihrer Ebene um den Mittelpunct, E, des Kegelschnittes E^2 um 180^0 herumbewegt und bezeichnet sie in der neuen Lage durch C_1^3, denkt sich ferner einen dem E^2 ähnlichen und ähnlich liegenden Kegelschnitt E_1^2 von doppelt so grossen Dimensionen, dessen Mittelpunct E_1 in der Curve C_1^3 liegt, und bewegt diesen Kegelschnitt E_1^2 so, dass während sein Mittelpunct E_1 die ganze Curve C_1^3 durchläuft, er stets mit E^2 ähnlich liegend ist, oder seine Axen stets sich selbst parallel bleiben, so wird die gegebene Curve C^3 im Allgemeinen 42mal von dem auf diese Weise bewegten Kegelschnitte E_1^2 berührt."

IV. In dem Vorstehenden kamen beiläufig solche einzelne Sehnen S_0, $\mathfrak{S}_0$ und $\mathfrak{S}_1$ vor, bei welchen die Tangenten in ihren Endpuncten an die Basis C^3 parallel waren, und zwar kamen $6S_0$ (II, 1.), $24\mathfrak{S}_0$ (II, 3.) und $18\mathfrak{S}_1$ (III.) in Betracht. Fassen wir diese Eigenschaft für sich auf und bezeichnen jede Sehne, welche überhaupt die Berührungspuncte, $\mathfrak{a}$ und $\mathfrak{a}_1$, irgend zweier parallelen Tangenten, $\mathfrak{A}$ und $\mathfrak{A}_1$, der Basis C^3 verbindet, durch $\mathfrak{S}$, so ergeben sich folgende Resultate:

„Alle Sehnen $\mathfrak{S}$, welche die Berührungspuncte je zweier parallelen Tangenten der gegebenen Basis C^3 verbinden, berühren eine Curve neunter Classe, $\mathfrak{S}^9$, und (höchstens) sechsunddreissigsten Grades.“ Ferner: „Die Curve $\mathfrak{S}^9$ hat 6 dreifache Tangenten, $\mathfrak{S}_3$, welche sich paarweise in den oben genannten, in der Curve E^2 liegenden drei Puncten X, Y, Z (III.) schneiden, und welche nebstdem zu je 3 durch 4 Puncte q, r, s und t gehen, so dass sie die 6 Seiten eines vollständigen Vierecks $rqst$ sind. Dieselbe Curve berührt auch die $3A_s$ der C^3, und zwar jede im Mittelpuncte derjenigen Hyperbel, welche die C^3 in ihrem Berührungspuncte a_∞ (II, 2.) mit der jedesmaligen A_s fünfpunctig berührt.“ Wird jede Tangente der C^3, welche mit einer ihrer $3A_s$ parallel ist, durch $\mathfrak{A}_0$ und ihr Berührungspunct durch $\mathfrak{a}_0$ bezeichnet, so giebt es im Ganzen $12\mathfrak{A}_0$ und $12\mathfrak{a}_0$. Diese 12 Tangenten $\mathfrak{A}_0$ sind zugleich besondere Sehnen $\mathfrak{S}$ und berühren die Curve $\mathfrak{S}^9$ in den nämlichen Puncten $\mathfrak{a}_0$. Wird ferner jede Tangente der C^3, welche mit einer ihrer $9\mathfrak{W}$ parallel ist, durch $\mathfrak{V}$ und ihr Berührungspunct durch $\mathfrak{v}$ bezeichnet, so giebt es im Ganzen 36 Puncte $\mathfrak{v}$, und somit auch 36 Sehnen $\mathfrak{w}\mathfrak{v} = \mathfrak{S}$, welche die besondere Eigenschaft haben, dass sie die Curve $\mathfrak{S}^9$ gerade in den Puncten $\mathfrak{v}$ berühren; zudem berühren auch die $9\mathfrak{W}$ selbst, als specielle Sehnen $\mathfrak{S}$, die Curve $\mathfrak{S}^9$ in den zugehörigen Puncten $\mathfrak{w}$. Hieraus und aus Früherem ergeben sich folgende Beziehungen der Curve $\mathfrak{S}^9$ zu den Curven C^3 und S_1^6:

„Die Curve $\mathfrak{S}^9$ berührt die Basis C^3 in ihren 9 Wendepuncten $\mathfrak{w}$, sowie in den 12 Puncten $\mathfrak{a}_0$. Die 54 gemeinschaftlichen Tangenten beider Curven bestehen: 1) aus den 9 Wendetangenten $\mathfrak{W}$ der C^3, jede dreifach gezählt, 2) aus den 12 Tangenten $\mathfrak{A}_0$, jede doppelt gezählt, und 3) aus den 3 Asymptoten A_s der C^3; was zusammen 54 ausmacht.“

„Die 54 gemeinschaftlichen Tangenten der Curven $\mathfrak{S}^9$ und S_1^6 bestehen: 1) aus den $9\mathfrak{W}$ und $3A_s$ der Basis C^3, jede doppelt gezählt, 2) aus den obigen $24\mathfrak{S}_0$ (II, 3.), und 3) aus den $6S_0$ (II, 1.); was zusammen 54 beträgt.“

Von den gemeinschaftlichen Puncten der Curven $\mathfrak{S}^9$ und C^3 kennen wir bereits 78, nämlich die $9\mathfrak{w}$ und $12\mathfrak{a}_0$, doppelt gezählt, und die $36\mathfrak{v}$. Wofern nun der Grad der Curve $\mathfrak{S}^9$ nicht geringer als 36 ist (was ich jedoch noch nicht genügend bewiesen habe), so fehlen noch 30 Puncte; jeder derselben ist der dritte Schnitt irgend einer Sehne $\mathfrak{a}\mathfrak{a}_1$ $(= \mathfrak{S})$ mit der Basis C^3 und zugleich der Berührungspunct dieser Sehne mit der Curve $\mathfrak{S}^9$. Aus der Lage jener 78 Puncte schliesst man, dass durch diese 30 Puncte Curven zehnten Grades gehen können.

„Der Berührungspunct, etwa $\mathfrak{s}$, jeder beliebigen Sehne $\mathfrak{a}\mathfrak{a}_1 = \mathfrak{S}$ mit ihrer Ortscurve $\mathfrak{S}^9$ ist einfach dadurch bestimmt, dass er mit den beiden Krümmungs-Mittelpuncten, etwa m und m_1, der Basis C^3 in den Endpuncten $\mathfrak{a}$ und $\mathfrak{a}_1$ der Sehne in einer Geraden liegt, so dass die Gerade mm_1 allemal die Sehne $\mathfrak{aa}_1$ im verlangten Berührungspuncte $\mathfrak{s}$ schneidet." Daraus schliesst man, unter anderen:

„Dass es in einer beliebigen Curve dritten Grades C^3 im Allgemeinen 36 Paare paralleler gleicher und gleichliegender Krümmungsradien giebt."

Wird die Mitte jeder Sehne $\mathfrak{aa}_1 = \mathfrak{S}$ durch $\mathfrak{M}$ bezeichnet, so folgt weiter:

„Der Ort der Mitten $\mathfrak{M}$ aller Sehnen $\mathfrak{S}$, welche die Berührungspuncte paralleler Tangenten der gegebenen Basis C^3 verbinden, ist eine Curve zwölften Grades, $\mathfrak{M}^{12}$, und sechsundneunzigster Classe, welche die Basis C^3 in ihren 9 Wendepuncten $\mathfrak{w}$ berührt, in den 6 Puncten P_0 schneidet und ihre drei unendlich entfernten Puncte a_∞ zu vierfachen Puncten hat; was zusammen die volle Zahl, gleich 36, gemeinschaftliche Puncte beider Curven ausmacht." Die 3mal 4 Asymptoten der Curve $\mathfrak{M}^{12}$, welche beziehlich den $3A_s$ der C^3 parallel sind, liegen respective in der Mitte zwischen jeder A_s und den mit ihr parallelen 4 Tangenten $\mathfrak{A}_0$.

„Die Curve $\mathfrak{M}^{12}$ schneidet die Curve E^2 in den nämlichen 6 Puncten P_0 und nebstdem in den 18 Puncten P_1 (III.)."

Wenn man die Mitte $\mathfrak{M}$ irgend einer Sehne $\mathfrak{aa}_1 = \mathfrak{S}$ als Pol P annimmt, so berührt dessen innere Polare J^2 die Basis C^3 in den Endpuncten $\mathfrak{a}$ und $\mathfrak{a}_1$ der Sehne. Für keinen anderen Pol können sich J^2 und C^3 berühren, d. h. sie können sich nicht bloss in einem Puncte oder nur einmal berühren, sondern sobald sie sich in irgend einem Puncte $\mathfrak{a}$ einfach berühren, so berühren sie einander nothwendig noch in einem anderen Puncte $\mathfrak{a}_1$, und alsdann sind die zugehörigen Berührungstangenten, $\mathfrak{A}$ und $\mathfrak{A}_1$, parallel, die Berührungssehne $\mathfrak{aa}_1$ geht durch den jedesmaligen Pol P und wird durch ihn gehälftet. Also:

„Der Ort des Poles, dessen innere Polare J^2 die Basis C^3 berühren soll, ist die nämliche obige Curve zwöften Grades $\mathfrak{M}^{12}$; dabei berühren sich die Curven J^2 und C^3 zugleich in zwei Puncten und die zugehörigen beiden Berührungstangenten sind stets parallel." Daraus folgt weiter:

„Dass es in der gegebenen Basis C^3 keine zwei Sehnen $\mathfrak{S}$ geben kann, welche einander hälften; und daher kann auch die Curve $\mathfrak{M}^{12}$ ausser jenen drei vierfachen Puncten a_∞ keinen anderen vielfachen Punct haben."

§ 16.

Die im Vorstehenden (§ 15) über die allgemeine Curve dritten Grades aufgestellten Sätze und Eigenschaften erleiden mehr oder weniger erhebliche Modificationen, wenn die Curve von specieller Art ist. Die wesentlichsten besonderen Arten sind etwa folgende:

I. Wenn die Curve C^3 einen Doppelpunct hat; wobei auch noch die dreifache Art des Doppelpunctes zu berücksichtigen ist (§ 11).

II. Wenn die Curve zwei Doppelpuncte hat oder in einen Kegelschnitt und eine Gerade zerfällt.

III. Wenn die Curve drei Doppelpuncte hat oder in drei Gerade zerfällt.

Wiewohl diese Fälle zu mehreren nicht uninteressanten besonderen Sätzen führen, so muss ich hier doch die nähere Discussion derselben unterlassen.

§ 17.

Ist nun ferner die gegebene Basis eine allgemeine Curve vierten Grades, C^4, und somit die innere Polare jedes Pols eine Curve dritten Grades, J^3, so kann letztere möglicherweise nur entweder in eine Curve zweiten Grades und in eine Gerade oder in drei Gerade zerfallen; und zwar kann dieses Zerfällen nur dadurch geschehen, dass von den durch den jedesmaligen Pol P gehenden 6 Sehnen S, oder aa_1, bb_1, cc_1, dd_1, ee_1 und ff_1, irgend zwei auf einander fallen und eine Doppelsehne S_2 bilden; denn da alsdann durch die in S_2 liegenden zwei Paar Endpuncte, etwa a und a_1, b und b_1, keine eigentliche Curve J^3 gehen kann, so muss sie zerfallen, und zwar muss S_2 selbst ein Bestandtheil von ihr sein. Der andere Bestandtheil geht dann durch die 8 Endpuncte der noch übrigen 4 Sehnen S und ist im Allgemeinen irgend ein Kegelschnitt J^2, der den Pol P zum Mittelpunct hat, welcher jedoch in besonderen Fällen auch selbst noch in zwei Gerade zerfallen kann, und zwar auf zwei Arten. Nämlich 1) sobald es sich ereignet, dass von den übrigen 4 Sehnen auch noch ein Paar auf einander fällt, so fällt nothwendigerweise auch noch das dritte Paar auf einander, so dass dann J^3 aus drei Doppelsehnen S_2 besteht; oder 2) kann sich ereignen, dass von den Endpuncten der übrigen 4 Sehnen cc_1, dd_1, ee_1 und ff_1 irgend vier, jedoch von jeder Sehne einer, wie etwa c, d, e und f, in einer Geraden J liegen, so liegen nothwendigerweise die vier anderen, c_1, d_1, e_1 und f_1, in einer anderen Geraden J_1, so dass dann J^3 aus drei Geraden S_2, J und J_1 besteht, wovon die zwei letzteren parallel sind und gleich weit vom Pol P abstehen. Demnach kann die innere Polare J^3 möglicherweise bestehen:

A. Aus J^2+S_2, d. h. aus einem Kegelschnitte J^2 und einer durch dessen Mittelpunct P gehenden Geraden oder Doppelsehne S_2.

B. *a)* Aus $3S_2$, d. h. aus drei durch den Pol P gehenden Doppelsehnen S_2; oder

b) Aus S_2+J+J_1, d. h. aus einer durch den Pol P gehenden Doppelsehne S_2 und aus zwei gleich weit von demselben abliegenden parallelen Geraden J und J_1.

Der Fall (A.) kommt am häufigsten vor, wogegen die Fälle unter (B.) nur für einzelne bestimmte Pole eintreten. Nämlich Fall (B, a): „Es giebt im Ganzen nur 9 solche Pole, die P_3 heissen sollen, für welche die innere Polare J^3 in drei Doppelsehnen S_2 zerfällt," und zwar sind dieselben zugleich die der Geraden G_∞ in Bezug auf die Basis entsprechenden 9 Pole, d. h. sie sind die gemeinschaftlichen Schnittpuncte aller äusseren ersten Polaren A^3 in Bezug auf C^4, deren Pole in der Geraden G_∞ liegen. Die besonderen einzelnen Pole, für welche der Fall (B, b) eintritt, sind schwieriger anzugeben, wie man weiter unten sehen wird.

Ueber den Ort des Poles, dessen innere Polare auf die angegebene Weise in Theile zerfällt, und über den Ort aller dabei vorkommenden Doppelsehnen sowie über andere damit in Beziehung stehende Umstände ergeben sich unter anderen folgende Sätze und Eigenschaften:

„Der Ort des Poles P, dessen innere Polare auf die angegebene Art in Theile zerfällt, ist eine Curve zehnten Grades, P^{10}, und sechsunddreissigster Classe, welche die genannten besonderen 9 Pole P_3 zu dreifachen Puncten hat, die Basis C^4 in ihren 4 unendlich entfernten Puncten a_∞ berührt und somit deren $4A_s$ auch selbst zu Asymptoten hat." Die noch übrigen 32 gemeinschaftlichen Puncte der beiden Curven P^{10} und C^4 sind solche besondere Pole, etwa P^0, für welche die zugehörige Doppelsehne S_2 in eine Tangente der Basis C^4 übergeht, etwa S_2^0, wobei nämlich das eine Paar Endpuncte, b und b_1, sich zum Berührungspunct P^0 vereinigt hat. Also:

„Eine beliebige Curve vierten Grades C^4 hat im Ganzen 32 solche Tangenten S_2^0, welche von ihr in zwei vom Berührungspunct P^0 gleich weit abstehenden Puncten a und a_1 geschnitten werden."*) „Durch die 32 Berührungspuncte P^0 können Curven achten Grades gehen."

*) Dieser Satz stimmt mit demjenigen überein, welchen Herr Professor *Hesse* im 36. Bande S. 161 des *Crelle*'schen Journals zuerst aufgestellt hat; denn beide Sätze gehen durch Projection in einander über; oder beide Sätze sind zugleich in dem folgenden Satze enthalten:

„Bestimmt man in jeder Tangente einer gegebenen Curve vierten Grades C^4 den ihrem Berührungspuncte in Bezug auf ihre zwei Schnittpuncte mit der Curve zugeordneten vierten harmonischen Punct Q, so ist dessen Ort eine Curve zweiunddreissigsten Grades, Q^{32}, welche die gegebene Curve in ihren 24 Wendepuncten dreipunctig berührt (die Wendetangenten mit ihr gemein hat) und sie in den 56 Berührungspuncten ihrer 28 Doppeltangenten schneidet; was zusammen die volle Zahl gemeinschaftlicher Puncte beider Curven ausmacht, $24.3+56=128$." „Die obigen besonderen 32 Tangenten S_2^0 sind den 32 Asymptoten der

Von den 10 gemeinschaftlichen Puncten der Curve P^{10} und der Geraden G_∞ kennen wir erst vier, die $4a_\infty$; allein von diesen sowie von den ihnen zugehörigen Asymptoten, $4A_s$, hängen die noch übrigen 6 Puncte sowie die Richtungen ihrer zugehörigen Asymptoten ab. Bezeichnen wir für einen Augenblick die 4 Puncte a_∞ durch α, β, γ und δ und die 6 unbekannten Puncte durch x und x_1, y und y_1, z und z_1, so ist jedes Paar der letzeren immer zu den in zwei Paare geordneten ersteren zugleich harmonisch, so dass etwa

$$x\alpha x_1\beta \text{ und } x\gamma x_1\delta;\ y\alpha y_1\gamma \text{ und } y\beta y_1\delta;\ z\alpha z_1\delta \text{ und } z\beta z_1\gamma$$

harmonisch sind. Oder zieht man durch einen beliebigen Punct die 4 Geraden A, B, C und D den 4 Asymptoten A_s parallel, ordnet dieselben auf die möglichen drei Arten zu zwei Paaren, nämlich AB und CD, AC und BD, AD und BC, und construirt zu diesen andere drei Strahlenpaare X und X_1, Y und Y_1, Z und Z_1 so, dass zugleich

$$XAX_1B \text{ und } XCX_1D;\ YAY_1C \text{ und } YBY_1D;\ ZAZ_1D \text{ und } ZBZ_1C$$

harmonisch sind, so sind diese Strahlen X, X_1; Y, Y_1; Z, Z_1 den unbekannten 6 Asymptoten der Curve P^{10} parallel und somit nach jenen 6 Puncten x, x_1; y, y_1; z, z_1 gerichtet, welche die Curve mit G_∞ gemein hat. Von diesen drei Punctepaaren sind immer zwei Paar reell und das dritte imaginär, und dem entsprechend sind auch von den 6 Asymptoten 4 reell und 2 imaginär, wofern nämlich jene ersten 4 Asymptoten A_s reell sind.

Die Curve P^{10} geht ferner insbesondere auch durch die Mitten der 28 Doppeltangenten der Basis C^4.

Was nun weiter die Doppelsehnen, S_2, betrifft, so ist zwar die Curve P^{10} der Ort ihrer Mitten, P, aber die Sehnen selbst umhüllen eine andere Curve, nämlich:

Curve Q^{32} parallel." Bei dieser Gelegenheit erlaube ich mir noch folgende Bemerkung.

Die in der vorhergehenden Abhandlung durch $Q_0^{3(n-2)}$ bezeichnete Kerncurve ist für die Basis C^4 ein bestimmte Curve sechsten Grades, Q_0^6, welche durch die 24 Wendepuncte der Basis C^4 geht. Da nun durch dieselben 128 Puncte, welche die Curve Q^{32} mit C^4 gemein hat, unendlich viele andere Curven zweiunddreissigsten Grades gehen, und da, wenn eine niedrigere Curve Q^x, $x < 32$, durch $4x$ der genannten 128 Puncte geht, dann ebenso durch die noch übrigen $128 - 4x = 4(32 - x)$ Puncte unzählige Curven $(32 - x)^{\text{ten}}$ Grades, Q^{32-x}, gehen können, so folgt also: „Dass durch die 56 Berührungspuncte der 28 Doppeltangenten der Basis C^4 unzählige Curven vierzehnten Grades, Q^{14}, gehen können." Denn denkt man sich die Kerncurve Q_0^6 dreifach (oder nach Rechnungsart: ihre Gleichung in den Cubus erhoben), so ist sie als eine Curve achtzehnten Grades, Q_0^{18}, anzusehen, und als solche geht sie durch die 24.3 oder 4.18 Puncte, welche Q^{32} und C^4 in den 24 Wendepuncten gemein haben, und folglich können durch die 56 Berührungspuncte der 28 Doppeltangenten unzählige Curven Q^{14} gehen. — Auf wie mannichfaltige Weise solche Curve Q^{14} selbst wieder in Theile zerfallen kann, werde ich an einem geeigneteren Orte nachweisen.

„Der Ort aller Doppelsehnen S_2, welche Bestandtheile der zerfallenden inneren Polaren J^3, oder welche in der gegebenen Basis überhaupt möglich sind, ist eine Curve neunter Classe, S_2^9, und vierunddreissigsten Grades, welche die Basis in ihren im Unendlichen liegenden 4 Puncten a_∞ vierpunctig berührt, somit deren $4A_s$ ebenfalls zu Asymptoten hat, aber jede derselben noch in einem bestimmten anderen Puncte berührt, also dieselben zu Doppeltangenten hat; ferner berührt die Curve auch noch die 28 Doppeltangenten der Basis und hat die Gerade G_∞ zur sechsfachen Tangente, und zwar berührt sie diese in den nämlichen, vorhin näher bestimmten 6 Puncten x und x_1, y und y_1, z und z_1." Nämlich denkt man sich den Pol P in einem dieser 6 Puncte, etwa in x, so fällt die ihm zugehörige Doppelsehne S_2 auf die Gerade G_∞ und berührt die Curve im conjugirten Puncte x_1, und auch umgekehrt; und ebenso verhält es sich mit den beiden anderen Punctepaaren. Diese Berührungen sind mit den respectiven Puncten gleichzeitig reell oder imaginär.

Da die Basis C^4 im Allgemeinen von der zwölften Classe ist, so hat sie mit der Curve S_2^9 im Ganzen $12.9 = 108$ Tangenten gemein, und diese bestehen: 1) in den obigen 32 Tangenten S_2^0; 2) in den 28 Doppeltangenten der Basis, jede doppelt gezählt; und 3) in den $4A_s$, jede fünffach gezählt; was zusammen richtig $32+28.2+4.5=108$ ausmacht.

Von den gemeinschaftlichen Puncten der Curve S_2^9 und der Geraden G_∞ kennen wir bereits 16, nämlich die 6 Berührungspuncte x, x_1, y, y_1, z und z_1, jeder doppelt gezählt, und die 4 Puncte a_∞. Da die Curve vom vierunddreissigsten Grad ist, so fehlen also noch 18 Puncte, welche durch folgende Betrachtung näher bestimmt werden, aus der zugleich noch einige andere Eigenschaften hervorgehen.

Durch jeden gegebenen Punct gehen im Allgemeinen 9 Doppelsehnen S_2. Liegt der Punct in der Basis C^4 selbst, er heisse a, so ist er ein Endpunct von jeder der $9S_2$, und alsdann liegen die ihm zugehörigen anderen 9 Endpuncte a_1 in einer Curve dritten Grades, a_1^3, welche die Basis im Puncte a dreipunctig berührt; und ebenso liegen die Mitten P der $9S_2$ in einer anderen Curve dritten Grades, P^3, welche die Basis im Puncte a zweipunctig berührt. Ist insbesondere der Punct a ein Wendepunkt der Basis, so ist er dasselbe auch von jeder der beiden Curven a_1^3 und P^3. Und ist a einer der obigen 32 Schnittpuncte P^0 der Curven P^{10} und C^4, so wird die Basis in ihm von der Curve a_1^3 vierpunctig und von der Curve P^3 dreipunctig berührt, so dass diese beiden Curven einander daselbst auch dreipunctig berühren.

Wiewohl durch jeden Punct 9 Doppelsehnen gehen, so sind dieselben doch nur zu 3 und 3 parallel, so dass es nach jeder gegebenen Richtung nur je $3S_2$ giebt, oder mit anderen Worten: durch jeden Pnnct Q in der Geraden G_∞ gehen nur 3 (nicht selbst im Unendlichen liegende) Doppelsehnen S_2, indem die 6 übrigen auf die Gerade G_∞ selbst fallen. Die Mitten, P, je dreier parallelen Doppelsehnen liegen nothwendigerweise in einem Durchmesser, D, der Basis C^4 (§ 15, I.) oder, was dasselbe ist, in der dritten äusseren Polare, D, des Punctes Q in Bezug auf die Basis, und die drei Sehnen S_2 haben die dem Durchmesser D conjugirte Richtung. Man denke sich ferner von demselben Puncte Q die erste äussere Polare A^3 in Bezug auf die Basis, so geht dieselbe, wie schon bemerkt, durch jene 9 Pole P_3, welche dreifache Puncte der Curve P^{10} sind, und daher kann sie die letzteren ausserdem nur noch in irgend drei Puncten P schneiden, welche (vermöge der Lage der $9P_3$) nothwendig zugleich in irgend einer Geraden liegen müssen. Diese Gerade ist aber gerade der genannte Durchmesser D und die drei Schnittpuncte P sind gerade die Mitten jener nach Q gerichteten $3S_2$. Also:

„Denkt man sich von irgend einem Puncte Q in der Geraden G_∞ die erste und dritte äussere Polare in Bezug auf die Basis C^4, A^3 und D, so schneiden sich dieselben in denjenigen 3 Polen P, deren zugehörige 3 Doppelsehnen S_2 nach dem nämlichen Puncte Q gerichtet sind, oder welche die dem Durchmesser D conjugirte Richtung haben.“ Und: „Bewegt sich der Punct Q längs der Geraden G_∞, so ist der Ort der 3 Schnitte P seiner ersten und dritten äusseren Polare die nämliche Curve zehnten Grades P^{10}, welche alle Pole enthält, deren innere Polaren J^3 zerfallen.“ Alle bei dieser Bewegung vorkommenden Polaren A^3 bilden einen Curvenbüschel, $B(A^3)$, mit den 9 Grundpuncten P_3.

Nun kann sich ereignen, dass von den genannten Polaren A^3 irgend eine die Curve P^{10} berührt, wobei von den 3 Schnittpuncten P zwei sich zu einem Berührungspuncte, etwa $\mathfrak{P}_0$, von P^{10}, A^3 und D vereinigen, und wobei also auch die zugehörigen beiden Doppelsehnen S_2 in eine, etwa $\mathfrak{S}_2^0$, zusammenfallen; alsdann berührt diese Sehne $\mathfrak{S}_2^0$ die Curve S_2^9 im entsprechenden Puncte Q oder für diesen Fall Q_0 und ist somit eine Asymptote derselben, sowie Q_0 einer ihrer, oben verlangten, gemeinschaftlichen Puncte mit der Geraden G_∞ ist. Da nun eine Curve P^p von den Curven eines Büschels $B(Q^q)$ in $p(p+2q-3)$ Puncten berührt werden kann (vgl. die vorhergehende Abhandlung), so müsste danach die Curve P^{10} von dem Büschel Polaren $B(A^3)$ in $10(10+2.3-3)=130$ Puncten $\mathfrak{P}_0$ berührt werden. Allein von diesen 130 Puncten werden 108 durch jene gemeinschaftlichen 9 Puncte P_3 absorbirt, so dass nur noch 22 frei bleiben, unter welchen sich jedoch noch jene bereits bekannten 4 Puncte

a_∞ befinden, so dass es also nur 18 zulässige Berührungspuncte $\mathfrak{P}_0$ giebt: und diesen 18 Puncten $\mathfrak{P}_0$ entsprechen somit auf der Geraden G_∞ die verlangten 18 Puncte Q_0, sowie die zugehörigen 18 Asymptoten $\mathfrak{S}_2^0$ der Curve S_2^9. Das heisst: Die oben noch fehlenden 18 gemeinschaftlichen Puncte Q_0 der Curve S_2^9 und der Geraden G_∞ haben die Eigenschaft, oder sind dadurch bestimmt, dass die erste und dritte Polare eines jeden derselben in Bezug auf die Basis sich in irgend einem Puncte $\mathfrak{P}_0$ berühren, und dass die jenem Puncte zugehörige Asymptote $\mathfrak{S}_2^0$ zugleich durch den letzteren Punct geht. Dieselbe Eigenschaft besitzen übrigens auch jene 4 Puncte a_∞, jedoch mit dem Unterschiede, dass jeder Q_0 und $\mathfrak{P}_0$ zugleich ist, d. h. dass die erste und dritte Polare eines jeden sich mit der Curve P^{10} in ihm selbst berühren, und zwar ist seine dritte Polare die zugehörige Asymptote A_s der Basis, so dass also die 4 Asymptoten der Basis zugleich specielle Durchmesser derselben sind. Die 18 Asymptoten $\mathfrak{S}_2^0$ haben als Doppelsehnen die besondere Eigenschaft, dass die in ihren Endpuncten a und a_1, b und b_1 an die Basis C^4 gelegten Tangenten-Paare A und A_1, B und B_1 sich auf dem zugehörigen Durchmesser D schneiden, so dass dieser Durchmesser eine Diagonale des vollständigen Vierseits AA_1BB_1 ist, von dem die beiden anderen Diagonalen mit $\mathfrak{S}_2^0$ parallel sind.

Jeder Durchmesser D schneidet die Curve P^{10} ausser jenen 3 Puncten P, die zugleich in der entsprechenden Polare A^3 liegen, in noch 7 anderen Puncten P; aber jene unterscheiden sich von diesen wesentlich dadurch, dass die ihnen zugehörigen Doppelsehnen S_2 die dem Durchmesser conjugirte Richtung haben, wogegen die zu den 7 anderen gehörigen Doppelsehnen zu je einem anderen Durchmesser conjugirt sind. Also: „Von den je 10 Polen P, welche in irgend einem Durchmesser D liegen, gehören ihm 3 in der Art eigenthümlich an, dass die ihnen zugehörigen Doppelsehnen die dem Durchmesser conjugirte Richtung haben oder nach seinem in G_∞ liegenden Pol Q gerichtet sind.“

Ueber die Durchmesser insgesammt hat man folgenden Satz:

„Alle Durchmesser, D, der gegebenen Basis C^4 umhüllen eine bestimmte Curve dritter Classe, D^3, und vierten Grades, welche drei Rückkehrpuncte, $\mathfrak{r}$, und eine Doppeltangente, D_2, hat; und namentlich berührt diese Curve jede der 4 Asymptoten A_s der Basis (als specielle Durchmesser) in demjenigen Puncte, welcher der Schwerpunct von ihren 3 Schnittpuncten mit den 3 anderen Asymptoten ist.“ Die Curve D^3 heisst auch die dritte Polare der Geraden G_∞ in Bezug auf die Basis C^4 (vgl. die vorhergehende Abhandlung).

Danach gehen also durch jeden beliebigen Punct R in der Ebene im Allgemeinen je drei Durchmesser der C^4; somit auch durch jeden Punct Q in G_∞ drei parallele Durchmesser, etwa D_q, und zwar haben diese die conjugirte Richtung desjenigen Durchmessers D, welcher dem Puncte Q entspricht (dessen dritte Polare ist); aber die den drei Durchmessern D_q conjugirten Richtungen sind unter sich, sowie auch im Allgemeinen von der Richtung des Durchmessers D verschieden. Nämlich: „Die Basis C^4 hat im Ganzen nur drei Paar conjugirte Durchmesser, d. h. solche Durchmesser, wovon jeder die conjugirte Richtung des anderen hat, und zwar sind dieselben beziehlich nach den obigen Punctepaaren x und x_1, y und y_1, z und z_1 in der Geraden G_∞ gerichtet und somit den dort construirten Strahlen-Paaren X und X_1, Y und Y_1, Z und Z_1 parallel.“ Denkt man sich den Punct Q in einem der 6 Puncte, etwa in x, so geht der ihm entsprechende Durchmesser D durch den conjugirten Punct x_1, und auch umgekehrt; und zwar ist dabei x_1 zugleich einer der drei Puncte P, die dem Durchmesser D eigenthümlich zugehören, oder in denen er von der entsprechenden Polare A^3 geschnitten wird.

Die 4 Asymptoten A_s sind diejenigen besonderen Durchmesser, welchen ihre eigene Richtung conjugirt ist.

Die Doppeltangente D_2 der Curve D^3 ist gewissermaassen ein doppelter Durchmesser, d. h. ein solcher, welchem zwei verschiedene Richtungen conjugirt sind, so dass ihm auch zwei verschiedene Pole auf der Geraden G_∞ entsprechen, etwa Q_2 und Q_2^1, welche nach den beiden Richtungen hin liegen; ebenso müssen ihm zweimal 3 Pole P eigenthümlich angehören, und die zu denselben gehörigen Doppelsehnen S_2 müssen zu 3 und 3 die conjugirten Richtungen haben, also parallel oder nach den Puncten Q_2 und Q_2^1 gerichtet sein.

Die conjugirten Richtungen der drei Durchmesser, welche durch irgend einen gegebenen Punct R gehen, sind allemal durch die Asymptoten der beiden ersten Polaren A^3 und J^3 des nämlichen Punctes bestimmt, und auch umgekehrt.

Jeder (in P^{10} liegende) Pol P gehört im Allgemeinen nur einem der durch ihn gehenden drei Durchmesser eigenthümlich an, nämlich demjenigen, welchem die zugehörige Doppelsehne S_2 conjugirt ist. Nur von jenen besonderen 9 Polen P_3 gehört jeder allen drei Durchmessern zugleich an, indem ihm auch drei Doppelsehnen zugehören, welche den Durchmessern beziehlich conjugirt sind.

„Die durch jeden der 9 Pole P_3 gehenden drei Durchmesser berühren die durch denselben gehenden drei Zweige der Curve P^{10} daselbst.“

Ist der Pol $P_x (= P)$ insbesondere einer der 40 gemeinschaftlichen Puncte der Curven P^{10} und D^3, so fallen von den durch ihn gehenden drei Durchmessern zwei zusammen, nämlich auf die Tangente der Curve D^3 im Pol P_x, welche D_t heissen soll; der andere Durchmesser berührt die D^3 in irgend einem anderen Puncte, etwa R_0, und heisse D_r. Nun sind hierbei zwei Fälle möglich, nämlich entweder gehört der Pol P_x

1) dem Durchmesser D_t, oder

2) dem Durchmesser D_r eigenthümlich an;

und davon hängen sodann weiter folgende interessante Umstände ab:

I. „Gehört der Pol P_x zum Durchmesser D_t, so besteht seine innere Polare J^3 aus $J^2 + S_2$, und zwar ist die Doppelsehne S_2 zugleich eine Asymptote des Kegelschnittes J^2;“ und

II. „Gehört der Pol P_x zum Durchmesser D_r, so besteht seine innere Polare aus $S_2 + J + J_1$, wobei die Geraden J und J_1 parallel sind und gleich weit vom Pol abstehen.“

Hierbei entsteht die Frage:

„Wieviele von den 40 Polen P_x gehören zu Durchmessern D_t, und wieviele gehören zu Durchmessern D_r? oder wieviele in $J^2 + S_2$ zerfallende innere Polaren giebt es, bei welchen S_2 Asymptote von J^2 ist, und wieviele giebt es, welche in drei Geraden $S_2 + J + J_1$ zerfallen?“

Diese Frage weiss ich vor der Hand noch nicht sicher zu beantworten und überlasse sie daher dem geneigten Leser.

Ueber die Curve D^3 will ich noch Folgendes bemerken:

„Die Curve D^3 ist der Ort desjenigen Poles R_0, dessen äussere Polare A^3 die Gerade G_∞ berührt; und die dritte Polare des Berührungspunctes, Q, ist gerade derjenige Durchmesser D, welcher die Curve D^3 in jenem Pole R_0 berührt.“ Da nun die innere Polare J^3 desselben Poles R_0 mit der Geraden G_∞ allemal die nämlichen drei Puncte gemein hat, wie die äussere A^3 (§ 13, II.), so muss auch sie die Gerade G_∞ in Q berühren; allein nach dem Früheren (§ 11) ist diese Berührung nur dadurch möglich, dass Q ein Doppelpunct der Curve J^3 ist. Daher kann man auch sagen:

„Der Ort desjenigen Poles R_0, dessen innere Polare J^3 nur einen einzigen Doppelpunct Q (oder insbesondere auch drei Doppelpuncte) hat,*) ist die Curve D^3, und der Ort des Doppel-

*) Soll die Polare J^3 zwei (und auch drei) Doppelpuncte haben, so muss sie aus $J^2 + S_2$ bestehen, somit der Ort ihres Poles die Curve P^{10} sein, und dann sind die Doppelpuncte die gegenseitigen Schnitte von J^2 und S_2, etwa $\mathfrak{Q}$ und $\mathfrak{Q}_1$. Dabei kann man fragen: „In welcher Curve, $\mathfrak{Q}^n$, liegen alle diese Doppelpuncte? Ist der Grad-Exponent, n, etwa gleich der Zahl derjenigen Pole P_x, welche zu Durchmessern D_t gehören? und sind die diesen Polen zugehörigen

punctes ist die Gerade G_∞." Bei denjenigen Polen $P_x (= R_0)$, deren innere Polaren aus $S_2 + J + J_1$ bestehen und somit drei Doppelpuncte haben, liegt nur einer der letzteren (der Schnitt von J und J_1) auf der Geraden G_∞; und bei denjenigen P_x, deren innere Polaren aus $J^2 + S_2$ bestehen, fallen die zwei Doppelpuncte in einen zusammen, der als ein Rückkehrpunct anzusehen ist und in G_∞ liegt.

„Liegt der Pol R_0 insbesondere in einem der drei Rückkehrpuncte $\mathfrak{r}$ der Curve D^3, so ist der ihm entsprechende Punct Q zugleich ein Wendepunct seiner Polare A^3 und ein Rückkehrpunct seiner Polare J^3, und zwar ist die Gerade G_∞ beziehlich die zugehörige Wende- und Rückkehrtangente."

Liegt ein Pol R in dem Doppeldurchmesser (Doppeltangente der D^3) D_2, so gehen seine beiden Polaren A^3 und J^3 durch die dem D_2 entsprechenden beiden Puncte Q_2 und Q_2^1 auf G_∞; und bewegt sich R längs D_2, so bleiben also zwei Paar Asymptoten der Polaren A^3 und J^3 sich selbst parallel, nämlich stets nach jenen Puncten Q_2 und Q_2^1 gerichtet.

§ 18.

Hat die Basis C^4 specielle Form, hat sie z. B. Doppel- oder Rückkehrpuncte, oder besteht sie aus Theilen, nämlich aus

$$1)\ C^3 + C^1;\quad 2)\ C^2 + C_1^2;\quad 3)\ C^2 + 2C^1;\quad 4)\ 4C^1,$$

so werden die vorigen Sätze und Eigenschaften (§ 17) auf entsprechende Weise verändert, sowie auch neue Sätze herbeigeführt. Eine umständliche Erörterung aller dieser Fälle würde hier zu weit führen; daher begnüge ich mich, nur Einiges kurz anzudeuten.

I. Besteht die Basis aus $C^2 + C_1^2$, d. h. aus irgend zwei gegebenen Curven zweiten Grades, so hat sie 4 Doppelpuncte, nämlich die gegenseitigen Schnittpuncte q, r, s, t von $C^2 + C_1^2$, und es tritt zunächst die Hauptänderung ein:

„Dass dabei die Curve P^{10} in zwei Theile $P^8 + P^2$ und ebenso die Curve S_2^9 in zwei Theile $S_2^6 + S_2^3$ zerfällt."

Es kann nämlich dabei die Doppelsehne S_2 von zweierlei Art sein. Sind a, b ihre Schnittpuncte mit C^2 und a_1, b_1 ihre Schnitte mit C_1^2, so können entweder

A. Die Sehnen ab und $a_1 b_1$ dieselbe Mitte P haben, wobei dann die Wechselsehnen paarweise gleich sind, $aa_1 = bb_1$, $ab_1 = ba_1$; oder

---

Doppelsehnen S_2 zugleich Asymptoten der Curve $\mathfrak{Q}^n$?" Diese unbekannte Curve $\mathfrak{Q}^n$ hat übrigens die 9 Pole P_3 gleichfalls zu dreifachen Puncten, wie die Curve P^{10}. Der Ort der Doppelpuncte aller inneren Polaren J^3 insgesammt besteht also aus $\mathfrak{Q}^n + G_\infty$.

B. Die Sehnen ab und a_1b_1 sind gleich, und ein Paar Wechselsehnen, aa_1 und bb_1 oder ab_1 und ba_1, hat dieselbe Mitte P und das andere Paar ist gleich.

Gemäss diesen zwei Arten Doppelsehnen zerfallen die beiden Ortscurven in die genannten Theile, welche, wie folgt, gewissermaassen selbständig auftreten.

1. „Im Falle (*A.*) ist der Ort des Poles P ein bestimmter Kegelschnitt P^2, und der Ort der Doppelsehne S_2 ist eine bestimmte Curve dritter Classe S_2^3 und vierten Grades, welche die Gerade G_∞ zur Doppeltangente (und drei Rückkehrpuncte $\mathfrak{r}$) hat.“ Oder anders ausgesprochen: „Der Ort der Transversale S_2, welche in den zwei gegebenen Kegelschnitten C^2, C_1^2 solche Sehnen ab, a_1b_1 bildet, welche die nämliche Mitte P haben, ist eine Curve dritter Classe S_2^3 und vierten Grades, und der Ort der Mitte P ist eine Curve zweiten Grades P^2.“ Zieht man in den gegebenen Kegelschnitten C^2 und C_1^2 irgend zwei parallele Durchmesser, etwa α und α_1, und ferner die ihnen conjugirten Durchmesser β und β_1: so treffen sich die letzteren allemal in irgend einem der Pole P, und die durch diesen mit den Durchmessern α und α_1 parallel gezogene Gerade ist die ihm zugehörige Doppelsehne S_2. Tritt der besondere Fall ein, dass die Durchmesser β und β_1 auch parallel werden, so sind alsdann α, α_1 der einen und β, β_1 der anderen Asymptote der Curve P^2 parallel. Zieht man durch einen beliebigen Punct drei Paar Gerade A und B, A_1 und B_1, X und X_1 beziehlich den Asymptoten der drei Kegelschnitte C^2, C_1^2, P^2 parallel, so sind

$$AXBX_1 \text{ und } A_1XB_1X_1$$

zugleich harmonisch; und wenn α und β, α_1 und β_1, x und x_1 die im Unendlichen liegenden Puncte derselben Kegelschnitte sind, so sind $\alpha x\beta x_1$ sowohl als $\alpha_1x\beta_1x_1$ harmonisch. — Die Curve P^2 schneidet jede der beiden gegebenen, etwa C^2, in denjenigen 4 Puncten P^0, bei welchen die zugehörige Tangente S_2^0 (an C^2) von der anderen gegebenen Curve C_1^2 in gleichen Abständen vom Puncte P^0 begrenzt wird, so dass $a_1P^0 = b_1P^0$ ist. Ferner geht die Curve P^2 durch die Mittelpuncte der gegebenen Curven C^2 und C_1^2, sowie durch die Mitten der 6 Seiten des vollständigen Vierecks $qrst$ und durch die drei Schnittpuncte, etwa $\mathfrak{a}$, $\mathfrak{b}$ und $\mathfrak{c}$, der drei Paar Gegenseiten desselben; demzufolge hat die Curve P^2 die drei Geraden, welche die Mitten der Gegenseiten verbinden, zu Durchmessern und deren gemeinsamen Schnittpunct zum Mittelpunct, so dass also ihr Mittelpunct im Schwerpunct der 4 Puncte q, r, s, t liegt. — Die Curve S_2^3 berührt die Gerade G_∞ in den nämlichen beiden Puncten x und x_1, in welchen letztere von der

Curve P^2 geschnitten wird; ferner berührt sie insbesondere die zwei Paar Asymptoten der gegebenen Curven C^2 und C_1^2 und auch jene zweimal 4 Tangenten S_2^0 derselben, sowie ferner die 6 Seiten des vollständigen Vierecks $qrst$ und die durch die Ecken des Dreiecks $\mathfrak{abc}$ den Gegenseiten desselben parallel gezogenen drei Geraden.

Die angegebenen Eigenschaften haben noch eine weitere Ausdehnung. Denkt man sich den durch C^2 und C_1^2 bestimmten Kegelschnitt-Büschel, $B(C^2)$, mit den 4 Grundpuncten q, r, s und t, d. h. alle Kegelschnitte, welche mit den beiden gegebenen die nämlichen vier (reellen oder imaginären) Puncte q, r, s, t gemein haben; so kann man sagen: „Die Curve P^2 sei zugleich der Ort der Mittelpuncte aller dieser Kegelschnitte $B(C^2)$, so dass jeder Pol P allemal zugleich der Mittelpunct irgend eines derselben ist, und auch umgekehrt.“ Und: „Die Curve S_2^3 sei zugleich der Ort der Asymptoten aller dieser Kegelschnitte $B(C^2)$, so dass jede Doppelsehne S_2 zugleich eine Asymptote irgend eines derselben ist, und auch umgekehrt.“ Und zwar ist dabei der jedesmalige Pol P nicht allein die Mitte der Sehnen ab, a_1b_1 der beiden gegebenen Kegelschnitte C^2 und C_1^2, sondern er ist die gemeinsame Mitte aller Sehnen, welche die zugehörige S_2 mit sämmtlichen Kegelschnitten $B(C^2)$ bildet, und welche in stetiger Folge alle Grössen, von 0 bis ∞, enthalten. Nämlich unter den Kegelschnitten giebt es jedesmal einen, etwa C_2^2, welcher die S_2 in P berührt, dessen Sehne a_2b_2 somit gleich 0 ist; ferner einen anderen, etwa C_n^2, welcher S_2 zur Asymptote hat, dessen Sehne somit gleich ∞ wird; und dazwischen liegen alle anderen (reellen) Sehnen. Der Mittelpunct des letzteren Kegelschnittes C_n^2 ist derjenige Pol $P_n (=P)$, in welchem S_2 die Curve P^2 zum zweiten Mal schneidet. Werden in allen Kegelschnitten, $B(C^2)$, nach irgend einer Richtung parallele Durchmesser α, α_1, α_2, ... gezogen, so treffen sich die ihnen conjugirten Durchmesser β, β_1, β_2, ... sämmtlich in irgend einem Pol P, und auch umgekehrt. Bei demjenigen Kegelschnitte, etwa C_m^2, welcher den jedesmaligen Pol P zum Mittelpunct hat, fällt der Durchmesser α_m auf S_2 und dessen conjugirter β_m auf die Tangente der Curve P^2 im Pol P. Also: „Diejenigen Durchmesser α_m in allen Kegelschnitten $B(C^2)$, deren conjugirte β_m die Curve P^2 berühren, sind zugleich die gesammten Asymptoten derselben Kegelschnitte und umhüllen die Curve S_2^3;“ und ebenso: „Die Tangenten (S_2^0) aller Kegelschnitte $B(C^2)$ in denjenigen Puncten, in welchen sie von ihrer Mittelpuncts-Curve P^2 geschnitten werden, sind die nämlichen Asymptoten und umhüllen dieselbe Curve.“ — Unter $B(C^2)$ befinden sich im Allgemeinen zwei Parabeln; dieselben berühren die Curve S_2^3 in den vorgenannten Puncten x und x_1, und ihre Axen sind den

Asymptoten der Curve P^2 parallel. — Die Asymptoten jedes Kegelschnittes des $B(C^2)$ sind irgend einem Paar conjugirter Durchmesser der Curve P^2 parallel, und auch umgekehrt. U. s. w.

Da die drei Paar Gegenseiten des Vierecks $qrst$ als specielle Kegelschnitte mit zum $B(C^2)$ gehören, so finden die angegebenen Eigenschaften mit einiger Modification auch für dieselben allein Anwendung, wodurch man mehrere, theils bekannte Sätze über das vollständige Viereck erhält.

2. „Im Falle (B.) ist der Ort des Poles P eine Curve achten Grades, P^8, und zweiundzwanzigster Classe, und der Ort der Doppelsehne S_2 ist eine Curve sechster Classe, S_2^6, und achtzehnten Grades.“ Oder bestimmter gesprochen: „Der Ort derjenigen Transversale S_2, welche in zwei gegebenen Kegelschnitten C^2 und C_1^2 gleiche Sehnen, $ab = a_1b_1$, bildet, ist eine Curve sechster Classe und achtzehnten Grades, und der Ort des gemeinschaftlichen Schwerpunctes P beider Sehnen ist eine Curve achten Grades und zweiundzwanzigster Classe.“ Von beiden Curven sind unter anderen folgende nähere Eigenschaften anzugeben.

Die Curve P^8 hat die 4 Schnitte q, r, s, t von C^2 und C_1^2 zu dreifachen Puncten; zudem hat sie noch 5 bestimmte Puncte p zu Doppelpuncten, welche zugleich in der vorigen Curve P^2 (1.) liegen, so dass also diese 5 Puncte und jene 4 Schnitte zusammen die obigen 9 Pole P_3 (§ 17) vertreten. Die Curve P^8 geht auch durch die Mitten der 6 Seiten des vollständigen Vierecks $qrst$, schneidet sich also daselbst mit der Curve P^2, was mit jenen $5p$ zusammen die volle Zahl gemeinschaftlicher Puncte beider Curven ausmacht. Ferner geht die Curve P^8 durch die Mitten der 4 gemeinschaftlichen Tangenten der gegebenen Curven C^2 und C_1^2 und berührt diese in ihren im Unendlichen liegenden Puncten α und β, α_1 und β_1, so dass sie mit denselben die zwei Paar Asymptoten gemein hat. Ihre übrigen 4 gemeinschaftlichen Puncte mit der Geraden G_∞ bestehen aus zwei Paaren, y und y_1, z und z_1, welche durch jene zwei Paare α und β, α_1 und β_1 ebenso bestimmt werden, wie oben, nämlich dass

$$\alpha y \alpha_1 y_1 \text{ und } \beta y \beta_1 y_1; \ \alpha z \beta_1 z_1 \text{ und } \alpha_1 z \beta z_1$$

harmonisch sind. Und gleicherweise werden die Richtungen der zugehörigen Asymptoten durch die obige Construction (§ 17) gefunden.

Die Curve S_2^6 hat die Gerade G_∞ zur vierfachen Tangente und berührt sie in den nämlichen 4 Puncten y, y_1, z und z_1, in welchen dieselbe von der Curve P^8 geschnitten wird. Die Curve S_2^6 berührt insbesondere auch die 6 Seiten des vollständigen Vierecks $qrst$, sowie die vier gemeinschaftlichen Tangenten der gegebenen Curven C^2 und C_1^2; und diese Curven selbst berührt sie in deren unendlich entfernten Puncten α und β, α_1 und

β_1 vierpunctig, hat somit deren Asymptoten mit ihnen gemein, und zwar ist jede dieser Asymptoten für 4 gemeinschaftliche Tangenten der betreffenden Curven zu zählen, so dass also alle 12 Tangenten angegeben sind, welche S_2^6 mit C^2 oder C_1^2 gemein hat. Von den 18 Puncten, welche die Curve S_2^6 mit der Geraden G_∞ gemein hat, sind bereits 12 angegeben, nämlich die 4 Berührungspuncte y, y_1, z und z_1, doppelt gezählt, und die 4 Puncte α, β, α_1 und β_1; die noch fehlenden 6 Puncte werden ähnlicherweise bestimmt, wie oben die 18 Puncte Q_0 (§ 17).

II. Besteht die Basis aus $4C^1$, d. h. aus vier beliebigen Geraden, etwa A, B, C und D, so bilden dieselben ein vollständiges Vierseit $ABCD$, dessen 6 Ecken als Doppelpuncte der Basis anzusehen sind. Dabei treten noch grössere Aenderungen ein, als vorhin, und zwar der Art:

„Dass dabei die Curve P^{10} aus drei Kegelschnitten P^2 und aus den gegebenen 4 Geraden selbst und die Curve S_2^9 aus drei verschiedenen Curven S_2^3 besteht."

Nämlich es sind hier dreierlei Doppelsehnen zu unterscheiden. Werden die Schnittpuncte der Transversale S_2 mit den Geraden A, B, C, D beziehlich durch a, b, c, d bezeichnet, so sind folgende drei Fälle möglich; entweder haben:

α) die Sehnen ab und cd, oder
β) die Sehnen ac und bd, oder
γ) die Sehnen ad und bc

die nämliche Mitte P. Werden ferner die drei Paar Gegenecken des Vierseits $ABCD$, nämlich AB und CD, AC und BD, AD und BC beziehlich durch e und e_1, f und f_1, g und g_1, sowie dessen Diagonalen ee_1, ff_1, gg_1 durch E, F, G, deren Mitten durch e_0, f_0, g_0 und deren gegenseitigen Schnittpuncte EF, EG, FG durch $\mathfrak{g}$, $\mathfrak{f}$, $\mathfrak{e}$ bezeichnet, so lassen sich die drei Fälle auf die drei einfachen Vierecke beziehen, welche in dem vollständigen Vierseit $ABCD$ enthalten sind, und dadurch folgendermassen bestimmter unterscheiden.

a. Dem Falle (α.) entspricht das Viereck fgf_1g_1, welches A und B, C und D zu Gegenseiten und F, G zu Diagonalen hat.

b. Dem Falle (β.) entspricht das Viereck ege_1g_1, welches A und C, B und D zu Gegenseiten und E, G zu Diagonalen hat.

c. Dem Falle (γ.) entspricht das Viereck efe_1f_1, welches A und D, B und C zu Gegenseiten und E, F zu Diagonalen hat.

Nach dieser Beziehung wird, wie man sieht, die Doppelsehne S_2 durch die zwei einfachen Sehnen zwischen den beiden Paar Gegenseiten des betreffenden Vierecks bestimmt, und demgemäss zerfallen die beiden Ortscurven in die genannten Theile, und zwar, wie folgt:

„In Rücksicht jedes der drei einfachen Vierecke fgf_1g_1, ege_1g_1 und efe_1f_1, für sich betrachtet, ist der Ort des Poles P

die nämliche Curve P^2, in welcher die Mittelpuncte des dem Viereck umschriebenen Kegelschnitt-Büschels $B(C^2)$ liegen, und der Ort der zugehörigen Doppelsehne S_2 ist die nämliche Curve S_2^3, welche von den gesammten Asymptoten derselben Kegelschnitte umhüllt wird. Jede der drei Curven S_2^3 hat die Gerade G_∞ zur Doppeltangente und berührt sie in den nämlichen Puncten, in welchen dieselbe von der zugehörigen Curve P^2 geschnitten wird.“ Ueberhaupt verhalten sich die jedesmaligen beiden Curven P^2 und S_2^3 zu dem zugehörigen Viereck gerade ebenso, wie vorhin (I, 1.) die gleichbenannten Curven zu dem Viereck *qrst*. Nur ein Umstand betreffend das Verhalten der drei Curven P^2 gegen einander mag hier noch besonders hervorgehoben werden. Zu diesem Zwecke unterscheide man die $3P^2$ nach den Schnittpuncten der Diagonalen der respectiven Vierecke durch $P_\mathfrak{e}^2$, $P_\mathfrak{f}^2$ und $P_\mathfrak{g}^2$. Alsdann findet (ausserdem, dass jede dieser Curven durch die Mitten der 4 Seiten und durch den Schnitt der Diagonalen des zugehörigen Vierecks geht) Folgendes statt:

a^0. Die Curve $P_\mathfrak{e}^2$ geht durch die Mitten f_0, g_0 der Diagonalen des Vierecks fgf_1g_1, sowie durch die Schnitte e, e_1 seiner zwei Paar Gegenseiten, welche zugleich ein Paar Gegenecken des vollständigen Vierseits $ABCD$ sind; ihr Mittelpunct liegt in der Mitte der Geraden f_0g_0 und ist der Schwerpunct der vier Ecken f, g, f_1, g_1.

b^0. Die Curve $P_\mathfrak{f}^2$ geht durch die Mitten e_0, g_0 der Diagonalen des Vierecks ege_1g_1 und durch die Schnitte f, f_1 seiner Gegenseiten; ihr Mittelpunct liegt in der Mitte der Geraden e_0g_0, etc.

c^0. Die Curve $P_\mathfrak{g}^2$ geht durch die Mitten e_0, f_0 der Diagonalen und durch die Schnitte g, g_1 der Gegenseiten des Vierecks efe_1f_1; ihr Mittelpunct liegt in der Mitte der Geraden e_0f_0.

Demnach gehen die drei Curven $P_\mathfrak{e}^2$, $P_\mathfrak{f}^2$, $P_\mathfrak{g}^2$ zusammen durch alle 6 Ecken des gegebenen vollständigen Vierseits $ABCD$, jede durch ein Paar Gegenecken e und e_1, f und f_1, g und g_1; zudem schneiden sie einander paarweise in den Mitten g_0, f_0, e_0 der drei Diagonalen desselben und haben die Abstände dieser drei Mitten von einander zu Durchmessern (g_0f_0, g_0e_0, f_0e_0); und da nun diese drei Mitten bekanntlich in einer Geraden liegen, so liegen also auch die Mittelpuncte der drei Curven in derselben Geraden. — Durch die drei Puncte, etwa $3p$, in welchen sich irgend zwei der drei Curven ausserdem noch schneiden, muss nothwendig auch die dritte Curve gehen, und die Puncte haben die besondere Eigenschaft, dass jedem drei Doppelsehnen S_2 zugehören. Diese 3 Puncte p und die 6 Ecken $efge_1f_1g_1$ des gegebenen Vierseits $ABCD$ vertreten zusammen die obigen 9 Pole P_3 (§ 17). Unter den 11 Räumen, in welche die Ebene durch die vier Geraden A, B, C, D getheilt wird, befinden sich im Allgemeinen drei ganz begrenzte, nämlich zwei Dreiecke und ein Viereck; in jedem dieser drei Räume liegt einer der drei Pole p. Dieselben vier Geraden, zu je drei genommen, bilden vier Dreiecke. Die Ecken und der Schwerpunct jedes dieser Dreiecke liegen mit den drei Polen p zusammen in irgend einem Kegelschnitte. Jeder dieser vier Kegelschnitte ist nebstdem dadurch bestimmt, dass seine Tangenten in den Ecken des Dreiecks durch die Mitten derjenigen Strecken gehen, welche von den die Ecken bildenden Geraden (Seiten) auf der jedesmaligen vierten Geraden begrenzt werden; z. B. bei dem durch B, C, D gebildeten Dreieck $e_1 f_1 g_1$ gehen die Tangenten des zugehörigen Kegelschnittes in den Ecken e_1, f_1, g_1 beziehlich durch die Mitten der Strecken fg, eg, ef auf der Geraden A.

Da für jeden der oben betrachteten Pole P die innere Polare J^3 in Bezug auf das jedesmalige einfache Viereck aus $J^2 + S_2$ besteht, so kann man sagen: „Soll ein Punct in der Ebene eines gegebenen einfachen Vierecks die Eigenschaft haben, dass die 8 Endpuncte der durch ihn zwischen je zwei auf einander folgenden Seiten des Vierecks gezogenen vier Sehnen S in irgend einem Kegelschnitte J^2 liegen, so muss er ein Pol P sein, oder so ist sein Ort die nämliche obige Curve P^2. Und werden durch denselben Punct ferner zwischen jeder Seite und jeder der beiden Diagonalen gleicherweise die durch den Punct gehälfteten Sehnen S gezogen, was 8 neue Sehnen giebt, so liegen die 24 Endpuncte aller 12 einfachen Sehnen S in irgend einer Curve vierten Grades J^4, welche P zum Mittelpunct hat."

§ 19.

In wiefern das Zerfallen der inneren Polaren auch bei den Basen höheren Grades stattfindet, welche Umstände dabei obwalten, und welche Eigenschaften und Sätze sich daraus ergeben, habe ich nicht untersucht; nur über die Basis fünften Grades habe ich einen flüchtigen Versuch gemacht und nebstdem den Ort der Doppelsehnen für jede Basis bestimmt, wobei sich unter anderen folgende Resultate herausstellten.

Ist die Basis eine allgemeine Curve fünften Grades, C^5, so kann die innere Polare J^4 irgend eines Poles P möglicherweise entweder

1) aus $J^3 + S_2$,
2) aus $J^2 + 2S_2$,
3) aus $4S_2$;

oder

4) aus $J^2 + J_1^2$

bestehen. Nun zeigt sich zunächst, dass hierbei der Ort des Poles P nicht gleicherweise eine Curve sein kann, wie bei den vorhergehenden Beispielen, sondern dass vielmehr den drei ersten Fällen nur eine bestimmte Anzahl Pole entsprechen, und dass namentlich der Fall (3.) nur unter besonderen Umständen vorkommt.

Soll z. B. der Fall (1.) eintreten, so muss nothwendigerweise der Pol P in der Basis C^5 selbst liegen, und zwar muss er einerseits nicht nur die Mitte, sondern zugleich der fünfte Schnitt der Doppelsehne S_2 mit der Basis, und andererseits der Mittelpunct der durch ihn gehenden Curve J^3 sein, wobei sodann in Rücksicht derjenigen unter den zugehörigen 10 Sehnen S, welche auf die Tangente der Basis fällt, und deren Endpuncte im Berührungspuncte, in P, vereint liegen, der eine dieser Endpuncte als in S_2 und der andere als in J^3 liegend anzusehen ist, so dass also die Curve J^3 ausserdem noch durch die 14 Endpuncte von 7 anderen Sehnen S geht, und die beiden übrigen Sehnen in S_2 liegen. Da nun offenbar nicht jeder Punct in der Basis diese Eigenschaft haben kann, so ist klar, dass der genannte Fall nur für einzelne bestimmte Pole eintreten wird. Die Anzahl dieser Pole wird durch folgenden Satz bedingt:

„Der Ort aller Doppelsehnen S_2, welche in der gegebenen Basis C^5 überhaupt möglich sind, ist eine Curve fündundvierzigster Classe, S_2^{45}, und der Ort ihrer Mitten, P, ist höchstens eine Curve fünfundvierzigsten Grades, P^{45}."

Demnach können also dem Falle (1.) nur solche Pole genügen, welche gemeinschaftliche Puncte der beiden Curven C^5 und P^{45} sind, und somit kann es höchstens $5.45 = 225$ solche Pole geben. Darin sind nun aber auch die beiden Fälle (2.) und (3.) mit inbegriffen, wie leicht zu sehen, und es bleibt zu entscheiden, in wiefern dieselben möglich sind oder nicht; denn der Fall (2.) erfordert, dass der Pol P zugleich ein Doppelpunct der Curve P^{45} sein muss, der Fall (3.) dagegen erheischt, dass der Pol ein solcher Punct der Basis C^5 sein muss, in welchem dieselbe von der zugehörigen Tangente vierpunctig berührt wird, oder dass er ein Doppelpunct derselben sein muss; so dass also dieser Fall im Allgemeinen gar nicht vorkommt.

Hieraus ergiebt sich durch Umkehrung und Projection der folgende Satz:

„Zieht man durch einen Wendepunct $\mathfrak{P}$ einer beliebigen gegebenen Curve dritten Grades $\mathfrak{J}^3$ irgend 7 Secanten $\mathfrak{S}$, welche dieselbe in 14 neuen Puncten schneiden, so geht jede durch diese 14 Puncte gelegte Curve fünften Grades $\mathfrak{C}^5$ nothwendig auch durch jenen Wendepunct; oder jede $\mathfrak{C}^5$, welche durch irgend 14 der genannten 15 Puncte geht, geht allemal auch durch den fünfzehnten." Auch giebt es dabei in jeder Curve $\mathfrak{C}^5$ eine solche durch $\mathfrak{P}$ gehende Secante $\mathfrak{S}_2$, von welcher sie in zwei Paar Puncten a und a_1, b und b_1 geschnitten wird, die beide zu $\mathfrak{P}$ und dem Schnitte, etwa $\mathfrak{Q}$, der $\mathfrak{S}_2$ mit der Harmonischen H (§ 11) von $\mathfrak{P}$ in Bezug auf die Curve $\mathfrak{J}^3$ zugeordnet harmonisch sind, d. h. sowohl $a\mathfrak{P}a_1\mathfrak{Q}$ als $b\mathfrak{P}b_1\mathfrak{Q}$ sind harmonisch.

Dass weiter auch der Fall (4.) bei einer allgemeinen Basis C^5 vorkommen kann, geht umgekehrt daraus hervor, dass man durch die 10 Endpuncte von 5 beliebigen Durchmessern eines gegebenen Kegelschnittes J^2 immerhin eine solche Curve legen kann, ohne dass dieselbe etwas von ihrer Allgemeinheit einbüsst; aber alsdann muss deren innere Polare, welche dem Mittelpuncte P von J^2 entspricht, nothwendig aus diesem Kegelschnitte und aus irgend einem anderen mit ihm concentrischen Kegelschnitte J_1^2 bestehen. Es wäre daher zu untersuchen: „Ob der Fall (4.) auch nur für einzelne bestimmte Pole eintrete, oder ob für ihn der Ort des Poles P irgend eine Curve sei und welche?“ — Bei diesem Falle kann sich möglicherweise auch das ereignen, dass für irgend einen Pol fünf Doppelsehnen S_2 entstehen, deren Endpuncte jedoch immerhin in $J^2+J_1^2$ liegen; ein solcher Pol würde alsdann ein fünffacher Punct der Curve P^{45} sein.

Uebrigens lässt sich der Ort der Doppelsehnen allgemein für jede beliebige Basis angeben, nämlich:

„Der Ort aller Doppelsehnen S_2, welche in einer gegebenen allgemeinen Curve m^{ten} Grades überhaupt möglich sind, ist eine Curve von der $\frac{3}{8}m(m-1)(m-2)(m-3)^{\text{ten}}$ Classe.“

§ 20.

Ausser der gleich Anfangs namhaft gemachten Eigenschaft der beiden Polaren A^{m-1} und J^{m-1} jedes Poles P in Bezug auf eine gegebene Basis C^m (§ 13, II.) wären nun noch andere gegenseitige Beziehungen beider Polaren, sowie auch das Verhalten der inneren Polare J^{m-1} zu anderen, mit ihr in Verbindung stehenden Curven zu erforschen. Ich habe darüber ebenfalls nur einen schwachen Versuch gemacht, der indessen doch schon einige nicht ganz uninteressante Resultate geliefert hat, wie aus dem Folgenden erhellen wird. Eine vollständigere Behandlung dieses Gegenstandes überlasse ich Anderen.

I. Ist die gegebene Basis eine Curve dritten Grades, C^3, so gehen durch jeden beliebigen Pol P drei Sehnen S oder aa_1, bb_1 und cc_1, deren 6 Endpuncte, die fortan alle durch a bezeichnet werden sollen, also deren 6 Endpuncte a in der Polare J^2 liegen. Die Basis wird von jeder der drei Sehnen noch in irgend einem dritten Puncte geschnitten, beziehlich α, β und γ, oder wenn jeder dieser Schnitte durch α bezeichnet wird, so wird sie von den $3S$ noch in 3 Puncten α geschnitten.

„Die 3 Puncte α liegen allemal in irgend einer Geraden, etwa R." Und: „Diese Gerade R ist jedesmal eine (reelle oder ideelle) gemeinschaftliche Secante der beiden Polaren A^2 und J^2 des zugehörigen Poles P in Bezug auf die Basis C^3, so dass also die Geraden G_∞ und R immer ein Paar sich entgegenstehende gemeinschaftliche Secanten der beiden Polaren sind." Ferner: „Die Gerade R ist stets der zweiten äusseren Polare A^1 desselben Poles in Bezug auf die Basis parallel." Liegt der Pol P insbesondere in der Basis selbst, so fallen R und A^1 auf die zugehörige Tangente.

Soll die Gerade R durch irgend einen in der Basis C^3 gegebenen Punct α gehen, so ist der Ort des ihr entsprechenden Poles P eine Curve dritten Grades, etwa P^3_α, welche in α einen Doppelpunct und mit der Basis deren im Unendlichen liegende drei Puncte a_∞ gemein und folglich mit derselben parallele Asymptoten hat. Und soll die Gerade R durch zwei in der Basis gegebene Puncte α und β gehen, wodurch sie und auch ihr dritter Schnitt γ mit der Basis bestimmt ist, so entsprechen ihr noch 6 verschiedene Pole P, in welchen nämlich die den Puncten α, β und γ entsprechenden Ortscurven P^3_α, P^3_β und P^3_γ ausser in jenen drei Puncten a_∞ einander schneiden, und welche somit in irgend einem Kegelschnitte liegen (weil die $3a_\infty$ sich in G_∞ befinden); und zwar ist dieser Kegelschnitt zugleich die erste äussere Polare, etwa A^2_r, des nach der Richtung der Geraden R im Unendlichen liegenden Punctes r_∞ in Bezug auf die Basis. Die zweiten Polaren, A^1, der 6 Pole P sind alle der Geraden R parallel. Wird die Gerade R sich selbst parallel bewegt, so ändern sich zwar die drei Ortscurven P^3_α, P^3_β und P^3_γ und mit ihnen zugleich auch ihre 6 Schnitte oder Pole P; aber der Kegelschnitt A^2_r, in welchem die letzteren liegen, bleibt unveränderlich fest.

Soll die Polare J^2 durch einen in der Basis gegebenen Punct a gehen, so ist der Ort des zugehörigen Poles P ebenso irgend eine Curve dritten Grades, P^3_a, welche die Basis in a berührt, ihr ähnlich und mit ihr ähnlichliegend ist, also mit ihr parallele Asymptoten oder die drei Puncte a_∞ gemein hat. Und soll J^2 durch zwei in der Basis gegebene Puncte a und b gehen, so entsprechen ihr noch 6 verschiedene Pole P, in welchen die Ortscurven P^3_a und P^3_b ausser in den $3a_\infty$ einander schneiden, und welche somit in irgend einem Kegelschnitte liegen; und namentlich ist die Mitte der Geraden ab einer dieser 6 Pole. Daraus schliesst man den folgenden speciellen Satz:

„Ueber einer gegebenen Grundlinie ab, deren Endpuncte

in einer gegebenen Curve dritten Grades C^3 liegen, lassen sich dieser Curve im Allgemeinen fünf verschiedene Parallelogramme einschreiben; und dabei liegen die fünf Puncte, in denen die Diagonalen der einzelnen Parallelogramme sich kreuzen, mit der Mitte der gemeinsamen Grundlinie zusammen in irgend einem Kegelschnitte.“ Oder anders ausgesprochen: „Zu jeder Sehne ab in einer gegebenen Curve dritten Grades giebt es im Allgemeinen fünf andere Sehnen, die ihr gleich und parallel sind. Die Mitten solcher sechs Sehnen liegen allemal in irgend einem Kegelschnitt.“ Dieser Satz umfasst, wofern man die Sehne ab unendlich klein werden oder in eine Tangente übergehen lässt, auch den bekannten Satz: „Dass die Tangenten einer Curve C^3 zu 6 und 6 parallel sind, und dass die Berührungspuncte von je 6 solchen Tangenten in einem Kegelschnitte liegen, nämlich in der ersten Polare A_0^2 des nach der Richtung der Tangenten im Unendlichen liegenden Punctes.“ — Hierbei bleiben noch viele Fragen zu erledigen, wie z. B. folgende. Zu jeder Sehne ab gehören 6 Pole P, und diesen entsprechen 6 Gerade R: welche Eigenschaft haben diese 6 R? Der durch die $6P$ gehende Kegelschnitt heisse P^2, und der durch die Mitte von ab und durch die Mitten der mit ihr zusammengehörigen 5 Sehnen gehende Kegelschnitt heisse A_1^2; diese zwei Kegelschnitte berühren sich in der Mitte von ab, sind ähnlich und ähnlichliegend, und ihre entsprechenden Dimensionen verhalten sich wie 1:2. Wird nun die Sehne ab sich selbst parallel bewegt, so entsteht eine Schaar Kegelschnitte P^2, $S(P^2)$, und ebenso eine $S(A_1^2)$: welche Eigenschaft haben diese Kegelschnittschaaren? Und wenn man der Sehne ab nach einander alle Richtungen giebt: welche Beziehung haben dann alle $S(P^2)$ oder alle $S(A_1^2)$ zu einander? Unter jeder $S(A_1^2)$ befindet sich die vorgenannte Polare A_0^2, und alle A_0^2 bilden einen Büschel, $B(A_0^2)$. U. s. w.

II. Ist die Basis vom vierten Grad, C^4, so gehen durch jeden Pol P im Allgemeinen 6 Sehnen S, deren 12 Endpuncte a in der Polare J^3 liegen, die durch den Pol geht und ihn zum Mittel- und Wendepunct hat. Jede Sehne S schneidet die Basis ausser in den $2a$ in noch zwei anderen Puncten α, so dass im Ganzen 12 Puncte α vorhanden sind. Auch die Curve J^3 wird von jeder Sehne S noch in einem dritten Puncte, etwa p, geschnitten, aber alle 6 Puncte p liegen im Pol P.

„Die 12 Puncte α liegen allemal in irgend einer Curve dritten Grades, etwa R^3, welche auch durch den Pol P geht, ihn zum Wendepunct und zwar in demselben mit der Polare J^3 die Wendetangente, $\mathfrak{W}$, gemein hat, so dass also beide Curven einander daselbst dreipunctig berühren, und dass folglich ihre übrigen 6 gemeinschaftlichen Puncte, etwa $6q$, in irgend einem Kegelschnitte Q^2 liegen." — Die beiden Polaren A^3 und J^3 desselben Poles P haben mit der Geraden G_∞ die nämlichen drei Puncte, etwa $3q_\infty$, gemein, und daher liegen ihre übrigen 6 gemeinschaftlichen Puncte, q_1, ebenfalls in irgend einem Kegelschnitte Q_1^2 (§ 13, II.). Jene drei Puncte q_∞ sind zugleich die Berührungspuncte der Curve J^3 mit ihren drei Asymptoten, und die Gerade G_∞ ist die Harmonische ihres Wendepunctes P (§ 11). In Rücksicht der Curve R^3 bezeichne man die Harmonische ihres Wendepunctes P durch H; dieselbe geht ebenso durch die drei Berührungspuncte, etwa $3h$, der aus P an R^3 gelegten drei Tangenten (§ 11); „und durch diese 3 Puncte geht gleicherweise auch die Polare A^3, so dass die übrigen 6 gemeinschaftlichen Puncte, q_2, der beiden Curven R^3 und A^3 gleichfalls in irgend einem Kegelschnitte Q_2^2 liegen." Hieraus ist ersichtlich: „Dass in projectivischer Hinsicht die beiden Curven J^3 und R^3 sich gegen die Polare A^3 (sowie auch gegen die Basis C^4) völlig gleich verhalten, so dass sie ihre scheinbar verschiedene Rolle durch Projection (wobei H ins Unendliche kommt) vertauschen oder gänzlich verlieren und gegen A^3 und C^4 eine völlig gleiche Stellung einnehmen können." [Hierbei entsteht die Frage: Ob nicht die von jedem Pol P abhängigen drei Curven, nämlich die beiden Polaren A^3, J^3 und die Curve R^3, alle durch dieselben 6 Puncte q gehen, welche in einem Kegelschnitte Q^2 liegen? Oder wenn dies nicht der Fall ist: Welche Beziehung alsdann die genannten 3 Kegelschnitte Q^2, Q_1^2 und Q_2^2 zu einander haben? und welche Beziehung ferner die zweite Polare A^2 des nämlichen Poles in Bezug auf die Basis (d. i. die erste Polare in Bezug auf A^3) zu denselben habe?] Es findet weiter Folgendes statt: „Die Harmonische H des Wendepunctes P der Curve R^3 ist stets der dritten Polare A_1 desselben Punctes in Bezug auf die Basis parallel." Daher geht die dem Puncte h_∞, der nach der Richtung von H im Unendlichen liegt, entsprechende erste Polare A_h^3 in Bezug auf die Basis jedesmal durch den Pol P; und umgekehrt: für alle in dieser Polare A_h^3 liegenden Pole P sind die ihnen in Rücksicht der zugehörigen Curven R^3 entsprechenden Harmonischen H sämmtlich parallel, nämlich alle nach dem Puncte h_∞ gerichtet; oder jedes System paralleler Geraden in der Ebene sind als solche Harmonische H anzusehen, deren zugehörige Pole P in derjenigen ersten Polare liegen, welche dem nach der Richtung der Geraden im Unendlichen gedachten Puncte entspricht. [Frage: Ist nicht die den Curven J^3 und R^3 gemeinsame Wendetangente $\mathfrak{W}$ im Pol P mit den dem letzteren entsprechenden, vorgenannten Geraden H und A^1 parallel? und wenn es so ist: wie verhalten sich dann die Abstände der drei Geraden H, A^1 und $\mathfrak{W}$ von einander? liegt etwa $\mathfrak{W}$ in der Mitte zwischen den beiden anderen, so dass alsdann die vier Geraden $H\mathfrak{W}A^1G_\infty$ harmonisch sind?]

„Liegt der Pol P in der Basis C^4 selbt, so zerfällt R^3 in R^2+R, und zwar ist die Gerade R die Tangente der Basis im Pol P, somit zugleich die Wendetangente der Polare J^3 daselbst (§ 14, I, 1); und der Kegelschnitt R^2 berührt die Basis in P dreipunctig.“ Nämlich von den obigen 12 Puncten α fallen hierbei 5 in P, und von denselben kommen 2 auf die Berührung von R und C^4 und die 3 anderen auf die Berührung von R^2 und C^4. „Ist der Pol P insbesondere ein Wendepunct der Basis, so zerfällt auch noch der Kegelschnitt R^2 in zwei Geraden, $\mathfrak{W}+\mathfrak{R}$, nämlich in die zugehörige Wendetangente $\mathfrak{W}$ der Basis und in irgend eine andere Gerade $\mathfrak{R}$, und da auch schon R auf der Tangente liegt, so muss also in diesem Falle R^3 aus der doppelten Wendetangente $\mathfrak{W}$ und aus einer (nicht durch P gehenden) Geraden $\mathfrak{R}$ bestehen.“ „Ist ferner der Pol insbesondere einer jener 32 Schnitte P^0 der Basis und der obigen Curve P^{10} (§ 17), so besteht R^3 wiederum aus der doppelten zugehörigen Tangente S_2^0 (§ 17) und aus irgend einer Geraden $\mathfrak{R}$.“ Nämlich von den 12 Puncten α fallen hier 6 in P, zwei andere sind die äusseren Endpuncte von S_2^0, und die vier übrigen liegen in der Geraden $\mathfrak{R}$. „Bei diesen beiden besonderen Fällen ist die Gerade $\mathfrak{R}$ der jedesmaligen Tangente $\mathfrak{W}$ oder S_2^0 der Basis, welche zugleich die dritte Polare des Poles in Bezug auf die Basis ist, parallel.“

„Liegt der Pol P in der Curve P^{10}, wobei die Polare J^3 aus J^2+S_2 besteht (§ 17), so zerfällt auch die Curve R^3 in R^2+S_2, so dass also in diesem Falle J^3 und R^3 die Doppelsehne S_2 zum gemeinsamen Bestandtheil haben; ferner ist dabei die Polare des Poles P in Bezug auf den Kegelschnitt R^2, etwa R^1, mit der dritten Polare A^1 desselben Pols in Bezug auf die Basis parallel; und zwar sind beide, R^1 und A^1, mit der Doppelsehne S_2 parallel.“

III. Bei der Basis C^5 gehen durch jeden Pol P je 10 Sehnen S, deren 20 Endpuncte a in der Polare J^4 liegen, die den Pol zum Mittelpunct hat. Nun wird die Basis von den 10 S in noch $10.3 = 30$ anderen Puncten α und die Polare J^4 wird von denselben in noch $10.2 = 20$ neuen Puncten a_1 geschnitten, und zwar sind die letzteren ebenso paarweise Gegenpuncte in Rücksicht des Mittelpunctes P, wie jene 20 Puncte a.

„Durch die 30 Puncte α können unzählige Curven sechsten Grades, R^6, gehen." Jede solche Curve schneidet die $10S$, ausser in den 30α, in $10.3 = 30$ neuen Puncten α_1.

„Solche 30 Puncte α_1 liegen jedesmal mit jenen festen 20 Puncten a_1 zusammen in irgend einer Curve fünften Grades, etwa C_1^5." Demnach gehen durch die 20 Puncte a_1 gerade ebenso viele Curven C_1^5, wie durch jene 30 Puncte α Curven R^6 möglich sind; mittelst der 30 Puncte α_1 bestimmen sie einander gegenseitig, so dass jeder durch die 30α gehenden Curve R^6 eine durch die $20a_1$ gehende bestimmte Curve C_1^5 entspricht, und auch umgekehrt. Die Curve R^6 hat zu der ihr entsprechenden Curve C_1^5 und zu der Basis C^5 völlig gleiche Beziehung. Die inneren Polaren des Poles P in Bezug auf die Curven C^5 und C_1^5 sind eine und dieselbe Curve J^4. Aus einem früheren Satze (§ 14. II, 2) kann man schliessen: Dass durch die 25 gemeinschaftlichen Puncte der beiden Curven C^5 und C_1^5 allemal noch eine solche dritte Curve gleichen Grades, etwa C_0^5, geht, welche den Pol P zum Mittelpunct und somit zugleich zum Wendepunct hat. Und dass ferner, wenn man sich zwischen denselben zwei Curven C^5 und C_1^5 die durch den Pol P gehenden 25 Wechselsehnen bb_1 denkt, von deren Endpuncten nämlich der eine in der einen und der andere in der anderen Curve, die Mitte der Sehne aber in P liegt, alsdann die 50 Endpuncte dieser Sehnen ebenfalls in einer solchen Curve fünften Grades, etwa B^5, liegen, welche P zum Mittelpunct hat.

IV. Bei der Basis C^6 gehen durch jeden beliebigen Pol P je 15 Sehnen S, deren 30 Endpuncte a in der Polare J^5 liegen, welche den Pol zum Mittelpunct und zugleich zum Wendepunct hat. Die Basis wird von den 15 S noch in anderen $15.4 = 60$ Puncten α und die Polare J^5 wird von denselben, ausser in P selbst, noch in $15.2 = 30$ neuen Puncten a_1 geschnitten, welche paarweise Gegenpuncte in Rücksicht des Mittelpunctes P sind.

„Durch die 60 Puncte α können Curven zehnten Grades R^{10} gehen." Jede dieser Curven schneidet die 15 S in neuen $15.6 = 90$ Puncten α_1.

„Solche 90 Puncte α_1 liegen jedesmal mit jenen festen 30 Puncten a_1 zusammen in irgend einer Curve neunten Grades R_1^9, welche mit der Polare J^5 den Wendepunct P sammt der zugehörigen Wendetangente gemein hat." — [Berühren die Curven R_1^9 und J^5 einander im Pol P nicht höher als dreipunctig? Kann die Curve R_1^9 nicht in $C_1^6 + C^3$ zerfallen? Oder können durch die 30 Puncte a_1 nicht auch Curven sechsten Grades, C_1^6, gehen? Jede solche C_1^6 schnitte alsdann die 15 S in neuen 60 Puncten α', und diese $60\alpha'$ lägen mit den festen 60α in einer Curve R^{10}, welche die 15 S in noch $15.2=30$ anderen Puncten α'' schnitte, und diese $30\alpha''$ müssten sodann in einer Curve C^3 liegen, welche mit J^5 den Wendepunct P nebst der zugehörigen Wendetangente gemein hätte oder sie noch höher berührte.]

V. Bei der Basis C^7 gehen durch jeden Pol P je 21 Sehnen S, deren 42 Endpuncte a in der Polare J^6 liegen, die den Pol zum Mittelpunct hat. Die Basis wird von den 21 S noch in $21.5=105$ Puncten α und die Polare wird von denselben noch in $21.4=84$ Puncten a_1 geschnitten. Die in jeder Sehne S liegenden 4 Puncte a_1 bestehen aus zwei Paar Gegenpuncten in Rücksicht der Polare J^6 und ihres Mittelpunctes P.

„Durch die 105 Puncte α können Curven funfzehnten Grades, R^{15}, gehen.“ Jede dieser Curven schneidet die 21 S in neuen $21.10=210$ Puncten α_1, und

„Solche 210 Puncte α_1 liegen jedesmal mit jenen festen 84 Puncten a_1 zusammen in irgend einer Curve vierzehnten Grades R_1^{14}.“ In Rücksicht dieser Curven und des Poles findet das Eigenthümliche statt: „Dass die innere Polare, J_1^{13}, des Poles P in Bezug auf jede Curve R_1^{14} in zwei Theile zerfällt, wovon der eine allemal die vorgenannte Polare J^6, der andere aber irgend eine Curve J^7 ist, welche gleichfalls den Pol zum Mittelpunct (und zugleich zum Wendepunct) hat.“ — [Können hierbei nicht auch an die Stelle der Curve R_1^{14} zwei solche Curven siebenten Grades, etwa $C_1^7+C_2^7$, treten, wovon die eine in Rücksicht der zwei Paar Gegenpuncte a_1 in jeder Sehne S je durch das eine und die andere durch das jedesmalige andere Paar geht? Welche Paare in Betracht aller 21 Sehnen gehören zusammen, oder wieviele Aenderungen sind dabei möglich? U. s. w.]

Analoge Eigenschaften, wie bei den beiden letzten Beispielen (IV) und (V), finden auch bei den allgemeinen Basen $C^{2\mu}$ und $C^{2\nu-1}$ statt.

Innere Panpolaren.

§ 21.

I. Ist in einer Ebene ein Curven-Büschel m^{ten} Grades, $B(C^m)$, mit m^2 Grundpuncten p gegeben (vgl. die vorhergeh. Abhandlung), so gehen durch jeden in der Ebene beliebig gewählten Pol P rücksichtlich jeder einzelnen Curve C^m ein bestimmtes System von $\frac{1}{2}m(m-1)$ Sehnen S, deren $m(m-1)$ Endpuncte a in der zugehörigen inneren Polare J^{m-1} liegen.

„Alle inneren Polaren, die demselben Pol P in Bezug auf die einzelnen Curven des gegebenen Curven-Büschels $B(C^m)$ entsprechen, bilden unter sich gleicherweise einen Curven-Büschel $B(J^{m-1})$ mit $(m-1)^2$ Grundpuncten q und haben den Pol zum gemeinsamen Mittelpunct; zudem sind ihre Grundpuncte q paarweise Gegenpuncte, etwa q und q_1, in Rücksicht des Mittelpunctes P, so dass also die Polaren sämmtlich $\frac{1}{2}(m-1)^2$ Sehnen qq_1 gemein haben." In dem Falle, wo $m-1$ und damit auch $(m-1)^2$ ungerade ist, liegt der unpaare oder einzelne Punct q, der q_0 heissen mag, im Pol P selbst, und die Zahl der Sehnen qq_1 wird dabei nur durch die in dem Ausdrucke $\frac{1}{2}(m-1)^2$ enthaltene ganze Zahl angezeigt.

„Die gesammten Asymptoten A_s aller gegebenen Curven $B(C^m)$ umhüllen eine Curve $(2m-1)^{\text{ter}}$ Classe A_s^{2m-1} und $4(m-1)^{\text{ten}}$ Grades, welche die Gerade G_∞ zur $2(m-1)$fachen Tangente hat; so dass also durch jeden gegebenen Pol P im Allgemeinen $2m-1$ Asymptoten A_s gehen, dagegen aber nach jedem in G_∞ liegenden Puncte Q oder nach jeder gegebenen Richtung nur je eine Asymptote A_s geht, somit keine zwei parallel sein können."*)

Werden die Endpuncte aller jener Systeme Sehnen, welche demselben Pol in Bezug auf alle gegebenen Curven entsprechen, zusammengefasst, so ergiebt sich der folgende Satz:

„Die Endpuncte a aller Systeme Sehnen S, die irgend einem und demselben Pol P in Betracht aller einzelnen Curven des gegebenen Curven-Büschels $B(C^m)$ zugehören, liegen zusammen in einer Curve $(2m-1)^{\text{ten}}$ Grades, J^{2m-1}, welche den Pol P zum Mittelpunct und die durch denselben gehenden $2m-1$ Asymptoten A_s von einzelnen der gegebenen Curven auch selbst zu Asymptoten hat, so dass sie diese Curven in den unendlich entfernten Puncten a_∞ der respectiven Asymptoten berührt, und welche ferner sowohl durch die m^2 Grundpuncte p des gegebenen Curven-Büschels, als auch durch die $(m-1)^2$ Grundpuncte q des Büschels innerer Polaren, $B(J^{m-1})$, desselben Poles in Bezug auf jenen gegebenen Curven-Büschel geht." Diese Curve J^{2m-1} soll „innere Panpolare" des Poles P in Bezug auf den gegebenen Curven-Büschel $B(C^m)$ genannt werden. Da dieselbe immer von ungeradem Grad ist, $2m-1$, so geht sie stets durch ihren eigenen Mittelpunct P und hat ihn zugleich zum Wendepunct.

Unter den unendlich vielen Sehnen S, welche in Betracht aller gegebenen Curven durch den jedesmaligen Pol P gehen, giebt es allemal

---

*) „Werden die gegebenen Curven $B(C^m)$ von einer beliebigen Geraden G geschnitten, und denkt man sich in den Schnittpuncten an dieselben Tangenten A gelegt, so umhüllen diese Tangenten gleicherweise eine Curve $(2m-1)^{\text{ter}}$ Classe A^{2m-1} und $4(m-1)^{\text{ten}}$ Grades, welche die Gerade G zur $2(m-1)$fachen Tangente hat." Dieser Satz ist einer in der Akademie der Wissenschaften zu Berlin gelesenen Abhandlung entnommen. (Vgl. die vorhergehende Abhandlung, S. 495.)

einzelne solche besondere Sehnen, welche in ihrem einen Endpuncte die zugehörige Curve berühren, statt schneiden. Jede solche Tangenten-Sehne soll durch S_0 und ihre Endpuncte durch a und a_0, nämlich der genannte Berührungspunct durch a_0 bezeichnet werden. (In speciellem Falle können beide Endpuncte Berührungspuncte werden.) Ist S_0 insbesondere eine Asymptote A_s der zugehörigen Curve C^m, so ist a_0 nicht mehr allein als Berührungspunct anzusehen, sondern in diesem Falle hat man sich auch a in dem unendlich entfernten Berührungspuncte a_∞ der A_s zu denken, und zwar a_0 nach der einen und a nach der entgegengesetzten Richtung, so dass beide vereint den Berührungspunct a_∞ bilden, und dennoch gleich weit vom Pol P abstehen. Demnach ist jede Asymptote A_s einer Curve C^m in Rücksicht jedes in ihr angenommenen Poles P allemal als eine Tangenten-Sehne S_0 anzusehen, deren beide Endpuncte a und a_0 jedoch als in ihrem Berührungspuncte a_∞ vereinigt, aber als nach entgegengesetzten Richtungen liegend zu betrachten sind.

„Durch jeden Pol P gehen im Allgemeinen $3m(m-2)+2m-1$ Tangenten-Sehnen S_0, die jedoch von zweierlei Art sind; nämlich: 1) $2m-1$ derselben bestehen aus den vorgenannten, durch den Pol P gehenden Asymptoten A_s einzelner gegebenen Curven (den Asymptoten der Panpolare), so dass ihre Endpuncte in den respectiven Berührungspuncten a_∞ vereint liegen; 2) dagegen sind die $3m(m-2)$ übrigen eigentliche Tangenten-Sehnen S_0, deren Endpuncte a und a_0 verschieden und nicht im Unendlichen liegen; die $3m(m-2)$ Berührungspuncte a_0 der letzteren liegen allemal mit den m^2 Grundpuncten p des gegebenen Curven-Büschels zusammen in irgend einer Curve $2(m-1)^{\text{ten}}$ Grades, A_0^{2m-2}, welche die zugehörige Panpolare J^{2m-1} in ihrem Mittelpuncte P berührt.“ Die Curven A_0^{2m-2} und J^{2m-1} schneiden einander in den $3m(m-2)$ Puncten a_0 sowie in den m^2 Puncten p und berühren sich in P zweipunctig; was zusammen gerade die volle Zahl ihrer gemeinschaftlichen Puncte $2(m-1)(2m-1)$ ausmacht.

Eine gegebene Curve C^m werde von einer Tangente S_0 im Puncte a_0 berührt und nebstdem in $m-2$ Puncten a geschnitten; man bezeichne die Mitte jeder Strecke aa_0 durch $\mathfrak{M}$, so hat man in jeder Tangente $m-2$ Puncte $\mathfrak{M}$ und der Ort aller dieser Puncte wird irgend eine Curve x^{ten} Grades, $\mathfrak{M}^x$, sein, welche jedoch aus den m Asymptoten A_s der gegebenen Curve C^m und aus einer eigentlichen Curve $(x-m)^{\text{ten}}$ Grades, $\mathfrak{M}^{x-m}$, besteht, so dass, wenn man $x-m=y$ setzt,

$$\mathfrak{M}^x = \mathfrak{M}^y + m.A_s$$

ist. So gehört also zu jeder Curve C^m eine Ortscurve $\mathfrak{M}^y$.

„Die zu allen Curven eines gegebenen Curven-Büschels $B(C^m)$ gehörige Schaar Ortscurven $S(\mathfrak{M}^y)$ bedecken die ganze Ebene dergestalt, dass durch jeden Pol P im Allgemeinen $3m(m-2)$ derselben gehen." Es gehen nämlich ebenso viele Tangenten-Sehnen durch jeden Pol, ausser den $2m-1$ Asymptoten. In dem speciellen Falle, wo $m=3$, ist $y=15$, und: Bei einem gegebenen Curven-Büschel dritten Grades, $B(C^3)$, gehen von der Schaar zugehöriger Ortscurven $S(\mathfrak{M}^{15})$ durch jeden Pol P je 9, sowie nebstdem je 5 Asymptoten A_s von einzelnen der gegebenen Curven. [1. Den Grad, y, der Ortscurve $\mathfrak{M}^y$ allgemein zu bestimmen. 2. Die Enveloppe der $S(\mathfrak{M}^y)$ zu finden.]

Unter den durch irgend einen Pol P gehenden unendlich vielen Sehnen S der gegebenen Curven $B(C^m)$ giebt es ferner auch solche besondere, die $\mathfrak{S}$ statt S heissen sollen, in deren Endpuncten $\mathfrak{a}$ und $\mathfrak{a}_1$ die Tangenten $\mathfrak{A}$ und $\mathfrak{A}_1$ der zugehörigen Curve $\mathfrak{C}^m$ (statt C^m) parallel sind, und wobei also diese Curve in den Endpuncten der Sehne sowohl von ihrer inneren Polare $\mathfrak{J}^{m-1}$ (statt J^{m-1}) als auch von der Panpolare J^{2m-1} berührt wird. Es giebt für jeden Pol P im Allgemeinen $(3m-1)(m-2)+\frac{1}{2}$ solche besondere Sehnen $\mathfrak{S}$, oder im engeren Sinne nur $(3m-1)(m-2)$, indem der Bruch $\frac{1}{2}$ die Tangente der durch P gehenden Curve C^m anzeigt, bei welcher $\mathfrak{a}$ und $\mathfrak{a}_1$ sich in P vereinigt haben und die genannten drei Curven einander nur noch in diesem einen Puncte P berühren. Als dergleichen uneigentliche Sehnen $\mathfrak{S}$ machen sich ferner auch die durch P gehenden $2m-1$ Asymptoten A_s geltend, in deren Puncten a_∞ die zugehörigen beiden Curven C^m und J^{m-1} einander ebenfalls berühren und zugleich von der Panpolare berührt werden. Ausserdem berührt die Panpolare J^{2m-1} in jedem der m^2 Grundpuncte p irgend eine Curve C^m, aber nicht auch zugleich deren Polare J^{m-1}; und ebenso berührt dieselbe in jedem der $(m-1)^2$ Puncte q irgend eine der Polaren $B(J^{m-1})$, aber nicht auch deren Basis C^m. Also:

„Durch jeden Pol P gehen im Allgemeinen $(3m-1)(m-2)$ eigentliche Sehnen $\mathfrak{S}$, in deren Endpuncten $\mathfrak{a}$ und $\mathfrak{a}_1$ die Tangenten $\mathfrak{A}$ und $\mathfrak{A}_1$ parallel sind und die jedesmalige Curve $\mathfrak{C}^m$ sowohl von ihrer inneren Polare $\mathfrak{J}^{m-1}$ als auch von der Panpolare J^{2m-1} berührt wird." Oder: „Unter den jedem Pol P entsprechenden inneren Polaren $B(J^{m-1})$ giebt es je $(3m-1)(m-2)$ solche, $\mathfrak{J}^{m-1}$, welche ihre Basis, $\mathfrak{C}^m$, in zwei Puncten berühren." Oder: „Die Panpolare J^{2m-1} jedes Poles P berührt je $(3m-1)(m-2)$ der gegebenen Curven $B(C^m)$ in je zwei Puncten $\mathfrak{a}$ und $\mathfrak{a}_1$, welche stets Gegenpuncte in Rücksicht des Poles sind, und sobald dieselbe eine der gegebenen Curven in irgend einem Puncte $\mathfrak{a}$ berührt, der weder in der Geraden G_∞ liegt, noch einer der m^2

Puncte p ist, so berührt sie dieselbe nothwendig noch in einem anderen Puncte $\mathfrak{a}_1$, und zwar im Gegenpuncte von jenem in Rücksicht auf den Pol P.“ Dabei kann in Betracht einer einzelnen gegebenen Curve auch noch das bemerkt werden: „Liegt der Pol P in einer Asymptote A_s einer Curve C^m, so berührt seine innere Polare J^{m-1} die letztere im unendlich entfernten Puncte a_∞ der A_s.“

In jeder einzelnen Curve C^m müssen alle solche Sehnen $\mathfrak{S}$, in deren Endpuncten $\mathfrak{a}$ und $\mathfrak{a}_1$ die Tangenten $\mathfrak{A}$ und $\mathfrak{A}_1$ parallel sind, irgend eine Curve y^{ter} Classe, $\mathfrak{S}^y$, umhüllen, und ebenso muss, wenn man die Mitte jeder Sehne $\mathfrak{S}$ durch $\mathfrak{R}$ bezeichnet, der Ort aller $\mathfrak{R}$ irgend eine Curve x^{ten} Grades, $\mathfrak{R}^x$, sein. In dieser Hinsicht gehören alsdann zu den Curven des gegebenen Büschels $B(C^m)$ zwei Schaaren Ortscurven, $S(\mathfrak{S}^y)$ und $S(\mathfrak{R}^x)$.

„Die Schaar Ortscurven $S(\mathfrak{R}^x)$, welche zu dem gegebenen Curven-Büschel $B(C^m)$ gehören, überziehen die ganze Ebene dergestalt, dass durch jeden beliebigen Pol P im Allgemeinen je $(3m-1)(m-2)$ derselben gehen.“ Für den speciellen Fall, wo $m=3$, sind nach dem Obigen (§ 15) die Curven $\mathfrak{S}^y$ und $\mathfrak{R}^x=\mathfrak{S}^9$ und $\mathfrak{R}^{12}$, und in Rücksicht des Curven-Büschels $B(C^3)$ gehen durch jeden Punct P der Ebene je 8 Ortscurven $\mathfrak{R}^{12}$. [1. Die Classe y und den Grad x der beiden Ortscurven allgemein zu bestimmen. 2. Die Enveloppen von $S(\mathfrak{S}^y)$ und $S(\mathfrak{R}^x)$ zu finden.]

Wird mit der inneren Panpolare zugleich auch die äussere Panpolare A^{2m-1} (vergl. d. vorhergeh. Abhandl.) desselben Poles in Bezug auf den nämlichen gegebenen Curven-Büschel betrachtet, so findet sich folgende gegenseitige Beziehung derselben (vergl. § 13, II.):

„Die beiden Panpolaren A^{2m-1} und J^{2m-1} jedes Poles P in Bezug auf den gegebenen Curven-Büschel $B(C^m)$ haben mit der Geraden G_∞ die nämlichen $2m-1$ Puncte a_∞ gemein, so dass ihre Asymptoten paarweise parallel sind; ferner berühren sie einander im Pol P und ihre übrigen gemeinschaftlichen Puncte bestehen aus den m^2 Grundpuncten p und aus den obigen $3m(m-2)$ Berührungspuncten a_0 der sogenannten Tangenten-Sehnen S_0; was zusammen richtig die volle Zahl ihrer gemeinschaftlichen Puncte, $(2m-1)(2m-1)$, beträgt.“ Wird der Pol P insbesondere in einem der Grundpuncte p angenommen, so wird er ein dreifacher Punct von jeder der beiden Panpolaren, und zwar berühren die durch ihn gehenden beiderseitigen drei Curven-Zweige einander paarweise in ihm.“

II. Rücksichtlich des Büschels innerer Polaren $B(J^{m-1})$ sind unter anderen noch folgende Umstände beachtenswerth.

Da die Curven irgend eines Büschels x^{ten} Grades, $B(C_x)$, insgesammt $3(x-1)^2$ Doppelpuncte haben, und da sich unter denselben je $2(x-1)$ solche befinden, welche irgend eine gegebene Gerade G berühren (vergl. d. vorhergeh. Abhandl.), so müssen also auch die Polaren $B(J^{m-1})$ jedes Poles P in Bezug auf den gegebenen Curven-Büschel $B(C^m)$ allemal im Ganzen $3(m-2)^2$ Doppelpuncte enthalten, und es müssen je $2(m-2)$ derselben jede gegebene Gerade, also namentlich auch die Gerade G_∞ berühren.

Daraus ist zunächst zu entnehmen, dass es in Betracht jeder einzelnen Curve C^m auch solche Pole P geben muss, deren innere Polaren J^{m-1} Doppelpuncte haben; und zwar müssen diese Doppelpuncte im Allgemeinen paarweise vorhanden sein, nämlich als Gegenpuncte in Rücksicht des Poles oder Mittelpunctes P der jedesmaligen Polare J^{m-1} (§ 9, II.); nur wenn ein Doppelpunct insbesondere im Mittelpunct P selbst, oder wenn er in der Geraden G_∞ liegt, steht er als einzeln da. Von jeder Curve, etwa J_1^{m-1}, welche einen Doppelpunct $\mathfrak{p}_\infty$ auf der Geraden G_∞ hat, kann man sagen, sie berühre diese Gerade in demselben; und wenn die Curve einen Mittelpunct P_1 hat, so kann man umgekehrt behaupten, sie könne die Gerade G_∞ im Allgemeinen nur in diesem Sinne berühren, dass sie einen auf derselben liegenden Doppelpunct hat. Da nun aber mit der inneren Polare J_1^{m-1} auch zugleich die äussere Polare A_1^{m-1} desselben Poles P_1 die Gerade G_∞ im nämlichen Puncte berührt, so folgt also:

„Dass der Ort desjenigen Poles P_1, dessen innere Polare J_1^{m-1} in Bezug auf die gegebene Basis C^m die Gerade G_∞ berührt und somit einen auf ihr liegenden einzelnen Doppelpunct $\mathfrak{p}_\infty$ hat, eine bestimmte Curve $2(m-2)^{\text{ten}}$ Grades P_1^{2m-4} und $(m-1)^{\text{ter}}$ Classe D^{m-1} ist; nämlich diese Curve ist die $(m-1)^{\text{te}}$ Polare der Geraden G_∞ in Bezug auf die Basis C^m, oder die Enveloppe aller Durchmesser D der letzteren."

In den Mittelpunct oder Pol P kommt vornehmlich dann ein einzelner Doppelpunct der Polare zu liegen, wenn m ungerade, gleich $2\nu-1$ ist, und P in der Basis $C^m = C^{2\nu-1}$ selbst liegt, so dass also für diesen Fall die Basis als Hauptbestandtheil seines Ortes anzusehen ist. Dabei sind alsdann die gegenseitigen Schnitte der beiden Curven P_1^{2m-4} und C^m solche besondere Pole P, deren Polaren zwei vereinzelte Doppelpuncte, $\mathfrak{p}_\infty$ und P, haben. Uebrigens kann der Mittelpunct P insbesondere auch ein mehr als zweifacher Punct der Polare J^{m-1} werden, jedoch nur nach Maassgabe der zwei Zahlformen von m, nur so, wie bereits oben (§ 1) angegeben worden.

Ausser diesen speciellen Fällen, wobei die Polare einen vereinzelten Doppelpunct hat, muss es nun in Bezug auf die gegebene Basis C^m auch solche Pole geben, die P_2 heissen sollen, deren innere Polaren J_2^{m-1} ein Paar (oder insbesondere auch mehrere Paare) Doppelpuncte, $\mathfrak{p}_2$ und $\mathfrak{p}'_2$, haben, welche dann stets Gegenpuncte in Rücksicht des Poles P_2 sind; und zwar muss der Ort aller solcher Pole irgend eine Curve x^{ten} Grades P_2^x sein.

Hiernach gehören also zu der gegebenen Curve C^m im Allgemeinen zwei solche Ortscurven P_1^{2m-4} und P_2^x, wovon die erste alle diejenigen Pole P_1 enthält, deren Polaren J_1^{m-1} einen auf der Geraden G_∞ liegenden einzelnen Doppelpunct haben, die andere, unbekannte Curve dagegen alle diejenigen Pole P_2 enthält, deren Polaren J_2^{m-1} Paare von Doppelpuncten haben. Die $2(m-2)\times x$ gemeinschaftlichen Puncte beider Ortscurven sind solche besondere Pole, welche beide Eigenschaften zugleich besitzen. In dem Falle, wo $m=2\nu-1$, hat ferner auch jede innere Polare, deren Pol in der Basis $C^{2\nu-1}$ selbst liegt, in diesem Pol einen einzelnen Doppelpunct.

In dieser Hinsicht gehören demnach zu allen Curven eines gegebenen Curven-Büschels $B(C^m)$ im Allgemeinen sowohl eine Schaar Ortscurven P_1^{2m-4} oder $S(P_1^{2m-4})$, als auch eine Schaar Ortscurven P_2^x oder $S(P_2^x)$.

Da nun unter dem Büschel Polaren $B(J^{m-1})$ jedes Poles P in Bezug auf den gegebenen Curven-Büschel $B(C^m)$ sich $2(m-2)$ solche befinden, welche die Gerade G_∞ berühren, also $2(m-2)$ solche Polaren J_1^{m-1}, welche einzelne Doppelpuncte $\mathfrak{p}_\infty$ auf G_∞ haben; und da der Büschel $B(J^{m-1})$ im Ganzen $3(m-2)^2$ Doppelpuncte enthält, so bleiben also noch

$$3(m-2)^2-2(m-2) = (m-2)(3m-8)$$

solche Doppelpuncte übrig, welche nicht im Unendlichen liegen, und welche somit paarweise einzelnen Polaren J_2^{m-1} angehören müssen. Die Anzahl dieser Polaren J_2^{m-1} ist daher

$$= \tfrac{1}{2}(m-2)(3m-8),$$

insofern nämlich diejenigen unter ihnen, welche insbesondere mehrere Paare Doppelpuncte haben, ebenso oft gezählt werden, als sie Paare enthalten. Für den Fall, wo $m=2\nu-1$, ist die Zahl der Polaren J_2^{m-1}

$$= 2(\nu-2)(3\nu-4)+\tfrac{1}{2},$$

wo der Bruch $\frac{1}{2}$ diejenige besondere Polare, etwa J_0^{m-1}, anzeigt, welche einen einzelnen Doppelpunct im Pol P selbst hat, und welche der durch P gehenden Curve $C^{2\nu-1}(=C^m)$ zugehört.

Diesen Angaben gemäss ist nun auch bestimmt, wieviele von jenen genannten Ortscurven durch den jedesmaligen Pol gehen, nämlich:

„Die zu dem gegebenen Curven-Büschel $B(C^m)$ gehörigen zwei Schaaren Ortscurven, $S(P_1^{2m-4})$ und $S(P_2^x)$, bedecken die ganze Ebene in der Art, dass durch jeden beliebigen Punct P im Allgemeinen

$2(m-2)$ Curven P_1^{2m-4} und $\frac{1}{2}(m-2)(3m-8)$ Curven P_2^x

gehen." Wenn $m = 2\nu - 1$ und danach die letzte Zahl gleich $2(\nu-2)(3\nu-4)+\frac{1}{2}$ ist, so gehen $2(\nu-2)(3\nu-4)$ Curven P_2^x durch P und der Bruch $\frac{1}{2}$ zeigt diejenige unter den gegebenen Curven an, welche durch P geht.

Es wird zur Erläuterung dienen und auch an sich nicht ohne Interesse sein, wenn wir die ausgesprochenen allgemeinen Eigenschaften bei den einfachsten Beispielen, wo der gegebene Curvenbüschel nur vom dritten, vierten und fünften Grad ist, etwas näher betrachten.

A. Bei einem gegebenen Curven-Büschel dritten Grades, $B(C^3)$, finden keine Ortscurven P_2^x statt, was auch der Ausdruck $2(\nu-2)(3\nu-4)$ richtig anzeigt, indem er gleich 0 wird, wenn $\nu = 2$ ist; wogegen der Bruch $\frac{1}{2}$ bleibt und die durch den Pol P gehende Curve C^3 anzeigt. Jede der anderen Ortscurven P_1^{2m-4} wird hier ein Kegelschnitt P_1^2, und zwar derselbe, welcher schon oben (§ 15) betrachtet und durch E^2 bezeichnet worden. Die inneren Polaren jedes Poles P in Bezug auf den gegebenen Curven-Büschel $B(C^3)$ bilden einen Kegelschnitt-Büschel $B(J^2)$ mit 4 Grundpuncten q; dieselben enthalten im Ganzen $3(3-2)^2 = 3$ Doppelpuncte, von welchen $2(3-2) = 2$ auf der Geraden G_∞ liegen, und einzelne Doppelpuncte zweier besonderen Polaren J_1^2 sind, der dritte dagegen liegt im Pol P selbst und ist Doppelpunct der besonderen Polare J_0^2, welche der durch P gehenden Curve C^3 entspricht. Jede der beiden Polaren J_1^2 besteht aus zwei parallelen Geraden J und J_1, die gleich weit vom Pol P abstehen, und die Polare J_0^2 besteht aus zwei sich in P schneidenden Geraden (Sehnen) S und S_1 (§ 15). Demnach sind die 4 Grundpuncte q des Büschels Polaren $B(J^2)$ allemal die Ecken eines Parallelogramms, welches die Geraden S und S_1 zu Diagonalen und die zwei Paar Geraden J und J_1 zu Gegenseiten hat; und die zu dem gegebenen Curven-Büschel $B(C^3)$ gehörige Schaar Orts-Kegelschnitte $S(P_1^2)$ erfüllt die ganze Ebene doppelt, so dass durch jeden Punct P je zwei Kegelschnitte P_1^2 gehen.

B. Bei einem gegebenen Curven-Büschel $B(C^4)$ sind die zugehörigen Ortscurven P_2^x vom zehnten Grad und sechsunddreissigster Classe (§ 17), also $P_2^x = P_2^{10}$; die anderen Ortscurven $P_1^{2m-4} = D^{m-1}$ sind vom vierten Grad P_1^4 und dritter Classe D^3. Die irgend einem Pol P entsprechenden inneren Polaren bilden einen Büschel $B(J^3)$ mit 9 Grundpuncten q und haben im Ganzen $3(4-2)^2 = 12$ Doppelpuncte. Von den 9 Puncten q liegt einer, etwa q_0, im Pol P selbst und die 8 übrigen bestehen aus 4 Paar Gegenpuncten q und q_1 rücksichtlich des Poles, so dass sie die Endpuncte von 4 gemeinschaftlichen Sehnen S der Polaren $B(J^3)$ sind. Von den 12 Doppelpuncten liegen 4 auf der Geraden G_∞ und sind einzelne Doppelpuncte von 4 besonderen Polaren J_1^3, dagegen sind die 8 übrigen paarweise Doppelpuncte, $\mathfrak{p}_2$ und $\mathfrak{p}_2'$, von vier besonderen Polaren

J_2^3 und zugleich Gegenpuncte in Rücksicht des Poles P. Jede der 4 letzteren Polaren J_2^3 muss aus J^2+S_2 bestehen (§ 17), und zwar muss der Kegelschnitt J^2 durch je drei Paar Grundpuncte q und q_1 und die Doppelsehne S_2 muss durch das jedesmalige vierte Paar gehen, also auf eine der 4 Sehnen S fallen; und da nun das zugehörige Paar Doppelpuncte aus den gegenseitigen Schnitten von J^2 und S_2 besteht, so liegen also in jeder der 4 Doppelsehnen S_2 (oder auch der $4S$) sowohl ein Paar Doppelpuncte $\mathfrak{p}_2$ und $\mathfrak{p}'_2$, als auch ein Paar Grundpuncte q und q_1 des $B(J^3)$, sowie auch jede derselben durch den neunten Grundpunct q_0 (oder Pol P) geht. Von den zu dem gegebenen Curven-Büschel $B(C^4)$ gehörigen zwei Schaaren Ortscurven, $S(P_1^4)$ und $S(P_2^{10})$, bedeckt jede die ganze Ebene vierfach, d. h. durch jeden Punct P der Ebene gehen sowohl 4 Curven P_1^4 als auch 4 Curven P_2^{10}. Jede Ortscurve P_2^{10} hat 9 dreifache Puncte P_3 (§ 17); der Ort dieser Puncte rücksichtlich aller Ortscurven $S(P_2^{10})$ ist eine Curve sechsten Grades P_3^6, welche insbesondere auch durch die zu dem gegebenen Curven-Büschel $B(C^4)$ gehörigen 27 Doppelpuncte geht.

C. Bei dem gegebenen Curven-Büschel $B(C^5)$ bilden die Polaren jedes Poles P einen Büschel $B(J^4)$ mit 16 Grundpuncten q und im Ganzen mit $3(5-2)^2=27$ Doppelpuncten; es befinden sich unter denselben $2(5-2)=6$ solche, J_1^4, welche einen einzelnen Doppelpunct $\mathfrak{p}_\infty$ auf der Geraden G_∞ haben, und ferner $2(3-2)(3.3-4)=10$ solche, J_2^4, welche ein Paar Doppelpuncte $\mathfrak{p}_2$ und $\mathfrak{p}'_2$ haben, die Gegenpuncte rücksichtlich des Poles P sind, und endlich noch eine solche, J_0^4, welche einen einzelnen Doppelpunct im Pol P selbst hat, was zusammen die 27 Doppelpuncte ausmacht. Dem entsprechend gehen also von den zu dem gegebenen Curven-Büschel gehörigen Ortscurven $S(P_1^6)$ und $S(P_2^x)$ durch jeden Pol P einerseits je 6 Curven $P_1^6(=D^4)$ und andererseits je 10 Curven P_2^x.

Die 16 Grundpuncte q des Büschels $B(J^4)$ bestehen aus 8 Paar Gegenpuncten q und q_1, oder sie sind die Endpuncte von 8 gemeinschaftlichen Sehnen S dieses Büschels. Die besondere Polare J_0^4 kann möglicherweise aus J^3+S_2 bestehen (§ 19), wobei sie alsdann drei Doppelpuncte hat, die gegenseitigen Schnitte von J^3 und S_2, wovon der eine, als einzelner, in P liegt und die zwei anderen ein Paar Gegenpuncte sind; ferner geht dabei die Curve J^3 durch 6 der 8 Paar Grundpuncte q und q_1, und die beiden übrigen Paare liegen in der Doppelsehne S_2, so dass also die letztere zugleich eine gemeinschaftliche Doppelsehne aller Polaren $B(J^4)$ ist. Diese specielle Polare J^3+S_2 vertritt zugleich eine der 10 Polaren J_2^4. Es kann ferner möglicherweise eine der 10 Polaren J_2^4 aus J^2 und J_1^2 bestehen (§ 19), wobei sodann von diesen zwei Kegelschnitten der eine durch irgend 4 Paar Grundpuncte q und q_1 und der andere durch die übrigen 4 Paare geht, und wobei die gegenseitigen 4 Schnitte von J^2 und J_1^2 zwei Paar Doppelpuncte $\mathfrak{p}_2$ und $\mathfrak{p}'_2$ sind, so dass also diese specielle Polare für zwei Polaren J_2^4 zählt, und dass die ihr entsprechende Ortscurve P_2^x den Pol P zum Doppelpunct haben muss. — Hierbei kann gefragt werden: *a.* Welches ist in Bezug auf den gegebenen Curven-Büschel $B(C^5)$ der Ort des Poles, für welchen die besondere Polare J_0^4 aus J^3+S_2 besteht? (höchstens vom fünfzigsten Grad). *b.* Welches ist der Ort des Poles, für welchen eine der 10 Polaren J_2^4 aus $J^2+J_1^2$ besteht? oder welches ist der Ort der Doppelpuncte aller Ortscurven $S(P_2^x)$?

In Betreff der obigen allgemeinen Betrachtung sind unter anderen folgende Aufgaben zu stellen:

1. Den Grad x der Ortscurve P_2^x allgemein zu bestimmen, d. h. für jede Basis C^m.

2. Die Enveloppe der zu einem gegebenen Curven-Büschel $B(C^m)$ gehörigen Schaar Ortscurven $S(P_2^x)$ zu finden; und

3. Die Enveloppe der zu demselben Curven-Büschel gehörigen Schaar Ortscurven $S(P_1^{2m-4}) = S(D^{m-1})$ zu finden. Hierbei will ich bemerken, dass diese Curvenschaar in der Hinsicht, dass sie $(m-1)^{\text{ter}}$ Classe ist und durch jeden Punct P der Ebene je $2(m-2)$ derselben gehen, auffallende Uebereinstimmung mit einem Curven-Büschel gleicher Classe $B(K^{m-1})$ und mit $(m-1)^2$ gemeinschaftlichen Tangenten hat, indem auch hier durch jeden Punct der Ebene je $2(m-2)$ Curven K^{m-1} gehen; dagegen sind diese Curven K^{m-1} vom $(m-1)(m-2)^{\text{ten}}$ Grad, während jene D^{m-1} nur vom $2(m-2)^{\text{ten}}$ Grad, gleich P_1^{2m-4}, sind. Der $B(K^{m-1})$ ist durch $\frac{1}{2}m(m+1)-2$ gegebene Tangenten bestimmt.

§ 22.

I. Die innere Panpolare kann unter geeigneten Umständen auch in Theile zerfallen, wie aus Folgendem erhellen wird.

Befindet sich unter den Curven des gegebenen Büschels $B(C^m)$ insbesondere eine solche, etwa C_0^m, welche einen Mittelpunkt C_0 hat, und wird dieser Mittelpunct als Pol angenommen, so zerfällt die innere Panpolare nothwendig in die Curve C_0^m und in eine bestimmte Curve J_0^{m-1}, so dass J^{2m-1} aus $C_0^m + J_0^{m-1}$ besteht, und zwar ist dabei die Curve J_0^{m-1} eine gemeinsame innere Polare aller gegebenen Curven $B(C^m)$ mit Ausnahme der Curve C_0^m, mit welcher sie concentrisch ist. Ein solcher Pol $C_0 (= P)$ bedingt aber auch in Rücksicht der ihm entsprechenden äusseren Polaren, $B(A^{m-1})$, eine besondere Eigenschaft, nämlich: Dass alle diese Polaren parallele Asymptoten haben, und zwar parallel den Asymptoten jener gemeinsamen inneren Polare J_0^{m-1}, weil sie mit dieser die Gerade G_∞ in den nämlichen $m-1$ Puncten a_∞

schneiden. Die $(m-1)(m-2)$ übrigen gemeinschaftlichen Puncte (Grundpuncte) p des Büschels $B(A^{m-1})$ müssen daher in einer Curve A^{m-2} liegen, welche mit G_∞ zusammen eine Curve A_0^{m-1} dieses Büschels vertritt, und zwar ist dieselbe die äussere Polare von jener besonderen Curve C_0^m. Befindet sich unter den gegebenen Curven $B(C^m)$ zugleich noch eine andere, etwa C_{00}^m, welche einen Mittelpunct C_{00} hat, so kommen ihr und ihrem Mittelpuncte gleiche Eigenschaften zu. Bewegt sich sodann der Pol P in der durch beide Mittelpuncte gehenden Geraden $C_0 C_{00}$, so entspricht ihm in jedem Moment ein Büschel äusserer Polaren $B(A^{m-1})$ mit $(m-1)^2$ Grundpuncten p, und der Ort aller dieser Puncte p ist eine Curve $2(m-1)^{\text{ten}}$ Grades A^{2m-2}, deren Asymptoten mit den Asymptoten der beiden gemeinsamen inneren Polaren J_0^{m-1} und J_{00}^{m-1} parallel sind, oder welche mit diesen zwei Curven die Gerade G_∞ in den nämlichen zweimal $m-1$ Puncten a_∞ schneidet.

Durch Umkehrung ergeben sich folgende Sätze:

a. Giebt es in der Ebene zweier gegebenen Curven m^{ten} Grades, C_1^m und C_2^m, irgend einen solchen Pol $C_0(=P)$, dessen innere Polaren in Bezug auf dieselben in eine zusammenfallen, J_0^{m-1}, so haben alle Curven des durch die zwei gegebenen bestimmten Büschels $B(C^m)$ für den gleichen Pol die nämliche innere Polare gemein, und so enthält dieser Büschel allemal eine solche besondere Curve C_0^m, welche den Pol C_0 zum Mittelpunct hat.

b. Hat eine gegebene Curve m^{ten} Grades C_0^m einen Mittelpunct C_0, und nimmt man in derselben $\frac{1}{2}m(m+3)-1$ Puncte p beliebig an, so gehen durch diese Puncte unzählige Curven desselben Grades, $B(C^m)$, welchen rücksichtlich jenes Mittelpunctes, als Pol, eine und dieselbe innere Polare J_0^{m-1} entspricht.

c. Sind in einer Ebene zwei Curven m^{ten} Grades C_0^m und C_{00}^m gegeben, die Mittelpuncte C_0 und C_{00} haben, so gehen durch ihre m^2 gemeinschaftlichen Puncte p unzählige andere Curven gleichen Grades, ein $B(C_1^m)$, welche für jeden jener zwei Mittelpuncte die innere Polare J_0^{m-1} und J_{00}^{m-1} gemein haben, aber keine dieser Curven kann ebenfalls einen Mittelpunct haben; sind jedoch die gegebenen Curven concentrisch, so hat auch jede dieser anderen Curven einen Mittelpunct und zwar sind alle mit den gegebenen concentrisch. Nur für $m=2$ oder für den Kegelschnitt-Büschel $B(C^2)$ findet hierbei Abweichung statt.

II. In Betracht des allgemeinen Curven-Büschels $B(C^m)$ gehen durch jeden Pol P in Rücksicht jeder einzelnen Curve ein bestimmtes System von je $\frac{1}{2}m(m-1)$ Sehnen S, die durch $\Sigma(S)$ bezeichnet werden mögen, so dass also ebenso viele solche Systeme stattfinden, als der Büschel Curven enthält. Da nun die innere Panpolare desselben Poles vom $(2m-1)^{\text{ten}}$ Grad ist, so fallen in jede durch P gezogene Gerade G je $m-1$ Sehnen S, welche im Allgemeinen ebenso vielen verschiedenen Curven oder Systemen $\Sigma(S)$ angehören werden. Bezeichnet man irgend eine Curve des Büschels durch C_1^m, ihre Sehnen durch $\Sigma(S_1)$ und jede der $\frac{1}{2}m(m-1)$ Geraden, in welchen die Sehnen liegen, durch G_1, so fallen in jede G_1 noch $m-2$ andere Sehnen S, die ebenso vielen anderen Curven C^m angehören, und es entsieht die Frage: Ob in Rücksicht aller $\frac{1}{2}m(m-1)$ Geraden G_1 die je $m-2$ anderen Sehnen S zu den nämlichen $m-2$ anderen Curven C^m, oder ob dieselben im Ganzen zu $\frac{1}{2}m(m-1)\times(m-2)$ verschiedenen Curven C^m gehören. Z. B. bei einem gegebenen $B(C^3)$ fällt in jede der 3 Geraden G_1, in denen die 3 Sehnen S_1 der Curve C_1^3 liegen, noch je eine andere Sehne S', und es ist die Frage, ob diese $3S'$ einer und derselben, etwa C_2^3, oder ob sie drei verschiedenen anderen Curven C^3 angehören. Gehörten sie derselben Curve C_2^3 an, so wären alle Curven des Büschels $B(C^3)$ einander paarweise zugeordnet. Es kann ferner gefragt werden: Welche Relation findet zwischen den $\frac{1}{2}m(m-1)$ Sehnen jedes Systemes $\Sigma(S)$ statt? oder wenn eine derselben gegeben ist, wie sind die übrigen zu finden? Welche Relation findet zwischen verschiedenen Sehnen-Systemen statt?

Hat insbesondere eine der gegebenen Curven $B(C^m)$, etwa C_0^m, einen Mittelpunct C_0, und wird dieser als Pol P angenommen, wobei die Panpolare $J^{2m-1}=C_0^m+J_0^{m-1}$ wird, so liegen in jeder Geraden G je $\frac{1}{2}m$ Sehnen S_0 der Curve C_0^m, sowie je $\frac{1}{2}(m-1)$ Sehnen S, welche einzeln anderen Curven C^m angehören; dabei sind in den Zahlen $\frac{1}{2}m$ und $\frac{1}{2}(m-1)$ nur die Ganzen zu zählen. Welche Resultate erhält man, wenn die eben aufgestellten Fragen auf diesen besonderen Fall angewendet werden?

§ 23.

Allgemeine Bemerkung.

Die Resultate der vorstehenden Untersuchung lassen sich durch Projection in andere, scheinbar allgemeinere umwandeln; was bereits schon oben gelegentlich an einigen Stellen geschehen, an anderen nur bemerkt worden ist. Auch kann fast durchgängig eine entgegenstehende Reihe von Sätzen und Eigenschaften nach dem Princip der Dualität der Raumgestalten gleicherweise entwickelt oder durch Polarisation mittelst eines Hülfs-Kegelschnittes aus dem Obigen hergeleitet werden; welches alles zur Genüge bekannt ist. Eine eigentliche Weiterführung des Gegenstandes gedenke ich später mitzutheilen, wofern mein kränkelnder Zustand mir die zur Ausarbeitung nöthige Kraft und Anstrengung gestattet.

Einiges über geradlinige Transversalen bei algebraischen Curven.

§ 24.

In den obigen Betrachtungen kommen bereits viele Sätze über solche Geraden vor, welche eine gegebene Curve unter irgend welchen bestimmten Bedingungen schneiden, und zwar wurde dabei in den meisten Fällen entweder der Ort der Geraden selbst, oder irgend eines in ihr fixirten Punctes, oder es wurden beide Oerter zugleich berücksichtigt, sowie auch andere, davon abhängige Eigenschaften beobachtet. Einige der früheren Fälle sollen hier etwas allgemeiner behandelt und nebstdem noch andere analoge Beispiele hinzugefügt werden. Eine umfassendere Untersuchung über Transversalen bei algebraischen Curven, aus welcher nicht nur alle diese Beispiele, sondern auch ein grosser Theil der obigen Betrachtungen entnommen ist, behalte ich mir für eine andere Gelegenheit vor.

§ 25.

Eine gegebene Curve m^{ten} Grades C^m wird von jeder in ihrer Ebene liegenden Geraden oder Transversale S in m Puncten a (reell oder imaginär) geschnitten. Der gemeinsame Schwerpunct solcher m Schnitte (alle gleich schwer gedacht) heisse A; so hat man in Rücksicht dieses Schwerpunctes zunächst folgende Sätze (wovon der erste I. *a.* allgemein bekannt ist):

I. *a.* „Wird die Transversale S sich selbst parallel bewegt, so beschreibt ihr Schwerpunct A (d. h. der Schwerpunct ihrer veränderlichen m Schnitte a) irgend eine bestimmte Gerade D, nämlich den der Richtung von S conjugirten Durchmesser der Basis C^m."

b. „Giebt man der Transversale S nach einander alle Richtungen, so entstehen alle Durchmesser D der Basis, wozu insbesondere auch ihre m Asymptoten A_s gehören, und zwar als diejenigen eigenthümlichen Durchmesser, welche ihrer eigenen Richtung conjugirt sind; daher liegt der Schwerpunct A jeder Transversale S, welche einer A_s parallel ist, in dem unendlich entfernten Puncte a_∞ der letzteren; der Schwerpunct der Geraden G_∞ aber, diese als Transversale angesehen, ist unbestimmt, liegt in jedem Durchmesser, also nach jeder Richtung. Alle Durchmesser insgesammt berühren eine bestimmte Curve $(m-1)^{\text{ter}}$ Classe D^{m-1} und $2(m-2)^{\text{ten}}$ Grades $\mathfrak{D}^{2m-4}$, und zwar berührt jede A_s namentlich in demjenigen Puncte, etwa a_0, welcher der Schwerpunct ihrer $m-1$ Schnitte mit den m—1 übrigen Asymptoten ist; diese Curve hat im Allgemeinen $\frac{1}{2}(m-1)(m-2)$ Doppeltangenten, welche solche Durchmesser der Basis sind, D_2, denen zwei verschiedene conjugirte Richtungen entsprechen.“ Demnach gehen durch jeden Punct P der Ebene im Allgemeinen $m-1$ Durchmesser D der Basis, oder jeder Punct P ist der Schwerpunct A von $m-1$ durch ihn gehenden Transversalen S, welche nämlich jenen Durchmessern beziehlich conjugirt sind; liegt der Punct P insbesondere in einer A_s, so ist diese selbst einer der $m-1$ Durchmesser, und so fällt die ihr conjugirte Transversale S auf sie, und da diese Transversale mit den übrigen, wie zuvor, ihren Schwerpunct in P haben muss, so kann also jeder Punct P in der Asymptote A_s als Schwerpunct einer auf ihr liegenden Transversale S angesehen werden; wird P in den im Unendlichen liegenden Punct a_∞ der A_s versetzt, so sind die übrigen $m-2$ Durchmesser D alle mit A_s parallel, die ihnen conjugirten $m-2$ Transversalen fallen sämmtlich auf G_∞ und die der A_s conjugirte liegt auf dieser, wie zuvor; liegt endlich P nach beliebiger Richtung in der Geraden G_∞, so sind ebenso alle $m-1$ Durchmesser nach dieser Richtung parallel und die ihnen conjugirten Transversalen fallen alle auf G_∞.

c. Da die Basis C^m von der $m(m-1)^{\text{ten}}$ Classe ist, so hat sie mit der Curve D^{m-1} im Ganzen $m(m-1)\times(m-1)$ Tangenten gemein, d. h. „Die Basis wird im Allgemeinen von $m(m-1)(m-1)$ ihrer Durchmesser berührt;“ zu diesen besonderen Durchmessern gehören namentlich die m Asymptoten A_s, deren Berührungspuncte a_∞ auf G_∞ liegen; die $m^2(m-2)$ übrigen sollen durch D_0 und ihre Berührungspuncte mit der Basis durch d_0 bezeichnet werden.

II. *a.* „Wird eine beliebige Transversale S um irgend einen in ihr liegenden Pol P herumbewegt, so beschreibt ihr Schwerpunct A eine Curve m^{ten} Grades, A^m, und $2(m-1)^{\text{ter}}$ Classe, welche den Pol zum $(m-1)$-fachen Punct und in demselben diejenigen $m-1$ Transversalen, von denen er der Schwerpunct ist (I. *b.*), zu Tangenten hat, und deren m Asymptoten $\mathfrak{A}_s$ beziehlich den m A_s der Basis C^m parallel sind, und zwar sind die beiden vollständigen m-Seite, $m\mathfrak{A}_s$ und mA_s, ähnlich und ähnlichliegend, haben den Pol P zum Aehnlichkeitspunct und ihre homologen Dimensionen verhalten sich wie $1:m$.“ Somit haben alle solche Curven A^m, welchen Polen P sie entsprechen mögen, congruente Asymptoten-m-Seite, $m\mathfrak{A}_s$; und denkt man sich nebst der gegebenen Basis C^m beliebige andere Curven C_1^m, C_2^m, ..., welche mit ihr die m A_s gemein haben, so muss jedem Pol P in Rücksicht aller dieser Curven eine und dieselbe Curve A^m entsprechen, und ebenso haben dieselben alle Durchmesser D und deren Enveloppe D^{m-1} gemein. Unter den Curven C_1^m, ..., welche mit C^m die m Asymptoten A_s gemein haben, giebt es insbesondere eine solche, etwa C_p^m, welche den Pol P zum $(m-1)$-fachen Punct hat, und zwar hat dieselbe in diesem Puncte mit der Curve A^m die genannten $m-1$ Tangenten gemein, so dass ihre respectiven Zweige einander daselbst berühren, oder mit einem Worte: die Curven C_p^m und A^m sind ähnlich und ähnlichliegend, haben P zum Aehnlichkeitspunct und ihre entsprechenden Dimensionen verhalten sich wie $m:1$. — Denkt man sich den Pol P nach irgend einer Richtung ins Unendliche versetzt, so zerfällt die Curve A^m in den der Richtung conjugirten Durchmesser D und in einen anderen Theil, welcher ganz im Unendlichen liegt.

b. Da die Ortscurve A^m durch die im Unendlichen, in G_∞, liegenden m Puncte a_∞ der Basis C^m geht (vermöge der Parallelität der Asymptoten), so müssen die übrigen $m(m-1)$ gemeinschaftlichen Puncte, etwa A_1, beider Curven in einer Curve $(m-1)^{\text{ten}}$ Grades, A_1^{m-1}, liegen. Oder: „Durch jeden Pol P gehen je $m(m-1)$ solche besondere Transversalen $S_1 (=S)$, deren Schwerpuncte A_1 in der Basis selbst liegen, und zwar ihre Schnitte mit irgend einer Curve $(m-1)^{\text{ten}}$ Grades, A_1^{m-1}, sind.“ Liegt der Pol P in der Basis selbst, so wird diese in demselben von der Curve A_1^{m-1} $(m-1)$-punctig berührt; die Berührung wird m-punctig, wenn eine jener $m-1$ Transversalen, welche P zum Schwerpunct haben, auf die Tangente der Basis in P fällt, was jedoch nur für eine bestimmte Zahl (nämlich für $m(m-1)^2$) Pole eintreten kann. Versetzt man den Pol P nach irgend einer Richtung ins Unendliche, so bleiben von den $m(m-1)$ Transversalen S_1 nur noch m wahrnehmbar; sie gehen nach derselben Richtung parallel und ihre m Schwerpuncte A_1 liegen in dem der Richtung conjugirten Durchmesser D und sind dessen Schnitte mit der Basis; die $m(m-2)$ übrigen Transversalen S_1 fallen auf die Gerade G_∞ und ihre Schwerpuncte liegen zu je $m-2$ in den m Puncten a_∞ der Basis, so dass also in diesem Falle die Curve A_1^{m-1} aus $D+(m-2)G_\infty$ besteht. — Bei dem besonderen Falle, in welchem sich die vorgenannten beiden Curven C_p^m und A^m befinden (*a.*), liegen ihre $m(m-1)$ gemeinschaftlichen Puncte A_1 sämmtlich im Pol P, und die Curve A_1^{m-1} zerfällt in ihre $m-1$ Berührungstangenten in demselben.

Wenn insbesondere die Curve A^m die Basis C^m in irgend

einem Puncte berührt, so berührt auch die zugehörige Curve A_1^{m-1} im nämlichen Puncte.

c. Bewegt sich der Pol P in irgend einer festen Geraden G, so bilden die ihm in Bezug auf die gegebene Basis C^m in obigem Sinne (*a.*) entsprechenden Curven A^m eine solche Curven-Schaar $S(A^m)$, welche ausser den m Puncten a_∞ der Basis auch noch den Schwerpunct, etwa A_g, der Geraden G gemein haben, und welche nebstdem die ganze Ebene dergestalt durchziehen, dass durch jeden beliebigen Punct $\mathfrak{P}$ im Allgemeinen je $m-1$ derselben gehen, und dass die Basis in jedem ihrer m Puncte a_∞ von je einer derselben zweipunctig, in ihren m Schnitten mit der Geraden G aber von je einer derselben $(m-1)$-punctig und ausserdem noch von $m(m^2-3)$ derselben in je einem anderen Puncte berührt wird. „Zudem haben die $S(A^m)$ die obige Curve D^{m-1} (I. *b.*) zur gemeinsamen Enveloppe, und zwar wird diese von jeder Curve A^m im Allgemeinen in $2m-3$ verschiedenen Puncten berührt; insbesondere giebt es unter denselben $4(m-2)$ solche, welche die Curve D^{m-1} in irgend einem Puncte vierpunctig (also nebstdem nur noch in $2m-5$ Puncten) berühren.“ „Ferner ist diese Schaar Curven $S(A^m)$ so beschaffen, dass irgend eine gegebene Curve q^{ten} Grades von $q(q+1)(m-1)$ derselben berührt wird;“ also wird insbesondere jede gegebene Gerade von je $2(m-1)$ derselben berührt.*)

---

*) Bewegt sich der Pol P statt in der Geraden G in irgend einer Curve n^{ten} Grades G^n, so hat die ihm entsprechende Curven-Schaar $S(A^m)$ folgende Eigenschaften: 1⁰. Sie haben die m Puncte a_∞ der Basis gemein. 2⁰. Durch jeden Punct P der Ebene gehen im Allgemeinen $n(m-1)$ Curven A^m. 3⁰. Die Basis C^m wird in jedem der m Puncte a_∞ von n derselben einfach, in ihren mn Schnitten mit der Curve G^n von je einer derselben $(m-1)$-punctig und ausserdem von $nm(m^2-3)$ derselben in anderen bestimmten Puncten einfach berührt. 4⁰. Irgend eine gegebene Curve q^{ten} Grades Q^q wird im Allgemeinen von $nq(q+1)(m-1)$ Curven A^m berührt. 5⁰. Die Enveloppe der $S(A^m)$ besteht im Ganzen: α) aus den m Puncten a_∞; β) aus der Curve D^{m-1} und zwar wird diese, wie oben, von jeder A^m in $2m-3$ Puncten berührt, insbesondere giebt es $4n(m-2)$ solche Curven A^m, welche dieselbe in irgend einem Puncte vierpunctig berühren; γ) aus der $(m-1)(m-2)$-fachen gegebenen Curve G^n; und endlich δ) aus einer bestimmten Curve mn^{ten} Grades, die jedoch von jeder Curve A^m im Allgemeinen in nur einem Puncte berührt wird.

Bewegt sich der Pol P in der Basis C^m selbst, so wird diese (abgesehen davon, dass sie im jedesmaligen Pol von den zugehörigen Curven A^m und A_1^{m-1} (*b.*) schon $(m-1)$-punctig berührt wird, ausserdem) von $m(m^3-m^2-m-1)$ Curven A^m (und zugehörigen A_1^{m-1}) berührt, und zwar wird sie von $m(m-1)^2$ derselben im jedesmaligen Pol selbst (also m-punctig), dagegen von $m(m-2)(m^2+1)$ derselben in anderen bestimmten Puncten berührt.

Beachtet man, während der Pol P sich in der Geraden G bewegt, die je $m-1$ Transversalen, von welchen er der Schwerpunct ist (I. *b.*), so sind dieselben zusammen alle Transversalen, deren Schwerpuncte in G liegen; wird jede derselben durch S_g bezeichnet, so hat man den Satz:

„Der Ort aller Transversalen S_g, deren Schwerpuncte A in irgend einer gegebenen Geraden G liegen, ist eine Curve m^{ter} Classe S_g^m und $2(m-1)^{\text{ten}}$ Grades, welche die Gerade G_∞ zur $(m-1)$-fachen Tangente hat, und welche namentlich die Asymptoten A_s der Basis, sowie auch die Gerade G, und zwar diese in ihrem Schwerpuncte A_g berührt."

Dieser und der obige erste Satz (*a.*) sind gewissermassen einander entgegenstehend. Durch Hülfe derselben folgen leicht alle nachstehenden Sätze.

III. *a.* „Soll die durch die feste Basis C^m gezogene Transversale S irgend eine andere gegebene Curve n^{ter} Classe K^n berühren, so ist der Ort ihres Schwerpunctes A eine Curve mn^{ten} Grades, A^{mn}, welche die m Puncte a_∞ der Basis zu n-fachen Puncten und daher mit jeder A_s der Basis je n parallele Asymptoten $\mathfrak{A}_s$ hat, welche den nach gleicher Richtung gehenden n Tangenten T der Basis in der Art entsprechen, dass die Abstände je zweier zusammengehörigen $\mathfrak{A}_s$ und T von A_s sich verhalten wie $m-1:m$."

b. „Soll der Schwerpunct A der Transversale S in irgend einer gegebenen Curve n^{ten} Grades G^n liegen, so ist ihr Ort eine Curve mn^{ter} Classe S^{mn} und $n(n-1)(m-1)+2n(m-1) = (m-1)n(n+1)^{\text{ten}}$ Grades, welche die m Asymptoten A_s der Basis zu n-fachen und die Gerade G_∞ zur $n(m-1)$-fachen Tangente hat; ihre $n(m-1)$ Berührungspuncte mit der letzteren sind durch die conjugirten Richtungen derjenigen n-mal $m-1$ Durchmesser D der Basis bestimmt, welche beziehlich den n Asymptoten der gegebenen Curve G^n parallel sind; ihre $n(n-1)(m-1)$ geradlinigen Asymptoten $\mathfrak{A}_s$ aber haben die conjugirten Richtungen derjenigen Durchmesser der Basis, welche die Curve G^n berühren, und gehen beziehlich durch deren Berührungspuncte, so dass sie dadurch vollkommen bestimmt sind."

IV. „Der Ort derjenigen Transversale S_1, deren Schwerpunct A_1 in der Basis C^m selbst liegt (II. *b.*), also mit einem ihrer m Schnitte a, der a_1 heissen soll, zusammmenfällt, ist eine Curve $m(m-1)^{\text{ter}}$ Classe $S_1^{m(m-1)}$ und $m(m^2-3)^{\text{ten}}$ Grades, welche die Gerade G_∞ zur $m(m-2)$-fachen Tangente und mit der Basis deren m Asymptoten A_s gemein, jedoch dieselben zugleich zu $(m-1)$-fachen Tangenten hat, und welche nebstdem die Basis in $m^2(m-2)$ bestimmten anderen Puncten berührt.“ Ferner: „Die $m(m-2)$ Berührungspuncte der Curve $S_1^{m(m-1)}$ mit der Geraden G_∞ werden durch die conjugirten Richtungen derjenigen Durchmesser der Basis angezeigt, welche zu je $m-2$ mit ihren m Asymptoten A_s parallel sind (I. *b.*); die $m(m-1)^2$ geradlinigen Asymptoten der ersteren (worunter jene m A_s mit inbegriffen) gehen durch diejenigen Puncte d_0 der Basis, in welchen diese von einzelnen ihrer Durchmesser D_0 berührt wird (I. *c.*), und zwar hat jede Asymptote die dem jedesmaligen Durchmesser conjugirte Richtung, so dass sie bestimmt ist.“

Die Curve $S_1^{m(m-1)}$ hat mit der Basis C^m im Ganzen

$$m(m-1)\times m(m-1)$$

Tangenten gemein; daraus könnte man schliessen, dass die Basis ebenso viele solche Tangenten, etwa S_1^0, habe, deren Schwerpuncte A_1 in ihr selbst liegen; allein es verhält sich nicht genau so. Sondert man zunächst die m Asymptoten A_s der Basis, wovon jede für m, also alle für m^2 gemeinschaftliche Tangenten zählen, ab, so bleiben noch

$$(m-2)m^3$$

solche gemeinschaftliche Tangenten S_1^0 übrig, deren Berührungspuncte, etwa a_2, mit der Basis nicht im Unendlichen liegen, und in Rücksicht dieser entsteht nun die Frage: „Bei wievielen derselben fällt der Schwerpunct A_1 mit dem Berührungspuncte a_2, und bei wievielen fällt er mit einem der $m-2$ Schnitte a, mit a_1, zusammen?“ Da im Berührungspuncte a_2 zwei der m Schnitte a vereinigt sind, so habe ich die Wahrscheinlickkeit beider Fälle nach dem Verhältniss von

$$2:m-2$$

angenommen,*) woraus sich ergiebt, dass von den $(m-2)m^3$ Tangenten S_1^0 der Schwerpunct A_1

(1) $2(m-2)m^2$-mal in a_2; und (2) $(m-2)^2m^2$-mal in einem a_1 liegen muss. Wenn aber der Schwerpunct A_1 im Berührungspunct a_2 liegt, so muss die Curve $S_1^{m(m-1)}$ daselbst nothwendig die S_1^0 und somit auch die Basis C^m berühren, so dass also S_1^0 in diesem Falle (als Berührungs-Tangente) für zwei gemeinschaftliche Tangenten zählt, im Sinne von § 17 eine S_2^0 ist, und folglich der Schwerpunct A_1 nur halb so oft, als eben angegeben worden (1), also nur

(1*) $(m-2)m^2$-mal in a_2

*) Einen strengen Beweis für die Richtigkeit oder Unrichtigkeit dieser Annahme überlasse ich Anderen. Für $m=3$ und $m=4$, d. h. für die Basen C^3 und C^4 stimmt die Annahme mit der Wahrheit überein.

fällt. Danach reduciren sich die $(m-2)m^3$ Tangenten S_1^0 auf

$$(m-2)(m-1)m^2,$$

und mit diesen verhält es sich so:

„Die gegebene Basis C^m hat im Allgemeinen ausser den Asymptoten

a) $(m-2)m^2$ solche Tangenten, deren Schwerpunct A_1 mit dem Berührungspunct a_2 zusammenfällt; und

b) $(m-2)^2m^2$ solche Tangenten, deren Schwerpunct A_1 in einem ihrer $m-2$ Schnitte a, in a_1, liegt.“ *)

Uebrigens verhält es sich mit den m Asymptoten A_s ebenso. Da jede A_s für m gemeinschaftliche Tangenten zählt, so müssen auch m Schwerpuncte A_1 in ihr und zugleich in der Basis C^m liegen; und zwar vertheilen sich dieselben nach dem Verhältniss von $2:m-2$, nämlich 2 sind im Berührungspuncte a_2 $(=a_\infty)$ vereinigt, woselbst sich zugleich die beiden Curven berühren, und die $m-2$ anderen fallen in die $m-2$ Schnitte a von A_s und C^m.

Somit findet für die gesammten $m(m-1).m(m-1)$ gemeinschaftlichen Tangenten S_1^0 dieselbe Reduction und Vertheilung statt; nämlich sie reduciren sich auf

$$m(m-1)^3,$$

und von diesen liegt der Schwerpunct A_1

(α.) $m(m-1)^2$-mal in a_2; und (β.) $m(m-2)(m-1)^2$-mal in a_1.

Hierbei und mehr noch oben (I. *b.*) stellt sich für die Asymptote A_s das Eigenthümliche heraus, dass ihr Schwerpunct, d. h. der Schwerpunct ihrer m gemeinschaftlichen Puncte a mit der Basis C^m, unbestimmt ist, in ihr liegen kann, wo man will; wogegen bei jeder mit A_s parallelen Transversale S der Schwerpunct bestimmt, nämlich im Unendlichen, in a_∞, liegt. Dies erklärt sich einfach aus dem Umstande, dass man sich bei A_s die zwei in ihrem Berührungspuncte a_2 vereinigten Puncte, etwa a_∞ und a'_∞, nach entgegengesetzten Richtungen im Unendlichen denken kann, wobei sodann jeder beliebige Punct in A_s als in der Mitte zwischen ihnen liegend, also als ihr Schwerpunct anzusehen ist, was somit auch den Schwerpunct aller m Puncte a unbestimmt macht. Ebenso ist der Schwerpunct der Asymptote A_s bestimmt oder unbestimmt, wenn sie die Basis im Puncte a_∞ beziehlich dreipunctig oder vierpunctig berührt.

V. „Der Ort der Schwerpuncte A_0 aller Tangenten S_0 der Basis C^m, dieselben als Transversalen S angesehen, ist eine Curve $m(m^2-m-1)^{\text{ten}}$ Grades, $A_0^{m(m^2-m-1)}$, welche die m Puncte

*) Wahrscheinlich können durch die $m^2(m-2)$ Puncte a_2 Curven $m(m-2)^{\text{ten}}$ Grades gehen; und alsdann gehen auch durch die $(m-2)^2m^2$ Puncte a_1 Curven $(m-2)^2m^{\text{ten}}$ Grades. Für die Basen dritten und vierten Grades ist es der Fall.

a_∞ der Basis zu (m^2-m-1)-fachen Puncten hat, und zwar mit dem einen Zweige daselbst die Basis berührt, dagegen mit den m^2-m-2 übrigen schneidet, und welche ferner die Basis in den nämlichen vorgenannten $(m-2)m^2$ Puncten a_2 berührt und in den $(m-2)^2m^2$ Puncten a_1 schneidet (IV.). Danach hat die Ortscurve mit der Basis deren m Asymptoten A_s gemein, aber mit jeder A_s noch m^2-m-2 andere Asymptoten $\mathfrak{A}_s$ parallel, welche den mit derselben A_s parallelen m^2-m-2 Tangenten T der Basis so entsprechen, dass die Abstände der zusammengehörigen $\mathfrak{A}_s$ und T von A_s sich verhalten wie $m-1:m$."

VI. „Der Ort der Schwerpuncte A_d aller Durchmesser D der gegebenen Basis C^m, dieselben als S angesehen, ist (ausser den Asymptoten der Basis) eine Curve $m(m-2)^{\text{ten}}$ Grades, $A_d^{m(m-2)}$, welche die m Puncte a_∞ der Basis zu $(m-2)$-fachen Puncten und daher mit jeder A_s der letzteren je $m-2$ parallele Asymptoten $\mathfrak{A}_s$ hat, die den mit derselben A_s parallelen $m-2$ Durchmessern D (I. *b.*) in der Art entsprechen, dass die Abstände der zusammengehörigen $\mathfrak{A}_s$ und D von A_s sich verhalten wie $m-1:m$; und welche ferner die Enveloppe aller Durchmesser, die Curve D^{m-1}, in denselben Puncten a_0 berührt, in welchen diese von den m Asymptoten A_s der Basis berührt wird (I. *b.*)." Die $m(m-2)\times m$ gemeinschaftlichen Puncte der Curven $A_d^{m(m-2)}$ und C^m sind die Schwerpuncte A_d ebenso vieler Durchmesser der letzteren; und da $m(m-2)$ derselben in die m Puncte a_∞ fallen, so zeigen die $m(m-1)(m-2)$ übrigen die Zahl derjenigen Durchmesser an, deren Schwerpuncte in der Basis, aber nicht im Unendlichen liegen. Dasselbe Resultat ergiebt sich auch, wenn man die $m(m-1)^2$ gemeinschaftlichen Tangenten der Curven $S_1^{m(m-1)}$ (IV.) und D^{m-1} berücksichtigt; denn werden von diesen die $(m-1)$-fach gezählten Asymptoten A_s weggelassen, so sind die $m(m-1)(m-2)$ übrigen gerade die genannten Durchmesser. Also:

„Die gegebene Basis C^m hat im Allgemeinen $m(m-1)(m-2)$ solche Durchmesser, deren Schwerpuncte in ihr selbst, aber nicht im Unendlichen liegen, und durch diese Schwerpuncte können Curven $(m-1)(m-2)^{\text{ten}}$ Grades gehen."

In Betracht der Durchmesser D und ihrer Enveloppe D^{m-1} ist noch der folgende Satz hinzuzufügen:

„Wird durch denjenigen Punct a_0, in welchem jeder Durchmesser D der Basis C^m die Enveloppe D^{m-1} berührt, die dem Durchmesser conjugirte Transversale $\mathfrak{S}(=S)$ gezogen, so ist ihr Ort eine Curve $(2m-3)^{\text{ter}}$ Classe, $\mathfrak{S}^{2m-3}$, und $4(m-2)^{\text{ten}}$

Grades, welche die Gerade G_∞ zur $2(m-2)$-fachen Tangente hat und namentlich auch die m Asymptoten der Basis berührt."

VII. Werden die vorstehenden Sätze auf die einfachsten Basen, C^3 und C^4, bezogen, so ergeben sich noch viele Folgerungen aus denselben; wie z. B. die nachstehenden.

a. Für die Basis C^3 sind die meisten Sätze bereits schon oben (§ 15) unter anderem Gesichtspuncte betrachtet worden; hier soll nur noch Einiges bemerkt werden. Nach (IV.) soll die Ortscurve S_1^6 die Basis C^3 in $(3-2)3^2=9$ Puncten a_2 berühren, welche zugleich die Schwerpuncte A_1 der zugehörigen Tangenten S_1^0 sind; und ferner soll von $(3-2)^2.3^2=9$ anderen Tangenten S_1^0 der Schwerpunct A_1 zugleich im (einzigen) Schnittpuncte a_1 derselben liegen. Diese 2 mal 9 Tangenten S_1^0 reduciren sich aber auf die 9 Wendetangenten $\mathfrak{W}$ der C^3, so dass in jedem Wendepunct $\mathfrak{w}$ ein a_2 und ein a_1 zugleich liegen (vergl. § 15, II. 2) — Nach (V.) ist der Ort der Schwerpuncte A_0 aller Tangenten S_0 eine Curve fünfzehnten Grades A_0^{15}, welche die drei Puncte a_∞ der Basis C^3 zu fünffachen Puncten hat und daselbst mit je einem Zweige die Basis berührt, so dass sie mit dieser daselbst 18 Puncte gemein hat und sie nebstdem in ihren $9\mathfrak{w}$ dreipunctig berührt, also mit ihr die $9\mathfrak{W}$ gemein hat. Der Schwerpunct A_0 jeder Tangente S_0 liegt im ersten Drittels-Punct vom Berührungspuncte aus. Die Mitte jeder Tangente S_0 heisse M. Der Ort aller M ist ebenfalls eine Curve fünfzehnten Grades M^{15}, welche die 3 Puncte a_∞ zu fünffachen Puncten hat, mit dem einen Zweige daselbst die C^3 berührt und mit dieser nebstdem die $9\mathfrak{w}$ und zugehörigen $9\mathfrak{W}$ gemein hat. Daher folgt: „In der Ebene einer Curve dritten Grades C^3 giebt es im Allgemeinen 120 solche Puncte P (ausser den $3a_\infty$ und $9\mathfrak{w}$), wovon jeder A_0 und M zugleich, d. h. der Drittels- oder Schwerpunct einer und die Mitte einer anderen Tangente zugleich ist." — Nach (VI.) ist der Ort der Schwerpuncte A_d aller Durchmesser D eine Curve dritten Grades A_d^3, welche mit C^3 parallele Asymptoten hat; daher sind die Asymptoten-Dreiecke, $3\mathfrak{A}_s$ und $3A_s$, beider Curven ähnlich und ähnlichliegend, und zwar haben sie den Schwerpunct gemein, somit zugleich zum Aehnlichkeitspunct, und zudem verhalten sich ihre entsprechenden Seiten wie $1:3$; und ferner berührt die Curve A_d^3 die Seiten des Asymptoten-Dreiecks der Basis in ihren Mitten a_0 und hat ihre eigenen Asymptoten zugleich zu Wendetangenten. U. s. w.

b. Bei der Basis C^4 kann unter anderem Folgendes hervorgehoben werden. Nach (IV.) ist der Ort aller S_1, deren Schwerpuncte A_1 in C^4 selbst liegen, eine Curve zwölfter Classe S_1^{12} und zweiundfünfzigsten Grades, welche mit der Basis ausser deren Asymptoten $(4-2)4^3=128$ Tangenten S_1^0 gemein hat, aber von denen 32 Paare zusammenfallen, nur 32 Tangenten S_2^0 bilden, bei welchen der Schwerpunct A_1 im Berührungspuncte a_2 liegt, und über welche das Weitere bereits oben (§ 17) steht; wogegen bei den $(4-2)^2.4^2=64$ übrigen S_1^0 der Schwerpunct A_1 sich in einem der zwei Schnitte, a oder a_1, befindet. Bezeichnet man den Berührungspunct jeder der letzteren Tangenten durch α und die zwei Schnitte durch β und γ und nimmt an, der Schwerpunct A_1 liege in β, so muss β zwischen α und γ liegen, und zwar muss die Strecke $\beta\gamma=2\beta\alpha$ sein. Also: „Eine beliebige Curve vierten Grades C^4 hat im Allgemeinen 64 solche Tangenten, bei denen die beiden Schnitte β und γ auf gleicher Seite vom Berührungspuncte α liegen, und wobei der eine Schnitt gerade dreimal so weit vom Berührungspunct abliegt, wie der andere, $\alpha\gamma=3\alpha\beta$.“ Durch die 64 Puncte a_1 (oder β) können Curven sechzehnten Grades gehen. — Die Schwerpuncte A_0 aller Tangenten S_0 der C^4 liegen in einer Curve vierundvierzigsten Grades (V.). Der Ort der Schwerpuncte A_d aller Durchmesser D ist eine Curve achten Grades A_d^8, welche die 4 Puncte a_∞ und die drei Schnitte der drei Paar conjugirten Durchmesser der Basis (§ 17) zu Doppelpuncten hat. Es giebt (ausser den $4A_s$) 24 solche Durchmesser D, deren Schwerpuncte A_d in C^4 selbst liegen, und durch die 24 A_d können Curven sechsten Grades gehen (VI.).

Bemerkung. Durch Projection erhalten die vorstehenden Sätze ein allgemeineres Ansehen; nämlich an die Stelle des betrachteten Schwerpunctes tritt ein „mittlerer harmonischer Punct“, welcher übrigens auf die Art zu bestimmen ist, wie bereits *Poncelet* in seiner interessanten Abhandlung „*sur les centres de moyennes harmoniques*“ (Bd. 3. S. 213 d. *Crelle*'schen Journ.) gezeigt hat.

§ 26.

I. Die m Schnitte $a, b, c, d, \dots$ der Basis C^m und irgend einer Transversalen S begrenzen in der letzteren $\frac{1}{2}m(m-1)$ Strecken $ab, ac, ad, \dots, bc, bd, \dots, cd, \dots$; die Mitte jeder Strecke heisse Q. Jede Strecke ist rücksichtlich ihrer Mitte eine einfache Sehne, etwa s (statt S) (§ 13), und somit liegen in jeder Transversale S im Allgemeinen $\frac{1}{2}m(m-1)$ einfache Sehnen s und ebenso viele Mitten Q. Wenn insbesondere S die Basis berührt, so liegt eine Mitte Q im Berührungspunct, etwa (ab), und $m-2$ Paare fallen zusammen. Ist ferner insbesondere S einer Asymptote A_s der Basis parallel, so hat man sich $m-1$ Puncte Q als in a_∞ liegend zu denken; und fällt S auf A_s, so liegen $2(m-2)$ Puncte Q in a_∞, ein anderer Punct Q aber, nämlich die Mitte der im Berührungspuncte a_∞ vereinigten zwei Puncte a und b, bleibt hierbei unbestimmt, er kann jeder beliebige Punct in A_s sein (vergl. § 25, IV.); die noch übrigen $\frac{1}{2}(m-2)(m-3)$ Puncte Q sind bestimmt, wie zuvor. Wird S ins Unendliche versetzt, soll $S = G_\infty$ sein, so sind die Puncte Q unbestimmt, weil die Richtung von G_∞ unbestimmt ist; sobald aber die Richtung von G_∞ festgestellt wird, so sind auch alle $\frac{1}{2}m(m-1)$ Puncte Q bestimmt, nämlich durch Hülfe der m Asymptoten A_s der Basis. Diese Unbestimmtheit der Richtung von G_∞ bewirkt, dass jeder nach irgend einer gegebenen Richtung in G_∞ liegende Punct Q_∞ nach Belieben als die Mitte von jeder durch die Puncte a_∞, b_∞, c_∞, d_∞, ... begrenzten $\frac{1}{2}m(m-1)$ Strecken angesehen werden kann. — Mit Bezug auf alle diese Umstände hat man folgende Sätze:

II. *a.* „Wird die beliebige Transversale S sich selbst parallel bewegt, so beschreiben ihre $\frac{1}{2}m(m-1)$ Mitten Q insgesammt eine Curve $\frac{1}{2}m(m-1)^{\text{ten}}$ Grades, $Q^{\frac{1}{2}m(m-1)}$, und $m(m-1)(m-2)^{\text{ter}}$ Classe, welche $\frac{1}{8}m(m-1)(m-2)(m-3)$ Doppelpuncte Q_2, sowie $m(m-1)$ auch die Basis berührende $(m-2)$-fache Tangenten hat, und deren Asymptoten $\mathfrak{A}_s$ beziehlich durch die $\frac{1}{2}m(m-1)$ gegenseitigen Schnitte der m Asymptoten A_s der Basis gehen und zu diesen mit der Richtung von S zugeordnet harmonisch sind, so dass, wenn etwa A_s und B_s zwei Asymptoten der Basis sind, welche dieselbe in a_∞ und b_∞ berühren und irgend eine der parallelen Transversalen S in a_1 und b_1 schneiden, dass dann die aus dem Schnitte A_sB_s durch die Mitte Q_1 der Strecke a_1b_1 gezogene Gerade $\mathfrak{A}_s$ eine Asymptote der Ortscurve ist und sie in der Mitte Q_∞ der Strecke $a_\infty b_\infty$ berührt.“ Uebrigens werden alle anderen Tangenten der Ortscurve durch eine gleiche Construction erhalten. Denkt man sich in irgend zwei Schnitten, etwa a und b, von S und C^m die Tangenten A und B der letzteren, so berührt die aus dem Schnitt AB durch die Mitte Q der Strecke ab gehende Gerade $\mathfrak{A}$ die Ortscurve in Q.

„Bewegt sich die Transversale S insbesondere einer Asymptote A_s der Basis parallel, so wird die Ortscurve um einen Grad niedriger, oder vielmehr so besteht sie aus der Asymptote A_s und aus einer Curve $\frac{1}{2}m(m-1)-1 = \frac{1}{2}(m+1)(m-2)^{\text{ten}}$ Grades, welche die A_s zur $(m-2)$-fachen Asymptote hat, und zwar dieselbe im Puncte a_∞ mit $m-2$ Zweigen berührt, die somit einander daselbt ebenfalls berühren.“

b. „Giebt man der Transversale S nach einander alle Richtungen, so entsteht eine Curven-Schaar, $S(Q^{\frac{1}{2}m(m-1)})$, welche die ganze Ebene so bedecken, dass durch jeden Punct P im Allgemeinen je $\frac{1}{2}m(m-1)$ derselben gehen."*) Während die Transversale S ihre Richtung ändert, drehen sich die $\frac{1}{2}m(m-1)$ Asymptoten $\mathfrak{A}_s$ der veränderlichen Curve $Q^{\frac{1}{2}m(m-1)}$ um die festen Schnittpuncte der m Asymptoten A_s der Basis und bilden ebenso viele unter sich projectivische Strahlenbüschel, welche theils perspectivisch, theils schief liegen, also theils perspectivische Durchschnitte G haben und theils Kegelschnitte K^2 erzeugen; nämlich jeder Strahlbüschel ist mit $2(m-2)$ anderen perspectivisch und mit $\frac{1}{2}(m-2)(m-3)$ befindet er sich in schiefer Lage. Die genannten G und K^2 haben unter sich ebenfalls mannigfaltige Beziehungen, welche jedoch hier ausser Acht gelassen werden.

III. *a.* „Wird die Transversale S um einen in ihr beliebig gewählten Pol P herumbewegt, so beschreiben die $\frac{1}{2}m(m-1)$ Mitten Q eine Curve $m(m-1)^{\text{ten}}$ Grades $Q^{m(m-1)}$ und $(m-1)^2 m^{\text{ter}}$ Classe, welche den Pol P zum $\frac{1}{2}m(m-1)$-fachen Punct und nebstdem noch $\frac{3}{8}m(m-1)(m-2)(m-3)$ Doppelpuncte Q_2 hat, sowie ferner in jedem der m Puncte a_∞ der Basis C^m sich selbst $(m-1)$-mal berührt, so dass sie nur m Asymptoten $\mathfrak{A}_s$ hat, aber jede derselben $(m-1)$-fach zu zählen ist, und zwar sind diese Asymptoten beziehlich den Asymptoten A_s der Basis parallel und liegen halb so weit vom Pol ab wie diese, so dass also die beiden Asymptoten-m-Seite, $m\mathfrak{A}_s$ und mA_s, ähnlich sind, den Pol P zum Aehnlichkeitspunct haben und ihre entsprechenden Dimensionen sich verhalten wie $1:2$." „Liegt der Pol P insbesondere in der Basis selbst, so zerfällt die Ortscurve in zwei Theile $Q^m + Q^{m(m-2)}$. Die Curve

*) Diejenigen Puncte P, durch welche eine Curve weniger geht, liegen in der Enveloppe E^z der Curven-Schaar, welche von jeder der letzteren in $\frac{1}{4}m^2(m-1)^2$ Puncten berührt wird. Woraus besteht diese Enveloppe E^z, oder welche Eigenschaften hat dieselbe? — Besteht sie nicht aus zwei getrennten Theilen, nämlich 1) aus dem Ort aller Doppelpuncte Q_2 der Curven-Schaar, etwa aus einer Curve x^{ten} Grades Q_2^x, und zwar diese doppelt genommen; und 2) aus dem Ort der Mitten Q_0 aller derjenigen einfachen Sehnen $\mathfrak{S}$ der Basis, welche die Berührungspuncte paralleler Tangenten der letzteren verbinden (vergl. § 15, IV. u. § 21, I.), [welchen Ort ich als vom $m(m+1)(m-2)^{\text{ten}}$ Grade, als $Q_0^{m(m+1)(m-2)}$ gefunden habe]? Demnach bestände die Enveloppe E^z aus $2Q_2^x + Q_0^{m(m+1)(m-2)}$, und jede Curve $Q^{\frac{1}{2}m(m-1)}$ der obigen Schaar hätte $\frac{1}{8}m(m-1)(m-2)(m-3)$ Doppelpuncte Q_2 in Q_2^x, was für

$$\tfrac{1}{4}m(m-1)(m-2)(m-3)$$

Berührungen zählte, und somit müsste der andere Theil, $Q_0^{m(m+1)(m-2)}$, von jeder Curve $Q^{\frac{1}{2}m(m-1)}$ in $\frac{1}{2}m(m-1)(2m-3)$ Puncten berührt werden.

Für die Basis C^3 bestände E^z nur allein aus Q_0^{12} (§ 15, IV.) und diese würde von jeder Q^3 in 9 Puncten Q_0 berührt.

Für die Basis C^4, wo $Q_2^z = Q_2^{10}$ (§ 17), wäre $E^z = 2Q_2^{10} + Q_0^{40}$, und jede Curve Q^6 hätte 3 Doppelpuncte Q_2 in Q_2^{10} und berührte die Curve Q_0^{40} in 30 Puncten Q_0.

Q^m ist der Basis ähnlich und mit ihr ähnlich liegend; beide berühren einander im Pol P, der ihr Aehnlichkeitspunct ist, und ihre entsprechenden Dimensionen verhalten sich wie 1:2; so dass also ihre Asymptoten parallel sind und nach diesem Verhältniss vom Pol abstehen. Die andere Curve $Q^{m(m-2)}$ hat den Pol zum $\frac{1}{2}(m+1)(m-2)$-fachen Punct, sowie die m Asymptoten $\mathfrak{A}_s$ der ersten Curve Q^m zu $(m-2)$-fachen Asymptoten; und nebstdem hat sie noch

$$\tfrac{1}{8}(3m+1)(m-2)(m-3)(m-4)$$

Doppelpuncte Q_2."

b. Soll die Ortscurve $Q^{m(m-1)}$ durch irgend einen gegebenen Punct $\mathfrak{P}$ gehen und ihren Pol P in einer gegebenen Geraden G haben, so finden $\frac{1}{2}m(m-1)$ Lösungen statt. Oder: Bewegt sich der Pol P in einer festen Geraden G, so ist die ihm entsprechende Curven-Schaar $S(Q^{m(m-1)})$ so beschaffen, dass durch jeden Punct $\mathfrak{P}$ der Ebene im Allgemeinen je $\frac{1}{2}m(m-1)$ derselben gehen, und dass jede gegebene Gerade G von je $m(m^2-3)$ derselben berührt wird. Die Enveloppe dieser Curven-Schaar enthält dieselben Bestandtheile, wie die vorige (II. *b.* Note), aber ausserdem noch verschiedene andere Theile.

IV. Die in den vorstehenden Sätzen genannten Doppelpuncte Q_2 (II. *a.* u. III. *a.*) zeigen diejenigen Transversalen S an, in welchen von den $\frac{1}{2}m(m-1)$ Strecken irgend zwei, etwa ad und bc, dieselbe Mitte Q_2 haben, und somit nach der früheren Erklärung und Bezeichnung eine durch den jedesmaligen Pol P gehende Doppelsehne S_2 bilden. Daher:

a. „Der Ort aller Doppelsehnen S_2 einer gegebenen Curve m^{ten} Grades C^m ist eine Curve $\frac{3}{8}m(m-1)(m-2)(m-3)^{\text{ter}}$ Classe

$$S_2^{\frac{3}{8}m(m-1)(m-2)(m-3)},$$

welche die Gerade G_∞ zur $\frac{1}{4}m(m-1)(m-2)(m-3)$-fachen, sowie auch jede Asymptote der Basis zur vielfachen Tangente hat,*) und welche namentlich auch die $\frac{1}{2}m(m-2)(m^2-9)$ Doppeltangenten der Basis berührt." Die Richtungen, nach welchen die $\frac{1}{4}m(m-1)(m-2)(m-3)$ Berührungspuncte der Ortscurve und der Geraden G_∞ liegen, werden erhalten, wenn man zu je 4 der m Asymptoten A_s der Basis C^m gleicherweise drei Paar harmonische Strahlen X und X_1, Y und Y_1, Z und Z_1 construirt, wie oben zu den $4A_s$ der Basis C^4 (§ 17, S. 48). Durch jeden beliebigen Pol P gehen im Allge-

*) Zu wievielfachen Tangenten hat sie jede Asymptote A_s der Basis? Etwa zu $(m-2)(m-3)$-fachen? und berührt sie jede $\frac{1}{2}(m-2)(m-3)$-mal im Puncte a_∞, so dass sie dieselbe zugleich zur $\frac{1}{2}(m-2)(m-3)$-fachen Asymptote hat, und nebstdem in ebenso vielen, nicht im Unendlichen liegenden Puncten berührt?

meinen $\frac{3}{8}m(m-1)(m-2)(m-3)$ Doppelsehnen S_2; liegt der Pol in G_∞, so sind nur noch ein Drittel derselben wahrnehmbar, indem die übrigen auf G_∞ fallen. Liegt der Pol P irgendwo in der Basis, so ist er selbst ein Endpunct, etwa a, von $\frac{1}{2}(2m+1)(m-2)(m-3)$ Doppelsehnen, deren Mitten Q_2 in der obigen Ortscurve Q^m liegen (III, a.), sowie auch in einer anderen Curve $(m-1)(m-3)^{\text{ten}}$ Grades, welche die Q^m im Pol $\frac{1}{2}(m+2)(m-3)$-punctig berührt.

b. „Der Ort der Mitten Q_2 aller Doppelsehnen S_2 der gegebenen Basis C^m ist eine Curve $\frac{1}{4}m(m+1)(m-2)(m-3)^{\text{ten}}$ Grades

$$Q_2^{\frac{1}{4}m(m+1)(m-2)(m-3)},$$

welche die Asymptoten A_s der Basis zu vielfachen

[$\frac{1}{2}(m-2)(m-3)$-fachen?]

Asymptoten hat und die Gerade G_∞ nebstdem in denselben Puncten schneidet, in denen diese von der Ortscurve der S_2 berührt wird, und welche ferner insbesondere auch durch die Mitten der Doppeltangenten der Basis geht.“

Liegt von den $\frac{1}{2}m(m-1)$ Mitten Q einer Transversale S irgend eine, die Q_1 heissen soll, in der Basis selbst (ohne dass die zugehörige Strecke gleich 0 ist), z. B. liegt die Mitte Q_1 der Strecke ac im Schnitt b, und wird dabei, wie früher (§ 15, II.), die Transversale oder die einfache Sehne ac durch S_1 bezeichnet, so ergiebt sich durch die obigen Sätze ferner leicht der folgende Satz:

c. „Der Ort aller einfachen Sehnen S_1 der gegebenen Basis C^m, deren Mitten Q_1 in der Basis selbst liegen, ist eine Curve $m(m-1)(m-2)^{\text{ter}}$ Classe

$$S_1^{m(m-1)(m-2)},$$

welche die Gerade G_∞ zur $\frac{1}{2}m(m-1)(m-2)$-fachen Tangente, sowie auch die m Asymptoten A_s der Basis zu $2(m-2)$-fachen Tangenten und zu $(m-2)$-fachen Asymptoten hat, und welche die Basis in ihren $3m(m-2)$ Wendepuncten berührt.“ Die Richtungen, nach welchen die Berührungspuncte dieser Curve und der Geraden G_∞ liegen, sind gleicherweise durch die Asymptoten der Basis bestimmt, wie früher bei der Basis C^3 (§ 15, II. 5); nämlich die in jedem durch irgend drei Asymptoten der Basis C^m gebildeten Dreiecke aus den Ecken durch die Mitten der Gegenseiten gezogenen drei Strahlen sind nach drei jener Berührungspuncte gerichtet. Ebenso ist der Berührungspunct, s, jeder Sehne S_1 mit der Ortscurve hier auch durch dieselbe einfache Construction zu finden, wie dort (§ 15, II. 7). — Durch jeden beliebigen Pol P gehen $m(m-1)(m-2)$ Sehnen S_1; ihre $m(m-1)(m-2)$ Mitten Q_1 liegen allemal in irgend einer Curve $(m-1)(m-2)^{\text{ten}}$

Grades $Q_1^{(m-1)(m-2)}$. Liegt der Pol P in der Basis selbst, so ist er einerseits die Mitte $b = Q_1$ von $\frac{1}{2}(m+1)(m-2)$ Sehnen $ac = S_1$ und andererseits ein Endpunct a von $(m+1)(m-2)$ anderen Sehnen S_1; die $(m+1)(m-2)$ Mitten der letzteren liegen in der obigen Curve Q^m (III. *a.*), welche die Basis in P berührt. Liegt ferner der Pol P im Unendlichen, in G_∞, so sind nur noch $\frac{1}{2}m(m-1)(m-2)$ Sehnen S_1 wahrnehmbar (indem ebenso viele auf G_∞ fallen), und durch ihre Mitten Q_1 können Curven $Q_1^{\frac{1}{2}(m-1)(m-2)}$ gehen. Bewegt sich P in der Geraden G_∞, so entsteht eine Curven-Schaar $S(Q_1^{\frac{1}{2}(m-1)(m-2)})$. So oft eine dieser Curven die Basis berührt, wobei zwei der genannten Sehnen S_1 in eine, S_1^0, zusammenfallen, ist diese eine Asymptote der Curve $S_1^{m(m-1)(m-2)}$ und berührt sie im entsprechenden Pol P; zudem hat jede solche Sehne S_1^0 die Eigenschaft, dass die in ihren Endpuncten a, c und in ihrer Mitte b an die Basis gelegten Tangenten A, C und B sich in irgend einem Puncte $\mathfrak{P}$ treffen. — 1) Welche Enveloppe hat die Curven-Schaar $S(Q_1^{\frac{1}{2}(m-1)(m-2)})$? 2) Von welchem Grade ist die Curve $S_1^{m(m-1)(m-2)}$?

V. Es folgt weiter:

a. „Der Ort aller Transversalen S in Bezug auf die gegebene Basis C^m, welche eine ihrer Mitten Q in einer gegebenen Geraden G haben, oder schlechthin, der Ort aller einfachen Sehnen $ab = S$, deren Mitten in der gegebenen Geraden G liegen, ist eine Curve $m(m-1)^{\text{ter}}$ Classe

$$S^{m(m-1)}$$

und $m(m^2-3)^{\text{ten}}$ Grades, welche die Geraden G und G_∞ zu $\frac{1}{2}m(m-1)$-fachen Tangenten, sowie zudem noch

$$\tfrac{1}{4}m(m+1)(m-2)(m-3)$$

Doppeltangenten hat, und welche insbesondere auch die m Asymptoten der Basis nebst deren m Tangenten in ihren Schnitten mit G, sowie ferner auch die Basis selbst in $m(m+2)(m-2)$ bestimmten Puncten berührt." Nämlich die genannten Doppeltangenten bestehen aus denjenigen Doppelsehnen S^2 der Basis, deren Mitten Q^2 in G liegen, und die Ortscurve berührt die Basis in den Berührungspuncten a_0 aller derjenigen Tangenten-Sehnen ba_0 (§ 21, I.), welche ihre Mitte gleichfalls in G haben. Die Ortscurve berührt die Gerade G in $\frac{1}{2}m(m-1)$ Puncten und schneidet sie also noch in $m(m+1)(m-2)$ anderen Puncten Q_0; ihre Tangenten in diesen Puncten Q_0 sind solche besondere Sehnen $ab = \mathfrak{S}\,(=S)$, in deren Endpuncten a, b die Tangenten A, B an die Basis parallel sind und sich in einem Puncte auf G_∞ treffen; und gleicherweise sind die Tangenten der Ortscurve in ihren

$$m(m+1)(m-2)$$

Schnitten mit der Geraden G_∞, also ihre geradlinigen Asymptoten, solche Sehnen ab, in deren Endpuncten die Tangenten an die Basis sich auf der Geraden G treffen, so dass also in diesem Betracht zwischen G und G_∞ Reciprocität stattfindet.

b. „Der Ort aller derjenigen Transversalen S der gegebenen Basis C^m, welche eine ihrer Mitten Q in einer gegebenen Curve n^{ten} Grades G^n haben, ist eine Curve $nm(m-1)^{\text{ter}}$ Classe, welche die Gerade G_∞ zur $\frac{1}{2}nm(m-1)$-fachen Tangente hat, und von welcher ferner angegeben werden kann, wieviele Doppeltangenten sie habe, wie oft sie die Curven C^m und G^n berühre, u. s. w.“

c. „Der Ort der $\frac{1}{2}m(m-1)$ Mitten Q derjenigen Transversale S der Basis C^m, welche eine gegebene Curve n^{ter} Classe K^n berührt, ist eine Curve $nm(m-1)^{\text{ten}}$ Grades, welche mit jeder der m Asymptoten der Basis n parallele, aber zugleich $(m-1)$-fache Asymptoten hat, u. s. w.“

d. „Der Ort der Mitten Q_0 aller solchen einfachen Sehnen $ab = \mathfrak{S}$ der Basis C^m, in deren Endpuncten a, b die Tangenten A, B parallel sind, oder der Ort desjenigen Poles Q_0, dessen innere Polare J^{m-1} die Basis in irgend zwei Puncten a, b berührt (§ 21, I.), ist eine Curve $m(m+1)(m-2)^{\text{ten}}$ Grades

$$Q_0^{m(m+1)(m-2)},$$

welche die Basis in ihren $3m(m-2)$ Wendepuncten berührt und ihre m Puncte a_∞ zu $(m+1)(m-2)$-fachen Puncten, also mit jeder A_s der Basis ebenso viele parallele Asymptoten hat, die beziehlich in der Mitte zwischen A_s und den mit ihr parallelen Tangenten der Basis liegen.“ Demzufolge giebt es im Allgemeinen $m(m-2)(m^2-7)$ solche Sehnen $\mathfrak{S}$, welche ihre Mitte Q_0 in der Basis selbst, aber weder in einem der Puncte a_∞ noch in einem Wendepunct derselben haben. (Für $m=3$ kommt $6\mathfrak{S}$ oder $6Q_0$, wie § 15, IV.) Hier entsteht die Frage: Welches ist der Ort, $\mathfrak{S}^x$, aller Sehnen $\mathfrak{S}$? *) Der Berührungspunct jeder Sehne $\mathfrak{S}$ mit der Ortscurve $\mathfrak{S}^x$ ist übrigens durch dieselbe einfache Bedingung bestimmt, wie oben (§ 15, IV.) bei der Basis C^3.

VI. Der Ort der Mitten Q aller Transversalen S, welche die Basis C^m berühren, also aller Tangenten der letzteren, zerfällt in drei Theile, wovon der eine die Basis selbst ist und nur die im Berührungspunct, etwa a_0, liegende eine Mitte enthält; dagegen enthält ein anderer Theil

*) Bei einem Versuch, diesen Ort zu bestimmen, fand ich $x = \frac{1}{2}m(m-1)(2m-3)$.

die Mitten, etwa T_0 (statt Q), derjenigen $m-2$ Strecken, welche zwischen dem Berührungspunct a_0 und den $m-2$ Schnitten $b, c, d, \ldots$. liegen [wobei eigentlich in jedem T_0 ein Paar Q vereint sind (I.)]; und der dritte Theil enthält die Mitten T ($= Q$) der von diesen $m-2$ Schnitten begrenzten Strecken. Somit liegen in jeder Tangente $m-2$ Mitten T_0 und $\frac{1}{2}(m-2)(m-3)$ Mitten T; ihre respectiven Oerter aber sind folgende:

α. „Der Ort der Mitten T_0 rücksichtlich aller Tangenten der gegebenen Basis C^m ist eine Curve $m(m+2)(m-2)^{\text{ten}}$ Grades

$$T_0^{m(m^2-4)},$$

welche die m Puncte a_∞ der Basis zu $m(m-1)$-fachen Puncten und jede A_s derselben zur $(m-2)$-fachen Asymptote hat, d. h., welche jede A_s der Basis in deren Punct a_∞ mit $m-2$ Zweigen berührt und mit $(m+1)(m-2)$ anderen Zweigen schneidet, und welche ferner mit der Basis deren $3m(m-2)$ Wendepuncte und Wendetangenten gemein hat, sowie jede Doppeltangente derselben in ihrer Mitte berührt.“ Daraus folgt: „Eine beliebige Curve C^m hat im Allgemeinen $m(m+4)(m-2)(m-3)$ solche Tangenten, bei welchen ein Schnittpunct b in der Mitte zwischen dem Berührungspunct a_0 und einem anderen Schnittpunct c liegt.“

β. „Der Ort der Mitten T aller Tangenten der Basis C^m ist eine Curve $m(m+1)(m-2)(m-3)^{\text{ten}}$ Grades

$$T^{m(m+1)(m-2)(m-3)},$$

welche die m Puncte a_∞ der Basis zu $(m+1)(m-2)(m-3)$-fachen Puncten hat, durch die Berührungspuncte ihrer $\frac{1}{2}m(m-2)(m^2-9)$ Doppeltangenten geht und nebstdem jede dieser Doppeltangenten in $2(m-4)$ Puncten berührt.“ Folgerung: „Eine beliebige Curve C^m hat im Allgemeinen $m(m-2)(m-3)(m^2-m-4)$ solche Tangenten, bei welchen von den $m-2$ Schnitten irgend zwei, c und d, gleich weit von einem dritten, b, oder vom Berührungspunct, a_0, abstehen; wobei jedoch der letztere Fall für 2 zu zählen ist.“

Für die Basis C^3 hat man als Ort der Mitten T_0 aller Tangenten eine Curve T_0^{12}, wie oben (§ 15, IV.).

Bei der Basis C^4 sind die Ortscurven T_0^{48} und T^{40}, und es folgt:

(α^0.) „Eine beliebige Curve vierten Grades C^4 hat im Allgemeinen 64 solche Tangenten, bei welchen einer der beiden Schnitte, etwa b, in der Mitte zwischen dem anderen c und dem Berührungspuncte a_0 liegt.“ Und

(β^0.) „Dieselbe Curve muss $64:2=32$ solche Tangenten haben, bei welchen die beiden Schnitte b und c gleich weit vom

Berührungspunct a_0 abstehen (wie § 17)." Also: Die Ortscurve T^{40} hat die 4 Puncte a_∞ der Basis C^4 zu zehnfachen Puncten, geht durch die 56 Berührungspuncte ihrer 28 Doppeltangenten und berührt dieselbe in den oben näher beschriebenen 32 Puncten P^0 (§ 17).

Ist $m > 4$, so wird die Basis C^m von der Ortscurve der T (ausser den im Satze (β.) namhaft gemachten Puncten noch) in x Puncten berührt und in y Puncten geschnitten, wobei

$$2x+y = m(m-2)(m-3)(m^2-m-4)$$

sein muss: Wie sind diese zwei Zahlen x und y zu finden? [Ist nicht $y=(m-4)x$? wie ein gewisser Wahrscheinlichkeits-Grund es erheischt. Dann wäre

$$x = m(m-3)(m^2-m-4) \quad \text{und} \quad y = m(m-3)(m-4)(m^2-m-4),$$

und die Basis C^m hätte $m(m-3)(m^2-m-4)$ solche Tangenten, bei welchen zwei Schnitte c und d gleich weit vom Berührungspunct a_0 abständen, und ferner $m(m-3)(m-4)(m^2-m-4)$ solche Tangenten, bei welchen ein Schnitt b in der Mitte zwischen zwei anderen c und d läge.]

VII. In der gegebenen Basis C^m giebt es auch solche besondere Transversalen, bei welchen der Schwerpunct A ihrer m Schnitte (§ 25) mit einer ihrer $\frac{1}{2}m(m-1)$ Mitten Q zusammenfällt. Jede solche Transversale heisse S_a und ihr Schwerpunct Q_a; so sind die respectiven Oerter derselben

$$S_a^{\frac{1}{2}m(m-1)^2} \text{ und } Q_a^{\frac{1}{2}m(m+1)(m-2)},$$

d. h.: „Bei einer beliebigen Curve C^m ist der Ort derjenigen Transversale S_a, deren Schwerpunct Q_a in der Mitte zwischen irgend zwei Schnitten liegt, eine Curve $\frac{1}{2}m(m-1)(m-1)^{\text{ter}}$ Classe und der Ort des Schwerpunctes ist eine Curve

$$\tfrac{1}{2}m(m+1)(m-2)^{\text{ten}}$$

Grades."

Für die Basis C^3 sind danach die Ortscurven: S_a^6 und Q_a^6; die erste ist die obige Curve S_1^6 (§ 15, II.), und die andere bedeutet die doppelte Basis C^3, indem in der That jeder Punct in C^3 die Mitte ($=Q_a$) zweier Sehnen S_1 ist (§ 15).

Bei der Basis C^4 sind die Ortscurven: S_a^{18} und Q_a^{20}; aber jede ist eine doppelte Curve, indem hier jede Transversale S_a eine Doppelsehne S_2 ist, und daher zwei Mitten Q im Schwerpuncte Q_a liegen; die einfachen Oerter sind somit nur S_a^9 und Q_a^{10}, wie wir sie bereits aus § 17 kennen. — Für $m > 4$ hören diese Reductionen der Ortscurven auf.

Bei der Basis C^5 hat man: S_a^{40} und Q_a^{45}. Die Basis hat mit der ersten 800 Tangenten S_a^0 ($=S_a$) und mit der anderen 225 Puncte Q_a^0

($=Q_a$) gemein. Nimmt man an, Q_a liege in der Mitte zwischen den Schnitten a und b, so ist er zugleich der Schwerpunct der drei übrigen Schnitte c, d und e; und wird der Berührungspunct jeder S_a^0 mit C^5 durch B_0 bezeichnet, so können folgende verschiedene Umstände stattfinden.

A. In Betreff der 800 S_a^0 sind drei Fälle möglich, entweder liegen:

α) etwa c und d (oder ce oder de) in B_0, oder

β) etwa a und e (oder ac, ad, bc, bd, be) in B_0, oder

γ) a und b in B_0 und somit auch Q_a^0 in B_0; und

B. In Betracht der 225 Q_a^0 sind 2 Fälle möglich; entweder liegt:

δ) Q_a^0 in e (oder c, d) und ist nicht allein die Mitte von ab, sondern auch von cd, so dass die zugehörige $S_a=S_2$ wird, oder

ε) Q_a^0 in a und b vereint, also in B_0, wie Fall (α.), so dass die zugehörige $S_a=S_a^0$ wird, d. h. die C^5 in $(ab)=Q_a^0$ berührt.

Dabei entsteht die Frage: Wie oft tritt jeder dieser Fälle ein? und namentlich: Wieviele der 225 Puncte Q_a^0 gehören dem Falle (δ) und wieviele dem Falle (ε) an? Der Fall (δ) enthält die oben (§ 19) verlangten Puncte und bestätigt die dortige Angabe über ihre Anzahl. — Analoge Fragen sind bei der allgemeinen Basis C^m zu stellen.

§ 27.

Durch Projection gehen die vorigen Sätze (§ 26) in solche andere Sätze über, bei welchen die betrachteten Mitten Q durch gewisse harmonische Puncte N vertreten werden, nämlich bei welchen nebst der Basis C^m noch irgend eine Gerade G gegeben ist (dort war es G_∞), und wobei dann zu dem Schnitt R der Transversale S und dieser Geraden G in Bezug auf je zwei der m Schnitte $a, b, c, d, \ldots$ von S und C^m der vierte harmonische Punct N genommen wird.

Es können aber in der Transversale ferner auch harmonische Puncte auf andere Weise bestimmt werden, wie z. B. so, dass man zu je drei ihrer m Schnitte $a, b, c, d, \ldots$ mit C^m die drei vierten harmonischen Puncte N nimmt (§ 11, III.), wodurch man in jeder Transversale im Ganzen $\frac{1}{2}m(m-1)(m-2)$ Puncte N erhält. Und wird sodann die Transversale geeigneten Bedingungen unterworfen, so gelangt man zu neuen Curven, sowie zu neuen Eigenschaften der Basis C^m. Ich muss mich jedoch darauf beschränken, hier nur einige leichtere Resultate kurz mitzutheilen.

I. Es kann verlangt werden, dass von den m Schnitten a, b, c, d, ... irgend vier unter sich harmonisch sein sollen. Dies führt zu dem folgenden Satze:

„Der Ort derjenigen Transversale S, welche eine gegebene Curve m^{ten} Grades C^m in irgend 4 harmonischen Puncten schneidet, ist eine Curve $\frac{1}{4}m(m-1)(m-2)(m-3)^{\text{ter}}$ Classe,

$$S^{\frac{1}{4}m(m-1)(m-2)(m-3)},$$

welche die Basis in jedem ihrer Wendepuncte mit je $m-3$ Zweigen, sowie nebstdem (wenn $m>4$) noch in vielen anderen Puncten berührt." Der Berührungspunct jeder S mit der Ortscurve ist durch Hülfe der in den vier harmonischen Schnittpuncten an die Basis gelegten vier Tangenten leicht zu construiren. Aufgabe: Den Grad der Ortscurve zu bestimmen.

Bei der Basis C^4 ist demnach der Ort der Geraden S, welche dieselbe in 4 harmonischen Puncten $abcd$ schneidet, eine Curve sechster Classe S^6, welche die Basis in ihren 24 Wendepuncten berührt. Die $12.6=72$ gemeinschaftlichen Tangenten beider Curven bestehen daher nur aus den 24 Wendetangenten der Basis, indem jede für 3 zählt. Die Curve S^6 ist vom dreissigsten Grad; sie hat daher mit der Basis ausser jenen 24 Berührungspuncten noch 72 Puncte (Schnitte) a_0 $(=a)$ gemein, und ihre Tangente S in jedem dieser a_0 schneidet die Basis ausser daselbst in drei solchen Puncten b, c, d, (die mit a_0 harmonisch sind und) deren zugehörige Tangenten B, C, D sich in irgend einem Puncte p treffen. Durch die 72 Puncte a_0 können Curven achtzehnten Grades gehen. „Welche Lage haben die 72 Puncte p?" — Besteht insbesondere die Basis C^4 aus 4 Geraden A, B, C und D, so zerfällt die Ortscurve S^6 in die dem Vierseit $ABCD$ eingeschriebenen drei harmonischen Kegelschnitte. (Entwickelung der Abhängigkeit geometrischer Gestalten von einander. § 43.) Gleicherweise ergeben sich specielle Resultate, wenn die Basis C^4 aus C^2+2C^1 oder $C^2+C^2_1$ oder C^3+C^1 besteht.

Bei der Basis C^5 ist die Ortscurve $=S^{30}$; sie berührt die Basis in jedem ihrer 45 Wendepuncte mit zwei Zweigen, und nebstdem berührt sie dieselbe noch in 165 anderen Puncten a. Daher:

„Eine beliebige Curve fünften Grades hat im Allgemeinen 165 solche harmonische Tangenten, bei welchen der Berührungspunct a und die drei Schnittpuncte b, c, d harmonisch sind."

Bei der Basis C^m findet man auf diese Weise ausser den Wendetangenten

$$\tfrac{1}{4}m(m-2)(m-3)[m(m-1)^2-36]$$

solche Tangenten, bei welchen von den $m-1$ Puncten, nämlich dem Berührungspunct a und den $m-2$ Schnitten $b, c, d, \ldots,$ irgend 4 harmonisch sind, wobei jedoch jeder Fall, wo sich a unter den harmonischen Puncten befindet, für 2 zu zählen ist, so dass, wenn die Zahl der Fälle, welche a enthalten, durch x und die ohne a durch y bezeichnet werden, dann $2x+y$ der vorstehenden Zahl gleich ist. Dabei wird die Basis von der Ortscurve in den x Puncten a berührt. — Diese Zahlen x und y zu bestimmen.

II. Wird die gegebene Basis C^4 von einer Tangente S in a berührt und in b, c geschnitten, und denkt man sich zu diesen 3 Puncten die 3 vierten harmonischen Puncte α, β, γ und zwar so, dass

$$ab\alpha c;\ \ abc\beta;\ \ a\gamma bc$$

harmonisch sind:

„So ist der Ort des Punctes α eine Curve zweiunddreissigsten Grades, welche die Basis in ihren Wendepuncten dreipunctig berührt und durch die Berührungspuncte ihrer Doppeltangenten geht (s. S. 541 Note).“ Und

„So ist der gemeinsame Ort der beiden Puncte β und γ eine Curve vierundsechzigsten Grades, welche die Basis in jedem ihrer 24 Wendepuncte mit zwei Zweigen dreipunctig, sowie in jedem der 56 Berührungspuncte ihrer 28 Doppeltangenten (zweipunctig) berührt.“ Daraus folgt ferner:

„Dass die Curve vierten Grades C^4 im Allgemeinen 64 solche Tangenten hat, bei welchen der eine Schnittpunct, b, in der Mitte zwischen dem anderen, c, und dem Berühungspunct, a, liegt (wie § 26, VI. α^0), und dass diese besonderen Tangenten den Asymptoten der genannten Curve vierundsechzigsten Grades parallel sind.“

Wird die gegebene Basis C^5 von einer Tangente S in a berührt und in b, c, d geschnitten und bestimmt man die drei Puncte δ, γ, β so, dass

$$ab\delta c;\ \ ab\gamma d;\ \ ac\beta d$$

harmonisch sind:

„So ist der gemeinsame Ort der 3 Puncte β, γ, δ eine Curve x^{ten} Grades, welche die Basis in jedem ihrer 45 Wendepuncte mit zwei Zweigen dreipunctig berührt und dieselbe in den $165.3=495$ Schnitten (b, c, d) der vorgenannten 165 harmonischen Tangenten (I.), sowie in den 240 Berührungspuncten ihrer 120 Doppeltangenten schneidet, und welche ferner auch diese Doppeltangenten doppelt berührt. Jede Tangente der Basis, bei welcher irgend zwei der drei Schnitte b, c und d gleich weit vom Berührungspunct a abstehen, ist einer Asymptote der genannten Ortscurve parallel.“ — Den Grad x zu bestimmen.

III. Durch jede 4 in einer Geraden liegenden Puncte, nach ihrer

Reihenfolge a, b, c und d, sind drei verschiedene (von mir sogenannte) Puncten-Systeme (Involutions-Systeme) bestimmt, indem man dieselben auf drei Arten als zwei Paar conjugirte Puncte ansehen kann, nämlich

1. ab und cd; 2. ad und bc; 3. ac und bd.

Die zu beiden Paaren jedes Systems gehörigen harmonischen Puncte, beziehlich x und x_1, y und y_1, z und z_1, wobei $axbx_1$ und $cxdx_1$, $aydy_1$ und $bycy_1$, $azcz_1$ und $bzdz_1$ harmonisch sind (§ 17), habe ich „Asymptoten-Puncte" und die beiden ersten Systeme, bei denen die Asymptoten-Puncte reell sind, „hyperbolisch", dagegen das dritte (3.), bei welchem dieselben imaginär sind, „elliptisch" genannt.

Denkt man sich zu je 4 der m Puncte $a, b, c, d, \ldots.$, welche die gegebene Basis C^m mit irgend einer Transversale S gemein hat, die drei Paar Asymptoten-Puncte x und x_1, y und y_1, z und z_1, so hat man im Ganzen

$\frac{1}{8}m(m-1)(m-2)(m-3) = \mu$ Paare, oder $\frac{1}{4}m(m-1)(m-2)(m-3) = 2\mu$ einzelne Asymptoten-Puncte, von denen jeder durch X bezeichnet werden soll.

„Wird die Transversale S um einen in ihr beliebig gewählten Pol P herumbewegt, so beschreiben die 2μ Puncte X insgesammt eine Curve $3\mu^{\text{ten}}$ Grades

$$X^{\frac{3}{8}m(m-1)(m-2)(m-3)},$$

welche den Pol P zum μ-fachen Punct hat, u. s. w."

Es kann solche besondere Transversalen S_x $(=S)$ geben, bei welchen ein Asymptoten-Punct mit einem ihrer m Schnittpuncte zusammenfällt, z. B. der Schnitt e kann x sein, so dass $aebx_1$ und $cedx_1$ harmonisch sind, also das durch die Paare a und b, c und d bestimmte Puncten-System den Schnitt e zum Asymptoten-Punct hat, oder diese 5 Schnitte Involution bilden.

„Der Ort derjenigen Transversale S_x, bei welcher ein Asymptoten-Punct X in der Basis C^m selbst liegt, oder von deren m Schnitten irgend 5 Involution bilden, ist eine Curve

$$S_x^{\frac{3}{8}m(m-1)(m-2)(m-3)(m-4)}."$$

Rücksichtlich aller dieser Transversalen S_x, welche einen Asymptoten-Punct x in einem Schnitt e (aber nicht in einem Berührungspunct) der Basis haben, kann gefragt werden: „Welchen Ort hat der dem $x(=e)$ zugehörige andere Asymptoten-Punkt x_1?" Dieser Ort wird irgend eine Curve n^{ten} Grades X_1^n sein; ihre Schnitte mit der Basis C^m bestimmen diejenigen einzelnen Transversalen S_{xx_1}, welche ein Paar conjugirter Asymptoten-Puncte x und x_1 in der Basis haben. Die Beantwortung der Aufgabe wird erleichtert, wenn zuvor die folgende gelöst ist:

Wenn in jeder Tangente S der Basis C^m zu dem Berührungspunct a in Bezug auf je zwei der $m-2$ Schnitte $b, c, d, \dots$ der vierte harmonische Punct α gedacht wird, so soll der gemeinsame Ort aller dieser Puncte α bestimmt werden.

Bemerkung. Ich will hier noch bemerken, dass ich einige in dieser Abhandlung aufgestellten Sätze nicht genügend bewiesen habe, so dass dieselben möglicherweise fehlerhaft sein können. Sollte dies der Fall sein, so mag die Neuheit und Schwierigkeit des Gegenstandes, zumal im Vergleich mit der von mir befolgten synthetischen Betrachtungsweise, mich einigermaassen entschuldigen. Namentlich in den drei letzten Paragraphen habe ich mir einige gewagte Schlüsse erlaubt; so z. B. um den Satz (V. *d.*) in § 26 zu erhalten. Ist dieser Satz nicht allgemein wahr, so sind auch mehrere ihm vorhergehende Sätze nicht in allen Theilen richtig.

Crelle's Journal Band XLVII. S. 7—105.

(Theils Auszug, theils Erweiterung eines am 26. Mai 1851 in der Akademie der Wissenschaften zu Berlin gehaltenen Vortrags.)

39

Aufgaben und Sätze, bezüglich auf die vorstehende Abhandlung.

Zu den in der Abhandlung bereits gelegentlich aufgeworfenen zahlreichen Fragen mögen hier noch folgende hinzugefügt werden.

1. Wenn eine Curve vierten Grades einen Mittelpunct $\mathfrak{M}$ haben und durch gegebene 9 Puncte p gehen soll: welches ist dann der Ort von $\mathfrak{M}$? Und: Wieviele Curven vierten Grades, welche Mittelpuncte haben, gehen durch 10 gegebene Puncte p? (§ 5 und vergl. § 7). — Die analogen Fragen bei höheren Curven.

2. Wieviele Durchmesser D hat die Curve vierten Grades, welche mit ihrer conjugirten Richtung irgend einen gegebenen Winkel α bilden? Wieviele, wo $\alpha = 90^0$? Für $\alpha = 0$ sind es die 4 Asymptoten (§ 17).

3. Wieviele Paare conjugirter Durchmesser hat die Curve m^{ten} Grades C^m? Der Kegelschnitt C^2 hat unendlich viele; die C^3 hat ein Paar; die C^4 hat 3 Paar (§ 17); wie geht es weiter?

4. Welches ist in Bezug auf eine gegebene Basis dritten Grades C^3 der Ort desjenigen Poles P, dessen beide Polaren A^2 und J^2 einander berühren (§ 15)? — Die entsprechende Frage bei höheren Basen.

5. Werden aus einem festen Punct P beliebige Transversalen S durch eine gegebene Curve m^{ten} Grades C^m gezogen, und an diese in den m Schnitten $a, b, c, \ldots$ die Tangenten $A, B, C, \ldots$ gelegt, die einander in $\frac{1}{2}m(m-1)$ Puncten Q schneiden, so ist der Ort dieser Puncte irgend eine Curve x^{ten} Grades Q^x. Und werden aus jedem Puncte P einer festen Geraden G an dieselbe gegebene Curve C^m die $m(m-1)$ Tangenten gezogen, deren Berührungspuncte im Ganzen $\frac{1}{2}m(m-1)[m(m-1)-1]$ Berührungssehnen $\mathfrak{S}$ bestimmen, so ist der Ort dieser Sehnen eine Curve x^{ter} Classe $\mathfrak{S}^x$. In beiden Fällen hat x denselben Werth. Die Zahl x zu finden. — Für $m = 3$ ist $x = 9$ (§ 15).

6. Den Ort derjenigen Transversale S zu finden, welche eine gegebene Curve m^{ten} Grades in irgend drei Paar Puncten schneidet, die zu einem Puncten-System gehören (Involution bilden).

7. In § 15, II S. 532 Note wurde bemerkt, dass die beiden Polaren A^2 und J^2 desselben Poles P in Bezug auf die gegebene Basis C^3 Kegelschnitte jeder Art sein können, je nach der Lage des Poles gegen den dort näher beschriebenen Kegelschnitt E^2. In der That können dieselben nicht allein Ellipsen, Hyperbeln oder Parabeln sein, sondern als solche auch jede beliebige Form haben; und zwar verhält es sich damit näher, wie folgt.

a. Sollen die Polaren A^2 und J^2 Parabeln sein, so ist der Ort des Poles P die Curve E^2. *b.* Sollen dieselben gleichseitige Hyperbeln sein, so ist der Ort des Poles eine bestimmte Gerade H. *c.* Sollen dieselben Kreise sein, so giebt es nur einen einzigen Pol $P_0 (=P)$, der genügt; derselbe ist zugleich der Pol der Geraden H in Bezug auf den Kegelschnitt E^2. *d.* Sollen A^2 und J^2 irgend einem gegebenen Kegelschnitte C^2 ähnlich sein, so ist der Ort des Poles P jedesmal ein solcher Kegelschnitt P^2, welcher den Kegelschnitt E^2 (imaginär) doppelt berührt, und zwar mit ihm jene Gerade H zur (ideellen) Berührungssehne hat. — Giebt man also dem Kegelschnitte C^2 nach einander alle verschiedenen Formen, so entstehen für den Pol P eine Schaar Ortscurven P^2, oder vielmehr ein Büschel $B(P^2)$, welche sich insgesammt in denselben zwei Puncten berühren, die Gerade H zur Berührungssehne und dieselbe mit jenem Pol P_0 gemeinsam zu Polare und Pol haben, und zu welchen insbesondere auch die Curve E^2, sowie die Gerade H und der Pol P_0 selbst als Uebergangs- und Grenzglieder gehören, nämlich E^2 als Uebergang der Polaren A^2 und J^2 von Hyperbeln zu Ellipsen, dagegen H als Grenze der Hyperbeln und P_0 als Grenze der Ellipsen.

Hat die gegebene Curve C^3 drei reelle Asymptoten A, B und C, so sind die Gerade H und der Pol P_0, wie folgt, zu finden. Sind α, β, γ die Fusspuncte der aus den Ecken a, b, c des Dreiseits ABC auf die Gegenseiten A, B, C gefällten Perpendikel, so liegen die Schnitte der 3 Paar Geraden $\alpha\beta$ und C, $\alpha\gamma$ und B, $\beta\gamma$ und A auf der verlangten Geraden H; oder diese Gerade ist auch die Linie der gleichen Potenzen der den Dreiecken abc und $\alpha\beta\gamma$ umschriebenen Kreise. Und legt man in den Ecken des Dreiecks abc an den ihm umschriebenen Kreis die Tangenten, die ein neues Dreieck $a_1b_1c_1$ bilden, so schneiden sich die drei Geraden aa_1, bb_1 cc_1 in dem verlangten Pol P_0. — Ist insbesondere das Asymptoten-Dreieck $ABC=abc$ gleichseitig, also E^2 der ihm eingeschriebene Kreis, so sind alle Ortscurven, $B(P^2)$, mit demselben concentrische Kreise, P_0 ist ihr gemeinsamer Mittelpunct, und die Gerade H ist $= G_\infty$. Daher: Bei einer Curve dritten Grades, deren Asymptoten ein gleichseitiges Dreieck abc bilden, liegen die Berührungspuncte von je 6 parallelen Tangenten in einer gleichseitigen Hyperbel. Werden aus einem Puncte des dem Dreieck abc umschriebenen Kreises 6 Tangenten an die Curve gelegt, so liegen die Berührungspuncte in einer Hyperbel, deren Asymptoten-Winkel $= 60^0$ ist; und werden aus dem Mittelpuncte P_0 dieses Kreises die 6 Tangenten an die Curve gelegt, so liegen die Berührungspuncte in irgend einem Kreise.

Wie muss das Asymptoten-Dreieck abc beschaffen sein, damit der Pol P_0 Brennpunct des Kegelschnittes E^2 (und damit zugleich auch aller Kegelschnitte P^2) wird?

Für alle Curven dritten Grades, welche mit der gegebenen gemeinschaftliche Asymptoten haben (mögen diese reell oder imaginär sein), bleiben die Ortscurven $B(P^2)$ die nämlichen (§ 22); was zu weiteren Folgerungen führt, wenn die speciellen Curven dritten Grades berücksichtigt werden.

8. „Alle Curven dritten Grades, welche durch folgende 7 Puncte eines gegebenen Dreiecks gehen, nämlich 1) durch den Schwerpunct, 2) durch die Ecken und 3) durch die im Unendlichen liegenden Puncte der Seiten, haben congruente Asymptoten-Dreiecke, und zwar sind dieselben dem gegebenen Dreieck ähnlich, mit ihm ähnlichliegend, und ihre Seiten verhalten sich zu den entsprechenden Seiten des letzteren wie 2:3." — Es giebt einen analogen Satz über das vollständige m-Seit und die Curven m^{ten} Grades. Z. B. beim vollständigen Vierseit müssen die Curven vierten Grades ausser durch die 6 Ecken und durch die im Unendlichen liegenden Puncte der 4 Seiten auch noch durch die oben (§ 18, II (S. 553)) beschriebenen 3 Puncte p, also im Ganzen durch 13 gegebene Puncte gehen.

Crelle's Journal Band XLVII. S. 106—108.

40

Eigenschaften der Curven vierten Grades rücksichtlich ihrer Doppeltangenten.*)

Seitdem *Poncelet* zuerst auf das Vorhandensein der Doppeltangenten bei algebraischen Curven aufmerksam gemacht**), ist bis jetzt noch wenig geschehen, die wesentlichsten Eigenschaften derselben zu erforschen. Es gelang leicht, ihre Zahl aus derjenigen der Wendepuncte zu schliessen durch Hülfe der Theorie der reciproken Polaren, welche man demselben grossen Geometer verdankt. In diesem Betracht habe ich die drei Gleichungen aufgestellt, welche zwischen dem Grad, der Classe, der Zahl der Doppel- und Rückkehrpuncte, und der Zahl der Doppel- und Wendetangenten jeder algebraischen Curve stattfinden***). Nicht ohne Anstrengung gelang es *Jacobi*, die Zahl der Doppeltangenten direct und analytisch zu beweisen†). Noch schwerer mag es sein, die allgemeinen Eigenschaften derselben zu erforschen, was diejenigen Mathematiker am besten wissen werden, welche sich bereits damit beschäftigt haben. Ich habe vor mehreren Jahren versucht, auf synthetischem Wege die gegenseitige Beziehung der 28 Doppeltangenten der allgemeinen Curve vierten Grades zu finden, und bin zu Resultaten gelangt, welche sowohl den Grund der dem Gegenstande innewohnenden Schwierigkeit aufdecken, als auch zugleich die geeigneten Angriffspuncte für die zweckmässige Behandlung desselben leicht erkennen lassen. Die Resultate beruhen auf eigenthümlich verschlungenen, theils ungewöhnlichen Combinationen der gegebenen Elemente. Die wenigen von Anderen über denselben Gegenstand bereits veröffentlichten Versuche stimmen mit meiner Arbeit wenig überein. Die nachstehenden An-

*) Einen kurzen Auszug dieses Aufsatzes habe ich bereits am 25. Juli 1853 der Akademie der Wissenschaften zu Paris vorgelegt; s. Comptes rendus hebdomadaires von jenem Datum.

**) *Crelle*'s Journal f. d. Mathem. Bd. VIII, S. 401—406.

***) Monatsbericht der Akademie der Wissenschaften zu Berlin, August 1848; und *Crelle*'s Journal Bd. XLVII, S. 1. (Conf. Bd. II, S. 495 dieser Ausgabe.)

†) *Crelle*'s Journal Bd. XL, S. 237.

gaben mögen eine ohngefähre Vorstellung meiner Resultate gewähren, sowie auch den Weg und die Mittel eröffnen, die zu ihrem Beweis führen, welcher für die gewöhnliche, analytische Behandlung ohne Zweifel schwierig war, aber nunmehr durch Hülfe der in meinem schon citirten Aufsatze enthaltenen Hauptsätze über Polar-Enveloppen bei algebraischen Curven leicht zu führen ist.

I. Man denke sich eine allgemeine Curve vierten Grades, C^4. Ihre 28 Doppeltangenten t, paarweise zusammengefasst, geben 378 Paare; jedes Paar heisse π, und der gegenseitige Schnittpunct jedes Paares heisse p, so giebt es ebenso 378 Puncte p. Seien m und n, m_1 und n_1 die Berührungspuncte eines Tangentenpaares π mit der Curve; man verbinde sie wechselseitig durch zwei Paar Gerade mm_1 und nn_1, mn_1 und nm_1 und nenne deren gegenseitige Schnittpuncte q, r. Dann gehören zu jedem Tangentenpaar π drei Puncte p, q, r.

II. Die 378 Puncte p und mit ihnen zugleich auch die 378 Paare π ordnen sich nach einem bestimmten Gesetz zu 6 und 6 in Gruppen, G, so dass 63 Gruppen G entstehen, wovon keine zwei einen Punct p oder ein Paar π gemein haben.

„Die 6 Puncte p jeder Gruppe G liegen in irgend einem Kegelschnitte, G^2, was im Ganzen 63 Kegelschnitte G^2 giebt."

Die zu einer Gruppe gehörigen $6p$ hängen von 12 verschiedenen Tangenten t ab, also von 6 Paaren π, welche keine Tangente gemein haben, so dass von den je $6p$ keine zwei in der nämlichen Tangente liegen.

III. Die 8 Berührungspuncte je zweier zu einerlei Gruppe gehörigen Tangentenpaare π liegen allemal in irgend einem Kegelschnitte, B^2, so dass zu jeder Gruppe $\frac{1}{2}6.5 = 15$ Kegelschnitte B^2 gehören. Danach sollte es für die 63 Gruppen $63.15 = 945$ Kegelschnitte B^2 geben; allein dabei wird jeder dreimal gezählt, und somit giebt es im Ganzen nur 315 verschiedene Kegelschnitte B^2. Das heisst:

„Unter den 28 Doppeltangenten t einer Curve vierten Grades C^4 giebt es im Allgemeinen 315-mal 4 solche, deren 8 Berührungspuncte zusammen in irgend einem Kegelschnitte B^2 liegen."

IV. „Die zu jeder Gruppe G gehörigen 18 Puncte, nämlich die $6p$, $6q$ und $6r$ (I.) liegen zusammen in irgend einer Curve dritten Grades G^3, so dass es 63 Curven G^3 giebt."

Jede Curve G^3 schneidet die gegebene Curve C^4 in 12 Puncten a, was im Ganzen $63.12 = 756$ bestimmte Puncte a giebt. Jeder Punct a hat die Eigenschaft, dass irgend ein Kegelschnitt A^2 die gegebene Curve C^4 in demselben vierpunctig und nebstdem noch in irgend zwei anderen bestimmten Puncten b und c einfach (d. h. zweipunctig) berühren kann. Also:

„Soll ein Kegelschnitt A^2 eine gegebene Curve vierten Grades C^4 in irgend einem Puncte, a, vierpunctig und zudem noch in irgend zwei anderen Puncten, b und c, einfach berühren, so finden im Allgemeinen 756 Lösungen statt."

Werden zwischen je drei zusammengehörigen Puncten a, b und c die Geraden ab, ac und bc gezogen, und im Puncte a an die Curven C^4 und G^3 die Tangenten A und A_1 gelegt, so sind die vier Geraden ab, A, ac, A_1 harmonisch, also A_1 durch die drei anderen bestimmt, und so liegt der Schnittpunct, d, der Geraden A und bc auf der Curve G^3, so dass man von dieser 12 neue Puncte d erhält.

„Die zu jeder Gruppe G gehörigen 84 Geraden, nämlich die 6 Tangentenpaare π ($=12$ Gerade t), die 6-mal 4 Geraden mm_1, nn_1, mn_1 und nm_1, die 12 Tangenten A und endlich die 12-mal 3 Geraden ab, ac und bc werden zusammen von irgend einer Curve dritter Classe K^3 (und sechsten Grades) berührt; und zwar berührt sie die Geraden ab und ac in den Puncten b und c selbst, so dass also die $12b$ und $12c$ zugleich ihre 24 Schnittpuncte mit der gegebenen Curve C^4 sind." „Es giebt im Ganzen 63 Curven K^3."

Die zu jeder Gruppe gehörigen zwei Curven G^3 und K^3 haben eine interessante innige Beziehung zu einander, wovon ich hier nur Einiges kurz andeuten will. Jeder der 9 Wendepuncte der Curve G^3 werde durch w und die Wendetangente durch W bezeichnet; aus jedem w gehen drei Tangenten Q, Q_1, Q_2 an die Curve, deren Berührungspuncte q, q_1, q_2 in einer Geraden R_1 liegen; der Schnitt von W und R_1 heisse p. Jede der 9 Rückkehrtangenten der Curven K^3 werde durch R und der Rückkehrpunct durch r bezeichnet; jede R schneidet die Curve in drei Puncten q, q', q'', deren zugehörige Tangenten Q, Q', Q'' sich in einem Puncte w_1 treffen; die Gerade rw_1 heisse P. Nun stehen die Curven G^3 und K^3 in solcher Verbindung, dass sie einander in den 9 Puncten q berühren, also die $9Q$ zu Berührungstangenten haben, dass ferner sowohl die 9 Paar Puncte w und w_1 als die 9 Paar Geraden R und R_1 zusammenfallen, und dass zudem sowohl die 4 Geraden $WQ'QQ''$ als die 4 Puncte rq_1qq_2 harmonisch sind, und dass somit auch die 4 Puncte $pq'qq''$ sowie die 4 Geraden PQ_1QQ_2 harmonisch sind. — Die weiteren Beziehungen der beiden Curven behalte ich mir vor, bei einer geeigneteren Gelegenheit umständlicher zu erörtern.

V. Die 63 Gruppen G (II.) ordnen sich nach einem gewissen Gesetz zu 3 und 3 zu Systemen, S, so nämlich, dass zu je zwei Gruppen allemal irgend eine, aber nur eine bestimmte dritte Gruppe gehört, welche mit ihnen ein System S bildet. Die Zahl der Systeme ist daher $= 651$, und jede Gruppe kommt in 31 Systemen vor.

Aus einem gewissen Grunde kann man die Systeme in zwei Abtheilungen bringen und sie demgemäss durch S_1 und S_2 unterscheiden. Dann enthält die erste Abtheilung 315 Systeme S_1 und die zweite 336 Systeme S_2, und dann kommt jede Gruppe in 15 Systemen S_1 und in 16 Systemen S_2 vor. Die Systeme beider Abtheilungen unterscheiden sich unter anderen, wie folgt:

1. Die drei Gruppen jedes Systems S_1 haben allemal vier, und zwar vier solche Doppeltangenten t gemein, welche in jeder Gruppe zwei Paare π bilden, nämlich sind z. B. u, x, y und z die vier gemeinschaftlichen Tangenten t, so müssen etwa ux und yz Paare der ersten, uy und xz Paare der zweiten und uz und xy Paare der dritten Gruppe sein. Durch die 8 Berührungspuncte solcher vier Tangenten u, x, y, z geht also immer ein Kegelschnitt B^2 (III.). Die drei Gruppen umfassen zusammen alle 28 Doppeltangenten t und nehmen vier derselben, u, x, y und z, dreifach in Anspruch.

2. Dagegen enthalten die drei Gruppen jedes Systems S_2 zusammen nur je 18 Doppeltangenten t, indem jede der letzteren zu je zwei Gruppen gehört, also je zwei Gruppen sechs Tangenten gemein haben; oder, wenn man die 18 Tangenten durch a, a_1, a_2, a_3, a_4, a_5; b, b_1, ... b_5; c, c_1, ... c_5 bezeichnet, dass etwa

ab, a_1b_1, a_2b_2, a_3b_3, a_4b_4, a_5b_5 Paare der ersten,
ac, a_1c_1, a_2c_2, a_3c_3, a_4c_4, a_5c_5 Paare der zweiten,
bc, b_1c_1, b_2c_2, b_3c_3, b_4c_4, b_5c_5 Paare der dritten

Gruppe sind.

Abgesehen von diesem Unterschiede haben alle Systeme folgende gemeinsame Eigenschaft:

„Wählt man aus jeder der drei Gruppen eines Systems S ein beliebiges Tangentenpaar π, so liegen die 12 Berührungspuncte derselben allemal in irgend einer Curve dritten Grades, B^3."

Nach blosser Combination müssten hiernach zu jedem System S

$$6.6.6 = 216$$

Curven B^3 gehören, uud im Ganzen sollte es

$$651.216 = 140616$$

Curven B^3 geben. Allein dabei ist eine und dieselbe Curve mehr oder weniger oft gezählt, so dass die Zahl der von einander verschiedenen Curven B^3 bedeutend geringer ist. Zudem ist B^3 nicht immer eine Curve von allgemeiner Form, vielmehr besteht sie in der Mehrzahl der Fälle aus einem Kegelschnitte und einer Geraden, oder aus drei Geraden;

und zwar sind diese Kegelschnitte keine anderen als die obigen 315 Kegelschnitte B^2 (III.), und die Geraden bestehen nur aus den 28 Doppeltangenten t selbst. Nämlich es verhält sich damit, wie folgt.

Bei jedem System S_1, wo jede der vier gemeinschaftlichen Tangenten u, x, y, z durch t_0 und der durch ihre 8 Berührungspuncte gehende Kegelschnitt B^2 durch B^2_0 bezeichnet werden mag, bestehen von den 216 Curven B^3:

a) 4 aus drei Geraden, nämlich aus uxy, uxz, uyz und xyz;

b) 4 aus $B^2_0+t_0$, d. h. aus B^2_0 und je einer Geraden u, x, y oder z;

c) 48 aus B^2+t_0, aus je einer Geraden u, x, y, z und je einem Kegelschnitte B^2; und

d) 160 aus eigentlichen Curven B^3.

Bei jedem System S_2 dagegen bestehen die 216 B^3:

e) 6 aus je drei Geraden, nämlich aus abc, $a_1b_1c_1$, ..., $a_5b_5c_5$;

f) 90 aus B^2+t, nämlich aus je einem B^2 und je einer der 18 Geraden $a, a_1, \ldots, a_5$; $b, b_1, \ldots b_5$; $c, c_1, \ldots, c_5$; und

g) 120 sind eigentliche Curven B^3.

Hiernach gäbe es im Ganzen:

α. Solche B^3, welche aus drei Geraden bestehen (*a* und *e*):

$$315\times4+336\times6=3276,$$

was gerade der Zahl der Combinationen der 28 Doppeltangenten t zu je dreien gleich ist, $=28.27.26:6=3276$.

β. Solche B^3, welche aus $B^2_0+t_0$ bestehen, wobei der Kegelschnitt B^2_0 durch die Berührungspuncte der Tangente t_0 geht (*b*):

$$315\times4=1260.$$

γ. Solche B^3, welche aus B^2+t bestehen, wo B^2 nicht durch die Berührungspuncte von t geht (*c* und *f*):

$$315\times48+336\times90=45360.$$

δ. Eigentliche, nicht in Theile zerfallende Curven B^3 (*d* und *g*):

$$315\times160+336\times120=90720,$$

was zusammen die obige Zahl 140616 ausmacht.

γ^0. Da es nun nur 315 Kegelschnitte B^2 giebt (III.), in (γ.) aber 45360 vorkommen, so muss jeder derselben 144-mal in Anspruch genommen sein, und da er dabei jedesmal mit einer der 24 Tangenten t, durch deren Berührungspuncte er nicht geht, verbunden ist, so muss er mit jeder dieser Tangenten $144:24=6$-mal vorkommen, so dass also unter (γ.) nur

$$45360:6=7560$$

verschiedene B^2+t enthalten sind, von denen noch je 24 den nämlichen Kegelschnitt B^2 haben und sich nur durch die Tangente t von einander unterscheiden.

δ^0. Da ferner in (δ.) jede Curve B^3 durch die Berührungspuncte von 6 Tangenten t geht, welche 15-mal als 3 Paare π auftreten, so wird dieselbe auch 15-mal wiederholt, so dass es also nur

$$90720:15 = 6048$$

verschiedene eigentliche Curven B^3 giebt.

Somit giebt es von einander verschiedene Curven B^3

[α.] 3276, bestehend aus je $3t$;
[β.] 1260, bestehend aus $B_0^2+t_0$;
[γ^0.] 7560, bestehend aus B^2+t, und
[δ^0.] 6048 eigentliche Curven B^3;

also zusammen $= 18144$.

Das Hauptresultat ist in (δ^0.) enthalten, nämlich:

„Unter den 28 Doppeltangenten t einer Curve vierten Grades giebt es im Allgemeinen 6048-mal 6 solche, deren 12 Berührungspuncte zusammen in irgend einer eigentlichen, nicht in Theile zerfallenden Curve dritten Grades B^3 liegen.“

VI. Die 63 Gruppen G (II.) ordnen sich nun ferner zu 4 und 4 zu Systemen, $S[4]$, und zwar dergestalt, dass zu je drei Gruppen, welche nicht schon im Vorigen (V.) ein System S bilden, allemal eine, aber nur eine bestimmte vierte Gruppe gehört, die mit ihnen ein System $S[4]$ bildet. Dabei darf also auch die vierte Gruppe mit keinen zweien der drei ersten Gruppen ein System S bilden. Es giebt im Ganzen 9765 Systeme $S[4]$. Dieselben haben unter anderen folgende gemeinsame Eigenschaft:

„Wählt man aus jeder der vier Gruppen eines Systems $S[4]$, ein beliebiges Tangentenpaar π, so liegen die 16 Berührungspuncte derselben allemal in einer Curve vierten Grades B^4.“

VII. Gleicherweise ordnen sich die 63 Gruppen zu 5 und 5 zu Systemen, $S[5]$, dergestalt, dass zu jeden vier Gruppen, welche weder ein System S (V.) noch ein System $S[4]$ (VI.) bilden, allemal eine, aber nur eine bestimmte fünfte Gruppe gehört, die mit ihnen ein System $S[5]$ bildet, und wobei dann auch diese fünfte Gruppe weder mit zweien noch dreien von jenen vier Gruppen eines der vorhergehenden Systeme bildet. Es giebt 109368 Systeme $S[5]$. Sie haben folgende Eigenschaft: *

„Wählt man aus jeder der fünf Gruppen eines solchen Systems $S[5]$ ein beliebiges Tangentenpaar π, so liegen die 20 Berührungspuncte derselben allemal in einer Curve fünften Grades B^5.“

*Sieh S. 741.

VIII.* Ebenso ordnen sich die 63 Gruppen weiter zu 6 und 6 zu Systemen S[6], so dass zu je fünf Gruppen, welche unter sich keines der bisherigen Systeme bilden, allemal eine, aber nur eine bestimmte sechste Gruppe gehört, die dann auch weder mit 2 noch 3 noch 4 von jenen 5 Gruppen eines der vorhergehenden Systeme bildet. Die Zahl der Systeme $S[6]$ ist $= 874944$.

„Wählt man bei einem solchen System $S[6]$ sechs Tangentenpaare π beliebig, jedoch aus jeder Gruppe eines, so liegen ihre 24 Berührungspuncte allemal in einer Curve sechsten Grades B^6."

IX.** Endlich ordnen sich die 63 Gruppen auch noch in Systeme $S[7]$ von 7 und 7 Gruppen, so dass zu je sechs Gruppen, die unter sich keines der bisherigen Systeme bilden, allemal eine bestimmte siebente Gruppe gehört, welche ebenso mit keinen 2 noch 3 noch 4 noch 5 von jenen 6 Gruppen eines der früheren Systeme bildet. Die Zahl der Systeme $S[7]$ ist $= 3999744$.

„Wählt man aus den sieben Gruppen eines solchen Systems $S[7]$ sieben Tangentenpaare beliebig, aus jeder Gruppe eines, so liegen ihre 28 Berührungspuncte allemal in einer Curve siebenten Grades B^7."

Weitere Systeme zu 8, 9, ... Gruppen giebt es nicht.

Bemerkung. Wenn oben (VI, VII, VIII und IX.) gesagt wird: die 16, 20, 24, 28 Berührungspuncte liegen in einer Curve B^4, B^5, B^6, B^7, so ist darunter nicht zu verstehen, es seien diese Curven dadurch bestimmt (wie dies in (V.) der Fall war), — vielmehr gehen unendlich viele Curven desselben Grades durch die nämlichen Puncte, — sondern es ist damit nur gemeint: die Puncte haben die besondere Eigenschaft, dass solche Curven durch sie gehen können. Denn werden in der gegebenen Curve C^4 eine gleiche Zahl Puncte willkührlich angenommen, so gehen durch sie keine Curven von den respective angegebenen Graden, weil nämlich von den $4n$ Schnittpuncten, welche eine Curve n^{ten} Grades B^n mit der gegebenen Curve C^4 haben kann, bekanntlich nur $4n-3$ willkürlich angenommen werden dürfen, indem durch diese die 3 übrigen schon bestimmt sind.

X. Das Vorstehende giebt unter anderen Anlass zu folgenden Fragen oder Aufgaben.

1. Welche Resultate erhält man, wenn die Systeme in (VI.), (VII.) (VIII.) und (IX.) ebenso umständlich discutirt werden, wie es oben (V.) mit den Systemen S geschehen ist? Oder insbesondere kann man fragen: „Wie oft giebt es unter den 28 Doppeltangenten t 8, 10, 12 oder 14 solche, deren 16, 20,

*Sieh S. 741.

**Sieh S. 741.

24 oder 28 Berührungspuncte beziehlich in einer eigentlichen Curve B^4, B^5, B^6 oder B^7 liegen?"

2. Wie verhalten sich die 63 Kegelschnitte G^2 (II.) rücksichtlich ihrer Lage zu einander?

3. Welche Beziehung haben die 63 Curven dritten Grades G^3 (IV.) zu einander? Und

4. Welche Beziehung haben die 63 Curven dritter Classe K^3 (IV.) rücksichtlich ihrer Lage zu einander?

Berlin, im October 1852.

Crelle's Journal Band XLIX. S. 265—272.

41

Aufgaben und Lehrsätze.

1. „Soll ein Kegelschnitt beschrieben werden, welcher durch drei gegebene Puncte geht und eine gegebene Curve n^{ten} Grades in irgend einem Puncte osculirt (dreipunctig berührt), so finden im Allgemeinen

$$3n(n-1)$$

Lösungen statt.“ — Kommen die gegebenen drei Puncte insbesondere in die gegebene Curve selbst zu liegen, so verringert sich die Zahl der Lösungen, und zwar mit jedem Punct, der in die Curve tritt, um 2, so dass also, wenn alle drei in derselben liegen, die Zahl der Lösungen nur $= 3n(n-1)-6 = 3(n+1)(n-2)$ ist.

2. Wie viele solche Kegelschnitte giebt es, welche eine gegebene Curve n^{ten} Grades in irgend einem Puncte osculiren und zudem entweder

a. durch zwei gegebene Puncte gehen und eine gegebene Gerade berühren; oder

b. durch einen gegebenen Punct gehen und zwei gegebene Gerade berühren; oder

c. drei gegebene Gerade berühren?

3. „Soll ein Kegelschnitt beschrieben werden, welcher durch drei gegebene Puncte geht und eine gegebene Curve n^{ten} Grades in irgend zwei Puncten berührt, so finden im Allgemeinen

$$\tfrac{1}{2}(n-1)n(n+1)(n+2)-4(n-1)n = \tfrac{1}{2}(n^4+2n^3-9n^2+6n)$$

Lösungen statt.“ — Kommen von den gegebenen Puncten, die a, b, c heissen mögen, einer oder zwei oder alle drei in die gegebene Curve zu liegen, so vermindert sich die Zahl der Lösungen stufenweise; nämlich alsdann befinden sich unter den lösenden Kegelschnitten auch solche, welche die Curve in den gegebenen Puncten selbst berühren, und dann fallen mit jeder solchen Berührung zwei der genannten Kegelschnitte in einen zusammen. Liegt z. B. der erste Punct a in der Curve, so wird sie von n^2+n-4 der genannten Kegelschnitte in a selbst berührt, und somit vermindert sich die Zahl der Lösungen ebenfalls um n^2+n-4. Oder zählt man dabei bloss diejenigen Kegelschnitte, welche nicht in a berühren, so ist ihre Anzahl um

$$2(n^2+n-4)$$

geringer, als die obige Gesammtzahl. Und tritt nun ferner auch der zweite Punct b in die gegebene Curve, so verringert sich die Anzahl derjenigen Kegelschnitte, welche weder in a noch b berühren, auf's Neue um

$$2(n^2+n-6);$$

und gelangt auch noch der dritte Punct c in die Curve, so vermindert sich die Zahl der Kegelschnitte, welche weder in a noch b noch c berühren, abermals um

$$2(n^2+n-8),$$

so dass also nur noch

$$\tfrac{1}{2}(n^4+2n^3-21n^2-6n+72)=\tfrac{1}{2}(n-3)(n-2)(n+3)(n+4)-2(n-3)n$$

solche Kegelschnitte übrig bleiben, indem die Verminderungen zusammen

$$6(n^2+n-6)$$

betragen. Die anderen Kegelschnitte reduciren sich auf je n^2+n-8, welche beziehlich im Puncte a oder b oder c berühren, und ferner auf drei, welche beziehlich in a und b, a und c, b und c berühren; zählt man die ersteren doppelt und die letzteren vierfach, so kommt richtig

$$3(n^2+n-8)\times 2+3\times 4 = 6(n^2+n-6).$$

Werden aber diese (in a, b, c berührenden) Kegelschnitte auch nur einfach gezählt, was $=3(n^2+n-7)$ ausmacht, so beträgt die Zahl aller Kegelschnitte nur noch

$$\tfrac{1}{2}(n^4+2n^3-15n^2+30) = \tfrac{1}{2}nn(n-3)(n+5)+15,$$

und dann sind

$$3(n^2+n-5)$$

Kegelschnitte als verschwunden anzusehen.

Wie man bemerken wird, ist in dem obigen Satze unter anderen auch der bekannte besondere Satz enthalten: „Dass durch drei gegebene Puncte im Allgemeinen vier Kegelschnitte gehen, welche einen gegebenen Kegelschnitt doppelt berühren (oder welche zwei gegebene Gerade berühren).“

4. Aus der vorstehenden Auseinandersetzung (3.) ergeben sich folgende specielle Sätze:

I. „Soll ein Kegelschnitt eine gegebene Curve n^{ten} Grades in einem (auf ihr) gegebenen Puncte, a, osculiren und dieselbe nebstdem noch in irgend zwei anderen Puncten berühren, so finden im Allgemeinen

$$\tfrac{1}{2}(n^4+2n^3-21n^2-6n+72)$$

Lösungen statt." Und

II. „Soll der Kegelschnitt die gegebene Curve in einem gegebenen Puncte a vierpunctig und nebstdem noch in irgend einem anderen Puncte (einfach) berühren, so giebt es im Allgemeinen

$$n(n+1)-8$$

Lösungen."

5. Aehnlicherweise ergiebt sich aus dem Satze (1.) der folgende specielle Satz:

„Soll ein Kegelschnitt eine gegebene Curve n^{ten} Grades in einem gegebenen Puncte a und noch in irgend einem anderen Puncte osculiren, so finden

$$3n(n-1)-9$$

Lösungen statt."

6. Wie viele solche Kegelschnitte giebt es, welche eine gegebene Curve n^{ten} Grades doppelt berühren und zudem entweder

a. durch zwei gegebene Puncte gehen und eine gegebene Gerade berühren; oder

b. durch einen gegebenen Punct gehen und zwei gegebene Gerade berühren; oder

c. drei gegebene Gerade berühren?

7. In Rücksicht der obigen Sätze (1.) und (3.) mögen noch folgende besondere Fälle hervorgehoben werden:

I. „Hat eine Curve $2n^{\text{ten}}$ Grades drei n-fache Puncte, aber ausserdem keine anderen vielfachen Puncte, und soll ein Kegelschnitt durch jene drei Puncte gehen und zudem die Curve entweder

a) in irgend einem anderen Puncte osculiren, so ist die Zahl der Lösungen $=3n(n-2)$; oder

b) in irgend zwei anderen Puncten berühren, so ist die Zahl der Lösungen $=\tfrac{1}{2}n(n-2)(n-3)(n+3)$."

II. „Hat eine Curve $2n^{\text{ten}}$ Grades zwei n-fache und einen $(n-1)$-fachen Punct, aber sonst keine vielfachen Puncte, und soll ein Kegelschnitt durch dieselben gehen und zudem die Curve entweder

a) in irgend einem anderen Puncte osculiren, so ist die Zahl der Lösungen $=3(n+1)(n-1)$; oder

b) in irgend zwei anderen Puncten berühren, so ist die Zahl der Lösungen $=\frac{1}{2}(n+1)(n-1)(n-2)(n+4)$."

III. „Hat eine Curve $(2n-1)^{\text{ten}}$ Grades drei $(n-1)$-fache Puncte, aber sonst keinen vielfachen Punct, und soll ein Kegelschnitt durch dieselben gehen und nebstdem die Curve entweder

a) in irgend einem anderen Puncte osculiren, so ist die Zahl der Lösungen $=3(n+1)(n-1)$; oder

b) in irgend zwei anderen Puncten berühren, so ist die Zahl der Lösungen $=\frac{1}{2}(n+1)(n-1)(n-2)(n+4)$."

IV. „Hat eine Curve $(2n-1)^{\text{ten}}$ Grades einen n-fachen und zwei $(n-1)$-fache Puncte, aber ausserdem keinen vielfachen Punct, und soll ein durch dieselben gehender Kegelschnitt die Curve entweder

a) in irgend einem anderen Puncte osculiren, so ist die Zahl der Lösungen $=3n(n-2)$; oder

b) in irgend zwei anderen Puncten berühren, so ist die Zahl der Lösungen $=\frac{1}{2}n(n-2)(n-3)(n+3)$."

8. Wenn irgend zwei Krümmungskreise eines Kegelschnittes der Grösse und Lage nach gegeben sind, den Ort seines Mittelpunctes zu finden. — „Der Ort der Geraden, welche durch die je zwei Puncte geht, in denen die Kreise vom Kegelschnitte osculirt werden, ist eine Curve sechster Classe."

9. „Die einer Ellipse eingeschriebenen n-Ecke von grösstem Umfange haben gleichen Umfang (s. Bd. 37. S. 189—191 d. *Crelle*schen Journals)*). Diesen Umfang zu finden, wenn die Ellipse gegeben ist."

10. I. Unter allen einer gegebenen Ellipse eingeschriebenen Dreiecken von grösstem Inhalte dasjenige zu bestimmen, dessen Umfang ein Maximum oder ein Minimum ist.

II. Unter allen einer gegebenen Ellipse eingeschriebenen Dreiecken vom grössten Umfange dasjenige zu finden, dessen Inhalt ein Maximum oder ein Minimum ist. Oder allgemeiner:

---

*) Cf. Bd. II, S. 418 dieser Ausgabe.

11. I. Unter allen einer gegebenen Ellipse eingeschriebenen n-Ecken von grösstem Inhalte dasjenige zu finden, dessen Umfang ein Maximum oder ein Minimum ist. Und

II. Unter allen einer gegebenen Ellipse eingeschriebenen n-Ecken von grösstem Umfange dasjenige zu finden, dessen Inhalt ein Maximum oder ein Minimum ist.

In Betreff des Vierecks findet sich die letzte Frage (II.) in meiner schon citirten Abhandlung (s. Bd. 37. S. 184 d. *Crelle*'schen Journals)*) bereits beantwortet, nämlich „der Inhalt des Vierecks ist ein Maximum oder ein Minimum, je nachdem seine Seiten den gleichen conjugirten Durchmessern oder den Axen der Ellipse parallel sind.“ Aber auch die erste Frage (I.) ist für das Viereck leicht zu beantworten, und zwar fast gleichlautend, nämlich:

„Unter allen einer Ellipse eingeschriebenen Vierecken von grösstem Inhalte ist der Umfang desjenigen ein Maximum, etwa $=u$, welches die Axen der Ellipse zu Diagonalen hat (oder dessen Seiten den gleichen conjugirten Durchmessern parallel sind); dagegen ist der Umfang desjenigen ein Minimum, $=u_1$, welches die gleichen conjugirten Durchmesser der Ellipse zu Diagonalen hat (oder dessen Seiten den Axen parallel sind).“ Dabei ist, wenn a und b die Halbaxen der Ellipse sind,

$$u=4\sqrt{a^2+b^2};\quad u_1=2(a+b)\sqrt{2},$$

und daher

$$u^2-u_1^2 = 8(a-b)^2.$$

12. „Sind a und b, a_1 und b_1 die Axen zweier confocalen Kegelschnitte, etwa zweier Ellipsen E^2 und E_1^2, und sind dieselben so beschaffen, dass

$$\text{I.}\quad \frac{a_1}{a}+\frac{b_1}{b}=1,$$

so giebt es unendlich viele solche Dreiecke, welche der Curve E^2 eingeschrieben und zugleich der Curve E_1^2 umschrieben sind.“ „Und sind die Axen so beschaffen, dass

$$\text{II.}\quad a^2:b^2 = a_1:b_1,$$

so giebt es unendlich viele solche Vierecke, welche der E^2 eingeschrieben und zugleich der E_1^2 umschrieben sind.“

13. „Welche Relation muss zwischen den Axen zweier confocalen Kegelschnitte E^2 und E_1^2 stattfinden, damit sich ein n-Eck dem einen einschreiben und zugleich dem anderen umschreiben lässt? — Sobald sich nämlich nur irgend ein n-Eck auf die

*) Cf. Bd. II, S. 413 dieser Ausgabe.

geforderte Art beschreiben lässt, so lassen sich zufolge eines schönen Satzes von *Poncelet* unendlich viele andere n-Ecke ebenso beschreiben. Und alsdann haben alle diese n-Ecke gleichen Umfang, und zwar unter allen der Curve E^2 eingeschriebenen n-Ecken den grössten und unter allen der Curve E_1^2 umschriebenen n-Ecken den kleinsten Umfang (*Crelle's* Journal, Bd. 37, S. 189. Conf. Bd. II. S. 418 dieser Ausgabe).

Berlin, im November 1852.

Crelle's Journal Band XLIX. S. 273—278.

42

Ueber algebraische Curven und Flächen.

Zahl der Normalen aus einem Puncte auf eine algebraische Curve, und Eigenschaften der Evolute der letzteren.

I. Die Frage: „Wieviele Normalen einer gegebenen allgemeinen algebraischen Curve n^{ten} Grades C^n gehen durch irgend einen in ihrer Ebene gegebenen Punct P?“ ist gleichbedeutend mit der Frage: „Von der wievielten Classe ist die Evolute der gegebenen Curve?“ Dieselbe lässt sich unter anderen auf folgende drei Arten leicht beantworten.

1°. Wird die gegebene Curve C^n in ihrer Ebene um den gegebenen Punct P beliebig herumbewegt und in der neuen Lage durch C_1^n bezeichnet, so schneiden sich beide Curven in n^2 Puncten Q; und bewegt man nun die Curve C_1^n wieder zurück, bis sie im Begriff ist, auf die anfängliche Curve C^n zu fallen, so ändern sich die n^2 Schnittpuncte Q und im letzten Moment sind sie gerade die Fusspuncte der aus dem Pol P auf die Curve C^n zu fällenden Normalen, deren Zahl somit gleich n^2 ist, und durch deren Fusspuncte, da sie als die Schnitte von C^n und C_1^n anzusehen sind, unendlich viele andere Curven n^{ten} Grades, ein Büschel Curven n^{ten} Grades, gehen. Durch $\frac{1}{2}n(n+3)-1$ der n^2 Fusspuncte Q sind daher die $\frac{1}{2}(n-1)(n-2)$ übrigen bestimmt.

2°. Denkt man sich in der Ebene der gegebenen Curve C^n irgend einen Kegelschnittbüschel $B(C^2)$, d. h. alle Kegelschnitte, welche irgend 4 reelle oder imaginäre Puncte gemein haben, so giebt es unter denselben $n(n+2.2-3)=n(n+1)$, welche die Curve C^n berühren*). Lässt man von den 4 Grundpuncten dieses Büschels zwei und zwei zusammenfallen, so dass sich die Kegelschnitte in zwei Puncten (reell oder imaginär) berühren, so ist die Berührungssehne, doppelt gedacht, als ein zum Büschel

*) S. Monatsbericht der Berliner Akad. d. Wissenschaften vom August 1848; oder *Crelle*'s Journal Bd. 47, S. 6. (Conf. Bd. II, S. 500 dieser Ausgabe.)

$B(C^2)$ gehöriger Kegelschnitt anzusehen, sowie jeder ihrer n Puncte, in welchen sie die Curve C^n trifft, als einer jener $n(n+1)$ Berührungspuncte, so dass also die Curve C^n nur noch von n^2 der übrigen, eigentlichen Kegelschnitte berührt wird. Da nun, wie *Poncelet* zuerst gezeigt hat, ein System concentrischer Kreise als ein Büschel sich in zwei Puncten berührender Kegelschnitte anzusehen ist, welche die im Unendlichen liegende Gerade G_∞ zur ideellen Berührungssehne haben; so folgt also: dass es unter allen um den gegebenen Punct P beschriebenen Kreisen im Allgemeinen n^2 solche giebt, welche die gegebene Curve C^n berühren. Die nach den Berührungspuncten gezogenen Radien der Kreise sind die durch den Punct P gehenden Normalen der Curve C^n.

3°. Aus den Untersuchungen, auf welche der citirte Monatsbericht sich bezieht, namentlich aus der daselbst bereits erwähnten Eigenschaft (S. 496 d. Bd.): „dass die algebraischen Curven durch projectivische Curven-Büschel niedrigeren Grades erzeugt werden," ergiebt sich die dritte Art, die vorgelegte Frage zu beantworten, aus der zugleich noch einige interessante Umstände hervorgehen, die ich kurz andeuten will.

Mit der Curve C^n in gleicher Ebene sei noch irgend ein Kegelschnitt P^2 gegeben. Von einem beliebigen Pol R seien die erste Polare in Bezug auf C^n und die Polare in Bezug auf P^2 beziehlich C^{n-1} und P^1; diese Polaren schneiden einander in $n-1$ Puncten Q, und die reciproken Polaren jedes dieser Puncte Q gehen durch jenen Pol R, d. h. die $(n-1)^{\text{te}}$ Polare in Bezug auf C^n und die Polare in Bezug auf P^2, beziehlich C^1 und P^1_1, von jedem der $n-1$ Puncte Q gehen durch R. Bewegt sich der Pol R in einer Geraden G, so bilden seine Polaren C^{n-1} und P^1 zwei Büschel $B(C^{n-1})$ und $B(P^1)$ mit beziehlich $(n-1)^2$ Grundpuncten C und 1 Grundpunct P; diese Puncte sind zugleich die Pole der Geraden G in Bezug auf die gegebenen Curven C^n und P^2, nämlich G ist die $(n-1)^{\text{te}}$ Polare jedes der $(n-1)^2$ Puncte C in Bezug auf C^n, sowie die Polare von P in Bezug auf P^2. Die Büschel $B(C^{n-1})$ und $B(P^1)$ sind, wenn man die demselben Pol R entsprechenden Glieder C^{n-1} und P^1 als einander entsprechend annimmt, projectivisch und erzeugen eine Curve n^{ten} Grades, d. h. der Ort der $n-1$ Schnitte Q je zweier entsprechenden Glieder C^{n-1} und P^1 ist eine Curve n^{ten} Grades Q^n, welche namentlich auch durch die genannten Grundpuncte $(n-1)^2 C$ und $1P$ geht. Jeder der n Schnitte der Curve Q^n mit der Geraden G soll Q_1 heissen; (dieselben werden unter anderen durch eine metrische Relation bestimmt, die zwischen ihnen und den Puncten stattfindet, in welchen die Gerade G von den beiden Basen C^n und P^2 geschnitten wird). Da nach der schon genannten Reciprocität umgekehrt von jedem Puncte Q in der Curve Q^n die polaren Geraden C^1 und P^1_1 in Bezug auf die Basen C^n und P^2 durch den correspondirenden Pol R in der Geraden G gehen, so wird also jedes Paar Polaren C^1 und P_1^1 aus zwei parallelen Geraden bestehen, wenn die Gerade G ins Unendliche versetzt, wenn sie G_∞ wird; und wird dabei noch der Kegelschnitt P^2 als Kreis angenommen, so stehen C^1 und P_1^1 auf der Geraden QP senkrecht, da P, als Pol von G_∞, nunmehr der Mittelpunct von P^2 ist. Unter diesen Annahmen wird also, wie man sieht, die Ortscurve Q^n, oder zur Unterscheidung Q_0^n, durch die Basis C^n und durch den Mittelpunct P des Kreises P^2 allein bestimmt, und zwar, wie folgt:

„Der Ort desjenigen Poles Q, dessen $(n-1)^{\text{te}}$ Polare C^1 in Bezug auf die gegebene Basis C^n auf der aus dem Pol nach einem gegebenen festen Puncte P gezogenen Geraden QP senkrecht steht, ist eine Curve n^{ten} Grades Q_0^n, welche namentlich auch durch diesen festen Punct P, sowie durch die $(n-1)^2$ Pole C der Geraden G_∞ in Bezug auf die Basis C^n geht." „Aendert der Punct P seine Lage, während die Basis C^n fest bleibt, so ändert sich auch die Curve Q_0^n, aber sie geht stets durch die festen $(n-1)^2$ Pole C und hat auch mit der Geraden G_∞ unveränderliche n Schnitte Q_1, so dass also ihre n Asymptoten constante Richtung behalten, sich selbst parallel bleiben." (Die Unveränderlichkeit der n Puncte Q_1 in der Geraden G_∞ wird dadurch bewirkt, dass nach einem *Poncelet*'schen Satze „alle Kreise P^2 in der Ebene diese Gerade G_∞ zur gemeinschaftlichen ideellen Secante haben.") Die auf diese Weise bestimmte Curve Q_0^n schneidet die Basis C^n in n^2 Puncten Q_0 $(= Q)$; die Polare C^1 jedes dieser Puncte ist zugleich Tangente der Basis C^n in demselben, und somit die Gerade Q_0P die zugehörige Normale, woraus wiederum hervorgeht, dass aus jedem Punct P je n^2 Normalen PQ_0 auf die Basis C^n gehen. Alle Umstände zusammengefasst geben folgenden Satz:

„Aus jedem Puncte P in der Ebene einer gegebenen Curve n^{ten} Grades C^n gehen n^2 Normalen PQ_0 auf die letztere; die n^2 Fusspuncte Q_0 derselben sammt dem Pol P liegen allemal in irgend einer anderen bestimmten Curve n^{ten} Grades Q_0^n, so dass es also ebenso viele solche Curven giebt, als die Ebene Puncte enthält, indem jedem Pol P eine ihm eigenthümlich zugehörige Curve Q_0^n entspricht; und zwar haben alle diese Curven n^2-n+1 bestimmte feste Puncte gemein, nämlich die $(n-1)^2$ Pole C der Geraden G_∞ in Bezug auf die Basis C^n und n bestimmte Puncte Q_1 in dieser Geraden selbst; vermöge dieser letzteren Puncte Q_1 haben die Asymptoten aller Curven Q_0^n die nämlichen bestimmten Richtungen." Und umgekehrt: „Jede durch die genannten n^2-n+1 Puncte C und Q_1 gehende Curve n^{ten} Grades ist eine der genannten Curven Q_0^n und schneidet die gegebene

Basis C^n in solchen n^2 Puncten Q_0, deren zugehörige Normalen in einem Puncte P jener Curve sich treffen, der ihr entsprechender Pol ist." „Diejenigen unter allen diesen Curven Q_0^n, welche durch einen gegebenen Punct Q gehen, bilden einen Curvenbüschel $B(Q_0^n)$ mit n^2 Grundpuncten, nämlich ausser jenen n^2-n+1 Puncten C und Q_1 und dem gegebenen Puncte Q haben sie noch andere bestimmte $n-2$ Puncte $[Q]$ gemein, welche mit dem gegebenen Q in derjenigen Geraden, etwa L, liegen, die aus dem letzteren auf seine polare Gerade C^1 senkrecht gezogen wird; durch jeden dieser neuen $n-2$ Puncte Q wird der nämliche Curvenbüschel $B(Q_0^n)$ bestimmt, und die Polare C^1 eines jeden derselben steht auf der Geraden L senkrecht; in dieser Geraden L liegen zugleich auch die allen diesen Curven, $B(Q_0^n)$, entsprechenden Pole P, so dass der n^{te} Schnitt jeder dieser Curven mit L (ausser den $n-1$ Schnitten Q) gerade ihr Pol P ist; diejenigen $n-1$ Curven Q_0^n, deren Pole P respective in die $n-1$ Puncte Q fallen, berühren daselbst die Gerade L; wird in jedem Pol P an die ihm zugehörige Curve Q_0^n die Tangente T gelegt, so ist der Ort aller dieser Tangenten eine Curve n^{ter} Classe T^n, welche die Gerade L zur $(n-1)$-fachen Tangente hat; ferner liegen die $n-1$ Puncte Q allemal mit den $(n-1)^2$ festen Polen C zusammen in einer Curve $(n-1)^{\text{ten}}$ Grades C^{n-1}, welche die erste Polare des im Unendlichen liegenden Punctes der genannten Polare C^1 in Bezug auf die Basis C^n ist." Umgekehrt: „Liegen mehrere Pole P in irgend einer gegebenen Geraden L, so schneiden sich die ihnen entsprechenden Curven Q_0^n in bestimmten $n-1$ Puncten Q auf derselben Geraden, etc." „Soll eine der Curven Q_0^n durch irgend zwei gegebene Puncte Q gehen, so ist sie im Allgemeinen absolut bestimmt; denn die aus den zwei Puncten Q auf ihre respectiven polaren Geraden C^1 senkrecht gezogenen Geraden L schneiden sich im Pol P der verlangten Curve Q_0^n."

Dieser Satz mag noch in folgender Hinsicht ergänzt werden. Die gegebene Basis C^n wird von der im Unendlichen liegenden Geraden G_∞ in n Puncten A geschnitten. Man denke alle möglichen Curven n^{ten} Grades, welche die gegebene in jedem der n Puncte A n-punctig berühren, so hat man einen speciellen Curvenbüschel $B(C^n)$, dessen n^2 Grundpuncte nur in den n Puncten A liegen (so dass insbesondere auch die n-fache Gerade G_∞ als ein Glied desselben anzusehen ist). Dabei haben alle diese Curven jene mehrgenannten n^2-n+1 Puncte C und Q_1 im obigen Sinne gemein, und die jedem Pol Q in Bezug auf alle Curven entsprechenden

Polaren C^1 sind jedesmal unter sich parallel. Dadurch wird bewirkt: „dass, wenn aus irgend einem Pol P auf alle Curven $B(C^n)$ Normalen gezogen werden, nämlich auf jede Curve n^2 Normalen, dann die sämmtlichen Fusspuncte Q_0 in einer und derselben Curve Q_0^n liegen und zwar sie ganz erfüllen;“ oder mit anderen Worten: „dass jede beliebige Gerade N im Allgemeinen auf je $n-1$ der gegebenen Curven $B(C^n)$ normal steht, also $n-1$ Fusspuncte Q_0 hat, und dass, wenn sich dieselbe um irgend einen in ihr angenommenen Pol P herumbewegt, dann jene $n-1$ Puncte Q_0 die diesem Pol P entsprechende Curve Q_0^n beschreiben; und dass umgekehrt jede durch die n^2-n+1 festen Puncte C und Q_1 gehende Curve n^{ten} Grades Q_0^n die gegebenen Curven $B(C^n)$ so schneidet, dass die Normalen der letzteren in ihren respectiven Schnittpuncten sämmtlich in irgend einem und demselben Puncte P sich treffen, der allemal in jener Curve Q_0^n liegt.“ „Wird in jedem Puncte Q_0, in welchem die Transversalcurve Q_0^n eine der gegebenen Curven $B(C^n)$ schneidet, an letzteren die Tangente T gelegt, so umhüllen alle diese Tangenten eine Curve $(2n-1)^{\text{ter}}$ Classe T^{2n-1}, welche die Gerade G_∞ zur n-fachen Tangente hat.“

Es wird nicht uninteressant sein, wenn wir die vorstehenden Sätze für den einfachsten Fall kurz wiederholen, wo $n=2$, also die angegebene Basis C^n nur ein Kegelschnitt C^2 ist, und ebenso alle Curven Q_0^n nur Kegelschnitte Q_0^2 sind. Für diesen Fall reduciren sich die $(n-1)^2$ Pole C auf einen einzigen, auf den Mittelpunkt C von C^2; die $2\,(=n)$ Puncte Q_1 auf der Geraden G_∞, sind die im Unendlichen liegenden Puncte der Axen X und Y der Basis C^2; und da nun jede Curve Q_0^2 durch diese 2 Puncte Q_1 geht, so folgt, dass dieselben sämmtlich gleichseitige Hyperbeln sind, deren Asymptoten den Axen X, Y der Basis C^2 parallel laufen. Danach hat man folgenden, zum Theil bekannten, speciellen Satz:

„Aus jedem Punct P in der Ebene eines gegebenen Kegelschnittes C^2 gehen 4 Normalen PQ_0 auf den letzteren (reell oder imaginär); die 4 Fusspuncte Q_0 derselben und der Pol P liegen allemal mit dem Mittelpunct C des Kegelschnittes und den unendlich entfernten Puncten, $2\,Q_1$, seiner Axen X, Y zusammen in einer gleichseitigen Hyperbel Q_0^2, so dass also alle auf diese Weise bestimmten gleichseitigen Hyperbeln die drei Puncte C und $2\,Q_1$ gemein und vermöge der $2\,Q_1$ ihre Asymptoten den Axen X, Y parallel haben.“ Und umgekehrt: „Jede gleichseitige Hyperbel Q_0^2, welche durch den Mittelpunct C

und durch die im Unendlichen liegenden Puncte, $2Q_1$, der Axen des gegebenen Kegelschnittes C^2 geht, schneidet den letzteren in 4 solchen Puncten Q_0, deren zugehörige Normalen in irgend einem Puncte P der Hyperbel sich treffen. Bewegt sich der Pol P in irgend einer gegebenen Geraden L, so geht die ihm entsprechende gleichseitige Hyperbel Q_0^2 stets durch einen bestimmten Punct Q in dieser Geraden; und umgekehrt: alle gleichseitigen Hyperbeln Q_0^2, welche ausser durch jene drei festen Puncte C und $2Q_1$ noch durch irgend einen gegebenen vierten Punct Q gehen, und somit einen Büschel $B(Q_0^2)$ bilden, haben ihre Pole P auf derjenigen Geraden L, welche durch den Punct Q geht und auf dessen Polare C^1 (in Bezug auf die Basis C^2) senkrecht steht.“ „Soll die gleichseitige Hyperbel Q_0^2 durch irgend zwei gegebene Puncte Q gehen, so ist sie bestimmt, und die aus diesen Puncten auf deren respective Polaren C^1 gefällten Perpendikel L treffen sich im Pol P derselben.“ — Ferner: „Denkt man sich statt der einzelnen Basis C^2 einen Kegelschnitt-Büschel $B(C^2)$, welche einander in zwei (reellen oder imaginären) Puncten A auf der Geraden G_∞ berühren, oder, was dasselbe ist, alle Kegelschnitte, die dem gegebenen C^2 ähnlich und mit ihm ähnlich liegend und concentrisch sind, und fällt aus irgend einem Pol P Normalen auf dieselben, so liegen sämmtliche Fusspuncte Q_0 dieser Normalen in einer der genannten gleichseitigen Hyperbeln Q_0^2 und erfüllen sie ganz; und umgekehrt: jede durch die drei Puncte C und $2Q_1$ gehende gleichseitige Hyperbel Q_0^2 schneidet sämmtliche gegebenen Kegelschnitte $B(C^2)$ in solchen Puncten Q_0, deren zugehörige Normalen durch einen und denselben Punct P der nämlichen Hyperbel gehen.“ „Liegt der Pol P, aus welchem die Normalen auf die gegebenen Curven $B(C^2)$ gefällt werden, insbesondere in einer der beiden Axen X oder Y, so zerfällt die entsprechende gleichseitige Hyperbel Q_0^2 in zwei Geraden, wovon die eine jene Axe selbst ist, und die andere auf ihr senkrecht steht. Ebenso zerfällt Q_0^2 in zwei Geraden, wenn der Pol P in der Geraden G_∞ liegt, wovon die eine diese Gerade selbst ist, und die andere durch den Mittelpunct C geht.“ — Einen wesentlichen Theil dieser die Kegelschnitte betreffenden Eigenschaften hat *Poncelet* zuerst gegeben (Traité des propriétés projectives des figures p. 288 art. 492), und denselben Theil hat auch *Joachimsthal* behandelt (*Crelle*'s Journ. für Mathem. Bd. 26, Heft II). Mit den vorstehenden Sätzen steht auch noch der folgende in unmittelbarer Beziehung, nämlich:

„Werden in den je 4 Fusspuncten Q_0 der aus irgend einem Puncte P auf die gegebene Basis C^2 gefällten Perpendikel an die Basis Tangenten T gelegt, so berühren diese 4 Tangenten T mit den beiden Axen X und Y zusammen allemal irgend eine Parabel, deren Leitlinie durch den Mittelpunct C der Basis geht; und umgekehrt: jede Parabel, welche die Axen der Basis C^2 berührt, hat mit dieser 4 solche Tangenten T gemein, welche die Basis in 4 Puncten Q_0 berühren, deren zugehörige Normalen allemal in irgend einem Puncte P zusammentreffen. Danach entspricht also jedem Puncte P in der Ebene eine bestimmte, die beiden Axen X und Y der Basis C^2 berührende Parabel, und auch umgekehrt; bewegt sich der Punct P in einer gegebenen Geraden L, so berührt die ihm entsprechende Parabel stets irgend eine bestimmte andere Gerade, und auch umgekehrt; liegt der Punct P insbesondere in der Evolute der Basis C^2, so berührt die Parabel die Basis, und auch umgekehrt."

II. Die gesammten Normalen jeder Curve C_0 sind Tangenten einer anderen Curve E_0, welche die Evolute von C_0 heisst. Durch die vorstehende Betrachtung haben wir bereits die Classe der Evolute E_0 gefunden; nämlich sie ist von der $(n^2)^{\text{ten}}$ Classe, wenn die gegebene Basis C_0 vom n^{ten} Grad $= C^n$ ist. Durch die eigenthümliche Beziehung, welche beide Curven zu einander haben, werden auch ihre Eigenschaften, namentlich ihre singulären Elemente (Puncte und Tangenten) in gegenseitige Abhängigkeit gesetzt, und zwar, wie folgt.

a. Jedem Wendepunct der Basis C^n entspricht ein im Unendlichen liegender Punct der Evolute E_0, oder die Normale im Wendepunct der ersteren ist eine Asymptote der letzteren, und auch umgekehrt, so dass also E_0 ebenso viele geradlinige Asymptoten hat und die Gerade G_∞ in ebenso vielen Puncten B schneidet, als die Basis C^n Wendepuncte hat, also im Allgemeinen $3n(n-2)$.

b. Jedem der im Unendlichen liegenden n Puncte A der Basis C^n entspricht ein Rückkehrpunct R_1 der Evolute E_0, der ebenfalls im Unendlichen, auf der Geraden G_∞ liegt, indem diese die zugehörige Rückkehrtangente ist; demnach ist also die Gerade G_∞ eine n-fache Rückkehrtangente der Evolute E_0. Die Tangenten der Basis in den n Puncten A sind ihre Asymptoten; nach den zu diesen Asymptoten senkrechten Richtungen liegen die n Rückkehrpuncte R_1, d. h. die aus irgend einem Punct auf die Asymptoten gefällten Perpendikel gehen durch die correspondirenden Rückkehrpuncte R_1 auf der Geraden G_∞. — Da die Gerade G_∞ in jedem der n Puncte R_1 mit der Curve E_0 drei Puncte gemein hat, was mit den vorgenannten $3n(n-2)$ Puncten $B(a)$ zusammen

$$3n + 3n(n-2) = 3n(n-1)$$

gemeinschaftliche Puncte der G_∞ mit E_0 ausmacht, so folgt also, dass die Evolute E_0 vom $3n(n-1)^{\text{ten}}$ Grad ist.

c. Jedem Scheitel S, d. h. jedem solchen Punct der Basis C^n, in welchem sie von einem Kreise vierpunctig berührt wird, entspricht abermals ein Rückkehrpunct R der Evolute E_0, und auch umgekehrt. Daraus geht hervor, dass die vorigen n Puncte A ebenfalls als solche Scheitel S anzusehen sind, die sich jedoch von diesen dadurch unterscheiden, dass der zugehörige, vierpunctig berührende Kreis unendlich gross ist, und zwar aus der doppeltgedachten entsprechenden Asymptote besteht.

d. Steht eine Gerade in zwei verschiedenen Puncten auf der Basis C^n normal, so dass sie eine Doppelnormale ist, so ist sie auch eine Doppeltangente der Evolute E_0, und auch umgekehrt. Da nun die Gerade G_∞ eine n-fache Tangente der E_0 ist (*b.*), so kann man sie, wenn es die Umstände erheischen, auch als eine n-fache Normale der C^n ansehen.

e. Einem Rückkehrpunct der Basis C^n entspricht ein Wendepunct der Evolute E_0, und auch umgekehrt. Wenn aber die Basis eine allgemeine freie Curve n^{ten} Grades ist, so hat sie keinen Rückkehrpunct, und in diesem Falle hat dann auch die Evolute E_0 keinen eigentlichen Wendepunct.

Hieraus und mit Hülfe der im oben citirten Monatsbericht gegebenen Formeln ergiebt sich folgender Satz:

„Die Evolute E_0 einer allgemeinen Curve n^{ten} Grades C^n ist eine Curve

1°. $(n^2)^{\text{ter}}$ Classe und $3n(n-1)^{\text{ten}}$ Grades;

dieselbe hat im Allgemeinen keinen eigentlichen Wendepunct und nur

2°. $3n(n-2)$

geradlinige Asymptoten, die zugleich die Normalen der Curve C^n in ihren Wendepuncten sind; die übrigen $3n$ Asymptoten fallen auf die im Unendlichen liegende Gerade G_∞, indem diese eine n-fache Rückkehrtangente der Curve E_0 ist, und zwar liegen die n Rückkehrpuncte R_1 nach den zu den Asymptoten der Basis C^n senkrechten Richtungen. Im Ganzen hat die Evolute E_0

3°. $3n(2n-3)$

Rückkehrpuncte R_1 und R, nämlich ausser den genannten n Puncten R_1 noch $2n(3n-5)$ solche Rückkehrpuncte R, welche die Mittelpuncte derjenigen Kreise sind, welche die Basis in den correspondirenden Puncten S vierpunctig berühren, so dass also die gegebene Basis C^n

$2n(3n-5)$

solche Scheitel S hat, in denen sie von einem nicht unendlich grossen Kreise vierpunctig berührt wird. Ferner hat die Evolute E_0 im Ganzen

5°. $$\tfrac{1}{2}n(n-1)(n^2+n-3)$$

Doppeltangenten, oder die C^n hat so viele Doppelnormalen; dabei ist jedoch die Gerade G_∞ für $\frac{1}{2}n(n-1)$ Doppeltangenten mitgezählt, so dass ohne dieselbe und im engeren Sinne nur

6°. $$\tfrac{1}{2}n(n-1)(n^2+n-4)$$

Doppeltangenten der E_0 oder Doppelnormalen der C^n stattfinden.“

Ist die gegebene Basis insbesondere nur vom zweiten oder dritten Grad, so ergeben sich gemäss diesem Satze folgende Eigenschaften.

A. Die Evolute E_0 eines allgemeinen Kegelschnittes C^2 ist eine Curve vierter Classe und sechsten Grades (1°.), wie bekannt; dieselbe hat keinen eigentlichen Wendepunct und auch keine Asymptote (2°.); dagegen hat sie die Gerade G_∞ zur doppelten Rückkehrtangente, und im Ganzen hat sie 6 Rückkehrpuncte (3°.), nämlich $2R_1$ (auf G_∞) und $4R$, die letzteren sind die Mittelpuncte derjenigen nicht unendlich grossen 4 Kreise, welche den Kegelschnitt C^2 in den entsprechenden 4 Scheiteln S (4°.) vierpunctig berühren; ferner hat E_0 im Ganzen 3 Doppeltangenten (5°.), die zugleich Doppelnormalen der C^2 sind; und zwar bestehen dieselben aus der Geraden G_∞ und aus den beiden Axen X und Y (6°.) von C^2, also aus den 3 Axen von C^2, indem auch G_∞ als Axe anzusehen ist;*) hier sind jedoch X und Y nicht gewöhnliche Doppeltangenten der E_0; sondern sie sind (wie G_∞) doppelte Rückkehrtangenten in 2 und 2 der genannten $4R$, so dass also die Scheitel dieser Axen X und Y die genannten 4 Scheitel S der Curve C^2 sind. Oder kurz gefasst kann man so sagen: Die drei Axen X, Y und G_∞ des Kegelschnittes C^2 sind zugleich Axen seiner Evolute E_0; dieselben sind Doppelnormalen von C^2 und doppelte Rückkehrtangenten von E_0; ihre 3 Paar Scheitel sind diejenigen 6 Puncte ($4S$ und $2A$), in denen C^2 von einem Kreise vierpunctig berührt wird, und die in ihnen liegenden 3 Paar Rückkehrpuncte ($4R$ und $2R_1$) der E_0 sind die Mittelpuncte dieser Kreise; in je einer Axe (Y oder G_∞) ist das Paar Rückkehrpuncte und Scheitel imaginär, in den beiden anderen reell. Die Puncte $2R_1$ auf G_∞ liegen nach den zu den Asymptoten von C^2 senkrechten Richtungen.

---

*) Auch bei allgemeiner Betrachtung der Brennpuncte des Kegelschnittes C^2 tritt die Gerade G_∞ als dritte Axe desselben auf, indem man findet, dass C^2 in seiner Ebene 3 Paar Brennpuncte hat, beziehlich in den 3 Axen X, Y und G_∞, die aber in zwei Axen imaginär und nur in einer reell sind.

B. Die Evolute E_0 einer allgemeinen Curve dritten Grades C^3 ist eine Curve neunter Classe und achtzehnten Grades (1°.); sie hat nur 9 Asymptoten, wovon 3 reell und 6 imaginär sind, aber dazu hat sie die Gerade G_∞ zur dreifachen Rückkehrtangente, was die fehlenden 6 Asymptoten vertritt; ferner hat sie ausser den 3 Rückkehrpuncten R_1 auf G_∞ noch 24 Rückkehrpuncte R, und diesen entsprechend hat die Basis C^3 24 solche Scheitel S (4°.), in denen sie von Kreisen vierpunctig berührt wird, welche die respectiven Puncte R zu Mittelpuncten haben; ferner hat E_0 ausser der Geraden G_∞ noch 24 Doppeltangenten, die zugleich die sämmtlichen Doppelnormalen der C^3 sind (6°.); etc. — Da die Basis C^3 von der $3.2 = $ sechsten Classe ist, so hat sie mit ihrer Evolute E_0 im Ganzen $6 \times 9 = 54$ Tangenten T gemein, also:

„Die allgemeine Curve dritten Grades C^3 hat im Ganzen 54 solche Normalen T, welche zugleich Tangenten derselben sind;“ d. h. eine solche T steht in irgend einem Puncte Q normal auf der Curve und berührt sie in einem anderen Puncte A. Sei U die Tangente der Curve in Q, so ist der rechte Winkel (TU) der Curve umschrieben, und sein Scheitel Q liegt in derselben und ist zugleich der Berührungspunct des einen Schenkels. „Es giebt andere bestimmte 54 Puncte Q_1 in der Curve C^3, in welchen der Scheitel eines ihr umschriebenen rechten Winkels liegen kann, aber wobei sie von dessen Schenkeln in anderen Puncten berührt wird.“ Nämlich: „Der Ort der Scheitel aller der gegebenen Curve C^3 umschriebenen rechten Winkel (TU) ist eine Curve sechsunddreissigsten Grades*), und die $3 \times 36 = 108$ gegenseitigen Schnittpuncte beider Curven bestehen aus den genannten $54\,Q$ und $54\,Q_1$.“

Ein anderer Lehrsatz ist der:

„Bewegt sich der Scheitel eines rechten Winkels (TU) in der gegebenen Curve C^3, während der eine Schenkel U dieselbe stets berührt, so beschreibt der andere Schenkel T (als Tangente) eine Curve achtzehnter Classe T^{18} und dreiunddreissigsten Grades, welche mit der Evolute E_0 die 9 Asymptoten gemein hat; ihre übrigen 24 Asymptoten fallen auf die Gerade G_∞, und zwar berührt sie diese in den 3 Rückkehrpuncten R_1 der Evolute E_0 mit je 4 Zweigen, so dass sie die G_∞ zur zwölffachen Tangente hat; etc.“

Mit Berücksichtigung der Eigenschaften der in meiner früheren Ab-

*) Der allgemeine Satz heisst: „Der Ort der Scheitel aller rechten Winkel, welche einer gegebenen Curve k^{ter} Classe umschrieben sind, ist eine Curve $(k^2)^{\text{ten}}$ Grades.“ — Der Widerspruch, in welchen dieser Satz mit dem bekannten Satze über den Kegelschnitt tritt, ist nur scheinbar.

handlung (Bd. 47 S. 43 d. *Crelle*'schen Journals, cf. Bd. II, S. 537 d. Ausg.) durch $\mathfrak{S}^9$ bezeichneten Curve, schliesst man:

„Dass die allgemeine Curve dritten Grades C^3 im Ganzen 33 solche Normalen hat, von welchen sie ausser in dem Fusspuncte Q in zwei anderen Puncten A und B geschnitten wird, deren zugehörige Tangenten parallel sind.“

Ueber die Normalen aus einem Puncte auf eine algebraische Fläche.

III. Die Zahl der Normalen, welche aus irgend einem Puncte auf eine gegebene Fläche n^{ten} Grades gehen, kann durch analoges Verfahren gefunden werden, wie oben für die Curven (I.), und namentlich gewährt auch hier die dritte Verfahrungsart (entsprechend I. 3°.) umfassendere interessante Resultate, auf deren kurze nähere Andeutung ich mich hier beschränke.

Hülfssatz 1. Irgend zwei in derselben Ebene liegende Curven n^{ten} und p^{ten} Grades, C^n und D^p, haben im Allgemeinen

$$(n+p-2)^2-(n-1)(p-1)$$

Paare gemeinschaftlicher Pole Q_1 und polarer Geraden L^1, d. h. es giebt in der Ebene die genannte Zahl solcher Pole Q_1, deren $(n-1)^{\text{te}}$ und $(p-1)^{\text{te}}$ Polaren rücksichtlich der Basen C^n und D^p, beziehlich C^1 und D^1, auf einander fallen, eine Gerade $(C^1D^1)=L^1$ sind. Ist insbesondere $p=2$, also $D^p=D^2$ nur ein Kegelschnitt, so reducirt sich die Zahl der Pole Q_1 auf

$$n^2-n+1,$$

und diese Zahl bleibt, wenn der Kegelschnitt insbesondere ein Kreis oder selbst ein imaginärer Kreis wird.

Hülfssatz 2. Jeder Ebene E entsprechen in Bezug auf eine gegebene Fläche n^{ten} Grades F^n je $(n-1)^3$ verschiedene Pole F, d. h. die Ebene ist für jeden dieser Pole die $(n-1)^{\text{te}}$ Polare in Bezug auf die Fläche F^n, oder kurz gesagt: sie ist die *Polar-Ebene* jedes dieser Pole F. Nämlich jedem beliebigen Pol Q entspricht nur eine bestimmte Polar-Ebene F^1, aber dieser entsprechen umgekehrt $(n-1)^3$ verschiedene Pole Q. Die der im Unendlichen liegenden Ebene E_∞ in Bezug auf die gegebene Fläche F^n entsprechenden $(n-1)^3$ Pole sollen durch F_0 bezeichnet werden.

Auf diese Hülfssätze und Erklärungen gestützt, lassen sich die erwähnten Resultate, wie folgt, angeben:

„In Bezug auf eine gegebene allgemeine Fläche n^{ten} Grades F^n und in Rücksicht auf irgend einen beliebig gewählten festen Punct P ist der Ort desjenigen Poles Q, dessen Polar-Ebene F^1 in Bezug auf die Fläche auf der Geraden, die ihn mit dem festen Puncte verbindet, d. i. auf der jedesmaligen Geraden QP senkrecht steht, eine Raumcurve (Curve doppelter Krümmung) $(n^2-n+1)^{\text{ten}}$ Grades,

$$Q^{n^2-n+1},$$

welche auch durch den Punct P geht und in demselben das aus ihm auf seine Polar-Ebene gefällte Perpendikel zur Tangente hat; für diejenigen Pole $Q_0 (= Q)$, in welchen diese Curve die Fläche trifft, wird die entsprechende Polar-Ebene F_0^1 zugleich die Berührungs-Ebene der Fläche in demselben, und somit die Gerade PQ_0 die zugehörige Normale, und folglich gehen aus jedem beliebigen Puncte P im Allgemeinen

$$n\times(n^2-n+1)$$

Normalen PQ_0 auf die gegebene Fläche F^n und die $n(n^2-n+1)$ Fusspuncte Q_0 derselben sammt dem Puncte P liegen in der genannten Raumcurve Q^{n^2-n+1}." Noch mehr: „Diese Curve geht auch allemal durch die $(n-1)^3$ Pole F_0 der im Unendlichen liegenden Ebene E_∞ (2.), sowie durch n^2-n+1 bestimmte Puncte Q_1 in dieser Ebene, und zwar sind diese Puncte Q_1 nach dem Sinne des ersten Hülfssatzes (1.) die gemeinschaftlichen Pole derjenigen zwei Curven C_∞^n und D_∞^2, in welchen die Ebene E_∞ von der gegebenen Fläche F^n und von irgend einer Kugel F_0^2 geschnitten wird,*) wobei also D_∞^2 ein imaginärer Kreis ist (1.). Demnach gehen also die allen Puncten P des Raumes auf diese Weise entsprechenden Curven Q^{n^2-n+1} sämmtlich durch die genannten festen

$$(n-1)^3 \text{ Pole } F_0 \text{ und } (n^2-n+1) \text{ Puncte } Q_1,$$

und vermöge der letzteren Puncte, Q_1, haben die Asymptoten aller Curven dieselben bestimmten Richtungen, nämlich sie sind nach diesen Puncten gerichtet, so dass die Asymptoten einer jeden mit den Asymptoten jeder anderen parallel sind." Da die aus irgend einem Puncte Q der Curve Q^{n^2-n+1} nach allen anderen Puncten derselben gezogenen Geraden in einer Kegelfläche $n(n-1)^{\text{ten}}$ Grades liegen, welche jenen Punct Q zum Scheitel (Mittelpunct) hat; so kann man auch sagen:

*) Nach *Poncelet*'s Satz haben alle Kugeln mit der Ebene E_∞ den nämlichen imaginären Kreis gemein.

„Die aus irgend einem Puncte P auf die gegebene Fläche F^n gefällten $n(n^2-n+1)$ Normalen PQ_0, nebst den aus P nach jenen festen Puncten, F_0 und Q_1, gezogenen respective $(n-1)^3$ Geraden PF_0 und n^2-n+1 Geraden PQ_1, alle diese, zusammen $= n(2n^2-3n+3)$ Geraden, sammt dem aus P auf seine Polar-Ebene gefällten Perpendikel, liegen allemal in einer Kegelfläche $n(n-1)^{\text{ten}}$ Grades; und ebenso liegen die aus jedem der genannten Puncte (Q_0, F_0 und Q_1) nach allen übrigen (und nach P) gezogenen Geraden in einer Kegelschnittfläche desselben Grades, die für die Puncte Q_1 insbesondere in einen Cylinder übergeht.“

Auch hier findet eine analoge Ergänzung statt, wie oben (I. 3°.). Man denke sich alle Flächen n^{ten} Grades, welche die gegebene Fläche F^n längs ihrer Schnittcurve C^n_∞ mit der Ebene E_∞ überall n-punctig berühren, d. h. man denke sich den besonderen Flächenbüschel $B(F^n)$, dessen Grundcurve (gemeinschaftliche Schnittcurve, die im Allgemeinen eine Raumcurve $(n^2)^{\text{ten}}$ Grades ist) aus der n-fach gedachten Curve C^n_∞ besteht, so dass die n-fach gedachte Ebene E_∞ als ein Glied dieses Büschels anzusehen ist, so haben alle diese Flächen, $B(F^n)$, die vorgenannten $(n-1)^3$ Pole F_0 der Ebene E_∞, sowie die in dieser Ebene liegenden n^2-n+1 Puncte Q_1 gemein, und die jedem beliebigen Pol Q in Rücksicht auf alle Flächen entsprechenden Polar-Ebenen, F^1, sind jedesmal unter sich parallel. Daraus folgt:

„Fällt man aus irgend einem Puncte P auf alle Flächen des eben beschriebenen besonderen Flächenbüschels $B(F^n)$ Normalen, auf jede Fläche $n(n^2-n+1)$ Normalen PQ_0, so liegen alle diese Normalen in einer und derselben Kegelfläche $n(n-1)^{\text{ten}}$ Grades, und ihre sämmtlichen Fusspuncte Q_0 liegen in einer Raumcurve $(n^2-n+1)^{\text{ten}}$ Grades, Q^{n^2-n+1}, die sie ganz erfüllen und die allemal (sowie auch der genannte Kegel) durch die mehr genannten $n(n^2-2n+2)$ festen Puncte F_0 und Q_1 geht.“ „Versetzt man den Punct P ins Unendliche, in die Ebene E_∞, so zerfällt die Kegelfläche, sowie auch die Raumcurve Q^{n^2-n+1} in bestimmte Theile.“

In Betreff des obigen Satzes ist zu bemerken, dass für den Fall, wo die gegebene Fläche F^n nur vom 2ten Grad, $= F^2$, ist, Herr *Terquem* irgendwo zuerst bewiesen hat: „dass aus jedem Puncte im Allgemeinen je 6 Normalen auf dieselbe gehen, und dass solche 6 Normalen jedesmal in einer Kegelfläche zweiten Grades liegen.“ Gemäss dem Vorstehenden erhält nun aber dieser Satz folgende Erweiterung. Der Ebene E_∞ entspricht für diesen Fall nur ein einziger Pol F_0, da $(2-1)^3 = 1$ ist, und zwar ist derselbe der Mittelpunct der gegebenen Fläche F^2; die in E_∞ liegenden n^2-n+1 Puncte Q_1 reduciren sich auf $3Q_1$, und zwar sind sie die im Unendlichen liegenden Puncte der 3 Axen X, Y und Z der Fläche F^2. Danach lautet der vollständige Satz, wie folgt:

„Auf eine gegebene allgemeine Fläche 2ten Grades F^2 gehen aus jedem beliebigen Puncte P je 6 Normalen PQ_0 (reell oder imaginär); die 6 Fusspuncte Q_0 derselben nebst dem Puncte P liegen allemal mit dem Mittelpuncte F_0 der Fläche und mit den im Unendlichen liegenden 3 Puncten Q_1 ihrer 3 Axen X, Y und Z zusammen in einer Raumcurve 3ten Grades Q^3*); alle auf diese Weise bestimmten Curven Q^3 haben also die 4 festen Puncte F_0 und $3Q_1$ gemein, und vermöge dieser $3Q_1$ haben ihre Asymptoten dieselben constanten Richtungen, nämlich sie sind sämmtlich den drei Axen der Fläche parallel; und ferner: die 6 Normalen PQ_0 aus jedem Puncte P nebst den 4 Geraden, die aus demselben nach dem Mittelpunct F_0 und nach den 3 Puncten Q_1, d. i. den drei Axen parallel, gezogen werden, sammt dem aus P auf seine Polar-Ebene gefällten Perpendikel, was zusammen 11 durch P gehende Gerade sind, liegen allemal zusammen in irgend einer Kegelfläche 2ten Grades; und ebenso liegen die aus dem Mittelpuncte F_0 oder die aus einem der 6 Fusspuncte Q_0 nach den jedesmaligen übrigen 10 Puncten gezogenen 10 Geraden in einer Kegelfläche 2ten Grades, und insbesondere liegen die aus einem der 3 Puncte Q_1 nach den übrigen 10 Puncten gezogenen Geraden oder die durch die Puncte $6Q_0$, F_0 und P mit einer der 3 Axen X, Y, Z parallel gezogenen 8 Geraden zusammen in einem gleichseitigen hyperbolischen Cylinder; d. h. werden die 8 Puncte, $6Q_0$, F_0 und P, nach der Richtung einer der drei Axen (etwa X) auf eine zu dieser Axe senkrechte Ebene (etwa auf die Ebene YZ) projicirt, so liegen die neuen 8 Puncte in einer gleichseitigen Hyperbel, deren Asymptoten den jedesmaligen beiden anderen Axen (Y und Z) parallel sind." — „Durch jeden gegebenen Punct Q gehen unendlich viele der genannten Raumcurven Q^3, und die ihnen entsprechenden Pole P liegen sämmtlich in dem aus jenem Puncte Q auf seine Polar-Ebene F^1 gefällten Perpendikel." — Es folgt ferner:

„Denkt man sich einen solchen besonderen Flächenbüschel 2ten Grades $B(F^2)$, welche einander längs eines in der Ebene E_∞ liegenden (reellen oder imaginären) Kegelschnittes C^2_∞ be-

*) Die Raumcurve dritten Grades ist durch sechs Puncte bestimmt.

rühren, oder, mit *Poncelet* zu sprechen, denkt man sich ein System ähnlicher, ähnlichliegender und concentrischer Flächen zweiten Grades und fällt aus irgend einem Puncte P Normalen auf dieselben, auf jede Fläche 6 Normalen PQ_0, so liegen deren sämmtliche Fusspuncte Q_0 in einer und derselben Raumcurve 3ten Grades Q^3, welche allemal durch den Mittelpunct F_0 der Flächen und durch die im Unendlichen liegenden 3 Puncte Q_1 ihrer gemeinschaftlichen Axen X, Y und Z geht, so dass also die 3 Asymptoten der Curve stets diesen Axen parallel sind; und ferner liegen die gesammten Normalen PQ, wozu insbesondere namentlich auch die aus P nach dem Mittelpuncte F_0 und nach den 3 Puncten Q_1 oder den Axen parallel gezogenen vier Geraden gehören, allemal in irgend einer Kegelfläche 2ten Grades F_0^2." Liegt der Pol P insbesondere in einer der drei Axen-Ebenen XY, XZ und YZ, so zerfällt die Raumcurve Q^3 in einen in dieser Ebene liegenden Kegelschnitt Q^2 und in eine auf derselben senkrecht stehende Gerade Q^1, und demgemäss zerfällt die Kegelfläche F_0^2 in zwei Ebenen, wovon die eine die genannte Axen-Ebene selbst ist und die andere darauf senkrecht steht, durch P und die Gerade Q^1 geht; und liegt ferner der Pol P in einer der drei Axen X, Y und Z, so besteht Q^3 aus drei Geraden, wovon die eine die Axe selbst ist, die beiden anderen auf ihr senkrecht stehen und beziehlich den beiden anderen Axen parallel sind, so dass dabei die Kegelfläche F_0^2 aus zwei Axen-Ebenen besteht. Ganz ähnlich verhält es sich, wenn der Pol P insbesondere in der Ebene E_∞ oder in einer der drei Geraden X_1, Y_1, Z_1 liegt, in welchen dieselbe beziehlich von den Axen-Ebenen ZY, ZX, YX geschnitten wird; denn im gegenwärtigen (sowie in manchem anderen) Betracht ist die Ebene E_∞ als vierte Axen-Ebene anzusehen, so dass ein Axen-Tetraëder stattfindet, dessen 6 Kanten X, Y, Z, X_1, Y_1 und Z_1 als Axen der gegebenen Flächen, $B(F^2)$, zu betrachten sind.

Berlin, im April 1854.

Crelle's Journal Band XLIX. S. 333—348.

43

Ueber eine besondere Curve dritter Classe (und vierten Grades).

Die Curve tritt schon beim geradlinigen Dreieck ein. Fällt man aus jedem Puncte in der dem Dreieck umschriebenen Kreislinie auf die Seiten Perpendikel, so liegen die je drei Fusspuncte allemal in irgend einer Geraden G, und die Enveloppe aller dieser Geraden ist eine Curve dritter Classe, G^3, und vierten Grades, welche die im Unendlichen liegende Gerade, G_∞, zur ideellen Doppeltangente hat; ferner hat sie drei Rückkehrpuncte und die drei Rückkehrtangenten schneiden sich in einem und demselben Punct. Die Curve berührt namentlich auch die Seiten des Dreiecks, sowie dessen drei Höhen, d. h. die aus den Ecken auf die Gegenseiten gefällten Lothe.

Sei abc das gegebene Dreieck; $\mathfrak{d}$ der Mittelpunct des ihm umschriebenen Kreises $\mathfrak{d}^2$; ferner $a\mathfrak{a}$, $b\mathfrak{b}$, $c\mathfrak{c}$ seine drei Höhen und d der gemeinsame Schnittpunct derselben; seien ferner α, β, γ die Mitten der Seiten und m der Mittelpunct des durch diese Mitten und zugleich auch durch die Fusspuncte $\mathfrak{a}$, $\mathfrak{b}$, $\mathfrak{c}$ der Höhen gehenden Kreises m^2; endlich sei r der Radius dieses Kreises, derselbe ist halb so gross als der Radius des Kreises $\mathfrak{d}^2$. Da der Punct m in der Mitte zwischen $\mathfrak{d}$ und d liegt, so ist d der äussere Aehnlichkeitspunct beider Kreise. Wird von den über den Seiten des Dreiecks liegenden Bogen des Kreises m^2, $\alpha\mathfrak{a}$, $\beta\mathfrak{b}$, $\gamma\mathfrak{c}$, von den Mitten der Seiten aus mittelst der Puncte u, v, w je ein Drittel abgeschnitten, so dass Bogen $\alpha u = \frac{1}{3}\alpha\mathfrak{a}$, $\beta v = \frac{1}{3}\beta\mathfrak{b}$, $\gamma w = \frac{1}{3}\gamma\mathfrak{c}$, so theilen diese Puncte die ganze Kreislinie in drei gleiche Theile, so dass sie die Ecken eines gleichseitigen Dreiecks uvw sind.

Ist p ein beliebiger Punct in der Kreislinie $\mathfrak{d}^2$ und G die ihm zugehörige Fusspuncten-Linie, so hat der aus dem Höhenschnitt d nach p

gezogene Strahl dp seine Mitte, etwa μ, allemal in G und zugleich auch im Kreise m^2; dieser Kreis werde von G zum zweiten Mal in s geschnitten: der Punct μ wird Mittelpunct und s Scheitel der Fusspuncten-Linie G genannt. Im Kreise δ^2 sei p_1 der Gegenpunct von p, so steht dessen Fusspuncten-Linie G_1 jedesmal auf G senkrecht, und zwar haben beide den Scheitel s gemein und ihre Mittelpuncte μ und μ_1 sind gleicherweise Gegenpuncte im Kreise m^2, und die Durchmesser pp_1 und $\mu\mu_1$ sind parallel. Demnach sind die Fusspuncten-Linien, oder die Tangenten der Curve G^3, paarweise zu einander rechtwinklig, auf jeder steht eine — aber nur eine einzige — bestimmte andere rechtwinklig, und der Ort der Scheitel s aller dieser rechten Winkel ist die Kreislinie m^2. Diese Eigenschaft hat also die Curve mit den Kegelschnitten gemein. Solche rechtwinklige Tangenten-Paare sind namentlich auch die Seiten und zugehörigen Höhen des gegebenen Dreiecks. Jede zwei zu einander rechtwinklige Fusspuncten-Linien heissen schlechthin ein Paar.

Jede Fusspuncten-Linie G_2 $(=G)$ wird von jedem Paar in zwei solchen Puncten geschnitten, welche gleich weit von ihrem Mittelpuncte μ_2 abstehen; eine Folge davon ist, dass G_2 von der Curve G^3 in demjenigen Puncte t_2 berührt wird, welcher von ihrem Mittelpunct ebenso weit absteht als ihr Scheitel s_2, also $\mu_2 t_2 = \mu_2 s_2$. Es folgen ferner nachstehende interessante Eigenschaften. Die Gerade, welche durch die Berührungspuncte t, t_1 irgend eines Paares GG_1 geht, ist stets auch eine Fusspuncten-Linie G_2, und diejenige, die mit ihr ein Paar bildet, geht jedesmal durch den Scheitel jenes Paares; zudem hat die Berührungs-Sehne tt_1 constante Länge, nämlich sie ist dem vierfachen Radius des Kreises m^2 gleich, $tt_1 = 4r$. Oder umgekehrt: die Curve G^3 schneidet jede ihrer Tangenten G_2 in zwei solchen Puncten t und t_1, deren Abstand von einander constant, und zwar dem Durchmesser des Kreises δ^2 oder dem doppelten Durchmesser des Kreises m^2 gleich ist; und die Tangenten in solchen zwei Schnittpuncten sind je ein Paar GG_1. Die in den Schnitten t, t_1 und in dem Berührungspuncte t_2 jeder Tangente G_2 auf die Curve G^3 errichteten drei Normalen treffen sich allemal in irgend einem Puncte q und der Ort dieses Punctes ist ein Kreis $[m]^2$, der mit dem Kreise m^2 concentrisch ist und einen dreimal so grossen Radius hat als dieser. Die Curve G^3 berührt den Kreis m^2 in den oben genannten drei Puncten u, v, w und hat dieselben zu Scheiteln. In diesen Puncten bilden die zugehörigen Tangenten, etwa U, V, W, und die Kreisdurchmesser

U_1, V_1, W_1 mit einander Paare; jene sind die einzigen drei Fusspuncten-Linien, bei welchen der Scheitel (s), Mittelpunct (μ) und Berührungspunct (t) vereint sind, die anderen haben die Puncte u, v, w zu Scheiteln, deren Gegenpuncte u_1, v_1, w_1 (im Kreise m^2) zu Mittelpuncten und um die Länge des Durchmessers über diese hinaus ihre Berührungspuncte u_2, v_2, w_2. Diese letzteren Puncte sind die drei Rückkehrpuncte der Curve G^3 und U_1, V_1, W_1 sind die Rückkehrtangenten, die also alle drei durch den Mittelpunct m des Kreises gehen, gleich lang sind, nämlich $mu_2 = mv_2 = mw_2 = 3r$, und mit einander gleiche Winkel ($= 120^0$) bilden, so dass die drei Rückkehrpuncte u_2, v_2, w_2 im oben genannten Kreise $[m]^2$ liegen und die Ecken eines gleichseitigen Dreiecks sind, das m zum Schwerpunct hat; auch sind die drei Rückkehrtangenten zugleich Normalen der Curve in ihren Scheiteln u, v, w, und es ist $uu_2 = vv_2 = ww_2 = 4r$. Der reelle Theil der Curve G^3 besteht nur aus einem regelmässigen Curvendreieck $u_2v_2w_2$, das innerhalb des geradlinigen Dreiecks $u_2v_2w_2$ liegt, aber den Kreis m^2 umschliesst; seine drei gleichen Seiten u_2wv_2, v_2uw_2, w_2vu_2 sind nach Innen convex und berühren den Kreis mit ihren Mitten (Scheiteln) u, v, w; die Länge jeder Seite ist gleich $5\frac{1}{3}r$, somit der ganze Umfang gleich $16r$; der Inhalt des Curvendreiecks ist gleich $2\pi r^2$, also gerade zweimal so gross als die Kreisfläche m^2, so dass jeder der drei gleichen, zwischen dem Kreise und der Curve liegenden Arbelen gleich $\frac{1}{3}\pi r^2$ ist. Jede Tangente der Curve G^3 berührt je einen ihrer drei Zweige und schneidet die beiden anderen; ein Paar GG_1, d. h. die Schenkel eines ihr umschriebenen rechten Winkels berühren immer verschiedene Zweige.

Sind GG_1 und HH_1 irgend zwei Paare, wird G von H und H_1 beziehlich in a_1, d_1 und G_1 von denselben in b_1, c_1 geschnitten, so sind die Geraden a_1c_1, b_1d_1 allemal ein drittes Paar, etwa JJ_1, d. h. sie sind auch zu einander rechtwinklige Fusspuncten-Linien oder Tangenten der Curve G^3. Ein eben solches Trippel von drei Paaren GG_1, HH_1, JJ_1 mit einem Quadrupel von vier Schnittpuncten a, b, c, d bilden auch die Seiten und zugehörigen Höhen des gegebenen Dreiecks; beiderseits hat man ein vollständiges Viereck ($a_1b_1c_1d_1$ oder $abcd$), dessen drei Paar Gegenseiten zu einander senkrecht sind, oder vier solche Puncte, von denen jeder der Höhenschnitt des durch die drei übrigen bestimmten Dreiecks ist. Bei allen diesen Vierecken ist die Summe der Quadrate der Gegenseiten constant, und zwar gleich $16r^2$; also $ad^2+bc^2 = ac^2+bd^2 = ab^2+cd^2 = 16r^2$. Alle Quadrupel $abcd$, deren vier Puncte sämmtlich reell sind, liegen innerhalb des Curvendreiecks G^3; und umgekehrt, durch jeden innerhalb dieses Dreiecks liegenden Punct d ist ein reelles Quadrupel bestimmt, denn es gehen immer drei relle Tangenten G_1, H_1, J_1 durch denselben, und die zu diesen senkrechten Tangenten G, H, J sind ihre Gegenseiten in einem vollständigen Viereck $abcd$. Liegt hingegen der gegebene Punct d ausserhalb des Curvendreiecks G^3, so geht nur eine reelle Tangente, etwa G, durch ihn, und alsdann ist von den anderen drei Puncten nur einer, etwa a, reell, der gleichfalls in G und auf der anderen Seite ausserhalb der Curve liegt; die conjugirte Tangente G_1 ist auch reell und enthält die zwei imaginären Puncte b und c; die beiden anderen Paare HH_1 und JJ_1 sind imaginär. Die den vier Dreiecken abc, abd, acd, bcd umschriebenen Kreise, deren Mittelpuncte beziehlich δ, γ, β, α heissen sollen, sind gleich und bei allen Quadrupeln von gleicher Grösse, nämlich der Radius eines jeden ist dem Durchmesser des Kreises m^2 gleich, also gleich $2r$. Das Viereck $\alpha\beta\gamma\delta$ ist dem Viereck $abcd$ gleich und liegt so, dass die vier Geraden $a\alpha$, $b\beta$, $c\gamma$, $d\delta$ alle durch den Mittelpunct m gehen und durch ihn gehälftet werden; daher haben umgekehrt die den vier Dreiecken $\alpha\beta\gamma$, $\alpha\beta\delta$, $\alpha\gamma\delta$, $\beta\gamma\delta$ umschriebenen Kreise ihre Mittelpuncte in d, c, b, a, und ihre Radien sind ebenfalls gleich $2r$; und ferner sind die Gegenseiten $\alpha\delta$ und $\beta\gamma$, $\alpha\gamma$ und $\beta\delta$, $\alpha\beta$ und $\gamma\delta$ zu einander rechtwinklig oder bilden drei Paare $\mathfrak{G}\mathfrak{G}_1$, $\mathfrak{H}\mathfrak{H}_1$, $\mathfrak{J}\mathfrak{J}_1$, deren Scheitel im nämlichen Kreise m^2 liegen, und deren Enveloppe eine der vorigen, G^3, gleiche Curve $\mathfrak{G}^3$ ist, aber um den Mittelpunct m um 180^0 herumbewegt, so dass sie den Kreis in den oben erwähnten Puncten u_1, v_1, w_1 berührt. Alle reellen Quadrupel $\alpha\beta\gamma\delta$ liegen innerhalb des Curvendreiecks $\mathfrak{G}^3$. Enthält das Quadrupel $abcd$ zwei imaginäre Puncte b und c, so sind die den Dreiecken adc und adb umschriebenen Kreise β^2 und γ^2, sowie ihre Mittelpuncte β und γ imaginär, wogegen die den Dreiecken abc und bcd umschriebenen Kreise δ^2 und α^2 sammt ihren Mittelpuncten δ und α reell bleiben, diese letzteren jedoch jetzt ausserhalb des Curvendreiecks $\mathfrak{G}^3$ liegen.

Durch jedes Quadrupel $abcd$ geht ein Büschel gleichseitiger Hyperbeln, $B(H^2)$; die verschiedenen Paare Asymptoten derselben bestehen aus den gesammten vorgenannten Paaren GG_1 und sind somit Tangenten der nämlichen Curve G^3. Oder in Bezug auf das Dreieck abc kann man sagen: jede Fusspuncten-Linie G sei Asymptote einer ihm umschriebenen gleichseitigen Hyperbel H^2, welche nothwendig auch durch den Höhenschnitt d geht und

und den Scheitel s von G zum Mittelpunct hat. In Betracht aller Quadrupel $abcd$ hat man auf diese Weise eine Schaar-Schaar gleichseitiger Hyperbeln, $SS(H^2)$. Denkt man sich in Bezug auf jedes Paar GG_1 alle Hyperbeln, welche dasselbe zu Asymptoten haben, so hat man die nämliche $SS(H^2)$. Je zwei dieser Hyperbeln schneiden sich in irgend einem Quadrupel, also nur innerhalb des Curvendreiecks G^3, wofern ihre Schnittpuncte alle vier reell sind; berühren sich dieselben, indem etwa a und d sich vereinen, so berühren sie zugleich auch die Gerade $ad = G$ in deren Mittelpunct μ, und alsdann liegen die beiden anderen Schnitte b und c in der Curve G^3 selbst und sind die Berührungspuncte eines Paares HH_1, dessen Scheitel in jenem Puncte μ liegt. Je zwei Quadrupel liegen in einer und derselben Hyperbel H^2 oder insbesondere in einem und demselben Paar GG_1. Die Rechtecke unter den je zwei Perpendikeln, welche aus den einzelnen Puncten irgend eines Quadrupels auf ein beliebiges Paar GG_1 gefällt werden, haben jedesmal unter sich gleichen Inhalt. Sind in einer Ebene zwei rechte Winkel GG_1 und HH_1 gegeben, und sollen zwei Hyperbeln die Schenkel derselben beziehlich zu Asymptoten haben und einander berühren, so ist der Ort ihres Berührungspunctes μ ein bestimmter Kreis m^2, welcher durch die Scheitel der Winkel und durch die Mitten der Strecken geht, welche auf den Schenkeln jedes Winkels durch die Schenkel des anderen begrenzt werden.

Das System Paare GG_1 kann insbesondere auch, wie folgt, bestimmt werden. Wird in der Kreislinie m^2 irgend ein Punct p und nebstdem eine beliebige Gerade $\mathfrak{Q}$ angenommen, und werden sodann aus jedem Puncte s des Kreises zwei unbegrenzte Gerade P und Q beziehlich durch p und parallel $\mathfrak{Q}$ gezogen und die von denselben gebildeten Nebenwinkel mittelst zweier Geraden G und G_1 gehälftet, so sind alle diese Geraden-Paare GG_1 ein dem obigen gleiches System, so dass sie eine gleiche Curve G^3 umhüllen.

In dem Kreise m^2 ziehe man eine fortlaufende Reihe Sehnen unter folgender Bedingung. Aus dem Anfangspunct s ziehe man die erste Sehne ss_1 willkührlich; sodann aus s_1 die zweite Sehne s_1s_2 senkrecht auf den durch s gehenden Durchmesser; ferner aus s_2 die dritte Sehne s_2s_3 senkrecht zu dem durch s_1 gehenden Durchmesser und so durch jeden neuen Punct diejenige Sehne, welche zu dem durch den vorhergehenden Punct gezogenen Durchmesser senkrecht ist, so entsteht — wenn nicht zufällig der über der ersten Sehne liegende Bogen mit dem Kreisumfange commensurabel ist — eine unbegrenzte Reihe von Sehnen, welche sämmtlich eine der obigen gleiche Curve G^3 berühren. Wird auf jeder Sehne in ihrem zweiten Endpuncte eine Senkrechte errichtet, so berühren auch diese Senkrechten alle die nämliche Curve und bilden mit den respectiven Sehnen die obigen Paare GG_1. Ist dagegen der Bogen über der ersten Sehne mit dem Kreisumfange commensurabel, verhält er sich zu diesem, wie $n:m$, wo n und m ganze und relative Primzahlen sind, so schliesst sich die Reihe Sehnen jedesmal, so dass ein geschlossenes Polygon entsteht; jedoch kehrt die Reihe nicht immer in den Anfangspunct s zurück, sondern sie kann auch in s_1, s_2, ... zurückkehren, jenachdem die Zahl m beschaffen ist. Ferner sind in diesem Falle die Endpuncte s, s_1, s_2, ... der Sehnen immer Ecken eines regelmässigen m-Ecks, und die Sehnen selbst sind Seiten verschiedener Ordnung desselben (oder Seiten und Diagonalen). Das Sehnen-Polygon nimmt nur dann alle Ecken des m-Ecks in Anspruch und ist selbst ein m-Eck, wenn m eine Potenz der Zahl 3 ist; seine Seiten sind alsdann zu drei und drei einander gleich, und zwar sind sie Seiten des regelmässigen, vollständigen m-Ecks von allen denjenigen Ordnungen, welche nicht durch 3 theilbar sind. Nämlich bei einem regelmässigen, vollständigen $(2\mu+1)$-Eck hat man (nach Grösse) Seiten von erster, zweiter, dritter, ... bis $(\mu-1)^{\text{ter}}$ Ordnung zu unterscheiden. — Hierbei berühren alle Sehnen gleicherweise eine Curve G^3, so dass das Sehnen-Polygon dieser Curve umschrieben und zugleich dem Kreise eingeschrieben ist. Es folgen daraus noch mehrere specielle Sätze, die hier übergangen werden.

In Bezug auf das Obige ist die Curve G^3 unter anderem auch noch, wie folgt, bestimmt. Denkt man sich rücksichtlich irgend eines der oben beschriebenen Quadrupel $abcd$ die Schaar Kegelschnitte, welche durch einen der vier Puncte, etwa durch d, gehen und dem durch die drei übrigen bestimmten Dreieck abc eingeschrieben sind, ferner in jedem Kegelschnitt den durch den Punct d gehenden Durchmesser dd_1 und in dessen anderem Endpuncte d_1 die Tangente G des Kegelschnittes, so ist die Enveloppe aller dieser Tangenten die dort betrachtete Curve G^3, und zwar für alle unzähligen Quadrupel stets die nämliche Curve. Auf diese Eigenschaft wurde der Verfasser durch seinen Freund, den Professor *Schläfli* in Bern, aufmerksam gemacht. — Die Curve G^3 wird ferner auch durch rollende Bewegung erzeugt.

Analogerweise gelangt man zu etwas allgemeineren Sätzen, wobei der obige Kreis m^2 durch einen beliebigen Kegelschnitt vertreten wird, und wobei die Gegenseiten der vollständigen Vierecke $abcd$ nicht mehr zu einander rechtwinklig sind. Folgendes Beispiel möge hier genügen.

Sind ms und $m\mu$ zwei beliebige Halbmesser einer gegebenen Ellipse m^2 und bewegen sich dieselben gleichzeitig um den Mittelpunct m nach entgegengesetzten Richtungen so, dass der vom Halbmesser ms beschriebene Sector in jedem Moment doppelt so gross ist als der vom anderen, $m\mu$, beschriebene Sector, so ist die Enveloppe der durch die Endpuncte der Halbmesser gehenden Geraden, $s\mu = G$, eine Curve dritter Classe G^3 und vierten Grades, welche die Gerade G_∞ zur ideellen Doppeltangente hat, und deren reeller Theil nur aus einem krummlinigen Dreieck $u_2v_2w_2$ besteht, welches die Ellipse umschliesst und sie mit seinen drei Seiten (Bogen) in drei solchen Puncten u, v, w berührt, welche die Ecken eines der Ellipse eingeschriebenen grössten Dreiecks sind; die Ecken jenes Dreiecks $u_2v_2w_2$ sind Rückkehrpuncte der Curve G^3, die Rückkehrtangenten gehen alle drei durch den Mittelpunct der Ellipse und respective durch die genannten Berührungspuncte u, v, w; bis zu diesen Puncten genommen sind sie gerade doppelt so gross, als die auf ihnen liegenden Durchmesser der Ellipse. Der Inhalt des Curvendreiecks ist zweimal so gross als die Fläche der Ellipse, und jeder der drei Arbelen zwischen beiden Curven ist einem Drittel der Ellipsen-Fläche gleich.

Borchardt's Journal Band LIII. S. 231—237.

(Gelesen in der Akademie der Wissenschaften zu Berlin am 7. Januar 1856.)

44

Ueber die Flächen dritten Grades.

Die höheren algebraischen Flächen sind rücksichtlich ihrer charakteristischen geometrischen Eigenschaften noch wenig erforscht. Aus den langjährigen Untersuchungen über diesen Gegenstand wird ein Theil derjenigen Resultate mitgetheilt, die sich auf die Flächen dritten Grades beziehen. Es ist daraus zu sehen, dass diese Flächen fortan fast ebenso leicht und einlässlich zu behandeln sind, als bisher die Flächen zweiten Grades. Von den schönen Eigenschaften der ersteren mögen hier in gedrängter Kürze nachstehende angeführt werden.

Zuerst werden mehrere verschiedene Erzeugungsarten der Flächen dritten Grades gezeigt, aus welchen die wesentlichsten Eigenschaften dieser Flächen unmittelbar hervortreten, und wovon folgende die beachtenswerthesten sind.

I. Durch die 9 Geraden, g, in welchen die Flächen zweier beliebigen gegebenen Trieder einander gegenseitig schneiden und durch irgend einen gegebenen Punct, P, ist eine Fläche dritten Grades, f^3, bestimmt. Nämlich jede durch den Punct gelegte Ebene schneidet die 9 Geraden in 9 Puncten, welche mit jenem zusammen irgend eine Curve dritten Grades bestimmen, und der Ort aller dieser Curven ist die genannte Fläche. — Unter den 9 Geraden g giebt es sechsmal drei solche, welche einander nicht schneiden, und welche also ein Hyperboloid bestimmen; jedes dieser 6 Hyperboloide schneidet die Fläche f^3 noch in drei neuen Geraden, so dass also dieselbe 27 Geraden enthält. Rücksichtlich der zwei Schaaren Geraden, die jedes Hyperboloid enthält, gehören die je drei bestimmenden Geraden zur einen und die drei neuen Geraden zur anderen Schaar, diese drei schneiden also jene, aber einander nicht.

II. Werden ein gegebener Flächenbüschel zweiten Grades, $B(f^2)$, und ein gegebener Ebenenbüschel $B(E)$, projectivisch auf einander bezogen, so erzeugen sie irgend eine Fläche dritten Grades, f^3, welche durch die Grundcurve, R^4,*) des ersten, sowie durch die Axe, g, des anderen Büschels geht; d. h. alle Kegelschnitte, C^2, in welchen die einzelnen Flächen zweiten Grades, f^2, von den ihnen entsprechenden Ebenen, E, geschnitten werden,**) liegen in einer Fläche dritten Grades. Dabei giebt es fünf Ebenen E, welche die ihnen entsprechenden Flächen f^2 berühren, so dass der zugehörige Kegelschnitt C^2 in zwei Geraden, g, zerfällt, u. s. w.

III. Ist ein Flächenbüschel zweiten Grades, $B(f^2)$, gegeben, so ist die Pampolare jedes beliebigen Poles, P, in Bezug auf denselben irgend eine Fläche dritten Grades f^3, welche stets durch die Grundcurve R^4 des Büschels und auch durch den Pol P geht. Das heisst, der aus dem Pol P jeder Fläche, f^2, des gegebenen Büschels umschriebene Kegel berührt sie längs eines Kegelschnittes C^2 und alle diese Kegelschnitte liegen in einer Fläche dritten Grades f^3; die Ebenen der Kegelschnitte, als Polarebenen des Poles in Bezug auf die respectiven Flächen des Büschels, gehen sämmtlich durch eine bestimmte Gerade, g, welche auch in der Fläche f^3 liegt. Der gegebene Flächenbüschel enthält insbesondere vier Kegel, wie *Poncelet* zuerst gezeigt hat, für jeden derselben zerfällt der genannte Kegelschnitt C^2 in zwei Geraden, g_1, die sich im Scheitel des Kegels kreuzen und mit jener Geraden g ein Dreieck bilden; auch bei derjenigen Fläche des Büschels, welche durch den Pol P geht und daher daselbst von ihrer Polarebene berührt wird, zerfällt der Kegelschnitt C^2 in zwei Geraden, g_2, die sich im Pol kreuzen und gleichfalls mit jener Geraden g ein Dreieck bilden; dies sind zusammen bereits 11 in der Fläche f^3 liegende Geraden. Durch jede der beiden zuletzt genannten Geraden g_2 lassen sich vier solche Ebenen legen, welche die Grundcurve R^4 des Büschels berühren, und jede dieser Ebenen schneidet die Fläche f^3 in zwei neuen Geraden, die sich im Berührungspunct (der Ebene mit der Curve) kreuzen, was mit jenen zusammen 27 in der Fläche f^3 liegende Geraden ausmacht.

IV. Sind irgend drei Flächen zweiten Grades gegeben, so schneiden sich die drei Polarebenen jedes Poles P in Bezug auf dieselben im Allgemeinen in je einem anderen Puncte

---

*) Das heisst, die Raumcurve vierten Grades, die der gemeinsame Schnitt aller Flächen des $B(f^2)$ ist.

**) Die projectivische Beziehung der gegebenen Büschel geschieht unter anderem dadurch, dass man in irgend einem Puncte P der Curve R^4 an alle Glieder des Flächenbüschels $B(f^2)$ Berührungsebenen E_1 legt, die einen Ebenenbüschel $B(E_1)$ bilden, diesen sodann mit dem gegebenen Ebenenbüschel $B(E)$ durch willkürliche Annahme von drei Paar sich entsprechender Ebenen, E und E_1, projectivisch bezieht und nachher an Stelle jeder Ebene E_1 diejenige Fläche f^2 nimmt, welche sie berührt.

P_1; bewegt sich der Pol P in einer beliebigen gegebenen Ebene, so beschreibt der Punct P_1 irgend eine Fläche dritten Grades. Oder: Denkt man sich alle Flächen zweiten Grades, welche durch beliebig gegebene sieben Puncte gehen, so liegen die irgend einer gegebenen Ebene in Bezug auf dieselben entsprechenden Pole sämmtlich in einer Fläche dritten Grades. Die vielen weiteren interessanten Umstände, welche dabei noch stattfinden, müssen hier übergangen werden.

Aus diesen Entstehungsarten — und weiterhin durch Hülfe einiger Polaritäts-Sätze — ergeben sich nachstehende merkwürdige Haupteigenschaften der Flächen dritten Grades:

„Eine allgemeine Fläche dritten Grades f^3 enthält 27 gerade Linien g (reelle oder imaginäre); jede derselben wird von 10 der übrigen geschnitten, und zwar von fünf Paaren, die einander selbst schneiden, so dass sie mit jener fünf Dreiecke bilden. Alle 27 Geraden g schneiden sonach einander zu zweien in 135 Puncten δ und bilden im Ganzen 45 Dreiecke $\triangle$. Die fünf Paar Schnittpuncte, δ, in jeder Geraden, g, gehören zu einem Involutions-Punctensystem; ist dasselbe hyperbolisch, so enthält es zwei Asymptotenpuncte (Doppelpuncte) π. Die Seiten jedes Dreiecks $\triangle$ enthalten entweder 1^0 alle drei hyperbolisches, oder 2^0 nur eine hyperbolisches und zwei elliptisches Puncten-System.“ Oder umfassender:

„Es giebt 27 verschiedene Systeme von solchen Ebenen, E, welche die Fläche f^3 in Kegelschnitten, C^2, schneiden, und zwar bestehen dieselben aus 27 Ebenenbüscheln, $B(E)$, welche die 27 Geraden g respective zu Axen haben; und umgekehrt, jede Ebene, welche die Fläche f^3 in einem Kegelschnitte schneidet, schneidet dieselbe nothwendig noch in einer der 27 Geraden und gehört zu einem der Ebenenbüschel. Die Schaar Kegelschnitte, C^2, die den Ebenen eines und desselben Ebenenbüschels angehören, schneiden dessen Axe, g, in dem genannten Puncten-System; jede Ebene ist als eine die Fläche f^3 doppelt berührende anzusehen, und die Schnitte ihres Kegelschnittes mit der Axe als die Berührungspuncte; unter den Kegelschnitten giebt es insbesondere zwei, C_0^2, welche die Axe berühren, und zwar in den genannten Asymptotenpuncten π; ferner giebt es fünf Kegelschnitte, die in je zwei Geraden g zerfallen, so dass die zugehörige Ebene die Fläche f^3 in drei Puncten berührt, nämlich in den Ecken des in ihr liegenden Dreiecks $\triangle$. Die Ebenen der 45 Dreiecke $\triangle$ sind die einzigen, welche die Fläche f^3 in drei Puncten berühren.

Es giebt ferner 45 Systeme von solchen Flächen zweiten Grades, f^2, welche die Fläche dritten Grades f^3 in je drei Kegelschnitten C^2 schneiden; jedem Dreieck $\triangle$ entspricht ein solches System, nämlich jede drei Ebenen, die beziehlich durch dessen drei Seiten gehen, enthalten drei solche Kegelschnitte C^2, durch welche allemal irgend eine Fläche zweiten Grades geht; und umgekehrt: Hat eine Fläche zweiten Grades f^2 mit der Fläche dritten Grades f^3 irgend drei Kegelschnitte gemein, so gehen die Ebenen derselben jedesmal durch die drei Seiten eines der 45 Dreiecke $\triangle$; oder geht eine Fläche f^2 durch zwei in der Fläche f^3 liegende Kegelschnitte, so schneiden sich beide Flächen allemal noch in irgend einem dritten Kegelschnitt und die Ebenen der drei Kegelschnitte gehen durch die drei Seiten eines und desselben Dreiecks $\triangle$. Die Seiten jedes Dreiecks $\triangle$ werden von den vorgenannten besonderen Kegelschnitten C_0^2 in ihren Asymptoten-Puncten π berührt; die drei Paar oder sechs Asymptoten-Puncte liegen zu drei und drei in vier Geraden, l, und durch die je drei zugehörigen Kegelschnitte C_0^2 geht ein Kegel zweiten Grades, f_0^2, welcher die Ebene des Dreiecks längs der zugehörigen Geraden l berührt, und die Scheitel aller vier Kegel liegen in einer Geraden. Ausserdem enthält das dem Dreieck entsprechende Flächensystem zweiten Grades, f^2, noch unendlich viele Kegel; ihre Scheitel liegen sämmtlich in einer Fläche vierten Grades.

Die drei Kegelschnitte C^2, durch welche je eine Fläche zweiten Grades f^2 geht, können insbesondere auch aus drei Paar Geraden g bestehen, wobei dann die Fläche ein einfaches Hyperboloid, h^2, ist. Nimmt man von den 27 Geraden g irgend drei, welche einander nicht schneiden, so bestimmen sie ein solches Hyperboloid, denn dasselbe schneidet die Fläche f^3 allemal noch in drei anderen Geraden g, welche jene drei treffen, aber einander nicht. „Es giebt im Ganzen 360 solche Hyperboloide h^2; jedes der 45 Systeme Flächen zweiten Grades enthält 48 derselben, und jedes Hyperboloid kommt in 6 verschiedenen Systemen vor.“

Wählt man von den 45 Dreiecken $\triangle$ zwei solche, welche keine Gerade g gemein haben, deren Ebenen sich also in einer anderen Geraden, etwa k, schneiden, die ihre Kante heisst, so treffen sich die Seiten beider Dreiecke paarweise auf dieser Kante, in drei Puncten δ. Bezeichnet man die Dreiecke durch A und B, ihre Seiten (die Geraden g sind) beziehlich durch a, a_1, a_2 und b, b_1, b_2, so schneiden sich etwa die Paare a und b, a_1 und b_1, a_2 und b_2 auf der Kante k, und sodann sind diese Paare Seiten von drei anderen Dreiecken $\triangle$: abc, $a_1b_1c_1$, $a_2b_2c_2$ oder A_1, B_1, C_1, deren dritte Seiten c, c_1, c_2, für sich, die Seiten eines sechsten Dreiecks $\triangle$ oder C sind. Die Ebenen der Dreiecke A, B, C bilden ein Trieder, T, auf dessen drei Kanten k ihre Seiten einander paarweise schneiden, und ebenso bilden die Ebenen der Dreiecke A_1, B_1, C_1 ein Trieder, T_1, auf dessen Kanten ihre Seiten einander treffen; jene Dreiecke, wie diese, haben die nämlichen 9 Geraden g oder $aa_1a_2bb_1b_2cc_1c_2$ zu Seiten, und die Flächen beider Trieder schneiden einander gegenseitig in denselben (wie oben I.). Zwei solche Trieder heissen conjugirte Trieder.

„Die Ebenen der 45 Dreiecke $\triangle$ bilden auf diese Weise im Ganzen 240 Trieder, oder 120 Paare conjugirter Trieder T und T_1." Diese Paare ordnen sich zu drei und drei in 40 Gruppen, wovon jede Gruppe alle 27 Geraden g enthält.

„Jedes Dreieck $\triangle$ kommt in 16 verschiedenen Triedern vor, so dass also 16 Trieder-Scheitel in seine Ebene fallen; diese 16 Scheitel liegen allemal in einer Curve vierten Grades, welche die Seiten des Dreiecks zu Doppeltangenten hat, und zwar dieselben in ihren Asymptotenpuncten π berührt."

Die 240 Trieder haben zusammen 720 verschiedene Kanten k; also liegen die 135 Schnittpuncte δ der 27 Geraden g zu drei und drei in 720 Geraden k, welche sich zu drei und drei in 240 neuen Puncten T (Scheiteln der Trieder) treffen. Durch jeden Schnittpunct δ gehen je 16 Gerade k, wovon jede noch durch zwei andere Schnittpuncte, etwa δ_1 und δ_2 (statt δ), geht; nimmt man in jeder derselben einen vierten Punct, λ, so, dass $\delta\delta_1\lambda\delta_2$ harmonisch sind, so liegen die 16 Puncte λ zweimal zu vier und vier in vier Geraden, und diese 8 Geraden sammt den zwei Geraden g, deren Schnitt jener erste Punct δ ist, liegen in einem Hyperboloid.

Wird durch irgend einen in der Fläche f^3 liegenden Kegelschnitt C^2 eine beliebige Fläche zweiten Grades, f^2, gelegt, so schneidet sie jene Fläche im Allgemeinen noch in einer Raumcurve vierten Grades, R^4, durch welche allemal unzählige andere Flächen zweiten Grades gehen, oder ein Flächenbüschel zweiten Grades geht; unter diesen Flächen befinden sich 5 solche, welche die gegebene Fläche f^3 in je einem Puncte berühren, und die Berührungsebenen in diesen fünf Puncten sammt der Ebene jenes Kegelschnittes C^2 gehen durch eine und dieselbe Gerade g; zudem enthält jede der 5 Berührungsebenen noch zwei andere Gerade g, die sich im Berührungspunct kreuzen, so dass also jede ein Dreieck $\triangle$ enthält. — Legt man durch irgend zwei einander nicht schneidende Gerade g ein beliebiges Hyperboloid, so schneidet dasselbe die Fläche f^3 ausserdem noch in einer solchen Raumcurve vierten Grades, R^4_1, durch welche keine andere Fläche zweiten Grades geht; diese Curve ist also wesentlich verschieden von der vorigen R^4, welche als der Schnitt irgend zweier Flächen zweiten Grades anzusehen ist, und welche man bisher für die einzige Raumcurve vierten Grades hielt. Die beiden Curven unterscheiden sich namentlich noch in folgenden Eigenschaften. „Die Tangentenfläche der Curve R_1^4 (d. h. die Fläche, in welcher alle ihre Tangenten liegen) ist vom sechsten Grad und von der sechsten Classe; wogegen die Tangentenfläche der Curve R^4 vom achten Grad und von der zwölften Classe ist." Ferner: „Von den zwei Schaaren Geraden, welche in dem durch die Curve R_1^4 gehenden einzigen Hyperboloid liegen, schneidet jede Gerade der einen Schaar die Curve in drei und jede Gerade der anderen Schaar nur in einem Punct; wogegen bei jedem Hyperboloid, welches durch die Curve R^4 geht, jede Gerade aus der einen oder anderen Schaar dieselbe in zwei Puncten trifft.

„Somit giebt es zwei wesentlich verschiedene Arten von Raumcurven vierten Grades, R^4 und R_1^4."

Wird der gegebenen Fläche dritten Grades, f^3, aus irgend einem Puncte oder Pol P ein Kegel umschrieben, so ist derselbe vom sechsten Grad und berührt die Fläche längs einer Raumcurve sechsten Grades, durch die jedesmal irgend eine Fläche zweiten Grades, f^2, geht, welche die erste Polare des Poles P in Bezug auf die gegebene Fläche f^3 heisst. Es giebt unendlich viele solche besondere Pole, deren erste Polare je ein Kegel zweiten Grades, f_0^2, ist, und es findet das Gesetz statt: „dass, wenn P_1 der Scheitel dieses Kegels ist, dann auch seine erste Polare gleichfalls ein Kegel ist, und dass der Scheitel desselben in jenem ersten Pol liegt." Solche zwei Puncte P und P_1 heissen reciproke Pole in Bezug auf die Fläche f^3.

„Der gemeinsame Ort aller reciproken Pole ist eine bestimmte Fläche vierten Grades, P^4," welche die Kernfläche der gegebenen Fläche dritten Grades f^3 genannt wird.

„Die Kernfläche P^4 geht namentlich auch durch die Scheitel der obigen 240 Trieder, und zwar sind die Scheitel jedes der 120 Paar conjugirter Trieder T und T_1 auch ein Paar reciproke Pole." Dabei findet noch der nähere Umstand statt, dass der Polarkegel f_0^2 des Scheitels T dem conjugirten Trieder T_1 umschrieben ist, d. h. durch dessen drei Kanten k geht, und ebenso auch umgekehrt.

„Ferner sind auch die zwei Asymptotenpuncte π in jeder der 27 Geraden g ein Paar reciproker Pole P und P_1, und zwar wird die Gerade in denselben von der Kernfläche P^4 berührt." —

„Es giebt im Ganzen 10 solche specielle Pole P, oder P_0, deren Polarkegel f_0^2 in zwei Ebenen, F und F_1, zerfällt (so dass auch der aus dem Pol der Fläche f^3 umschriebene Kegel in zwei Kegel dritten Grades und ebenso die Berührungscurve in zwei *ebene* Curven dritten Grades zerfällt); dabei ist dann der reciproke Pol, P_1, nicht mehr absolut bestimmt, sondern er liegt längs der Schnittlinie oder Kante, p_1, der beiden Ebenen überall, so dass für jeden in dieser Kante liegenden Punct P_1 die erste Polare ein Kegel f_0^2 ist, und dass die Scheitel aller dieser Kegel in jenem Pol P_0 vereinigt sind." „Den 10 Polen P_0 entsprechen demnach 10 reciproke Geraden p_1." „Die 10 Pole sind Knotenpuncte der Kernfläche P^4 und die 10 Geraden liegen ganz in derselben." Die gegenseitige Lage dieser Pole und Geraden ist der Art, dass in jeder Kante p_1 je drei der 10 Pole liegen, und dass auch durch jeden Pol P_0 je drei der 10 Kanten gehen. Oder genauer: „Die 10 Pole P_0 und die 10 Geraden p_1 sind die Ecken und Kanten eines vollständigen Pentaeders, d. h. es giebt 5 bestimmte Ebenen, E_0, die sich paarweise in den 10 Geraden und zu je drei in den 10 Polen schneiden, wobei die Schnittlinie je zweier Ebenen und der Schnittpunct der jedesmaligen drei anderen reciprok sind." Die Kernfläche P^4 wird hiernach von jeder der 5 Ebenen E_0 in je vier Geraden p_1 geschnitten. Die durch jede Kante p_1 gehenden, vorgenannten zwei Ebenen F und F_1 sind zu den zugehörigen zwei Ebenen E_0 zugeordnet harmonisch. Die zehn Ebenenpaare F und F_1 haben auch noch interessante gegenseitige Beziehungen unter sich.

Es giebt nun ferner auch noch solche Pole P, deren Polarkegel f_0^2 insbesondere Cylinder sind. „Der Ort dieser Pole ist eine auf der Kernfläche liegende Raumcurve sechsten Grades, R^6, welche durch die 10 Knotenpuncte P_0 derselben geht" (da deren Polaren, F und F_1, auch als Cylinder anzusehen sind). „Die Axe, a, jedes Cylinders schneidet die Curve R^6 in drei Puncten, und durch jeden Punct der Curve gehen je drei Axen." Der gemeinschaftliche Ort aller Cylinder-Axen a ist eine (geradlinige) Fläche achten Grades, a^8, welche die Curve R^6 zur dreifachen Linie hat, und in welcher namentlich auch die 10 Kanten p_1 des vorgenannten Pentaeders liegen." Mehrere merkwürdige Eigenschaften dieser Fläche können hier nicht entwickelt werden.

Die Kernfläche P^4 schneidet die gegebene Fläche f^3 längs einer Raumcurve zwölften Grades, R^{12}, welches für die letztere Fläche sehr charakteristisch ist. Zunächst geht diese Curve durch die

54 Asymptotenpuncte π der 27 Geraden g und berührt sie in denselben, so dass sie also jede Gerade zur Doppeltangente hat.

„Sodann scheidet die Curve R^{12} auf der Fläche f^3 diejenigen Regionen von einander ab, wo das Krümmungsmaass positiv und wo dasselbe negativ ist; längs der Curve selbst ist dasselbe Null."

„Ferner ist die Curve R^{12} der Ort aller derjenigen Puncte auf der Fläche f^3, in welchen die zugehörige Berührungsebene die Fläche mit Rückkehrpunct schneidet, d. h. in einer solchen Curve dritten Grades C^3 schneidet, welche den Punct zum Rückkehrpunct hat, so dass also die Rückkehrtangente, t, der Curve C^3 die Fläche f^3 in demselben Puncte osculirt oder dreipunctig berührt."

„Der Ort aller dieser Rückkehrtangenten t ist eine abwickelbare Fläche dreissigsten Grades, t^{30}, welche die Fläche f^3 längs der Curve R^{12} osculirt und die 27 Geraden g zu Doppellinien hat, so dass also die Schnittcurve beider Flächen, t^{30} und f^3, die vom neunzigsten Grad sein muss, aus der dreifachen Curve R^{12} und aus den doppelt zu zählenden 27 Geraden g besteht." U. s. w.

Eine beliebige Ebene, E, schneidet die gegebene Fläche f^3 in einer Curve dritten Grades; die der Fläche längs dieser Curve umschriebene abwickelbare Fläche, Φ, ist vom zwölften Grad und von der sechsten Classe, und ihre Rückkehrlinie (arête de rebroussement) ist vom achtzehnten Grad. Die zweite Polare irgend eines Poles P in Bezug auf die gegebene Fläche f^3 ist eine Ebene, etwa e. „Bewegt sich der Pol P in jener festen Ebene E, so ist die Enveloppe seiner Polarebene e eine Fläche dritten Grades e^3 und nur vierter Classe*), welche vier Knotenpuncte, Q_0, hat, und jener abwickelbaren Fläche Φ eingeschrieben ist; auch ist die Fläche e^3 allemal der Kernfläche P^4 eingeschrieben und berührt dieselbe längs einer Raumcurve sechsten Grades R^6, in welcher namentlich auch die 4 Knotenpuncte Q_0 sich befinden, so dass also letztere jedesmal in der Kernfläche P^4 liegen." Die Fläche e^3 heisst die zweite Polare der Ebene E in Bezug auf die gegebene Fläche f^3. Dieselbe hat (vor anderen Flächen gleichen Grades) die merkwürdige besondere Eigenschaft: dass der aus

*) Eine allgemeine Fläche dritten Grades ist von der zwölften Classe; im obigen Fall wird die Classe durch jeden Knotenpunct um 2 erniedrigt, ebenso wie nach *Poncelet*'s Satz bei den ebenen Curven die Klasse durch jeden Doppelpunct um 2 verringert wird.

irgend einem in ihr liegenden Puncte ihr umschriebene Kegel (der für andere Puncte vom sechsten Grad ist) in zwei Kegel zweiten Grades und in die zugehörige Berührungsebene zerfällt; letztere berührt beide Kegel, und diese gehen stets beide durch die vier Knotenpuncte Q_0. Versetzt man die Ebene E ins Unendliche, so ist ihre zweite Polare e^3 die Enveloppe aller Durchmesser-Ebenen der gegebenen Fläche f^3; dieselbe behält alle angegebenen Eigenschaften, sie ist den Flächen P^4 und Φ eingeschrieben, etc., die letztere, Φ, ist in diesem Falle eine Art asymptotischer Fläche der gegebenen Fläche f^3.

Bewegt sich der Pol P in irgend einer festen Geraden D, so ist die Enveloppe seiner Polarebene e ein Kegel zweiten Grades, etwa d^2, welcher die zweite Polare der Geraden D in Bezug auf die gegebene Fläche f^3 heisst.

„Es giebt im Ganzen 100 solche besondere Geraden D, deren zweite Polare sich auf eine Gerade d reducirt, d. h. wobei jener Kegel d^2 sich auf seine Axe d reducirt, so dass alle Polarebenen e einen Büschel um dieselbe bilden.“ Den 100 Geraden D entsprechen jedoch zusammen nur 25 Geraden d, indem jede der letzteren je vier von jenen entspricht. Die 25 Geraden d bestehen aus den 10 Kanten p_1 des obigen Pentaeders und aus den 15 Diagonalen desselben.

Crelle's Journal Band LIII. S. 133—141.

(Gelesen in der Akademie der Wissenschaften zu Berlin am 31. Januar 1856.)

45

Vermischte Sätze und Aufgaben.

I.

1. Zieht man durch irgend einen Punct, p, in der Ebene einer allgemeinen Curve n^{ten} Grades, C^n, beliebige Geraden $A, B, C, \ldots$ und bezeichnet ihre Schnittpuncte mit der Curve durch $a, a_1, \ldots a_{n-1}$; $b, b_1, \ldots b_{n-1}$; $c, c_1, \ldots c_{n-1}$; etc., und bildet die Producte aus den Abschnitten jeder Geraden von diesen Schnitten bis zu dem Puncte p genommen, also die Producte $pa, pa_1, \ldots pa_{n-1}$; $pb, pb_1, \ldots pb_{n-1}$; etc., so bleibt bekanntlich das Verhältniss dieser Producte constant, wenn die Geraden sammt ihrem gemeinsamen Puncte p unter Beibehaltung ihrer Richtungen, also jede sich selbst parallel bleibend, in der Ebene der festen Curve beliebig verschoben werden.

Denkt man sich alle möglichen Geraden durch den Punct p, den Strahlbüschel, so giebt es unter denselben im Allgemeinen je $2n$ Gerade, deren Abschnitte gleich grosse Producte geben. Und insbesondere giebt es unter denselben n solche Gerade, deren Producte relative Minima sind. An die Stelle eines solchen Minimums tritt so oft ein Maximum, als die Curve ein Paar imaginärer Asymptoten hat. — Bei paralleler Verschiebung des Strahlbüschels behalten die nämlichen Geraden die angegebene Eigenschaft.

2. Nimmt man in jeder durch denselben Punct p gehenden Geraden A denjenigen Punct q, dessen Abstand vom Puncte p der mittlere Factor zwischen den vorgenannten n Abschnitten der Geraden ist, so dass

$$pq^n = pa.pa_1.pa_2 \ldots pa_{n-1},$$

so ist der Ort dieses Punctes q eine Curve $2n^{\text{ten}}$ Grades, Q^{2n}, welche n durch den Punct p gehende Doppelasymptoten hat, und welche die gegebene Curve im Endlichen in $2n(n-1)$ Puncten r schneidet, wo in jedem der Punct q mit einem der

n Schnittpuncte a, a_1, ... a_{n-1}, etwa mit a, vereinigt ist, so dass also durch den beliebigen Punct p im Allgemeinen $2n(n-1)$ solche Geraden A gehen, in denen einer der n Abschnitte der mittlere Factor zwischen den $n-1$ übrigen Abschnitten ist, also

$$pr^{n-1} = pa^{n-1} = pa_1 . pa_2 \dots pa_{n-1}.$$

Durch die $2n(n-1)$ Puncte r können Curven $(2n-2)^{\text{ten}}$ Grades gehen.

In den vorgenannten besonderen n Geraden, für welche das Product der n Abschnitte ein Minimum ist (1.), ist auch der Abstand des Punctes q vom Puncte p ein Minimum, so dass die Gerade im Puncte q auf dessen Ortscurve Q^{2n} normal steht. Und zwar ist solche Gerade eine Doppelnormale der Curve, weil der Punct q in jeder Geraden A immer doppelt vorhanden ist, zu beiden Seiten vom Puncte p in gleichem Abstande, so dass also die Curve Q^{2n} den Punct p zum Mittelpunct und zugleich zum vielfachen singulären Punct hat.

3. Die in (1.) und (2.) angegebenen Eigenschaften finden gleicherweise statt, wenn die gegebene Curve C^n durch beliebige n Gerade vertreten wird. Seien z. B. drei Gerade gegeben, so haben die durch einen beliebigen Punct p gehenden Geraden oder Transversalen zu je 6 und 6 gleiche Producte, und insbesondere giebt es drei Transversalen, deren Producte relative Minima sind. Welche weitere Beziehung haben diese drei Transversalen unter sich und zu den drei gegebenen Geraden? und welche Relation haben jede der erstgenannten sechs Transversalen unter sich?

4. Ist die gegebene Curve nur ein Kegelschnitt, so verhalten sich die Producte (hier Rechtecke) der Abschnitte der durch irgend einen und denselben Punct p gehenden Transversalen wie die Quadrate der den Transversalen parallelen Durchmesser des Kegelschnittes. Demzufolge verhalten sich die aus dem Puncte p an den Kegelschnitt gelegten Tangenten wie die ihnen parallelen Durchmesser. Die Transversalen haben im Allgemeinen zu je vier gleiche Producte; diejenigen zwei Transversalen insbesondere, welche den Axen des Kegelschnittes parallel sind, enthalten die Minima des Productes. Diese Eigenschaften gestalten sich jedoch nach der Art des Kegelschnittes verschieden, und zwar, wie folgt.

a. Ist der Kegelschnitt Ellipse, so haben die Transversalen nur zu je zwei gleiche Producte. Die der kleinen Axe parallele Transversale enthält das Minimum, während die der grossen Axe parallele das Maximum des Productes enthält. Je zwei Transversalen, welche gleiche Producte enthalten, bilden mit jeder Axe gleiche Winkel, oder die den Axen parallelen Transversalen hälften die Winkel zwischen jedem solchen

Paar, so dass also alle diese Paare leicht zu finden sind. Jedes Paar bildet in der Ellipse zwei Sehnen (reell oder ideell); die durch die Mitten dieser Sehnen gehende Gerade hat constante Richtung, d. h. alle solche Geraden sind parallel. Die vier Schnittpuncte jedes Paares mit der Ellipse liegen in einem Kreise; welchen Ort haben die Mittelpuncte aller dieser Kreise? und welche Enveloppe haben die letzteren?

b. Ist hingegen der Kegelschnitt Hyperbel, so haben von den Transversalen je vier gleiche Producte. In der That sind auch die Durchmesser der Hyperbel zu je vier gleich gross, wofern man die imaginären Durchmesser auch als reell annimmt, oder die conjugirte Hyperbel mit in Betracht zieht. Ein mit den conjugirten Hyperbeln concentrischer Kreis schneidet dieselben in den Endpuncten von je vier gleichen Durchmessern. Demgemäss ordnen sich nun auch jede vier Transversalen, welche gleiche Producte enthalten, in zwei Paare, wovon das eine den zwei reellen und das andere den zwei imaginären Durchmessern parallel ist; zudem sind die beiden Paare darin verschieden, dass bei dem einen die Schnittpuncte mit der Hyperbel auf gleicher, dagegen beim anderen auf entgegengesetzten Seiten des Punctes p liegen; die Paare wechseln jedoch diese Eigenschaft, jenachdem der Punct p innerhalb oder ausserhalb der gegebenen Hyperbel liegt. Jedes Paar bildet mit jeder Axe der Hyperbel gleiche Winkel, oder die den Axen parallelen Transversalen hälften die Winkel zwischen jedem Paar und enthalten die beiden Minima des Productes. Die Geraden, welche beziehlich durch die Mitten der in den einzelnen Paaren liegenden zwei Sehnen gehen, sind sämmtlich parallel. Die vier Schnittpuncte jedes Paares mit der Hyperbel liegen in einem Kreis. Welches ist der Ort der Mittelpuncte dieser Kreise? und welche Enveloppe haben die letzteren? — Ist die Hyperbel gleichseitig, so ist von den je zwei zusammengehörigen Paaren, welche gleiche Producte enthalten, jede Transversale des einen Paares zu einer des anderen Paares rechtwinklig; oder jede zwei zu einander rechtwinkligen Durchmesser der gleichseitigen Hyperbel sind gleich gross. Daher der folgende bekannte Satz: „Zieht man aus einem beliebigen Punct p zwei zu einander rechtwinklige Transversalen durch eine gleichseitige Hyperbel, so enthalten dieselben allemal gleiche Producte.“ Die Schnittpuncte solcher zwei Transversalen haben verschiedene Lage gegen den Punct p und liegen nicht in einem Kreise; dagegen ist jeder der Höhenschnitt des durch die drei übrigen bestimmten Dreiecks, u. s. w.

Durch Umkehrung ergiebt sich unter anderem folgendes:

Wird ein beliebiger Kegelschnitt von einem Kreise in vier Puncten a, b, c, d geschnitten, die ein vollständiges Viereck bestimmen, so sind von den drei Paar Strahlen, welche die Winkel zwischen den drei Paar Gegenseiten (*ab* und *cd*, *ac* und *bd*, *ad* und *bc*) des Vierecks hälften, drei und drei parallel, und zwar den Axen des Kegelschnittes parallel. Bleibt der Kegelschnitt und eine Seite des Vierecks, etwa *ab*, fest, während der Kreis sich ändert, so bewegt sich die Gegenseite, *cd*, sich selbst parallel; u. s. w.

Ist einem vollständigen Viereck ein Kreis umschrieben, so sind von den Strahlen, welche die Winkel zwischen dessen drei Paar Gegenseiten hälften, drei und drei parallel, und mit denselben sind auch die Axen aller dem Viereck umschriebenen Kegelschnitte parallel.

5. Werden aus einem beliebigen Puncte p Transversalen durch einen gegebenen Kegelschnitt gezogen und über den Sehnen, als Durchmessern, Kreise beschrieben, so haben diese Kreise in Bezug auf irgend einen anderen bestimmten Punct q gleiche Potenzen, so dass jeder einen bestimmten anderen Kreis, der diesen Punct q zum Mittelpunct hat, entweder rechtwinklig oder im Durchmesser schneidet.

Der Punct q wird durch irgend drei der genannten Kreise gefunden; nebstdem wird seine Lage auch, wie folgt, bestimmt. Nimmt man die Polare des Punctes p in Bezug auf den Kegelschnitt und errichtet in ihrer Mitte, d. i. in dem Puncte, in welchem sie von dem ihr conjugirten Durchmesser getroffen wird, die zu ihr Senkrechte, so geht diese durch den Punct q. Und wählt man unter den genannten Sehnen zwei solche, welche mit einer Axe des Kegelschnittes gleiche Winkel bilden, legt durch ihre Mitten eine Gerade und fällt auf letztere aus dem Puncte p das Perpendikel, so geht auch dieses durch den Punct q. — Ist der Kegelschnitt Hyperbel, und nimmt man die den Asymptoten parallelen Transversalen, etwa pa und pb, errichtet auf denselben in ihren Schnittpuncten a, b mit der Hyperbel Perpendikel, so treffen sich diese im Puncte q. Also: Zieht man aus irgend einem Puncte p zwei Geraden pa, pb den Asymptoten der Hyperbel parallel und errichtet in ihren Schnittpuncten a, b mit der Hyperbel Perpendikel auf denselben, so treffen sich diese mit der auf die Polare des Punctes p in deren Mitte errichteten Senkrechten in einem Puncte q. Ist der Kegelschnitt Parabel und errichtet man auf der der Axe parallelen Transversale, pa, in ihrem Schnittpunct, a, mit der Parabel die Senkrechte, so geht dieselbe durch den Punct q. — Besteht der Kegelschnitt aus zwei Geraden S und T, die einander in einem Puncte r schneiden, und nimmt man die ihnen parallelen Transversalen pt und ps, nämlich $pt \parallel S$ und $ps \parallel T$, errichtet auf denselben in ihren Schnittpuncten t und s mit den ihnen nicht parallelen Geraden Perpendikel, so schneiden sich diese im fraglichen Puncte q. Hierbei ist also der Punct q zugleich der Höhenschnitt des Dreiecks rst.

Jedem Puncte p in der Ebene eines gegebenen Kegelschnittes entspricht also auf die angegebene Weise irgend ein bestimmter anderer Punct q; aber der letztere entspricht in gleichem Sinne vier verschiedenen Puncten p, welche die Ecken eines Parallelogramms sind, dessen Seiten den Asymptoten des Kegelschnittes parallel laufen.

Wenn der Punct p sich in einer Geraden bewegt, während der Kegelschnitt fest bleibt, welche Curve durchläuft dann der ihm entsprechende Punct q? In dem besonderen Falle, wo der Kegelschnitt aus zwei Geraden besteht, durchläuft der Punct q eine Hyperbel, deren Asymptoten beziehlich auf den Geraden senkrecht stehen.

II.

1. Sind in gleicher Ebene irgend zwei Curven, die eine vom p^{ten}, die andere vom q^{ten} Grad, in fester Lage gegeben, und bewegen sich die Endpuncte einer constanten Strecke ab einer Geraden S beziehlich in denselben, so umhüllt die Gerade eine Curve $4pq^{\text{ter}}$ Classe, welche die im Unendlichen liegende Gerade G_∞ zur $2pq$-fachen Tangente hat.

2. Bewegen sich die beiden Endpuncte der constanten Strecke ab in einer festen Curve n^{ten} Grades, C^n, so umhüllt die Gerade S eine Curve $2n(n-1)^{\text{ter}}$ Classe, welche die gegebene Curve in jedem ihrer im Unendlichen liegenden n Puncte vierpunctig berührt, und welche die Gerade G_∞ zur $n(n-1)$-fachen Tangente hat. Demzufolge giebt es in der gegebenen Curve nach jeder bestimmten Richtung nur je $n(n-1)$ Sehnen von irgend einer gegebenen Länge ab. Die Mitten solcher $n(n-1)$ gleichen und parallelen Sehnen liegen allemal in irgend einer Curve $(n-1)^{\text{ten}}$ Grades, und in gleichen Curven liegen auch die nach gleicher Seite hin liegenden Endpuncte der Sehnen.

3. Ist die gegebene Curve vom vierten Grad, C^4, so umhüllt die constante Sehne ab, oder ihre Gerade S, eine Curve vierundzwanzigster Classe. Beide Curven haben $12 \times 24 = 288$ gemeinschaftliche Tangenten, wovon 16 auf die vier Asymptoten der gegebenen Curve fallen, d. h. jede Asymptote zählt für vier gemeinschaftliche Tangenten; von den 272 übrigen soll jede durch S_1 bezeichnet werden. Berührt eine der letzteren die gegebene Curve etwa im Puncte α und schneidet sie in den Puncten β und γ, so liegt die constante Sehne entweder zwischen diesen Schnittpuncten, oder zwischen einem derselben und dem Berührungspunct, also entweder ist $\beta\gamma = ab$, oder es ist $\alpha\beta$ oder $\alpha\gamma = ab$. Im letzteren Falle berühren sich die Curven im Puncte α und dann zählt S_1 für zwei gemeinschaftliche Tangenten. Bezeichnet man die Zahl der Fälle, wo

wo $\alpha\beta$ oder $\alpha\gamma = ab$, durch x und die Zahl der Fälle, wo $\beta\gamma = ab$, durch y, so ist

$$2x + y = 272.$$

Die Zahlen x und y zu finden.

4. Bewegt sich die constante Sehne ab in einer festen Curve dritten Grades, C^3, so umhüllt sie eine Curve zwölfter Classe, welche mit jener $6 \times 12 = 72$ gemeinschaftliche Tangenten hat, wovon 12 auf die drei Asymptoten der Curve C^3 fallen, und daneben noch 60 gemeinschaftliche Tangenten S_1 bleiben. Jede von diesen berührt die angegebene Curve in einem Puncte α und schneidet sie in einem anderen Puncte β, und es ist $\alpha\beta = ab$; aber dabei berühren sich die beiden Curven im Puncte α, so dass also S_1 für zwei gemeinschaftliche Tangenten zählt, und folglich nur 30 solche S_1 stattfinden, d. h.

Eine beliebige Curve dritten Grades hat im Allgemeinen je 30 solche Tangenten, welche vom Berührungspunct α bis zum Schnittpunct β genommen irgend eine gegebene Länge ab haben.

Betrachtet man bei derselben gegebenen Curve dritten Grades zwei Ortscurven zugleich, welche zwei verschiedenen Sehnen ab und a_1b_1 entsprechen, so ergiebt sich der folgende Satz:

In einer beliebigen Curve dritten Grades sind je 60 Transversalen S möglich, welche dieselbe in solchen drei Puncten α, β, γ schneiden, dass die Strecken $\alpha\beta$, $\alpha\gamma$ beziehlich die gegebenen Längen ab, a_1b_1 haben.

Bei wie vielen von diesen 60 Transversalen liegen die Puncte β und γ auf gleicher und bei wie vielen auf entgegengesetzter Seite vom Puncte α?

5. Bewegt sich eine constante Sehne ab in einem festen Kegelschnitt, so umhüllt sie eine Curve vierter Classe. Durch jeden Punct p in der Ebene des Kegelschnittes gehen also im Allgemeinen je vier Sehnen von irgend einer gegebenen Länge.

Die Mitten solcher vier gleichen Sehnen liegen allemal in einem Kreise, und wenn die Sehne ihre Grösse ändert, während der Punct p fest bleibt, so haben alle zugehörigen Kreise den nämlichen Mittelpunct q.

Gleiten die Endpuncte der constanten Sehne ab beziehlich auf zwei sich schneidenden festen Geraden S und T, so umhüllt dieselbe eine Curve vierter Classe, welche einer bestimmten Hypocycloide parallel ist. Hierin ist die einst berühmte Aufgabe inbegriffen, nämlich:

„Wenn in einer Ebene zwei sich schneidende Geraden S, T und ein Punct p gegeben sind, durch letzteren eine Transversale so zu ziehen, dass sie zwischen den Geraden eine Strecke von gegebener Länge ab hat.“

Für jede Länge der Strecke giebt es im Allgemeinen vier Lösungen, und die Mitten der vier Strecken liegen in einem Kreise, und alle Kreise, die entstehen, wenn die Länge sich ändert, aber der Punct p fest bleibt, haben einen und denselben Mittelpunct q.

Der hier betrachtete Punct q ist übrigens der nämliche wie der oben (I. 5.) gleichbenannte Punct und wird also nach den daselbst angegebenen verschiedenen Arten gefunden.

III.

1. Jeder Punct p in der Ebene eines beliebigen gegebenen Dreiecks ABC ist zugleich der Mittelpunct eines dem Dreieck umschriebenen Kegelschnittes P^2 und eines demselben eingeschriebenen Kegelschnittes P_1^2. Die Kegelschnitte sind jedesmal von gleicher Art, entweder beide Ellipsen, oder beide Hyperbeln, oder beide Parabeln.

„Sollen die beiden Kegelschnitte gleichen Inhalt haben, oder sollen die Producte ihrer Halbaxen gleich sein, so besteht der Ort ihres gemeinsamen Mittelpunctes p aus zwei verschiedenen Curven dritten Grades P^3 und P_1^3."

„Die eine dieser Curven, P^3, ist in der Art speciell, dass ihre drei Asymptoten sich in einem Puncte und zwar im Schwerpunct des Dreiecks schneiden, und dass dieselben zugleich Wendetangenten (Wendeasymptoten) und zudem den Seiten des Dreiecks parallel sind. Die drei hyperbelartigen Zweige der Curve liegen in den drei Räumen über den Seiten des Dreiecks und berühren die respectiven Seiten in ihren Mitten. Für jeden Punct p in dieser Curve sind die zugehörigen Kegelschnitte Hyperbeln."

„Die andere Curve, P_1^3, besteht aus zwei getrennten Theilen, der eine ist ein sogenanntes Oval und der andere hat drei hyperbelartige Zweige; das Oval liegt innerhalb des Dreiecks und berührt dessen Seiten in ihren Mitten; der andere Theil hat die Seiten des dem gegebenen Dreieck parallel umschriebenen Dreiecks zu Asymptoten und seine drei Zweige liegen in den Scheitelwinkeln dieses Dreiecks. Für jeden Punct p in diesem dreizweigigen Theil sind die Kegelschnitte Ellipsen, dagegen für jeden Punct des Ovals sind dieselben Hyperbeln."

Das Oval liegt ganz innerhalb derjenigen Ellipse, welche mit ihm die Seiten des gegebenen Dreiecks ABC ebenfalls in ihren Mitten A_1, B_1, C_1 berührt. Die drei Segmente des Ovals über den Sehnen A_1B_1, A_1C_1, B_1C_1 sind gleich gross, ebenso wie die Segmente der Ellipse; aber wie verhalten sich jene Segmente zu diesen? oder wie gross ist die Fläche des ganzen Ovals?

Welchen Ort hat der Punct p, wenn die beiden Kegelschnitte P^2, P_1^2 einander ähnlich sein sollen? (Besteht der Ort aus vier Geraden und einer Curve vierten Grades?)

Wie viele Puncte p giebt es, wenn beide Kegelschnitte irgend einem gegebenen Kegelschnitte ähnlich sein sollen? Giebt es im Allgemeinen weniger als 16 Lösungen?

2. Wenn zwei Kegelschnitte P^2 und P_1^2 den nämlichen Mittelpunct p haben, so kann möglicherweise nur dann ein Dreieck dem einen eingeschrieben und zugleich dem anderen umschrieben sein (1.), wenn dieselben gleichartig sind; ist also insbesondere einer derselben ein Kreis, so muss der andere eine Ellipse (oder er kann auch ein Kreis) sein. Sobald aber irgend ein Dreieck ABC etwa dem Kegelschnitt P^2 eingeschrieben und zugleich dem Kegelschnitt P_1^2 umschrieben ist, so findet alsdann nach *Poncelet*'s Satz allemal eine Schaar solcher Dreiecke statt, die alle dem P^2 eingeschrieben und zugleich dem P_1^2 umschrieben sind. Nehmen wir an, die Kegelschnitte befinden sich in diesem Falle und bezeichnen wir ihre Halbaxen beziehlich durch a und b, a_1 und b_1, sowie ferner jeden Kreis, der einem der Dreiecke umschrieben ist, durch K^2, seinen Mittelpunct durch m und seinen Radius durch r, so hat man unter anderen folgende Sätze:

a. Werden aus dem Mittelpuncte p auf die Seiten jedes der genannten Dreiecke ABC Perpendikel α, β, γ gefällt, so ändern sich zwar die vier Grössen α, β, γ und r von einem Dreieck zum anderen, aber ihr Product bleibt constant, und zwar ist es stets dem halben Product der Halbaxen beider Kegelschnitte gleich, also

$$r\alpha\beta\gamma = \tfrac{1}{2}aba_1b_1.$$

Und fällt man aus dem Puncte p auf die Seiten derjenigen Dreiecke $A_1B_1C_1$, welche die Mitten der Seiten der Dreiecke ABC zu Ecken haben, Lothe α_1, β_1, γ_1, so geben auch diese Lothe mit dem zugehörigen Radius r ein constantes Product, nämlich es ist

$$r\alpha_1\beta_1\gamma_1 = \tfrac{1}{4}a_1^2b_1^2;$$

und somit haben die Producte der Perpendikel aus p auf die Seiten der zusammengehörigen Dreiecke ABC und $A_1B_1C_1$ constantes Verhältniss zu einander, nämlich

$$\frac{\alpha\beta\gamma}{\alpha_1\beta_1\gamma_1} = \frac{2ab}{a_1b_1}.$$

b. Ist der den Dreiecken ABC umschriebene Kegelschnitt P^2 insbesondere ein Kreis und somit der andere, P_1^2, eine Ellipse, so ist der

Radius des ersteren der Summe oder dem Unterschied der Halbaxen der letzteren gleich, also

$$a = b = r = a_1 \pm b_1,$$

und so ist das Product der aus dem Mittelpunct p auf die Seiten jedes Dreiecks ABC gefällten Perpendikel constant, nämlich

$$\alpha\beta\gamma = \tfrac{1}{2} r a_1 b_1 = \tfrac{1}{2}(a_1 \pm b_1) a_1 b_1.$$

Also: Beschreibt man aus dem Mittelpuncte p einer gegebenen Ellipse P_1^2 mit der Summe oder dem Unterschied ihrer Halbaxen einen Kreis P^2, so giebt es eine Schaar Dreiecke, welche dem Kreis eingeschrieben und zugleich der Ellipse umschrieben sind, und sodann ist das Product der aus dem Mittelpunct auf die Seiten jedes Dreiecks gefällten drei Perpendikel gleich dem halben Product aus den Halbaxen der Ellipse in deren Summe oder Unterschied. Im Falle, wo der Radius $\alpha = a_1 - b_1$ genommen wird, werden die Dreiecke imaginär, wenn nicht $\alpha > b_1$ oder $a_1 > 2b_1$ ist. Ferner ist auch das Product der aus dem Puncte p auf die Seiten der vorgenannten Dreiecke $A_1B_1C_1$ gefällten Lothe α_1, β_1, γ_1 constant, nämlich

$$\alpha_1\beta_1\gamma_1 = \frac{a_1^2 b_1^2}{4(a_1 \pm b_1)};$$

und für je zwei zusammengehörige Dreiecke ABC und $A_1B_1C_1$ hat man demnach

$$\alpha\beta\gamma\alpha_1\beta_1\gamma_1 = \tfrac{1}{8} a_1^3 b_1^3$$

und

$$\frac{\alpha\beta\gamma}{\alpha_1\beta_1\gamma_1} = \frac{2(a_1 \pm b_1)^2}{a_1 b_1}.$$

Die den Dreiecken ABC umschriebenen Kreise sind gleich, und ihre Mittelpuncte stehen gleich weit vom Puncte p ab; ebenso hat der Höhenschnitt jedes Dreiecks ABC constanten Abstand vom Puncte p und ebenso sein Schwerpunct; u. s. w.

c. Ist hingegen der den Dreiecken ABC eingeschriebene Kegelschnitt P_1^2 ein Kreis und also der andere, P^2, eine Ellipse, so ist der Radius von jenem die erste Proportionale zu den beiden Halbaxen der letzteren und deren Summe oder Unterschied, also

$$a_1 = b_1 = \frac{ab}{a \pm b},$$

und so sind die den Dreiecken umschriebenen Kreise K^2 alle gleich, also r constant, und zwar

$$r = \frac{ab}{2a_1} = \tfrac{1}{2}(a \pm b);$$

auch ist der Abstand der Mittelpuncte m dieser Kreise vom

Mittelpuncte p constant, nämlich wenn man $mp=d$ setzt, so ist

$$d^2=r^2\pm 2ra_1=r^2\pm ab;$$

endlich ist auch das Product der drei Lothe α_1, β_1, γ_1 constant, welche aus dem Mittelpuncte p auf die Seiten derjenigen Dreiecke $A_1B_1C_1$ gefällt werden, welche den Dreiecken ABC parallel eingeschrieben sind, und zwar ist

$$\alpha_1\beta_1\gamma_1=\frac{a_1^5}{2ab}=\frac{a^4b^4}{2(a\pm b)^5},$$

und die Mittelpuncte der den Dreiecken $A_1B_1C_1$ umschriebenen Kreise stehen gleich weit vom Puncte p ab; ebenso haben die Höhenschnitte der Dreiecke ABC gleichen Abstand vom Puncte p, desgleichen ihre Schwerpuncte.

Durch d^2-r^2 oder r^2-d^2 wird die Potenz des Punctes p in Bezug auf jeden der Kreise K^2 ausgedrückt, jenachdem p ausser- oder innerhalb K^2 liegt, und wird beziehlich die aus p an den Kreis gelegte Tangente oder die durch p gehende halbe kleinste Sehne desselben durch t bezeichnet, so drückt auch t^2 dieselbe Potenz aus. Da nun nach Vorstehendem

$$ab=\pm(d^2-r^2),$$

so ist also auch das Rechteck unter den Halbaxen der Ellipse P^2 derselben Potenz gleich; zudem sind diese Halbaxen einzeln

$$a=d+r, \text{ und } b=\pm(d-r).$$

Sollen die Inhalte der Ellipse P^2 und des Kreises P_1^2 ein gegebenes Verhältniss zu einander haben, so wird die Form der Ellipse näher bestimmt, sowie auch das Verhältniss der Kreise P_1^2 und K^2 zu einander, und auch umgekehrt. Soll z. B. die Ellipse P^2 mit dem Kreise P_1^2 gleichen Inhalt haben, so ist

$$a:b=3+\sqrt{5}:2, \text{ und } a_1=2r,$$

und alle Kreise K^2 schneiden den Kreis P^2 rechtwinklig. Soll die Ellipse P^2 doppelt so gross als der Kreis P_1^2 sein, so ist

$$a=b(2+\sqrt{3}), \text{ und } a_1=r,$$

also alle Kreise K^2 sind dem Kreise P_1^2 gleich. Diese Fälle kommen nachher noch in Betracht.

d. Sollen der Ellipse P^2 und dem mit ihr concentrischen Kreise P_1^2 nicht allein die vorgenannte Schaar Dreiecke ABC beziehlich eingeschrieben und umschrieben sein, sondern soll zugleich noch eine andere Schaar Dreiecke umgekehrt dem Kreise P_1^2 eingeschrieben und der Ellipse P^2 umschrieben sein, so müssen sich die Axen der Ellipse wie $3+\sqrt{5}$ zu 2 verhalten, und ihr Inhalt muss dem des Kreises gleich sein, oder der Radius des letzteren muss die mittlere Proportionale zu den Halbaxen der ersteren sein, also muss

$$a:b = 3+\sqrt{5}:2, \text{ und } a_1^2 = ab,$$

oder

$$a_1 = \tfrac{1}{2}a(-1+\sqrt{5}) = \tfrac{1}{2}b(1+\sqrt{5}) = a-\mathrm{b}$$

sein, und alsdann ist $a_1 = 2r$, und alle Kreise K^2 schneiden den Kreis P_1^2 rechtwinklig.

e. Sieht man bei der obigen Betrachtung (c.) den Kreis P_1^2 und einen der Kreise K^2 als gegeben an, so ist nicht nur das dort betrachtete eine Dreieck ABC dem ersten um- und dem anderen eingeschrieben, sondern es findet eine neue Schaar solcher Dreiecke statt, welche gleicherweise dem Kreise P_1^2 um- und dem Kreise K^2 eingeschrieben sind. Oder allgemein:

Befinden sich zwei gegebene Kreise K^2 und P_1^2 in solcher Lage, dass zwischen ihren Radien, r und a_1, und dem Abstande, d, ihrer Mittelpuncte, m und p, von einander die Gleichung

$$d^2 = r^2 \pm 2ra_1$$

besteht, so findet eine Schaar Dreiecke ABC statt, welche dem Kreise K^2 eingeschrieben und zugleich dem Kreise P_1^2 umschrieben sind. Und dann folgt ferner:

Die Schaar Ellipsen P^2, welche den Dreiecken ABC respective umschrieben sind und mit dem Kreise P_1^2 den Mittelpunct p gemein haben, sind alle gleich (congruent), ihre Halbaxen sind $d+r$ und $\pm(d-r)$, so dass das Rechteck unter denselben der Potenz t^2 des Punctes p in Bezug auf den Kreis K^2 gleich ist, oder dass derjenige Kreis um den Punct p, welcher von dem Kreise K^2 entweder rechtwinklig oder im Durchmesser geschnitten wird, mit den Ellipsen gleichen Inhalt hat.

Zieht man aus dem Mittelpuncte p des eingeschriebenen Kreises P_1^2 Strahlen nach den Ecken jedes Dreiecks ABC und errichtet auf denselben im Puncte p Lothe, so treffen diese die den Ecken gegenüberliegenden Seiten in solchen drei Puncten, welche in einer Geraden H liegen: diese Gerade ist für alle Dreiecke eine und dieselbe; sie steht auf der Axe pm senkrecht, ihr Abstand vom Puncte p ist gleich $(r^2-a_1^2-d^2):2d$, und ihr Abstand von der Linie der gleichen Potenzen der Kreise K^2 und P_1^2 ist gleich $a_1^2:2d$. — Schneidet ein durch p gehender Strahl den Kreis K^2 in zwei Puncten, so sind sie Ecken zweier verschiedenen Dreiecke ABC, und die ihnen gegenüberliegenden Seiten treffen einander allemal auf derselben genannten Geraden H. Nämlich jeder Punct des Kreises K^2 ist Ecke eines Dreiecks ABC; liegt er aber innerhalb des Kreises P_1^2 (falls dieser jenen schneidet), so sind die anliegenden Seiten nebst den beiden anderen Ecken imaginär, und nur die ihm gegenüberstehende Seite ist auch reell.

Der Ort der Höhenschnitte der Schaar Dreiecke ABC ist ein Kreis, dessen Mittelpunct, q, in der Axe mp liegt, ebenso ist der Ort ihrer Schwerpuncte ein Kreis, dessen Mittelpunct, s, in der Axe liegt; die vier Puncte m, s, p, q liegen harmonisch, und zwar im bestimmten Verhältniss

$$ms:sp:mq:qp = 2:1:6:3.$$

Die Seiten jedes Dreiecks ABC berühren den Kreis P_1^2 in je drei Puncten A_0, B_0, C_0; die Schaar Dreiecke $A_0B_0C_0$ haben den Höhenschnitt gemein, und derselbe liegt in der Axe mp.

Schneiden die gegebenen Kreise einander rechtwinklig, so muss $a_1 = 2r$ sein, und dann haben die genannten Ellipsen mit dem Kreise P_1^2 gleichen Inhalt.

Sind insbesondere die Kreise gleich, so ist der Abstand ihrer Mittelpuncte von einander, d, der Seite des gleichseitigen Dreiecks gleich, welches einem derselben eingeschrieben ist, und alsdann haben die Ellipsen gerade doppelt so grossen Inhalt als jeder Kreis. — Dieser Fall zeichnet sich noch dadurch aus, dass er der einzig mögliche ist, wo zu den zwei gegebenen Kreisen zwei verschiedene Schaaren Dreiecke gehören; nämlich hierbei giebt es eine zweite Schaar Dreiecke, welche dem Kreise K^2 um- und dem Kreise P_1^2 eingeschrieben sind.

f. Sind $\mathfrak{a}$, $\mathfrak{b}$, $\mathfrak{c}$ die Seiten und Δ der Inhalt eines beliebigen Dreiecks ABC, ist r der Radius des ihm umschriebenen Kreises K^2, sind p, p_1, p_2, p_3 die Mittelpuncte und $\mathfrak{r}$, $\mathfrak{r}_1$, $\mathfrak{r}_2$, $\mathfrak{r}_3$ die Radien der ihm eingeschriebenen Kreise, sind ferner a und b, a_1 und b_1, a_2 und b_2, a_3 und b_3 die Halbaxen der mit diesen Kreisen concentrischen und dem Dreieck umschriebenen vier Ellipsen, und sind endlich t^2, t_1^2, t_2^2, t_3^2 die Potenzen der Puncte p, p_1, p_2, p_3 in Bezug auf den Kreis K^2, so ist

$$aba_1b_1a_2b_2a_3b_3 = t^2t_1^2t_2^2t_3^2 = 16r^4\mathfrak{r}\mathfrak{r}_1\mathfrak{r}_2\mathfrak{r}_3 = r^2\mathfrak{a}^2\mathfrak{b}^2\mathfrak{c}^2 = 16r^4\Delta^2.$$

g. Wenn ein convexes Viereck einem Kreise eingeschrieben und zugleich einem Kreise umschrieben ist, so wird jede Seite desselben durch ihren Berührungspunct mit dem letzteren Kreise so getheilt, dass sich die Abschnitte wie die ihnen anliegenden Seiten verhalten. Sind α und α_1, β und β_1, γ und γ_1, δ und δ_1 die Abschnitte der Seiten a, b, c, d nach ihrer Folge, so ist $\alpha\gamma = \alpha_1\gamma_1 = \beta\delta = \beta_1\delta_1 = r^2$, wo r der Radius des eingeschriebenen Kreises ist. — Bleiben die Seiten des Vierecks constant und eine derselben in ihrer Lage fest, während das Viereck verschoben wird, so ändert sich der eingeschriebene Kreis und sein Mittelpunct durchläuft einen neuen Kreis, dessen Mittelpunct in der festen Seite liegt, und dessen Radius $\frac{\sqrt{abcd}}{a+c}$ ist. Dieser neue Kreis behält also dieselbe Grösse, mag von den vier Seiten fest bleiben, welche man will.

h. Welche Eigenschaft müssen zwei Kegelschnitte im Allgemeinen haben, damit jedem solche Dreiecke umschrieben werden können, welche zugleich dem anderen eingeschrieben sind? — Ist die Aufgabe auch für Vierecke, Fünfecke etc. möglich?

Können zwei Kegelschnitte so beschaffen sein, dass dem einen Dreiecke umschrieben, welche dem anderen eingeschrieben, und zugleich diesem Vierecke umschrieben, welche jenem eingeschrieben sind?

3. Unter den gesammten Kegelschnitten, welche einem gegebenen Dreieck umschrieben sind, giebt es je eine Schaar von Kegelschnitten, die unter sich ähnlich, oder die irgend einem gegebenen Kegelschnitte ähnlich sind.

Die Mittelpuncte jeder Schaar unter sich ähnlicher und dem gegebenen Dreieck umschriebener Kegelschnitte liegen in einer Curve vierten Grades, welche die Mitten der Dreiecksseiten zu Doppelpuncten hat, und die Schaar Kegelschnitte umhüllen eine andere Curve vierten Grades, welche die Ecken des Dreiecks zu Doppelpuncten und nur vier Doppeltangenten hat. — In solcher Kegelschnittschaar giebt es keine zwei, welche ähnlichliegend sind.

Welches ist der Ort der Brennpuncte von solcher Kegelschnittschaar, und welche Curve wird von ihren Axen umhüllt?

Ist der gegebene Kegelschnitt, dem die Schaar ähnlich sein soll, sehr specieller Art, wie Kreis, gleichseitige Hyperbel oder Parabel, so modificiren sich die beiden genannten Curven vierten Grades wesentlich.

4. Jede Schaar unter sich ähnlicher und einem gegebenen Dreieck ABC eingeschriebener Kegelschnitte hat ihre Mittelpuncte in irgend einer Curve vierten Grades. Sind die Kegelschnitte ähnliche Ellipsen, so besteht die Ortscurve ihrer Mittelpuncte aus vier getrennten Theilen, und zwar aus vier Ovalen. Sind dieselben Parabeln, so besteht die Ortscurve aus vier Geraden, nämlich aus G_∞ und den drei Seiten des

dem gegebenen Dreieck parallel eingeschriebenen Dreiseits $A_1B_1C_1$.

Welche Curve wird von solcher Schaar Kegelschnitte umhüllt? In welcher Curve liegen ihre Brennpuncte, und welche Curve wird von ihren Axen umhüllt?

Die Glieder solcher Schaar Kegelschnitte sind zu vier und vier ähnlich liegend, d. h. es giebt im Allgemeinen je vier dem gegebenen Dreieck eingeschriebene Kegelschnitte, welche irgend einem gegebenen Kegelschnitte ähnlich und mit ihm ähnlichliegend sind.

Sind die vier Kegelschnitte Ellipsen, so sind ihre Mittelpuncte allemal die Ecken eines vollständigen Vierecks, dessen drei Paar Gegenseiten sich in den Ecken des gegebenen Dreiecks schneiden. Und umgekehrt: schneiden sich die Gegenseiten eines vollständigen Vierecks in den Ecken des gegebenen Dreiecks und liegt eine Ecke desselben innerhalb desjenigen Dreiecks, welches diesem parallel eingeschrieben ist, so sind seine Ecken die Mittelpuncte von vier Ellipsen genannter Art. — Ist eine Ecke des Vierecks gegeben, so sind die drei anderen bestimmt und leicht zu finden; denn die Gegenseiten sind zu den Dreiecksseiten, welche ihrem Schnittpuncte anliegen, zugeordnet harmonisch.

Das Product der Halbaxen solcher vier Ellipsen, die dem gegebenen Dreieck eingeschrieben und ähnlich und ähnlichliegend sind, ist constant und zwar der vierten Potenz der Dreiecksfläche gleich. Oder sind $\mathfrak{r}$, $\mathfrak{r}_1$, $\mathfrak{r}_2$, $\mathfrak{r}_3$ die Radien derjenigen vier Kreise, welche mit den Ellipsen gleichen Inhalt haben, so ist $\mathfrak{r}\mathfrak{r}_1\mathfrak{r}_2\mathfrak{r}_3 = \triangle^2$.

Jede Seite des Dreiecks, wie etwa AB, wird von den Ellipsen in vier Puncten $\mathfrak{A}$, $\mathfrak{B}$, $\mathfrak{C}$, $\mathfrak{D}$ berührt, wovon zwei, etwa $\mathfrak{B}$ und $\mathfrak{C}$, zwischen A und B, dagegen die zwei anderen $\mathfrak{A}$ und $\mathfrak{D}$ beziehlich jenseits A und B liegen; ihre Abstände von den Ecken A und B sind, in gewisser Ordnung genommen, paarweise gleich, nämlich es ist

$$A\mathfrak{A} = B\mathfrak{D} \text{ und } A\mathfrak{D} = B\mathfrak{A},\quad A\mathfrak{B} = B\mathfrak{C} \text{ und } A\mathfrak{C} = B\mathfrak{B}.$$

Bezeichnet man diese Abstände durch $\mathfrak{a}$, $\mathfrak{b}$, $\mathfrak{c}$, $\mathfrak{d}$ und die aus den Mittelpuncten der Ellipsen auf die Seite AB gefällten Perpendikel durch c, c_1, c_2, c_3, so ist das Product dieser acht Grössen constant und zwar der vierten Potenz der Dreiecksfläche gleich, also

$$\mathfrak{a}\mathfrak{b}\mathfrak{c}\mathfrak{d}cc_1c_2c_3 = \triangle^4.$$

Denkt man sich diejenigen vier Ellipsen, welche mit den vorigen die Ecken desselben Vierecks zu Mittelpuncten haben, aber dem Dreieck umschrieben sind, und ferner diejenige Ellipse, welche durch die Mitten der sechs Seiten des Vierecks (und durch die Ecken des Dreiecks) geht, so ist das Product der Halbaxen der vier ersteren, dividirt durch das Product der Quadrate der Halbaxen der letzteren, constant und zwar gleich $16\triangle^2$.

Die vorstehenden Sätze, die einfachheitshalber nur für die Ellipsen ausgesprochen sind, gelten analogerweise auch für Hyperbeln.

Seien A_1, B_1, C_1 die Mitten der Seiten des gegebenen Dreiecks ABC. Fällt man aus den Ecken irgend eines vollständigen Vierecks, dessen Gegenseiten sich in den Ecken des Dreiecks ABC schneiden, auf die Seiten desselben die Perpendikel a, a_1, a_2, a_3; b, b_1, b_2, b_3; c, c_1, c_2, c_3 und ebenso auf die Seiten des Dreiecks $A_1B_1C_1$ die Perpendikel α, α_1, α_2, α_3; β, β_1, β_2, β_3; γ, γ_1, γ_2, γ_3: so ist allemal

$$\frac{(aa_1a_2a_3bb_1b_2b_3cc_1c_2c_3)^2}{\alpha\alpha_1\alpha_2\alpha_3\beta\beta_1\beta_2\beta_3\gamma\gamma_1\gamma_2\gamma_3}$$

$$= 4^4\frac{\triangle^4}{r^2}\cdot\frac{(a+a_1+a_2+a_3)^4(b+b_1+b_2+b_3)^4(c+c_1+c_2+c_3)^4}{(\alpha+\alpha_1+\alpha_2+\alpha_3)^2(\beta+\beta_1+\beta_2+\beta_3)^2(\gamma+\gamma_1+\gamma_2+\gamma_3)^2}$$

$$= \frac{a_0^4b_0^4c_0^4}{\alpha_0^2\beta_0^2\gamma_0^2}\cdot\frac{\mathfrak{a}^4\mathfrak{b}^4\mathfrak{c}^4}{r^6},$$

wo a_0, b_0, c_0 und α_0, β_0, γ_0 die Perpendikel aus dem Schwerpuncte der vier Ecken des Vierecks auf die Seiten der beiden Dreiecke sind, r der Radius des dem Dreieck ABC umschriebenen Kreises und $\mathfrak{a}$, $\mathfrak{b}$, $\mathfrak{c}$ dessen Seiten. Die Vorzeichen in den Klammern werden nach Umständen bestimmt.

5. Die Mittelpuncte aller gleichseitigen Hyperbeln, welche einem gegebenen Dreieck ABC eingeschrieben sind, liegen in einem Kreise, welcher den Höhenschnitt des Dreiecks zum Mittelpunct hat, und welcher der äussere Potenzkreis der beiden Kreise ABC und $A_1B_1C_1$ ist.

So viel mir bekannt, ist dieser Satz neu, nur habe ich ihn schon vor zwölf Jahren gefunden. Es ist auffallend, dass derselbe so lange verborgen bleiben konnte, trotzdem dass der analoge Satz über die dem Dreieck umschriebenen gleichseitigen Hyperbeln längst allgemein bekannt war.

Einem spitzwinkligen Dreieck kann keine (reelle) gleichseitige Hyperbel eingeschrieben sein.

6. Die Axen aller einem gegebenen Dreieck eingeschriebenen Parabeln umhüllen eine specielle Curve dritter Classe

und vierten Grades, welche die Gerade G_∞ zur ideellen Doppeltangente und drei Rückkehrpuncte hat; nämlich die Curve ist eine bestimmte dreispitzige oder dreibogige Hypocycloide; ihre drei Rückkehrtangenten treffen sich im Mittelpuncte des dem Dreieck umschriebenen Kreises unter gleichen Winkeln, $=120^0$, und sind gleich lang, und zwar dem dreifachen Radius des Kreises gleich; die drei Rückkehrpuncte liegen daher in einem mit dem letzteren concentrischen Kreise; derselbe ist die Basis der Hypocycloide, und der sie erzeugende rollende Kreis ist gerade dem erstgenannten Kreise gleich. — Die weiteren merkwürdigen Eigenschaften dieser Cycloide sind bereits in einem früheren Aufsatze (*Borchardt's* Journal Bd. 53)*) angegeben.

7. Wenn in einer Ebene irgend zwei Dreiecke ABC und $\mathfrak{ABC}$ gegeben sind, so ist jeder Punct p der Ebene zugleich der Mittelpunct von zwei Kegelschnitten P^2 und P_1^2, die dem ersten, und von zwei Kegelschnitten $\mathfrak{P}^2$ und $\mathfrak{P}_1^2$, die dem anderen Dreieck beziehlich um- und eingeschrieben sind.

Sollen entweder die beiden Kegelschnitte

$$P^2 \text{ und } \mathfrak{P}^2, \quad \text{oder} \quad P_1^2 \text{ und } \mathfrak{P}_1^2, \quad \text{oder} \quad P^2 \text{ und } \mathfrak{P}_1^2$$

gleichen Inhalt oder gleiches Axenproduct haben, so ist der Ort des Punctes p beziehlich eine Curve neunten, dritten, sechsten Grades.

Soll eines derselben drei Paare ein gegebenes Axenproduct haben, so ist die Zahl der Lösungen beziehlich 36, 9, 18.

Welches ist der Ort des Punctes p, wenn die Kegelschnitte eines der nämlichen drei Paare ähnlich sein sollen?

Und wie gross ist die Zahl der Lösungen, wenn die Kegelschnitte eines der drei Paare ähnlich und ähnlichliegend sein sollen?

8. Einem beliebigen Viereck $ABCD$ sind eine einfache Schaar oder ein Büschel Kegelschnitte, $B(P^2)$, umschrieben, deren Mittelpuncte in irgend einem bestimmten anderen Kegelschnitte M^2 liegen. Die Form des Vierecks bedingt zum Theil die Art der Kegelschnitte P^2, sowie des Kegelschnittes M^2, nämlich wie folgt.

1^0. Ist das Viereck convex, schneiden sich zwei Paar Gegenseiten desselben in ihren Verlängerungen, so ist der Kegelschnitt M^2 Hyperbel und die Kegelschnitte $B(P^2)$ bestehen aus einer Gruppe Hyperbeln und einer Gruppe Ellipsen und aus zwei Parabeln; die Mittelpuncte der Hyperbeln liegen in dem einen und die Mittelpuncte der Ellipsen liegen in dem anderen Zweige der Hyperbel M^2; die drei

*) Conf. Bd. II, S. 639 d. Ausg.

Schnittpuncte der drei Paar Gegenseiten des Vierecks liegen also immer im gleichen Zweige der Hyperbel M^2, nämlich im erstgenannten. Unter der Gruppe Hyperbeln ist allemal eine, aber nur eine gleichseitig.

2°. Ist das Viereck so beschaffen, dass der Schnittpunct jedes Paares Gegenseiten in der Verlängerung bloss einer Seite liegt, oder dass von den vier Puncten A, B, C, D einer innerhalb des durch die drei übrigen bestimmten Dreiecks liegt, so ist die Mittelpunctscurve M^2 Ellipse, und dann sind die Kegelschnitte $B(P^2)$ sämmtlich Hyperbeln, von denen im Allgemeinen wieder nur eine gleichseitig ist; sind insbesondere zwei derselben gleichseitig, so sind es auch alle übrigen, und alsdann sind alle Paare von Gegenseiten des Vierecks zu einander rechtwinklig, und auch umgekehrt.

3°. Liegt insbesondere einer der vier Eckpuncte des Vierecks im Unendlichen, so ist M^2 Parabel und $B(P^2)$ besteht aus Hyperbeln und einer einzigen Parabel; von den ersteren ist wieder nur eine gleichseitig. — Liegen zwei der vier Puncte im Unendlichen, so besteht $B(P^2)$ aus ähnlichen und ähnlichliegenden Hyperbeln, deren Mittelpuncte in einer Geraden liegen. — Sind zwei der vier Puncte imaginär, etwa C und D, so ist M^2 entweder Ellipse oder Hyperbel, jenachdem die ideelle Sekante CD zwischen den Puncten A und B durchgeht oder nicht, und dem entsprechend besteht dann $B(P^2)$ nur aus Hyperbeln, oder aus einer Gruppe Hyperbeln, einer Gruppe Ellipsen und zwei Parabeln. Sind alle vier Puncte imaginär, so ist M^2 Hyperbel und $B(P^2)$ enthält eine Gruppe Hyperbeln, eine Gruppe Ellipsen und zwei Parabeln. — Zur obigen ersten Form des Vierecks (1°.) gehören auch noch die zwei besonderen Fälle, wo ein Paar Seiten und wo zwei Paar Seiten unter sich parallel sind, und wobei M^2 in zwei Gerade zerfällt.

Beachtet man der Kürze halber bloss die beiden ersten Formen (1°. und 2°.), so sind folgende Angaben zu machen.

a. Die dem Viereck umschriebenen Kegelschnitte sind paarweise einander ähnlich (aber keine zwei sind ähnlich und ähnlichliegend). Es giebt unter denselben zwei einzelne, welche keinem anderen ähnlich sind; der eine derselben ist die gleichseitige Hyperbel, und der andere ist beim Viereck (1°.) diejenige Ellipse, welche dem Kreise am nächsten kommt, und beim Viereck (2°.) diejenige Hyperbel, welche am meisten von der gleichseitigen abweicht. Die Geraden, welche durch die Mittelpuncte der sich ähnlichen Paare gelegt werden, sind sämmtlich parallel, und mit ihnen sind auch die in den Mittelpuncten der zwei einzelnen Kegelschnitte an die Mittelpunctscurve M^2 gelegten Tangenten parallel. Die Mittelpuncte der beiden einzelnen Kegelschnitte sind somit die Endpuncte eines Durchmessers des Kegelschnittes M^2. Da nun der Mittelpunct des Kegelschnittes M^2, sowie der Mittelpunct der genannten gleichseitigen Hyperbel leicht zu finden ist, so gelangt man also auch leicht zum Mittelpunct der am meisten von der gleichseitigen abweichenden Hyperbel oder der dem Kreise am nächsten kommenden Ellipse. Diese Ellipse war schon früher der Gegenstand einer von *Gergonne* gestellten Frage, welche ich im zweiten Bande des *Crelle*'schen Journals, pag. 64*) beantwortet habe. Durch die dortigen und gegenwärtigen Angaben wird die Lage dieser Ellipse vollkommen bestimmt.

b. Von den dem Viereck umschriebenen Kegelschnitten haben im Allgemeinen je sechs gleichen Inhalt oder gleiches Axenproduct. Es giebt unter denselben drei solche, deren Axenproducte relative Maxima oder Minima sind. Nämlich beim Viereck (1°.) giebt es eine Ellipse, deren Inhalt ein Minimum ist, und zwei Hyperbeln, deren Axenproducte relative Maxima sind; und beim Viereck (2°.) giebt es drei Hyperbeln, deren Axenproducte Maxima sind. — Die Mittelpuncte dieser drei ausgezeichneten Kegelschnitte zu finden. Welches ist ihr Schwerpunct? Und welches ist ihr Schwerpunct, wenn ihnen Gewichte beigelegt werden, die sich verhalten wie die zugehörigen Axenproducte?

Unter der Schaar einem beliebigen Dreieck umschriebener gleichseitiger Hyperbeln giebt es drei, deren Axen Maxima sind. Welche Lage haben ihre Mittelpuncte?

9. Einem beliebigen vollständigen Vierseit $\mathfrak{ABCD}$ ist eine einfache Schaar Kegelschnitte, $B(\mathfrak{P}^2)$, eingeschrieben; die Mittelpuncte derselben liegen in einer Geraden $\mathfrak{M}$, welche durch die Mitten α, β, γ der drei Diagonalen des Vierseits geht. Der im Unendlichen liegende Punct der Geraden $\mathfrak{M}$ heisse δ. Die Kegelschnitte ordnen sich nach der Lage ihrer Mittelpuncte in zwei Gruppen Ellipsen und in zwei Gruppen Hyperbeln. Die Strecken $\alpha\beta$ und $\gamma\delta$ der Geraden $\mathfrak{M}$ enthalten beziehlich die Mittelpuncte der beiden Gruppen Ellipsen, und in den Strecken $\beta\gamma$ und $\delta\alpha$ liegen die Mittelpuncte der beiden Gruppen Hyperbeln. Die Grenzpuncte α, β, γ, δ sind als die Mittelpuncte von vier Parabeln anzusehen.

a. Die dem Vierseit eingeschriebenen Kegelschnitte sind im Allgemeinen zu je vier einander ähnlich, und jede vier ähnliche gehören paarweise den beiden betreffenden Gruppen an, so dass man also auch sagen kann, die Kegelschnitte jeder Gruppe, für sich betrachtet, seien paarweise ähnlich. In jeder Gruppe giebt es einen einzelnen Kegelschnitt, welcher keinem

*) Conf. Bd. I, S. 121 d. Ausg.

anderen derselben Gruppe ähnlich ist, sein Mittelpunct liegt zwischen den Mittelpuncten jedes Paares und sein Axenverhältniss, $b:a$, ist ein Maximum. In jeder Gruppe Ellipsen befindet sich also eine solche, welche unter allen dem Kreise am nächsten kommt (oder insbesondere selbst ein Kreis ist), und in jeder Gruppe Hyperbeln giebt es eine, deren Axenverhältniss ein Maximum oder ein Minimum ist. — Diese vier besonderen Kegelschnitte zu finden oder die Lage ihrer Mittelpuncte anzugeben.

Unter den gesammten Kegelschnitten $B(\mathfrak{P}^2)$ giebt es im Allgemeinen keine zwei, welche ähnlich und ähnlichliegend sind; wenn es aber insbesondere ein solches Paar giebt, so sind alsdann alle übrigen auch paarweise ähnlich und ähnlichliegend; nämlich von den genannten je vier ähnlichen Kegelschnitten, die paarweise zweien gleichartigen Gruppen angehören, ist alsdann jeder von der einen Gruppe einem von der anderen Gruppe ähnlich liegend. Dieser besondere Fall findet statt, wenn zwei Diagonalen des Vierseits parallel sind.

Jedes Paar conjugirter Durchmesser eines der Kegelschnitte $B(\mathfrak{P}^2)$ ist im Allgemeinen mit einem Paar conjugirter Durchmesser irgend eines der übrigen parallel; daher haben also die Kegelschnitte auch paarweise parallele Axen. Jeder der Kegelschnitte hat aber ein besonderes Paar conjugirter Durchmesser, welches mit keinem Paar conjugirter Durchmesser irgend eines der übrigen parallel ist, und es giebt im Allgemeinen zwei Kegelschnitte, deren Axen dieses besondere Paar sind. — Beim genannten Falle, wo zwei Diagonalen des Vierseits parallel sind, hat jeder Kegelschnitt ein Paar conjugirter Durchmesser, wovon der eine diesen Diagonalen und der andere der dritten Diagonale parallel ist.

b. Die dem Vierseit eingeschriebenen Kegelschnitte haben zu je drei gleichen Inhalt oder gleiches Axenproduct; es giebt unter denselben zwei, eine Ellipse und eine Hyperbel, welchen ein Maximum des Axenproductes zukommt; auf welche Weise die Mittelpuncte dieser zwei Kegelschnitte gefunden werden, habe ich schon 1844 in einem ins Italienische übersetzten Aufsatze angegeben (s. Bd. 30 d. *Crelle*'schen Journals, pag. 97)*).

Unter der Schaar von Parabeln, welche einem gegebenen Dreiseit eingeschrieben sind, befinden sich drei, deren Para-

*) Conf. Bd. II. S. 327 d. Ausg.

meter Maxima sind. Welche Lage haben diese drei Parabeln, oder welche Lage haben ihre Axen oder ihre Brennpuncte?

10. a. Sind in gleicher Ebene zwei beliebige Vierecke $ABCD$ und $A_1B_1C_1D_1$ gegeben, so giebt es in den ihnen umschriebenen Kegelschnittbüscheln $B(P^2)$ und $B(P_1^2)$ im Allgemeinen nur ein Paar, P^2 und P_1^2, welche ähnlich und ähnlichliegend sind; giebt es im besonderen Falle zwei solche Paare, so sind dann alle übrigen Glieder der beiden Büschel auch paarweise ähnlich und ähnlichliegend, und alsdann sind auch die beiden Mittelpunctscurven M^2 und M_1^2 (8.) ähnlich und ähnlichliegend; und umgekehrt, sobald diese letzteren ähnlich und ähnlichliegend sind, ist auch jedes Glied des einen Büschels mit irgend einem Gliede des anderen Büschels ähnlich und ähnlichliegend, aber dabei brauchen die Vierecke selbst einander nicht ähnlich zu sein.

b. Sind in einer Ebene zwei beliebige Vierseite $\mathfrak{ABCD}$ und $\mathfrak{A}_1\mathfrak{B}_1\mathfrak{C}_1\mathfrak{D}_1$ gegeben, so giebt es in den ihnen beziehlich eingeschriebenen Kegelschnittschaaren $B(\mathfrak{P}^2)$ und $B(\mathfrak{P}_1^2)$ im Allgemeinen vier Paare $\mathfrak{P}^2$ und $\mathfrak{P}_1^2$, welche unter sich ähnlich und ähnlichliegend sind. Sind im besonderen Falle fünf Paare ähnlich und ähnlichliegend, so ist jedes Glied der einen Schaar mit irgend einem Gliede der anderen Schaar ähnlich und ähnlichliegend, und dann sind auch die drei Diagonalen und die durch ihre Mitten gehende Gerade M (9.) des einen Vierseits beziehlich denen des anderen Vierseits parallel; und umgekehrt, sind die Diagonalen und die Geraden M und M_1 beider Vierseite beziehlich parallel, so sind die Kegelschnitte $B(\mathfrak{P}^2)$ und $B(\mathfrak{P}_1^2)$ paarweise ähnlich und ähnlichliegend. Müssen bei diesem besonderen Falle die Vierseite einander ähnlich sein?

c. Sind in gleicher Ebene ein Viereck $ABCD$ und ein Vierseit $\mathfrak{ABCD}$ gegeben, so giebt es zwei Paar unter sich ähnliche und ähnlichliegende Kegelschnitte, P^2 und $\mathfrak{P}^2$, welche denselben beziehlich um- und eingeschrieben sind.

IV.

1. Durch fünf gegebene Elemente oder durch fünf Bedingungen ist im Allgemeinen ein Kegelschnitt bestimmt, nämlich entweder absolut oder mehr oder weniger vieldeutig bestimmt. Bestehen die fünf Elemente nur aus Puncten und Tangenten des Kegelschnittes, so sind die Lösungen bekanntlich nicht zahlreich und geometrisch construirbar. Wählt man aber

unter die gegebenen Elemente auch Normalen des Kegelschnittes, so werden die Lösungen schwieriger und ihre Zahl vermehrt sich mit der Zahl der Normalen, so dass sie bis 102 ansteigt. Setzt man die Zahlen der gegebenen Puncte, Tangenten, Normalen beziehlich unter die Buchstaben P, T, N und die Zahl der Lösungen unter L, so hat man für die 21 Fälle, welche mit diesen dreierlei Elementen möglich sind, folgende Tabelle:

	P	T	N	L
1.	5	.	.	1
2.	.	5	.	1
3.	4	1	.	2
4.	1	4	.	2
5.	3	2	.	4
6.	2	3	.	4
7.	4	.	1	3
8.	.	4	1	3
9.	3	1	1	6
10.	1	3	1	6
11.	2	2	1	8
12.	3	.	2	9
13.	.	3	2	9
14.	2	1	2	14
15.	1	2	2	14
16.	2	.	3	23
17.	.	2	3	23
18.	1	1	3	28
19.	1	.	4	51
20.	.	1	4	51
21.	.	.	5	102.

2. Werden die Ecken A, B, C, D einer gleichseitigen, an der Spitze rechtwinkligen, dreiseitigen Pyramide nach irgend einer Richtung auf eine beliebige Ebene projicirt, so ist die Frage, welche Relation zwischen den gegenseitigen Abständen der Projectionen A_1, B_1, C_1, D_1 stattfinde?

3. Das Viereck zu bilden, dessen vier Seiten nebst der Geraden, welche die Mitten des einen Paares Gegenseiten verbindet, der Grösse nach gegeben sind. — Ebenso, wenn die vier Seiten und die Gerade, welche die Mitten der Diagonalen verbindet, gegeben sind.

4. Wenn in einer Ebene drei Geraden A, B, C in fester Lage gegeben sind, so soll eine vierte D so gezogen werden, dass die beiden

Dreiseite ACD und BCD gleichen gegebenen Inhalt haben. — Diese Aufgabe ist geometrisch lösbar; die Zahl der reellen Lösungen ist grösser oder kleiner, jenachdem der gegebene Inhalt sich zum Inhalte des gegebenen Dreiseits ABC verhält. Giebt es im günstigsten Falle sechs reelle Lösungen?

5. Sind in einer Ebene vier beliebige Geraden A, B, C, D in fester Lage gegeben, so soll eine solche fünfte E gefunden werden, dass die drei Dreiseite EDC, EDB, EDA gleichen Inhalt haben. — Werden die gegebenen Geraden verwechselt, so findet die Aufgabe vierfach statt, aber jedesmal giebt es nur eine Lösung.

Borchardt's Journal Band LV. S. 356—378.

Nachlass.

46

Geometrische Betrachtungen und Lehrsätze.

Gehen in einer Ebene drei beliebige begrenzte Gerade $a\alpha$, $b\beta$, $c\gamma$ durch den nämlichen Punct m und ist dieser die Mitte jener Geraden, so schneiden sich sowohl die vier Kreise abc, $\alpha\beta\gamma$, $b\gamma\alpha$, $c\alpha\beta$ in irgend einem Puncte d, als auch die vier Kreise $\alpha\beta\gamma$, αbc, βca, γab in irgend einem Puncte δ. Die Gerade $d\delta$ geht durch den Punct m und wird in ihm gehälftet; ferner liegen die acht Endpuncte der vier Geraden in irgend einem Kegelschnitte m^2, welcher die Geraden zu Durchmessern und m zum Mittelpuncte hat. Zieht man umgekehrt in einem Kegelschnitte m^2 drei beliebige Durchmesser $a\alpha$, $b\beta$, $c\gamma$ und legt durch je drei Endpuncte verschiedener Durchmesser Kreise, so schneiden sich einerseits die Kreise abc, $a\beta\gamma$, $b\gamma\alpha$, $c\alpha\beta$ in einem Puncte d, und andererseits die vier Kreise $\alpha\beta\gamma$, αbc, βca, γab in einem Puncte δ. Beide Puncte liegen auf dem Kegelschnitte und sind Endpuncte eines Durchmessers desselben. Durch je drei gegebene Durchmesser ist also nicht nur der Kegelschnitt, sondern es ist auf diese Weise allemal noch ein vierter, ihnen zugehöriger Durchmesser bestimmt, und zwar ist von solchen vier Durchmessern jeder von den anderen dreien in der angegebenen Weise abhängig. Aus diesem Satze lassen sich nachstehende Folgerungen ziehen:

Werden in einem gegebenen Kegelschnitte irgend ein Punct c und zwei beliebige Durchmesser $a\alpha$ und $b\beta$ angenommen, so schneiden sich die zwei Kreise abc und $\alpha\beta c$ allemal in irgend einem neuen Puncte d des Kegelschnittes. Lässt man nun die Durchmesser zusammenfallen, so folgt ferner: Beschreibt man zwei Kreise, welche durch den nämlichen Punct c des Kegelschnittes gehen und diesen nebstdem in den Endpuncten a und α irgend eines Durchmessers beziehlich berühren, so liegt auch der zweite Schnittpunct d der Kreise auf dem Kegelschnitte, und umgekehrt, legt man an zwei gegebene Kreise irgend ein Paar paralleler Tangenten, an jeden eine, so giebt es immer einen Kegelschnitt, welcher die Kreise mit den Tangenten in den nämlichen Puncten a und α berührt, und zudem durch die beiden Schnittpuncte c und d der Kreise geht; $a\alpha$ ist einer seiner Durchmesser. Aus dem vorigen Satze zieht man leicht durch Umkehrung:

Sind zwei gleiche parallele Gerade ab und $\alpha\beta$ gegeben, und legt man durch ihre Endpuncte beziehlich irgend zwei Kreise, so liegen deren zwei Schnittpuncte c und d mit den Endpuncten der Geraden in einem und demselben Kegelschnitte. Oder: Zieht man in zwei gegebenen Kreisen zwei parallele gleiche Sehnen, in jedem eine, so liegen ihre Endpuncte mit den zwei gemeinschaftlichen Puncten der Kreise in irgend einem Kegelschnitte.

Betrachtet man in Ansehung der drei Geraden oder Durchmesser $a\alpha$, $b\beta$, $c\gamma$ etwa die zwei Kreise abc und $\alpha\beta\gamma$ und lässt die Durchmesser $b\beta$ und $c\gamma$ dem festen Durchmesser $a\alpha$ so nahe rücken, dass die Endpuncte b und c als mit a, sowie β und γ als mit α vereinigt anzusehen sind, so osculirt der erste Kreis den Kegelschnitt in a, der andere Kreis berührt ihn in α, und beide Kreise müssen sich immer, ausser in α noch in irgend einem anderen Puncte d des Kegelschnittes treffen. Da der zweite Kreis durch die Bedingung, dass er durch a gehen und den Kegelschnitt in α berühren soll, bestimmt ist, so ergiebt sich folgende einfache Construction des Krümmungskreises des Kegelschnittes m^2 in einem gegebenen Puncte a: durch den Punct a ziehe man den Durchmesser $a\alpha$, lege durch seine Endpuncte einen Kreis, welcher den gegebenen Kegelschnitt m^2 in α berührt und ihn noch in irgend einem neuen Puncte d schneidet, durch diesen Punct denjenigen Kreis, welcher m^2 in a berührt, so ist dies der gesuchte Krümmungskreis. Durch Umkehrung hat man ferner: Schneiden sich zwei gegebene Kreise in zwei Puncten a, d, und legt man in a an den einen Kreis die Tangente, und an den anderen Kreis eine parallele Tangente, deren Berührungspunct α heissen soll, so giebt es allemal einen Kegelschnitt, welcher den ersten Kreis in a osculirt, den zweiten Kreis in α berührt und zudem durch den zweiten Schnittpunct der Kreise geht; auch hat derselbe die Gerade $a\alpha$ zum Durchmesser. Da zwei Tangenten an den zweiten Kreis möglich sind, welche der genannten Tangente des ersten Kreises parallel sind, so entsprechen ihnen auch zwei Kegelschnitte, welche einander in a osculiren und nebstdem noch in d schneiden.

II.

Werden die drei Durchmesser $a\alpha$, $b\beta$, $c\gamma$ insbesondere so angenommen, dass ihre gemeinsame Mitte m zugleich der Schwerpunct des Dreiecks abc ist, so ist der Kegelschnitt m^2 nothwendig eine Ellipse, und das Dreieck gehört zu den ihr eingeschriebenen Dreiecken von grösstem Inhalt, so dass also die Tangenten der Ellipse in den Ecken des Dreiecks den resp. Gegenseiten parallel sind; zugleich sind also auch die Tangenten der Ellipse in den anderen Endpuncten α, β, γ der Durchmesser beziehlich den Seiten bc, ca, ab parallel. Der Kreis abc schneidet die Ellipse noch in irgend einem vierten Puncte d. Nach einem Satze von *Poncelet* hat jeder durch die Endpuncte der Sehne ad gehende Kreis mit der Ellipse eine Sehne gemein, welche der Sehne bc parallel ist; und somit auch umgekehrt: die Endpuncte jeder mit bc parallelen Sehne der Ellipse liegen mit den zwei festen Puncten a und d in einem Kreise. Da nun die Tangente im Puncte α der Sehne bc parallel ist, so berührt der durch a, d und α gelegte Kreis die Ellipse in α und demzufolge geht der die Ellipse in a osculirende Kreis durch den Punct d. Gleicherweise folgt, dass die Krümmungskreise der Ellipse in b und c ebenfalls durch den nämlichen Punct gehen. Also:

Die drei Krümmungskreise der Ellipse in den Ecken eines ihr eingeschriebenen grössten Dreiecks abc schneiden dieselbe in einem und demselben Puncte d der Ellipse, welcher allemal mit den drei Ecken zusammen in einem Kreise liegt. Und umgekehrt: durch jeden Punct d der Ellipse gehen je drei Krümmungskreise derselben, welche sie in den Ecken eines ihr eingeschriebenen grössten Dreiecks osculiren, und zwar liegen diese Ecken mit jenem Puncte allemal in einem Kreise. Diesem Satze kann man noch folgendes hinzufügen: In Bezug auf jeden Punct der Ellipse giebt es je drei solche Durchmesser derselben, $a\alpha$, $b\beta$, $c\gamma$, welche von dem Puncte aus unter Winkeln gesehen werden, die beziehlich denen gleich sind, welche die Durchmesser mit den ihnen conjugirten Durchmessern bilden. Die nämlichen drei Durchmesser entsprechen in gleichem Sinne zugleich auch dem Puncte δ, dem anderen Endpunct des durch d gehenden Ellipsendurchmessers, und ihre Endpuncte, in gehöriger Ordnung genommen, sind allemal die Ecken zweier grössten Dreiecke abc, $\alpha\beta\gamma$ in der Ellipse, deren umschriebene Kreise beziehlich durch die Puncte d, δ gehen. Nämlich das Dreieck $\alpha\beta\gamma$ hat mit dem ersten, abc, den Punct m zugleich zum Schwerpunct, und alles, was vom Dreiecke abc und dem ihm entsprechenden Puncte d gesagt worden, gilt gleicherweise vom Dreieck $\alpha\beta\gamma$ und dem Puncte δ.

III.

Da die Tangenten der Ellipse m^2 in den Ecken jedes ihr eingeschriebenen grössten Dreiecks abc den resp. Gegenseiten parallel sind, so sind die Normalen in den Ecken zugleich die Höhen des Dreiecks und treffen sich deshalb in einem Puncte p. Die durch diesen Punct gehende vierte Normale der Ellipse hat gerade den vorhin genannten Punct δ zum Fusspunct, was übrigens schon *Joachimsthal* bemerkt hat. Wie ferner bekannt, liegen die Fusspuncte aller vier Normalen $abc\delta$ sammt dem Puncte p und dem Mittelpuncte m der Ellipse in einer gleichseitigen Hyperbel, etwa h^2, deren Asymptoten den Ellipsenaxen X, Y parallel sind. Dazu kommt nun noch, dass die Hyperbel den Ellipsenhalbmesser $m\delta$ zum Durchmesser hat, so dass ihr Mittelpunct h in seiner Mitte liegt. In diesem Betracht ergiebt sich, alles zusammengefasst, folgendes:

Die je drei Normalen der Ellipse m^2 in den Ecken jedes ihr eingeschriebenen grössten Dreiecks abc treffen sich in einem Puncte p, und die durch diesen Punct gehende vierte Normale hat denjenigen Punct δ zum Fusspuncte, welcher mit den Ecken des Gegendreiecks $\alpha\beta\gamma$ in einem Kreise liegt, oder dessen Gegenpunct d mit abc in einem Kreise liegt. Durch die fünf Puncte $abc\delta p$ und durch den Mittelpunct m der Ellipse geht eine gleichseitige Hyperbel h^2, deren Asymptoten allemal den Ellipsenaxen X, Y parallel sind, und welche den Ellipsenhalbmesser $m\delta$ zum Durchmesser, also ihren Mittelpunct h in dessen Mitte hat. Die allen grössten Dreiecken auf diese Weise entsprechenden gleichseitigen Hyperbeln haben demnach zum Ort ihrer Mittelpuncte eine zweite Ellipse, etwa m_1^2, welche der gegebenen m^2 ähnlich, mit ihr ähnlich liegend und concentrisch ist und halb so grosse Dimensionen hat als dieselbe; auch sind sämmtliche grössten Dreiecke abc dieser zweiten Ellipse umschrieben, und zwar sind sie die kleinsten ihr umschriebenen Dreiecke, indem die Seiten derselben in ihren Mitten berührt werden, so dass also m_1^2 zugleich der Ort der Mitten der Seiten aller grössten Dreiecke in m^2 ist; und umgekehrt:

Zieht man durch die Mitte h irgend eines Halbmessers $m\delta$ der gegebenen Ellipse m^2 zwei ihren Axen parallele Gerade und denkt sich die gleichseitige Hyperbel h^2, welche dieselben zu Asymptoten und jenen Halbmesser zum Durchmesser hat, so schneidet sie die Ellipse ausser im Puncte δ allemal noch in den Ecken abc eines derselben eingeschriebenen grössten Dreiecks. Hieraus ist ersichtlich, auf welche Weise zu jedem gegebenen Puncte δ oder d das demselben im obigen Sinne zugehörige Dreieck abc bestimmt und zu finden ist.

Jeder Punct x in der gegebenen Ellipse m^2 ist einerseits Ecke eines einzigen grössten Dreiecks, und andererseits ist er je einmal δ oder d im obigen Sinne genommen, d. h. er ist der vierte Fusspunct δ zu den Ecken abc eines bestimmten grössten Dreiecks und er liegt (als d) mit den Ecken eines bestimmten anderen grössten Dreiecks in einem Kreise. Die Normale der Ellipse im Puncte x schneidet in der That den Ort der Höhenpuncte der Dreiecke abc, welcher eine Ellipse (m_2) ist, in zwei Puncten p, welche den zwei verschiedenen Umständen $x = \delta$ und $x = d$ beziehlich entsprechen.

Die der Ellipse m^2 eingeschriebenen grössten Dreiecke sind zu vier und vier einander congruent. Die Mittelpuncte der vier solchen Dreiecken entsprechenden gleichseitigen Hyperbeln sind die Ecken eines der Ellipse m_1^2 eingeschriebenen Rechtecks, dessen Seiten auf den Asymptoten der vier Hyperbeln liegen. Wenn insbesondere eine Ecke des Dreiecks abc in einen Axenscheitel der Ellipse m^2 fällt, so fallen die vier Dreiecke paarweise zusammen, so dass nur zwei gleiche Gegendreiecke stattfinden, und dabei geht die dem einen oder dem anderen derselben zugehörige gleichseitige Hyperbel in zwei Gerade, ihre Asymptoten, über.

Anmerkung. Man vergleiche mit den Sätzen dieses und des vorigen Paragraphen: *Crelle*'s Journal Band 30, „Lehrsätze und Aufgaben" No. 6 (Band II dieser Ausgabe S. 343); Band 32, „Sätze über Curven zweiter und dritter Ordnung" No. 1 (Band II dieser Ausgabe S. 375) und Band 49, „Ueber algebraische Curven und Flächen" I, 3 (Band II dieser Ausgabe S. 624).

IV.

So weit die obigen Sätze die gleichseitige Hyperbel betreffen, lassen sich aus ihnen folgende, etwas allgemeinere ableiten:

Der durch die Endpuncte irgend eines Halbmessers etwa me der gegebenen Ellipse m^2 und durch die Ecken irgend eines derselben eingeschriebenen grössten Dreiecks abc bestimmte Kegelschnitt ist jedesmal eine solche Hyperbel, deren Asymptoten je einem Paar conjugirter Durchmesser der Ellipse parallel sind, und welche allemal jenen Halbmesser zum Durchmesser und somit dessen Mitte h zum Mittelpunct hat. Verbindet man in diesem Sinne nach einander alle grössten Dreiecke mit demselben Halbmesser me, so entsteht eine Schaar concentrischer Hyperbeln, die me zum gemeinsamen Durchmesser haben, und deren Asymptoten respective den gesammten Paaren conjugirter Durchmesser der Ellipse parallel sind. Und werden alle Halbmesser mit demselben Dreieck abc verbunden, so entsteht ein Büschel von Hyperbeln, welche die vier Puncte $abcm$ gemein haben, und deren Mittelpuncte in der Ellipse m_1^2 liegen, mit deren conjugirten Durchmessern ihre Asymptoten beziehlich parallel sind. Umgekehrt: Zieht man durch die Mitte h eines beliebigen Halbmessers me der gegebenen Ellipse mit irgend einem Paar conjugirter Durchmesser derselben zwei Gerade parallel und sieht dieselben als Asymptoten einer durch die Endpuncte des Halbmessers gehenden Hyperbel an, so schneidet dieselbe die Ellipse ausser im Puncte e allemal noch in den Ecken eines ihr eingeschriebenen grössten Dreiecks abc; werden die Asymptoten nach einander allen Paaren conjugirter Durchmesser parallel angenommen, so erhält man alle grössten Dreiecke, jedes einmal, aber nur einmal.

Alle durch die Ecken und den Schwerpunct m eines beliebigen gegebenen Dreiecks gehenden Kegelschnitte sind Hyperbeln; ihre Mittelpuncte liegen in derjenigen Ellipse m_1^2, welche durch die Mitten der drei

Seiten geht und den Schwerpunct zum Mittelpunct hat, und ihre Asymptoten sind einzeln den verschiedenen Paaren conjugirter Durchmesser dieser Ellipse parallel.

V.

Für den besonderen Fall, wo die gegebene Ellipse m^2 in einen Kreis übergeht, wobei alle grössten Dreiecke gleichseitig und congruent sind, modificiren sich einige der vorstehenden Sätze.

Ein gegebener Kreis m^2 wird von jeder gleichseitigen Hyperbel h^2, welche irgend einen Radius me desselben zum Durchmesser hat, allemal in den Ecken eines gleichseitigen Dreiecks abc geschnitten; oder: die Ecken jedes dem Kreise eingeschriebenen gleichseitigen Dreiecks liegen mit den Endpuncten me jedes beliebigen Radius desselben in einer gleichseitigen Hyperbel, welche den Radius zum Durchmesser hat. Und umgekehrt: zieht man in einer gegebenen gleichseitigen Hyperbel irgend einen Durchmesser me und beschreibt mit demselben um einen seiner Endpuncte m einen Kreis m^2, so schneidet dieser die Hyperbel ausser im Puncte e allemal noch in den Ecken eines gleichseitigen Dreiecks, welches den Punct m zum Schwerpunct hat.

Von den drei Ecken jedes der gleichseitigen Hyperbel eingeschriebenen gleichseitigen Dreiecks liegen immer zwei mit dem Schwerpunct m im nämlichen Hyperbelzweig, und die dritte Ecke und der Punct e liegen im anderen Zweig.

Jeder in der gegebenen Hyperbel beliebig gewählte Punct x ist:

1) Der Schwerpunct von nur einem einzigen eingeschriebenen gleichseitigen Dreieck;

2) ist er nur einmal Punct e, d. h. er liegt mit den Ecken nur eines einzigen solchen Dreiecks in einem Kreise.

Dagegen ist er

3) Ecke von drei verschiedenen solchen Dreiecken, und zwar liegt bei dem einen Dreieck der Schwerpunct m (und noch eine andere Ecke) mit ihm im nämlichen Zweige, wogegen bei den beiden anderen Dreiecken der Punct e mit ihm im gleichen Zweige der Hyperbel liegt.

Die drei Dreiecke des letzten Falls sind elementar zu bestimmen; nämlich ihre Schwerpuncte m liegen mit dem anderen Endpunct x_1 des durch x gehenden Hyperbeldurchmessers zusammen in einem Kreise, dessen Mittelpunct μ in diesem Durchmesser xx_1 so liegt, dass $x_1\mu = \frac{1}{3}x_1x$. Daraus ist leicht zu sehen, dass die beiden letzten Dreiecke imaginär werden, wenn der Punkt x in einem bestimmt begrenzten Bogen des einen oder des anderen Hyperbelzweiges liegt; diese Bogen werden durch die Scheitel gehälftet und für ihre Endpuncte berührt der genannte Hülfskreis μ^2 den zugehörigen Hyperbelzweig.

VI.

Hält man rücksichtlich der anfänglich betrachteten Geraden oder Durchmesser $a\alpha$, $b\beta$, $c\gamma$ etwa die drei Endpuncte abc in ihrer Lage fest, während der Mittelpunct m sich immer weiter, und zuletzt ins Unendliche entfernt, wobei zugleich auch die drei anderen Endpuncte $\alpha\beta\gamma$ der Durchmesser ins Unendliche fallen, die Durchmesser parallel werden und der Kegelschnitt m^2 in eine Parabel übergeht, so bleibt noch von den dortigen vier Kreisen abc, $\alpha\beta\gamma$, $b\gamma\alpha$, $c\alpha\beta$ nur der erste als eigentlicher Kreis bestehen, wogegen jeder der drei anderen in zwei Gerade zerfällt, wovon die eine ganz im Unendlichen liegt, die andere aber durch den ihr zugehörigen der Puncte abc geht, und zwar schneiden sich diese drei Geraden mit dem Kreise abc zusammen in einem Puncte d der Parabel. Die drei Geraden ad, bd, cd als Repräsentanten der drei Kreise haben die Eigenschaft (und sind dadurch bestimmt), dass sie die Durchmesser unter gleichen Winkeln schneiden wie die ihnen beziehlich gegenüberliegenden Seiten des Dreiecks abc, d. h. dass die Gerade ad und die Seite bc mit jedem Durchmesser ein gleichschenkliges Dreieck bilden, dessen Grundlinie im letzteren liegt, ebenso bd und ac, cd und ab. Daher ist von den zwei Strahlen, welche die Winkel zwischen jeder Geraden und ihrer Gegenseite hälften, der eine zu den Durchmessern senkrecht, und der andere denselben parallel. Daraus ergeben sich folgende Sätze:

Nimmt man in einer gegebenen Parabel irgend ein Dreieck abc an, und zieht durch dessen Ecken drei Gerade ad, bd, cd so, dass sie und die resp. Gegenseiten bc, ac, ab mit den Parabeldurchmessern gleiche Gegenwinkel bilden, so treffen sich die drei Geraden jedesmal in irgend einem Puncte d der Parabel, durch welchen zugleich auch der dem Dreiecke abc umschriebene Kreis geht. Durch Umkehrung folgt:

Liegen die Ecken eines vollständigen Vierecks $abcd$ in einem Kreise, so sind von den drei festen Paaren von Strahlen, welche die Winkel zwischen den drei Paar Gegenseiten hälften, drei und drei parallel, und zwar sind sie beziehlich den Axen (oder Durchmessern) der dem Viereck umschriebenen beiden Parabeln parallel, so dass also diese Axen zu einander senkrecht sind wie jedes Strahlenpaar. Ferner findet noch ein bemerkenswerther Umstand statt, dass die beiden Parabelaxen einander im Schwerpunct der vier Ecken des Vierecks schneiden; oder: der Schwerpunct der je vier Puncte, welche eine gegebene Parabel mit irgend einem Kreise gemein hat, fällt immer in die Parabelaxe. Auch wenn von den vier Puncten zwei, oder alle vier imaginär sind, besteht der Satz gleicherweise; der Schwerpunct bleibt reell und ist geometrisch zu bestimmen. Insbesondere folgt daraus:

Osculirt ein Kreis die Parabel im Puncte a und schneidet sie nächstdem im Puncte b, so wird die Sehne ab von der Parabelaxe stets im ersten Viertelspuncte e von a aus geschnitten, so dass $ae = \frac{1}{3}eb$ ist; oder:

Zieht man von einem beliebigen Puncte a der Parabel diejenige Sehne ab, welche die Axe unter gleichem Winkel schneidet wie die zugehörige Tangente, so ist die Sehne allemal viermal so lang als die bis an die Axe genommene Tangente, oder, so wird die Sehne von der Axe im ersten Viertelspuncte geschnitten. Es folgt weiter:

Befindet sich unter den Gliedern eines Kegelschnittbüschels ein Kreis, mögen übrigens von den Grundpuncten des Büschels alle vier, oder nur zwei, oder gar keiner reell sein, so sind die Axen sämmtlicher Kegelschnitte in zwei Abtheilungen parallel, und zwar beziehlich den Axen der zwei zum Büschel gehörigen Parabeln parallel; und die Mittelpuncte aller Kegelschnitte liegen in einer gleichseitigen Hyperbel, welche die Axen der beiden Parabeln zu Asymptoten hat. Sind alle vier Grundpuncte reell, so sind die drei Paar Gegenseiten des durch sie bestimmten Vierecks als specielle Glieder des Büschels anzusehen, sowie die ihre Winkel hälftenden Strahlen als ihre Axen, was mit dem Vorstehenden stimmt; die Gegenseiten heissen conjugirte gemeinschaftliche Sehnen der Kegelschnitte; sind zwei oder vier Grundpuncte imaginär, so bleibt immer ein Paar conjugirter Sehnen reell.

Sind ab und cd ein Paar conjugirter gemeinschaftlicher Sehnen eines Kreises und irgend eines anderen Kegelschnittes, so bilden sie mit jeder Axe des letzteren ein gleichschenkliges Dreieck, dessen Grundlinie in der Axe liegt; und denkt man sich den ganzen Kreisbüschel, welcher mit dem Kegelschnitt die erste Sehne ab gemein hat, so müssen demzufolge alle zweiten Sehnen cd unter sich parallel sein, was der oben citirte Satz von *Poncelet* ist. Wenn insbesondere ab Tangente des Kegelschnitts ist, diesen etwa in a berührt, so ist es danach leicht, unter den Kreisen denjenigen zu bestimmen, welcher den Kegelschnitt in a osculirt; nämlich man zieht aus a diejenige Sehne ad, welche die eine oder die andere Axe des Kegelschnitts unter gleichem Winkel schneidet wie die Tangente, so liegt ihr anderer Endpunct d im verlangten Kreise.

VII.

Die bisherige Betrachtung ist nur ein interessanter specieller Fall einer allgemeinen Auffassung, welche hier kurz angedeutet werden mag. Nämlich zunächst bleiben alle Sätze unverändert, wenn die Kreise durch irgend welche ähnliche und ähnlich gelegene Kegelschnitte ersetzt werden. Sodann ist auch dies nur ein specieller Fall der folgenden Betrachtung:

Zieht man in einer Ebene durch einen Punct $\mathfrak{m}$ drei Gerade $a\alpha$, $b\beta$, $c\gamma$ beliebig, schneidet dieselben mit einer vierten Geraden M beziehlich in den Puncten $\mathfrak{abc}$ und bestimmt sodann ihre Endpuncte a und α, b und β, c und γ so, dass die je vier Puncte $a\mathfrak{m}\alpha\mathfrak{a}$, $b\mathfrak{m}\beta\mathfrak{b}$, $c\mathfrak{m}\gamma\mathfrak{c}$ harmonisch sind, (gleichviel ob $\mathfrak{m}$ oder $\mathfrak{a}$ zwischen a und α etc. liege) so liegen die sechs Endpuncte allemal in irgend einem Kegelschnitte $abc\alpha\beta\gamma = m^2$, in Bezug auf welchen der Punct $\mathfrak{m}$ und die Gerade M sich als Pol und Polare entsprechen. Und ferner: Wählt man auf der Geraden M ein Paar Puncte r und s beliebig, jedoch beide reell oder beide imaginär, so schneiden sich sowohl die vier Kegelschnitte $rsabc$, $rsa\beta\gamma$, $rsb\gamma\alpha$, $rsc\alpha\beta$ in einem Puncte d als auch die vier Kegelschnitte $rs\alpha\beta\gamma$, $rs\alpha bc$, $rs\beta ca$, $rs\gamma ab$ in einem Puncte δ, und beide Puncte liegen im vorgenannten Kegelschnitt m^2, und die durch sie gelegte Gerade $d\delta$ geht durch den Punct $\mathfrak{m}$ und wird von der Geraden M in einem Puncte $\mathfrak{d}$ so geschnitten, dass $d\mathfrak{m}\delta\mathfrak{d}$ vier harmonische Puncte sind. Und umgekehrt:

Sind in einer Ebene ein Kegelschnitt m^2 und irgend zwei Puncte r und s gegeben, und zieht man durch den Pol $\mathfrak{m}$ der durch die Puncte gehenden Geraden rs drei beliebige Sehnen $a\alpha$, $b\beta$, $c\gamma$ des Kegelschnitts, legt sodann durch je drei Endpuncte verschiedener Sehnen und durch die zwei gegebenen Puncte einen Kegelschnitt, was im Ganzen acht Kegelschnitte giebt, so schneiden sich dieselben zu vier und vier in zwei Puncten d und δ, welche im gegebenen Kegelschnitte liegen und zwar die Endpuncte einer vierten durch denselben Pol $\mathfrak{m}$ gehenden Sehne sind. Von solchen vier Sehnen ist jede gleicherweise durch die anderen drei bestimmt.

Dieser Satz lässt sich noch mehrfach umkehren und anders aussprechen, und gewährt wie der beschränktere in I. zahlreiche Folgerungen.

Beachtet man z. B. von den acht Kegelschnitten nur die beiden $rsabc = A^2$ und $rsc\alpha\beta = B^2$, und lässt den Endpunct c sich ändern, während die Sehnen $a\alpha$, $b\beta$ sowie die gegebenen Elemente fest bleiben, so kann man sagen: Gehen zwei Kegelschnitte A^2, B^2 beziehlich durch $rsab$, $rs\alpha\beta$ und zudem beide noch durch irgend einen Punct c des gegebenen Kegelschnittes m^2, so liegt auch ihr vierter Schnittpunct d stets in diesem Kegelschnitt. Oder: Jeder durch $rsab$ gehende Kegelschnitt A^2 schneidet den gegebenen Kegelschnitt m^2 in zwei solchen Puncten c und d, welche mit den vier Puncten $rs\alpha\beta$ in irgend einem Kegelschnitt B^2 liegen. Da aber vermöge der erwähnten harmonischen Eigenschaft die Sehnen ab und $\alpha\beta$ sowohl als $a\beta$ und $b\alpha$ sich auf der Geraden M ($= rs$) schneiden, etwa beziehlich in den Puncten p und q, so kann man auch sagen:

Sind a und α, b und β, p und q die drei Paar Gegenecken irgend eines gegebenen vollständigen Vierseits, und nimmt man in einer der drei Diagonalen, etwa in pq zwei Puncte rs willkürlich an, so haben die drei Vierecke $rsab$, $rs\alpha\beta$, $ab\alpha\beta$, sowie auch die drei Vierecke $rsa\beta$, $rsb\alpha$, $ab\alpha\beta$ die Eigenschaft, dass jede zwei Kegelschnitte, die je zweien derselben beziehlich umschrieben sind, sich in zwei solchen neuen Puncten c und d

schneiden, durch welche allemal auch ein dem dritten Viereck umschriebener Kegelschnitt geht; oder dass jede drei den Vierecken resp. umschriebene und durch irgend einen gegebenen Punct c gehende Kegelschnitte immer noch einen bestimmten anderen Punct d gemein haben. Oder, was im Grunde dasselbe ist: Ist ein beliebiges Dreieck $\mathfrak{amb}$ gegeben, und bestimmt man in zwei Seiten desselben, etwa in $\mathfrak{ma}$ und $\mathfrak{mb}$, in jeder irgend ein Paar zu ihren Endpuncten zugeordnete harmonische Puncte, resp. a, α und b, β, und nimmt in der dritten Seite $\mathfrak{ab}$ ein Paar Puncte rs willkürlich an, so haben die zweimal drei Vierecke $rsab$, $rs\alpha\beta$, $ab\alpha\beta$ und $rsa\beta$, $rsb\alpha$, $ab\alpha\beta$ die nämliche genannte Eigenschaft.

Wenn vorhin, wo der Kegelschnitt m^2 gegeben, die Sehne $b\beta$ der Sehne $a\alpha$ unendlich nahe rückt, so folgt:

Gehen zwei Kegelschnitte A^2 und B^2 durch die gegebenen Puncte r und s, sowie durch irgend einen Punct c des gegebenen Kegelschnittes m^2, und berühren sie diesen beziehlich in den Endpuncten a, α irgend einer durch den Pol $\mathfrak{m}$ der Geraden rs gehenden Sehne $a\alpha$, so fällt ihr vierter Schnittpunct d stets in den gegebenen Kegelschnitt. Da die Tangenten in den Berührungspuncten a, α sich in irgend einem Puncte p auf der gegebenen Geraden rs treffen, so folgt umgekehrt:

Sind zwei beliebige Kegelschnitte A^2, B^2 gegeben, und legt man aus irgend einem Puncte p eine ihrer gemeinschaftlichen Sehnen, etwa rs, an jeden eine Tangente, die sie beziehlich in den Puncten a und α berühren, so giebt es allemal einen dritten Kegelschnitt m^2, welcher sie in denselben Puncten berührt und zudem durch ihre anderen beiden gemeinschaftlichen Puncte c und d geht.

Wenn im obigen Falle die drei durch den Pol $\mathfrak{m}$ gehenden Sehnen $a\alpha$, $b\beta$, $c\gamma$ des gegebenen Kegelschnittes m^2 einander unendlich nahe rücken, so dass die Endpuncte b und c als mit a, β und γ als mit α vereint anzusehen, so wird der Kegelschnitt m^2 von dem Kegelschnitte A^2 osculirt, und vom Kegelschnitte B^2 in α berührt und in a geschnitten, und nebstdem gehen alle Kegelschnitte noch durch einen und denselben Punct d. Hieraus ergiebt sich die Lösung der Aufgabe: Sind ein Kegelschnitt m^2, in demselben irgend ein Punct a und nebstdem zwei beliebige Puncte r, s gegeben, so soll derjenige Kegelschnitt A^2 gefunden werden, welcher durch die drei Puncte geht und im ersten Puncte den gegebenen Kegelschnitt osculirt. Nämlich man construirt zuerst den der Geraden rs in Bezug auf den Kegelschnitt entsprechenden Pol $\mathfrak{m}$, zieht durch ihn aus dem gegebenen Puncte a die Sehne $a\alpha$, legt sodann durch $rsa\alpha$ denjenigen Kegelschnitt B^2, welcher den gegebenen in α berührt, so wird er ihn noch in irgend einem anderen Puncte d schneiden; endlich legt man durch d und rsa denjenigen Kegelschnitt, welcher den gegebenen in a berührt, so osculirt er ihn daselbst und ist der verlangte Kegelschnitt A^2. (Der Punct

d kann übrigens noch einfacher gefunden werden, indem man die Geraden ra, sa zieht, die den Kegelschnitt m^2 zum zweiten Male etwa in e, f schneiden, ferner die Gerade ef, die der Geraden rs etwa in q begegnet, so trifft die Gerade qa den Kegelschnitt m^2 im Punct d.)

Irgend drei Puncte a, b, c des gegebenen Kegelschnittes m^2 und die Tangenten A, B, C in denselben bestimmen ein Paar zusammengehörige eingeschriebene und umschriebene Dreiecke abc und $a_1b_1c_1$ (= Dreiseit ABC), deren einander gegenüberstehende Seiten ab und $C(=a_1b_1)$ ac und B, bc und A sich in drei Puncten u, v, w einer Geraden M schneiden, und durch deren entsprechende Ecken c und c_1, b und b_1, a und a_1 drei sich in einem Puncte $\mathfrak{m}$ treffende Geraden U, V, W gehen, welche beziehlich die Polaren jener Puncte sind, sowie auch $\mathfrak{m}$ der Pol der Geraden M ist. Die drei Geraden schneiden den Kegelschnitt zum zweiten Mal in drei Puncten γ, β, α, welche mit den zugehörigen Tangenten gleicherweise ein Paar zusammengehörige Dreiecke $\alpha\beta\gamma$, $\alpha_1\beta_1\gamma_1$ bestimmen, deren entsprechende Seiten sich in denselben Puncten u, v, w auf der Geraden M schneiden, und deren entsprechende Ecken in den nämlichen durch den Punct $\mathfrak{m}$ gehenden drei Geraden U, V, W liegen.

Auf diese Weise gehört also zu jedem dem Kegelschnitt m^2 eingeschriebenen Dreieck abc ein bestimmter Pol $\mathfrak{m}$ nebst dessen Polaren M, aber nicht umgekehrt, denn sind $\mathfrak{m}$ und M gegeben, so gehören sie in diesem Sinne nicht allein zu dem einen Dreieck abc und seinem Gegendreieck $\alpha\beta\gamma$ (nebst den zugehörigen umschriebenen Dreiecken $a_1b_1c_1$, $\alpha_1\beta_1\gamma_1$), sondern sie gehören zugleich zu unendlich vielen solchen Dreieckspaaren, welche insgesammt folgende Eigenschaften haben:

Zu jedem Pol $\mathfrak{m}$ und zu seiner Polaren M rücksichtlich des gegebenen Kegelschnittes m^2 gehören im angegebenen Sinne eine Schaar dem Kegelschnitte eingeschriebener Dreiecke abc, jeder Punct des Kegelschnittes ist Ecke eines solchen Dreiecks, aber nur eines einzigen. Die sämmtlichen Dreiecke sind zugleich einem bestimmten anderen Kegelschnitte m_1^2 umschrieben, welcher den gegebenen in zwei auf der Geraden M liegenden Puncten berührt, so dass diese Gerade die (reelle oder ideelle) Berührungssehne beider Kegelschnitte ist. Liegt der Pol $\mathfrak{m}$ innerhalb des gegebenen Kegelschnittes, so sind die Berührungspuncte imaginär, also M die ideelle Berührungssehne der Kegelschnitte, aber in diesem Falle sind alle Theile jedes Dreiecks reell; liegt hingegen der Pol $\mathfrak{m}$ ausserhalb der Kegelschnitte, so berühren sich diese reell, und M schneidet sie in beiden Berührungspuncten, aber alsdann ist von jedem Dreieck nur eine Ecke und deren Gegenseite reell, dagegen die anderen Ecken und Seiten imaginär. (Hieraus folgt noch für die Hyperbel, dass bei den ihr eingeschriebenen Dreiecken vom grössten Inhalt gleicherweise nur je eine Ecke und deren Gegenseite reell, dagegen die zwei anderen Ecken und Seiten imaginär sind. Die reellen Seiten berühren sämmtlich eine zweite Hyperbel, welche die gegebene umschliesst, mit ihr die Asymptoten gemein, aber nur halb so grosse Axen als dieselbe hat.) Die Seiten jedes Dreiecks ab, ac, bc werden von dem zweiten Kegelschnitt m_1^2 in denjenigen Puncten u_1, v_1, w_1 berührt, in welchen sie von den correspondirenden Geraden U, V, W geschnitten werden, so dass also der Berührungspunct jeder Seite und ihr Schnitt mit der Geraden M zu ihren Endpuncten zugeordnet harmonisch sind, d. h. uau_1b, vav_1c, wbw_1c sind je vier harmonische Puncte; oder die Berührungspuncte sind auch in den Geraden U, V, W harmonisch bestimmt, nämlich werden diese von der Geraden M in $\mathfrak{c}$, $\mathfrak{b}$, $\mathfrak{a}$ geschnitten, so sind $\mathfrak{c}\mathfrak{m}u_1\gamma$, $\mathfrak{b}\mathfrak{m}v_1\beta$, $\mathfrak{a}\mathfrak{m}w_1\alpha$ je vier harmonische Puncte. Die den Dreiecken abc zugehörigen umschriebenen Dreiecke $a_1b_1c_1$ sind insgesammt einem dritten Kegelschnitt m_2^2 eingeschrieben, welcher sich mit den beiden ersten in den nämlichen zwei Puncten auf der Geraden M berührt.

Nach diesen Angaben ist nunmehr dasjenige Dreieck abc, welches einen gegebenen Punct, etwa a zur Ecke hat, leicht zu finden. Nämlich man legt in a an den gegebenen Kegelschnitt m^2 die Tangente A, construirt zu ihrem Schnittpuncte w mit der gegebenen Geraden M die Polare W, welche durch den Pol $\mathfrak{m}$ geht, den Kegelschnitt zum zweiten Male in α und die Gerade M in $\mathfrak{a}$ schneidet, sucht sodann zu den drei Puncten $\mathfrak{a}\mathfrak{m}\alpha$ den vierten, $\mathfrak{a}$ zugeordneten harmonischen Punct w_1, so schneidet die Gerade ww_1 den Kegelschnitt in den beiden anderen Ecken bc des verlangten Dreiecks.

VIII.

Wählt man in der gegebenen Geraden M zwei Puncte r, s beliebig, so bestimmen sie mit den Ecken jedes der genannten Dreiecke abc je einen Kegelschnitt (D^2), welcher den gegebenen Kegelschnitt m^2 noch in einem vierten Puncte d schneidet, und sodann giebt es allemal drei Kegelschnitte A^2, B^2, C^2, welche sämmtlich durch die drei Puncte rsd gehen und einzeln den gegebenen Kegelschnitt in den Ecken des Dreiecks abc osculiren. Oder: Fixirt man eines der genannten Dreiecke abc nebst irgend einem vierten Puncte d des gegebenen Kegelschnittes m^2, so schneiden die drei Kegelschnittbüschel $B(A^2)$, $B(B^2)$, $B(C^2)$, welche durch d gehen und den gegebenen Kegelschnitt beziehlich in a, b, c osculiren, die gegebene Gerade M im nämlichen Punctsystem (Involution), d. h. durch die Puncte r und s, in welchen je ein Glied des einen Büschels die Gerade M schneidet, geht auch je ein Glied der beiden anderen Büschel, und im gleichen Punctsystem wird die Gerade M ferner auch von dem durch alle vier Puncte $abcd$ gehenden vierten Kegelschnittbüschel $B(D^2)$ geschnitten.

Und umgekehrt:

Sind irgend ein Kegelschnitt m^2, in demselben irgend ein Punct d, und nebstdem zwei willkürliche Puncte r, s gegeben, so giebt es im Allgemeinen drei reelle Kegelschnitte A^2, B^2, C^2, welche durch die drei Puncte gehen und den gegebenen Kegelschnitt einzeln in drei Puncten a, b, c osculiren, und zwar liegen diese drei Puncte allemal mit den gegebenen in einem Kegelschnitte D^2; ferner sind die drei Osculationspuncte die Ecken eines dem gegebenen Kegelschnitte eingeschriebenen solchen Dreiecks abc, welches die durch die Puncte rs gehende Gerade M zur zugehörigen Polaren hat, so dass seine Seiten und die Tangenten in den Gegenecken sich auf dieser Geraden schneiden. Bleiben die Puncte rs fest, während der Punct d den gegebenen Kegelschnitt m^2 durchläuft, so entsteht eine Schaar Dreiecke abc, welche sämmtlich die Gerade M zur Polaren haben und welche alle einem neuen Kegelschnitt m_1^2 umschrieben sind, der den gegebenen Kegelschnitt in zwei auf der Geraden M liegenden Puncten berührt. Dabei entspricht also jedem Punct d ein bestimmtes Dreieck abc und auch umgekehrt. Aendern aber die Puncte r, s ihre Lage auf der festen Geraden M (wobei die Schaar der Dreiecke unverändert bleibt), so entspricht im Allgemeinen jedem Puncte d ein anderes Dreieck abc als zuvor; bleibt insbesondere einem Puncte d dasselbe Dreieck entsprechend, so findet dasselbe für alle statt, und zwar tritt dieser Fall dann ein, wenn das neue Punctenpaar mit dem ersten zu dem Punctsystem gehört, in welchem die Gerade M von dem Kegelschnittbüschel $B(D^2)$ der durch irgend einen Punct d und die Ecken des ihm zuvor entsprechenden Dreiecks abc geht, geschnitten wird.

Sind die Puncte r, s und d gegeben, so ist das entsprechende Dreieck abc, in dessen Ecken der gegebene Kegelschnitt m^2 von den genannten drei Kegelschnitten A^2, B^2, C^2 osculirt wird, wie folgt, zu bestimmen: Durch den Pol $\mathfrak{m}$ der Geraden $M(=rs)$ ziehe man die Gerade $d\mathfrak{m}$, die den gegebenen Kegelschnitt m^2 zum zweiten Male in $\mathfrak{d}$ und die Gerade M in $\mathfrak{b}$ schneidet, und nehme auf ihr den Punct h so an, dass $\mathfrak{b}\mathfrak{m}hd$ vier harmonische Puncte sind (dieser Punct h liegt allemal in dem oben erwähnten Kegelschnitte m_1^2). Ferner suche man auf der Geraden M dasjenige Paar Puncte x und y, welche einerseits zu den Puncten r, s zugeordnet harmonisch (also $rxsy$ harmonisch) und andererseits zugleich conjugirte Pole in Bezug auf den gegebenen Kegelschnitt sind (so dass die Polare X von x durch y, und die Polare Y von y durch x geht), und ziehe sodann die Geraden hx und hy; so giebt es einen Kegelschnitt h^2, welcher diese Geraden in den Puncten x und y berührt, zudem durch die Puncte $\mathfrak{m}$ und $\mathfrak{d}$ geht, und welcher den gegebenen Kegelschnitt ausser in $\mathfrak{d}$ in den Ecken des gesuchten Dreiecks abc schneidet. — Beachtet man in der Geraden M alle Paare conjugirter Pole x und y in Bezug auf den gegebenen Kegelschnitt m^2 und zieht durch jedes Paar aus demselben Puncte h die Geraden hx und hy, denen je ein Kegelschnitt h^2 entspricht, so entsteht eine Schaar Kegelschnitte h^2, welche die Puncte $\mathfrak{m}$, δ gemein haben, und welche den gegebenen Kegelschnitt einzeln in den Ecken der vorgenannten Dreiecke schneiden. U. s. w.

IX.

Schliesslich ist zu bemerken, dass auch die vorstehende Betrachtung selbst nur ein specieller Fall einer allgemeinen ist, wobei statt des Kegelschnittes und der Geraden eine Curve dritten Grades mit einem Doppelpuncte zu Grunde gelegt wird.

Einer Curve dritten Grades m^3, welche einen Doppelpunct d hat, sind unendlich viele vollständige Vierseite eingeschrieben, jede beliebige Gerade ist Seite eines solchen Vierseits, aber nur eines einzigen. Wir wollen jedes solche Vierseit durch S^4, seine drei Paar Gegenecken durch a und α, b und β, c und γ bezeichnen und annehmen, es liegen die drei Ecken abc, $a\beta\gamma$, $b\alpha\gamma$, $c\alpha\beta$ in je einer Seite; alsdann enthält das Vierseit die vier Dreiecke $\alpha\beta\gamma$, abc, βca, γab. In den drei Ecken jedes solchen Dreiecks wird die Curve von irgend einem Kegelschnitte berührt; und umgekehrt, jeder der Curve eingeschriebene Kegelschnitt berührt sie in den Ecken eines solchen Dreiecks, und das zugehörige Vierseit S^4 ist dadurch bestimmt. Die zwei Tangenten der Curve in einem Paar Gegenecken je eines Vierseits treffen sich in irgend einem dritten Puncte der Curve; umgekehrt gehen durch jeden Punct der Curve nur je zwei Tangenten, welche sie anderwärts berühren, aber die beiden Berührungspuncte sind Gegenecken von unendlichen vielen Vierseiten S^4.

Wählt man in der gegebenen Curve m^3 zwei Puncte r, s beliebig, legt durch sie und beziehlich die Ecken der vier Dreiecke $\alpha\beta\gamma$, abc, βac, γab irgend eines eingeschriebenen Vierseits S^4 vier Kegelschnitte, so treffen sich diese allemal in einem Puncte δ der gegebenen Curve, und zwar bleibt dieser Punct für alle Vierseite der nämliche; und legt man ferner durch die Puncte r, s und durch den Doppelpunct d der Curve und beziehlich durch die drei Paar Gegenecken a und α, b und β, c und γ je eines eingeschriebenen Vierseits S^4 drei Kegelschnitte $drsa\alpha$, $drsb\beta$, $drsc\gamma$, so schneiden sich diese in irgend einem (nicht in der Curve liegenden) Puncte m, der gleichfalls für alle Vierseite derselbe bleibt, oder legt man durch die drei festen Puncte r, s und d und beziehlich durch je zwei solche Puncte der Curve, deren zugehörige Tangenten sich in einem dritten Puncte derselben schneiden, je einen Kegelschnitt, so schneiden sich diese Kegelschnitte insgesammt in einem vierten Puncte m. Die den angenommenen Puncten r und s solchergestalt entsprechenden zwei Puncte δ und m liegen allemal mit dem Doppelpunct d in einer Geraden, welche von der Geraden rs im vierten harmonischen Puncte μ geschnitten wird, nämlich so, dass

$dm\delta\mu$ harmonisch liegen. Legt man aus dem Punct r die beiden Tangenten, etwa $r\mathfrak{r}$ und $r\mathfrak{r}_1$, an die Curve, und zieht aus demselben die Strahlen rd und rm, so sind rd, $r\mathfrak{r}$, rm, $r\mathfrak{r}_1$ vier harmonische Strahlen; gleicherweise sind die Tangenten $s\sigma$ und $s\sigma_1$ und die Strahlen sd, sm aus dem Puncte s zugeordnet harmonisch. Danach sind also die Strahlen rm und sm durch die jedesmaligen drei übrigen zu finden, und durch sie findet man den Punct m; sodann wird durch die drei Puncte d, μ und m auch der Punct δ gefunden, als vierter, d zugeordneter harmonischer Punct; oder δ ist der einzige Schnittpunct der Geraden dm mit der Curve ausser d. Ferner ist der Punct δ auch dadurch bestimmt, dass die Curve von einem Kegelschnitte in r, s und δ berührt wird, oder wenn t der dritte Schnitt der Geraden rs mit der Curve ist, dass die Tangenten in t und δ die Curve im nämlichen Puncte schneiden. Sind $\mathfrak{r}$, $\mathfrak{r}_1$ und σ, σ_1 die Berührungspuncte der aus r und s an die Curve gelegten Tangenten, so haben die Kegelschnitte $drs\mathfrak{r}\mathfrak{r}_1$ und $drs\sigma\sigma_1$ den Punct m zu ihrem vierten Schnittpunct. Hat man auf die eine oder andere Art den zu den gegebenen Puncten r, s gehörigen Punct m gefunden, so kann man umgekehrt sagen: Jeder durch die vier Puncte d, r, s, m gehende Kegelschnitt schneidet die Curve m^3 noch in je zwei solchen Puncten, deren zugehörige Tangenten sich in irgend einem dritten Puncte der Curve treffen.

Wird nebst den Puncten r, s noch ein beliebiger dritter Punct t in der gegebenen Curve m^3 angenommen, so giebt es im Allgemeinen drei reelle Kegelschnitte, welche durch die drei Puncte gehen und die Curve in irgend drei anderen Puncten, etwa a, b, c, beziehlich osculiren, und zwar liegen diese drei Puncte allemal mit r, s, t zusammen in irgend einem Kegelschnitte. Legt man durch den Doppelpunct d und durch zwei der drei angenommenen Puncte r, s und t, etwa durch r und s, das Paar Kegelschnitte A^2 und A_0^2, wovon der erste durch bc geht, und der andere die Curve m^3 in a berührt, so berühren sich dieselben im Puncte d; und legt man ebenso durch die drei festen Puncte drs die zwei Paar Kegelschnitte B^2 und B_0^2, C^2 und C_0^2, wovon B^2 und C^2 beziehlich durch die Puncte a und c, a und b gehen und B_0^2, C_0^2 die Curve beziehlich in b, c berühren, so berühren sich dieselben gleichfalls im Puncte d. Bleiben die Puncte r, s fest, während der Punct t die Curve m^3 durchläuft, so ändern sich gleichzeitig die drei Osculationspuncte a, b, c, sowie auch die eben genannten drei Kegelschnitte A^2, B^2, C^2, aber alle diese Kegelschnitte umhüllen insgesammt eine neue Curve dritten Grades m_1^3, welche mit der gegebenen die Puncte r und s, sowie den Doppelpunct d und in diesem die beiden Tangenten gemein hat. Der Berührungspunct jedes dieser umhüllenden Kegelschnitte mit der Curve m_1^3 ist durch harmonische Eigenschaften bestimmt und zu finden.

Anmerkung. In der bereits citirten Abhandlung im 32. Bande des

Crelle'schen Journals*) finden sich Andeutungen, wie für ganz beliebige Curven dritten Grades sich die hier angegebenen Sätze gestalten. Hierher gehört anch noch, wie man leicht erkennt, folgender Satz: Sind ein vollständiges Vierseit S^4 und irgend zwei Puncte r, s in einer Ebene beliebig gegeben, so schneiden sich die vier Kegelschnitte $rs\alpha\beta\gamma$, $rsabc$, $rs\beta ca$, $rs\gamma ab$ allemal in irgend einem Puncte δ, und jede durchdie acht Puncte $rsabc\alpha\beta\gamma$ gelegte Curve dritten Grades geht gleichfalls durch den Punct δ. Ein specieller Fall hiervon findet sich in *Gergonne*'s Annalen Bd. 19 (Band I dieser Ausgabe S. 221, 1°.): Die den vier Dreiecken $\alpha\beta\gamma$, abc, βac, γab umschriebenen Kreise schneiden sich in einem Puncte δ.

X.

Wenn auch die am Anfange der vorhergehenden Betrachtung stehenden elementaren Sätze durch Polarisiren sich nicht in solche andere umwandeln lassen, bei welchen den dortigen acht Kreisen wiederum Kreise entsprechen, so finden gleichwohl gewisse entgegenstehende Sätze statt, bei denen zwar die Kreise in viel grösserer Anzahl vorkommen, aber aus denen sich rücksichtlich des zu Grunde gelegten Kegelschnittes analoge Folgerungen ziehen lassen, wie dort. Der hier an die Spitze zu stellende Elementarsatz ist folgender:

Sind in einer Ebene drei Paar parallele Gerade, A und $\mathfrak{A}$, B und $\mathfrak{B}$, C und $\mathfrak{C}$ gegeben, wovon jedes Paar, für sich betrachtet, von einem und demselben Puncte m gleichweit absteht, so berühren alle sechs Geraden irgend einen Kegelschnitt m^2, welcher den Punct m zum Mittelpunct hat. Fasst man zunächst die vier Dreiseite ABC, $A\mathfrak{B}\mathfrak{C}$, $B\mathfrak{C}\mathfrak{A}$, $C\mathfrak{A}\mathfrak{B}$ ins Auge, und bezeichnet jeden der vier Kreise, welche dem ersten eingeschrieben sind, durch K^2, ebenso jeden der vier Kreise, welche den übrigen Dreiseiten eingeschrieben sind, durch K_1^2, K_2^2, K_3^2, so hat jeder der vier Kreise K^2 mit dem Kegelschnitte m^2 ausser A, B, C noch eine vierte Tangente D gemein, und sodann berührt diese Tangente allemal zugleich noch je einen der vier Kreise aus jeder der drei übrigen Gruppen K_1^2, K_2^2, K_3^2, so dass also von den vier Gruppen von Kreisen im Ganzen vier mal vier, aus jeder Gruppe je einer, eine gemeinschaftliche Tangente D haben, welche zugleich auch den Kegelschnitt m^2 berührt. Gleicherweise haben die den vier Dreiseiten $\mathfrak{A}\mathfrak{B}\mathfrak{C}$, $\mathfrak{A}BC$, $\mathfrak{B}CA$, $\mathfrak{C}AB$ eingeschriebenen Gruppen von je vier Kreisen, zu vier und vier, je aus jeder Gruppe einer, eine gemeinschaftliche Tangente $\mathfrak{D}$, die zugleich auch den Kegelschnitt m^2 berührt. Jeder der vier Tangenten D entspricht eine der vier Tangenten $\mathfrak{D}$ in der Art, dass sie parallel sind, und gleich weit vom Puncte m abstehen.

Um hierbei diejenigen Kreise anzugeben, welche sich in der Hinsicht entsprechen, dass sie eine Tangente D (oder $\mathfrak{D}$) gemein haben, dienen folgende Merkmale:

*) Band II dieser Ausgabe S. 375.

Die einem Dreiseit eingeschriebenen vier Kreise unterscheiden sich in einen inneren und drei äussere, und die letzteren unterscheiden sich näher dadurch, dass jeder unter einer bestimmten Seite liegt.

Fixirt man nun irgend zwei der erstgenannten vier Dreiseite, etwa ABC und $A\mathfrak{B}\mathfrak{C}$, welche die Gerade A gemein haben, so entspricht in jedem derselben der unter der Seite A liegende Kreis dem inneren Kreis im anderen Dreiseit, und sodann entsprechen sich die übrigen Kreise verwechselt, d. h. dem Kreise unter B entspricht der Kreis unter $\mathfrak{C}$, und der unter C entspricht dem unter $\mathfrak{B}$. Diese Regel gilt gleicherweise für je zwei zusammengehörige Dreiseite.

Oder: bezeichnet man für einen Augenblick bloss den inneren Kreis im Dreiseit ABC durch K^2, dagegen die unter den Seiten A, B, C liegenden Kreise beziehlich durch A^2, B^2, C^2, ferner ebenso den inneren Kreis im Dreiseit $A\mathfrak{B}\mathfrak{C}$ durch K_1^2 und die unter den Seiten A, $\mathfrak{B}$, $\mathfrak{C}$ liegenden durch A_1^2, $\mathfrak{B}_1^2$, $\mathfrak{C}_1^2$, so haben die Kreise A^2 und K_1^2, K^2 und A_1^2, B^2 und $\mathfrak{C}_1^2$, C^2 und $\mathfrak{B}_1^2$ je eine neue Tangente D mit dem Kegelschnitte m^2 gemein. Und wenn man weiter auch die Kreise in den beiden Dreiseiten $B\mathfrak{A}\mathfrak{C}$ und $C\mathfrak{A}\mathfrak{B}$ gleicherweise durch K_2^2, B_2^2, $\mathfrak{C}_2^2$, $\mathfrak{A}_2^2$ und K_3^2, C_3^2, $\mathfrak{A}_3^2$, $\mathfrak{B}_3^2$ bezeichnet, so haben die je vier Kreise $K^2 A_1^2 B_2^2 C_3^2$, $K_1^2 A^2 \mathfrak{B}_3^2 \mathfrak{C}_2^2$, $K_2^2 \mathfrak{A}_3^2 B^2 \mathfrak{C}_1^2$, $K_3^2 \mathfrak{A}_2^2 \mathfrak{B}_1^2 C^2$ mit dem Kegelschnitt m^2 eine Tangente D gemein.

Dabei haben je zwei sich entsprechende Kreise irgend eine der sechs gegebenen Geraden $ABC\mathfrak{A}\mathfrak{B}\mathfrak{C}$ zur gemeinschaftlichen Tangente, und alsdann ist D allemal die derselben conjugirte gemeinschaftliche Tangente der Kreise, d. h. sie sind entweder die beiden äusseren oder die beiden inneren gemeinschaftlichen Tangenten der letzteren. Daher kann man im Einzelnen auch sagen:

Haben zwei Dreiseite ABC und $A\mathfrak{B}\mathfrak{C}$ die Gerade A gemein und sind ihre übrigen Seiten beziehlich parallel, also die Dreiseite ähnlich, und legt man an jedes der vier Kreispaare K^2 und A_1^2, A^2 und K_1^2, B^2 und $\mathfrak{C}_1^2$, C^2 und $\mathfrak{B}_1^2$, wovon jedes A zur gemeinschaftlichen Tangente hat, die dieser Tangente conjugirte gemeinschaftliche Tangente D, was vier verschiedene Gerade D giebt, so berühren diese vier Gerade und die Seiten beider Dreiseite zusammen irgend einen Kegelschnitt m^2, dessen Mittelpunct m in derjenigen Geraden liegt, welche die Gegenecken der Seite A in beiden Dreiseiten verbindet.

XI.

Die Folgerungen aus diesem Satze sind noch zahlreicher als diejenigen aus dem Satze in I., es mögen aber von denselben nur wenige hier Platz finden.

Sieht man den Kegelschnitt m^2 als gegeben an, bezeichnet die Berührungspuncte der sechs Tangenten $A\mathfrak{A}B\mathfrak{B}C\mathfrak{C}$ durch $a\alpha b\beta c\gamma$ und fasst etwa die beiden Dreiseite ABC und $B\mathfrak{A}\mathfrak{C}$ ins Auge, deren Ecken beziehlich $a_1b_1c_1$ und $b_2\alpha_1\gamma_1$ heissen sollen, so sind zunächst folgende zwei Grenzfälle zu betrachten:

1) Bleiben die Tangenten A, B fest, also auch die ihnen parallelen $\mathfrak{A}$, $\mathfrak{B}$, während die Tangente C sich A nähert, bis sie auf dieselbe fällt, und gleichzeitig auch $\mathfrak{C}$ auf $\mathfrak{A}$, so reduciren sich die Kreise K^2, B^2 beide auf die Ecke c_1, ebenso K_2^2, B_2^2 auf die Ecke γ_1, und die Kreise A^2, C^2 berühren beide die Tangente A nebst dem Kegelschnitte m^2 im Puncte a, und ebenso berühren die Kreise $\mathfrak{A}_2^2$, $\mathfrak{C}_2^2$ die Tangente $\mathfrak{A}$ und den Kegelschnitt im Puncte α. In diesem Falle sind aber die auf einander liegenden Seiten A und C, $\mathfrak{A}$ und $\mathfrak{C}$ nicht mehr zu unterscheiden, also auch nicht die unter ihnen liegenden Kreise A^2 und C^2, $\mathfrak{A}_2^2$ und $\mathfrak{C}_2^2$; indessen sind die letzteren dadurch zu erkennen, dass jenachdem die beiden Berührungspuncte a, α auf gleichen oder auf entgegengesetzten Seiten der Tangente B liegen, dann auch die sich entsprechenden Kreise A^2 und $\mathfrak{C}_2^2$, C^2 und $\mathfrak{A}_2^2$ beziehlich auf gleicher oder auf entgegengesetzter Seite in Rücksicht der parallelen Tangenten A, $\mathfrak{A}$ liegen; und zwar findet das Eine oder das Andere statt, jenachdem der Kegelschnitt Ellipse oder Hyperbel ist.

2) Bleiben dagegen die Tangenten A, C fest, also auch $\mathfrak{A}$, $\mathfrak{C}$, während die Tangente B sich der A nähert, bis sie mit ihr zusammenfällt, so reducirt sich jeder der Kreise K^2, C^2 auf die Ecke b_1, und die Kreise A^2, B^2 berühren beide die Tangente A und den Kegelschnitt im Puncte a; zugleich werden andererseits die Kreise $\mathfrak{B}_2^2$, $\mathfrak{A}_2^2$ unendlich gross, und die Kreise K_2^2, $\mathfrak{C}_2^2$ einander gleich. Auch in diesem Falle sind weder die Kreise A^2 und B^2 noch K_2^2 und $\mathfrak{C}_2^2$ zu unterscheiden, indessen sind die sich entsprechenden Kreise B^2 und K_2^2, A^2 und $\mathfrak{C}_2^2$ dadurch bestimmt, dass sie in Bezug auf die sich kreuzenden Geraden A und C, $\mathfrak{A}$ und $\mathfrak{C}$ entweder in einander entsprechenden oder nicht entsprechenden Winkeln (AC) und $(\mathfrak{A}\mathfrak{C})$, oder wofern die Winkel nicht gerade Rechte sind, in gleichen oder ungleichen Winkeln liegen, jenachdem der Berührungspunct a rücksichtlich des Parallelogramms $AC\mathfrak{A}\mathfrak{C}$ beziehlich in der eigentlichen Seite A oder in ihrer Verlängerung liegt, oder jenachdem der Kegelschnitt m^2 Ellipse oder Hyperbel ist.

Also auch umgekehrt:

1ª) Legt man an einen gegebenen Kegelschnitt m^2 irgend zwei parallele Tangenten A, $\mathfrak{A}$, sowie eine beliebige dritte Tangente B, berühren ihn die ersteren in den Puncten a und α, und beschreibt man diejenigen vier Kreise, A^2 und C^2, $\mathfrak{A}_2^2$ und $\mathfrak{C}_2^2$, wovon die zwei ersten die A im Puncte a, die zwei anderen die $\mathfrak{A}$ im Puncte α, und zudem alle vier die B berühren, so hat bei gehöriger Annahme jedes der beiden Kreispaare A^2 und $\mathfrak{C}_2^2$, C^2 und $\mathfrak{A}_2^2$ mit dem

Kegelschnitte eine neue Tangente D gemein, wofern jedes Paar, in Rücksicht der parallelen Tangenten A und $\mathfrak{A}$ entweder gleichliegend oder ungleichliegend ist, jenachdem die Puncte a und α beziehlich auf gleichen oder auf verschiedenen Seiten der Tangente B liegen. — Oder: Sind zwei parallele Gerade A und $\mathfrak{A}$, in jeder irgend ein Punct a und α, sowie eine sie schneidende beliebige dritte Gerade B gegeben, und beschreibt man diejenigen vier Kreise, von denen zwei die A im Puncte a, die zwei anderen die $\mathfrak{A}$ im Puncte α und zudem alle vier die Gerade B berühren, und legt sodann, jenachdem die Puncte a, α auf gleicher oder auf verschiedenen Seiten von B liegen, beziehlich an je zwei auf gleicher oder auf ungleichen Seiten der Parallelen A, $\mathfrak{A}$ liegende, nicht zusammengehörige Kreise die der B conjugirte gemeinschaftliche Tangente D, was zwei D giebt, so giebt es allemal irgend einen Kegelschnitt m^2, welcher A und $\mathfrak{A}$ in den gegebenen Puncten a und α, und nebstdem auch B sowie die beiden D berührt. — Oder: Legt man an zwei gegebene Kreise (etwa A^2, $\mathfrak{C}_2^2$) ein Paar conjugirte gemeinschaftliche Tangenten B und D, sowie irgend ein Paar parallele Tangenten A und $\mathfrak{A}$, an jeden eine, die sie in den Puncten a und α berühren, so giebt es jedesmal einen Kegelschnitt, welcher die Kreise in diesen Puncten a, α und nebstdem auch die beiden gemeinschaftlichen Tangenten berührt.

2^a) Ist einem gegebenen Kegelschnitte irgend ein Parallelogramm $AC\mathfrak{A}\mathfrak{C}$ umschrieben, ist a der Berührungspunct der Seite A, und beschreibt man diejenigen zwei Kreise A^2 und B^2, welche A im Puncte a und zudem auch C berühren, sowie ferner diejenigen zwei Kreise K_2^2 und $\mathfrak{C}_2^2$, welche die drei Seiten $A\mathfrak{A}\mathfrak{C}$ berühren, so hat jedes der beiden Kreispaare A^2 und $\mathfrak{C}_2^2$, B^2 und K_2^2 mit dem Kegelschnitte eine neue Tangente D gemein, wofern nämlich diese Paare rücksichtlich der sich kreuzenden Geraden A und C, $\mathfrak{A}$ und $\mathfrak{C}$ in einander entsprechenden oder nicht entsprechenden Winkeln liegen, d. h. jenachdem der Kegelschnitt beziehlich Ellipse oder Hyperbel ist. — Auch dieser Satz kann noch auf zwei Arten umgekehrt werden, wie der vorige.

XII.

Lässt man nun weiter im ersten Falle (1) oder 1^a)) die Tangente B der festen Tangente A sich nähern, bis sie mit ihr zusammenfällt, so reducirt sich auch noch einer der Kreise A^2 oder C^2, etwa C^2 auf den Punct a, wogegen der andere A^2 den Kegelschnitt in diesem Puncte osculirt; zugleich wird der dem Kreise C^2 entsprechende Kreis $\mathfrak{A}^2$ unendlich gross, nämlich er zerfällt in die Geraden $\mathfrak{A}$ und G_∞, während der Kreis $\mathfrak{C}^2$ immerhin, wie zuvor, die Tangente $\mathfrak{A}$ sammt dem Kegelschnitt im Puncte α berührt; dabei behalten die Kreise A^2 und $\mathfrak{C}^2$ mit dem Kegelschnitte die vorgenannte Tangente D gemein. Daraus ergiebt sich also ein dem obigen analoges Verfahren, den Krümmungskreis des Kegelschnittes in irgend einem gegebenen Puncte a desselben zu finden. Nämlich: man lege im gegebenen Punct a und im anderen Endpunct α des durch ihn gehenden Durchmessers Tangenten A, $\mathfrak{A}$ an den Kegelschnitt, beschreibe hierauf den Kreis, welcher die Tangente $\mathfrak{A}$ im Puncte α und zugleich auch die Tangente A berührt, so hat derselbe noch irgend eine vierte Tangente D mit dem Kegelschnitte gemein, und beschreibe sodann denjenigen Kreis, welcher die Tangente D und nebstdem die Gerade A im Puncte a berührt, so osculirt er hier den Kegelschnitt und ist der verlangte Krümmungskreis.

Und umgekehrt: Sind A und D zwei conjugirte gemeinschaftliche Tangenten zweier gegebenen Kreise A^2 und $\mathfrak{A}^2$, berührt A den ersten Kreis in a, und legt man an den zweiten Kreis die mit A parallele Tangente, welche ihn in α berührt, und beschreibt sodann den Kegelschnitt, welcher die Kreise in den genannten Puncten a, α und zudem auch noch die Gerade D berührt, so osculirt derselbe den Kreis A^2 im Puncte a. Der Kegelschnitt ist Ellipse oder Hyperbel, jenachdem A und D äussere oder innere gemeinschaftliche Tangenten der Kreise sind.

XIII.

Einem beliebigen Kegelschnitte können insbesondere solche Dreiecke umschrieben sein, deren Seiten von ihm und von drei dem Dreieck eingeschriebenen Kreisen in den nämlichen Puncten berührt werden. Und ist umgekehrt ein beliebiges Dreiseit gegeben, so giebt es vier ihm eingeschriebene Kegelschnitte, welche seine Seiten mit je drei der ihm eingeschriebenen vier Kreise in den gleichen Puncten berühren. Behalten wir die vorige Bezeichnung der vier Kreise, die einem beliebigen Dreiseit ABC eingeschrieben sind, in gleichem Sinne rücksichtlich ihrer Lage bei und nehmen an,

es werden die Seiten $A\ B\ C$
vom Kreise K^2 in den Puncten $k\ k_1\ k_2$,
- - A^2 - - - $a\ a_1\ a_2$,
- - B^2 - - - $b\ b_1\ b_2$,
- - C^2 - - - $c\ c_1\ c_2$ berührt,
so berührt sie ein Kegelschnitt E^2 in den Puncten $a\ b_1\ c_2$,
- - H^2 - - - $k\ c_1\ b_2$,
- - H_1^2 - - - $c\ k_1\ a_2$,
- - H_2^2 - - - $b\ a_1\ k_2$,

und zwar ist von diesen vier Kegelschnitten, wie schon durch ihre Bezeichnung angedeutet, der erste Ellipse und die drei anderen sind Hyperbeln. Die Ellipse liegt innerhalb des Dreiseits; von jeder Hyperbel liegt ein Zweig in einem Scheitelwinkel des Dreiseits und berührt dessen Schenkel, also die Verlängerungen der betreffenden beiden Seiten, der andere Zweig liegt unter der jedesmaligen dritten Seite und berührt sie. Um die je drei Puncte, in welchen die Seiten von einem der vier Kegelschnitte berührt werden, leicht und sicher zu erkennen, dient folgendes Merkmal:

Die vier Puncte, in welchen jede Seite berührt wird, liegen paarweise gleich weit von ihrer Mitte ab. Sind α, β, γ die Mitten der Seiten A, B, C, so ist

$$ak = \alpha a \quad \text{und} \quad \alpha b = \alpha c; \quad \beta k_1 = \beta b_1 \quad \text{und} \quad \beta a_1 = \beta c_1;$$
$$\gamma k_2 = \gamma c_2 \quad \text{und} \quad \gamma a_2 = \gamma b_2.$$

Geht man nun von den drei Berührungspuncten eines der Kreise aus, und nimmt diejenigen Puncte, welche mit ihnen gleich weit von den Mitten abstehen, so hat man die drei Berührungspuncte eines der vier Kegelschnitte, so dass also in dieser Hinsicht jedem Kreis ein bestimmter Kegelschnitt entspricht, und zwar entsprechen sich

$$K^2 \text{ und } E^2, \quad A^2 \text{ und } H^2, \quad B^2 \text{ und } H_1^2, \quad C^2 \text{ und } H_2^2.$$

Aus dieser gegenseitigen Lage der Berührungspuncte, verbunden mit dem Umstande, dass die in den Mitten α, β, γ auf die Seiten errichteten Lothe sich im Mittelpunct N des dem Dreiseite umschriebenen Kreises N^2 treffen, folgt zugleich, dass auch die Normalen jedes Kegelschnittes in dessen drei Berührungspuncten sich in einem Puncte treffen müssen, welcher allemal mit dem Mittelpuncte des entsprechenden Kreises und mit dem Puncte N in einer Geraden liegt, und zwar jene beiden gleich weit von diesem abstehend. Werden die Mittelpuncte der Kreise K^2, A^2, B^2, C^2 durch K_0, A_0, B_0, C_0 und die Treffpuncte der je drei Normalen der Kegelschnitte E^2, H^2, H_1^2, H_2^2 durch $\mathfrak{K}_0$, $\mathfrak{A}_0$, $\mathfrak{B}_0$, $\mathfrak{C}_0$ bezeichnet, so gehen also die vier Geraden $K_0\mathfrak{K}_0$, $A_0\mathfrak{A}_0$, $B_0\mathfrak{B}_0$, $C_0\mathfrak{C}_0$ durch den Punct N, und jede wird durch ihn gehälftet. Somit sind die Vierecke $K_0A_0B_0C_0$ und $\mathfrak{K}_0\mathfrak{A}_0\mathfrak{B}_0\mathfrak{C}_0$ gleich und haben N zum Symmetralpunct. Da jede der 12 Normalen zugleich auch zu je einem Kreise normal ist, so gehen sie zu drei durch die Mittelpuncte der Kreise, oder mit einem Worte: die Normalen fallen auf die 12 Geraden, welche die einander nicht entsprechenden Ecken der Vierecke paarweise verbinden. Diese 12 Geraden sind alle gleich lang, daher ist jede Ecke des einen Vierecks der Mittelpunct des Kreises, welcher durch die drei ihr nicht entsprechenden Ecken des anderen Vierecks geht, und die auf diese Weise bestimmten 8 Kreise sind gleich, und zwar ist ihr Radius dem Durchmesser des Kreises N^2 gleich.

Man bezeichne die Ecken des gegebenen Dreiseits ABC durch $\mathfrak{a}\mathfrak{b}\mathfrak{c}$, nämlich so, dass die gleichnamigen Seiten und Ecken einander gegenüberliegen. Die drei Paar Strahlen, welche die inneren und äusseren Winkel des Dreiecks hälften, und wovon jedes Paar sich rechtwinklig schneidet, sind die drei Paar Gegenseiten des vollständigen Vierecks $A_0 B_0 C_0 K_0$, dessen Ecken die Mittelpuncte der vier dem Dreieck eingeschriebenen Kreise sind. Die Strahlen bilden zu drei und drei vier Dreiecke $A_0 B_0 C_0$, $A_0 B_0 K_0$, $C_0 A_0 K_0$, $B_0 C_0 K_0$, die alle dem Dreieck $\mathfrak{abc}$ umschrieben sind, und wovon jedes die Ecken des letzteren zu Fusspuncten seiner Höhen, sowie die jedesmalige vierte Ecke des Vierecks, beziehlich K_0, C_0, B_0, A_0 zum Höhenschnitt hat. Jedem der vier Dreiecke kann demnach ein Kegelschnitt eingeschrieben werden, welcher seine Seiten in den Puncten $\mathfrak{abc}$ berührt, und dessen Normalen in diesen Puncten auf die Höhen des jedesmaligen Dreiecks fallen. Wir wollen diese Kegelschnitte, die zugleich alle dem Dreieck $\mathfrak{abc}$ umschrieben sind, beziehlich mit $\mathfrak{E}^2$, $\mathfrak{H}^2$, $\mathfrak{H}_1^2$, $\mathfrak{H}_2^2$ bezeichnen; sie sind der Bezeichnung gemäss eine Ellipse und drei Hyperbeln und entsprechen nach der Reihe den obigen Kegelschnitten E^2, H^2, H_1^2, H_2^2 zunächst in der Hinsicht, dass die beiderseitigen Treffpuncte der je drei Normalen einander entsprechende Ecken der sich gleichen Vierecke $K_0 A_0 B_0 C_0$ und $K_0 \mathfrak{A}_0 \mathfrak{B}_0 \mathfrak{C}_0$ sind; so z. B. treffen sich die Normalen von $\mathfrak{E}^2$ in K_0 und die von E^2 in $\mathfrak{K}_0$.

XIV.

Aus allen diesen Angaben folgt: das Dreieck $\mathfrak{abc}$ (= Dreiseit ABC) hat in Bezug auf die ihm eingeschriebene Ellipse E^2 die Eigenschaft, dass die Normale der Ellipse im Berührungspuncte jeder Seite mit den beiden Strahlen, welche die der Seite anliegenden Aussenwinkel des Dreiecks hälften, in einem Puncte zusammentrifft (resp. in A_0, B_0, C_0), so dass also das Dreieck zufolge eines früher publicirten Satzes unter allen der Ellipse umschriebenen Dreiecken zu denen gehört, deren Umfang ein Minimum ist. Und in Bezug auf die ihm umschriebene Ellipse $\mathfrak{E}^2$ hat das Dreieck die Eigenschaft, dass die Normalen derselben in seinen Ecken seine Winkel hälften, so dass es daher unter allen dieser Ellipse eingeschriebenen Dreiecken zu denjenigen gehört, deren Umfang ein Maximum ist. Aus ähnlichen Gründen folgt, dass das Dreieck $\mathfrak{abc}$ unter allen der Hyperbel umschriebenen Dreiecken zu denjenigen gehört, bei welchen die Differenz der Summe zweier Seiten $B+C$ und der dritten Seite A ein Maximum ist, und dass dasselbe unter allen der Hyperbel $\mathfrak{H}^2$ eingeschriebenen Dreiecken zu denen gehört, bei denen dieselbe Differenz ein Minimum ist. Gleiche Beziehung hat das Dreieck sowohl zu den Hyperbeln H_1^2 und $\mathfrak{H}_1^2$, sowie zu den Hyperbeln H_2^2 und $\mathfrak{H}_2^2$, bei denen beziehlich die Differenzen $A+C-B$ und $A+B-C$ in Betracht kommen. Nämlich die Differenz wird so bestimmt: Jede der drei eingeschriebenen Hyperbeln H^2, H_1^2,

H_2^2 berührt je zwei der Seiten des Dreiecks in ihren Verlängerungen und die dritte zwischen ihren Endpuncten, die Summe jener weniger dieser ist die zu beachtende Differenz. Und bei jeder der drei umschriebenen Hyperbeln $\mathfrak{H}^2$, $\mathfrak{H}_1^2$, $\mathfrak{H}_2^2$ geht der eine Zweig durch zwei Ecken des Dreiecks, und der andere Zweig durch die dritte Ecke; die zwischen jenen zwei Ecken liegende Seite, von der Summe der beiden anderen Seiten abgezogen, giebt die fragliche Differenz.

Wenn nun aber das Dreieck $\mathfrak{abc}$, als der Ellipse E^2 umschrieben, kleinsten Umfang, als der Ellipse $\mathfrak{E}^2$ eingeschrieben, grössten Umfang hat, so müssen die Ellipsen nothwendig confocal sein, und es giebt eine Schaar Dreiecke, die ihnen gleicherweise beziehlich um- und eingeschrieben sind, und welche mit dem gegebenen Dreieck gleichen Umfang haben, der rücksichtlich der ersten Ellipse ein Minimum, rücksichtlich der zweiten hingegen ein Maximum ist. Aus gleichen Gründen muss jedes der drei Paar Hyperbeln H^2 und $\mathfrak{H}^2$, H_1^2 und $\mathfrak{H}_1^2$, H_2^2 und $\mathfrak{H}_2^2$ confocal sein, und es giebt rücksichtlich jedes Paares eine Schaar Dreiecke, die ihnen in gleicher Art wie das gegebene um- und eingeschrieben sind, und deren Seiten, in entsprechender Ordnung verbunden, dieselbe Differenz geben, wie die Seiten des gegebenen Dreiecks, und wo diese Differenz in Betracht der ersten Hyperbel ein Maximum, dagegen in Betracht der zweiten ein Minimum ist.

Anmerkung. Man vergleiche die Abhandlung: Elementare Lösung einer geometrischen Aufgabe, und über einige damit in Beziehung stehende Eigenschaften der Kegelschnitte. (Monatsbericht der Berliner Akademie vom April 1847, *Crelle's* Journal Band 37, Band II. d. Ausg. S. 389.)

XV.

Die wesentlichsten Resultate, welche aus dieser Betrachtung hervorgehen, sind in etwas veränderter Ordnung folgende:

1) Ist ein beliebiges Dreieck $\mathfrak{abc}$ oder Dreiseit ABC gegeben, so giebt es allemal vier Paare confocaler Kegelschnitte, wovon der eine dem Dreieck eingeschrieben und der andere umschrieben ist; das eine Paar besteht aus Ellipsen, E^2 und $\mathfrak{E}^2$, die drei anderen Paare aus Hyperbeln, H^2 und $\mathfrak{H}^2$, H_1^2 und $\mathfrak{H}_1^2$, H_2^2 und $\mathfrak{H}_2^2$. Rücksichtlich jedes Paares giebt es eine Schaar Dreiecke, zu denen das gegebene jedesmal mitgehört, welche demselben zugleich um- und eingeschrieben sind; bei dem Paar Ellipsen haben alle Dreiecke gleichen Umfang, und zwar ist derselbe in Bezug auf die eingeschriebene Ellipse E^2 ein Minimum und in Bezug auf die umschriebene $\mathfrak{E}^2$ ein Maximum, bei jedem Paar Hyperbeln haben alle Dreiecke gleiche Differenz zwischen der Summe zweier Seiten und der dritten Seite, und zwar ist diese Differenz in Betracht der eingeschriebenen Hyperbel ein Maximum und in Betracht der umschriebenen ein Minimum.

2) Die vier eingeschriebenen Kegelschnitte E^2, H^2, H_1^2, H_2^2 berühren die Seiten des Dreiecks $\mathfrak{abc}$ mit den ihm eingeschriebenen vier Kreisen K^2, A^2, B^2, C^2 in den gleichen zwölf Puncten. Die drei Normalen jedes der vier Kegelschnitte in seinen drei Berührungspuncten treffen sich in einem Puncte, beziehlich in $\mathfrak{K}_0$, $\mathfrak{A}_0$, $\mathfrak{B}_0$, $\mathfrak{C}_0$; alle zwölf Normalen, anders combinirt, treffen sich auch zu drei und drei in den Mittelpuncten K_0, A_0, B_0, C_0 der vier Kreise und zwischen den beiderseitigen Treffpuncten sind alle zwölf Normalen gleich lang; daher ist jeder der letzteren vier Puncte der Mittelpunct eines neuen Kreises, welcher durch je drei der ersteren vier Puncte geht, sowie jeder von diesen Mittelpunct eines Kreises ist, welcher durch je drei von jenen geht, und diese acht Kreise sind gleich. Zudem sind auch die Vierecke $K_0 A_0 B_0 C_0$ und $\mathfrak{K}_0 \mathfrak{A}_0 \mathfrak{B}_0 \mathfrak{C}_0$ gleich und haben den Mittelpunct N des dem gegebenen Dreiecke umschriebenen Kreises N^2 zum Symmetralpuncte, so dass die ihre entsprechenden Ecken verbindenden vier Geraden $K_0\mathfrak{K}_0$, $A_0\mathfrak{A}_0$, $B_0\mathfrak{B}_0$, $C_0\mathfrak{C}_0$ durch diesen Punct N gehen und durch ihn gehälftet werden; die drei Paar Gegenseiten jedes der beiden Vierecke schneiden einander rechtwinklig, die des ersten schneiden sich in den Ecken des gegebenen Dreiecks $\mathfrak{abc}$, die des anderen in den Ecken eines gleichen Dreiecks $\mathfrak{a}_1\mathfrak{b}_1\mathfrak{c}_1$, das mit jenem in Bezug auf den Punct N symmetrisch liegt; ferner schneidet jede der sechs Seiten des einen Vierecks je eine Seite des anderen rechtwinklig, und der Schnittpunct $\mathfrak{d}$ und die sechs Ecken der beiden Dreiecke $\mathfrak{abc}$ und $\mathfrak{a}_1\mathfrak{b}_1\mathfrak{c}_1$ liegen zusammen im Kreise N^2, dessen Durchmesser dem Radius der genannten acht gleichen Kreise gleich ist.

3) Die vier umschriebenen Kegelschnitte $\mathfrak{E}^2$, $\mathfrak{H}^2$, $\mathfrak{H}_1^2$, $\mathfrak{H}_2^2$ haben in den Ecken des Dreiecks $\mathfrak{abc}$ die drei Paar Strahlen, welche die Winkel derselben hälften, zu Tangenten und Normalen, so dass jede zwei Kegelschnitte sich in je einer Ecke berühren und in den beiden anderen Ecken rechtwinklig schneiden. Die drei Normalen jedes der vier Kegelschnitte treffen sich in einem Puncte, beziehlich in den Mittelpuncten K_0, A_0, B_0, C_0 der dem Dreieck eingeschriebenen vier Kreise; oder die drei Normalen eines jeden treffen sich in einem dieser vier Puncte, und jede Normale trifft mit den Tangenten in den beiden anderen Ecken in je einem der drei übrigen Puncte zusammen.

4) Werden für jedes der vier Paare confocaler Kegelschnitte in 1) die Halbaxen des dem Dreieck eingeschriebenen Kegelschnitts mit α, β, die des umschriebenen mit a, b und die Excentricität mit e bezeichnet, so hat man für die Ellipsen E^2 und $\mathfrak{E}^2$ folgende zwei Gleichungen:

$$a^2-b^2=\alpha^2-\beta^2=e^2 \quad \text{und} \quad \frac{\alpha}{a}+\frac{\beta}{b}=1,$$

durch welche jede der beiden Ellipsen bestimmt wird, wenn die andere gegeben ist. Für den constanten Umfang u der Schaar Dreiecke, welche zu den Ellipsen gehören, findet man

$$u = 2\frac{b+\beta}{a-\alpha}\sqrt{a^2-\alpha^2} = 2\frac{a+\alpha}{b-\beta}\sqrt{b^2-\beta^2}.$$

Unter diesen Dreiecken hat dasjenige den grössten Inhalt, welches eine Ecke im Scheitel der grossen Axe der Ellipse $\mathfrak{E}^2$ hat, hingegen dasjenige den kleinsten Inhalt, von welchem eine Ecke im Scheitel der kleinen Axe liegt, und zwar ist das

$$\text{Maximum} = \frac{b}{a}(a+\alpha)\sqrt{a^2-\alpha^2} = \frac{a+\alpha}{a-\alpha}\beta\sqrt{a^2-\alpha^2}$$

und das

$$\text{Minimum} = \frac{a}{b}(b+\beta)\sqrt{b^2-\beta^2} = \frac{b+\beta}{b-\beta}\alpha\sqrt{b^2-\beta^2}.$$

Für jedes der drei Paare confocaler Hyperbeln hat man die zwei Gleichungen

$$a^2+b^2 = \alpha^2+\beta^2 = e^2 \quad \text{und} \quad \frac{\alpha}{a}-\frac{\beta}{b} = 1,$$

und für die constante Differenz d rücksichtlich der Seiten der zugehörigen Schaar Dreiecke hat man

$$d = 2\frac{b-\beta}{\alpha-a}\sqrt{\alpha^2-a^2} = 2\frac{\alpha+a}{\beta+b}\sqrt{b^2-\beta^2}.$$

5) Von den beiden gleichen Vierecken $K_0A_0B_0C_0$ und $\mathfrak{K}_0\mathfrak{A}_0\mathfrak{B}_0\mathfrak{C}_0$ (in 2)) soll noch eine Eigenschaft erwähnt werden:

Je zwei sich entsprechende Ecken beider Vierecke sind die Brennpuncte eines Kegelschnittes, der den beiden Dreiecken eingeschrieben ist, welche durch die beiderseitigen übrigen drei Ecken der Vierecke bestimmt werden; die Hauptaxe des Kegelschnittes ist allemal ein Durchmesser des Kreises N^2, so dass alle vier Kegelschnitte mit diesem Kreise concentrisch sind, und jeder von ihm in den Scheiteln seiner Hauptaxe berührt wird. Nämlich die Ecken K_0 und $\mathfrak{K}_0$ sind die Brennpuncte einer Ellipse, welche den Dreiecken $A_0B_0C_0$ und $\mathfrak{A}_0\mathfrak{B}_0\mathfrak{C}_0$ eingeschrieben ist, dagegen sind die Eckenpaare A_0 und $\mathfrak{A}_0$, B_0 und $\mathfrak{B}_0$, C_0 und $\mathfrak{C}_0$ die Brennpuncte dreier Hyperbeln, welche resp. den betreffenden je zwei Dreiecken eingeschrieben sind.

Lässt man eine Ecke des anfänglich gegebenen Dreiecks $\mathfrak{abc}$, etwa $\mathfrak{a}$ sich in's Unendliche entfernen, während die Seite A und ihre Endpuncte $\mathfrak{b}$ und $\mathfrak{c}$ fest bleiben, so werden die Seiten B und C parallel, und von den eingeschriebenen vier Kreisen bleiben nur zwei, K^2 und A^2, und ebenso von den vier Paaren confocaler Kegelschnitte nur zwei Paar, nämlich E^2 und $\mathfrak{E}^2$, H^2 und $\mathfrak{H}^2$ übrig, und zwar sind beide Paare in Parabeln übergegangen. Und noch mehr: die eingeschriebenen Parabeln E^2, H^2 haben sich auf ihre Axen reducirt; die beiden umschriebenen Parabeln $\mathfrak{E}^2$, $\mathfrak{H}^2$ schneiden sich in den Ecken $\mathfrak{b}$ und $\mathfrak{c}$ rechtwinklig, sie sind gleich, ihre

Axen sind parallel, und zwar den Seiten B und C parallel, aber sie liegen verkehrt, erstrecken sich nach entgegengesetzten Seiten hin, ihre Brennpuncte liegen beziehlich in den Berührungspuncten a, k der Seite A mit den Kreisen A^2 und K^2, und ihre Leitlinien gehen durch die Mittelpuncte dieser Kreise.

Also: Bei allen einer gegebenen Parabel eingeschriebenen Dreiecken von grösstem Umfange geht die eine Seite A durch den Brennpunct der Parabel und die beiden anderen Seiten B und C sind der Axe parallel. — Einer eigentlichen, nicht auf ihre Axe reducirten Parabel kann kein Dreieck umschrieben sein, dessen Umfang ein Minimum ist.

Bemerkung. Sind zwei ungleichartige Kegelschnitte confocal, so kann niemals ein Dreieck dem einen um- und zugleich dem anderen eingeschrieben sein. Hingegen sind Vierecke auf diese Weise möglich.

Sind eine Ellipse E^2 und eine Hyperbel $\mathfrak{H}^2$ confocal, sind a und b, α und β beziehlich ihre Halbaxen und e ihre Excentricität, so dass

$$a^2 - b^2 = \alpha^2 + \beta^2 = e^2,$$

und sollen Vierecke der Ellipse umschrieben werden können, welche zugleich der Hyperbel eingeschrieben sind, so muss zwischen den Axen folgende fernere Relation statthaben:

$$\frac{a}{b} = \frac{\alpha^2}{\beta^2} \quad \text{und} \quad \frac{a^2}{\alpha^2} - \frac{b^2}{\beta^2} = 1,$$

oder

$$\alpha^2 = a(a-b), \quad \beta^2 = b(a-b)$$

und

$$a^2 = \frac{\alpha^4}{\alpha^2 - \beta^2}, \quad b^2 = \frac{\beta^4}{\alpha^2 - \beta^2}.$$

Sollen dagegen die Vierecke der Ellipse eingeschrieben und der Hyperbel umschrieben sein, so muss sein

$$a^2 = e(e+\beta); \quad b^2 = e\beta,$$

oder

$$\alpha^2 = \frac{a^2}{e^2}(e^2 - b^2), \quad \beta = \frac{b^2}{e}.$$

In beiden Fällen findet eine Schaar Vierecke statt; im ersten Falle sind dieselben convex, im anderen überschlagen. Im ersten Falle ist die Differenz d zwischen den Summen der Gegenseiten jedes Vierecks constant, und zwar ist dieselbe in Bezug auf den einen Kegelschnitt ein Maximum und in Bezug auf den anderen ein Minimum. Im anderen Falle ist der Umfang der Vierecke constant, und auch rücksichtlich des einen Kegelschnittes ein Maximum und rücksichtlich des anderen ein Minimum. Für jene Differenz und diesen Umfang hat man

$$d = 4(a-b)$$

und

$$u = 4(e+\beta).$$

XVI.

Gleichwie im ersten Theile der vorliegenden Entwicklungen die anfängliche Betrachtung später allgemeiner aufgefasst wurde, so können auch hier die unter X.—XIII. enthaltenen Sätze verallgemeinert werden; auch lassen sich aus den beiderseitigen Sätzen durch Polarisation viele neue ableiten. Aus der grossen Anzahl von Sätzen, zu denen man auf diese Weise gelangen kann, sollen hier nur folgende hervorgehoben werden.

Werden einem gegebenen Kegelschnitte m^2 irgend drei Winkel $A\mathfrak{A}$, $B\mathfrak{B}$, $C\mathfrak{C}$ umschrieben, deren Scheitel in einer gegebenen Geraden M liegen, und werden in dieser Geraden zwei beliebige Puncte r, s gewählt, so giebt es vier Gruppen von je vier Kegelschnitten, welche beziehlich den vier Dreiseiten ABC, $A\mathfrak{B}\mathfrak{C}$, $B\mathfrak{C}\mathfrak{A}$, $C\mathfrak{A}\mathfrak{B}$ eingeschrieben sind und sämmtlich durch die beiden Puncte r und s gehen, und von diesen Kegelschnitten haben vier mal vier, je aus jeder Gruppe einer, mit dem gegebenen Kegelschnitte m^2 zusammen irgend eine Tangente D gemein. Ebenso giebt es vier Gruppen von je vier Kegelschnitten, welche den vier Dreiseiten $\mathfrak{A}\mathfrak{B}\mathfrak{C}$, $\mathfrak{A}BC$, $\mathfrak{B}AC$, $\mathfrak{C}AB$ eingeschrieben und sämmtlich durch die beiden Puncte r, s gehen, und von denen vier mal vier mit dem Kegelschnitte m^2 zusammen eine Tangente $\mathfrak{d}$ gemein haben. Die vier Tangenten $\mathfrak{d}$ entsprechen nach bestimmter Ordnung den vier Tangenten D, und die sich entsprechenden schneiden einander auf der Geraden M. Ferner giebt es zu jeder der acht Gruppen von vier Kegelschnitten, welche beziehlich den genannten acht Dreiseiten eingeschrieben sind, allemal noch einen solchen fünften Kegelschnitt, welcher alle vier Glieder der Gruppe berührt und gleichfalls durch die Puncte r, s geht.

Ist $\mathfrak{m}$ der Pol der Geraden M in Bezug auf den gegebenen Kegelschnitt m^2, und zieht man durch denselben irgend zwei Gerade R und S, so haben die vier Kegelschnitte, welche beide Gerade berühren und beziehlich den vier Dreiseiten ABC, $A\mathfrak{B}\mathfrak{C}$, $B\mathfrak{C}\mathfrak{A}$, $C\mathfrak{A}\mathfrak{B}$ eingeschrieben sind, mit dem gegebenen Kegelschnitte zusammen eine Tangente D gemein, und gleicherweise haben die vier Kegelschnitte, welche dieselben Geraden berühren und beziehlich den vorgenannten anderen vier Dreiseiten eingeschrieben sind, mit dem Kegelschnitte m^2 zusammen eine Tangente $\mathfrak{d}$ gemein, und beide Tangenten D und $\mathfrak{d}$ schneiden sich auf der Geraden M.

Gehen drei Sehnen, $a\alpha$, $b\beta$, $c\gamma$ des gegebenen Kegelschnittes m^2 durch irgend einen Punct $\mathfrak{m}$, und zieht man durch diesen Punct zwei beliebige Gerade R und S, so giebt es vier Gruppen von je vier Kegelschnitten, welche beziehlich den vier Dreiecken abc, $a\beta\gamma$, $b\gamma\alpha$, $c\alpha\beta$ umschrieben und sämmtlich dem Winkel RS eingeschrieben sind, und von diesen Kegelschnitten haben vier mal vier, je aus jeder Gruppe einer, mit dem gegebenen Kegelschnitte zusammen einen Punct d gemein; ebenso giebt es vier Gruppen von je vier Kegelschnitten, welche den vier Dreiecken $\alpha\beta\gamma$, abc, βca, γab umschrieben und sämmtlich dem Winkel RS eingeschrieben sind, und von denen vier mal vier mit dem Kegelschnitte m^2 zusammen einen Punct δ gemein haben; jeder der vier letzteren Puncte δ entspricht einem der vier ersteren Puncte d derart, dass die sie verbindende Gerade durch den Punct $\mathfrak{m}$ geht. Auch giebt es zu jeder der acht Gruppen von vier Kegelschnitten, die demselben Dreieck umschrieben sind, einen solchen fünften Kegelschnitt, welcher alle vier Glieder der Gruppe berührt und gleichfalls dem Winkel RS eingeschrieben ist.

Borchardt's Journal Band LXVI. S. 237—266.

(Aus den hinterlassenen Manuscripten *Steiner*'s mitgetheilt von *C. F. Geiser.*)

47

Construction der durch neun gegebene Puncte gehenden Fläche zweiten Grades.

Die Aufgabe, eine Fläche zweiten Grades durch neun im Raume beliebig gegebene Puncte zu legen, ist bekanntlich durch die Herren *Hesse* (Bd. 24 des *Crelle*'schen Journals), *Seydewitz* (Bd. 9 des *Grunert*'schen Archivs) und *Schröter* (Bd. 62 des *Borchardt*'schen Journals) gelöst worden. In den hinterlassenen Manuscripten *Steiner*'s ist nun ein mit kurzen Notizen versehenes Quartblatt vorhanden, welches zeigt, dass *Steiner* bereits im Jahre 1836 zwei verschiedene Constructionen dieser Fläche gefunden hatte, die er aber nicht veröffentlichte, weil die zugehörigen Beweise nicht vollständig und einfach genug und die Constructionen nicht linear waren. Während, wie es scheint, die von *Steiner* als zweite dieser Lösungen bezeichnete Construction nicht auf die nöthige Einfachheit gebracht werden kann und sich deshalb zur Veröffentlichung nicht eignet, ist es gelungen, mit einigen Abänderungen und Vervollständigungen die erste derselben in eine Form zu bringen, welche, trotzdem die gesuchte Fläche n i c h t l i n e a r hergestellt wird, doch mit so geringen Mitteln zum Ziele führt, als man überhaupt bei der complicirten Aufgabe erwarten darf. Ihrer Darstellung ist die nachfolgende kurze Mittheilung gewidmet.

Wenn den neun gegebenen Puncten in einer beliebigen Reihenfolge die Zahlen (1) bis (9) zugefügt werden, so lege man zuerst die Ebenen (123), (456), (789), die man resp. mit I, II, III bezeichne; ihr gemeinschaftlicher Durchschnittspunct heisse S. Die Schnittgeraden von II und III, III und I, I und II, welche A, B, C heissen sollen, stehen nun zu der gesuchten Fläche f_2 in der nachstehenden Beziehung: Jede der Ebenen I, II, III hat mit f_2 einen Kegelschnitt gemein, und für diese Kegelschnitte, zu je zweien genommen, sind die Geraden A, B, C gemeinschaftliche (reelle oder ideelle) Sehnen; kann man umgekehrt durch die Puncte 123,

456, 789 drei Kegelschnitte legen, für welche A, B, C gemeinschaftliche Sehnen sind, so liegen diese drei Kegelschnitte auf f_2.

Man betrachte zunächst nur die Puncte (1) bis (8). Die Gerade (23) trifft B und C resp. in Puncten b und c, von denen c mit (4), (5) und (6) einen Kegelschnittbüschel bestimmt. Ein willkürlicher Kegelschnitt desselben schneidet auf C ausser c einen Punct c' aus, ferner ergiebt dieser Kegelschnitt ($456cc'$) auf A zwei Puncte a und a', welche mit (7), (8) und b einen neuen Kegelschnitt in der Ebene III bestimmen, der die Gerade B ausser in b noch in einem Puncte b' schneidet. Der Punct b' ist durch den Punct c' bestimmt; wenn c' auf der Geraden C sich bewegt, so durchläuft b' die Gerade B, und da zu jedem c' stets ein, aber nur ein b' gehört, und umgekehrt, so sind B und C hinsichtlich der Puncte b' und c' projectivisch. Aber b' und c' gehen gleichzeitig durch S, d. h. B und C sind zugleich perspectivisch, und alle Verbindungsgeraden entsprechender b' und c' laufen durch einen und denselben in der Ebene I gelegenen Punct M. Fassen wir jetzt die Geraden (23) und ($M1$) als Kegelschnitt K_1 auf, der ganz in der Ebene I liegt, und welcher einen bestimmten Punct c' auf C ergiebt, so erhält man in der angegebenen Weise zu diesem einen Kegelschnitt K_2 in der Ebene II und einen Kegelschnitt K_3 in der Ebene III. Diese drei Kegelschnitte haben die Geraden A, B, C zu gemeinschaftlichen Sehnen, und gehören demzufolge einer Fläche zweiten Grades F_2 an, welche durch die Puncte (1) bis (8) geht.

Wiederholt man dieses ganze Verfahren, indem man statt von der Geraden (23) nun von der Geraden (31) ausgeht, so erhält man in den Ebenen I, II, III drei neue Kegelschnitte K_1', K_2', K_3', die wieder auf einer Fläche F_2' liegen, welche die Puncte (1) bis (8) enthält. Die Flächen F_2 und F_2' schneiden sich in einer durch die Puncte (1) bis (8) gehenden Raumcurve, durch welche unendlich viele Flächen zweiten Grades gehen, unter denen sich auch f_2 befindet, welche die Puncte (1) bis (9) enthält. Diese Schnittcurve hat mit jeder der Ebenen I, II, III vier Puncte gemein, welche resp. die Durchschnitte von K_1 und K_1', K_2 und K_2', K_3 und K_3' sind. Schneiden sich nun K_3 und K_3' ausser in (7) und (8) noch in γ und γ', so gehört der Kegelschnitt ($78\gamma\gamma'9$) der gesuchten Fläche f_2 an, von welcher natürlich sofort noch zwei andere Kegelschnitte zu finden sind. Damit darf die gestellte Aufgabe als gelöst betrachtet werden, und es ist nur noch hinzuzufügen, dass diese Lösung zugleich die Construction derjenigen Raumcurve vierten Grades ergiebt, welche der Durchschnitt zweier Flächen zweiten Grades ist und durch acht gegebene Puncte im Raume geht.

Borchardt's Journal Band LXVIII. S. 191—192.

(Nach hinterlassenen Manuscripten *Steiner*'s dargestellt von *C. F. Geiser.*)

48

Zwei specielle Flächen vierter Ordnung.*

I.

„Zieht man durch einen festen Punct (A) einer gegebenen Fläche zweiter Ordnung (F_0^2) irgend drei Gerade, welche drei conjugirten Durchmessern einer anderen Fläche (F^2) zweiter Ordnung parallel sind, und legt durch die drei Puncte, in denen diese Geraden die erste Fläche ausser dem Puncte A schneiden, eine Ebene, so geht dieselbe stets durch einen Punct P, dessen Lage durch die beiden Flächen und den auf der ersten angenommenen Punct völlig bestimmt ist, und welcher der Pol von F^2 in Beziehung auf die Fläche F_0^2 und den Punct A heissen möge."

Dieser synthetisch leicht zu beweisende Satz führt zur geometrischen Erzeugung einer merkwürdigen Fläche vierter Ordnung.

Man betrachte, nachdem eine Fläche F_0^2 und in derselben ein Punct A beliebig angenommen worden, die Gesammtheit derjenigen Flächen F^2, die durch sieben feste Puncte gehen, und denke sich zu jeder von ihnen den Pol P in Beziehung auf F_0^2 und A construirt; der Ort des Punctes P ist dann eine Fläche vierter Ordnung, welche die charakteristische Eigenschaft besitzt, dass sie von jeder ihrer Tangential-Ebenen in einem Kegelschnittpaare geschnitten wird.

Untersucht man nämlich zunächst eine Schaar solcher Flächen F^2, welche eine gemeinschaftliche Schnittlinie haben, so ergiebt sich, dass der Ort ihrer Pole ein Kegelschnitt ist.

Nun lassen sich aber die Flächen F^2, die durch sieben gegebene Puncte gehen, den Puncten einer Ebene $\mathfrak{E}_0$ in der Art zuordnen, dass je drei Puncten der letzteren, die in einer geraden Linie liegen, drei Flächen mit einer gemeinschaftlichen Schnittlinie entsprechen. Dann entspricht jedem Puncte der Ebene $\mathfrak{E}_0$ auch ein Punct P, jeder ihrer Geraden

*Sieh S. 741.

ein Kegelschnitt, und jedem in ihr enthaltenen Strahlbüschel die definirte Fläche, welche also unendlich viele Schaaren von Kegelschnitten enthält oder — was dasselbe besagt — auf unendlich viele Arten durch Bewegung eines veränderlichen Kegelschnittes erzeugt werden kann.

Fasst man ferner diejenigen Puncte dieser Fläche, welche sie mit irgend einer Ebene 𝔈 gemeinsam hat, in's Auge, so lässt sich zeigen, dass die denselben entsprechenden Puncte in $\mathfrak{E}_0$ eine Curve zweiter Ordnung bilden, woraus sich ergiebt, dass die definirte Fläche von jeder Geraden in vier Puncten geschnitten wird, also von der vierten Ordnung ist.

In dem Falle, wo 𝔈 einen der angegebenen, die Fläche erzeugenden Kegelschnitte enthält, ist die genannte Curve zweiter Ordnung in $\mathfrak{E}_0$ ein System zweier geraden Linien, und es besteht demgemäss der Durchschnitt von 𝔈 und der Fläche aus zwei Kegelschnitten. Diese Kegelschnitte haben vier gemeinsame Puncte; in einem derselben berührt 𝔈 die Fläche, und die drei anderen liegen in drei festen Geraden, welche Doppelpunctslinien der Fläche sind und sich in einem dreifachen Puncte derselben schneiden.

Endlich ergiebt sich noch leicht, dass die in Rede stehende Fläche von der dritten Classe ist.

II.

Aufgabe.

Unter den Tangenten-Kegeln einer Fläche zweiter Ordnung giebt es stets Rotationskegel; der Ort ihrer Scheitel ist bekanntlich eine Linie.

Dem Rotationskegel, welcher von allen Ebenen, die einer von seinen Haupt-Diametralebenen parallel sind, in Kreisen geschnitten wird, steht in ähnlicher Weise, wie die gleichseitige Hyperbel dem Kreise, gegenüber ein besonderer Kegel zweiter Ordnung, welcher von allen Ebenen, die einer von seinen Haupt-Diametralebenen parallel sind, in gleichseitigen Hyperbeln geschnitten wird. Unter den Tangential-Kegeln einer Fläche zweiter Ordnung giebt es stets auch Kegel dieser Art; der Ort ihrer Scheitel ist aber eine Fläche, und zwar im Allgemeinen eine Fläche vierter Ordnung. Wie wird dieselbe geometrisch construirt?

Nach mündlichen Mittheilungen *Steiner*'s.

49

Anmerkungen und Zusätze

zu den Abhandlungen des zweiten Bandes.

Ein neuer Satz über die Primzahlen.

1) S. 12, Z. 7. Hier ist eingeschaltet: „vom Zeichen abgesehen“.

2) S. 16, Z. 24. Im Original steht

$$\sum \frac{(2+x)^{-(2+y)}}{(2+x)^{-(2+y)}-1} \quad \text{statt} \quad \sum \frac{(2+x)^{-(2+y)}}{(2+x)^{2+y}-1}.$$

Einfache Construction der Tangente an die allgemeine Lemniskate.

Es musste gesetzt werden

3) S. 21, Z. 23 ME statt MC,

4) S. 21, letzte Z. $d+c$ statt $d+b$,

5) S. 22, Z. 13 $h^2 < c^2$ statt $h^2 > c^2$.

Aufgaben und Lehrsätze. (S. 27.)

6) Die Aufgaben (2, 3) sind in der Abhandlung No. 12, die Aufgaben (4, 5, 6, 7) in der Abhandlung No. 16 dieses Bandes erledigt.

Aufgaben und Lehrsätze. (S. 35.)

7) Der Beweis der Lehrsätze (6, 7, 8) findet sich in den späteren Abhandlungen über Maximum und Minimum (No. 16 und 17 dieses Bandes).

Aufgaben und Lehrsätze. (S. 43.)

8) Auch in Betreff dieser Sätze und Aufgaben ist auf die in (7) genannten Abhandlungen zu verweisen.

Der auf S. 44 gegebenen, auf das Dreieck sich beziehenden Tabelle hat *Steiner* eine analoge, handschriftlich erhaltene und von Herrn *Geiser* mir mitgetheilte Tabelle für das ebene Viereck hinzugefügt:

„Im ebenen Viereck $ABCD$ (Taf. XXIII Fig. 1) seien **1**, **2**, **3**, **4** die Seitenlängen, (**12**), (**23**), (**34**), (**41**) die von ihnen eingeschlossenen Winkel; man frägt nach den Bedingungen, unter denen der Flächeninhalt zu einem Maximum wird, wenn gegeben sind:

1) 1, 2, 3, 4.	Lösung:	$(12)+(34)=(23)+(41)$
2) $1+2+3+4$	„	$(12)=(23)=(34)=(41)$; $1=2=3=4$
3) (12), (23), (34); [(41)] und $1+2+3+4$	„	$1+3=2+4$
4) 1, $2+3+4$	„	$(12)=(41)$, $(23)=(34)$; $2=3=4$
5) (12), $1+2+3+4$	„	$1=2$, $3=4$; $(23)=(34)=(41)$
6) 1, (41), $2+3+4$	„	$2=3$, $(23)=(34)$
7) 1, 2, (34), $3+4$	„	$(12)+\frac{1}{2}(34)=\frac{\pi}{2}$
8) 1, 3, (12), $2+4$	„	$(23)=(34)$
9) 1, 4, (12), $2+3$	„	$(34)=\angle ACB+\angle CAD$*)
10) 1, $(12)+(41)$, $2+3+4$	„	$(12)=(41)$, $2=4$
11) (14), $2+3+4$	„	$(34)=(23)=2(12)$, $2=3$.“

Zu Aufgabe (7) in vorstehender Tabelle findet sich noch folgendes Beiblatt:

„Die Rechnung gehörig angewandt ergiebt folgende Auflösung. Damit ein Viereck (Taf. XXIII, Fig. 2) mit a, b, $s=x+y$, α, φ möglich sei, muss φ zwischen zwei Grenzen φ_1 und φ_2 eingeschlossen sein, d. h. es muss $\varphi_1<\varphi<\varphi_2$ sein. Was diese von a, b, s, α abhängigen Grenzen φ_1 und φ_2 betrifft, so ergeben sich dieselben ebenso leicht durch Rechnung als durch constructive Betrachtungen, weshalb ich mich bei der Bestimmung derselben nicht aufhalte.

Dies vorausgesetzt, kommt bei der Maximumsfrage alles darauf an, ob $\frac{\pi}{2}-\frac{\alpha}{2}$ unter φ_1, zwischen φ_1 und φ_2, oder über φ_2 liegt.

Im ersten Falle findet das Maximum statt für $\varphi=\varphi_1$,

„ zweiten „ „ „ „ „ „ $\varphi=\frac{\pi}{2}-\frac{\alpha}{2}$,

„ dritten „ „ „ „ „ „ $\varphi=\varphi_2$.

Nimmt man z. B. $s=2a$, $a=b$, $\alpha=\frac{\pi}{2}$, so ist $\varphi_1=\frac{\pi}{2}$, $\varphi_2=\pi$, und da $\frac{\pi}{2}-\frac{\alpha}{2}=\frac{\pi}{4}$ unter φ_1 liegt, so findet das Maximum für $\varphi=\varphi_1=\frac{\pi}{2}$ statt.“

Für den auf Seite 45, No. 7 in der Klammer als bekannt angeführten, das ebene Dreieck betreffenden Satz hat *Steiner* gelegentlich folgenden directen Beweis mitgetheilt:

„Man klappe das Dreieck ABC um die Seite BC, so dass es zu A_1BC wird, im Weitern A_1BC um CA_1, so dass A_1B_1C entsteht, und fahre mit dem Umklappen in cyklischer Reihenfolge fort, bis noch die Dreiecke $A_1B_1C_1$, $A_2B_1C_1$, $A_2B_2C_1$, $A_2B_2C_2$ zum Vorschein kommen, von denen je zwei auf einander folgende eine Seite gemein haben und in Bezug auf dieselbe symmetrisch liegen. Das Dreieck $\alpha\beta\gamma$ der Höhenfusspuncte gelangt bei diesem Umklappen successive in die Positionen $\alpha\beta_1\gamma_1$, $\alpha_1\beta_1\gamma_2$, $\alpha_2\beta_2\gamma_2$, $\alpha_2\beta_3\gamma_3$, $\alpha_3\beta_3\gamma_4$, $\alpha_4\beta_4\gamma_4$, und zwar liegen die Puncte $\alpha\,\beta_1\,\gamma_2\,\alpha_2\,\beta_3\,\gamma_4\,\alpha_4$ in einer Geraden, so dass die Strecke $\alpha\ldots\alpha_4$ gleich dem dop-

*) Man denke sich in der Figur die Diagonale AC gezogen.

pelten Umfange des Dreiecks $\alpha\beta\gamma$ ist. Wenn nun abc irgend ein anderes, dem Dreieck ABC eingeschriebenes Dreieck ist, das bei den auf einander folgenden Umklappungen successive die Lagen ab_1c_1, $a_1b_1c_2$, $a_2b_2c_2$, $a_2b_3c_3$, $a_3b_3c_4$, $a_4b_4c_4$ annimmt, so ist die aus geradlinigen Strecken zusammengesetzte gebrochene Linie $ab_1c_2a_2b_3c_4a_4$ dem doppelten Umfange von abc gleich. Da aber BC und B_2C_2 parallel und die Strecken $\alpha\alpha$ und $a_4\alpha_4$ einander gleich sind, so ist der doppelte Umfang von $\alpha\beta\gamma$ der Geraden aa_4 gleich und demzufolge kleiner als der Zug $ab_1c_2a_2b_3c_4a_4$, oder kleiner als der doppelte Umfang von abc."

Maximum und Minimum des Bogens einer beliebigen Curve im Verhältniss zur Abscisse oder Ordinate.

9) Hier musste gesetzt werden:
S. 55, Z. 10 spitz statt stumpf,
S. 57, Z. 9 v. u. s_1 statt s,
S. 57, Z. 2 v. u. s_2 statt s_1,
S. 57, Z. 1 v. u. $C\mathfrak{C}_1 : s_2$ statt $C\mathfrak{C} : s_1$.

Aufgaben und Lehrsätze. (S. 65.)

10) In Betreff dieser Aufgaben und Lehrsätze ist auf die Abhandlung No. 12 d. B. zu verweisen, in der sie grösstentheils erledigt werden.

S. 71. Die unter No. 13 gegebenen Sätze enthalten wesentliche Unrichtigkeiten. Vgl. die Schlussbemerkung.

S. 73, Z. 18 ist in dem Ausdruck von T

$$+x(2a-x)(\pi-2\alpha) \quad \text{statt} \quad -x(2a-x)(\pi-2\alpha)$$

gesetzt.

Einfache Beweise der isoperimetrischen Hauptsätze.

S. 80, Z. 2 ist Inhalt statt Umfang,
S. 80, Z. 3 $\triangle BAD = \triangle BCD$ statt $BA+AD = BC+CD$
gesetzt worden, welche Veränderungen von *Steiner* selbst herrühren.

Ueber den Punct der kleinsten Entfernung.

11) Zu dieser Abhandlung findet sich in den hinterlassenen Papieren *Steiner*'s die folgende Notiz:

„Um die Eigenschaften des Punctes M, dessen Abstände a, b, c von drei gegebenen Puncten A, B, C zusammen ein Minimum sind, zu erforschen, hat man das gleichseitige Dreieck zu betrachten.

Es sei (Taf. XXIII Fig. 3) $\mathfrak{ABC}$ ein gleichseitiges Dreieck. Aus einem beliebigen innerhalb desselben liegenden Puncte M fälle man Perpendikel $MA = a$, $MB = b$, $MC = c$ auf die Seiten, so ist bekanntlich die Summe dieser Perpendikel constant, jener Punct M mag sein, welcher er will, so dass also, wenn aus irgend einem anderen Puncte N die Perpendikel α, β, γ gefällt werden, immer

$$a+b+c = \alpha+\beta+\gamma$$

ist. Zieht man nun aus N nach den Fusspuncten A, B, C der ersten Perpendikel die Strahlen a_1, b_1, c_1, so sind diese beziehlich grösser als die Perpendikel α, β, γ, daher ist auch stets

$$a+b+c < a_1+b_1+c_1.$$

Daraus wird geschlossen: Sieht man die Puncte A, B, C als gegeben an, so ist M ihr Punct kleinster Entfernung, d. h. so ist die Summe der Entfernungen des Punctes M von jenen drei festen Puncten kleiner als die Summe der Abstände jedes anderen Punctes N von denselben.

Da die Strahlen abc auf den Seiten des gleichseitigen Dreiecks $\mathfrak{ABC}$ senkrecht stehen, so bilden sie miteinander gleiche Winkel, so dass

$$\angle\,(ab) = (bc) = (ca) = \tfrac{4}{3}R = \tfrac{2}{3}\pi.$$

Und da der Punct M innerhalb des Dreiecks ABC liegt, so ist also jeder Winkel des letzteren kleiner als $\frac{4}{3}R$. Aus allem folgt der nachstehende Satz:

Der Punct kleinster Entfernung M von drei gegebenen Puncten A, B, C, den Ecken eines Dreiecks, von dessen Winkeln jeder kleiner als $\frac{4}{3}R$ ist, hat die Eigenschaft, dass die aus ihm nach den drei Puncten gezogenen Strahlen a, b, c mit einander gleiche Winkel bilden, so dass jeder $\frac{4}{3}R$ ist. Und umgekehrt:

Laufen aus einem Puncte M drei Strahlen a, b, c, die mit einander gleiche Winkel, jeder $\frac{4}{3}R$, bilden, und nimmt man in diesen Strahlen drei beliebige Puncte A, B, C an, so ist jener Punct M allemal Punct kleinster Entfernung von diesen drei Puncten.

Der Beweis folgt indirect aus der vorangehenden Betrachtung, durch Herstellung des gleichseitigen Dreiecks $\mathfrak{ABC}$. Auch ist für den ersten Theil des Satzes der Punct M leicht zu construiren. Beschreibt man über den Seiten des gegebenen Dreiecks ABC Kreisbogen, deren Peripheriewinkel über den resp. Seiten $= \frac{4}{3}R$ sind, so schneiden sich dieselben im Puncte M.

Ist insbesondere ein Winkel des gegebenen Dreiecks ABC, etwa Winkel A, $= \frac{4}{3}R$, so fällt der Punct M mit dessen Scheitel A zusammen, was auch noch aus der vorstehenden Betrachtung folgt, wenn nämlich der Punct M in der Seite $\mathfrak{BC}$ des gleichseitigen Dreiecks $\mathfrak{ABC}$ angenommen wird. — Wie aber gestaltet sich der Satz, wenn ein Winkel des durch die drei gegebenen Puncte A, B, C bestimmten Dreiecks grösser ist als $\frac{4}{3}R$? Auch in diesem Falle ist der Scheitel des stumpfen Winkels zugleich der Punct kleinster Entfernung. Indessen ist der Charakter des Minimums nicht mehr im strengen Sinne vorhanden. Da dieser Fall meines Wissens sich nirgends gehörig erörtert findet, so mögen hier noch einige Bemerkungen folgen, die zu seiner Erläuterung beitragen werden.

Wird in Rücksicht der obigen Betrachtung der Punct M ausserhalb des gleichseitigen Dreiecks $\mathfrak{ABC}$, z. B. über der Seite $\mathfrak{AB}$ angenommen und wird für diesen Fall der Punct durch M_2, werden ferner die aus ihm auf die Seiten des Dreiecks gefällten Perpendikel durch a_2, b_2, c_2 und deren Fusspuncte durch A_2, B_2, C_2 bezeichnet, so hat man

$$a_2 + b_2 - c_2 = a + b + c.$$

Dass unter diesen Umständen M_2 nicht Punct kleinster Entfernung von den drei Fusspuncten A_2, B_2, C_2 sein kann, fällt in die Augen. Ebensowenig hat er die Eigenschaft, dass die Differenz $a_2 + b_2 - c_2$ seiner Abstände von jenen Puncten ein Minimum ist, was man nach der Analogie leicht vermuthen möchte. In diesem Falle hat aber das Dreieck $A_2B_2C_2$ einen Winkel C_2, welcher grösser als $\frac{4}{3}R$ ist.

Wird ferner der Punct M_2 in einem der drei Winkelräume ausserhalb des gleichseitigen Dreiecks $\mathfrak{ABC}$, etwa im Raume $\mathfrak{C}_1$ angenommen, so ist

$$c_2 - a_2 - b_2 = a + b + c,$$

und der Punct M_2 hat die Eigenschaft, dass die Differenz $c_2 - a_2 - b_2$ ein Minimum ist, wenn man die Fusspuncte $A_2B_2C_2$ als gegeben annimmt. Dabei schneiden die Strahlen a_2, b_2, c_2 einander ebenfalls unter gleichen Winkeln von $\frac{4}{3}R$ oder $\frac{2}{3}R$; das Dreieck $A_2B_2C_2$ aber ist spitzwinklig und namentlich ist dessen Winkel $C_2 < \frac{2}{3}R$.

Zur Verallgemeinerung des gefundenen Resultates dient der

Hülfssatz. Fällt man aus irgend einem Puncte P in der Fläche eines beliebigen, aber gleichseitigen Vielecks auf dessen Seiten Lothe, so ist die Summe der letzteren constant, wo man auch jenen Punct annehmen mag; sie ist gleich dem Inhalte des Vielecks, dividirt durch eine Seite desselben.

Man zieht aus ihm die

Folgerungen: 1) Der Punct P ist in Beziehung auf die Fusspuncte der aus ihm gefällten Perpendikel der Punct der kleinsten Entfernungen von diesen letzteren. Denn für jeden anderen Punct P_1 ist die Summe der Lothe gleich gross, mithin die Summe der Schrägen von P_1 nach den ersten Fusspuncten grösser, weil jede Schräge als Hypotenuse grösser ist als das zugehörige Loth aus P_1.

2) Da ferner die Winkel, welche die Seiten des Vielecks mit einer beliebigen Geraden G bilden, so beschaffen sind, dass die Summen ihrer Sinus sowohl als der Cosinus gleich 0 ist, so findet dasselbe für die Winkel statt, welche die Gerade G mit den Lothen aus P bildet. Es gilt also der Satz:

Sind in einer Ebene n Puncte gegeben, so ist der Punct der kleinsten Entfernung von ihnen so beschaffen, dass die Strahlen, welche ihn mit jenen n Puncten verbinden, mit jeder beliebigen Geraden solche Winkel bilden, von welchen die Summen sowohl der Sinus als der Cosinus $=0$ ist.

Der Satz kann auf den Raum ausgedehnt werden (wobei Polyeder mit Seitenflächen gleichen Inhalts auftreten), desgleichen auf die Kugelfläche, und ausserdem ist es möglich, ihn von einer scheinbaren Beschränkung der Gültigkeit zu befreien."

Vom Krümmungsschwerpunct ebener Curven.

12) S. 127, Formel (61.) müsste

$$\tfrac{1}{4}(U_1+U_2+\cdots+U_n) \quad \text{statt} \quad U_1+U_2+\cdots+U_n$$

stehen.

S. 137 Z. 2 ist

$$+s^2 \quad \text{statt} \quad -s^2$$

gesetzt worden.

Ueber Maximum und Minimum u. s. w.
Erste Abhandlung.

13) S. 187 Anmerkung.

Diese Anmerkung findet sich ebenfalls in der im *Liouville*'schen Journal veröffentlichten französischen Uebersetzung der *Steiner*'schen Abhandlung, fehlt aber in der späteren Reproduction derselben im *Crelle*'schen Journal, die vielmehr an ihrer Stelle die folgende Notiz enthält, durch welche das Historische über den Hülfsatz (9.) des §. 8 richtig gestellt wird:

„Voyez le Tome II, p. 45 du Journal de Mr. *Crelle**). — L'histoire de ce théorème présente une singularité assez remarquable. Du à *Lexell*, ce théorème n'a été généralement connu que par les Eléments de géométrie de *Legendre* qui, tout en l'attribuant à *Lexell* ne le donne que d'une manière incomplète et paraît avoir été suivi par tous les auteurs qui en ont parlé après lui. Ayant été conduit dans le mémoire cité à reconnaître, que le petit cercle, lieu des sommets de tous les triangles équivalents construits sur la même base, passe toujours par les deux points diamétralement opposés aux extrémités

*) Band I, S. 101 dieser Ausgabe.

de la base, je devais donc croire que ce complément indispensable pour les applications que j'avais en vue, n'était pas connu, et je fus confirmé dans cette erreur par tous ceux qui s'occupèrent plus tard du même sujet. Ce n'est que récemment que Mr. *Liouville*, qui avait rendu compte du présent mémoire à l'académie des sciences de Paris, ayant eu l'idée de recourir au mémoire original de *Lexell* (Acta Petropolitana, 1781, I, p. 112) a reconnu que la proposition dont il s'agit y est énoncée d'une manière complète, et démontrée de deux manières différentes. On ne saurait deviner ce qui a pu porter *Legendre* à mutiler le théorème donné par *Lexell* et l'on doit être d'autant plus surpris que cette circonstance soit restée si longtemps inapperçue, que la même proposition a fait le sujet d'un mémoire d'*Euler* (Nova acta Tom. X.) où elle se trouve démontrée d'une manière très élégante et purement géométrique. J'ajouterai que la démonstration donnée par cet illustre géomètre a beaucoup d'analogie avec celle que j'ai indiquée lors de la première publication du présent mémoire dans le Journal de Mr. *Liouville* et qui est fondée sur des considérations qui appartiennent à la géométrie à trois dimensions."

14) S. 203, Z. 18 v. u. Wenn der Inhalt kleiner wird als die Kreisfläche, deren Umfang gleich dem gegebenen Bogen ist, so giebt es nur noch ein spitzwinkliges Segment, wonach die Bemerkung (I) etwas zu modificiren ist.

Ueber Maximum und Minimum u. s. w.
Zweite Abhandlung.

15) S. 249, IV, 2. Statt „kleinsten Inhalt" steht sowohl in *Steiner*'s Manuscript als in der französischen Uebersetzung „grössten Inhalt". Dies beruht aber auf einem Irrthum, indem ein Dreieck unter den im Satze angegebenen Bedingungen einen beliebig grossen Inhalt haben kann.

Es seien a, b, c die Seiten des Dreiecks, γ der gegebene, der Seite c gegenüberliegende Winkel desselben, und d der gegebene Werth der Differenz $(a+b)-c$. Dann ist

$$c^2 = a^2+b^2-2ab\cos\gamma = (a+b)^2-4ab\cos^2\frac{\gamma}{2} = (c+d)^2-4ab\cos^2\frac{\gamma}{2},$$

$$4ab = \frac{(c+d)^2-c^2}{\cos^2\frac{\gamma}{2}} = \frac{(2c+d)d}{\cos^2\frac{\gamma}{2}},$$

$$a+b=c+d, \quad (a-b)^2 = \frac{c^2-(c+d)^2\sin^2\frac{\gamma}{2}}{\cos^2\frac{\gamma}{2}}.$$

Hiernach muss

$$c \geqq (c+d)\sin\frac{\gamma}{2}, \quad \text{also}$$

$$c \geqq \frac{d\sin\frac{\gamma}{2}}{1-\sin\frac{\gamma}{2}}$$

sein. Der kleinste Werth, den c annehmen kann, ist also derjenige, für den a, b einander gleich werden; und da der Inhalt des Dreiecks gleich $\frac{1}{2}ab\sin\gamma$ ist, so sieht man aus dem Ausdruck von ab, dass diesem kleinsten Werthe von c auch der kleinste

Inhalt des Dreiecks entspricht, und dass ein Maximum dieses Inhalts gar nicht stattfindet.

Setzt man in dem Ausdrucke von c^2

$$c = a+b-d,$$

so ergiebt sich

$$4ab\cos^2\frac{\gamma}{2}-2d(a+b)+d^2 = 0,$$

oder, wenn

$$k=\tfrac{1}{2}\frac{d}{\cos^2\frac{\gamma}{2}}, \quad l=\tfrac{1}{2}\frac{d\sin\frac{\gamma}{2}}{\cos^2\frac{\gamma}{2}}$$

gesetzt wird,

$$(a-k)(b-k) = l^2.$$

Unter den dieser Relation genügenden Werthsystemen a, b giebt es nun zwei, in denen $a=b$ ist, nämlich

$$a=k+l, \quad b=k+l$$

und

$$a=k-l, \quad b=k-l,$$

wobei zu beachten, dass $k>l$ ist. Hat man nun gefunden, dass unter den in Rede stehenden Dreiecken das gleichschenklige den kleinsten Werth von c, also auch den kleinsten Werth von $a+b$ giebt, so kann man zu dem Schlusse verleitet werden, dass die den Winkel γ einschliessenden Seiten des genannten Dreiecks gleich $(k-l)$ seien. Es ist aber

$$ab=a\left(k+\frac{l^2}{a-k}\right)=l^2+ka+\frac{l^2k}{a-k};$$

die erste Ableitung dieses Ausdruckes von ab verschwindet für $a=k-l$, und die zweite ist für denselben Werth von a negativ, der Werth von ab also für $a=l-k$, $b=l-k$ ein Maximum. Daraus würde dann folgen, dass für das Dreieck, in welchem $a=k-l$, $b=k-l$, nicht nur die dritte Seite ein Minimum, sondern zugleich der Inhalt ein Maximum sei, wie im *Steiner*'schen Texte steht. Der Widerspruch zwischen diesem Resultat und dem vorher festgestellten klärt sich dadurch auf, dass die beiden Gleichungen

$$a+b-c = d,$$
$$c^2 = a^2+b^2-2ab\cos\gamma,$$

wenn man $a=k-l$, $b=k-l$ nimmt, nur dann mit einander zu vereinigen sind, wenn man der Grösse c einen negativen Werth giebt. Denn es ist

$$2(k-l) = \frac{d\left(1-\sin\frac{\gamma}{2}\right)}{\cos^2\frac{\gamma}{2}},$$

und daher

$$c=a+b-d=-\frac{d\left(1-\sin\frac{\gamma}{2}\right)\sin\frac{\gamma}{2}}{\cos^2\frac{\gamma}{2}},$$

durch welchen Werth von c zugleich die zweite der vorstehenden Gleichungen befriedigt wird. Das Dreieck, in welchem $a=k-l$, $b=k-l$, genügt also nicht der Bedingung, dass die Differenz zwischen der Summe der Seiten a, b und der dritten Seite des Dreiecks gleich d sein soll.

Möglicherweise ist *Steiner* durch den angegebenen oder einen ähnlichen fehlerhaften Schluss zu der falschen Aussage seines Satzes verleitet worden.

Uebrigens findet sich diese Aussage bereits an einer früheren Stelle, S. 44 d. B. in der Tabelle unter Nr. 19, so dass sie in der That auf einem wirklichen Versehen zu beruhen scheint.

16) S. 253, Z. 20 v. o. Hier hatte *Steiner* im Manuscript einen Satz (III.) stehen, der folgendermaassen lautet.

„III. Ist ferner insbesondere $C=2\pi$, so fallen die Seiten CA und CT auf einander und der Satz heisst:

Sind alle Seiten a, b, c ... eines Vielecks gegeben, so ist sein Inhalt ein Maximum, wenn alle Ecken von einem Puncte C gleichweit abstehen, d. h. wenn es einem Kreise eingeschrieben ist.“

Steiner hat nachträglich diesen Satz, obwohl er richtig ist, gestrichen, mit der Bemerkung: „Dies folgt, streng genommen, nicht, denn A und T brauchen nicht auf einander zu fallen.“ Mir scheint gleichwohl *Steiner*'s Schlussweise wohl begründet zu sein.

17) S. 253, Z. 6 v. u. Hier steht in Steiner's Manuscript noch der von ihm aus demselben Grunde, wie der vorstehende, gestrichene Satz:

III. Ist der Umfang s eines m-Ecks gegeben, so ist der Inhalt ein Maximum, wenn es gleichseitig und einem Kreise eingeschrieben, d. h. wenn es regelmässig ist.“ Dagegen ist

18) S. 254, Z. 16 v. o. der hieraus abgeleitete Satz (8, III.) stehen geblieben, zu dem sich die folgende Randbemerkung *Steiner*'s findet:

„Da die vorigen Sätze gestrichen sind, so fehlt diesem der Grund. Man hilft sich aber durch den Satz (I.), indem gezeigt wird, dass keine Linie $L=s$ die Schenkel von C verbinden und so grossen Inhalt begrenzen kann wie der Kreisbogen. Oder, wird in L ein Punct P angenommen, so muss immer

$$CP = CA - CT$$

sein. Dann folgt der Satz (II.) und weiter der Satz (III.).“

19) S. 254, Z. 8 v. u. An dieser Stelle findet sich in *Steiner*'s Manuscript die später hinzugefügte Randbemerkung:

„Auf diese Weise scheint sich der Hauptsatz durch den Fundamentalsatz vom rechtwinkligen Dreieck allein ableiten zu lassen, wofern zunächst aus ihm der Satz über das Viereck, dessen Seiten gegeben sind, abgeleitet wird.“ (Dabei wird in Betreff des Beweises des letzteren Satzes auf *R. Simson* verwiesen.)

20) S. 277, Z. 2 v. o. Hier hat *Steiner* seinem Manuscript die folgende (vom 16. Juli 1847 datirte) Bemerkung hinzugefügt:

„Heute erscheint mir diese Darstellung schlecht. Der Satz, dass die Seitenfläche S jedes schiefen Prismas gleich $\alpha\beta.P$ ist, ist wichtig, muss hervorgehoben und unterstrichen werden. Der Beweis ist, wie ich jetzt einsehe, so zu führen:

Sei die Säule auf A senkrecht. Aus den Mitten der Seiten (b) von B seien Perpendikel gefällt auf A, oder auf die Seiten (a) von A. Dann ist die Seitenfläche

$$S = \Sigma(pa).$$

Nun ist α der Schwerpunct der Mitten von a mit Gewichten a. Daher ist die aus α mit den Geraden p parallel gezogene Gerade $\alpha\beta$, multiplicirt mit der Summe aller a, d. h. mit P, gleich $\Sigma(pa)$ gleich S, oder

$$\alpha\beta . \Sigma(a) = \Sigma(pa).$$

Mag sich daher B um den festen Punct β drehen, wie es will, so bleibt S constant. Und wird B auf einen Augenblick senkrecht zu der Säule angenommen und A um α gedreht, so bleibt S wieder constant, daher auch wenn A und B beide schief sind."

21) S. 305. Zu der die No. 72 begleitenden Note findet sich in *Steiner*'s Nachlass die folgende Ausführung:

„Zu diesen Ausnahmen gehören z. B., wie ich bereits an einem andern Orte angegeben habe*), folgende zwei: 1) wenn von den drei Winkeln α, β, γ zwei rechte sind, und 2) wenn der eine gleich $\frac{\pi}{2}$ und jeder der übrigen gleich $\frac{\pi}{3}$ ist. Ausser diesen zwei Fällen hat nun Herr Stud. Clausius noch zwei andere gefunden und zugleich gezeigt, dass weiter keine anderen möglich sind. Seine Fälle sind: 3) wenn die Winkel $\frac{\pi}{2}$, $\frac{\pi}{3}$, $\frac{\pi}{4}$, und 4) wenn sie $\frac{\pi}{2}$, $\frac{\pi}{3}$, $\frac{\pi}{5}$ betragen.

In diesen vier Fällen ist die Zahl der Symmetralebenen und ihre Beziehung zu einander folgende:

1) Es seien von den drei Winkeln α, β, γ zwei rechte, etwa $\alpha = \beta = \frac{\pi}{2}$ und der dritte γ beliebig. Ist dann 1) γ mit π commensurabel, $\gamma : \pi = 1 : m$, so finden im Ganzen $m+1$ Symmetralebenen statt, nämlich Z und ausserdem m, die durch die Gerade z gehen. Und ist 2) γ mit π incommensurabel, so ist jede durch z gehende Ebene eine Symmetralebene, so dass z eine Symmetralaxe ist und Z noch eine besondere Symmetralebene. Im Falle 1) ist der Körper in seiner einfachsten Gestalt ein regelmässiges m-seitiges Prisma oder eine regelmässige symmetrische m-seitige Doppelpyramide, und im Falle 2) ein gerader Cylinder oder ein gerader symmetrischer Doppelkegel.

2) Wenn die Winkel α, β, γ beziehlich $\frac{\pi}{2}$, $\frac{\pi}{3}$, $\frac{\pi}{3}$ sind, so hat der Körper im Ganzen 6 Symmetralebenen, die sich zusammen in einem Puncte C und einzeln zu zweien in 3 Geraden G_2 unter Winkeln $\frac{\pi}{2}$, und zu dreien in 4 Geraden G_3 unter Winkeln $\frac{\pi}{3}$ schneiden. Die einfachste Gestalt des Körpers ist ein regelmässiges Tetraëder. Denkt man sich um den gemeinschaftlichen Punct C der sechs Symmetralebenen eine Kugelfläche beschrieben, so wird diese von jener in 24 gleiche Dreiecke zerlegt, deren jedes die gegebenen Winkel $\frac{\pi}{2}$, $\frac{\pi}{3}$, $\frac{\pi}{3}$ hat; um 6 Puncte P_2 liegen um jeden 4, und um 8 Puncte P_3 liegen um jeden 6 Dreiecke; die Puncte rühren beziehlich von den 3 Geraden G_2 und den 4 Geraden G_3 her.

3) Wenn die Winkel $\frac{\pi}{2}$, $\frac{\pi}{3}$, $\frac{\pi}{4}$ sind, hat der Körper im Ganzen 9 Symmetralebenen, die sich zu 2 in 6 Geraden G_2, zu 3 in 4 Geraden G_3 und

*) Einfache Beweise der isoperimetrischen Lehrsätze (S. 91 dieses Bandes).

zu 4 in 3 Geraden G_4 schneiden. Die einfachsten Formen des Körpers sind der Würfel und das regelmässige Oktaeder. Die um den Durchschnittspunct C der Ebenen beschriebene Kugelfläche wird von denselben in 48 gleiche Dreiecke getheilt, welche die gegebenen Winkel haben. Sie bilden ein Netz von 26 Puncten; um 12 derselben liegen um jeden 4 Dreiecke, um 8 um jeden 6, und um 6 um jeden 8 Dreiecke.

4) Wenn die Winkel $\frac{\pi}{2}, \frac{\pi}{3}, \frac{\pi}{5}$ sind, so hat der Körper im Ganzen 15 Symmetralebenen, die sich zu 2 in 15 Geraden A_2, zu 3 in 10 Geraden A_3 und zu 5 in 6 Geraden A_5 schneiden. In seiner einfachsten Form kann der Körper ein regelmässiges Dodekaeder oder ein Ikosaeder sein. Die Kugelfläche C wird von den 15 Symmetralebenen in 120 gleiche Dreiecke mit den gegebenen Winkeln zerschnitten, die ein Netz von 62 Puncten bilden, welche von den Geraden G_2, G_3, G_5 herrühren; nämlich um 30 Puncte P_2 liegen die Dreiecke zu 4, um 20 Puncte P_3 zu 6, und um 12 Puncte P_5 zu 10.

Ueber die drei Systeme (2), (3) und (4) sind ferner folgende Eigenschaften anzugeben:

System 2. Wird hier irgend ein Punct a angenommen, so entsprechen ihm zunächst vermöge der 6 Symmetralebenen 6 Puncte; diesen wieder, vermöge derselben Ebenen, 18 Puncte (mit Einschluss von a), so dass also im Ganzen 24 Puncte a in Betracht kommen, welche in Rücksicht der sechs Ebenen einander entsprechen. Die 24 Puncte haben solche Lage:

α) dass sie in einer Kugelfläche C liegen und zwar homologe Puncte in den oben genannten 24 Dreiecken sind;

β) dass 8-mal 6 in einer Ebene liegen; die 8 Ebenen bilden ein regelmässiges Oktaeder und zerfallen in zwei Abtheilungen von 4 und 4. Die 4 Ebenen jeder Abtheilung enthalten zusammen alle 24 Puncte und bilden ein reguläres Tetraeder. Ferner liegen die Puncte zu 4 und 4 in 6 Ebenen, und diese bilden einen Würfel; die durch je 4 der Puncte bestimmten Vierecke sind Rechtecke; diese 6 und die vorigen 8 Ebenen begrenzen einen Körper, der die 24 Puncte zu Ecken hat, und dessen Flächen 6 Rechtecke und 8 Sechsecke sind. Die 8 Sechseckebenen sind paarweise zu den 4 Geraden G_3 senkrecht und somit unter sich parallel, die 6 Rechteckebenen sind paarweise zu den 3 Geraden G_2 senkrecht und mithin ebenfalls unter sich parallel.

Eine Ebene schneidet das ganze Symmetralsystem in einem vollständigen Viereck. Die Ecken desselben (P_3) stammen von den 4 Axen A_3, und die Durchschnittspuncte der Gegenseiten (P_2) von den drei Axen G_3 her. Die Ebene wird durch die Seiten des Vierecks in 18 Theile getheilt, wovon 6 begrenzt sind. Die 24 Puncte a liegen in 12 durch C gehenden Strahlen, diese treffen die Ebene in 12 Puncten α; in jedem der 6 begrenzten Theile liegt einer, und die andern fallen in 6 der 18 unbegrenzten Theile. Die 12 Puncte α haben bestimmte harmonische Abhängigkeit von einander in Rücksicht der 6 Seiten des Vierecks, so dass mit dem einen die 11 anderen gegeben sind; die Construction ergiebt sich z. B. mittelst der 6 Puncte β, in welchen die Ebene von den 6 Strahlen b geschnitten wird, die in C auf den 6 Symmetralebenen senkrecht stehen. Diese sechs Strahlen sind den Kanten des regelmässigen Tetraeders, welches durch das System bestimmt wird, parallel; sie liegen also zu 3 in 4 Ebenen (sind deren Durchschnitte) und schneiden sich unter Winkeln $\frac{\pi}{3}$ und ausserdem noch paarweise unter Winkeln $\frac{\pi}{2}$. Im Ferneren sind die Strahlen b identisch mit den Kantenaxen des Würfels und des Oktaeders, auch sind sie die

Polarlinien der 6 Symmetralebenen, auf denen sie senkrecht stehen; ebenso sind die 6 Puncte β (oder das vollständige Vierseit, dessen Ecken sie sind) die Pole der Seiten des vorgenannten Vierecks. Die 4 Ebenen, in welchen die 6 Strahlen b zu 3 liegen, stehen auf den obigen 4 Axen oder Geraden G_3 senkrecht; letztere sind beim Würfel die Eckaxen und beim Tetraeder die Flächenaxen; die 3 Geraden G_2 sind beziehlich das Umgekehrte.

System 3. Eine Kugel um C wird hier in 48 gleiche Dreiecke mit den gegebenen Winkeln $\frac{\pi}{2}, \frac{\pi}{3}, \frac{\pi}{4}$ getheilt; um 6 Puncte P_4 liegen die Dreiecke zu 8, um 8 Puncte P_3 zu 6 und um 12 Puncte P_2 zu 4; diese Puncte kommen von den Geraden G_2, G_3, G_4 her. Jeder angenommene Punct a gehört zu einem System von 48 Puncten, welche einander in Bezug auf die 9 Symmetralebenen entsprechen, allemal in einer Kugelfläche liegen und homologe Puncte in den 48 Dreiecken sind. Gemäss den 26 Puncten P_4, P_3, P_2 liegen von den 48 Puncten a: α) 6-mal 8, β) 8-mal 6 und γ) 12-mal 4 in einer Ebene. Die 6 Ebenen (α) bilden einen Würfel, die 8 Ebenen (β) ein Oktaeder und die 12 Ebenen (γ) ein Rhombendodekaeder. Ferner: die (α) bilden mit den (β) einen 14-Flächner, begrenzt von 6 Quadraten und 8 regelmässigen Dreiecken, die (α) mit den (γ) einen 18-Flächner (6 Quadrate und 12 Sechsecke), die (β) mit den (γ) einen 20-Flächner (8 Dreiecke und 12 Sechsecke) und endlich die (α), (β), (γ) zusammengenommen einen 26-Flächner (6 Achtecke, 8 Sechsecke und 12 Vierecke). Damit hat man 7 verschiedene Polyeder erhalten.

Die Ebenen (β) und (γ) können abwechselnd und nur zur Hälfte genommen werden (Hemiedrie). 4 Ebenen (β_1) bilden das Tetraeder, 6 Ebenen (γ_1) das Hexaeder; die 4 Ebenen (β_1) mit den 6 Ebenen (α) eine vorkommende Krystallgestalt, ebenso (γ_1) mit (α); (γ_1) mit (β_1); (β_1), (γ_1) und (α); (β_1) mit (γ); (β) mit (γ_1); (β_1) mit (α) und (γ); (γ_1) mit (β) und (α).

Die 9 Symmetralebenen zerfallen in 2 Abtheilungen von 3 Ebenen A und 6 Ebenen B. Wird insbesondere der Punct a in einer Ebene A angenommen, so entstehen nur 24 Puncte a; gemäss den Puncten P_4, P_3 liegen 6-mal 4 und 8-mal 6 in einer Ebene α oder β; diese Ebenen bilden einen Körper, begrenzt von 6 Quadraten α und 8 Sechsecken β. Wird **a** in einer Ebene B angenommen, so kann es auf zwei Arten geschehen: zwischen P_3 und P_2 oder zwischen P_3 und P_4; in beiden Fällen giebt es 24 Puncte a. Im ersten Falle liegen 6-mal 8 in einer Ebene α und 8-mal 3 in β, die 12 Ebenen γ verschwinden wie vorhin. Im zweiten Falle liegen 6-mal 4 in α, 8-mal 3 in β und 12-mal 4 in γ. Fällt endlich a in P_2, so giebt es nur 12 Puncte a, und sie liegen 6-mal 4 in α und 8-mal 3 in β; diese 6+8 Ebenen α, β bilden einen Körper, der ein enteckter Würfel oder ein entecktes Oktaeder ist.

Die unter den 48 sphärischen Dreiecken liegenden ebenen Dreiecke bilden den 48-Flächner (Hexakisoktaeder). An jeder Kante P_3P_4 liegen zwei Dreiecke, die zwei Puncte P_2 zu Spitzen haben; lässt man die beiden P_2 sich gleichmässig heben, bis die Dreiecke in einer Ebene liegen, so bilden sie ein gleichschenkliges Viereck $P_3P_2P_4P_2$; die kleineren Schenkel liegen an P_3, die grösseren an P_4. Dadurch entsteht ein Krystall mit 6, 8 und 12 Ecken P_4, P_3 und P_2 und mit 24 Flächen g, welche gleichschenklige Vierecke sind; er ist nicht mehr einer Kugel eingeschrieben, wohl aber umschrieben. Das System der 24 Grenzflächen g, mit den früheren combinirt, giebt verschiedene vorkommende Krystallformen.

Lässt man ferner je zwei Dreiecke, die an eine Kante P_2P_4 stossen, in eine Ebene fallen (in ein Dreieck übergehen), so kommen die Ecken P_2 in Kanten zu liegen und verschwinden, so dass der Krystall 6+8 Ecken und 24 Dreiecke als Flächen hat (Tetrakishexaeder). Fallen je zwei Dreiecke an den Kanten $P_2 P_3$ in eine Ebene (in ein Dreieck), so verschwinden wieder die Ecken P_2 und es entsteht das Triakisoktaeder mit 6 sechskantigen und 8 dreikantigen Ecken und 24 dreieckigen Flächen. — Fixirt man von den 8 dreikantigen Ecken 4 abwechselnde und hält ihre 12 Flächen fest, so werden diese gleichschenklige Vierecke, und der Krystall ist das Trapezoiddodekaeder mit 14 Ecken (4 und 4 dreikantige und 6 vierkantige).

System 4. In diesem System sind von den 15 Axen G_2 5-mal 3 zu einander senkrecht. Nämlich die Kanten des Dodekaeders stehen sich paarweise gegenüber und sind parallel; dabei giebt es 5-mal 3 Paare, die zu einander rechtwinklig sind, und ebenso die ihnen zugehörigen 3 Axen G_2. Also lassen sich dem Dodekaeder 5 Oktaeder einschreiben, deren Ecken in den Mitten der Kanten liegen.

An jeder Kante K des Dodekaeders liegen 4 Flächen; zwei haben sie zu Seiten. Die der Kante zunächst liegenden Ecken oder Diagonalen in den 4 Flächen bilden ein Quadrat; die 6 Quadrate der 3 Paar zugeordneten Kanten bilden einen Würfel. Folglich lassen sich dem Dodekaeder 5 Würfel einschreiben, deren Ecken in den seinigen liegen; und folglich bilden die 10 Diagonalen des Dodekaeders 5-mal die 4 Diagonalen des Würfels.

Jede der 6 Axen G_5 steht auf zwei gegenüberliegenden parallelen Flächen senkrecht; die Mittelebene zwischen den letzteren geht durch die Mitten von 5 Paar Gegenkanten, also durch 5 Axen G_2, auf denen somit jene Axe G_5 senkrecht steht. Also liegen die 15 G_2 zu 5 in 6 Ebenen und sind senkrecht zu den 6 Axen G_5. (Da das regelmässige 5-Eck keinen eigentlichen Mittelpunct hat, so sind auch die G_5 keine eigentlichen Axen. — Sollte hierin vielleicht der Grund liegen, warum das Dodekaeder und Ikosaeder keine Krystallformen sind?!). — Wird das ganze System von Ebenen und Axen als Büschel von einer Ebene geschnitten, so geben die genannten 6 Ebenen 6 Gerade, die sich in 15 Puncten P_2 schneiden, welche den 15 Geraden G_2 entsprechen. In Bezug auf ein elliptisches Involutionsnetz sind von diesen 15 Puncten P_2 5-mal 3 einander polar zugeordnet, so wie die 15 Strahlen G_2. Die 6 Axen G_5 geben 6 Puncte P_5, welche die Pole jener 6 Geraden sind. In jedem elliptischen Involutionsnetz muss es demnach unendlich viele solcher geschlossenen Systeme von 5-mal 3 zugeordneten Puncten geben, wovon jedes mit dem Dodekaeder oder Ikosaeder übereinstimmt, resp. seine Natur andeutet und die gegenseitige Lage seiner Axen angiebt. Daher sind auch durch je drei zugeordnete Puncte die 4-mal drei übrigen bestimmt, oder es finden nur zwei verschiedene Systeme statt, was man am Dodekaeder leicht anschauen kann, indem die Kanten den Axen G_2 parallel sind. Die Kante im Endpuncte einer Axe kann also in der That nur zweierlei Richtung haben, die der einen oder anderen zugeordneten Axe parallel sein muss. (Wie sind aber die 4-mal drei übrigen Puncte zu finden? —)

Ueber einige stereometrische Sätze.

22) S. 316, Gl. (14) muss es heissen

$$H\gamma \quad \text{statt} \quad \tfrac{2}{3}H\gamma.$$

S. 317, Z. 3 v. o. muss der Formel für k noch hinzugefügt werden

$$+\tfrac{2}{3}H\gamma.$$

Geometrische Lehrsätze.

23) S. 371, Z. 7 v. o. Nach *Hesse* (*Crelle*'s Journal, XXVI, S. 175) liegen von den 27 Puncten P nicht 108-mal drei, sondern nur 81-mal drei in einer geraden Linie.

Sätze über Curven zweiter und dritter Ordnung.

24) S. 377, Z. 12 v. o. Die Gruppirung der 9 Osculationspuncte, $3R+6J$, ist keine andere wie der neun Wendepuncte einer Curve dritter Ordnung; die vier Systeme K_1 entsprechen den syzygetischen Dreiecken, und von diesen hat bekanntlich eines drei, eines nur eine, und die beiden anderen gar keine reellen Seiten. Hiernach würden die *Steiner*'schen Behauptungen einer Berichtigung bedürfen. Dasselbe gilt von den S. 380 unter (III) stehenden Sätzen, sowie von der Behauptung, dass der Schlusssatz (2) auch umgekehrt gelte.

Elementare Lösung einer geometrischen Aufgabe u. s. w.

25) S. 417, Z. 8 v. u. Die hier angegebene Zahl (7776) von Kegelschnitten, welche fünf gegebene Kegelschnitte berühren, ist nicht richtig, da uneigentliche Lösungen mitgezählt sind; sie ist vielmehr 3264. (Vgl. *Clebsch-Lindemann*, Vorlesungen über analyt. Geometrie, Band 1, S. 403.)

Zu dieser Abhandlung findet sich in *Steiner*'s Nachlass der folgende Zusatz:

„§. II, 7, α. Mit diesem Satze stehen die nachfolgenden Aufgaben im Zusammenhange.

1) Der Winkel a an der Spitze eines Dreiecks (Taf. XXIII Fig. 4) ist in fester Lage gegeben und ein Punct α in der Grundlinie bc; letztere so zu bestimmen, dass der Umfang ein Minimum wird.

Lösung: Die Halbirungslinien der Winkel b und c und das Perpendikel in α auf bc müssen sich in einem Puncte A treffen.

2) Um ein gegebenes Dreieck $\alpha\beta\gamma$ ein anderes abc vom kleinsten Umfange zu beschreiben.

3) Ist ein beliebiges Dreieck abc gegeben, so giebt es ein bestimmtes anderes $\alpha\beta\gamma$, dem es umschrieben ist, so dass es unter allen demselben umschriebenen den kleinsten Umfang hat, und dieses Dreieck $\alpha\beta\gamma$ ist leicht zu finden.

4) Wenn die Grundlinie bc eines Dreiecks abc (Taf. XXIII Fig. 5) in einer festen Geraden G, die Spitze in einer festen Geraden H liegen und die Schenkel ab und ac resp. durch zwei feste Puncte γ und β gehen sollen, unter welchen Bedingungen ist dann der Umfang ein Minimum?

Lösung: Die Halbirungsstrahlen der Aussenwinkel bei a und b müssen sich mit dem Perpendikel in γ auf ab in einem und demselben Puncte treffen; ebenso verhält es sich für die andere Seite ac. Denn dadurch ist auch in der Grundlinie bc ein Punct α bestimmt, so dass abc als dem $\alpha\beta\gamma$ umschrieben überhaupt den kleinsten Umfang hat. — (Die Lösung ist allerdings nicht allgemein, weil durch Annahme von G, H und β der Punct γ schon bestimmt wird.)"

Aufgaben und Lehrsätze.

26) S. 442, Z. 3. Hier heisst es in *Steiner*'s Manuscript: „Fielen nur in jeden Wendepunct 8 der gedachten Puncte, so blieben noch 132 eigentliche Lösungen übrig; fallen aber 9 oder 10 in jeden, so finden nur 108 oder 84 eigentliche Lösungen statt."

Neue Bestimmungsarten der Curven zweiter Ordnung.

27) S. 454, Z. 3 v. o. Auch hier wären die beiden Fälle zu unterscheiden gewesen. Im ersten Falle wird l bestimmt durch die Proportion

$$l:AB = \beta:\gamma,$$

während man im anderen Falle

$$l:AB = \gamma:\alpha$$

hat.

S. 461, §. 6. Die Formeln für λ, λ_1, λ_2 sind nicht richtig; sie müssen lauten:

$$\lambda^2 = \frac{\mathfrak{d}}{2\mathfrak{a}\mathfrak{b}}(2\mathfrak{a}\mathfrak{b}\mathfrak{d} - \mathfrak{a}a^2 + \mathfrak{b}b^2 - \mathfrak{d}d^2),$$

$$\lambda_1^2 = \frac{\mathfrak{b}}{2\mathfrak{a}\mathfrak{d}}(2\mathfrak{a}\mathfrak{b}\mathfrak{d} - \mathfrak{a}a^2 + \mathfrak{b}b^2 - \mathfrak{d}d^2),$$

$$\lambda_2^2 = \frac{\mathfrak{a}}{2\mathfrak{b}\mathfrak{d}}(2\mathfrak{a}\mathfrak{b}\mathfrak{d} - \mathfrak{a}a^2 + \mathfrak{b}b^2 - \mathfrak{d}d^2).$$

S. 464 (Nr. 3). Diese Proportion muss heissen

$$\alpha^2:\beta^2 = yB:yA,$$

wonach auch die übrigen zu berichtigen sind.

S. 466 Z. 6 v. u. Der Kreis B_y^2 ist gar nicht reell, da er von allen Geraden, die durch A gehen, in imaginären (Brenn-) Puncten geschnitten wird.

Allgemeine Betrachtungen über einander doppelt berührende Kegelschnitte.

28) S. 473, Z. 5 v. u. Gegen das hier Gesagte ist zu bemerken, dass der ausserhalb X_1 liegende Punct m nicht Pol von X_1 in Bezug auf X sein kann, weil X_1 Tangente von X^2 ist (vgl. S. 472, II, 2). Aus ähnlichen Gründen kann auch der Satz auf

S. 475, Z. 19 v. u. nicht richtig sein.

S. 481, Nr. (2). Auch hier giebt es wie in 3) nur vier Lösungen, wenn man in beiden Fällen die degenerirenden Kegelschnitte nicht mitzählt.

Allgemeine Eigenschaften der algebraischen Curven.

29) S. 495, Formel (3). Hier musste

$$3g(g-2) \quad \text{statt} \quad 3g(g-1)$$

gesetzt werden.

Ueber algebraische Curven, die einen Mittelpunct haben.

30) S. 504, Z. 11 v. u. Hier ist

$$\nu(\nu+1)-1 \quad \text{statt} \quad \nu(\nu+1)$$

gesetzt worden, sowie

S. 505, Z. 13 v. o.

$$\tfrac{1}{2}m(m+4) \quad \text{statt} \quad \tfrac{1}{2}m(m+2)$$

und

$$\tfrac{1}{2}[m(m+4)-1] \quad \text{statt} \quad \tfrac{1}{2}[m(m+2)+1].$$

(Die unrichtigen Formeln scheinen auf einem blossen Schreibfehler zu beruhen, die Ausdrücke in den Zeilen 16 und 17 auf S. 505 sind wieder richtig.)

S. 521, Z. 9 v. u. ist

$$\mathfrak{R} \quad \text{statt} \quad R$$

gesetzt.

S. 537, Z. 15 v. o. musste

$$J^9 \quad \text{in} \quad J^6$$

geändert werden.

S. 557, Z. 10 v. u. Hier ist gesetzt worden:
welche die Basis in a (statt in P) berührt.

Ueber die Doppeltangenten der Curve vierten Grades.

31) S. 610, VII. Da durch 20 Puncte stets eine Curve fünften Grades gelegt werden kann, so ist der hier aufgestellte Satz nichtssagend. Dasselbe gilt von den Sätzen (VIII, IX) auf S. 611.

Zwei specielle Flächen vierter Ordnung.

32) Die unter (I.) besprochene Fläche ist diejenige, welche man gegenwärtig die „*Steiner*'sche Fläche" zu nennen gewohnt ist. *Steiner* hatte sich mit derselben besonders während seines Aufenthalts in Rom (1844) beschäftigt, und pflegte deshalb von ihr als seiner „Römerfläche" zu reden, hat aber niemals etwas darüber veröffentlicht. Es waren ihm nämlich Zweifel darüber geblieben, ob die Fläche, wie er durch Betrachtungen, die ihm selbst nicht genügten, gefunden hatte, wirklich vom vierten, und nicht etwa vom sechsten Grade sei. Möglicherweise nämlich, meinte er, könne der Durchschnitt der Fläche mit jeder ihrer Tangentialebenen aus zwei reellen und einem beständig imaginär bleibenden Kegelschnitt bestehen, so dass die Fläche, wie er sich ausdrückte, von einem „Gespenst" begleitet wäre. Dass er über diesen Punct mit den ihm gewohnten Betrachtungsweisen nicht in's Klare zu kommen vermochte, verdross ihn so sehr, dass er lange Zeit sich nicht entschliessen konnte, einem Analytiker die Sache zur Prüfung vorzulegen. Erst etwa ein Jahr vor seinem Tode sprach er mit mir über seine Fläche und ersuchte mich, was er darüber gefunden, analytisch zu verificiren. Dies war nicht schwierig. Sind

$$\varphi_1 = 0, \quad \varphi_2 = 0, \quad \varphi_3 = 0$$

die Gleichungen dreier Flächen zweiter Ordnung, die durch sieben gegebene Puncte gehen, in gewöhnlichen Coordinaten, so hat jede andere, durch dieselben Puncte gehende Fläche gleicher Ordnung die Gleichung

$$\lambda\varphi_1 + \mu\varphi_2 + \nu\varphi_3 = 0,$$

wo λ, μ, ν veränderliche Parameter bedeuten. Nach dem Satze, von welchen *Steiner* ausgeht — der übrigens schon früher von *O. Hesse* (*Crelle*'s Journal Band 18, Seite 110) gefunden und analytisch bewiesen worden war — gehört nun zu jeder solchen Fläche in Beziehung auf eine gegebenen Fläche F_0^2 und einen auf dieser angenommenen festen Punct A ein Pol; für die Coordinaten (x, y, z) desselben ergeben sich Ausdrücke von der Form

$$x = \frac{F_1(\lambda, \mu, \nu)}{F(\lambda, \mu, \nu)}, \quad y = \frac{F_2(\lambda, \mu, \nu)}{F(\lambda, \mu, \nu)}, \quad z = \frac{F_3(\lambda, \mu, \nu)}{F(\lambda, \mu, \nu)},$$

wo F, F_1, F_2, F_3 ganze und homogene Functionen zweiten Grades von λ, μ, ν bedeuten, und es lassen sich dann aus diesen Ausdrücken die im Text angegebenen Eigenschaften der *Steiner*'schen Fläche mit Leichtigkeit ableiten.

Steiner hat von dem, was ich damals für ihn aufschrieb, keinen Gebrauch gemacht. Als aber nicht lange nachher mein Freund *Kummer* bei einer Untersuchung „über Flächen vierten Grades, auf welchen Schaaren von Kegelschnitten liegen" die in Rede stehende merkwürdige Fläche ebenfalls entdeckt hatte, theilte ich ihm mit, was ich von *Steiner* darüber erfahren. Hierauf sich beziehend hat Herr *Kummer*, als er (am 16. Juli 1863) die genannte Abhandlung in der Akademie las, die Fläche als eine von *Steiner* entdeckte bezeichnet, wodurch ich veranlasst wurde, was ich von *Steiner*'s auf dieselbe sich beziehenden Untersuchungen wusste, noch in derselben Akademie-Sitzung vollständig mitzutheilen. Seitdem haben sich die Geometer vielfach mit der *Steiner*'schen Fläche beschäftigt, ausser *Kummer* namentlich *Schröter, Cremona, Clebsch.* Die kurze Notiz, welche ich über dieselbe in diese Ausgabe der *Steiner*'schen Werke aufnehmen zu müssen geglaubt habe, stimmt im Wesentlichen mit der in dem Monatsbericht der Berliner Akademie vom Jahre **1863** (S. **337**) von mir gegebenen überein; die geringen Abweichungen haben ihren Grund darin, dass ich damals aus der Erinnerung referirte, jetzt aber mich genau an die erwähnte, für *Steiner* gemachte Aufzeichnung halten konnte.

Die unter (II.) mitgetheilte Aufgabe wurde mir von *Steiner* bei Gelegenheit einer von ihm unternommenen Untersuchung über confocale Flächen zweiten Grades vorgelegt (**1860**). Indem ich die Gleichung der definirten Fläche herleitete, fand ich, dass sie in dem Falle, wo sie wirklich vom vierten Grade ist, nämlich, wenn die gegebene Fläche zweiten Grades einen Mittelpunct hat, ohne eine Kegelfläche zu sein, mit Hülfe einer zweiten Fläche desselben Grades, die zu der gegebenen in naher Beziehung steht, ebenso geometrisch construirt werden kann wie die *Fresnel*-sche Wellenfläche durch Vermittelung eines Ellipsoides. Hat die gegebene Fläche zweiten Grades keinen Mittelpunct, oder ist sie eine Kegelfläche, so ist die von *Steiner* definirte Fläche von niedrigerem als dem vierten Grade.

Um alle Fälle zu umfassen, werde die Gleichung der gegebenen Fläche, bezogen auf ein orthogonales Axensystem, in der Form

$$F = Ax^2+By^2+Cz^2+2A_1x+2B_1y+2C_1z+D = 0$$

angenommen. Setzt man dann

$$\begin{aligned} G &= (B+C)(Ax^2+2A_1x)+(C+A)(By^2+2B_1y)+(A+B)(Cz^2+2C_1z)\\ &\quad +(A+B+C)D-A_1^2-B_1^2-C_1^2,\\ H &= BC(Ax^2+2A_1x)+CA(By^2+2B_1y)+AB(Cz^2+2C_1z)\\ &\quad +(BC+CA+AB)D-(B+C)A_1^2-(C+A)B_1^2-(A+B)C_1^2,\\ K &= ABCD-BCA_1^2-CAB_1^2-ABC_1^2; \end{aligned}$$

so ist die Gleichung der gesuchten Fläche:

$$GH-KF = 0.$$

In dem angegebenen allgemeinen Falle kann man

$$A_1 = B_1 = C_1 = 0, \quad D = -1$$

annehmen; setzt man dann

$$\alpha = \frac{1}{B}+\frac{1}{C}, \quad \beta = \frac{1}{C}+\frac{1}{A}, \quad \gamma = \frac{1}{A}+\frac{1}{B},$$

so erhält die Gleichung der Fläche die Form:

$$(x^2+y^2+z^2)(\alpha x^2+\beta y^2+\gamma z^2)-\alpha(\beta+\gamma)x^2-\beta(\gamma+\alpha)y^2-\gamma(\alpha+\beta)z^2+\alpha\beta\gamma = 0;$$

die Fläche ist also, wenn A, B, C alle drei positiv sind, eine *Fresnel*'sche Wellenfläche, und lässt sich auch in den übrigen Fällen in ähnlicher Weise, wie diese, construiren.

Schlussbemerkung.

In den Abhandlungen des vorliegenden zweiten Bandes findet sich eine solche Ueberfülle ohne Beweis ausgesprochener Sätze, dass bei der Revision, wenn dieselbe nicht eine unverhältnissmässig lange Zeit in Anspruch nehmen sollte, von vornherein auf eine eingehende Prüfung ihrer Richtigkeit verzichtet werden musste. Namentlich gilt dies in Betreff der auf die allgemeine Theorie der algebraischen Curven und Flächen sich beziehenden Untersuchungen, von deren Ergebnissen *O. Hesse* gesagt hat, dass sie gleich den *Fermat*'schen Sätzen für die Mit- und Nachwelt Räthsel seien. Aber selbst in den am sorgfältigsten ausgearbeiteten Abhandlungen, von denen ich die auf den Krümmungsschwerpunct ebener Curven sich beziehende und die über das Maximum und Minimum handelnden hervorhebe, haben sich an zahlreichen Stellen gegen einzelne Sätze Bedenken geltend gemacht, die in den vorstehenden Anmerkungen, wenn aus denselben nicht ein ausführlicher Commentar werden sollte, nicht alle zur Sprache gebracht werden konnten. Der Leser möge z. B. aus der Note (15) ersehen, welche Erörterungen ein Irrthum bei einem sehr einfachen Satze, wenn derselbe vollständig aufgeklärt werden sollte, nöthig machte. Ebenso hatten mir die auf S. 71 unter Nr. 13 gegebenen Sätze, welche die wesentlichsten Irrthümer enthalten, zu einer Note Veranlassung gegeben, die ich zurückgelegt habe, weil daraus ein kleiner Aufsatz über Fusspunctencurven geworden war. Welche Arbeit aber die Revision der in diesem Bande enthaltenen Abhandlungen trotz der angegebenen Beschränkung gemacht hat, möge man daraus entnehmen, dass allein die von Herrn *Kiepert* mir zugestellten Notizen 34 Folio-Seiten umfassen. Von den bemerkten Ungenauigkeiten beruhten die meisten allerdings auf blossem Versehen, oder waren nur stylistische, und sind deshalb die gemachten Aenderungen in den Anmerkungen nicht angegeben worden, was vielmehr, wie im ersten Bande, nur da geschehen ist, wo eine Vergleichung des ursprünglichen Textes mit dem Neudruck den Grund der Aenderung nicht sofort würde erkennen lassen. Konnte ein bemerkter Irrthum — wie z. B. der in Note 23) bezeichnete — durch Hinweisung auf eine spätere Arbeit eines anderen Geometers berichtigt werden, so ist dies geschehen.

W.

TAFELN

für

BAND I

und

BAND II

Einige geometr. Sätze. Fig. 1-3.

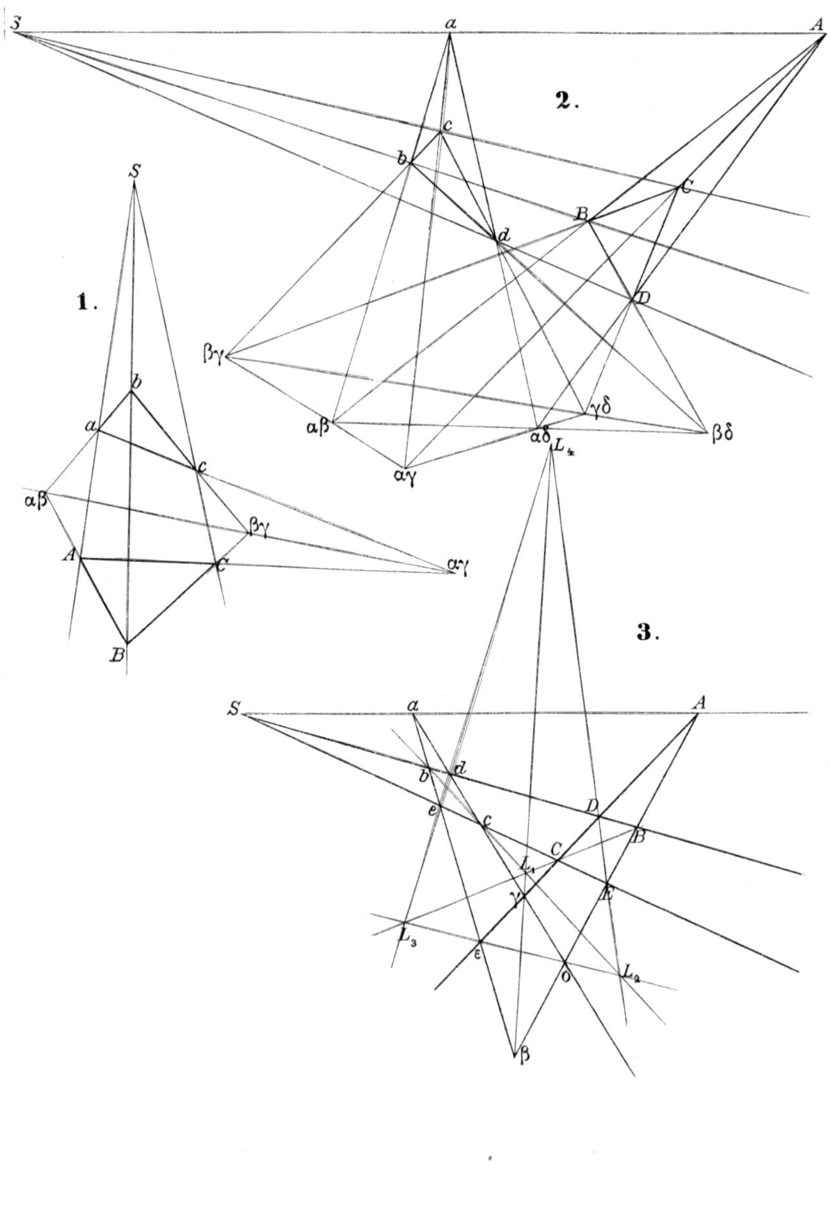

Einige geometr. Sätze. Fig. 4-6.

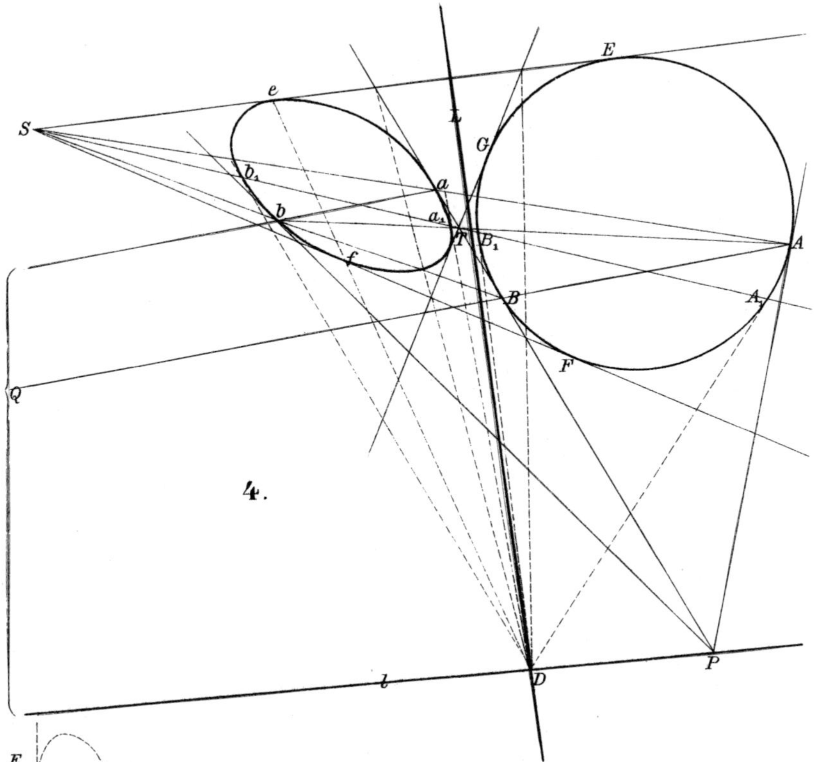

4.

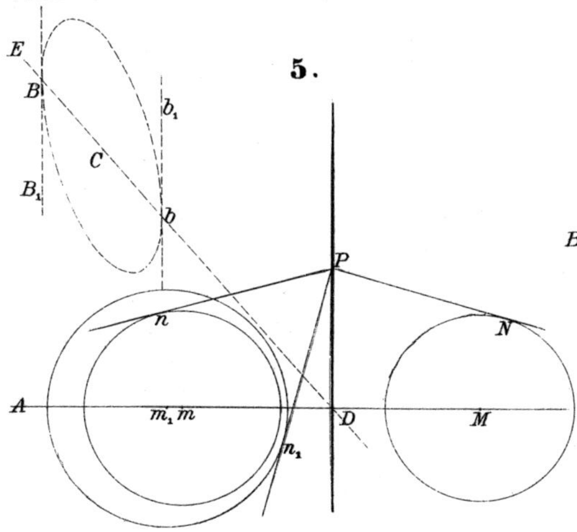

5.

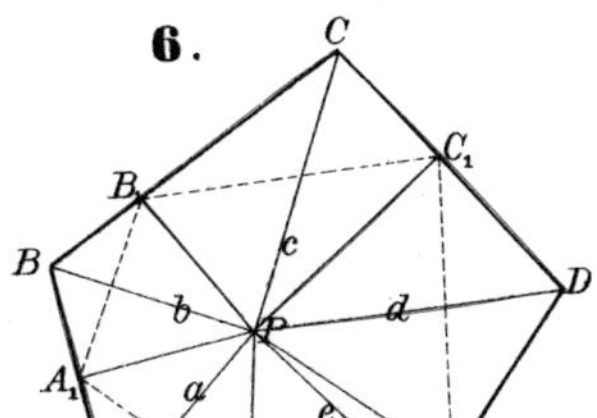

6.

Einige geometr. Betrachtungen. Fig. 1-10

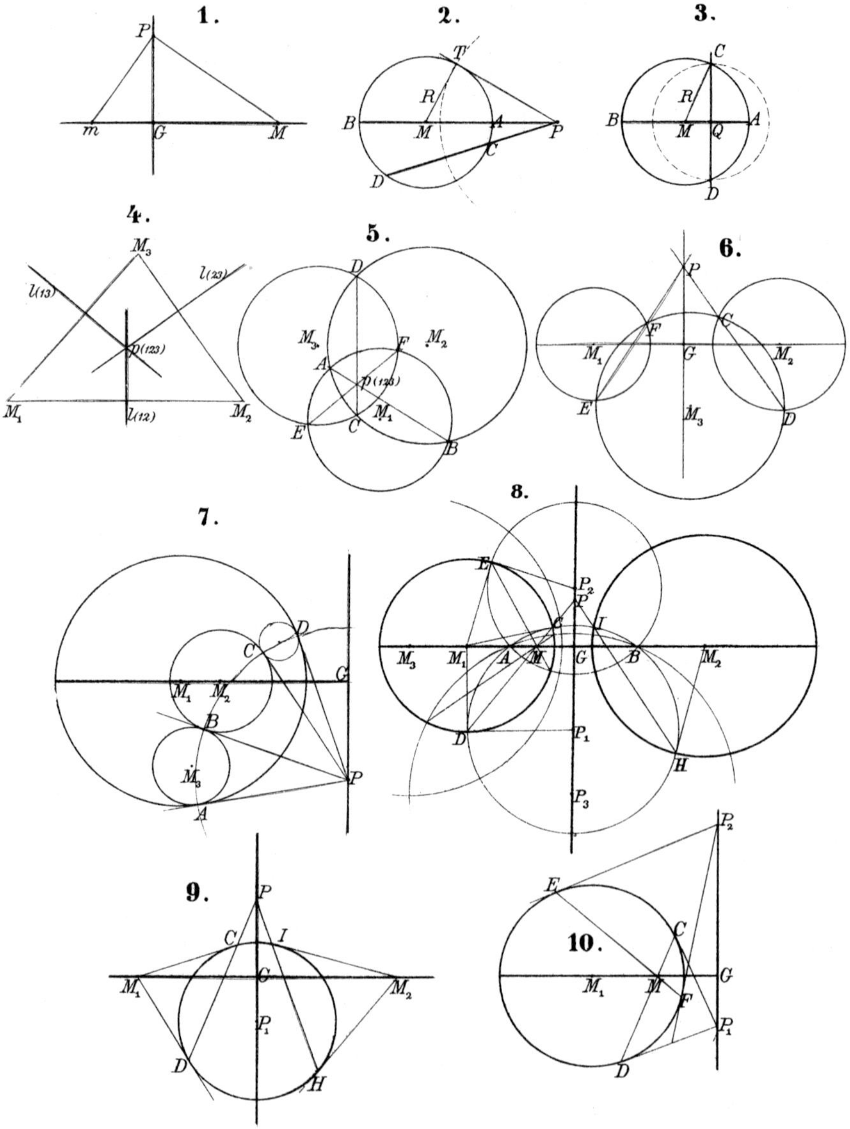

Einige geometr. Betrachtungen. Fig. 11-17.

11.

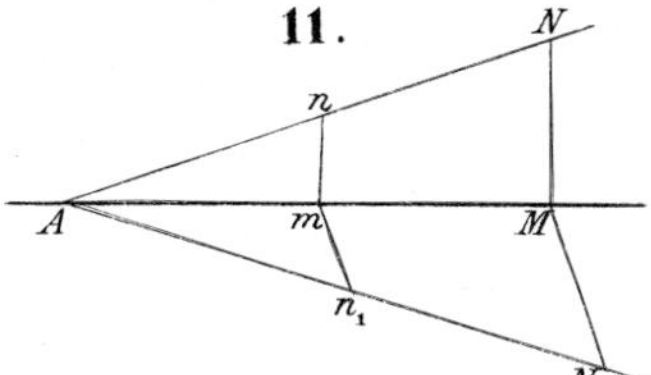

12.

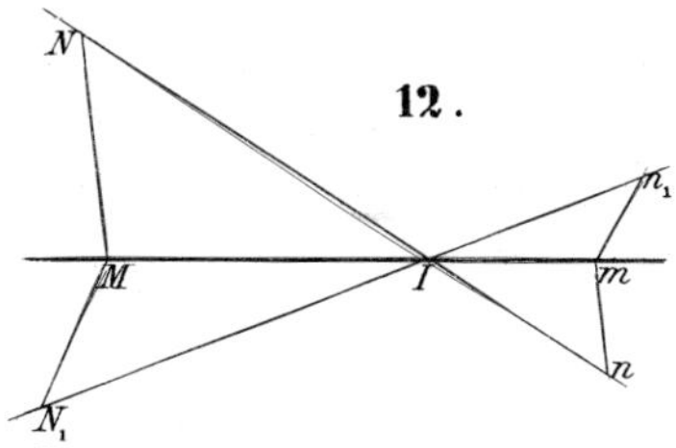

13.

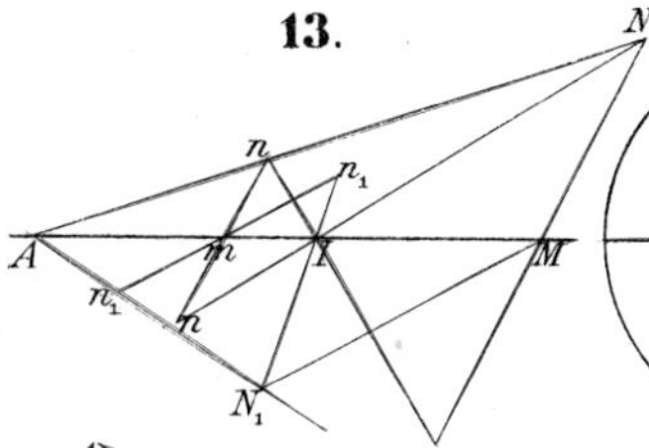

14.

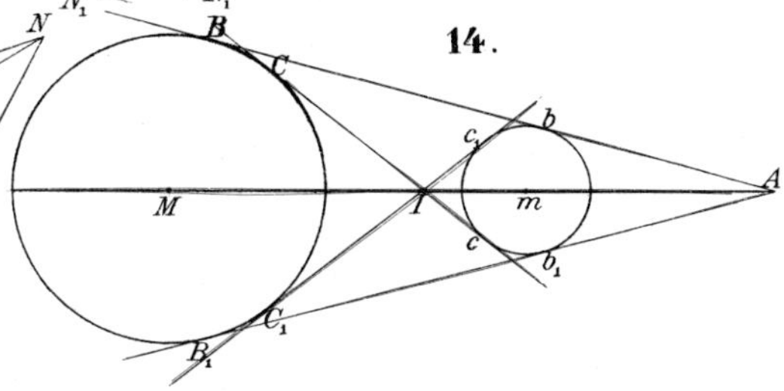

15.

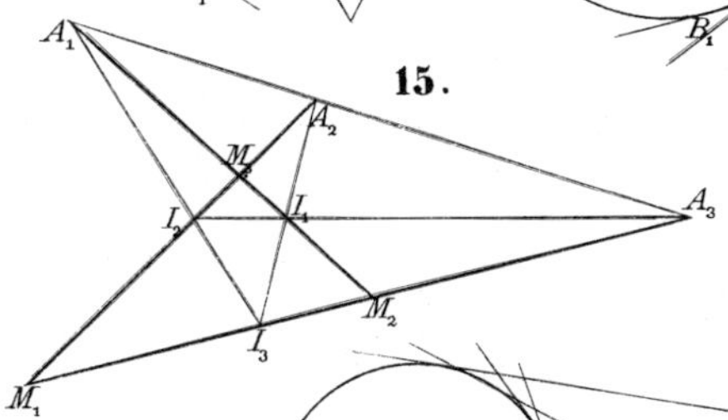

16.

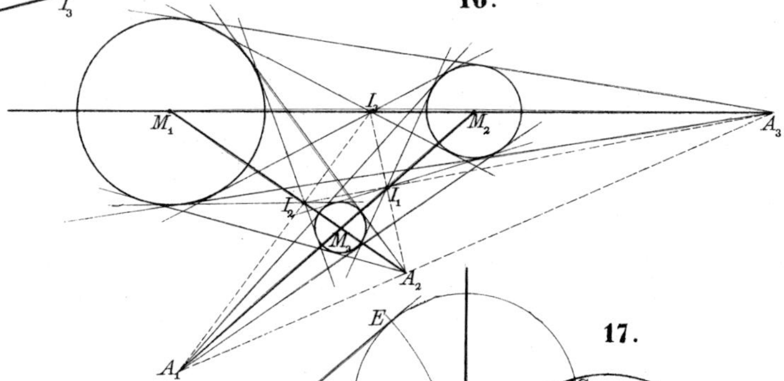

17.

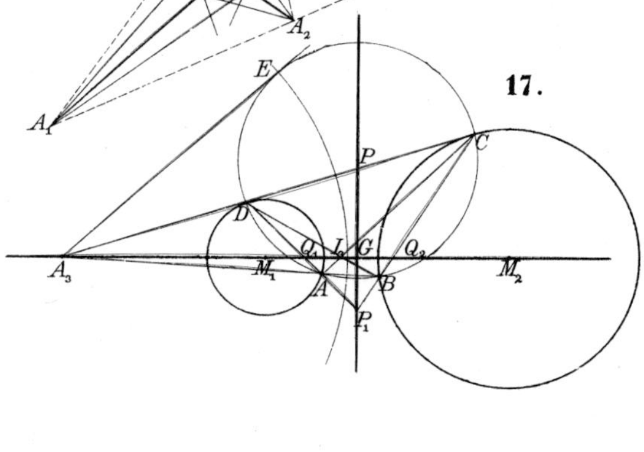

Einige geometr. Betrachtungen. Fig. 18 - 19.

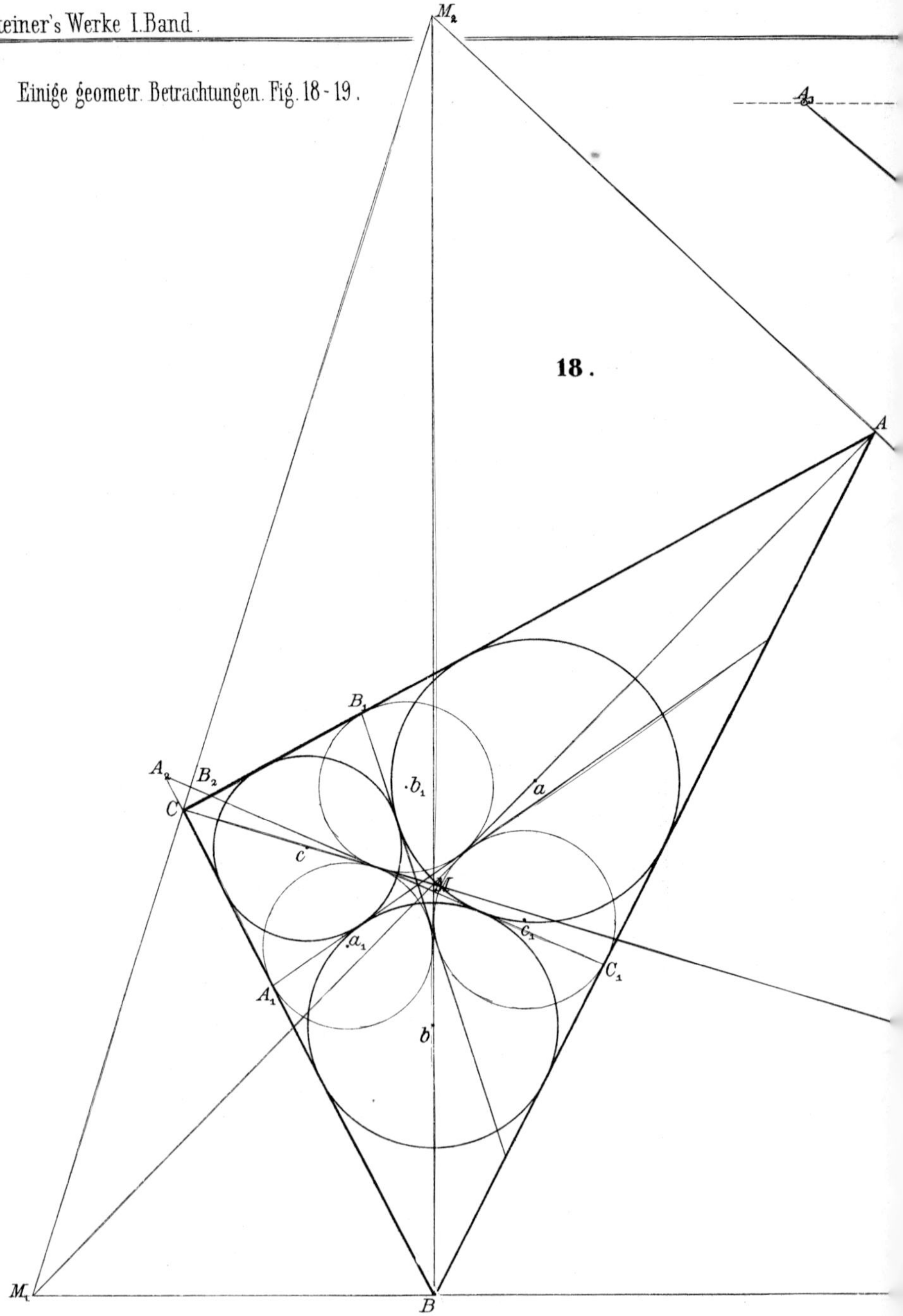

19.

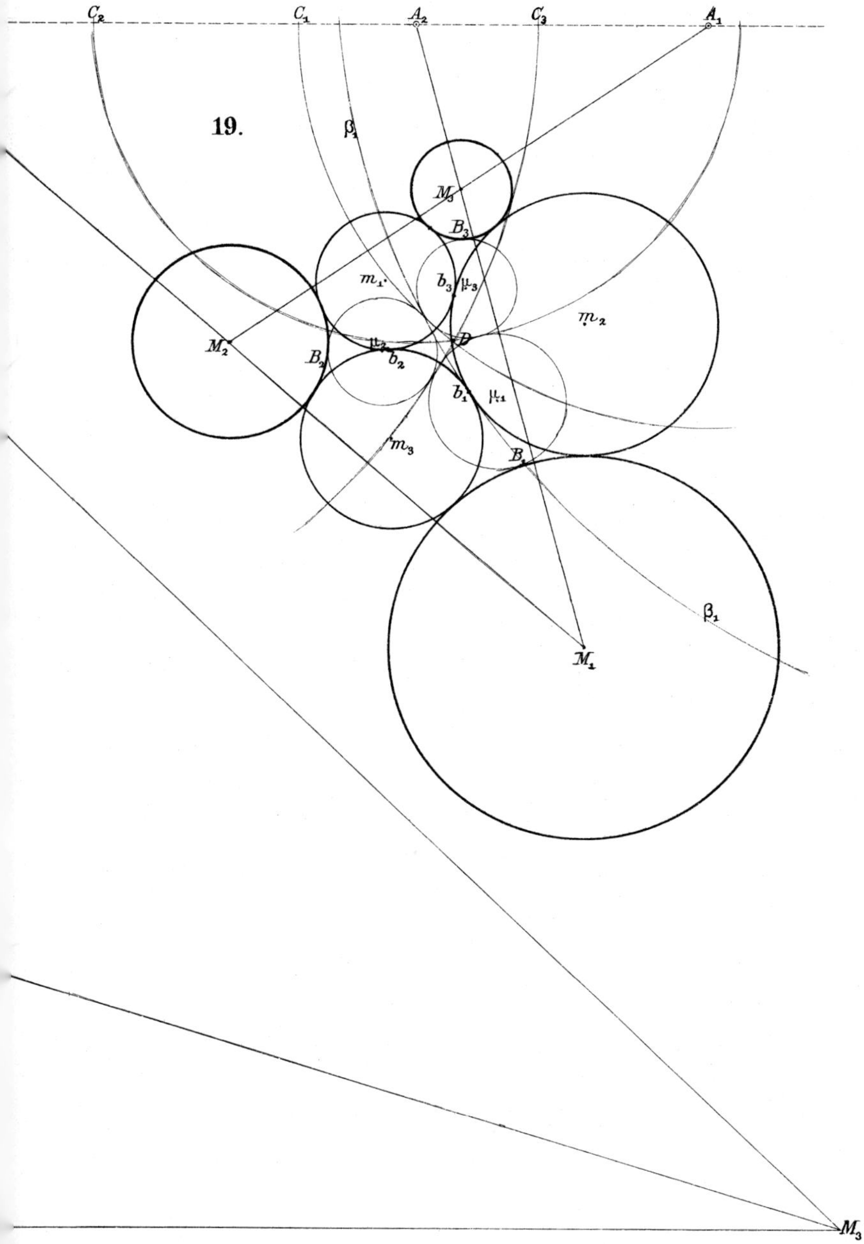

Einige geometr. Betrachtungen. Fig. 20-22.

20.

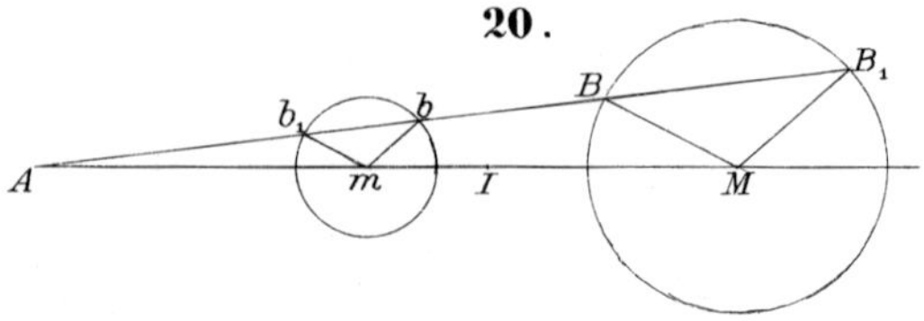

21.

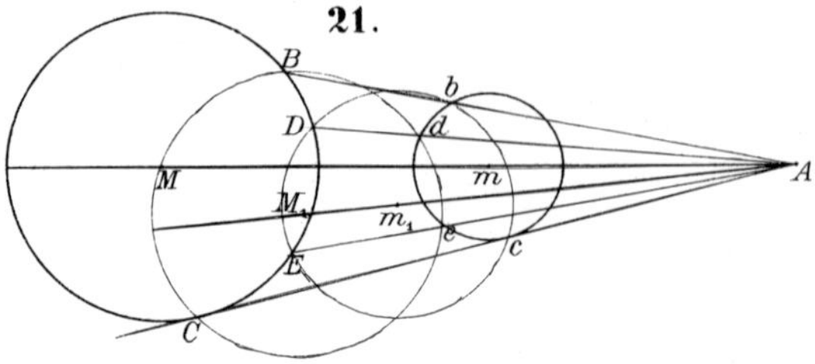

22.

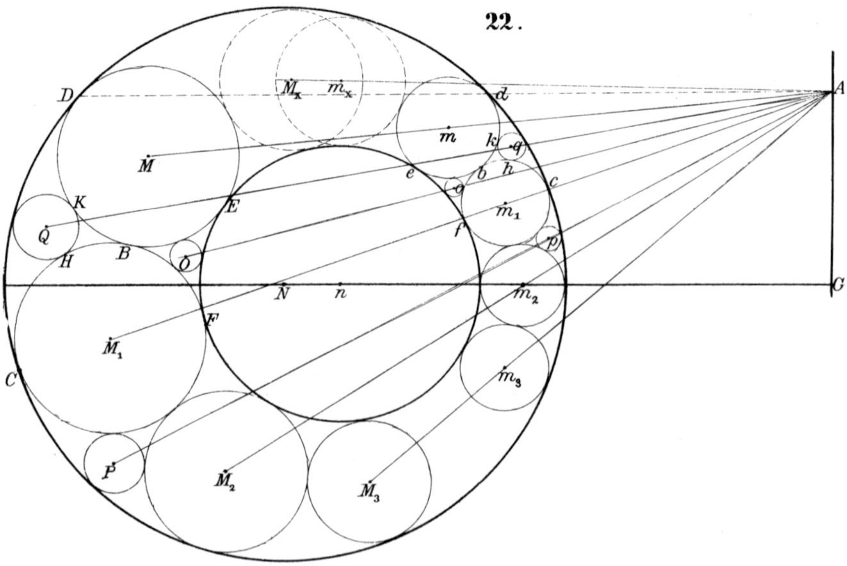

Einige geometr. Betrachtungen. Fig. 23-27.

23.

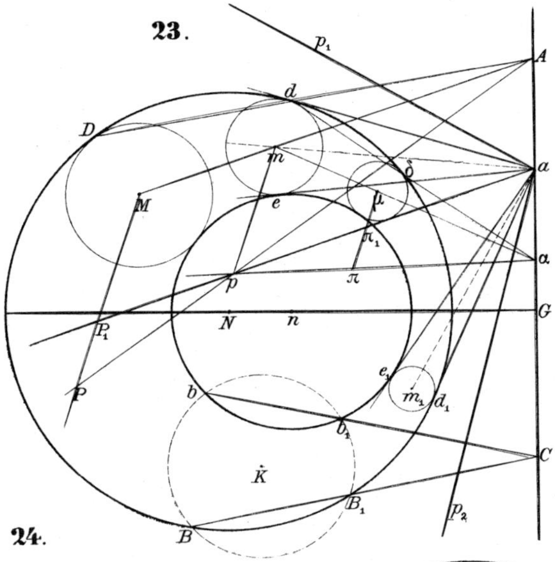

24.

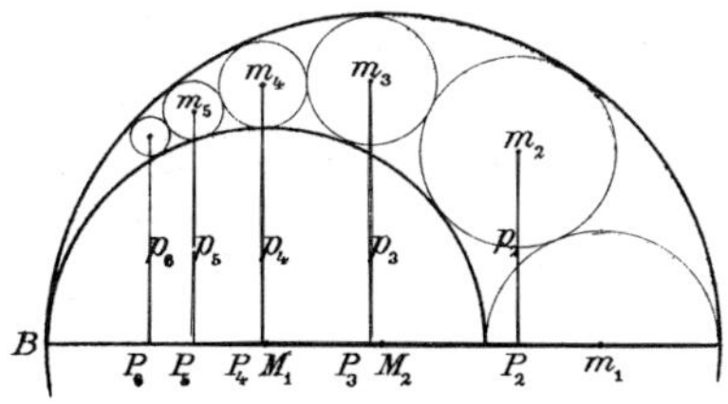

25.

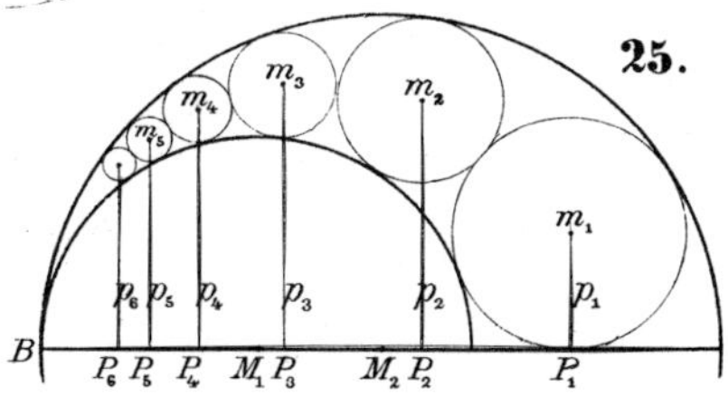

26.

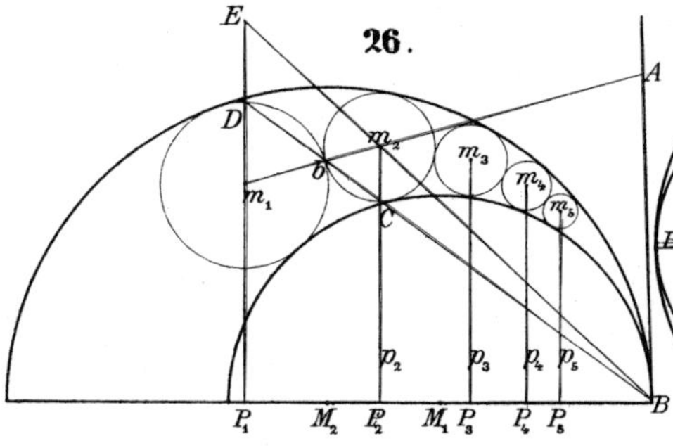

27.

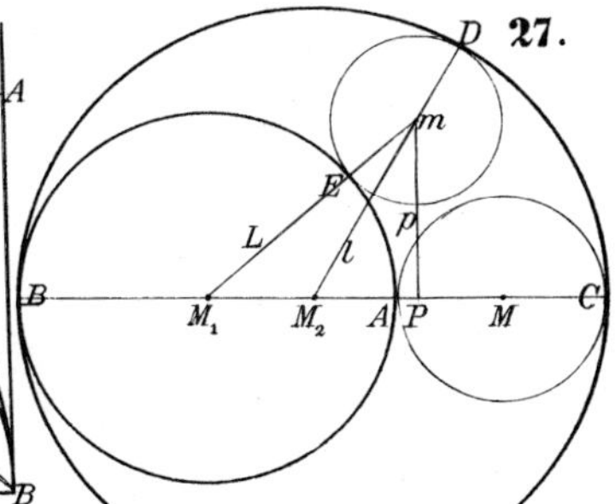

Einige geometr. Betrachtungen. Fig. 28-31.

30.

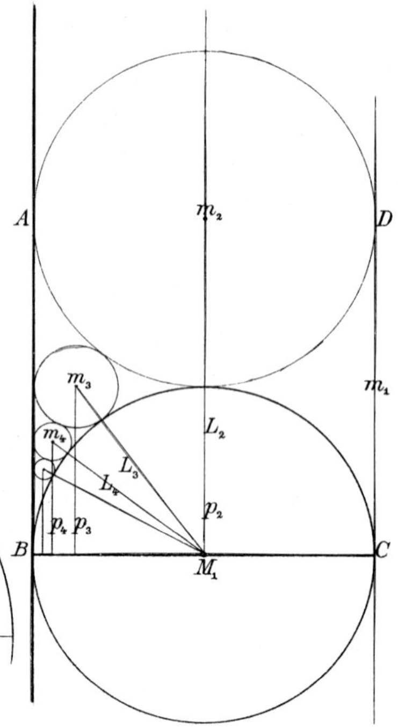

28.

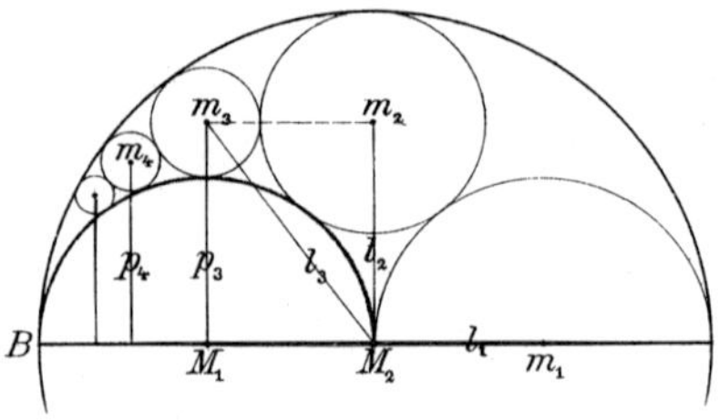

29.

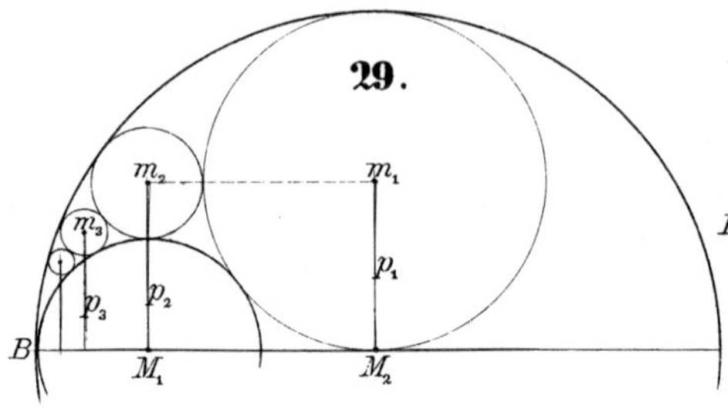

31.

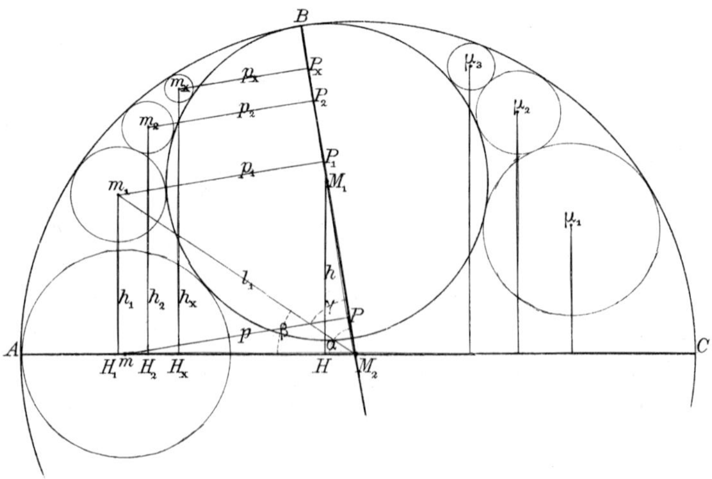

Einige geometr. Betrachtungen. Fig. 32 - 35.

32.

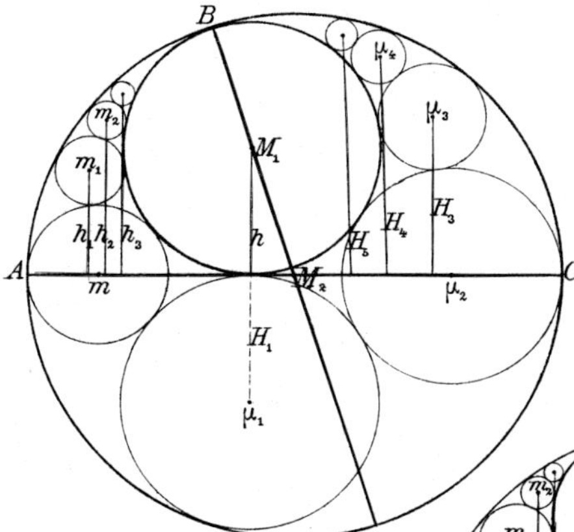

33.

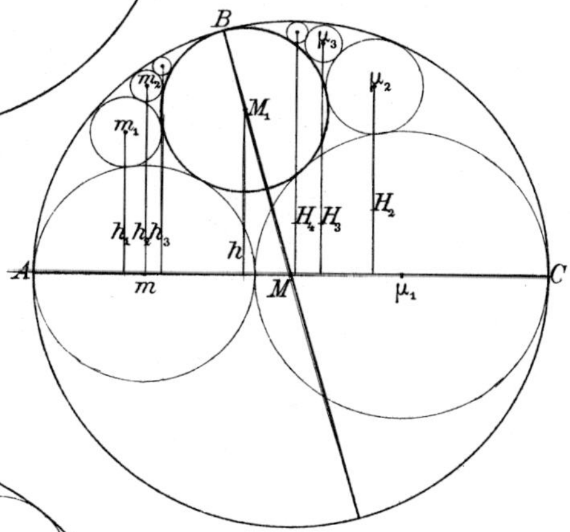

34.

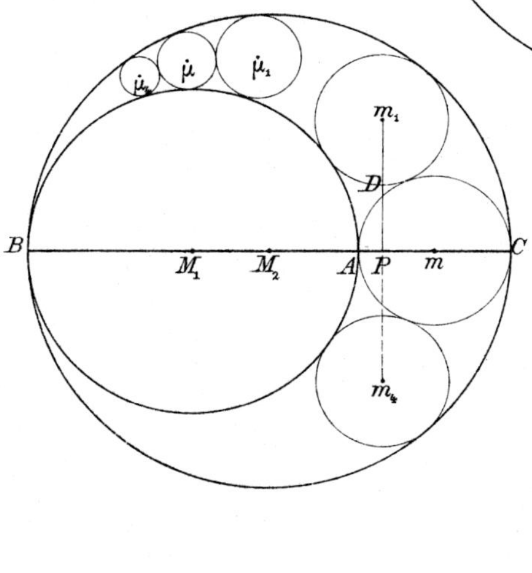

35.

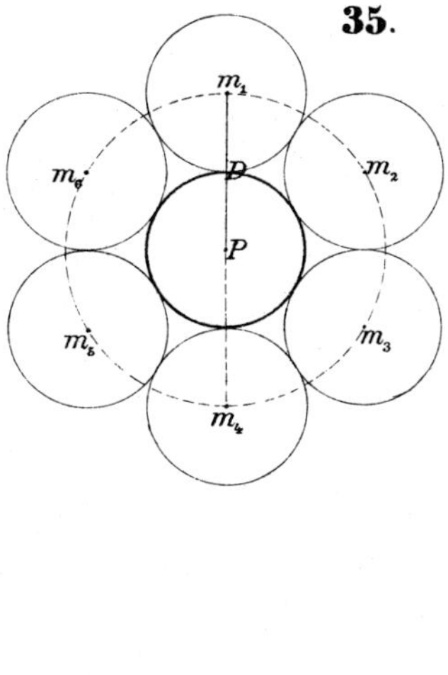

Einige geometr. Betrachtungen. Fig. 36-38.

36.

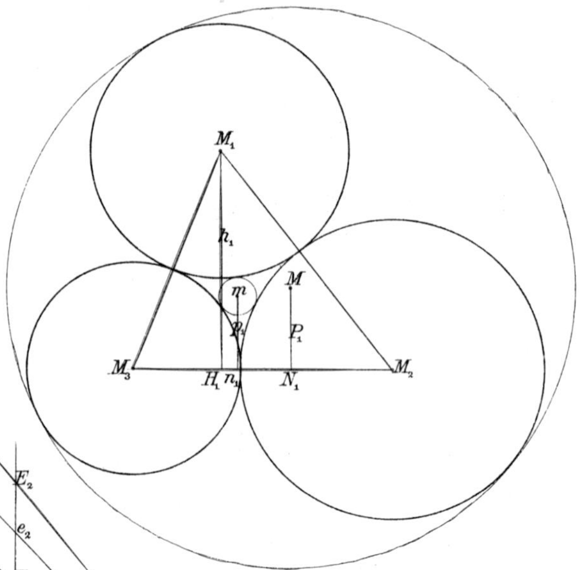

37.

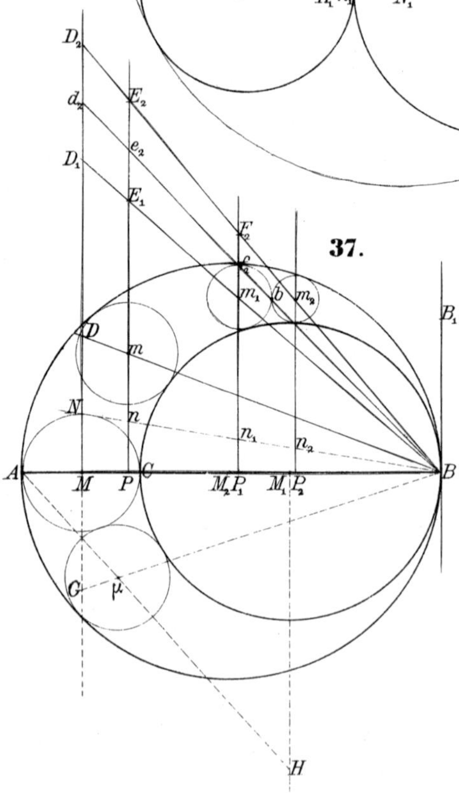

38.

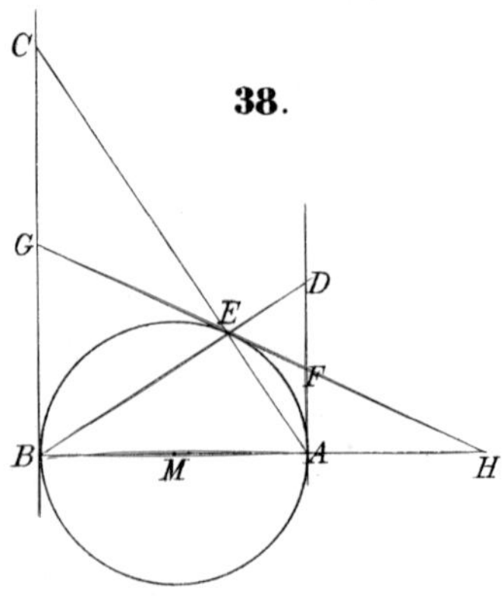

Einige geometr. Betrachtungen. Fig. 39-43.

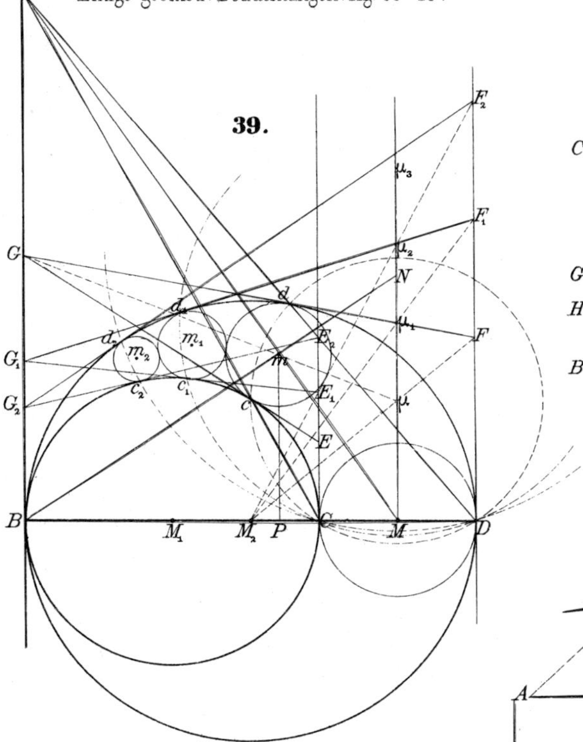

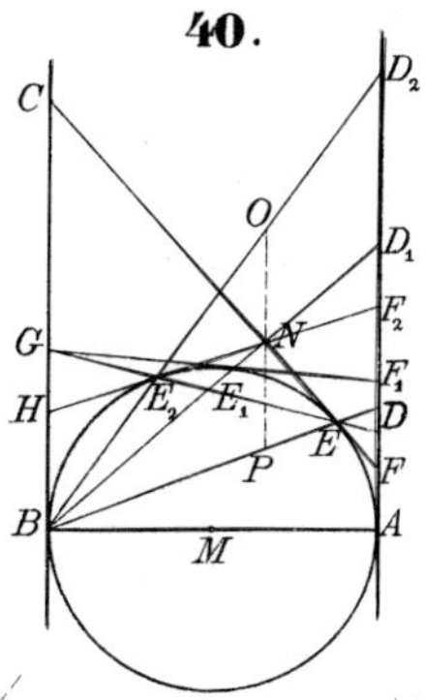

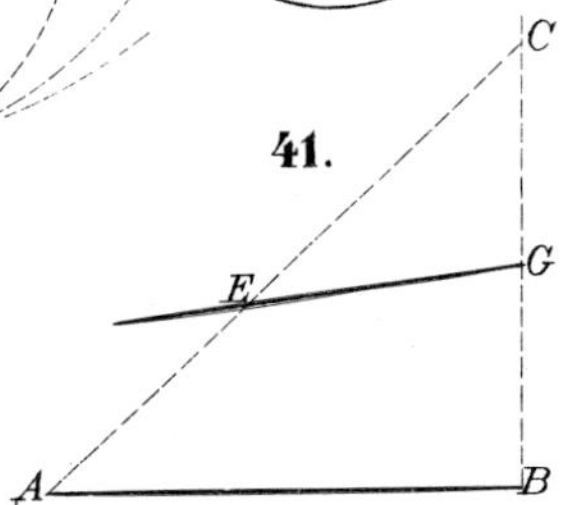

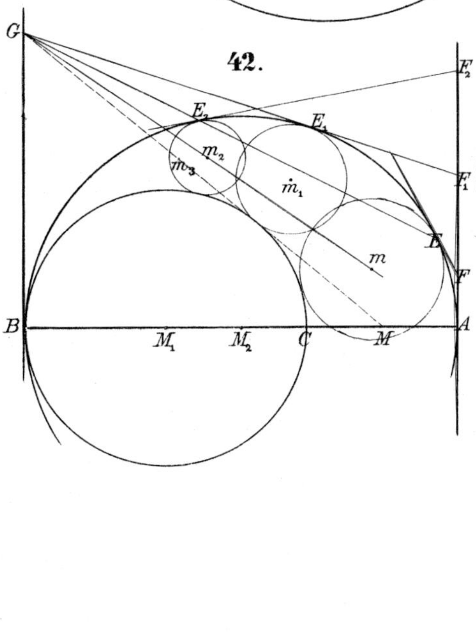

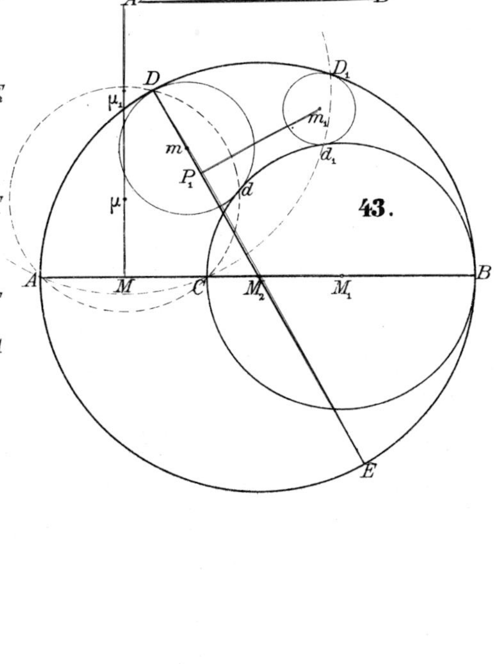

Leichter Beweis eines stereometrischen Satzes von Euler. Fig. 1.

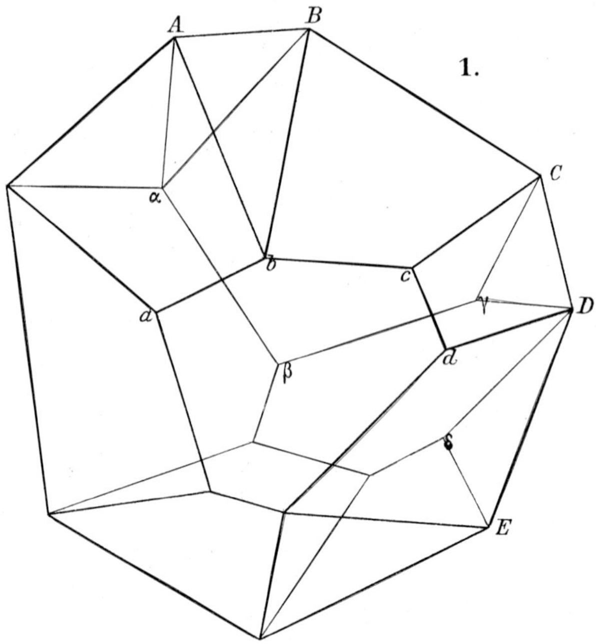

Verwandlung und Theilung sphärischer Figuren. Fig. 1-2.

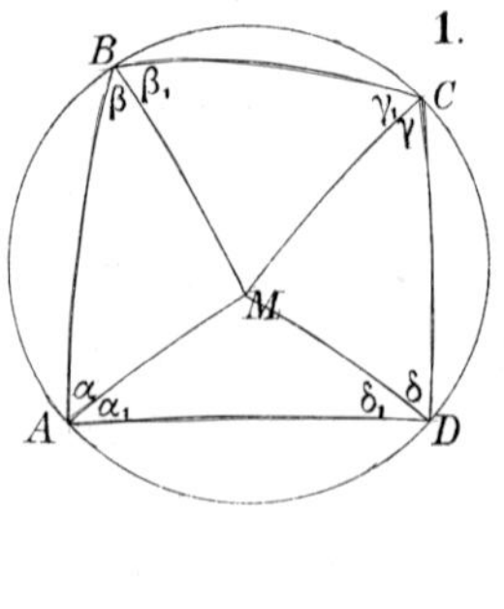

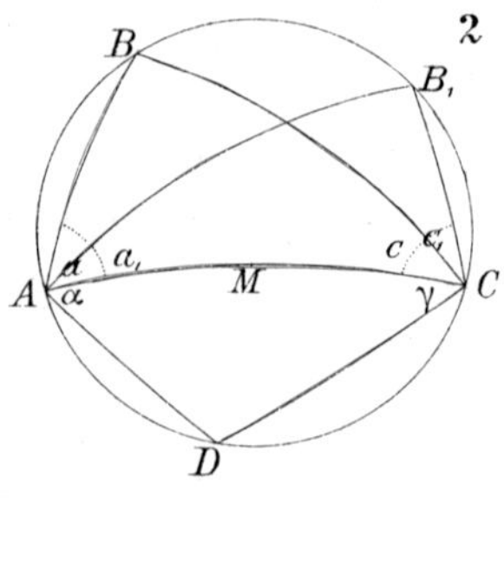

Verwandlung und Theilung sphärischer Figuren. Fig. 3-6.

3.

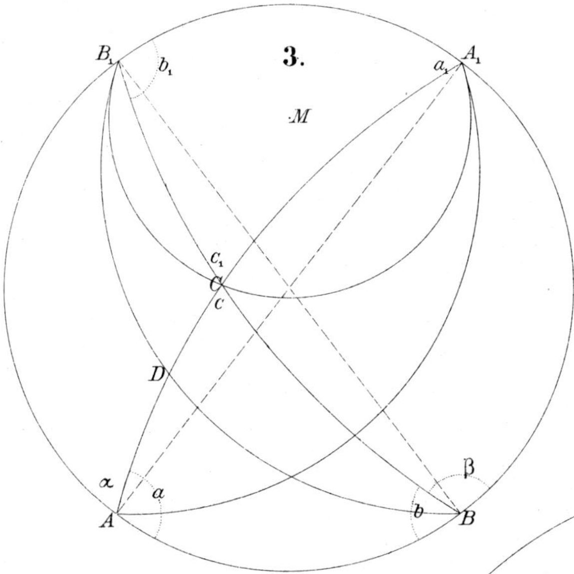

5.

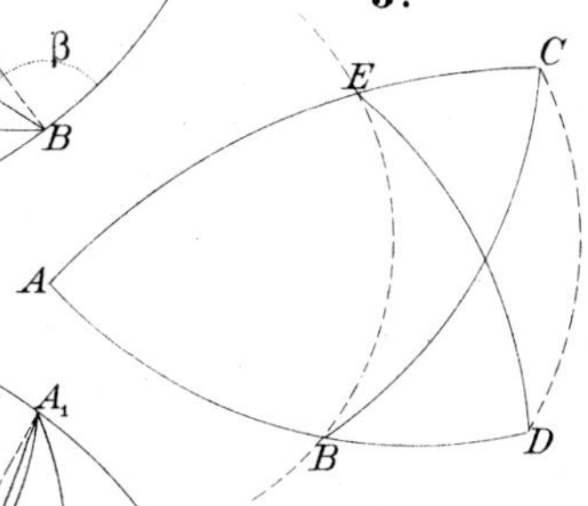

4.

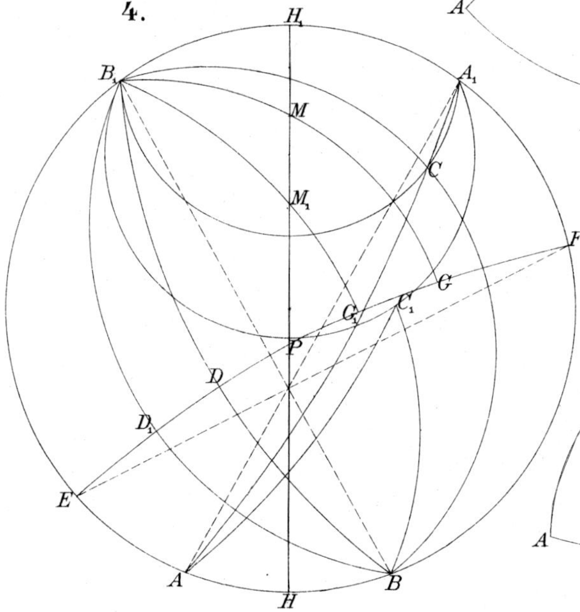

6.

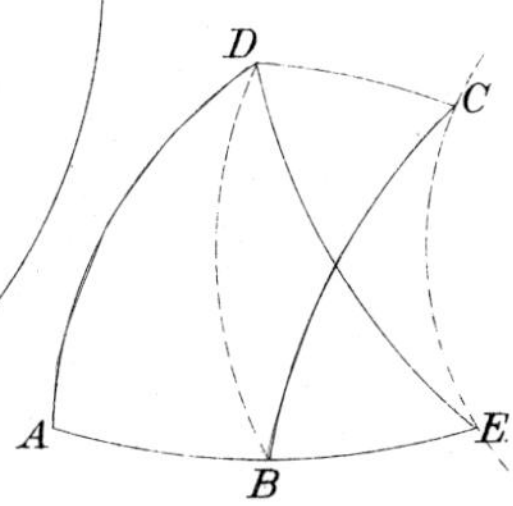

Verwandlung und Theilung sphärischer Figuren. Fig. 7-13.

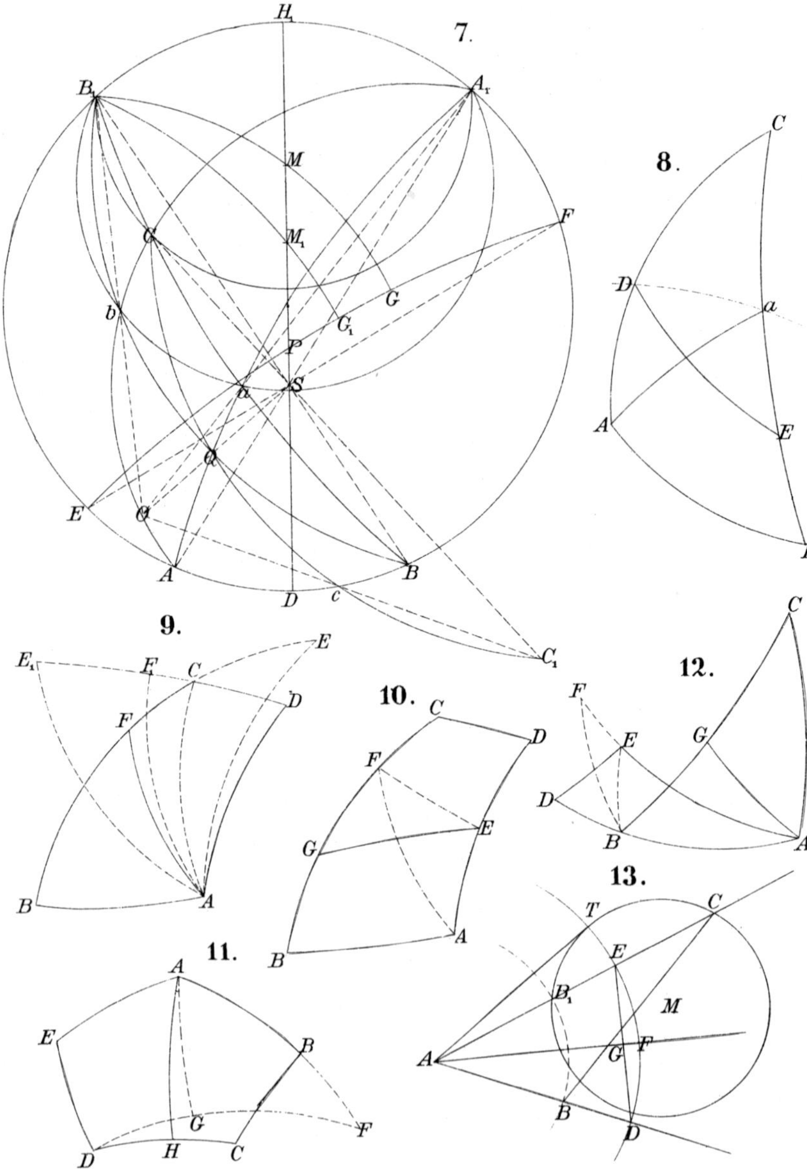

Verwandlung und Theilung sphärischer Figuren. Fig. 14-17.

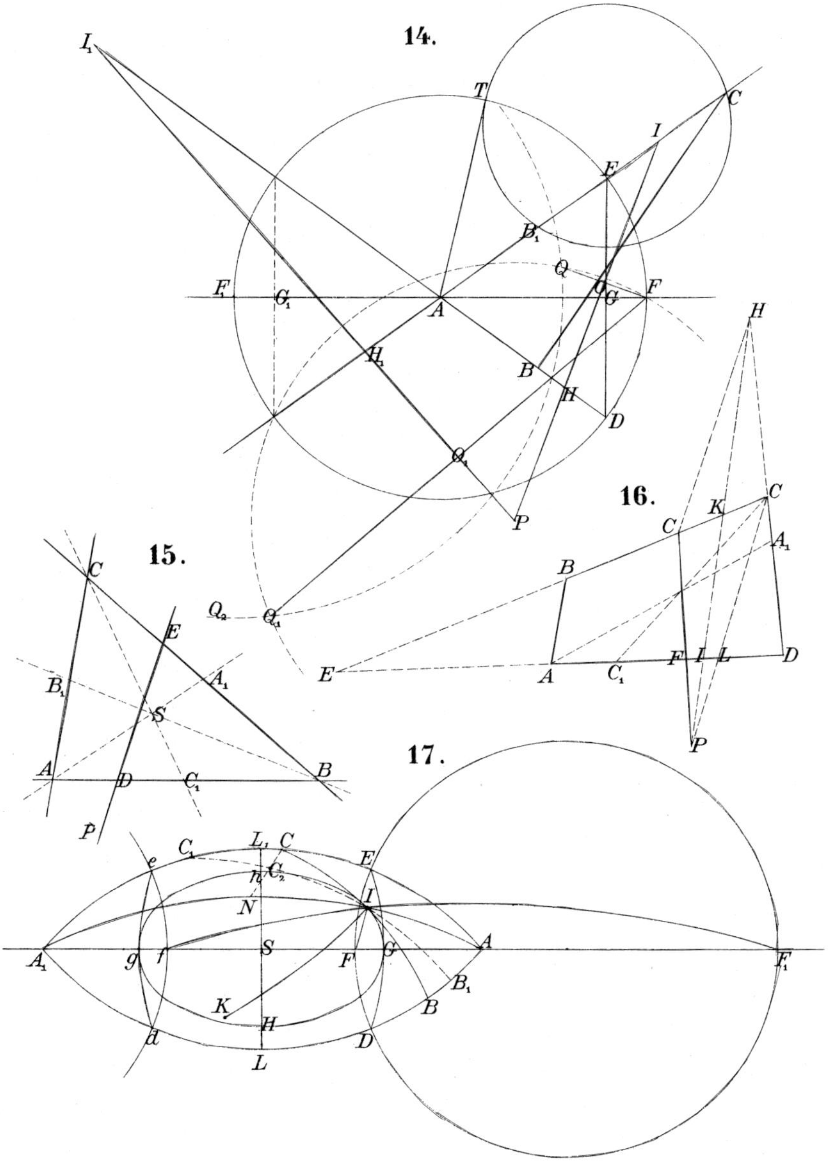

14.

15.

16.

17.

Geometrische Lehrsätze. Fig. 1 - 6.

1.

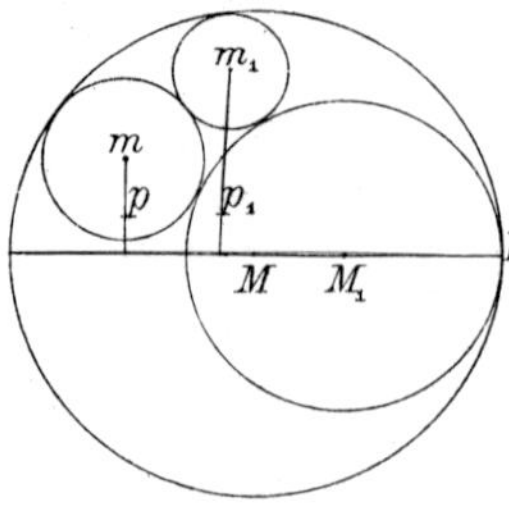

2.

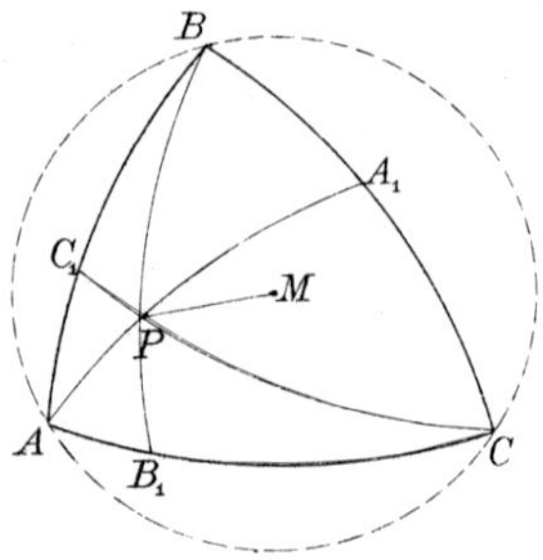

3.

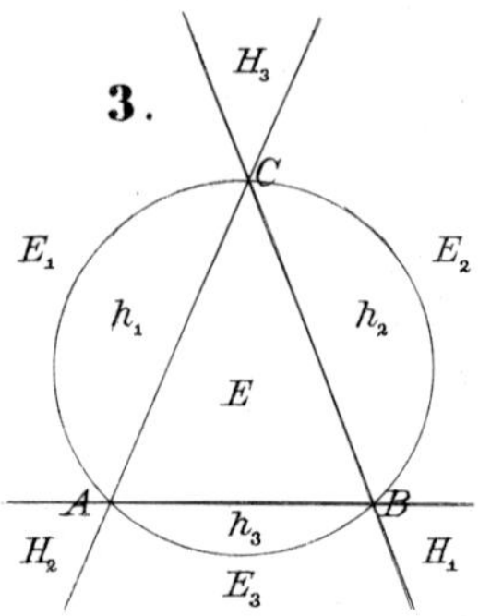

4.

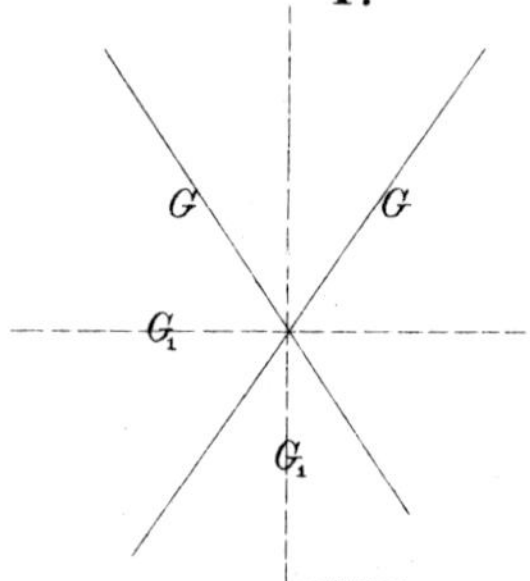

5.

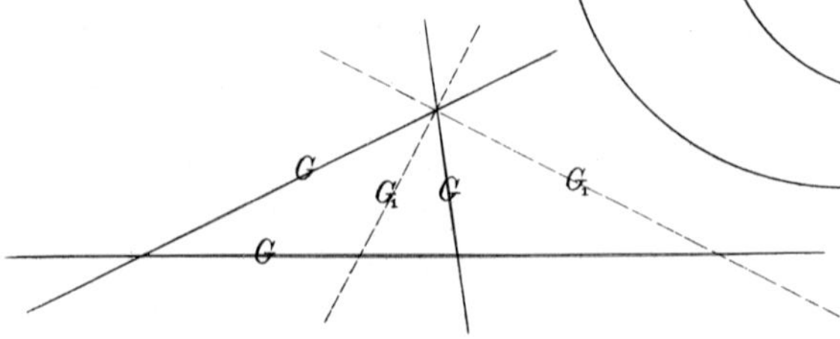

6.

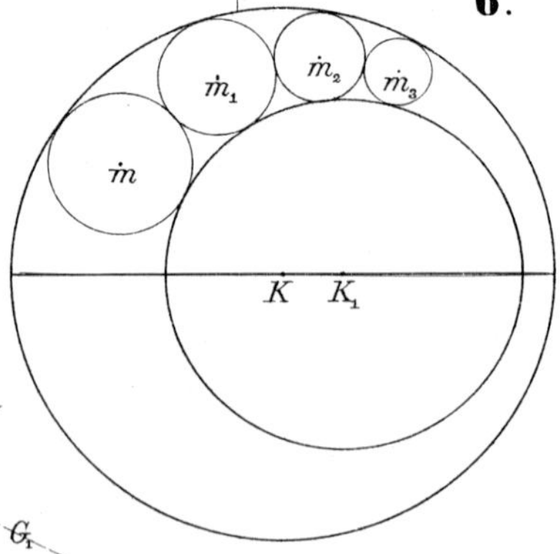

Zwei polygonometrische Sätze.

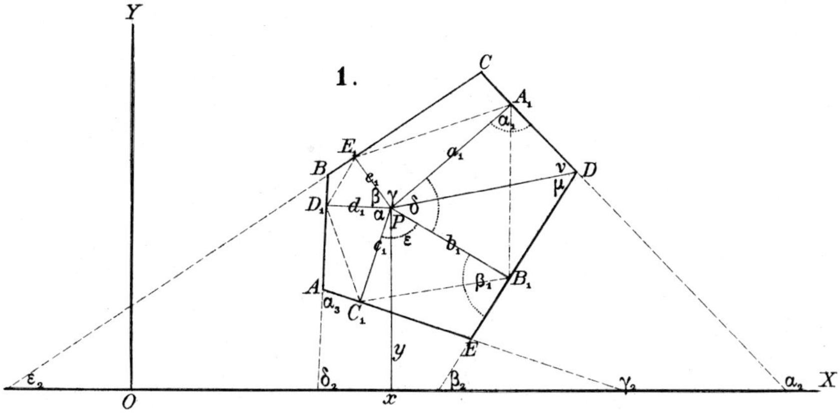

Auflösung einer Aufgabe aus den Annalen des Herrn Gergonne.

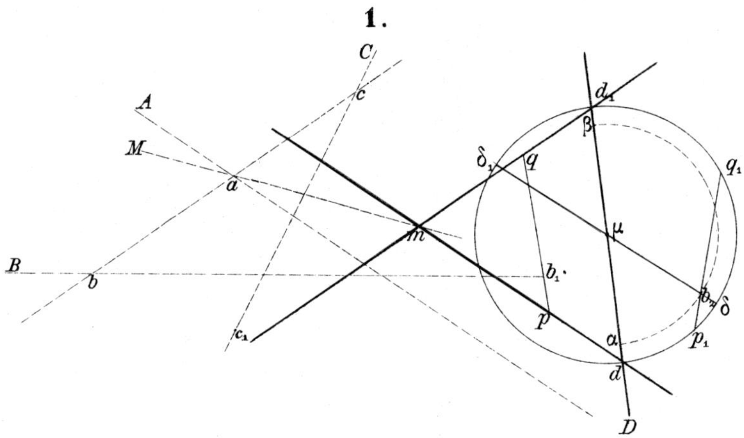

Geometrische Lehrsätze. Fig. 1-2.

1.

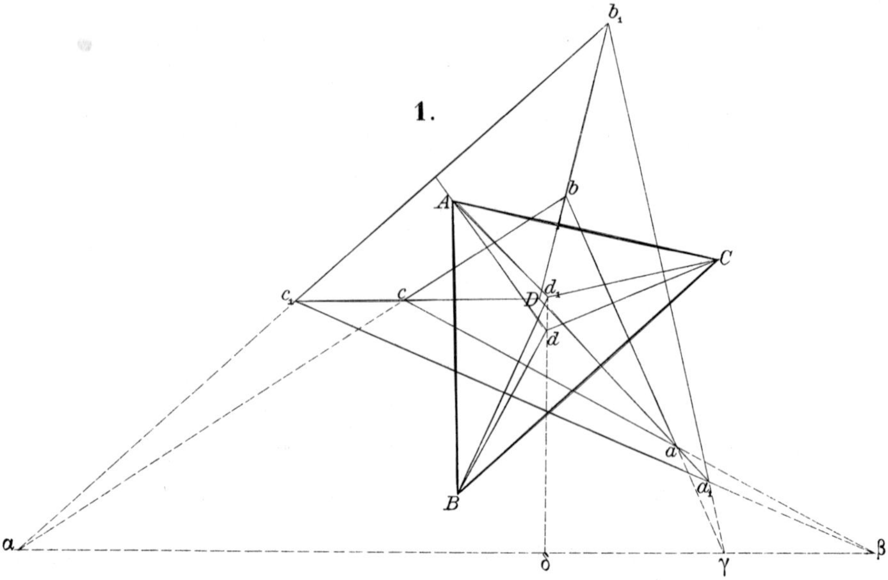

2.

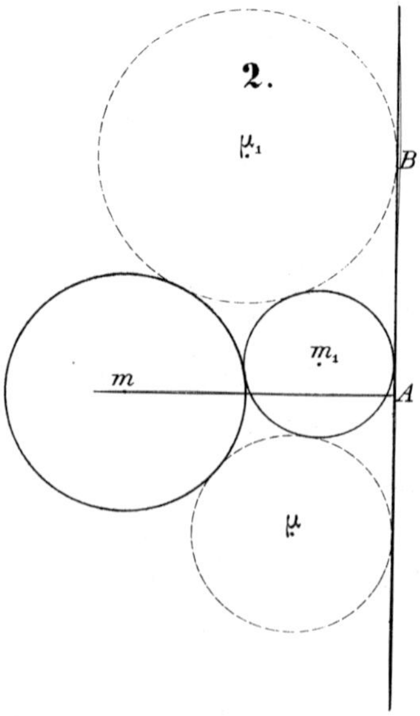

Bemerkungen zu einer Aufgabe in Crelle's Journal Band III. Seite 197-198

1.

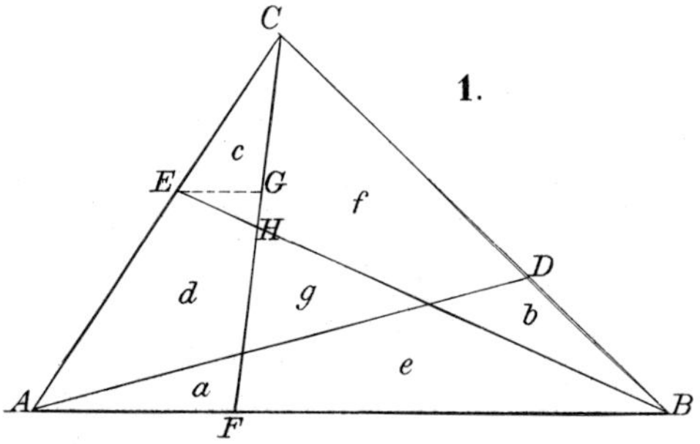

Aufgaben u. Lehrsätze. Fig. 1-3.

1.

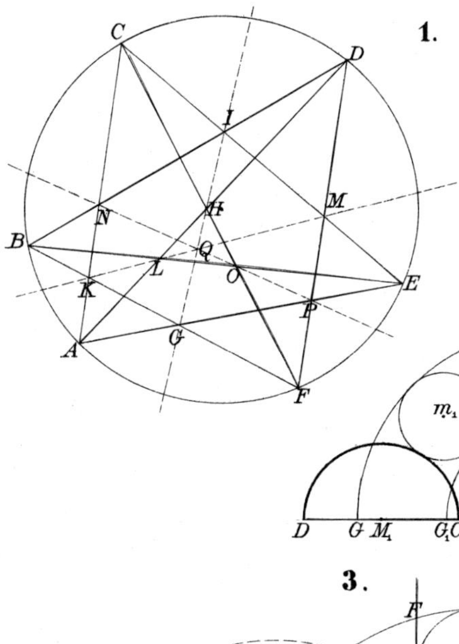

2.

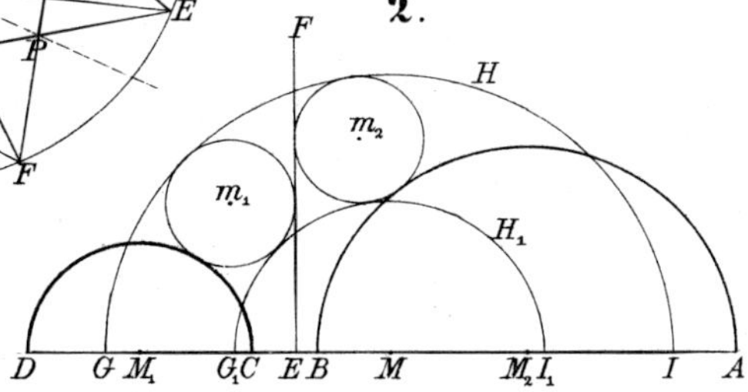

3.

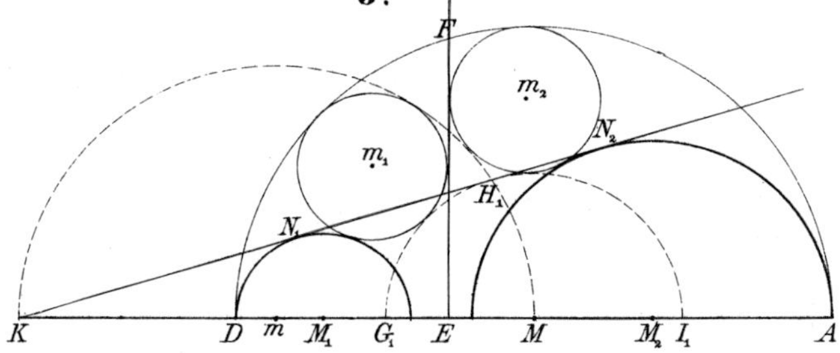

Aufgaben u. Lehrsätze. Fig. 4-7.

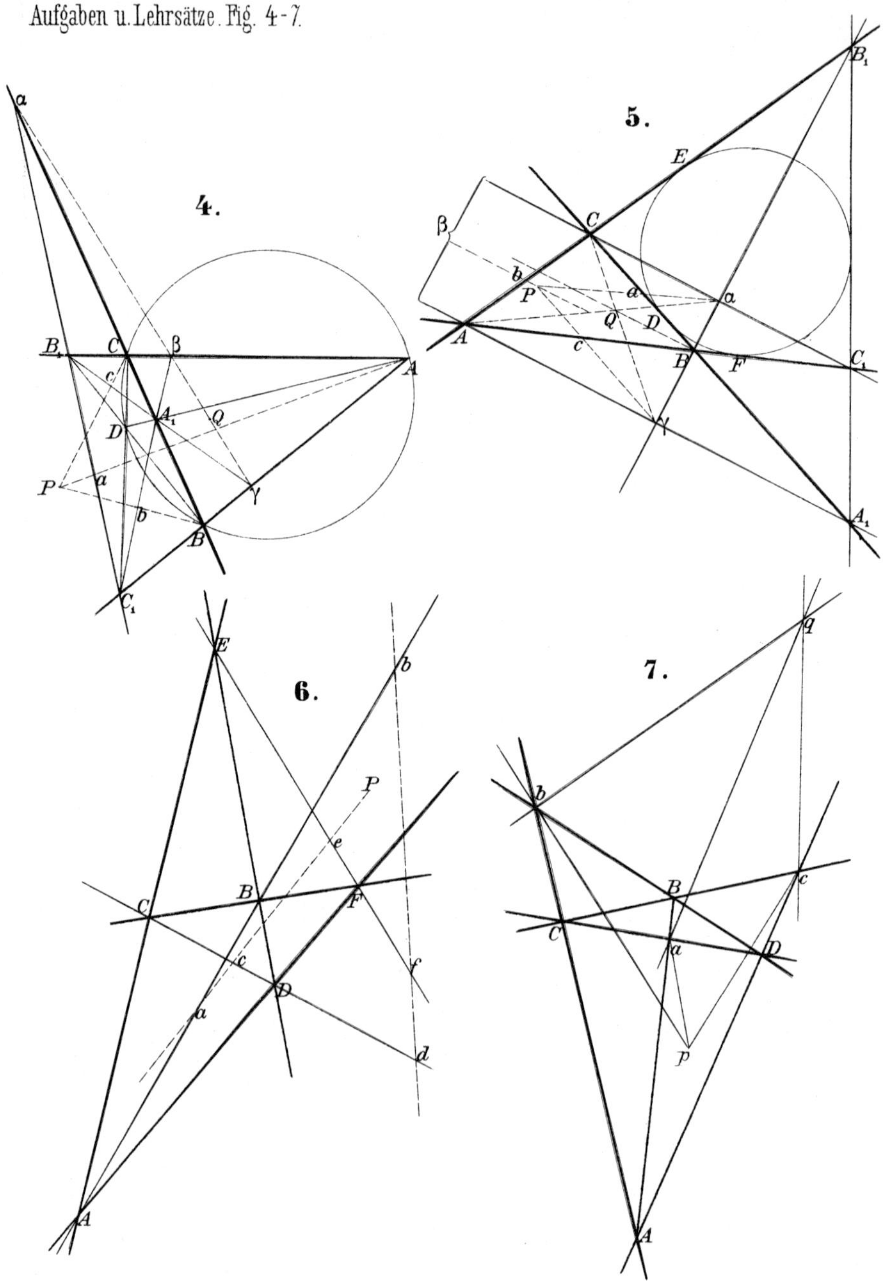

Théorèmes relatifs aux sections coniques Fig. 1 - 2.

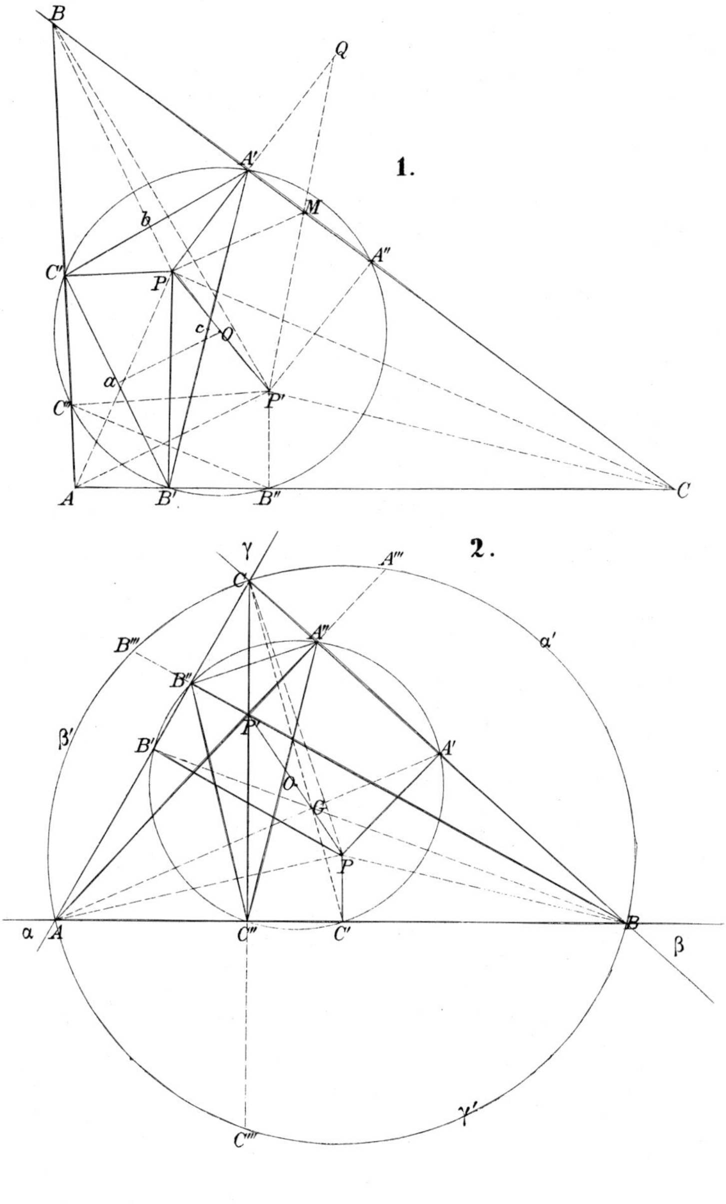

Théorèmes relatifs aux sections coniques Fig. 3-4.

4.

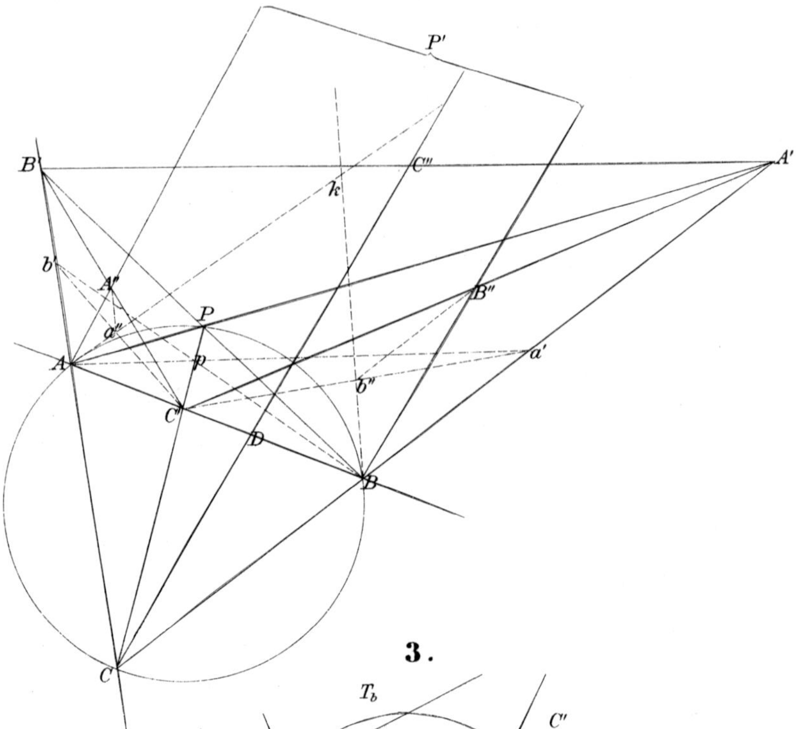

3.

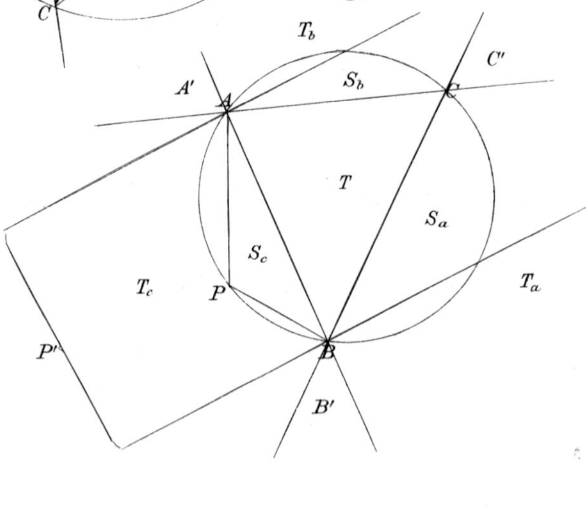

Théorèmes relatifs aux sections coniques Fig. 5.

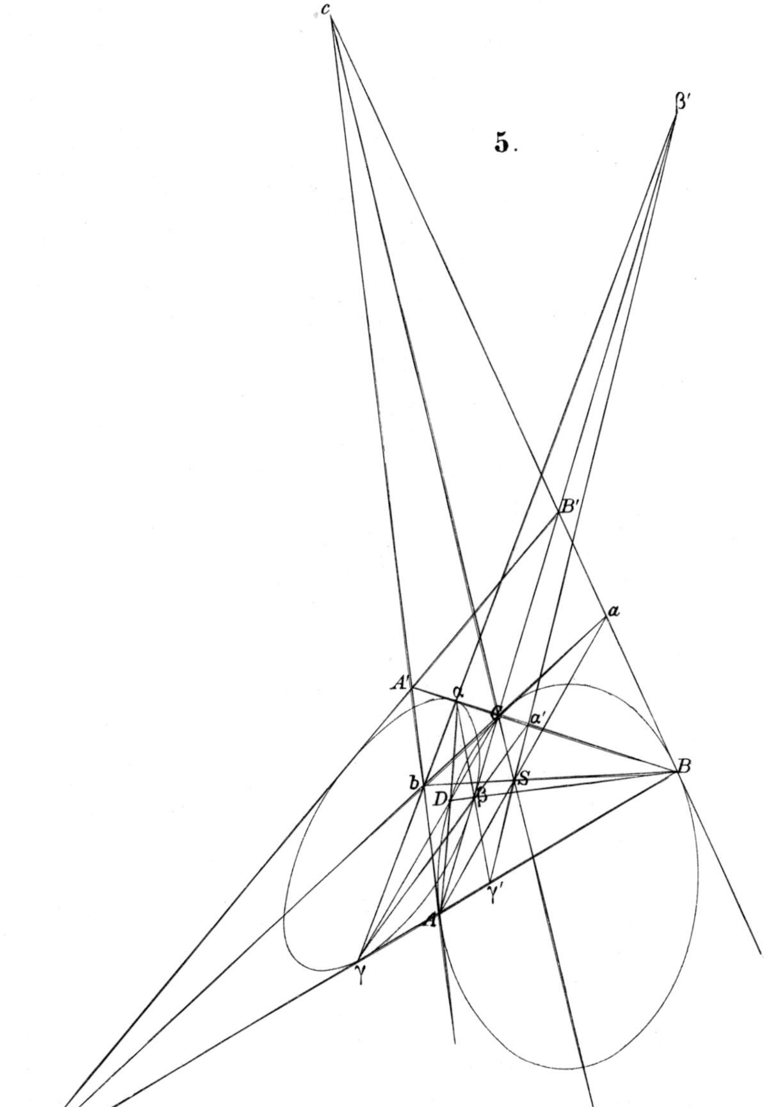

Théorèmes relatifs aux sections coniques Fig. 6-7.

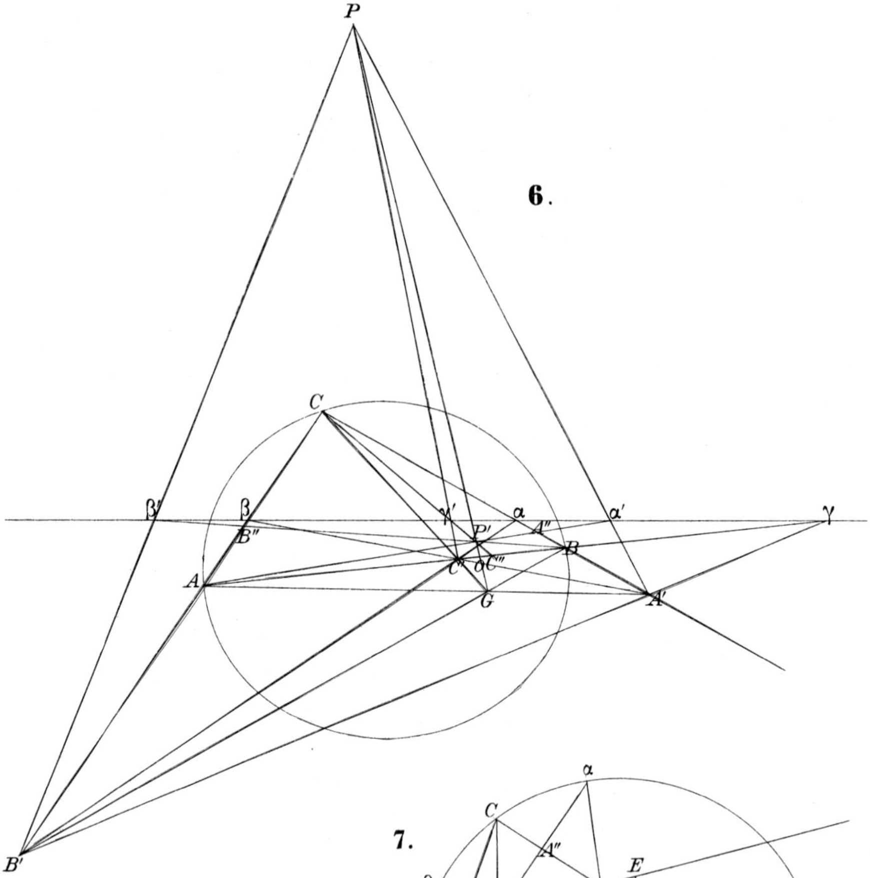

6.

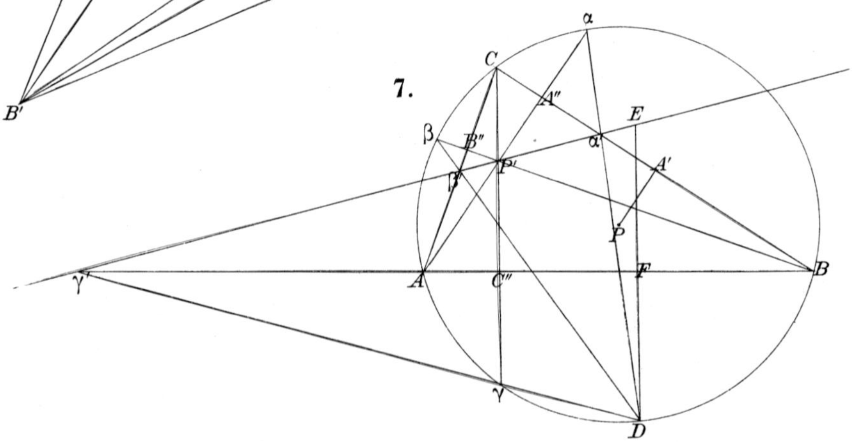

7.

Systematische Entwickelung der Abhängigkeit geometr. Gestalten von einander. Fig. 1 - 7.

1.

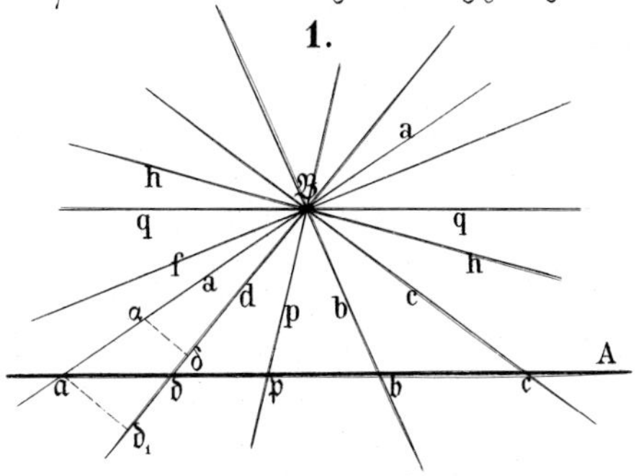

2.

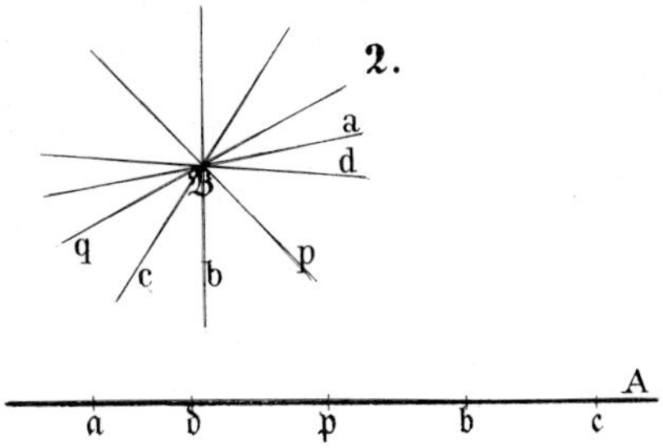

3.

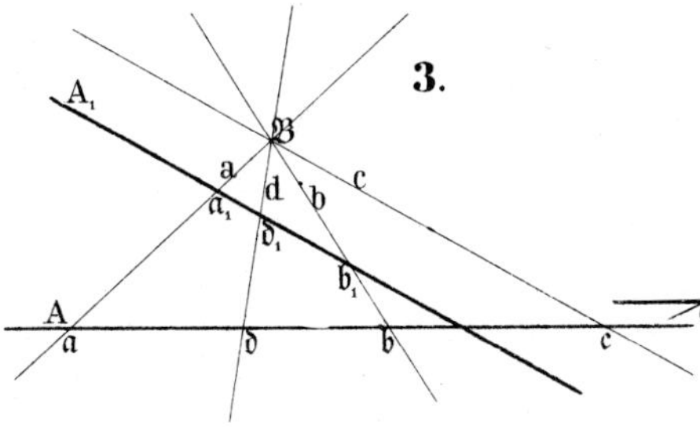

4.

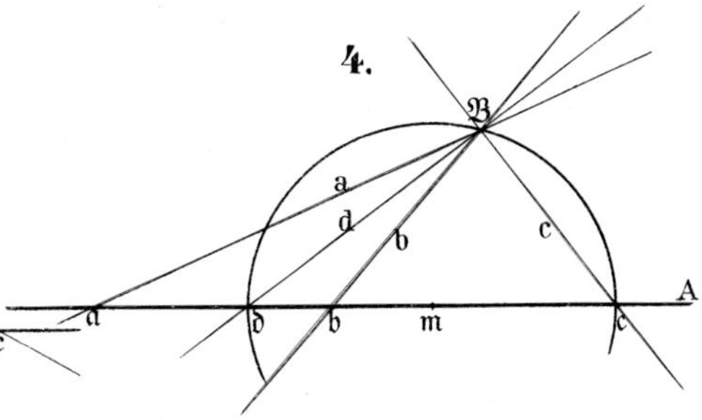

5.

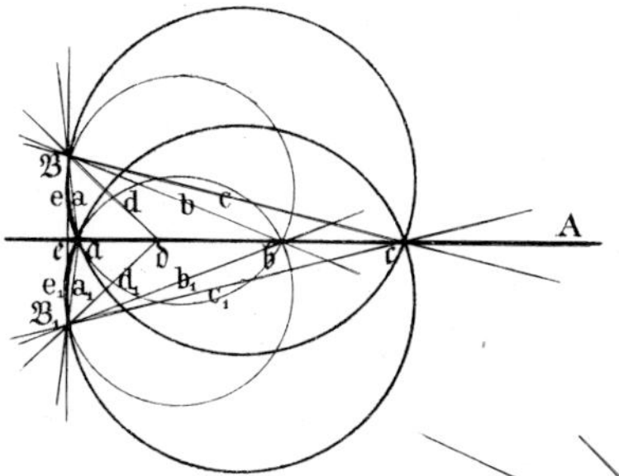

6.

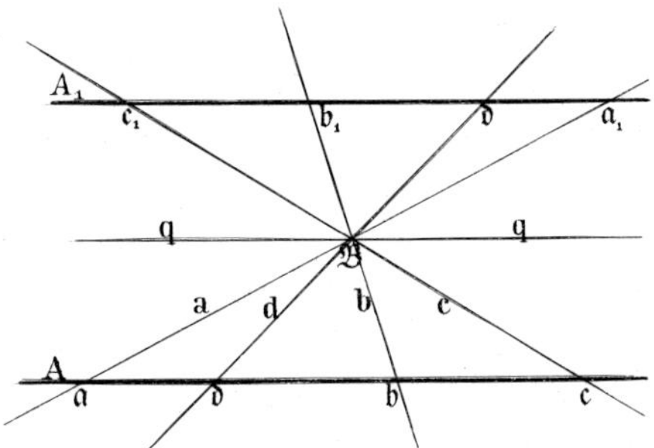

7.

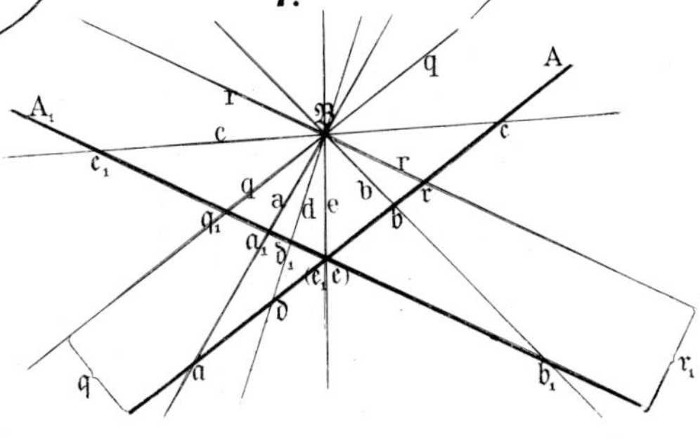

Systematische Entwickelung der Abhängigkeit geometr. Gestalten von einander. Fig. 8-12.

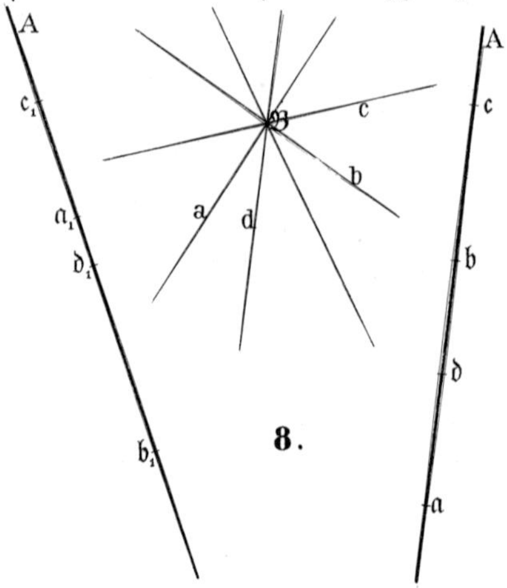

8.

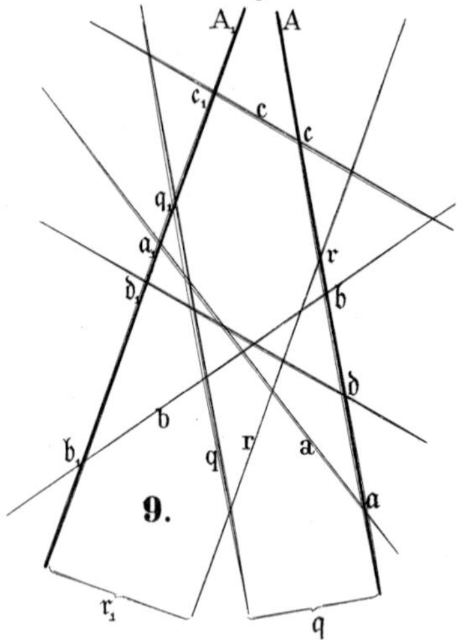

9.

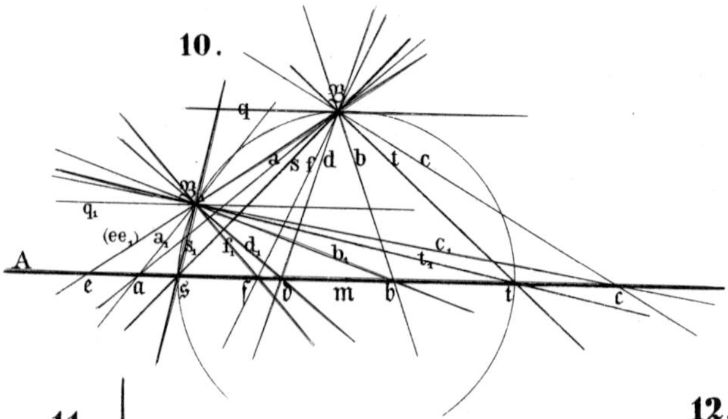

10.

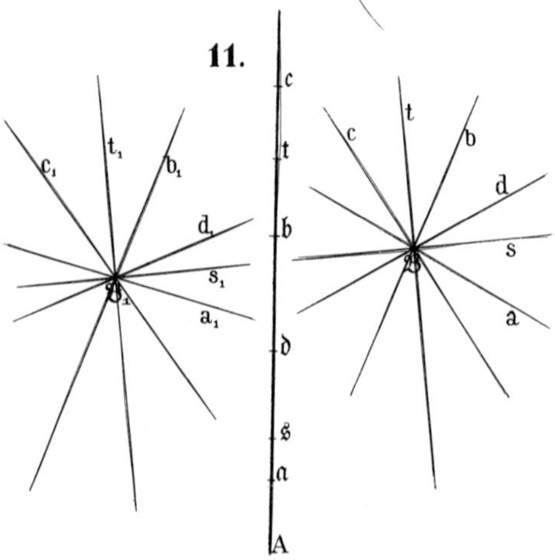

11.

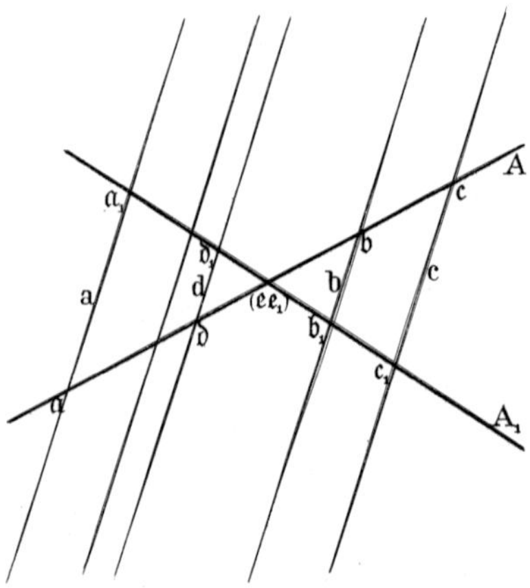

12.

Systematische Entwickelung der Abhängigkeit geometr. Gestalten von einander.

Fig. 13-19.

13.

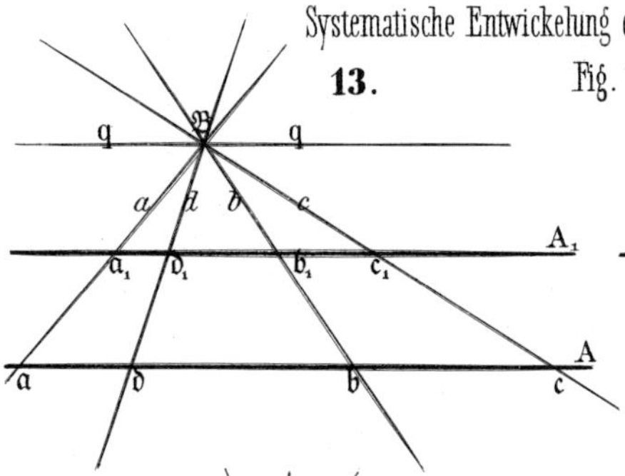

14.

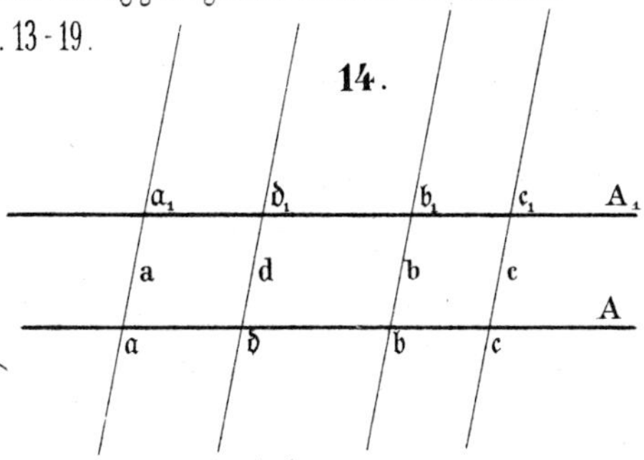

15.

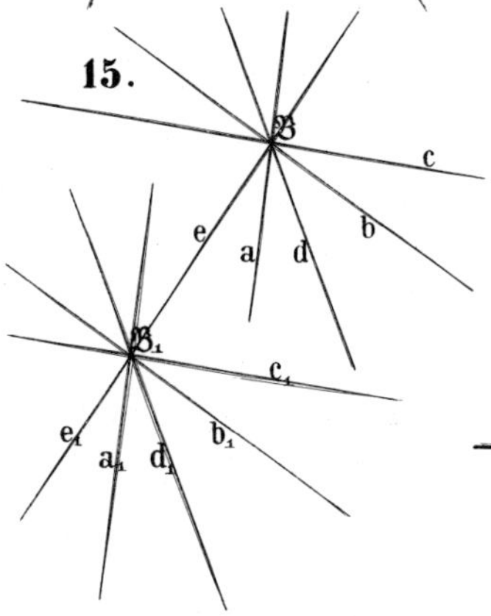

16.

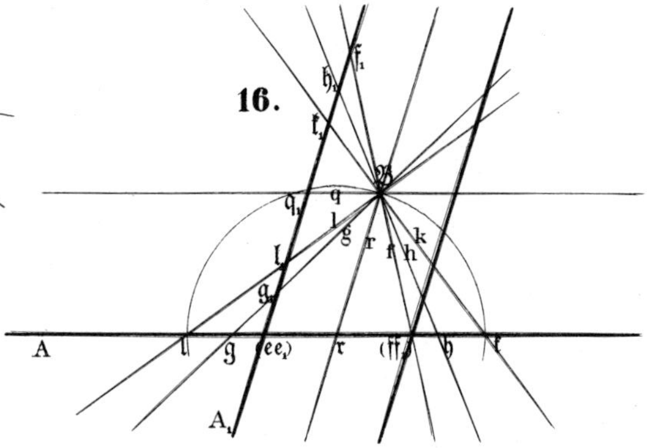

17.

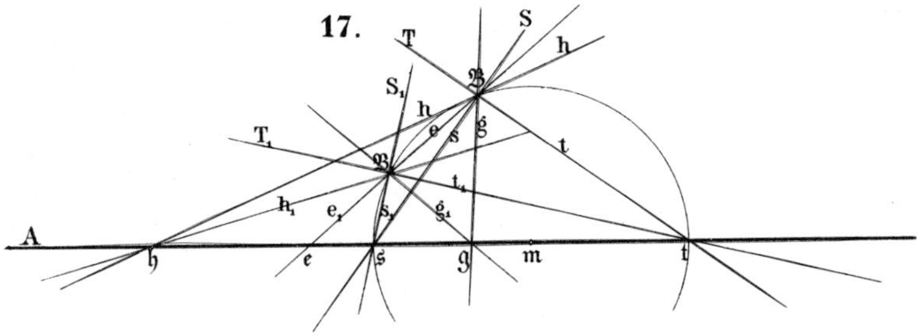

18.

19.

Systematische Entwickelung der Abhängigkeit geometr. Gestalten von einander Fig. 20-25.

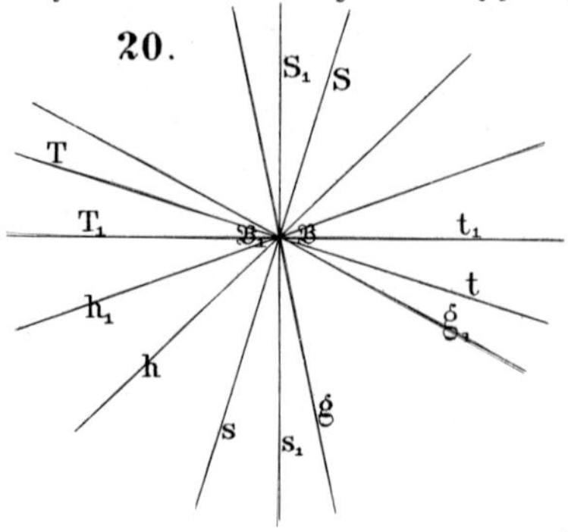

20.

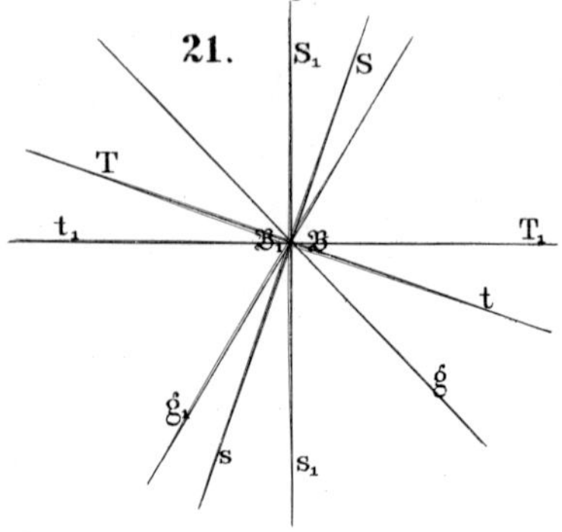

21.

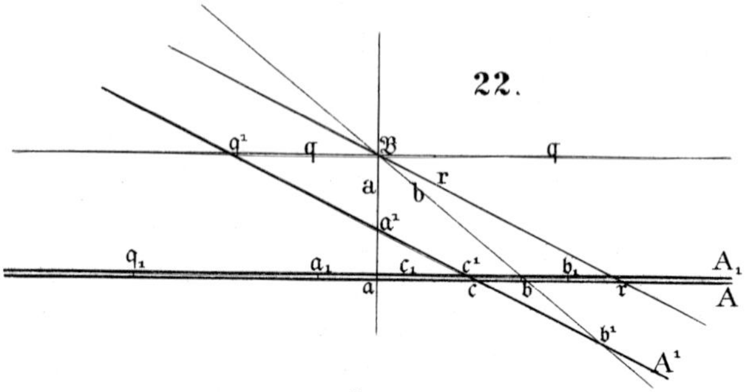

22.

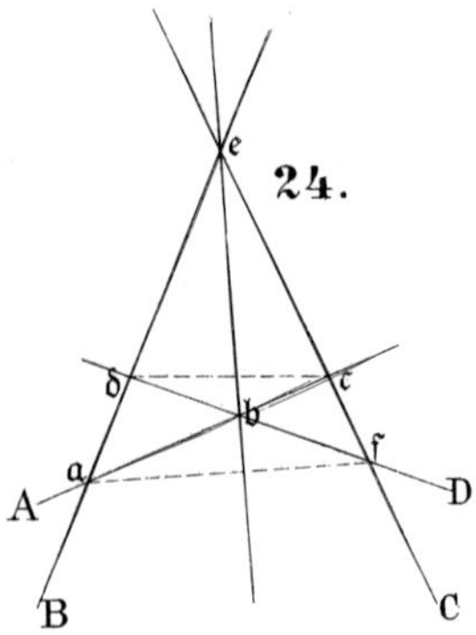

24.

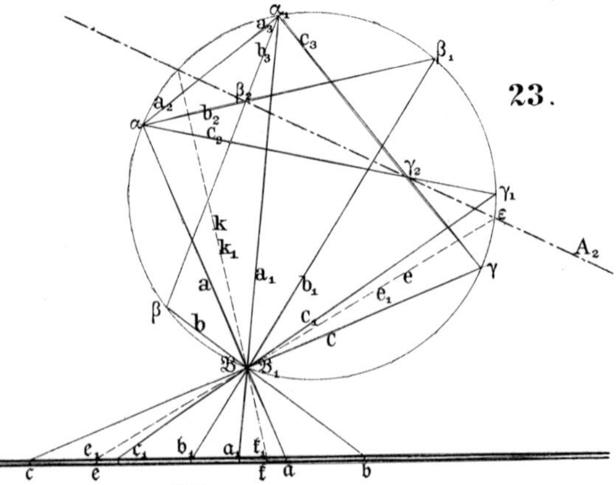

23.

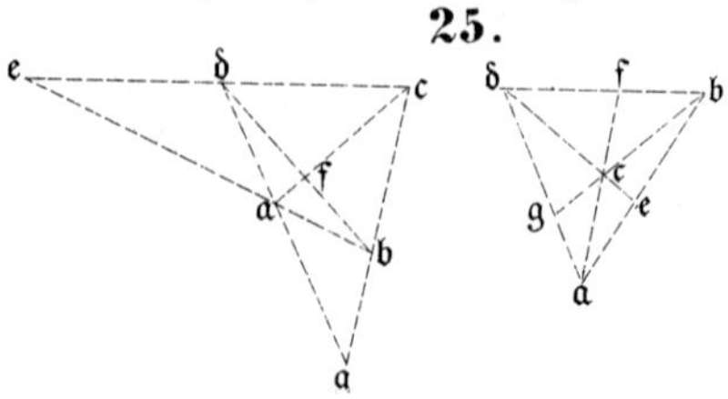

25.

Systematische Entwickelung der Abhängigkeit geometr. Gestalten von einander Fig. 26-30.

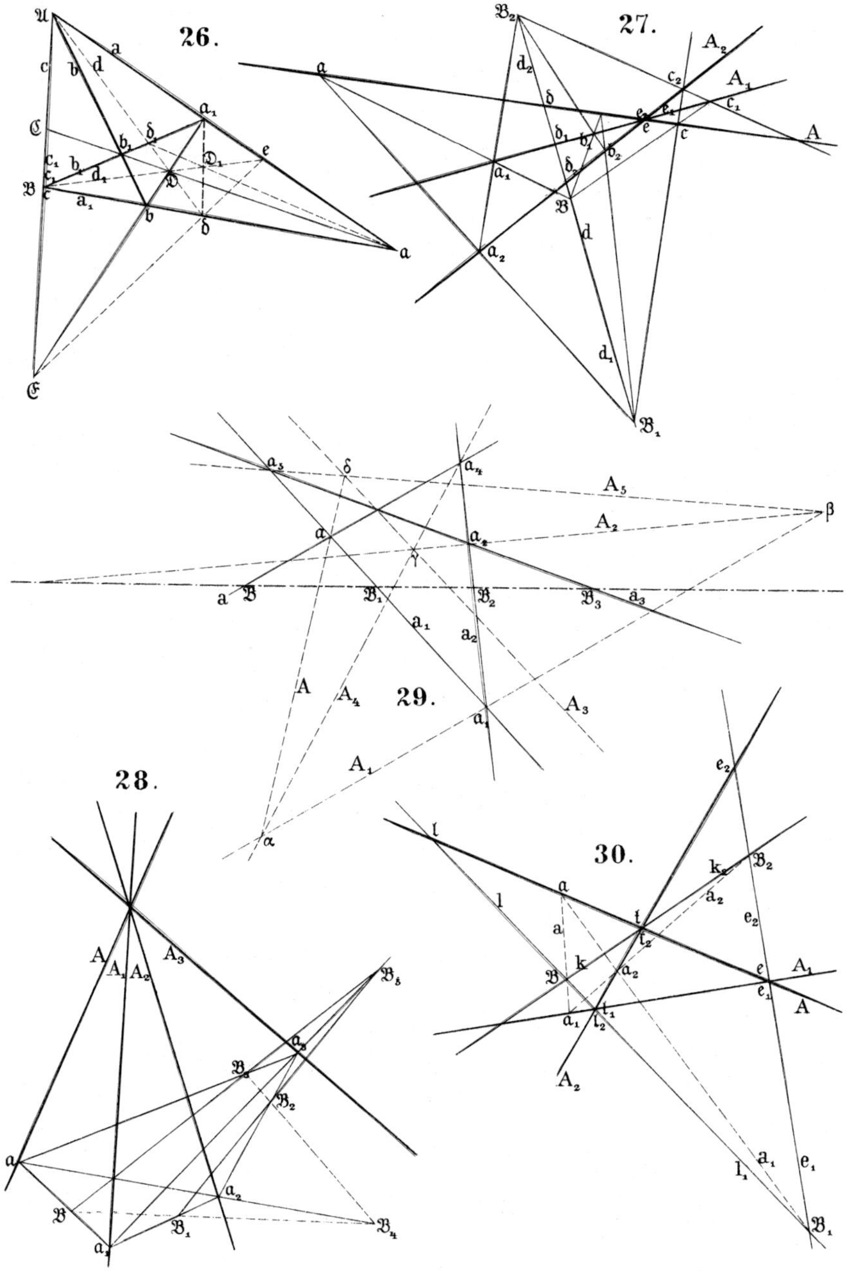

Systematische Entwickelung der Abhängigkeit geometr. Gestalten von einander. Fig. 31-35.

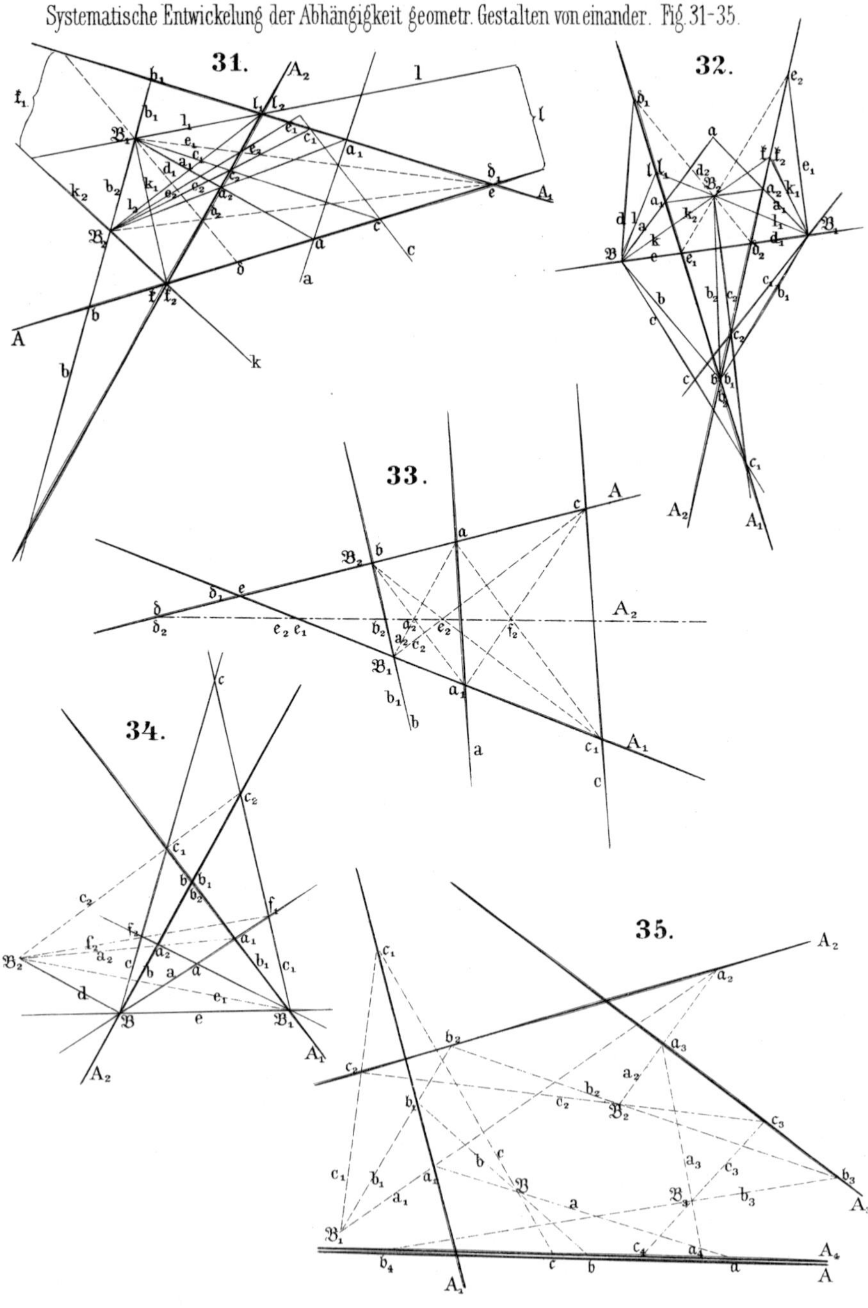

Systematische Entwickelung der Abhängigkeit geometr. Gestalten von einander. Fig. 36-39.

36.

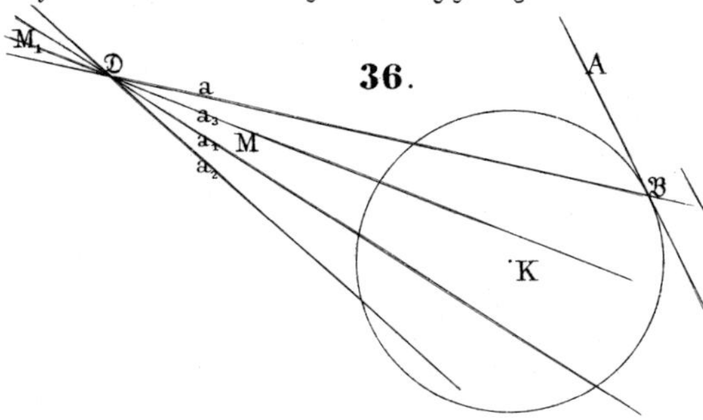

37.

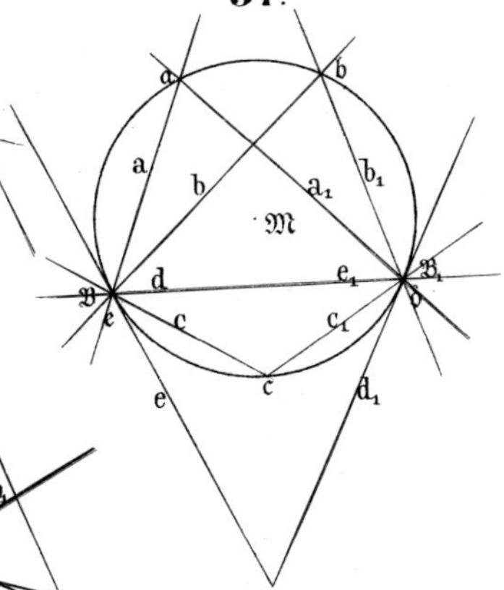

38.

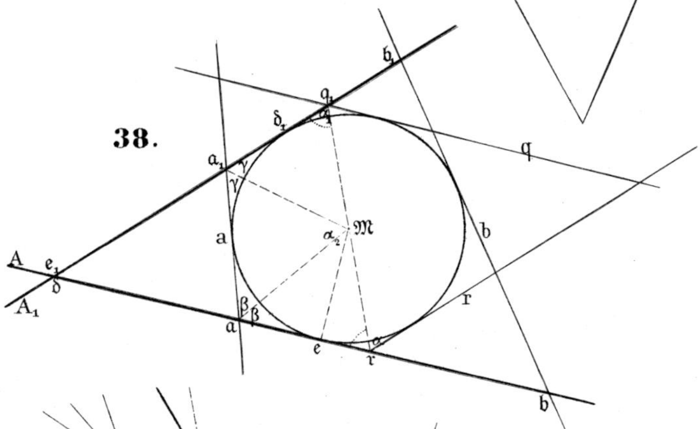

39.

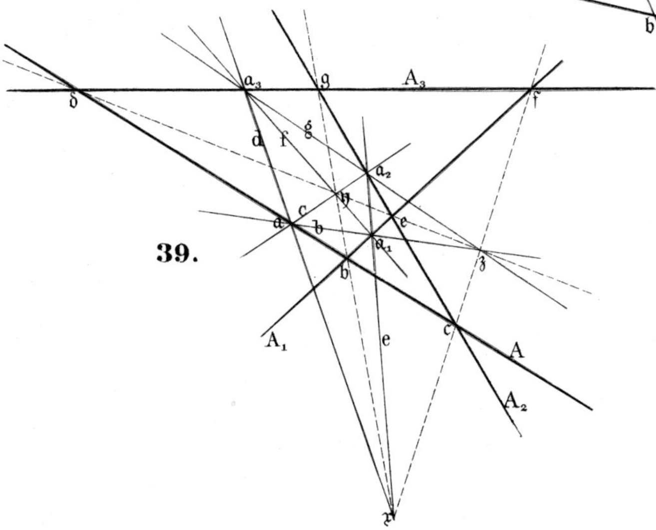

Systematische Entwickelung der Abhängigkeit geometr. Gestalten von einander Fig. 40-42.

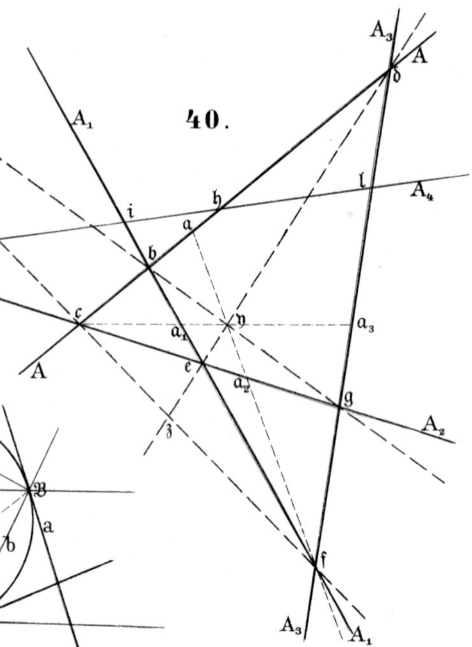

40.

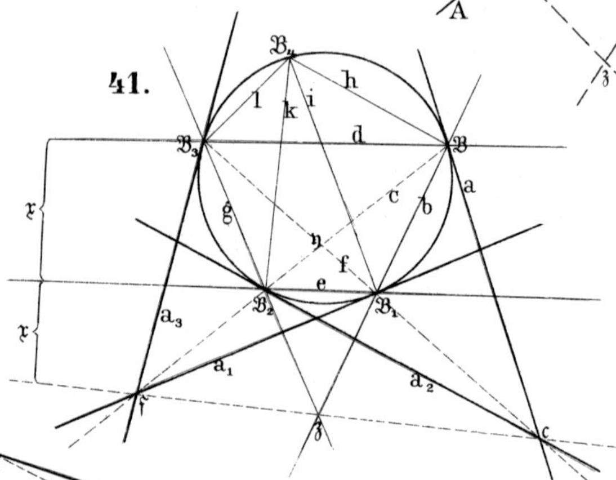

41.

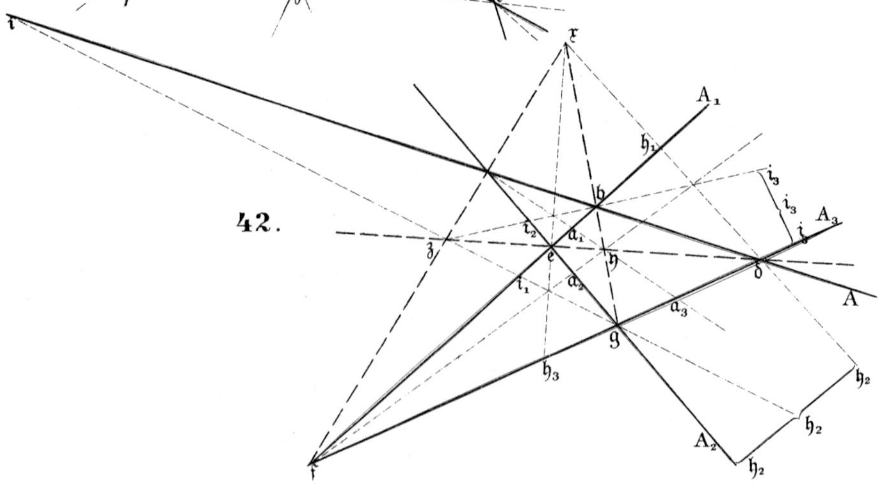

42.

Systematische Entwickelung der Abhängigkeit geometr. Gestalten von einander. Fig. 43-46.

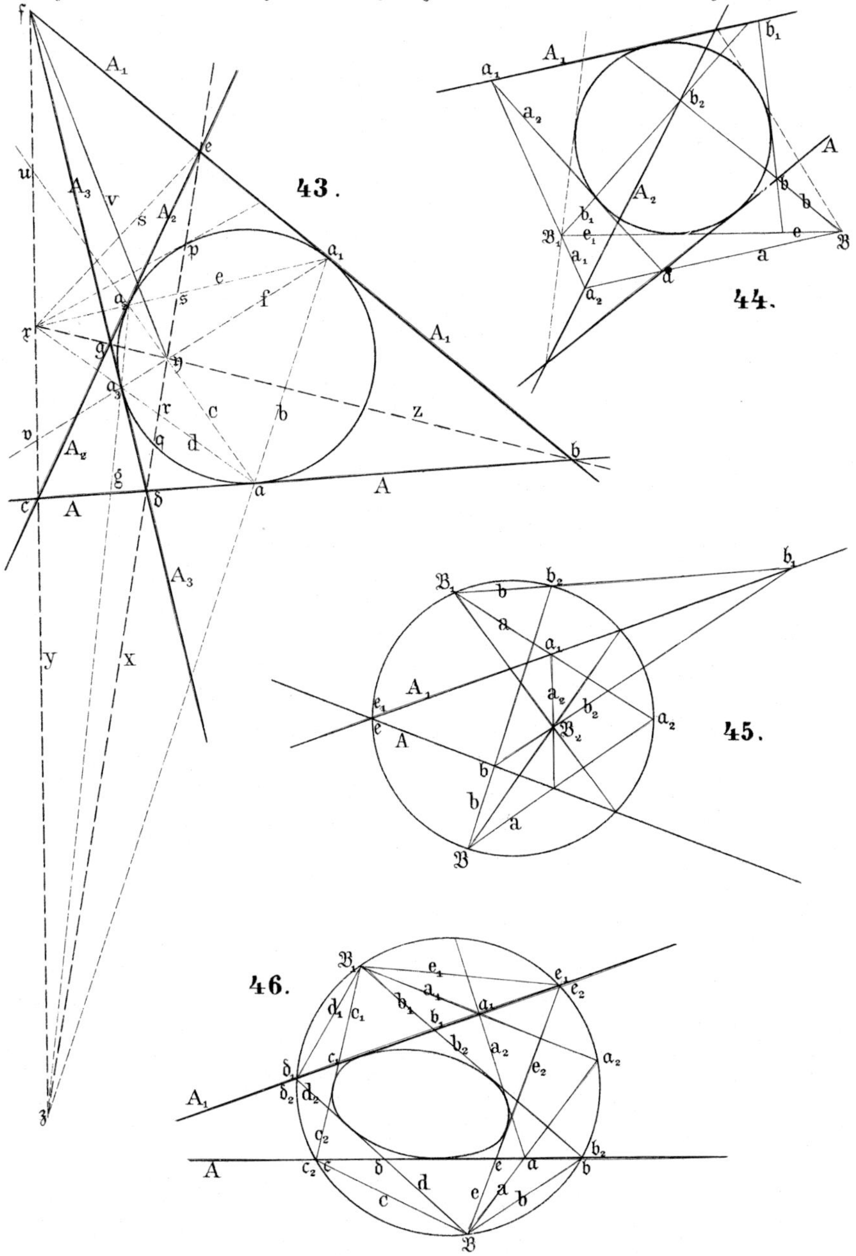

43. 44. 45. 46.

Systematische Entwickelung der Abhängigkeit geometr. Gestalten von einander. Fig. 47-52.

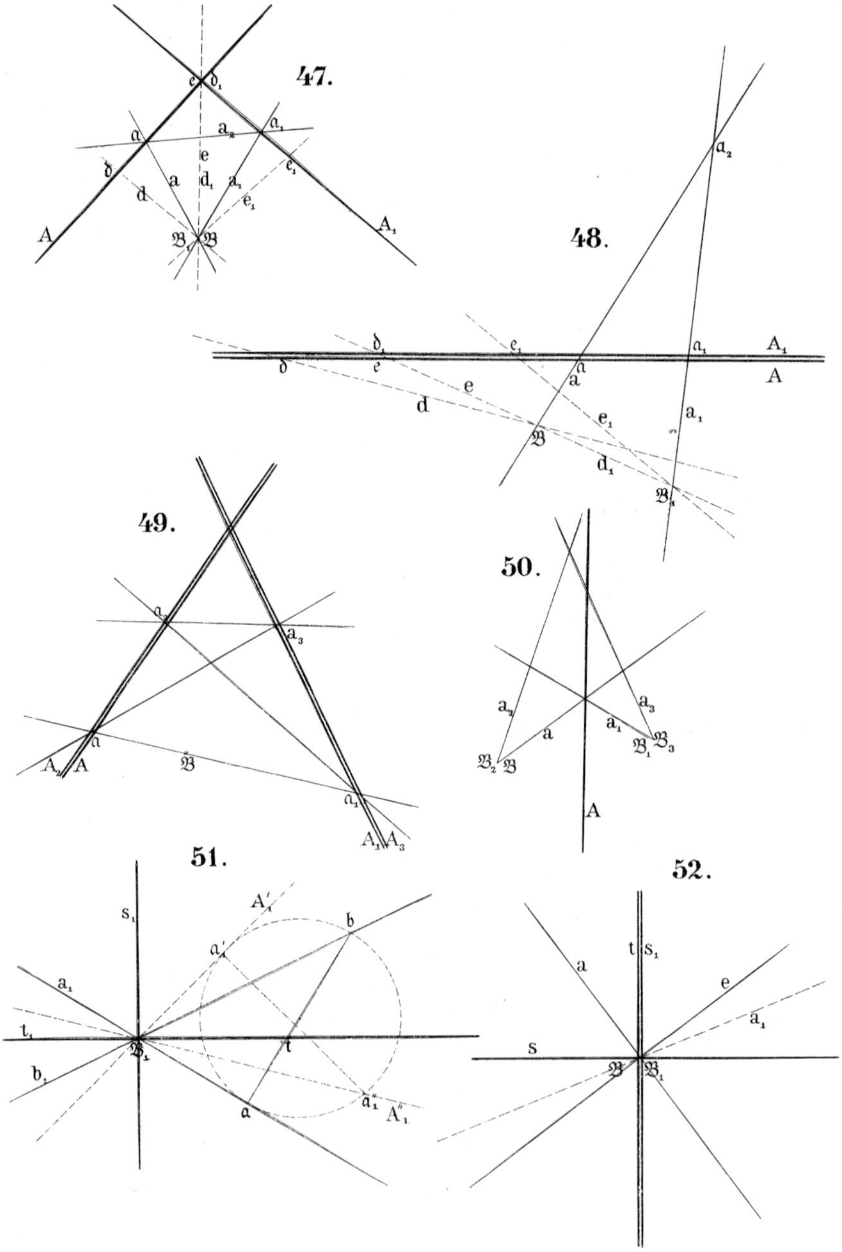

Systematische Entwickelung der Abhängigkeit geometr. Gestalten von einander. Fig. 53-54.

53.

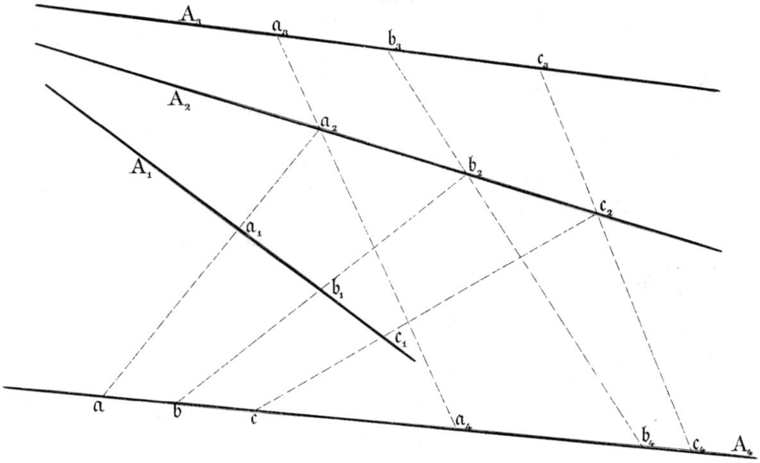

54.

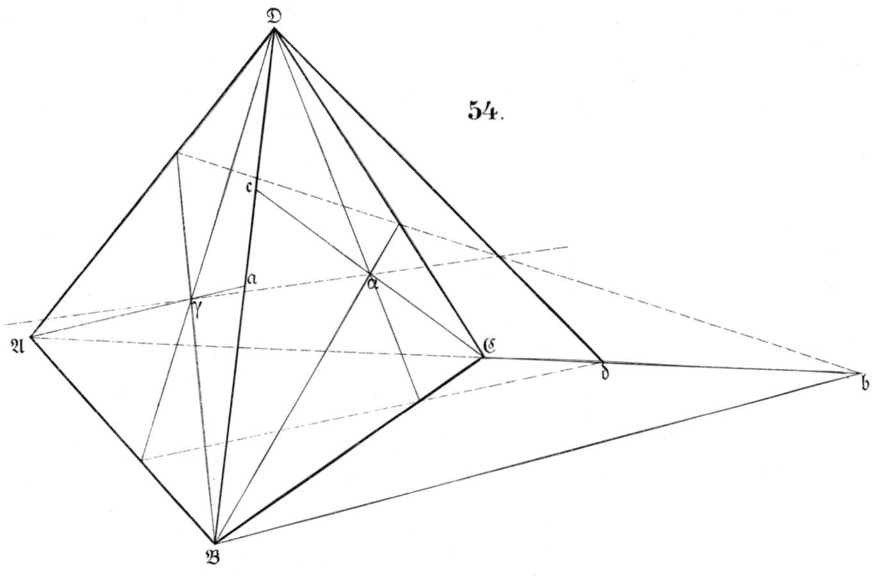

Systematische Entwickelung der Abhängigkeit geometr. Gestalten von einander. Fig. 55-57.

55.

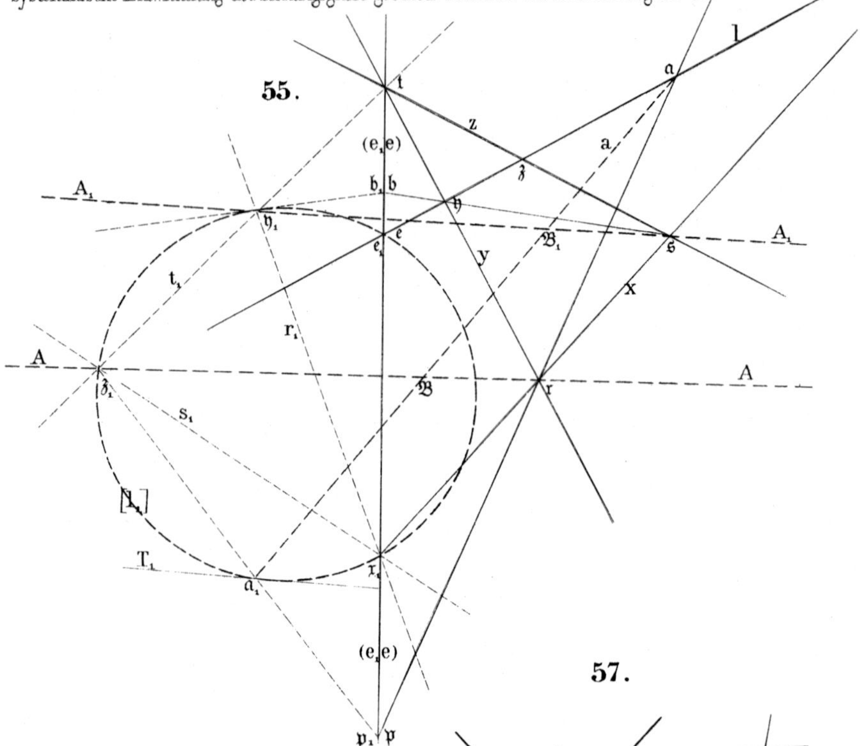

56.

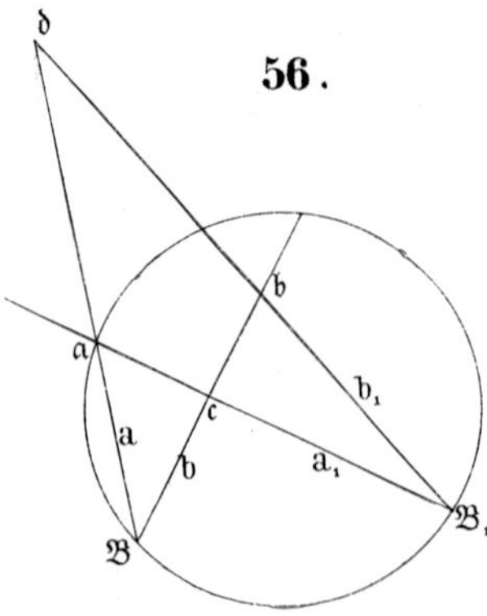

57.

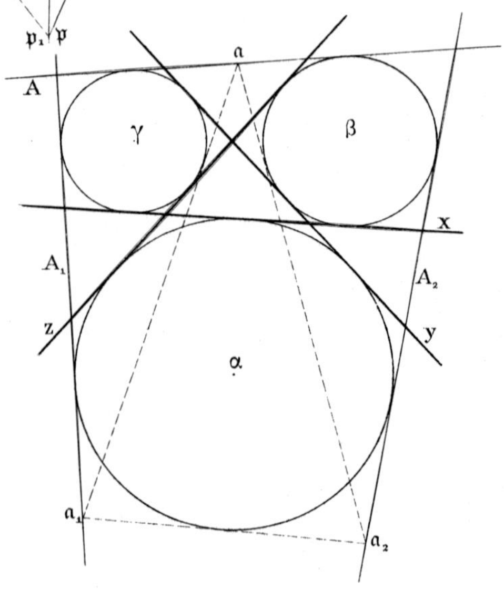

Geometrische Constructionen. Fig. 1-6.

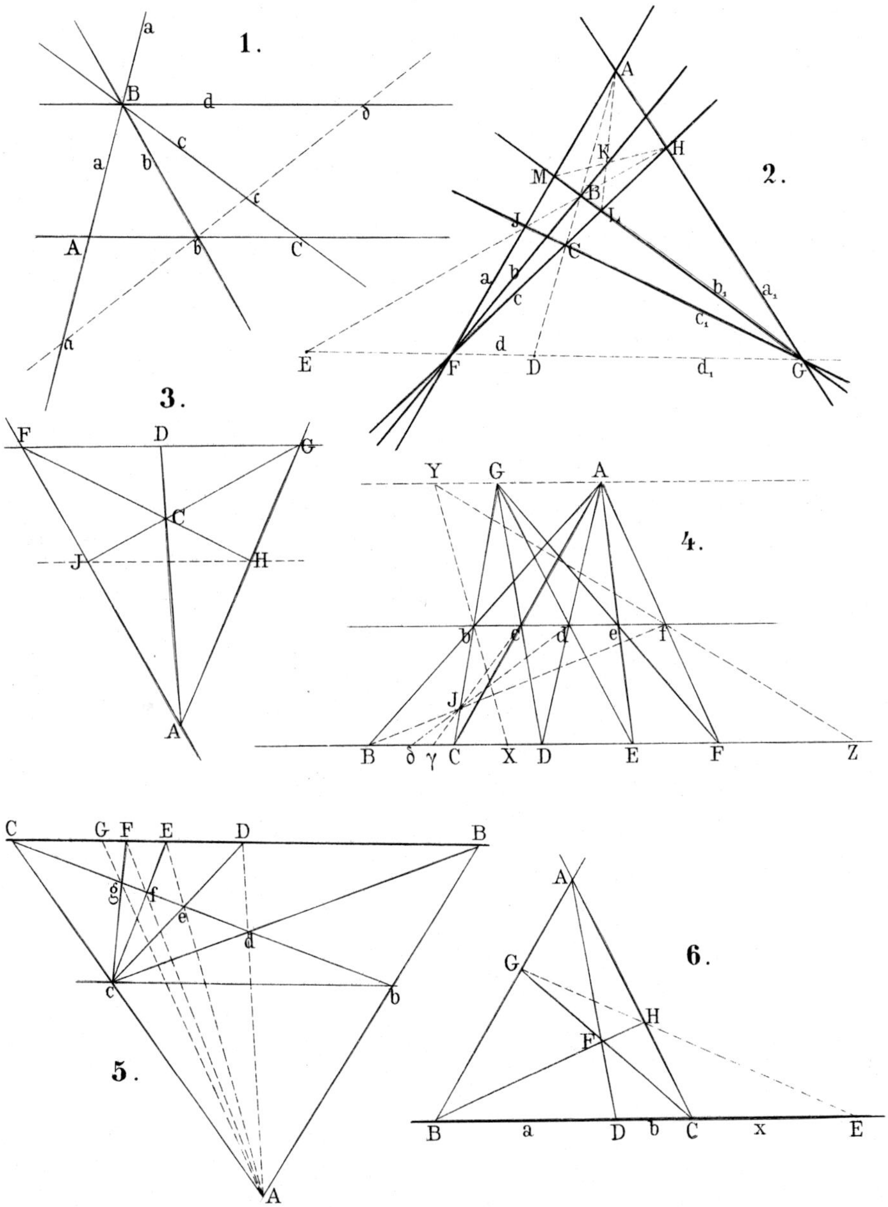

Geometrische Constructionen. Fig. 7-12.

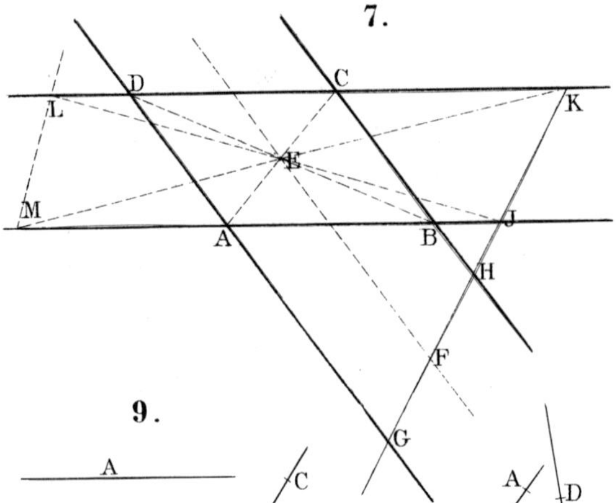

7.

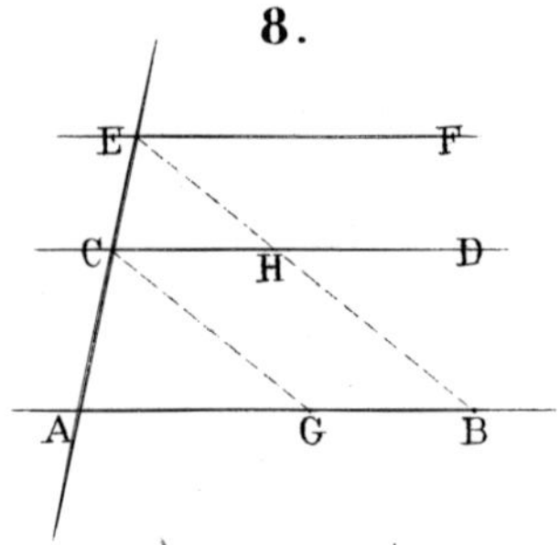

8.

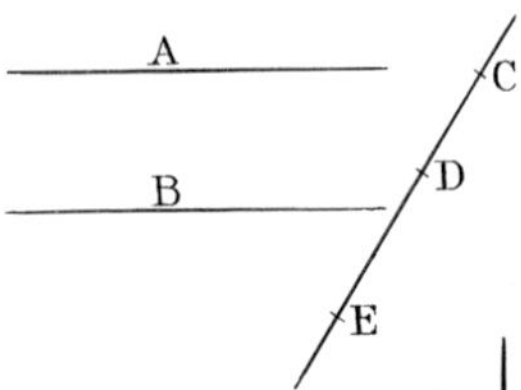

9.

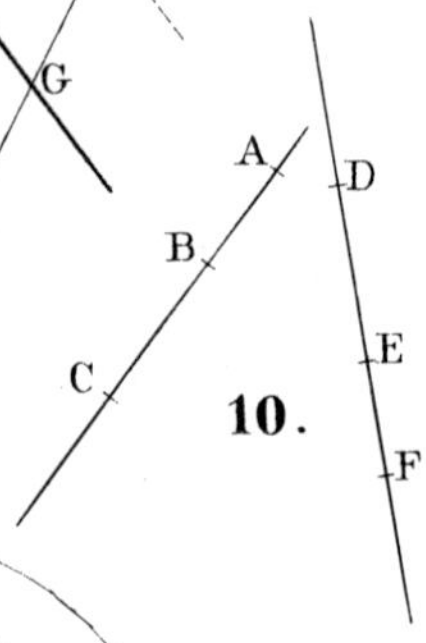

10.

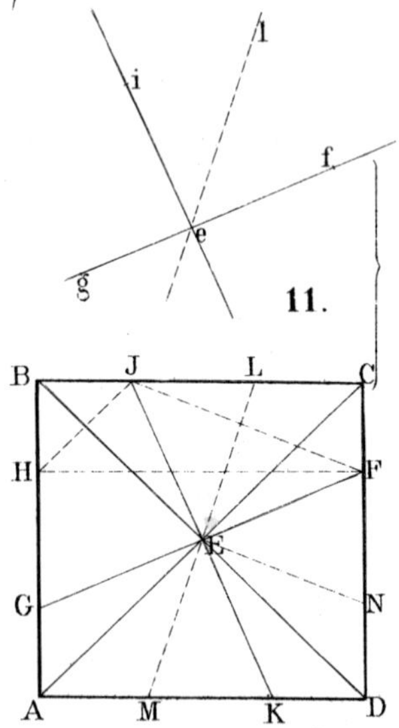

11.

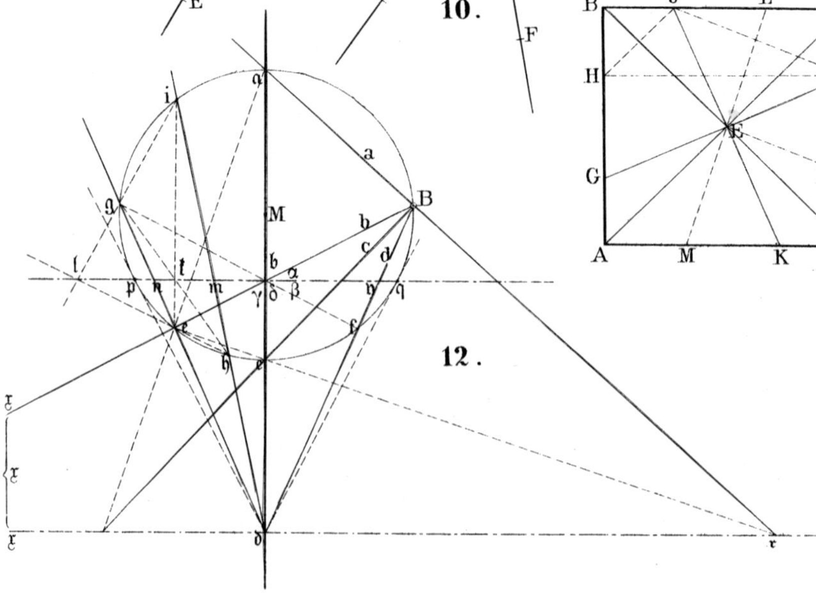

12.

Geometrische Constructionen. Fig. 13-16.

13.

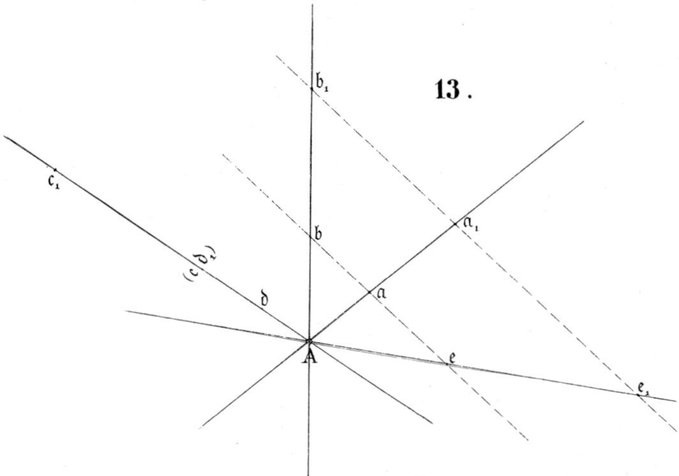

14.

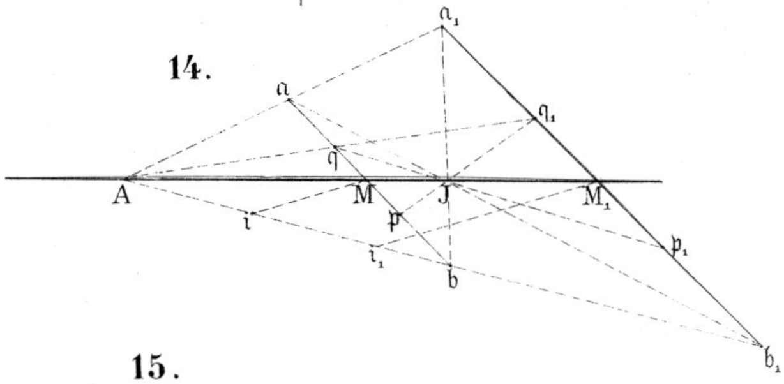

15.

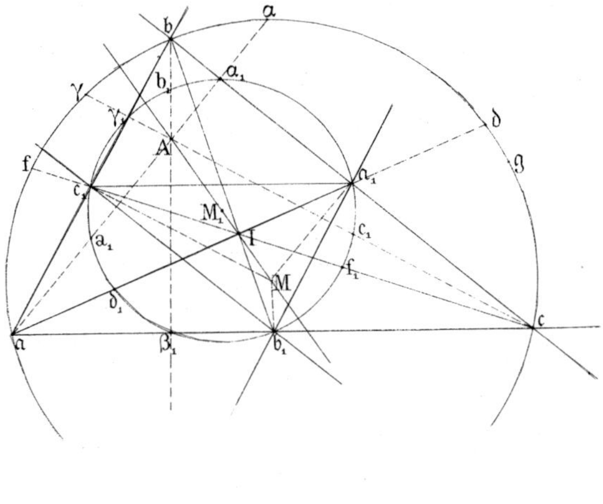

16.

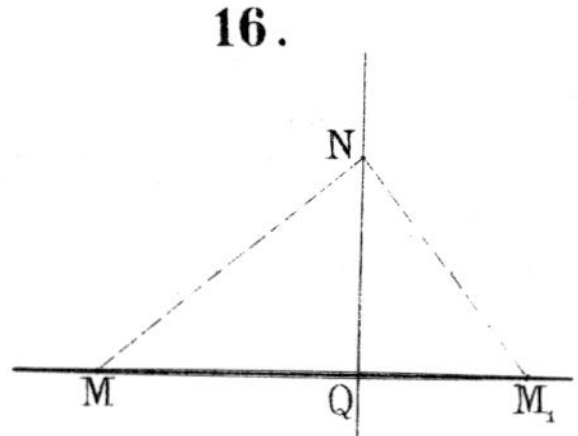

Geometrische Constructionen. Fig. 17-18.

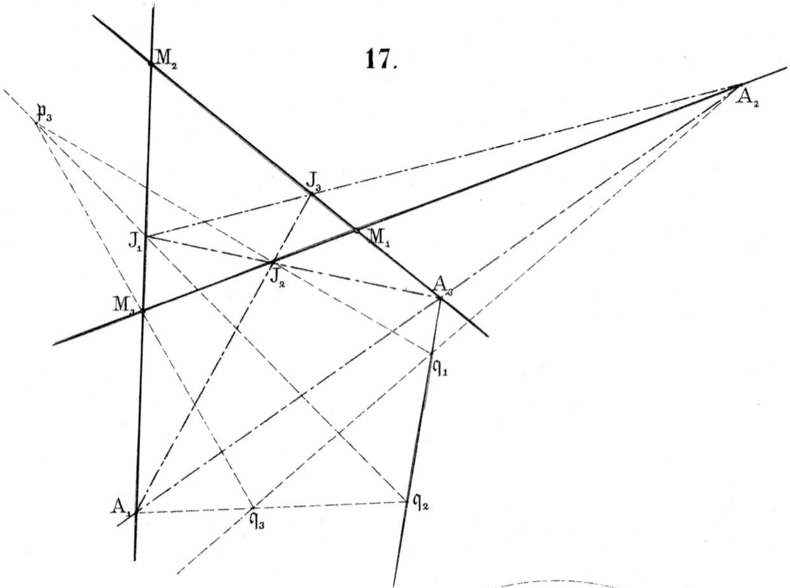

17.

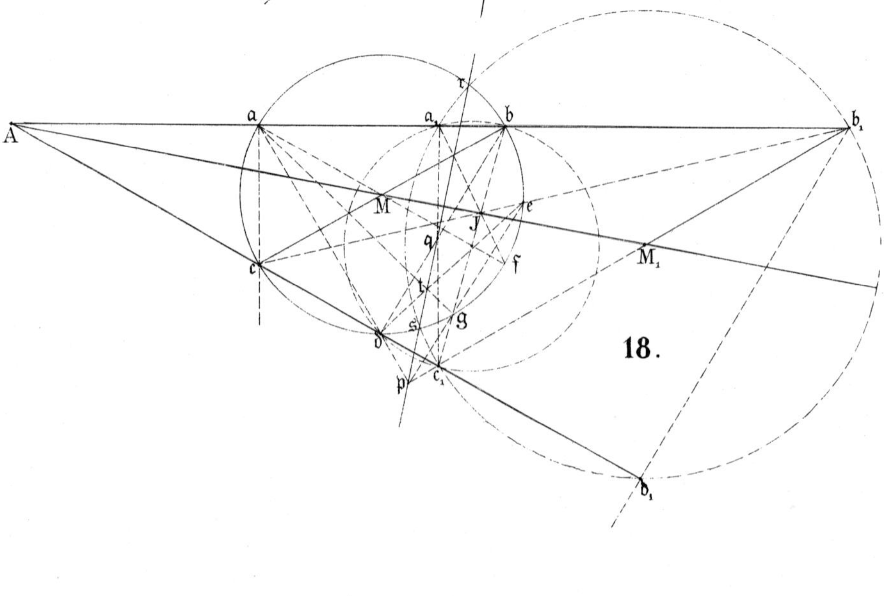

18.

Geometrische Constructionen. Fig. 19-22.

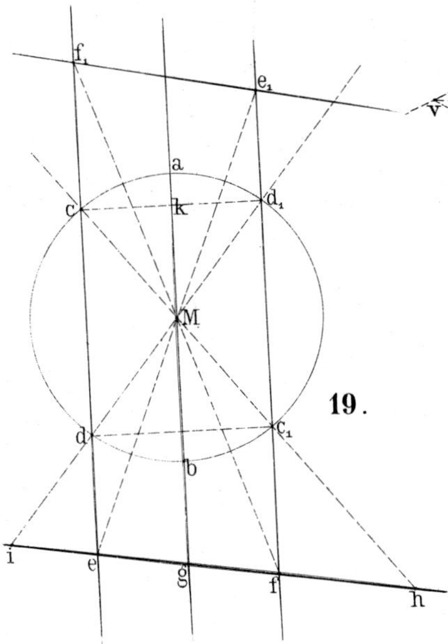

19.

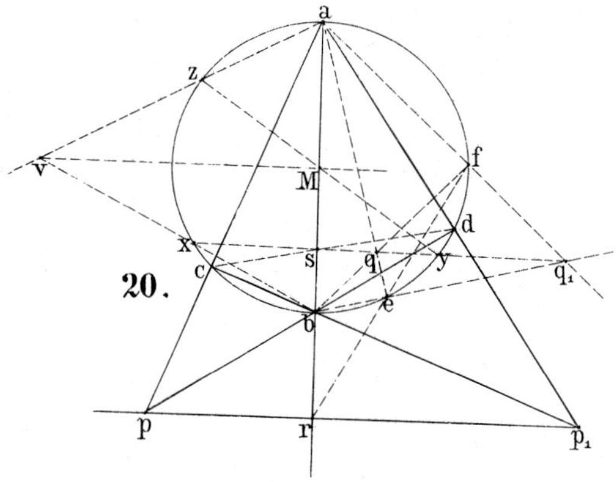

20.

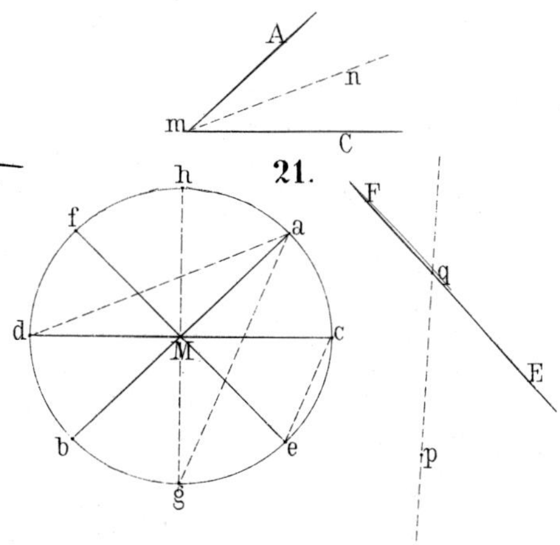

21.

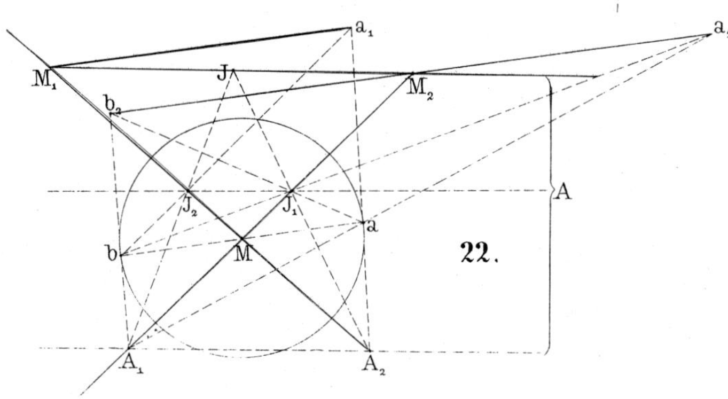

22.

Geometrische Constructionen Fig. 23-24.

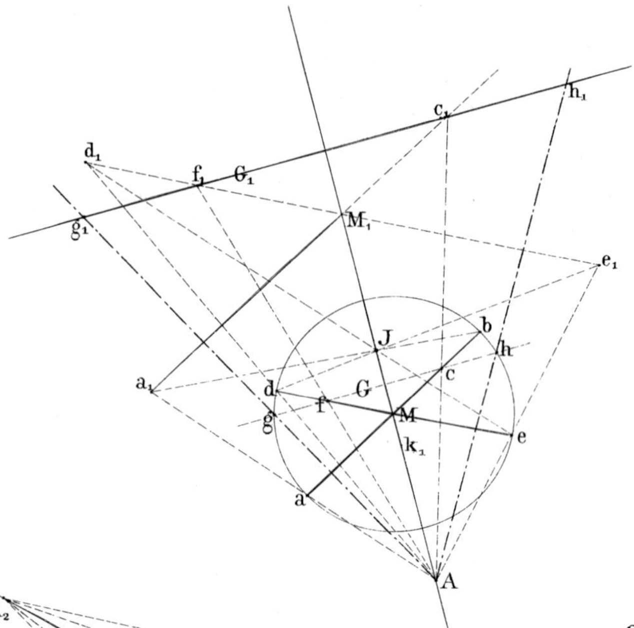

23

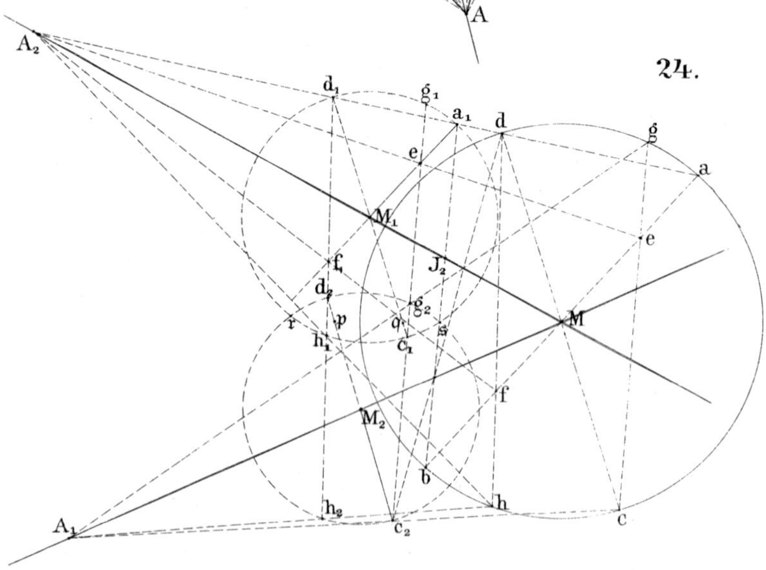

24.

Geometrische Constructionen. Fig. 25.

25.

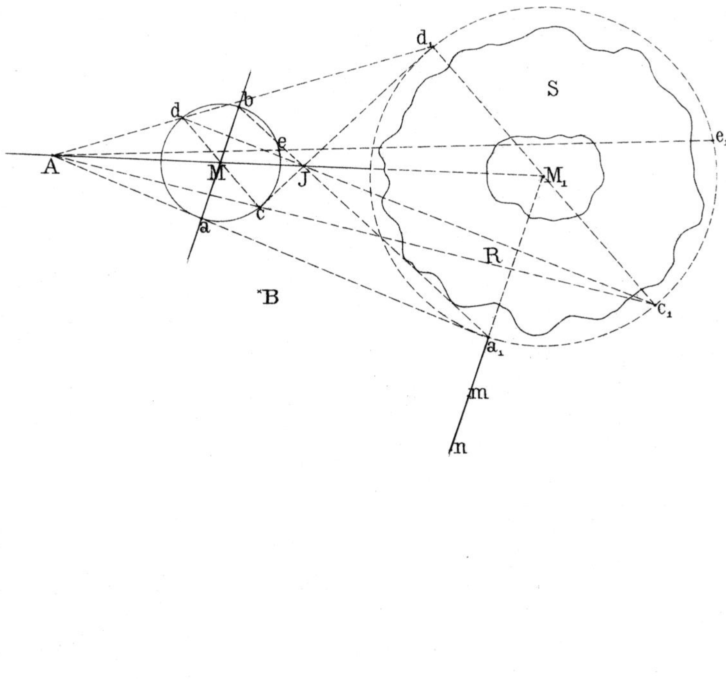

Démonstration géométrique d'un théorème relatif à l'attraction. Fig. 1.

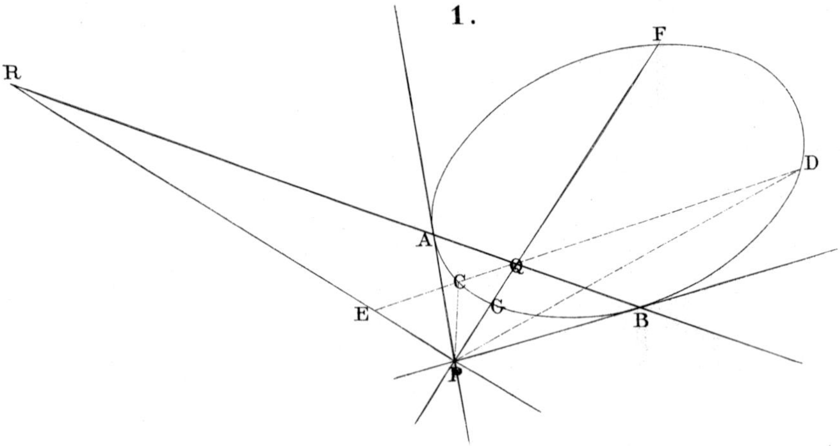

Aufgaben und Lehrsätze. Fig. 2.

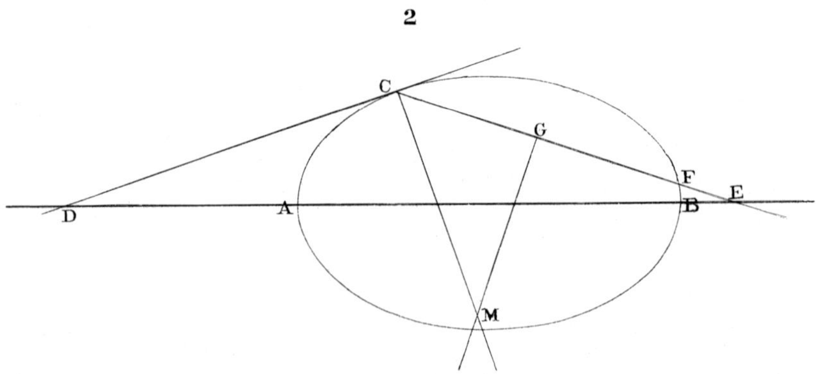

Einfache Construction der Tangente an die allgemeine Lemniscate. Fig. 1.

1.

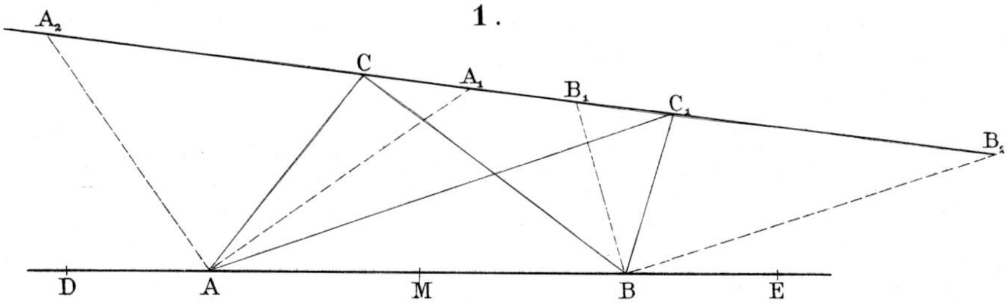

Aufgaben und Lehrsätze. Fig. 2 und 3.

2.

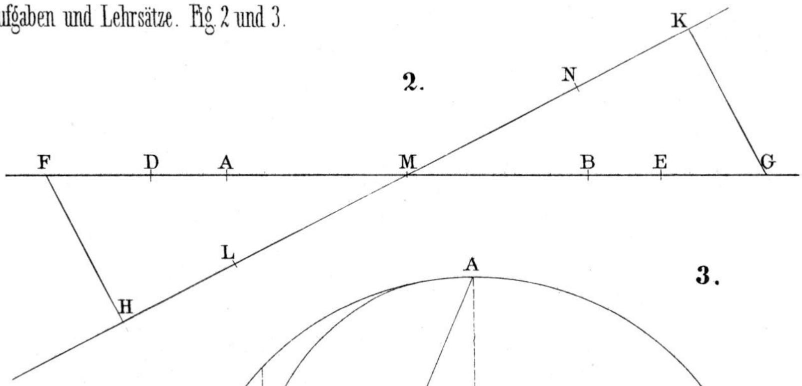

3.

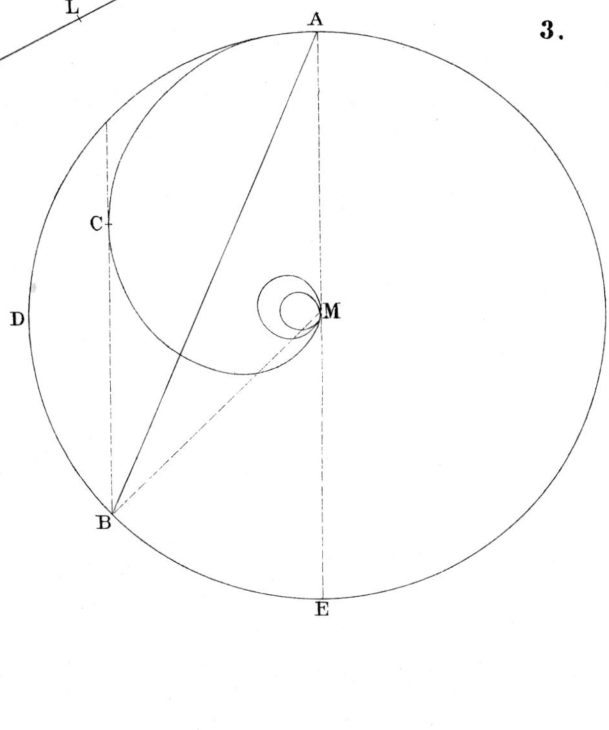

Aufgaben und Lehrsätze Fig. 1 und 2.

1.

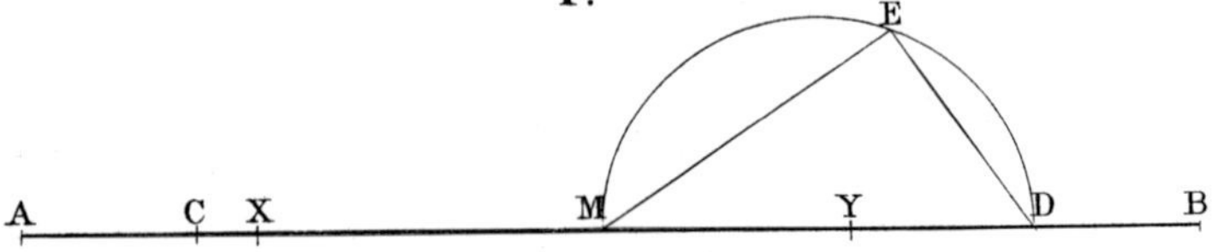

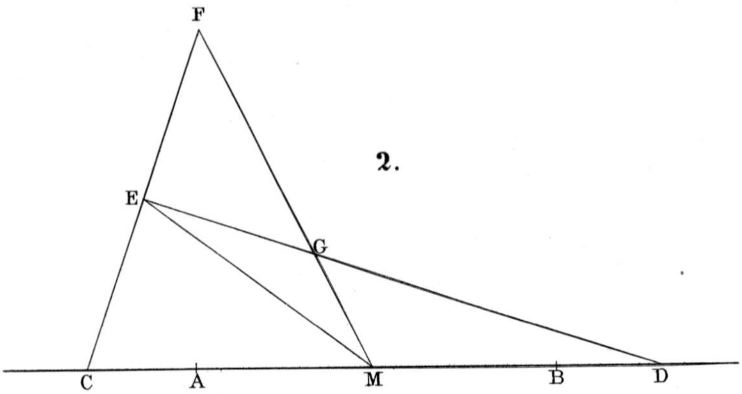

Maximum und Minimum von Curven-Bogen. Fig. 3.

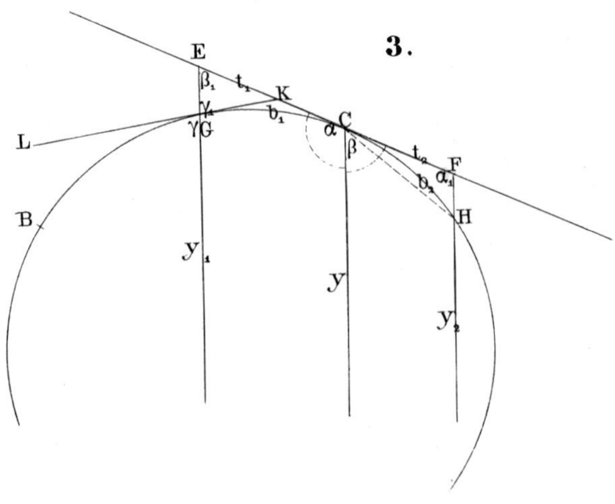

Maximum und Minimum von Curven-Bogen. Fig. 4-6.

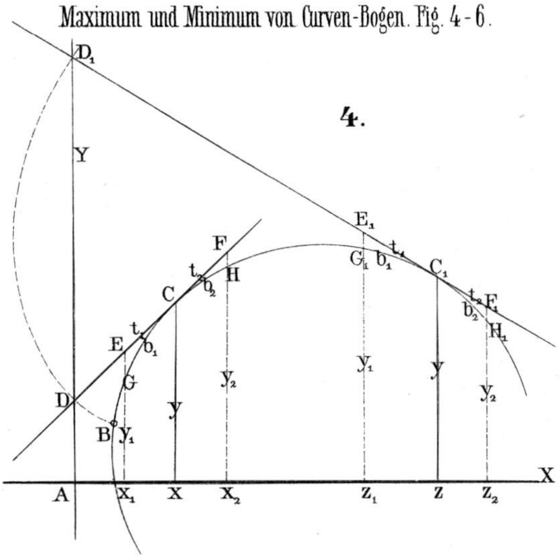

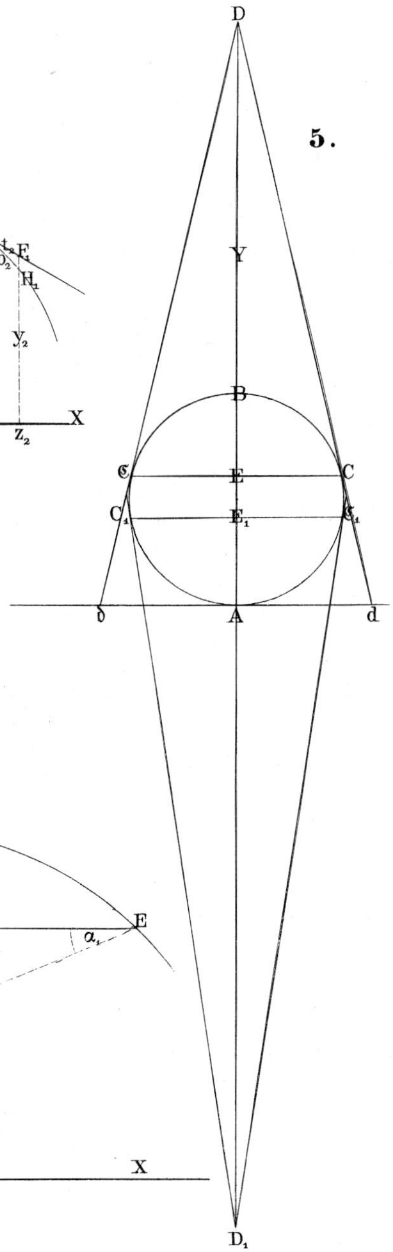

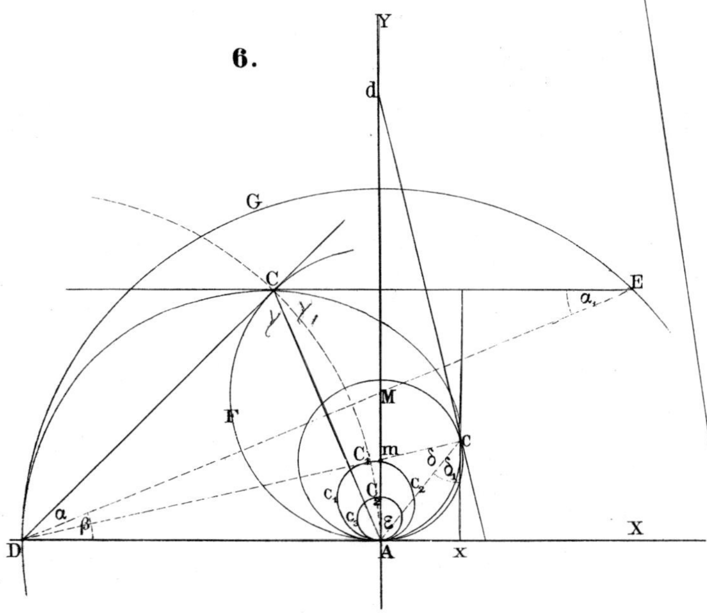

Aufgaben und Lehrsätze. Fig. 1 - 5.

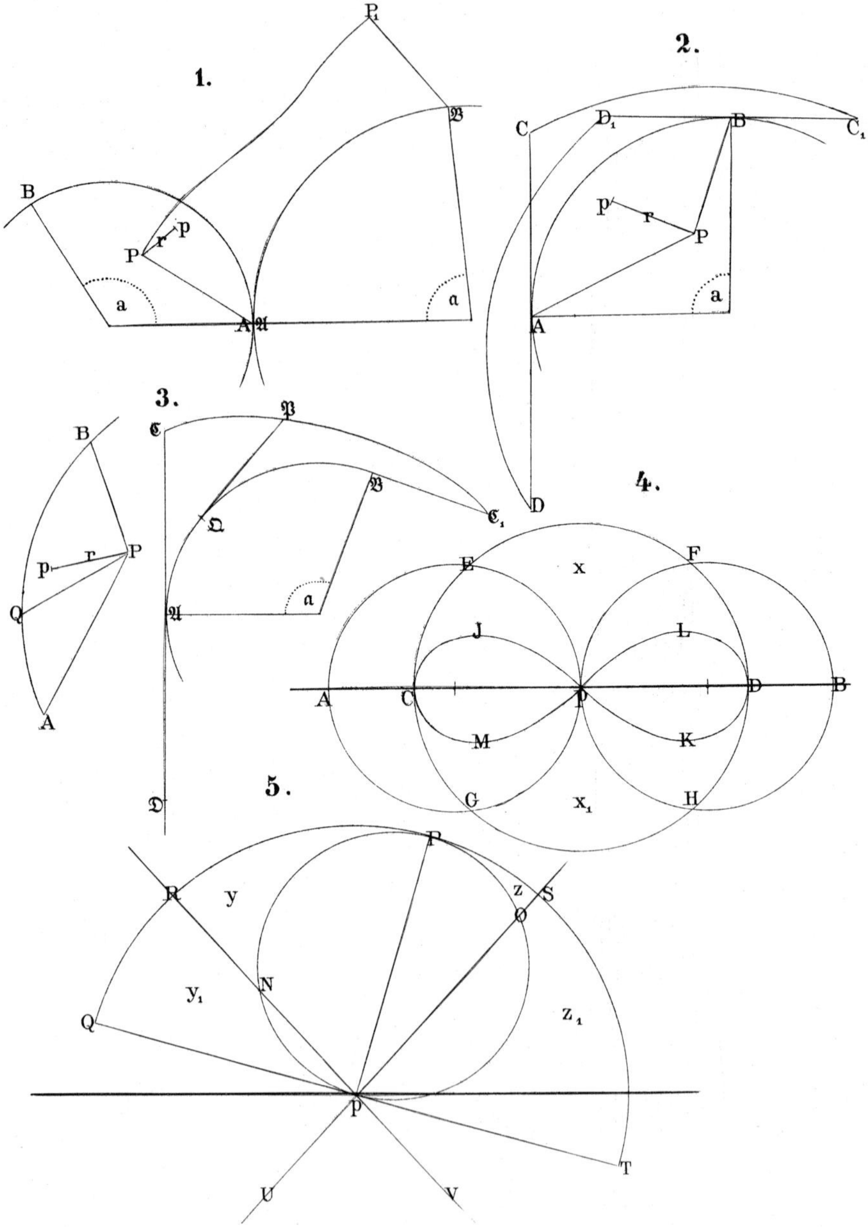

Einfache Beweise der isoperimetrischen Hauptsätze. Fig. 1-5.

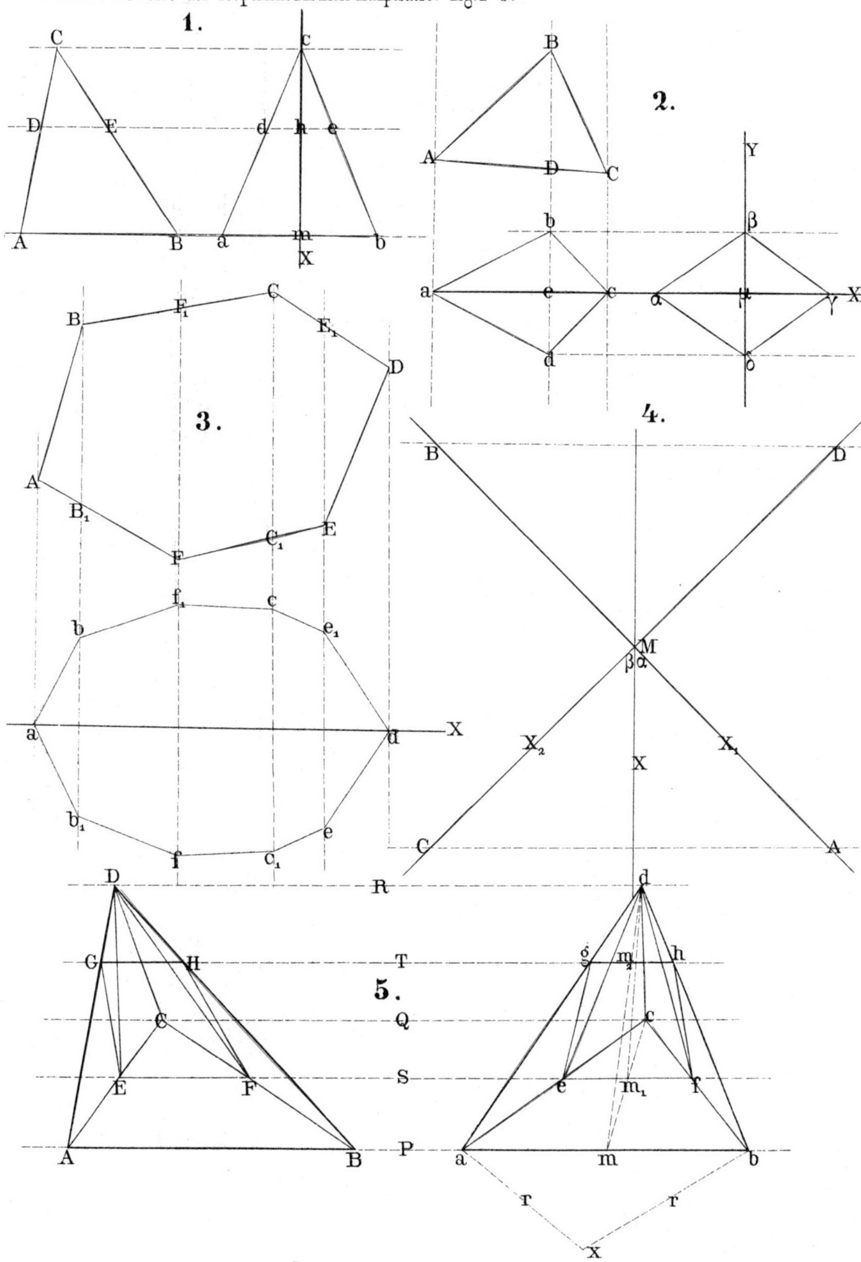

Von dem Krümmungs-Schwerpuncte ebener Curven. Fig. 1-7.

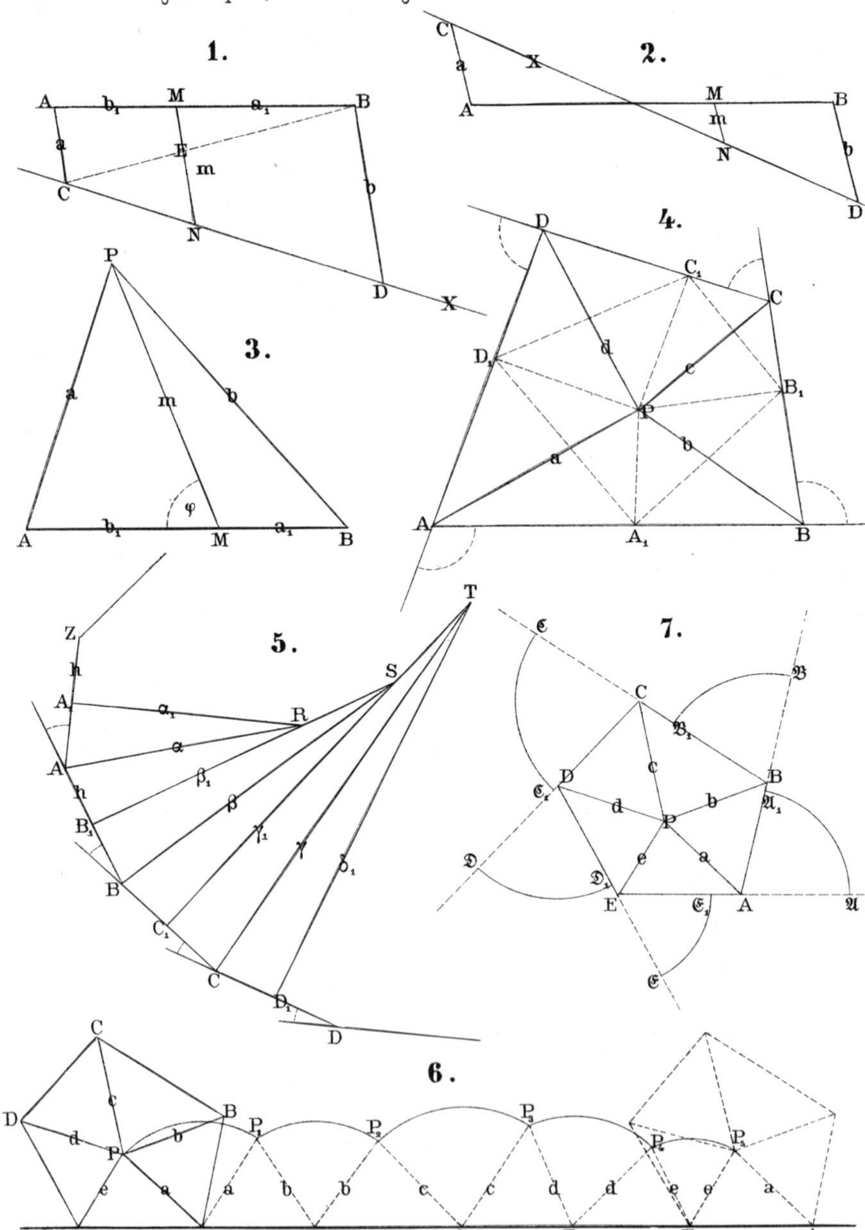

Von dem Krümmungs-Schwerpuncte ebener Curven. Fig. 8-11.

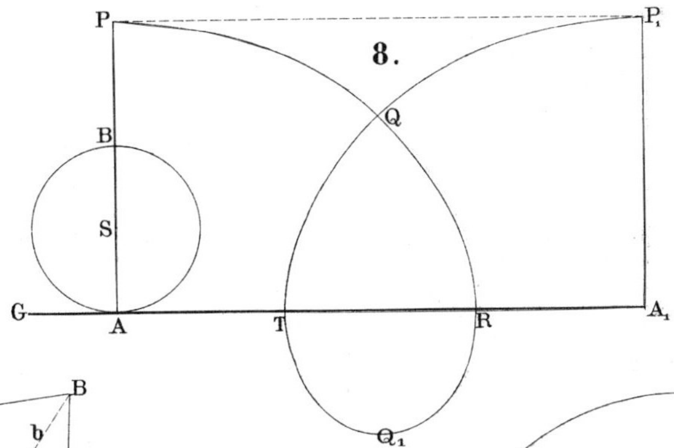

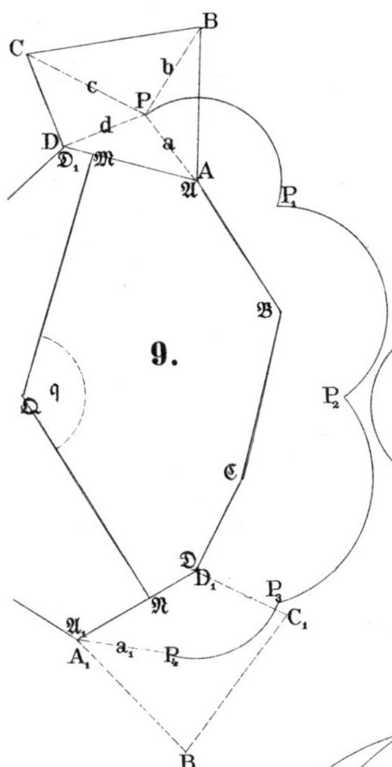

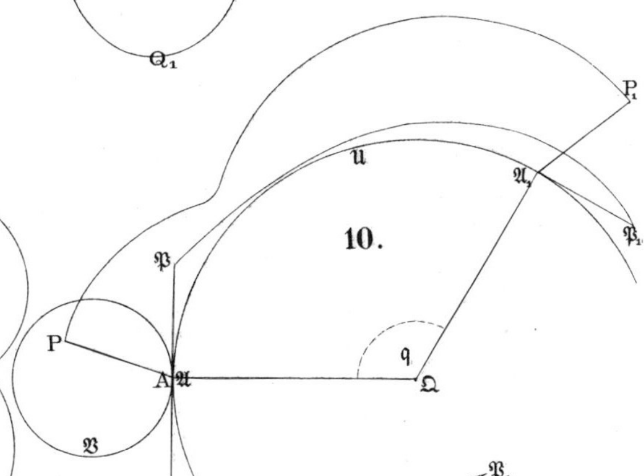

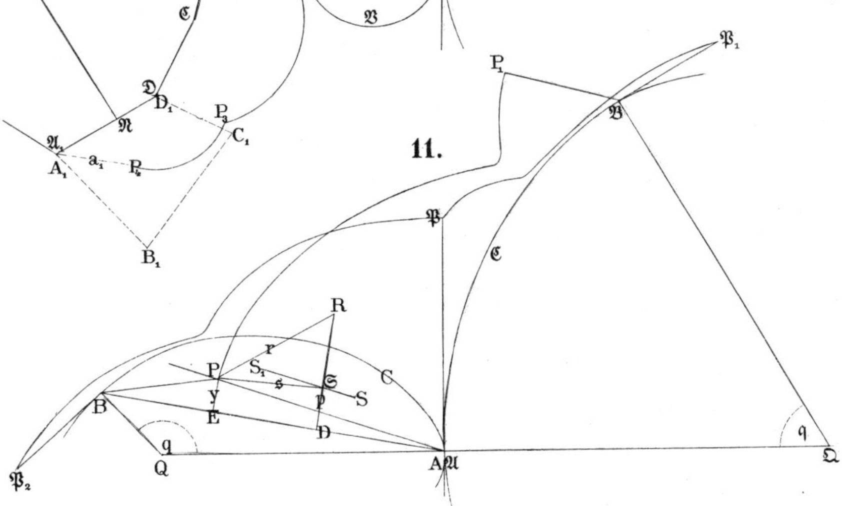

Über Maximum- und Minimum. Erste Abhandlung. Fig. 1-7.

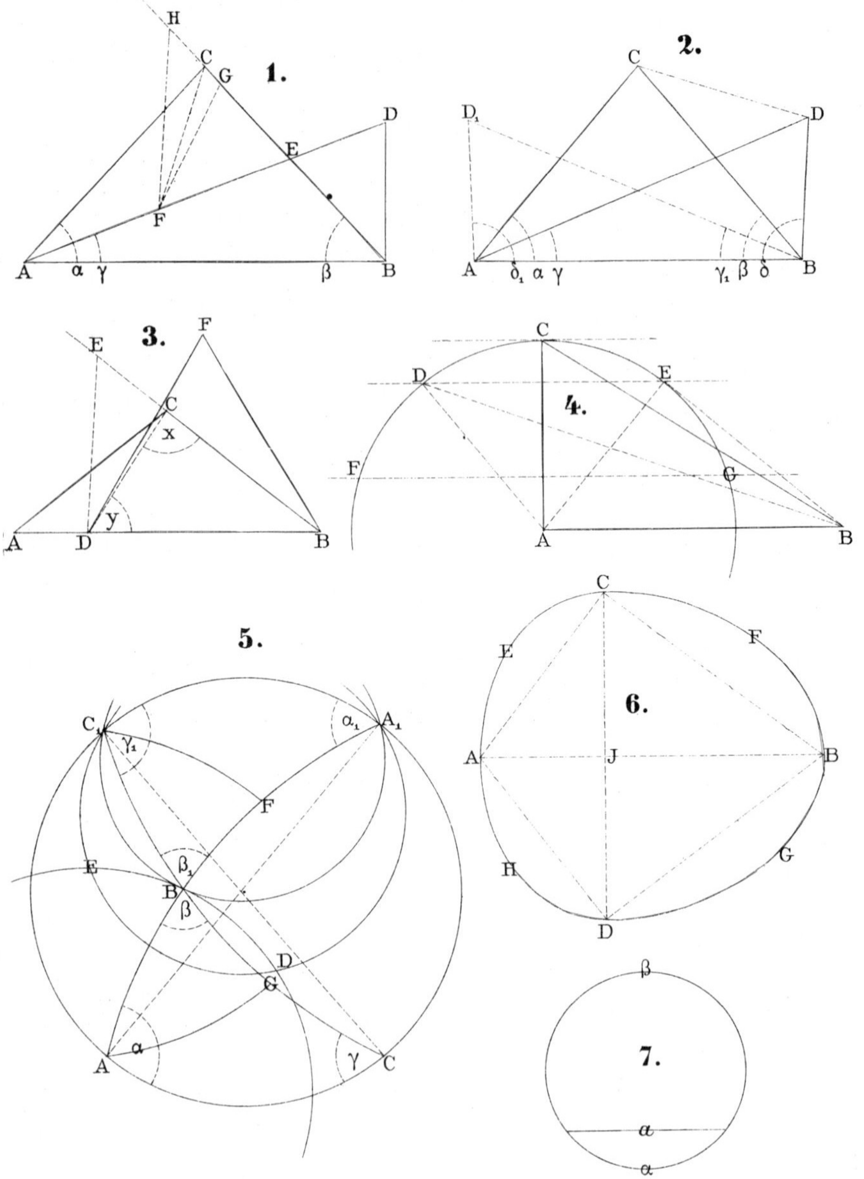

Über Maximum und Minimum. Erste Abhandlung. Fig. 8-12.

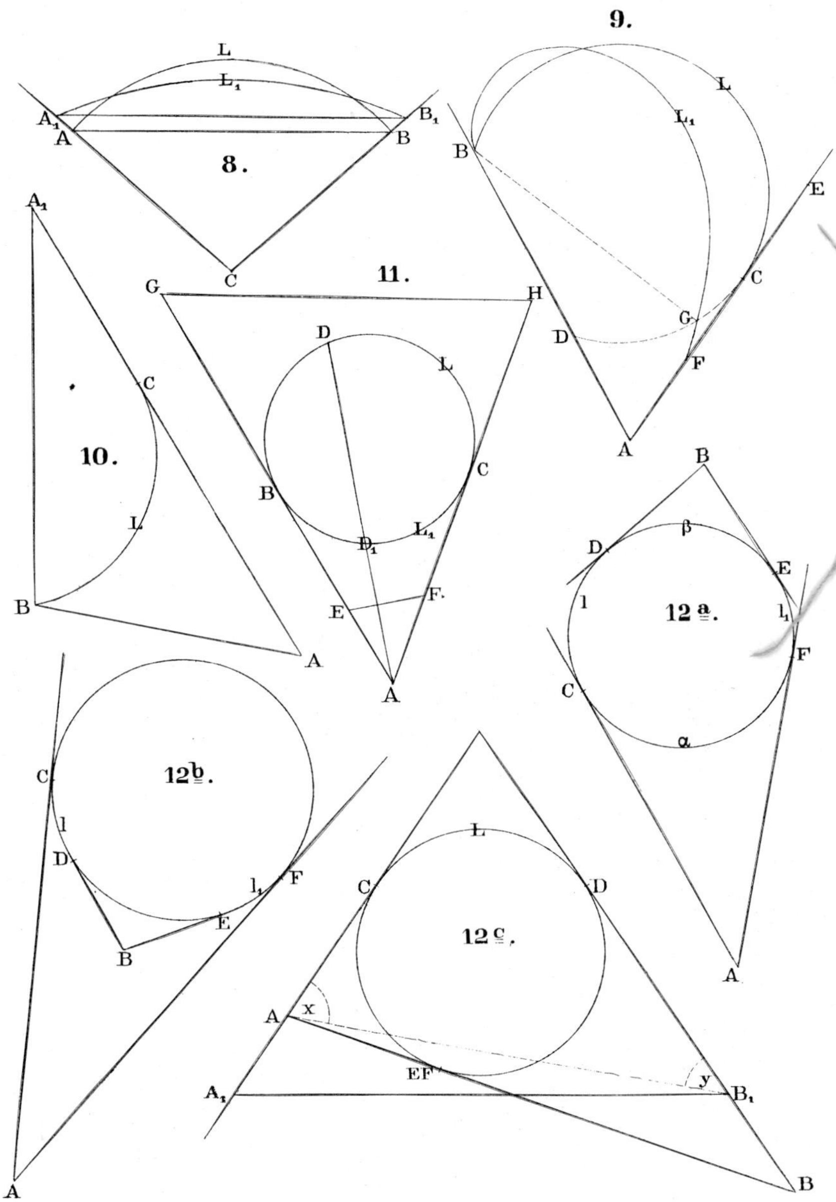

Über Maximum und Minimum. Erste Abhandlung. Fig. 13-19.

13.

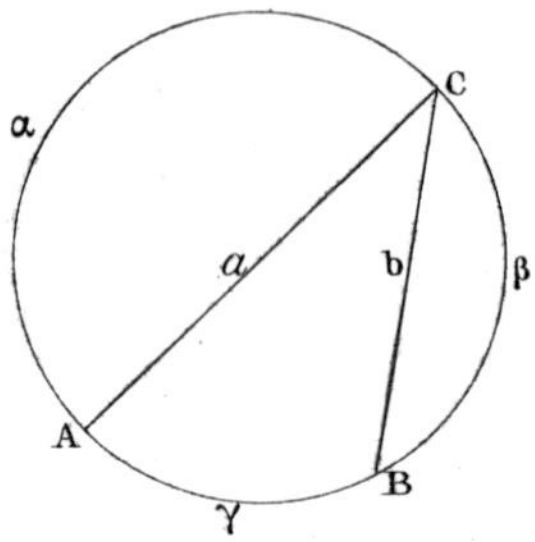

14.

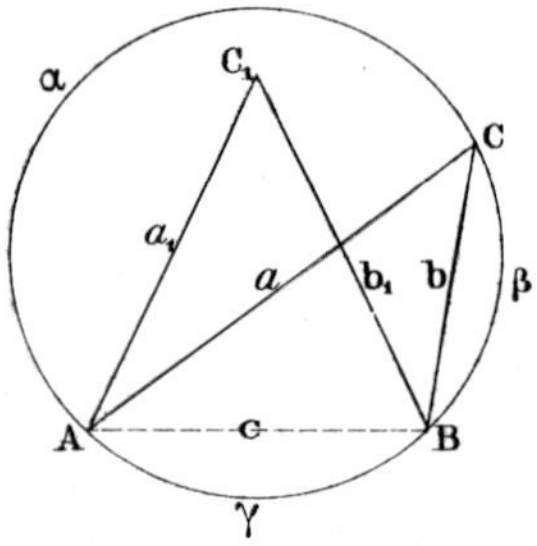

15.

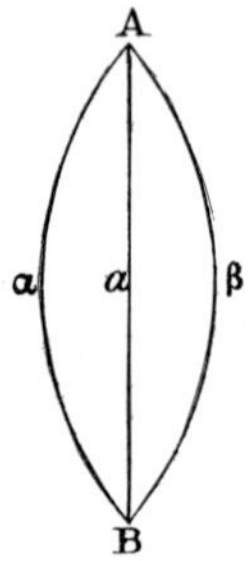

16.

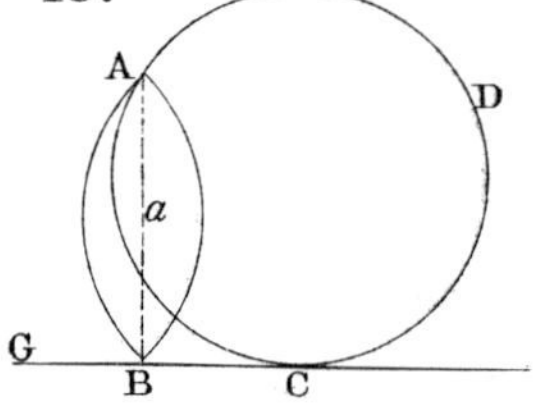

17.

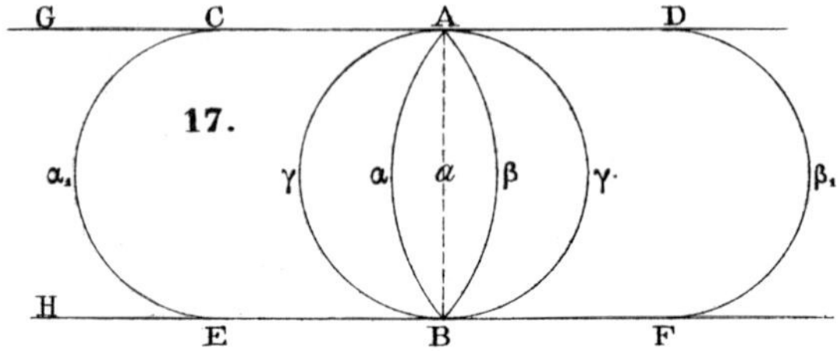

18.

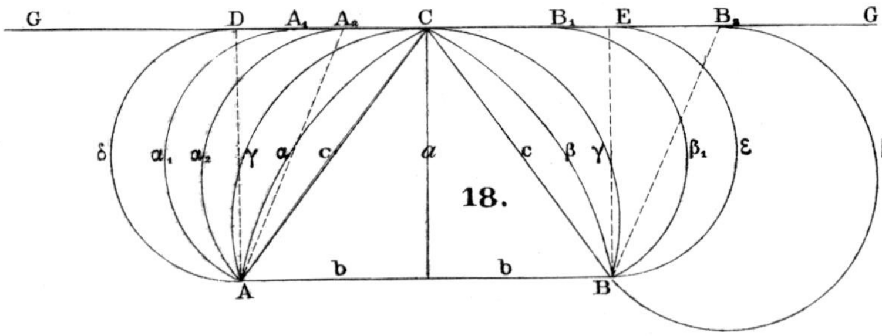

19.

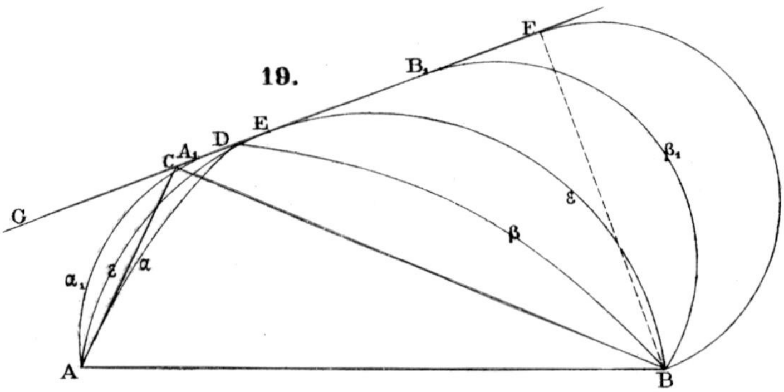

Über Maximum und Minimum. Zweite Abhandlung. Fig. 1-6.

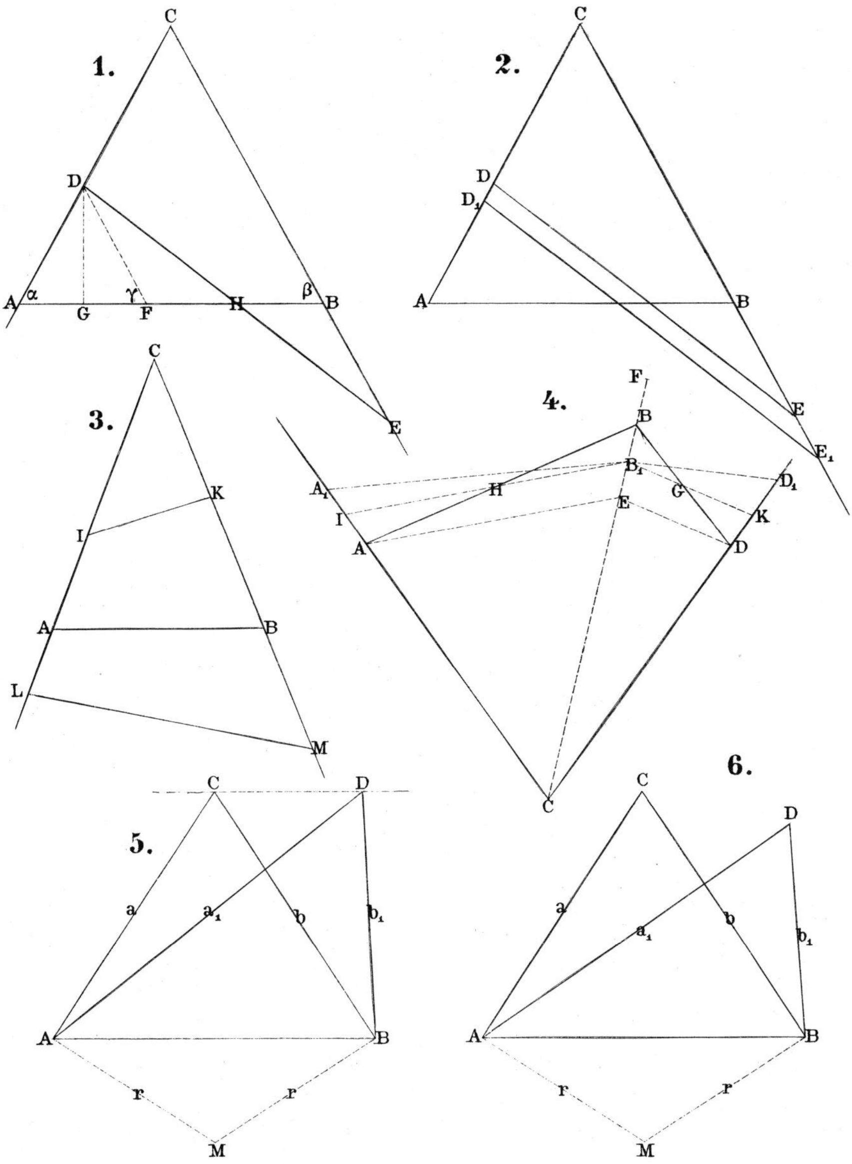

Über Maximum und Minimum. Zweite Abhandlung. Fig 7-11.

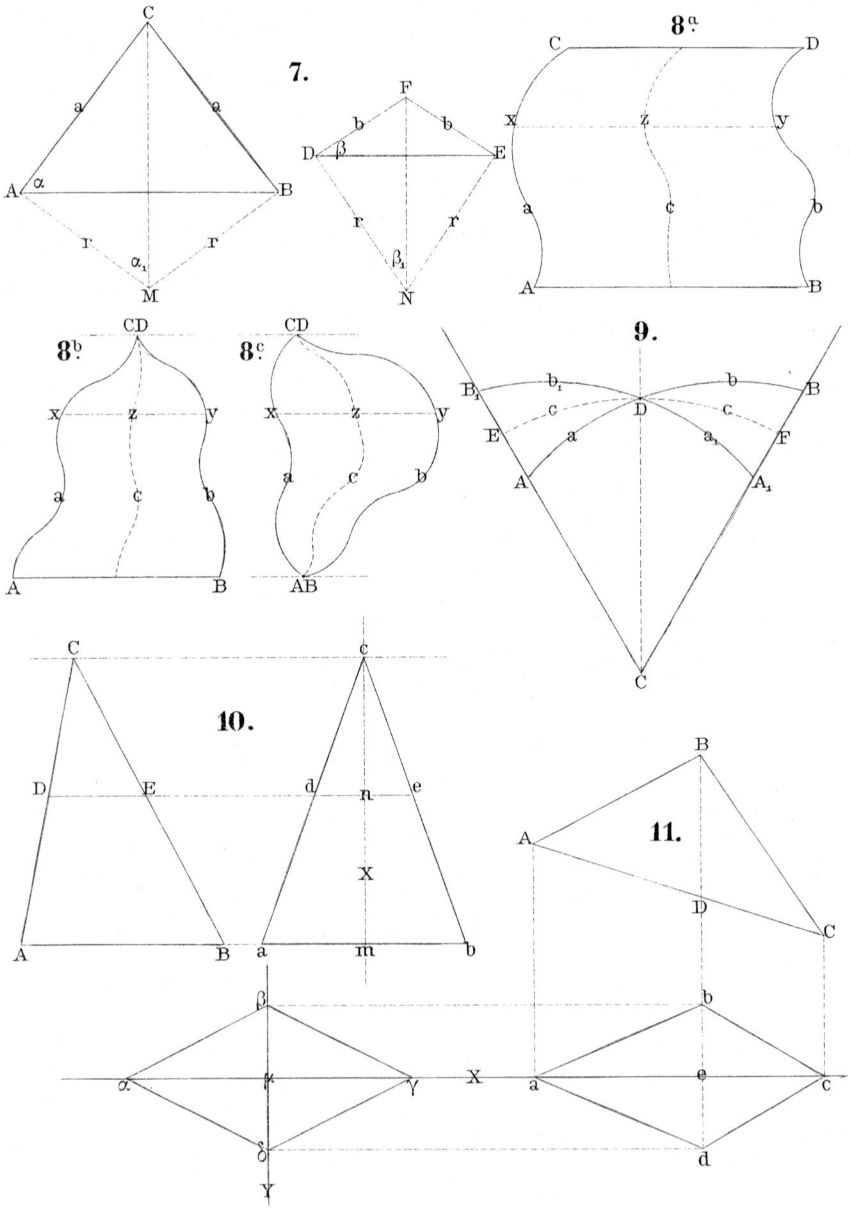

Über Maximum und Minimum Zweite Abhandlung. Fig 12-17.

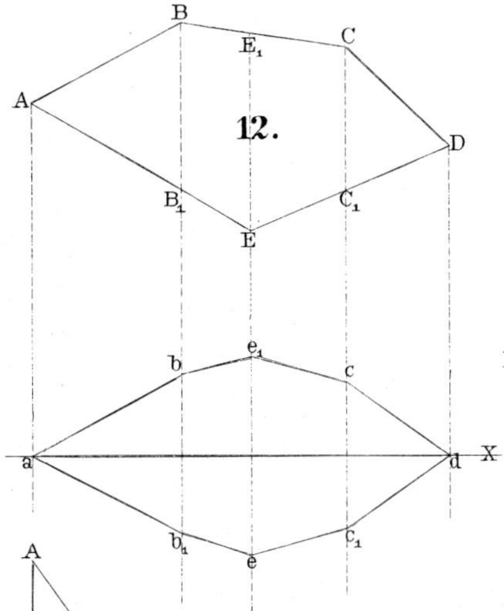

12.

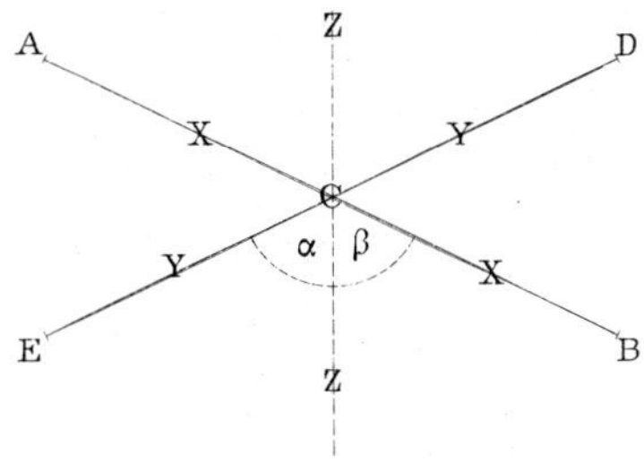

13.

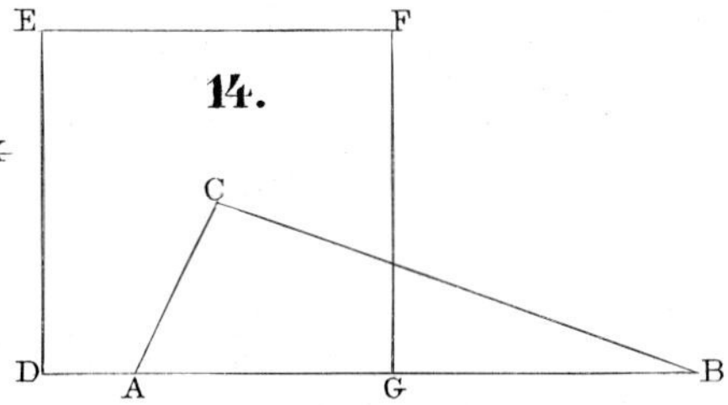

14.

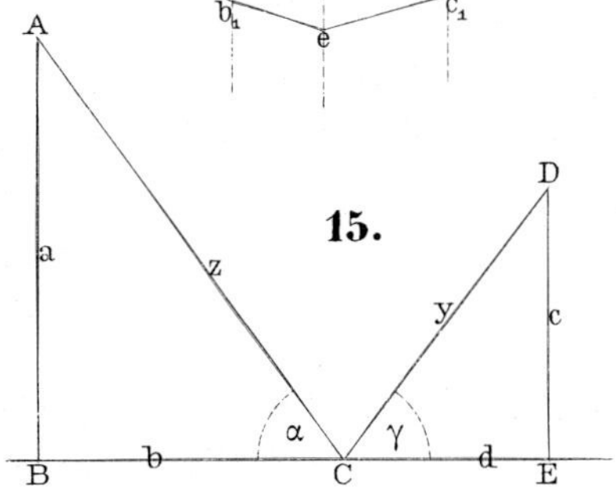

15.

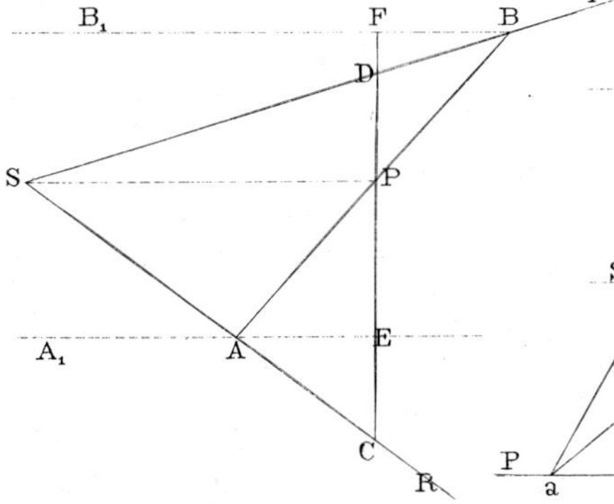

16.

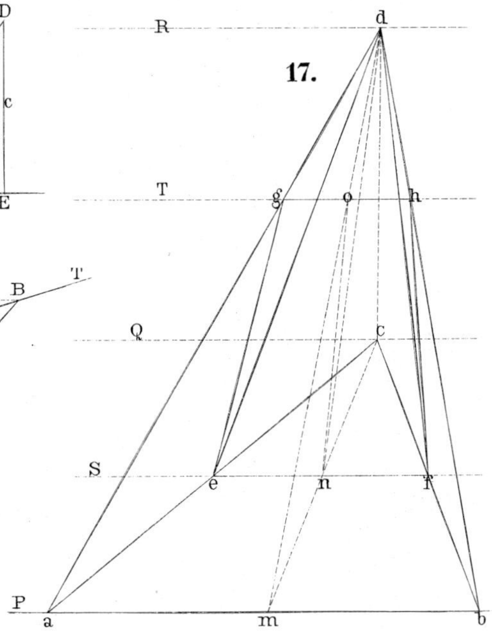

17.

Aufgabe über das ebene und das sphärische Dreieck. Fig. 1-5.

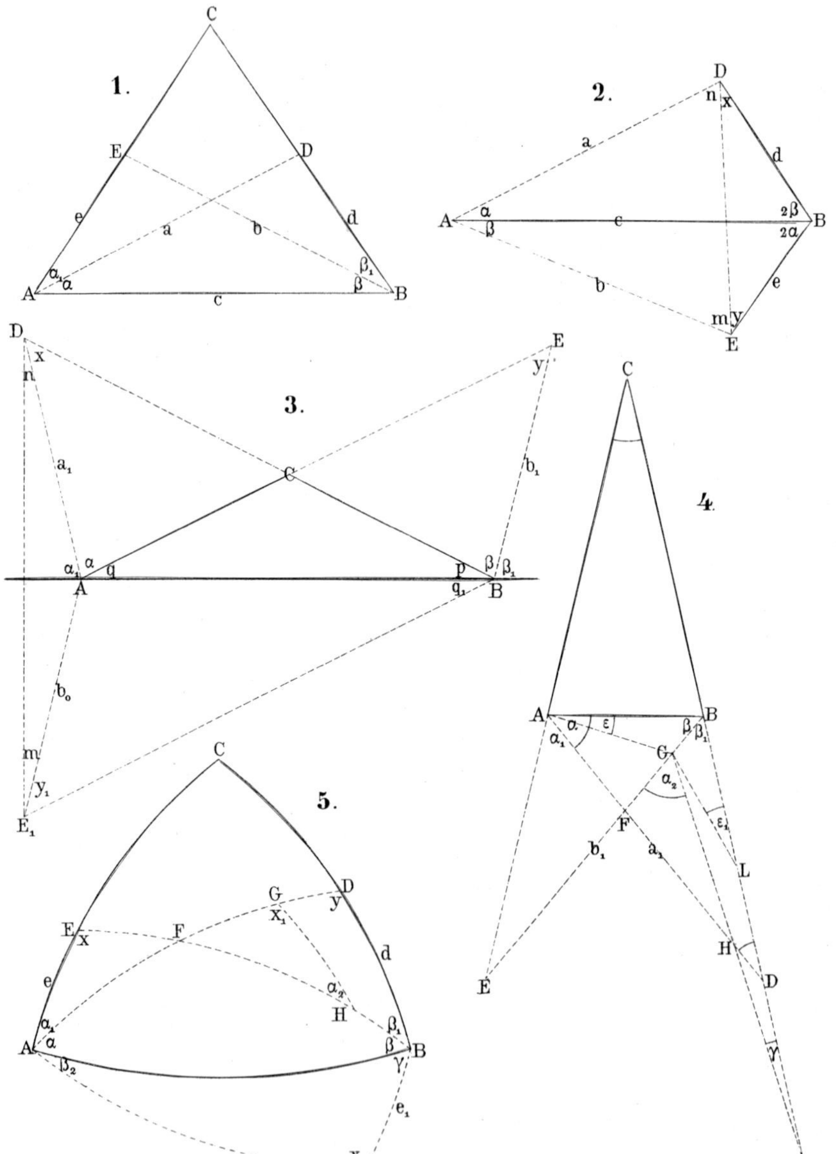

Teoremi relativi alle coniche inscritte e circoscritte. Fig. 1-3.

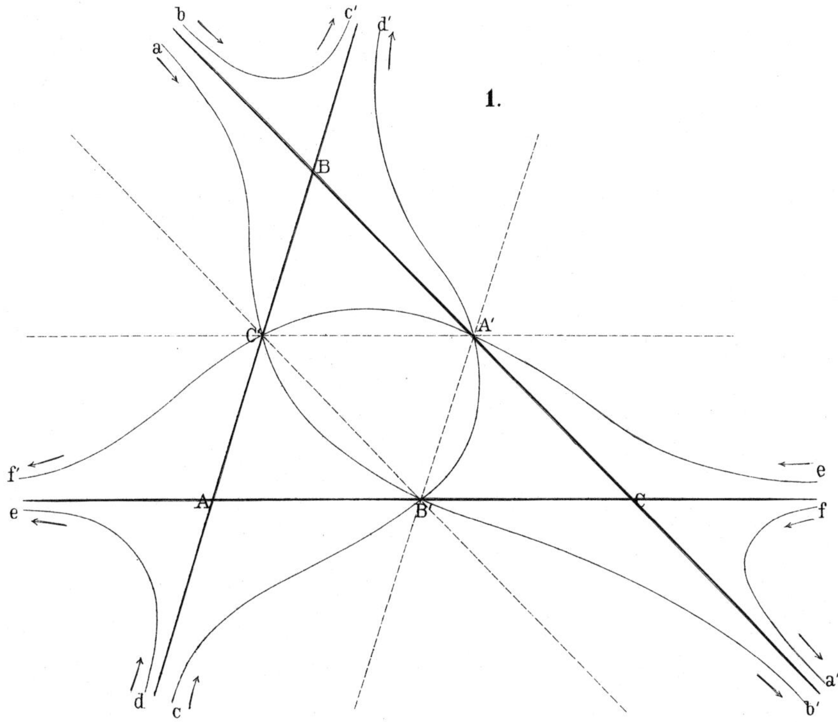

2.

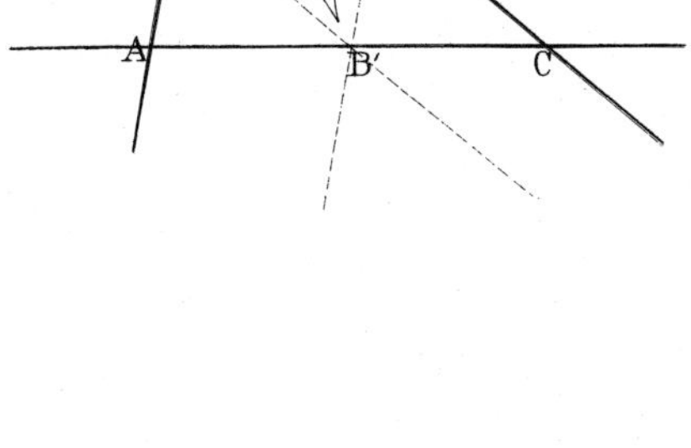

3.

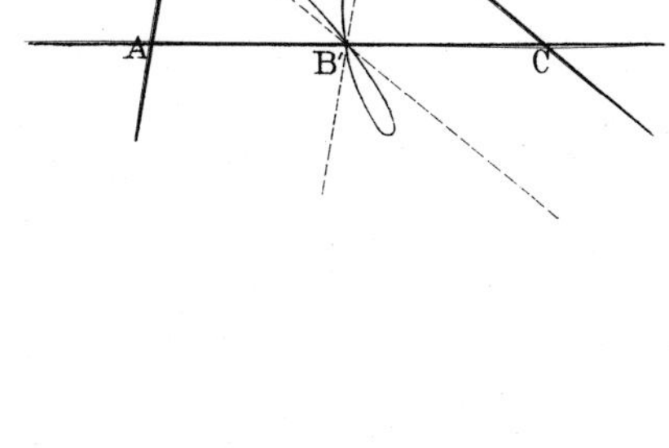

Über das dem Kreise umschriebene Viereck. Fig. 1.

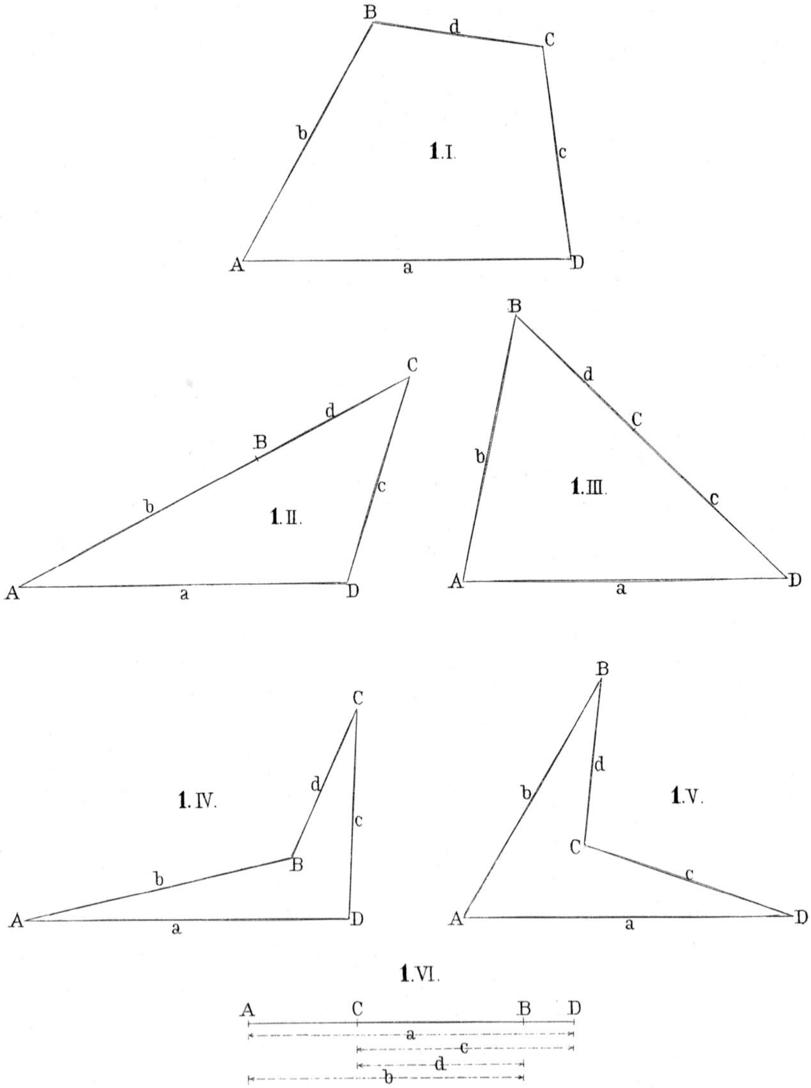

Über das dem Kreise umschriebene Viereck. Fig. 2.

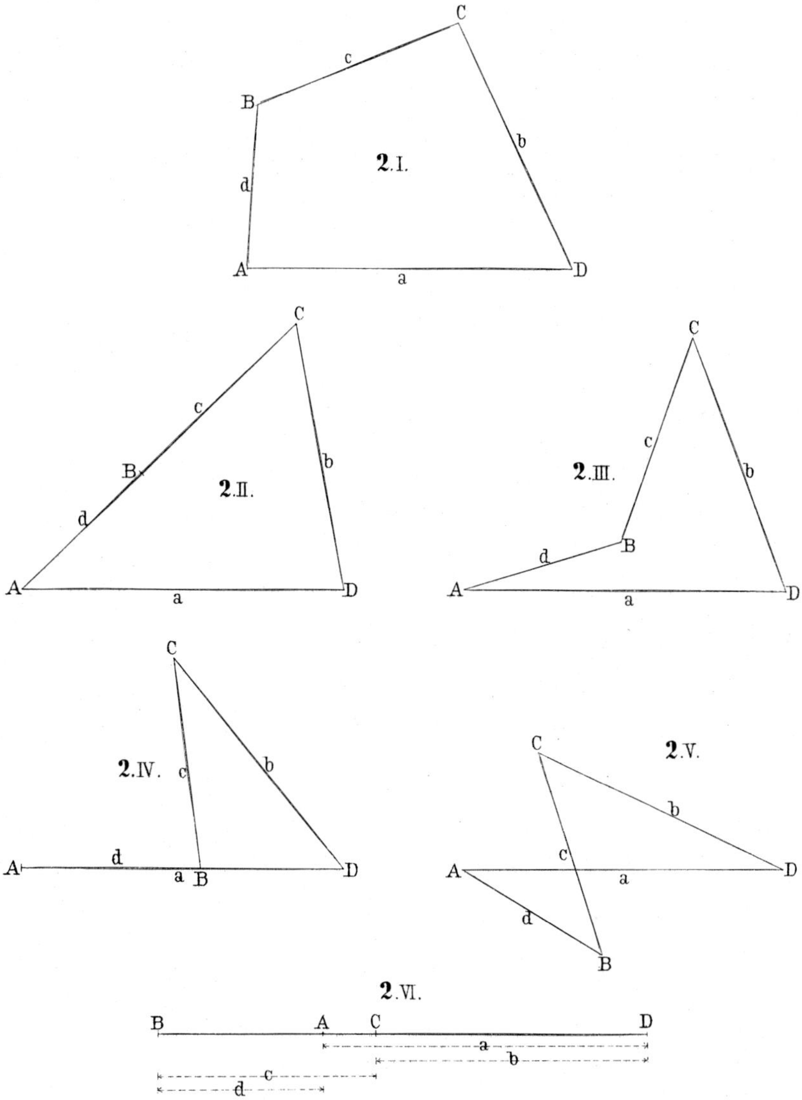

Über das dem Kreise umschriebene Viereck. Fig. 3-4.

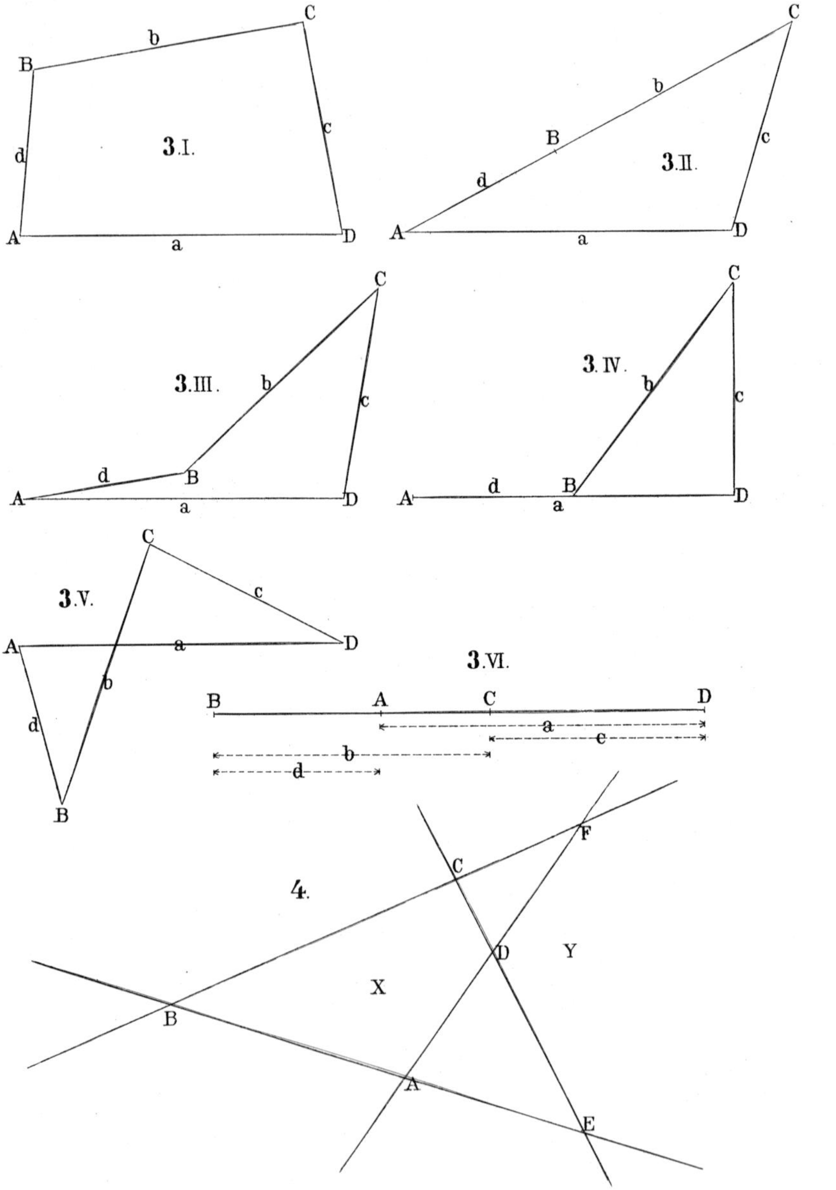

Elementare Lösung einer geometrischen Aufgabe und über einige damit in Beziehung stehende Eigenschaften der Kegelschnitte. Fig. 1-4.

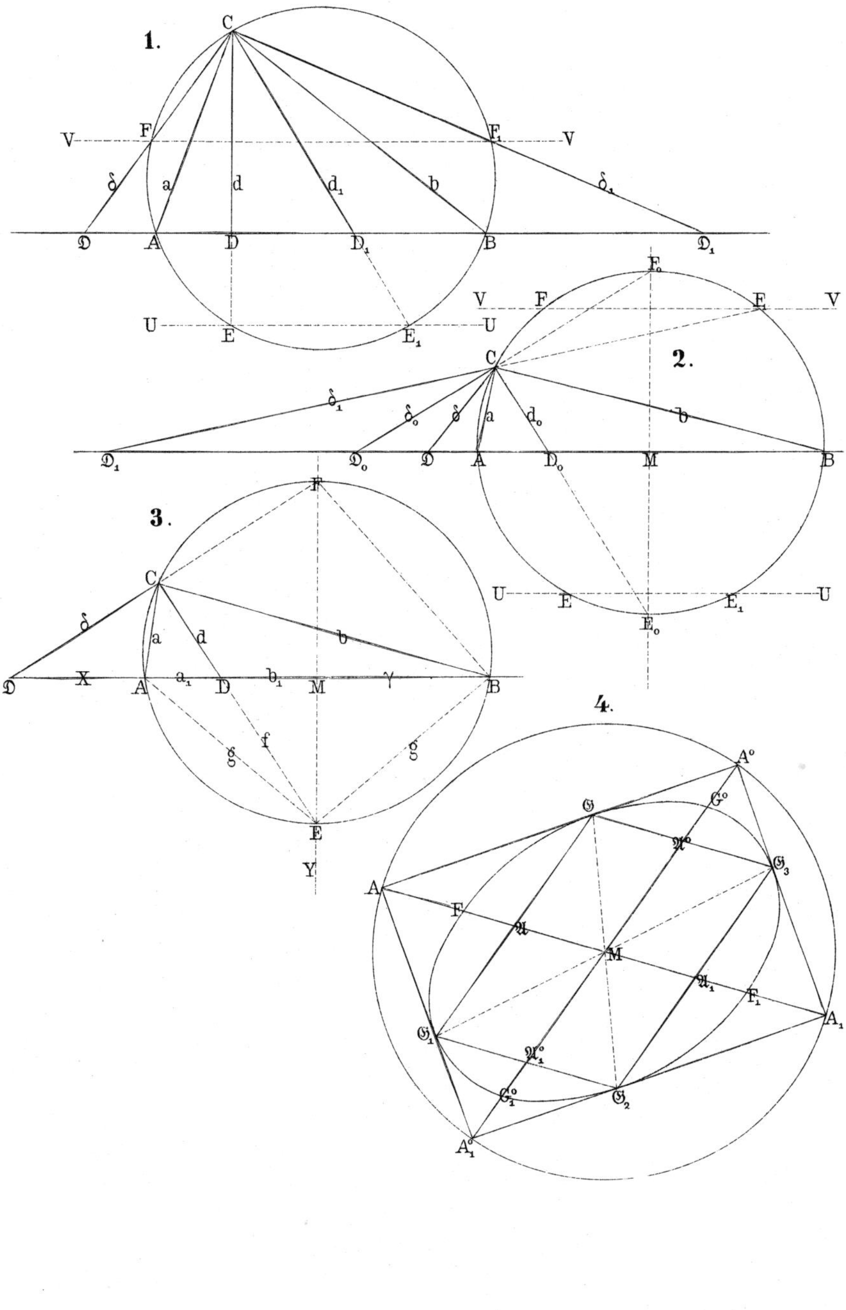

Neue Bestimmungs-Arten der Curven zweiter Ordnung. Fig. 1.

1.

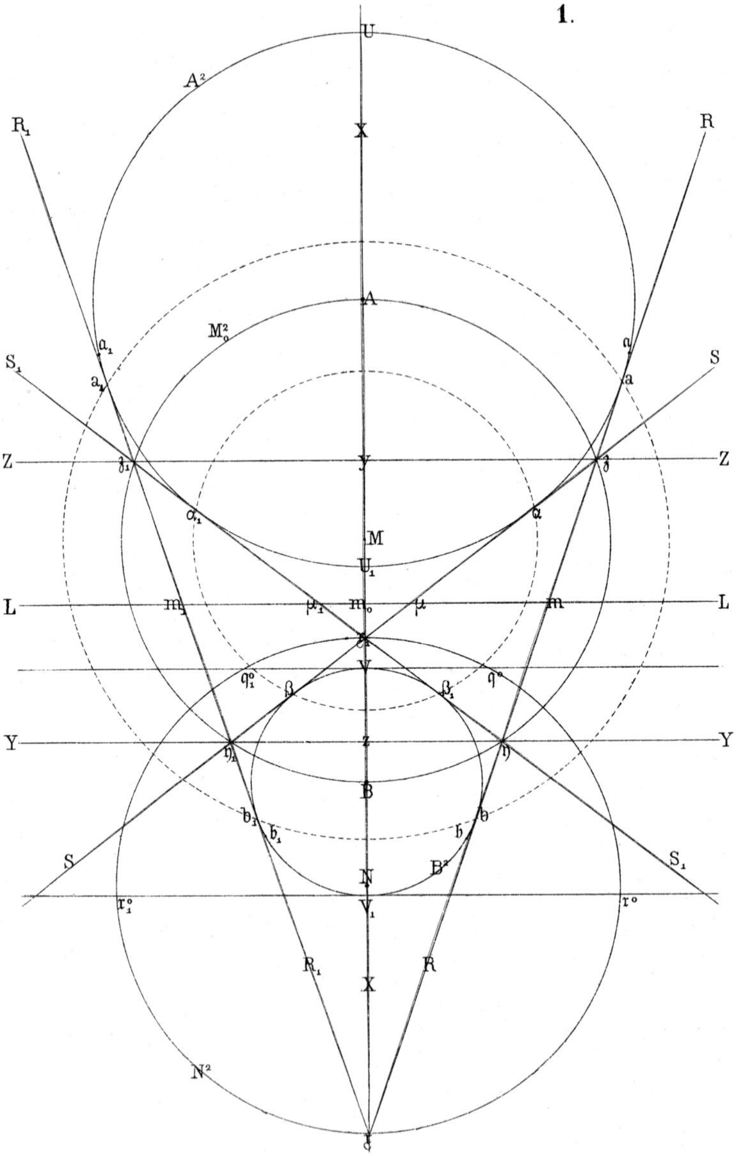

Neue Bestimmungs-Arten der Curven zweiter Ordnung. Fig. 2 und 3.

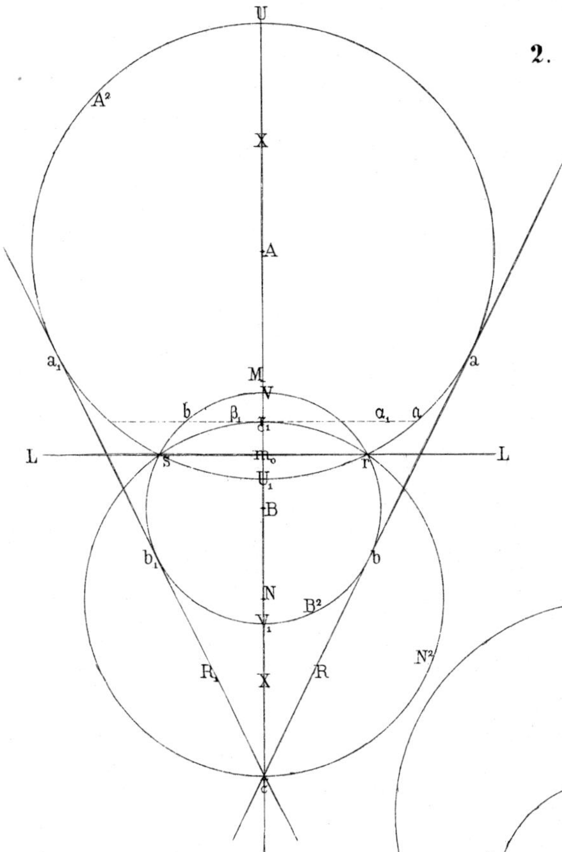

2.

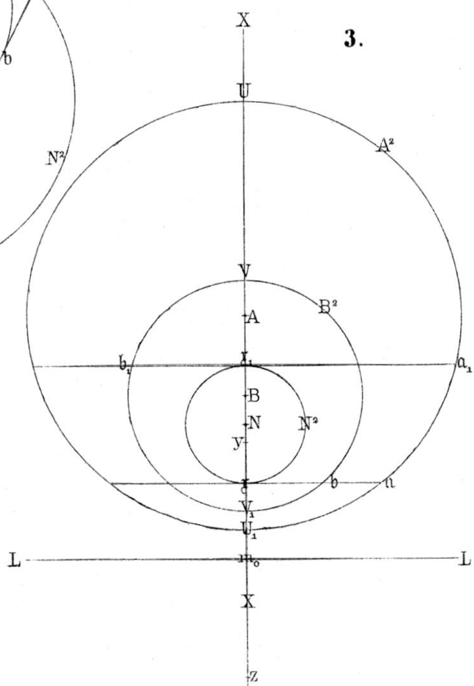

3.

Zusätze und Anmerkungen.

1.

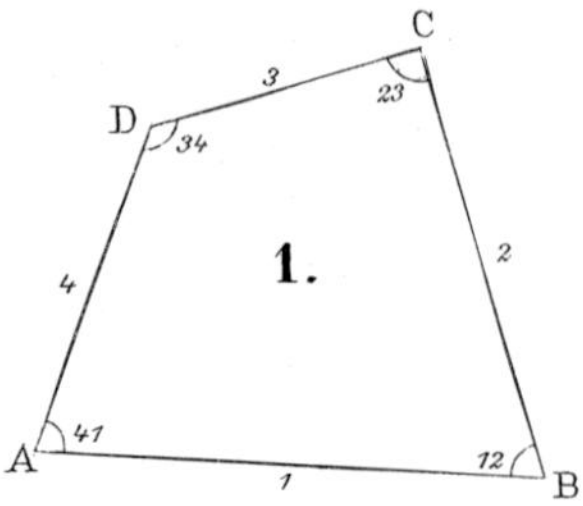

2.

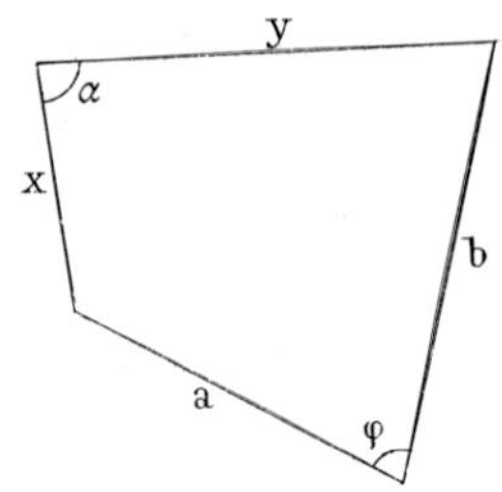

3.

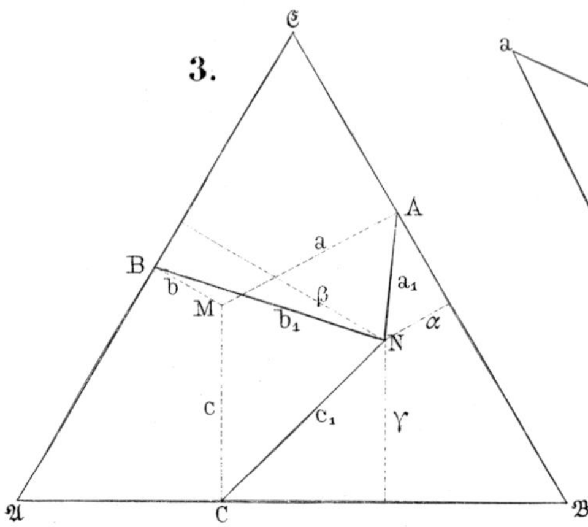

4.

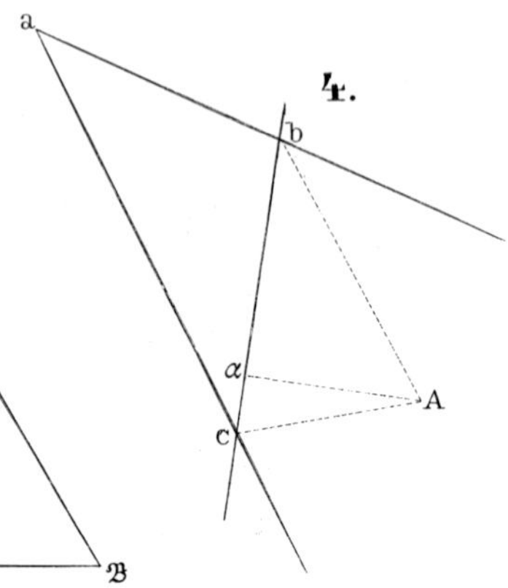

5.

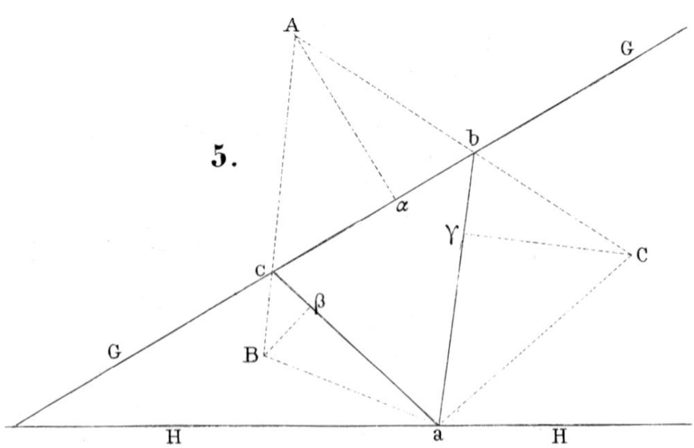